FUNDAMENTOS EM
ECOLOGIA

| T747f | Townsend, Colin R.
Fundamentos em ecologia / Colin R. Townsend, Michael Begon, John L. Harper ; tradução Leandro da Silva Duarte. – 3. ed. – Porto Alegre : Artmed, 2010.
576 p. : il. : color. ; 25 cm.

ISBN 978-85-363-2064-9

1. Ecologia. I. Título. II. Begon, Michael. III. Harper, John L.

CDU 574 |
|---|---|

Catalogação na publicação: Renata de Souza Borges – CRB10/1922

COLIN R. TOWNSEND
Departamento de Zoologia, University of Otago, Dunedin, New Zealand

MICHAEL BEGON
Population Biology Research Group, School of Biological Sciences
The University of Liverpool, Liverpool, UK

JOHN L. HARPER
Professor emérito, University of Wales
Professor visitante, University of Exeter, Exeter, UK

FUNDAMENTOS EM ECOLOGIA

3ª Edição

Tradução:
Leandro da Silva Duarte

Consultoria, supervisão e revisão técnica desta edição:
Paulo Luiz de Oliveira
Biólogo.
Doutor em Agronomia pela Universität Hohenheim, Stuttgart, República Federal da Alemanha.
Professor titular aposentado do Departamento de Ecologia do Instituto de Biociências da UFRGS.

artmed®

2010

Obra originalmente publicada sob o título
Essentials of Ecology, 3rd Edition by Colin R. Townsend, Michael Begon and John L. Harper
ISBN 978-1-4051-5658-5

© 2008 by Blackwell Publishing
This edition is published by arrangement with Blackwell Publishing Ltd, Oxford. Translated by Artmed Editora S.A. from the original English language version. Responsability of the accuracy of the translation rests solely with Artmed Editora S.A. and is not responsability of Blackwell Publishing Ltd.

Capa: *Mário Röhnelt*

Preparação de original: *Luiz Alberto Braga Beal, Cecília Jabs Eger*

Leitura final: *Geórgia Marques Pippi*

Editora sênior – Biociências: *Letícia Bispo de Lima*

Editoração eletrônica: *Techbooks*

Reservados todos os direitos de publicação, em língua portuguesa, à
ARTMED® EDITORA S.A.
Av. Jerônimo de Ornelas, 670 – Santana
90040-340 – Porto Alegre RS
Fone: (51) 3027-7000   Fax: (51) 3027-7070

É proibida a duplicação ou reprodução deste volume, no todo ou em parte, sob quaisquer formas ou por quaisquer meios (eletrônico, mecânico, gravação, fotocópia, distribuição na Web e outros), sem permissão expressa da Editora.

SÃO PAULO
Av. Angélica, 1.091 – Higienópolis
01227-100 – São Paulo – SP
Fone: (11) 3665-1100   Fax: (11) 3667-1333

SAC 0800 703-3444

IMPRESSO NO BRASIL
PRINTED IN BRAZIL

AGRADECIMENTOS

É um prazer registrar nossa gratidão às pessoas que colaboraram no planejamento e na redação deste livro. Voltando à 1ª edição, agradecemos a Bob Campbell e Simon Rallison por concluírem o projeto original, e a Nancy Whilton e Irene Herlihy pela competente condução do projeto; para a 2ª edição, agradecemos a Nathan Brown (Blackwell, Reino Unido) e Rosie Hayden (Blackwell, Reino Unido), por facilitar a transposição do manuscrito para a edição impressa deste livro. Por esta 3ª edição, agradecemos especialmente a Nancy Whilton e Elisabeth Frank, em Boston, por persuadir-nos a pegar de novo nossas canetas (não literalmente), e a Rosie Hayden e Jane Andrew e Ward Cooper pelo acompanhamento durante a produção. Somos gratos também aos seguintes colegas, que fizeram revisões criteriosas dos originais de um ou mais capítulos: pela 1ª edição, Tim Mousseau (University of South Carolina), Vickie Backus (Middlebury College), Kevin Dixon (Arizona State University, West), James Maki (Marquette University), George Middendorf (Howard University), William Ambrose (Bates College), Don Hall (Michigan State University), Clayton Penniman (Central Connecticut State University), David Tonkyn (Clemson University), Sara Lindsay (Scripps Institute of Oceanography), Saran Twombly (University of Rhode Island), Katie O'Reilly (University of Portland), Catherine Toft (UC Davis), Bruce Grant (Widener University), Mark Davis (Macalester College), Paul Mitchell (Staffordshire U., UK) e William Kirk (Keele U., UK); e, pela 2ª edição, James Cahill (University of Alberta), Liane Cochrane-Stafira (Saint Xavier University), Hans deKroon (University of Nijmegen), Jake Weltzin (University of Tennessee em Knoxville) e Alan Wilmot (University of Derby, UK).

Nesta edição, nosso mentor e colaborador de longa data John Harper resolveu aproveitar melhor a sua aposentadoria. Devemos a ele a nossa gratidão, que se estende muito além da coautoria passada deste livro, ocorrendo em todos os aspectos das nossas vidas como ecólogos.

Por último, e talvez principalmente, ficamos satisfeitos em agradecer a nossas esposas e familiares por continuarem a nos apoiar, ouvir e nos ignorar, precisamente quando necessário – obrigado a Laurel, Dominic, Jenny, Brennan e Amelie, e a Linda, Jessi e Rob.

A Blackwell agradece, de modo especial, a Denis Saunders, da CSIRO, pelo uso da imagem na Parte IV do livro.

PREFÁCIO

Ao escrever este livro, compartilhamos com vocês um pouco da nossa admiração pela complexidade da natureza, sempre conscientes de que há um lado sombrio: o medo de que estejamos destruindo os nossos ambientes naturais e os serviços que eles fornecem. Todos precisamos estar ecologicamente informados, pois devemos ter condições de participar do debate político e contribuir para resolver os problemas ecológicos que estão por vir. Esperamos que este livro contribua para atingir esse objetivo.

A origem desta obra está na abordagem ecológica mais ampla tratada no nosso livro grande (*big book*, como chamam os autores), *Ecologia: de Indivíduos a Ecossistemas* (Begon, Townsend & Harper, 4ª edição, 2007*), usado em todo o mundo como um livro universitário de nível avançado, com um referencial bibliográfico rico. Muitos colegas têm solicitado, contudo, que o tema principal seja tratado de modo mais sucinto, estimulando-nos a produzir um livro diferente, mais sucinto e direto, para alunos que têm contato com a ecologia nos semestres iniciais de seu curso.

Nesta 3ª edição de *Fundamentos em Ecologia*, tornamos o texto mais acessível, incluindo os tópicos matemáticos. A ecologia é um tema palpitante, e isso é expresso pela inclusão de, literalmente, centenas de novos estudos. Alguns leitores estarão mais interessados nos princípios fundamentais dos sistemas ecológicos; outros nos problemas ecológicos causados por atividades humanas. Enfatizaremos também aspectos fundamentais e aplicados da ecologia e, embora não exista um limite nítido entre eles, optamos por abordar primeiro, de maneira sistemática, o lado fundamental do tema, pois compreender o alcance do problema nos desafia (o uso insustentável de recursos ecológicos, poluição, extinções e a diminuição da biodiversidade natural) e seu correto entendimento é absolutamente fundamental para encará-lo e resolvê-lo.

O livro está dividido em quatro partes. Na introdução, tratamos de dois fundamentos do tema que em geral são negligenciados. O Capítulo 1 mostra o que é a ecologia e também como os ecólogos atuam – como é alcançada a compreensão ecológica, o que compreendemos (e o que ainda não compreendemos) e como nossa compreensão ajuda a prever e a manejar situações. Introduzimos, a seguir, "A base evolutiva da ecologia" e mostramos que os ecólogos precisam compreender integralmente a evolução biológica, a fim de perceber o sentido de padrões e processos na natureza (Capítulo 2).

O que torna um ambiente habitável para as espécies é o fato de que podem tolerar suas condições físicas e químicas e encontrar nele seus recursos essenciais. Na Parte I, nos ocupamos de condições e recursos: como eles influenciam as espécies (Capítulo 3) e suas consequências para a composição

---

* Publicado em língua portuguesa pela Artmed Editora.

e distribuição de comunidades multiespecíficas – por exemplo, em desertos, florestas pluviais, rios, lagos e oceanos (Capítulo 4).

A Parte III (Capítulos 5-11) trata, de modo sistemático, da ecologia de organismos individualmente, populações de uma única espécie, comunidades que consistem em muitas populações e ecossistemas (em que enfocamos os fluxos de energia e matéria entre comunidades e dentro delas). Para compreender padrões e processos em cada um dos níveis, precisamos conhecer o comportamento do nível abaixo. Esta parte também inclui um novo Capítulo 8, sobre "Ecologia evolutiva", respondendo às percepções de alguns leitores de que, embora as ideias evolutivas permeassem o livro, não havia ainda evolução suficiente para um livro neste nível.

Por fim, munido do conhecimento e da compreensão dos fundamentos, o livro se volta para as questões aplicadas de como lidar com pragas e manejar recursos de maneira sustentável (tanto populações nativas de peixes com monoculturas agrícolas) (Capítulo 12), bem como trata da diversidade de problemas de poluição, abrangendo desde a eutrofização local de um lago por água de esgoto até a mudança climática global associada ao uso de combustíveis fósseis (Capítulo 13). Concluindo, desenvolvemos um arsenal de abordagens que podem nos auxiliar a salvar espécies ameaçadas de extinção e conservar para os nossos descendentes parte da biodiversidade da natureza (Capítulo 14).

Alguns aspectos pedagógicos foram incluídos para ajudá-lo no estudo do tema.

- Cada capítulo começa com um conjunto de conceitos-chave que você deve compreender antes de passar ao capítulo seguinte.
- Chamadas na margem da página fornecem indicações para situá-lo em cada capítulo – elas serão úteis também para auxiliar na revisão.
- Cada capítulo termina com um resumo e um conjunto de questões de revisão, algumas das quais propostas como questões desafiadoras.
- "Marcos históricos" são quadros que enfatizam alguns marcos no desenvolvimento da ecologia.
- "Aspectos quantitativos" são quadros trazem em separado questões matemáticas e quantitativas da ecologia, não interferindo indevidamente na fluência do texto – assim, você poderá lê-los à parte.
- "ECOnsiderações atuais" são quadros que ressaltam alguns dos problemas aplicados em ecologia, particularmente aqueles que apresentam dimensão social ou política (o que é frequente). Nestes, você será desafiado a refletir a respeito de algumas questões éticas relacionadas ao conhecimento que está adquirindo.

Consulte www.blackwellpublishing.com/townsend (em inglês) para ter acesso a um conjunto de recursos que auxiliam no estudo e ampliam o conteúdo do livro. Estes incluem, entre outros, questões de múltipla escolha para cada capítulo do livro e um tutorial interativo para auxiliar o estudante a compreender o uso de modelos matemáticos em ecologia*.

---

* Em www.artmed.com.br (Área do professor), professores terão acesso a todas as figuras e ilustrações da obra, em formato PowerPoint, que poderão ser utilizadas como recurso didático em sala de aula.

SUMÁRIO

Parte I   Introdução

1   A ecologia e como estudá-la — 15

- 1.1   Introdução — 16
- 1.2   Escalas, diversidade e rigor — 20
- 1.3   Ecologia na prática — 28

2   A base evolutiva da ecologia — 52

- 2.1   Introdução — 53
- 2.2   Evolução por seleção natural — 53
- 2.3   Evolução em nível intraespecífico — 57
- 2.4   A ecologia da especiação — 69
- 2.5   Os efeitos das mudanças climáticas sobre a evolução e distribuição das espécies — 76
- 2.6   Os efeitos da deriva continental sobre a ecologia evolutiva — 79
- 2.7   Interpretando os resultados da evolução: convergentes e paralelos — 82

Parte II   Condições e Recursos

3   Condições físicas e a disponibilidade de recursos — 89

- 3.1   Introdução — 90
- 3.2   Condições ambientais — 91
- 3.3   Recursos vegetais — 105
- 3.4   Animais e seus recursos — 117
- 3.5   O efeito da competição intraespecífica por recursos — 125
- 3.6   Condições, recursos e nicho ecológico — 129

4   Condições, recursos e as comunidades do mundo — 133

- 4.1   Introdução — 134
- 4.2   Padrões geográficos em grande e pequena escalas — 134
- 4.3   Padrões temporais em condições e recursos — 140
- 4.4   Biomas terrestres — 142
- 4.5   Ambientes aquáticos — 155

Parte III Indivíduos, Populações, Comunidades e Ecossistemas

5 Natalidade, mortalidade e movimento — 171

- 5.1 Introdução — 172
- 5.2 Ciclos de vida — 177
- 5.3 Monitorando natalidade e mortalidade: tabelas de vida e padrões de fecundidade — 183
- 5.4 Dispersão e migração — 192
- 5.5 Impacto da competição intraespecífica sobre as populações — 197
- 5.6 Padrões de história de vida — 203

6 Competição interespecífica — 211

- 6.1 Introdução — 212
- 6.2 Efeitos ecológicos da competição interespecífica — 212
- 6.3 Efeitos evolutivos da competição interespecífica — 225
- 6.4 Competição interespecífica e estrutura da comunidade — 230
- 6.5 Quão significativa é a competição interespecífica na prática? — 237

7 Predação, pastejo e doença — 248

- 7.1 Introdução — 249
- 7.2 Valor adaptativo (*fitness*) e abundância da presa — 251
- 7.3 As sutilezas da predação — 253
- 7.4 Comportamento do predador: forrageio e transmissão — 260
- 7.5 Dinâmica de populações na predação — 266
- 7.6 Predação e estrutura da comunidade — 278

8 Ecologia evolutiva — 285

- 8.1 Introdução — 286
- 8.2 Ecologia molecular: diferenciação intra e interespecífica — 287
- 8.3 Corridas armamentistas evolutivas — 297
- 8.4 Interações mutualísticas — 303

9 De populações a comunidades — 319

- 9.1 Introdução — 320
- 9.2 Determinantes múltiplos da dinâmica de populações — 321
- 9.3 Dispersão, manchas e dinâmica de metapopulações — 333
- 9.4 Padrões temporais na composição da comunidade — 338
- 9.5 Teias alimentares — 349

10 Padrões na riqueza de espécies — 365

- 10.1 Introdução — 366
- 10.2 Um modelo simples de riqueza de espécies — 368
- 10.3 Fatores espaciais que influenciam a riqueza de espécies — 370
- 10.4 Fatores temporais que influenciam a riqueza de espécies — 380
- 10.5 Gradientes de riqueza de espécies — 383
- 10.6 Padrões de riqueza de táxons no registro fóssil — 393
- 10.7 Avaliação dos padrões de riqueza de espécies — 396

11 O fluxo de energia e matéria através dos ecossistemas — 402

- 11.1 Introdução — 403
- 11.2 Produtividade primária — 405
- 11.3 O destino da produtividade primária — 410
- 11.4 O processo de decomposição — 415
- 11.5 O fluxo de matéria através dos ecossistemas — 421
- 11.6 Ciclos biogeoquímicos globais — 427

Parte IV Temas Aplicados em Ecologia

12 Sustentabilidade — 437

- 12.1 Introdução — 438
- 12.2 O "problema" da população humana — 439
- 12.3 Explorando recursos vivos da natureza — 448
- 12.4 Agricultura de monoculturas — 454
- 12.5 Controle de pragas — 462
- 12.6 Sistemas agrícolas integrados — 468
- 12.7 Prognosticando mudanças ambientais globais induzidas pela agricultura — 470

13 Degradação de hábitats — 474

- 13.1 Introdução — 475
- 13.2 Degradação via cultivo agrícola — 480
- 13.3 Geração de energia e seus diversos efeitos — 487
- 13.4 Degradação em paisagens urbanas e industriais — 494
- 13.5 Manutenção e restauração de serviços ecossistêmicos — 502

14 Conservação — 510

- 14.1 Introdução — 511
- 14.2 Ameaças à biodiversidade — 514
- 14.3 Conservação na prática — 524
- 14.4 Conservação em um mundo em transformação — 534
- 14.5 Considerações finais — 537

Referências — 541
Índice — 557

PARTE I
Introdução

1 | A ecologia e como estudá-la   15
2 | A base evolutiva da ecologia   52

Capítulo 1

A ecologia e como estudá-la

CONTEÚDOS DO CAPÍTULO

1.1 Introdução
1.2 Escalas, diversidade e rigor
1.3 Ecologia na prática

CONCEITOS-CHAVE

Neste capítulo, você:

- aprenderá a definir ecologia e observará seu desenvolvimento tanto como ciência aplicada como básica
- reconhecerá o que os ecólogos procuram descrever e compreender e, com base na sua compreensão, prever, manejar e controlar
- observará que os fenômenos ecológicos ocorrem em uma variedade de escalas espaciais e temporais, e que os padrões podem ser evidentes apenas em escalas específicas
- reconhecerá que evidência e compreensão ecológicas podem ser obtidas mediante observação, experimentos de campo e laboratório, bem como por meio de modelos matemáticos
- compreenderá que a ecologia se alicerça na evidência de fatos científicos (e na aplicação da estatística)

Atualmente, a ecologia é um assunto sobre o qual quase todo mundo tem prestado atenção e a maioria das pessoas considera importante – mesmo quando elas não conhecem o significado exato do termo. Não pode haver dúvida de que ela é importante; mas isso a torna ainda mais crucial quando compreendemos o que ela é e como estudá-la.

1.1 Introdução

os primeiros ecólogos

A pergunta "O que é ecologia?" poderia ser formulada por "Como definimos ecologia?" e respondida pelo exame de várias definições que têm sido propostas, escolhendo-se uma delas como a melhor (Quadro 1.1). Todavia, ao mesmo tempo que definições proporcionam um direcionamento e são úteis para prepa-

1.1 MARCOS HISTÓRICOS

Definições de ecologia

A ecologia (originalmente em alemão: *Ökologie*) foi definida pela primeira vez em 1866 por Ernst Haeckel, um entusiasta e influente discípulo de Charles Darwin. Segundo ele, a ecologia era "a ciência capaz de compreender a relação do organismo com o seu ambiente". O espírito dessa definição é muito claro em uma primeira discussão de subdisciplinas biológicas por Burdon-Sanderson (1893), em que ecologia é "a ciência que se ocupa das relações externas de plantas e animais entre si e com as condições passadas e presentes de suas existências", por comparação com a fisiologia (relações internas) e a morfologia (estrutura). Para muitos, tais definições têm resistido ao teste do tempo. Assim, Ricklefs (1973), em seu livro-texto, define ecologia como "o estudo do ambiente natural, particularmente as relações entre organismos e suas adjacências".

Nos anos seguintes a Haeckel, a ecologia vegetal e a ecologia animal começaram a ser tratadas separadamente. Em obras influentes, a ecologia foi definida como "aquelas relações de *plantas*, com seu entorno e entre elas, que dependem diretamente de diferenças de hábitats entre plantas" (Tansley, 1904), ou como a ciência "principalmente relacionada com o que pode ser chamado de sociologia e economia de *animais*, e não com a estrutura e outras adaptações que eles apresentam" (Elton, 1927). Contudo, há muito tempo botânicos e zoólogos concordam que têm um caminho comum e que suas diferenças precisam ser harmonizadas.

No entanto, existe algo vago sobre muitas definições de ecologia que parecem sugerir que ela consiste em todos aqueles aspectos da biologia que não são nem fisiologia nem morfologia. Por consequência, em busca de algo mais focado, Andrewartha (1961) definiu ecologia como "o estudo científico da distribuição e abundância de organismos", e Krebs (1972) lamenta que o papel central das "relações" tenha sido perdido, modificando-o para "o estudo científico das interações que determinam a distribuição e abundância de organismos", esclarecendo que a ecologia estava preocupada com questões como "*onde* os organismos são encontrados, *quantos* ocorrem em determinado local e *por quê*". Assim, a ecologia pode ser mais bem definida como:

> o estudo científico da distribuição e abundância de organismos e das interações que determinam a distribuição e abundância.

rá-lo para um exame, elas não são boas para captar a satisfação, o interesse ou a excitação da ecologia. É mais adequado substituir a pergunta simples por uma série de questões mais provocativas: "O que *fazem* os ecólogos?", "Em que os ecólogos estão *interessados*?" e "Onde a ecologia emerge em primeiro lugar?".

A ecologia pode reivindicar ser a ciência mais antiga. Se, como nossa definição preferida sustenta, "ecologia é o estudo científico da distribuição e abundância de organismos e das interações que determinam a distribuição e abundância" (Quadro 1.1), então os humanos mais primitivos devem ter sido ecólogos ecléticos – guiados pela necessidade de entender onde e quando seu alimento e seus inimigos (não humanos) estavam localizados – e os mais antigos agricultores, precisando ser cada vez mais sofisticados: tendo de saber manejar suas fontes de alimento vivas e domesticadas. Esses primeiros ecólogos foram, portanto, ecólogos *aplicados*, procurando entender a distribuição e abundância de organismos, a fim de aplicar aquele conhecimento para seu próprio benefício coletivo. Eles estavam interessados em muitos dos tipos de problemas nos quais os ecólogos aplicados ainda estão interessados: como maximizar a taxa em que o alimento é colhido de ambientes naturais e como isso pode ser feito repetidamente ao longo do tempo; como plantas e animais domesticados podem ser mais bem tratados ou estocados, de modo a maximizar as taxas de retorno; como os organismos que são fontes de alimento podem ser protegidos dos seus próprios inimigos naturais; como controlar as populações de patógenos e parasitos que vivem em nós.

A partir do último século, aproximadamente, à medida que os ecólogos tornaram-se conscientes o bastante para denominarem-se a si próprios, a ecologia tem abrangido de maneira consistente não apenas a ciência aplicada mas também a fundamental e "pura". A.G. Tansley foi um dos fundadores da ecologia. Ele estava interessado em compreender os processos responsáveis pela determinação da estrutura e composição de diferentes comunidades vegetais. Quando, em 1904, escreveu da Inglaterra sobre "Os problemas da ecologia", ele estava preocupado com a forte tendência que ela apresentava a permanecer no estágio descritivo e não sistemático (i.e., acumulando descrições de comunidades sem saber se elas eram típicas, temporárias ou seja lá o que fosse), também raramente realizando uma análise experimental ou planejada de modo sistemático ou o que pudéssemos chamar de "científico".

uma ciência pura e aplicada

Suas preocupações foram acolhidas nos EUA por outro fundador da ecologia, F. E. Clements, que em 1905 lamentou-se em seu *Métodos de Pesquisa em Ecologia*:

> A ruína do desenvolvimento recente popularmente conhecido como ecologia tem sido um sentimento muito difundido de que qualquer um pode realizar trabalho ecológico, independente de preparação. Não existe nada... mais errado do que este sentimento.

Por outro lado, a necessidade de a ecologia aplicada basear-se em sua contrapartida pura foi clara na introdução da *Ecologia Animal* de Charles Elton (1927) (Figura 1.1):

> A ecologia está fadada a um grande futuro... Nos trópicos, o entomologista ou micologista ou controlador de ervas daninhas só desempenhará corretamente suas funções, se ele for primeiro e antes de tudo um ecólogo.

Figura 1.1
Um dos grandes fundadores da ecologia: Charles Elton (1900-1991). *Ecologia Animal* (1927) foi seu primeiro livro, porém *A Ecologia das Invasões por Animais e Plantas* (1958) foi igualmente influente.

Com o passar dos anos, a coexistência dessas linhas puras e aplicadas tem sido mantida e construída. Muitas áreas aplicadas têm contribuído para o desenvolvimento da ecologia e tem seu próprio desenvolvimento estimulado por ideias e abordagens ecológicas. Todos os aspectos da colheita, produção e proteção de alimentos e fibras têm sido envolvidos: ecofisiologia vegetal, conservação do solo, silvicultura, composição e manejo de campos, estocagem de alimento, atividades pesqueiras e controle de pragas e patógenos. Cada uma dessas áreas clássicas ainda está na vanguarda de partes da ecologia de qualidade e são ligadas por outras. O controle biológico de pragas (o controle de pragas mediante o emprego de seus inimigos naturais) tem uma história que remonta pelo menos à China antiga, mas houve um ressurgimento de interesse ecológico quando a insuficiência de pesticidas químicos começou a se tornar amplamente visível na década de 1950. A preocupação com a ecologia da poluição começou a crescer mais ou menos nessa época e se expandiu nas décadas de 1980 e 1990, a partir de problemas locais para temas globais. As últimas décadas do milênio também têm mostrado expansão no interesse público e engajamento ecológico na conservação de espécies ameaçadas e da biodiversidade de áreas amplas, no controle de doenças em humanos e em muitas outras espécies, bem como nas consequências potenciais de alterações profundas no ambiente global.

questões não respondidas

Ainda hoje, muitos problemas fundamentais da ecologia continuam não resolvidos. Até que ponto a competição por alimento determina que espécies podem coexistir em um hábitat? Que papel a doença desempenha na dinâmica de populações? Por que existem mais espécies nos trópicos do que nos polos? Qual é a relação entre produtividade do solo e estrutura da comunidade vegetal? Por que algumas espécies são mais vulneráveis à extinção do que outras? E assim por diante. Naturalmente, questões não resolvidas – se elas forem questões *focalizadas* – são um sintoma da saúde e não da debilidade de qualquer ciência. Porém, a ecologia não é uma ciência fácil. Ela possui sutileza e complexidade particulares, em parte porque distingue-se por ser peculiarmente defrontada com "singularidades": milhões de espécies diferentes, incontáveis bilhões de indivíduos geneticamente distintos, todos vivos e interagindo em um mundo variado e sempre em transformação. A beleza da ecologia é que ela nos desafia a desenvolver a compreensão de problemas muito básicos e aparentes de um modo que aceita a singularidade e complexidade de todos os aspectos da natureza, mas busca padrões e previsões dentro dessa complexidade, em vez de ser submetida a ela.

Resumindo essa visão geral histórica, fica claro que os ecólogos tentam executar várias ações diferentes. Primeiramente e antes de tudo, a ecologia é uma ciência, e os ecólogos procuram, portanto, *explicar* e *compreender*. Existem duas classes de explicação em biologia: "imediata" e "final". Por exemplo, a distribuição e a abundância atuais de uma determinada espécie de ave podem ser "explicadas" pelo ambiente físico que ela tolera, o alimento que ela consome e os parasitos e predadores que a atacam. Essa é uma explicação *imediata* – uma explicação em função do que está acontecendo "aqui e agora". Entretanto, podemos também perguntar como essa espécie de ave adquiriu essas propriedades que agora parecem governar sua vida. Essa questão deve ser respondida por uma explicação em termos evolutivos; a explicação *final* da distribuição e abundância atuais dessa ave baseia-se nas experiências ecológicas de seus ancestrais (ver Capítulo 2).

> entendimento, descrição, previsão e controle

A fim de compreender algo naturalmente, devemos em primeiro lugar ter uma descrição do que desejamos entender. Portanto, os ecólogos precisam descrever antes de explicar. Por outro lado, as descrições mais valiosas são aquelas realizadas com um problema particular ou "necessidade de compreensão" em mente. Descrição indireta, feita meramente para seu próprio interesse, em geral é encontrada depois de ter selecionado as coisas erradas e tem pouco emprego em ecologia – ou em qualquer outra ciência.

Os ecólogos muitas vezes tentam prever o que acontecerá com uma população de organismos sob um conjunto particular de circunstâncias e, baseados nessas previsões, procuram controlá-los ou explorá-los. Procuramos minimizar os efeitos de pragas de gafanhotos prevendo quando eles provavelmente ocorrerão e agindo de acordo com isso. Tentamos explorar mais efetivamente as plantas de lavoura prevendo quando as condições serão mais favoráveis para a cultura e desfavoráveis para os seus inimigos. Procuramos preservar espécies raras prevendo uma política de conservação que nos habilitará a agir dessa forma. Algumas previsões ou medidas de controle podem ser feitas sem profunda explicação ou compreensão: não é difícil prever que a destruição de um bosque eliminará as aves do bosque. No entanto, previsões por discernimento, previsões precisas e previsões do que acontecerá em circunstâncias incomuns podem ser feitas apenas quando podemos também explicar e compreender o que está ocorrendo. Portanto, este livro trata de:

- como a compreensão ecológica é alcançada;
- o que compreendemos (mas também o que não compreendemos);
- como a compreensão pode nos ajudar a prever, manejar e controlar.

1.2 Escalas, diversidade e rigor

O restante deste capítulo diz respeito aos dois "como" citados anteriormente: como a compreensão é alcançada e como ela pode nos ajudar a prever, manejar e controlar. Ilustramos então três pontos fundamentais sobre a execução de projetos de ecologia, examinando, sempre que possível, os exemplos apresentados (ver Seção 1.3). Todavia, primeiro desenvolvemos três pontos, a saber:

- os fenômenos ecológicos ocorrem em uma variedade de escalas;
- a evidência ecológica provém de uma variedade de fontes diferentes;
- a ecologia conta com a evidência verdadeiramente científica e a aplicação da estatística.

1.2.1 Questões de escala

A ecologia atua em uma amplitude de escalas: escalas temporais, escalas espaciais e escalas "biológicas". É importante avaliar a amplitude dessas escalas e como elas se relacionam entre si.

a escala "biológica"

Frequentemente, ao mundo vivo é referida uma hierarquia biológica, que começa com partículas subcelulares e continua com células, tecidos e órgãos. A ecologia ocupa-se, então, com os três níveis a seguir:

- *organismos individuais*;
- *populações* (consistindo em indivíduos da mesma espécie);
- *comunidades* (consistindo em um maior ou menor número de populações).

No nível de organismo, a ecologia procura saber como os indivíduos são afetados pelo seu ambiente (e como eles o afetam). No nível de população, a ecologia ocupa-se da presença ou ausência de espécies determinadas, da sua abundância ou raridade e das tendências e flutuações em seus números. A ecologia de comunidades trata, então, da composição ou estrutura de comunidades ecológicas.

Podemos também focalizar as rotas de movimento seguidas pela energia e pela matéria através de elementos vivos e não vivos de uma quarta categoria de organização:

- *ecossistemas* (compreendendo a comunidade junto com seu ambiente físico).

Com esse nível de organização em mente, Likens (1992) estende nossa definição de ecologia (Quadro 1.1), incluindo "as interações entre organismos, bem como a transformação e fluxo de energia e matéria". Entretanto, na nossa definição colocamos as transformações de energia/matéria como subordinadas às "interações".

uma gama de escalas espaciais

No mundo vivo, não há área tão pequena nem tão grande que não contenha uma ecologia. Mesmo a imprensa popular fala cada vez mais a respeito do "ecossistema global", e não há dúvida de que vários problemas ecológicos podem ser examinados apenas nesta escala bem ampla. Esses problemas abrangem as relações entre correntes oceânicas e atividades pesqueiras ou entre padrões climáticos e distribuição de desertos e de florestas pluviais tropicais ou entre elevação de dióxido de carbono na atmosfera (da queima de combustíveis fósseis) e mudança climática global.

No extremo oposto, uma célula individual pode ser o estágio em que duas populações de patógenos competem pelos recursos que ela fornece. Em uma escala espacial ligeiramente maior, um intestino de cupim é o hábitat de bactérias, protozoários e outras espécies (Figura 1.2) – uma comunidade cuja diversidade pode razoavelmente ser comparada com a de uma floresta pluvial tropical, em termos de riqueza de organismos vivos, de variedade de interações em que eles tomam parte, sem contar um grande número de espécies de muitos participantes que permanecem sem identificação. Entre esses extremos, ecólogos diferentes ou os mesmos ecólogos em tempos diferentes podem examinar os habitantes de pequenos orifícios de árvores, dos corpos d'água temporários das savanas ou dos grandes lagos e oceanos; outros podem estudar a diversidade de pulgas sobre diferentes espécies de aves, a diversidade de aves em fragmentos florestais de tamanhos diversos ou a diversidade de matas em altitudes diferentes.

Em alguma extensão relacionada a essa amplitude de escalas espaciais e aos níveis na hierarquia biológica, os ecólogos também trabalham em uma variedade de escalas temporais. A "sucessão ecológica" – a colonização sucessiva e contínua de um local por certas populações de espécies, acompanhada da extinção de outras – pode ser estudada por um período compreendido entre o depósito até a decomposição de um monte de esterco de ovelha (uma questão de semanas) ou a partir da mudança do clima no final da última glaciação até os dias atuais e seguindo adiante (em torno de 14.000 anos). A migração pode ser estudada em borboletas por um período de dias ou em árvores que ainda estão migrando (lentamente) para áreas degeladas após o último período glacial.

Embora não haja dúvida de que as escalas temporais "apropriadas" variam, também é verdade que muitos estudos ecológicos não são tão longos quanto poderiam ser. Estudos mais longos custam mais e exigem maior de-

> uma gama de escalas temporais

> a necessidade de estudos de longa duração

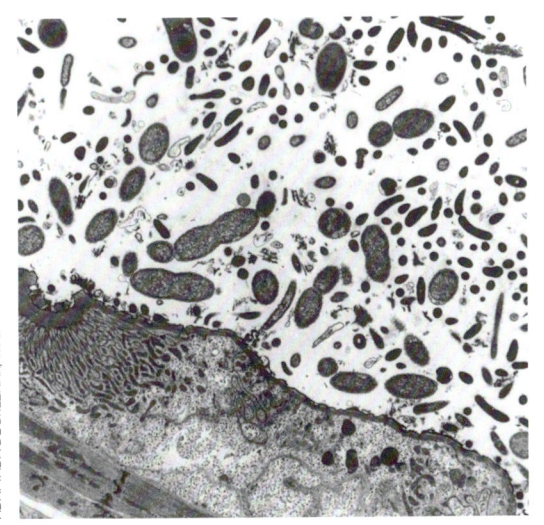

Figura 1.2
A comunidade variada de um intestino de cupim. Os cupins podem decompor a lignina e a celulose da madeira, devido às suas relações mutualísticas (ver Seção 8.4.4) com uma diversidade de micróbios que vivem em seus tratos digestórios.

dicação e energia. Uma comunidade científica impaciente e a exigência de evidência concreta de atividade para progressão na carreira pressionam os ecólogos, e todos os cientistas, a publicar o seu trabalho mais cedo. Por que os estudos de longa duração têm potencialmente tanto valor? A redução, em poucos anos, nos números de uma determinada espécie de planta ou de ave ou de borboleta poderia ser motivo de preocupação com a sua conservação – mas pode haver necessidade de uma ou mais décadas de estudo para assegurar que o declínio nada mais é do que uma expressão das subidas e descidas aleatórias da dinâmica populacional "normal". De maneira semelhante, uma elevação de 2 anos na abundância de um roedor selvagem seguida por uma queda de 2 anos pode ser parte de um "ciclo" regular de abundância, necessitando de uma explicação. Porém os ecólogos não poderão ter certeza, até que talvez 20 anos de estudo permitam a eles registrar quatro ou cinco repetições de tal ciclo.

Isso não significa que todos os estudos ecológicos necessitam durar 20 anos, nem que estão sujeitos a responder a mudanças momentâneas, mas enfatiza o grande valor para a ecologia de um pequeno número de investigações de longa duração que foram realizadas ou estão em andamento.

1.2.2 A diversidade da evidência ecológica

A evidência ecológica provém de diferentes fontes. Essencialmente, os ecólogos estão interessados em organismos nos seus ambientes naturais (embora, para muitos organismos, o ambiente "natural" agora tenha sido construído pelo homem). Entretanto, o avanço seria impossível se os estudos ecológicos fossem limitados a tais ambientes naturais. E mesmo em hábitats naturais, ações não naturais (manipulações experimentais) são frequentemente necessárias na busca da evidência segura.

observações e experimentos a campo

Muitos estudos ecológicos envolvem *observação* e monitoramento cuidadosos das mudanças na abundância de uma ou mais espécies em seu ambiente natural, no tempo ou no espaço, ou em ambos. Desse modo, os ecólogos podem estabelecer padrões; por exemplo, que o galo-selvagem-vermelho (ave caçada por "esporte") exibe ciclos regulares de abundância, com picos a cada 4 ou 5 anos, ou que a vegetação pode ser mapeada em uma série de zonas quando nos movemos através de uma paisagem de dunas arenosas. Todavia, os cientistas não param nesse ponto – os padrões requerem explicação. A análise cuidadosa dos dados descritivos pode sugerir alguma explicação plausível. No entanto, o estabelecimento das causas dos padrões pode requerer *experimentos de manipulação em campo*: livrar o galo-selvagem-vermelho de vermes intestinais, sugeridos como responsáveis pelos ciclos, e verificar se os ciclos persistem (ou não: Hudson et al., 1998), ou tratar áreas experimentais de dunas arenosas com fertilizante, para verificar se o padrão de alteração da vegetação reflete um padrão de alteração da produtividade do solo.

experimentos laboratoriais

Talvez menos obviamente, os ecólogos também muitas vezes precisam voltar-se para sistemas laboratoriais e até mesmo para modelos matemáticos. Esses têm desempenhado um papel decisivo no desenvolvimento da ecologia e certamente continuarão sendo importantes. Os experimentos de campo são inevitavelmente dispendiosos e de difícil execução. Além disso, mesmo se tempo e custo não forem problemas, os sistemas naturais de campo podem simplesmente ser tão complexos que não nos permitam extrair as consequências de muitos processos que podem estar atuando. Os vermes intestinais são realmente capazes de ter um efeito sobre a reprodução ou mortalidade de um galo-selvagem-vermelho? Quais das muitas espécies vegetais de dunas arenosas são sensíveis a alterações nos níveis de produtividade do solo e quais são relativamente insensíveis? Os *experimentos laboratoriais controlados* em geral são o melhor caminho para fornecer respostas a tais questões específicas, que podem ser partes-chave de qualquer explicação geral da situação complexa no campo.

Por certo, a complexidade de comunidades ecológicas naturais pode simplesmente tornar inadequado para um ecólogo o aprofundamento na busca da compreensão. Podemos querer explicar a estrutura e a dinâmica de uma determinada comunidade de 20 espécies de animais e plantas, com diferentes competidores, predadores, parasitas e assim por diante (em termos relativos, uma comunidade de notável simplicidade). Contudo, não alimentamos a esperança de trabalhar nessas condições, a menos que já tenhamos alguma compreensão básica de comunidades até mais simples com uma espécie de predador e uma espécie de presa; ou dois competidores; ou (especialmente ambicioso) dois competidores que apresentam um predador comum. Por isso, para nossa própria conveniência, geralmente é mais apropriado construir *sistemas laboratoriais simples*, que podem atuar como pontos de referência na busca de compreensão.

> sistemas laboratoriais simples...

Além disso, é só você perguntar a qualquer um que tenha tentado cultivar ovos de lagarta, ou manter mudas de uma linhagem de arbustos até a sua maturidade, para descobrir que mesmo as comunidades ecológicas mais simples podem não ser mantidas facilmente ou protegidas de patógenos, predadores ou competidores indesejáveis. Nem é necessariamente possível construir exatamente aquela determinada comunidade, simples e artificial que interessa a você; nem sujeitá-la às exatas condições ou perturbação que interessam. Por esse motivo, em diversos casos há muito a ser obtido a partir da análise de *modelos matemáticos* de comunidades ecológicas, construídos e manipulados de acordo com o que o ecólogo tem em mente.

> ... e modelos matemáticos

Por outro lado, embora um objetivo importante da ciência seja simplificar e, desse modo, facilitar a compreensão da complexidade do mundo real, em última análise é no mundo real que estamos interessados. O valor de modelos e experimentos laboratoriais simples deve sempre ser julgado em termos da luz que lançam sobre o funcionamento de sistemas mais naturais. Eles são um meio para atingir um fim – nunca um fim em si mesmo. Como todos os cientistas, os ecólogos necessitam "buscar simplicidade, mas desconfiar dela" (Whitehead, 1953).

1.2.3 Estatística e rigor científico

Para qualquer cientista, ofender-se com alguma frase ou provérbio popular é aceitar a acusação de falta de humor. Entretanto, é difícil permanecer calmo quando frases como "Existem mentiras, malditas mentiras e estatística" ou "Você pode provar qualquer coisa com estatística" são usadas por aqueles que não conhecem nada melhor, a fim de justificar porque continuam acreditando no que desejam acreditar, por mais que seja evidenciado o contrário. Não há dúvida de que, por vezes, a estatística é empregada *in*corretamente para tirar conclusões duvidosas de conjuntos de dados que de fato sugerem algo completamente diferente ou talvez nada. Porém, esses não são motivos para desmerecer a estatística de uma maneira geral – mas para se assegurar que as pessoas sejam educadas no mínimo, quanto aos princípios da evidência científica e sua análise estatística, de tal forma a protegê-las daqueles que podem desejar manipular suas opiniões.

> ecologia: uma busca por conclusões nas quais podemos confiar

De fato, não só não é verdade que você pode provar tudo com estatística, como o contrário é verdadeiro: você não pode *provar* tudo com estatística – a estatística não se propõe a isso. A análise estatística é, contudo, essencial para agregar um nível de confiança às conclusões que possamos querer extrair; a ecologia, como todas as ciências, é uma busca não de afirmações "provadas como verdadeiras", mas de conclusões em que podemos confiar.

Na verdade, o que distingue a ciência de outras atividades – o que torna a ciência "rigorosa" – é que ela baseia-se não em afirmações, que são simplesmente asserções, mas (i) em conclusões resultantes de investigações (como temos visto, de uma ampla variedade de tipos) realizadas com o propósito expresso de extrair aquelas conclusões, e (ii), até mais importante, em conclusões às quais pode estar vinculado um nível de confiança, medido em uma escala reconhecida. Esses pontos estão complementados nos Quadros 1.2 e 1.3.

> ecólogos devem pensar além

As análises estatísticas são executadas após a coleta dos dados, auxiliando na sua interpretação. No entanto, não existe ciência realmente de qualidade sem previsão. Os ecólogos, como todos os cientistas, precisam saber o que estão fazendo e por que estão fazendo isto *enquanto* estão fazendo. Isso é completamente óbvio em um nível geral; ninguém espera ecólogos fazendo do seu trabalho algum tipo de deslumbramento. Contudo, talvez não seja tão óbvio que os ecólogos deveriam saber como estão analisando seus dados, estatisticamente, não somente após os terem coletado nem enquanto estão coletando, mas mesmo antes de começar a coletá-los. Os ecólogos devem planejar, para ter segurança de que coletaram o tipo correto e a quantidade suficiente de dados, a fim de direcionar as questões que esperam resolver.

> a ecologia se baseia em amostras representativas

Os ecólogos tipicamente procuram tirar conclusões globais a respeito de grupos de organismos: qual é a taxa de natalidade dos ursos do Parque Yellowstone? Qual é a densidade de ervas daninhas em uma lavoura de trigo? Qual é a taxa de absorção de nitrogênio de árvores jovens em um viveiro? Procedendo desse modo, só muito raramente podemos examinar todos os indivíduos de um grupo ou toda a área a ser amostrada; por isso, devemos confiar no que esperamos que sejam amostras *representativas* do grupo ou hábitat como um todo. Na verdade, mesmo se examinamos um grupo na sua totalidade (podemos examinar todos os peixes de um pequeno lago, digamos), estamos provavelmente buscando tirar conclusões gerais dele: podemos esperar que o peixe no "nosso" pequeno lago possa nos revelar algo sobre peixes daquela espécie em pequenos lagos daquele tipo de modo geral. Resumindo,

1.2 ASPECTOS QUANTITATIVOS

Interpretando probabilidades

Valores de P

Ao final de um teste estatístico, o termo mais frequentemente utilizado para medir a força das conclusões extraídas é um valor de P ou nível de probabilidade. É importante compreender o que são os valores P. Suponha que estamos interessados em confirmar se abundâncias altas de um inseto-praga no verão estão associadas a temperaturas altas na primavera anterior; suponha que os dados que temos para avaliar essa questão consistem em abundâncias de insetos de verão e temperaturas médias de primavera para um determinado número de anos. Podemos razoavelmente esperar que a análise estatística de nossos dados permita concluir, com um grau de confiança estabelecido, que há uma associação ou que não existem motivos para acreditar em uma associação (Figura 1.3).

Hipótese nula

Para a realização de um teste estatístico, precisamos primeiro de uma hipótese nula, que simplesmente indica a inexistência de associação, ou seja, nenhuma associação entre abundância de insetos e temperatura. O teste estatístico gera, então, uma probabilidade (um valor de P), que permite saber, a partir de um conjunto de dados como o nosso, se a hipótese nula está correta.

Suponha que os dados fossem como os da Figura 1.3a. A probabilidade gerada por um teste de associação aplicado sobre esses dados é $P = 0,5$ (equivalente a 50%). Isso significa que, se a hipótese nula estiver realmente correta (nenhuma associação), 50% de estudos como o nosso geraria tal conjunto de dados ou, até mesmo, mais distante da hipótese nula. Desse modo, se não houver associação, nada seria notável nesse conjunto de dados e não teríamos confiança em afirmar que houve uma associação.

Suponha, contudo, que os dados fossem como aqueles da Figura 1.3b, na qual o valor de P gerado é $P = 0,001$ (0,1%). Isso significaria que tal conjunto de dados pode ser esperado apenas em 0,1% de estudos similares se realmente não houver associação. Em outras palavras, de certo modo muito improvável ocorreu ou houve uma associação entre abundância de insetos e temperatura de primavera. Assim, já que por definição não esperamos eventos altamente improváveis, podemos ter um alto grau de confiança na afirmação de que houve uma associação entre abundância e temperatura.

Teste de significância

Ainda assim, 50% e 0,01% facilitam as coisas para nós. Onde, entre os dois, devemos fixar o limite? Não existe uma resposta objetiva para isso e, desse modo, cientistas e estatísticos convencionaram um teste de significância, segundo o qual, se P é menor do que 0,05 (5%), escrito $P < 0,05$ (p. ex., Figura 1.3d), então os resultados são descritos como estatisticamente significativos e a confiança pode ser colocada no efeito que está sendo examinado (no nosso caso, a associação entre abundância e temperatura). Por outro lado, se $P > 0,05$, não há base estatística para pretender que o efeito exista (p. ex., Figura 1.3c). Uma elaboração posterior da convenção frequentemente descreve os resultados com $P < 0,01$ como "altamente significativo".

Resultados "insignificantes"?

Naturalmente, alguns efeitos são fortes (por exemplo, existe uma sólida associação entre a massa corporal da população e sua altura) e outros são fracos (a associação entre a massa corporal da população e o risco de doença cardíaca é real mas fraca, uma vez

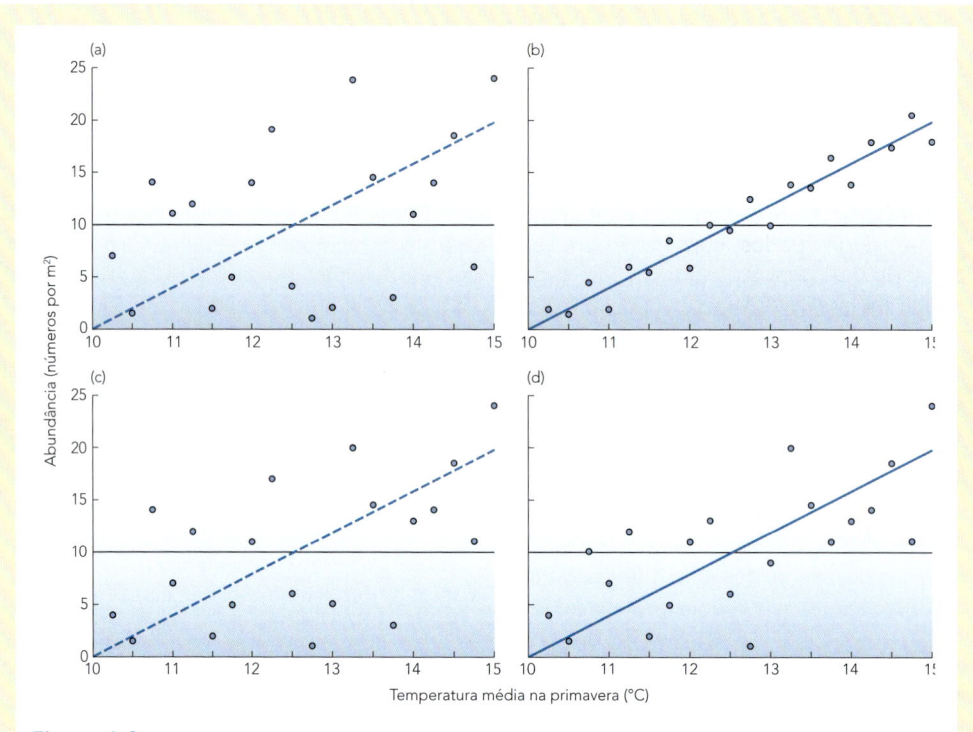

Figura 1.3
Os resultados de quatro estudos hipotéticos sobre a relação entre a abundância de um inseto-praga no verão e a temperatura média na primavera precedente. Em cada caso, os pontos são dados de fato coletados. As linhas horizontais representam a hipótese nula – de que não existe associação entre abundância e temperatura e, assim, a melhor estimativa de abundância esperada de insetos, independentemente da temperatura da primavera, é a abundância média de insetos em geral. A linha oblíqua é a linha de melhor ajuste aos dados, que em cada caso oferece alguma sugestão de que a abundância cresce com a temperatura. Entretanto, se podemos ter confiança em concluir que a abundância cresce com a temperatura, depende, como está explicado no texto, dos testes estatísticos aplicados aos conjuntos de dados. (a) A sugestão de uma relação é fraca ($P = 0,5$). Não existem bons motivos para concluir que a relação verdadeira difere daquela suposta pela hipótese nula e não há motivos para concluir que a abundância está relacionada com a temperatura. (b) A relação é forte ($P = 0,001$) e podemos concluir com confiança que a abundância aumenta com a temperatura. (c) Os resultados são sugestivos ($P = 0,1$), mas a partir deles não é possível concluir com segurança que a abundância aumenta com a temperatura. (d) Os resultados não são muito diferentes dos de (c), mas são suficientemente fortes ($P = 0,04$, i.e., $P < 0,05$) para concluir com segurança que a abundância aumenta com a temperatura.

que a massa é apenas um de muitos fatores importantes). São necessários mais dados para dar suporte a um efeito fraco do que a um forte. Uma conclusão óbvia mas muito importante resulta disso: um valor de *P*, em um estudo ecológico, maior do que 0,05 (falta de significância estatística) pode significar um dos dois caminhos:

1. Realmente não existe efeito de importância ecológica.
2. Simplesmente, os dados não são suficientemente bons ou não são suficientes para sustentar o efeito, ainda que ele exista, possivelmente porque o efeito é real mas fraco; por isso, são necessários mais dados, mas eles não foram coletados.

Cotando valores de P

Além disso, aplicando a convenção, estrita e dogmaticamente, significa que, quando $P = 0{,}06$, a conclusão é "não foi estabelecido nenhum efeito"; quando $P = 0{,}04$, a conclusão é "existe um efeito significativo". Apesar disso, é requerida muito pouca diferença nos dados, para mover um valor de P de 0,04 para 0,06. Por esse motivo, é muito melhor cotar valores de P exatos, especialmente quando eles excedem a 0,05, e considerar conclusões em termos de sombras de cinza, em vez de preto e branco, de "efeito comprovado" e "sem efeito". Particularmente, valores de P próximos, mas não menores do que 0,05, sugerem que algo parece estar ocorrendo; eles indicam, mais do que qualquer outra coisa, que é necessário coletar mais dados a fim de que nossa confiança nas conclusões possa ser estabelecida mais claramente.

Por todo este livro, são descritos estudos de um amplo espectro de tipos, e seus resultados, frequentemente, têm valores de P agregados a eles. Naturalmente, como este é um livro-texto, os estudos foram selecionados porque seus resultados são significantes. Contudo, é importante ter em mente que afirmações repetidas $P < 0{,}05$ e $P < 0{,}01$ significam que estes são estudos onde (i) foram coletados dados suficientes para estabelecer uma conclusão na qual podemos confiar, (ii) que a confiança foi estabelecida por meios acordados (teste estatístico) e (iii) que a confiança é medida em uma escala acordada e interpretável.

1.3 ASPECTOS QUANTITATIVOS

Agregando confiança aos resultados

Erros-padrão e intervalos de confiança

Na sequência do Quadro 1.2, uma outra maneira de avaliar a significância de resultados, e a confiança neles, é por meio da referência aos erros-padrão. Mais uma vez simplesmente determinados, os testes estatísticos com frequência permitem que os erros-padrão sejam agregados aos valores médios calculados de um conjunto de observações ou às inclinações de linhas como as da Figura 1.3. Tais valores médios ou inclinações, na melhor das hipóteses, sempre podem ser apenas estimativas do "verdadeiro" valor médio ou verdadeira inclinação, pois são calculados a partir de dados que representam apenas uma amostra de todos os itens imagináveis de dados que podem ser coletados. O erro-padrão, então, estabelece uma faixa ao redor da média estimada (ou inclinação, etc.), dentro da qual pode ser esperada a ocorrência da verdadeira média, com uma probabilidade determinada. Particularmente, existe uma probabilidade de 95% de que a verdadeira média situe-se dentro de aproximadamente dois erros-padrão (2 EP) da média estimada; isto é chamado de *intervalo de confiança de 95%*.

Em consequência, quando temos dois conjuntos de observações, cada um com seu próprio valor médio (por exemplo, o número de sementes produzidas por plantas de dois locais – Figura 1.4), os erros-padrão nos permitem avaliar se as médias são estatisticamente diferentes entre si. Grosso modo, se cada média é mais do que dois erros-padrão da outra média, então a diferença entre elas é estatisticamente significativa com $P < 0{,}05$. Desse modo, do estudo ilustrado na Figura 1.4a, não seria seguro concluir que as plantas dos dois locais diferiram na produção de sementes. No entanto, para o estudo similar ilustrado na Figura 1.4b, as médias são aproximadamente as mesmas encontradas no primeiro estudo, assim como a separação entre elas, mas os erros-

-padrão são menores. Consequentemente, a diferença entre as médias é significativa ($P < 0{,}05$) e podemos concluir com confiança que as plantas dos dois locais diferiram.

Quando os erros-padrão são pequenos?

Observe que os erros-padrão grandes no primeiro estudo e, por consequência, a falta de significância estatística pode ser devido aos dados que, por alguma razão, foram mais variáveis; mas eles podem também ter sido devidos a uma amostra menor no primeiro estudo do que no segundo. Os erros-padrão são menores e é mais fácil obter significância estatística *tanto* quando os dados são mais consistentes (menos variáveis) *quanto* quando existem mais dados.

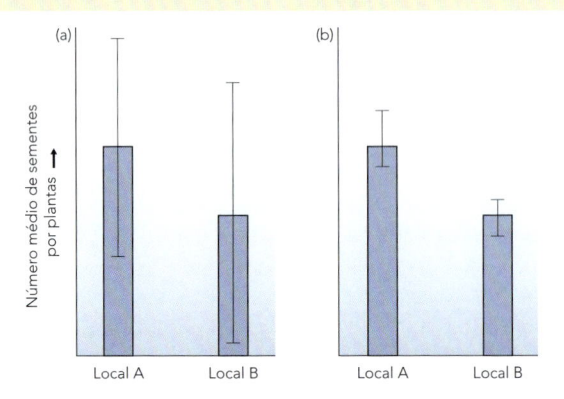

Figura 1.4

Resultados de dois estudos hipotéticos, em que foi comparada a produção de sementes de plantas procedentes de dois locais diferentes. Em todos os casos, as alturas das barras representam a produção média de sementes da amostra de plantas examinadas e as linhas que atravessam as barras estendem um EP acima e abaixo delas. (a) Embora as médias sejam diferentes, os erros-padrão são relativamente grandes e não seria seguro concluir que a produção de sementes diferiu entre os locais ($P = 0{,}4$). (b) As diferenças entre as médias são muito similares àquelas em (a), mas os erros-padrão são muito menores e pode ser concluído com confiança que as plantas dos dois locais diferiram quanto à produção de sementes ($P < 0{,}05$).

a ecologia confia na obtenção de estimativas a partir de amostras representativas. Isso está desenvolvido no Quadro 1.4.

1.3 Ecologia na prática

Nas seções anteriores, estabelecemos, de maneira geral, como a compreensão ecológica pode ser obtida e como ela pode ser empregada para nos auxiliar a prever, manejar e controlar sistemas ecológicos. Entretanto, a prática de ecologia é mais fácil de ser dita do que de ser feita. Para descobrir os problemas reais enfrentados pelos ecólogos e como eles tentam resolvê-los, é melhor considerar, em um certo detalhe, alguns projetos reais de pesquisa. Ao ler sobre os problemas a seguir, você deve ter em mente como eles esclarecem nossos três pontos principais: (i) fenômenos ecológicos ocorrem em uma variedade de escalas; (ii) a evidência ecológica provém de uma variedade de

1.4 ASPECTOS QUANTITATIVOS

Estimativa: amostragem, acurácia e precisão

A discussão nos Quadros 1.2 e 1.3, a respeito de quando os erros-padrão serão pequenos ou grandes ou quando nossa confiança em conclusões será forte ou fraca, tem implicações não somente para a interpretação de dados após eles terem sido coletados. Ela transmite também uma mensagem sobre o planejamento da coleta de dados. Ao empreender um programa de amostragem para coleta de dados, o objetivo é satisfazer um número de critérios:

1 Que as estimativas sejam acuradas ou não tendenciosas: isto é, nem sistematicamente muito altas nem muito baixas, como resultado de alguma falha no programa.
2 Que as estimativas tenham limites de confiança tão estreitos (como precisos) quanto possíveis.
3 Que o tempo, dinheiro e esforço humano investidos no programa sejam empregados tão efetivamente quanto possível (porque eles são sempre limitados).

Acaso e amostragem estratificada ao acaso

Para compreender estes critérios, considere um outro exemplo hipotético. Suponha que estamos interessados na densidade de uma determinada erva daninha (p. ex., aveia selvagem) em uma lavoura de trigo. Para evitar tendenciosidade, é necessário garantir que cada parte da lavoura tenha chance igual de ser selecionada para amostragem. Por isso, as unidades amostrais devem ser selecionadas ao acaso. Podemos, por exemplo, dividir a lavoura em uma grade dimensionada, dispor ao acaso pontos sobre a grade e contar os indivíduos de aveia selvagem dentro de um raio de 50 cm do ponto selecionado na grade. Este método não tendencioso pode ser comparado com um plano para amostrar apenas ervas daninhas localizadas entre fileiras de plantas de trigo, dando uma estimativa muito alta, ou localizadas nas fileiras, dando uma estimativa muito baixa (Figura 1.5a).

Lembre, no entanto, que amostras ao acaso não são tomadas como um fim em si mesmas, mas porque a casualidade é um meio de amostragem verdadeiramente representativo. Assim, unidades amostrais escolhidas ao acaso podem estar concentradas, por chance, em uma determinada parte da lavoura, que, desconhecida para nós, não é representativa da área como um todo. Por esse motivo, é muitas vezes preferível empreender a *amostragem estratificada ao acaso*, em que, neste caso, a lavoura é dividida em um número de partes de tamanhos iguais (*estratos*) e é tomada uma amostra ao acaso de cada uma. Dessa maneira, a cobertura de toda a lavoura é uniforme, sem o risco da tendenciosidade de selecionar locais particulares para amostragem.

Separando subgrupos e dirigindo esforço

Contudo, suponha agora, que a metade da lavoura tenha uma inclinação voltada para sudeste e a outra metade, uma inclinação voltada para sudoeste, e sabemos que aspecto (de que maneira a inclinação está voltada) afeta consideravelmente a densidade de ervas daninhas. A amostragem ao acaso (ou amostragem estratificada ao acaso) deve, ainda assim, fornecer uma estimativa não tendenciosa de densidade para toda a lavoura, mas para um determinado investimento em esforço o intervalo de confiança para a estimativa será desnecessariamente alto. Para ver por que, considere a Figura 1.5b. Os valores individuais de amostras caem em dois grupos, a uma distância substancial separada da escala de densidade: alta, da inclinação

▶

sudoeste; baixa (na maior parte, zero), da inclinação sudeste. A densidade média estimada está junto à média verdadeira (ela é acurada), mas a variação entre amostras leva a um intervalo de confiança muito grande (ele não é muito preciso).

Se, no entanto, reconhecemos a diferença entre as duas inclinações e as tratamos separadamente desde o início, obtemos então médias para cada uma com intervalos de confiança muito menores. Além disso, se determinarmos a média daquelas e combinarmos seus intervalos de confiança para obter uma estimativa de toda a lavoura, o intervalo fica também muito menor do que anteriormente (Figura 1.5b).

Contudo, nosso esforço foi direcionado sensatamente, com números iguais de amostras da inclinação a sudoeste, onde existem lotes de ervas daninhas, e da inclinação a sudeste, onde virtualmente não há nenhum?

A resposta é não. Lembre que intervalos de confiança estreitos surgem da combinação de um grande número de pontos de dados e pequena variabilidade intrínseca (Quadro 1.3). Desse modo, se nossos esforços foram direcionados principalmente para amostrar a inclinação a sudoeste, o aumento da quantidade de dados teria diminuído visivelmente o intervalo de confiança (Figura 1.5c), enquanto a menor amostragem da inclinação a sudeste teria feito muito pouca diferença ao intervalo de confiança, devido à baixa variabilidade intrínseca. A direção cuidadosa de um programa de amostragem pode claramente aumentar a precisão total de um dado investimento em esforço. Além disso, programas de amostragem deveriam, quando possível, identificar subgrupos biologicamente distintos (machos e fêmeas, velhos e jovens, etc.) e tratá-los separadamente, mas amostrar ao acaso dentro dos subgrupos.

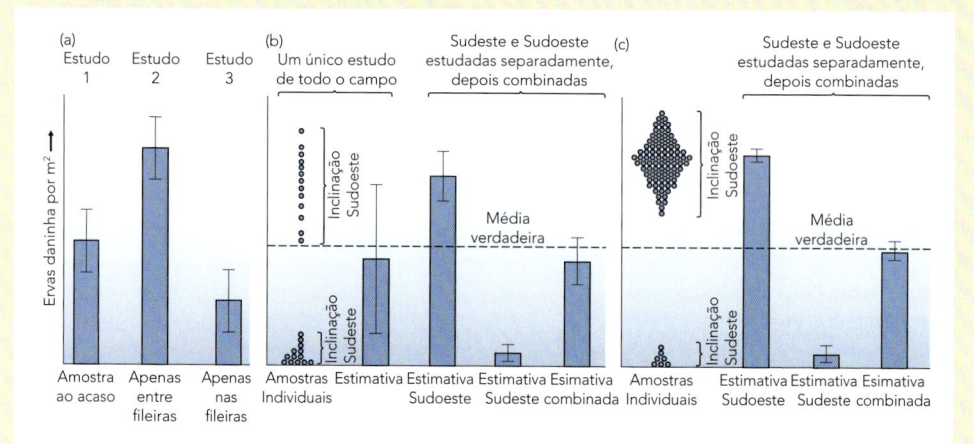

Figura 1.5
Resultados de programas hipotéticos para estimar a densidade de ervas daninhas em uma lavoura de trigo. (a) Os três estudos têm precisão igual (intervalos de confiança de 95%), mas apenas o primeiro (de uma amostra ao acaso) é acurado. (b) No primeiro estudo, amostras individuais de partes diferentes da lavoura (sudeste e sudoeste) caem em dois grupos (esquerda); assim, a estimativa, embora acurada, não é precisa (direita). No segundo estudo, as estimativas separadas para sudeste e sudoeste são acuradas e precisas – como é a estimativa para toda a lavoura, obtida pela combinação delas. (c) Continuando de (b), a maioria do esforço de amostragem é direcionada para sudoeste, reduzindo lá o intervalo de confiança, mas com efeito pequeno sobre o intervalo de confiança para sudeste. O intervalo global, por essa razão, é reduzido: a precisão foi melhorada.

fontes diferentes; e (iii) a ecologia confia na evidência verdadeiramente científica e na aplicação da estatística. Todos os outros capítulos deste livro contêm descrições de estudos similares, mas no contexto de um levantamento sistemático das forças motoras em ecologia (Capítulos 2-11) ou da aplicação desse conhecimento para resolver problemas aplicados (Capítulos 12-14). Por ora, nos satisfazemos em buscar uma apreciação de como quatro equipes de pesquisa têm desenvolvido suas atividades.

1.3.1 A truta marrom na Nova Zelândia: efeitos sobre indivíduos, populações, comunidades e ecossistemas

É raro, em um estudo, abranger mais do que um ou dois dos quatro níveis da hieraquia biológica (indivíduos, populações, comunidades e ecossistemas). Na maior parte do século XX, ecofisiologistas e ecólogos comportamentais (estudando indivíduos), estudiosos de dinâmica populacional, comunidades e ecossistemas tenderam a seguir caminhos separados, fazendo perguntas diferentes de maneiras distintas. Seja como for, não há dúvida de que, em última análise, nossa compreensão será aumentada consideravelmente quando os vínculos entre todos esses níveis se tornarem claros – um ponto que pode ser ilustrado pelo exame do impacto da introdução de um peixe exótico em riachos na Nova Zelândia.

Apreciadas pelo desafio que oferecem aos pescadores, as trutas marrons (*Salmo trutta*), transportadas da Europa, onde são nativas, para todo o mundo, foram introduzidas na Nova Zelândia em 1867, e populações autossustentáveis lá são encontradas em muitos riachos, rios e lagos. Até bem recentemente, poucas pessoas preocupavam-se com invertebrados e peixes nativos na Nova Zelândia, de modo que dispomos de pouca informação sobre alterações na ecologia de espécies nativas após a introdução da truta. Não obstante, a truta tem colonizado alguns riachos, mas não outros. Por isso, podemos aprender muito por comparação da ecologia atual de riachos contendo truta com aqueles ocupados por peixes nativos não migratórios do gênero *Galaxias* (Figura 1.6).

Figura 1.6
(a) Uma truta marrom e (b) um peixe *Galaxias* em um riacho da Nova Zelândia: o *Galaxias* nativo está se escondendo do predador introduzido?

> **o nível individual – consequências do comportamento alimentar de invertebrados**

Ninfas de efemerópteros de espécies variadas comumente se alimentam de algas microscópicas que crescem em leitos de riachos da Nova Zelândia, mas existem algumas diferenças notáveis em seus ritmos de atividade, dependendo se elas estão em ambientes de *Galaxias* ou de truta. Em um experimento, ninfas coletadas de um ambiente de truta e colocadas em pequenos canais artificiais em laboratório foram menos ativas durante o dia do que à noite, enquanto aquelas coletadas de um riacho com *Galaxias* foram ativas de dia e à noite (Figura 1.7a). Em outro experimento, com outra espécie de efemerópteros, foram feitos registros de indivíduos visíveis à luz do dia sobre a superfície de seixos em canais artificiais colocados em um riacho real. Cada um desses tratamentos foi replicado três vezes – sem peixe nos canais, presença de truta e presença de *Galaxias*. A atividade diária foi significativamente reduzida na presença de qualquer uma das duas espécies de peixe – mas, de modo mais acentuado, quando a truta estava presente (Figura 1.7b).

Essas diferenças no padrão de atividade refletem o fato de que a truta confia principalmente na visão para capturar a presa, enquanto *Galaxias* conta com estruturas mecânicas. Desse modo, os invertebrados em um riacho com truta correm muito mais risco de predação durante o período luminoso. Todas essas conclusões são mais consistentes porque elas derivam das condições controladas de um experimento de laboratório e das circunstâncias de um experimento de campo, mais realista, porém mais variável.

> **o nível da população – a truta marrom e a distribuição de peixes nativos**

No Rio Taieri, na Nova Zelândia, foram selecionados 198 locais, de maneira estratificada, escolhendo-se ao acaso riachos de dimensões similares em cada um dos três tributários de cada uma das oito sub-bacias do rio. Foi to-

Figura 1.7
(a) Número médio (± EP) de ninfas do efemeróptero *Nesameletus ornatus*, coletadas de um riacho com truta ou um riacho com Galaxias, que foram registradas com câmera de vídeo sobre a superfície do substrato em canais de corrente em laboratório, durante o dia e a noite (na ausência de peixes). (b) Número médio (± EP) de ninfas do efemeróptero *Deleatidium*, observadas sobre a superfície superior de seixos durante a noitinha, em canais (colocados em um riacho real) sem peixe, com truta ou com *Galaxias*. A presença de um peixe desestimula os efemerópteros de emergirem durante o dia, mas as trutas apresentam um efeito muito maior do que *Galaxias*. Em todos os casos, os desvios-padrão foram suficientemente pequenos para que as diferenças fossem estatisticamente significativas ($P < 0,05$).

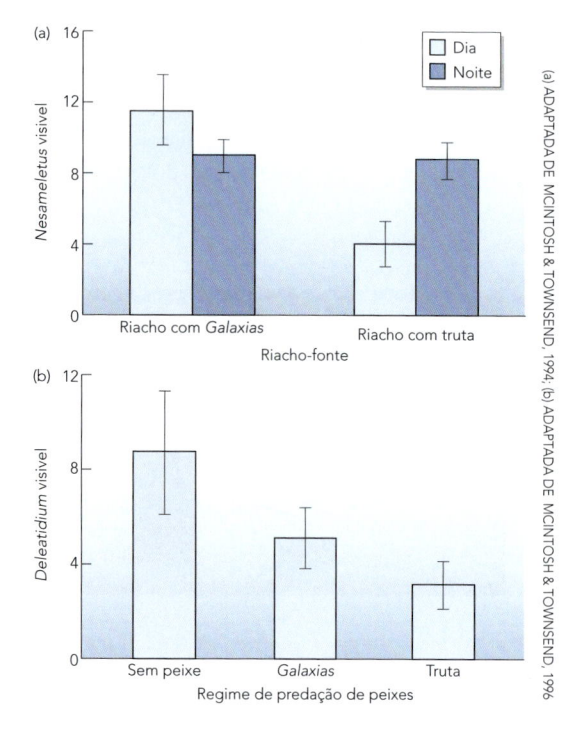

mado o cuidado de não serem escolhidos locais de fácil acesso (próximos a rodovias ou pontes), para não haver influência nos resultados. Os locais foram classificados como: (i) sem peixe, (ii) contendo apenas *Galaxias*, (iii) contendo apenas truta e (iv) contendo *Galaxias* e truta. Em cada local, foram medidas algumas variáveis (profundidade do riacho, velocidade do fluxo, concentração de fósforo na água do riacho, percentagem do leito do riacho composto de seixos, etc.). Um procedimento estatístico, denominado análise discriminante múltipla, foi então utilizado para determinar que variáveis ambientais, ou se todas, distinguem um tipo de local do outro. As médias e os erros-padrão dessas variáveis ambientais estão apresentados na Tabela 1.1.

As trutas ocorreram quase invariavelmente abaixo de quedas d'água que eram suficientemente grandes para impedir sua migração a montante; elas ocorreram predominantemente em elevações baixas porque os locais sem quedas d'água a jusante tenderam a estar em elevação mais baixa. Os locais contendo *Galaxias* (ou sem peixe) situaram-se sempre a montante de uma ou várias quedas d'água grandes. Os poucos locais com truta e *Galaxias* situaram-se abaixo de quedas d'água, em elevações intermediárias e com leitos contendo seixos; a natureza instável dos leitos desses riachos pode ter promovido a coexistência (em densidades baixas) dessas duas espécies. Esse estudo descritivo em nível populacional, por isso, beneficia-se de um experimento "natural" (riachos contendo truta ou *Galaxias*) para determinar o efeito da introdução da truta. A razão mais provável para a limitação de populações de *Galaxias* em locais a montante de quedas d'água, que são inacessíveis à truta, é a predação direta do peixe nativo pela truta abaixo das quedas d'água (em um aquário de laboratório, foi registrado que uma única truta pequena consome 135 filhotes de *Galaxias* por dia).

Não é surpreendente que um predador exótico, tal como a truta, tenha efeitos diretos sobre a distribuição de *Galaxias* ou efemeróptero. No entanto, podemos indagar se essas mudanças têm consequências na comunidade, com efeito em cascata sobre outras espécies. Nas comunidades de riachos, relativamente pobres em espécies, no sul da Nova Zelândia, os vegetais estão repre-

> a comunidade – truta marrom causa uma cascata de efeitos

Tabela 1.1

Médias e erros-padrão (entre parênteses) de variáveis discriminantes importantes para classes de assembléias de peixes em 198 locais do Rio Taieri. Em particular, compare as classes "somente *Galaxias*" e "somente truta marrom". *Galaxias* são encontradas se há grandes quedas d'água a jusante do sítio (e a elevações relativamente altas onde o leito do riacho apresenta uma representação intermediária de seixos). A truta marrom, por outro lado, geralmente ocorre onde não há quedas d'água a jusante (a elevações um pouco mais baixas e com composição de leito similar à da classe *Galaxias*).

		VARIÁVEIS		
TIPO DE SÍTIO	NÚMERO DE SÍTIOS	NÚMERO DE QUEDAS D'ÁGUA A JUSANTE	ELEVAÇÃO (M ACIMA DO NÍVEL DO MAR)	% DO LEITO COMPOSTO DE SEIXOS
Somente truta marrom	71	0,42 (0,05)	324 (28)	18,9 (2,1)
Somente *Galaxias*	64	12,3 (2,05)	567 (29)	22,1 (2,8)
Sem peixe	54	4,37 (0,64)	339 (31)	15,8 (2,3)
Truta + *Galaxias*	9	0,0 (0)	481 (53)	46,7 (8,5)

ADAPTADA DE TOWNSEND & CROWL, 1991

sentados principalmente por algas que crescem sobre os seus leitos. Estas são consumidas por diferentes larvas de insetos, que, por sua vez, são predados por invertebrados e peixes. Como vimos, tem havido substituição de *Galaxias* por truta em muitos desses riachos. Foi realizado um experimento envolvendo fluxo através de canais artificiais (vários metros de comprimento, com rede nas extremidades, para impedir a saída de peixes mas possibilitar a colonização natural por invertebrados) colocados em um riacho real, para determinar se a truta afeta a teia alimentar do riacho diferentemente de *Galaxias* que foi desalojada. Foram estabelecidos três tratamentos (sem peixe, presença de *Galaxias*, presença de truta; com densidades de ocorrência natural) em cada um dos vários blocos casualizados localizados em um trecho do riacho, sendo de mais de 50 m a distância entre os blocos. Foi permitida a colonização por algas e invertebrados durante 12 dias antes da introdução dos peixes. Após um período adicional de 12 dias, os invertebrados e as algas foram amostrados (Figura 1.8).

Foi evidente um efeito significativo da truta sobre a redução da biomassa de invertebrados ($P = 0,026$), mas a presença de *Galaxias* não reduziu a biomassa de invertebrados em relação ao controle sem peixe. A biomassa das algas, talvez não surpreendentemente, alcançou seus valores mais altos no tratamento com truta ($P = 0,02$). Fica evidente que a truta tem um efeito mais pronunciado do que *Galaxias* sobre os invertebrados herbívoros e, assim, sobre a biomassa das algas. O efeito indireto da truta sobre as algas ocorre parcialmente por meio da redução da densidade de invertebrados, mas também porque ela restringe o comportamento consumidor dos invertebrados que estão presentes (ver Figura 1.7b).

o ecossistema – a truta e o fluxo energético

A sequência de estudos mostrada anteriormente forneceu o estímulo para uma investigação energética detalhada de dois tributários vizinhos do Rio Taieri (com condições físicas e químicas muito similares), sem serem ocupados por truta e outros peixes (devido a uma queda d'água a jusante) e contendo apenas *Galaxias*. A hipótese a ser examinada era que a taxa de energia radiante absorvida através da fotossíntese das algas seria mais alta no riacho com truta, pois nele haveria menos invertebrados e, desse modo, uma menor taxa de consumo de algas. Realmente, a produção "primária" líquida anual (a taxa de produção da planta, neste caso, biomassa das algas) foi seis vezes maior no riacho com truta do que no riacho com *Galaxias* (Figura 1.9).

Figura 1.8

(a) Biomassa total dos invertebrados e (b) biomassa das algas (clorofila a) (± EP) de um experimento realizado no verão em um pequeno riacho na Nova Zelândia. Em réplicas experimentais nas quais a truta está presente, invertebrados pastadores são mais raros e pastam menos; dessa forma, a biomassa das algas é mais elevada. G, *Galaxias* presente; N, sem peixe; T, truta presente.

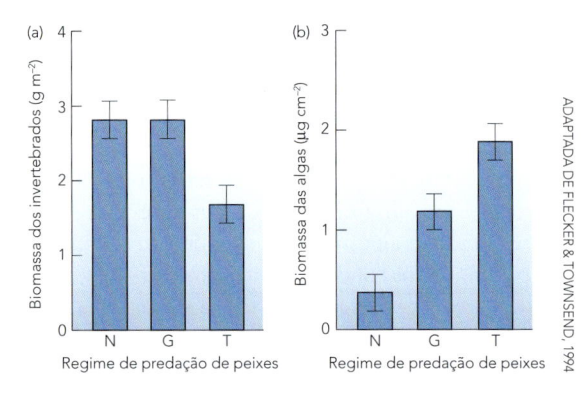

ADAPTADA DE FLECKER & TOWNSEND, 1994

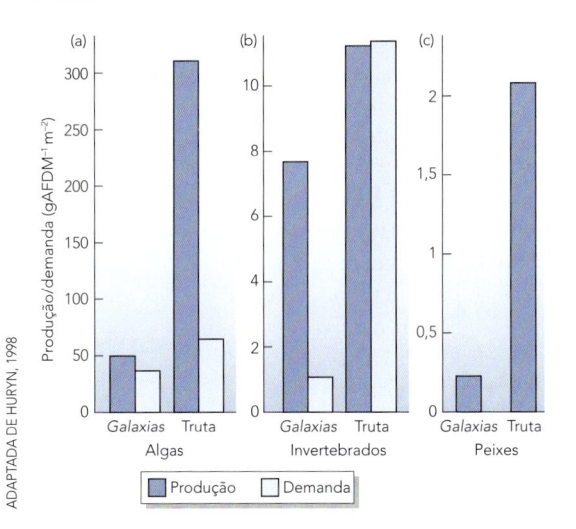

Figura 1.9

Estimativas anuais de "produção" de biomassa em um nível trófico e a "demanda" dessa biomassa (a quantidade consumida) no nível trófico seguinte, para: (a) produtores primários (algas), (b) invertebrados (que consomem algas) e (c) peixe (que consome invertebrados). As estimativas são para um riacho com truta e um riacho com *Galaxias*. No primeiro, a produção é mais alta em todos os níveis tróficos, porque a trutas consomem essencialmente toda a produção anual de invertebrados (b), os invertebrados consomem apenas 21% da produção primária (a). No riacho com *Galaxias*, esses peixes consomem apenas 18% da produção de invertebrados, "permitindo" aos invertebrados o consumo da maioria (75%) da produção primária anual.

Além disso, os consumidores primários (invertebrados que consomem algas) produziram biomassa nova no riacho com truta, numa taxa 1,5 vez maior do que no riacho com *Galaxias*, enquanto a própria truta produziu biomassa nova a uma taxa aproximadamente nove vezes maior do que a de *Galaxias* (Figura 1.9).

Desse modo, as algas, invertebrados e peixes são "mais produtivos" no riacho com truta do que no riacho com *Galaxias*; no entanto, *Galaxias* consome apenas cerca de 18% da produção de presa disponível a cada ano (comparado com o consumo virtual de 100% pela truta); enquanto isso, os invertebrados herbívoros consomem aproximadamente 75% da produção primária no riacho com *Galaxias* (comparado com apenas cerca de 21% no riacho com truta) (Figura 1.9). Assim, a hipótese inicial parece estar confirmada: é o forte controle dos invertebrados pela truta que libera algas para produzir e acumular biomassa a uma taxa alta.

Uma outra consequência para o ecossistema: no riacho com truta a produção primária mais alta está associada a uma taxa mais rápida de absorção, pelas algas, de nutrientes vegetais (nitrato, amônio e fosfato) de um curso d'água fluente (Simon et al., 2004).

Essa série de estudos, portanto, ilustra um pouco a variedade de caminhos que as investigações ecológicas podem seguir, bem como o espectro de níveis na hierarquia biológica que a ecologia abrange e o modo pelo qual os estudos em níveis diferentes podem servir de complemento uns para os outros. Ao mesmo tempo em que é necessário ter cautela ao se interpretar os resultados de um estudo sem réplica (apenas um riacho com truta e um riacho com *Galaxias* no "estudo sobre ecossistema"), a conclusão de que a cascata trófica é responsável pelos padrões observados em nível de ecossistema pode ser feita com alguma confiança, devido a uma variedade de outros estudos corroborativos conduzidos em níveis individual, populacional e de comunidade. Embora a truta marrom seja uma invasora exótica na Nova Zelândia e tenha causado efeitos de amplas consequências sobre a ecologia de ecossistemas nativos, ela é agora considerada uma parte valiosa da fauna, particularmente por pescadores, e gera milhões de dólares para a nação. Muitos outros invasores têm causado dramáticos impactos econômicos negativos (Quadro 1.5).

1.5 ECONSIDERAÇÕES ATUAIS

Invasões e homogeinização da biota: isto é uma questão?

Uma análise recente concluiu que dezenas de milhares de espécies exóticas invasoras nos EUA causam perdas econômicas que totalizam 137 bilhões de dólares por ano (Pimentel et al., 2000). Na Tabela 1.2, esse total está subdividido em uma variedade de grupos taxonômicos.

Consideremos alguns invasores com consequências particularmente dramáticas. O cardo-estrelado amarelo (*Centaurea solstitalis*) hoje domina mais de 4 milhões de hectares na Califórnia, resultando na perda total de campo produtivo. Estima-se que os ratos prejudicam por ano, nos EUA, 19 bilhões de dólares de grãos estocados, assim como causam incêndios (roem fios elétricos), poluem gêneros alimentícios, propagam doenças e são predadores de espécies nativas. A carpa introduzida reduz a qualidade da água pelo aumento da turbidez, enquanto 44 espécies de peixes nativos são ameaçadas pelos invasores. A formiga-fogo-vermelho (*Solenopsis invicta*) mata aves domésticas, lagartos, serpentes e aves que nidificam no solo; só no Texas, estima-se que os danos à pecuária bovina, à vida selvagem e à saúde pública cheguem a aproximadamente 300 milhões de dólares por ano, além de 200 milhões de dólares gastos no controle. O mexilhão-zebra (*Dreissena polymorpha*), que chegou ao Lago St. Clair em Michigan em lastros de navios vindos da Europa, alcançou a maioria dos hábitats aquáticos no leste dos EUA e a expectativa é de que se propague por todo o país nos próximos 20 anos. As grandes populações que se desenvolvem ameaçam moluscos nativos e outros animais, não somente pela redução de alimento e disponibilidade de oxigênio, mas também pelo abafamento físico deles. Os moluscos também invadem e bloqueiam canos d'água, de modo que são gastos milhões de dólares para retirá-los de caixas d'água e instalações geradoras de hidroeletricidade. No total, as pragas de plantas de lavoura, incluindo ervas daninhas, insetos e patógenos, provocam os maiores

Tabela 1.2
Custos anuais estimados (bilhões de dólares) associados a organismos invasores nos EUA.

TIPO DE ORGANISMO	NÚMERO DE INVASORES	PRINCIPAIS ORGANISMOS INVASORES	PERDA E DANO	CUSTOS PARA CONTROLE	CUSTOS TOTAIS
Plantas	5.000	Ervas daninhas de lavouras	24,4	9,7	34,1
Mamíferos	20	Ratos e gatos	37,2	ND	37,2
Aves	97	Pombos	1,9	ND	1,9
Répteis e anfíbios	53	"Brown tree snake"	0,001	0,005	10,006
Peixes	138	Carpa	1,0	ND	1,0
Artrópodes	4.500	Pragas de lavoura	17,6	2,4	20,0
Moluscos	88	Moluscos bivaldes asiáticos	1,2	0,1	1,3
Micróbios (patógenos)	> 20.000	Patógenos de lavouras	32,1	9,1	41,2

ND, não disponível.
ADAPTADA DE PIMENTEL ET AL., 2000.

custos econômicos. Os organismos importados causadores de doenças humanas, particularmente vírus de HIV e influenza, provocam um custo de 6,5 bilhões de dólares no tratamento e resultam em 40 mil óbitos por ano (ver Pimentel et al., 2000, para mais detalhes e referências).

Nos tempos recentes, a globalização tem sido a ideologia econômica prevalente. Da globalização da biota, em que invasores bem-sucedidos são movidos ao redor do mundo, frequentemente provocando extinção de espécies locais, pode ser esperado que leve a uma homogeneização da biota do mundo (Lövei [1997] se refere ao tema de uma maneira pitoresca como "MacDonaldização" da biosfera). A homogeneização biótica é uma questão? Por quê?

Cardo-estrelado amarelo, *Centaurea solstitialis*.

Formigas-fogo-vermelho, *Solenopsis*.

Mexilhões-zebra, *Dreissena polymorpha*.

1.3.2 Sucessões em campos abandonados em Minnesota: um estudo no tempo e no espaço

"Sucessão ecológica" é um conceito que deve ser familiar a muitos que tenham simplesmente feito uma caminhada no campo aberto: a ideia de que um hábitat, recentemente criado ou que tenha sido aberto por um distúrbio, seja colonizado sucessivamente por uma variedade de espécies que aparecerão e desaparecerão numa reconhecível sequência repetível. No entanto, a familiaridade difundida com a ideia não significa que compreendemos totalmente os processos que governam ou promovem o ajuste fino de sucessões. A compreensão é importante não só porque a sucessão é uma das forças fundamentais da estruturação de comunidades ecológicas, mas também porque os distúrbios humanos sobre comunidades naturais têm se tornado sempre mais frequentes e profundos; precisamos saber como as comunidades podem responder e, esperançosamente, se recuperar a partir desses distúrbios, e como podemos auxiliar nessa recuperação.

Um foco particular no estudo de sucessão tem sido antigos campos agrícolas no leste dos EUA, abandonados pelos agricultores que se deslocaram para o oeste em busca de "campos frescos e pastagens novas". Um desses locais é hoje a Cedar Creek Natural History Area, aproximadamente 50 km ao norte de Minneapolis, Minnesota. A área foi primeiramente colonizada por europeus em 1856 e inicialmente submetida ao abate seletivo de árvores para exploração de madeira. A derrubada para cultivo começou, então, por volta de 1885 e a terra foi primeiramente cultivada entre 1900 e 1910. Hoje existem campos que ainda estão sendo cultivados e outros que foram abandonados em épocas diferentes a partir da metade da década de 1920. O cultivo levou ao esgotamento de nitrogênio de solos já naturalmente pobres nesse importante nutriente para as plantas.

> o uso de experimentos naturais...

Em primeiro lugar, os estudos em Cedar Creek ilustram o valor de "experimentos naturais". Para entendermos a sequência sucessional de plantas que ocorrem em campos nos anos subsequentes ao abandono, *poderíamos* planejar uma manipulação artificial, sob nosso controle, em que os campos atualmente sob cultivo foram "forçosamente" abandonados e as suas comunidades repetidamente amostradas no futuro. (Precisaríamos de uma certa quantidade de campos porque um único campo poderia ser atípico, enquanto vários nos permitiriam calcular os valores médios para, digamos, o "número de espécies novas por ano" e estabelecer intervalos de confiança em torno dessas médias.) Contudo, os resultados desses experimentos levariam décadas para serem acumulados. A alternativa do experimento natural, por isso, é ater-se ao fato de que já existem registros desde quando os antigos campos foram abandonados. Isso foi o que Tilman e seu grupo fizeram. Assim, a Figura 1.10 apresenta dados de um grupo de 22 campos antigos, amostrados em 1983, tendo sido abandonados em épocas variadas entre 1927 e 1982 (i.e., entre 1 e 56 anos antes da amostragem). Interpretados cautelosamente, eles podem ser tratados como 22 "instantâneos fotográficos" do processo contínuo de sucessão em campos antigos em Cedar Creek em geral, mesmo que cada campo seja levantado apenas uma vez.

Os números que representam as mudanças durante a sucessão evidenciam tendências estatisticamente significativas, conforme se verifica nas figuras. Durante os 56 anos, a cobertura de espécies "invasoras" (principalmente ervas daninhas agrícolas) decresceu (Figura 1.10a), enquanto aumentou a cobertura de espécies oriundas de campos vizinhos (Figura 1.10b): as nativas recuperaram seu terreno. De aplicabilidade geral, a cobertura de espécies anuais decresceu ao longo do tempo, enquanto a cobertura de espécies perenes aumentou (Figura 1.10c, d). As espécies anuais (aquelas que completam, dentro de um ano, toda uma geração, desde a semente até a planta adulta, produzindo novamente sementes) tendem a se tornar abundantes rapidamente em hábitats relativamente desocupados (os estágios iniciais da sucessão); já as perenes (aquelas que vivem muitos anos e podem não se reproduzir nos primeiros anos) são mais lentas para se estabelecer, mas persistentes uma vez estabelecidas.

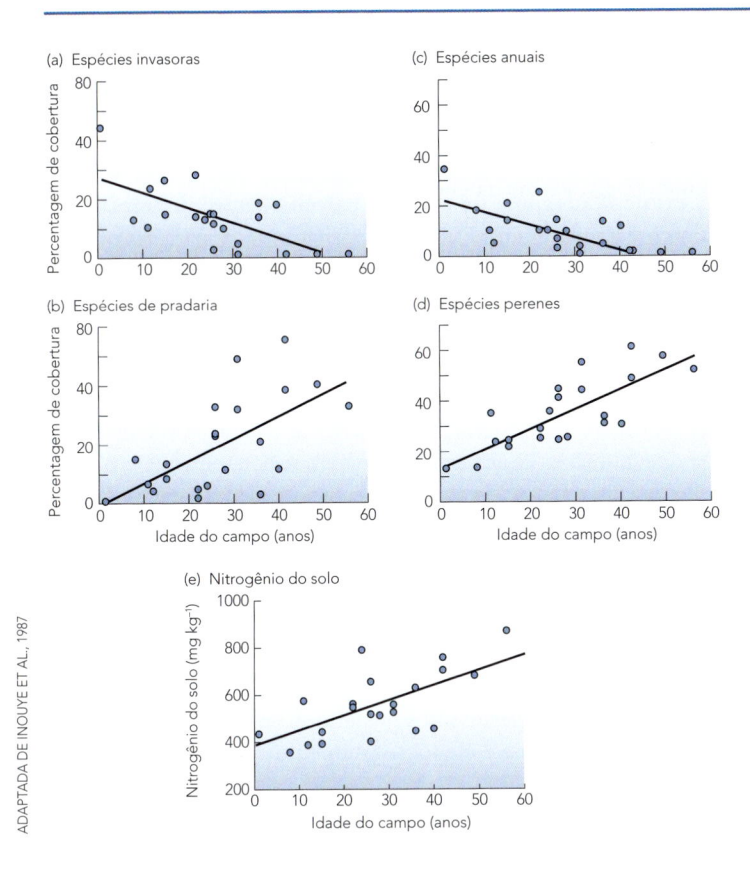

Figura 1.10
Vinte e dois campos em estágios diferentes de sucessão foram levantados, tendo sido constatadas as seguintes tendências quanto à idade de sucessão: (a) as espécies invasoras decresceram, (b) as espécies nativas de pradarias aumentaram, (c) as espécies anuais decresceram, (d) as espécies perenes aumentaram e (e) o conteúdo de nitrogênio no solo aumentou. As melhores retas de ajuste (ver Quadro 1.2) são altamente significativas em todos os casos ($P < 0{,}01$).

Por outro lado, experimentos naturais como esse, ao mesmo tempo que são sugestivos e estimulantes (e também uma boa oportunidade de errar), muitas vezes geram somente *correlações*. Por isso, eles podem não ser suficientes para demonstrar o que realmente causa os padrões observados. No caso presente, podemos ver os problemas observando, primeiro, que a idade do campo está fortemente correlacionada com a concentração de nitrogênio no solo – talvez o nutriente vegetal mais importante (Figura 1.10e). Por esse motivo, levanta-se a questão: as correlações na Figura 1.10a-d são o resultado de um efeito da idade do campo? Ou é o agente causal nitrogênio que está correlacionado com a idade?

... na geração de correlações

Experimentos de campo manipulados podem auxiliar a sustentar – ou refutar – o que nada mais é do que uma explicação plausível baseada em correlação. Conclui-se da explicação proposta (questões de tempo) que o nitrogênio em si desempenha um papel pequeno na direção dessas sucessões, e que a manipulação do nitrogênio alteraria pouco as sequências de espécies que se estabeleceram nesses campos. Para testar isso, o grupo de Tilman selecionou um par de campos (um abandonado por 46 anos e o outro por 14 anos) e, ao longo de um período de 10 anos iniciando em 1982, submeteu seis parcelas de 4 m × 4 m replicadas em cada campo a dois tratamentos: nitrogênio adicionado a taxas de 1 ou 17 g m^{-2} ano^{-1} (Inouye & Tilman, 1995). Duas questões em particular foram colocadas:

experimentos artificiais: a busca por causalidade

1 Parcelas que recebem taxas diferentes de suprimento de nitrogênio tornam-se menos similares em composição de espécies ao longo do tempo?
2 Parcelas recebendo taxas similares de suprimento de nitrogênio tornam-se mais similares em composição de espécies ao longo do tempo?

A resposta à primeira pergunta foi clara: as parcelas dentro de um campo foram inicialmente similares entre si, mas, após 10 anos, as parcelas que receberam quantidades diferentes de nitrogênio diferiram em composição de espécies – quanto maior a diferença no suprimento de nitrogênio, maior foi a divergência entre elas (Inouye & Tilman, 1995).

A resposta à segunda questão é ilustrada na Figura 1.1. No início do experimento, campos de idades diferentes tenderam a ser muito diferentes em composição de espécies, mas 10 anos mais tarde as parcelas dentro deles, submetidas a taxas similares de suprimento de nitrogênio, tornaram-se notavelmente similares, a despeito de terem, em um caso, 34 anos de diferença de idade (Figura 1.11).

Assim, esse experimento tende a refutar a simplicidade da nossa explicação proposta. O tempo em si não é a única causa de mudanças sucessionais na composição de espécies desses campos abandonados. As diferenças em nitrogênio disponível causam divergências nas sucessões; as similaridades provocam convergência, muito mais rapidamente do que eles fariam de outra maneira. O tempo (oportunidade de colonizar) e o nitrogênio estão claramente entrelaçados e experimentos posteriores serão necessários para desembaraçar essa teia de causa e efeito – exatamente uma das muitas questões ecológicas não resolvidas.

ideia sobre os efeitos da poluição por nitrogênio

Finalmente, manipulações experimentais por períodos extensos como esse podem também fornecer ideias importantes sobre os efeitos possíveis de distúrbios humanos mais crônicos em comunidades naturais. As taxas mais baixas de adição de nitrogênio no experimento (1 g de nitrogênio m^{-2} ano^{-1})

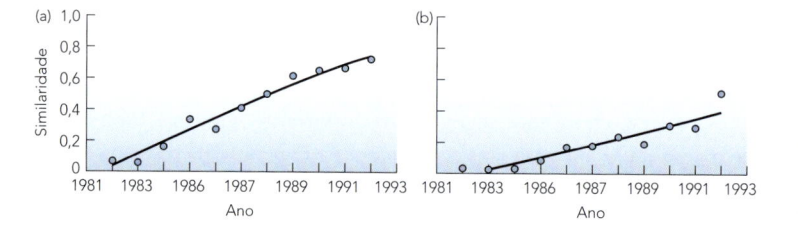

Figura 1.11

Resultados de um experimento em que três campos abandonados da Figura 1.10 foram tratados artificialmente com nitrogênio, iniciando em 1982: um dos campos foi abandonado por 46 anos e o outro por 14 anos. (a) (a) Entre 1982 e 1992, as parcelas que receberam 17 g de nitrogênio m^{-2} ano^{-1} tornaram-se crescentemente similares em composição. O índice de similaridade mede o grau em que as composições em espécies são similares em pares de campos – composições idênticas produzem uma similaridade de 1, composições completamente diferentes produzem uma similaridade de 0. (b) Similar a (a), mas com apenas 1 g de nitrogênio m^{-2} ano^{-1}. Observe neste caso que ainda houve convergência na composição de espécies entre os dois campos, porém menos acentuada. Em ambos os casos as melhores retas de ajuste são altamente significativas.

foram similares às experimentadas em muitas partes do mundo, como resultado do aumento do depósito de nitrogênio na atmosfera. Mesmo esses níveis baixos aparentemente levam à convergência de comunidades previamente diferentes num período de 10 anos (Figura 1.11b). Experimentos como esse são decisivos para nos auxiliar a prever os efeitos de poluentes, um ponto que será abordado no próximo exemplo.

1.3.3 Hubbard Brook: uma compensação a longo prazo com significado em grande escala

O estudo em Cedar Creek trouxe a vantagem de um padrão temporal (uma sucessão que levou décadas para seguir o seu curso) ser exprimido mais ou menos acuradamente por um padrão espacial (campos abandonados por períodos diferentes). O padrão espacial tem a vantagem de poder ser estudado dentro do tempo destinado à maioria dos projetos de pesquisa (3-5 anos). Seria melhor ainda acompanhar o padrão ecológico através do tempo, mas talvez poucos pesquisadores ou instituições assumam o desafio de planejar programas de pesquisa que continuem por décadas.

Uma notável exceção tem sido o trabalho pioneiro de Likens e colaboradores na Hubbard Brook Experimental Forest, uma área de floresta temperada decídua drenada por pequenos riachos nas White Mountains de New Hampshire, nos EUA. Os pesquisadores desenvolveram um projeto ambicioso, e seu trabalho tem o valor de registros de dados de estudos em grande escala e longa duração. O estudo começou em 1963 e continua até o presente. Na segunda edição do seu clássico livro *Biogeoquímica de um Ecossistema Florestado* (*Biogeochemistry of a Forested Ecosystem*), Likens e Bormann (1995) fazem uma enternecedora referência a três dos seus colaboradores originais que faleceram nesse período. Verdadeiramente, longa duração.

A equipe de pesquisadores desenvolveu uma abordagem denominada "a técnica de pequenas bacias hidrográficas" (*the small watershed technique*), para medir a entrada e a saída de substâncias químicas de reservatórios individuais na paisagem. Uma vez que muitas perdas químicas de comunidades terrestres são escoadas através de riachos, uma comparação da química da água corrente com a da precipitação pode revelar bastante a respeito da absorção diferencial e ciclagem de elementos químicos pela biota terrestre. O mesmo estudo pode revelar muito sobre as fontes e concentrações de substâncias químicas na água do riacho. Essas substâncias, por sua vez, podem influenciar a produtividade de algas, bem como a distribuição e abundância de animais do riacho.

O reservatório (ou bacia hidrográfica) – a extensão de ambiente terrestre drenada por um determinado riacho – foi tomado como unidade de estudo devido ao papel que os riachos desempenham na exportação química a partir do solo. Seis reservatórios pequenos foram definidos e seus fluxos foram monitorados (Figura 1.12). Uma rede de medidores de precipitação registrou as quantidades de chuva, granizo e neve. As análises químicas da precipitação e da água do riacho possibilitaram calcular as quantidades de variados elementos químicos que entram e saem do sistema. Na maioria dos casos, a saída de substâncias químicas no fluxo do riacho foi maior do que a entrada a partir da

a área de reservatório como uma unidade de estudo

Figura 1.12
A floresta experimental de Hubbard Brook. Observe o reservatório experimental do riacho do qual todas as árvores foram removidas – estendendo-se da parte superior esquerda para o centro da fotografia.

ideias a partir de um experimento de campo de longa duração

chuva, granizo e neve (Tabela 1.3). A fonte do excesso de substâncias químicas foi a erosão da rocha-mãe e do solo, estimada em cerca de 70 g m^{-2} ano^{-1}. A exceção foi o nitrogênio; foi exportado na água do riacho menos do que foi adicionado ao reservatório em precipitação e por fixação de nitrogênio atmosférico por micro-organismos no solo.

Likens teve a brilhante ideia de conduzir um experimento em grande escala, em que todas as árvores foram abatidas em um dos seis reservatórios de Hubbard Brook. Em termos de planejamento experimental, puristas estatísticos poderiam argumentar que o estudo foi falho por não ter sido replicado. Entretanto, a escala do empreendimento, certamente, impede a replicação. De

Tabela 1.3
Estoques químicos anuais de bacias hidrográficas florestadas, em Hubbard Brook (kg ha^{-1} ano^{-1}). As entradas são para materiais dissolvidos na precipitação ou com precipitado seco (gases ou associados a partículas caindo da atmosfera). As saídas são perdas na água corrente como material dissolvido mais material orgânico particulado no fluxo d'água. A fonte dos compostos químicos em excesso (onde as saídas excedem as entradas) foi intemperismo da rocha-mãe e do solo. A exceção foi o nitrogênio (na forma de íons amônio ou nitrato) – menos foi exportado em relação ao que chegou como precipitação devido à captação de nitrogênio na floresta.

	NH_4^+	NO_3^-	SO_4^{2-}	K^+	Ca^{2+}	Mg^{2+}	Na^+
Entradas	2,7	16,3	38,3	1,1	2,6	0,7	1,5
Saídas	0,4	8,7	48,6	1,7	11,8	2,9	6,9
Variação líquida*	+2,3	+7,6	–10,3	–0,6	–9,2	–2,2	–5,4

*A variação líquida é positiva quando o reservatório ganha matéria e negativa quando a perde.

qualquer modo, foi a solicitação de uma questão dramaticamente nova que tornou esse estudo um clássico e não um planejamento estatístico elegante.

Dentro de poucos meses de derrubada de todas as árvores na bacia de drenagem, as consequências foram evidentes na água do riacho. A exportação total de substâncias inorgânicas dissolvidas, a partir do reservatório alterado, cresceu 13 vezes em relação à taxa normal (Figura 1.13). Dois fenômenos foram responsáveis. Primeiro, a enorme redução de superfícies transpirantes (folhas) fez com que um aumento de 40% de precipitação, passando através do lençol freático, fosse descarregado nos riachos e esse crescimento do fluxo causou taxas maiores de lixiviação de substâncias químicas e erosão de rochas e do solo. Segundo, e mais importante, o desflorestamento efetivamente rompeu a ligação entre decomposição e absorção de nutrientes. Na primavera, quando as árvores decíduas normalmente iniciam a produção e absorvem nutrientes inorgânicos (liberados pela atividade de decompositores), estes, em vez disso, se tornaram disponíveis para serem lixiviados na água de drenagem.

Likens sabia desde o início que a chuva e a neve em Hubbard Brook eram realmente ácidas, mas isto foi alguns anos antes de tornar-se clara a natureza difundida da chuva ácida na América do Norte. Na realidade, Hubbard Brook está situada a mais de 100 km da área industrial urbana mais próxima, mas a precipitação e a água do riacho eram marcadamente ácidas

para que tendências estatisticamente significativas tornem-se evidentes, muitos anos de dados podem ser necessários

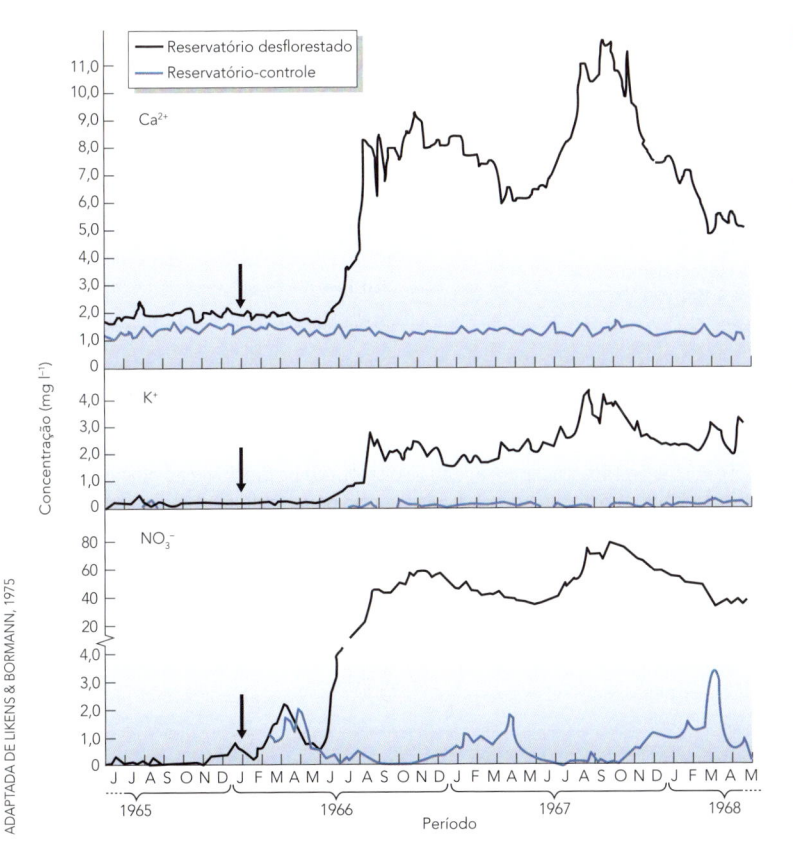

Figura 1.13

Concentrações de íons em água corrente a partir do reservatório 2 experimentalmente desflorestado e do reservatório 6 (controle, não manipulado) em Hubbard Brook. O momento do desflorestamento está indicado por setas. Em cada caso, houve um aumento dramático na exportação de íons após o desflorestamento. Observe que o eixo do "nitrato" apresenta uma interrupção.

como resultado da poluição atmosférica de combustíveis fósseis. Os registros a longo prazo, realizados tão meticulosamente desde 1963 em Hubbard Brook, têm sido estratégias de monitoramento inestimáveis na guerra contra a chuva ácida e suas consequências a longo prazo. O valor de tais registros de concentrações de água do riacho pode ser constatado para hidrogênio, sulfato e nitrato, três íons associados à chuva ácida (que, em termos simples, é uma mistura de ácidos nítrico e sulfúrico; o ácido sulfúrico é o ácido dominante no leste dos EUA). Tem havido um declínio, estatisticamente significativo, nas concentrações médias anuais de H^+ e SO_4^{2-} desde 1964/65, bem como de NO_3^-. Este último, todavia, está sujeito a uma variação muito maior de ano para ano (Figura 1.14). Digno de nota, no entanto, é o fato de que os resultados para períodos mais curtos sugerem realmente tendências diferentes. Considere o gráfico do íon hidrogênio, onde três períodos de quatro anos estão ressaltados por cores diferentes. O primeiro sugere uma tendência crescente, no segundo não há alteração e no terceiro, observa-se uma tendência decrescente. Na realidade, não estatisticamente significativa, a tendência a longo prazo foi estabelecida até que quase duas décadas de dados fossem acumulados (Likens, 1989).

séries longas de dados revelam a história da chuva ácida

Considera-se que a chuva ácida nos EUA começou no início da década de 1950 (antes do início do monitoramento em Hubbard Brook). Após a promulgação da Lei do Ar Puro em 1970 (*Clean Air Act*), as emissões de SO_2 e particulados foram reduzidas e isso claramente tem se refletido na química de água corrente (Figura 1.14). Reduções adicionais em emissões são esperadas como resultado das emendas de 1990 à Lei do Ar Puro. No entanto, permanecem perguntas crí-

Figura 1.14
Variações a longo prazo nas concentrações (microequivalentes por litro) de H^+, NO_3^-, SO_4^{2-} e Ca^{2+} na água corrente, a partir do reservatório 6, de Hubbard Brook, de 1963/64 a 1992/93. Os declínios estão relacionados a reduções na "chuva ácida" que afeta a área de Hubbard Brook. As curvas de regressão para todos esses íons têm uma probabilidade de ser significativamente diferente de zero (sem variação), para $P < 0,05$; em outras palavras, em cada um existe um padrão de declínio estatisticamente significativo. Entretanto, muitos anos de dados foram necessários antes que esses padrões pudessem ser demonstrados de modo convincente. Isso é particularmente pronunciado para gráfico do íon hidrogênio, em que três períodos de 4 anos estão ressaltados por cores diferentes. O primeiro (em vermelho) sugere uma tendência crescente; no segundo (em laranja), não há variação; no terceiro (em verde), há uma tendência decrescente.

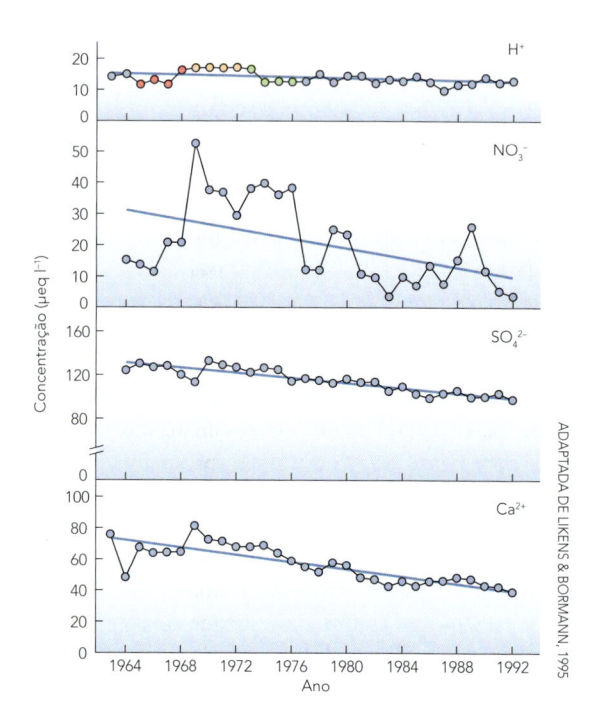

ADAPTADA DE LIKENS & BORMANN, 1995

ticas – os ecossistemas florestais e aquáticos se recuperarão dos efeitos da chuva ácida e quanto tempo levará para isso acontecer (Likens et al., 1996)?

Utilizando dados de longo prazo de Hubbard Brook e previsão de redução de emissões de SO_2 como resultado de exigência legal, Likens e Bormann (1995) estimaram que na virada do milênio a carga de enxofre na atmosfera seria ainda três vezes mais alta do que os valores recomendados para a proteção de florestas e comunidades aquáticas sensíveis (muitas plantas, peixes e invertebrados aquáticos são intolerantes às condições ácidas). Além disso, entradas decrescentes de cátions, como cálcio, podem estar fazendo com que florestas e riachos de Hubbard Brook se tornem ainda mais sensíveis às entradas ácidas. Likens e Bormann (1995) levantam a hipótese de que um declínio dramático nas taxas de crescimento florestal durante os anos recentes pode estar relacionado à diminuição de cálcio no solo, um nutriente crítico para o crescimento arbóreo. A chuva ácida pode ser responsável pela deficiência de cálcio. Uma redução em populações de aves na floresta pode também estar associada a esse cenário. Essas questões não resolvidas fazem parte das novas fases de pesquisa em Hubbard Brook.

1.3.4 Um modelo de estudo: descobrir por que abutres asiáticos estão em via de extinção

Em 1997, os abutres da Índia e do Paquistão começaram a cair de seus poleiros. A população local rapidamente notou declínios dramáticos nos números das espécies *Gyps bengalensis* (Figura 1.15) e *G. indicus*, porém os ecólogos ficaram confusos. Amostragens populacionais repetidas entre 2000 e 2003 confirmaram taxas de declínio alarmantes, definidas tecnicamente como valores da "taxa de crescimento populacional", λ (onde o tamanho populacional N no ano t é igual a λ vezes o tamanho populacional no ano anterior, $t-1$; em outras palavras $\lambda = N_t/N_{t-1}$). Para *Gyps bengalensis* na Índia o λ foi 0,52 e no Paquistão foi 0,50, equivalente a um declínio de 48% e 50%, respectivamente. A situação foi um pouco menos desastrosa para *Gyps indicus* na Índia, onde λ foi 0,78, equivalente a um declínio de 22% por ano.

Estes colapsos populacionais geraram grande preocupação devido ao papel fundamental que os abutres desempenham na vida cotidiana, removendo os cadáveres de grandes animais, tanto selvagens quanto domésticos. A perda dos abutres aumentou a disponibilidade de carcaças para cães e ratos selvagens, permitindo um aumento populacional e aumentando a probabilidade de doenças como a raiva e peste bubônica serem transmitidas aos seres humanos. Além disso, a contaminação das fontes vizinhas e a dispersão de doença por moscas tornou-se mais provável agora que os animais mortos não eram mais consumidos por abutres. Um grupo de pessoas, os parsis, foram ainda mais intimamente afetados, pois sua religião determina que os mortos sejam transportados à luz do dia para uma torre especial (*dakhma*), onde o corpo é estripado por abutres dentro de poucas horas. Era crucial que os ecólogos determinassem rapidamente a causa dos declínios de abutres de tal forma que alguma ação pudesse ser tomada.

> populações de abutres na Índia e no Paquistão estavam declinando entre 22% e 50% ao ano

Demorou alguns anos até que se encontrasse um elemento comum nas mortes das aves que de outro modo seriam saudáveis – cada uma sofria de gota visceral (acúmulo de ácido úrico na cavidade do corpo) seguida de falência re-

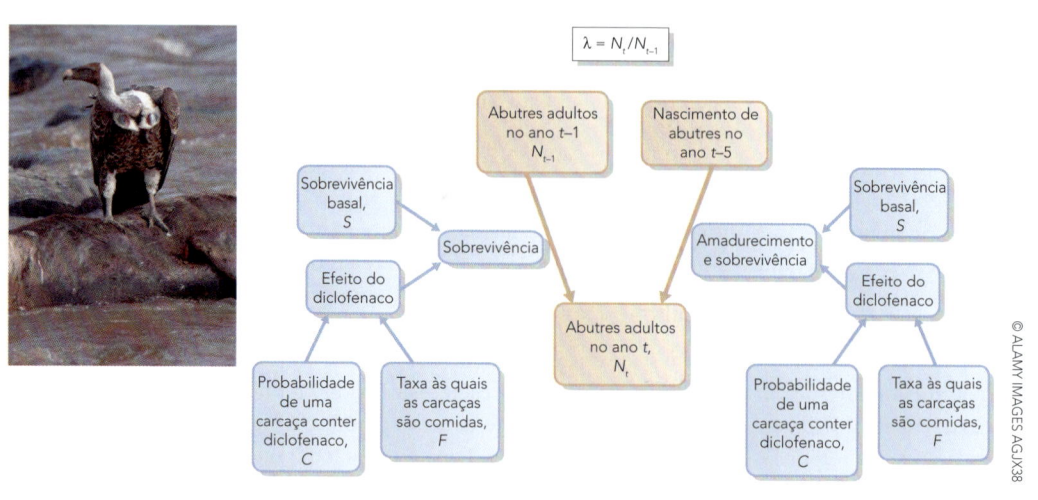

Figura 1.15
Diagrama de fluxo mostrando os elementos de um modelo de como o número de abutres adultos na população muda de um ano (N_{t-1}) para o seguinte (N_t). *Gyps bengalensis*, cujas populações têm mostrado declínios desastrosos na Índia e no Paquistão, é mostrado na fotografia. O número de abutres adultos no ano t depende do número presente no ano anterior ($t-1$), alguns dos quais morrem por causas naturais (sobrevivência basal) e outros devido ao envenenamento por diclofenaco. O número de adultos no ano t também depende do número de abutres nascidos 5 anos antes ($t-5$), pois os abutres não amadurecem, do ponto de vista reprodutivo, até os 5 anos de idade. Novamente, alguns abutres jovens morrem antes da maturidade devido a causas naturais e outros devido ao envenenamento por diclofenaco. A redução na sobrevivência devido ao diclofenaco depende de dois aspectos: a probabilidade de que uma carcaça contenha diclofenaco (*C*) e a taxa na qual as carcaças são comidas (*F*).

...causado por carcaças contaminadas por medicamentos?

nal. Logo uma peça fundamental no quebra-cabeça tornou-se clara: os abutres que morriam de gota visceral continham resíduos de diclofenaco (Oaks et al., 2004). Confirmou-se, então, que as carcaças dos animais domésticos tratados com diclofenaco eram fatais para abutres cativos. O diclofenaco, um anti-inflamatório desenvolvido para uso humano nos anos de 1970, apenas recentemente foi usado como medicamento veterinário no Paquistão e na Índia. Assim, um medicamento que beneficiava mamíferos domésticos provou-se letal para os abutres que se alimentavam de seus corpos.

A evidência circunstancial era forte, mas dados os números relativamente pequenos de cadáveres contaminados por diclofenaco disponíveis aos abutres, seria a mortalidade de abrutes associada à contaminação uma explicação suficiente para os colapsos populacionais? Ou outros fatores poderiam estar também atuando? Esta foi a questão investigada por Green e colaboradores (2004) através de um modelo de simulação populacional. Baseando-se em suas amostragens do declínio populacional e conhecimento a respeito de taxas de nascimento, morte e forrageio, os pesquisadores construíram um modelo para prever o comportamento das populações de abutres. A Figura 1.15 mostra este modelo como um diagrama de fluxo; Green e colaboradores desenvolveram fórmulas matemáticas para prever mudanças no tamanho populacional, mas os detalhes não nos interessam aqui. Os pesquisadores propuseram a seguinte questão: Que proporção de carcaças (C) deveria conter doses letais de diclofenaco para causar os declínios populacionais observados? Seu modelo de simulação incluiu as seguintes pressuposições:

1. Os abutres *Gyps* não se reproduzem (i.e., tornam-se adultos) até alcançarem os 5 anos de idade e então são capazes de gerar apenas um juvenil por ano, mas somente se ambos os pais sobreviverem à temporada de acasalamento de 160 dias.
2. O destino da população depende não apenas das taxas de nascimentos, mas também das taxas de mortes. A taxa de sobrevivência "basal" pré-diclofenaco de abutres adultos (S) ficou entre 0,90-0,97, típica para aves de grande porte e longevas. Em outras palavras, na ausência de mortes por diclofenaco, somente 3-10% dos abutres adultos morrem a cada ano.
3. O envenenamento por diclofenaco reduz a taxa de sobrevivência posterior. Isso depende da probabilidade do adulto comer uma carcaça afetada por diclofenaco. Por sua vez, isso depende parcialmente da proporção de carcaças no ambiente que contêm diclofenaco (C) e parcialmente da frequência com que os abutres forrageiam (F, o intervalo em dias entre os eventos de forrageio). Observe que uma única refeição pode sustentar um abutre por 3 dias e que eles não se alimentam todos os dias; F varia entre 2 e 4 dias. Os abutres que se alimentam mais frequentemente (mais vezes por ano) estão mais propensos a consumir uma carcaça afetada por diclofenaco e morrer.
4. Os pesquisadores tinham estimativas reais de tamanhos populacionais em diferentes anos (N) e então de λ (supracitado). Em seu exercício de modelagem eles sistematicamente variaram os valores da taxa de sobrevivência basal S e da taxa de forrageio F. Isso porque eles não conheciam precisamente quais eram as taxas de sobrevivência basal e de forrageio destas populações em particular, embora conhecessem o intervalo no qual os valores variavam. Assim, rodaram o modelo para valores de sobrevivência basal de 0,90, 0,95 e 0,97, e com intervalos entre eventos de forrageio de 2, 3 e 4 dias.
5. Uma vez que todos esses parâmetros foram incorporados no seu modelo, os pesquisadores puderam calcular o parâmetro C "faltante" – a proporção de carcaças que precisam ser contaminadas com diclofenaco para responder pela taxa de declínio populacional observada, λ (Tabela 1.4).

A Tabela 1.4 mostra que no máximo (para *Gyps bengalensis*, quando a sobrevivência do adulto é fixada em 0,97 e o intervalo de forrageio é de 4 dias) somente 0,743% ou, em outras palavras, 1 em 135 carcaças deve ser dosada com diclofenaco para causar o declínio populacional observado. No mínimo (para *Gyps indicus*, quando a sobrevivência do adulto é fixada em 0,90 e o intervalo de forrageio é de 2 dias) somente 0,132% ou 1 em 757 carcaças contaminadas são necessárias. As proporções dos abutres encontrados mortos ou morrendo na natureza com sinais de envenenamento por diclofenaco foram bastante similares às proporções de mortes esperadas pelo modelo, se o declínio populacional observado deveu-se *inteiramente* ao envenenamento por diclofenaco. Os pesquisadores concluíram, por isso, que o envenenamento por diclofenaco foi uma causa suficiente para o declínio dramático dos abutres selvagens.

> modelos de simulação mostram que o gado contaminado por diclofenaco explica suficientemente as perdas de abutres

Tabela 1.4

Percentagens modeladas de carcaças de animais com níveis letais de diclofenaco requeridas para causar declínios populacionais a taxas, λ, observadas para o abutre *Gyps indicus* (GI) ou *Gyps bengalensis* (GB) na Índia e no Paquistão entre 2000 e 2003. Um valor de 0,132%, por exemplo, significa que somente 1 em 757 carcaças precisam estar contaminadas para causar o declínio dos abutres. Para cada população, os resultados são dados para três taxas de sobrevivência basal de adultos factíveis, S (i.e., na ausência de diclofenaco) e três valores do intervalo entre eventos de forrageio, F.

	F	PERCENTAGEM DE CARCAÇAS COM NÍVEL LETAL		
		$S = 0{,}90$	$S = 0{,}95$	$S = 0{,}97$
GI Índia	2	0,132	0,135	0,137
	3	0,198	0,202	0,205
	4	0,263	0,271	0,273
GB Índia	2	0,339	0,347	0,349
	3	0,508	0,521	0,526
	4	0,677	0,693	0,699
GB Paquistão	2	0,360	0,368	0,372
	3	0,538	0,551	0,558
	4	0,730	0,734	0,743

DE GREEN ET AL. 2004

Claramente, é necessária ação urgente para impedir a exposição dos abutres às carcaças de gado contaminadas com diclofenaco, e o governo de Punjab, por exemplo, agora baniu o seu uso. Green e colaboradores também salientaram a necessidade de pesquisa para identificar medicamentos alternativos que são efetivos no gado e seguros para os abutres. Swan e colaboradores (2006) têm desde então testado um medicamento chamado meloxicam, com resultados promissores. Finalmente, dadas as profundidades às quais as populações de abutres foram sugadas, a equipe de Green enfatiza a importância de se reproduzir abutres em cativeiro até que o diclofenaco esteja sob controle. Esta é uma precaução sábia para garantir a sobrevivência a longo prazo e para fornecer matrizes para futuros programas de reintrodução.

Esse exemplo, então, ilustrou uma série de pontos gerais importantes sobre modelos matemáticos em ecologia:

1 Modelos podem ser valiosos para a exploração de cenários e situações para os quais não temos dados reais, e talvez não tenhamos expectativa de obtê-los (p. ex., quais seriam as consequências de diferentes taxas de sobrevivência basal ou de forrageio?).
2 São valiosos para resumir nosso estado atual de conhecimento e gerar previsões em que a conexão entre conhecimento atual, suposições e previsões seja explicitada e esclarecida (dados vários valores para S e F, e conhecendo-se λ, quais as implicações para os valores de C?).
3 Para ser assim valioso, um modelo não deve ser (na verdade, isso não é possível) uma descrição integral e perfeita do mundo real que ele procura simular – todos os modelos incorporam aproximações (o modelo do abutre foi, obviamente, uma versão "despojada" de sua história de vida verdadeira).

4 Portanto, cuidado é sempre necessário – todas as conclusões e previsões são provisórias e não podem ser melhores do que o conhecimento e suposições nos quais elas estão baseadas –, porém, se aplicadas com cuidado, podem ser úteis (o modelo do abutre provocou mudanças nas práticas de manejo e pesquisa sobre novos medicamentos).
5 Contudo, um modelo é inevitavelmente aplicado com muito mais confiança na medida em que tenha recebido sustentação de conjuntos de dados reais.

RESUMO

Ecologia como uma ciência pura e aplicada

Definimos ecologia como o estudo científico da distribuição e abundância de organismos e das interações que determinam distribuição e abundância. A partir de suas origens na pré-história como uma "ciência aplicada" de colheita de alimento e evitação do inimigo, as linhas gêmeas de ecologia pura e aplicada se desenvolveram lado a lado e interdependentes. Este livro trata de como é consumada a compreensão ecológica, o que compreendemos e não compreendemos, e como a compreensão pode nos auxiliar a prever, manejar e controlar.

Questões de escala

A ecologia ocupa-se de quatro níveis de organização ecológica: organismos individuais, populações (indivíduos da mesma espécie), comunidades (um número maior ou menor de populações) e ecossistemas (a comunidade junto com seu ambiente físico). A ecologia pode ser abordada em uma variedade de escalas espaciais, desde a "comunidade" dentro de uma célula individual até toda a biosfera. Os ecólogos também trabalham com uma variedade de escalas de tempo. A sucessão ecológica, por exemplo, pode ser estudada durante a decomposição de fezes animais ou durante o período de mudança climática desde o último período glacial (milênios). O período normal de um programa de pesquisa (3-5 anos) pode frequentemente omitir padrões importantes que ocorrem em escalas de tempo longas.

A diversidade de evidência ecológica

Muitos estudos ecológicos envolvem observação e monitoramento cuidadosos, feitos em ambiente natural, da alteração de abundância de uma ou mais espécies ao longo do tempo ou no espaço, ou ambos. O estabelecimento da(s) causa(s) de padrões observados muitas vezes requer experimentos manipulativos de campo. Para sistemas ecológicos complexos – e, em sua maioria, o são – em geral será oportuno construir sistemas simples de laboratório que podem atuar como pontos de referência na nossa busca de compreensão. Modelos matemáticos de comunidades ecológicas também podem ter um papel importante a desempenhar para desvendar a complexidade ecológica. Contudo, a valia de modelos e experimentos simples de laboratório deve sempre ser julgada em termos da luz que eles lançam sobre o trabalho de sistemas naturais.

Estatística e rigor científico

O que torna a ecologia uma ciência rigorosa é que ela baseia-se não em afirmações que são simplesmente asserções, mas em conclusões que são os resultados de investigações planejadas cuidadosamente com regimes amostrais bem considerados e, além disso, em conclusões às quais um nível de confiança estatística pode ser vinculado. O termo mais frequentemente usado, ao final de um teste estatístico, para medir a força das conclusões, é um "valor P" ou nível de probabilidade. As afirmações "$P < 0,05$" (significativo) ou "$P < 0,01$" (não significativo) significam que esses são estudos dos quais foram coletados dados suficientes para estabelecer uma conclusão em que podemos confiar.

Ecologia na prática

Os estudos dos impactos da truta marrom introduzida na Nova Zelândia no século XX contemplaram todos os quatro níveis ecológicos (indivíduos, populações, comunidades e ecossistemas). A truta tomou o lugar de populações de peixe galaxiídeo nativo abaixo de quedas d'água. Experimentos de laboratório e de campo evidenciaram que invertebrados herbívoros em riachos com truta mostram uma resposta individual, gastando mais tempo se escondendo e menos tempo se alimentando. As trutas causam um efeito em cascata na comunidade porque os organismos herbívoros têm menos impacto sobre as algas. Por fim, um estudo descritivo revelou uma consequência sobre o ecossistema – a produtividade primária das algas é mais alta em um riacho com truta do que em um riacho com galaxiídeo.

Na Cedar Creek Natural History Area existem campos ainda sendo cultivados e outros que foram abandonados em épocas diferentes a partir da metade da década de 1920. Esse experimento natural foi explorado para fornecer uma descrição da sequência de espécies associadas à sucessão em tais campos abandonados. Entretanto, os campos diferiram não apenas na idade, mas também no nitrogênio do solo. Um conjunto de experimentos de campo, em que o nitrogênio do solo foi aumentado de uma maneira sistemática em campos de idades diferentes, mostrou que o tempo e o nitrogênio interagiram, causando as sequências sucessionais observadas.

O estudo na Hubbard Brook Experimental Forest vem sendo conduzido desde 1963. Um experimento de grande escala, envolvendo a derrubada de todas as árvores em uma bacia de captação, resultou em um drástico aumento das concentrações químicas (particularmente nitrato) na água corrente. Da perda de nitrato pelo solo e do seu aumento na água podem ser esperadas consequências para as comunidades de ambos os lados da interface solo-água. O monitoramento de concentrações químicas por mais de três décadas em bacias não impactadas revelou como a chuva ácida tem diminuído como resultado da Lei do Ar Puro. No entanto, nem as florestas nem os riachos estão imunes dos efeitos continuados da poluição que causou a chuva ácida.

Declínios perturbadores em populações de abutres têm profundas implicações para a saúde pública na Índia e no Paquistão. Um elemento comum nas mortes foi a gota visceral, ocasionada por um efeito adverso do diclofenaco usado por veterinários para tratar o gado doméstico, uma fonte de alimento para os abutres. Dados os números relativamente pequenos de cadáveres contaminados por diclofenaco disponíveis para os abutres selvagens, um modelo matemático foi rodado para determinar se as mortes devido ao diclofenaco explicavam suficientemente os colapsos populacionais, ou se outros fatores poderiam também estar atuando. De fato, a proporção de abrutes morrendo por envenenamento por diclofenaco foi muito similar àquele esperado pelo modelo, se o declínio fosse devido *inteiramente* a esse tipo de envenenamento. Medidas têm sido tomadas para remediar a situação.

QUESTÕES DE REVISÃO

Asteriscos indicam questões desafiadoras.

1* Discuta as diferentes maneiras como a evidência ecológica pode ser obtida. Como você tentaria responder uma das questões de ecologia não resolvida, a saber "Por que existem mais espécies nos trópicos do que nos polos?"
2* A diversidade de micro-organismos que vive nos seus dentes tem uma ecologia como qualquer outra comunidade. Quais poderiam ser as similaridades nas forças determinantes da riqueza de espécies (número de espécies presentes) em sua comunidade oral, em confronto com uma comunidade de plantas marinhas vivendo sobre rochas ao longo do litoral?
3   Por que alguns padrões temporais em ecologia necessitam de séries longas de dados para detectá-los, enquanto outros padrões necessitam de séries curtas de dados?
4   Discuta os prós e os contras de estudos descritivos, em oposição a estudos de laboratório dos mesmos fenômenos ecológicos.
5   O que é um "experimento de campo natural?" Por que os ecólogos se entusiasmam em considerá-lo vantajoso?
6   Pesquise na biblioteca as diferentes definições de ecologia: qual você acha que é a mais adequada e por quê?
7* Em um estudo sobre ecologia de riacho, você precisa escolher 20 locais para testar a hipótese de que a truta marrom tem densidades mais altas onde o leito do riacho é constituído por seixos. O quanto seus resultados podem ser tendenciosos, se você escolher todos os seus locais por facilidade de acesso, pois eles situam-se próximos de rodovias ou de pontes?
8   Como os resultados do estudo de Cedar Creek sobre sucessão de campo abandonado podem ter sido diferentes, se um único campo foi monitorado por 50 anos, em vez de simultaneamente comparar campos abandonados em épocas diferentes no passado?
9* Quando todas as árvores foram derrubadas em um reservatório de Hubbard Brook, houve diferenças drásticas na química da água corrente que o drena. Como você acha que a química do riacho mudaria nos anos subsequentes, quando as plantas começassem a crescer novamente no reservatório?
10 Quais são os fatores principais que afetam a confiança que podemos ter nas previsões de um modelo matemático?

Capítulo 2

A base evolutiva da ecologia

CONTEÚDOS DO CAPÍTULO

2.1 Introdução
2.2 Evolução por seleção natural
2.3 Evolução em nível intraespecífico
2.4 Ecologia da especiação
2.5 Os efeitos das mudanças climáticas sobre a evolução e a distribuição das espécies
2.6 Os efeitos da deriva continental sobre a ecologia evolutiva
2.7 Interpretando os resultados da evolução: convergentes e paralelos

CONCEITOS-CHAVE

Neste capítulo, você:

- observará que Darwin e Wallace, os dois responsáveis pela teoria da evolução por seleção natural, foram essencialmente ecólogos
- entenderá que as características das populações variam espacialmente, tanto na escala macrogeográfica quanto na local, e que parte dessa variação é herdável
- perceberá que a seleção natural pode agir muito rápido sobre a variação de caracteres hereditários – podemos estudá-la em ação e controlá-la experimentalmente
- entenderá que o transplante recíproco de indivíduos de uma dada espécie para dentro do hábitat de outra pode mostrar a existência de um ajuste altamente especializado entre os organismos e seus ambientes
- verificará que a origem das espécies requer o isolamento reprodutivo de populações, bem como que a seleção natural força a divergência delas
- perceberá que a seleção natural ajusta os organismos em relação ao seu passado – ela não antecipa o futuro

- compreenderá que a história evolutiva das espécies restringe o que a seleção natural futura pode alcançar
- entenderá que a seleção natural pode produzir formas semelhantes a partir de linhagens ancestrais muito diferentes (evolução convergente) ou a mesma amplitude de formas em populações que se tornaram isoladas (evolução paralela)

Como disse o grande biólogo russo-americano Dobzansky, "nada faz sentido em biologia, se considerado fora do contexto evolutivo". Da mesma forma, muito pouco faz sentido em evolução, se for considerado fora do contexto ecológico; a ecologia fornece as diretrizes básicas por meio das quais o "jogo evolutivo" se desenvolve. Ecólogos e especialistas em biologia evolutiva necessitam da compreensão recíproca de suas disciplinas para o entendimento dos padrões e processos-chave em suas áreas.

2.1 Introdução

A Terra é habitada por uma multiplicidade de tipos de organismos. Sobre a superfície do globo, eles não estão distribuídos aleatoriamente nem como uma mistura homogênea. Qualquer área considerada, mesmo em escala continental, contém apenas uma parcela da variedade de espécies presentes na Terra. Por que existem tantos tipos de organismos? Por que suas distribuições são tão restritas? Respostas adequadas para essas questões ecológicas dependem fundamentalmente da compreensão dos processos evolutivos que levaram à diversidade e à distribuição atualmente existentes.

Até recentemente na história da biologia, a ênfase com a diversidade era sobre como usá-la (p. ex., em medicamentos), exibi-la em zoológicos e jardins botânicos e catalogá-la em museus (Quadro 2.1). Sem a compreensão de como a diversidade se desenvolveu, tais catalogações se parecem mais com uma coleção de selos do que com uma coleção científica. A contribuição definitiva de Charles Darwin e Alfred Wallace foi ter fornecido aos ecólogos as bases científicas para a compreensão dos padrões de diversidade e distribuição sobre a face da Terra.

<small>as espécies são tão especializadas que quase sempre inexistem em quase todos os lugares</small>

2.2 Evolução por seleção natural

Darwin e Wallace (Figura 2.1) eram ecólogos (embora a base do trabalho deles tenha sido desenvolvida antes de o termo ecologia ter sido proposto) que estiveram expostos diretamente à diversidade da natureza. Na qualidade de naturalista, Darwin empreendeu uma viagem exploratória pelo mundo, na expedição do HMS *Beagle* (1831-36), registrando e coletando em uma enorme variedade de ambientes. Gradualmente, ele desenvolveu a opinião de que a diversidade existente na natureza era o resultado de um processo evolutivo, no qual a *seleção natural* favorecia algumas variantes intraespecíficas por meio da "luta pela sobrevivência".

<small>Darwin e Wallace eram ecólogos</small>

2.1 MARCOS HISTÓRICOS

Uma breve história do estudo da diversidade

A percepção da diversidade de organismos vivos e onde eles vivem é parte do conhecimento que a espécie humana acumula e transmite através de gerações. Os povos caçadores/colhedores necessitavam (e ainda necessitam) de conhecimento detalhado da história natural dos seus ambientes para ter sucesso na obtenção de alimento e, ao mesmo tempo, escapar dos perigos de envenenamento ou predação. Os Arawaks, nativos da floresta equatorial sul-americana, sabem onde encontrar e como capturar os animais de porte existentes ao seu redor, bem como os nomes das árvores e como elas podem ser usadas.

O imperador chinês Shen Nung, antes de 2000 a.C., foi talvez o primeiro a escrever uma obra sobre plantas úteis, e Dioscorides, no primeiro século d.C., descreveu 500 espécies de plantas medicinais, ilustrando muitas delas.

As coleções de espécies vivas em zoológicos e jardins botânicos também possuem uma longa história – certamente remontam à Grécia do século sétimo a.C. O impulso para coletar a diversidade da natureza desenvolveu-se no Ocidente no século XVII, quando alguns indivíduos ganhavam a vida encontrando espécimes interessantes para coleções particulares. John Tradescant, o pai (morto em 1638), e John Tradescant, o filho (1608- 1662), dedicaram a maior parte de suas vidas coletando plantas e importando espécimes vivos para os jardins botânicos da realeza e da nobreza. O pai foi o primeiro botânico a visitar a Rússia (1618), de onde trouxe muitas plantas vivas; seu filho fez três visitas ao Novo Mundo (1637, 1642 e 1654), a fim de coletar espécimes das colônias americanas.

Pessoas de alto poder aquisitivo construíram vastas coleções em museus particulares. Elas mesmas viajaram ou enviaram viajantes em busca de novidades das terras novas, à medida que eram descobertas e colonizadas. Naturalistas e artistas (geralmente a mesma pessoa) acompanhavam as principais viagens de exploração, para relatar e trazer para casa coleções da diversidade de artefatos e organismos encontrados, vivos ou mortos. Os estudos de taxonomia e sistemática desenvolveram-se e proliferaram – pela taxonomia, os vários tipos de organismos receberam nomes e a sistemática proporcionou os sistemas para classificá-los e catalogá-los.

Foram estabelecidos os maiores museus nacionais (o British Museum, em 1759, e o Smithsonian, Washington, em 1846), com base, em grande parte, em doações de coleções particulares. Como os jardins zoológicos e botânicos, o papel principal dos museus foi o de promover uma exposição pública da diversidade existente na natureza, especialmente em relação ao novo, às curiosidades e ao raro.

Não havia necessidade de explicar a diversidade, pois bastava a teoria bíblica da criação do mundo em sete dias. Entretanto, a ideia de que a diversidade existente na natureza tinha "evoluído" no tempo, pela divergência progressiva de estoques pre-existentes, começou a ser discutida entre o final do século XVIII e começo do século XIX. Em 1844, uma publicação anônima, *The Vestiges of Creation* (Os Vestígios da Criação), introduziu a ideia de que as espécies animais descenderam de outras espécies.

Ele se ocupou desse tema nos 20 anos seguintes, mediante um estudo detalhado e considerável troca de correspondência com seus amigos, à medida que preparava o principal estudo para publicação, com todas as evidências cuidadosamente ordenadas. Porém, ele não teve pressa em publicar seus resultados.

Fundamentos em Ecologia   55

Figura 2.1
Fotografias de (a) Charles Darwin (litografia de T.H. Maguire, 1849) e (b) Alfred Russell Wallace, 1862.

Em 1858, Wallace escreveu para Darwin, descrevendo em toda a sua essência a mesma teoria da evolução. Wallace era um entusiasmado naturalista amador, que já havia lido o diário de Darwin sobre a viagem do *Beagle* e, de 1847 a 1852, juntamente com seu amigo H.W. Bates, explorou e coletou nas bacias dos rios Amazonas e Negro, e de 1854 a 1862 realizou uma longa expedição no arquipélago malaio. Em seu leito, em 1858, relembrou: "durante um surto de calor e de febre intermitente, de repente tive a ideia (da seleção natural). Eu pensei sobre tudo antes do surto terminar... Eu acredito ter finalizado o primeiro esboço no dia seguinte".

Nos dias de hoje, a competição pela fama e por recursos financeiros fatalmente levaria a conflitos quanto à prioridade – quem teria tido a ideia primeiro. Em vez disso, num claro exemplo de falta de egoísmo científico, os esboços das ideias de Darwin e Wallace foram apresentados em coautoria em uma reunião da Linnean Society em Londres. A obra *On the Origin of Species*, de Darwin, foi preparada às pressas e publicada em 1859, podendo ser considerado o primeiro livro-texto importante em ecologia (os ecólogos principiantes deveriam ler, pelo menos, o seu terceiro capítulo).

Tanto Darwin quanto Wallace tinham lido a obra *An Essay on the Principle of Population*, publicada por Malthus em 1798. O ensaio de Malthus tratava de populações humanas, cujas taxas intrínsecas de crescimento, caso não fossem

a influência do ensaio de Malthus sobre Darwin e Wallace

controladas, segundo ele, seriam capazes de duplicar a cada 25 anos, eventualmente saturando o planeta. Malthus acreditava que a limitação de recursos diminuía o crescimento das populações e impunha limites aos seus tamanhos, e que doenças, guerras e outros tipos de catástrofes também controlavam o crescimento populacional. Como naturalistas de campo experientes, Darwin e Wallace entenderam que o argumento de Malthus se aplicava com força igual aos reinos vegetal e animal.

Darwin fez registros sobre a elevada fecundidade de algumas espécies – um único indivíduo do molusco marinho *Doris* pode produzir 600.000 ovos; um nematóide parasito do gênero *Ascaris* pode produzir 64 milhões. Mas ele reconheceu que cada espécie "deve sofrer destruição em algum período de sua vida e durante alguma estação do ano ou em anos ocasionais; caso contrário, levando-se em conta o princípio do crescimento geométrico, seus números se tornariam tão descomunais que nenhum país poderia suportar tal densidade". Em um dos primeiros exemplos de estudo em ecologia de populações, Darwin contou todas as plântulas que emergiram de uma parcela de terra cultivada de 91,44 por 60,96 cm de comprimento e largura, respectivamente: "Do total de 357, não menos do que 295 foram destruídas, principalmente por moluscos e insetos". Ambos os autores, então, enfatizaram que muitos indivíduos morrem antes de poderem se reproduzir e nada contribuem para as gerações futuras. Entretanto, os dois tendiam a ignorar o importante fato de que aqueles indivíduos que sobrevivem numa população podem deixar um número variável de descendentes.

> verdades fundamentais da teoria evolutiva

A teoria da evolução por seleção natural baseia-se, portanto, em uma série de verdades confirmadas:

1 Os indivíduos que compõem uma população de uma dada espécie não são idênticos.
2 Parte da variação entre indivíduos é herdável – isto é, tem base genética e, por isso, capaz de ser transmitida aos descendentes.
3 Todas as populações poderiam crescer a uma taxa que saturaria o ambiente; mas, de fato, a maioria dos indivíduos morre antes da reprodução e muitos (comumente todos) se reproduzem aquém de sua taxa máxima. Por isso, em cada geração, os indivíduos de uma dada população representam somente uma parte daqueles que "poderiam" ter chegado lá, provenientes da geração anterior.
4 Ancestrais diferentes deixam um número diferente de descendentes (descendentes, *não* somente filhos); nem todos eles contribuem igualmente para as gerações seguintes. Em consequência, aqueles que contribuem em maior número têm a mais elevada influência nas características hereditárias das gerações subsequentes.

Evolução significa mudança, no tempo, das características herdáveis de uma população ou espécie. Dadas essas quatro verdades, fica evidente que as características hereditárias que definem uma população inevitavelmente irão mudar. A evolução é inevitável.

> "a sobrevivência do mais apto"?

Mas quais indivíduos fazem contribuições desproporcionalmente maiores para as gerações seguintes e, em consequência, determinam a direção que a evolução toma? A resposta é: aqueles que foram mais capazes de sobreviver aos riscos e às catástrofes do ambiente em que nasceram e cresceram, bem como aqueles que, tendo sobrevivido, foram favorecidos reprodutivamente pelos ambientes onde viviam. Dessa forma, as interações entre organismos e seus ambientes – a essência da ecologia – apoia-se no âmago do processo de evolução por seleção natural.

O filósofo Herbert Spencer descreveu o processo como "a sobrevivência daquele com maior valor adaptativo" e a frase entrou para a linguagem do cotidiano – o que é lamentável. Primeiro, sabemos hoje que a sobrevivência é somente parte da história; a reprodução diferencial é muitas vezes igualmente importante. Contudo, mais preocupante é que, mesmo se nos limitarmos à sobrevivência, a frase não nos leva a lugar nenhum. Quem são os de maior valor adaptativo? – aqueles que sobrevivem. Quem sobrevive? – aqueles de maior valor adaptativo. Não obstante, a expressão valor adaptativo (*fitness*) é geralmente usada para descrever o sucesso de indivíduos no processo de seleção natural. Em determinado ambiente, alguns indivíduos sobreviverão melhor, reproduzirão mais e irão deixar mais descendentes – eles terão maior valor adaptativo do que outros.

Darwin tinha sido bastante influenciado pelos avanços dos agricultores e pecuaristas – por exemplo, a extraordinária variedade de pombos, cães e outros animais domésticos que haviam sido deliberadamente criados pela seleção de pais com caracteres melhorados. Ele e Wallace viram a natureza fazendo a mesma coisa – "selecionando" aqueles indivíduos que sobreviveram de populações que se multiplicavam em excesso – daí então a expressão "seleção natural". Porém, mesmo essa expressão pode dar uma impressão errada. Existe uma grande diferença entre a seleção natural e aquela provocada pelo homem. A seleção artificial tem um objetivo definido – obter um cereal mais produtivo, criar um cão de estimação mais atrativo ou uma vaca que produza mais leite. A natureza, contudo, não tem objetivos. A evolução acontece porque alguns indivíduos sobreviveram e se reproduziram com mais sucesso, não porque eles foram de alguma forma escolhidos ou selecionados como melhoramentos para o futuro.

> a seleção natural não tem nenhum objetivo futuro

Por isso, pode-se dizer que os ambientes existentes no passado selecionaram características particulares dos indivíduos que vemos nas populações atuais. Tais características são "apropriadas" aos ambientes dos dias de hoje somente porque estes tendem a permanecer inalterados ou, pelo menos, mudar muito vagarosamente. Será visto no final deste capítulo que, quando os ambientes mudam com maior rapidez, em geral sob a influência humana, os organismos podem se achar, por um tempo, "abandonados" pelas experiências de seus ancestrais.

2.3 Evolução em nível intraespecífico

O mundo natural não é composto de um *continuum* de tipos de organismos, cada um se sobrepondo ao seu próximo; reconhecemos os limites existentes entre um tipo de organismo e outro. Num dos grandes feitos das ciências biológicas, Lineu, em 1735, idealizou um sistema ordenado para denominar as diferentes categorias. A genialidade deste deve-se, em parte, ao reconhecimento da existência de atributos, tanto de plantas quanto de animais, que não eram fa-

> para entendermos a evolução das espécies, precisamos entender a evolução intraespecífica

cilmente modificados pelo ambiente, e que essas características "conservativas" eram especialmente úteis para classificar os organismos. Nas angiospermas, a forma das flores é particularmente estável. Não obstante, dentro do que reconhecemos como uma espécie, geralmente existe considerável variação, da qual uma parte é hereditária. Afinal, é dentro do espectro dessa variação intraespecífica que os especialistas em melhoramento animal e vegetal trabalham. Na natureza, parte dessa variação intraespecífica está claramente correlacionada com variações ambientais e representam especializações em nível local.

Darwin denominou seu livro *On the Origin of Species by Means of Natural Selection*, porém a evolução por seleção natural é responsável por muito mais do que criar novas espécies. A seleção natural e a evolução ocorrem *dentro* da espécie e sabemos, hoje, que podemos estudá-las atuando durante o tempo de duração de nossas próprias vidas. Além disso, precisamos estudar como a evolução ocorre em nível intraespecífico, caso queiramos entender a origem de espécies novas.

2.3.1 Variação geográfica intraespecífica

as características de uma espécie podem variar ao longo de sua amplitude de distribuição geográfica

Considerando que os ambientes experimentados por uma espécie em partes distintas de sua distribuição diferem entre si (pelo menos em parte), devemos esperar que a seleção natural tenha favorecido a existência de variantes das espécies em diferentes locais. Porém, a evolução força as características populacionais a divergirem entre si: (i) somente se existir variação hereditária suficiente sobre a qual a seleção possa agir e (ii) desde que as forças seletivas que favorecem a divergência sejam suficientemente fortes para contrapor a miscigenação e a hibridação de indivíduos de locais diferentes. Duas populações não divergirão completamente se seus membros (ou, no caso das plantas, seus grãos de pólen) migrarem continuamente entre elas, acasalando-se e misturando seus genes.

Arabis fecunda (sapphire rockcress) é uma espécie herbácea perene rara, restrita aos solos de afloramentos calcários no oeste de Montana. Na realidade, a espécie é tão rara que existem apenas 19 populações, separadas em dois grupos ("de alta" e "de baixa" altitude) por uma distância de aproximadamente 100 km. A possível existência de adaptação local, neste caso, é de importância prática: quatro das populações de baixa altitude estão sob a ameaça da expansão de áreas urbanas e podem requerer reintrodução de outros lugares, em caso de serem mantidas. A reintrodução pode falhar se a adaptação local for demasiadamente pronunciada. A observação das plantas em seus próprios hábitats e a verificação das diferenças existentes entre elas não nos dirão se houve adaptação local no sentido evolutivo. As diferenças podem simplesmente resultar de respostas imediatas a ambientes contrastantes, realizadas por plantas que são essencialmente as mesmas. Nesse sentido, plantas de baixa e elevada altitudes foram cultivadas juntas no mesmo jardim (Figura 2.2a), eliminando assim qualquer influência de diferenças ambientais. Os locais de altitude baixa estavam mais sujeitos à seca: tanto o ar quanto o solo estavam mais quentes e secos; nos locais de cultivo no mesmo jardim, as plantas de altitude baixa eram de fato significativamente mais tolerantes à seca: por exemplo, elas apresentaram uma maior "eficiência no uso da água" (sua taxa de perda de água pelas

(a) Experimentos no mesmo jardim

(b) Experimentos de transplantes recíprocos

Figura 2.2
Experimentos no mesmo jardim (a) e de transplantes recíprocos (b) comparam a *performance* de organismos de diferentes populações da mesma espécie. No primeiro, os organismos são coletados de diversas fontes sob as mesmas condições. No último, organismos de dois (ou mais) hábitats são coletados de seu próprio hábitat e cultivados junto a organismos residentes em *seu* próprio hábitat, em um delineamento "equilibrado" de tal forma que todos os organismos são cultivados em hábitats "nativos" e todos em hábitats "exóticos".

folhas foi pequena quando comparada à taxa de assimilação de dióxido de carbono), tendo sido também muito mais altas e "mais amplas" (Figura 2.3).

Uma diferença em escala espacial muito menor foi demonstrada em um local denominado Abraham's Bosom, na costa norte do país de Gales. Nesse local há um mosaico de hábitats muito diferentes, junto à margem entre costões marinhos rochosos e pastagens. Em muitos desses hábitats, ocorre uma espécie comum de gramínea (*Agrostis stolonifera*). A Figura 2.4 exibe o mapa do local e uma das transecções na qual as plantas foram amostradas; ela também apresenta os resultados, quando as plantas, localizadas nos pontos de amostragem ao longo da transecção, foram cultivadas no mesmo jardim. Segmentos

variação ao longo de distâncias muito curtas

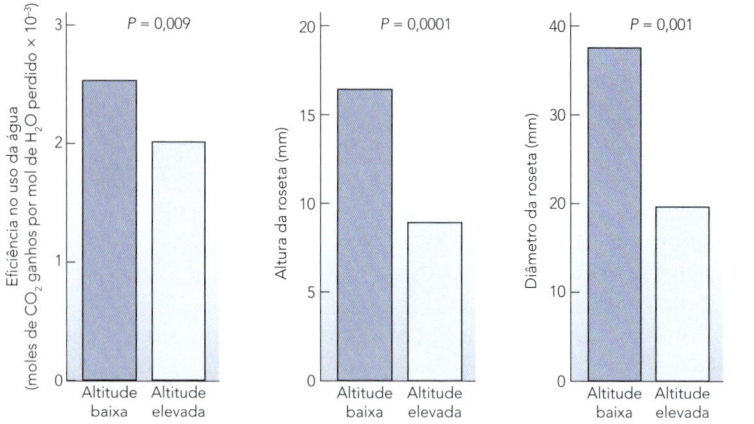

Figura 2.3
Quando plantas de *Arabis fecunda* provenientes de locais de baixa (propensos à seca) e de elevada altitudes foram cultivadas juntas no mesmo jardim, houve adaptação local; aquelas oriundas de baixa altitude tiveram significativamente maior eficiência no uso da água, além de formarem rosetas mais altas.

de caules dessa gramínea formam raízes rapidamente, de modo que vários indivíduos independentes enraizados podem ser clonados a partir de uma única planta obtida no campo. Cada uma de quatro plantas obtidas de cada ponto de amostragem estava representada por cinco réplicas clonais (delas mesmas) enraizadas. As plantas se propagam mediante a emissão de caules (estolões) sobre a superfície do solo; o crescimento das plantas foi comparado por meio da

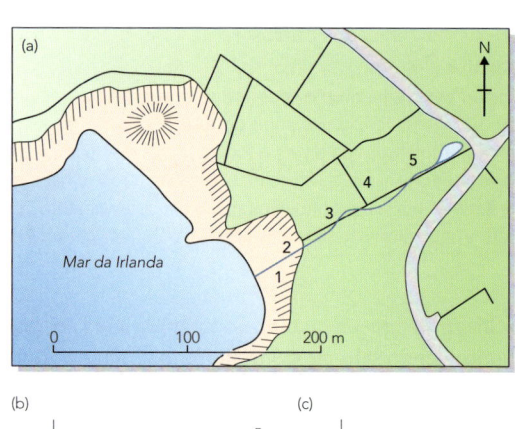

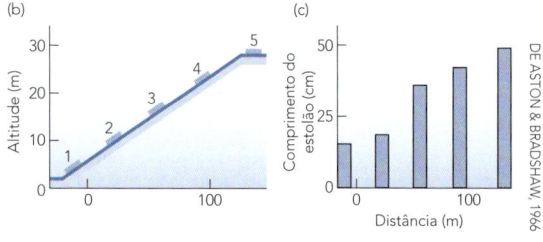

Figura 2.4
(a) Mapa de Abraham's Bosom; local escolhido para um estudo sobre ocorrência de evolução ao longo de distâncias pequenas. A área verde corresponde à pastagem manejada; a área castanho-clara corresponde aos costões rochosos direcionados para o mar. Os números indicam os locais onde a gramínea *Agrostis stolonifera* foi amostrada. Observe que a área toda tem uma extensão de apenas 200 m. (b) Uma transecção perpendicular à área de estudo, mostrando uma mudança gradual da pastagem para as condições do costão rochoso. (c) Comprimento médio dos estolões produzidos no jardim experimental pelas plantas coletadas a partir da transecção.

medição dos comprimentos desses estolões. No campo, foi constatado que as plantas localizadas nos costões formavam apenas estolões curtos, enquanto os das plantas de pastagem eram longos. No jardim experimental, tais diferenças foram mantidas, embora os pontos de amostragem estivessem afastados por apenas 30 m aproximadamente – certamente dentro da amplitude de dispersão dos grãos de pólen entre plantas. De fato, ao longo da transecção, houve correspondência entre a mudança gradual do ambiente e a mudança gradual do comprimento dos estolões, presumidamente com base genética, já que esta foi aparente no mesmo jardim experimental. Mesmo ao longo desta escala pequena, as forças de seleção parecem sobrepujar as forças de hibridação.

Por outro lado, seria um erro imaginar que a seleção local sempre se sobressai em relação à hibridação, ou seja, que todas as espécies exibem variantes geograficamente distintas com base genética. Por exemplo, em um estudo com *Chamaecrista fasciculata*, uma leguminosa anual ocorrente em hábitats alterados no leste da América do Norte, foram cultivadas plantas num mesmo jardim experimental, as quais foram coletadas no local "original" ou transplantadas de distâncias afastadas deste relativas a 0,1, 1, 10, 100, 1.000 e 2.000 km. Cinco características foram medidas: germinação, sobrevivência, biomassa da parte vegetativa, produção de frutos e o número de frutos produzidos por semente plantada. Porém, para todos os parâmetros, em todas as repetições, houve pouca ou mesmo nenhuma evidência de adaptação local, exceto em escala espacial maior (p. ex., Figura 2.5). Existe "adaptação local", mas claramente ela não é *tão* local assim.

Podemos também testar se os organismos evoluíram para se tornarem especializados em viver em ambientes locais. Isto é realizado mediante experimentos de *transplantes recíprocos* (ver Figura 2.2b), comparando seus desempenhos quando cultivados "em casa" (i.e., nos seus hábitats originais) e "longe de casa" (i.e., no hábitat dos outros).

Pode ser difícil detectar especializações locais em animais transplantando-os para os hábitats dos outros; se não forem satisfatórios, serão abandonados pela maioria das espécies. Porém, invertebrados, tais como os corais e as anêmonas-do-mar, são sedentários, e alguns podem ser retirados de um local e estabelecidos em outro. A anêmona-do-mar *Actinia tenebrosa* é encontrada nas poças dos cabos existentes na costa de Nova Wales do Sul, Austrália. Ayre (1985) escolheu

> transplantes recíprocos testam o ajuste entre organismos e seu ambiente – anêmonas-do-mar transplantadas em cada hábitat das outras

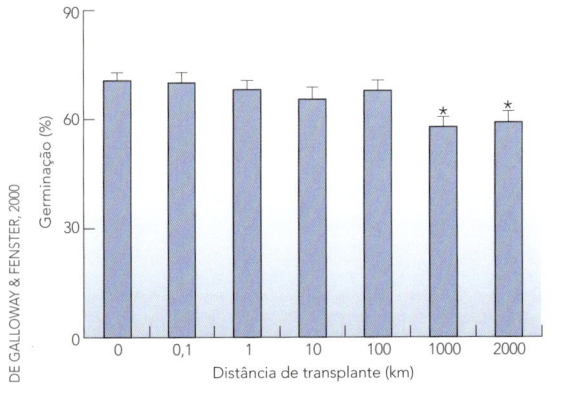

Figura 2.5

Percentagem de germinação, em um jardim experimental, de populações de *Chamaecrista fasciculata* provenientes do local ou transplantadas de diferentes distâncias ao longo de uma transecção no Kansas, para testar a existência de adaptação local. Os dados de 1995 e 1996 foram agrupados porque não diferem estatisticamente. As populações que diferem daquela do hábitat original ($P < 0,05$) são indicadas por asterisco. A adaptação local ocorre somente na escala espacial maior.

três colônias localizadas em cabos distantes 4 km entre si, nos quais a anêmona era abundante. Dentro de cada colônia, ele selecionou três locais para transplante (cada um com extensão de 3 a 5 m de comprimento) sobre os quais dispôs três faixas de 1 m de largura cada – duas para receber as anêmonas dos locais afastados e uma para "transplantar" os indivíduos do próprio local. Ayre removeu todas as anêmonas presentes nas áreas experimentais e nelas realizou os transplantes. As anêmonas multiplicam-se por clonagem, produzindo uma prole de juvenis assexuados. O número de juvenis produzidos por adulto foi usado como uma medida do desempenho das anêmonas provenientes do próprio e de outros locais.

A proporção de adultos encontrados produzindo juvenis 11 meses mais tarde é apresentada na Tabela 2.1. As anêmonas originalmente coletadas em Green Island tiveram maior sucesso na produção de juvenis, após serem transplantadas tanto do próprio local quanto de fora, e não apresentaram qualquer especialização aos seus próprios ambientes. Entretanto, em todos os outros experimentos uma maior proporção de anêmonas produziu juvenis no próprio hábitat do que naqueles afastados dele: uma forte evidência da evolução de especialização local. Em experimentos posteriores, Ayre (1995) retirou anêmonas de vários locais, conforme havia feito antes, mas as manteve por um período de aclimatação em um local comum, antes de transplantá-las dentro do delineamento experimental de transplantes recíprocos. Tal teste, de grau mais rigoroso, confirmou os resultados mostrados na Tabela 2.1.

um experimento de transplante recíproco envolvendo uma planta

Um outro experimento do tipo transplante recíproco foi conduzido com o trevo branco (*Trifolium repens*), o qual forma clones em pastagens manejadas. Para determinar se as características de cada clone correspondiam às características de seus ambientes, Turkington e Harper (1979) removeram plantas de posições marcadas no campo e as multiplicaram por clonagem num ambiente comum de uma estufa. Depois disso, transplantaram amostras de cada clone para os gramados dos locais da vegetação de onde eles tinham sido retirados,

Tabela 2.1

Experimento de transplantes recíprocos com a anêmona-do-mar *Actinia tenebrosa*: a, b e c são as três réplicas em cada colônia. Em cada caso é mostrada a proporção de adultos que foram encontrados produzindo jovens. Os transplantes de volta para os sítios originais são mostrados em negrito.

PROCEDÊNCIA		TRANSPLANTADAS PARA		
		GREEN ISLAND	SALMON POINT	STRICKLAND BAY
Green Island	a	**0,42**	0,68	0,78
	b	**0,80**	0,63	0,75
	c	**0,67**	0,62	0,61
Salmon Point	a	0,11	**0,42**	0,13
	b	0,18	**0,43**	0,28
	c	0,00	**0,50**	0,40
Strickland Bay	a	0,11	0,06	**0,33**
	b	0,00	0,06	**0,27**
	c	0,04	0,20	**0,27**

DE AYRE, 1985

bem como para os locais de onde todos os outros haviam sido retirados. As plantas foram mantidas em crescimento por um ano antes de serem removidas, secadas e pesadas. O peso médio das plantas de trevo transplantadas no seu próprio ambiente foi de 0,89 g, enquanto o das provenientes de longe foi somente de 0,52 g, correspondendo a uma diferença estatística altamente significativa.

Os indivíduos de trevo foram escolhidos de manchas em que predominavam quatro espécies de gramíneas. Por isso, em um segundo experimento, amostras de clones foram plantadas em parcelas experimentais contendo populações das quatro gramíneas em alta densidade (Figura 2.6). A produção média dos trevos cultivados com as gramíneas vizinhas originais foi de 59,4 g; a produção média com as gramíneas "estranhas" foi de 31,9 g, correspondendo novamente a uma diferença altamente significativa. Assim, os clones de trevo na pastagem evoluíram e se tornaram especializados, de tal forma que eles apresentam melhor desempenho (crescem mais) no seu próprio ambiente e com seus vizinhos mais próximos.

Na maioria dos exemplos até agora, as variantes geográficas das espécies foram identificadas, mas não as forças seletivas que as favorecem. Isto não é verdadeiro para o próximo exemplo. O gupi (*Poecilia reticulata*), um pequeno

seleção natural por predação: um experimento de campo controlado sobre evolução de peixes

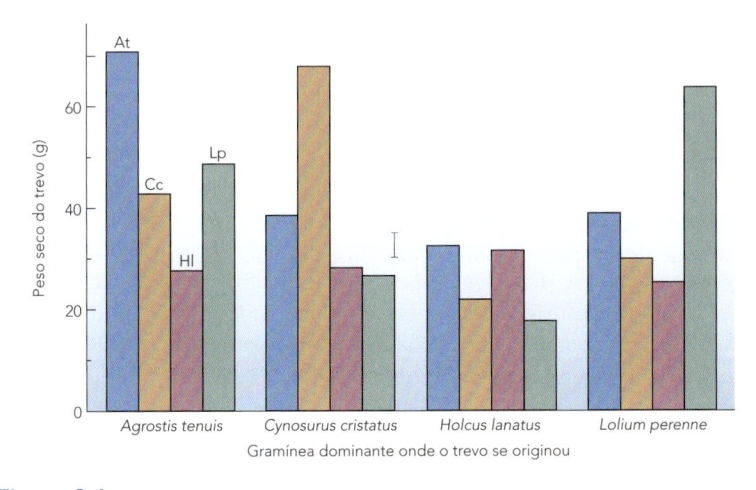

Figura 2.6

Indivíduos de trevo branco (*Trifolium repens*) foram coletados em manchas de um campo de pastagem permanente, nas quais predominavam quatro espécies de gramíneas: *Agrostis tenuis* (At), *Cynosurus cristatus* (Cc), *Holcus lanatus* (Hl) e *Lolium perenne* (Lp). Os indivíduos de trevo foram multiplicados por clonagem e transplantados (em todas as combinações possíveis) para parcelas que tinham sido semeadas com as quatro espécies de gramíneas. Os histogramas mostram o peso médio dos clones transplantados após o crescimento durante 12 meses. A barra vertical indica a diferença entre a altura de qualquer par de colunas que é estatisticamente significativa ($P < 0,05$). Observe, no painel dos quatro histogramas da esquerda, como o trevo que veio de uma mancha de *Agrostis tenuis* cresceu significativamente melhor na presença desta gramínea (At) do que na de qualquer outra espécie. (Cc, Hl, Lp). Padrões equivalentes são vistos para o trevo originário de manchas de *Cynosurus cristatus* e *Lolium perenne* (crescimento mais pronunciado do trevo com Cc e Lp, respectivamente). O trevo originário de manchas de *Holcus lanatus* não seguiu a tendência geral, crescendo tão bem com At quanto com Hl.

peixe de água doce do nordeste da América do Sul, tem sido o material utilizado em uma série clássica de experimentos evolutivos. Em Trinidad, muitos rios fluem nas encostas voltadas para o norte e são subdivididos por cachoeiras que isolam as populações de peixes presentes acima e abaixo das quedas d'água. Os gupis estão presentes em quase todos esses corpos d'água; nas partes mais baixas, em direção à foz, eles se deparam com várias espécies de peixes predadores, os quais inexistem nas altitudes maiores, próximas às nascentes. As populações de gupis de Trinidad diferem entre si em quase todos os atributos que os biólogos examinaram. Entre estes, 47 tendem a variar de forma associada (eles *covariam*) e com a intensidade de risco aos predadores. Essa correlação sugere que as populações de gupis têm sido sujeitas à seleção natural pelos predadores. Mas o fato de dois fenômenos terem correlação não prova que um é causa do outro. Somente experimentos conduzidos sob condições controladas podem estabelecer causa e efeito.

Onde os gupis foram total ou parcialmente excluídos dos predadores, os machos apresentam ornamentação brilhante, com número e tamanho diferentes de manchas coloridas (Figura 2.7). As fêmeas são opacas, pouco ornamentadas e inconspícuas (para nós, pelo menos). Sempre que estudamos a seleção natural em ação, torna-se claro que nela estão envolvidas concessões. Para cada força de seleção que favorece mudança existe outra em oposição, em resistência à mudança. A cor nos gupis machos é um bom exemplo. As fêmeas dos gupis preferem acasalar-se com os machos mais vistosos – mas estes são os mais prontamente capturados por predadores porque são mais facilmente vistos.

Esse fato estabelece a base para alguns experimentos reveladores sobre ecologia evolutiva. Populações de gupis foram estabelecidas em tanques localizados numa estufa e expostos a diferentes intensidades de predação. O número de manchas coloridas por gupi caiu rápida e acentuadamente quando a população sofreu intensa predação (Figura 2.8a). Após, em um experimento de campo, 200 gupis foram removidos de um local próximo à foz do Rio Aripo, onde os predadores eram comuns, e introduzidos em local próximo às nascentes, onde não existiam nem gupis nem predadores. Os gupis transplantados prosperaram no novo local e dentro de dois anos os machos tinham mais manchas, que eram também maiores e mais variadas em cor (Figura 2.8b). A escolha por parte das fêmeas em favor dos machos mais decorados e vistosos tinha levado a um efeito

Figura 2.7
Macho e fêmea de gupie (*Poecilia reticulata*), mostrando dois machos coloridos em comportamento de corte com uma fêmea tipicamente pouco vistosa.

Fundamentos em Ecologia

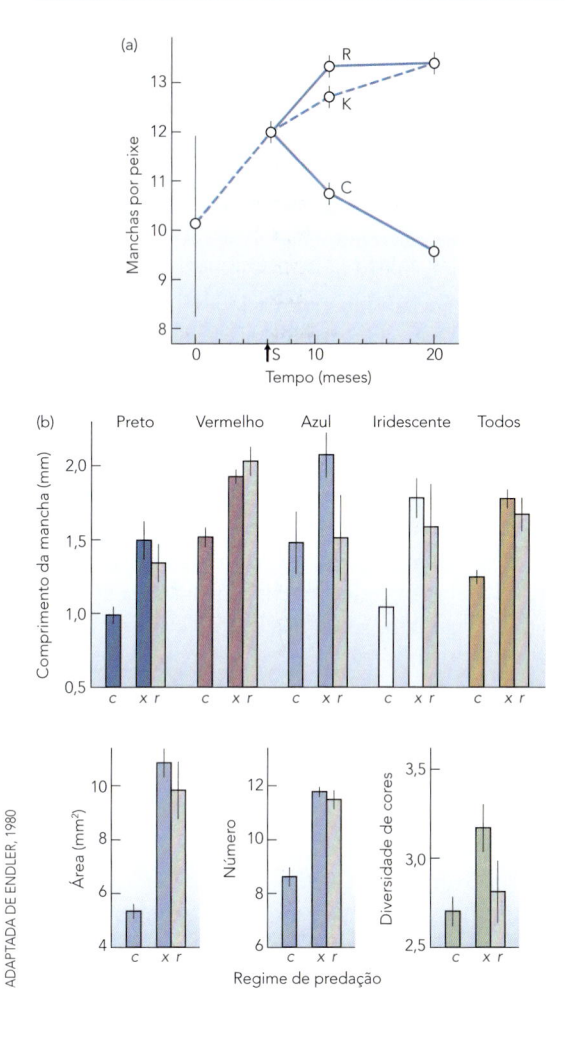

Figura 2.8
(a) Experimento que demonstra alterações em populações de gupis (*Poecilia reticulata*) expostas aos predadores em tanques experimentais. O gráfico mostra mudanças no número de manchas coloridas por peixe em tanques com diferentes populações de peixe predador. A população inicial foi coletada deliberadamente de uma variedade de locais, com vistas a proporcionar alta variabilidade desta característica, sendo introduzida no tanque no início (tempo zero). No tempo S, predadores pouco eficazes (*Rivulus hartii*) foram introduzidos nos tanques R; uma alta intensidade de predação foi imposta aos tanques C pela introdução do predador voraz *Crenicichila alta*; os tanques K continuaram sem predadores (linhas verticais representam ± dois EP). O número de manchas por peixe diminuiu nos tratamentos com o predador perigoso, mas aumentou na ausência de peixes ou de predadores fracos. (b) Resultados de um experimento de campo. A população de gupis, oriunda de uma localidade com presença de predadores vorazes (c), foi transferida para um riacho contendo apenas predadores pouco eficazes (*Rivulus hartii*) e até esse momento era desprovida de gupis (x). Outro arroio próximo, contendo gupis e *R. hartii*, foi utilizado como controle (r). Os resultados correspondem aos gupis coletados nos três locais dois anos após as introduções. Observe o quanto x e r, os locais somente com predação fraca, convergiram e mudaram drasticamente da população fonte com predadores perigosos, c. Na ausência de predadores fortes, o tamanho, o número e a diversidade de manchas coloridas aumentaram significativamente em 2 anos.

dramático na ostentação de seus descendentes, mas isso aconteceu somente porque os predadores não reverteram o rumo da seleção.

A velocidade das mudanças evolutivas nesse experimento na natureza foi tão alta quanto aquela observada em experimentos com seleção artificial em laboratório. Muito mais peixes foram produzidos em relação aos que poderiam sobreviver (em torno de 14 gerações de peixes ocorreram nos 23 meses em que o experimento foi realizado), e houve uma variação genética considerável nas populações sobre as quais a seleção natural poderia agir.

2.3.2 Variação intraespecífica com pressões de seleção provocadas pelo homem

Não chega a ser surpreendente que alguns dos exemplos mais dramáticos da seleção natural em operação tenham sido desencadeados pelas forças ecológicas da poluição ambiental – estas podem provocar mudanças rápidas sob a

> a seleção natural pela poluição: a evolução de uma mariposa melânica

influência de pressões de seleção expressivas. Durante e após a Revolução Industrial, a poluição atmosférica deixou "impressões digitais" nos locais mais imprevisíveis. O *melanismo industrial* é o fenômeno em que formas pretas ou escuras de espécies de mariposas e outros organismos têm surgido de forma a predominar em populações de áreas industriais. Um gene dominante é responsável pela produção em excesso do pigmento melânico preto nos indivíduos escuros. O melanismo industrial é conhecido em muitos países industrializados, incluindo algumas partes dos EUA (p. ex., Pittsburgh), e mais de 100 espécies de mariposas desenvolveram formas de melanismo industrial.

O registro mais antigo de uma espécie a evoluir nesse sentido foi o da mariposa *Biston betularia*; o primeiro espécime escuro foi capturado em Manchester, Inglaterra, em 1848. Em 1895, cerca de 98% da população dessa mariposa em Manchester era melânica. Após muitos anos mais de poluição, um levantamento de larga escala realizado entre 1952 e 1970 revelou a presença de 20 mil espécimes de *B. betularia* das formas típicas e melânicas na Grã-Bretanha (Figura 2.9). Os ventos na Grã-Bretanha são ocidentais, espalhando poluentes industriais (especialmente fumaça e dióxido de enxofre) para a direção leste. As formas melânicas estavam concentradas na direção leste e inexistiam completamente nas partes não poluídas do oeste da Inglaterra, Gales, norte da Escócia e Irlanda.

As mariposas são predadas por aves insetívoras que utilizam a visão para caçar. Num experimento de campo, um grande número de mariposas melânicas e não melânicas (pálidas, "típicas") foram criadas e liberadas em números iguais numa área rural, predominantmente não poluída, do sul da Inglaterra. Do total de 190 mariposas que foram capturadas por aves, 164 eram do tipo escuras e 26 eram típicas. Um estudo equivalente foi conduzido numa área industrial próxima à cidade de Birmingham. O dobro de formas escuras foi recapturado em relação às típicas. Isso mostra que uma pressão seletiva significante foi exercida pela predação por aves e que as mariposas da forma típica tiveram nítida desvantagem nos ambientes industriais poluídos (onde sua coloração clara contrastava com o substrato coberto de fuligem), enquanto a forma melânica esteve em desvantagem nos locais rurais livres de poluição (Kettlewell, 1955).

Na década de 1960, entretanto, os ambientes industrializados na Europa Ocidental e nos EUA começaram a mudar, à medida que o petróleo e a eletricidade começaram a substituir o carvão e uma legislação foi aprovada com vistas a estabelecer zonas livres de fumaça e a reduzir a emissão industrial de dióxido de carbono (ver Capítulo 13). A frequência da forma melânica, então, com uma rapidez extraordinária, recuou para níveis próximos aos verificados anteriormente à industrialização (Figura 2.10).

As forças de seleção em operação, primeiro a favor e depois contra as formas melânicas, estavam claramente relacionadas à poluição industrial, mas a ideia de que as formas melânicas foram favorecidas simplesmente porque elas encontravam-se camufladas em relação ao substrato enfumaçado pode ser apenas parte da história. As mariposas repousam nos troncos das árvores durante o dia e as formas não melânicas são adequadamente camufladas pelo substrato revestido por musgos e liquens. A poluição industrial

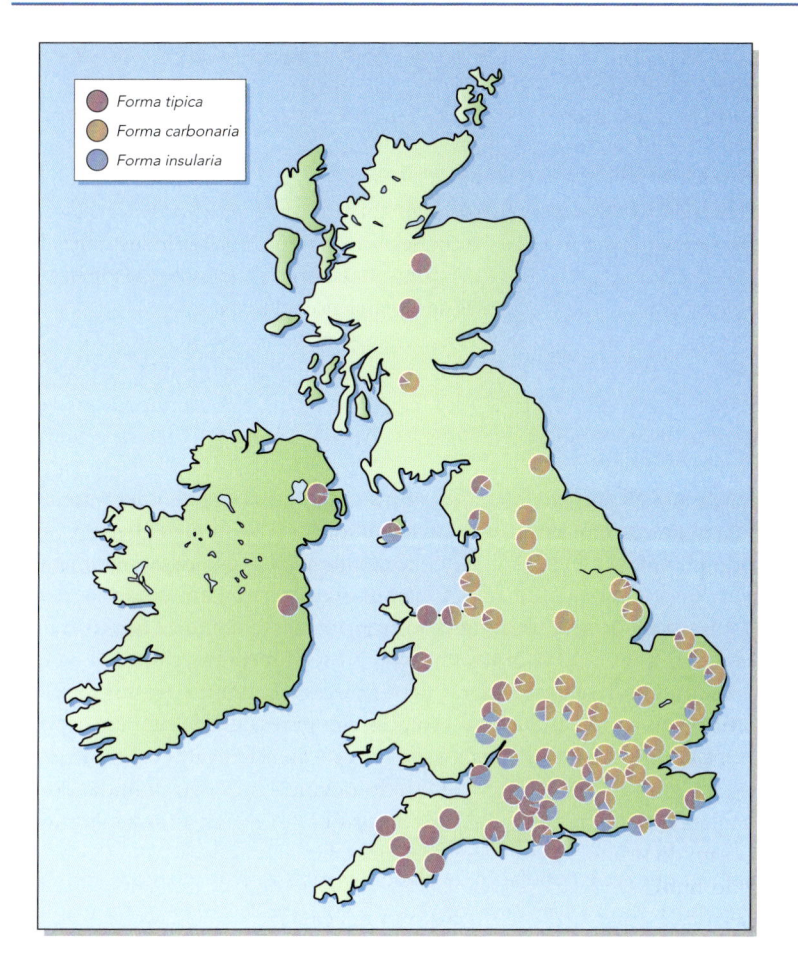

Figura 2.9
Locais na Grã-Bretanha e Irlanda onde as frequências das formas pálida (*forma tipica*) e melânica de *Biston betularia* foram registradas por Kettlewell e colaboradores. No total, mais de 20 mil espécimes foram examinados. A forma melânica principal (*forma carbonaria*) era abundante próximo às áreas industriais e onde os ventos ocidentais prevalentes carregam poluentes atmosféricos para a direção leste. Uma forma melânica adicional (*forma insularia*, que se parece com uma forma intermediária, devido à presença de diversos genes que controlam o caráter escuro) esteve também presente, porém permaneceu oculta onde os genes para a *forma carbonaria* estavam presentes.

não somente escureceu o substrato das mariposas; a poluição atmosférica, especialmente o SO_2, destruiu a maioria dos musgos e liquens dos troncos das árvores. De fato, a distribuição das formas melânicas na Figura 2.9 ajusta-se acuradamente às áreas nas quais os troncos das árvores eram propensos a perder sua cobertura de liquens como resultado do SO_2, e assim deixaram de proporcionar uma camuflagem efetiva para as formas não melânicas. Desse modo, a poluição por SO_2 pode ter sido tão importante quanto a por fumaça no contexto da seleção das mariposas melânicas.

Figura 2.10
Mudança na frequência da forma *carbonaria* da mariposa *Biston betularia* na área de Manchester a partir de 1950, cobrindo o período onde a poluição por fumaça foi controlada e a frequência diminuiu drasticamente. As linhas verticais representam os erros-padrão.

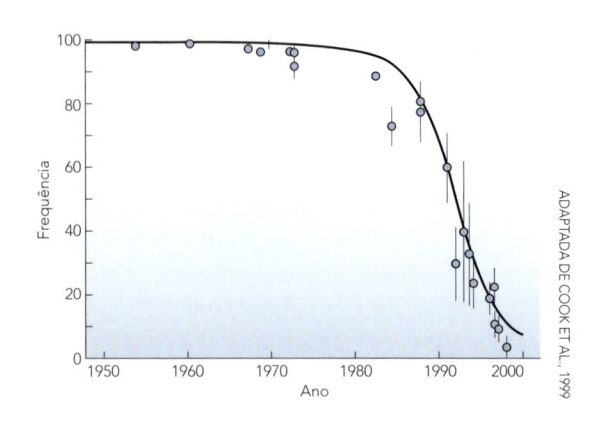

ADAPTADA DE COOK ET AL., 1999

seleção natural por poluição – a evolução da tolerância a metais pesados pelas plantas

Algumas plantas são tolerantes a uma outra forma de poluição: a presença de metais pesados tóxicos, tais como chumbo, zinco e cobre, os quais contaminam o solo após a mineração. As populações de plantas das áreas contaminadas podem ser tolerantes, enquanto nas bordas dessas áreas, em distâncias muito pequenas, pode ocorrer uma transição entre formas tolerantes e não tolerantes (Figura 2.11). Em alguns casos, tem sido possível medir a velocidade da evolução. Formas tolerantes ao zinco, pertencentes à gramínea *Agrostis capillaris*, foram obtidas como resultado da evolução sob torres de rede elétricas de zinco galvanizado, de 20 a 30 anos após a sua construção (Al-Hiyaly et al., 1988).

2.3.3 Evolução e coevolução

É fácil ver que uma população de plantas sujeitas a secas repetidas apresenta propensão a desenvolver uma tolerância à escassez de água e que um animal submetido repetidamente a invernos severos está propenso a desenvolver hábitos de hibernação ou um envoltório protetor espesso. Porém, em resposta, as secas não se tornam menos rigorosas nem os invernos mais amenos. As condições físicas não são herdadas: elas não deixam descendentes e não estão

Figura 2.11
A gramínea *Anthoxanthum odoratum* coloniza solos de uma mina antiga altamente contaminados com zinco (Zn). Isso é possível porque a gramínea desenvolveu formas tolerantes ao zinco. (a) Amostras da gramínea ao longo de uma transecção foram coletadas a partir de uma mina (em Trelogan, Gales do Norte) até uma pastagem circundante (as concentrações de zinco são mostradas em partes por milhão, ppm), e foram testadas quanto a tolerância ao zinco, tendo como critério o comprimento das raízes de plantas cultivadas em uma solução nutritiva contendo zinco em excesso. (b) O índice de tolerância ao zinco caiu de forma acentuada na distância de 2 a 5 m do limite da mina.

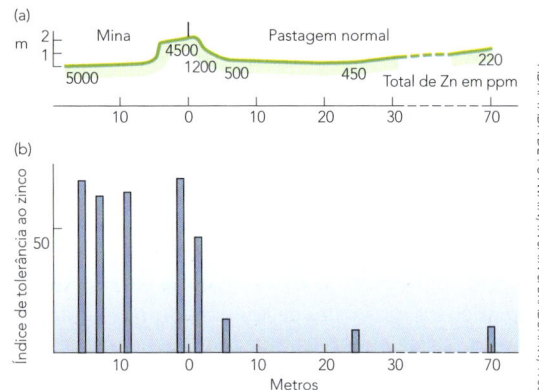

ADAPTADA DE PUTWAIN, IN JAIN & BRADSHAW, 1966

sujeitas à seleção natural. Mas a situação é bastante diferente quando duas espécies interagem: predador com a presa, parasito com o hospedeiro, competidores vizinhos entre si. A seleção natural pode selecionar, de uma população de parasitos, aquelas formas que são mais eficientes para infectar seus hospedeiros. Porém, isso coloca imediatamente em cena as forças de seleção natural que favoreçam os hospedeiros mais resistentes. À medida que evoluem, elas exercem mais pressão sobre a capacidade do parasito de infectar. Hospedeiro e parasito são, então, cativos numa seleção recíproca infinita: eles *co*evoluem. Em diversas outras interações ecológicas, as duas partes não são antagônicas, mas se beneficiam mutuamente umas das outras: *mutualistas*. Polinizadores e suas plantas, e leguminosas e suas bactérias fixadoras de nitrogênio, são exemplos bem conhecidos. No Capítulo 8, abordaremos coevolução com certo detalhamento; quando retornarmos a mais aspectos evolutivos da ecologia.

2.4 A ecologia da especiação

Vimos que a seleção natural pode forçar populações de plantas e animais a mudar suas características – a evoluir. Mas nenhum dos exemplos que consideramos envolveu a evolução de uma espécie nova. Na verdade, *On the Origin of Species*, de Darwin, aborda seleção natural e evolução, mas não trata verdadeiramente da origem das espécies! Mariposas (*Biston betularia*) "escuras" e "normais" são formas dentro de uma espécie, não espécies diferentes. De maneira semelhante, as diferentes formas de crescimento das gramíneas nos costões e pastagens de Abraham's Bosom e as variedades pouco vistosa e vistosa de gupis são apenas classes genéticas locais. Nenhuma apresentou atributos suficientes para ser elevada ao *status* de uma espécie distinta. Todavia, quando queremos saber qual o critério utilizado como justificativa para elevar duas populações ao *status* de espécie, nos deparamos com sérias dificuldades.

2.4.1 O que entendemos por "espécie"?

Os cínicos têm dito, com um certo grau de verdade, que uma espécie é o que um competente taxonomista considera como tal. Darwin considerou as espécies (assim também os gêneros) como "meras combinações artificiais feitas por conveniência". Por outro lado, na década de 1930, dois biólogos americanos, Ernst Mayr e Theodosius Dobzhansky, propuseram um teste empírico que poderia ser usado para decidir se duas populações eram parte de uma mesma espécie ou de duas espécies diferentes. Eles reconheceram organismos como membros de uma mesma espécie caso eles pudessem, pelo menos potencialmente, se acasalar na natureza e produzir prole fértil. Eles chamaram de *espécie biológica* uma espécie testada e definida deste modo. Nos exemplos que usamos anteriormente neste capítulo, sabemos que as *B. betularia* melânicas e normais podem se acasalar e que sua prole é completamente fértil; isso também é verdadeiro para os gupis pouco vistosos e vistosos e para as plantas dos tipos diferentes de *Agrostis capillaris*. Elas são variações intraespecíficas – e não espécies distintas.

espécies biológicas não trocam genes umas com as outras

Na prática, entretanto, os biólogos não aplicam o teste de Mayr-Dobzhansky para reconhecer uma espécie; não há tempo e recursos suficientes para tal. O mais importante é que o teste reconhece um elemento crucial dentro do processo evolutivo. Duas partes de uma população podem evoluir em espécies distintas somente se algum tipo de barreira impedir o fluxo gênico entre elas. Se os membros de duas populações são capazes de hibridar e seus genes são combinados e redistribuídos na progênie, então a seleção natural nunca poderá torná-los verdadeiramente distintos.

especiação ortodoxa

O cenário mais ortodoxo para a especiação compreende muitos estágios (Figura 2.12). Primeiro, duas subpopulações tornam-se geograficamente isoladas e a seleção natural leva à adaptação genética aos seus ambientes locais. A seguir, como um *subproduto* dessa diferenciação genética, surge entre as duas um grau de isolamento reprodutivo. Este pode ser, por exemplo, uma diferença no ritual de corte, tendendo a impedir o cruzamento *a priori*. Isto constitui um isolamento "pré-zigótico". Alternativamente, a prole em si pode simplesmente apresentar uma viabilidade reduzida. A seguir, numa fase de *contato secundário*, as duas subpopulações se reencontram. Os híbridos entre os indivíduos de diferentes subpopulações apresentam agora baixa aptidão, pois não são literalmente nem uma coisa nem outra. Em cada uma das duas subpopulações, a seleção natural favorecerá qualquer atributo que *reforce* o isolamento reprodutivo, especialmente características pré-zigóticas, impedindo a produção de prole híbrida de baixa aptidão. Essas barreiras reprodutivas então consolidam a distinção entre o que agora são duas espécies separadas.

especiação simpátrica e alopátrica

Seria errado, contudo, imaginar que todos os exemplos de especiação se ajustam a este cenário ortodoxo (Schluter, 2001). Primeiro, o contato secundário

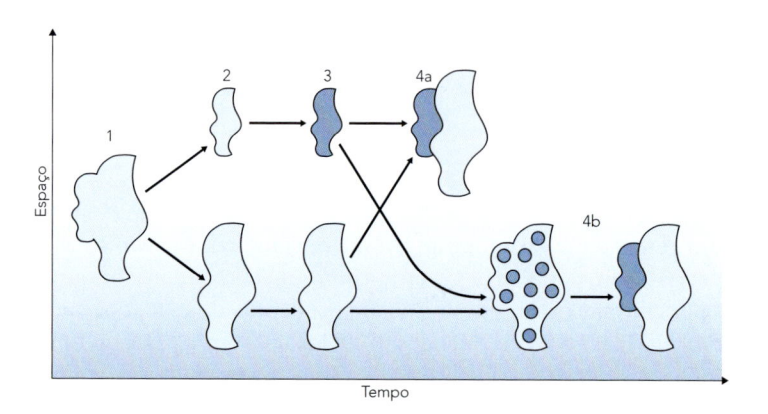

Figura 2.12

O cenário ortodoxo da especiação ecológica. Uma espécie uniforme com uma grande amplitude (1) se diferencia em subpopulações (2; por exemplo, separadas por barreiras geográficas ou dispersas em diferentes ilhas), as quais se tornam geneticamente isoladas umas das outras (3). Após a evolução por isolamento, elas podem se encontrar novamente, quando são já incapazes de hibridar (4a), e se tornam espécies biológicas verdadeiras, ou produzem híbridos de menor aptidão (4b), nos quais a evolução pode favorecer atributos que impedem o intercruzamento entre as "espécies emergentes" até que se sejam espécies biológicas verdadeiras.

pode nunca ocorrer. Esta seria uma especiação "alopátrica" pura (i.e., com toda a divergência ocorrendo em subpopulações em locais *diferentes*). Isto é provável especialmente em espécies de ilhas, as quais são examinadas a seguir.

Segundo, tem havido apoio crescente à ideia de que não é necessária uma fase do isolamento físico: isto é, a especiação "simpátrica" é possível (a divergência que ocorre em subpopulações no *mesmo* local). Uma circunstância na qual isto parece ocorrer é onde insetos forrageiam em mais de uma espécie de planta hospedeira, e onde cada uma requeira especialização dos insetos para sobrepujar as defesas das plantas. (Nos capítulos 3 e 7, são examinadas mais profundamente a defesa de recursos do consumidor e a especialização.) Particularmente persuasiva é a existência de um contínuo de populações de insetos que forrageiam em mais do que uma planta hospedeira, através da diferenciação de populações em "raças de hospedeiros" (subpopulações coexistentes que se especializam em diferentes plantas hospedeiras, mas trocam genes em uma taxa de mais do que 1% por geração), até espécies distintas porém filogeneticamente próximas, que se especializam em seus hospedeiros específicos (Drès & Mallet, 2001). Este *continuum* nos lembra que a origem de uma espécie, seja alopátrica ou simpátrica, é um processo, não um evento. Para a formação de uma nova espécie, como o cozimento de um ovo, há algum grau de liberdade a respeito de quando está completo.

Os mesmos tópicos são a seguir ilustrados pelo caso extraordinário de duas espécies de gaivotas. A gaivota *Larus fuscus* originou-se na Sibéria e colonizou progressivamente na direção oeste, formando uma cadeia ou cline de formas diferentes, expandindo-se para a Grã-Bretanha e Islândia (Figura 2.13). As formas vizinhas ao longo do contínuo são distintas, mas hibridam rapidamente na natureza. As populações vizinhas são, portanto, consideradas como parte da mesma espécie e os taxonomistas dão a elas o *status* de "subespécies" somente (p. ex., *Larus fuscus graelsii* e *Larus fuscus fuscus*). As populações da gaivota, entretanto, também se expandiram na direção leste da Sibéria, nova-

evolução em gaivotas

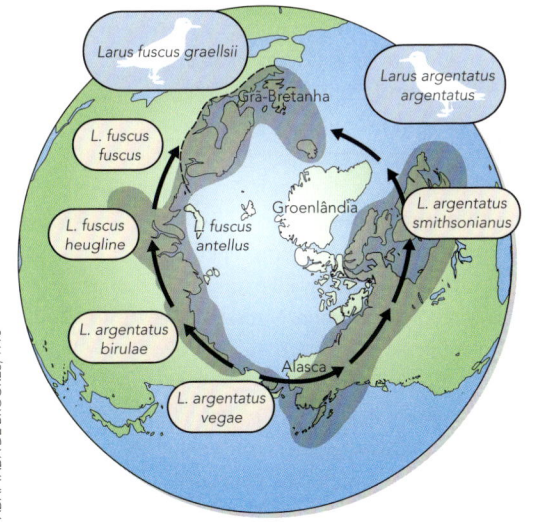

Figura 2.13

Duas espécies de gaivotas, *Larus fuscus graellssii* e *Larus argentatus argentatus*, divergiram a partir de um ancestral comum à medida que foram colonizando e circundando o hemisfério norte. Onde ocorrem juntas no norte da Europa, não conseguem cruzar, sendo claramente reconhecidas como duas espécies distintas. Entretanto, ao longo de suas distribuições, encontram-se conectadas por uma série de raças ou subespécies, as quais intercruzam livremente.

mente formando um contínuo de formas que hibridam livremente. Juntas, as populações que se expandiram para o leste e oeste circundam o hemisfério norte. Elas se encontram e se sobrepõem no norte da Europa. Lá, os contínuos oriundos do leste e oeste divergiram tanto que é fácil identificá-los, sendo reconhecidos como duas espécies distintas, *Larus fuscus* e *Larus argentatus*. Além disso, as duas espécies não hibridam; elas tornaram-se espécies biológicas verdadeiras. Assim, podemos perceber como duas espécies distintas evoluíram a partir de um estoque original e que os estágios de suas divergências permanecem inalterados no contínuo que as conecta.

2.4.2 Ilhas e especiação

os tentilhões de Darwin

Contudo, quando uma população se divide em populações completamente isoladas, especialmente quando se dispersam para diferentes ilhas, é que elas mais prontamente divergem em espécies diferentes. O mais célebre exemplo de evolução e especiação em ilhas é o caso dos tentilhões de Darwin, no arquipélago de Galápagos. Galápagos é constituído de ilhas vulcânicas isoladas no Oceano Pacífico, a aproximadamente 1.000 km a oeste do Equador e a 750 km da Ilha dos Cocos, que dista 500 km da América Central. A mais de 500 m acima do nível do mar, a vegetação é do tipo campestre aberta. Abaixo dessa altitude, situa-se uma zona úmida de floresta intercalada em uma faixa de costa de vegetação desértica com algumas espécies endêmicas de *Opuntia* (Cactaceae). Quatorze espécies de tentilhões são encontradas nas ilhas, havendo razões mais do que suficientes para supor que eles evoluíram de uma única espécie ancestral, que invadiu as ilhas a partir do continente centro-americano.

Permanecendo isolados nas ilhas, os tentilhões de Galápagos irradiaram em uma diversidade de grupos de espécies com ecologias contrastantes (Figura 2.14). Os membros de um grupo, incluindo *Geospiza fuliginosa* e *G. fortis*, possuem bicos fortes e ciscam à procura de sementes enquanto saltitam sobre o solo. *Geospiza scandens* tem o bico mais fino e um pouco mais longo, alimentando-se das flores e da polpa dos frutos das cactáceas, bem como de sementes. Tentilhões de um terceiro grupo possuem bico do tipo psitaciforme, alimentando-se de folhas, brotos, flores e frutos; um quarto grupo, também com bico do tipo psitaciforme (*Camarhynchus psittacula*) tornou-se insetívoro, alimentando-se de besouros e outros insetos na copa das árvores. Um outro tipo, conhecido como tentilhão pica-pau *Camarhynchus (Cactospiza) pallida*, extrai insetos das fendas, utilizando-se de um espinho ou pequeno pedaço de ramo preso ao bico. Um grupo adicional inclui *Certhidea olivacea*, que voa ativamente coletando pequenos insetos no dossel da floresta e no ar. As populações da espécie ancestral tornaram-se reprodutivamente isoladas, muito provavelmente após a oportunidade de colonização das diferentes ilhas dentro do arquipélago, e evoluíram separadamente por um certo tempo. Movimentos subsequentes entre as ilhas podem ter levado ao encontro espécies biológicas, potencialmente não intercruzáveis, as quais evoluíram, preenchendo diferentes nichos. Veremos no Capítulo 6 que, quando indivíduos de espécies diferentes competem, a seleção natural pode agir no sentido de favorecer aqueles que competem

Fundamentos em Ecologia

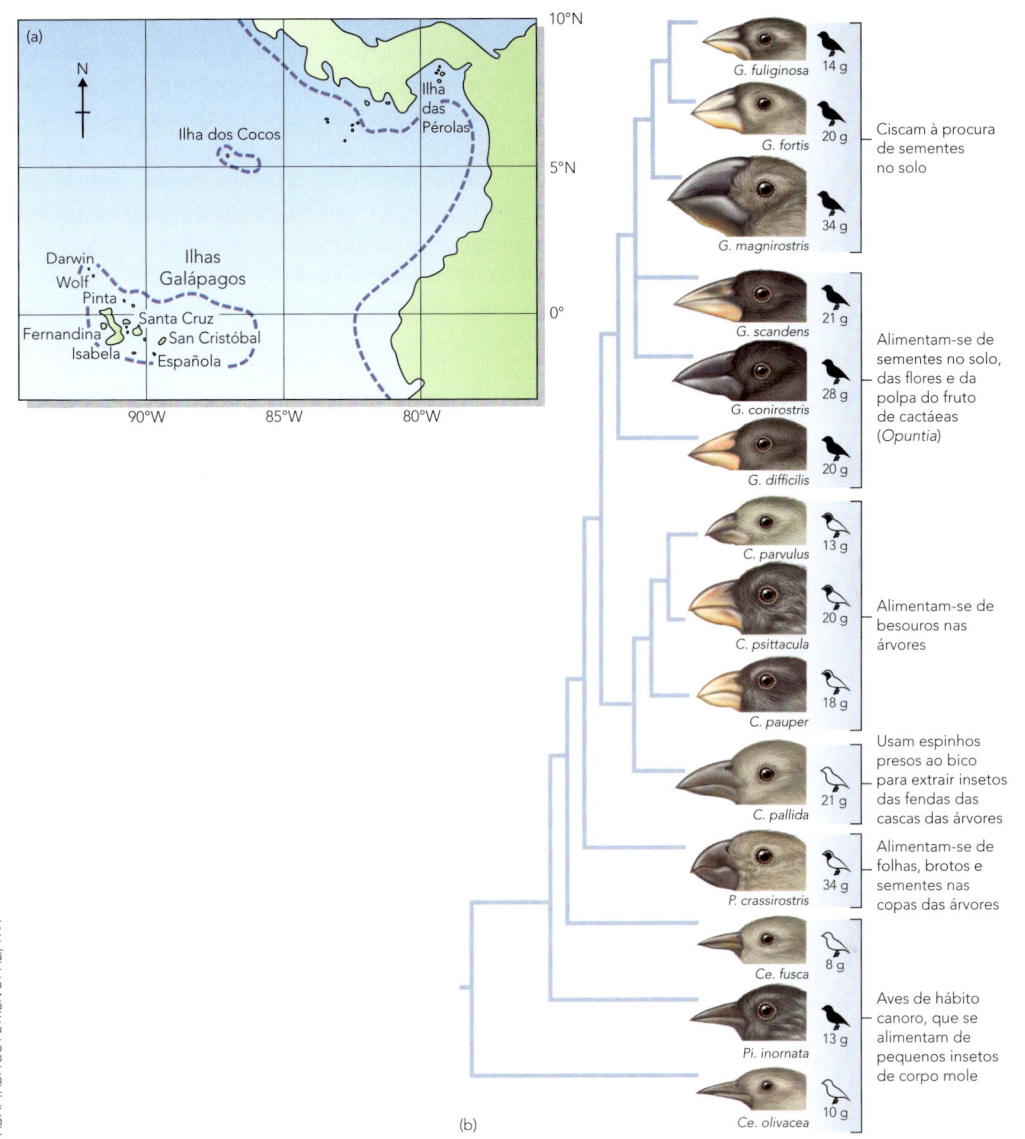

Figura 2.14

(a) Mapa das Ilhas Galápagos mostrando suas posições em relação à América Central e América do Sul; no equador, 5° correspondem a aproximadamente 560 km. (b) Reconstrução da história evolutiva dos tentilhões de Galápagos baseada na variação do comprimento dos microssatélites de DNA. A *distância genética* (uma medida da diferença genética) entre espécies é mostrada pelo comprimento das linhas horizontais. Observe a separação grande e precoce de *Certhidea olivacea* das demais espécies, sugerindo que ela pode ser bastante semelhante aos fundadores que colonizaram as ilhas. Os hábitos alimentares das várias espécies são também mostrados. Os desenhos das aves são proporcionais ao tamanho corporal real. A quantidade máxima de coloração preta na plumagem do macho e a média da massa corporal são apresentadas para cada espécie. *C.*, *Camarhynchus*; *Ce.*, *Certhidea*; *G.*, *Geospiza*; *P.*, *Platyspiza*; *Pi.*, *Pinaroloxias*.

menos com membros de outras espécies. Uma consequência esperada é que entre um grupo de espécies proximamente aparentadas, tais como os tentilhões de Darwin, as diferenças na alimentação e em outros aspectos de sua ecologia são mais propensas a se tornarem acentuadas com o tempo.

As relações evolutivas entre os vários tentilhões de Galápagos foram estabelecidas por técnicas da biologia molecular (analisando a variação em "microssatélites de DNA"; Petren et al., 1998) (Figura 2.14). Esses testes modernos e acurados confirmam o ponto de vista há tempos aceito de que a árvore genealógica dos tentilhões de Galápagos irradiou de um tronco único (ou seja, era *monofilética*) e também fornecem forte evidência de que o tentilhão canoro (*Certhidea olivacea*) foi o primeiro a se separar do grupo fundador, sendo provavelmente o mais similar aos ancestrais colonizadores originais. O processo completo de divergência evolutiva dessas espécies parece ter ocorrido em menos de 3 milhões de anos.

endemismos em ilhas

A flora e a fauna de muitos outros arquipélagos mostram exemplos similares de grande riqueza de espécies com muitos *endemismos* (ou seja, espécies conhecidas apenas para uma determinada ilha ou área): por exemplo, lagartos do gênero *Anolis* evoluíram em uma diversidade caleidoscópica de espécies nas ilhas do Caribe; por sua vez, grupos isolados de ilhas, tais como as Canárias, afastadas da costa na África do Norte, são tesouros de plantas endêmicas. O endemismo evolui, naturalmente, porque eles são isolados dos indivíduos das espécies originais, ou outras espécies com as quais podem hibridar. Uma ilustração da importância do isolamento na evolução de endemismos é fornecida pelos animais e plantas da Ilha Norfolk. Esta pequena ilha (aproximadamente 70 km^2) localiza-se a cerca de 700 km da Nova Caledônia e da Nova Zelândia, mas a cerca de 1200 km da Austrália. Logo, a proporção de espécies australianas em relação às das Nova Zelândia e Nova Caledônia dentro de um grupo pode ser usado como uma medida da capacidade de dispersão daquele grupo, e quanto mais pobre for a capacidade de dispersão maior será o isolamento. Como mostra a Figura 2.15, a proporção de espécies endêmicas da ilha Norfolk é mais elevada em grupos com baixa capacidade de dispersão (mais isolados) e mais baixa em grupos com boa capacidade de dispersão.

Figura 2.15

A evolução de espécies endêmicas em ilhas como um resultado de seu isolamento dos indivíduos de uma espécie original com a qual elas poderiam intercruzar. Grupos com baixa dispersão (e, portanto, mais "isolados") na ilha Norfolk apresentam uma proporção mais elevada de espécies endêmicas e provavelmente contêm mais espécies da Nova Caledônia ou da Nova Zelândia do que da Austrália, mais afastada.

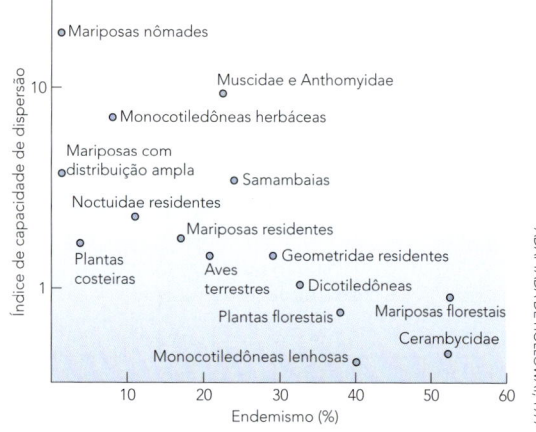

ADAPTADA DE HOLLOWAY, 1977

Comunidades atípicas e geralmente ricas em endemismos podem representar desafios particulares para os especialistas em ecologia aplicada (Quadro 2.2).

2.2 ECONSIDERAÇÕES ATUAIS

Comunidades das fontes hidrotermais do mar profundo sob risco

Fontes hidrotermais do mar profundo são ilhas de calor nos oceanos (literal e metaforicamente), as quais, em condições diferentes, seriam frias e inabitáveis. Em consequência, elas sustentam comunidades raras, ricas em espécies endêmicas. Uma das últimas controvérsias a dispor ambientalistas contra industriais diz respeito a essas fontes do fundo do mar, que são agora também conhecidas como locais ricos em minerais. Este artigo de jornal de William J. Broad foi publicado no *San Jose Mercury News* em 20 de janeiro de 1998:

> Com os mineradores reivindicando os valorosos metais existentes nos depósitos submarinos do Pacífico Sul, vêm à tona questões a respeito de como prevenir desastres nesses frágeis e pouco conhecidos ecossistemas.
>
> As águas termais vulcânicas do fundo do mar são oásis escuros que apresentam grande número de camarões desprovidos de visão, vermes tubiformes gigantes e outras criaturas bizarras, algumas vezes em profusão grande o suficiente para rivalizar com o caos das florestas pluviais. E elas são antigas.
>
> Os cientistas dizem que esses estranhos ambientes, descobertos há duas décadas, podem ter sido o local de nascimento de toda a vida na Terra, tornando-se o ponto central de uma nova onda de pesquisa sobre evolução.
>
> Agora, em um momento em que especialistas de diversas classes temiam e esperavam por anos, os mineradores estão invadindo as águas termais, possivelmente estabelecendo o palco para a última grande batalha entre o desenvolvimento industrial e a preservação ambiental.
>
> As fontes hidrotermais do fundo do mar são ricas não somente em vida, mas em minerais valiosos, tais como cobre, prata e ouro. Na verdade, suas chaminés fumegantes e fundações rochosas são virtualmente fundições de metais preciosos... Os campos auríferos submarinos têm há tempo incitado a imaginação dos cientistas e economistas, mas nenhuma mineração foi realizada, em parte porque os depósitos rochosos, a uma ou mais milhas de profundidade, eram difíceis de serem levantados.
>
> Agora, entretanto, os mineradores apresentam as primeiras reivindicações a esses depósitos minerais, após terem encontrado os mais ricos filões de minérios. O valor estimado de cobre, prata e ouro nesses locais no sul do Pacífico somam bilhões de dólares. Os ambientalistas, entretanto, querem proteger o ecossistema peculiar pela proibição ou limitação severa da mineração.

Uma comunidade de fonte hidrotermal do mar profundo.
© WHOI J. EDMOND, VISUALS UNLIMITED.

(Artigo escrito para o New York times. Direitos autorais de Globe Newspaper Company; não pode ser republicado sem permissão.)

Considere as opções seguintes e discuta seus méritos relativos:

1 Permitir à indústria da mineração livre acesso a todas fendas submarinas, considerando que a riqueza delas advinda irá beneficiar muitas pessoas.
2 Proibir a mineração e outros rompimentos em todas as comunidades de fendas submarinas, reconhecendo suas características únicas do ponto de vista biológico e evolutivo.
3 Conduzir levantamentos da biodiversidade das comunidades de fendas submarinas conhecidas e priorizar de acordo com suas importâncias do ponto de vista da conservação, permitindo a mineração nos casos em que será minimizada a destruição total desta categoria de comunidade.

2.5 Os efeitos das mudanças climáticas sobre a evolução e distribuição das espécies

As mudanças no clima, particularmente durante os períodos glaciais do Pleistoceno (há 2 a 3 milhões de anos), têm muita responsabilidade no padrão atual de distribuição das plantas e animais. À medida que o clima se alterava, as populações das espécies avançaram e retraíram, foram fragmentadas e isoladas em pequenas áreas e, após, podem ter sido reagrupadas. Muito do que vemos na distribuição atual das espécies representa etapas no contexto do resgate das mudanças climáticas no passado. Técnicas modernas para análise e datação de remanescentes biológicos (pólen, em particular) estão começando a permitir detectar especificamente quanto da distribuição atual dos organismos tem correspondência precisa com o ambiente atual, tendo evoluído em âmbito local, e quanto corresponde às impressões digitais deixadas pelas mãos da história.

ciclos de glaciação ocorreram repetidamente

As temperaturas baixas prevaleceram sobre a Terra na maior parte dos últimos 2 a 3 milhões de anos. Evidências provenientes da distribuição de isótopos de oxigênio em testemunhos extraídos das profundezas do oceano mostram que podem ter ocorrido 16 ciclos glaciais no Pleistoceno, cada um durando mais de 125.000 anos (Figura 2.16a). Cada fase fria (glacial) pode ter durado de 50.000 a 100.000 anos, com intervalos breves de somente 10 mil a 20 mil anos, quando as temperaturas aumentaram até os níveis de hoje ou mesmo os superaram. Neste caso, as floras e faunas atuais seriam singulares, desenvolvendo-se ao final de uma das séries de raros e catastróficos períodos de aquecimento.

a distribuição das árvores mudou gradualmente desde a última glaciação

Durante os 20 mil anos posteriores ao pico do último período glacial, as temperaturas do globo se elevaram em torno de 8°C. A análise palinológica – particularmente de espécies lenhosas, que produzem a maior parte do pólen – pode mostrar como a vegetação mudou durante tal período (Figura 2.16b). À medida que o gelo se retraiu, as diferentes espécies florestais avançaram, adotando caminhos e velocidades diferentes. Para algumas, como o espruce do leste da América do Norte, houve deslocamento para novas latitudes; para outras, como os carvalhos, houve principalmente uma expansão da área de distribuição.

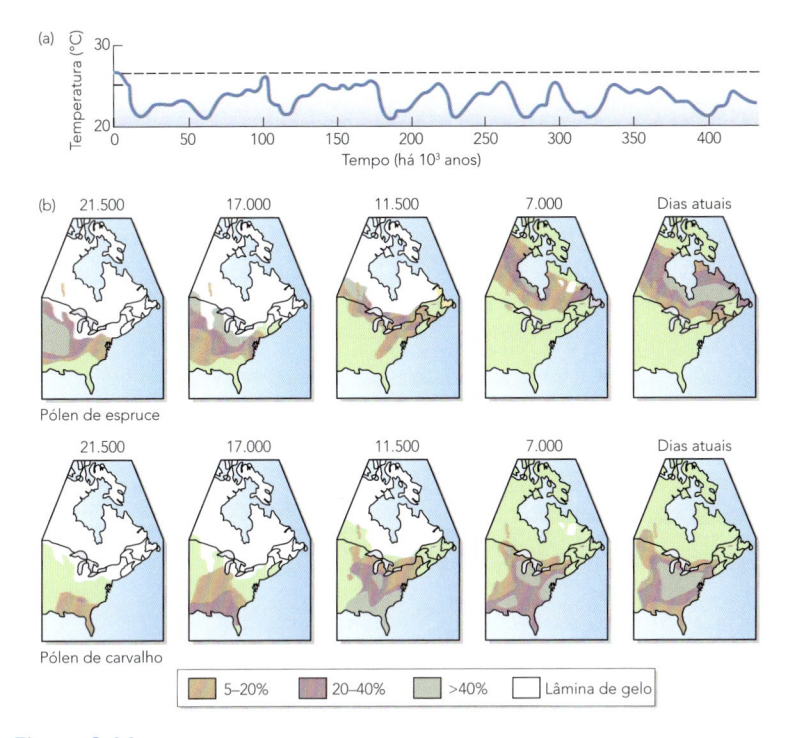

Figura 2.16
(a) Uma estimativa das variações da temperatura ao longo do tempo, durante os períodos glaciais nos últimos 400.000 anos. As estimativas foram obtidas por comparação de taxas de isótopos de oxigênio em fósseis retirados de testemunhos oceânicos no Caribe. A linha tracejada corresponde à taxa de 10.000 anos atrás, no início do período de aquecimento atual. Períodos tão quentes quanto o atual têm sido eventos raros, e o clima durante a maior parte dos últimos 400.000 anos tem sido do tipo glacial. (b) Distribuições no leste da América do Norte, com base na percentagem de pólen no sedimento, de espécies do espruce (acima) e do carvalho (abaixo), de 21.500 anos atrás até o presente. Observe como a camada de gelo se contraiu durante este período.

Não possuímos registros adequados da expansão pós-glacial dos animais associados a florestas em modificação, mas é evidente que muitas espécies não poderiam se expandir mais rápido que as árvores das quais se alimentavam. Alguns dos animais podem ainda estar "alcançando" suas plantas hospedeiras e espécies arbóreas encontram-se ainda retornando às áreas que ocupavam antes do último período glacial. É totalmente errado imaginar que a vegetação atual está em equilíbrio com (adaptada ao) o clima atual.

Mesmo em regiões não atingidas pela glaciação, os depósitos de pólen apresentam mudanças complexas quanto à distribuição: nas montanhas de Sheep Range, Nevada, por exemplo, espécies lenhosas mostram diferentes padrões de mudança no gradiente de altitude (Figura 2.17). A composição de espécies tem mudado continuamente e é quase certo que ainda continue mudando.

Figura 2.17
Variação em altitude de 10 espécies de plantas lenhosas das montanhas de Sheep Range, Nevada, durante o último período glacial (pontos) e no tempo presente (linha contínua).

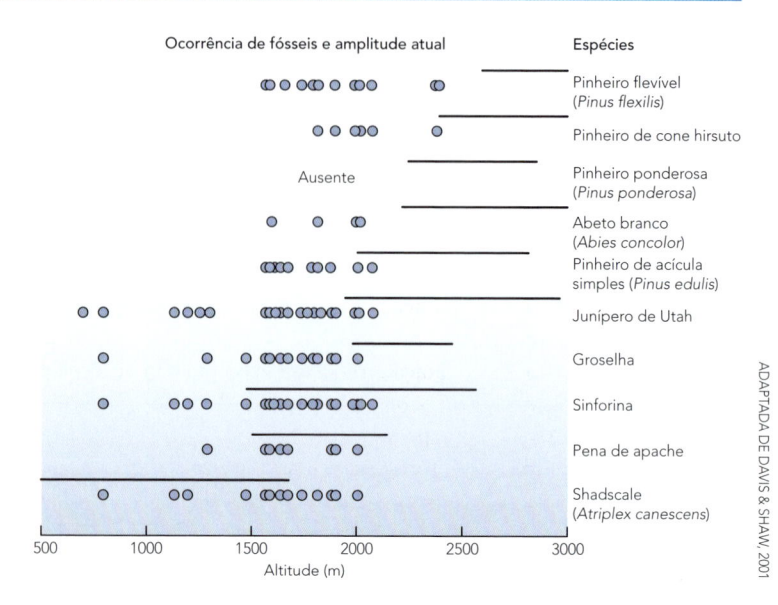

ADAPTADA DE DAVIS & SHAW, 2001

Os registros de mudanças climáticas nos trópicos são bem menos completos do que para as regiões temperadas. Entretanto, muitos acreditam que, durante os períodos glaciais gelados e secos, as florestas tropicais se retraíram a pequenas manchas, cercadas por vastas áreas de savanas. A sustentação para tal hipótese provém da distribuição atual das espécies nas florestas tropicais da América do Sul (Figura 2.18): os *hotspots* de diversidade de espécies são aparentes, e supostamente correspondem a locais de refúgios florestais durante os períodos glaciais, sendo, portanto, também locais com taxas elevadas de especiação (Ridley, 1993). Nessa interpretação, as distribuições atuais das espécies podem novamente ser vistas preponderantemente como acidentes da história (onde os refúgios se localizavam), em vez de retratarem uma correspondência precisa entre as espécies e seus ambientes.

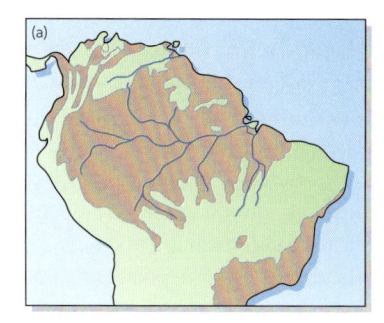

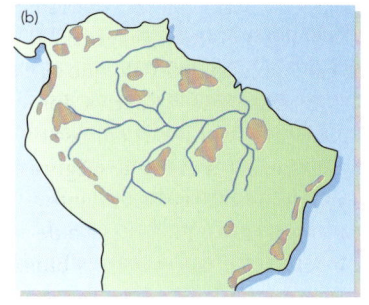

Figura 2.18
(a) Distribuição atual das florestas tropicais na América do Sul. (b) Possível distribuição dos refúgios de floresta tropical no tempo em que o último período glacial encontrava-se no pico, a julgar pelos núcleos atuais de diversidade de espécies na floresta.

ADAPTADA DE RIDLEY, 1993

As evidências de alterações na vegetação após a última retração das geleiras sugerem consequências prováveis do aquecimento global (possivelmente de 3°C nos próximos 100 anos), que é previsto como resultado de aumentos contínuos de gases do "efeito estufa" na atmosfera (Capítulo 13). Contudo, as escalas são completamente diferentes. O aquecimento pós-glacial de 8°C ocorreu ao longo de 20.000 anos e as mudanças na vegetação avançaram em taxas menores. Mas as projeções atuais para o século XXI determinam uma amplitude de deslocamentos das árvores a taxas de 300 a 500 km por século, em comparação às taxas típicas do passado de 20 a 40 km por século (excepcionalmente, de 100 a 150 km). Chama a atenção o fato de que a única extinção, com datação exata, de uma espécie arbórea do Quaternário, a de *Picea critchfeldii*, ocorreu há cerca de 15.000 anos, num período de aquecimento pós-glacial especialmente rápido (Jackson & Weng, 1999). Evidentemente, mudanças futuras ainda mais rápidas poderiam resultar em extinções de muitas outras espécies (Davis & Shaw, 2001).

> o aquecimento global previsto pelo "efeito estufa" é aproximadamente 100 vezes mais rápido do que o aquecimento pós-glacial

2.6 Os efeitos da deriva continental sobre a ecologia evolutiva

Os padrões de formação das espécies que ocorrem nas ilhas tornam-se visíveis em uma escala ainda maior na evolução dos gêneros e famílias através dos continentes. Muitas distribuições curiosas de organismos entre continentes parecem inexplicáveis como resultado da dispersão sobre vastas distâncias. Alguns biólogos, especialmente Wegener (1915), enfrentaram o escárnio de geólogos e geógrafos ao argumentarem que os continentes é que deveriam ter se movido, em vez de os organismos terem se dispersado. No entanto, as medições das direções dos campos magnéticos da Terra levaram à mesma explicação, tida aparentemente como estranha e improvável, e os críticos finalmente cederam. A descoberta de que as placas tectônicas da crosta terrestre se movem e carregam consigo os continentes migrantes, reconciliou os geólogos e biólogos (Figura 2.19). Enquanto ocorriam os principais acontecimentos evolutivos nos reinos vegetal e animal, suas populações estavam sendo divididas e separadas, e áreas da terra eram movidas através de zonas climáticas. Isso acontecia enquanto mudanças na temperatura estavam ocorrendo em uma escala muito maior do que os ciclos do Pleistoceno.

> massas de terra se moveram...

A confirmação da deriva dos continentes responde a muitas questões em ecologia evolutiva. A curiosa distribuição mundial das grandes aves sem voo potente é um exemplo (Figura 2.20a). A presença de avestruz na África, do emu na Austrália e da bastante similar ema na América do Sul seria dificilmente explicada pela dispersão de algum ancestral comum sem voo potente. Atualmente, as técnicas da biologia molecular tornam possível analisar o tempo no qual as várias aves sem voo potente iniciaram sua divergência evolutiva (Figura 2.20b). O inhambu parece ter sido o primeiro a divergir e a se tornar evolutivamente separado dos demais, os ratites. A seguir, a Australásia se separou dos outros continentes sulinos e, destes últimos, os estoques ancestrais dos avestruzes e emas foram subsequentemente separa-

> ...e dividiram populações que então evoluíram independentemente

Figura 2.19
(a) Mudanças na temperatura do Mar do Norte ao longo dos últimos 65 milhões de anos. Durante esse período houve grandes alterações no nível do mar, as quais permitiram a dispersão tanto de plantas quanto de animais entre as massas de terra. (b-e) Deriva continental. (b) O antigo supercontinente de Gondwana começou a se dividir há cerca de 150 milhões de anos. (c) Há aproximadamente 50 milhões de anos (começo do Eoceno médio) se desenvolveram faixas reconhecíveis de vegetação distinta e (d) por volta de 32 milhões de anos (início do Oligoceno) estas se tornaram mais claramente definidas. (e) Há cerca de 10 milhões de anos (início do Mioceno), grande parte da geografia atual dos continentes tornou-se estabelecida, porém com diferenças drásticas em relação ao clima e à vegetação atuais; a posição da calota de gelo da Antártica é altamente esquemática.

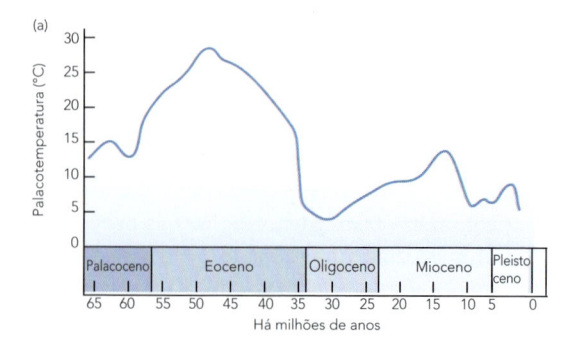

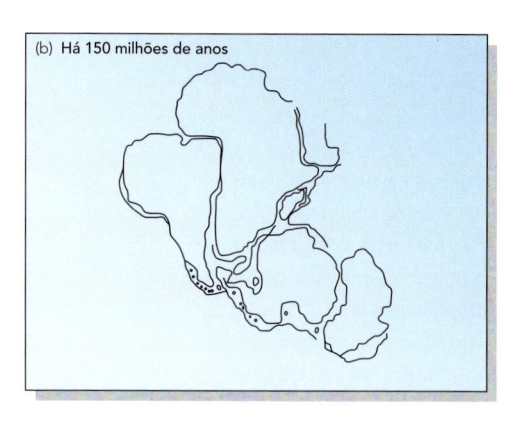

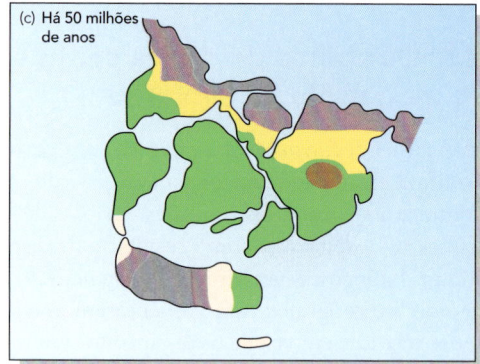

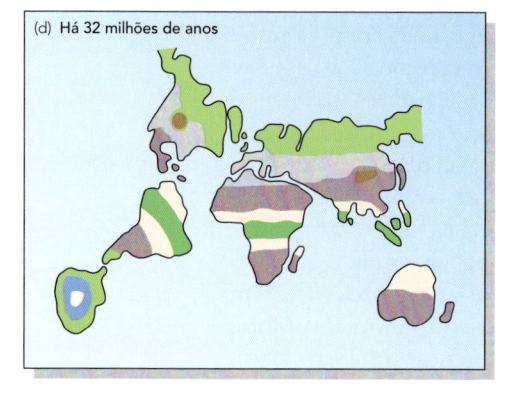

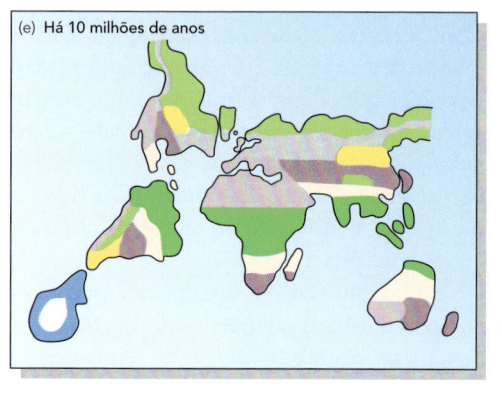

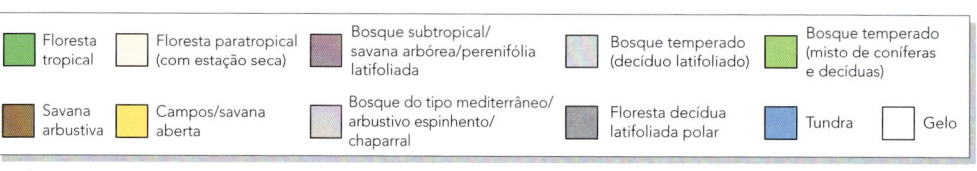

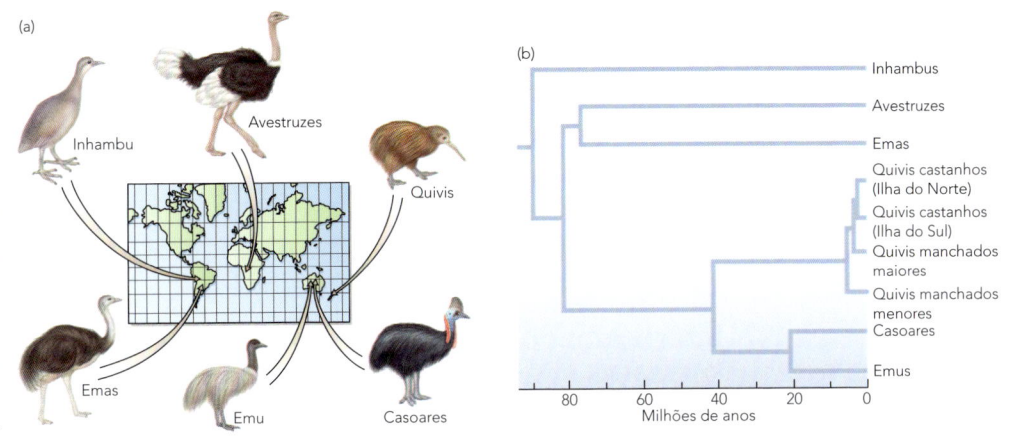

Figura 2.20
(a) Distribuição de aves não voadoras. (b) Árvore filogenética das aves ápteras e o tempo estimado de suas divergências (milhões de anos). (c) Fotografias das grandes aves não voadoras encontradas em continentes maiores: (esquerda) A avestruz (*Struthio camelus*) é africana e comumente ocorre juntamente com manadas de zebras e antílopes nas savanas ou estepes; (centro) A ema (*Rhea americana*) é encontrada nos campos da América do Sul (p.ex., Brasil e Argentina), comumente junto com bandos de veados e guanacos; (direita) O emu (*Dromaius novaehollandiae*) ocupa hábitats equivalentes na Austrália. Muitas outras espécies dessas aves herbívoras, consideravelmente grandes, foram perseguidas pelos humanos para uso alimentar e acabaram sendo extintas. A presença dessas espécies, ecologicamente similares e relacionadas do ponto de vista evolutivo, em três continentes bastante afastados, é explicada pela deriva continental, no tempo (há 150 milhões de anos) em que eles eram parte do continente primitivo de Gondwana (Figura 2.19).

dos quando do surgimento da falha do Atlântico entre a África e a América do Sul. Na Australásia, o Mar da Tasmânia se fendeu há cerca de 80 milhões de anos e os ancestrais do quivi abriram seu caminho, aproximadamente há 40 milhões de anos, supostamente saltando entre as ilhas, em direção à Nova Zelândia, onde a divergência das espécies atuais aconteceu recentemente. A elucidação deste exemplo em particular implica que primeiro houve a evolução da propensão ao apterismo e, somente depois, o isolamento dos diferentes tipos entre os continentes emergentes.

2.7 Interpretando os resultados da evolução: convergentes e paralelos

evolução convergente

O apterismo não evoluiu independentemente em diversos continentes. Entretanto, existem muitos exemplos de organismos que evoluíram isolados uns dos outros, convergindo com extraordinária similaridade de formas e comportamentos. Tal semelhança chama a atenção em particular quando papéis semelhantes são desempenhados por estruturas que possuem origens evolutivas completamente diferentes – isto é, quando as estruturas são *análogas* (similares na forma superficial ou função), mas não *homólogas* (derivadas de um estrutura equivalente, a partir de um ancestral comum). Quando isso ocorre, dizemos que há *evolução convergente*. As asas dos morcegos e das aves são exemplos clássicos a esse respeito (Figura 2.21).

evolução paralela

Exemplos adicionais mostram a existência de *paralelismos* nas rotas evolutivas de grupos aparentados, após estes serem isolados uns dos outros. O exemplo clássico a respeito é dado pelos mamíferos placentários e marsupiais. Os marsupiais chegaram ao que mais tarde seria denominado continente australiano durante o Cretáceo (há cerca de 90 milhões de anos; ver Figura 2.19), quando os únicos outros mamíferos presentes eram os curiosos monotremados ovíparos (atualmente representados somente pela equidna e o ornitorrinco bico-de-pato). Após, ocorreu um processo evolutivo de radiação entre os marsupiais australianos, que, em diversos aspectos, assemelha-se exatamente ao observado entre os mamíferos placentários de outros continentes (Figura 2.22). Torna-se difícil descartar o ponto de vista de que os ambientes dos placentários e marsupiais apresentavam nichos nos quais os processos evolutivos claramente "ajustaram" equivalentes ecológicos. Ao contrário da evolução convergente, entretanto, os mamíferos marsupiais e placentários iniciaram a diversificação a partir de uma mesma linhagem ancestral e, assim, herdaram um conjunto comum de potenciais e restrições.

Figura 2.21

Evolução convergente: as asas de morcegos e aves são análogas (não homólogas). Elas são estruturalmente diferentes: a asa das aves é suportada pelo digital número 2 e é coberta por penas; a asa do morcego é suportada pelos digitais 2-5 e é coberta por pele.

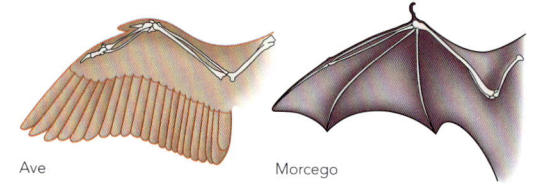

Ave   Morcego

ADAPTADA DE RIDLEY, 1993

Fundamentos em Ecologia

Placentários	Marsupiais
Carnívoros assemelhados ao cão — Lobo (*Canis*)	Lobo-da-Tasmânia (*Thylacinus*)
Carnívoros assemelhados ao gato — Jaguatirica (*Felis*)	Dasiurídeo (*Dasyurus*)
Planadores abonícolas — Sciurídeo (*Glaucomys*)	Petaurídeo (*Petaurus*)
Herbívoros fossonais — Marmota (*Marmota*)	Vombatídeo (*Vombatus*)
Cavadores comedores de formiga — Tamanduá-bandeira (*Myrmecophaga*)	Mirmecobídeo (*Myrmecobius*)
Insetívoros subterrâneos — Toupeira (*Talpa*)	Notorictídeo (*Notoryctes*)

Figura 2.22
Evolução paralela de mamíferos placentários e marsupiais. Os pares de espécies são similares tanto em aparência quanto em hábitos e, geralmente, em estilo de vida.

Quando nos sentimos maravilhados com a diversidade de especializações complexas por meio das quais os organismos ajustam-se a seus ambientes variados, nos sentimos persuadidos a considerar cada caso como um exemplo de perfeição da evolução. Porém, não existe nada no processo evolutivo por seleção natural que implique perfeição. O processo evolutivo trabalha sobre a variação genética que se encontra disponível. Ele favorece somente aquelas formas de maior valor adaptativo dentro da amplitude de variedades disponível, e esta pode ser uma escolha muito restrita. A verdadeira essência da seleção natural é que os organismos vêm a se ajustar aos ambientes por serem "os de mais alto valor adaptativo disponível" ou "os de mais alto valor adaptativo até agora": eles não são "os melhores imagináveis".

interpretação do ajuste entre organismos e seu ambiente

É particularmente importante entender que, na Terra, eventos pretéritos podem ter repercussões profundas no presente. Nosso mundo não tem sido construído tomando-se um organismo por vez, testando-o diante do ambiente e moldando-o de tal maneira que cada um encontre seu local perfeito. Os organismos vivem em determinado ambiente, em geral (ao menos em parte), por acidentes da história. Além disso, os ancestrais dos organismos que vemos ao nosso redor viviam em ambientes profundamente diferentes dos atuais. Os organismos em evolução não são agentes livres – alguns dos atributos adquiridos pelos seus ancestrais pesam sobre suas costas, limitando e restringindo onde eles podem viver e o que podem se tornar. É bastante fácil espantar-se e maravilhar-se do quanto os atributos dos peixes os ajustam ao modo de vida aquático – mas é igualmente importante enfatizar que essas mesmas propriedades os impedem de viver em terra firme.

Após ter delineado a base evolutiva geral da ecologia neste capítulo, retornaremos a alguns tópicos específicos em ecologia evolutiva no Capítulo 8, especialmente aspectos de coevolução, onde pares de espécies interagindo desempenham papéis centrais na evolução uns dos outros. Contudo, já que a evolução fornece uma base para todos os atos ecológicos, a sua influência pode ser vista claramente por todo o restante deste livro.

RESUMO

A força da seleção natural

A vida é representada na Terra por uma diversidade de espécies especialistas, e cada uma delas nunca ocorre em quase todos os lugares. Os primeiros interessados nessa diversidade foram principalmente os exploradores e coletores, e a ideia de que a diversidade tinha sido originada por evolução ao longo do tempo geológico, a partir de ancestrais primitivos, não foi levada a sério até a primeira metade do século XIX. Charles Darwin e Alfred Russell Wallace (fortemente influenciados pela leitura da obra de Malthus, *An Essay on the Principle of Population*) propuseram independentemente que a seleção natural constituía a força condutora do processo evolutivo. A teoria de seleção natural é uma teoria ecológica. O potencial reprodutivo dos organismos vivos os leva inevitavelmente a competir por recursos limitados. O sucesso nessa competição é medido por quantos descendentes a mais do que os outros eles deixam para gerações subsequentes. Quando esses ancestrais diferem em propriedades que são herdáveis, as características populacionais necessariamente mudarão com o tempo, e a evolução acontecerá.

Darwin havia visto o poder da seleção humana em mudar as características dos animais domésticos e plantas, reconhecendo a existência de um paralelo na seleção natural. Porém, existe uma grande diferença; os humanos selecionam com vistas ao que eles querem para o futuro, enquanto a seleção natural é o resultado de evento no passado – ela não possui intenção ou alvo.

A seleção natural em ação

Podemos ver a seleção natural em ação, em nível específico, ao longo de sua distribuição geográfica e mesmo por distâncias muito curtas, onde podemos detectar a atuação de forças seletivas expressivas e reconhecer raças ecologicamente especializadas dentro das espécies. O transplante de plantas e animais entre hábitats revela a existência de ajustes finos entre os organismos e seus ambientes. As respostas de animais e plantas à poluição demonstram a velocidade das mudanças evolutivas, conforme efetuado em experimentos a respeito dos efeitos de predadores sobre a evolução de suas presas.

A origem das espécies

A seleção natural normalmente não leva à origem de espécies, a menos que esteja acoplada ao isolamento reprodutivo de populações entre si – por exemplo, como ocorre nas ilhas e ilustrado pelos tentilhões das Ilhas Galápagos. *Espécies biológicas* são reconhecidas quando divergem o suficiente no sentido de impedir que elas formem híbridos férteis, se e quando entram em contato.

Mudanças climáticas e deriva continental

Muito do que vemos na distribuição presente dos organismos não tem correspondência exata com o ambiente local atual, como impressões digitais deixadas pelas mãos da história. As mudanças no clima, particularmente nos períodos glaciais do Pleistoceno, têm grande responsabilidade pelos padrões atuais da distribuição de plantas e animais. Em uma escala temporal maior, muitas distribuições fazem sentido somente se entendermos que, enquanto progressos evolutivos significativos estavam ocorrendo, populações foram divididas e separadas uma das outras e porções de terra destacaram-se através de zonas climáticas.

Evolução paralela e convergente

Evidências do poder de forças ecológicas em formatar a direção do processo evolutivo decorrem da evolução paralela (na qual populações há tempo isoladas de ancestrais comuns seguiram padrões similares de diversificação) e da evolução convergente (em que populações em evolução, a partir de diferentes ancestrais, convergiram para formas e comportamentos muito similares).

QUESTÕES DE REVISÃO

Asteriscos indicam questões desafiadoras.

1* O que você considera ser a diferença mais importante entre seleção natural e evolução?
2 Qual foi a contribuição de Malthus às ideias de Darwin e Wallace sobre evolução?
3 Por que "a sobrevivência daquele com maior valor adaptativo" é uma descrição insatisfatória da seleção natural?
4 Qual é a diferença mais importante entre seleção natural e a seleção praticada por fitotecnistas e zootecnistas?
5 O que são transplantes recíprocos? Por que eles são tão úteis em estudos ecológicos?
6 A seleção sexual, na forma praticada pelos gupis, difere de ou é parte da seleção natural?
7* Revise a utilidade e aplicabilidade do conceito de espécie biológica para vários grupos, incluindo uma espécie comum de planta, uma espécie animal rara de interesse para a conservação e bactérias vivendo no solo.
8 O que existe nos tentilhões de Galápagos para torná-los exemplos de material ideal em estudos de evolução?
9 Qual é a diferença entre evolução paralela e convergente?
10* O processo de evolução pode ser interpretado como um processo de otimização no ajuste entre organismos e seus ambientes ou de estreitamento e restrições ao que estes podem realizar. Discuta se existe conflito entre essas interpretações.

PARTE II
Condições e Recursos

3 | Condições físicas e a disponibilidade de recursos   89
4 | Condições, recursos e as comunidades do mundo   133

Capítulo 3

Condições físicas e a disponibilidade de recursos

CONTEÚDOS DO CAPÍTULO

3.1 Introdução
3.2 Condições ambientais
3.3 Recursos vegetais
3.4 Animais e seus recursos
3.5 Efeitos da competição intraespecífica por recursos
3.6 Condições, recursos e nicho ecológico

CONCEITOS-CHAVE

Neste capítulo, você

- compreenderá a natureza de condições e recursos e os contrastes entre eles
- compreenderá de que modo os organismos respondem a todo um conjunto de condições, como a temperatura, mas também às condições "extremas" e ao ajustamento das variações e extremos
- observará como as respostas de uma planta, e o seu consumo, estão ligadas aos recursos de radiação solar, água, minerais e dióxido de carbono
- observará a importância de comparar composições de corpos no consumo de plantas por animais e de superar defesas no consumo de animais por outros animais
- compreenderá os efeitos da competição intraespecífica por recursos
- observará como as respostas a condições e recursos interagem na determinação de nichos ecológicos

> *Para os ecólogos, os organismos são realmente dignos de estudo somente onde eles têm capacidade de viver. Os pré-requisitos mais importantes para viver em qualquer ambiente são que os organismos possam tolerar as condições locais e que seus recursos essenciais estejam disponíveis. Não podemos esperar ir muito longe na compreensão da ecologia de qualquer espécie sem entender suas interações com as condições e os recursos.*

3.1 Introdução

Condições e recursos são duas propriedades bastante distintas dos ambientes que determinam onde os organismos podem viver. As condições são características físicas e químicas do ambiente, tais como a sua temperatura, umidade e, em ambientes aquáticos, o pH. Um organismo sempre altera as condições em seu ambiente imediato – às vezes, numa escala muito grande (uma árvore, p. ex., mantém uma zona de umidade mais alta sob a sua copa) e, às vezes, apenas numa escala microscópica (uma célula de uma alga em um pequeno lago modifica o pH na película de água que a envolve). Porém, as condições não são consumidas nem esgotadas pelas atividades dos organismos.

os recursos, ao contrário das condições, são consumidos

Os recursos ambientais, ao contrário, *são* consumidos por organismos no curso do seu crescimento e reprodução. As plantas verdes realizam a fotossíntese e obtêm energia e materiais para o seu crescimento e reprodução a partir de matéria inorgânica. Seus recursos são radiação solar, dióxido de carbono, água e nutrientes minerais. Os organismos "quimiossintéticos", como muitas das arqueobactérias, obtêm energia pela oxidação do metano, íons amônio, ácido sulfídrico ou ferro ferroso; eles vivem em ambientes tais como fontes hidrotermais do mar profundo, usando recursos que eram abundantes durante as fases iniciais de vida na Terra. Todos os outros organismos utilizam os corpos de outros organismos como fonte alimentar. Em cada caso, o que foi consumido não é mais disponível para outro consumidor. O coelho consumido por uma águia não fica mais disponível para outra águia. O *quantum* de radiação solar absorvido e assimilado como produto da fotossíntese por uma folha não é mais disponível para outra folha. Isso tem uma consequência importante: os organismos podem *competir* entre si para capturar uma porção de um recurso limitado.

Neste capítulo, abordamos, primeiramente, exemplos das maneiras pelas quais as condições ambientais limitam o comportamento e a distribuição de organismos. Apresentamos a maioria dos nossos exemplos a partir dos efeitos da temperatura, que servem para ilustrar muitos efeitos gerais das condições ambientais. A seguir, tratamos dos recursos usados por plantas verdes fotossintéticas e, após, examinamos os modos pelos quais os organismos que servem de recursos são capturados, pastejados ou, mesmo, habitados antes de serem consumidos. Por fim, consideramos os modos pelos quais os organismos da mesma espécie podem competir entre si por recursos limitados.

Fundamentos em Ecologia 91

Para os pinguins, a Antártica é um ambiente adequado.

3.2 Condições ambientais

3.2.1 O que queremos dizer com "severo", "propício" e "extremo"?

Parece muito natural descrever as condições ambientais como "extremas", "adversas", "propícias" ou "estressantes". No entanto, essas descrições correspondem ao que nós, seres humanos, sentimos a respeito delas. Pode parecer óbvio quando as condições são extremas: o calor do meio-dia de um deserto, o frio de um inverno antártico, a concentração de sal do Great Salt Lake. O que isso significa, entretanto, é apenas que essas condições são extremas *para nós*, consideradas as nossas particulares características fisiológicas e tolerâncias. Contudo, para os cactos não há nada extremo a respeito das condições desérticas em que eles evoluíram; nem os redutos gelados da Antártica são um ambiente extremo para os pinguins. Porém, uma floresta pluvial tropical *poderia* ser um ambiente severo para um pinguim, embora ela seja propícia para uma arara; um lago é um ambiente severo para um cacto e propício para um aguapé. Existe, portanto, uma relatividade nos modos pelos quais os organismos respondem às condições; é muito fácil e perigoso para o ecólogo admitir que todos os outros organismos sentem o ambiente da mesma maneira que nós. Palavras emotivas, como severo ou propício, e mesmo as relativas, como quente e frio, deveriam ser usadas com cautela pelos ecólogos.

3.2.2 Efeitos das condições

A temperatura, a umidade relativa e outras condições físicas e químicas induzem uma série de respostas fisiológicas em organismos, que determinam se o ambiente físico é habitável ou não. Existem três tipos básicos de *curvas de resposta* (Figura 3.1). Na primeira (Figura 3.1a), as condições extremas são letais, mas entre os dois extremos existe um *continuum* de condições mais favoráveis. Tipicamente, os organismos são capazes de sobreviver por todo o *continuum*, mas podem crescer ativamente somente dentro de um espectro mais restrito e se reproduzir dentro de uma faixa ainda mais estreita. Essa é uma curva de res-

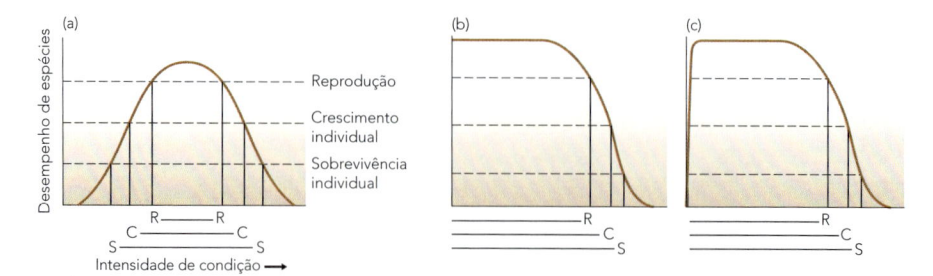

Figura 3.1
Curvas de respostas ilustrando os efeitos de uma série de condições ambientais sobre a sobrevivência (S), crescimento (C) e reprodução (R) do indivíduo. (a) Condições extremas são letais, condições menos extremas impedem o crescimento e apenas as condições ótimas permitem a reprodução. (b) A condição é letal somente em intensidades altas; constantemente se aplica à sequência reprodução-crescimento-sobrevivência. (c) Similar a (b), mas a condição é exigida por organismos, como um recurso, em concentrações baixas.

posta típica para os efeitos da temperatura e do pH. Na segunda (Figura 3.1b), a condição é letal somente em intensidades altas. Este é o caso dos venenos. Em concentrações baixas ou mesmo zero, o organismo tipicamente não é afetado, mas existe um limiar acima do qual o desempenho decresce rapidamente: primeiro a reprodução, depois o crescimento e, finalmente, a sobrevivência. A terceira (Figura 3.1c), então, aplica-se às condições que os organismos requerem em concentrações baixas, mas se tornam tóxicas em concentrações altas. Este caso se aplica a alguns minerais, tais como cloreto de cobre e sódio, que são recursos essenciais para o crescimento, quando estão presentes em quantidades-traço, mas se tornam condições tóxicas em concentrações mais altas.

efeitos efetivamente lineares da temperatura sobre taxas de crescimento e desenvolvimento

Dessas três respostas, a primeira é a mais importante. Ela é responsável, em parte, por alterações na efetividade metabólica. Para 10°C de elevação da temperatura, por exemplo, a taxa de processos biológicos muitas vezes quase duplica, e desta forma se assemelha a uma curva exponencial da relação entre taxa e temperatura (Figura 3.2a). Esse aumento é produzido porque a temperatura elevada aumenta a velocidade de movimento molecular e acelera reações químicas. Para um ecólogo, contudo, os efeitos sobre reações químicas individuais são certamente menos importantes do que os efeitos sobre taxas de crescimento, desenvolvimento ou sobre o tamanho final do corpo, pois estes tendem a determinar as atividades ecológicas centrais de sobrevivência, reprodução e movimento (ver Capítulo 5). E quando plotamos taxas de crescimento e desenvolvimento de organismos inteiros em relação à temperatura, há comumente um intervalo contínuo sobre o qual há, no máximo, somente leves desvios de linearidade (Figura 3.2b, c). De qualquer forma, sob temperaturas mais baixas (embora "mais baixas" varie de espécie para espécie, como foi explicado anteriormente) a *performance* deve diminuir simplesmente como resultado da inatividade metabólica.

temperatura e tamanho final

Juntas, as taxas de crescimento e de desenvolvimento determinam o tamanho final de um organismo. Por exemplo, para uma determinada taxa de crescimento, uma taxa mais rápida de desenvolvimento levará a um tamanho final menor. Logo, se as respostas do crescimento e do desenvolvimento a variações na temperatura não são as mesmas, a temperatura também afetará

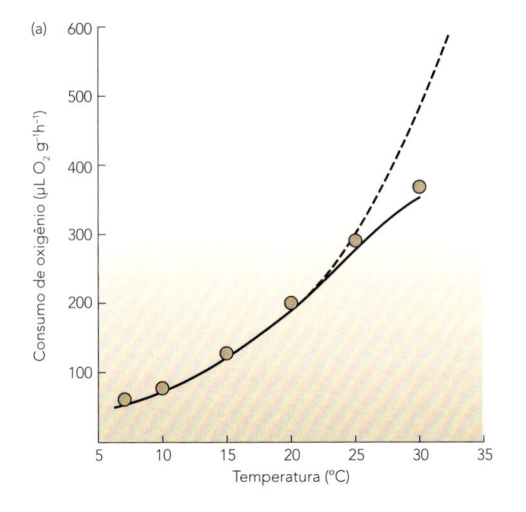

Figura 3.2

(a) A taxa de consumo de oxigênio do besouro-da-batata (*Leptinotarsa decemlineata*), que exibe um aumento não linear com a temperatura. Ela duplica para cada elevação de 10°C acima de 20°C, mas aumenta menos rapidamente em temperaturas mais altas. (b, c) Relações efetivamente lineares entre as taxas de crescimento e desenvolvimento e a temperatura. As equações das regressões lineares são mostradas. Ambas são altamente significativas. (b) Crescimento do protista *Strombidinopsis multiauris*. (c) Desenvolvimento do ovo ao adulto no ácaro *Amblyseius californicus*, onde a escala vertical representa a proporção do desenvolvimento total alcançada em 1 dia na temperatura em questão.

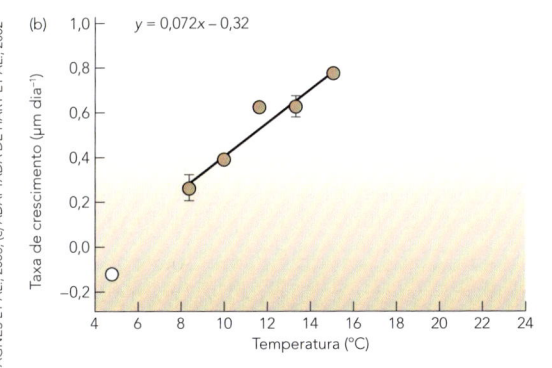

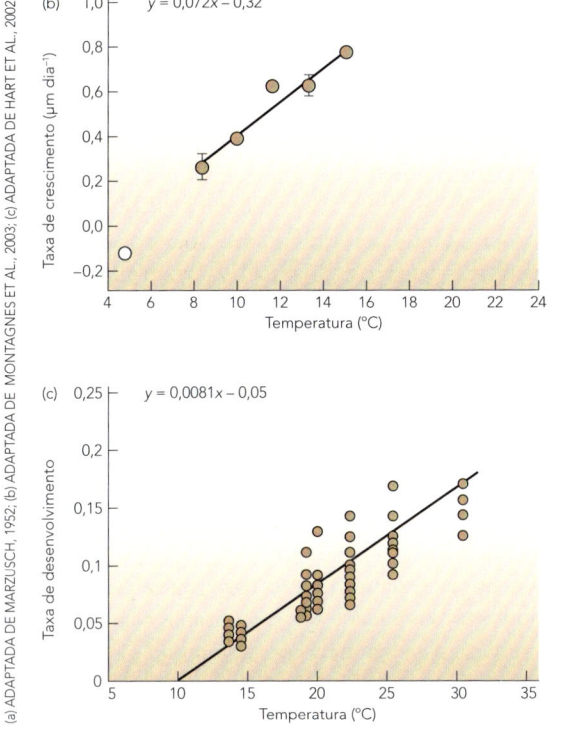

o tamanho final. De fato, o desenvolvimento em geral aumenta mais rapidamente com a temperatura do que o crescimento, de modo que, para uma ampla gama de organismos, o tamanho final tende a diminuir com o aumento da temperatura (Figura 3.3).

Estes efeitos da temperatura sobre o crescimento, desenvolvimento e tamanho podem ser de importância prática, em vez de ter apenas importância

Figura 3.3
O tamanho final do organismo diminui com o a temperatura crescente, como é ilustrado em protistas, organismos unicelulares. Devido ao fato de os 72 conjuntos de dados combinados aqui derivarem de estudos feitos em intervalos de temperatura distintos, ambas as escalas estão "padronizadas". A escala horizontal mede o tamanho (volume celular, V) em relação ao tamanho a 15°C. A inclinação da linha de regressão é –0,025 (EP, 0,004; $P < 0,01$): o volume celular diminuiu em 2,5% a cada aumento de 1°C na temperatura.

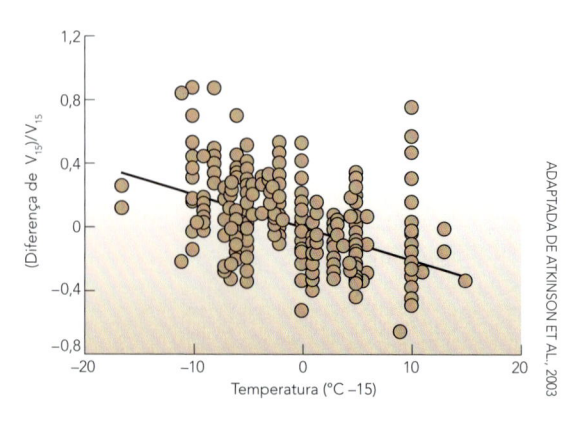

científica. Cada vez mais os ecólogos são convocados a prever. Podemos querer saber que consequência teria, digamos, um aumento de 2°C na temperatura como resultado do aquecimento global. Não podemos assumir relações exponenciais com a temperatura, se as mesmas são de fato lineares, ou ignorar os efeitos de mudanças no tamanho dos organismos sobre os seus papéis nas comunidades ecológicas.

temperaturas altas e baixas

Em temperaturas extremamente altas, enzimas e outras proteínas tornam-se instáveis, se decompõem e o organismo morre. Entretanto, podem surgir dificuldades antes que esses extremos sejam atingidos. Em temperaturas altas, os organismos terrestres são refrescados pela evaporação da água (transpiração a partir de estômatos abertos nas superfícies de folhas ou por meio do suor), mas isso, por sua vez, pode acarretar problemas sérios, talvez letais, de desidratação; ou, como as reservas de água escasseiam, a temperatura do corpo pode subir rapidamente. Mesmo onde a perda de água não é um problema, como entre organismos aquáticos, por exemplo, a morte é geralmente inevitável se as temperaturas forem mantidas por longo período acima de 60°C. As exceções, *termófilos*, são principalmente fungos especializados e arqueobactérias. Um desses organismos, *Pyrodictium occultum*, pode viver a 105°C – algo que só é possível porque, sob a pressão da profundidade oceânica, a água não entra em ebulição naquela temperatura.

Em temperaturas de poucos graus acima de zero, os organismos podem ser forçados a extensos períodos de inatividade e as membranas celulares de espécies sensíveis podem começar a se romper. Esse fenômeno é conhecido como *dano por resfriamento*, que afeta muitas frutas tropicais. Por outro lado, muitas espécies de vegetais e animais podem tolerar temperaturas bem abaixo de zero, desde que não se forme gelo. Se o organismo não sofrer distúrbio, a água pode chegar a temperaturas tão baixas quanto –40°C sem formação de gelo; mas um choque súbito permite a formação repentina de gelo dentro de células vegetais e isso, mais do que a temperatura baixa, é letal, pois o gelo rompe e destrói a célula. Se, entretanto, as temperaturas caírem lentamente, o gelo pode se formar entre as células e retirar água do seu interior. Com células desidratadas, os efeitos sobre as plantas são bem mais semelhantes àqueles da seca por temperatura alta.

O "baguaro" é um cacto que pode sobreviver a temperaturas de congelamento apenas por períodos curtos.

A temperatura absoluta que um organismo experimenta é importante. Contudo, o ajustamento e a duração de temperaturas extremas podem ser igualmente importantes. Dias anormalmente quentes no começo da primavera, por exemplo, podem interferir na desova de peixes ou matar os filhotes, mas sem afetar os adultos. De modo semelhante, o congelamento tardio de primavera pode matar plântulas, mas não afeta árvores jovens e adultas. A duração e a frequência de condições extremas são também, muitas vezes, críticas. Em muitos casos, uma seca periódica ou tempestade tropical pode ter um efeito maior sobre a distribuição de uma espécie do que o nível médio de uma condição. O cacto gigante do oeste dos EUA e do México (do inglês, *saguaro*), por exemplo, está sujeito a morrer quando as temperaturas permanecem abaixo do ponto de congelamento por 36 horas, mas, se houver um degelo diário, ele não fica ameaçado. No Arizona, os limites norte e leste da distribuição do cacto correspondem a uma linha de união de locais onde em dias ocasionais não há degelo. Desse modo, essa espécie de cacto não está presente onde ocasionalmente ocorrem condições letais para ela.

> o ajustamento dos extremos

3.2.3 Condições como estímulos

As condições ambientais atuam essencialmente para regular as taxas de processos fisiológicos. Além disso, muitas condições são estímulos importantes para o crescimento e o desenvolvimento e preparam um organismo para as condições que estão por vir.

A ideia de que animais e plantas na natureza podem antecipar futuras condições e ser usados por nós para prevê-las ("uma safra grande de morangos significa a vinda de um inverno severo") é a essência do folclore. No entanto, essas antecipações configuram vantagens importantes para um organismo, que pode prever ou preparar-se para eventos repetidos tais como as estações. Para isso, o organismo necessita de um relógio interno que pode ser usado para verificar

> o fotoperíodo é comumente usado como um *timer* para a dormência, floração ou migração

um sinal externo. O sinal externo mais amplamente usado é o comprimento do dia – o fotoperíodo. Com a aproximação do inverno – quando o fotoperíodo diminui –, ursos, gatos e muitos outros mamíferos desenvolvem uma pele espessa; aves, tais como ptármiga, desenvolvem plumagem de inverno e muitos insetos entram em uma fase de dormência (*diapausa*) dentro da atividade normal do seu ciclo de vida. Os insetos podem até acelerar seu desenvolvimento quando o comprimento do dia decresce no outono (com a aproximação das condições severas do inverno), mas aceleram novamente o desenvolvimento na primavera com o aumento do comprimento do dia, ao mesmo tempo que há pressão para alcançar o estágio adulto no começo da estação de reprodução (Figura 3.4). Outros eventos regulados fotoperiodicamente são o início sazonal da atividade reprodutiva em animais, o início do florescimento e a migração sazonal de aves.

Muitas sementes necessitam passar por um resfriamento antes de quebrar a dormência. Isso evita que elas germinem durante o tempo quente e úmido imediatamente após o amadurecimento, impedindo que sejam mortas pelo frio do inverno. Nas sementes da bétula (*Betula pubescens*), por exemplo, a temperatura e o fotoperíodo interagem no controle de sua germinação. As sementes que não foram resfriadas necessitam de um fotoperíodo crescente (indicativo de primavera) antes de germinar; mas se a semente foi resfriada, ela começa a crescer sem o estímulo da luz. De qualquer modo, o crescimento seria estimulado somente após o inverno ter passado. As sementes do pinheiro lodgepole*, por outro lado, permanecem protegidas em seus cones até que sejam aquecidas pelo fogo da floresta. Esse estímulo é um indicador de que há clareira no solo da floresta e de que as plântulas têm uma chance de se estabelecer.

aclimatização

As condições podem desencadear uma resposta alterada às mesmas condições ou até a condições mais extremas. Por exemplo, a exposição a temperaturas relativamente baixas pode levar a um aumento da taxa de metabolismo sob tais temperaturas e/ou a um aumento da tolerância de temperaturas até mesmo mais baixas. Este é o processo de *aclimatização* (chamado de *aclimação* quando induzido em laboratório). Os colêmbolos da Antártica (artrópodes diminutos), por exemplo, quando trazidos de temperaturas de "verão" no campo (ao redor de 5°C na Antártica) e submetidos a uma faixa de temperaturas

Figura 3.4

O efeito do comprimento do dia sobre o tempo de desenvolvimento larval da borboleta *Lasiommata maera* no outono (terceiro estágio larval, antes da diapausa) e na primavera. As setas indicam a passagem normal do tempo: o comprimento do dia decresce durante o outono (e o desenvolvimento se acelera), mas aumenta na primavera (o desenvolvimento novamente se acelera). As barras são os erros-padrão.

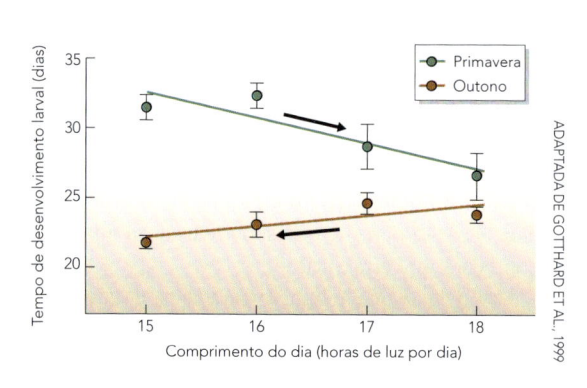

ADAPTADA DE GOTTHARD ET AL., 1999

---

* N. de T. A denominação científica desta espécie de pinheiro (lodgepole pine) é *Pinus contorta*.

de aclimação, responderam a temperaturas na faixa de +2 a –2°C (indicativa de inverno), mostrando uma marcada queda na temperatura sob a qual elas congelam (Figura 3.5). Todavia, sob temperaturas de aclimação ainda mais baixas (–5 e –7°C), eles não exibiram tal queda, porque as próprias temperaturas foram demasiadamente baixas para os processos fisiológicos requeridos para provocar a resposta à aclimação. Uma maneira pela qual tal aumento de tolerância é obtido se dá pela formação de substâncias químicas que atuam como compostos anticongelamento: eles impedem a formação de gelo dentro das células e protegem suas membranas, se o gelo se formar (Figura 3.6). A aclimatização em algumas árvores decíduas (endurecimento contra a geada) pode aumentar a sua tolerância a temperaturas extremamente baixas.

3.2.4 Os efeitos das condições sobre interações entre organismos

Embora os organismos respondam a cada condição em seu ambiente, os efeitos das condições podem ser fortemente determinados pelas respostas de outros membros da comunidade. A temperatura, por exemplo, não atua apenas sobre uma espécie: ela atua também sobre os seus competidores, presas, parasitos e assim por diante. Mais particularmente, um organismo sofrerá se sua alimentação for outra espécie que não pode tolerar uma condição ambiental. Isto é ilustrado pela distribuição da mariposa-do-junco (*Coleophora alticolella*) na Inglaterra. A mariposa deposita seus ovos sobre as folhas do junco (*Juncus squarrosus*) e as larvas

> as condições podem afetar a disponibilidade de um recurso...

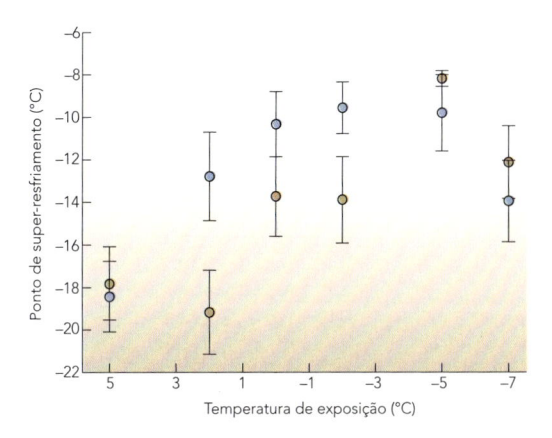

Figura 3.5

Aclimação a temperaturas baixas. Foram coletadas amostras do colêmbolo-da-Antártica (*Cryptopygus antarcticus*) no verão (cerca de 5°C), por vários dias, e seu ponto de super-resfriamento (no qual eles congelaram) foi determinado imediatamente (controle, círculos azuis) ou após um período de aclimação (círculos marrons) nas temperaturas exibidas. Os pontos de super-resfriamento dos controles variaram devido às variações de temperatura de dia para dia, mas a aclimação a temperaturas na faixa de +2 a –2°C (indicativa de inverno) levou a uma queda brusca no ponto de super-resfriamento; essa queda não foi observada, contudo, sob temperaturas mais altas (indicativo de verão) ou temperaturas mais baixas (demasiadamente baixa para uma resposta de aclimação fisiológica). As barras são erros-padrão.

Figura 3.6
(a) Temperaturas diárias médias (pontos), máximas e mínimas (linhas superior e inferior, respectivamente) em Cape Bird, Ilha Ross, Antártica. (b) Mudanças no conteúdo de glicerol do colêmbolo *Gomphiocephalus hodgsoni* de Cape Bird, o qual o protege do congelamento – ver (c). Este foi extremamente alto no inverno (como é representado pelo valor de outubro, o fim do inverno), mas caiu para valores baixos no verão sulino, quando houve pouca necessidade para qualquer proteção contra congelamento. (c) Confirmação de que o ponto de supercongelamento (no qual o gelo se forma) cai no colêmbolo à medida que a concentração de glicerol aumenta.

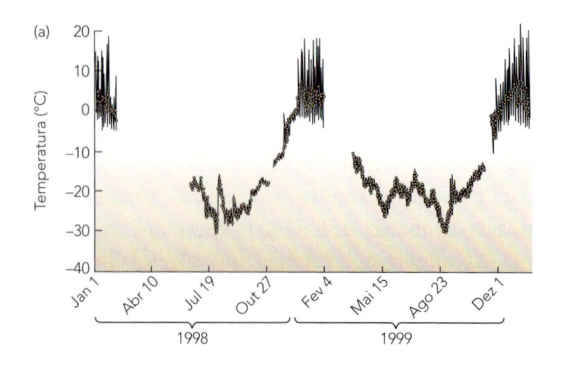

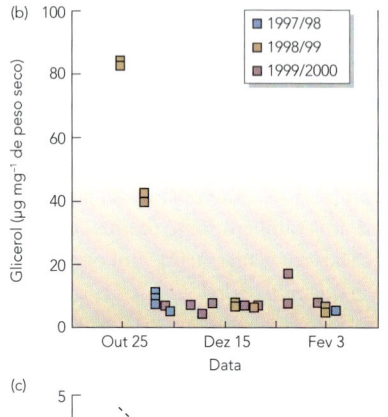

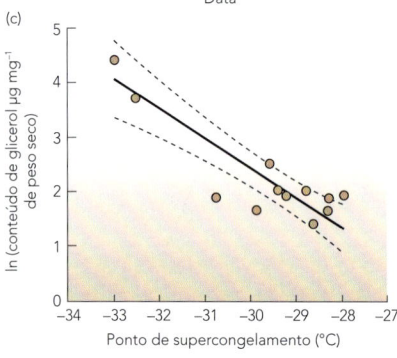

ADAPTADA DE SINCLAIR SJURSEN, 2001

se alimentam das sementes em desenvolvimento. Acima de 600 m, as mariposas e as larvas são pouco afetadas pelas temperaturas baixas, mas o junco, embora cresça, não consegue amadurecer suas sementes. Esse comportamento limita a distribuição da mariposa, pois as larvas que eclodem nas elevações mais frias passarão fome como consequência da insuficiência de alimento (Randall, 1982).

... o desenvolvimento de doenças

Os efeitos de condições sobre doenças podem também ser relevantes. As condições podem favorecer a dispersão de infecção (p. ex., ventos transportam esporos de fungos), o crescimento de parasitos, ou enfraquecer ou reforçar as defesas do hospedeiro. Por exemplo, patógenos fúngicos do gafanhoto *Camnula pellucida* nos EUA se desenvolvem mais rapidamente sob temperaturas amenas, mas não se desenvolvem sob temperaturas em torno de 38°C ou mais altas (Figura 3.7a); os gafanhotos que experimentam regularmente tais temperaturas efetivamente escapam de infecções sérias (Figura 3.7b), através de sua exposição à luz do sol, o que permite um aumento da temperatura de seus corpos entre 10-15°C acima da temperatura do ar ao seu redor (Figura 3.7c).

A competição entre espécies pode também ser profundamente influenciada por condições ambientais, especialmente pela temperatura. Duas espécies

... ou competição

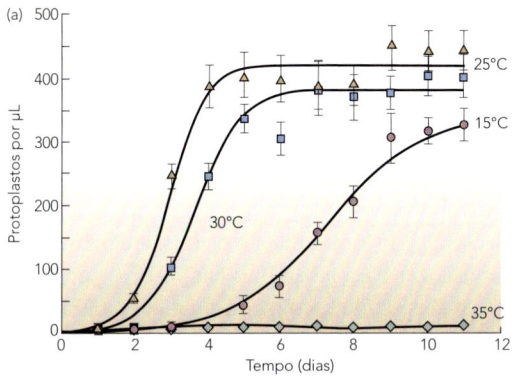

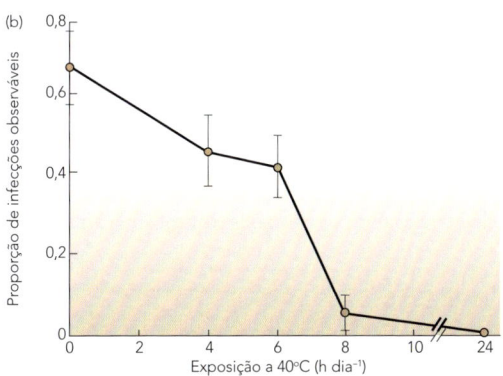

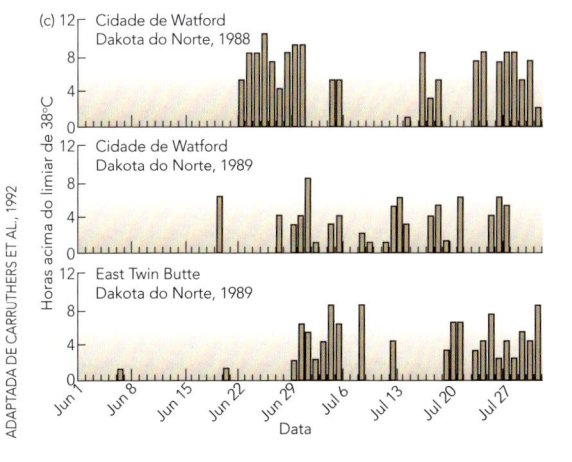

Figura 3.7

O efeito da temperatura sobre a interação entre o patógeno fúngico *Entomophaga grylli* e o gafanhoto *Camnula pellucida*. (a) Curvas de crescimento no tempo do patógeno (expressas como protoplastos por μL) num gradiente de temperaturas: o crescimento cessa sob temperaturas de aproximadamente 38°C e mais altas. (b) A proporção de gafanhotos com infecção observável com o patógeno cai abruptamente à medida que os gafanhotos passam mais tempo sob altas temperaturas. (c) Gafanhotos em dois sítios ao longo de 2 anos frequentemente aumentaram a temperatura de seus corpos a tais níveis pela exposição ao sol.

de peixes salmonídeos de riacho, *Salvelinus malma* e *S. leucomaenis*, coexistem em locais de altitude intermediária (e, por esse motivo, de temperatura intermediária) na Ilha Hokkaido, Japão, enquanto apenas a primeira vive em altitudes mais elevadas (temperaturas mais baixas) e somente a última em altitudes mais baixas. Uma inversão do resultado da interação entre as espécies competidoras parece desempenhar um papel-chave na competição. Por exemplo, em riachos experimentais com as duas espécies, mantidos a 6°C por um período de 191 dias (uma temperatura típica de altitude elevada), a sobrevivência de *S. malma* foi muito superior à de *S. leucomaenis*; por outro lado, a 12°C (uma temperatura típica de altitude baixa), a sobrevivência das duas espécies foi menor, mas o resultado foi invertido, de modo que em torno de 90 dias todos os indivíduos de *S. malma* morreram (Figura 3.8). Quando sozinhas, ambas as espécies são capazes de viver nas duas temperaturas.

3.2.5 Respostas de organismos sedentários

Animais móveis têm alguma escolha do local onde viver: eles podem mostrar preferências. Eles podem se deslocar para a sombra, para escapar do calor, ou para o sol, para esquentar o corpo. Tal escolha de condições ambientais é negada a organismos fixos ou sedentários. As plantas são exemplos óbvios, mas nessa categoria também se encontram muitos invertebrados aquáticos, tais como esponjas, corais, cracas, mexilhões e ostras.

forma e comportamento podem mudar com as estações

Em todos os ambientes, exceto o equatorial, as condições físicas seguem um ciclo sazonal. Realmente, é fascinante conhecer as respostas dos organismos a essas condições (Quadro 3.1). As características morfológicas e fisiológicas não são ideais para todas as fases do ciclo nem servem para qualquer situação. Uma solução é manter as mudanças das propriedades morfológicas e fisiológicas do organismo de acordo com as estações (ou mesmo antecipan-

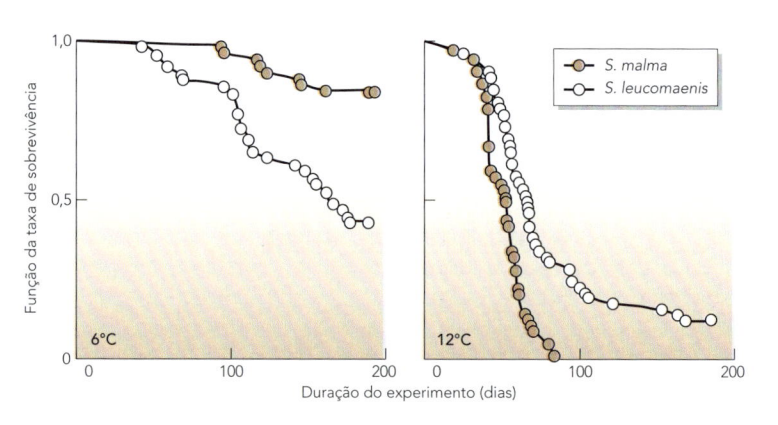

Figura 3.8

A mudança de temperatura inverte o resultado da competição. Na temperatura baixa (6°C) à esquerda, o peixe salmonídeo *Salvelinus malma* sobrevive co-habitando com *S. leucomaenis*, enquanto a 12°C, à direita, *S. leucomaenis* conduz *S. malma* à extinção. Ambas as espécies são totalmente capazes, sozinhas, de viver nas duas temperaturas.

3.1 MARCOS HISTÓRICOS

Registrando mudanças sazonais

O registro de mudanças do comportamento de organismos através das estações (*fenologia*) foi fundamental para dimensionar temporal e racionalmente as atividades agrícolas. Os primeiros registros fenológicos foram as observações de Wu Hou, feitas nas dinastias de Chou e Ch'in (1027-206 a.C.). O primeiro registro do florescimento de cerejeiras foi feito em Kyoto, Japão, em 812 d.C.

Um registro particularmente longo e detalhado foi iniciado em 1736 por Robert Marsham, em sua propriedade perto da cidade de Norwich, Inglaterra. Ele chamou esses registros de "Indicações da primavera". Os registros tiveram continuidade com seus descendentes, até 1947. Todo o ano, Marsham registrava 27 eventos fenológicos: o primeiro florescimento de fura-neve (anêmona), anêmona dos bosques, pilriteiro e nabo; a primeira emergência foliar de 13 espécies de árvores; vários eventos animais, tais como o primeiro aparecimento de aves migratórias (andorinha, cuco, rouxinol), a primeira construção de ninho por gralhas, o primeiro coaxar de rãs e sapos, o primeiro surgimento da borboleta bruxa.

Não existem séries longas de medições de temperaturas ambientais para comparação com o período completo dos registros de Marsham, mas elas estão disponíveis a partir de 1771, para Greenwich, distante cerca de 160 km. Constata-se uma surpreendente correspondência entre muitos dos eventos de florescimento e emergência foliar registrados por Marsham e a temperatura média de janeiro a maio em Greenwich (Figura 3.9). Contudo, não surpreendentemente, a época de chegada de aves migratórias, por exemplo, tem pouca relação com a temperatura.

A análise dos dados de Marsham para a emergência de folhas de seis espécies de árvores indica que a data média está adiantada em 4 dias para cada aumento de 1°F na temperatura média de fevereiro a maio (Figura 3.10). Similarmente, para o leste dos EUA, a *lei bioclimática* de Hopkins especifica que os indicadores de primavera, tais como a emergência foliar e o florescimento, ocorrem 4 dias mais tarde para cada 1° de latitude norte, 5° de longitude oeste ou 120 m de altitude.

A coleta de registros fenológicos deixou de ser uma atividade de amadores talento-

Figura 3.9
Relação entre temperaturas médias de janeiro a maio e dados médios anuais de 10 eventos de florescimento e emergência foliar dos registros clássicos de Marsham, iniciados em 1736.
FIGURA EXTRAÍDA DE MARGARY, IN FORD, 1982.

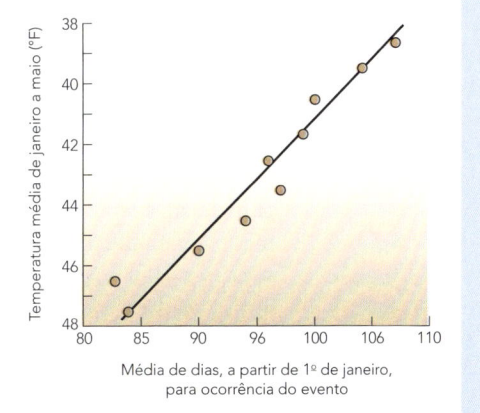

sos, transformando-se em programas sofisticados de coleta e análise de dados. Existem hoje, apenas no Japão, aproximadamente 1.500 postos de observações fenológicas. Os vastos acúmulos de dados tornaram-se repentinamente provocativos e relevantes, na tentativa de estimar as mudanças nas floras e faunas causadas pelo aquecimento global.

Figura 3.10
Relação entre a temperatura média no período de 4 meses, de fevereiro a maio, e os dados médios de seis eventos de emergência foliar. O coeficiente de correlação é –0,81.
FIGURA EXTRAÍDA DE KINGTON, IN FORD, 1982

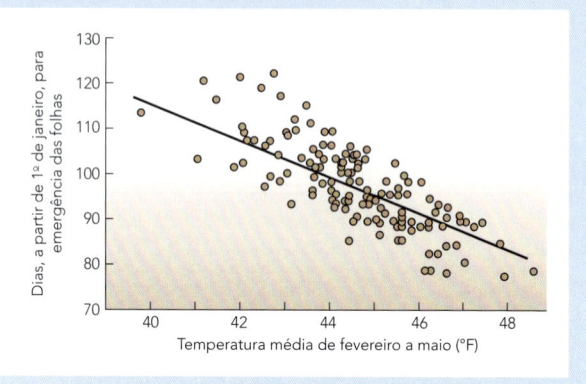

do-se a elas, como na aclimatização). Porém, a modificação continuada pode acarretar custos: uma árvore decídua pode ter as folhas ideais para viver na primavera e no verão, mas assume o custo de produzir novas a cada ano. Uma alternativa econômica é ter folhas de permanência longa, como em pinheiros, urzes e arbustos perenes de desertos. Neste caso, contudo, há um preço a ser pago na forma de processos fisiológicos mais lentos. Diferentes espécies desenvolveram diferentes soluções para este problema.

3.2.6 Respostas dos animais à temperatura ambiental

ectotérmicos e endotérmicos

Como as plantas, as espécies animais, em sua maioria, são *ectotérmicos*: elas contam com fontes externas de calor para determinar o ritmo do seu metabolismo. Essa categoria inclui invertebrados e também peixes, anfíbios e lagartos. Outros animais, principalmente aves e mamíferos, são *endotérmicos*: eles regulam sua temperatura corporal, produzindo calor dentro do seu corpo.

A distinção entre ectotérmicos e endotérmicos não é absoluta. Alguns ectotérmicos típicos, como os insetos, podem controlar a temperatura corporal por meio de atividades musculares (p. ex., agitando os músculos do voo). Alguns peixes e répteis podem gerar calor por períodos limitados e mesmo algumas plantas podem usar a atividade metabólica para elevar a temperatura de suas flores. Por outro lado, alguns endotérmicos típicos, como ratos-silvestres, ouriços-cacheiros e morcegos, permitem uma queda de temperatura corporal e quase não se distinguem dos seus vizinhos quando eles estão hibernando (Figura 3.11).

Apesar dessas sobreposições, a endotermia é inerentemente uma estratégia diferente da ectotermia. Por uma certa faixa estreita de temperatura, um

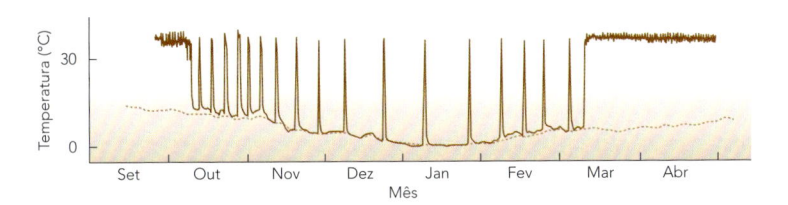

Figura 3.11

Mudanças na temperatura do corpo ao longo do inverno de 1996/97 do esquilo-do-solo europeu (*Spermophilus citellus*) (linha contínua) comparadas com a temperatura ambiente do solo (linha pontilhada) na mesma profundidade na qual aquele estava hibernando. Observe que, durante a hibernação (início de outubro a meados de março), a temperatura corporal manteve-se quase indistinguível da temperatura ambiente, a despeito de breves períodos repetidos de atividade acompanhados por temperaturas do corpo "normais".

endotérmico consome energia a uma taxa basal. Todavia, sob temperaturas cada vez mais afastadas, para cima ou para baixo, daquela faixa, os endotérmicos gastam cada vez mais energia para manter constante sua temperatura corporal. Com isso, eles se tornam relativamente independentes das condições ambientais, podendo permanecer mais distantes ou mais próximos do desempenho máximo. Isso os torna mais eficientes na busca de alimento e no escape de predadores. No entanto, existe um custo – uma exigência alta de alimento para abastecer essa estratégia.

A ideia de que organismos são prejudicados (e limitados em sua distribuição) pelas condições ambientais não "diretamente", mas devido aos custos energéticos requeridos para tolerarem tais condições, é ilustrada por um estudo que examinou o efeito de uma condição diferente: salinidade. Os camarões de água-doce *Palaemonetes pugio* e *P. vulgaris*, por exemplo, coocorrem em estuários da costa leste dos EUA em um amplo gradiente de salinidade, porém, o primeiro parece ser mais tolerante a salinidades mais baixas do que o segundo, ocupando aqueles hábitats nos quais o segundo inexiste. A Figura 3.12 mostra o provável mecanismo subjacente. Ao longo da faixa de baixa salinidade (embora não no nível de salinidade mais baixa e efetivamente letal) o gasto metabólico foi significativamente menor em *P. pugio*. *P. vulgaris* requer muito mais energia simplesmente para manter a si mesmo, pondo-se em grande desvantagem competitiva com *P. pugio*.

Os endotérmicos têm modificações morfológicas que reduzem seus custos energéticos. Em climas frios, a maioria tem baixa taxa de volume na área de superfície (p. ex., orelhas e membros pequenos), fazendo com que haja uma redução da perda de calor através das superfícies. Tipicamente, os endotérmicos que vivem em ambientes polares são isolados do frio através da pele extremamente grossa (urso polar, vison, raposa) ou penas e camadas extras de gordura. Os endotérmicos de deserto, ao contrário, frequentemente possuem pele fina, além de orelhas e membros longos que ajudam a dissipar o calor.

A variabilidade de condições pode trazer desafios biológicos tão grandes quanto extremos. Os ciclos sazonais, por exemplo, podem expor um animal ao calor de verão bem próximo do seu máximo térmico e ao resfriamento de

temperaturas que variam sazonalmente criam problemas especiais

Figura 3.12
Gasto metabólico padrão (estimado através do consumo mínimo de oxigênio) em duas espécies de camarão, *Palaemonetes pugio* e *P. vulgaris*, num gradiente de salinidade. Houve mortalidade significativa de ambas as espécies ao longo do período experimental em 0,5 partes por mil, especialmente de *P. vulgaris* (75% comparado com 25%).

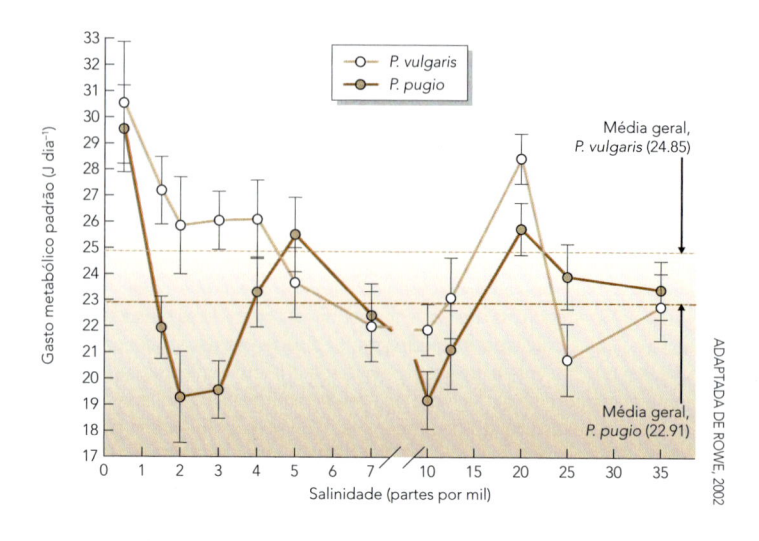

inverno bem perto do seu mínimo térmico. As respostas a essas mudanças de condições incluem a presença de pelagens diferentes: no outono (espessa e com uma densa camada de gordura subjacente) e na primavera (pelagem mais fina e perda da densa camada de gordura (Figura 3.13). Alguns animais se agrupam e mantêm o calor do corpo, enfrentando, assim, o tempo frio. A hibernação – relaxamento do controle da temperatura – permite a alguns vertebrados sobreviver nos períodos de frio do inverno e escassez de alimento (Figura 3.11), pela *evitação* das dificuldades de encontrar suprimento suficiente durante esses períodos. A migração é uma outra estratégia de evitação: a andorinha-do-mar do Ártico, para tomar um exemplo extremo, a cada ano migra da região Ártica à Antártica, experimentando somente os verões polares.

3.2.7 Micro-organismos em ambientes extremos

Os micro-organismos sobrevivem e crescem em todos os ambientes que são habitados ou tolerados por animais e vegetais, exibindo a mesma gama

Figura 3.13
Mudanças sazonais na espessura dos revestimentos isolantes da pele de alguns mamíferos do ártico e hemisfério norte temperado.

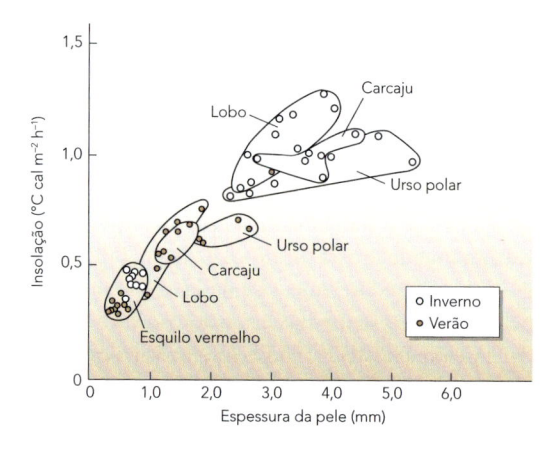

A pelagem da raposa-do-ártico é espessa e branca no inverno e mais fina e marrom no verão.

de estratégias – evitação, tolerância ou especialização. Muitos micro-organismos produzem esporos com vida latente, que sobrevivem à seca e temperaturas alta ou baixa. Alguns micro-organismos são capazes de crescer e se multiplicar em condições totalmente distantes da faixa de tolerância de organismos superiores; eles habitam alguns dos ambientes mais extremos da Terra. As temperaturas acima de 45°C são letais para quase todos os vegetais e animais, mas os micróbios termofílicos ("amantes da temperatura") crescem sob temperaturas muito mais altas. Embora similares em muitos sentidos aos micróbios tolerantes ao calor, as enzimas desses termófilos são estabilizadas por ligações iônicas especialmente fortes.

Também são conhecidas comunidades microbianas que não apenas toleram, mas crescem sob temperaturas baixas, incluindo algas, diatomáceas e bactérias fotossintéticas encontradas no mar gelado da Antártica. Organismos microbianos especializados têm sido identificados também em outros ambientes raros ou peculiares; organismos *acidófilos*, por exemplo, que se desenvolvem em ambientes extremamente ácidos. Um deles, *Thiobacillus ferroxidans*, é encontrado em resíduos de processos industriais de lavagem de metais e tolera pH 1,0. No outro extremo do espectro de pH, a cianobactéria *Plectonema nostocorum* de lagos carbonatados pode crescer em um pH 13. Como já foi observado, essas singularidades podem ser relictos de ambientes que prevaleceram no começo da história da Terra. Certamente, elas nos alertam contra uma visão estreita, pois quando consideramos o tipo de organismo, podemos buscá-lo em outros planetas.

3.3 Recursos vegetais

Os recursos podem ser componentes bióticos ou abióticos do ambiente; eles são tudo o que um organismo usa ou consome no seu crescimento e manutenção, tornando-os menos disponíveis para outros organismos. Quando uma folha fotossintetizante intercepta a radiação, ela priva deste recurso outras folhas ou plantas situadas abaixo dela. Quando uma larva come uma folha, sobra menos material foliar para outras larvas. Pela sua natureza, os recursos são críticos para a sobrevivência, crescimento e reprodução, além de uma fonte potencial de conflito e competição entre organismos.

Se um organismo pode se mover, ele tem o potencial de buscar o seu alimento. Os organismos fixos ou "enraizados" não têm essa capacidade. Eles precisam contar com o crescimento em direção aos seus recursos (como uma parte aérea ou uma raiz) ou captar os recursos que se movimentam para eles.

exigências de recursos de organismos fixos

Os exemplos mais conhecidos são as plantas verdes, que dependem (i) da energia que é irradiada até elas, (ii) do dióxido de carbono atmosférico que se difunde até elas, (iii) de cátions minerais que elas obtêm de coloides do solo em troca por íons de hidrogênio e (iv) da água e ânions dissolvidos que suas raízes absorvem do solo. Nas seções seguintes, nos concentraremos nas plantas verdes. Porém é importante lembrar que muitos dos animais fixos, como corais, esponjas e moluscos bivalves, dependem de recursos que estão suspensos em ambientes aquáticos e dos quais são capturados.

3.3.1 Radiação solar

espécies de sol e de sombra

A radiação solar é um recurso crítico para as plantas. Muitas vezes, nos referimos a ela vagamente como "luz", mas as plantas verdes, de fato, utilizam apenas cerca de 44% da parte estreita do espectro de radiação solar que é visível entre o infravermelho e o ultravioleta. A taxa de fotossíntese aumenta com a intensidade da radiação que a folha recebe, mas com rendimentos decrescentes, e esta relação varia bastante entre as espécies (Figura 3.14), especialmente entre aquelas que comumente vivem em hábitats sombreados (que atingem a saturação sob baixas intensidades de radiação) e aquelas que normalmente experimentam luz solar plena e podem tirar vantagem disso. Além disso, sob intensidades elevadas, pode ocorrer *fotoinibição* da fotossíntese, de tal forma que a taxa de fixação de carbono diminui com o aumento na intensidade da radiação. Intensidades altas de radiação também podem levar ao superaquecimento prejudicial às plantas. A radiação é um recurso essencial para as plantas, mas elas podem tanto estar sujeitas a excessos quanto à escassez deste recurso.

A radiação solar que atinge uma planta está continuamente mudando. Seu ângulo e sua intensidade mudam, anual e diariamente, de maneira regular e sistemática, e também de acordo com a profundidade dentro do dossel ou num corpo d'água (Figura 3.15). Existem também variações irregulares e não sistemáticas devido às mudanças na cobertura de nuvens ou sombreamento pelas folhas de plantas vizinhas. Como a luz passa por aberturas do dossel, as folhas de baixo recebem segundos ou minutos de luz brilhante direta e, depois, ficam novamente na sombra. A fotossíntese diária de uma folha integra essas experiências variadas; a planta como um todo integra as exposições diversas de suas variadas folhas.

Figura 3.14

Resposta da fotossíntese pelas folhas de tipos variados de plantas verdes (medida pela absorção do dióxido de carbono) à intensidade da radiação solar sob temperaturas ótimas e com um suprimento natural de dióxido de carbono. (As diferentes fisiologias das plantas C_3 e C_4 são explicadas na Seção 3.3.2.)

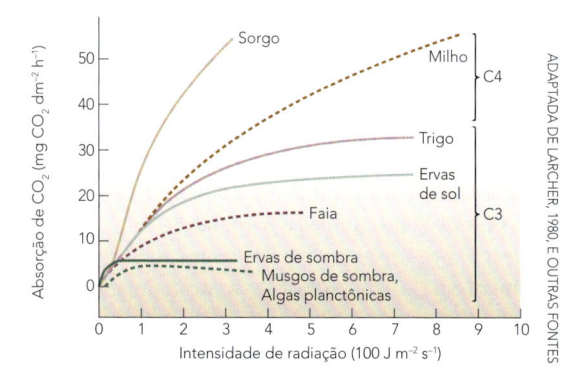

ADAPTADA DE LARCHER, 1980, E OUTRAS FONTES

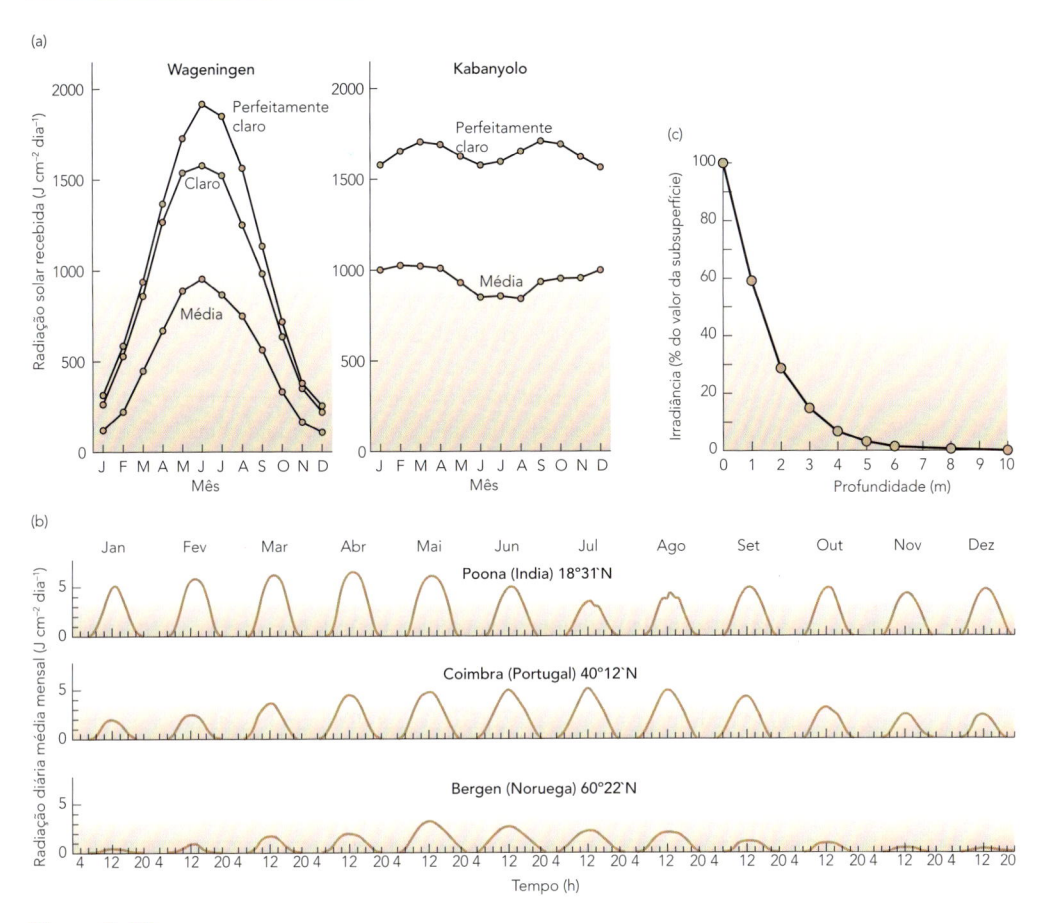

Figura 3.15

(a) Os totais diários de radiação solar recebida ao longo do ano em Wageningen (Holanda) e Kabanyolo (Uganda). (b) A média mensal da radiação diária registrada em Poona (Índia), Coimbra (Portugal) e Bergen (Noruega). (c) Diminuição exponencial da intensidade da radiação com a profundidade da água num hábitat de água doce (Burrinjuck Dam, Austrália).

Existe uma variação enorme nas formas e tamanhos de folhas. A maior parte da variação hereditária das formas foliares provavelmente evoluiu por seleção não primariamente para fotossíntese alta, mas para eficiência ótima no uso da água (fotossíntese realizada por unidade de água transpirada) e minimização do dano causado pelo forrageio de herbívoros. Nem todas as variações na forma foliar são inteiramente herdáveis; muitas são respostas do indivíduo ao seu ambiente imediato. Muitas árvores, especialmente, produzem tipos diferentes de folha em posições expostas à luz solar plena ("folhas de sol") e em locais inferiores no dossel onde elas são sombreadas ("folhas de sombra"). As folhas de sol são mais espessas, com cloroplastos dispostos mais densamente (que processam a radiação que entra) e possuem mais camadas de células. As folhas de sombra, mais delgadas, interceptam radiação difusa e filtrada abaixo do dossel, mas podem suplementar a atividade fotossintética principal das folhas de sol na parte alta do dossel.

folhas de sol e folhas de sombra

> plantas de sol e de sombra

Entre as plantas herbáceas e arbustos, *espécies* de "sol" ou de "sombra" especialistas são muito mais comuns. Folhas de plantas de sol estão comumente expostas a ângulos agudos ao sol do meio-dia e tipicamente sobrepõem-se em um dossel multiestratificado, onde mesmo as folhas mais de baixo podem ter uma taxa positiva de fotossíntese líquida. As folhas de plantas de sombra estão caracteristicamente dispostas em um dossel uniestratificado e horizontalmente, maximizando a sua capacidade plena de captar a radiação disponível.

Outras espécies desenvolvem-se como plantas de sol e de sombra, dependendo de onde crescem. Uma delas é *Heteromeles arbutifolia*, espécie perenifólia arbustiva que cresce tanto em hábitats de chaparral na Califórnia – onde os ramos na parte superior da copa são regularmente expostos ao sol pleno e a temperaturas altas – e também em hábitats de bosques sombreados, onde recebem em torno de um sétimo da radiação. Um estudo detalhado desta espécie reúne várias questões abordadas anteriormente (Figura 3.16). Conforme esperado, as folhas de plantas de sol são mais espessas e possuem maior capacidade fotossintética (mais clorofila e nitrogênio) por unidade de área foliar do que aquelas de plantas de sombra (Figura 3.16b). Como era esperado, igualmente, folhas de plantas de sol são inclinadas num ângulo muito mais agudo em relação à horizontal e, portanto, absorvem os raios diretos do sol de verão ao longo de uma superfície foliar maior do que as folhas mais horizontais das plantas de sombra. Por outro lado, em comparação com as folhas de plantas de sombra, as folhas mais inclinadas das plantas de sol são também menos prováveis de sombrear outras folhas da mesma planta quanto aos raios de sol do verão (Figura 3.16c). Porém no inverno, quando o sol está muito mais baixo no céu, as plantas de sombra ficam muito menos sujeitas a este "autossombreamento". A consequência final destas diferenças é que a "eficiência da exposição" – a proporção da radiação incidente interceptada por unidade de área foliar – é maior em plantas de sombra do que em plantas de sol, no verão devido às folhas mais horizontais, porém no inverno devido à ausência relativa de autossombreamento.

As propriedades das plantas de *H. arbutifolia*, então, refletem tanto a arquitetura da planta quanto as morfologias e fisiologias das folhas individuais. A eficiência da absorção de luz por unidade de biomassa é muito maior nas plantas de sombra do que nas plantas de sol (Figura 3.16c), refletindo os ângulos foliares, autossombreamento e espessura da folha. No geral, a despeito de receber somente um sétimo da radiação das plantas de sol, as plantas de sombra reduzem a diferença em sua taxa diária de ganho de carbono da fotossíntese para apenas a metade. Elas contrabalançam com sucesso suas reduzidas capacidades fotossintéticas no nível foliar com uma maior capacidade de captação de luz no nível da planta inteira. As plantas de sol, por outro lado, conseguem balancear a maximização da fotossíntese da planta inteira e o simultâneo evitamento da fotoinibição e superaquecimento de folhas individuais.

3.3.2 Água

> a água é perdida pelas plantas que realizam a fotossíntese

Grande parte dos órgãos vegetais é composta de água. Em alguns frutos e folhas macios, cerca de 98% do volume pode ser constituído de água. Mesmo assim, isso representa uma fração diminuta da água que vem do solo, passa

(a)

A Planta de sol
   Início da manhã

C Planta de sol
   Meio-dia

B Planta de sombra
   Início da manhã

D Planta de sombra
   Meio-dia

Figura 3.16
(a) Reconstruções por computador de caules de plantas típicas de sol (A, C) e de sombra (B, D) do arbusto perenifólio *Heteromeles arbutifolia*, vistos ao longo da trajetória dos raios do sol no início da manhã (A, B) e ao meio-dia (C, D). Tons mais escuros representam partes das folhas sombreadas por outras folhas da mesma planta. Barras = 4 cm. (b) Diferenças observadas nas folhas de plantas de sol e de sombra. Desvios-padrão são fornecidos entre parênteses; as significâncias das diferenças são fornecidas seguindo-se à análise de variância. (c) Propriedades consequentes da planta inteira de plantas de sol e de sombra. Letras indicam grupos que diferiram significativamente na análise de variância ($P < 0,05$).

(b)

	Sol		Sombra		P
Ângulo foliar (graus)	71,3	(16,3)	5,3	(4,3)	<0,01
Espessura da lâmina foliar (µm)	462,5	(10,9)	292,4	(9,5)	<0,01
Capacidade fotossintética (µmol CO_2 m^{-2} s^{-1})	14,1	(2,0)	9,0	(1,7)	<0,01
Conteúdo de clorofila (mg m^{-2})	280,5	(15,3)	226,7	(14,0)	<0,01
Conteúdo de nitrogênio foliar (g m^{-2})	1,97	(0,25)	1,71	(0,21)	<0,05

(c)

	Plantas de sol		Plantas de sombra	
	Verão	Inverno	Verão	Inverno
Fração autossombreada	0,22[a]	0,42[b]	0,47[b]	0,11[a]
Eficiência da exposição	0,33[a]	0,38[a,b]	0,41[b]	0,43[b]
Eficiência da absorção	0,28[a]	0,44[b]	0,55[c]	0,53[c]

ADAPTADA DE VALLADARES & PEARCY, 1998

por uma planta e chega até a atmosfera durante o crescimento vegetal. A fotossíntese depende da absorção de dióxido de carbono pela planta. Isso só pode acontecer através de superfícies úmidas – de modo mais notável, as paredes das células foliares fotossintetizantes. Se uma folha permite a entrada de dióxido de carbono, é quase impossível impedir a saída de vapor d'água. Da mesma maneira, todo o mecanismo ou processo que diminui a taxa de perda de água, como o fechamento de estômatos na superfície foliar, está fadado a reduzir a taxa de absorção de dióxido de carbono e, em consequência, reduzir a taxa de fotossíntese.

As plantas verdes conduzem água retirada do solo e a liberam na atmosfera. Se a taxa de absorção cair abaixo da taxa de liberação, o corpo da planta

murcha

começa a secar. As células perdem a sua turgidez e a planta murcha. Esse fenômeno pode ser temporário (embora possa acontecer todos os dias no verão) e as plantas podem se recuperar e reidratar à noite. Todavia, se o déficit se acumular, a folha e toda a planta podem morrer.

> vida vegetal em déficit hídrico: evitadores e tolerantes

As espécies de vegetais verdes diferem nas maneiras pelas quais elas sobrevivem em ambientes secos. Uma estratégia é evitar o problema. *Evitadores*, como as plantas anuais de deserto, as ervas daninhas anuais e a maioria das plantas de lavoura, têm um ciclo de vida curto: sua atividade fotossintética é concentrada nos períodos em que elas podem manter um balanço hídrico positivo. No restante do ano, elas permanecem dormentes como sementes, em um estágio que não requer fotossíntese nem transpiração. Algumas plantas perenes perdem seus tecidos fotossintéticos durante períodos de seca. Algumas espécies os substituem por novas formas foliares que gastam menos água ou atravessam a estação mais seca sem folhas – apenas caules verdes.

Outras plantas, *tolerantes*, desenvolveram uma estratégia diferente, produzindo folhas de vida longa que transpiram lentamente (p. ex., tendo estômatos em pequena quantidade e em cavidades). Elas toleram a seca, mas, evidentemente, sua fotossíntese é mais lenta. Essas plantas sacrificaram a sua capacidade de alcançar uma fotossíntese rápida quando a água é abundante, mas se tornaram aptas à fotossíntese a um nível baixo durante as estações. Isto é uma propriedade não só de plantas de áreas áridas, mas também de pinheiros e espruces que sobrevivem onde a água pode ser abundante, mas frequentemente congela, tornando-se, por consequência, inacessível.

> estratégias alternativas coexistentes em savanas australianas

A viabilidade de estratégias alternativas para solucionar o problema da fotossíntese em ambientes secos é ilustrada com precisão pelas árvores das florestas e bosques tropicais sazonalmente secos. Estas comunidades são encontradas naturalmente na África, Américas, Austrália e Índia; enquanto, por exemplo, as savanas da África e da Índia são dominadas por espécies caducifólias (ou decíduas, que perdem todas as folhas por ao menos 1 e, usualmente, 2 a 4 meses, a cada ano) – e os Llanos da América do Sul são dominados por plantas perenifólias (dossel verde durante todo o ano) – nas savanas da Austrália há aproximadamente igual número de espécies caducifólias e perenifólias (Figura 3.17). As espécies caducifólias evitam o dessecamento na estação seca (de abril a novembro na Austrália) como resultado de suas taxas de transpiração vastamente reduzidas, após perderem suas folhas (Figura 3.17a, b). As plantas perenifólias toleram a ameaça do dessecamento na estação seca (Figura 3.17b), mas mantêm um balanço de carbono positivo durante todo o ano (Figura 3.17c), enquanto as espécies caducifólias não apresentam fotossíntese líquida por aproximadamente 3 meses.

> água e superaquecimento

A evaporação da água diminui a temperatura do corpo com que ela está em contato. Por essa razão, se forem impedidas de transpirar, as plantas podem superaquecer. Este fenômeno, mais do que a própria perda de água, pode ser letal. A espécie popularmente conhecida como mel-doce-do-deserto (*Tidestromia oblongifolia*) cresce vigorosamente no Vale da Morte, Califórnia, embora suas folhas morram se alcançarem 50°C, uma temperatura que comumente é registrada no ar circundante. A transpiração esfria a superfície da folha a uma temperatura tolerável de 40-45°C. A maioria das plantas do deserto possui tricomas,

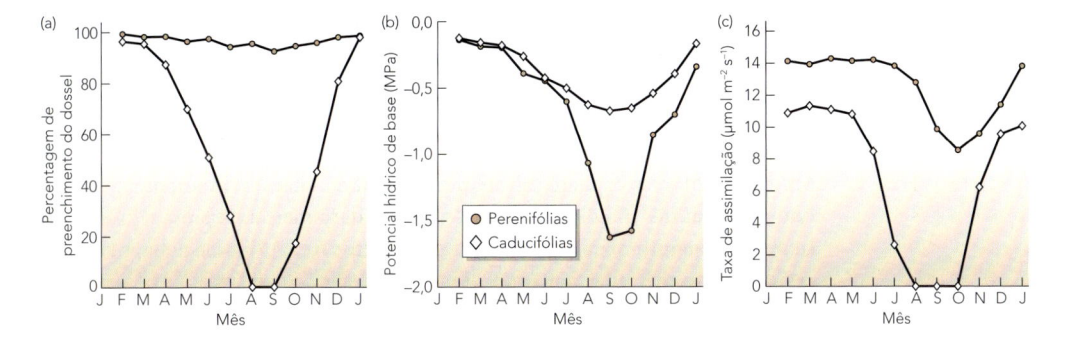

Figura 3.17
(a) Percentagem de preenchimento do dossel em árvores caducifólias e perenifólias nas savanas australianas ao longo do ano. (Observe que a estação seca no hemisfério sul ocorre entre abril e novembro.) (b) Suscetibilidade ao dessecamento medido por valores crescentemente negativos de "potencial hídrico de base" em árvores caducifólias e perenifólias. (c) Fotossíntese líquida medida pela taxa de assimilação de carbono em árvores caducifólias e perenifólias.

espinhos e ceras sobre a superfície foliar, que refletem uma proporção alta de radiação incidente e ajudam a evitar o superaquecimento. Outras modificações mais gerais em plantas de deserto incluem a forma "atarracada" de suculentas, com poucas ramificações, originando uma baixa razão área de superfície volume pela qual a energia radiante é absorvida.

Processos bioquímicos especializados podem aumentar o total de fotossíntese a ser alcançado por unidade de água perdida. A maioria das plantas sobre a Terra realiza fotossíntese utilizando a chamada *rota* C_3. Embora fotossinteticamente essas plantas sejam altamente produtivas, elas são relativamente esbanjadoras de água; elas atingem suas taxas máximas de fotossíntese a intensidades de radiação relativamente baixas e têm sucesso menor em áreas áridas. As rotas alternativas de fotossíntese – denominadas *rota* C_4 e CAM – são mais econômicas quanto ao uso da água. As plantas C_4 têm alta afinidade ao dióxido de carbono e, assim, absorvem mais por unidade de água perdida. As plantas CAM abrem seus estômatos à noite e absorvem dióxido de carbono, fixando-o com ácido málico. Elas fecham seus estômatos durante o dia e liberam internamente o dióxido de carbono para a fotossíntese. As plantas C_4 e CAM são mais comuns em áreas áridas e, em particular, áreas áridas quentes. Elas têm distribuição restrita porque os custos associados dos seus sistemas aparentemente as tornam menos competitivas sob condições menos áridas. Por exemplo, a fotossíntese de plantas C_4 é ineficiente sob intensidades de radiação baixas (Figura 3.14), pois elas são plantas de sol. Já as plantas CAM todas as noites devem armazenar seu ácido málico acumulado – elas são, na maioria, suculentas com amplos tecidos de reserva de água para enfrentar este problema.

> aumentando a eficiência do uso da água: C_4 e CAM

Quase toda a água de precipitação (chuva, neve, etc.) passa pelas plantas e chega ao solo. Parte dela escoa através do solo, mas grande parte é retida contra a gravidade, por forças de capilaridade e na forma de coloides. As plantas obtêm virtualmente toda a sua água a partir dessa reserva armazenada. Solos arenosos têm poros grandes: eles não retêm muita água e as plantas retiram facilmente o

> obtendo água do solo

que é retido. Os solos argilosos têm poros finos. Eles retêm mais água contra a força de gravidade, e a tensão superficial nos poros finos dificulta a retirada de água pelas plantas. A zona primária de absorção de água nas raízes é coberta de pêlos, que mantêm contato íntimo com as partículas do solo (Figura 3.18). A água que a planta retira é, em um primeiro momento, liberada dos poros maiores, onde as forças capilares a retêm fracamente. Subsequentemente, a água é retirada de partes mais estreitas, onde ela é mais firmemente presa. Como consequência, quanto mais o solo ao redor das raízes é exaurido de água, maior é a resistência ao fluxo desta. Como resultado da retirada de água, as raízes criam ao redor delas zonas de esgotamento de água (ou, mais comumente, zonas de esgotamento de recurso; RDZs, *resource depletion zones*). Quanto mais rápido as raízes retiram água do solo, mais bruscamente são definidas essas zonas de esgotamento e mais lentamente a água se moverá para elas. Em um solo que contém água em abundância, as plantas que transpiram rapidamente podem, ainda assim, murchar, porque a água não flui suficientemente rápido para reabastecer as zonas de esgotamento ao redor dos seus sistemas de raízes (ou porque as raízes não conseguem explorar novos volumes de solo com rapidez suficiente).

As formas de sistemas de raízes são mais fracamente estruturadas do que as das partes aéreas. A arquitetura do sistema de raízes que uma planta estabelece cedo em sua vida pode determinar sua sensibilidade a eventos posteriores. As plantas que se desenvolvem sob inundação geralmente emitem um sistema de raízes apenas superficial. Se ocorrer seca mais tarde na estação, essas mesmas plantas podem sofrer as consequências, pois suas raízes não alcançam as camadas mais profundas do solo. Uma raiz pivotante profunda, entretanto, será de pouca utilidade para uma planta cujo maior abastecimento de água provenha de aguaceiros ocasionais sobre um substrato seco. A Figura 3.19 ilustra algumas diferenças características entre sistemas de raízes de plantas de ambientes temperados úmidos e de hábitats desérticos secos.

Figura 3.18
Esquema diagramático de um pelo radicular retirando água de poros em um solo muito úmido. Mesmo os poros mais amplos estão cheios de água. À medida que a água é retirada, os poros maiores se tornam esvaziados, e a água flui somente ao longo das rotas sinuosas através de poros mais estreitos.

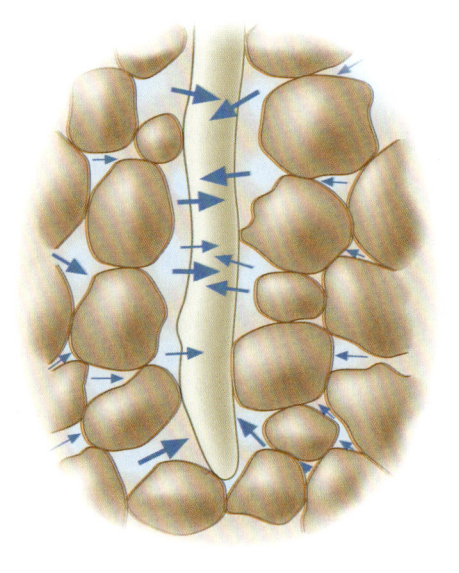

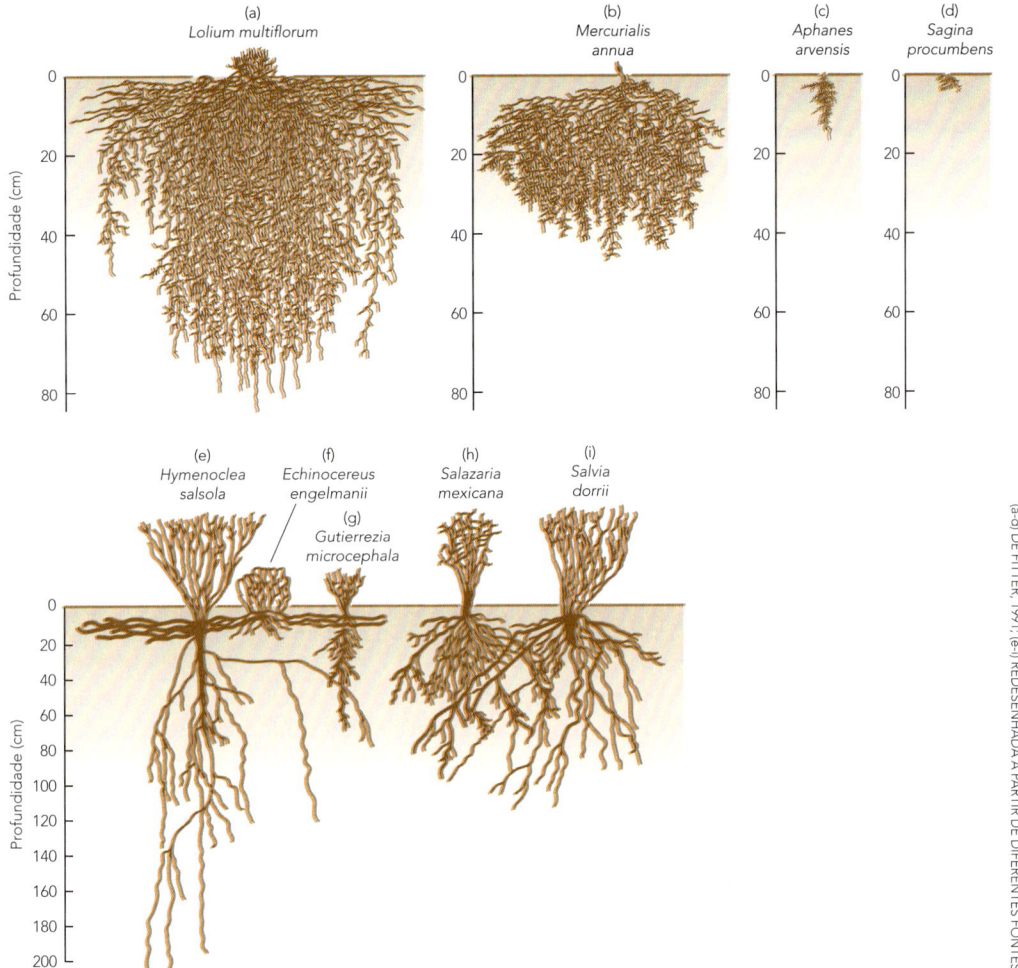

Figura 3.19
Perfis de sistemas de raízes de plantas de ambientes contrastantes. (a-d) Espécies do hemisfério norte temperado, de área exposta: (a) *Lolium multiflorum*, uma gramínea anual; (b) *Mercurialis annua*, uma erva daninha anual; (c) *Aphanes arvensis* e (d) *Sagina procumbens*, ambas ervas daninhas efêmeras. (e-i) Espécies arbustivas e semiarbustivas de deserto; Mid Hills, leste do Deserto Mojave, Califórnia.

3.3.3 Nutrientes minerais

As raízes extraem água do solo, mas também minerais essenciais necessários para as plantas, como nitrogênio (N), fósforo (P), enxofre (S), potássio (K), cálcio (Ca), magnésio (Mg) e ferro (Fe), junto com traços de manganês (Mn), zinco (Zn), cobre (Cu) e boro (B). Todos esses elementos podem ser obtidos do solo (ou diretamente da água, no caso de plantas aquáticas de vida livre). Os solos são desiguais e heterogêneos, e as raízes se desenvolvem neles, podendo encontrar regiões que variem no conteúdo de nutrientes e de água. Elas tendem a uma maior ramificação nas partes mais ricas do solo (Figura 3.20).

Figura 3.20
O sistema de raízes desenvolvidas por uma planta jovem de trigo, crescendo através de um solo arenoso com uma camada de argila. As argilas oferecem mais recursos nutricionais e retêm mais água do que a areia; as raízes respondem com uma ramificação mais intensa na argila.

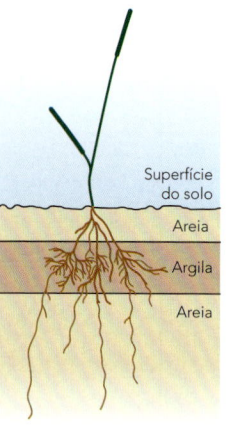

a arquitetura das raízes determina a eficiência de exploração

A arquitetura das raízes é particularmente importante nesse processo, porque nutrientes distintos se comportam de modo diferente e são retidos no solo por forças diferentes. Os íons nitrato se difundem com rapidez na água do solo, e plantas que transpiram rapidamente podem trazer nitratos para a superfície das raízes mais depressa do que eles são acumulados no corpo da planta. No entanto, outros nutrientes-chave, como os fosfatos, estão firmemente fixados no solo (têm coeficientes de difusão baixos). As RDZs para fosfato de duas raízes com separação de 0,2 mm entre si dificilmente se sobrepõem, e as partes de um sistema de raízes finamente ramificado competem muito pouco entre si. Como consequência, se o fosfato tiver um suprimento pequeno, uma superfície radicular altamente ramificada o absorverá bastante. Um sistema de raízes mais espaçado, por outro lado, tenderá a maximizar o acesso ao nitrato.

3.3.4 Dióxido de carbono

As plantas absorvem dióxido de carbono pelos estômatos e, como vimos, usando a energia da luz do sol, captam os átomos de carbono e liberam oxigênio. A concentração de dióxido de carbono modifica-se em uma variedade de escalas. Em 1750, as concentrações atmosféricas de dióxido de carbono eram de aproximadamente 280 $\mu L\ L^{-1}$. Atualmente, a estimativa situa-se acima de 350 $\mu L\ L^{-1}$, com um aumento de 0,4-0,5% ao ano, principalmente como resultado da queima de combustíveis fósseis (Quadro 3.2). Ao longo da história geológica, as plantas têm respondido mesmo a flutuações maiores de dióxido de carbono. Durante os períodos triássico, jurássico e cretáceo, as concentrações atmosféricas de dióxido de carbono eram quatro a oito vezes maiores do que no presente.

variações sob um dossel

As concentrações também podem variar no espaço e em escalas curtas de tempo. Numa comunidade terrestre (Figura 3.21a), a concentração de dióxido de carbono é a mais elevada (até aproximadamente 1800 $\mu L\ L^{-1}$) próximo ao chão no verão, onde é liberado rapidamente da matéria orgânica em decomposição no solo. A difusão por si só garante que a concentração rapidamente decline com o aumento na altura, mas durante o dia as plantas fotossintetizantes também removem ativamente dióxido de

3.2 ECONSIDERAÇÕES ATUAIS

Aquecimento global? Corremos algum risco?

O dióxido de carbono é um dos vários "gases-estufa" (ver seção 13.3.1), cujas concentrações crescentes, na opinião da maioria dos cientistas, têm provocado aumento das temperaturas médias globais, crescimento do número de eventos meteorológicos "extremos" e "recordes", além da ameaça de substancial mudança de distribuição dos principais biomas da Terra (ver Quadro 4.1).

O Painel Intergovernamental sobre Mudanças Globais (IPCC, *Intergovernmental Panel on Climate Change*) foi estabelecido em 1988 pela Organização Mundial de Meteorologia (WMO, *World Meteorological Organization*) e o Programa das Nações Unidas para o Meio Ambiente (UNEP, *United Nations Environment Programme*). Cada relatório produzido pelo IPCC, escrito por cerca de 200 cientistas independentes e outros especialistas, em aproximadamente 120 países, é revisado por outros 400 especialistas independentes.

Um relatório recente (IPCC, 2001) descreve o estado atual de conhecimento do sistema climático, fornece estimativas de mudanças futuras e destaca áreas de incerteza. Ele conclui que um corpo crescente de observações aponta para um aquecimento mundial – as temperaturas aumentaram durante as últimas quatro décadas nos 8 km mais baixos da atmosfera, a média global do nível do mar subiu e a cobertura de neve e a superfície de gelo decresceram. Essas mudanças têm ocorrido ao mesmo tempo em que os gases-estufa atmosféricos continuam a aumentar, devido a atividades humanas. O painel chama a atenção para evidências novas e mais fortes, segundo as quais a maior parte do aquecimento observado a partir da metade do século passado é atribuível a atividades humanas. Hoje em dia, os cientistas têm maior confiança na capacidade dos modelos de projetar o clima futuro e todos os cenários razoáveis indicam um aumento substancial da temperatura. Espera-se que a temperatura média da superfície global aumente entre 1,4 e 5,8°C no período de 1990 a 2100, com consequências complexas nos padrões meteorológicos e no nível do mar.

Políticos e legisladores têm-se defrontado com grupos diferentes de "especialistas" científicos que elaboram projeções distintas para o futuro. Há também interesse em outros grupos de atividades, incluindo um certo número de indústrias, no sentido de tentar forçá-las a mudar seu comportamento, a fim de reduzir as emissões de gases-estufa. Mesmo que a maioria dos cientistas acredite que o problema seja muito real, a verdade é que as previsões nunca podem ser feitas com certeza absoluta. *Coloque-se na posição de um político. Seria razoável de sua parte exigir mudanças maiores de setores significativos da economia nacional a fim de evitar um desastre que pode nunca acontecer? Ou, já que as consequências do "pior caso" e mesmo alguns dos cenários "moderados" são tão profundos, o único caminho responsável para minimizar o risco é agir como sendo inevitável se não mudarmos nosso comportamento coletivo, mesmo que não seja bem assim? Uma alternativa pode ser esperar por dados melhores. Mas suponha que seja tarde demais para que dados melhores estejam disponíveis...*

Figura 3.21
(a) Concentrações médias de dióxido de carbono para cada hora do dia em uma floresta decidual mista (Harvard Forest, Massachusetts, EUA) em 21 de novembro e 4 de julho em três alturas acima do solo: ▪ 0,05 m; ◇ 1 m; ◆ 12 m. (b) Variação na concentração de dióxido de carbono com a profundidade no Lago Grane Langsø, Dinamarca, no início de julho, e também no final de agosto, após o lago torna-se estratificado com pouca mistura entre a água aquecida na superfície e a água mais fria abaixo.

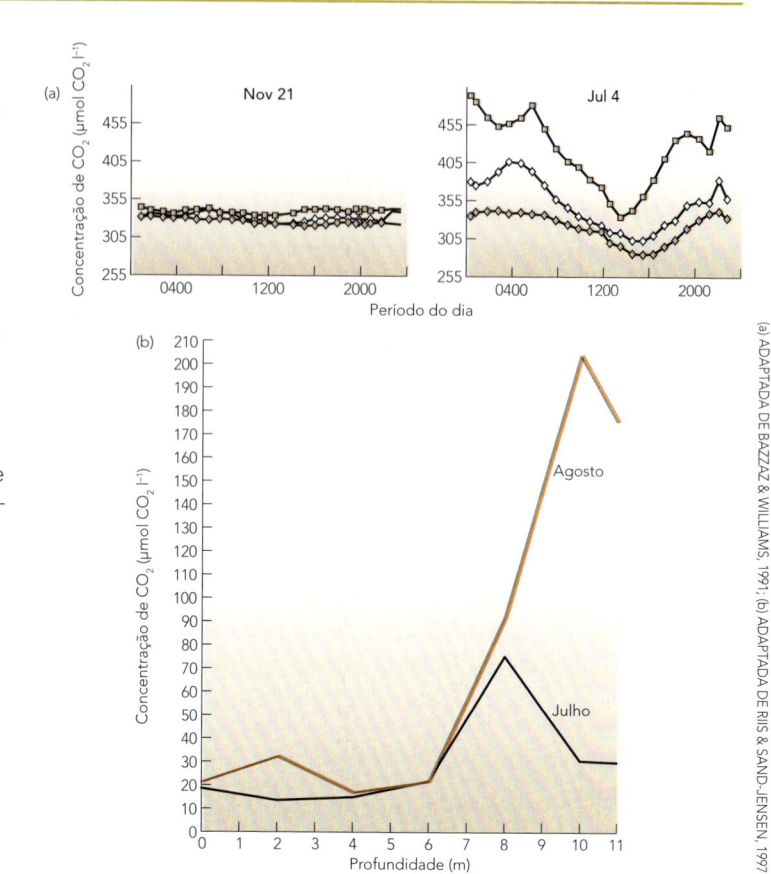

carbono do ar, enquanto à noite as concentrações aumentam à medida que as plantas respiram e não há fotossíntese. Durante o inverno, quando as temperaturas baixas fazem com que taxas fotossintéticas, respiratórias, e de decomposição sejam muito lentas, as concentrações permanecem virtualmente constantes através do dia e da noite em todas as alturas. Desse modo, plantas crescendo em diferentes partes de uma floresta experimentarão ambientes de dióxido de carbono bastante distintos: as folhas inferiores em um arbusto da floresta usualmente experimentarão concentrações mais elevadas de dióxido de carbono do que suas folhas superiores, e plântulas viverão em ambientes mais ricos em dióxido de carbono do que árvores maduras. Em ambientes aquáticos, as variações na concentração de dióxido de carbono podem ser enormes, especialmente quando a mistura da água é limitada – por exemplo, durante a "estratificação" dos lagos no verão, com camadas de água morna em direção à superfície e águas mais frias e ricas em dióxido de carbono em direção ao fundo (Figura 3.21b).

quais serão as consequências dos aumentos atuais?

Concentrações mais altas de dióxido de carbono são melhores para o crescimento vegetal? Quando outros recursos estão presentes em níveis adequados, o dióxido de carbono adicional tem pouca influência na taxa de fotossíntese de plantas C_4, mas aumenta a taxa de plantas C_3. De fato, o aumento artificial da concentração de dióxido de carbono em estufas é uma técnica comercial para aumentar o rendimento de culturas C_3. Poderíamos razoavelmente prever aumentos drásticos na produtividade de plantas individuais e de lavouras inteiras e comunidades naturais, à medida que concentrações atmosféricas de dióxido de carbono continuem a aumentar. Contudo, há também consideráveis evidências de que as respostas podem ser complexas. Por exemplo, quando seis espécies arbóreas de florestas temperadas cresceram por 3 anos numa atmosfera enriquecida de dióxido de carbono em uma estufa, elas foram geralmente maiores do que os controles, porém o efeito do maior crescimento declinou mesmo dentro da curta escala temporal do experimento (Bazzaz et al., 1993). Além disso, há uma tendência geral de o enriquecimento do dióxido de carbono reduzir a concentração de nitrogênio em tecidos vegetais aéreos (Cotrufo et al., 1998), o que pode induzir insetos herbívoros a comerem entre 20-80% mais folhagem para manterem a sua absorção de nitrogênio, efetivamente anulando qualquer ganho em crescimento.

3.4 Animais e seus recursos

As plantas verdes são *autotróficas*, seus recursos são *quanta* de radiação, íons e moléculas simples. Elas os reúnem em moléculas complexas (carboidratos, gorduras e proteínas) e, depois, os depositam em células, tecidos, órgãos e nos organismos. São esses depósitos que formam os recursos alimentares para, virtualmente, todos os outros organismos, os *heterotróficos* (decompositores, predadores, pastejadores e parasitos). Esses consumidores desfazem os depósitos, metabolizam e excretam parte dos conteúdos e reagrupam o restante em seus próprios corpos. Podem, por sua vez, ser consumidos, decompostos e reconstituídos em uma cadeia de eventos em que cada consumidor torna-se, por sua vez, um recurso para algum outro consumidor.

<aside>autotróficos e heterotróficos</aside>

De modo geral, os heterotróficos podem ser agrupados conforme segue:

1 *Decompositores*, que se alimentam de vegetais e animais mortos.
2 *Parasitos*, que se alimentam de um ou muito poucos vegetais ou animais hospedeiros vivos, mas geralmente não matam seus hospedeiros, ao menos não imediatamente.
3 *Predadores*, que, durante a sua vida, comem muitas presas, tipicamente (em muitos casos, sempre) matando-as.
4 *Pastejadores*, que, durante a sua vida, consomem partes de muitas presas, mas geralmente não as matam, ao menos não imediatamente.

A imagem mais comum de uma relação predador-presa é do tipo "um leão comendo uma gazela", mas a relação abrange um rol muito mais amplo de interações entre consumidor e recurso. Por exemplo, um esquilo é um predador quando consome um fruto do tipo bolota (ele mata o embrião da bolota*); uma baleia é um predador, quando se alimenta de um *krill*; um fun-

---

* N. de R.T. Tipo de fruto característico de espécies do gênero *Quercus*.

go pode ser considerado um predador quando se alimenta e mata uma plântula. Em cada caso, o predador mata seu recurso alimentar quando o consome todo ou mesmo em parte. Aqui, nos concentramos em animais consumidores (e ainda trataremos do tema posteriormente no Capítulo 7).

monofagia e polifagia

Uma distinção importante que deve ser feita entre animais consumidores é se eles são especialistas ou generalistas em suas dietas. Os generalistas (espécies *polífagas*) consomem uma ampla diversidade de presas, mesmo que muitas vezes tenham preferências claras e uma ordem de prioridades para escolher quando existem alternativas disponíveis. Os especialistas, por outro lado, podem se especializar em determinadas partes de sua presa, mas consomem um certo número de espécies. Isso é mais comum entre os herbívoros, porque, conforme veremos, partes diferentes de plantas têm composições distintas. Desse modo, as aves se especializam em consumir sementes, embora raramente fiquem restritas a uma determinada espécie. Por fim, um consumidor pode se especializar em uma única espécie ou em poucas espécies intimamente relacionadas (ele é chamado de *monófago*). Exemplos de monófagos são as larvas da mariposa escarlate (que consome folhas, gemas florais e caules muito jovens de uma espécie de tasneira, *Senecio*) e muitas espécies de parasitos de hospedeiros específicos.

3.4.1 Necessidades nutricionais e provisões

plantas como uma variedade de alimentos

As diversas partes de uma planta têm composições diferentes (Figura 3.22a), assim, oferecem recursos completamente distintos. A casca, por exemplo, é composta de células mortas com paredes suberizadas e lignificadas, reunidas com compostos fenólicos defensivos e sem utilidade para a maioria dos herbí-

Figura 3.22
Composição de plantas (a) e animais (b) que podem servir de recursos alimentares para herbívoros e carnívoros. Observe que as diversas partes de uma planta têm composições muito diferentes, enquanto espécies diferentes de animais (e suas partes) são extraordinariamente similares.

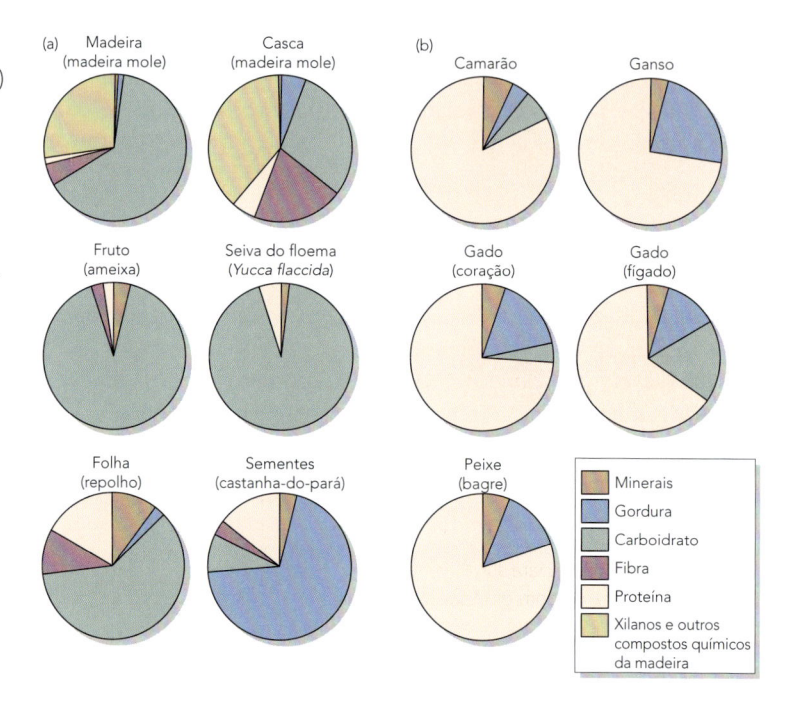

(a) Madeira (madeira mole); Casca (madeira mole); Fruto (ameixa); Seiva do floema (*Yucca flaccida*); Folha (repolho); Sementes (castanha-do-pará)

(b) Camarão; Ganso; Gado (coração); Gado (fígado); Peixe (bagre)

Legenda: Minerais; Gordura; Carboidrato; Fibra; Proteína; Xilanos e outros compostos químicos da madeira

voros. No entanto, há espécies de "besouro da casca" especializadas na camada cambial nutritiva abaixo da casca. As concentrações mais ricas em proteínas vegetais (e, portanto, em nitrogênio) estão nos meristemas das gemas, nos ápices das partes aéreas e nas axilas das folhas. Não é surpresa que, em geral, esses meristemas sejam protegidos por escamas e defendidos de herbívoros por acúleos e espinhos. As sementes são geralmente secas, ricas em reservas de amido ou óleos, bem como especializadas na armazenagem de proteínas. E os frutos muito açucarados e suculentos são recursos fornecidos pelas plantas como "pagamento" aos animais que dispersam as sementes. Muito pouco do nitrogênio da planta é "gasto" nessas recompensas.

A diversidade de recursos alimentares diferentes oferecidos pelas plantas está ajustada à diversidade de peças bucais especializadas e tratos digestórios que evoluíram para consumi-los. A diversidade é especialmente desenvolvida nos bicos de aves e nas peças bucais de insetos (Figura 3.23).

Para um consumidor, o corpo de uma planta é um conjunto de recursos completamente diferente do corpo de um animal. Primeiro, as células vegetais são limitadas por paredes de celulose, lignina e outros componentes estruturais, que dão às plantas seu alto conteúdo de fibras e contribuem para a sua alta razão entre carbono e outros elementos. Essas grandes quantidades de carbono

das plantas aos animais

Figura 3.23

Exemplos da diversidade de peças bucais especializadas em insetos herbívoros. (a) Abelha comum com uma longa "língua" (glossia) para sugação. (b) Esfingídeo com uma ainda mais longa probóscide sugadora. (c) Gafanhoto de Leichhardt, com grandes mandíbulas lamelares para mastigação. (d) Broca da bolota, com peças bucais mastigadoras na extremidade do seu rostro longo. (e) Afídeo da roseira, com um estilete perfurante.

(a) © DOUG SOKELL, VISUALS UNLIMITED; (b) © VISUALS UNLIMITED; (c) © MANTIS WILDLIFE FILMS/OXFORD SCIENTIFIC FILMS IOR320MWF001; (d, e) © OXFORD SCIENTIFIC FILMS ICO3400SF00501, IHE120PRR001101

fixado significam que as plantas são fontes potencialmente ricas em energia. Todavia, a esmagadora maioria das espécies animais carece de enzimas celulolíticas e outras enzimas capazes de digerir esses compostos; eles são inteiramente inúteis como recurso energético direto para a maioria dos herbívoros. Além disso, o material da parede celular das plantas impede o acesso de enzimas digestivas até os conteúdos celulares. As ações de ruminar exercida pelos mamíferos pastejadores, de cozinhar pelos humanos e de triturar na moela pelas aves são precursores necessários à digestão do alimento vegetal, porque possibilitam o acesso das enzimas digestivas aos conteúdos celulares. Os carnívoros, ao contrário, podem engolir o seu alimento de maneira mais segura.

Muitos herbívoros compensaram a sua própria falta de enzimas celulolíticas mediante o estabelecimento, em seu sistema digestório, de uma associação *mutualística* (benéfica para ambas as partes) com bactérias e protozoários celulolíticos dotados de enzimas apropriadas. O rúmen (ou, às vezes, o ceco) de muitos mamíferos herbívoros é uma câmara de cultura com temperatura regulada, para esses micro-organismos, no qual fluem continuamente tecidos vegetais já parcialmente fragmentados (Figura 3.24). Os micro-organismos recebem um abrigo e um suprimento alimentar. Os herbívoros "hospedeiros" beneficiam-se pela absorção de muitos dos principais subprodutos dessa fermentação microbiana, especialmente ácidos graxos.

Figura 3.24
Os tratos digestórios de herbívoros são comumente transformados em câmaras de fermentação habitadas por uma rica fauna e flora de micróbios. A figura mostra os tratos digestórios de quatro mamíferos herbívoros diferentes com as câmaras de fermentação destacadas através de uma sombra escura. (a) Coelho, com uma câmara de fermentação no ceco expandido. (b) Zebra, com câmaras de fermentação tanto no ceco quanto no cólon. (c) Ovelha, com fermentação no trato digestório superior em uma porção alargada do estômago, rúmen e retículo. (d) Canguru, com uma câmara de fermentação alongada na porção proximal do estômago.

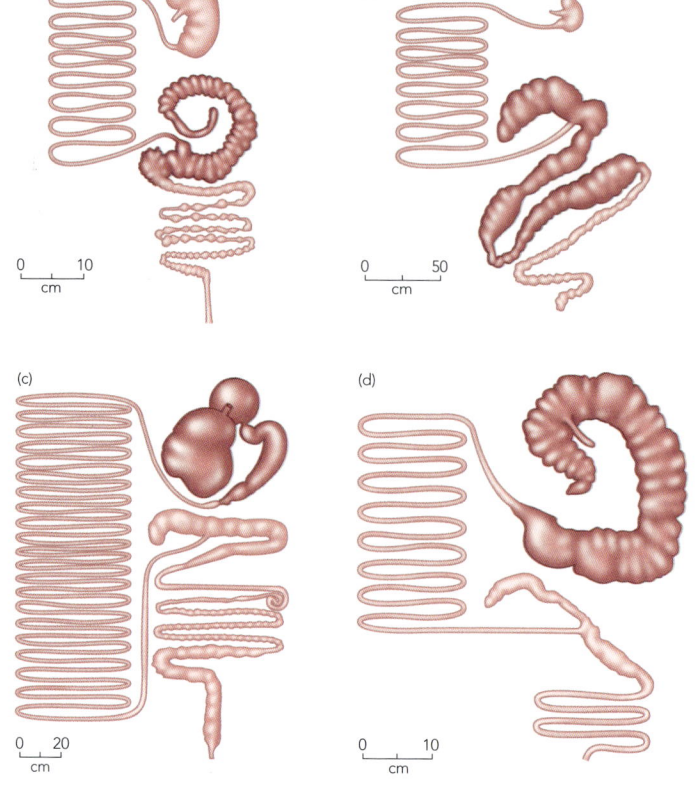

Diferentemente dos vegetais, os tecidos animais não contêm carboidrato estrutural ou componente de fibra, mas são ricos em gordura e proteína. A razão C : N de tecidos vegetais comumente ultrapassa 40 : 1, ao contrário das razões em bactérias, fungos e animais, as quais raramente ultrapassam 10 : 1. Desse modo, os herbívoros que assumem o primeiro estágio de constituição de corpos animais utilizando plantas são envolvidos em grande queima de carbono e, com isso, a razão C : N é diminuída. Os principais produtos residuais de herbívoros são, por consequência, compostos ricos em carbono (dióxido de carbono e fibras). Os carnívoros, por outro lado, obtêm a maior parte da sua energia a partir de proteína e gorduras da sua presa e, consequentemente, seus principais produtos de excreção são nitrogenados.

Mesmo se a parede celular não for considerada, a razão C : N é alta em plantas, em comparação com outros organismos. Os afídeos, que têm acesso direto aos conteúdos celulares, por meio da introdução de seus estiletes no floema, adquirem um recurso rico em açúcares solúveis (Figura 3.22a). Na sua busca de nitrogênio valioso, eles utilizam apenas uma fração do seu recurso energético e excretam o resto em uma substância doce rica em açúcar, que pode gotejar, como chuva, de uma árvore infestada de afídeos. Para a maioria dos herbívoros e decompositores, o corpo de uma planta é uma superabundante fonte de energia e carbono; há outros componentes da dieta, especialmente nitrogênio, que comumente são limitantes.

Os corpos de espécies diferentes de animais têm composição extraordinariamente similar (Figura 3.22b). Em termos de proteína, carboidrato, gordura, água e minerais por grama, existe muito pouco para escolher entre uma dieta de besouros ou bacalhau, ou de minhocas, camarões ou carne de veado. As partes podem ser diferentemente dispostas (e o sabor pode ser diferente), mas os conteúdos são essencialmente os mesmos. Além disso, as partes diferentes de um animal possuem conteúdo nutricional muito similar. Diferentemente dos herbívoros, os carnívoros não enfrentam problemas de digestão (eles variam muito pouco em seu sistema digestório), mas têm dificuldade em encontrar, capturar e superar as defesas da sua presa.

> animais com alimentos

3.4.2 Defesa

O valor de um recurso para um consumidor é determinado não somente pelo que ele contém, mas pela maneira como seus conteúdos são defendidos. Não é surpresa que os organismos desenvolveram defesas físicas, químicas, morfológicas e comportamentais contra ataques. Essas defesas servem para diminuir a chance de um encontro com um consumidor e/ou aumentar a chance de sobrevivência em tais encontros. As folhas espinhosas do azevinho não são comidas por larvas da mariposa do carvalho, mas se os espinhos forem removidos, as folhas são completamente consumidas. Sem dúvida, resultados similares seriam alcançados em experimentos equivalentes com raposas como predadores e, como presas, porcos-espinhos de cujos corpos tivessem sido retirados os espinhos. Em uma escala menor, muitas superfícies vegetais são providas de pelos (tricomas), que podem manter afastados da superfície foliar os pequenos predadores, tais como tripses e ácaros (Figura 3.25; ver também Figura 3.27a).

Figura 3.25
Um ácaro preso nos tricomas (pelos) protetores sobre a superfície de uma folha de *Primula*. Os tricomas apresentam ápices arredondados contendo óleos voláteis irritantes. Cada barra branca localizada no pé da imagem representa 10 μm.

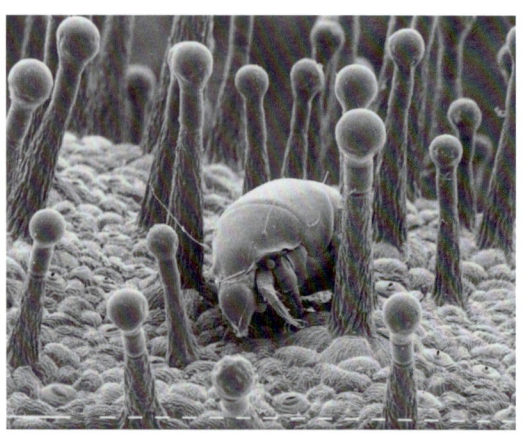

alguns recursos são protegidos...

Toda a característica de um organismo, que aumente o gasto de energia de um consumidor para descobri-lo ou manipulá-lo, é uma defesa, se, como consequência, o consumidor o coma menos. A espessa casca de uma noz aumenta o tempo que um animal gasta para extrair uma unidade de alimento efetivo, e isso pode reduzir o número de nozes que são consumidas. Já vimos que a maioria das plantas verdes é relativamente bem provida de recursos energéticos na forma de celulose e lignina. Portanto, o processo de construção de envoltórios e cascas ao redor de sementes (e espinhos lenhosos em caules) pode ser pouco dispendioso, se esses tecidos de defesa contiverem pouca proteína e se o mais valioso for o que está protegido.

... ou defendidos

As plantas e os animais apresentam um conjunto de defesas químicas. O reino vegetal, em particular, é muito rico em metabólitos "secundários", que aparentemente não desempenham um papel nas suas rotas bioquímicas normais. Geralmente, é atribuída uma função defensiva a essas substâncias químicas e um papel defensivo tem sido inequivocamente demonstrado em alguns casos. As populações de trevo-branco, por exemplo, comumente contêm alguns indivíduos que liberam ácido cianídrico quando seus tecidos são atacados (formas *cianogênicas*); aqueles que não reagem dessa maneira são consumidos por lesmas. As formas cianogênicas, entretanto, são mordiscadas, mas rejeitadas (Tabela 3.1).

teoria da defesa ótima: defesas constitutivas e induzíveis

As substâncias químicas vegetais nocivas têm sido classificadas em dois tipos gerais. As primeiras são compostos químicos *quantitativos* (assim chamados porque são mais efetivos em concentrações relativamente altas), os quais tornam relativamente indigeríveis os tecidos que os contêm, tais como folhas maduras de carvalho. Eles também são geralmente chamados de compostos *constitutivos*, pois tendem a serem produzidos mesmo na ausência de ataques de herbívoros. O segundo tipo é formado por compostos químicos tóxicos ou *qualitativos*, os quais são venenosos mesmo em pequenas quantidades, mas podem ter uma produção relativamente rápida; logo, eles são comumente *induzíveis*: produzidos apenas em resposta ao dano em si e, portanto, com custos fixos mais baixos para as plantas.

As plantas diferem em suas defesas químicas de espécie para espécie e também de tecido para tecido dentro de uma planta individual. Em geral,

Tabela 3.1

Existem tipos de trevo que liberam ácido cianídrico quando as células são danificadas. As lesmas (*Agriolimax reticulatus*) mordiscam folhas de trevo (*Trifolium repens*) e rejeitam as formas cianogênicas, mas continuam a consumir as folhas de tipos não cianogênicos. Duas plantas (uma de cada forma) foram cultivadas juntas em recipientes plásticos e as lesmas tiveram acesso às folhas por sete noites sucessivas. A tabela mostra os números de folhas e diferentes condições após o ataque das lesmas. +/– indica desvios em relação ao esperado ao acaso; a diferença do esperado ao acaso é significativa para $P < 0,001$.

	CONDIÇÕES DAS FOLHAS APÓS O PASTEJO			
	NÃO DANIFICADA	MORDISCADA	ATÉ 50% DE FOLHA REMOVIDA	MAIS DO QUE 50% DE FOLHA REMOVIDA
Plantas cianogênicas	160 (+)	22 (+)	38 (–)	9 (–)
Plantas não cianogênicas	87 (–)	7 (–)	30 (+)	65 (+)

ADAPTADA DE DIRZO & HARPER, 1982

plantas efêmeras com ciclo de vida curto ganham uma certa medida de proteção em relação aos consumidores devido à imprevisibilidade de seu aparecimento no espaço e no tempo. Elas, portanto, precisam investir menos em defesa do que espécies com ciclo de vida longo e previsível, tais como árvores florestais. As últimas, justamente por serem visíveis por longos períodos por um grande número de herbívoros, tendem a investir em compostos químicos quantitativos que, embora dispendiosos, dão a elas ampla proteção; já as plantas efêmeras tendem a produzir toxinas induzíveis quando necessário. Além disso, pode-se prever que, dentro de uma planta individual, as partes mais importantes devem ser protegidas por compostos químicos dispendiosos e constitutivos, enquanto partes menos importantes devem contar com toxinas induzíveis (McKey, 1979; Strauss et al., 2004). Isto é confirmado, por exemplo, por um estudo sobre rabanetes selvagens, no qual plantas foram atacadas por lagartas da borboleta *Pieris rapae*, ou deixadas como controles não manipulados (Figura 3.26). As pétalas das flores são reconhecidamente muito importantes para a aptidão dessa planta polinizada por insetos, e as concentrações de glicosinolatos tóxicos foram duas vezes mais altas em pétalas do que em folhas não danificadas: níveis que foram mantidos constitutivamente, independentemente das pétalas terem sido danificadas pelas lagartas. As folhas, por outro lado, tem uma influência direta muito menor na aptidão: altos níveis de dano foliar podem ser mantidos sem qualquer efeito mensurá-

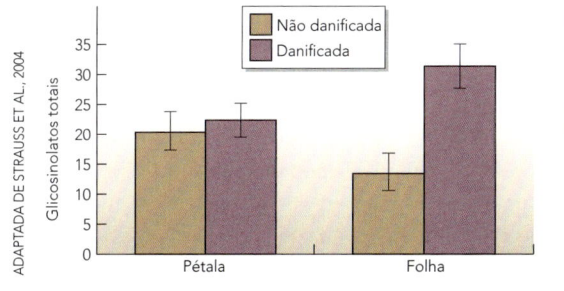

Figura 3.26

Concentrações de glicosinolatos (µg mg^{-1} de massa seca) nas pétalas e folhas de rabanete selvagem (*Raphanus sativus*), não danificadas e danificadas por lagartas de *Pieris rapae*. As barras são erros-padrão.

ADAPTADA DE STRAUSS, ET AL, 2004

vel no resultado reprodutivo. Níveis constitutivos de glicosinolatos, como já observado, foram baixos; porém se as folhas eram danificadas, as concentrações (induzíveis) eram ainda mais altas do que nas pétalas.

defesas químicas em animais

Os animais têm mais opções de defesa do que os vegetais, mas alguns ainda assim fazem uso de substâncias químicas. Por exemplo, secreções defensivas de ácido sulfúrico de pH 1 ou 2 ocorrem em alguns grupos de gastrópodes marinhos, incluindo os cauris. Outros animais, que podem tolerar as defesas químicas do seu alimento vegetal, armazenam essas toxinas e as utilizam em sua própria defesa. Um exemplo clássico é a borboleta-monarca, cujas larvas se alimentam de asclépias, que contêm glicosídeos cardioativos, tóxicos para mamíferos e aves. Essas larvas podem armazenar o veneno, que permanece ainda no adulto. Desse modo, após consumir uma monarca, um gaio (*bluejay*) vomitará intensamente e, uma vez recuperado, rejeitará todas as outras. As monarcas criadas sobre couves, ao contrário, são comestíveis.

As defesas químicas não são igualmente efetivas contra todos os consumidores. De fato, o que é inaceitável para alguns animais, pode ser a dieta escolhida, e até mesmo a única, de outros. Muitos herbívoros, especialmente insetos, especializam-se em uma ou poucas espécies vegetais, cujas defesas particulares eles superam. Por exemplo, as moscas fêmeas da raiz da couve, prontas para ovipositar, estabelecem-se a distâncias de 15 m de uma lavoura de couve, recebendo o vento das plantas. Provavelmente, são os glicosinolatos hidrolisados (tóxicos para outras espécies) que fornecem o odor atrativo.

cripsia, aposematismo e mimetismo

Um animal pode ser menos óbvio a um predador se ele se igualar ao seu meio ou possuir um padrão que altere o seu perfil ou se pareça com um atributo não comestível do seu ambiente. Um bom exemplo de *cripsia* é a coloração verde de muitos gafanhotos e larvas (Figura 3.27). Animais crípticos podem ser altamente palatáveis, mas seus traços morfológicos e cor (e sua escolha do meio apropriado) reduzem a probabilidade de eles serem utilizados como recurso. Animais nocivos ou perigosos, ao contrário, dão a impressão de uma advertência, pelo brilho e cores e padrões conspícuos (*aposematismo*, Figura 3.27b). A borboleta-monarca já citada, por exemplo, é colorida aposematicamente. Para uma ave, uma tentativa de predar uma monarca adulta é tão memorável que outras são evitadas por algum tempo. A adoção de padrões corporais memoráveis por presa repugnante, além disso, imediatamente abre a porta para enganar outras espécies – será uma clara vantagem para uma presa palatável *mimetizar* uma espécie não palatável. Desse modo, a borboleta vice-rei palatável mimetiza a monarca repugnante, e um gaio, que aprendeu a evitar monarcas, evitará também vice-reis.

comportamento

Ao viverem em tocas (milípedes, toupeiras), determinados animais podem evitar a estimulação de receptores sensoriais de predadores e, ao "se fingirem de mortos" (gambá, esquilo africano), os animais não estimulam uma resposta de ataque do predador. Os animais que se retiram para um abrigo (coelhos e marmotas para as suas tocas, caracóis para as suas conchas) ou se enrolam e protegem suas partes vulneráveis por meio de uma estrutura exterior resistente (como tatus e ouriços-cacheiros) reduzem sua chance de captura. Outros animais parecem tentar enganar a si mesmos para se livrarem de dificuldades, utilizando dispositivos de ameaça (Figura 3.27d). Mariposas e

Figura 3.27
As larvas de lepidópteros ilustram um conjunto de estratégias defensivas. (a) Tricomas irritantes da mariposa europeia. (b) Aposematismo (advertindo a repugnância) na borboleta preta com cauda de andorinha. (c) Um noctuídeo críptico (camuflado), parecendo-se com uma casca. (d) Outra borboleta com cauda de andorinha se erguendo e possivelmente afugentando um predador potencial.

borboletas, que subitamente expõem os ocelos sobre suas asas, são um exemplo. Sem dúvida, fugir é a resposta comportamental mais comum de um animal em perigo.

3.5 O efeito da competição intraespecífica por recursos

Os recursos são consumidos. A consequência é que pode não haver recursos suficientes para satisfazer às necessidades de uma população de indivíduos. Os indivíduos podem, então, competir entre si por um recurso limitado. A *competição intraespecífica* é aquela que ocorre entre indivíduos da mesma espécie.

Em muitos casos, os indivíduos competidores não interagem com um outro diretamente. De preferência, eles esgotam mutuamente os recursos disponíveis para eles. Os gafanhotos podem competir por alimento, mas um gafanhoto não é diretamente afetado por outros gafanhotos, nem sequer pelo nível a que eles reduziram o suprimento alimentar. Duas gramíneas podem competir, e cada uma pode ser adversamente afetada pela presença de vizinhas próximas, mas isso é mais provável de acontecer porque suas zonas de esgotamento de recurso se sobrepõem – cada uma pode impedir que o fluxo de radiação chegue à sua vizinha, e água ou nutrientes podem ser menos acessíveis do que seriam ao redor das raízes das plantas. Os dados na Figura 3.28, por exemplo, mostram a dinâmica da interação entre uma planta aquática unicelular, uma diatomácea, e um dos recursos que ela requer, o silicato.

exploração: competidores exaurindo os recursos uns dos outros

Figura 3.28

Uma população da diatomácea *Asterionella formosa* cresceu em frascos com meio de cultura. A diatomácea consome silicato durante o crescimento e sua população estabiliza quando o silicato fica reduzido a uma concentração muito baixa.

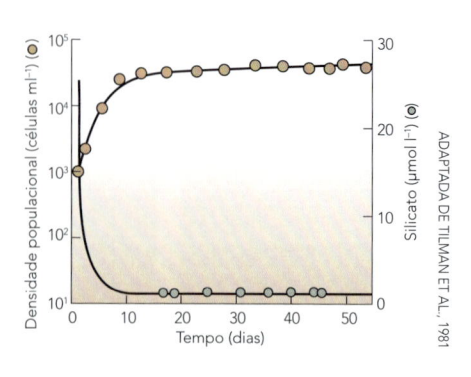

ADAPTADA DE TILMAN ET AL., 1981

À medida que a densidade de diatomáceas aumenta ao longo do tempo, a concentração de silicato decresce, tornando-se menos disponível. Esse tipo de competição – em que os competidores interagem apenas indiretamente, através dos seus recursos compartilhados – é denominado *exploração*.

interferência direta

Por outro lado, abutres competidores podem lutar pelo acesso a uma carcaça recentemente encontrada. Indivíduos de outras espécies podem lutar pela posse de um "território" e acesso aos recursos que ele contém. Uma craca que coloniza uma rocha tira o espaço para outra craca. Esta é a chamada competição por *interferência*.

competição e taxas vitais

Se a competição ocorre por exploração, interferência ou uma combinação das duas, o seu efeito final é sobre as *taxas vitais* dos competidores – sua sobrevivência, crescimento e reprodução – comparado com o que eles teriam sido se os recursos fossem mais abundantes. Tipicamente, a competição leva à redução das taxas de entrada de recursos por indivíduo e, assim, à diminuição das taxas de crescimento ou desenvolvimento individual e talvez a decréscimos nas quantidades de reservas armazenadas ou ao aumento de riscos de predação. A Figura 3.29a mostra como a elevação do número de peixes competidores aumenta a taxa de mortalidade da truta arco-íris a uma faixa de níveis alimentares. A Figura 3.29b mostra como a taxa de natalidade de *Vulpia*, uma gramínea de dunas arenosas, declina quando os indivíduos tornam-se progressivamente aglomerados.

Na prática, uma competição intraespecífica é frequentemente uma relação unilateral: uma plântula precoce vigorosa sombreará e suprimirá uma tardia fraca; um abutre grande provavelmente repele um menor. Parte da força competitiva dos indivíduos está relacionada ao ritmo (a plântula precoce) ou a eventos aleatórios (uma semente pode germinar em uma depressão, onde ela obtém mais água do que suas vizinhas). Às vezes, o vencedor e o vencido podem ser geneticamente diferentes e, então, a competição desempenhará um papel na seleção natural.

dependência de densidade

Os efeitos da competição intraespecífica sobre qualquer indivíduo são tipicamente maiores quanto mais comprimido ele for por seus vizinhos – quanto mais as zonas de esgotamento de recursos de outros indivíduos se sobrepuserem à sua. Em outras palavras, pode-se dizer que quanto maior a densidade de uma população de competidores, maior é o efeito da competição. Por isso, frequentemente se diz que os efeitos da competição intraespecífica são *dependentes da densidade*. Porém, não se sabe se todo o organismo tem um modo

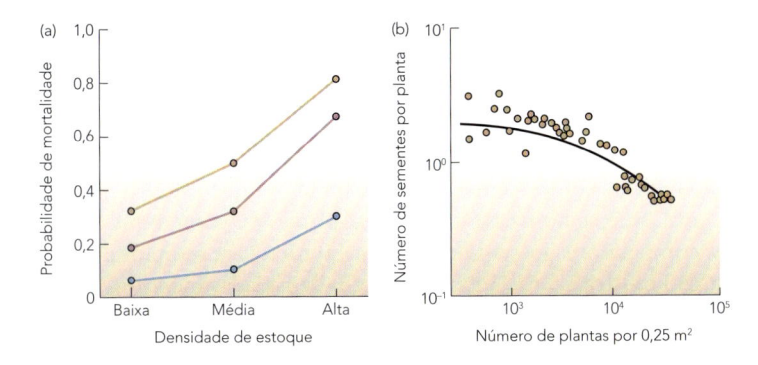

Figura 3.29
(a) A taxa de mortalidade entre trutas arco-íris (*Oncorynchus mykiss*) eleva-se em uma ordem de densidades (32, 63 e 127 por m^2) e a uma ordem de níveis alimentares (1,4; 2,9 e 5,8 g de pelotas de alimento por dia: linhas amarela, bordô e azul, respectivamente).
(b) Número médio de sementes produzidas por planta de *Vulpia fasciculata*, uma gramínea de dunas, crescendo em uma ordem de densidades.

de detectar a densidade da sua população. Pelo contrário, ele responde aos efeitos de estar comprimido.

Por outro lado, no caso de *Vulpia* (Figura 3.29b), sob densidades baixas a taxa de natalidade ou fecundidade *per capita* foi *independente* da densidade (onde *per capita* significa literalmente "por cabeça" ou "por indivíduo"). Isso significa que a fecundidade foi efetivamente a mesma em uma densidade de 1.000 plantas/0,25 m^2 e em uma densidade de 500/0,25 m^2. Desse modo, nessas densidades não há evidência de que os indivíduos sejam afetados pela presença de outros indivíduos e, portanto, não há evidência de competição intraespecífica. Todavia, como a densidade aumenta posteriormente, a taxa de natalidade *per capita* decresce progressivamente. Esses efeitos são agora dependentes da densidade e isso pode ser tomado como um indicador de que, nessas densidades mais elevadas os indivíduos estão sofrendo, como consequência da competição intraespecífica.

Os padrões da Figura 3.29 chegam a um ponto em que, quando a densidade aumenta, a fecundidade por indivíduo provavelmente diminui e a mortalidade por indivíduo provavelmente aumenta (o que significaria que a taxa de sobrevivência por indivíduo *decresceria*). O que podemos esperar acontecer ao número *total* de sementes ou ovos produzidos por populações em densidades diferentes – ou ao número total de sobreviventes? Em alguns casos, embora a taxa por indivíduo diminua com a densidade crescente, a fecundidade total ou o número total de sobreviventes na população continua a aumentar. Como se pode ver na Figura 3.30a, esse pode ter sido o caso de populações vegetais na Figura 3.29b – ao menos na faixa de densidades examinada. Em outros casos, a taxa por indivíduo diminui tão rapidamente com a densidade crescente que a fecundidade total ou o número total de sobreviventes na população de fato são menores quanto maior o número de indivíduos contribuintes. Isso pode ser visto na Figura 3.30b para as densidades mais altas de um parasito bacteriano do crustáceo planctônico *Daphnia magna*.

competição e número total de sobreviventes

Em outros casos, o risco de mortalidade ou fecundidade por indivíduo diminui com o aumento da densidade, de tal modo que o número total de sobreviventes ou a fecundidade total são os mesmos, independentemente do número de indivíduos participantes. Esse fato é referido como dependência da *densidade exatamente compensante* e a competição que leva a isso é às vezes referida como "semelhante à disputa", já que este é o padrão que se esperaria ver, se houvesse um número fixado de vencedores e todos os outros competidores fossem destinados a perder. Os exemplos para fecundidade são mostrados na Figura 3.30b (em densidades menores) e para sobreviventes na Figura 3.30c. Por fim, naturalmente, as taxas de natalidade ou mortalidade podem ser dependentes da densidade (sem competição) na faixa examinada, e neste caso o número total de nascimentos ou so-

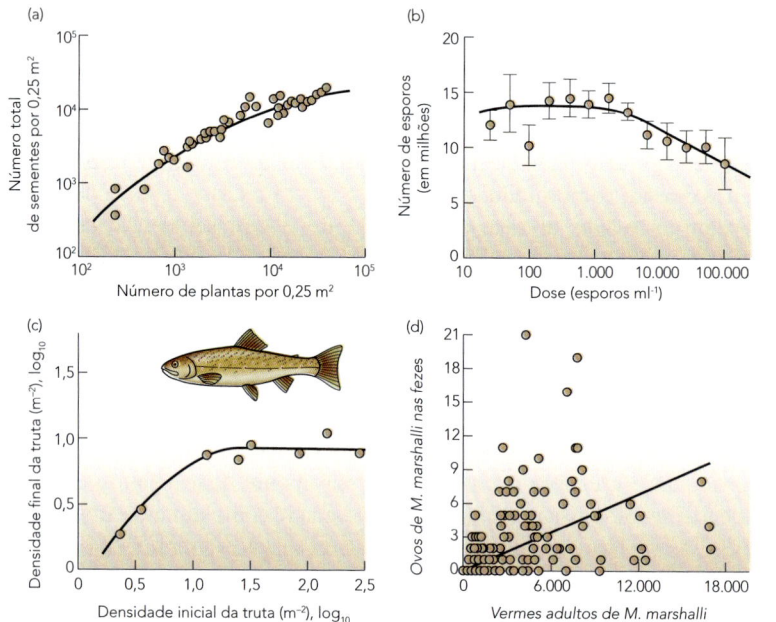

Figura 3.30

Subcompensação, sobrecompensação e efeitos exatamente compensantes de competição intraespecífica. (a) Um efeito de subcompensação sobre a fecundidade: o número total de sementes produzidas por *Vulpia fasciculata* continua a subir com o aumento da densidade. (b) Quando o crustáceo planctônico *Daphnia magna* foi infectado com números variáveis de esporos da bactéria *Pasteuria ramosa*, o número total de esporos produzidos por hospedeiro na geração seguinte foi independente da densidade (exatamente compensante) em densidades mais baixas, mas diminuiu com densidade crescente (sobrecompensação) em densidades mais altas. São mostrados os erros-padrão. (c) Um efeito exatamente compensante sobre a mortalidade: o número de filhotes de truta sobreviventes é independente da densidade inicial em densidades mais altas. (d) O número total de ovos do nematódeo parasito *Marshallagia marshalli* produzidos por rena infectada (ovos por grama de fezes) aumentou em proporção direta ao número de nematódeos adultos na rena: não houve evidência de competição entre os nematódeos.

breviventes simplesmente continuará a subir em proporção direta com a densidade original (p. ex., Figura 3.30d).

3.6 Condições, recursos e nicho ecológico

Por fim, muitas das ideias expostas neste capítulo podem ser reunidas no conceito de nicho ecológico. O termo *nicho*, todavia, frequentemente é mal compreendido e mal empregado. Ele é muitas vezes utilizado imprecisamente para descrever o tipo de lugar em que o organismo vive, como na frase "Os bosques são o nicho dos pica-paus". Entretanto, mais estritamente, onde um organismo vive é o seu hábitat. Um nicho não é um local, mas uma ideia: um resumo das tolerâncias e exigências de um organismo. O hábitat de um micro-organismo intestinal seria o canal alimentar de um animal; o hábitat de um afídeo poderia ser um jardim; o hábitat de um peixe poderia ser um lago inteiro. Cada hábitat, entretanto, proporciona muitos nichos diferentes: muitos outros organismos também vivem no intestino, no jardim ou no lago – e com estilos de vida completamente diferentes. O nicho de um organismo descreve como, em vez de onde, um organismo vive.

O conceito moderno de nicho foi proposto por Hutchinson em 1957 e se refere às maneiras pelas quais tolerâncias e necessidades interagem na definição de condições e recursos necessários a um indivíduo ou uma espécie, a fim de cumprir seu modo de vida. A temperatura, por exemplo, é uma condição que limita o crescimento e a reprodução de todos os organismos, mas organismos distintos toleram faixas diferentes de temperatura. Esta faixa é uma *dimensão* de um nicho ecológico do organismo. A Figura 3.31a mostra como espécies de plantas variam na dimensão da temperatura do seu nicho. No entanto, existem muitas dimensões para o nicho de uma espécie: sua tolerância a várias outras condições (umidade relativa, pH, velocidade do vento, fluxo da água e assim por diante) e sua necessidade de recursos variados (nutrientes, água, alimento e assim por diante). Claramente, o nicho real de uma espécie deve ser multidimensional.

> o nicho de um organismo é definido por suas necessidades e tolerâncias

É fácil visualizar os estágios iniciais de formação de um nicho multidimensional. A Figura 3.31b ilustra o modo pelo qual duas dimensões de um nicho (temperatura e salinidade), juntas, definem uma área, que é parte do nicho de um camarão de areia. Três dimensões, tais como temperatura, pH e a disponibilidade de um determinado alimento, podem definir um nicho como um volume (Figura 3.31c). É difícil imaginar (e impossível delinear) um diagrama de um nicho mais realístico, multidimensional (tecnicamente, consideramos agora um nicho como um *hipervolume n-dimensional*, onde *n* é o número de dimensões que constituem o nicho), mas a versão tridimensional simplificada capta a ideia do nicho ecológico de uma espécie. Ele é definido pelos limites que determinam onde a espécie pode viver, crescer e se reproduzir, ficando claro que o nicho é um conceito em vez de um local. Este conceito tornou-se um dos pilares do pensamento ecológico, conforme veremos nos capítulos subsequentes.

Figura 3.31
(a) Um nicho em uma dimensão. Um gradiente de temperatura no qual diversas de espécies vegetais dos Alpes Europeus podem alcançar a fotossíntese líquida sob baixas intensidades de radiação (70 W m^{-2}). (b) Um nicho em duas dimensões para o camarão-da-areia (*Crangon septemspinosa*), mostrando o destino de fêmeas portando ovos em água aerada, em um gradiente de temperaturas e salinidades. (c) Um nicho diagramático em três dimensões para um organismo aquático, mostrando um volume definido por temperatura, pH e disponibilidade de alimento.

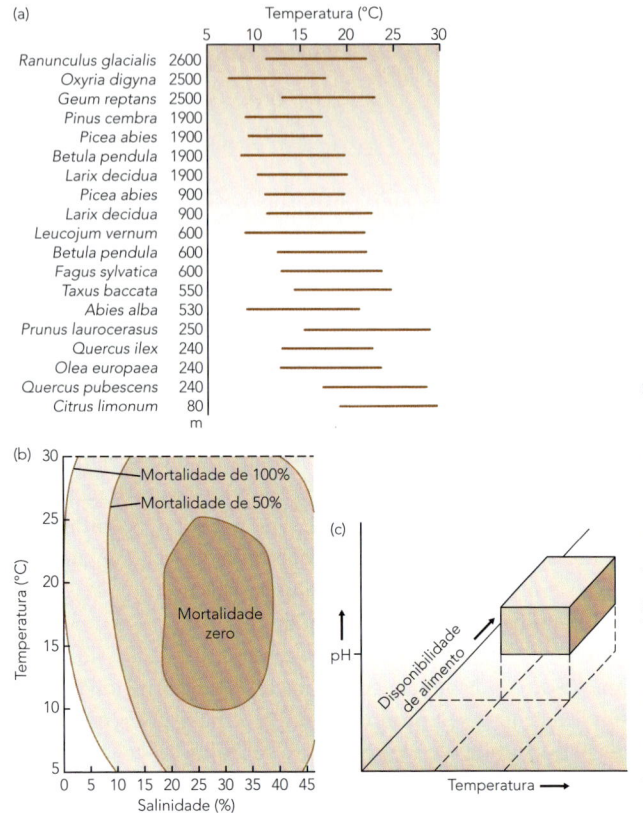

RESUMO

Condições e recursos

As condições são características físicas e químicas do ambiente, tais como sua temperatura e umidade. Elas podem ser alteradas, mas não consumidas. Os recursos são consumidos por organismos vivos durante o seu crescimento e reprodução.

Condições ambientais

Existem três tipos básicos de curvas de resposta às condições: as condições extremas podem ser letais, com um *continuum* de condições mais favoráveis entre os dois extremos; ou uma condição pode ser letal apenas em intensidades altas; ou uma condição pode ser requerida por organismos em concentrações baixas, mas torna-se tóxica em concentrações altas.

Essas respostas são responsáveis, em parte, pelas mudanças na eficácia metabólica. Contudo, sob temperaturas extremamente altas, por exemplo, enzimas e outras proteínas tornam-se instáveis e se decompõem, e o organismo morre; sob temperaturas ambientais altas, os organismos terrestres podem enfrentar problemas sérios de desidratação, talvez letais. Sob temperaturas de poucos graus acima de zero, os organismos podem ser forçados a estender os períodos de inatividade ou o gelo pode se formar entre as células e retirar água do interior delas. Entretanto, o ritmo e a duração de temperaturas extremas podem ser tão importantes quanto temperaturas absolutas.

Na prática, os efeitos das condições podem ser fortemente determinados pelas respostas de outros membros da comunidade, por meio do consumo de alimento, doença ou competição.

Muitas condições são importantes estímulos para o crescimento e o desenvolvimento e preparam o organismo para as condições que estão por vir.

Recursos vegetais

Radiação solar, água, minerais e dióxido de carbono são recursos críticos para as plantas verdes. A forma da curva que relaciona a taxa de fotossíntese à intensidade de radiação varia bastante entre as espécies. A radiação que atinge uma planta está sempre mudando; as folhas somam as diversas exposições de suas várias folhas.

A maior parte das variações da forma foliar provavelmente evoluiu por seleção para otimizar a fotossíntese alcançada por unidade de água transpirada. Qualquer mecanismo ou processo que retarde a taxa de perda de água, como o fechamento dos estômatos, reduz a taxa fotossintética. Se a taxa de absorção de água ficar abaixo da taxa de liberação, o corpo da planta começa a murchar. Se o déficit se acumular, a planta pode morrer. As plantas podem evitar ou tolerar a escassez de água. Processos bioquímicos especializados podem aumentar a taxa fotossintética a ser alcançada por unidade de água perdida em plantas C_4 e CAM (em oposição às plantas C_3).

A zona primária de absorção de água nas raízes é coberta de pelos que estabelecem íntimo contato com as partículas do solo. As raízes criam ao seu redor zonas de esgotamento de água. As arquiteturas das raízes não são tão estruturadas quanto as das partes aéreas, e estas, estabelecidas precocemente na vida da planta, podem determinar sua sensibilidade a eventos posteriores. As raízes extraem elementos-chave do solo e sua arquitetura é particularmente importante porque nutrientes diferentes são retidos no solo por forças diferentes.

Animais e seus recursos

As plantas verdes são autotróficas. Decompositores, predadores, pastejadores e parasitos são heterotróficos. As várias partes de uma planta têm composições muito diferentes e, com isso, fornecem recursos completamente diferentes. Esta diversidade é condizente com a diversificação de peças bucais e tratos digestórios que evoluíram para o consumo. O corpo de uma planta tem uma constituição de recursos completamente diferente da do corpo de um animal. Para fazer um uso melhor do material vegetal, muitos herbívoros estabelecem uma associação mutualística com bactérias e protozoários celulolíticos em seu canal alimentar.

A razão C : N dos tecidos vegetais ultrapassa bastante a de bactérias, fungos e animais. Desse modo, os herbívoros têm uma fonte superabundante de energia e carbono, mas o nitrogênio frequentemente é limitante; seus principais produtos residuais são dióxido de carbono e fibra. Os corpos de espécies diferentes de animais têm composições extraordinariamente semelhantes. Os carnívoros não têm problemas de digestão, mas enfrentam dificuldades em encontrar, capturar e vencer as defesas de suas presas. Os principais produtos de excreção dos carnívoros são nitrogenados.

O efeito de competição intraespecífica por recursos

Os indivíduos podem competir indiretamente, via um recurso compartilhado, pela exploração, ou diretamente pela interferência. O efeito final da competição é sobre a sobrevivência, o crescimento e a reprodução dos indivíduos. Tipicamente, quanto maior a densidade de uma população de competidores, maior é o efeito da competição (dependência da densidade). Como resultado, contudo, o número total de sobreviventes ou de descendentes pode aumentar, diminuir ou se manter o mesmo quando as densidades iniciais aumentam.

Condições, recursos e nicho ecológico

Onde um organismo vive é o seu hábitat. Um nicho é um resumo das tolerâncias e exigências de um organismo. O conceito moderno de nicho, proposto por Hutchinson em 1957, é o de um hipervolume n-dimensional.

QUESTÕES DE REVISÃO

Asteriscos indicam questões desafiadoras.

1* Explique, fazendo referência a uma variedade de organismos específicos, como a quantidade de água em hábitats diferentes pode delimitar as condições para esses organismos, ou seu nível de recursos, ou ambos.
2 Discuta a seguinte afirmação: "Um leigo pode descrever a Antártica como um ambiente extremo, mas um ecólogo jamais deveria proceder assim".
3 Os organismos ectotérmicos e endotérmicos diferem em que aspectos e em que aspectos eles são semelhantes?
4* Apresente exemplos de animais e vegetais, comparando as respostas de tolerantes e evitadores a variações sazonais em condições e recursos ambientais.
5 Descreva como interagem as exigências das plantas para aumentar a taxa de fotossíntese e para diminuir a taxa de perda de água. Descreva também as estratégias usadas por tipos diferentes de plantas para equilibrar essas exigências.
6* Descreva e considere as diferenças quanto à arquitetura de raízes e da parte aérea exibida por plantas diferentes.
7 Considere o fato de que os tecidos de vegetais e animais possuem razões C : N tão contrastantes. Quais são as consequências dessas diferenças?
8 Descreva as diferentes maneiras pelas quais os animais utilizam a cor para se defender de ataques de predadores.
9 Explique, com exemplos, o que a exploração e a competição intraespecífica por interferência têm em comum e como elas diferem.
10 O que significa quando um nicho ecológico é descrito como um hipervolume n-dimensional?

Capítulo 4

Condições, recursos e as comunidades do mundo

CONTEÚDOS DO CAPÍTULO

4.1 Introdução
4.2 Padrões geográficos em grande e pequena escalas
4.3 Padrões temporais em condições e recursos
4.4 Biomas terrestres
4.5 Ambientes aquáticos

CONCEITOS-CHAVE

Neste capítulo, você:

- entenderá que condições e recursos interagem para auxiliar na determinação da composição de toda a comunidade
- perceberá que padrões climáticos sobre a superfície da Terra são responsáveis pelos padrões de distribuição de biomas terrestres em larga escala (tais como florestas tropicais pluviais, desertos e tundras)
- reconhecerá que biomas não são homogêneos porque a topografia local, a geologia e os solos influenciam as comunidades de plantas e animais
- perceberá que condições e recursos em um local podem mudar no decorrer de escalas de tempo, que variam de horas a milênios, conduzindo a padrões temporais paralelos na composição de comunidades
- compreenderá que, na maioria dos ambientes aquáticos, é difícil reconhecer algo comparável aos biomas terrestres: comunidades tendem a refletir condições e recursos locais, em vez de padrões globais no clima

> *A interação entre condições e recursos influencia profundamente a composição das comunidades do mundo. Em uma escala global, os padrões de circulação climática são em grande parte responsáveis pelos distintos biomas terrestres, tais como desertos e florestas pluviais, com suas assembléias de plantas e animais características. Tipos distintos de comunidades marinhas e de água doce podem também, algumas vezes, ser identificados em uma escala geográfica ampla. No entanto, dentro de cada bioma ou categoria aquática, existem enormes variações de condições e recursos que se refletem nos padrões comunitários observados em uma escala menor.*

4.1 Introdução

Tendo examinado, no Capítulo 3, as maneiras pelas quais organismos são afetados por condições e recursos, nos voltamos agora a uma questão maior sobre como a conjugação de condições e recursos influencia a comunidade como um todo (as assembléias de espécies coocorrentes). A resposta a essa questão depende fundamentalmente da escala escolhida para estudar as comunidades; este será um tema que permeará todo o capítulo.

escala e desuniformidade – temas centrais deste capítulo

Devido à sua influência sobre condições e recursos, não é surpresa que o clima tenha um papel central na determinação dos padrões de distribuição, em grande escala, dos diferentes tipos de comunidades sobre a face da Terra. No entanto, fatores locais – tais como o tipo de solo em ambientes terrestres e a composição química da água em ambientes aquáticos – são responsáveis pela desuniformidade na composição de comunidades em escalas muito menores. Algumas das causas de padrões espaciais na distribuição da comunidade são discutidas na Seção 4.2. Após, na Seção 4.3, nos dedicamos aos padrões temporais em condições e recursos, os quais podem mudar a composição das comunidades em escalas temporais de dias a milênios. A Seção 4.4 descreve as características dos principais biomas terrestres e a Seção 4.5 se ocupa da diversidade das comunidades aquáticas.

4.2 Padrões geográficos em grande e pequena escalas

4.2.1 Padrões climáticos em grande escala

radiação solar...

Na escala maior, a geografia da vida na Terra é principalmente uma consequência do movimento do planeta no espaço. A inclinação da Terra em sua órbita anual ao redor do Sol faz com que a radiação solar atinja a superfície terrestre com intensidades diferentes nas latitudes distintas (Figura 4.1). Uma vez que o equador é inclinado em direção ao Sol, as áreas equatoriais e tropicais recebem mais luz solar direta e são mais quentes do que áreas em outras latitudes. O ar quente retém mais umidade do que o ar frio, aumentando a capacidade de retenção de água no ar em torno dos trópicos. A radiação solar retira água da vegetação por evaporação, mas, porque o ar é tão úmido, grande parte da água condensa e cai sob forma de chuva. Assim, o ar que é ciclado para a atmosfera vindo dos trópicos é relativamente seco, tendo perdido a

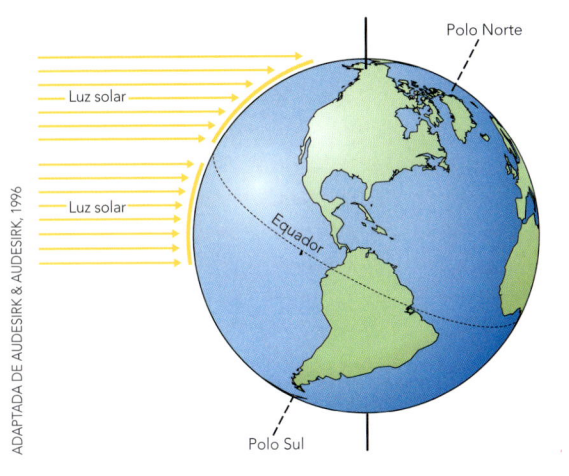

Figura 4.1

A inclinação da Terra sobre o seu eixo e sua rotação em torno do sol define a quantidade de radiação que atinge a atmosfera em torno da superfície terrestre. Isso, em combinação com o giro diário da Terra em torno de seu eixo, é responsável pelos padrões em grande escala de precipitação e radiação solar que definem o padrão de climas globais. Este diagrama mostra o inverno no hemisfério norte, com radiação caindo quase verticalmente no sul do equador, mas a mesma quantidade de radiação é propagada sobre áreas maiores ao norte do equador; por isso, menos é recebido e há menos aquecimento por unidade de área.

maior parte da sua umidade como precipitação local, antes de sua ascendência para atmosfera mais baixa.

A rotação da Terra faz com que as massas de ar provenientes dos trópicos se curvem para o norte e o sul. O ar que foi aquecido nos trópicos (e que perdeu umidade como chuva local) se esfria na atmosfera e desce novamente em uma latitude de aproximadamente 30° (norte e sul). A massa de ar se aquece enquanto desce, aumentando a sua capacidade de reter água e fazendo com que a massa de ar descendente "absorva" a água disponível proveniente do solo. Como resultado, a maioria dos grandes desertos, incluindo o Saara, Kalahari, Mojave e Sonora, é encontrada aproximadamente nessas latitudes. Um outro sistema menor de evaporação/precipitação ocorre entre as latitudes 30° e 60°, quando o ar quente, agora úmido, ascende e é soprado para além do norte ou sul, respectivamente. Conforme se esfria, o ar desce novamente e chove, produzindo ambientes mais úmidos.

As correntes oceânicas apresentam efeitos adicionais poderosos sobre padrões climáticos. As águas do sul circulam no sentido anti-horário; elas carregam águas frias da Antártica para o norte, ao longo das costas oeste dos continentes, e distribuem águas mais quentes oriundas dos trópicos ao longo das costas leste (Figura 4.2). No hemisfério norte, as correntes circulam em sentido horário, carregando águas frias do Ártico pelas costas oeste dos continentes e trazendo correntes quentes tropicais pelas costas leste. O clima frio e seco da América do Sul ocidental é um efeito da Corrente Antártica de Humboldt; o clima relativamente seco da Califórnia é resultado de correntes Árticas. Inversamente, no lado leste da América do Norte, a forte Corrente Tropical do Golfo carrega ar morno e úmido para dentro do Oceano Atlântico, chegando a afetar até mesmo o clima da Europa ocidental.

...correntes oceânicas...

A topografia do terreno tem consequências para os padrões climáticos terrestres em escalas intermediárias. À medida que os ventos encontram cadeias montanhosas, eles são forçados a subir e se tornar mais frios enquanto se elevam. O vento mais frio retém menos umidade e, assim, a água é liberada (como chuva ou neve) no barlavento (lado exposto ao vento) da encosta das

... e cadeias montanhosas...

Figura 4.2
Os movimentos das principais correntes oceânicas. A circulação geral no hemisfério norte é no sentido horário, e, no hemisfério sul, no sentido anti-horário, com consequências para os padrões climáticos continentais.

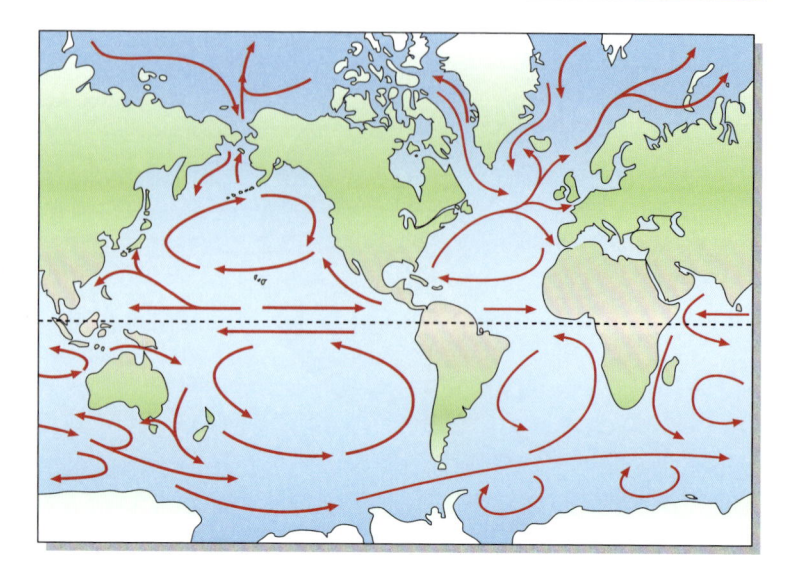

montanhas (as Rochosas e o Himalaia proporcionam exemplos impressionantes sobre este efeito). Assim que o ar passa pelo sotavento (encosta protegida do vento), ele desce, se torna mais quente e, agora, absorve água. Isso produz um efeito de dessecação e causa a chuva orográfica ao longo do sotavento das encostas (Figura 4.3).

A diversidade de influências sobre as condições climáticas produz um mosaico de climas secos, úmidos, frios e quentes na superfície do globo. Nas manchas desse mosaico foram formadas associações terrestres distintas de plantas e animais. Um viajante pelo mundo vê repetidamente o que pode ser reconhecido como tipos característicos de vegetação, que ecólogos chamam *biomas* (tais como floresta de conífera, savana e floresta pluvial). A Figura 4.4 reconhece um conjunto de biomas e mostra sua distribuição em um mapa global. A Figura 4.5 mostra as amplitudes de pluviosidade e a média mensal da temperatura mínima, que são fundamentais para determinar as áreas de ocorrência dos biomas. As características das comunidades que habitam os principais biomas estão descritas na Seção 4.4.

> ... produzem um mosaico de climas secos, úmidos, frios e quentes sobre a face da Terra...

> ...que, por sua vez, são responsáveis pela distribuição em grande escala dos biomas terrestres

Figura 4.3
A influência típica da topografia sobre a precipitação (histograma de barras) no hemisfério norte. Ventos do sentido oeste carregados de umidade são forçados para cima por uma cadeia de montanhas. Conforme sobem, eles se tornam mais frios e liberam a umidade como chuva ou neve. Isso leva a uma chuva orográfica mais seca na encosta leste.

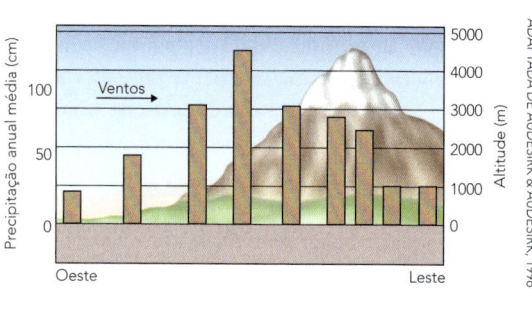

Fundamentos em Ecologia | 137

▓ Tundra ártica	▓ Floresta pluvial tropical	▓ Savana tropical, campo e vegetação arbustiva	▓ Montanhas
▓ Floresta setentrional de coníferas	▓ Floresta estacional tropical	▓ Deserto	
▓ Floresta temperada	▓ Campo temperado	▓ Vegetação mediterrânea, chaparral	

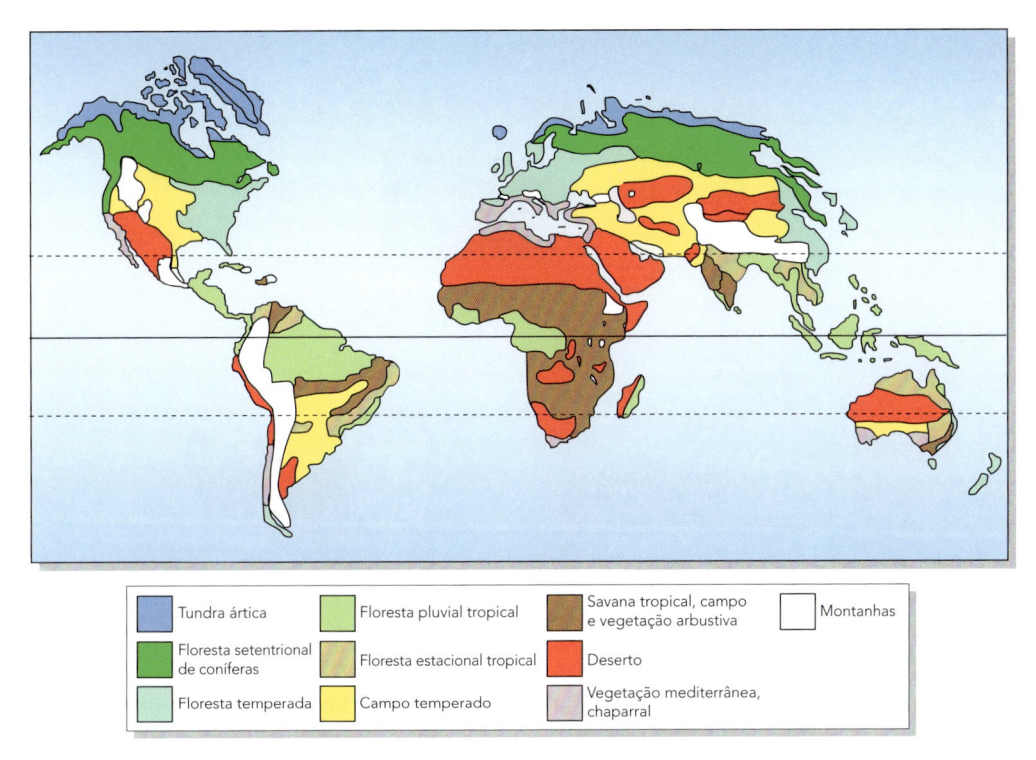

Figura 4.4
Distribuição mundial dos maiores biomas da Terra (suas comunidades típicas de plantas e animais são descritas na Seção 4.4).

4.2.2 Padrões em pequena escala em condições e recursos

É fácil ser seduzido por cartógrafos que desenham linhas definidas em mapas para mostrar limites geográficos. Porém, escaninhos arrumados, categorias definidas e limites claros são uma conveniência, não uma realidade da natureza. Além disso, os biomas não são homogêneos dentro de suas fronteiras hipotéticas; todo bioma tem gradientes de condições físicas e químicas relacionados à topografia e geologia locais. As comunidades de plantas e animais que ocorrem em diferentes partes deste mosaico heterogêneo podem ser bastante distintas.

As variações locais em topografia podem ignorar os padrões climáticos amplos descritos na Seção 4.2.1. Por exemplo, a temperatura cai com o aumento da altitude e um efeito disso é a vegetação na parte alta de uma montanha tropical tender a assemelhar-se à vegetação de altitudes baixas nas latitudes setentrionais. Viajar para o alto de uma montanha nos trópicos envolve passar ao longo de um gradiente ecológico muito similar ao que ocorre quando se viaja em direção ao norte do equador para o polo (Figura 4.6).

topografia local

É importante lembrar que a superfície da Terra consistiria em um mosaico de diferentes ambientes, mesmo se o clima fosse idêntico em todas as locali-

geologia e solo locais

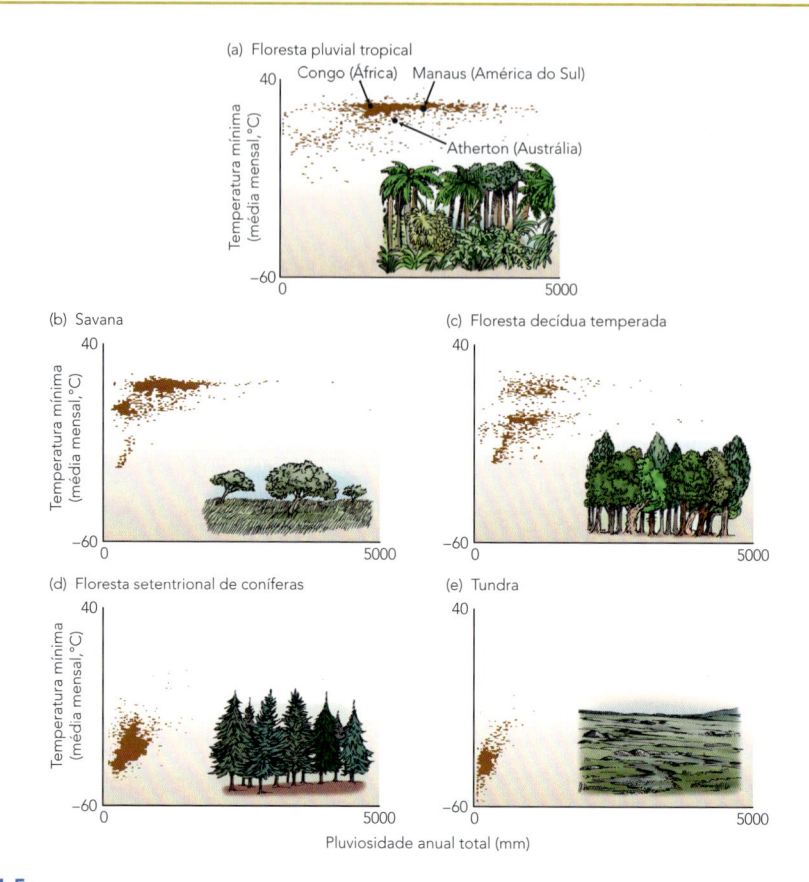

Figura 4.5

A diversidade de condições ambientais experimentadas em ambientes terrestres pode ser descrita em termos de sua pluviosidade anual e média das temperaturas mínimas mensais. Os diagramas mostram a amplitude de condições experimentadas em (a) floresta tropical pluvial, (b) savana, (c) floresta decídua temperada, (d) floresta setentrional de coníferas (taiga) e (e) tundra. Os pontos de dados para determinado bioma são provenientes de diferentes locais ao redor do mundo. Para ilustrar isso, os pontos referentes à floresta tropical pluvial em três continentes diferentes são mostrados em (a). A floresta tropical pluvial tem caracteristicamente altas médias de temperaturas mínimas mensais e alta pluviosidade. Por outro lado, a tundra apresenta temperaturas baixas e pluviosidade baixa. Os outros biomas ocupam posições intermediárias nesta representação bidimensional.

dades. A história geológica tem proporcionado uma diversidade de rochas que diferem em sua composição mineral. Quando as superfícies dessas rochas são decompostas pelo calor, frio e degelo, elas originam uma diversidade de tipos de solo que refletem sua origem geológica. Sem solo, é impossível que uma vegetação terrestre de significância cresça. Os solos proporcionam uma fonte de água armazenada, uma reserva de nutrientes minerais, um meio em que o nitrogênio atmosférico pode ser fixado para sua utilização pelas plantas e o suporte que permite às plantas se erguerem e exporem as suas folhas à luz solar.

solos ácidos e calcários sustentam vegetações muito diferentes

As rochas calcárias e greda são formadas como depósitos marinhos de carbonato de cálcio, contendo frequentemente um pouco de magnésio e outros carbonatos. Onde foram estabelecidos e expostos como terras superficiais, esses

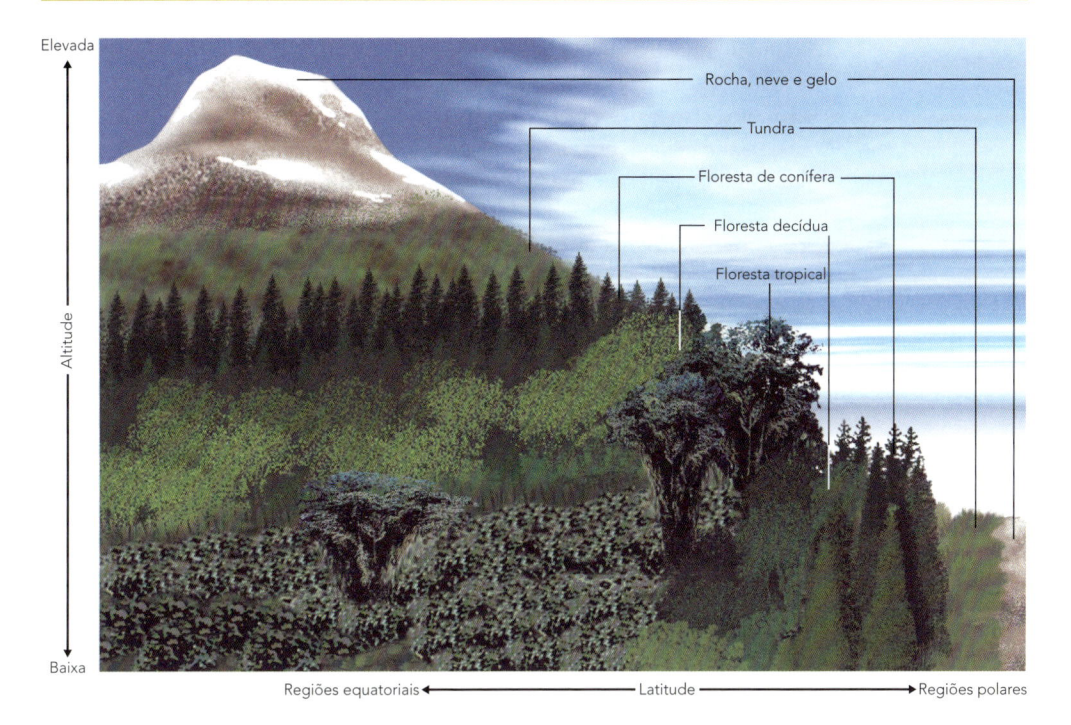

Figura 4.6
Efeito da altitude e da latitude sobre a distribuição de biomas. Mover-se em direção a altitudes elevadas é bastante similar a mover-se do equador para o polo.

depósitos se tornaram a base de solos neutros ou *calcários* levemente alcalinos, que mantêm uma flora calcícola característica. Por outro lado, as plantas normalmente encontradas em solos mais ácidos, como *Rhododendron* and *Azalea* não se dão bem em solos calcários. As plantas calcícolas estritas, ao contrário, sofrem em solos ácidos, onde são intolerantes a íons alumínio liberados em pH baixo. Nos EUA, por exemplo, a tulipeira (*Liriodendron tulipifera*) e o cedro-branco-do-hemisfério norte (*Thuja occidentalis*) são encontrados somente sobre solos neutros ou alcalinos, e o abeto balsâmico (*Abies balsamea*) e a tsuga oriental (*Tsuga canadensis*) são normalmente limitados a solos altamente ácidos.

A variabilidade na matéria orgânica do solo também influencia a biota que pode ocorrer. A matéria orgânica se acumula com taxas diferentes em solos distintos, e variações locais no balanço entre materiais minerais e orgânicos no solo contribuem para a complexidade de mosaicos ambientais. Em condições extremas, especialmente onde as rochas são ácidas, as temperaturas são baixas e/ou o solo é alagado, a decomposição da matéria orgânica pode ser seriamente impedida. As turfeiras, então, com suas plantas e animais bastante especializados, formam-se sobre matéria orgânica parcialmente decomposta.

Para um ecólogo, uma *mancha* em uma comunidade é uma área em que uma única variável a distingue do seu entorno. Assim, uma árvore caída em uma floresta provoca uma clareira no dossel e uma mancha no chão da floresta, onde pode penetrar radiação suficiente para que as plântulas cresçam e

> a desuniformidade está no olho do observador...

finalmente preencham a clareira. Uma poça de maré é uma mancha sobre um costão rochoso, mas dentro desta poça os caramujos podem pastejar algas e abrir uma clareira. É muitas vezes proveitoso pensar em manchas como a escala na qual organismos em particular sentem o ambiente ao seu redor. Para um afideo em uma floresta, uma folha de uma espécie de árvore é uma mancha – ela proporciona tanto as condições quanto os recursos necessários para o inseto. Para um pássaro que se alimenta de lagartas, as copas de árvores são manchas que ele encontra em seu dia-a-dia. Porém, corujas e falcões caçam sobre uma grande área de floresta e para eles a mancha pode ser o território que cada ave defende ou talvez até mesmo toda a floresta sobre a qual ela se estende.

... e todas as comunidades são desuniformes

4.2.3 Padrões em condições e recursos em ambientes aquáticos

Na maioria dos ambientes aquáticos é difícil reconhecer situações comparáveis aos biomas terrestres. As exceções ocorrem nas bordas dos oceanos; mangues, recifes de coral e florestas temperadas de algas possuem biotas facilmente distinguíveis de qualquer um dos vários biomas terrestres, mas isto é em grande parte devido à sua ligação estreita com os mais importantes climas terrestres. Os oceanos abertos, ao contrário, formam um *continuum*, no qual existe um fluxo de água e compostos químicos dissolvidos através do globo. Vimos como a variação na intensidade de radiação solar entre locais e entre estações exerce efeitos drásticos sobre a temperatura e relações hídricas de ambientes terrestres. Todavia, este não é o caso nos oceanos. A alta capacidade térmica da água faz com que os oceanos se aqueçam e se esfriem com lentidão. Uma consequência disso é o fato de que a temperatura da água em um ponto no globo é mais um reflexo da sua procedência (ao longo de correntes oceânicas) do que do clima local.

Os maiores lagos do mundo podem ser distinguidos e classificados de acordo com suas condições físicas. Por exemplo, grandes lagos em planícies de regiões equatoriais geralmente apresentam estratificação permanente (camadas distintas de água sob temperaturas determinadas), enquanto os padrões sazonais de estratificação (no verão) e mistura (no outono) são a regra em regiões temperadas. No círculo polar, a cobertura permanente de gelo sem mistura é característica em grandes lagos. No entanto, condições geológicas locais e forma e tamanho da bacia têm forte influência sobre condições e recursos em lagos, particularmente em termos de química da água, um determinante-chave da flora e da fauna de lagos. Consequentemente, uma classificação geográfica ampla de comunidades de lagos tem valor apenas limitado. Também no caso de riachos, rios e estuários, veremos que condições e recursos locais são primordiais na determinação de padrões de comunidades (Seção 4.5).

4.3 Padrões temporais em condições e recursos

A composição de comunidades pode mudar em escalas temporais que variam de horas a milênios, à medida que as próprias condições e recursos se alteram. Por exemplo, a comunidade microbiana que coloniza e decompõe um camundongo ou um fragmento de folha pode mudar de hora em hora. No outro extremo, podemos traçar padrões na composição de comunidades por mais de 10 milhões de anos. Desse modo, mudanças no clima durante os períodos glaciais do Pleistoceno são em grande parte responsáveis pelos presentes padrões de distribuição de vegetais e animais. Nos 20.000 anos desde o pico da última glaciação, as temperaturas globais foram elevadas em torno de 8°C. Muitas espécies continuam, mesmo atualmente, a migrar em direção ao norte seguindo a retração das geleiras (Figura 4.7).

Em escalas temporais intermediárias, podem ocorrer sequências previsíveis de espécies de plantas em períodos que variam de anos a séculos. Por exemplo, a sequência sucessional que ocorre sobre lava vulcânica resfriada demora vários séculos para seguir seu curso. Isto tem sido documentado pela comparação das plantas sobre derrames de lava de erupções que ocorreram em diferentes períodos na Ilha Miyake-jima, no Japão (Figura 4.8). No estágio mais inicial da sucessão, as condições são desfavoráveis e o solo é esparso e carente de íons contendo nitrogênio, um recurso essencial para as plantas. Indivíduos de almieiro são os primeiros a colonizar, pois eles podem fixar nitrogênio atmosférico em formas utilizáveis. À medida que a disponibilidade de nitrogênio do solo aumenta, diversas espécies de samambaias, ervas, lianas e árvores entram na sucessão. Após um século ou dois, árvores de sucessão tardia (*Machilus thunbergii* e, após, *Castanopsis sieboldii*) sombreiam muitas das primeiras colonizadoras. A sucessão – a sequência previsível de colonização e extinção após um distúrbio – depende em parte da mudança de condições e recursos, e em parte das capacidades competitivas diferenciais das plantas em si, um tópico ao qual retornamos no Capítulo 9.

> **sucessão vegetal** – a sequência de espécies sobre derrames de lava vulcânica

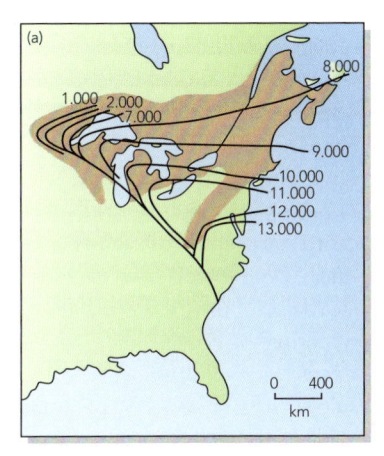

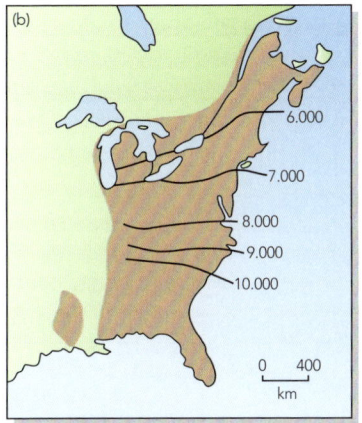

Figura 4.7

Um mapa mostrando a dispersão de duas espécies de árvores da floresta no leste da América do Norte, após a retração da última glaciação. Observe que as duas espécies, (a) pinheiro-branco-oriental (*Pinus strobus*) e (b) faia (*Fagus grandifolia*), não seguiram o mesmo caminho de invasão. As linhas (isócronas) nos mapas definem o tempo de chegada de cada espécie em intervalos de 1000 anos. Os números nos mapas se referem a milhares de anos antes do presente. As áreas sombreadas marrons mostram as suas distribuições atuais.

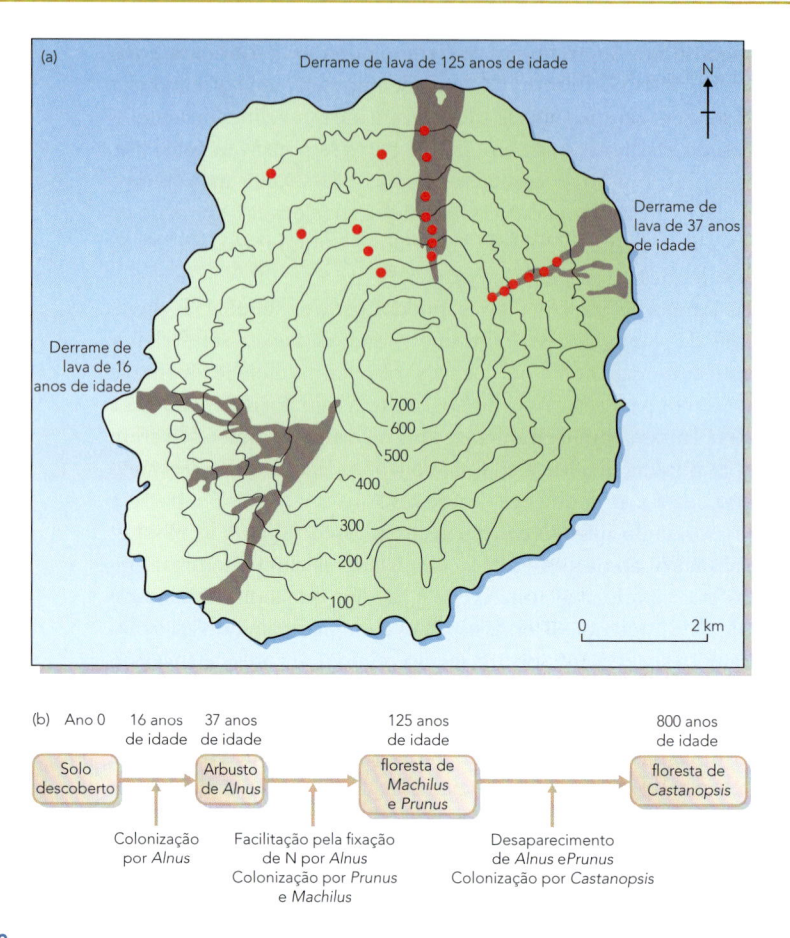

Figura 4.8

(a) Localização de sítios de amostragem (pontos vermelhos) em derrames de lava de 37 e 125 anos na Ilha Miyake-jima, Japão. A amostragem da lava de 16 anos foi não quantitativa (nenhum sítio de amostragem é mostrado). Os sítios fora desses derrames têm pelo menos 800 anos de idade. Os contornos altitudinais são mostrados em metros. (b) No estágio mais inicial de sucessão, a única vegetação consiste de alguns arbóreos pequenos de amieiro (*Alnus sieboldiana*). Nos sítios mais antigos (37-800 anos de idade), foram registradas 113 espécies, incluindo samambaias, ervas, lianas e árvores. Esta sucessão consistiu de: (i) colonização da lava nua por indivíduos de amieiro (fixador de nitrogênio); (ii) facilitação (através do aumento da disponibilidade de nitrogênio) de *Prunus speciosa*, espécie de sucessão intermediária, e de *Machilus thunbergii*, espécie arbórea perenifólia de sucessão tardia; (iii) estabelecimento de uma floresta mista, na qual *A. sieboldiana* e *P. speciosa* foram sombreadas; e (iv) substituição por competição de *M. thunbergii* por *Castanopsis sieboldii*, espécie de ciclo de vida mais longo.

4.4 Biomas terrestres

os padrões que podemos reconhecer na natureza dependem de como focamos nossa atenção

Geógrafos diferentes reconhecem números diferentes de biomas; alguns consideram apenas cinco, enquanto outros acreditam na existência de muitos mais. A perspectiva do cientista é tão importante quanto o sistema estudado; os "detalhistas" tendem a desconfiar de generalizações amplas e enfatizam a diversidade do mundo natural, enquanto os "generalistas" restringem a diversidade a um mínimo de categorias facilmente mapeáveis. As seguintes categorias são adequadas aos nossos propósitos – floresta pluvial tropical, savana, campo temperado, deserto, floresta temperada decídua, floresta setentrional ou boreal de coníferas (taiga) e tundra.

4.4.1 Descrevendo e classificando biomas

Ressaltamos no Capítulo 2 a importância crucial do isolamento geográfico em possibilitar que as populações se distingam por seleção. As distribuições geográficas de espécies, gêneros, famílias e mesmo categorias taxonômicas superiores de vegetais e animais frequentemente refletem essa divergência geográfica. Todas as espécies de lêmures, por exemplo, são encontradas somente na ilha de Madagascar. De modo semelhante, 230 espécies do gênero *Eucalyptus* (eucalipto) ocorrem naturalmente na Austrália (e duas ou três na Indonésia e Malásia). Os lêmures e os eucaliptos ocorrem nesses locais porque lá eles evoluíram e não porque esses são os únicos lugares onde eles podem sobreviver e prosperar. Na verdade, muitas espécies de *Eucalyptus* cresceram com grande sucesso e propagaram-se rapidamente quando foram introduzidas na Califórnia ou no Quênia. Um mapa da distribuição natural de lêmures no mundo nos diz muito sobre a história evolutiva desse grupo. Porém, quanto ao relacionamento do grupo com um bioma, o máximo que podemos dizer é que os lêmures são um dos constituintes do bioma floresta pluvial tropical em Madagascar.

Outro tema do Capítulo 2 envolve a maneira pela qual as espécies com origens evolutivas completamente diferentes foram selecionadas para a convergência em suas formas e comportamentos. Existem também exemplos de grupos taxonômicos que irradiaram dentro de uma sequência de espécies com morfologia e comportamento notavelmente similares (evolução paralela, como em mamíferos placentários e marsupiais). Esses exemplos revelam muito sobre as maneiras pelas quais os organismos evoluíram para se adequar às condições e recursos nos seus ambientes. Contudo, as diferentes espécies não necessariamente caracterizam biomas distintos. Dessa forma, alguns biomas particulares na Austrália incluem certos mamíferos marsupiais, enquanto os mesmos biomas em outras partes do mundo são residências para seus equivalentes placentários.

Um mapa de biomas, então, com frequência não representa um mapa de distribuições de espécies. Em vez disso, ele mostra onde encontramos áreas de terra dominadas por vegetais com aspectos, formas e processos fisiológicos característicos. Esses são os tipos de vegetação que podemos reconhecer de um avião sobrevoando a área ou das janelas de um carro ou trem em movimento. Isso não requer um botânico para sua identificação. A vegetação arbustiva de chaparral característica da Califórnia fornece um exemplo marcante. O espectro de formas vegetais que confere a esta vegetação sua natureza distinta também ocorre em ambientes similares ao redor do Mar Mediterrâneo e na Austrália –, mas as espécies e gêneros de plantas são completamente diferentes. Reconhecemos diferentes biomas pelos tipos de organismos que neles vivem, não pela identidade das espécies.

descrevendo e classificando a vegetação

Ao se ler as breves descrições dos biomas a seguir, é importante ter em mente que a vegetação descrita é típica da comunidade madura que se desenvolve em diferentes regiões climáticas (Figura 4.9). Contudo, a desuniformidade

Figura 4.9
Cada bioma está ilustrado com duas fotografias, uma mostrando em detalhe a vegetação e outra fornecendo uma vista a distância, enfatizando a grande variação estrutural que pode ser encontrada nas comunidades terrestres do mundo. Os animais encontrados em cada um desses biomas também não podem ser ignorados; eles são evidentes na foto da savana, mas os animais vertebrados e invertebrados estão incluídos nas cenas de todos os biomas. (a) Acima: Carrizo Badlands, Parque Estadual do Deserto Anza Bonnego, Califórnia (© Doug Sokell); abaixo: Cânion Red Rock, Las Vegas, Nevada (© Mark E. Gibson); (b) Acima: Floresta Ozark e rio Current, Vias Fluviais Cênicas Nacionais de Ozark, Missouri (© Richard Thom); abaixo: floresta decídua oriental em sua maturidade (© Bill Beaty). (c) Acima: floresta de abeto, Parque Nacional Jasper, Alberta, Canadá (© Mark E. Gibson);

abaixo: floresta nebular de coníferas, Sierras (© Joe McDonald). (d) Acima: Reserva Masai Mara Game ao amanhecer (© Joe McDonald); abaixo: savana africana com zebra e búfalo (© John Cunningham). (e) Acima: floresta pluvial, encosta oeste dos Andes, Equador (© C. P. Hickman); abaixo: lago na floresta mista de dipterocarpáceas, Parque Nacional Mulu, Sarawak, Bornéu (© Brian Rogers). (f) Acima: um antílope de chifre forcado parece diminuto na vasta pradaria mista, Condado de Stanley, centro da Dakota do Sul (© Ron Spomer); abaixo: vista da pradaria em flor com estrela-brilhante e margarida-amarela (do inglês, *blazing star* e *black-eyed Susan*) (© Ann B. Swengel); (g) Acima: tundra verde com morena glacial e cadeia de montanhas do Alasca, Parque Nacional Denali, Alasca (© Patrick J. Endres); abaixo: tundra de verão úmido (© Doug Sokell).

está sempre presente (baseada geralmente na topografia e geologia local, Seção 4.2.2) e distúrbios em pequena e grande escala (causados pela morte de árvores individuais, ou por incêndios, tempestades ou pessoas) criam um mosaico no qual as sucessões das comunidades estão ocorrendo (ver Seção 4.3).

4.4.2 Floresta pluvial tropical

Preferimos discutir a floresta pluvial tropical com maior profundidade do que os outros biomas porque ela representa o pico de diversidade biológica evoluída: todos os outros biomas sofrem de uma pobreza relativa de recursos ou condições fortemente restritivas.

A floresta pluvial tropical é o bioma mais produtivo da Terra, com uma produtividade fotossintética que pode ser superior a 1000 g de carbono fixado por metro quadrado por ano (ver Seção 11.2.1). Tal produtividade excepcional resulta da coincidência da radiação solar alta recebida durante o ano e a chuva regular e abundante. A produção é esmagadoramente mais alta no dossel florestal denso de folhagem perene. A floresta pluvial tropical é escura no nível do solo, exceto onde as árvores caídas criam clareiras. Uma característica desse bioma é que frequentemente muitas plântulas e árvores jovens permanecem num estado de supressão de ano para ano e crescem somente se uma clareira se formar no dossel.

Quase toda a ação em uma floresta pluvial (não apenas fotossíntese, mas também floração, frutificação, predação e herbivoria) acontece no alto do dossel. Além das árvores, a vegetação é amplamente composta por formas vegetais que alcançam o dossel de maneira vicariante, escalando as árvores (trepadeiras e lianas, incluindo várias espécies de figueiras) ou crescendo como epífitas, enraizadas nos ramos úmidos superiores. As epífitas dependem dos recursos escassos de nutrientes minerais que elas extraem de fendas e cavidades de húmus nos ramos das árvores. As ricas floras e faunas do dossel não são fáceis de estudar; mesmo conseguir acesso às flores para identificar as espécies de árvores é difícil sem a construção de escadas nas árvores. A fim de obter material de pesquisa em floresta tropical, os pesquisadores têm treinado macacos para coletar material botânico, e equipes de pesquisa têm usado balões de ar quente para mover-se sobre o dossel e trabalhar nele.

A maior parte das espécies, tanto de animais como de plantas, é ativa na floresta pluvial tropical durante o ano, apesar de as plantas poderem florescer e amadurecer os frutos em sequência. Em Trinidad, por exemplo, a floresta contém, no mínimo, 18 árvores do gênero *Miconia*, cujas estações de frutificação combinadas se estendem ao longo do ano; isto contrasta com a situação em latitudes temperadas (Figura 4.10).

Uma riqueza de espécies incrivelmente alta é a regra para florestas pluviais tropicais (ver Seção 10.5.2), e as comunidades raramente ou nunca se tornam dominadas por uma ou poucas espécies – uma situação muito diferente da baixa biodiversidade das florestas de coníferas do hemisfério norte. Isso suscita algumas questões fundamentais que têm sido muito difíceis de resolver. Primeiramente, o que aconteceu na história evolutiva da floresta pluvial tropical que permitiu a evolução de tal diversidade? Parte da resposta relaciona-se à relativa estabilidade de manchas de floresta pluvial durante períodos glaciais. Admite-se

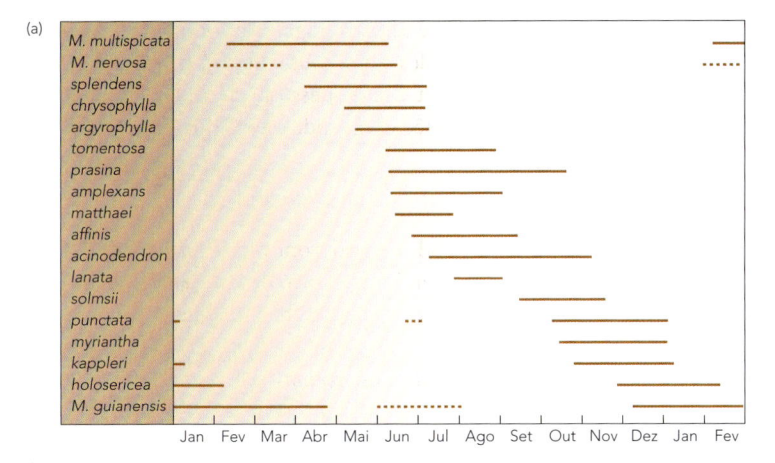

Figura 4.10
Padrões contrastantes de produção de frutos ou sementes em florestas tropicais e temperadas. (a) As estações de frutificação de 18 espécies do gênero *Miconia* na floresta pluvial de Trinidad são distribuídas durante todo o ano. (b) A produção sazonal de frutos e sementes pelas ervas em uma floresta decidual na Polônia está concentrada em um período relativamente curto do ano.

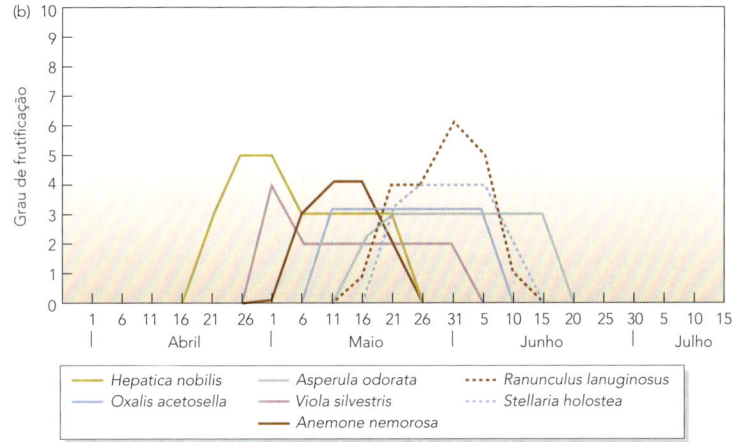

que, durante esses períodos, a seca forçou a floresta pluvial tropical a contrair-se em "ilhas" (em um "mar" de savana) e estas se expandiram e fundiram-se novamente com o retorno dos períodos mais úmidos. Isso poderia ter promovido o isolamento genético das populações, um fenômeno importante para a ocorrência de especiação (Seção 2.4). Podemos também perguntar por que, na diversidade de espécies de uma floresta pluvial tropical, algumas não dominaram e suprimiram o restante na luta pela existência. Veremos adiante (Seção 10.5.2) que uma parte da resposta está ligada ao fato de que as populações de patógenos e herbívoros especializados se desenvolvem próximo às árvores adultas e atacam os novos recrutas das mesmas espécies arbóreas vizinhas. Portanto, pode-se esperar que a chance de sobrevivência de uma nova plântula aumente com a distância da árvore adulta da mesma espécie, reduzindo a probabilidade de dominância por uma ou por poucas espécies na floresta.

A diversidade de árvores de florestas pluviais fornece uma correspondente diversidade de recursos para herbívoros (Figura 4.11). Uma diversidade de folhas jovens frescas está disponível durante todo o ano, e uma constante sequência de produção de frutos e sementes assegura alimento

a floresta pluvial tropical é também associada a uma alta diversidade animal...

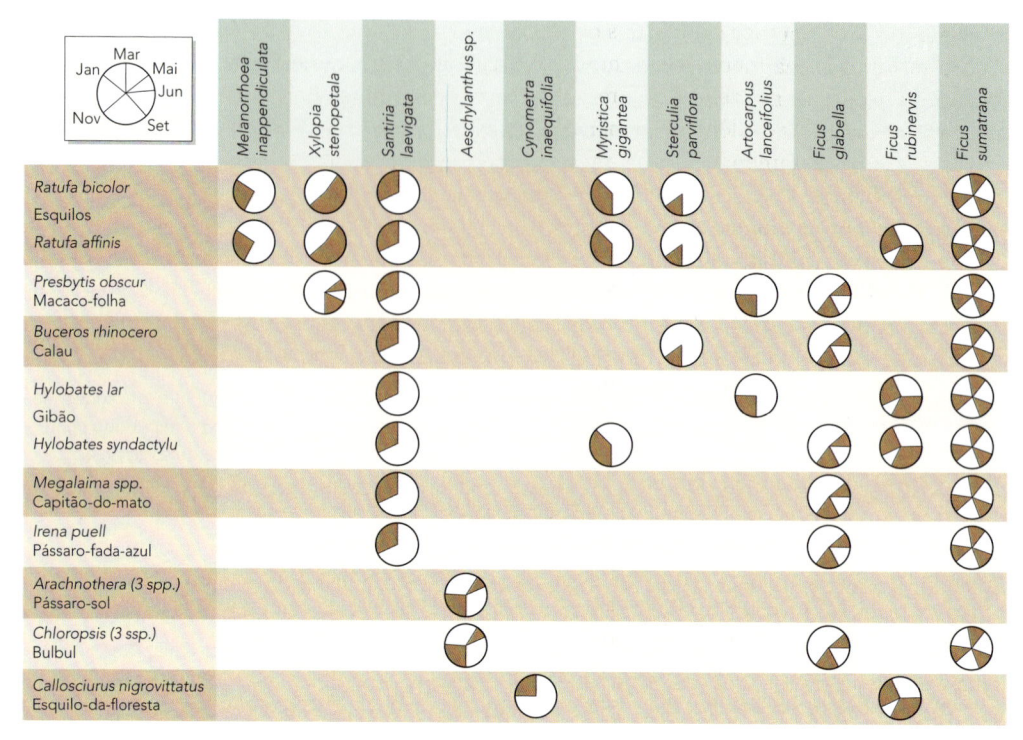

Figura 4.11
Animais (listados na vertical) que se alimentam de frutos de árvores (listadas na horizontal), em várias épocas do ano, em Selangor, Malásia. Cada círculo representa um ano, no qual a estação de forrageamento é mostrada em marrom escuro. Cada planta produz fruto somente em determinados períodos no ano, mas há frutos disponíveis para frugívoros especialistas durante todo o ano.

para especialistas, tais como os morcegos frugívoros. Além disso, a diversidade de flores, tal como a de orquídeas epifíticas com seus mecanismos especializados de polinização, requer uma diversidade correspondente de insetos polinizadores especializados. As florestas pluviais são o centro de diversidade de formigas – 43 espécies foram registradas em uma única árvore da floresta pluvial peruana. E a diversidade é ainda maior entre os besouros; Erwin (1982) estimou que existem 18.000 espécies de besouros em 1 hectare de floresta pluvial panamenha (comparadas com apenas 24.000 em toda a extensão dos EUA e Canadá).

... e intensa atividade no solo

Existe uma intensa atividade biológica no solo de florestas pluviais tropicais. A serrapilheira se decompõe mais rápido do que em qualquer outro bioma e como resultado a superfície do solo, frequentemente, fica quase toda exposta. Os nutrientes minerais nas folhas caídas são rapidamente liberados e, como a chuva penetra no perfil do solo, eles podem ser carregados bem abaixo dos níveis em que as raízes podem recuperá-los. Quase todos nutrientes minerais numa floresta pluvial estão contidos nas próprias plantas, onde estão protegidos de lixiviação. Quando essas florestas são removidas para agricultura ou a madeira é cortada ou destruída pelo fogo, os nutrientes são liberados e lixiviados ou levados pela água: em encostas, todo o solo pode igualmente ser removido. A regeneração completa do solo e do estoque de nutrientes de um novo corpo de biomassa florestal pode levar séculos. As evidências de manchas cultivadas dentro de floresta pluvial são vistas claramente de cima, mesmo tendo se passado 40 anos ou mais do abandono.

Todos os outros biomas terrestres podem ser vistos como os parentes pobres da floresta pluvial tropical. Todos eles são mais frios ou mais secos e todos são mais sazonais. Eles tiveram pré-histórias que impediram a evolução de uma diversidade de animais e vegetais que se aproximasse da marcante riqueza de espécies da floresta pluvial tropical. Além disso, eles são geralmente menos apropriados às vidas de especialistas extremos, tanto animais como vegetais.

4.4.3 Savana

A vegetação da savana consiste caracteristicamente em campo com pequenas árvores esparsas, mas com áreas extensas sem árvores. Na ausência de outros fatores controladores, poderia se esperar que estas áreas tropicais estivessem cobertas por florestas. Porém, o desenvolvimento florestal é mantido em cheque por um dentre três fatores, ou uma combinação destes.

Em algumas savanas, as manadas de herbívoros pastejadores (p. ex., a zebra *Equus burchelli* e o gnu *Connochaetes taurinus* na África) têm uma profunda influência sobre a vegetação, favorecendo gramíneas (que protegem seus meristemas em gemas localizadas no nível do solo ou abaixo dele) e impedindo a regeneração de árvores (pois estes tecidos meristemáticos estão expostos aos animais herbívoros e ao fogo).

Em outros casos o fogo é o fator crítico. O fogo, natural ou induzido pelo homem, pode ser um perigo comum na estação seca e, como os animais pastejadores, ele inclina o balanço da vegetação contra as árvores e a favor das gramíneas perenes, com seus rizomas e superfícies regenerativas protegidas. Nas savanas do sudeste asiático, as palmeiras são características, pois a queima da camada mais externa do tronco não mata estas plantas.

Finalmente, a vantagem do campo sobre a floresta em savanas, com seus nomes regionais bastante diferentes, pode estar relacionada a condições desfavoráveis, tais como saturação hídrica (*llanos* venezuelanos), dessecamento severo (*savanas de pinheiros* da América Central) ou nutrientes esparsos no solo (*cerrado* brasileiro).

As precipitações sazonais criam as mais severas restrições para a diversidade de animais e plantas na savana. O crescimento das plantas é limitado em parte do ano pela seca e há uma abundância sazonal de alimento, alternada com a escassez; como em consequência disso, os animais pastejadores de maior porte sofrem extrema fome (e mortalidade) nos anos mais secos. A forte sazonalidade da ecologia da savana é bem ilustrada por suas populações de aves. Uma abundância de sementes e insetos sustenta grandes populações de aves migratórias, mas apenas poucas espécies podem encontrar recursos suficientemente seguros para serem residentes durante o ano inteiro.

> abundância e escassez sazonais de alimento são características da savana

4.4.4 Campos temperados

O campo temperado é a vegetação natural de grandes áreas em todos os continentes. Eles incluem a *pradaria* de vegetação herbácea alta da América do Norte e os *pampas* da América do Sul, onde a chuva é moderada e os solos são ricos, e as *estepes* de vegetação herbácea baixa da Rússia, típicas de condições semiáridas. Esses campos sofrem seca sazonal, mas animais pastejadores também exercem um impacto poderoso. As populações de invertebrados, tais como gafanhotos, são em geral muito grandes, e sua biomassa pode ser maior do que a dos vertebrados pastejadores. Estes últimos incluem o bisão (*Bison bison*), o antílope-de-chifre-forcado (*Antilocapra americana*) e o geomiídeo (*Thomomys bottae*) na América do Norte, e a saiga (*Saiga tatarica*) e a marmota (*Marmota bobac*) na Rússia.

> de todos os biomas, o campo temperado tem sido o mais transformado pelo homem

Muitos desses campos naturais têm sido substituídos por "campos" cultivados anualmente com trigo, aveia, cevada, centeio e milho. Essas gramíneas anuais de regiões temperadas, junto com o arroz nos trópicos, fornecem o alimento básico das populações humanas em todo o mundo. De fato, o grande aumento do tamanho da população humana em tempos históricos (ver Seção 12.2) tem dependido da domesticação de gramíneas para alimentação humana ou para alimentar animais domésticos. Nos limites mais secos do bioma, onde o cultivo não é economicamente viável, muitos dos campos são "manejados" para produção de carne ou leite, algumas vezes exigindo dos seres humanos um estilo de vida nômade. As populações naturais de animais pastejadores, especialmente do bisão e o antílope-de-chifre-forcado da América do Norte e ungulados da África, foram diminuídas em favor de bovinos, ovelhas e cabras. De todos os biomas, esse é o mais cobiçado, usado e transformado pelo homem.

4.4.5 Deserto

Em sua forma mais extrema, os desertos quentes são demasiadamente áridos para possuir qualquer vegetação; eles são tão desprovidos de vegetação quanto os desertos frios da Antártica. Onde há chuva suficiente para permitir o crescimento de plantas nos desertos áridos, o período em que isso acontece é sempre imprevisível.

> padrões contrastantes de comportamento de plantas do deserto

A vegetação de deserto enquadra-se em dois padrões de comportamento nitidamente contrastantes. Muitas espécies têm um estilo de vida oportunista, estimuladas à germinação pelas chuvas imprevisíveis (relógios fisiológicos "internos" são inúteis nesse ambiente). Elas crescem rapidamente e completam sua história de vida começando a produzir novas sementes depois de poucas semanas. Estas são as espécies que podem ocasionalmente fazer um deserto florir; o ecofisiólogo Fritz Went chamou-as de "plantas-do-ventre", porque somente alguém deitando sobre o solo pode apreciar seu charme individual.

Um padrão diferente de comportamento de plantas de desertos áridos é ser perene com processos fisiológicos lentos. Os cactos e outras suculentas, e espécies arbustivas de pequeno porte com folhas pequenas, espessas e frequentemente pilosas podem fechar seus estômatos (aberturas por onde ocorrem as trocas gasosas) e tolerar períodos longos de inatividade fisiológica. Em desertos áridos, à noite são comuns temperaturas muito baixas e a tolerância à geada é quase tão importante quanto a tolerância à seca.

A relativa pobreza de vida animal nos desertos áridos reflete a produtividade baixa da vegetação e a indigestibilidade de grande parte dela. Os vegetais perenes de deserto, incluindo espécies de absinto (*Artemisia*) e creosoto (*Larrea mexicana*) no sudoeste dos EUA e espécies anãs de *Eucalyptus* na Austrália, contêm concentrações altas de substâncias químicas que repelem herbívoros. As formigas e os pequenos roedores têm nas sementes um recurso perene relativamente seguro, enquanto as aves são em grande parte nômades, mudando-se pela necessidade de encontrar água. Somente os carnívoros de deserto podem sobreviver da água que obtêm de seu alimento. Nos desertos da Ásia e África, camelos, jumentos e ovelhas são utilizados para transporte e alimento de grupos humanos migratórios.

<small>a diversidade animal é baixa em desertos</small>

4.4.6 Floresta temperada

Como todos os biomas, a floresta temperada inclui, sob um único nome, uma diversidade de tipos de vegetação. Em suas latitudes mais baixas, na Flórida e Nova Zelândia, os invernos são amenos, as geadas e secas são raras, e a vegetação consiste em grande parte de árvores latifoliadas perenifólias. Em seus limites ao norte nas florestas de Maine e no meio-oeste superior dos EUA, as estações são fortemente marcadas, os dias de inverno são curtos e podem ocorrer seis meses de temperaturas muito baixas. As árvores decíduas, que são dominantes na maioria das florestas temperadas, perdem suas folhas no outono e tornam-se dormentes, após transferirem muito de seu conteúdo mineral para o seu corpo lenhoso. No chão da floresta, ocorre frequentemente uma flora diversificada de ervas perenes, particularmente aquelas que crescem rapidamente na primavera, antes que a folhagem nova das árvores se desenvolva.

Todas as florestas são mosaicos, porque árvores velhas morrem, criando ambientes abertos para novos colonizadores. Esta estrutura em mosaico é observada em uma escala especialmente ampla após furacões derrubarem as árvores mais altas e antigas ou após o fogo eliminar as espécies mais sensíveis. Nas florestas temperadas, os dosséis são frequentemente compostos de uma mistura de espécies longevas, como os carvalhos-vermelhos (*Quercus rubra*) no meio-oeste dos EUA e os colonizadores de clareiras, como o bordo (*Acer saccharum*).

As florestas temperadas fornecem recursos alimentares para animais que geralmente são bem sazonais em sua ocorrência (comparar a Figuras 4.10b com a 4.10a), e somente espécies com ciclos de vida curtos, como os insetos comedores de folhas, podem ser especialistas em sua dieta. Muitas das espécies de aves de florestas temperadas são migratórias que retornam na primavera, mas passam o resto do ano em biomas mais quentes.

Os solos são geralmente ricos em matéria orgânica que, continuamente adicionada a eles, é decomposta e revolvida por minhocas e por uma rica comunidade de outros *detritívoros* (organismos que se alimentam de matéria orgânica morta). Apenas o encharcamento e o baixo pH, em alguns locais, inibem a decomposição da matéria orgânica e forçam seu acúmulo como turfa.

<small>os solos de floresta temperada são ricos em matéria orgânica</small>

Grandes extensões de florestas decíduas na Europa e nos EUA foram cortadas para atividades agrícolas, mas permitiu-se algumas vezes a regeneração dessas áreas conforme os agricultores abandonaram a terra (uma característica conspícua na Nova Inglaterra).

4.4.7 Transição gradual da floresta setentrional de coníferas (taiga) para a tundra

A floresta setentrional (ou boreal) de coníferas (também conhecida como taiga) e a tundra desprovida de árvores ocorrem em regiões onde há uma estação de crescimento curta e o frio do inverno limita a vegetação e sua fauna associada.

A floresta de coníferas consiste de uma flora arbórea muito limitada. Onde os invernos são menos severos, as florestas são frequentemente mistas, podendo ser dominadas por pinheiros (espécies de *Pinus*, que são perenifólias) e árvores decíduas, como lariços (*Larix*), bétulas (*Betula*) ou álamos (*Populus*). Mais ao norte, essas espécies dão lugar às monótonas florestas de uma única espécie de espruce (*Picea*) sobre imensas áreas da América do Norte, Europa e Ásia. Isso gera um contraste extremo com a biodiversidade das florestas pluviais tropicais.

As áreas de vegetação atualmente ocupadas pela tundra e pelas florestas setentrionais de coníferas (e muito das florestas setentrionais decíduas) foram ocupadas por geleiras durante o último período glacial, que só começou a se retrair há 20.000 anos. As temperaturas são agora tão altas quanto foram desde aquele tempo, mas a vegetação ainda não se adaptou às mudanças climáticas e as florestas ainda estão se expandindo para o norte. A diversidade muito baixa das floras e faunas setentrionais é, em parte, um reflexo da lenta recuperação a partir das catástrofes das eras glaciais.

a baixa diversidade da floresta setentrional de coníferas propicia condições ideais para surtos de pragas

Comunidades com baixa diversidade propiciam condições ideais para o desenvolvimento de doenças e epidemias de pragas. Por exemplo, a larva-do-espruce (*Choristoneura fumiferana*) vive em densidades baixas em florestas setentrionais imaturas de espruce. À medida que a floresta amadurece, as populações da lagarta explodem em epidemias devastadoras. Isso arrasa a floresta madura, que depois regenera com árvores jovens. Este ciclo leva cerca de 40 anos para se completar.

A principal restrição ambiental nas florestas setentrionais de espruce é o congelamento permanente (*permafrost*); a água no solo permanece congelada por todo o ano, criando uma seca permanente, exceto quando o sol aquece toda superfície. O sistema de raízes do espruce pode se desenvolver na camada superficial do solo, de onde as árvores obtêm toda a água durante a curta estação de crescimento.

Ao norte das florestas de espruce, a vegetação muda para tundra, com seus arbustos baixos, gramíneas, ciperáceas e pequenas plantas dicotiledôneas, assim como musgos e líquens. De fato, taiga e tundra frequentemente formam um mosaico no Baixo Ártico. Em áreas mais frias, plantas tais como gramíneas e ciperáceas desaparecem, não permanecendo nada enraizado sob congelamento permanente. Os ventos fortes aumentam a aridez do ambiente e, por fim, uma vegetação que consiste apenas em liquens e musgos dá lugar, por sua vez, ao deserto polar. O número de espécies de plantas superiores (i.e., excluindo musgos e liquens) diminui de 600 no Baixo Ártico da América do Norte para 100 espécies no Alto Ártico (ao norte de 83°) da Groenlândia e Ilha Ellesmere. A flora da

Antártica, ao contrário, contém apenas duas espécies nativas de plantas vasculares e alguns liquens e musgos que sustentam poucos invertebrados pequenos. A produtividade e a diversidade biológicas da Antártica estão concentradas na costa e dependem quase totalmente de recursos obtidos do mar.

As faunas das florestas setentrionais de coníferas e da tundra têm intrigado ecólogos porque as populações de lemingues, ratos, ratos-calunga e lebres (herbívoros), e os carnívoros de pelo (p. ex., lince e arminho), que se alimentam deles, passam por marcantes ciclos de expansão e colapso (ver Seção 7.5.2). Os lemingues (*Lemmus*) são famosos por seus ciclos populacionais e o papel que eles desempenham na tundra. Quando a neve derrete durante um período em que o ciclo dos lemingues está no auge, os animais são expostos e sustentam grandes populações de aves predadoras migratórias (corujas, gaivotas-rapineiras e gaivotas) e mamíferos, como doninhas. As renas e os caribus (ambos são a mesma espécie, *Rangifer tarandus*) ocorrem em rebanhos migratórios capazes de se alimentar de liquens da tundra, que conseguem alcançar através da cobertura de neve.

> ciclos populacionais drásticos de animais são característicos de biomas setentrionais

4.4.8 A futura distribuição dos biomas

É evidente que a distribuição dos biomas mudou no passado em resposta ao fluxo e refluxo das eras glaciais. Atualmente, estamos também bastante conscientes de que seus limites estão provavelmente mudando novamente. As mudanças previstas no clima global ao longo das próximas décadas provavelmente resultarão em alterações dramáticas na distribuição dos biomas sobre a face da Terra (Quadro 4.1). Porém, a natureza exata destas mudanças permanece incerta.

4.1 ECONSIDERAÇÕES ATUAIS

Mudanças previstas na distribuição de biomas como resultado de mudanças climáticas globais

Como resultado de atividades humanas, a atmosfera contém uma concentração crescente de determinados gases, particularmente dióxido de carbono, mas também óxido nitroso, metano, ozônio e clorofluorcarbonos (CFCs). Prevê-se que essas mudanças possam levar a um aumento na temperatura e a alterações nos padrões climáticos sobre a face da Terra (ver Seção 13.3.1). Considerando a influência controladora do clima sobre a distribuição de biomas, os ecólogos preveem que o mapa de biomas se altere significativamente, à medida que as concentrações de dióxido de carbono se dupliquem nos próximos 60-70 anos.

Não é uma tarefa fácil prever os detalhes exatos do clima futuro ou suas consequências para a distribuição de biomas. Os cientistas têm apresentado muitos cenários possíveis, os quais diferem de acordo com as pressuposições básicas incluídas em seus modelos. Aqui, não precisamos nos ater aos detalhes. É suficiente observar que as simulações evidenciadas nas Figuras 4.12 e 4.13 são baseadas em um modelo de mudança climática, que admite uma duplicação efetiva de concentrações de dióxido de carbono e leva em conta a ação conjunta da atmosfera e do oceano na determinação de alterações nos padrões de temperatu-

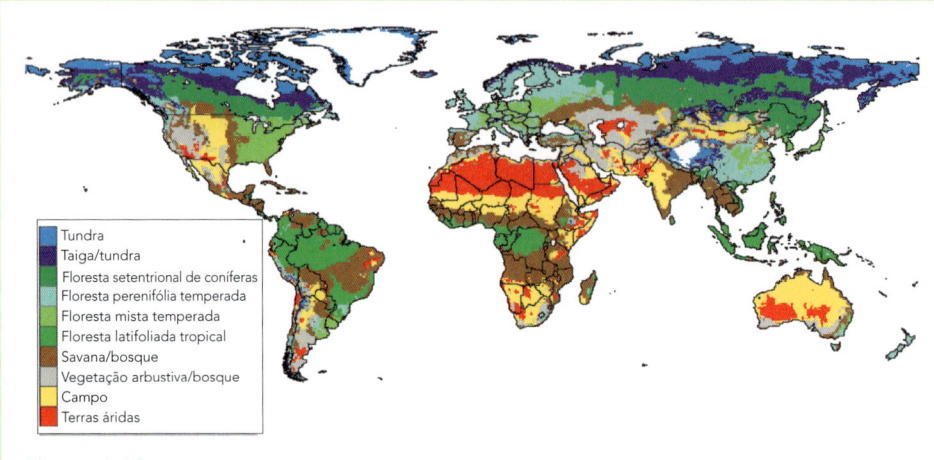

Figura 4.12
Distribuição dos principais tipos de biomas de acordo com o clima atual, conforme simulação do modelo biogeográfico MAPSS.
ADAPTADA DE NEILSON ET AL., 1998

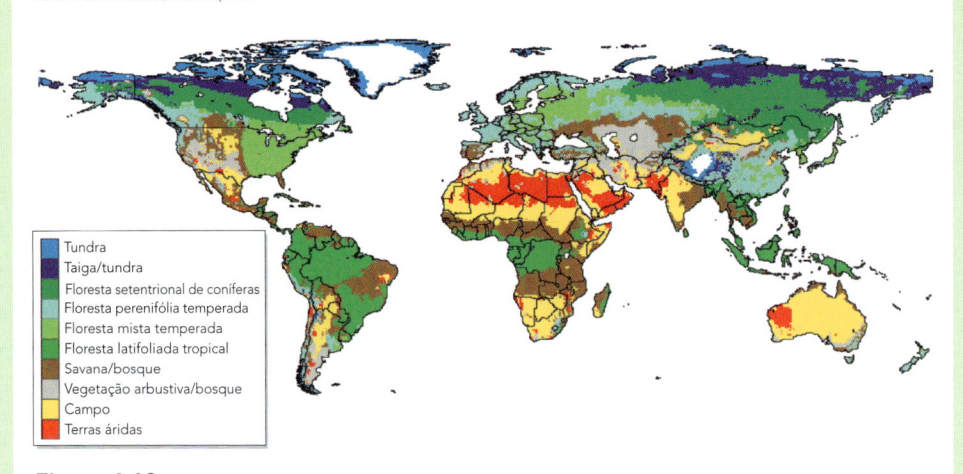

Figura 4.13
Distribuição potencial dos principais biomas, resultante de mudanças climáticas associadas a uma duplicação efetiva da concentração de dióxido de carbono, conforme simulação do modelo biogeográfico MAPSS.
ADAPTADA DE NEILSON ET AL., 1998

ra e pluviosidade. O modelo é conhecido como MAPSS. Isso é traduzido em padrões de distribuição de biomas mediante a simulação da vegetação madura potencial que poderia viver sob as condições "médias" do clima sazonal predominante (para mais detalhes, ver Neilson et al., 1998).

A distribuição de modelos mostrada na Figura 4.12 é uma simulação baseada no modelo de clima atual (Neilson et al., 1998). Em outras palavras, ela mostra como os biomas estão distribuídos atualmente (e reflete a realidade; observe que as categorias de biomas não são exatamente as mesmas discuti-

> das neste capítulo). O mapa na Figura 4.13, ao contrário, é a distribuição prevista de biomas no período de 60-70 anos (Neilson et al., 1998). Este modelo prevê a redução em área dos biomas setentrionais de tundra e taiga/tundra (o bosque aberto que ocorre entre a taiga sem árvores e a floresta setentrional densa de coníferas). Ele prevê também um decréscimo em terras áridas e um aumento da floresta temperada. Estas conclusões concordam amplamente com uma diversidade de modelos que incorporam diferentes pressuposições iniciais.

4.5 Ambientes aquáticos

As características dominantes dos ambientes aquáticos resultam das propriedades físicas da água. A molécula da água é composta de um átomo de oxigênio, que tem carga ligeiramente negativa, ligado a dois átomos de hidrogênio, que têm carga ligeiramente positiva. Esta estrutura dipolar permite às moléculas da água atrair e dissolver mais substâncias do que qualquer outro líquido sobre a Terra. Consequentemente, a água pode reter íons minerais em solução, proporcionando os recursos nutritivos necessários para o crescimento de algas e plantas superiores.

Por outro lado, a solubilidade do oxigênio, um recurso essencial para vegetais e animais, diminui rapidamente com aumentos de temperatura; com isso, o oxigênio se difunde apenas lentamente na água. Esse problema pode colocar grandes limites para a vida na água. O oxigênio é rapidamente utilizado quando a matéria orgânica morta se decompõe. Em lugares onde as folhas de árvores se acumulam ou o esgoto não tratado é despejado dentro de um rio ou lago, a decomposição pode criar condições anaeróbias, que são letais para peixes e outros animais que possuem uma alta demanda biológica de oxigênio. Muitos animais aquáticos mantêm acesso ao oxigênio forçando um fluxo contínuo de água sobre a sua superfície respiratória (p. ex., as brânquias de peixe) ou possuem áreas de superfície muito grandes em relação ao volume corporal.

as propriedades especiais da água como um meio no qual viver

A água é viscosa e, quando corrente, transporta organismos vivos inteiros, como pequenas plantas e animais. Ela oferece resistência ao movimento de animais com mobilidade, tais como peixes, lontras e aves aquáticas; não é surpresa que muitos animais aquáticos móveis sejam aerodinâmicos. Muitas plantas que vivem em água corrente dependem de seu enraizamento no substrato para se defenderem contra a correnteza; muitos animais menores são fixos às plantas ou se escondem em fendas ou sob as rochas, onde ficam protegidos do repuxo da correnteza.

A água é incomum por se manter líquida em uma grande amplitude de temperaturas. Ela requer uma grande quantidade de energia para se aquecer (i.e., ela tem capacidade térmica alta), mas retém calor de maneira eficiente. Uma consequência é que a temperatura de grandes corpos de água (oceanos e lagos grandes) varia pouco através das estações. Uma outra propriedade física peculiar da água é que ela é menos densa quando congelada do que quando líquida. Como a maioria dos líquidos, a água se torna mais densa e submerge conforme se esfria. No entanto, em temperaturas abaixo de 4°C, a água se torna menos densa e, quando o gelo se forma (a $0°C$), ele flutua. O gelo sobre uma superfície hídrica isola a água que se encontra abaixo; lagos e riachos podem permanecer líquidos, fluindo livremente, e inabitáveis sob uma camada de gelo.

4.5.1 Ecologia de riachos

Os riachos e os rios contêm uma pequena porção da água mundial (0,006%), mas uma proporção enorme da água doce que pode ser utilizada pelas pessoas. Consequentemente, eles têm sido canalizados, represados, corrigidos, desviados, dragados e poluídos desde o início da civilização. A compreensão dos impactos e sustentabilidade de algumas dessas práticas começa com o entendimento dos fundamentos da ecologia de riachos.

Os riachos e os rios são caracterizados por sua forma linear, fluxo unidirecional, vazão oscilante e leitos instáveis. A natureza estreita dos canais de rios significa que eles estão muito intimamente conectados ao ambiente terrestre do entorno. Assim, uma compreensão precisa da ecologia de rios requer que consideremos o rio e sua bacia de drenagem como uma unidade (ver Seção 1.3.3).

a importância da concentração de oxigênio...

A montante, a concentração de oxigênio é frequentemente alta em locais turbulentos; a jusante, ela é baixa em locais mais afastados, onde temperaturas mais altas causam solubilidade reduzida. Isso se reflete nas comunidades de peixes de rio, com espécies ativas que vivem a montante – como a truta marrom (*Salmo trutta*), apresentando uma demanda de oxigênio alta – ao passo que espécies mais lentas, como o lúcio (*Esox lucius*), podem tolerar concentrações mais baixas em seus hábitats a jusante.

...pH e temperatura...

Uma diversidade de outras condições físicas e químicas muda de riacho para riacho ou através do curso de um determinado rio. A Figura 4.14 ilustra como a composição de espécies de comunidades de invertebrados de riachos varia com essas condições. Ocorreram 30-40 espécies em cada sítio (principalmente as larvas de plecópteros, tricópteros e mosquitos Chironomidae), com muita sobreposição na lista de espécies presentes. Os dados foram submetidos a uma análise chamada *classificação de comunidades*, que é conceitualmente similar à classificação taxonômica. Na taxonomia, indivíduos semelhantes são agrupados em espécies, espécies semelhantes em gêneros, e assim por diante. Na classificação de comunidades, as que são compostas de espécies semelhantes são agrupadas em conjuntos. Estes conjuntos, por sua vez, são agrupados em outros conjuntos, e assim por diante. Neste caso, as condições mais influentes para determinar o padrão de agrupamento – e, desse modo, mais influentes para determinar a composição da comunidade – foram pH, temperatura do riacho e volume do fluxo de água por unidade de tempo (vazão).

... e distúrbio do leito do riacho

Uma vez que a vazão de um curso d'água responde a eventos como tempestades e derretimento de neve, os riachos são sistemas altamente perturbados. Recentemente, os ecólogos estudiosos do assunto têm observado as maneiras pelas quais diferentes regimes de perturbação do leito do riacho se refletem na composição da comunidade. Por exemplo, os regimes de perturbação de 54 locais de riachos na Nova Zelândia foram avaliados por meio da pintura de partículas (seixos, pedras, pedregulhos) representativas de seus leitos, determinando a percentagem de deslocamento delas (que variou de 10 a 85%) durante vários

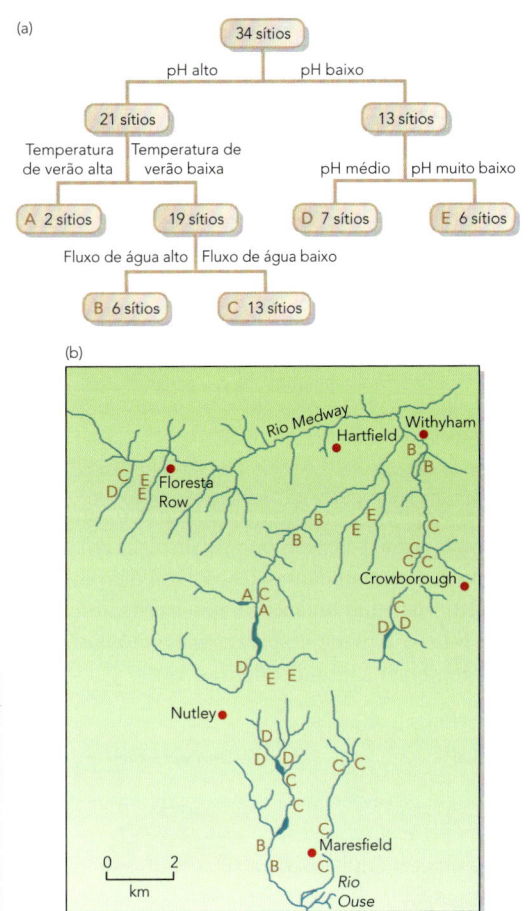

Figura 4.14

A composição em espécies de comunidades de invertebrados de riachos varia com condições tais como pH, temperatura de verão e fluxo de água. (a) Classificação de 34 comunidades de riachos. Em cada divisão, as comunidades estão divididas em classes com composições similares de espécies, e estas divisões podem ser conectadas a diferenças específicas nas condições, como é mostrado. As classes são identificadas pelas letras A-E. (b) Distribuição geográfica real das classes de comunidades A-E no sul da Inglaterra. As classes associadas com condições de águas ácidas (D-E) ocorrem tipicamente nas cabeceiras dos riachos.

períodos. Os insetos habitantes dos riachos foram categorizados de acordo com as propriedades que poderiam ajudá-los a lidar com condições de perturbação alta, incluindo tamanho reduzido (espécies pequenas geralmente têm ciclo de vida curto e suas populações podem se reconstruir rapidamente), corpo aerodinâmico ou aplanado (menos sujeito a ser deslocado) e bom poder de voo dos insetos adultos que emergem do riacho para se reproduzir (maior chance de recolonizar após perturbação). A representação dessas características foi maior nos riachos mais perturbados, testemunhando a importância ecológica dos regimes de perturbação (Figura 4.15).

A vegetação terrestre que está na margem de um riacho (a vegetação *ripária*) tem dois tipos de influência sobre a disponibilidade de recursos para seus habitantes. Primeiro, por sombrear o leito do riacho, ela pode reduzir a produção primária de algas e outras plantas. Segundo, pela perda de folhas, ela pode contribuir diretamente para o suprimento de alimento de animais e micro-organismos. Os rios que iniciam seu curso em regiões florestadas são frequentemente dominados pelo suprimento externo de matéria orgânica, e muitos dos invertebrados possuem peças bucais que podem lidar com partículas grandes (*corta-*

> interações entre o riacho e o terreno do entorno

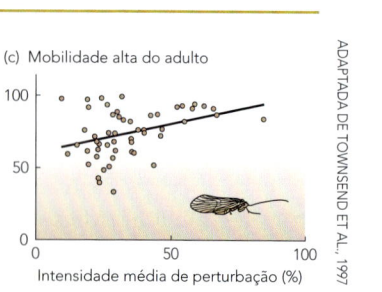

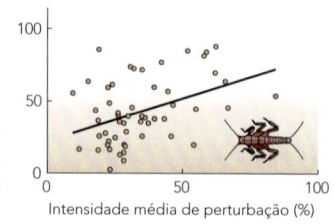

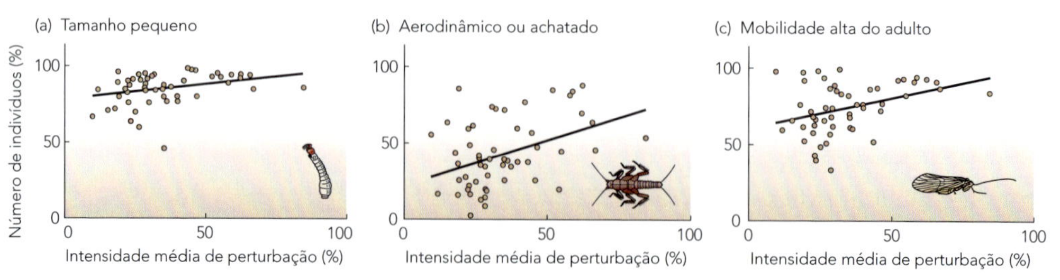

Figura 4.15
As perturbações desempenham um papel importante na ecologia de riachos, particularmente quanto aos insetos: os riachos perturbados continham proporcionalmente mais larvas de inseto, as quais (a) eram pequenas, (b) possuíam corpos aerodinâmicos e (c) se tornaram adultos com capacidade alta para o voo – características que permitiriam a esses organismos resistir a uma perturbação do ambiente e recolonizá-lo posteriormente. As melhores linhas de ajuste (ver Quadro 1.2) são altamente significativas em cada caso ($P < 0,001$).

dores) (Vannote et al., 1980). A jusante, onde o riacho é mais largo e o sombreamento é menos intenso, invertebrados que pastejam ou raspam algas em pedra (pastejadores-raspadores) podem ser mais abundantes. Como resultado da fragmentação de partículas grandes em partículas orgânicas pequenas (e também o processo físico que decompõe as folhas), o alimento para *coletores-apanhadores* e *coletores-filtradores* pode também aumentar à jusante (Figura 4.16).

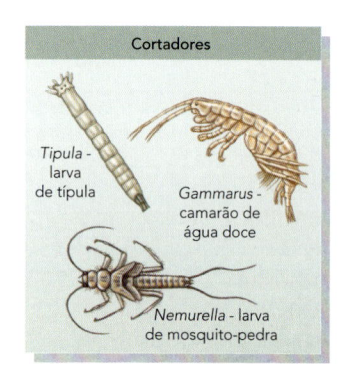

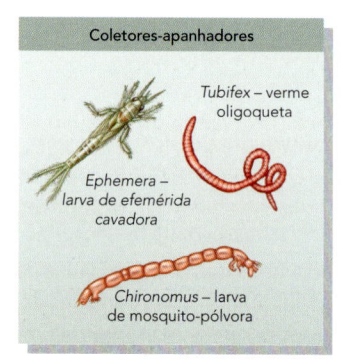

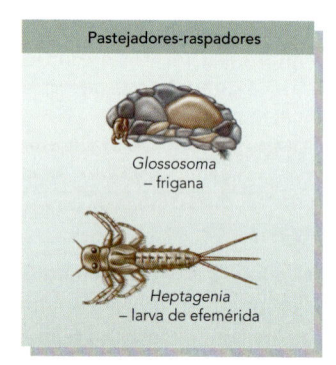

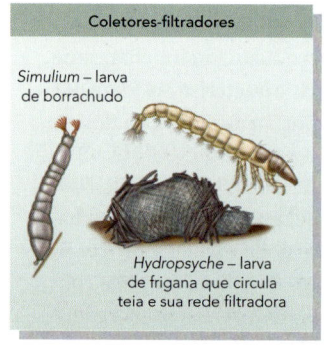

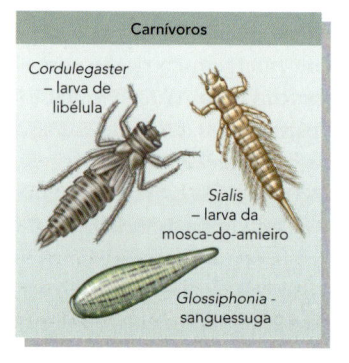

Figura 4.16
Exemplos das várias categorias de invertebrados consumidores em ambientes de riachos.

Quando a vegetação ripária é alterada, por exemplo, quando a floresta dá lugar à agricultura, podem ocorrer efeitos de longo alcance. Menos matéria orgânica particulada entra no riacho, mas há menos sombreamento e mais escoamento de nutrientes vindo das fazendas. Isso resulta em um aumento na produtividade das plantas do riacho e em uma mudança correspondente em sua cadeia trófica. Pode haver também efeitos sobre a vazão (que aumenta quando as árvores são removidas), a temperatura da água (mais alta se a sombra é removida) e as características do leito do riacho (aumento da entrada de partículas minerais finas). No Quadro 4.2, são descritas as consequências mais específicas de uma interação particular entre atividades humanas e ecologia de riachos.

> podem ser rompidas por atividades humanas

4.2 ECONSIDERAÇÕES ATUAIS

Um pequeno peixe de riacho com grandes consequências para o desenvolvimento de propriedades particulares

Pelo fato de os riachos serem intimamente conectados às suas áreas terrestres de captação, as atividades humanas na vizinhança desses cursos de água podem ter consequências negativas para a sua ecologia. Por exemplo, alterações na paisagem ou a construção de rodovias e prédios nas proximidades de riachos aumentam a erosão do solo e causam o escoamento de sedimento para dentro deles. O peixe "Cherokee darter" (*Etheostoma scotti*) vive em riachos de água clara com leito constituído de pedras arredondadas e seixos. Os leitos de riachos cobertos de sedimento impedem que essa espécie seja capaz de forragear e procriar; ela está agora restrita a apenas poucos riachos.

O seguinte artigo de Clint Williams foi publicado no periódico *Atlanta Journal* em 2 de julho de 2001.

IMAGEM GENTILMENTE CEDIDA PELO MUSEU DE HISTÓRIA NATURAL DA GEÓRGIA, E. SCOTTI_RICHLAND CREEK BJF0211

"Cherokee darter": pequeno peixe força mudanças em projeto

Medindo não mais que 2 polegadas de comprimento, o "Cherokee darter" tem o poder de mover rodovias e redesenhar um campo de golfe.

O pequeno peixe, protegido por Ação Federal de Espécies Ameaçadas, nada em riachos pequenos de fundo de cascalho que atravessam uma comunidade cercada e planejada de 730 acres, no condado de Cobb-Paulding. Os empreendedores estão sendo forçados a remodelarem seus planos para a proteção do peixe.

"Refinamos a nossa planta de maneira a minimizar o impacto sobre o Cherokee darter", disse Joe Horton, empreendedor do Clube do Governador, um rico empreendimento de campo de golfe. "Estamos agora em nossa sexta geração do plano", disse Horton.

Em 1994, o "Cherokee darter", amarelo cor de palha clara com marcas escuras cor de oliva, foi listado como ameaçado pelo Serviço Americano de Pesca e Vida Selvagem, não muito tempo depois de ter sido identificado como uma espécie distinta de "Coosa darter". O "Cherokee darter" é encontrado apenas em aproximadamente 20

> pequenos sistemas tributários do Rio Etowah, de acordo com o relatório de Pesca e Vida Selvagem. No entanto, somente poucos riachos têm populações saudáveis.
> "Ele se encontra em um bom número de riachos, mas este número está diminuindo rapidamente", disse Seth Winger, um ecólogo conservacionista do Instituto de Ecologia da Universidade da Geórgia.
> As corredeiras que atravessam a propriedade do Clube do Governador são tributárias do córrego Pumpkinvine, que corre para o rio Etowah abaixo da represa Allatoona. Existem 8000 pés de córregos na área, disse Horton. Um levantamento biológico conduzido antes da aquisição da propriedade encontrou quatro "Cherokee darters"... "Estamos orgulhosos de tê-los", disse Horton.
>
> No entanto, tê-los será um pouco mais custoso.
> (Reproduzido sob permissão de PARS International Corp.)
>
> 1 É razoável que a pequena população de uma espécie que ocorre em cerca de 20 outros riachos interrompa o desenvolvimento econômico?
> 2 Mais especificamente, qual deveria ser a distribuição de uma espécie (em quantos riachos, em quantos estados ou países) antes que os empreendedores tivessem permissão para ignorá-la?
> 3 Você acha que deveria ser responsabilidade de ecólogos, como o que foi mencionado, simplesmente informar ao público sobre o fato (como neste artigo)? Ou é responsabilidade deles se tornarem envolvidos na defesa de uma causa conservacionista?

Uma relação íntima entre terra e água é também óbvia nas planícies de inundação de rios como o Amazonas, onde alagamentos sazonais inundam áreas enormes da floresta adjacente e proporcionam entradas substanciais de nutrientes e matéria orgânica para o rio. Muitas das planícies de inundação do mundo foram deliberadamente drenadas ou isoladas dos seus canais de rios associados, com profundas consequências para a ecologia destes.

4.5.2 Ecologia de lagos

Da mesma forma que a ecologia de rios é definida pelo fluxo unidirecional de água, a ecologia de lagos é definida pela natureza relativamente estacionária da água dentro de sua bacia. Um componente crítico da ecologia de lagos é a maneira pela qual a água pode se estratificar verticalmente em resposta à temperatura (como mencionado na Seção 4.2.3). À medida que a água se assenta em uma bacia de lago, a camada superior é exposta ao sol e se aquece. Uma vez que a água quente é menos densa do que a fria (e, por isso, tende a subir), a camada superior se estratifica – ou seja, ela forma uma camada que é bastante separada da água fria subjacente. Esta camada, o *epilímnio*, é quente e bem iluminada, e tem um conteúdo alto de oxigênio, pois águas superficiais trocam oxigênio com a atmosfera. Ela é em geral extremamente produtiva, com densidades altas de vidas animal e vegetal.

os lagos podem se tornar termicamente estratificados, com consequências importantes para sua ecologia

Em lagos mais profundos, podem se formar duas camadas adicionais. Abaixo do epilímnio existe uma camada de transição, o *termoclino*, na qual a temperatura, a concentração de oxigênio e a luz diminuem. A camada mais profunda, o *hipolímnio*, é fria e frequentemente pobre em oxigênio. É aqui que a matéria orgânica morta que chegou ao fundo é decomposta e seus nutrientes minerais liberados. Nas regiões temperadas da Terra, a estratificação da água do lago se desfaz no outono, quando a camada superior se esfria. As correntes, então, misturam as camadas da água, e os minerais liberados no hipolímnio se tornam disponíveis na superfície do lago.

Os ecólogos especialistas em lagos estão cada vez mais voltando a sua atenção para uma escala espacial maior, que contenha os distritos lacustres na sua totalidade. Os lagos em locais mais altos na paisagem (como os do norte de Wisconsin) recebem uma proporção maior de sua água por precipitação direta, enquanto lagos em menores altitudes recebem mais água que chega do solo (Figura 4.17).

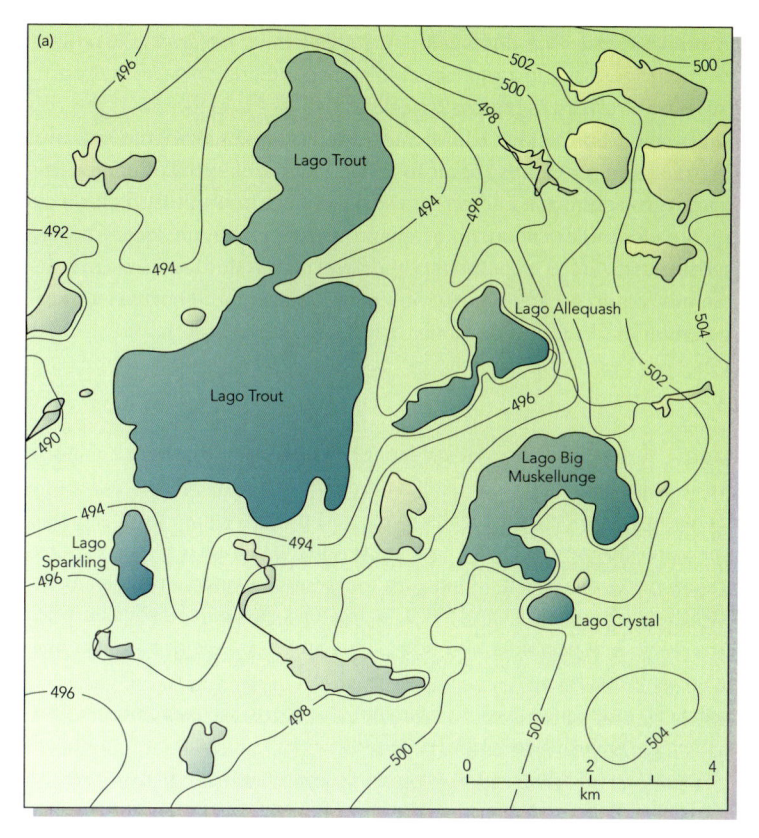

Figura 4.17

Lagos em posições distintas da paisagem diferem quanto à sua fonte de água e à concentração de substâncias químicas importantes para os seus habitantes. (a) Mapa do Distrito de Lagos de Wisconsin: os lagos estudados são destacados em preto e são mostradas as curvas de nível (metros acima do nível do mar). (b) Relação entre posição na paisagem e concentração de cálcio e magnésio (Ca + Mg) e sílica (SiO_2) nos cinco lagos. Os lagos mais altos na área de captação (Crystal e Big Muskellunge) têm menores concentrações de nutrientes.

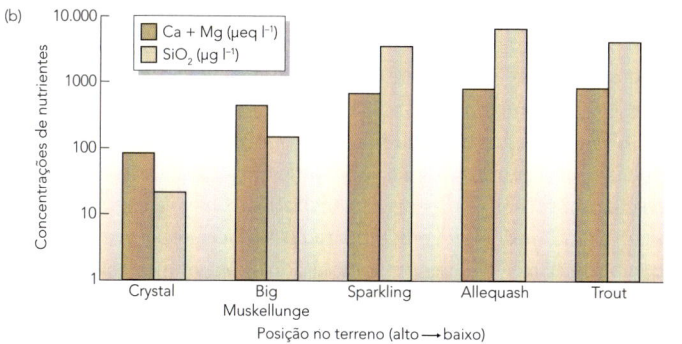

Isso se reflete nas concentrações mais altas de íons importantes nos lagos baixos na paisagem. Espera-se que as concentrações contrastantes de íons possam, por exemplo, afetar a ecologia e distribuição de esponjas de água doce, cujo esqueleto requer sílica, lagostins e caramujos, que possuem uma necessidade especial de cálcio.

Os lagos ricos em nutrientes podem sustentar uma flora rica em fitoplâncton microscópico flutuante (plantas microscópicas), junto com uma diversidade de espécies de peixes e invertebrados, mas a flora enraizada de angiospermas é confinada às águas rasas próximas à margem, a *zona litorânea*. Esta zona é geralmente rica em oxigênio, luz, recursos alimentares e locais de abrigo. No entanto, alguns peixes e invertebrados se especializaram nas águas mais profundas e mais frias dos lagos. A truta (*Salvelinus namaycush*) e o olho-branco (*Sander vitreus*) são dois peixes lacustres populares para pesca esportiva cujo hábitat é restrito às regiões frias de lagos.

> os lagos salgados são comuns em algumas partes do mundo

Muitos lagos, em regiões áridas, não possuem um escoamento externo, perdem água somente por evaporação e se tornam ricos em sódio e outros íons. Esses lagos salgados não deveriam ser considerados singularidades, pois globalmente eles são tão abundantes quanto os lagos de água doce. Eles são geralmente muito férteis e possuem populações densas de algas azul-esverdeadas e alguns, como o Lago Nkuru, no Quênia, sustentam enormes agregações de flamingos filtradores de plâncton (*Phoenicopterus roseus*).

4.5.3 Os oceanos

Os oceanos cobrem a maior parte da superfície terrestre e recebem a maioria da radiação solar que chega à Terra. Contudo, grande parte dessa radiação é refletida na superfície da água ou absorvida pela própria água e por partículas em suspensão. Mesmo em água clara, a intensidade de radiação decresce exponencialmente com a profundidade, e a fotossíntese é restrita principalmente aos 100 m superiores – a *zona eufótica*. Na maioria das águas, a zona eufótica é muito mais rasa, especialmente onde a água apresenta maior turbidez próximo às costas e estuários.

As plantas verdes que fotossintetizam em mar aberto são planctônicas, principalmente algas unicelulares, capazes de utilizar radiação solar com muita eficiência. Porém, no mundo real, muitas áreas de oceano que recebem as maiores intensidades de radiação solar têm a menor atividade biológica – porque a produtividade vegetal é limitada pela escassez de nutrientes minerais. As grandes porções tropicais dos oceanos Atlântico e Pacífico têm produtividade biológica de menos do que 35 g C m^{-2} ano^{-1}, muito menor do que os mais de 800 g C m^{-2} ano^{-1} produzidos por comunidades terrestres nas mesmas latitudes.

As áreas de maior produtividade marinha (superior a 90 g C m^{-2} ano^{-1}) ocorrem onde há um suprimento seguro de minerais (especialmente nitrogênio e fósforo e talvez ferro). Isto ocorre via lixiviação a partir do solo através de rios e estuários ou onde correntes profundas no oceano se erguem para superfície e trazem consigo nutrientes dissolvidos para dentro da zona eufótica (ver Seção 11.2.2). Em áreas onde ocorrem ressurgências, o "deserto" oceânico se transforma em um ambiente produtivo, como, por exemplo, em locais afastados da costa do Peru. Populações densas de algas planctônicas sustentam pequenos crustáceos, que, por sua vez, são comidos por cardumes de anchovetas (*Engraulis ringens*). O peixe sustenta leões-marinhos, bandos de corvos marinhos, pelicanos e outras aves mergulhadoras de grande porte.

Vimos anteriormente, neste capítulo, que a distribuição de comunidades terrestres depende, em grande parte, da intensidade de radiação solar e dos seus efeitos sobre a temperatura e a disponibilidade de água. Em situação bem contrastante, as variações entre comunidades oceânicas são reguladas principalmente pela disponibilidade de nutrientes minerais.

Abaixo da zona eufótica, constata-se escuridão crescente, e o fundo do oceano é totalmente escuro, intensamente frio, e submete-se a uma grande pressão. Esse ambiente abissal sustenta uma atividade biológica muito lenta de uma comunidade de extraordinária diversidade biológica (incluindo vermes, crustáceos, moluscos e peixes que não são encontrados em nenhum outro local), que depende da chuva de organismos moribundos e mortos provenientes da zona eufótica acima. Muitos dos animais invertebrados são pequenos, têm taxas metabólicas muito baixas e possuem um período de vida que pode durar décadas. No entanto, foi descoberta recentemente uma diversidade adicional em respiradouros hidrotermais, que ocorrem em muitos locais isolados a 2.000-4.000 m de profundidade (ver Quadro 2.2). Nesses ambientes incomuns, constatam-se concentrações altas de sulfeto e temperaturas muito altas, que atingem até $350°C$, onde um fluido superaquecido emerge das "chaminés", formando um gradiente nítido que decresce até $2°C$, a temperatura normalmente encontrada nas profundidades abissais adjacentes. O respiradouro é habitado por bactérias termófilas (afinidade ao calor) e uma fauna singular de vermes poliquetas, caranguejos e moluscos de grande porte.

> comunidades singulares ocorrem nas profundezas abissais dos oceanos

4.5.4 Costas

Os ambientes marinhos mudam drasticamente nas proximidades das costas. Eles são enriquecidos não apenas por nutrientes vindos do ambiente terrestre, mas são afetados também pelas ondas e marés que trazem novas forças físicas para serem suportadas. Em particular, há superfícies em que organismos podem se fixar; na verdade, se não procederem assim, eles estão sujeitos a serem lavados para o mar ou abandonados na costa. Em uma escala ampla, as comunidades costeiras são fortemente influenciadas por ondas e marés e pela topografia da costa. Dentro de uma única faixa de costa, podemos reconhecer uma zonação da flora e da fauna, marcada pelas manchas de marés baixa e alta (Figura 4.18). Tais padrões de zonação são mais evidentes em situações abrigadas onde a ação das ondas é suave, mas podem se tornar mais difusos em situações de alta exposição.

A extensão da zona litorânea depende da altura de marés e da inclinação da costa. Longe da costa, as subidas e descidas das marés são raramente maiores do que 1 m, mas, mais próximo à costa, o formato da massa terrestre pode afunilar a maré e o fluxo de água, produzindo elevações rápidas de extraordinárias amplitudes de marés de, por exemplo, quase 20 m na Baía de Fundy (entre Nova Scotia e New Brunswick, Canadá). As costas do mar Mediterrâneo, por outro lado, experimentam quase nenhuma amplitude de maré.

> ondas e marés têm influências-chave na ecologia costeira

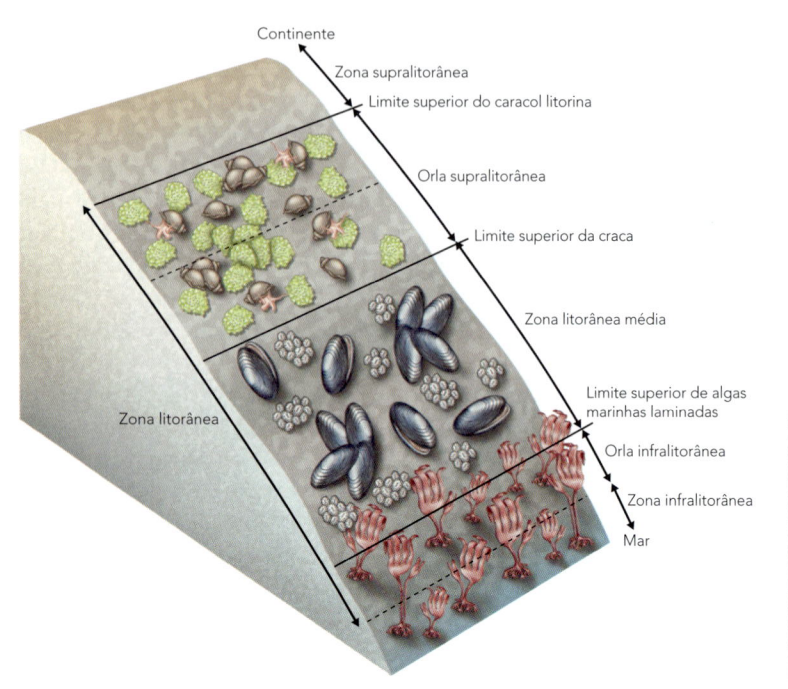

Figura 4.18
Esquema geral de zonação para a costa marinha, determinada pelos comprimentos relativos de exposição ao ar e à ação de ondas. No topo da costa está a zona supralitorânea (a zona de *spray* acima do nível da maré alta). A zona litorânea, entre os níveis das marés alta e baixa, pode ser dividida em uma zona litorânea média juntamente com uma orla supralitorânea acima e uma orla infralitorânea abaixo. A zona infralitorânea propriamente dita ocorre abaixo do limite inferior das marés. Comunidades características de animais e plantas ocorrem nessas diferentes faixas de zonação.

Em costões inclinados e penhascos rochosos, a zona litorânea é muito estreita e a zonação é comprimida. Os vegetais e os animais são profundamente afetados pelas forças físicas da ação das ondas. Anêmonas, cracas e mexilhões se fixam forte e permanentemente ao substrato e filtram vegetais e animais planctônicos provenientes da água, quando as marés os cobrem. Outros animais, como as lapas, se movimentam para pastejar, e os caranguejos se movem com as marés e usam fendas em rochas como refúgios. A flora em uma zona rochosa infralitorânea (Figura 4.18) é geralmente dominada por algas pardas de grande porte, que se fixam nas rochas utilizando "amarras" especializadas.

Os ambientes são bastante diferentes em costas rasas e planas nas quais as marés depositam e revolvem areia e lama. Aqui, os animais dominantes são moluscos e vermes poliquetas, vivendo enterrados no substrato e se alimentando pela filtragem da água quando são cobertos pelas marés. Esse ambiente é completamente desprovido de algas marinhas de grande porte, cujas "amarras" fixadoras não conseguem encontrar ancoragem. As angiospermas são quase ausentes nos ambientes intertidais. Há exceções, onde elas podem se ancorar pelas raízes, e esta exigência as limita dentro das áreas mais estáveis e lamacentas, colonizadas por "gramas marinhas", tais como *Zostera* e *Posidonia* ou moitas de *Spartina*. Nos trópicos, os mangues ocupam esse tipo de hábitat, adicionando uma dimensão arbustiva e lenhosa para a zona litorânea marinha.

4.5.5 Estuários

Os estuários ocorrem na confluência de um rio (água doce) e uma baía de marés (água salgada). Eles proporcionam uma mistura intrigante de condições que são normalmente experimentadas em rios, lagos rasos e comunidades de marés. A água salgada, mais densa do que a água doce, tende a penetrar ao longo do fundo de um estuário como uma cunha salgada. Conforme ela se mistura com o fluxo de água doce, é criada uma camada intermediária e depois ocorre o retorno para a situação a jusante na maré vazante. A forma da cunha de água salgada é determinada, em grande parte, pelo tamanho da vazão do rio fluindo para dentro do estuário; uma vazão alta tende a criar uma cunha menor de água salgada e com menos mistura. Os fortes gradientes de salinidade, no espaço e no tempo, são refletidos em uma fauna estuarina especializada. Alguns animais os enfrentam utilizando mecanismos fisiológicos particulares. Outros evitam as concentrações salinas variáveis se entocando, utilizando conchas protetoras ou se deslocando para longe quando as condições não os favorecem.

RESUMO

Padrões geográficos em escalas grande e pequena

A variedade de influências nas condições climáticas sobre a superfície do globo causa um mosaico de climas. Isso, por sua vez, é responsável pelos padrões de distribuição de biomas terrestres em grande escala. Contudo, os biomas não são homogêneos dentro dos seus limites hipotéticos; todo bioma possui gradientes de condições físicas e químicas relacionados a características locais de topografia, geologia e solo. As comunidades de vegetais e animais que ocorrem nesses diferentes locais podem ser bastante distintas.

Na maioria dos ambientes aquáticos, é difícil reconhecer algo comparável a biomas terrestres; as comunidades de riachos, rios, lagos, estuários e mares abertos refletem condições e recursos locais, em vez de padrões climáticos globais. A composição de comunidades locais pode se alterar em escalas de tempo, que variam de horas até décadas e milênios.

Biomas terrestres

Um mapa de biomas, geralmente, não é um mapa de distribuição de espécies. Em vez disso, ele mostra onde poderíamos encontrar áreas de terra dominadas por plantas com formas de vida características.

A floresta pluvial tropical representa o pico global de diversidade biológica evoluída. Sua produtividade excepcional resulta da coincidência de radiação solar alta recebida durante todo o ano e chuvas seguras e regulares.

A savana consiste em campos com pequenas árvores esparsas. A sazonalidade da chuva impõe as restrições mais severas sobre a diversidade de vegetais e animais na savana; os herbívoros pastejadores e o fogo também influenciam a vegetação, favorecendo a vegetação herbácea e impedindo a regeneração de árvores.

O campo temperado ocorre nas estepes, pradarias e pampas. Tipicamente, ele experimenta secas sazonais, mas o papel do clima na determinação da vegetação é geralmente sobrepujado pelos efeitos do pastejo. O homem tem modificado mais os campos temperados do que qualquer outro bioma.

Muitas plantas do deserto têm um estilo de vida oportunista, estimulado à germinação por chuvas imprevisíveis; outras, como o cacto, possuem vida longa e têm processos fisiológicos lentos. A diversidade animal é baixa nos desertos, refletindo a produtividade baixa da vegetação e a indigestibilidade da maior parte dela.

As florestas temperadas de latitudes mais baixas estão submetidas a invernos amenos e a vegetação consiste de árvores latifoliadas perenifólias. Mais próximo dos polos, as estações são fortemente marcadas e a vegetação é dominada por árvores decíduas. Os solos são geralmente ricos em matéria orgânica.

As florestas setentrionais de coníferas apresentam poucas espécies arbóreas e contrastam fortemente com a biodiversidade das florestas pluviais tropicais, refletindo uma recuperação lenta a partir das catástrofes dos períodos glaciais e da restrição local imposta pelo solo congelado. Mais próximo dos polos, a vegetação muda para tundra e as duas, muitas vezes, formam um mosaico no Baixo Ártico. As populações de mamíferos dos biomas setentrionais muitas vezes passam por ciclos extraordinários de expansão e colapso.

Ambientes aquáticos

Os riachos e os rios são caracterizados por sua forma linear, fluxo unidirecional, vazão oscilante e leitos instáveis. A vegetação terrestre que está na margem de um riacho tem fortes influências sobre a disponibilidade de recursos para seus habitantes; a transformação de florestas em áreas agrícolas pode ter efeitos de longo alcance.

A ecologia de lagos é definida pela natureza relativamente estacionária da água. Alguns lagos exibem estratificação vertical em resposta à temperatura, interferindo na disponibilidade de oxigênio e nutrientes para as plantas. Os lagos elevados na paisagem podem receber mais água da precipitação direta, enquanto os de altitudes mais baixas recebem mais água do solo. Os lagos salgados em regiões áridas não possuem escoamento externo e perdem água somente por evaporação.

Os oceanos cobrem a maior parte da superfície da Terra e recebem a maior porção da radiação solar. No entanto, muitas áreas possuem atividade biológica muito baixa devido à escassez de nutrientes minerais. Abaixo da zona de superfície há uma escuridão crescente, mas no fundo do oceano pode haver um ambiente abissal que sustenta uma comunidade diversa com atividade biológica muito baixa.

As comunidades costeiras são enriquecidas por nutrientes vindos do continente, mas elas são também afetadas por ondas e marés. Dentro de uma única faixa de costa existe uma zonação na flora e fauna que difere entre áreas com forte ou fraca ação das ondas.

Os estuários ocorrem na confluência de um rio (água doce) e uma baía de marés (água salgada). Os gradientes fortes de salinidade, no espaço e no tempo, são refletidos em uma fauna estuarina especializada.

QUESTÕES DE REVISÃO

Asteriscos indicam questões desafiadoras.

1. Descreva as várias alterações que ocorrem no clima devido à mudança de latitude, incluindo uma explicação de por que os desertos são encontrados mais provavelmente em torno de 30° de latitude do que em outras latitudes.
2. Como esperaria que o clima mudasse, à medida que você atravessa do oeste para o leste sobre as Montanhas Rochosas?
3* Os biomas são distinguidos pelas diferenças gerais na natureza de suas comunidades, não pelas espécies que estão presentes. Explique por que isso acontece.
4. A floresta pluvial tropical é uma comunidade diversa sustentada por um solo pobre em nutrientes. Discorra sobre isso.
5* Qual dos biomas da Terra você acha que foi o mais fortemente influenciado por ações humanas? Como e por que alguns biomas têm sido mais fortemente afetados por atividades humanas do que outros?
6. Qual é o significado da "estratificação" da água em lagos? Como isso ocorre? E quais são as razões para variações na estratificação de tempos em tempos e de lago para lago?
7. Descreva como o corte de uma floresta pode influenciar a comunidade de organismos que habitam um riacho que atravessa a área afetada.
8. Por que a maioria do oceano aberto é efetivamente um "deserto marinho"?
9. Discuta algumas razões pelas quais a composição de comunidades se altera (i) do alto da montanha para (ii) a plataforma continental abaixo e em direção às profundezas abissais dos oceanos.
10* Por que classificações geográficas amplas de comunidades aquáticas são menos executáveis do que classificações geográficas amplas de comunidades terrestres? Que características de ecossistemas aquáticos tamponam os efeitos do clima?

PARTE III
Indivíduos, Populações, Comunidades e Ecossistemas

5 | Natalidade, mortalidade e movimento   171
6 | Competição interespecífica   211
7 | Predação, pastejo e doenças   248
8 | Ecologia evolutiva   285
9 | De populações a comunidades   319
10 | Padrões de riqueza de espécies   365
11 | O fluxo de energia e matéria através dos ecossistemas   402

Capítulo 5

Natalidade, mortalidade e movimento

CONTEÚDOS DO CAPÍTULO

5.1 Introdução
5.2 Ciclos de vida
5.3 Monitorando natalidade e mortalidade: tabelas de vida e padrões de fecundidade
5.4 Dispersão e migração
5.5 Impacto da competição intraespecífica sobre as populações
5.6 Padrões de história de vida

CONCEITOS-CHAVE

Neste capítulo, você:

- observará as dificuldades de se contar os indivíduos, mas a necessidade de fazê-lo para entender a distribuição e a abundância dos organismos e suas populações
- observará a variação dos ciclos de vida existentes e os padrões de nascimentos e mortes exibidos por organismos diferentes
- entenderá a natureza e importância das tabelas de vida e os padrões de fecundidade
- entenderá o papel e a importância da dispersão e migração na dinâmica das populações
- entenderá o impacto da competição intraespecífica sobre os nascimentos, mortes e movimentos dos organismos e, consequentemente, sobre suas populações
- observará que os padrões na história de vida que conectam tipos de organismos a tipos de hábitats podem ser reconhecidos, porém também perceberá as limitações destes padrões

> *Todas as questões na ecologia – embora cientificamente fundamentais e cruciais para as necessidades e aspirações humanas imediatas – podem ser reduzidas a tentativas de entender a distribuição e a abundância dos organismos e os processos – nascimento, morte e movimento – que determinam a distribuição e a abundância. Neste capítulo, serão apresentados esses processos, os métodos usados para monitorá-los e as suas consequências.*

5.1 Introdução

o que é uma população?

Como ecólogos, tentamos descrever e entender a distribuição e abundância dos organismos. Fazemos isso para podermos controlar uma praga ou conservar uma espécie ameaçada de extinção, ou simplesmente porque somos fascinados pelo mundo que nos rodeia e queremos entender as forças que o governam. A maior parte do nosso trabalho, portanto, envolve estudar as mudanças no tamanho populacional. Utilizamos o termo *população* para descrever um grupo de indivíduos de uma espécie. O que realmente constitui uma população, contudo, depende da espécie e do objetivo do estudo. Em alguns casos, os limites de uma população são evidentes: uma espécie de peixe ocupando um pequeno lago, por exemplo, é "a população daquela espécie de peixe do lago". Em outros casos, os limites são determinados pelo propósito ou conveniência do pesquisador. Assim, podemos estudar a população de afídeos do limoeiro que habitam uma folha, uma árvore, um pomar ou um conjunto de pomares. O que é comum no uso do termo *população* é que esta é definida pelo número de indivíduos que a compõe: as populações crescem e declinam em relação àqueles números.

natalidade, mortalidade e movimento modificam o tamanho das populações

Os processos que modificam o tamanho populacional são: natalidade, mortalidade e os movimentos para dentro e para fora dos limites populacionais. Tentar entender as causas que modificam o tamanho populacional é importante porque a ciência da ecologia não apenas procura entender os fenômenos naturais, mas principalmente prevê-los ou controlá-los. Podemos, por exemplo, querer reduzir o tamanho populacional de coelhos que possivelmente causam sérios danos a uma plantação. Isso pode ser feito aumentando-se a taxa de mortalidade mediante a introdução de um vírus na população ou decrescendo a taxa de natalidade, através da oferta de um alimento que contenha um contraceptivo. Podemos também forçar a emigração, trazendo mais cães à área ou evitar sua imigração por meio de cercas.

Similarmente, uma ação conservacionista pode querer aumentar os números populacionais de espécies raras, ameaçadas de extinção. Na década de 1970, os números populacionais da águia americana, da águia-pescadora e de outras espécies de aves nos EUA começaram a declinar rapidamente. Isso deve ter acontecido devido ao declínio de suas taxas de natalidade, do aumento das taxas de mortalidade ou porque essas populações estavam normalmente mantidas por imigração e este parâmetro populacional diminuiu ou porque os indivíduos emigraram e não mais retornaram. É raro o declínio ser função da redução das taxas de natalidade. Na década de 1970, o inseticida DDT (diclorodifeniltricloroetano) foi amplamente utilizado nos EUA (seu uso hoje é proibido) e absorvido por muitas espécies das quais as aves se alimentavam. Como consequência, o mesmo se acumulou nos corpos das aves e afetou seus processos fisiológicos, a tal ponto que as cascas de seus ovos tornaram-se tão finas que os filhotes frequentemente morriam dentro deles. Os conservacionistas encarregados de restaurar a população da águia americana tiveram que encontrar uma maneira de aumentar a taxa de natalidade das aves. O banimento do DDT serviu a esta finalidade.

5.1.1 O que é um indivíduo?

Uma população compreende um grupo de indivíduos, mas para alguns tipos de organismos esta definição nem sempre é clara, quanto ao que entendemos por um indivíduo. Em geral não há problemas, especialmente em relação a organismos *unitários*. Aves, insetos, répteis e mamíferos são todos organismos unitários. A morfologia geral de tais organismos e o seu programa de desenvolvimento a partir do momento em que um espermatozóide se funde com um óvulo são previsíveis e *determinados*. Uma aranha tem oito pernas. Uma aranha que vivesse uma longa vida não desenvolveria mais pernas.

> organismos unitários e modulares

Porém, nada disso é tão simples em relação a organismos *modulares* tais como árvores, arbustos e ervas, corais, esponjas e muitos outros invertebrados marinhos. Esses organismos crescem pela produção repetida de módulos (folhas, pólipos, etc.) e quase sempre formam uma estrutura ramificada. Tais organismos apresentam uma arquitetura peculiar, sendo muitos enraizados ou fixos, não móveis (Figura 5.1). Tanto a sua estrutura quanto o seu plano exato de desenvolvimento não são previsíveis, mas sim *indeterminados*. Poderíamos contar todas as folhas em uma floresta, mas isso não nos possibilitaria determinar o número de árvores. Poderíamos contar as árvores individuais numa floresta, mas isso indicaria o "tamanho" da população de árvores? Não, a menos que também observássemos se as árvores eram indivíduos jovens (cada um com poucas folhas e ramos), ou velhos, cada um com muito mais desses módulos. De fato, pode fazer mais sentido não contar as árvores individuais em si, mas o número total de módulos.

Em organismos modulares, então, necessitamos distinguir entre o geneta – o indivíduo do ponto de vista genético – e o módulo. O *geneta* é o indivíduo que inicia a vida como um simples zigoto unicelular e vive até que todos os seus componentes modulares estejam mortos. Um *módulo* inicia sua vida como um organismo multicelular independente de outra estrutura modular, e completa seu ciclo de vida, da maturidade à morte, embora a forma e o desenvolvimento do geneta como um todo sejam indeterminados. Geralmente pensamos em organismos como unitários quando escrevemos ou falamos a respeito de populações, talvez porque nós mesmos sejamos organismos unitários e também porque há mais espécies formadas por organismos unitários do que modulares. No entanto, os organismos modulares não são incomuns. A maioria da biomassa viva da Terra e boa parte da existente nos mares são formadas por organismos modulares: as florestas, campos, recifes de corais e turfeiras.

> organismos modulares são por si só populações de módulos

5.1.2 Contando indivíduos, nascimentos e mortes

Mesmo com indivíduos unitários, nos deparamos com enormes problemas técnicos quando tentamos quantificar as populações na natureza. Muitas

(a)

(b)

Figura 5.1
Plantas (à esquerda) e animais (à direita) modulares, sendo mostradas as semelhanças na morfologia entre eles. (a) Organismos com crescimento em partes: lentilha d'água (*Lemna* sp.) (© John D. Cunningham) e *Hydra* sp. (© Larry Stepanowicz). (b) Organismos livremente ramificados nos quais os módulos estão dispostos como indivíduos sobre "pedúnculos": um ramo vegetativo de uma planta superior (*Lonicera japonica*) com folhas (módulos de forrageio) e um ramo reprodutivo (© Visuals Unlimited) e uma colônia de hidróides (*Obelia*) com módulos alimentares e reprodutivos (© L. S. Stepanowicz, "Visuals Unlimited").

as dificuldades do censo

questões ecológicas permanecem sem resposta devido a esses problemas. Por exemplo, só é possível controlar uma praga quando se sabe que suas taxas de natalidade são máximas. Isso só pode ser realizado monitorando-se acuradamente os nascimentos ou o total de indivíduos da população, tarefa não muito fácil em ambas as situações.

Se quiséssemos saber quantos peixes existem em um lago, poderíamos fazer uma acurada contagem total colocando uma substância nociva a eles e posteriormente contando todos os indivíduos mortos. Porém, além da ques-

Fundamentos em Ecologia   175

Figura 5.1 (*continuação*)
(c) Organismos estoloníferos cujas colônias se expandem lateralmente e permanecem ligadas pelos "estolões" ou rizomas: indivíduo de moranguinho (*Fragaria*) se expandindo por meio de estolões (© Science VU) e uma colônia do hidróide *Tubularia crocea* (© John D. Cunningham). (d) Colônias de módulos firmemente dispostos: uma moita de *Saxifraga bronchialis* (© Gerald e Buff Corsi) e um segmento do coral *Turbinaria reniformis* (© Dave B. Fleetham). (e) Módulos acumulados em um suporte não mais vivo, porém persistente: um carvalho (*Quercus robur*) no qual o suporte está constituído de tecidos mortos derivados de módulos anteriores (© Silwood Park) e uma gorgônia coralínea na qual o suporte está constituído de tecidos calcificados de módulos anteriormente vivos (© Daniel W. Gotshall).

tão moral envolvida nisso, geralmente desejamos continuar estudando uma população, após termos contado seus indivíduos. Às vezes, pode ser possível capturar e manter todos os indivíduos vivos, contá-los e depois soltá-los novamente. Com aves, por exemplo, pode ser possível marcar indivíduos jovens com anéis nos tarsos e posteriormente reconhecê-los individualmente (exceto imigrantes) em uma população residente em um pequeno bosque. Também não é muito difícil contar o número de grandes mamíferos, tais como cervos e outros herbívoros, em uma ilha isolada. Por outro lado, é muito mais difícil contar quantos lemingues existem em um campo na tundra, porque eles vivem boa parte do ano (e se reproduzem) sob a neve. E as outras espécies, na maioria, são tão pequenas, ou crípticas, ou escondidas, ou se movem tão rapidamente que são ainda mais difíceis de serem contadas.

estimativas a partir de amostras representativas

Os ecólogos, portanto, são quase sempre forçados a estimar em vez de contar. Eles podem estimar o número de afídeos em um pomar, por exemplo, contando o número de amostras representativas de folhas, estimando após o número de folhas por metro quadrado de terreno, para, com isso, estimar o número de afídeos por metro quadrado. Em outras ocasiões são utilizados métodos mais complexos (Quadro 5.1), e outras vezes podemos nos basear em "índices" indiretos de abundância. Estes podem fornecer informação sobre o tamanho relativo de uma população, mas geralmente dão pouca indicação do tamanho absoluto. Como exemplo, a Figura 5.3 mostra como a abundância de uma espécie de anuro foi afetada pelo número de poças ocupadas

5.1 ASPECTOS QUANTITATIVOS

Métodos de marcação e recaptura para estimar o tamanho populacional

Uma estimativa do tamanho populacional pode, em alguns casos, ser feita por meio da captura e marcação (utilizando-se tintas, anéis nos tarsos) de uma amostra de indivíduos, para posterior soltura dos mesmos. Em um momento subsequente da amostragem, a proporção de indivíduos capturados e marcados fornece uma estimativa do tamanho total da população (Figura 5.2). Por exemplo, capturamos e marcamos 100 indivíduos de uma população de pardais, liberando-os de volta à população de origem. Se uma amostra posterior de novamente 100 indivíduos for tomada e a metade deles for de indivíduos marcados, poderíamos considerar o seguinte: se a amostra é representativa da população, a proporção de indivíduos marcados e não marcados encontrada no segundo momento amostral reflete a mesma proporção encontrada no primeiro momento amostral, onde marcamos 100 indivíduos. Desse modo, metade dos indivíduos foi marcada, sendo a população total composta de 200 indivíduos. No entanto, esta técnica de marcação e recaptura não é muito simples de ser aplicada como parece. Há muitas situações ocultas no processo amostral e na interpretação dos dados. Suponhamos, por exemplo, que muitos dos indivíduos que foram marcados morreram entre a primeira e segunda amostragem. Isso de alguma forma deveria ser apurado para que o método pudesse ser modificado. Para muitos organismos, contudo, esta é a única técnica existente para estimar o tamanho de uma população.

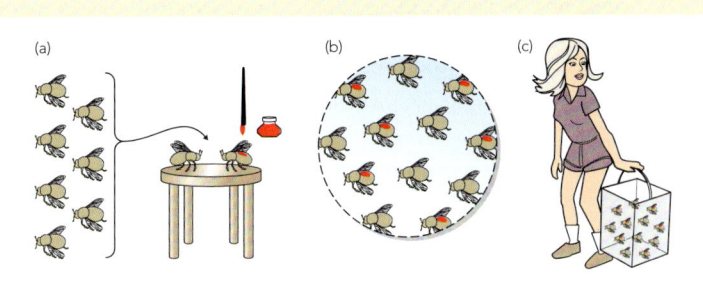

Fundamentos em Ecologia 177

Figura 5.2
A técnica de marcação e recaptura para estimar o tamanho populacional de organismos móveis (de uma maneira simplificada). (a) Uma primeira amostragem da população, de tamanho populacional desconhecido N, é tomada (r indivíduos) e marcada. (b) Esses indivíduos são soltos e se misturam novamente à população N. (c) É feita uma segunda amostragem de indivíduos. Devido à representatividade amostral, a proporção de marcados (m de um total de n indivíduos capturados) deverá ser, em média, a mesma daquela existente quando da primeira amostragem (r indivíduos sobre um total de N). Com isso, N pode ser estimado.

e pela quantidade de hábitats de verão (terrestres) na sua vizinhança. Aqui, a abundância de anuros foi estimada através de "categorias de vocalização": nenhum, "poucos", "vários" ou "muitos" indivíduos vocalizando em quatro ocasiões diferentes. Apesar de suas limitações, mesmo índices de abundância podem fornecer informações valiosas.

Além disso, como já observamos, em relação a organismos modulares, geralmente não é muito claro o que devemos contar.

5.2 Ciclos de vida

5.2.1 Ciclos de vida e reprodução

Se quisermos entender as forças que governam a abundância dos indivíduos em uma população, precisamos conhecer as fases da vida desses organismos

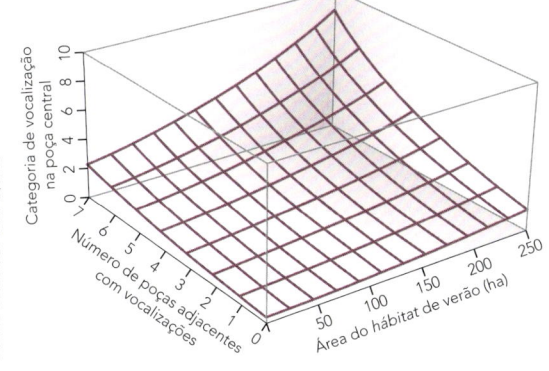

Figura 5.3
A abundância (categorias de vocalização, *calling rank*) de *Rana pipiens* em poças aumenta significativamente tanto com o número de poças adjacentes que estão ocupadas quanto com a área de hábitats de verão dentro de um raio de 1 km da poça. As categorias de vocalização é a soma de um índice medido em quatro ocasiões: 0, nenhum indivíduo vocalizando; 1, indivíduos podem ser contados; vocalizações não sobrepostas; 2, vocalizações de < 15 indivíduos podem ser distinguidas com alguma sobreposição; 3, vocalizações de ≥ 15 indivíduos.

ADAPTADA DE POPE ET AL., 2000

onde tais forças são mais significativas. Para isso, necessitamos entender as sequências de eventos que ocorrem em tais ciclos de vida dos organismos.

Existe um ponto crucial na vida de qualquer organismo quando, se sobreviver por tempo suficiente, ele começa a se reproduzir e, com isso, a deixar prole. De maneira simplificada, o ciclo de vida de um organismo (Figura 5.4) compreende o nascimento, seguido por um período pré-reprodutivo, um período reprodutivo e um período pós-reprodutivo, que culmina com a morte, resultado do processo de senescência (ressaltando-se que outros fatores de mortalidade podem atuar em qualquer momento da vida). A história natural de todos os indivíduos unitários pode ser vista como variações em torno desse simples padrão, embora o período pós-reprodutivo (comum nos seres humanos) provavelmente não seja comum.

o conflito entre crescimento e reprodução

Alguns organismos apresentam várias ou muitas gerações no período de um ano, outros têm apenas uma geração por ano (chamadas espécies anuais), enquanto outros (espécies perenes) têm um ciclo de vida que ultrapassa vários anos. Contudo, para todas as espécies existentes, antes de iniciar a reprodução existe um período de crescimento, que diminui de intensidade (em alguns casos, o crescimento corporal até cessa completamente), quando a maturação reprodutiva se inicia. Crescimento e reprodução são, assim, dois componentes do ciclo de vida de um organismo que necessitam de recursos e há claramente um certo conflito entre ambos. Assim, quando *Sparaxis grandiflora*, uma espécie vegetal perene, inicia sua fase reprodutiva no sudoeste da África do Sul, as flores e os frutos são produzidos *a expensas* de folhas e raízes (Figura 5.5). Há também muitos vegetais (p. ex., a dedaleira, *Digitalis* sp.) que investem seu primeiro ano de vida no crescimento vegetativo e, depois, florescem e morrem no segundo ou último ano (as chamadas plantas "bianuais"). Porém, se as flores dessas espécies são removidas antes que suas sementes sejam produzidas, essas plantas em geral sobrevivem no ano seguinte, quando suas flores novamente produzem sementes de modo mais vigoroso. Assim, parece ser o custo de prover a prole (sementes), e não a produção das flores, o fator letal para a planta. Da mesma forma, mulheres grávidas são orientadas a aumentar a ingestão calórica em mais da metade do consumo normal: quando a nutrição está inadequada, a gravidez pode causar danos à saúde da mãe.

Figura 5.4

Um padrão da história de vida para um organismo unitário. O tempo passa ao longo do eixo horizontal, o qual está dividido em diferentes fases. O esforço reprodutivo está plotado no eixo vertical.

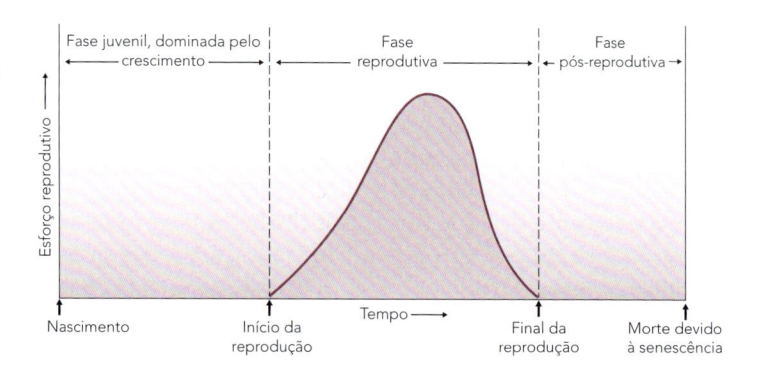

Figura 5.5

Alocação percentual de nitrogênio, um recurso crucial, para diferentes estruturas de *Sparaxis grandiflora*, espécie vegetal perene, ao longo do seu ciclo anual na África do Sul, onde a produção de frutos ocorre na primavera (setembro a dezembro no hemisfério sul). A cada ano, a planta cresce de um cormo, que ela substitui durante a estação de crescimento, sendo alocada energia para as partes reprodutivas a expensas de raízes e folhas, no final da estação de crescimento. As estruturas estão indicadas à direita, ilustrando uma planta no início da primavera.

Entre espécies anuais e perenes, há algumas – *espécies iteróparas* – que se reproduzem repetidamente, destinando alguns de seus recursos durante um episódio reprodutivo não para a própria reprodução, mas à sobrevivência para episódios reprodutivos futuros (se sobreviver até lá). Os seres humanos são exemplos de organismos iteróparos. As *espécies semélparas*, por outro lado, como as plantas bianuais antes mencionadas, apresentam apenas um episódio reprodutivo em suas vidas, não alocando recursos para sobrevivência futura, de modo que a reprodução é rapidamente seguida pela morte.

espécies iteróparas e semélparas

5.2.2 Ciclos de vida anuais

Em latitudes temperadas, com sazonalidade bem marcada, a maioria dos organismos anuais germina ou nasce quando as temperaturas aumentam, na primavera, crescendo rapidamente e se reproduzindo, e morrendo, então, antes do final do verão. O gafanhoto comum europeu, *Chorthippus brunneus*, é exemplo de uma espécie anual iterópara. Ele eclode de seus ovos no final da primavera e passa por quatro estágios juvenis de ninfas antes de se tornar adulto, em meados do verão, e morrer no mês de novembro (outono). Durante a fase adulta as fêmeas se reproduzem repetidamente, e em cada evento reprodutivo há a produção de uma massa contendo cerca de 11 ovos, bem como a recuperação e manutenção ativa de seus corpos entre os pulsos reprodutivos.

Muitas plantas anuais, ao contrário, são semélparas: apresentam um evento repentino de floração e produção de sementes, para então morrerem em seguida. Este é um caso comum entre ervas daninhas de áreas cultiváveis. Outras, como a tasneira (*Tanacetum*, Asteraceae), são iteróparas: continuam a crescer e a produzir novas flores por toda a estação quente, até morrerem em virtude das primeiras geadas que ocorrem no início do inverno. Elas morrem com suas gemas.

bancos de sementes

A maioria das espécies anuais despende parte do ano como uma fase dormente de sementes, esporos, cistos ou ovos. Essa fase de dormência pode permanecer viável por muitos anos. Existem registros confiáveis de sementes das ervas *Chenopodium album* e *Spergula arvensis* que permaneceram viáveis no solo por cerca de 1600 anos. Similarmente, os ovos secos de camarões marinhos permanecem viáveis por muitos anos e podem, assim, ser estocados. Isso significa que, se quisermos mensurar o tempo de vida de um organismo desde sua formação como zigoto, muitos vegetais e animais ditos "anuais" vivem muito mais do que um ano. Grandes populações de sementes dormentes no solo formam um *banco de sementes* enterrado no solo. Em solos cultivados, têm sido encontradas muito mais de 86.000 sementes viáveis por metro quadrado de solo. A composição de espécies do banco de sementes pode ser bastante distinta daquela da vegetação madura sobre ele (Figura 5.6). Espécies anuais que têm se tornado localmente extintas podem reaparecer rapidamente e germinar de novo, após o revolvimento do solo.

"anuais" efêmeras de desertos

A dormência de sementes, esporos ou cistos é também necessária para muitas plantas e animais efêmeros que vivem em dunas e desertos, completando muitas vezes seus ciclos de vida em menos de oito semanas. Eles dependem do estágio dormente para persistir pelo resto do ano e sobreviver às intempéries de baixas temperaturas no inverno e aos períodos de seca prolongados no verão. Em ambientes de desertos, as raras chuvas não são necessariamente sazonais e somente em anos ocasionais que a quantidade de precipitação é necessária para estimular a germinação de plantas efêmeras, muito pequenas e coloridas.

5.2.3 Ciclos de vida mais longos

reproduções repetidas e sazonais

Há um marcado ritmo sazonal nas vidas de muitas espécies de plantas e animais de ciclo de vida mais longevo, especialmente quanto à atividade reprodu-

Figura 5.6
Espécies de plântulas e da vegetação madura em um local campestre costeiro na costa oeste da Finlândia, recuperadas a partir do banco de sementes. As espécies podem germinar a partir desse banco, ser enterradas e chegar até plântulas, e as plântulas podem se estabelecer na vegetação madura. As plantas maduras podem contribuir com sementes (na "chuva de sementes") que germinam, formando plântulas imediatamente ou vão para o banco de sementes subterrâneo. Sete grupos de espécies (GR1-GR7) são definidos em relação a terem sido encontradas em somente um, dois ou em todos os três estágios de vida. É nítida a diferença na composição, especialmente entre o banco de sementes e a vegetação madura. Dois terços das espécies na vegetação madura (19 + 13) não estiveram representados no banco de sementes; 33 espécies no banco de sementes não foram encontradas na vegetação madura, e 29 destas não foram encontradas tampouco como plântulas.

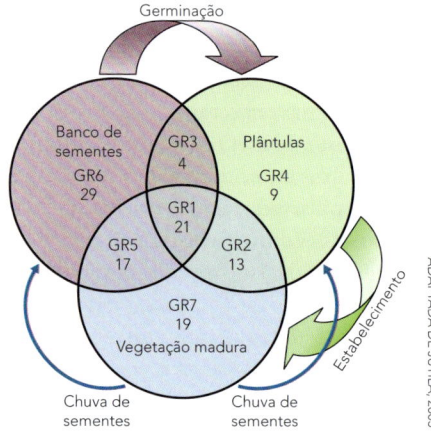

ADAPTADA DE JUTILA, 2003

Época de floração em desertos. Como as chuvas são raras e imprevisíveis, uma densa e espetacular vegetação, composta de plantas anuais, desenvolve-se rapidamente após chuvas torrenciais. Essas plantas completam seus ciclos de vida, da germinação até a produção de sementes, em pouco mais de um mês.

tiva: um período anual de reprodução (Figura 5.7a). O acasalamento (ou a floração para as plantas) é comumente desencadeado pelo *fotoperíodo* – número de horas do dia com luz – que varia continuamente ao longo do ano, fazendo com que a prole nasça, os ovos eclodam ou as sementes amadureçam quando os recursos sazonais são provavelmente mais abundantes.

Em populações de espécies perenes, as gerações se sobrepõem e indivíduos de diferentes idades podem se acasalar. A população é mantida em parte pela sobrevivência dos adultos e em parte pelos nascimentos. Um estudo sobre o chapim-real (*Parus major*), por exemplo, mostrou que dos 50 ovos que eram liberados em uma estação reprodutiva de 10 adultos, somente em 30 deles os jovens conseguiam se emplumar e somente três deles sobreviviam para se tornar adultos até o ano seguinte. Essas três aves de 1 ano, reunidas com as de 2 anos, formam as aves entre 2 e 5 anos que são as sobreviventes daquelas 10 aves anteriores (Figura 5.8).

Por outro lado, nas regiões equatoriais úmidas, onde, além do fotoperíodo, ocorre uma pequena variação anual na temperatura ambiente e na precipitação pluviométrica, encontramos espécies de plantas que produzem flores e frutos por quase todo o ano – e espécies animais em contínua reprodução que subsistem desses recursos (Figura 5.7b). Há várias espécies de figueiras (*Ficus*), por exemplo, que produzem frutos continuamente e se tornam, as-

reproduções contínuas

Figura 5.7

Esquemas simplificados de histórias de vida de organismos que vivem por mais de 1 ano. (a) Uma espécie iterópara que se reproduz sazonalmente uma vez por ano. A mortalidade tende a não ser previsível após nenhuma fase em particular, embora um declínio associado à senescência seja frequentemente observado. (b) Uma espécie iterópara que se reproduz continuamente ao longo do ano. O padrão de mortalidade é similar ao anterior. (c) Uma espécie semélpara que passa boa parte de sua vida em fase pré-reprodutiva, seguida de uma fase explosiva de reprodução e de mortalidade subsequente.

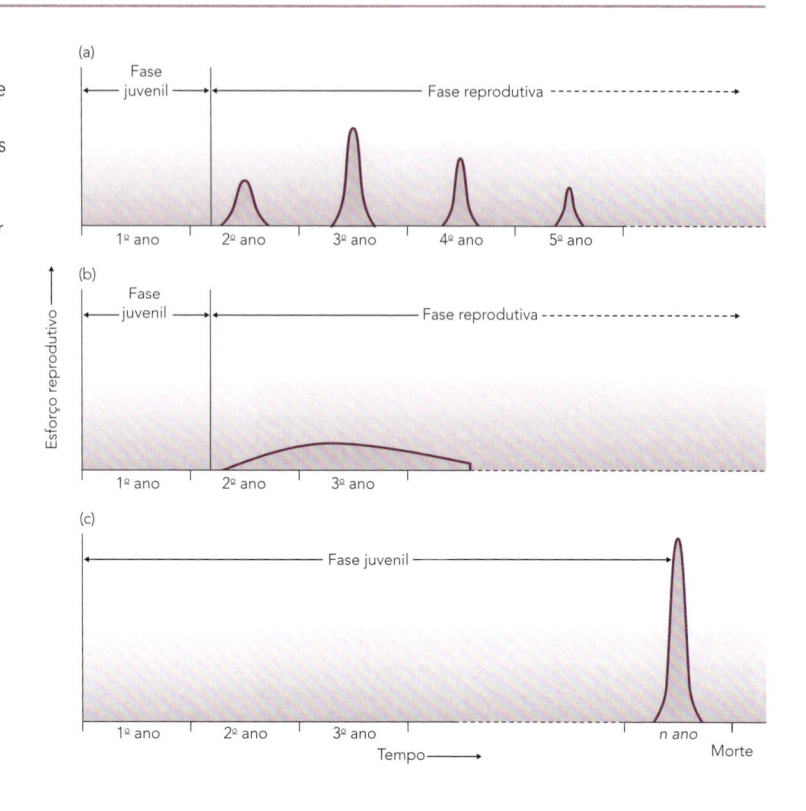

espécies semélparas, como o salmão e o bambu

sim, uma fonte alimentar disponível para aves e primatas. Em climas mais sazonais, mesmo os seres humanos se reproduzem continuamente ao longo de todo o ano, embora muitas outras espécies, baratas, por exemplo, também o façam em ambientes mais estáveis, criados pelos próprios humanos.

Outras plantas e animais podem despender quase toda a sua vida em uma fase pré-reprodutiva (juvenil), para ter uma atividade reprodutiva intensa, seguida de morte (Figura 5.7c). Observamos semelparidade anteriormente em plantas bianuais, mas esta também é característica de algumas espécies que vivem por muito mais de dois anos. O salmão do Pacífico é um exemplo clássico. Esse peixe desova em rios. Ele passa a primeira fase de sua vida juvenil na água doce e, depois, migra para o mar, muitas vezes percorrendo milhares de milhas. Quando os salmões estão maduros sexualmente, retornam aos mesmos rios nos quais nasceram. Alguns maturam e retornam para se reproduzir somente dois anos após, outros maturam mais vagarosamente e retornam 3, 4 ou 5 anos depois. Na época reprodutiva, a população de salmão é composta por indivíduos de diversas gerações. Porém, todos eles são semélparos: eles põem seus ovos e depois morrem; seu ato reprodutivo é terminal.

Há exemplos muito mais dramáticos de espécies que possuem uma vida longa, mas se reproduzem apenas uma vez. Muitas espécies de bambus formam densos clones de partes aéreas que permanecem vegetativas por muitos anos: em algumas espécies, cerca de 100 anos. Os indivíduos de bambus, en-

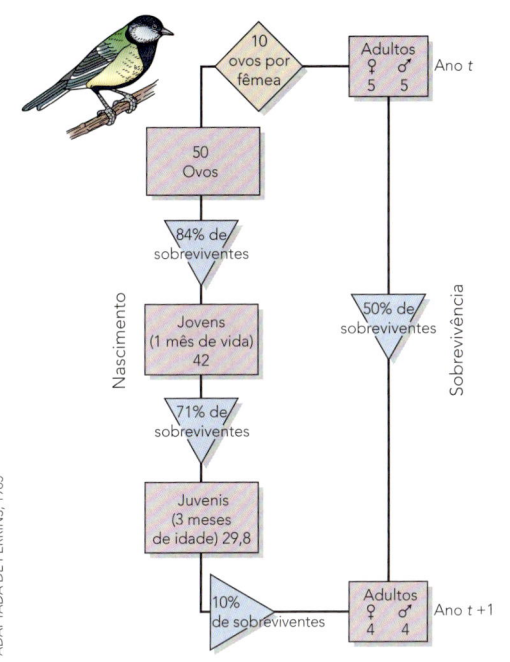

Figura 5.8

Uma história de vida diagramática para uma população do chapim-real (*Parus major*), próxima a Oxford, Inglaterra. Os indivíduos vivem por muitos anos; assim, a população existente em um determinado ano será a combinação dos sobreviventes de anos anteriores e de jovens que nasceram naquele ano. O tamanho populacional (nos retângulos) está indicado por hectare; a proporção de sobreviventes de uma fase a outra está indicada nos triângulos; o número médio de ovos produzidos por fêmea é mostrado no losango superior.

tão, florescem todos simultaneamente. Mesmo quando partes desses clones já se tornaram fisicamente separadas, elas ainda florescem simultaneamente.

Os organismos de espécies longevas que possuem a mesma idade não necessariamente têm o mesmo tamanho – sobretudo em organismos modulares. Alguns indivíduos adultos e com mais idade podem ser impedidos de crescer e de se desenvolver pela ação de predadores ou competidores. A idade muitas vezes não pode ser usada como um bom indicador da fecundidade. Uma análise que classifica os membros de uma população de acordo com seu tamanho, e não por sua idade (Figura 5.9), em geral é mais útil quando o que é avaliado é se eles sobreviverão ou se reproduzirão.

> tamanho é importante

5.3 Monitorando natalidade e mortalidade: tabelas de vida e padrões de fecundidade

As seções anteriores ressaltaram os diferentes padrões de nascimentos e mortes em diferentes espécies. Porém, avaliar padrões é apenas o início. Quais são as *consequências* desses padrões em casos específicos, em relação aos seus efeitos do crescimento descontrolado, por exemplo, ou de declínio populacional até a extinção? Para determinar essas consequências, necessitamos monitorar esses padrões de uma maneira quantitativa.

Há diferentes maneiras de se fazer isso. Para quantificar a sobrevivência, podemos acompanhar o destino de indivíduos da mesma *coorte* dentro de uma população, ou seja, todos os indivíduos que nascem em um determinado período. Uma *tabela de vida de coorte*, assim, registra a sobrevivência dos

Figura 5.9
O efeito da idade (em anos) e do tamanho (medido pela área foliar) sobre a probabilidade de *Rhododendron lapponicum* iniciar sua fase reprodutiva. As relações matemáticas foram padronizadas por meio de uma técnica estatística chamada de "regressão logística". Observe que a probabilidade de reprodução aumenta com o tamanho da planta em todas as idades. Além disso, as plantas de idade mais avançada tendem a iniciar a reprodução mais rapidamente porque tendem a ser maiores. Contudo, para qualquer tamanho analisado, a probabilidade de reprodução tende a diminuir com a idade, fazendo deste um parâmetro menos correlato do que o tamanho corporal.

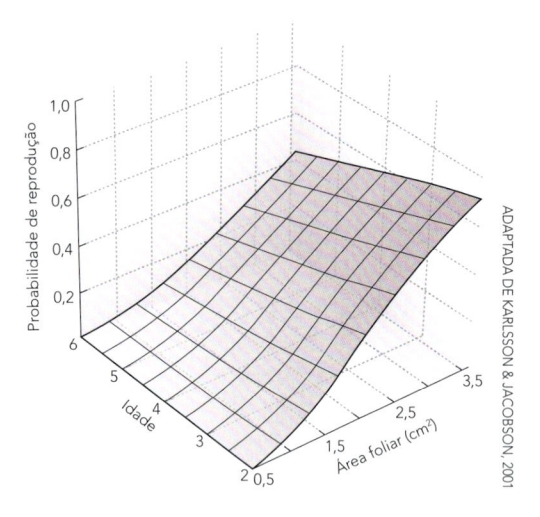

ADAPTADA DE KARLSSON & JACOBSON, 2001

seus membros ao longo do tempo, até o último morrer (Quadro 5.2). Uma abordagem diferente é necessária quando não podemos acompanhar todos os indivíduos de uma coorte, mas sabemos as idades de todos os indivíduos vivos (distribuição etária da população). Podemos, nesse caso, em um único momento amostral, descrever os números de sobreviventes de diferentes idades, construindo assim uma *tabela de vida estática* (Quadro 5.2).

5.2 ASPECTOS QUANTITATIVOS

A base para tabelas de vida de coorte e estática

Na Figura 5.10, uma população está representada por uma série de linhas diagonais, cada uma significando a "trajetória" de vida de um indivíduo. À medida que o tempo passa, cada indivíduo envelhece (move-se da parte inferior esquerda para a superior direita ao longo de sua trajetória) e, finalmente, morre (o ponto no final da trajetória). Aqui, os indivíduos são classificados pela sua idade. Em outros casos, pode ser mais apropriado dividir a vida de cada indivíduo em diferentes estágios de desenvolvimento.

O tempo é dividido em diferentes períodos: t_0, t_1, etc. No presente caso, três indivíduos nasceram (iniciaram a sua trajetória de vida) antes do tempo t_0, quatro durante t_0, e novamente três durante t_1. Para construir uma *tabela de vida de coorte*, dirigimos nossa atenção para uma coorte específica (neste caso, para aqueles que nasceram no tempo t_0) e monitoramos o desenvolvimento subsequente desta coorte. A tabela de vida é construída registrando-se o número de sobreviventes ao início de cada intervalo de tempo. Aqui, dois dos quatro indivíduos sobreviveram até o início do tempo t_1; somente um destes estava vivo no início de t_2 e nenhum indivíduo dessa coorte se encontrava vivo no início de t_3. A primeira coluna de dados de uma tabela de vida de coorte compreende uma série de números decrescentes: 4, 2, 1, 0.

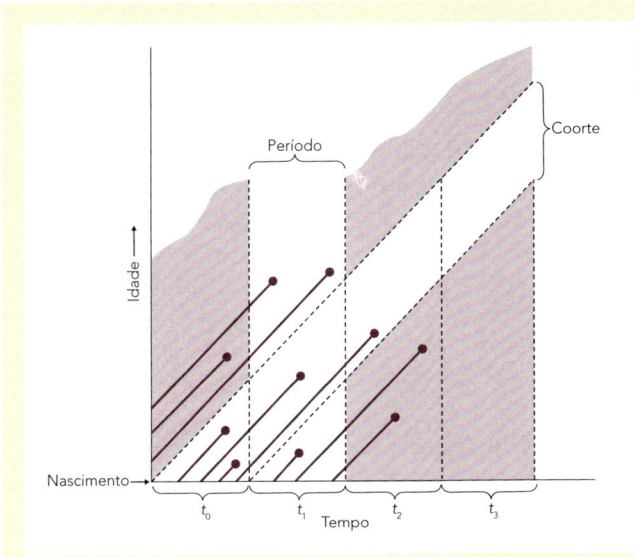

Figura 5.10
Ver o texto para mais detalhes.

Uma forma diferente de construir uma tabela de vida é necessária quando não podemos acompanhar uma coorte, mas podemos registrar todas as idades dos indivíduos de uma população em um período determinado (talvez a partir de alguma pista como o desgaste dos dentes em uma espécie de cervídeos). Podemos, então, como mostra a figura, direcionar nossa atenção para a população total durante um determinado período de tempo (neste caso, t_1), registrando o número de sobreviventes nas diferentes classes etárias na população. Isso pode ser válido se assumirmos que as taxas de natalidade e mortalidade são, e foram, constantes – a enorme pressuposição. O resultado é chamado de *tabela de vida estática*. Aqui, dos sete indivíduos vivos durante o período t_1, três realmente nasceram durante t_1, e estão, portanto, no grupo etário mais jovem, dois nasceram no intervalo de tempo anterior, dois no intervalo anterior a este, e nenhum no intervalo anterior a este. A primeira coluna da tabela de vida estática compreende a série 3, 2, 2, 0. Isto equivale dizer que, ao longo destes intervalos de tempo, uma tabela de coorte típica iniciará com três indivíduos, decrescendo nos intervalos subsequentes para dois, dois e então zero.

A fecundidade dos indivíduos também muda com a sua idade e, para entender totalmente o que está acontecendo com uma população, é necessário sabermos quantos indivíduos de diferentes idades contribuem com novos indivíduos (nascimentos): isto pode ser descrito pelo que chamamos *padrões de fecundidade específicos por idade*.

5.3.1 Tabelas de vida de coorte

A tabela de vida mais fácil de construir é uma tabela de vida de coorte para espécies anuais, porque não há sobreposição de gerações, sendo possível acompanhar uma coorte desde o primeiro nascimento até a morte do último sobrevivente. Uma dessas tabelas de vida, para *Phlox drummondii*, uma espécie vegetal anual, é mostrada na Tabela 5.1. Uma coorte inicial de 996 sementes

> uma tabela de vida para uma planta anual

Tabela 5.1

Tabela de vida de coorte para a planta anual *Phlox drummondii*. As colunas são explicadas no texto.

INTERVALO DE IDADE (DIAS) x-x'	NÚMERO DE SOBREVIVENTES NO DIA X a_x	PROPORÇÃO DA COORTE ORIGINAL SOBREVIVENTE NO DIA X l_x	SEMENTES PRODUZIDAS EM CADA ESTÁGIO F_x	SEMENTES PRODUZIDAS POR INDIVÍDUO SOBREVIVENTE EM CADA ESTÁGIO m_x	SEMENTES PRODUZIDAS POR INDIVÍDUO ORIGINAL EM CADA ESTÁGIO $l_x m_x$
0-63	996	1,000	0,0	0,00	0,00
63-124	668	0,671	0,0	0,00	0,00
124-184	295	0,296	0,0	0,00	0,00
184-215	190	0,191	0,0	0,00	0,00
215-264	176	0,177	0,0	0,00	0,00
264-278	172	0,173	0,0	0,00	0,00
278-292	167	0,168	0,0	0,00	0,00
292-306	159	0,160	53,0	0,33	0,05
306-320	154	0,155	485,0	3,13	0,49
320-334	147	0,148	802,7	5,42	0,80
334-348	105	0,105	972,7	9,26	0,97
348-362	22	0,022	94,8	4,31	0,10
362-	0	0,000	0,0	0,00	0,00
Total			2.408,2		2,41

ADAPTADA DE LEVERICH H & LEVIN, 1979

$R_0 = \Sigma l_x m_x = \frac{\Sigma F_x}{a_0} = 2,41$.

foi acompanhada desde a germinação até a morte do último adulto, com o ciclo de vida interrompido em períodos sucessivos de 14-63 dias.

Mesmo quando as gerações se sobrepõem, se os indivíduos puderem ser marcados no início de suas vidas de tal modo que sejam identificados posteriormente, será possível acompanhar o destino de cada coorte anual em separadado. É então possível combinar as coortes de diferentes anos para derivar uma tabela de vida que reúna informações sobre todo o período do estudo. Um exemplo é mostrado na Tabela 5.2: fêmeas de uma população da marmota-de-ventre-amarelo (*Marmota flaviventris*), as quais foram capturadas vivas e marcadas individualmente de 1962 a 1993 no Vale do Rio East no Colorado, EUA.

> uma tabela de vida de coorte para marmotas...

A primeira coluna em cada tabela de vida é uma lista das classes etárias (ou, em alguns casos, estágios) da vida do organismo: períodos de 14-63 dias para *Phlox*, anos para as marmotas. A segunda coluna mostra os dados brutos de cada estudo, coletados no campo. Ela registra o número de indivíduos sobreviventes no início de cada estágio de desenvolvimento (ver Quadro 5.2).

Tipicamente, os ecólogos estão interessados não apenas em examinar populações em isolamento, mas também em comparar as dinâmicas de duas ou mais populações diferentes (na presença e ausência de um poluente, p. ex.). Portanto, é necessário padronizar os dados brutos para que as comparações

Tabela 5.2
Uma tabela de vida de coorte simplificada para fêmeas de marmota-de-peito-amarelo (*Marmota flaviventris*), no Colorado. As colunas são explicadas no texto.

CLASSE ETÁRIA (ANOS) x	NÚMERO DE INDIVÍDUOS VIVOS NO INÍCIO DE CADA CLASSE ETÁRIA a_x	PROPORÇÃO DA COORTE ORIGINAL SOBREVIVENTE NO INÍCIO DE CADA CLASSE ETÁRIA l_x	NÚMERO DE FÊMEAS JOVENS PRODUZIDAS POR CADA CLASSE F_x	NÚMERO DE FÊMEAS JOVENS PRODUZIDAS POR INDIVÍDUO SOBREVIVENTE EM CADA CLASSE ETÁRIA m_x	NÚMERO DE FÊMEAS JOVENS PRODUZIDAS POR INDIVÍDUO ORIGINAL EM CADA CLASSE ETÁRIA $l_x m_x$
0	773	1,000	0	0,000	0,000
1	420	0,543	0	0,000	0,000
2	208	0,269	95	0,457	0,123
3	139	0,180	102	0,734	0,132
4	106	0,137	106	1,000	0,137
5	67	0,087	75	1,122	0,098
6	44	0,057	45	1,020	0,058
7	31	0,040	34	1,093	0,044
8	22	0,029	37	1,680	0,049
9	12	0,016	16	1,336	0,021
10	7	0,009	9	1,286	0,012
11	3	0,004	0	0,000	0,000
12	2	0,003	0	0,000	0,000
13	2	0,003	0	0,000	0,000
14	2	0,003	0	0,000	0,000
15	1	0,001	0	0,000	0,000
Total			519		0,670

$R_0 = \Sigma l_x m_x = \dfrac{\Sigma F_x}{a_0} = 0{,}67$.

possam ser feitas. Isso é apresentado na terceira coluna da tabela, denominada l_x, onde l_x é definido como a proporção da coorte original sobrevivente no início de cada classe de idade. O primeiro valor desta coluna, l_0, é então a proporção dos sobreviventes no início desta classe etária original. Obviamente, nas Tabelas 5.1 e 5.2, e em qualquer tabela de vida, l_0 será 1,00.

Nas marmotas, por exemplo, 773 fêmeas foram observadas nesta classe etária mais jovem. Os valores l_x para as classes etárias subsequentes estão, portanto, expressos como proporções deste número. Somente 420 indivíduos sobreviveram para alcançar o seu segundo ano (classe etária 1: entre 1 e 2 anos de idade). Desse modo, na Tabela 5.2, o segundo valor na terceira coluna, l_1, é a razão $420/773 = 0{,}543$ (i.e., somente 0,543 ou 54,3% da coorte original sobreviveu a esta primeira etapa). Na linha seguinte, $l_2 = 208/773 = 0{,}269$, e assim por diante. Para *Phlox*, (Tabela 5.1), $l_1 = 668/996 = 0{,}671 = 67{,}1\%$ sobreviveram à primeira etapa.

Para uma tabela de vida completa, as subsequentes colunas deverão ser usadas com os mesmos dados para se calcular a razão da coorte original que morreu em cada estágio e a respectiva taxa de mortalidade para cada estágio, mas, para sermos objetivos, estas colunas foram aqui omitidas.

...e os padrões na fecundidade...

As Tabelas 5.1 e 5.2 também incluem os dados de fecundidade para *Phlox* e para as marmotas (colunas 4 e 5). A coluna 4 em cada caso mostra F_x, o número total da classe etária mais jovem produzida para cada classe etária subsequente: esta classe etária mais jovem representando as sementes para *Phlox* e para as marmotas juvenis independentes vivendo às suas próprias custas fora de suas tocas. Assim, indivíduos de *Phlox* produziram sementes por volta do dia 300 e do dia 350 do ano; marmotas geraram novos indivíduos quando tinham entre 2 e 10 anos de idade.

A quinta coluna contém os valores de m_x, fecundidade: o número médio da classe etária mais jovem produzida por cada indivíduo sobrevivente de cada classe subsequente. Para *Phlox*, é evidente que a fecundidade, m_x, o número médio de sementes produzidas por planta adulta sobrevivente, atingiu um pico por volta do dia 340. Para as marmotas, a fecundidade foi mais alta para fêmeas com 8 anos de idade.

...combinados fornecem a taxa reprodutiva líquida

Na última coluna de uma tabela de vida, as colunas l_x e m_x são combinadas para expressar a potencialidade na qual uma população aumenta ou decresce em números de indivíduos no tempo – refletindo a dependência disto em relação tanto à sobrevivência dos indivíduos (coluna l_x) quanto à reprodução dos que sobreviveram (coluna m_x). Isto é, uma classe etária contribui ao máximo com a geração seguinte quando uma grande proporção de indivíduos sobrevive e estes são altamente fecundos, e contribui ao mínimo quando poucos sobrevivem e/ou produzem pouca (ou nenhuma) prole. A soma de todos os valores de $l_x m_x$, $\Sigma l_x m_x$, onde o símbolo Σ significa "a soma de" é, portanto, uma medida pela qual esta população tem, neste caso, diminuído em uma geração. Chamamos isso de *taxa reprodutiva líquida*, representada por R.

Para *Phlox* (Tabela 5.1), $R = 2,41$: esta população produziu aproximadamente 2,5 vezes mais sementes ao final da geração (fim da estação) do que a quantidade presente no início. Para as marmotas, $R = 0,67$: a população estava declinando para aproximadamente dois terços do seu tamanho inicial a cada geração. Contudo, enquanto para *Phlox* a extensão de uma geração é obvia – pois, sendo uma anual, há apenas uma geração a cada ano –, para as marmotas a extensão da geração deve ser calculada. Os detalhes deste cálculo vão além do escopo deste livro, mas o seu valor, 4,5 anos, condiz com o que pudemos observar na tabela de vida: que um período "típico" desde o nascimento de um indivíduo até este gerar outro (ou seja, uma geração) é de 4,5 anos, em média. Desse modo, a Tabela 5.2 indica que cada geração desta população de marmotas, a cada 4,5 anos, declinava para aproximadamente dois terços do seu tamanho inicial.

curvas logarítmicas de sobrevivência

É também possível estudar o padrão detalhado do declínio no número de sobreviventes para as coortes de *Phlox* ou de marmotas. A Figura 5.11a, por exemplo, mostra o número de sobreviventes relacionados à população original – os valores l_x – plotados em relação à idade da coorte. Contudo, isso pode ser desorientador. Se a população original é de 1.000 indivíduos e ela decresce à metade (500) no próximo intervalo de tempo, então este decréscimo pareceria mais drástico em um gráfico como mostrado na Figura 5.11a do que um decréscimo de 50 para 25 indivíduos na próxima etapa. Contudo, o risco de mortalidade para os indivíduos é igual em ambos os intervalos.

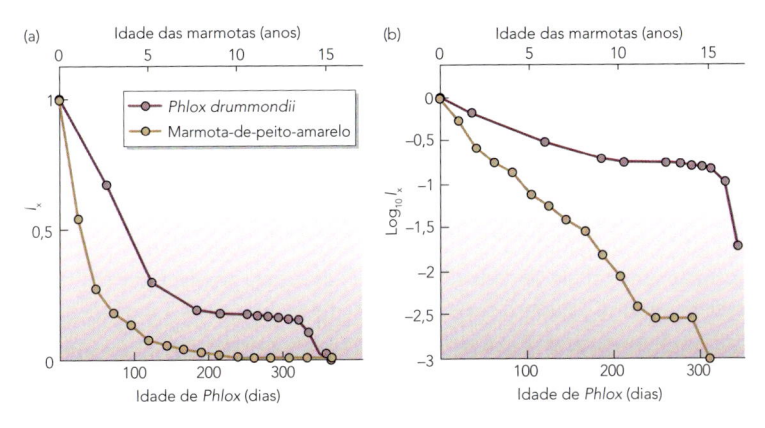

Figura 5.11

Acompanhamento da sobrevivência de uma coorte de *Phlox drummondii* (bordô, Tabela 5.1) e da marmota-de-peito-amarelo (amarelo, Tabela 5.2). (a) Quando l_x é plotado em relação à idade, a maioria dos indivíduos é morta em idades iniciais de vida, porém não há uma clara definição do risco de mortalidade nas diferentes classes etárias. (b) Por outro lado, uma curva de sobrevivência produzida com log(l_x) em relação à idade mostra, para *Phlox*, que uma sobrevivência moderada inicial de 6 meses foi seguida por um período extenso de maior sobrevivência (menos risco de mortalidade) e, então, novamente por uma alta mortalidade, nas semanas finais do ciclo de vida anual. Para as marmotas, o risco de mortalidade foi virtualmente constante até a idade em torno de 10 anos, seguindo-se um breve período de baixo risco após o qual os sobreviventes remanescentes morreram.

Entretanto, se os valores de l_x são substituídos por log(l_x), isto é, os logaritmos dos valores, como na Figura 5.11b (ou, efetivamente a mesma coisa, se o valores l_x são plotados sobre uma escala logarítmica), então é uma característica dos logaritmos que a redução de uma população para a metade de seu tamanho inicial parecerá sempre a mesma. As *curvas de sobrevivência* são, portanto, representações gráficas que relacionam os valores de log(l_x) às idades de uma coorte.

A Figura 5.11b mostra que houve um rápido e constante declínio no tamanho da coorte de *Phlox* ao longo dos primeiros 6 meses de vida, permanecendo a taxa de mortalidade, após esta etapa da vida, relativamente estável e menor até o final da estação, quando todos os sobreviventes da coorte estudada estavam mortos. Para as marmotas, a Figura 5.11b mostra um declínio constante ainda mais evidente até aproximadamente o décimo ano de vida (quando a reprodução cessa), seguido por um breve período com efetivamente nenhuma mortalidade, após o qual os poucos sobreviventes restantes morreram.

É possível ver, portanto, mesmo nestes dois exemplos, como as tabelas de vida podem ser úteis para caracterizar a "saúde" de uma população – quantificando o quanto ela está crescendo ou decrescendo no tempo – e identificar quais as etapas no ciclo de vida dos indivíduos, quanto à sobrevivência ou à natalidade, são os períodos críticos para esse aumento ou declínio. Estudos dessa natureza são fundamentais para conservar espécies ameaçadas ou controlar pragas.

5.3.2 Tabelas de vida para populações com gerações sobrepostas

Muitas das espécies que suscitam questões importantes, e para as quais as tabelas de vida podem fornecer uma resposta, exibem épocas reprodutivas repetidas, como as marmotas, ou reprodução contínua, como no caso dos seres humanos; contudo, a construção de uma tabela de vida é complicada, pois nessas populações há indivíduos de várias classes etárias coexistindo ao mesmo tempo. Construir uma tabela de vida de coorte é, às vezes, possível, porém relativamente incomum. Apesar de existirem gerações sobrepostas, tal tarefa pode ser difícil simplesmente devido à longevidade de muitas espécies.

> uma tabela de vida estática – útil se empregada com cautela

Uma outra abordagem é construir uma "foto instantânea da população" em uma tabela de vida estática (ver Quadro 5.2). No geral, os dados são os mesmos de uma tabela de vida de coorte: uma série de diferentes números de indivíduos em diferentes classes etárias. Porém, há diferenças importantes que levam a utilizar uma tabela de vida estática com mais cautela: os dados somente podem ser tratados e interpretados da mesma forma se os padrões de mortalidade (ou sobrevivência) e natalidade específicos por idade permanecerem praticamente constantes entre os nascimentos dos indivíduos mais novos até os mais velhos – e isso raramente acontece. Não obstante, *insights* apropriados podem ser obtidos se houver a possibilidade de se combinar dados de uma tabela de vida estática (uma *distribuição etária*: os números em diferentes classes de idade) com alguma informação adicional. Isso é ilustrado por um estudo de duas populações de uma espécie arbórea, *Acacia burkitii*, no sul da Austrália (Figura 5.12). Embora as diferenças nas distribuições das classes etárias entre as populações sejam óbvias, as razões que fazem com que essas distribuições sejam diferentes não o são. Felizmente, informações adicionais fornecem importantes informações.

5.3.3 Uma classificação para as curvas de sobrevivência

As tabelas de vida fornecem informações detalhadas sobre organismos específicos. Porém, os ecólogos buscam generalidades – padrões de vida e morte que podem ser semelhantes entre várias espécies. Os ecólogos convencionalmente dividem as curvas de sobrevivência em três tipos, em um esquema que remonta a 1928, generalizando o que sabemos sobre a maneira na qual os riscos de morte são distribuídos ao longo das vidas dos mais diferentes organismos (Figura 5.13).

- Numa curva de sobrevivência do tipo I, a mortalidade está concentrada no final do período máximo de vida de um organismo. Este tipo é talvez mais típico em humanos de países desenvolvidos e seus animais bem cuidados em zoológicos e em casa.
- Uma curva de sobrevivência do tipo II é uma linha reta que significa uma taxa de mortalidade constante do nascimento até a idade máxima. Ela descreve, por exemplo, a sobrevivência de sementes enterradas no solo.
- Numa curva de sobrevivência do tipo III há uma alta mortalidade inicial, mas uma elevada taxa de sobrevivência posterior. Esse padrão é

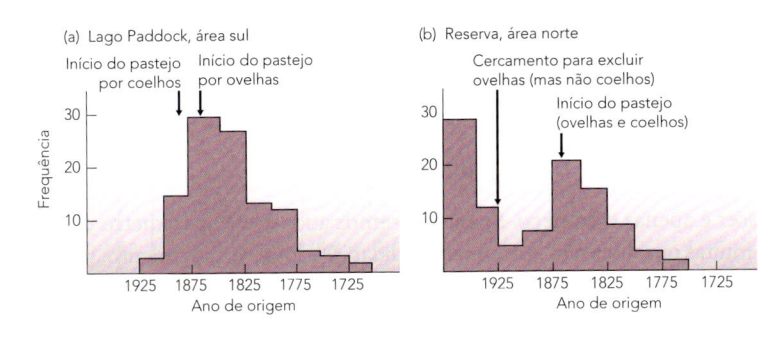

Figura 5.12
Distribuição etária (e, com isso, tabela de vida estática) de 2 populações de *Acacia burkittii* em duas localidades no sul da Austrália. As populações no Lago Paddock foram pastejadas por ovelhas de 1865 até 1970 e por coelhos de 1885 até 1970, enquanto as populações encontradas na Reserva foram cercadas para excluir as ovelhas em 1925 (mas não excluíram os coelhos). Com essas informações em mãos, o efeito do pastejo desde 1865 é evidente no decréscimo do recrutamento de novos indivíduos em ambas as populações. Também, os efeitos do cercamento após 1925 são igualmente claros, mostrando que a proporção de novos indivíduos aumentou drasticamente. Os efeitos do pastejo pelos coelhos sobre os novos indivíduos após o cercamento podem ser detectados, contudo, por exemplo, na diferença entre as classes etárias de 1925 a 1940 em comparação com as de 1845 a 1860, embora estas tenham sobrevivido 75 anos a mais.

típico de espécies que produzem prole extensa. Poucos sobrevivem inicialmente, mas uma vez que os indivíduos atinjam um tamanho crítico, seus riscos de morte permanecem baixos e mais ou menos constantes. Essa parece ser a curva de sobrevivência mais comum entre plantas e animais na natureza.

Esses tipos de curvas de sobrevivência são generalizações úteis, mas, na prática, os padrões de sobrevivência são bem mais complexos. Assim, numa população de *Erophila verna* – uma planta anual com período muito curto de vida que habita dunas –, a sobrevivência pode seguir uma curva do tipo I quando as plantas estão em densidades baixas; uma curva do tipo II, ao menos até

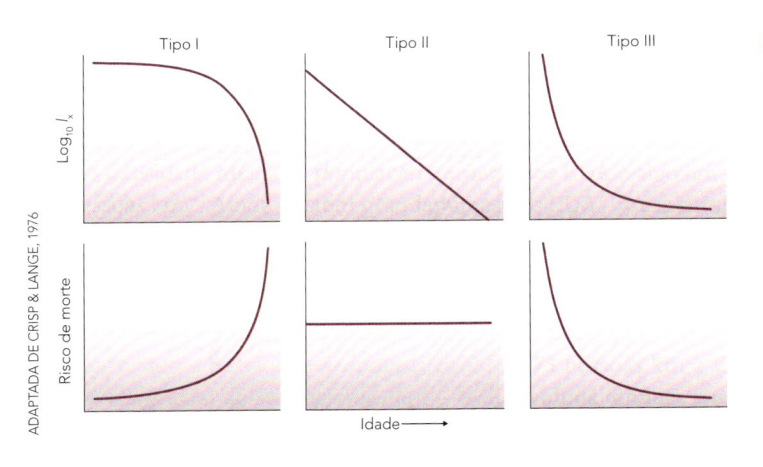

Figura 5.13
Uma classificação das curvas de sobrevivência, plotando-se log(l_x) em relação à idade, acima, com os riscos de morte específicos por idade correspondentes, abaixo. Os três tipos são discutidos no texto.

Figura 5.16
Os afídeos estão distribuídos ao acaso, regularmente ou agregados? Tudo depende da escala espacial na qual eles são observados.

adensamentos são percebidos pelas pessoas são provavelmente forças seletivas determinantes da dispersão e migração mais importantes do que valores médios de densidade populacional.

5.4.1 A Dispersão determina a abundância

dispersão: importante, mas frequentemente negligenciada

Comparada ao nascimento e à morte, relativamente poucos estudos examinaram o papel da dispersão na determinação da abundância das populações. Contudo, os estudos que analisaram com cuidado a dispersão tenderam a confirmar sua importância. Em uma investigação intensiva e de longa duração sobre uma população de aves da espécie chapim-real (*Parus major*), próximo a Oxford, Reino Unido, observou-se que 57% das aves reprodutivamente ativas eram imigrantes, em vez de nascidas na população (Greenwood et al., 1978). E em uma população do besouro-da-batata (*Leptinotarsa decemlineata*), no Canadá, a taxa média de emigração de adultos gerados era de 97% (Harcourt, 1971). Isso facilita a compreensão da rápida dispersão do besouro na Europa em meados do último século (Figura 5.17). De fato, a maioria das populações é mais afetada por imigração e emigração do que é comumente imaginado. Nos EUA, por exemplo, cerca de 40% da população residente, aproximadamente 100 milhões de pessoas, têm suas origens nos 12 milhões de imigrantes que entraram no país através do porto da Ilha Ellis entre 1870 e 1920.

dispersão como invasão

De fato, geralmente o papel mais importante desempenhado pela dispersão em uma população, em primeiro lugar, é levar os organismos até estas. Por exemplo, a invasão de 116 manchas de vegetação de urzes de terras baixas

Fundamentos em Ecologia

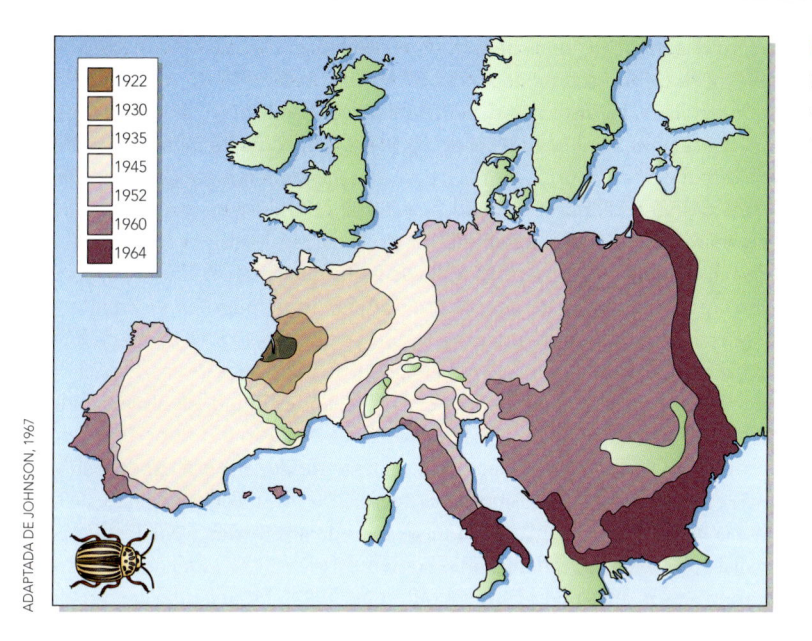

Figura 5.17
Dispersão do besouro-da-batata (*Leptinotarsa decemlineata*) na Europa, 1922-1964.

no sul da Inglaterra por espécies arbustivas e arbóreas foi estudada durante o período compreendido entre 1978 e 1987 (Figura 5.18). Os fatores mais importantes responsáveis por tais invasões foram os associados à abundância das espécies arbustivas e arbóreas na vegetação circundante das manchas de urzes. As invasões e, por conseguinte, a subsequente dinâmica das manchas estavam sendo governadas por atos de dispersão.

Uma força fundamental que provoca a dispersão é a competição mais intensa sofrida por indivíduos sob altas densidades (ver Seção 3.5) e a interferência direta entre tais indivíduos mesmo na ausência de escassez de recursos. Portanto, frequentemente observamos que as taxas mais altas de dispersão

dispersão dependente de densidade – e seu inverso

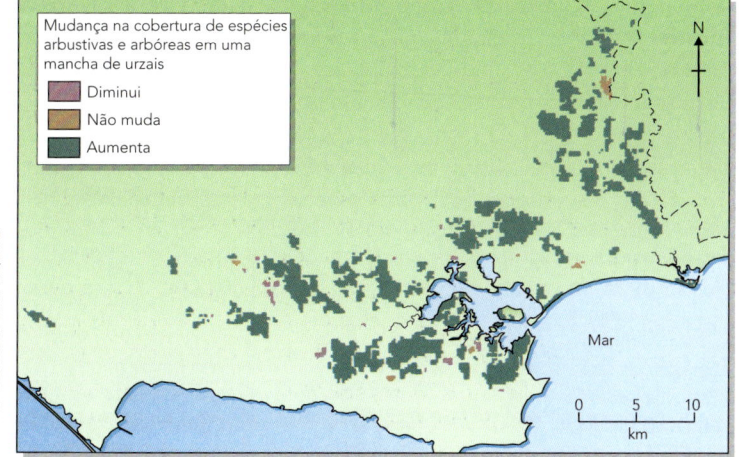

Figura 5.18
A invasão (i.e., aumento na abundância) da maioria das 116 manchas de urzes de terras baixas em Dorset, Reino Unido, por espécies arbustivas e arbóreas entre 1978 e 1987. A linha de costa está para sul, e o limite do condado, para leste.

estão além das manchas mais densamente ocupadas (Figura 5.19): dispersão por emigração é comumente dependente de densidade.

> dispersão influenciada por idade e sexo

Por outro lado, tal dispersão dependente de densidade não é de forma alguma uma regra geral, e em alguns casos é observado o padrão inverso – a maior parte da dispersão nas densidades mais baixas ou dependência de densidade *inversa* – um padrão geralmente atribuído à evitação de endocruzamento entre indivíduos aparentados (e a menor aptidão da prole daí resultante), pois em média, sob densidades baixas, uma proporção alta daqueles que crescem junto com você serão provavelmente seus parentes próximos. Além disso, imigrantes e emigrantes não apenas influenciam os números de uma população, mas também podem afetar a sua composição. Os dispersores em geral são indivíduos jovens, e machos frequentemente se deslocam mais do que fêmeas. Por exemplo, na dispersão de mamíferos influenciada por idade e sexo, forças de evitação de endocruzamento e competição podem estar relacionadas. Desse modo, em um experimento com uma espécie de roedor, *Microtus canicaudus*, 87% dos machos juvenis e 34% das fêmeas juvenis se dispersaram num período de 4 semanas a partir da captura inicial sob baixas densidades, mas somente 16% e 12%, respectivamente, dispersaram-se sob altas densidades (Wolff et al., 1997). Houve uma acentuada dispersão de juvenis; isso foi particularmente pronunciado em machos; e as taxas especialmente altas sob baixas densidades depõem em favor da evitação do endocruzamento como uma força importante que molda o padrão.

5.4.2 O papel da migração

Os movimentos em massa das populações que chamamos de migração são (como a migração dependente de densidade) quase sempre de regiões com baixa quantidade de recursos para áreas onde estes são mais abundantes (ou onde serão abundantes para a prole). Durante o dia, o fitoplâncton, em lagos, encontra-se em zonas mais próximas da superfície da água em função da luz necessária para a fotossíntese. À noite, ele se desloca na coluna d'água para zonas mais profundas, mais ricas em nutrientes. Os caranguejos migram segundo os movimentos das marés, pois se alimentam de matéria orgânica que é transportada pelas ondas. Em escalas de tempo mais longas, alguns pastores de rebanhos de ovelhas ou cabras fazem uma prática secular de deslocar seus rebanhos, em áreas montanhosas, para altitudes mais baixas ou mais altas, de acordo com a estação do ano, onde os recursos estão mais disponíveis para os animais.

Figura 5.19
Dispersão dependente de densidade. (a) As taxas de dispersão de larvas novas do inseto *Simulium vittatum* aumentaram com a densidade crescente (dados de Fonseca e Hart, 1996). (b) A percentagem de machos jovens do ganso-de-faces-brancas (*Branta leucopsis*), dispersando-se de colônias de acasalamento em ilhas no Mar Báltico para novos locais de acasalamento, aumentou à medida que a densidade aumentou (dados de van der Jeugd, 1999).

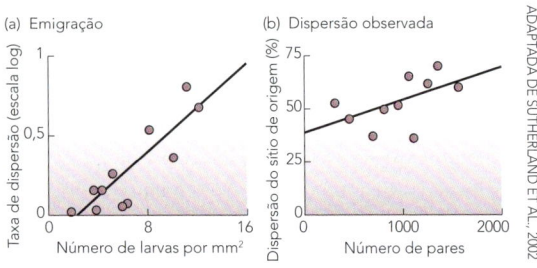

ADAPTADA DE SUTHERLAND ET AL., 2002

Os movimentos a longas distâncias, feitos por muitas aves migrantes, ligam áreas que apresentam grande abundância de alimento, porém apenas por um tempo muito limitado. São áreas com períodos alternados de recursos abundantes e escassos, não possibilitando suportar populações numerosas residentes. Por exemplo, as andorinhas (*Hirundo rustica*) migram sazonalmente do norte da Europa no inverno – quando os insetos voadores começam a se tornar escassos – para a África do Sul, onde suas presas começam a se tornar abundantes. Em ambas as áreas o suprimento de presas necessário para sustentar um certo número de aves residentes é muito baixo. A fartura de alimento sazonal sustenta as populações de migrantes invasores, que contribuem grandemente para a diversidade da fauna local.

5.5 Impacto da competição intraespecífica sobre as populações

O conceito de competição intraespecífica foi apresentado na Seção 3.5 porque sua intensidade é tipicamente dependente da disponibilidade dos recursos. Essa questão reaparece aqui, pois seus efeitos são expressos pelo tópico central deste capítulo – taxas de natalidade, mortalidade e movimento. Indivíduos competidores que não encontram recursos de que necessitam para crescer podem morrer, enquanto os sobreviventes podem reproduzir-se mais tardiamente ou deixar menos descendentes. Como indivíduos móveis, estes podem também se dispersar ou migrar para locais mais distantes. Exemplos nos quais a dinâmica de uma espécie pode ser entendida sem os efeitos da competição são raros.

A intensidade da competição por recursos limitantes está muitas vezes relacionada com a densidade de uma população, embora essa possa não ser uma boa medida para entender como os indivíduos estão posicionados no espaço. Os organismos modulares sésseis são particularmente sensíveis à competição pelo espaço entre seus vizinhos mais próximos: eles não podem "escapar" uns dos outros por dispersão ou migração. Desse modo, quando indivíduos da bétula-prateada (*Betula pendula*) foram cultivados em pequenos grupos, houve mais ramos suprimidos e mortos nas laterais das árvores, onde seus ramos sombreavam uns aos outros, do que nas laterais mais afastadas dos vizinhos, onde houve crescimento mais vigoroso (Figura 5.20).

> adensamento, e não a densidade – especialmente em organismos modulares

Na Seção 3.5, vimos que, num intervalo suficientemente grande de densidades, à medida que a densidade aumenta a competição entre indivíduos, geralmente reduz a taxa individual de natalidade e aumenta a taxa de mortalidade – efeito esse chamado de *dependente da densidade*. Assim, quando as curvas das taxas de natalidade e mortalidade são plotadas em relação à densidade e ambas ou uma dessas são dependentes da densidade, elas devem apresentar padrões opostos (Figura 5.21a-c). Onde as taxas de natalidade e mortalidade igualam-se, há tendência para que a população permaneça constante no tempo (ignorando, por conveniência, emigração e imigração). Essa densidade é chamada de *capacidade de suporte* e é conhecida pelo símbolo K. Em densidades abaixo de K, os nascimentos tendem a exceder as mortes e, com isso, a população aumenta. Em densidades acima de K, são as mortes que excedem

> natalidade e mortalidade dependentes da densidade e capacidade de suporte

Figura 5.20
Produção relativa média de gemas (gemas novas por gemas existentes) da bétula-prateada (*Betula pendula*), expressa (a) como produção bruta e (b) como produção líquida (nascimentos menos mortes), em diferentes zonas de interferência (i.e., onde elas interferiram em diferentes níveis com seus vizinhos). (c) Plano de três árvores explicando estas zonas. ● Alta interferência; ● média; ● baixa. As barras indicam erros-padrão.

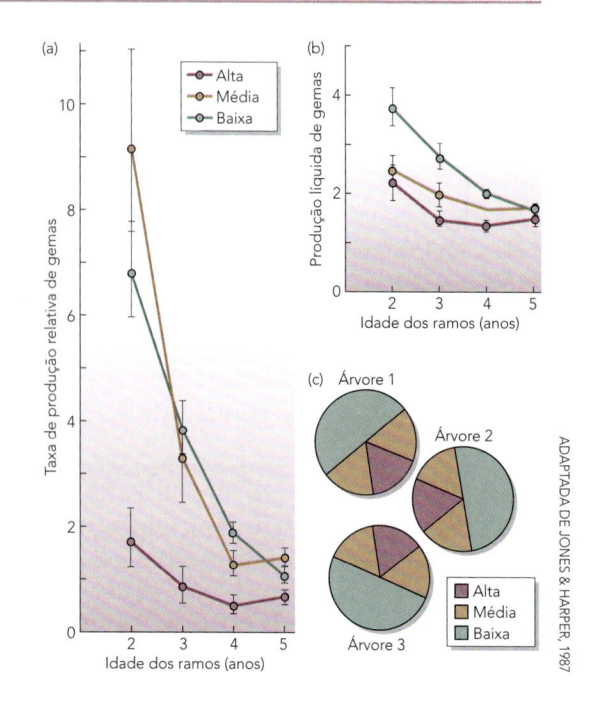

ADAPTADA DE JONES & HARPER, 1987

regulação populacional pela competição – mas não uma única capacidade de suporte

os nascimentos e a população diminui em número de indivíduos. Existe, portanto, uma tendência geral para que a densidade flutue em torno desse valor K, por influência da competição intraespecífica.

De fato, em virtude da variabilidade natural entre as populações, as taxas de natalidade e mortalidade são mais bem representadas por amplas linhas, e K é visto como uma faixa de densidades, não como um valor único (Figura 5.21d). Assim, a competição intraespecífica não mantém as populações naturais em níveis previsíveis e constantes (K), mas pode atuar sobre uma série de

Figura 5.21
Taxas de natalidade e mortalidade dependentes da densidade que levam à regulação do tamanho populacional. Quando ambas as taxas se mostram dependentes (a), ou quando apenas uma delas apresenta comportamento de dependência, enquanto a outra se mostra independente (b, c). Níveis de densidade nos quais essas curvas se cruzam são chamados de *capacidade de suporte* (K). Contudo, a situação mais real é aquela mostrada nas linhas espessas em (d), onde a taxa de mortalidade, grosso modo, aumenta, e natalidade, grosso modo, diminui, com a densidade. Portanto, é possível as duas taxas se equilibrarem não apenas sob uma única densidade, mas ao longo de uma ampla gama de densidades, e é em direção a este intervalo amplo ("K") que outras densidades tendem a se mover.

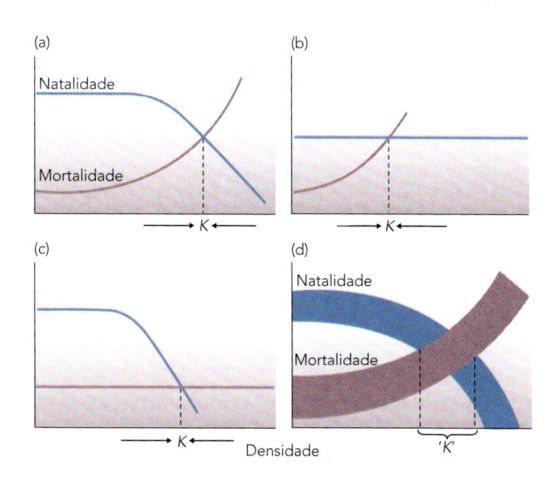

situações em vários níveis de densidade, fazendo com que a densidade varie menos sobre um determinado tempo. Pelo fato de manter a densidade dentro de certos limites, pode-se dizer que a competição intraespecífica ajuda a *regular* o tamanho das populações.

Naturalmente, os gráficos como os apresentados na Figura 5.21 são grandes generalizações. Muitos organismos, por exemplo, apresentam ciclos de vida sazonais. Em uma parte do ano os nascimentos ultrapassam as mortes, sendo seguidos por períodos de mortalidade alta dos juvenis. A maioria das plantas, por exemplo, morre como plântulas logo após a germinação. Com isso, embora os nascimentos possam se igualar às mortes em determinados anos, uma população dita "estável" de um ano a outro demonstra mudanças numéricas drásticas entre as estações do ano.

5.5.1 Padrões de crescimento populacional

Quando as populações são esparsas e não adensadas, podem crescer rapidamente (causando problemas reais – mesmo entre espécies que estavam ameaçadas de extinção: Quadro 5.3). É apenas à medida que aumenta o adensa-

5.3 ECONSIDERAÇÕES ATUAIS

Crescimento populacional das lontras-do-mar

Estima-se que mais de 300.000 lontras-do--mar povoaram o Oceano Pacífico, da Rússia até o México. No entanto, devido à caça indiscriminada, esta espécie decresceu em números, chegando a umas poucas centenas de indivíduos em 1911. Desde então, a espécie apresentou certo crescimento populacional, mas nunca ultrapassando a magnitude de 100.000 indivíduos. O artigo apresentado a seguir, escrito por Craig Welch para o jornal *Philadelphia Inquirer*, em 04 de março de 2001, aborda a situação desta espécie ao longo da costa de Washington, nos EUA.

Lontras-do-mar contra a indústria pesqueira

As lontras-do-mar estão desaparecendo de uma forma drástica ao longo da costa de Washington, o que tem forçado biólogos e especialistas em manejo da vida selvagem a desencadear uma emblemática luta entre esses carismáticos animais e algumas indústrias pesqueiras.

"Isso é um caso clássico de polarização política", disse Glenn VanBlaricom, um professor de ecologia marinha da Universidade de Washington. "As pessoas adoram as lontras-do-mar, mas não seriam contra aquelas que pescam os moluscos, principal fonte alimentar das

© ALAMY IMAGES ACRN42

> lontras, pois elas dependem deste tipo de pescaria para sobreviver". Destruída pelos caçadores de peles no século XIX, a população de lontras-do-mar tem retornado às costas americanas por meio de reintroduções feitas na década de 1960.
>
> A população tem crescido cerca de 30 vezes desde a sua reintrodução, expandindo rapidamente sua distribuição ao longo da costa, tanto que alguns cientistas suspeitam que muitos grupos desses animais estejam colonizando áreas que nunca haviam utilizado antes.
>
> ...Enquanto as lontras permanecem protegidas por lei no Estado de Washington, seus números estão aumentando em 10 por cento ao ano. A população hoje está estabilizada em 600 animais, cerca de um quarto do que os estudiosos pensam que o ambiente pode sustentar.
>
> No entanto, essa melhora ambiental traz também complicações. Por não possuírem camadas de gordura, as lontras comem um quarto do seu peso por dia para sustentar seu alto metabolismo. E isso inclui comer itens alimentares que fazem parte do cardápio das pessoas – pepinos-do-mar, caranguejos, mariscos, mexilhões e caramujos. Além disso, esses animais se deslocam também em áreas com muito recurso marinho, sobrepondo-se às rotas comerciais das indústrias pesqueiras que lidam com milhões de dólares.
>
> Steven Jeffries, do Departamento de Pesca e Vida Selvagem dos EUA, disse que fatalmente essa situação não seria permanente e que em poucos anos esse conflito começaria.
>
> (Conteúdo original completo: © Philadelphia Newspapers Inc., 2001, e não pode ser reproduzido sem permissão).
>
> *Considere as seguintes opções e debata seus méritos relativos:*
>
> 1 *Os moluscos são de importância considerável para a pesca comercial, de recreação e tribal. Como você poderia contrabalançar as necessidades mútuas da conservação e das atividades humanas (neste caso, a pesca)? Deveriam as lontras estar totalmente protegidas ou haveria algum tipo de escolha ou forma de controlar sua expansão e aumento populacional?*
> 2 *O caso em Washington é muito diferente daquele existente em regiões do Alasca, onde o número de lontras está declinando, ou em Los Angeles, onde recentes esforços têm sido feitos para a reintrodução da espécie. Tente sugerir algumas razões plausíveis para esse quadro de diferentes situações populacionais em distintas regiões geográficas.*

mento que as mudanças nas taxas de natalidade e mortalidade, dependentes da densidade, começam a fazer efeito. Em essência, as populações que estão em baixas densidades crescem pela simples multiplicação em intervalos sucessivos de tempo. Isso é explicado como um *crescimento exponencial* (Figura 5.22) e a taxa de aumento populacional é dita como *taxa intrínseca de aumento natural* (denominado por *r*; Quadro 5.4). Naturalmente, qualquer população que experimenta esse tipo de crescimento poderá ultrapassar a quantidade dos recursos, porém a taxa de crescimento tende a se reduzir por competição à medida que a população aumenta, chegando a zero quando a população alcança a sua capacidade de suporte (uma vez que as taxas de natalidade se igualam às taxas de mortalidade). Uma constante redução na taxa intrínseca de aumento, enquanto a densidade aproxima-se da capacidade de suporte, faz com que a população exiba não um crescimento exponencial, mas sim em forma de S (Figura 5.22). Esse padrão é muitas vezes denominado *logístico*, uma vez que pode ser descrito por este tipo de equação (Quadro 5.4).

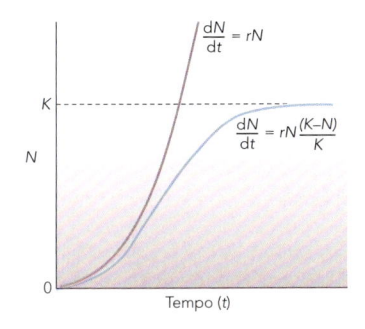

Figura 5.22
Aumento exponencial (linha bordô) e em forma de S ou *sigmoidal* (linha azul) do tamanho populacional (N) num determinado período de tempo. Esses padrões descrevem o crescimento esperado de uma população na ausência (exponencial) ou sob a influência (sigmoidal) da competição intraespecífica, mas também são gerados especificamente pelas equações exponenciais e logísticas apresentadas (ver também o Quadro 5.4).

5.4 ASPECTOS QUANTITATIVOS

As equações exponencial e logística do crescimento populacional

Modelos matemáticos simples são derivados para populações nas quais a competição intraespecífica está e não está atuando. Esses e outros modelos matemáticos são uma parte importante do conhecimento em ecologia (ver Capítulo 1). Eles nos ajudam a entender e prever as pressuposições que precisamos fazer para explorar o comportamento dos sistemas biológicos na natureza ou em laboratório. Os modelos a serem apresentados neste quadro formam a base para a construção de modelos mais complexos, que levam em consideração a competição *interespecífica* e a predação: eles são importantes blocos de construção. É importante ressaltar, contudo, que um padrão gerado por um modelo deste tipo – por exemplo, o padrão em forma de S do crescimento populacional sob a influência de competição intraespecífica – não é de interesse ou importante, por ter sido gerado por um modelo. Existem muitos outros modelos que poderiam gerar padrões muito similares (indistinguíveis). A questão a respeito desse padrão é que ele reflete alguns importantes processos ecológicos – e o modelo é útil no sentido de capturar a essência destes processos.

Começaremos com um modelo de crescimento populacional em que não existe competição intraespecífica, a qual será incorporada depois. Ele será apresentado na forma de *equações diferenciais*, descrevendo-se a taxa líquida de aumento populacional, representado por dN/dt. Isso representa a velocidade na qual uma população aumenta em número, N, à medida que o tempo, t, passa.

O aumento total no tamanho populacional representa a soma das contribuições de cada indivíduo durante certo intervalo de tempo. Assim, a taxa média de aumento *per capita* (ou por indivíduo) é dada por dN/dt • (1/N). Na ausência de competição intraespecífica (ou de qualquer outra força que aumente a taxa de mortalidade ou reduza a taxa de natalidade), essa taxa de aumento populacional é constante e tão alta quanto possível. Ela é denominada *taxa intrínseca de aumento natural* e representada por r. Com isso:

$$dN/dt(1/N) = r$$

e a taxa líquida de aumento para a população total é, desta forma, dada por:

$$dN/dt = rN$$

Essa equação descreve o crescimento *exponencial* de uma população (Figura 5.22).

A competição intraespecífica pode agora ser adicionada. Fazemos isso derivando a *equação logística*, usando o método descrito na Figura 5.23. A taxa líquida de aumento *per capita* não é afetada pela competição quando N está muito próximo de zero, por-

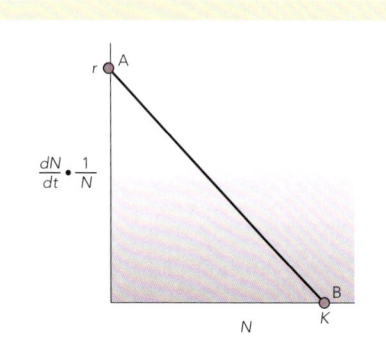

Figura 5.23
Declínio linear idealizado da taxa líquida de aumento *per capita* em relação ao aumento populacional (N).

que não há adensamento nem uma escassez de recursos. Ainda dessa forma, ele é dado por r (ponto A). Quando N se aproxima de K (a capacidade de suporte), a taxa líquida de aumento por indivíduo é, por definição, zero (ponto B). Simplificando, assumimos uma linha reta entre A e B; ou seja, assumimos uma redução linear na taxa de aumento *per capita*, como resultado da intensificação da competição intraespecífica, entre N = 0 e N = K.

Assim, com base em que para qualquer relação linear y = intercepto + inclinação x, sendo x e y as variáveis sobre os eixos horizontal e vertical, temos que:

$$dN/dt(1/N) = r - (r/K)N$$

ou, reescrevendo,

$$dN/dt = RN[1 - (N/K)].$$

Essa é a equação logística, e uma população aumentando sobre a influência desse modelo está representada na Figura 5.22. Ela descreve uma curva sigmoidal que alcança um nível estável de capacidade de suporte, sendo uma das muitas equações que representam isso. Sua grande vantagem é a simplicidade. Apesar disso, ela teve um papel central no desenvolvimento da ecologia.

A curva de crescimento populacional em forma de S pode ser mais bem entendida a partir dos estudos feitos em laboratório com micro-organismos ou animais de ciclos de vida curtos (Figura 5.24a). Nesses experimentos, é fácil ter o controle das condições e recursos ambientais. Na natureza, fora

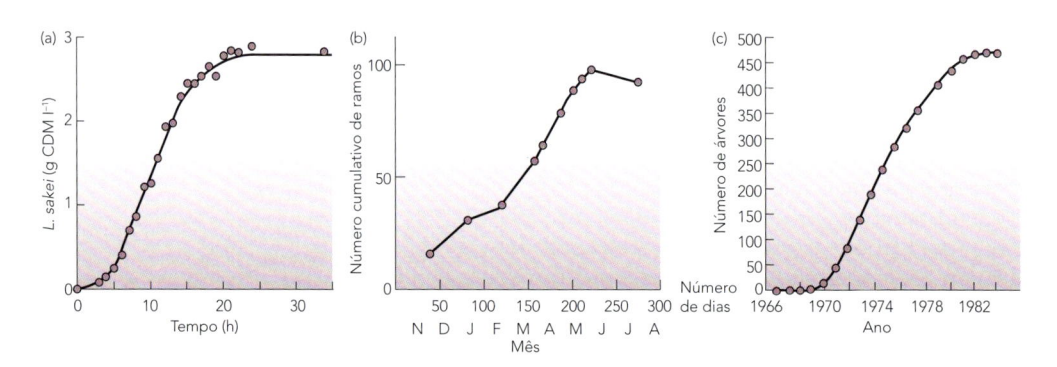

Figura 5.24
Exemplos reais de crescimento populacional em forma de S. (a) Crescimento da bactéria *Lactobacillus sakei* (medida como gramas de massa celular seca [CDM] por litro) crescendo em um meio de cultura. (b) A população de ramos (i.e., módulos – ver Seção 5.1.1) da planta anual *Juncus gerardi* em um hábitat de marismas salinos na costa oeste da França. (c) A população do salgueiro (*Salix cinerea*) em uma área após uma mixomatose ter efetivamente evitado o pastejo de coelhos.

(a) ADAPTADA DE LEROY & DE VUYST, 2001; (b) ADAPTADA DE BOUZILLE ET AL., 1997; (c) ADAPTADA DE ALLIENDE & HARPER, 1989

do ambiente do laboratório e da mente dos matemáticos, o mundo é mais complexo. A complexidade dos ciclos de vida dos organismos, em condições e recursos que também se modificam continuamente, juntamente com o caráter em mosaico dos hábitats, traz muitas complicações. Na natureza, nem sempre as populações oscilam entre as tendências teóricas do crescimento logístico (Figuras 5.24b e 5.24c).

Outra maneira de resumir o modo pelo qual a competição intraespecífica afeta as populações é pela *taxa líquida de recrutamento* – o número de nascimentos menos o número de mortes em uma população sobre um certo intervalo de tempo. Quando as densidades estão baixas, o recrutamento líquido será baixo porque haverá poucos indivíduos disponíveis tanto para o acasalamento quanto para a probabilidade de morte. O recrutamento líquido também será baixo em densidades muito mais elevadas, à medida que há aproximação da capacidade de suporte. Este parâmetro será máximo, então, em algumas densidades intermediárias. O resultado produzirá uma curva convexa *humped* (Figura 5.25). Outra vez, naturalmente, de acordo com a curva teórica logística, dados reais da natureza nunca seguem uma linha contínua única. Porém, a curva convexa reflete a essência de padrões de recrutamento quando a natalidade e a mortalidade dependentes da densidade são o resultado da competição intraespecífica.

5.6 Padrões de história de vida

Uma das maneiras pelas quais podemos tentar entender o mundo que nos cerca é encontrar padrões que se repetem no tempo e no espaço. Com isso, não queremos dizer que o mundo se simplifica ou que pode ser hermeticamente construído e entendido, mas que podemos esperar ir além de uma descrição que nada mais é do que uma série de casos especiais únicos. Nesta seção final do capítulo, descreveremos de forma simplificada os padrões que ligariam os mais variados tipos da história de vida dos organismos e seus diferentes tipos de hábitats.

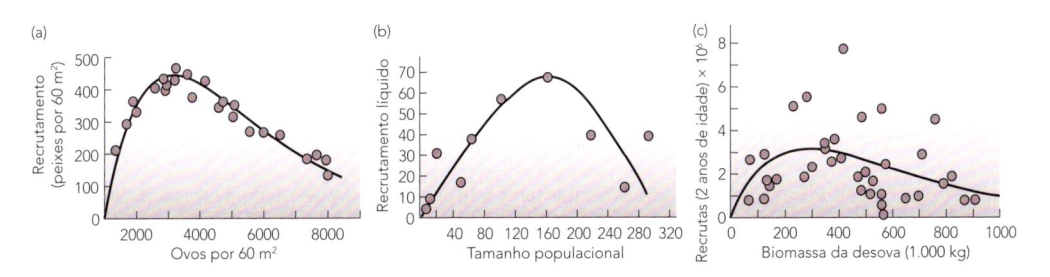

Figura 5.25
Algumas curvas de recrutamento líquido. (a) Trutas de 6 meses de idade, *Salmo truta*, na Inglaterra, entre 1967 e 1989. (b) Uma população experimental das moscas-das-frutas (*Drosophila melanogaster*). (c) O peixe *Clupea harengus*, no estuário do Rio Tâmisa, Inglaterra, entre 1962 e 1997.

(a) ADAPTADA DE MYERS, 2001; ADAPTADA DE ELLIOTT, 1994; (b) ADAPTADA DE PEARL, 1927; (c) ADAPTADA DE FOX, 2001

o "custo" da reprodução – uma compensação na história de vida

Primeiro, então, precisamos retornar ao que já foi abordado: que em qualquer momento na história de vida de um organismo há uma quantidade total limitada de energia (ou algum outro recurso) disponível para que ele cresça e se reproduza. Por essa razão, pode ser necessária uma certa compensação (*trade-off*): alocar mais energia para o crescimento e menos para a reprodução ou mais para a reprodução e menos para o crescimento. Especificamente, pode haver um custo observável de reprodução quando esta inicia ou se intensifica, pois o crescimento pode diminuir ou mesmo parar completamente, à medida que os recursos são redirecionados. Podemos, naturalmente, analisar esta compensação de outra maneira: um organismo que cresce vigorosamente e se impõe competitivamente em relação a seus vizinhos, pode, com isso, retardar ou reduzir sua atividade reprodutiva. Em muitas florestas, por exemplo, os anéis de crescimento que se formam nos caules são menos conspícuos em anos em que ocorre uma superprodução de sementes (Figura 5.26a). Além disso, como mostra a Figura 5.26b, o redirecionamento dos recursos para a reprodução pode também trazer um risco à sobrevivência subsequente (como também foi visto no salmão e na dedaleira, descritos anteriormente) ou simplesmente reduzir a capacidade de reprodução no futuro.

Apesar disso, seria um erro pensar que tais correlações negativas de compensação sejam evidentes na natureza, somente esperando para serem observadas. Em particular, se há variação entre indivíduos na quantidade de recursos que os mesmos têm à disposição, então haverá provavelmente uma correlação positiva, e não negativa, entre dois processos aparentemente alternativos – alguns indivíduos serão bons em tudo, outros serão coerentemente péssimos. Por exemplo, na Figura 5.27, as serpentes expostas às melhores condições produziram filhotes maiores, mas também se

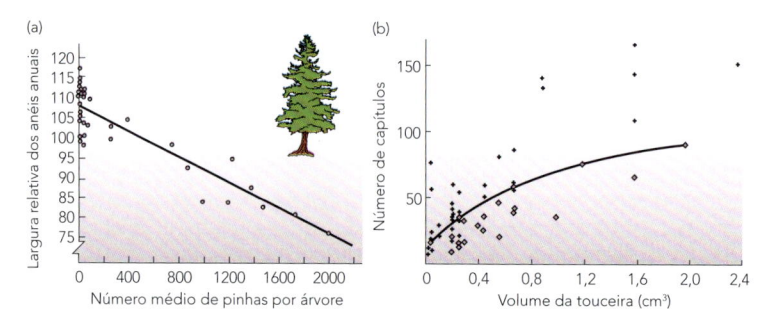

Figura 5.26
Correlação negativa entre o tamanho da pinha e o incremento do crescimento anual para uma população do abeto-de-Douglas (*Pseudotsuga menziesii*). Há um custo reprodutivo: quanto mais as árvores se reproduzem, menos elas crescem. (b) O custo reprodutivo em plantas de *Senecio jacobaea*. A linha divide as plantas que sobrevivem (♦) daquelas que morreram ao final da estação (+). Não há plantas sobreviventes acima e a esquerda da linha. Para um dado tamanho (medido como "volume da touceira") somente aquelas que tiveram a menor alocação reprodutiva (medida como "número de capítulos") sobrevivem, embora plantas maiores sejam capazes de maior alocação e ainda assim sobrevivem.
(a) ADAPTADA DE EIS ET AL., 1965; (b) ADAPTADA DE GILMAN & CRAWLEY, 1990.

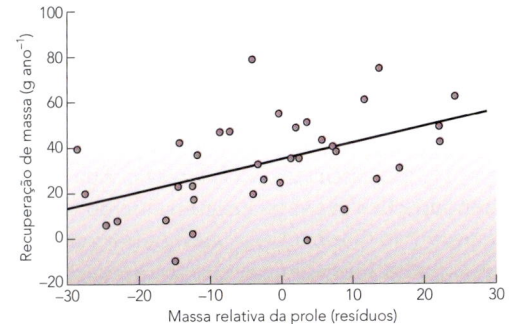

Figura 5.27
Fêmeas da víbora *Vipera aspis* que produziram prole maior (massa "relativa" da prole, pois a massa total da fêmea foi considerada) também se recuperaram mais rapidamente da reprodução (não "relativo", pois a recuperação da massa não foi afetada pelo tamanho) ($r = 0{,}43$; $P = 0{,}01$).

recuperaram da reprodução mais rapidamente, e estavam prontos para se reproduzirem novamente.

Porém, a reprodução precoce pode produzir algumas recompensas interessantes, particularmente porque a própria prole pode também iniciar sua reprodução mais cedo. Populações de indivíduos que se reproduzem cedo podem crescer em número extremamente rápido no tempo – mesmo que isso signifique produzir menos prole total ao longo da vida. Esse efeito é observado considerando-se o ciclo de vida da mosca-das-frutas (*Drosophila*). Uma fêmea produz cerca de 780 ovos ao longo de toda a sua vida. Dobrar o número de ovos produzidos claramente faria aumentar a taxa intrínseca de aumento populacional, porém este grande aumento da atividade reprodutiva é acompanhado de um grande risco de morte para o indivíduo. Assim, que outras mudanças no ciclo de vida de uma *Drosophila* poderiam apresentar um efeito similar? De fato, isso poderia ser conseguido encurtando-se o período juvenil de 10 para aproximadamente 8,5 dias (reproduzir mais cedo, ao invés de crescer mais). De maneira inversa, a taxa de crescimento pode ser diminuída retardando-se o início da reprodução. Uma maneira bastante efetiva através da qual a taxa de crescimento para populações humanas pode ser reduzida, por exemplo (ver Capítulo 12), é mediante o desencorajamento do casamento e dos partos precoces.

Retornando aos padrões observados na história de vida dos organismos, espécies que têm capacidade de se multiplicar rapidamente obtêm sucesso em ambientes efêmeros, capacitando os indivíduos também a colonizar novos hábitats rapidamente e a explorar novos recursos. Essa rápida multiplicação é uma característica de ciclos de vida de organismos terrestres que colonizam áreas com perturbação (p. ex., muitas plantas anuais) ou colonizam novos ambientes recém-surgidos, tais como clareiras, e de organismos aquáticos que vivem em corpos de água temporários. Essas são espécies nas quais as populações aumentam em número após algum tipo de distúrbio ou são ditas oportunistas. Elas possuem propriedades na história de vida que são favorecidas pela seleção natural em tais situações. São chamadas espécies *r* estrategistas, porque despendem grande parte da sua vida próximo à fase exponencial do crescimento populacional (ver Quadro 5.4), sendo *r*-seletivos os hábitats em que aparecem e são favorecidas.

espécies r e K

Os organismos que possuem um padrão diferente na história de vida sobrevivem em hábitats onde há intensa competição pelos recursos limitados.

Esses indivíduos bem-sucedidos em deixar seus descendentes serão aqueles que conseguirão obter uma maior oferta de recursos. Suas populações apresentam-se geralmente agregadas e os organismos investem mais no crescimento (em vez de na reprodução) ou despendem boa parte de sua energia em agressão ou alguma outra atividade que favoreça a sua sobrevivência em ambientes com altas densidades. Eles são chamados de espécies K porque suas populações despendem a maior parte de suas vidas em uma fase do crescimento populacional dominada por K (ver Quadro 5.4) – "crescendo" contra os limites dos recursos ambientais – e os hábitats nos quais eles estão geralmente favorecidos também são chamados de K-seletivos.

r, K e tamanho e número da prole

Uma outra distinção entre espécies r e K estrategistas refere-se ao tamanho e número de prole produzida. Espécies r estrategistas geralmente produzem descendentes de tamanho pequeno, porém numerosos – enquanto K estrategistas geram uma prole pequena – mas de tamanho corporal maior. Esse é outro exemplo de compensação na história de vida de um organismo; como ele tem uma quantidade limitada de recursos para a reprodução, a seleção natural influenciará em como eles serão alocados. Em ambientes onde é possível o rápido crescimento, aqueles indivíduos que produzem um maior número de descendentes pequenos serão favorecidos. Neste caso, o tamanho da prole pode não ser importante uma vez que não haverá competição entre os jovens. Contudo, em ambientes onde os indivíduos estão adensados, a competição pelos recursos será maior, o que favorecerá a prole que é mais provida de recursos advindos dos pais. A produção de uma prole bem adaptada requer, por outro lado, uma restrição quanto ao número de descendentes produzidos (ver, p. ex., a Figura 5.28).

evidências do esquema r/K?

O conceito r/K pode certamente ser útil na descrição de algumas diferenças gerais entre organismos distintos. Por exemplo, entre plantas é possível descrever um número muito amplo de relações gerais (Figura 5.29). As árvores de uma floresta são bons exemplos de espécies K seletivas. Elas competem por luz na copa, sendo os sobreviventes aqueles indivíduos que

Figura 5.28
Evidência da compensação (*trade-off*) entre o número de descendentes produzidos por ninhada e o valor adaptativo individual da prole: uma correlação negativa entre o tamanho da prole (medida pelo comprimento focinho-ânus, C) e o número de ninhadas produzidas para uma serpente australiana, *Austrelaps ramsayi* ($r^2 = 0{,}63$; $P = 0{,}006$). Foram usados os valores "residuais" de prole e o tamanho da ninhada: valores obtidos a partir do tamanho maternal, uma vez que ambos os parâmetros são positivamente dependentes deste.

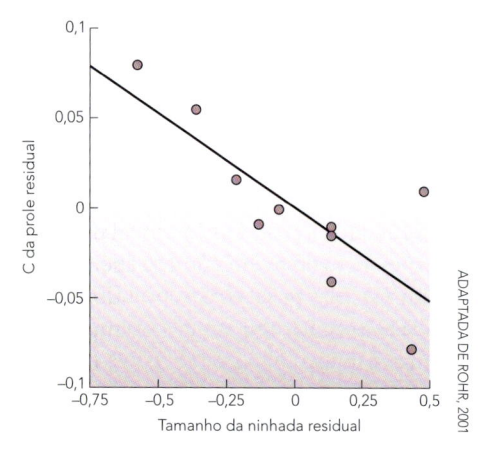

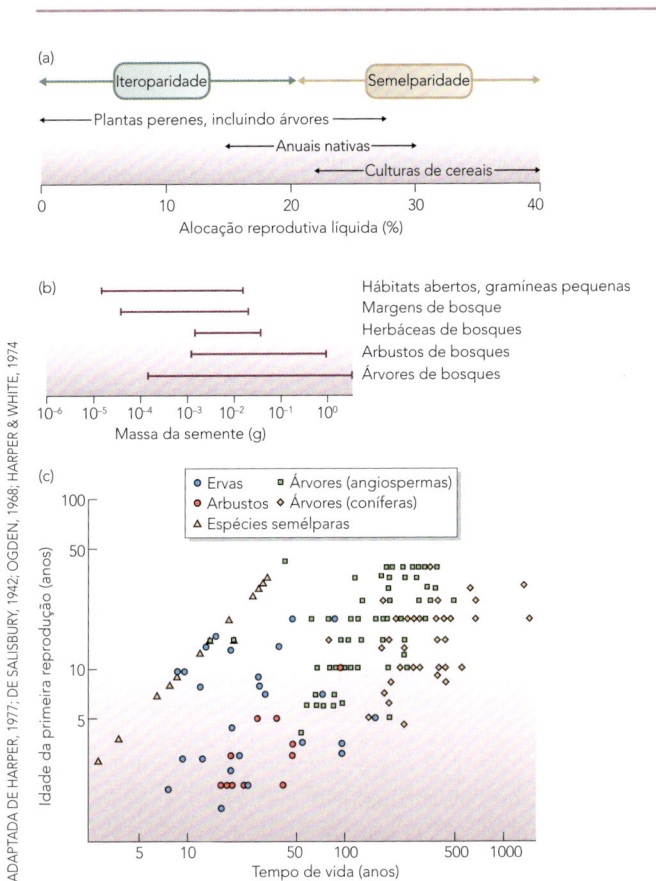

Figura 5.29

De maneira geral, as plantas demonstram alguma conformidade com o modelo r/K. Por exemplo, árvores em hábitats de bosques relativamente K-selecionadores: (a) possuem alta probabilidade de apresentar reprodução iterópara e de alocar pouca energia para a reprodução; (b) possuem sementes relativamente grandes; e (c) são mais longevas, iniciando mais tardiamente o processo reprodutivo.

alocam seus recursos para o crescimento, ultrapassando seus vizinhos. Geralmente retardam a reprodução até seus ramos estarem em posição favorável no dossel. Uma vez estabelecidos e possuindo uma vida longa, alocarão à reprodução uma energia menor, mas constante, produzindo, por outro lado, sementes grandes. Em hábitats perturbados e abertos, as plantas, ao contrário, tenderão a mostrar características mais r estrategistas: uma maior alocação na reprodução, com sementes pequenas, mas numerosas, reprodução precoce e ciclo de vida mais curto (Figura 5.29).

Por outro lado, parece haver muitos outros exemplos que não se enquadram no modelo r/K. Pelas suas limitações, há muitas críticas ao modelo. Mas é igualmente possível utilizá-lo como um conceito relativamente simples que pode ajudar a dar sentido a uma grande parte da multiplicidade de histórias de vida. Contudo, não podemos assumi-lo integralmente. Como todas as tentativas de simplificar e classificar o mundo que nos cerca, a distinção entre espécies r e K estrategistas tem sido reconhecida mais como uma criação humana conveniente (e útil) do que uma boa descrição acerca do mundo real.

RESUMO

Contando indivíduos, nascimentos e mortes

Os ecólogos tentam descrever e explicar a distribuição e abundância dos organismos. Os processos que modificam o tamanho populacional são natalidade, mortalidade e movimento (emigração e imigração). Uma população compreende um grupo de indivíduos, mas em alguns casos, especialmente em organismos modulares, nem sempre está claro o que significa um indivíduo.

Os ecólogos lidam com problemas enormes quando tentam quantificar populações na natureza. Eles quase sempre estimam, mais do que contam. Há problemas específicos na contagem de organismos modulares e na quantificação do número de nascimentos e mortes.

Ciclos de vida e reprodução

As histórias de vida de todos os organismos unitários podem ser vistas como variações de um padrão simples e sequencial. Alguns organismos apresentam várias ou muitas gerações em um ano, ou previsivelmente reproduzem-se uma vez ao ano (anuais), e outros ainda (perenes) apresentam um extenso ciclo de vida de vários ou muitos anos. Algumas espécies, chamadas iteróparas, reproduzem-se repetidamente; outras, semélparas, apresentam um único episódio reprodutivo em suas vidas, seguido rapidamente pela morte.

As espécies anuais, em sua maioria, germinam ou eclodem na primavera, crescem rapidamente, reproduzem-se e, então, morrem antes do final do verão. A maioria permanece dormente em parte do ano. Existe um marcado ritmo sazonal nas vidas de muitas espécies mais longevas. Em ambientes com pouca variação sazonal, algumas espécies podem se reproduzir ao longo de todo o ano; outras possuem um longo período não reprodutivo e uma explosiva fase reprodutiva, curta e letal.

Monitorando natalidade e mortalidade: tabelas de vida e padrões de fecundidade

As tabelas de vida podem ser instrumentos úteis na identificação de ganhos e perdas de uma população. Uma tabela de vida de coorte acompanha a sobrevivência de um grupo de indivíduos de uma única coorte. Quando não podemos fazer isso, é possível construir uma tabela de vida estática, porém com algumas ressalvas. A fecundidade dos indivíduos também se modifica com a idade, descrevendo-se os padrões de fecundidade específicos por idade.

Os ecólogos procuram encontrar padrões de sobrevivência e mortalidade que se repetem em diferentes espécies. Alguns instrumentos úteis são as curvas de sobrevivência (tipos I-III), embora na natureza estas curvas sejam geralmente mais complexas.

Dispersão e migração

Dispersão é a maneira como os indivíduos afastam-se uns dos outros. A migração envolve o deslocamento direcional de um grande número de indivíduos de uma espécie de um lugar a outro. Os movimentos dos indivíduos e sua distribuição espacial estão intimamente relacionados. Dispersão e migração podem ter um profundo efeito na composição e dinâmicas populacionais.

Impacto da competição intraespecífica sobre as populações

Dentro de uma ampla variação na densidade, a competição entre os indivíduos de uma população geralmente reduz as taxas de natalidade à medida que a densidade se eleva e, ao mesmo tempo, aumenta as taxas de mortalidade (ou seja, ambos os parâmetros são dependentes da densidade). Portanto, a competição intraespecífica tende a manter a densidade populacional dentro de certos limites e, com isso, pode ser responsável (pelo menos em parte) pela regulação do tamanho das populações.

Quando as populações são esparsas e não adensadas, elas tendem a exibir crescimento exponencial. No entanto, sendo a taxa de aumento populacional reduzida pelo aumento da competição entre os indivíduos, a população tende a exibir um crescimento em forma de S ou logístico. A competição intraespecífica também tende a produzir uma curva convexa representando a taxa líquida de recrutamento populacional.

Padrões na história de vida dos organismos

É muito comum uma quantidade limitada de energia ou algum outro recurso disponível para um organismo crescer e se reproduzir. Poderá haver, também, um custo adicional na reprodução. Porém, populações de indivíduos que se reproduzem cedo no seu ciclo de vida podem crescer, em número de indivíduos, extremamente rápido.

O potencial de uma espécie de se multiplicar rapidamente é favorecido pela seleção natural em ambientes efêmeros, capacitando também os organismos a colonizar novos hábitats rapidamente e explorar novos recursos. Tais espécies têm sido chamadas de r estrategistas. Em hábitats com intensa competição pelos recursos limitados, os indivíduos que conseguem deixar descendentes são aqueles que capturaram uma quantidade maior de recursos, muitas vezes porque nasceram maiores e/ou cresceram mais rápido (do que se reproduziram): são chamados de K estrategistas. O conceito r/K pode ser útil na interpretação e comparação de organismos muito diferentes em forma e comportamento, não sendo, no entanto, utilizado em todas as situações ecológicas.

QUESTÕES DE REVISÃO

Asteriscos indicam questões desafiadoras.

1. Compare o significado da palavra "indivíduo" para organismos unitários e modulares.
2. Em uma amostragem de marcação e recaptura de uma população de borboletas constantes no tempo, 70 indivíduos foram capturados e marcados em um primeiro momento amostral, sendo logo em seguida liberados. Dois dias após, uma segunda amostra foi tomada, totalizando 123 indivíduos, nos quais 47 estavam marcados. Coloque as pressuposições que você precisa assumir para estimar o tamanho populacional dessas borboletas.
3* Defina espécies anuais, perenes, semélparas e iteróparas. Tente dar um exemplo de animal e de vegetal para cada uma das quatro possíveis combinações desses termos. Em qual dos casos é difícil (ou impossível) encontrar um exemplo e por quê?
4. Compare tabelas de vida de coorte e estática e discuta os problemas de construí-las e interpretá-las.
5. Os dados na próxima página são de uma tabela de vida e de fecundidade para uma coorte de uma população de pardais. Encontre os parâmetros que faltam para completar a tabela.
6. Descreva o significado de distribuições espaciais de organismos que sejam agregada, ao acaso ou regular e, em linhas gerais, apresente exemplos e processos comportamentais que levam a cada um dos tipos de distribuição.
7* Por que a densidade média populacional humana nos EUA é menor do que a densidade que as pessoas em geral sentem ou experimentam? Este é um

paradoxo que pode ser aplicado a outras espécies? Por quê? Sobre que condições isso não pode ser aplicado?

8* Compare organismos unitários e modulares quanto aos efeitos da competição intraespecífica sobre indivíduos e populações.

9 Qual o significado de capacidade de suporte para uma população? Descreva em que momento ele pode ser identificado e por que em, (i) crescimento em forma de S, (ii) equação logística e (iii) curvas convexas de recrutamento líquido.

10 Explique por que um entendimento das compensações na história de vida de um organismo é central para entender a sua evolução. Explique os contrastes esperados em características de vida exibidas por espécies r e K estrategistas.

ESTÁGIO (X)	NÚMEROS DE INDIVÍDUOS NO INÍCIO DO ESTÁGIO (a_x)	PROPORÇÃO DA COORTE ORIGINAL VIVA NO INÍCIO DO ESTÁGIO (l_x)	NÚMERO MÉDIO DE OVOS PRODUZIDOS POR INDIVÍDUO NO ESTÁGIO (m_x)
Ovos	173	?*	0
Jovens recém eclodidos	107	?	0
Juvenis	64	?	0
Adultos de 1 ano de idade	31	?	2,5
Adultos de 2 anos de idade	23	?	3,7
Adultos de 3 anos de idade	8	?	3,1
Adultos de 4 anos de idade	2	?	3,5

$R = ?$
*Ver item 5, na página anterior.

Capítulo 6

Competição interespecífica

CONTEÚDOS DO CAPÍTULO

6.1 Introdução
6.2 Efeitos ecológicos da competição interespecífica
6.3 Efeitos evolutivos da competição interespecífica
6.4 Competição interespecífica e estrutura da comunidade
6.5 Quão significativa é a competição interespecífica na prática?

CONCEITOS-CHAVE

Neste capítulo, você:

- constatará a dificuldade de distinguir entre o poder e a importância da competição interespecífica em princípio e na prática
- distinguirá nicho fundamental de nicho realizado
- interpretará o Princípio de Exclusão Competitiva e compreenderá suas limitações
- apreciará o papel potencial dos efeitos evolutivos da competição na coexistência de espécies e a dificuldade de provar este papel
- compreenderá a natureza e a importância da complementaridade de nicho
- constatará as dificuldades na determinação da preponderância da competição corrente na natureza, bem como na distinção entre efeitos da competição em relação ao mero acaso

A competição interespecífica é um dos fenômenos mais fundamentais em ecologia, afetando não apenas a distribuição atual e o sucesso de espécies, mas também sua evolução. Contudo, muitas vezes é extremamente difícil estabelecer a existência e os efeitos da competição interespecífica, sendo necessário, para tanto, um arsenal de técnicas de observação, experimentação e modelagem.

6.1 Introdução

Tendo sido apresentada a competição *intra*específica nos capítulos anteriores, não é difícil deduzir o que é competição *inter*específica. Sua essência baseia-se no fato de que indivíduos de uma espécie sofrem uma redução na fecundidade, sobrevivência ou crescimento como resultado da exploração de recursos ou interferência de indivíduos de uma outra espécie. Tais efeitos competitivos sobre os indivíduos provavelmente irão afetar as dinâmicas populacionais das espécies em competição. Estas, por sua vez, podem influenciar as distribuições das espécies e suas evoluções. As distribuições e as abundâncias das espécies, certamente, determinam as composições das comunidades das quais fazem parte. A evolução, por *sua* vez, pode por si influenciar as distribuições e dinâmicas das espécies.

duas questões distintas – as consequências possíveis e reais da competição

Este capítulo diz respeito, então, aos efeitos tanto ecológicos quanto evolutivos da competição interespecífica sobre indivíduos, populações e comunidades. Mas ele abordará também uma questão mais geral em ecologia e, na verdade, em ciência – que existe uma diferença entre o que um processo pode fazer e o que *faz*: neste caso, uma diferença entre o que a competição interespecífica é capaz de produzir e o que realmente produz na prática. Essas são duas questões distintas, e devemos ter o cuidado de mantê-las separadas.

A maneira como essas questões diferentes podem ser colocadas e respondidas será também diferente. Encontrar o que a competição interespecífica é capaz de fazer é relativamente fácil. As espécies podem ser forçadas a competir em experimentos ou elas podem ser examinadas na natureza, em pares ou em grupos escolhidos precisamente porque parecem mais propensos a competir. Contudo, descobrir a importância da competição interespecífica é, realmente, muito mais difícil. Será necessário questionar o quão realistas foram nossos experimentos, o quão característicos eles foram em relação ao modo como as espécies interagem na natureza e quão típicos foram os pares e grupos de espécies em geral utilizados para comparação.

Não obstante, começaremos com alguns exemplos sobre o que a competição interespecífica pode produzir.

6.2 Efeitos ecológicos da competição interespecífica

6.2.1 Competição por silicato entre diatomáceas

A competição entre duas espécies de diatomáceas (vegetais unicelulares) de água doce, *Asterionella formosa* e *Synedra ulna*, que necessitam de silicato para a construção de suas paredes celulares (ver Seção 3.5), foi investigada em laboratório. As densidades populacionais das diatomáceas foram monitoradas, ao mesmo tempo que o impacto sobre seu recurso limitante (silicato) era também registrado. Quando cada uma das espécies foi cultivada isoladamente em um meio líquido, ao qual os recursos eram continuamente adicionados, estabeleceu-se uma densidade populacional estável, enquanto o silicato se manteve a uma concentração constante e baixa (Figura 6.1a, b). Entretanto, ao utilizar este recurso, S. *ulna* reduziu a concentração de silicato a um nível mais baixo do que aquele provocado por A. *formosa*. Em consequência, quando as duas espécies foram cultivadas juntas, somente S. *ulna* sobreviveu, pois ela manteve a concentração a um nível demasiadamente baixo para a sobrevivência e reprodução de A. *formosa* (Figura 6.1c).

Desse modo, embora ambas as espécies tenham sido capazes de viver isoladas no hábitat de laboratório, quando submetidas à competição S. *ulna* excluiu A. *formosa*, pois foi um explorador mais eficaz do recurso limitante compartilhado. Um resultado semelhante foi obtido para uma lagartixa insetívora, de hábito noturno, *Hemidactylus frenatus*, uma invasora dos hábitats urbanos da bacia do Pacífico, onde é responsável pelo declínio populacional da lagartixa nativa *Lepidodactylus lugubris* (Petren & Case, 1996). As dietas das duas lagartixas se sobrepõem substancialmente e os insetos são um recurso limitante para ambas. Quando confinada experimentalmente, a invasora é capaz de esgotar os recursos de insetos a níveis mais baixos que a lagartixa nativa e, como consequência, esta última sofre reduções na condição corporal, fecundidade e sobrevivência.

> exploradores mais eficazes excluem os menos eficazes

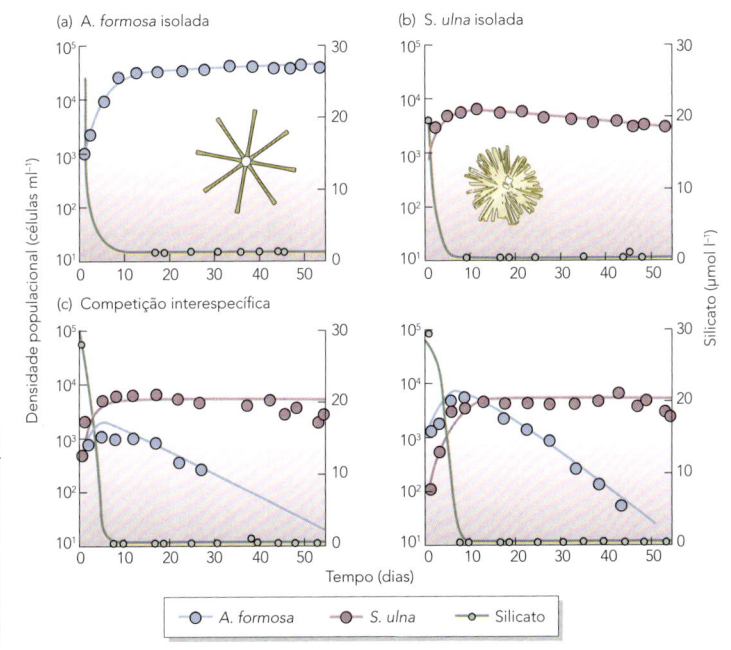

Figura 6.1

Competição entre diatomáceas. (a) *Asterionella formosa*, quando cultivada isoladamente em meio de cultura, estabelece uma população estável e mantém o recurso (silicato) em nível constante e baixo. (b) Quando *Synedra ulna* é cultivada sozinha, acontece o mesmo, porém ela mantém o silicato em nível ainda mais baixo. (c) Quando cultivadas juntas, em duas repetições, S. *ulna* leva A. *formosa* à extinção.

6.2.2 Coexistência e exclusão de peixes salmonídeos em competição

Salvelinus malma ("Dolly Varden charr") e *S. leucomaenis* ("White-spotted charr") são peixes salmonídeos morfologicamente similares e aparentados (ver Seção 3.2.4). As duas espécies são encontradas juntas em muitos riachos da Ilha Hokkaido, no Japão, mas os espécimes de *S. malma* encontram-se distribuídos nas altitudes mais elevadas, a montante, do que os de *S. leucomaenis*, com uma zona de sobreposição das duas espécies nas altitudes intermediárias. Em riachos onde uma das espécies não está presente, a outra expande sua distribuição. A temperatura da água, um fator abiótico com consequências profundas na ecologia de peixes, aumenta a jusante.

Em riachos estabelecidos em laboratório, temperaturas mais altas (12°C, em comparação a 6°C), levaram ao aumento da agressividade em ambas as espécies quando as mesmas foram testadas isoladamente. Mas este efeito foi invertido para *S. malma* quando na presença de *S. leucomaenis* (Figura 6.2a). Como reflexo disso, indivíduos de *S. malma* foram impedidos de entrar em locais favoráveis ao forrageio, quando na presença de *S. leucomaenis* sob temperaturas mais elevadas (Figura 6.2b). Além disso, quando isoladas, a taxa de crescimento de ambas as espécies não foi influenciada pela temperatura, mas quando as duas espécies estavam presentes, o crescimento de *S. malma* diminuiu com o aumento da temperatura, enquanto o de *S. leucomaenis* aumentou (Figura 6.2c), de tal forma que a taxa de crescimento de *S. malma* foi muito menor do que a de *S. leucomaenis* sob temperaturas mais elevadas.

> vantagem competitiva determinada por comportamento agressivo dependente da temperatura

Figura 6.2
(a) Frequência de encontros agressivos iniciados por indivíduos de cada espécie de peixe durante um experimento com duração de 72 dias, realizado em canais de riachos artificiais, com duas repetições de 50 indivíduos de *Salvelinus malma* (histogramas azuis) ou de *S. leucomaenis* (histogramas bordôs) isolados por espécie (alopatria) ou em conjunto de 25 indivíduos para cada espécie (simpatria); (b) freqüência de forrageio; (c) taxa específica de crescimento em comprimento do corpo. Letras diferentes indicam diferenças significativas entre as médias correspondentes.

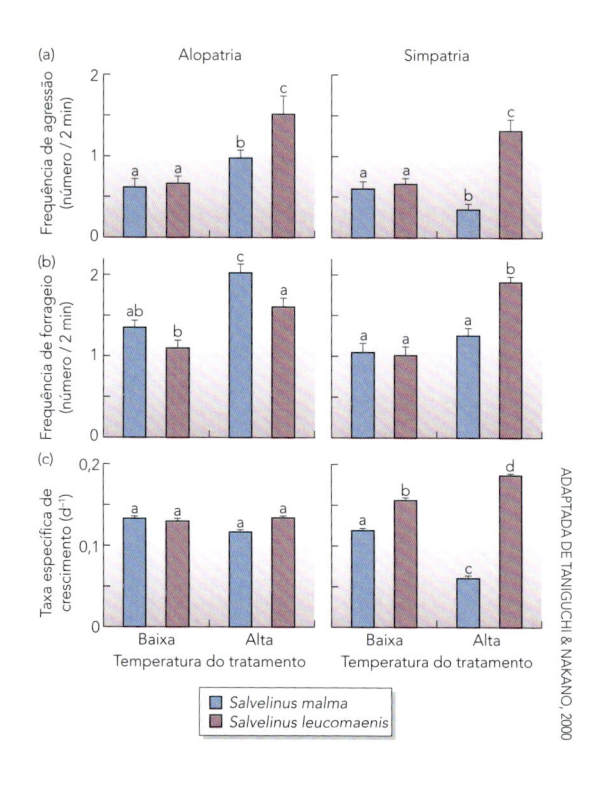

ADAPTADA DE TANIGUCHI & NAKANO, 2000

Estes resultados são consistentes com a hipótese de que o limite altitudinal inferior de *S. malma* nos riachos japoneses era devido à competição mediada pela temperatura, favorecendo *S. leucomaenis*: os indivíduos desta espécie foram mais agressivos, forragearam mais eficazmente e cresceram mais rápido. Todavia, os resultados não sustentam a asserção de que o limite superior de *S. leucomaenis* é também devido a diferenças competitivas mediadas pela temperatura; isto é, *S. malma* não sobrepujou *S. leucomaenis* em nenhum dos experimentos, mesmo sob temperaturas mais baixas. Estudos adicionais serão necessários para determinar por que *S. malma* exclui *S. leucomaenis* a montante.

6.2.3 Algumas observações gerais

Estes dois exemplos ilustram diversos pontos de importância geral.

1. Espécies em competição coexistem numa dada escala espacial, mas apresentam distribuições diferentes, quando consideradas numa escala de resolução mais fina. No exemplo dos peixes, eles coexistiam no mesmo riacho, mas cada um estava mais ou menos confinado à sua zona altitudinal própria.
2. As espécies são com frequência excluídas por competição interespecífica dos locais onde poderiam existir perfeitamente bem, caso não houvesse este tipo de competição. Aqui, *S. malma* pode viver na zona de *S. leucomaenis* – porém somente quando nela não há indivíduos de *S. leucomaenis*. De maneira similar, *A. formosa* pode viver em culturas de laboratório – mas somente na ausência de *S. ulna*.
3. Podemos descrever isso dizendo que as condições e recursos fornecidos pela zona de *S. leucomaenis* são parte do *nicho fundamental* de *S. malma* (ver Seção 3.6 para uma explicação de nichos ecológicos), onde os requisitos básicos para a existência dessa espécie são contemplados. Porém, quando indivíduos de *S. leucomaenis* estão presentes, a zona desta espécie não proporciona um *nicho realizado* para *S. malma*. Da mesma forma, as culturas de laboratório preenchem as necessidades dos nichos fundamentais de *S. ulna* e *A. formosa*, mas as do nicho realizado apenas de *S. ulna*.

nichos fundamental e realizado

4. Desse modo, o nicho fundamental de uma espécie é a combinação das condições e recursos que permitem a ela existir, crescer e reproduzir, quando considerada isoladamente de qualquer outra espécie que possa prejudicar sua existência. Já o nicho realizado é a combinação das condições e recursos que permitem a ela existir, crescer e reproduzir na presença de outras espécies, que podem prejudicar sua existência – especialmente competidores interespecíficos.
5. Portanto, espécies em competição podem coexistir quando ambas são providas de nichos realizados por seu hábitat (no caso supracitado, o riacho como um todo proporcionou um nicho realizado para ambos os peixes); mas, mesmo em locais que satisfaçam às necessidades do nicho fundamental de uma espécie, esta pode ser excluída por outra, melhor competidora, que nega a ela um nicho realizado.
6. Finalmente, o estudo com peixes ilustra a importância de manipulações experimentais, se desejarmos descobrir o que realmente está aconte-

cendo em uma população natural – a "natureza" precisa ser estimulada a revelar seus segredos.

6.2.4 Coexistência de diatomáceas em competição

Outro estudo experimental sobre diatomáceas em competição analisou espécies coexistindo na presença de não apenas um, mas dois recursos limitantes. As duas espécies foram *Astrionella formosa* (novamente) e *Cyclotella meneghiniana*, e os recursos, ambos capazes de limitar o crescimento das duas espécies de diatomáceas, foram silicato e fosfato. Contudo, enquanto *C. meneghiniana* foi a exploradora mais eficaz de silicato (reduzindo a sua concentração a um nível mais baixo), *A. formosa* foi a exploradora mais eficaz de fosfato. Desse modo, em culturas nas quais havia um suprimento particularmente baixo de silicato, *C. meneghiniana* excluiu *A. formosa* (Figura 6.3): tais culturas não proporcionaram um nicho realizado para *A. formosa*, o competidor inferior neste caso. De forma inversa, em culturas nas quais havia suprimento particularmente baixo de fosfato, *A. formosa* excluiu *C. meneghiniana*. Contudo, em culturas com suprimentos relativamente equilibrados de silicato e fosfato, as duas espécies de diatomáceas coexistiram (Figura 6.3): com duas espécies, ambas com fornecimento suficiente de um recurso em relação ao qual eram superiores, houve um nicho realizado para ambas.

6.2.5 Coexistência de aves em competição

Nem sempre é tão fácil identificar a "diferenciação de nicho" ou "utilização diferencial de recursos" que permita aos competidores coexistirem. Os ornitólogos, por exemplo, sabem que espécies taxonomicamente próximas de aves frequentemente coexistem no mesmo hábitat. Por exemplo, cinco espécies de *Parus* ocorrem juntas em bosques latifoliados na Inglaterra: *P. caeruleus*, *P. major*, *P. palustris*, *P. montanus* e *P. ater*. Todos têm bicos curtos e buscam alimento principalmente em folhas e ramos, porém às vezes no chão; todos comem insetos durante todo o ano, e também sementes no inverno; e todos nidificam em buracos, normalmente em árvores. Apesar disso, quanto mais de perto vemos os detalhes da ecologia de tais espécies coexistentes, mais provavelmente encontraremos diferenças ecológicas –

Figura 6.3

Asterionella formosa e *Cyclotella meneghiniana* coexistem quando na presença de suprimentos relativamente balanceados de silicato (SiO_2) e fosfato(PO_4); contudo, *A. formosa* exclui *C. meneghiniana* quando há suprimentos baixos de fosfato, enquanto *C. meneghiniana* exclui *A. formosa* quando os suprimento de silicato são baixos.

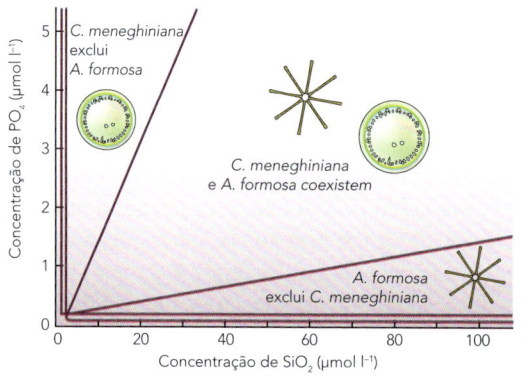

ADAPTADA DE TILMAN, 1982

por exemplo, em relação aonde precisamente dentro das árvores as espécies forrageiam, no tamanho dos insetos capturados e na dureza das sementes que estas coletam. Podemos ficar tentados a concluir que tais espécies competem, porém coexistem por forragearem recursos ligeiramente diferentes através de maneiras ligeiramente distintas: a "utilização diferencial de recursos". Porém, em ambientes naturais complexos, tais conclusões, embora plausíveis, são difíceis de serem provadas.

De fato, em geral não é fácil provar nem mesmo que as espécies competem. Para fazer isso, é comumente necessário remover uma ou mais espécies e monitorar as respostas daquelas que permanecem. Isto foi feito, por exemplo, em um estudo sobre duas espécies de aves muito similares: *Vermivora celata* e *V. virginiae*, cujos territórios de acasalamento se sobrepõem na região central do Arizona, EUA. Em locais onde uma das duas espécies foi removida, a espécie remanescente produziu entre 78% e 129% mais jovens por ninho. O aumento na *performance* deveu-se ao melhor acesso aos sítios de nidificação preferidos e a consequente diminuição na predação de filhotes. No caso de *V. virginiae*, mas não no de *V. celata*, a taxa de forrageio também aumentou em locais dos quais a outra espécie foi removida (Figura 6.4).

> a coexistência através da diferenciação de nicho – e mesmo a competição – pode ser difícil de ser comprovada

6.2.6 Coexistência de roedores e formigas em competição

Os exemplos descritos até agora envolveram pares de espécies estritamente relacionadas taxonomicamente – diatomáceas, peixes salmonídeos ou aves. Isso pode levar a uma ideia destorcida quanto a, pelo menos, dois aspectos importantes. Primeiro, a competição pode ocorrer entre grupos maiores de espécies do que somente um par – por esse motivo, é às vezes denominada competição "difusa". E segundo, a competição pode ocorrer entre espécies completamente não aparentadas.

Ambos os aspectos são ilustrados por um estudo sobre competição interespecífica envolvendo formigas e roedores granívoros em desertos do sudoeste dos EUA. Nos locais do estudo, somente duas *guildas* (grupos de espécies que se alimentam de itens similares e de maneira semelhante; Root, 1967) consomem sementes: os roedores e as formigas. Com base no estudo do tamanho das sementes colhidas por guilda, evidenciou-se que as duas espécies

> competição entre grupos de espécies não aparentadas

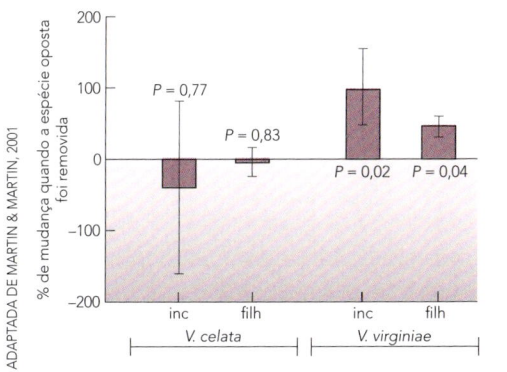

Figura 6.4

Diferença percentual nas taxas de forrageio (média ± EP) em ninhos de *Vermivora celata* e *V. virginiae* em locais onde a outra espécie foi experimentalmente removida. As taxas de forrageio (visitas com alimento por hora no ninho) foram medidas durante a incubação (inc; taxas de aporte de alimento pelos machos para as fêmeas incubando no ninho) e durante o período com filhotes (filh; taxas de aporte de alimento para os filhotes por ambos os pais combinados). Os valores de *P* foram gerados através de testes *t* da hipótese de que cada espécie forrageou a taxas mais elevadas em locais onde a outra foi removida. Esta hipótese foi sustentada para *V. virginiae*, mas não para *V. celata*.

exibiam uma sobreposição significativa quanto ao tamanho das sementes que consumiam (Figura 6.5). As formigas comeram uma proporção maior das sementes menores, mas em toda parte o potencial de competição pelos recursos foi muito alto entre elas.

Entretanto, conforme indicado anteriormente, o único teste verdadeiro para determinar a ocorrência de competição entre elas seria por meio da manipulação da abundância de um dos competidores e de observação da resposta do outro. Assim, oito parcelas foram estabelecidas em habitats semelhantes. Em duas, os roedores foram capturados e isolados por uma cerca, para garantir que somente as formigas tivessem acesso às sementes nelas contidas. Em outras duas, as formigas foram eliminadas por repetidas aplicações de pesticidas. Em duas parcelas adicionais tanto as formigas quanto os roedores foram excluídos e, finalmente, duas parcelas foram mantidas como controle, sem manipulação.

Quando um dos dois, roedores ou formigas, foi removido, houve um aumento numérico estatisticamente significativo da outra guilda: foi visível o efeito depressor da competição interespecífica de cada guilda sobre a abundância da outra. Além disso, quando os roedores foram removidos, as formigas comeram tantas sementes quanto roedores e formigas haviam comido entre eles – o mesmo fizeram os roedores, quando as formigas foram removidas; somente quando ambos foram removidos a quantidade de recursos aumentou. Em outras palavras, sob circunstâncias normais, ambas as guildas comem menos e atingem níveis menores de abundância do que elas poderiam atingir se a outra guilda não estivesse presente. Isso indica claramente que, embora coexistam no mesmo habitat, roedores e formigas competem interespecificamente.

6.2.7 O Princípio da Exclusão Competitiva

Os padrões aparentes nesses exemplos foram também revelados por muitos outros, e têm sido elevados à condição de um princípio: o *Princípio da Exclusão*

Figura 6.5
Sobreposição das dietas de formigas e de roedores: tamanhos das sementes colhidas por formigas e roedores, em coexistência, próximo a Portal, Arizona.

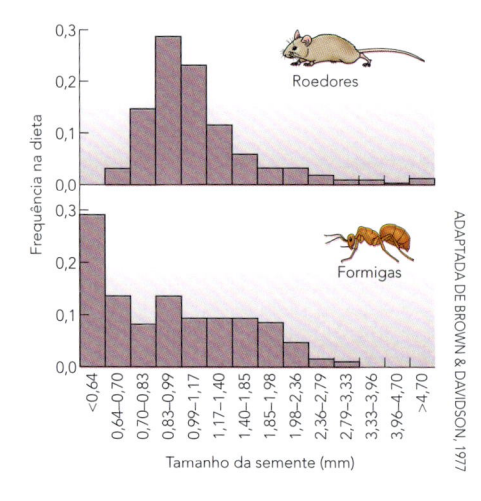

Competitiva ou Princípio de Gause (assim denominado em homenagem ao eminente ecólogo russo). Ele pode ser expresso da seguinte forma:

- Se duas espécies competidoras coexistem em um ambiente estável, então elas o fazem como consequência da diferenciação de nichos, isto é, diferenciação de seus nichos realizados.
- Entretanto, se não existe tal diferenciação ou se ela for obstruída pelo hábitat, então um dos competidores irá eliminar ou excluir o outro.

Embora o princípio tenha surgido a partir do exame de padrões evidentes de conjuntos reais de dados, o seu estabelecimento estava – e muitas discussões recentes sobre competição interespecífica ainda são – calcado em um modelo matemático simples de competição interespecífica, geralmente conhecido pelos nomes de seus dois criadores (independentes): Lotka e Volterra (Quadro 6.1).

6.1 ASPECTOS QUANTITATIVOS

O modelo de Lotka-Volterra de competição interespecífica

O modelo de competição interespecífica mais amplamente usado é o de Lotka-Volterra (Volterra, 1926; Lotka, 1932). Ele é uma extensão da equação logística descrita no Quadro 5.4. Suas virtudes são (à semelhança da logística) a simplicidade e a capacidade de esclarecer a respeito dos fatores que determinam o resultado de uma interação competitiva.

Dentro da equação logística:

$$\frac{dN}{dt} = rN\frac{(K-N)}{K}$$

o termo particular que modela a competição intraespecífica é $(K-N)/K$. Dentro desse termo, quanto maior for N (maior será a população), tanto maior será a força da competição intraespecífica. A base do modelo de Lotka-Volterra consiste na substituição deste termo por outro que modela tanto a competição intraespecífica quanto a interespecífica. No modelo, denominamos N_1 o tamanho da população da primeira espécie e N_2 o da segunda espécie. Suas capacidades de suporte e taxas intrínsecas de crescimento são K_1, K_2, r_1 e r_2.

Por analogia com a logística, esperamos que o efeito total da competição sobre, digamos, a espécie 1 (intra- e interespecífico) seja tanto maior quanto mais elevados forem os valores de N_1 e de N_2; porém não podemos simplesmente colocá-los juntos, já que os efeitos da competição das duas espécies sobre a espécie 1 não são provavelmente os mesmos. Então, suponha que indivíduos da espécie 2 tenham, entre eles, somente o mesmo efeito competitivo sobre a espécie 1 equivalente a um simples indivíduo da espécie 1. O efeito competitivo total sobre a espécie 1 (intra- e interespecífico) será, então, equivalente ao efeito de $(N_1 + N_2 * 1/10)$ indivíduos da espécie 1. A constante (1/10, no presente caso) é denominada *coeficiente de competição*, simbolizado por α_{12}. Assim, multiplicando N_2 por α_{12}, faz-se a conversão deste para um número de N_1 equivalente, e a adição de N_1 a $\alpha_{12}N$ nos dá o efeito competitivo total sobre a espécie 1. (Observe que $\alpha_{12} < 1$ significa que os indivíduos da espécie 2 possuem um menor efeito inibitório sobre os indivíduos da espécie 1 do que os indivíduos desta

▶

tem sobre os outros de sua própria espécie, e assim por diante.)

A equação para a espécie 1 pode ser agora descrita:

$$\frac{dN_1}{dt} = r_1 N_1 \frac{(K_1 - [N_1 + \alpha_{12} N_2])}{K_1}$$

e para a espécie 2 (com seu próprio coeficiente de competição, convertendo os indivíduos da espécie 1 em equivalentes da espécie 2):

$$\frac{dN_2}{dt} = r_2 N_2 \frac{(K_2 - [N_2 + \alpha_{21} N_1])}{K_2}$$

Essas duas equações correspondem ao modelo de Lotka-Volterra.

A melhor maneira de avaliar suas propriedades é colocar a questão "Sob que circunstâncias cada uma das espécies aumenta ou diminui em abundância?" Para responder a tal questão, é necessário construir diagramas nos quais todas as possíveis combinações de N_1 e N_2 podem ser expostas. Isso encontra-se representado na Figura 6.6. Certas combinações (determinadas regiões da Figura 6.6) dão origem ao aumento na espécie 1 e/ou espécie 2, enquanto outras combinações provocam um decréscimo. Isso tem como resultado, inevitavelmente, uma *isolinha* zero para cada espécie, ou seja, uma linha com combinações levando a aumento em um lado e decréscimo no outro, mas ao longo dela não há aumento nem decréscimo.

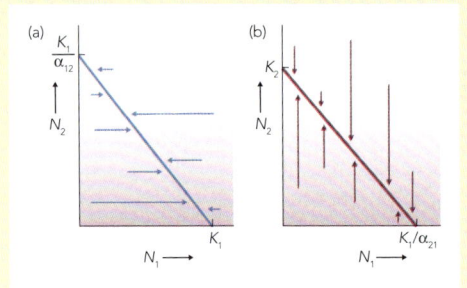

Figura 6.6
As isolinhas zero geradas pelas equações de competição de Lotka-Volterra. (a) isolinha zero de N_1: a espécie 1 aumenta abaixo e à esquerda da isolinha, e diminui acima e à direita desta. (b) A isolinha zero equivalente para N_2.

Podemos mapear as regiões de aumento e diminuição da espécie 1 na Figura 6.6, caso possamos desenhar sua isolinha zero, o que pode ser feito com base no fato de que, *sobre* esta, $dN_1/dt = 0$ (a taxa de mudança da abundância da espécie 1 é zero, por definição). O rearranjo da equação nos dá a isolinha zero para a espécie 1:

$$N_1 = K_1 - \alpha_{21} N_2$$

Abaixo e à esquerda da isolinha, a espécie 1 aumenta em abundância (as setas da figura, representando esse aumento, apontam da esquerda para a direita, visto que N_1 encontra-se no eixo horizontal). Há um aumento porque os números de ambas as espécies são relativamente baixos e a espécie 1 está, desse modo, sujeita a uma competição apenas fraca. Entretanto, acima e à direita da isolinha, os números são altos, a competição é forte e a espécie 1 diminui em abundância (setas da direita para a esquerda). Com base em uma derivação equivalente, a Figura 6.6b também apresenta a isolinha zero da espécie 2, com setas semelhantes para o eixo de N_2 apontando verticalmente.

Para determinar o resultado da competição nesse modelo, é necessário determinar, em cada ponto da figura, o comportamento das espécies 1 e 2 em conjunto, conforme indicado pelos pares de setas. Na verdade, há quatro modos diferentes nos quais as duas isolinhas zero podem ser arranjadas entre si, os quais podem ser distinguidos pelos pontos de interceptação das isolinhas zero (Figura 6.7). O resultado da competição será diferente em cada caso.

Atendo-se aos pontos de interceptação na Figura 6.7a, por exemplo,

$$\frac{K_1}{\alpha_{12}} > K_2 \quad \text{e} \quad K_1 > \frac{K_2}{\alpha_{21}}$$

Um pequeno rearranjo dessas equações resulta em:

$$K_1 > K_2 \alpha_{12} \quad \text{e} \quad K_1 \alpha_{21} > K_2$$

A primeira desigualdade ($K_1 > K_2 \alpha_{12}$) indica que os efeitos intraespecíficos inibitórios que a espécie 1 pode exercer sobre si mesma (simbolizado por K_1) são maiores do que os efeitos interespecíficos que a espécie 2 exerce sobre a espécie 1 ($K_2\alpha_{12}$). Isso significa que a espécie 2 é um competidor interespecífico fraco. A segunda desigualdade, entretanto, indica que a espécie 1 pode exercer mais efeito sobre a espécie 2 do que esta sobre si mesma. Desse modo, a espécie 1 é um competidor interespecífico *forte*; e, conforme mostram as setas da Figura 6.7a, a espécie 1 leva a fraca espécie 2 à extinção e atinge a sua capacidade de suporte. A situação é revertida na Figura 6.7b. Por conseguinte, as Figuras 6.7a e b descrevem casos em que o ambiente é tal que uma das espécies invariavelmente supera a outra, porque a primeira é um competidor interespecífico forte e a outra é fraca.

Na Figura 6.7c, ao contrário:

$$K_1 > K_2\alpha_{12} \quad \text{e} \quad K_2 > K_1\alpha_{21}$$

Neste caso, ambas as espécies apresentam menos efeito competitivo sobre a outra do que as outras espécies têm sobre si mesmas; nesse sentido, ambas são competidoras fracas. Isto aconteceria, por exemplo, se houvesse diferenciação de nichos entre as espécies – cada uma competiria principalmente "dentro" de seu próprio nicho. Como resultado, conforme mostra a Figura 6.7c, todas as setas apontam em direção a uma combinação equilibrada e estável das duas espécies, em que todas as populações juntas tendem a se aproximar: isto é, o produto deste tipo de competição é a coexistência estável dos competidores. Na verdade, somente este tipo de competição (ambas as espécies tendo maior efeito sobre si mesmas do que sobre as outras espécies) conduz a uma coexistência estável de competidores.

Finalmente, na Figura 6.7d:

$$K_2\alpha_{12} > K_1 \quad \text{e} \quad K_1\alpha_{21} > K_2$$

Assim, os indivíduos de ambas as espécies têm um efeito competitivo maior sobre indivíduos das outras espécies do que as outras espécies exercem sobre si mesmas. Tal situação ocorrerá, por exemplo, quando cada espécie for mais agressiva em relação aos indivíduos de outras espécies do que com os indivíduos de sua própria espécie. As direções das setas são um pouco mais complexas neste caso, mas, por fim, elas sempre conduzem a um ou outro dos dois pontos estáveis alternativos. No primeiro, a espécie 1 atinge sua capacidade de suporte com a extinção da espécie 2; no segundo, a espécie 2 atinge sua capacidade de suporte com a extinção da espécie 1. Em outras palavras, ambas as espécies são capazes de condu-

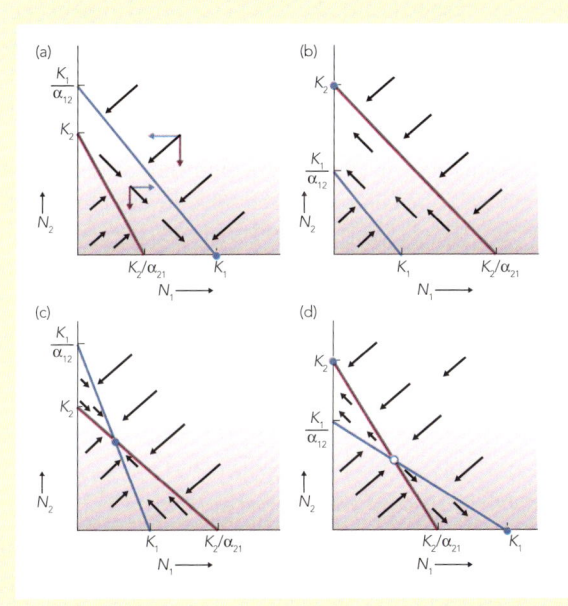

Figura 6.7

Os resultados da competição gerados pelas equações de competição de Lotka-Volterra, para os quatro possíveis arranjos das isolinhas zero N_1 e N_2. As setas pretas correspondem às duas populações e foram derivadas conforme indicado em (a). Os círculos cheios indicam pontos de equilíbrio estável. O círculo aberto em (d) corresponde a um ponto de equilíbrio instável. Mais explicações são encontradas no texto deste quadro.

zir a outra espécie à extinção, porém a que efetivamente o faz não pode ser prevista com certeza. Isso depende de qual espécie apresenta o controle da densidade, seja porque elas iniciam com maior densidade ou porque as flutuações de densidade, de algum outro modo, dá a elas tal vantagem. Seja qual for a espécie que apresentar tal controle, tira vantagem disso e leva a outra espécie à extinção.

Princípio da Exclusão Competitiva – o que ele prevê e o que não prevê

Não há dúvida de que existe alguma verdade no princípio segundo o qual espécies competidoras podem coexistir como resultado da diferenciação de nichos, bem como uma espécie competidora pode excluir uma outra, renegando a ela um nicho realizado. Contudo, é fundamental também estar ciente do que o Princípio de Exclusão Competitiva *não* faz afirmação.

Ele *não* afirma que, sempre que observamos espécies em coexistência com nichos diferentes, é razoável concluir que isso é o princípio em operação. Cada espécie, quando examinada de forma pormenorizada, apresenta seu próprio e único nicho. A diferenciação de nicho não prova que existem competidores em coexistência. As espécies podem não estar competindo e podem nunca tê-lo feito em sua história evolutiva. Há necessidade de prova sobre a existência de competição interespecífica. Nos exemplos anteriores, isso foi proporcionado pela manipulação experimental – ao remover uma espécie (ou um grupo de espécies), as demais aumentaram em abundância ou sobrevivência. Porém, a maioria dos casos, mesmo os mais plausíveis, a respeito da coexistência de competidores como resultado da diferenciação de nichos, não foi submetida à prova experimental. Assim, quão importante é o Princípio de Exclusão Competitiva na prática? Retornaremos a esta questão na Seção 6.5.

Parte do problema é que, embora as espécies possam não estar competindo atualmente, seus antecessores poderão tê-lo feito, de modo que a marca da competição interespecífica tenha ficado registrada nos nichos, comportamento ou morfologia de seus descendentes atuais. Essa questão será abordada na Seção 6.3.

Finalmente, o Princípio de Exclusão Competitiva, conforme exposto acima, inclui a palavra "estável". Isto é, nos hábitats contemplados no princípio, as condições e o suprimento de recursos permanecem mais ou menos constantes – se as espécies competem, então tal competição segue seu curso até que uma espécie seja eliminada ou até que as espécies assentem-se em um padrão de coexistência dentro dos seus nichos realizados. Às vezes, esta é uma visão realista de um hábitats, especialmente em laboratório ou outros ambientes controlados, onde o pesquisador mantém constantes as condições e o suprimento de recursos. Entretanto, muitos ambientes não são estáveis por longos períodos de tempo. Como o resultado da competição muda quando as heterogeneidades espacial e temporal do ambiente são levadas em consideração? Este é o assunto da próxima seção.

6.2.8 Heterogeneidade ambiental

só raramente a competição pode "seguir seu curso"

Conforme explicado em capítulos anteriores, variações espaciais e temporais em ambientes são a regra, não a exceção. Os ambientes são geralmente uma fragmentação de hábitats favoráveis e desfavoráveis; manchas são muitas vezes disponíveis apenas temporariamente, geralmente aparecendo em tempos e locais não previsíveis. Sob tais condições variáveis, só raramente a competição pode "seguir seu curso" e o resultado não pode ser previsto simplesmente pela aplicação do Princípio da Exclusão Competitiva. Uma espécie que é "fraca" como competidor num ambiente constante pode, por exemplo, ser eficiente na colonização de clareiras em um hábitat, criadas pelo fogo, tempestade ou casco de uma vaca no lodo – ou pode ser eficiente no sentido de crescer rapidamente em tais clareiras, imediatamente após elas serem colonizadas. Ela pode, então, coexistir com um forte competidor tão logo ocorram novas clareiras suficientemente frequentes. Desse modo, uma visão realista da competição interespecífica deve reconhecer que esta frequentemente não ocorre em isolamento, mas sob a influência e dentro das restrições de um mundo fragmentado, temporário ou imprevisível.

Os exemplos a seguir ilustram apenas dois dos muitos modos nos quais a heterogeneidade ambiental assegura que o Princípio da Exclusão Competitiva está longe de constituir-se na história completa, quando ela vem a ser determinante no resultado da interação entre duas espécies em competição.

O primeiro diz respeito à coexistência de um competidor superior e de um colonizador superior: uma alga parda, *Postelsia palmaeformis* e o mexilhão *Mytilus californianus* na costa de Washington, EUA (Paine, 1979) (Figura 6.8). *P. palmaeformis* é uma espécie anual que precisa se restabelecer a cada ano para persistir em um local. Ela o faz aderindo-se à rocha nua, geralmente em fendas nos bancos de mexilhões, criadas pela ação das ondas. Entretanto, os mexilhões vagarosamente invadem tais clareiras, preenchendo-as de modo gradual e impedindo a colonização por *P. palmaeformis*. Em outras palavras, em um ambiente estável, os moluscos venceriam a competição e excluiriam a *P. palmaeformis*. Porém, seu ambiente não é estável – frequentemente estão sendo criadas clareiras, de modo que as espécies coexistem somente nos locais em que há uma taxa média de formação de clareiras relativamente alta (pelo

> moluscos, algas marinhas e a frequência de formação de clareiras

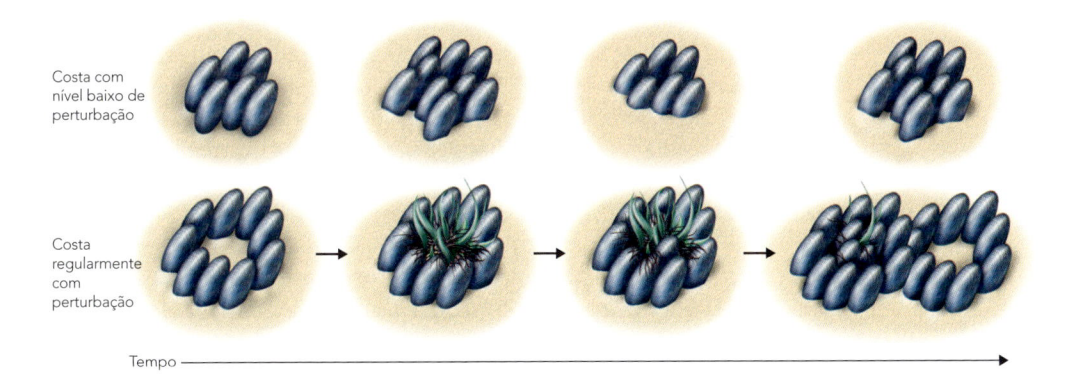

Figura 6.8

Nas costas marinhas onde clareiras não são criadas, os mexilhões são capazes de excluir a alga parda *P. palmaeformis*; porém, onde clareiras são criadas com regularidade, as duas espécies coexistem, embora *P. palmaeformis* seja finalmente excluída de cada clareira pelos moluscos.

Costa marinha com *Postelsia palmaeformis* e *Mytilus californianus*.

menos 7% da área de superfície por ano) e onde tal taxa é aproximadamente a mesma a cada ano. Onde a taxa é mais baixa ou onde ela varia de modo considerável de ano para ano, há (regular ou ocasionalmente) uma carência de rochas nuas para a colonização por *P. palmaeformis*. Nos locais de coexistência, por outro lado, embora *P. palmaeformis* seja finalmente excluída de cada clareira, estas são criadas com frequência e regularidade suficientes para que haja coexistência no local como um todo. Em resumo, há coexistência de competidores – porém, não como resultado da diferenciação de nichos.

coexistência como resultado de distribuições agregadas

Um caminho talvez mais difundido para a coexistência entre um competidor superior e um inferior baseia-se na ideia de que duas espécies podem ter distribuições agregadas (i.e., agrupadas) independentes no hábitat disponível. Isto significaria que os poderes de um competidor superior seriam direcionados principalmente contra os membros de sua própria espécie (nos agrupamentos com maior densidade), mas este competidor superior agregado estaria ausente de muitas áreas – nas quais o competidor inferior poderia escapar à competição. Um competidor inferior poderia, então, ser capaz de coexistir com um competidor superior que o excluiria rapidamente de um ambiente homogêneo e contínuo.

Um estudo de campo com duas espécies vegetais de dunas, *Aira praecox* e *Erodium cicutarium*, realizado no noroeste da Inglaterra, ilustra que tais distribuições agregadas são de fato uma realidade. As duas espécies eram agregadas e a menor delas, *A. praecox*, tendeu a ser agregada mesmo nas menores escalas espaciais (Figura 6.9a). Em escalas menores, contudo, as duas espécies associaram-se negativamente (Figura 6.9b). Assim, *A. praecox* tendeu a ocorrer em pequenas moitas monoespecíficas e, por isso, ficou muito menos propensa à competição de *E. cicutarium* do que seria se elas fossem distribuídas ao acaso.

As consequências de distribuições agregadas são ilustradas por um estudo de comunidades experimentais de quatro espécies vegetais terrestres anuais – *Capsella bursa-pastoris*, *Cardamine hirsuta*, *Poa annua* e *Stellaria media* (Figura 6.10). *S. media* é conhecida como um competidor superior entre estas espécies. Consórcios de três e quatro espécies replicadas foram semeados em densidade alta, e as sementes foram colocadas completamente ao acaso ou as sementes de cada espécie foram agregadas em subparcelas dentro das áreas experimentais. A agregação intraespecífica comprometeu a *performance* de *S. media* nos consórcios, enquanto em todos os casos, exceto um, a agregação

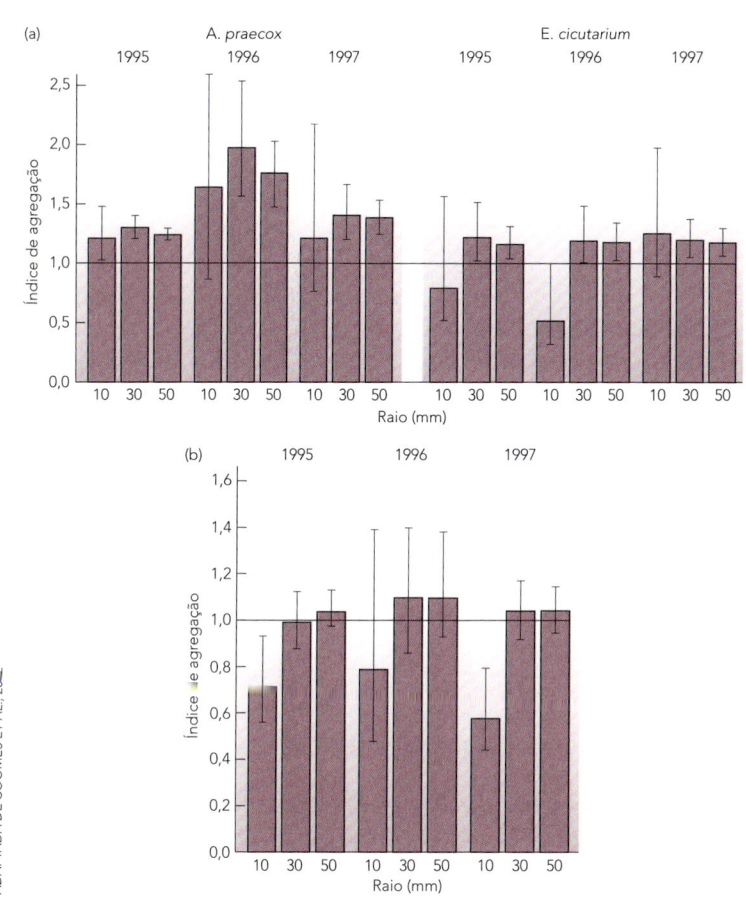

Figura 6.9

(a) Distribuição espacial de duas espécies de dunas arenosas, *Aira praecox* e *Erodium cicutarium*, em local a noroeste da Inglaterra. O índice de agregação 1 indica uma distribuição aleatória. Índices maiores do que 1 indicam agregação (agrupamento) dentro de manchas com o raio como é especificado; valores menores do que 1 indicam uma distribuição regular. Barras representam intervalos de confiança de 95%. (b) Associação entre *A. praecox* e *E. cicutarium* em cada um dos 3 anos. Um índice de associação maior do que 1 indicaria que as duas espécies tenderam a ser encontradas juntas mais do que seria esperado somente pelo acaso em manchas com o raio como é especificado; valores menores do que 1 indicam uma tendência de se encontrar uma espécie ou a outra. Barras representam intervalos de confiança de 95%.

melhorou a *performance* das três competidoras inferiores. Novamente, a coexistência de competidores foi favorecida não pela diferenciação de nichos, mas simplesmente por um tipo de heterogeneidade que é típica do mundo natural: a agregação garantiu que a maioria dos indivíduos competissem com os membros de sua própria espécie e não de outras.

Estes estudos e outros similares levam a um longo caminho no sentido de explicar a coocorrência de espécies que em ambientes constantes provavelmente excluiriam uma à outra. O ambiente quase nunca é invariável o suficiente para que a exclusão competitiva siga seu curso ou para que o resultado seja o mesmo através da paisagem.

6.3 Efeitos evolutivos da competição interespecífica

Colocando de lado o fato de que a heterogeneidade do ambiente assegura que as forças da competição interespecífica sejam frequentemente muito menos profundas do que de outro modo seriam, o potencial da competição interes-

evitação evolutiva à competição

Figura 6.10
O efeito da agregação intraespecífica na biomassa da parte aérea (média ± erro-padrão) de quatro espécies vegetais, cultivadas durante 6 semanas em consórcios de três e quatro espécies (quatro repetições para cada). A espécie competitivamente superior, *Stellaria media* (*Sm*), teve desempenho menos consistente quando suas sementes estavam agregadas do que quando a semeadura foi aleatória (d). Por outro lado, as três espécies competitivamente inferiores – *Capsella bursa-pastoris* (*Cbp*), *Cardamine hirsuta* (*Ch*) e *Poa annua* (*Pa*) – quase sempre melhoraram o desempenho quando as sementes estavam agregadas (a-c). Observe que as escalas são diferentes nos eixos verticais e que as composições dos consórcios são dadas somente ao longo da escala horizontal de (d).

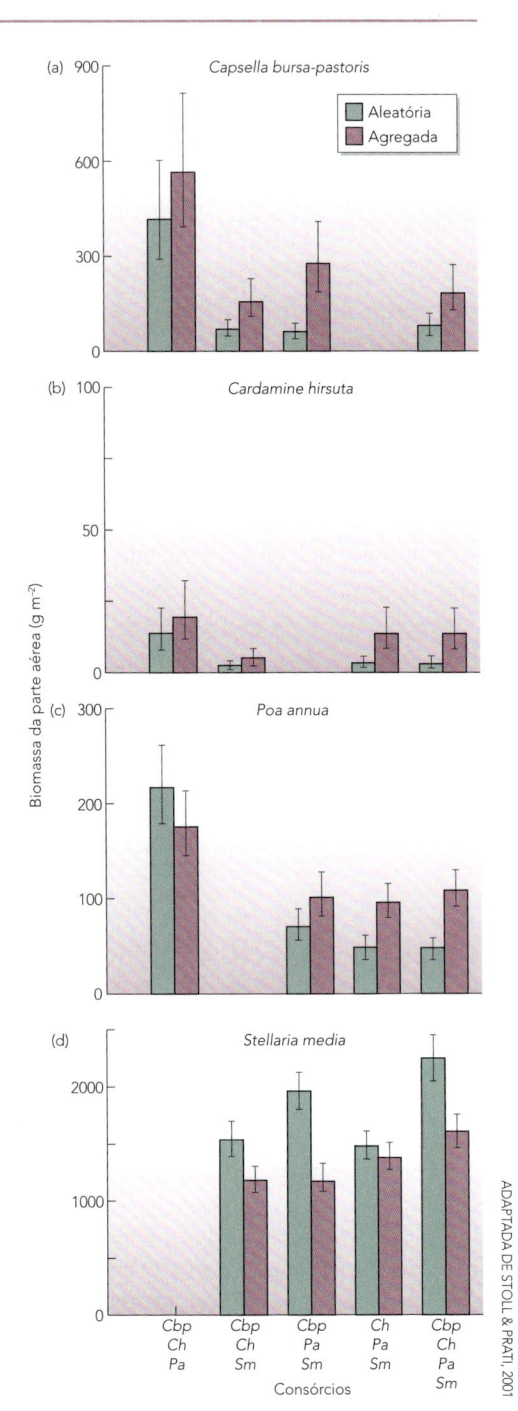

pecífica em afetar adversamente os indivíduos é considerável. Vimos no Capítulo 2 que, no passado, a seleção natural teria favorecido aqueles indivíduos que, por suas características comportamentais, fisiológicas ou morfológicas, evitaram os efeitos adversos que agiram sobre outros indivíduos na mesma população. Os efeitos adversos do frio extremo, por exemplo, podem ter favorecido indivíduos com uma enzima capaz de funcionar de forma efetiva sob temperaturas baixas. De modo similar, no contexto atual, os efeitos adversos da competição interespecífica podem ter favorecido aqueles indivíduos que, por suas características comportamentais, fisiológicas ou morfológicas, evitaram tais efeitos competitivos. Portanto, podemos esperar que as espécies tenham desenvolvido características que asseguram que elas compitam menos, ou nada, com membros de outras espécies.

Como isso se apresenta no tempo presente? Espécies em coexistência, com um potencial aparente para competir, exibirão diferenças em comportamento, fisiologia ou morfologia que asseguram que elas compitam pouco ou nada. Connell utilizou-se dessa linha de raciocínio para explicar as diferenças entre espécies coexistentes de "invocar o fantasma de competição passada". Não obstante, o padrão previsto é precisamente o mesmo presumido pelo Princípio da Exclusão Competitiva, como um pré-requisito para a coexistência de espécies que ainda competem. Espécies competidoras em coexistência nos dias de hoje e espécies coexistentes que desenvolveram uma evitação à competição podem parecer as mesmas.

> invocando o fantasma de competição passada

A questão sobre a importância das competições passada ou presente, como forças atuantes na estruturação das comunidades naturais, será abordada na última seção deste capítulo (Seção 6.5). Por enquanto, examinaremos alguns exemplos sobre o que a competição interespecífica *pode* fazer na qualidade de uma força evolutiva. Entretanto, observe que, ao invocar algo que não pode ser constatado diretamente (evolução), pode ser impossível provar um efeito evolutivo da competição interespecífica, no sentido estrito de "prova" que pode ser aplicado aos teoremas matemáticos ou experimentos cuidadosamente controlados em laboratório. Contudo, consideraremos exemplos em que um efeito evolutivo (em vez de ecológico) de competição interespecífica é a explicação mais plausível para o que é observado.

> a dificuldade de distinguir entre efeitos ecológicos e evolutivos

6.3.1 Deslocamento de característica e liberação ecológica no mangusto indiano

Na parte oeste de sua faixa de distribuição, o pequeno mangusto indiano (*Herpestes javanicus*) coexiste com uma ou duas espécies um pouco maiores, do mesmo gênero (*H. edwardsii* e *H. smithii*), as quais inexistem na parte leste de sua faixa de distribuição (Figura 6.11a). O dente canino superior é o principal órgão usado para matar as presas, e variam em tamanho dentro e entre espécies e sexos (as fêmeas do mangusto são menores do que os machos). No leste, onde a espécie ocorre sozinha (área VII na Figura 6.11a), tanto machos quanto fêmeas apresentam caninos maiores do que nas áreas a oeste (áreas III, V e VI), onde ela coexiste com as espécies maiores (Figura 6.11b). Isso é coerente com o ponto de vista segundo o qual onde espécies de mangustos similares, porém maiores,

Figura 6.11
(a) Distribuições geográficas nativas de *Herpestes javanicus* (j), *H. edwardsii* (e) e *H. smithii* (s). (b) Diâmetro máximo (mm) do canino superior ($C^{sup}L$) de *Herpestes javanicus* em sua área nativa de distribuição [dados somente para áreas III, V, VI e VII de (a)] e em ilhas nas quais o mesmo foi introduzido. Símbolos em azul representam o tamanho médio da fêmea e os em bordô o tamanho médio do macho. Comparados com os animais da área VII (*H. javanicus* sozinho), aqueles nas áreas III, V e VI, onde competem com as duas espécies maiores, são menores. Nas ilhas, eles aumentaram em tamanho desde a sua introdução, porém ainda não são tão grandes como na área VII.

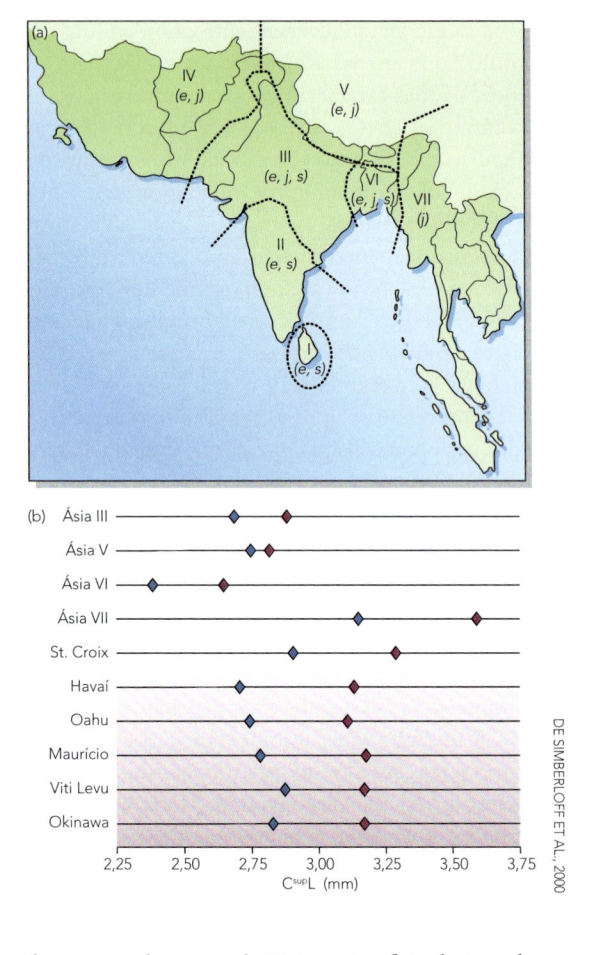

o aparato bucal de H. javanicus é menor onde competidores maiores estão presentes

estão presentes, o aparato de captura de presas de *H. javanicus* foi selecionado para uma redução em tamanho (conhecido como "deslocamento de característica"), reduzindo a força de competição com outras espécies no gênero, porque predadores menores tendem a capturar presas menores. Onde *H. javanicus* ocorre isoladamente, já que não houve deslocamento de característica, seus dentes caninos são muito maiores. (Um outro forte candidato aos efeitos evolutivos da competição interespecífica, especialmente devido à sua associação com deslocamento de característica, é fornecido pelos tentilhões de Darwin do gênero *Geospiza* que vivem nas ilhas Galápagos, um tema discutido na Seção 2.4.2.)

De fato, *H. javanicus* foi introduzido há cerca de um século em muitas ilhas, fora de sua área de distribuição natural (geralmente como parte de uma tentativa ingênua de controlar roedores introduzidos). Nesses locais inexistem as espécies maiores de mangustos competidores. No intervalo de 100 a 200 gerações, *H. javanicus* aumentou em tamanho (Figura 6.11b), de modo que os tamanhos dos indivíduos das ilhas são agora intermediários entre aqueles da região de origem (onde eles coexistiam com outras espécies e eram menores) e aqueles da região leste, onde eles ocorrem de forma isolada. Seu tamanho nas ilhas é consistente com a "liberação ecológica" de competição com as espécies maiores.

6.3.2 Deslocamento de característica em peixes no Canadá

Se o deslocamento de característica foi em última análise causado por competição, então os efeitos da competição deveriam diminuir com o grau de deslocamento. A espécie de peixe *Culaea inconstans* coexiste em alguns lagos canadenses com outra espécie, *Pungitius pungitius* (as espécies são "simpátricas"), enquanto em outros lagos *C. inconstans* ocorre sozinha. Em simpatria, *C. inconstans* possui rastros branquiais significativamente mais curtos (mais apropriados para o forrageio em águas abertas), mandíbulas mais longas e corpos mais profundos. Podemos considerar os indivíduos de *C. inconstans* que vivem em isolamento como tendo morfologia pré-deslocamento, e os simpátricos como fenótipos pós-deslocamento. Quando cada fenótipo foi colocado separadamente em sistemas de isolamento na presença de *P. pungitius*, os fenótipos pré-deslocamento cresceram significativamente menos do que os fenótipos simpátricos pós-deslocamento (Figura 6.12). Isto é claramente consistente com a hipótese de que o fenótipo pós-deslocamento evoluiu para evitar a competição e, por consequência, aumentar o seu valor adaptativo, na presença de *P. pungitius*.

6.3.3 Evolução em ação: bactérias com nichos diferenciados

A maneira mais direta de demonstrar os efeitos evolutivos da competição dentro de um par de espécies competidoras é através da indução destes efeitos pelo experimentador – impondo a pressão de seleção (competição) e observando o resultado. Talvez de modo surpreendente, tem ocorrido muito poucos experimentos bem-sucedidos deste tipo. Para encontrar um exemplo de diferenciação de nicho que origine coexistência entre competidores num experimento de seleção, devemos deixar de lado a competição interespecífica em seu senso mais estrito e nos voltarmos para a competição entre três tipos da mesma espécie bacteriana, *Pseudomonas fluorescens*, os quais se comportam como espécies diferentes, pois se reproduzem assexuadamente. Os três tipos são denominados "liso" (LI), "espalhador rugoso" (ER) e "espalhador difuso" (ED), levando em conta a morfologia de suas colônias em placas em meio sólido. Em meio líquido os tipos também ocupam partes bem diferentes em frascos de cultura (Figura 6.13a), isto é, eles têm nichos diferenciados. Em

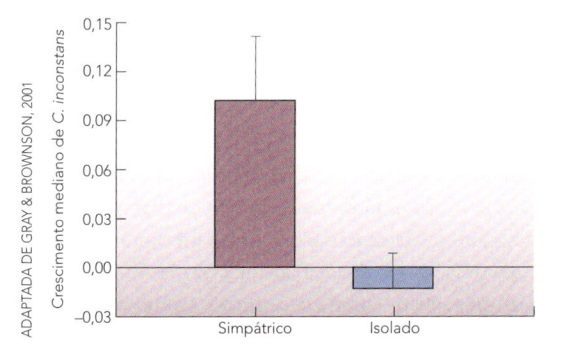

Figura 6.12

Médias (com erros-padrão) do crescimento mediano do grupo (log natural da massa final de peixes em cada sistema de isolamento dividido pela massa inicial do grupo) para indivíduos simpátricos da espécie de peixe *Culaea inconstans*, representando fenótipos pós-deslocamento (barra bordô), e indivíduos de *C. inconstans* vivendo em isolamento, representando fenótipos pré-deslocamento (barra azul), ambos criados na presença de *Pungitius pungitius*. Em competição com *P. pungitius*, o crescimento foi significativamente maior para os fenótipos pós-deslocamento *versus* pré-deslocamento ($P = 0,012$).

Figura 6.13
(a) Culturas puras de três tipos da bactéria *Pseudomonas fluorescens* (liso, LI; espalhador rugoso, ER; espalhador difuso, ED) concentram o seu crescimento em diferentes partes de um frasco de uma cultura líquida. (b) Em frascos de cultura agitados, culturas puras de LI são mantidas. Barras são erros-padrão. (c) Porém em culturas inicialmente puras e não agitadas de LI (●), ER (▲) e ED (■) os mutantes surgem, invadem e se estabelecem. Barras são erros-padrão.

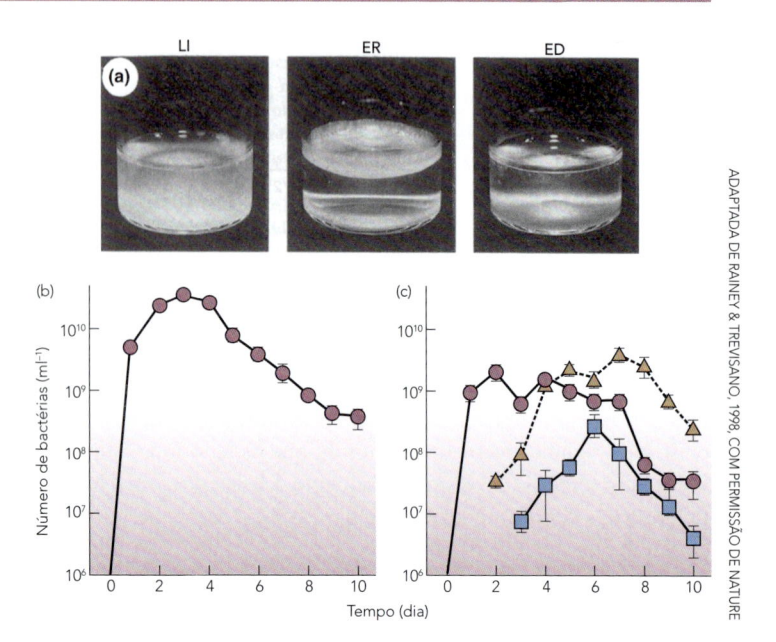

ADAPTADA DE RAINEY & TREVISANO, 1998, COM PERMISSÃO DE NATURE

frascos que foram continuamente agitados, de tal forma que nenhum nicho separado pôde ser estabelecido, uma cultura inicialmente pura de indivíduos LI reteve a sua pureza (Figura 6.13b). Porém, na ausência de agitação, mutantes ER e ED se desenvolveram na população LI, aumentaram em frequência e se estabeleceram (Figura 6.13c): a evolução favoreceu a diferenciação de nichos e a consequente evitação da competição.

6.4 Competição interespecífica e estrutura da comunidade

A competição interespecífica tem, então, o potencial de manter afastados (Seção 6.2) ou afastar (Seção 6.3) os nichos de competidores coexistentes. Como essas forças podem se expressar quando o papel da competição interespecífica na formatação de toda a comunidade ecológica é colocado em pauta – quem vive onde e com quem?

6.4.1 Recursos limitantes e regulação da diversidade em comunidades fitoplanctônicas

Iniciaremos pela retomada da questão da coexistência de espécies fitoplanctônicas em competição. Na Seção 6.2.4, vimos como duas espécies de diatomáceas podem coexistir em laboratório, compartilhando dois recursos limitantes – silicato e fosfato. Na verdade, a teoria prevê que a diversidade de espécies coexistentes deveria ser proporcional ao número de recursos encontrados em um sistema em níveis fisiologicamente limitantes (Tilman 1982): quanto mais recursos limitantes, mais competidores em coexistência. Um teste direto desta hipótese examinou três lagos na região de Yellowstone, Wyoming, EUA, usando um índice ("índice de Simpson") de diversidade em espécies do fitoplâncton (diatomáceas e outras espécies). Se uma espécie existir sozinha, o índice é igual a 1; em um grupo de espécies, em que a biomassa é fortemente dominada por uma única espécie, o índice se situa próximo a 1; quando duas espécies ocorrem com biomassa igual, o índice é 2; e assim por diante. De acordo com a teoria, portanto, esse índice deveria aumentar em proporção direta ao número de recursos limitantes ao crescimento. Os padrões espacial e temporal de diversidade fitoplanctônica nos três lagos, de 1996 a 1997, são mostrados na Figura 6.14a.

Os principais recursos limitantes ao crescimento do fitoplâncton são nitrogênio, fósforo, sílica e luz. Esses parâmetros foram medidos nas mesmas profundidades e nos mesmos períodos em que o fitoplâncton foi amostrado; e foi registrado também onde e quando qualquer um dos fatores limitantes em potencial realmente ocorreu em níveis abaixo do limiar para o crescimento. Coerente com a teoria, a diversidade em espécies cresceu à medida que aumentou o número de

> conforme previsto, a maior diversidade de fitoplâncton ocorreu onde muitos recursos eram limitantes

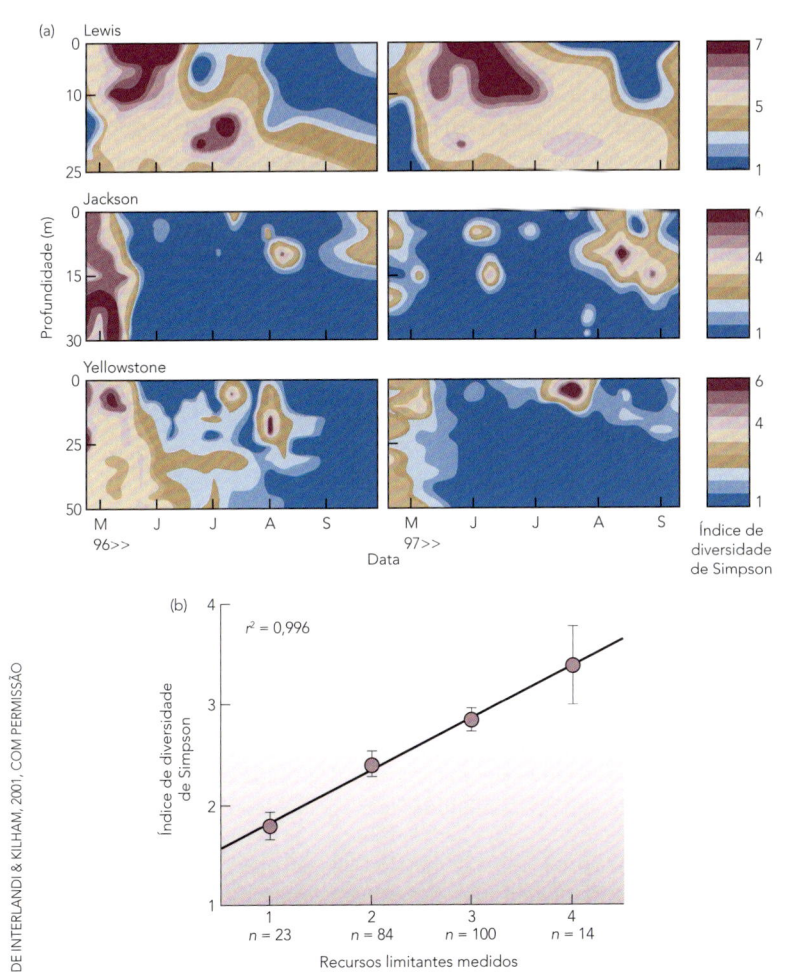

Figura 6.14

(a) Variação na diversidade em espécies fitoplanctônicas (índice de Simpson), em relação à profundidade, ao longo de 2 anos, em lagos da região de Yellowstone. A cor indica a variação temporal de profundidade, em um total de 712 amostras: o bordô indica alta diversidade de espécies, e o azul, baixa diversidade de espécies. (b) Diversidade fitoplanctônica (índice de Simpson; média ± EP) associada a amostras com números diferentes de recursos limitantes medidos. Foi possível realizar esta análise em 221 amostras daquelas exibidas em (a): é exibido o número de amostras (n) em cada classe de recurso limitante. A diversidade claramente aumenta com o número de recursos limitantes.

recursos em níveis fisiologicamente limitantes (Figura 6.14b). Isso sugere que, mesmo em ambientes altamente dinâmicos de lagos, onde as condições de equilíbrio são raras, a competição por recursos desempenha um papel na contínua estruturação da comunidade fitoplanctônica. É encorajador verificar que os resultados dos experimentos desenvolvidos em um ambiente artificial de laboratório (Seção 6.2.4) repercutiram aqui, em ambiente natural muito mais complexo.

6.4.2 Complementaridade de nicho entre peixes-das-anêmonas em Papua Nova Guiné

Em outro estudo sobre diferenciação de nichos e coexistência, muitas espécies de peixes-das-anêmonas foram examinadas nas proximidades de Madang em Papua Nova Guiné. Esta região tem a riqueza de espécies mais alta registrada, tanto de peixes-de-anêmonas (nove) e suas anêmonas hospedeiras (10). Cada anêmona individual tende a ser ocupada por indivíduos de apenas uma espécie de peixe, porque os residentes excluem agressivamente os intrusos. Contudo, interações agressivas foram menos frequentemente observadas entre peixes de tamanhos muito diferentes. Anêmonas parecem ser um recurso limitante para o peixe, pois quase todas as anêmonas estavam ocupadas, e quando algumas foram transplantadas para novos sítios, elas eram rapidamente colonizadas. Amostragens em quatro zonas (litoral, meiolaguna, barreira de corais externa e alto-mar: Figura 6.15a) mostraram que cada peixe-das-anêmonas estava primariamente associado a uma espécie particular de anêmona; cada uma também mostrou uma preferência característica por uma zona em especial (Figura 6.15b). Além disso, peixes que viviam com a mesma anêmona associavam-se tipicamente com diferentes zonas. Por exemplo, *Amphiprion percula* ocupava a anêmona *Heteractis magnifica* em zonas litorâneas, enquanto *A. perideraion* ocupava *H. magnifica* em zonas de alto-mar. Finalmente, as espécies pequenas de peixe-das-anêmonas (*A. sandaracinos* e *A. leucokranos*), associadas a níveis mais baixos de agressão, foram capazes de co-habitar a mesma anêmona com espécies maiores.

espécies similares em uma dimensão tendem a ser diferentes em outra dimensão

Dois importantes pontos estão ilustrados aqui. Primeiro, os peixes-das-anêmonas demonstram *complementaridade de nicho*; isto é, a diferenciação de nichos envolve várias de suas dimensões: espécies de anêmonas, zona costeira e, quase certamente, alguma outra dimensão, talvez tamanho da partícula alimentar, refletido no tamanho do peixe. As espécies de peixe que ocupam uma posição similar ao longo de uma dimensão tendem a diferir ao longo de outra dimensão. Segundo, os peixes podem ser considerados como uma guilda, pois constituem um grupo de espécies que exploram a mesma classe de recursos ambientais de maneira similar; à medida que desempenha um papel na estruturação das comunidades, a competição interespecífica tende a fazer isso – como é mostrado aqui –, não afetando alguma amostra aleatória dos membros daquela comunidade nem afetando cada membro, mas agindo dentro das guildas.

6.4.3 Espécies separadas no espaço ou no tempo

Apesar dos muitos exemplos onde não há nenhuma conexão direta entre competição interespecífica e diferenciação de nichos, não há dúvida que tal

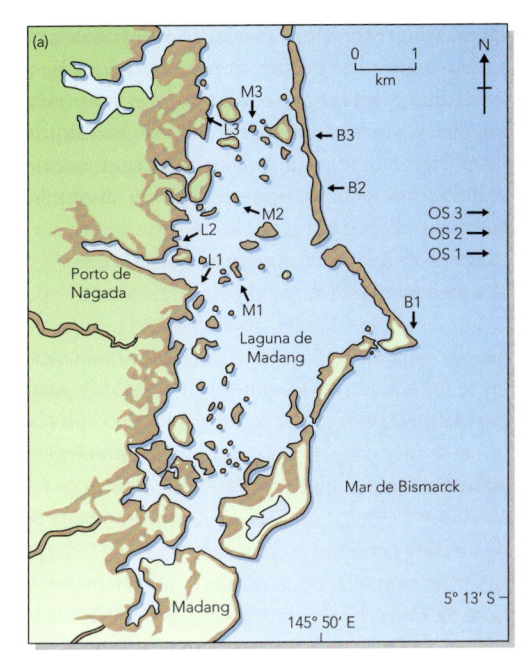

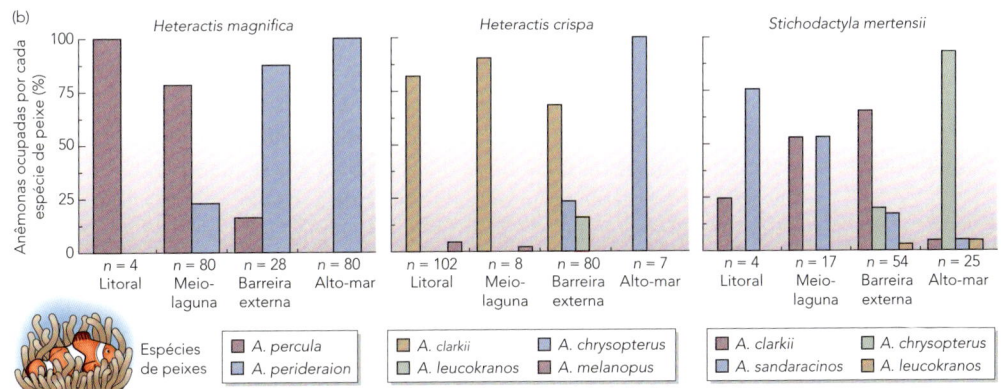

Figura 6.15

(a) Mapa mostrando a localização de três réplicas de sítios de estudo em cada uma de quatro zonas dentro e fora da Laguna de Madang (L, litoral; M, meiolaguna; B, barreira externa de corais; AM, alto-mar). As áreas azuis indicam água, sombreamento marrom representa recife de coral e verde representa terra. (b) A percentagem de três espécies comuns de anêmonas (*Heteractis magnifica*, *H. crispa* e *Stichodactyla mertensii*) ocupadas por diferentes espécies de peixes-das-anêmonas (*Amphiprion* spp., na chave abaixo) em cada uma das quatro zonas. O número de anêmonas contadas em cada zona é mostrado por n.

diferenciação é com frequência a base para a coexistência de espécies dentro das comunidades naturais. Há um número de maneiras nas quais os nichos podem ser diferenciados. Uma, como já vimos, é a partição de recursos ou utilização diferencial de recursos. Isto pode ser observado quando as espécies que vivem precisamente no mesmo hábitat utilizam recursos distintos. Em muitos casos, contudo, os recursos usados por espécies ecologicamente similares estão separados espacialmente. A utilização diferencial de recursos, então, expressará a si própria como diferenciação de micro-hábitats entre as espécies (diferentes espécies de peixe, digamos, forrageando a diferentes profundidades) ou mesmo uma diferença na distribuição geográfica. Alternativamente, a disponibilidade dos diferentes recursos pode ser separada no tempo; isto é, diferentes recursos podem se tornar disponíveis em diferentes períodos do dia ou em diferentes estações. A utilização diferencial de recursos, então, pode expressar-se como uma separação temporal entre as espécies.

A outra maneira principal pela qual os nichos podem ser diferenciados baseia-se nas condições. Duas espécies podem usar precisamente os mesmos recursos, mas se a sua capacidade para fazê-lo é influenciada por condições ambientais (como se sabe que é), e se eles respondem diferentemente àquelas condições, então cada uma pode ser competitivamente superior em diferentes ambientes. Isso pode expressar-se igualmente como diferenciação de micro-hábitats, ou como uma diferença na distribuição geográfica, ou como uma separação temporal – dependendo de se as condições apropriadas variam em uma escala espacial pequena, grande ou ao longo do tempo. Naturalmente, nem sempre é fácil distinguir entre condições e recursos, especialmente em relação às plantas (ver Capítulo 3). Os nichos, então, podem ser diferenciados com base num fator (tal como a água), que é tanto um recurso quanto uma condição.

6.4.4 Separação espacial em árvores e fungos de raízes

árvores em Bornéu: altura, profundidade, clareiras e solo

As árvores variam em sua capacidade de usar recursos tais como luz, água e nutrientes. Um estudo em Bornéu sobre 11 espécies arbóreas do gênero *Macaranga* mostrou uma nítida diferenciação nos requerimentos de luz, de espécies extremamente intolerantes à sombra, tal como *M. gigantea*, a espécies tolerantes à sombra, tal como *M. kingii* (Figura 6.16a). Níveis médios de luz interceptada pelas copas das árvores tenderam a aumentar à medida que as mesmas cresciam, mas a ordenação das espécies não mudou. As espécies tolerantes à sombra eram menores (Figura 6.16b) e persistiam no sub-bosque, raramente se estabelecendo em microssítios perturbados (p. ex., *M. kingii*), em contraste com algumas das espécies intolerantes à sombra, maiores e pioneiras das grandes clareiras florestais (p. ex., *M. gigantea*). Outras espécies eram associadas a níveis intermediários de luz e podem ser consideradas como especialistas de clareiras pequenas (p. ex., *M. trachyphylla*). As espécies de *Macaranga* também se diferenciaram ao longo de um segundo gradiente de nichos, com algumas espécies sendo mais comuns em solos ricos em argila e outras em solos arenosos (Figura 6.16b). Esta diferenciação pode estar baseada na disponibilidade de nutrientes (geralmente mais elevada em solos argilosos) e/ou na disponibilidade de umidade no solo (possivelmente menor em solos argilosos porque o "tapete" de raízes e camada de húmus são mais delgados). Portanto, da mesma forma que com o peixe-das-anêmonas, há evidência de complementaridade de nichos: espécies com necessidades similares de luz tenderam a diferir em termos de texturas de solo preferidas. Apesar disso, a divisão aparente de nicho pelas espécies de *Macaranga* relacionou-se parcialmente ao espaço, horizontalmente (variação nos tipos de solo e nos

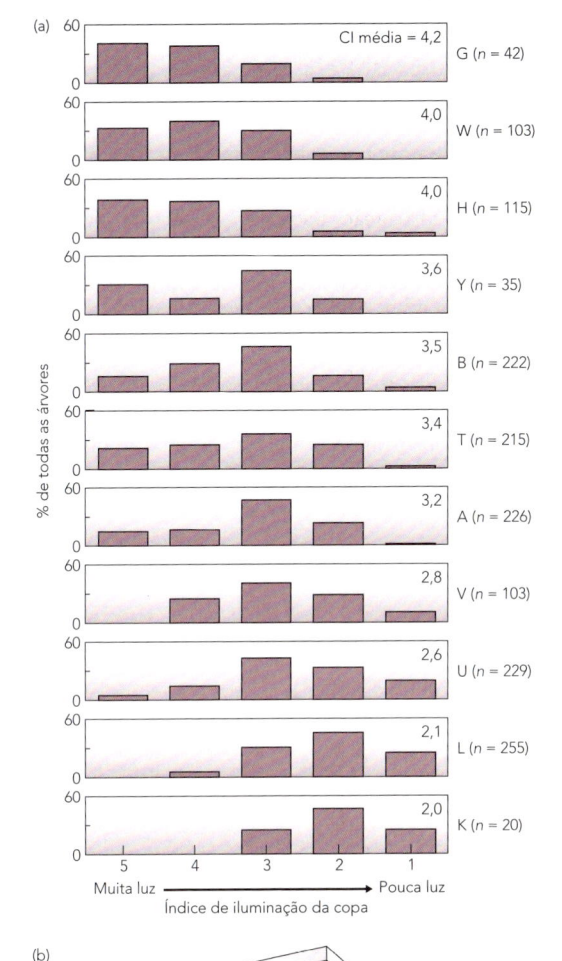

Figura 6.16

(a) Percentagem de indivíduos em cada uma de cinco classes de iluminação de copa (IC) para 11 espécies de *Macaranga* (tamanhos das amostras em parênteses). (b) Distribuição tridimensional das 11 espécies com respeito à altura máxima, a proporção de caules sob níveis altos de luz [classe 5 em (a)] e proporção de caules em solos arenosos. Cada espécie de *Macaranga* é representada por uma única letra. G, *gigantea*; W, *winkleri*; H, *hosei*; Y, *hypoleuca*; B, *beccariana*; T, *triloba*; A, *trachyphylla*; V, *havilandii*; U, *hullettii*; L, *lamellate*; K, *kingii*.

fungos ectomicorrízicos e separação em função da profundidade

níveis de luz de lugar para lugar) e verticalmente (altura no dossel, profundidade do "tapete" de raízes).

A utilização diferencial de recursos no plano vertical também foi demonstrada para fungos intimamente associados com raízes de plantas (fungos ectomicorrízicos; ver Seção 8.4.5) no chão de uma floresta de pinheiros, *Pinus resinosa* (Figura 6.17). Até recentemente, não era possível estudar a distribuição de espécies ectomicorrízicas em seu ambiente natural. Agora, técnicas de DNA tornam isso possível e permitem que as suas distribuições sejam comparadas. O solo florestal tem uma camada de serrapilheira bem desenvolvida sobre uma camada de fermentação (camada F) e uma fina camada humificada (camada H), com solo mineral abaixo (horizonte B). Das 26 espécies separadas pela análise de DNA, algumas estavam bastante restritas à camada de serrapilheira (grupo A na Figura 6.17), outras à camada F (grupo D), à camada H (grupo E) ou ao horizonte B (grupos B e C). Este, portanto, é um exemplo de onde uma separação espacial (micro-hábitat) não pode simplesmente ser atribuída a um único recurso ou condição: há, sem dúvida, vários desses que variam com as camadas de solo.

6.4.5 Separação temporal em louvadeuses e plantas da tundra

louvadeuses e ciclos de vida distribuídos

Uma maneira comum na qual os recursos podem apresentar partição ao longo do tempo é através de uma distribuição dos ciclos de vida durante o ano. É notável que duas espécies de louvadeus, as quais ocorrem como predadores

Figura 6.17
Distribuição vertical de 26 espécies de fungos ectomicorrízicos determinados por análise de DNA, no chão de uma floresta de pinheiros. Na maioria, elas ainda não foram formalmente denominadas, mas são mostradas como um código. Os histogramas de distribuição vertical mostram a percentagem de ocorrências de cada espécie na serrapilheira (bordô), camada F (amarelo), camada H (verde) e horizonte B (azul).

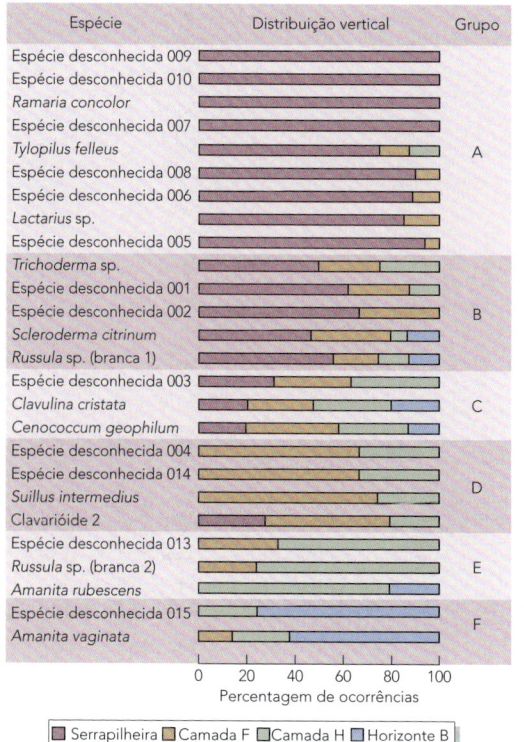

ADAPTADA DE DICKIE ET AL. 2002

em muitas partes do mundo, comumente coexistam tanto na Ásia quanto na América do Norte. *Tenodera sinensis* e *Mantis religiosa* têm ciclos de vida que são dessincronizados em 2-3 semanas. Para testar a hipótese de que esta assincronia serve para reduzir a competição interespecífica, o período de eclosão dos ovos foi experimentalmente sincronizado em sistemas de isolamento no campo (Hurd & Eisenberg, 1990). *T. sinensis*, que normalmente eclode os ovos mais cedo, não foi afetada por *M. religiosa*. Por outro lado, a sobrevivência e o tamanho corporal de *M. religiosa* declinou na presença de *T. sinensis*. Pelo fato de estes louvadeuses serem tanto competidores por recursos partilhados quanto predadores um do outro, o resultado deste experimento provavelmente reflete uma interação complexa entre os dois processos.

Em plantas, igualmente, os recursos podem apresentar partição no tempo. Assim, plantas da tundra crescendo em condições de limitação na disponibilidade de nitrogênio diferenciam-se na captação de nitrogênio temporalmente, assim como em relação à profundidade do solo da qual o mesmo é extraído e na forma química do nitrogênio utilizado. Para descobrir como as espécies de tundra diferiam na captação de diferentes fontes de nitrogênio, McKane et al. (2002) injetaram três formas químicas marcadas com o isótopo raro ^{15}N (amônio, nitrato e glicina) em duas profundidades do solo (3 e 8 cm), em duas ocasiões (24 de junho e 7 de agosto). A concentração de ^{15}N foi medida em cada uma de cinco plantas comuns da tundra, 7 dias após a aplicação. As cinco plantas provaram ser bem diferenciadas em seu uso das fontes de nitrogênio (Figura 6.18). O capim-algodão (*Eriophorum vaginatum*) e o oxicoco (*Vaccinium vitis-idaea*) usaram uma combinação de glicina e amônio, porém esta última obteve mais destas formas no início da estação de crescimento e em profundidades mais superficiais do que a primeira. O arbusto perenifólio *Ledum palustre* e a bétula-anã (*Betula nana*) usaram principalmente amônio, porém *L. palustre* obteve mais desta forma no início da estação de crescimento, enquanto a bétula o explorou mais tarde. Finalmente, a ciperácea *Carex bigelowii* foi a única espécie que usou principalmente nitrato. Aqui, a complementaridade de nichos pode ser vista ao longo de três dimensões de nicho: fonte de nitrogênio, profundidade e tempo.

> nitrogênio, profundidade e tempo em plantas do Alasca

6.5 Quão significativa é a competição interespecífica na prática?

Os competidores podem se excluir mutuamente ou eles podem coexistir se houver diferenciação ecologicamente significativa de seus nichos realizados (Seção 6.2). Por outro lado, a competição interespecífica pode não exercer nenhum desses efeitos, se a heterogeneidade do ambiente impedir o processo de seguir seu curso (Seção 6.2.8). A evolução pode conduzir separadamente os nichos dos competidores, até que eles coexistam sem mais competir (Seção 6.3). Todas essas forças podem se expressar no nível da comunidade ecológica (Seção 6.4). A competição interespecífica, às vezes, aparece em destaque por ter um impacto direto na atividade humana (Quadro 6.2). Nesse sentido, a competição pode certamente ter um significado prático.

Figura 6.18
Captação média do nitrogênio disponível no solo (± EP) em termos de (a) forma química, (b) período de captação e (c) profundidade de captação pelas cinco espécies mais comuns encontradas na tundra no Alasca. Os dados estão expressos como a percentagem da captação total de cada espécie (painéis à esquerda) ou como a percentagem da quantidade total de nitrogênio disponível no solo (painéis à direita).

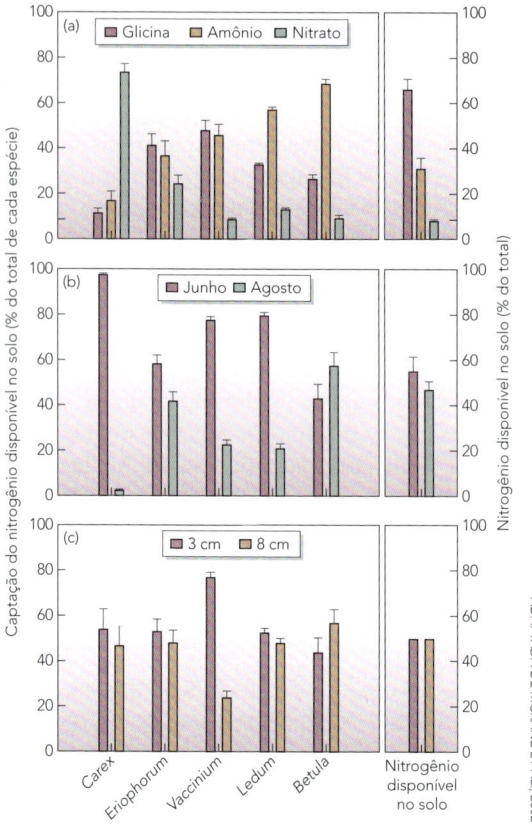

ADAPTADA DE MCKANE ET AL., 2002

6.2 ECONSIDERAÇÕES ATUAIS

Competição em ação

Quando espécies exóticas de plantas são introduzidas em um novo ambiente, por acidente ou de propósito, algumas vezes demonstram ser extremamente competitivas e, como resultado, muitas espécies nativas são prejudicadas. Algumas delas apresentam, de fato, consequências mais abrangentes para os ecossistemas nativos. Este artigo de Beth Daley, publicado no jornal *Contra Costa Times* em 27 de junho de 2001, diz respeito a gramíneas que invadiram o deserto de Mojave no sul dos EUA. As invasoras não estão somente vencendo a competição com as plantas nativas, como também têm provocado mudanças drásticas no regime do fogo.

Gramíneas invasoras colocam o deserto em risco pela expansão do fogo

Os recém-chegados desalojam as plantas nativas e fornecem combustível para que as chamas, outrora raras, danifiquem o delicado ecossistema.

Arbustos de creosoto queimado pontilham uma planície no deserto de Mojave, ruínas do que foi provavelmente o primeiro incêndio na área em mais de 1.000 anos.

Embora os desertos sejam quentes e secos, eles não são normalmente muito propensos a incêndios, porque a vegetação é tão esparsa que não existe muito a ser queimado ou algum modo de propagação das chamas.

Porém, sob os ramos escuros de creosoto, a causa do incêndio ocorrido há sete anos já ressurgiu: gramíneas potencialmente inflamáveis preenchem o espaço entre os arbustos nativos, criando um rastilho para o fogo novamente se expandir.

Milhares de acres em Mojave e outros desertos do sudoeste queimaram na última década, tendo como combustível a cevadilha vermelha, o capim-cevadilha e a mostarda-do-saara, gramíneas de pequeno porte e plantas que rebrotam mais rápido do que as espécies nativas e que não deveriam estar nesses locais.

... As gramíneas trazidas da Eurásia para a América há mais de um século não têm inimigos naturais e se expandem livremente pelo deserto. E, uma vez que a vegetação nativa é removida por um ou repetidos incêndios, as gramíneas crescem até mesmo mais espessas, algumas vezes superando as ervas e os arbustos nativos.

..."Essas gramíneas poderiam rapidamente mudar o arranjo da composição do deserto de Mojave por inteiro", alegou William Schlesinger, da Duke University, que vem estudando o deserto de Mojave por mais de 25 anos. Quando ele começou sua pesquisa, na década de 1970, as gramíneas já estavam em Mojave, mas ainda havia vastas áreas intocadas. Agora, ele diz, as gramíneas encontram-se virtualmente em todo lugar e em seguida estarão em concentrações grandes o suficiente para servir como combustível de grandes incêndios.

"Este não é um problema fácil de resolver", afirmou ele.

...Apesar das condições adversas, um arco-íris de flores silvestres desenvolve-se regularmente no deserto, algumas formando um tapete de flores sobre o solo após uma tempestade de chuva. Lagartos, serpentes, tartarugas e ratos são capazes de sobreviver por longos períodos sem água e viver sob o sol. Mas as gramíneas, aparentemente inócuas e inofensivas, ameaçam todas essas espécies, sufocando as plantas silvestres e privando-as de abrigo e do alimento dos quais eles dependem.

... Esque (do US Geological Survey) cercou 12 sítios experimentais, seis dos quais ele queimou em 1999, para ver o quão rápido as espécies invasoras se restabeleceriam. Todavia, o resultado somente mostrou a imprevisibilidade do deserto; no primeiro ano, as cevadilhas vermelhas invasoras se desenvolveram, mas as plantas nativas voltaram com força.

... Esque afirmou: "Não está claro o que está acontecendo. Não sabemos se o que estamos vendo é coexistência ou competição".

(Conteúdo original completo: © 2001 Contra Costa Times [Walnut Creek, CA]; não pode ser republicado sem permissão.)

1 Algumas pessoas sugeriram trazer ovelhas para o deserto, para consumir as gramíneas invasoras. Você acha que esta é uma ideia razoável? Que informações adicionais ajudariam você a tomar uma decisão?
2 Os cientistas do US Geological Survey verificaram que a cevadilha vermelha parecia estar sobrepujando as ervas nativas em um ano, mas não no outro. Sugira alguns fatores que podem ter mudado o resultado da competição.

Em um sentido mais amplo, entretanto, o significado da competição interespecífica não se assenta em um número limitado de efeitos extremos, mas em uma resposta à questão "Na prática, quão largamente distribuídas são as consequências evolutivas e ecológicas da competição interespecífica?" Abordamos esta questão de duas maneiras. Na primeira, relacionada com a Seção 6.5.1, perguntamos "Quão predominante é a competição em curso nas comunidades naturais?" Demonstrar a competição em curso requer manipulações experimentais de campo, em que uma espécie é removida ou acrescida à comunidade e as respostas das outras espécies são monitoradas. É importante responder a essa questão porque, onde a competição em curso é demonstrável, provavelmente nem o fantasma da competição passada nem a variação espacial ou temporal têm um papel crucial. E, se a competição em curso predominar, a competição interespecífica provavelmente será uma força importante na estruturação da natureza. Entretanto, mesmo se a competição em curso *não* é prevalente, a competição no passado e, portanto, a competição de um modo geral, pode ainda ter desempenhado um papel significativo na estruturação das comunidades.

O segundo problema, abordado na Seção 6.5.2, consiste em distinguir entre competição interespecífica (passada ou presente) e "mero acaso": as espécies diferem não como um reflexo de competição interespecífica, mas porque *são* espécies diferentes. Os diversos estudos, nos quais as manipulações experimentais em campo não têm sido possíveis, podem ser examinados para determinar se os padrões observados fornecem evidências fortes do papel da competição ou são abertos às interpretações alternativas.

6.5.1 A prevalência da competição em curso

Existem dois levantamentos clássicos de experimentos de campo sobre competição interespecífica. Schoener (1983) examinou os resultados de todos os experimentos que pôde encontrar – 164 estudos ao todo. Ele constatou que, aproximadamente, igual número de estudos abordou plantas terrestres, animais terrestres e organismos marinhos, mas que estudos sobre organismos de água doce totalizaram cerca da metade do número dos outros grupos. Entre os estudos no meio terrestre, entretanto, ele verificou que a maioria dizia respeito às regiões temperadas e populações continentais, e que havia relativamente poucos estudos abordando insetos fitófagos (consumidores de plantas). Quaisquer conclusões estavam, portanto, sujeitas às limitações impostas pelo que os ecólogos haviam selecionado para observar. Todavia, Schoener constatou que aproximadamente 90% dos estudos haviam demonstrado a existência de competição interespecífica, sendo as cifras de 89, 91 e 94% para organismos terrestres, de água doce e marinhos, respectivamente. Além disso, quando considerada uma única espécie ou pequenos grupos de espécies (dos quais havia 390), e não os estudos como um todo – os quais poderiam ter abordado diversos grupos de espécies –, ele verificou que 76% mostraram efeitos de competição pelo menos algumas vezes e que 57% apresentaram efeitos em todas as condições sob as quais foram examinados. Mais uma vez, os organismos terrestres, de água doce e marinhos apresentaram resultados muito similares.

levantamentos de estudos publicados sobre competição em curso indicam que ela é muito comum...

A revisão de Connell (1983) foi menos extensa do que a de Schoener: 72 estudos, compreendendo um total de 215 espécies e 527 experimentos diferentes. A existência de competição interespecífica foi demonstrada na maioria dos estudos, em mais da metade das espécies e aproximadamente 40% dos experimentos. Comparado ao estudo de Schoener, o de Connell constatou que a competição interespecífica prevaleceu em maior grau nos organismos marinhos do que nos terrestres e também que foi mais prevalente em organismos grandes do que nos pequenos.

Consideradas em conjunto, as revisões de Schoener e Connell certamente parecem indicar que a existência de competição ativa é largamente encontrada nos dias de hoje. Sua percentagem de ocorrência entre as espécies é admitida como mais baixa do que aquela entre os estudos considerados como um todo. Porém, isso deve ser esperado, já que, por exemplo, se quatro espécies fossem dispostas ao longo de uma simples dimensão de nicho e todas as espécies adjacentes competissem umas com as outras, isso ainda assim representaria somente três das seis (ou 50%) de todas as interações possíveis.

Entretanto, Connell também verificou que, em estudos de apenas um par de espécies, a competição interespecífica foi quase sempre aparente, enquanto com mais espécies a prevalência caiu marcadamente (de mais de 90% para menos de 50%). Isso pode ser explicado, pelo menos em parte, pelo argumento exposto anteriormente, mas pode também indicar vieses nos pares de espécies estudados em particular ou nos estudos que são atualmente relatados (ou aceitos pelos editores de revistas). É bastante provável que muitos pares de espécies sejam selecionados para estudo porque são "interessantes" (porque há suspeita de competição entre eles), e, se nada for encontrado, simplesmente não é relatado. Ao julgarmos a prevalência da competição em tais estudos, é como se estivéssemos julgando a perversão existente no clero com base em "publicações de tabloides". Este é um problema real, apenas parcialmente amenizado nos estudos de grandes grupos de espécies, quando o número de casos "negativos" pode ser descrito, sem problemas, lado a lado com outro ou com poucos "positivos". Desse modo, os resultados dos levantamentos, tais como aqueles de Schoener e Connell, ampliam, em uma dimensão desconhecida, a frequência da competição.

> ...mas esses levantamentos ampliam, em uma dimensão desconhecida, a frequência verdadeira da competição

Conforme observado anteriormente, os insetos fitófagos estiveram pouco representados nos dados de Schoener, mas as revisões tendem a sugerir que a competição interespecífica é relativamente rara nesse grupo como um todo (Strong et al., 1984) ou rara em pelo menos certos tipos de insetos fitófagos, como, por exemplo, nos "cortadores de folhas" (Denno et al., 1995). Em nível mais geral, tem sido sugerido que os herbívoros como um todo são raramente limitados em alimento e, assim, não são propensos a competir pelos recursos em comum (Hairston et al., 1960; Slobodkin et al., 1967). As bases para essa sugestão são as observações de que as plantas encontram-se, em geral, em abundância e amplamente intactas, quase nunca sendo devastadas, e os herbívoros são escassos na maior parte do tempo. Schoener observou uma proporção de herbívoros exibindo competição interespecífica bem menor do que as proporções de plantas, carnívoros ou detritívoros.

No conjunto, portanto, a competição interespecífica tem sido relatada em estudos relativos a uma grande amplitude de organismos e, em alguns grupos, sua incidência pode ser particularmente óbvia, por exemplo, entre os organismos sésseis em situações de adensamento. Entretanto, em outros grupos de organismos, a competição interespecífica pode ter pouca ou nenhuma influência. Ela parece ser mais ou menos rara entre os herbívoros em geral e particularmente rara entre alguns tipos de insetos fitófagos.

6.5.2 Competição ou mero acaso?

modelos neutros

Existe uma tendência de se interpretar diferenças entre nichos de espécies em coexistência como confirmação da importância da competição interespecífica. Porém, a teoria da competição interespecífica se propõe a mais do que prever "diferenças". Ela prevê não simplesmente que os nichos de espécies competidoras difiram, mas que eles difiram em maior grau do que seria esperado pelo acaso. Uma investigação mais rigorosa do papel da competição interespecífica seria, portanto, dirigida à seguinte questão: "O padrão observado, mesmo parecendo implicar em competição, difere significativamente do tipo de padrão que poderia surgir na comunidade, mesmo na ausência de quaisquer interações entre espécies?" Esta questão tem sido a força condutora por trás das análises que pretendem comparar comunidades existentes com os assim chamados *modelos neutros*. Estes são modelos hipotéticos de comunidades reais que retêm certas características de suas contrapartes reais, mas rearranjam ou reconstroem alguns dos componentes da comunidade de uma maneira que excluem especificamente as consequências da competição interespecífica. Na verdade, as análises de modelos neutros são tentativas de seguir uma abordagem muito mais geral durante a investigação científica, denominada construção e teste da *hipótese nula*. A ideia é que os dados são rearranjados em uma forma (modelo neutro ou hipótese nula), representando o que os dados deveriam parecer na ausência da competição interespecífica. Depois, se os dados reais mostrarem uma diferença significativa no aspecto estatístico em relação à hipótese nula, esta é rejeitada, e a ação da competição interespecífica é fortemente inferida.

diferenciação de nicho, diferenciação morfológica e distribuições negativamente associadas

De fato, a abordagem tem sido aplicada a três previsões diferentes de o que uma comunidade estruturada por competição interespecífica mostraria como: (i) competidores potenciais que coexistem em uma comunidade exibiriam diferenciação de nichos; (ii) essa diferenciação de nichos muitas vezes se manifestará como diferenciação morfológica; e (iii) dentro de uma comunidade, competidores potenciais com pouca ou nenhuma diferenciação de nichos não coexistiriam, de modo que cada um tenderia a ocorrer apenas onde o outro inexistisse ("distribuições negativamente associadas"). A aplicação de hipóteses nulas à estrutura de comunidades – isto é, a reconstrução de comunidades naturais com a remoção da competição interespecífica – não tem sido alcançada para a satisfação de todos os ecólogos. Porém, um breve exame de um estudo sobre diferenciação de nichos em comunidades de lagartos mostra o potencial e a racionalização da abordagem dos modelos neutros (Quadro 6.3). Para essas comunidades de lagartos, os nichos são mais espaçados do que seria esperado somente pelo acaso e a competição interespecífica, portanto, parece desempenhar um importante papel na estrutura da comunidade.

padrões morfológicos

Onde a diferenciação de nicho é manifestada como diferenciação morfológica, espera-se que o espaçamento dos nichos tenha uma contrapartida na regularidade do grau de diferença morfológica entre espécies pertencentes a uma guilda. Exemplo disso é mostrado na Figura 6.20 para quatro espécies

6.3 ASPECTOS QUANTITATIVOS

Modelos neutros de comunidades de lagartos

Lawlor (1980) investigou a utilização diferencial de recursos em 10 comunidades de lagartos da América do Norte, compostas de quatro a nove espécies. Para cada comunidade, foram estimadas as quantidades de cada uma das 20 categorias de alimento consumidas por espécie. Este padrão permitiu, para cada par de espécies na comunidade, a determinação de um índice de *sobreposição de uso de recursos*, o qual variou entre 0 (sem sobreposição) e 1 (sobreposição completa). Após, cada comunidade foi caracterizada por um simples valor: a sobreposição média de recursos para todos os pares de espécies presentes.

Diversos "modelos neutros" dessas comunidades foram, então, criados. Eles foram de quatro tipos. O primeiro tipo, por exemplo, conservou a quantidade mínima da estrutura da comunidade original. Somente o número original de espécies e o número original de categorias de recursos foram conservados. Além disso, as espécies foram alocadas completamente ao acaso em relação às suas preferências alimentares; tal que um menor número de espécies, em relação à comunidade real, ignorou por completo os alimentos de categorias particulares. Por esse motivo, a amplitude de nicho de cada espécie foi aumentada. O quarto tipo, por outro lado, conservou a maior parte da estrutura original da comunidade: se uma espécie ignorasse alimento de uma categoria em particular, então essa era deixada não afetada, mas, entre aquelas categorias onde algum alimento foi ingerido, as preferências foram redesignadas aleatoriamente. Esses modelos neutros foram, então, comparados com suas contrapartes reais, em termos de seus padrões de sobreposição no uso de recursos. Se a competição é uma força expressiva na determinação da estrutura da comunidade, os nichos deveriam ser espaçados entre si e a sobreposição no uso de recursos nas comunidades reais deveria ser menor – e estatisticamente menos significativo – do que prevista pelos modelos neutros.

Os resultados (Figura 6.19) mostram que em todas as comunidades e para todos os quatro modelos neutros, a média de sobreposição do modelo foi mais alta do que a obtida para a comunidade real, e que em quase todos os casos ela foi estatisticamente significativa. Para essas comunidades de lagartos, portanto, as sobreposições baixas observadas em relação ao uso de recurso sugerem que os nichos são segregados e que a competição interespecífica desempenha um papel importante na estruturação da comunidade.

Lagarto de deserto do sudoeste dos EUA.

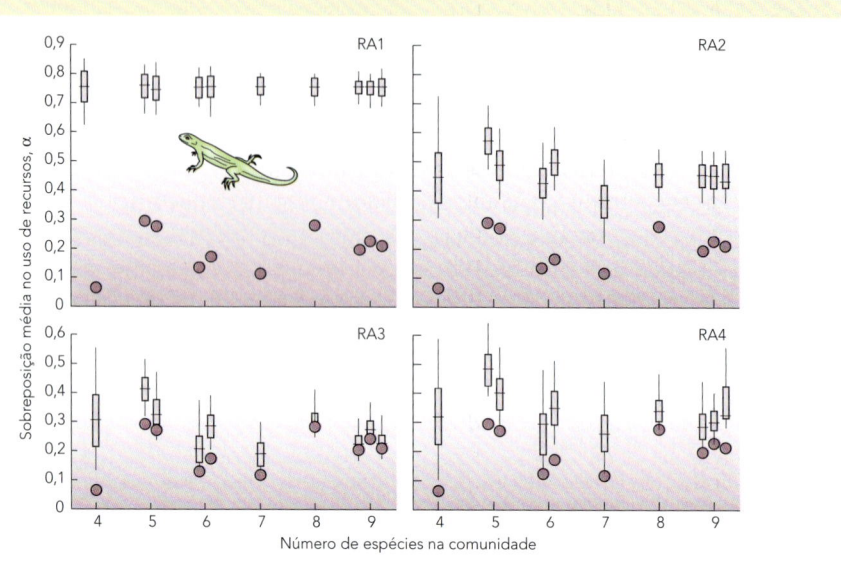

Figura 6.19
Os índices médios de sobreposição no uso de recursos para cada uma das 10 comunidades de lagartos da América do Norte são representados pelos círculos cheios. Estes podem ser comparados, em cada caso, com a média (linha horizontal), o desvio-padrão (retângulo vertical) e a amplitude (linha vertical) dos valores médios para os conjuntos correspondentes de 100 comunidades criadas aleatoriamente. A análise foi desenvolvida utilizando-se quatro tipos diferentes de reorganização de algoritmos (RA1 a RA4).

de braquiópodes estropomenídeos fósseis (lembram moluscos bivalves) que parecem, a partir dos registros fósseis, ter coexistido. Se sucessivamente os tamanhos de espécimes das diferentes espécies são comparados, as mesmas apresentam uma razão para o comprimento do contorno do corpo de aproximadamente 1,5. Além disso, quando Hermoyian e colaboradores (2002) geraram 100.000 modelos nulos, em que cada um selecionou quatro espécies ao acaso a partir da fauna completa de estropomenídeos fósseis (74 táxons) e calculou as razões de tamanho entre espécies adjacentes, eles rejeitaram a hipótese nula de que as razões observadas poderiam ter surgido de táxons aleatoriamente selecionados ($P < 0,03$), dando suporte à hipótese de que a competição desempenhou um papel-chave na estruturação dessa comunidade.

Figura 6.20
Distribuições do comprimento do contorno corporal de estropomenídeos (CCE) de amostras de quatro espécies coexistentes de braquiópodes coletadas de um sedimento marinho do Ordoviciano superior (cerca de 448-438 milhões de anos antes do presente) em Indiana, EUA. As espécies mostradas, da esquerda para a direita, são *Eochonetes clarksvillensis*, *Leptaena richmondensis*, *Strophomena planumbona* e *Rafinesquina alternata*.

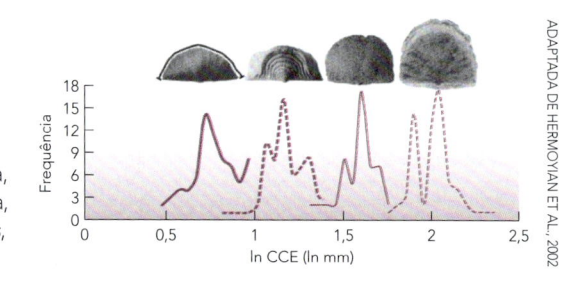

A abordagem de modelos nulos para a análise de diferenças de distribuição envolve a comparação do padrão de coocorrência de espécies num conjunto de locais com a que poderia ser esperada ao acaso. Um excesso de associações negativas poderia então ser consistente com um papel para a competição na determinação da estrutura das comunidades. Gotelli e McCabe (2002) fizeram uma "meta-análise": uma análise de todas as análises de outros pesquisadores que eles puderam encontrar (96 conjuntos de dados no total), os quais examinaram a distribuição de assembleias de espécies em sítios replicados. Para cada conjunto de dados reais, um "escore de tabuleiro" (*"checkerboard score"*), C, foi calculado. O mesmo tem os valores mais altos quando cada par de espécies numa comunidade forma um tabuleiro perfeito: sítios são "pretos" ou "brancos" – as espécies nunca coocorrem. O escore assume os menores valores quando todos os pares de espécies sempre coocorrem. A seguir, 1.000 versões aleatorizadas de cada conjunto de dados foram simuladas e C foi calculado a cada iteração. O valor de C observado para cada conjunto de dados foi então expresso como o número de desvios-padrão, C_s, a partir da média das simulações. A hipótese nula é que C_s deveria ser zero (comunidades reais não diferentes das comunidades simuladas), porém valores de C_s maiores que 2 indicam uma associação negativa significativa entre as espécies no conjunto de dados. Os resultados, classificados por grupo taxonômico, são mostrados na Figura 6.21. Houve um excesso significativo de associações negativas para plantas, vertebrados homeotérmicos e formigas, mas o excesso não foi significativo para invertebrados (outros que não formigas), peixes, anfíbios e répteis.

>distribuições negativamente associadas

Esse tipo de padrão – algumas vezes é confirmado o papel da competição – tem sido a conclusão geral da abordagem calcada nos modelos neutros. Qual deveria, então, ser o nosso veredito sobre tal enfoque? Talvez, essencialmente, seu propósito seja, sem dúvida, virtuoso. Ele mantém a mente do pesquisador sob concentração, não lhe permitindo encontrar conclusões muito prontamente; ele é importante para se resguardar da tentação em ver a competição em uma dada comunidade simplesmente porque estamos em sua busca. Por outro lado, o enfoque não poderá nunca tomar o lugar de uma compreensão detalhada da ecologia de campo da espécie em questão ou de manipulações experimentais, delineadas para revelar a competição pelo aumento ou redução da abundância das espécies. Tal enfoque, à semelhança de muitos outros, pode ser somente parte do arsenal utilizado pelo ecólogo de comunidades.

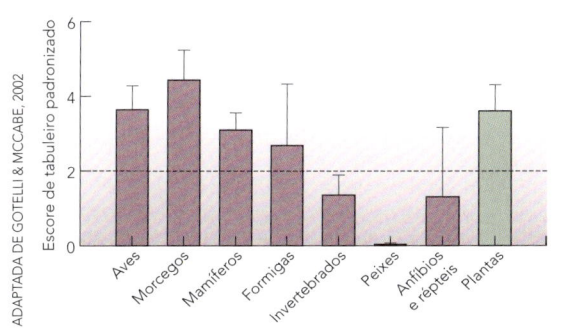

Figura 6.21

Uma análise de conjuntos de dados de distribuições de espécies em sítios, classificados por grupo taxonômico (média ± EP), buscando evidência de um excesso de associações negativas, medidas através de "escores de tabuleiro" padronizados (ver texto). A linha tracejada indica um tamanho de efeito de 2,0, que é o nível de significância de 5% aproximado.

ADAPTADA DE GOTELLI & MCCABE, 2002

RESUMO

Efeitos ecológicos da competição interespecífica

A essência da competição interespecífica é que indivíduos de uma espécie sofrem a redução na fecundidade, sobrevivência ou crescimento, como resultado da exploração de recursos ou interferência de indivíduos de outras espécies.

As espécies, frequentemente, são excluídas pela competição interespecífica dos lugares nos quais elas poderiam existir perfeitamente bem na ausência de competição interespecífica.

No contexto da competição por exploração, o competidor de maior sucesso é aquele que explora mais efetivamente os recursos compartilhados. Duas espécies que explorem dois recursos podem competir e ainda coexistir quando cada espécie mantiver um dos recursos num nível que seja muito baixo para a exploração efetiva pela outra espécie.

Um nicho fundamental é a combinação de condições e recursos que permitem a uma espécie existir quando considerada em isolamento de qualquer outra espécie. Já o seu nicho realizado é a combinação de condições e recursos que permitem a ela existir na presença de outra espécie que pode ser prejudicial à sua existência – especialmente competidores interespecíficos.

O Princípio da Exclusão Competitiva supõe que, se duas espécies de competidores coexistirem em um ambiente estável, elas o fazem como um resultado da diferenciação de seus nichos realizados. Entretanto, se não existir tal diferenciação ou se esta for impedida pelo hábitat, uma das espécies competidoras eliminará ou excluirá a outra. Contudo, sempre quando vemos espécies em coexistência apresentando nichos diferentes, não é racional aceitar prontamente a conclusão de que tal princípio encontra-se em operação.

O único teste apropriado para determinar se a competição ocorre entre espécies é manipular a abundância de cada competidor e observar a resposta de sua contraparte.

Os ambientes são em geral fragmentos de hábitats favoráveis e desfavoráveis; com frequência, as manchas encontram-se disponíveis apenas temporariamente, aparecendo em tempos e locais imprevisíveis. Sob tais condições variáveis, a competição poderá só raramente "seguir seu curso".

Efeitos evolutivos da competição interespecífica

Embora as espécies possam não estar presentemente competindo, seus ancestrais podem ter competido. Podemos esperar que as espécies tenham desenvolvido características que lhes assegurem competir menos, ou em nada, com os membros de outras espécies. Competidores coexistentes nos dias atuais e espécies em coexistência que desenvolveram a capacidade de evitar a competição podem parecer as mesmas, pelo menos superficialmente.

Ao invocar algo que pode não ser observado diretamente – "o fantasma de competição passada" – é impossível provar a existência de um efeito evolutivo da competição interespecífica. Entretanto, estudos com base na observação cuidadosa têm revelado algumas vezes padrões que são difíceis de explicar de alguma outra maneira.

Competição interespecífica e estrutura da comunidade

A competição interespecífica tende a estruturar as comunidades agindo dentro de guildas – grupos de espécies que exploram de maneira similar as mesmas classes de recursos.

A complementaridade de nichos pode ser distinguida em algumas comunidades, onde espécies em coexistência que ocupam uma posição similar ao longo de uma dimensão de nicho tendem a diferir ao longo de outra dimensão.

Os nichos podem ser diferenciados através da utilização diferencial de recursos. Em muitos casos, contudo, a utilização diferencial de recursos se expressará como diferenciação de micro-hábitats entre as espécies ou uma diferença na distribuição geográfica. Alternativamente, a utilização diferencial de recursos pode expressar-se como uma separação temporal entre as espécies. Os nichos também podem ser diferenciados baseando-se nas condições. Isto igualmente pode expressar-se como diferenciação de micro-hábitats ou como uma diferença na distribuição geográfica ou como uma separação temporal.

Quão significativa é a competição interespecífica na prática?

Levantamentos de estudos publicados sobre competição indicam que a competição encontra-se amplamente distribuída nos dias atuais, mas esses ampliam, em uma dimensão não conhecida, a frequência verdadeira de competição.

A teoria da competição interespecífica prevê que os nichos de espécies de competidores deveriam ser arranjados de maneira mais regular, em vez de aleatoriamente em espaço de nicho, que um reflexo disso deveria ser uma diferenciação morfológica maior do que o esperado ao acaso, e que competidores deveriam ser negativamente associados em suas distribuições. Os modelos neutros foram desenvolvidos para determinar o que o padrão da comunidade deveria parecer na ausência de competição interespecífica. As comunidades naturais estão algumas vezes estruturadas de tal modo que fazem com que seja difícil negar a influência da competição.

QUESTÕES DE REVISÃO

Asteriscos indicam questões desafiadoras.

1. Alguns experimentos referentes à competição interespecífica têm monitorado as densidades populacionais das espécies envolvidas e seus impactos sobre os recursos. Por que é desejável monitorar ambos?
2. A competição interespecífica pode ser um resultado da exploração dos recursos ou da interferência direta. Dê um exemplo de cada e compare suas consequências para as espécies envolvidas.
3. Defina nicho fundamental e nicho realizado. Como esses conceitos nos ajudam a entender os efeitos de competidores?
4. Com a ajuda de um exemplo de uma planta e de um animal, explique como duas espécies podem coexistir pela manutenção de recursos diferentes em níveis que sejam muito baixos para a exploração efetiva por outras espécies.
5* Defina o Princípio da Exclusão Competitiva. Quando vemos espécies com nichos diferentes coexistirem, é razoável concluir que este é o Princípio em ação?
6. Explique como a heterogeneidade do ambiente pode permitir a um competidor aparentemente "fraco" coexistir com uma espécie que pode excluí-lo.
7* O que é o "fantasma de competição passada"? Por que é impossível provar a existência de um efeito evolutivo da competição interespecífica?
8. Dê um exemplo para cada uma das diferenciações de nichos, envolvendo propriedades fisiológicas, morfológicas e comportamentais de espécies em coexistência. Como essas diferenças podem ter surgido?
9. Defina "complementaridade de nicho" e, com a ajuda de um exemplo, explique como ela poderá ajudar a explicar a coexistência de muitas espécies em uma comunidade.
10* Discuta os pontos contra e a favor do uso do enfoque dos "modelos neutros" para avaliar os efeitos da competição na composição da comunidade.

Capítulo 7

Predação, pastejo e doença

CONTEÚDOS DO CAPÍTULO

7.1 Introdução
7.2 Valor adaptativo e abundância da presa
7.3 As sutilezas da predação
7.4 Comportamento do predador: forrageio e transmissão
7.5 Dinâmica de populações na predação
7.6 Predação e estrutura da comunidade

CONCEITOS-CHAVE

Neste capítulo, você:

- distinguirá as similaridades e diferenças entre "predadores verdadeiros", pastejadores e parasitos
- entenderá as sutilezas da predação, incluindo a capacidade da presa em compensar
- avaliará o valor do enfoque do forrageio ótimo na análise das escolhas dos predadores
- reconhecerá a tendência subjacente das populações de predadores e presas em ter um comportamento cíclico, e o efeito "amortecedor" das distribuições adensada e fragmentada
- entenderá as consequências da predação para a composição da comunidade

Todo organismo vivo ou é consumidor de outros organismos vivos ou é consumido por outros organismos vivos ou – no caso da maioria dos animais – é ambos. Não podemos esperar compreendermos a estrutura e a dinâmica de populações e de comunidades ecológicas sem antes entendermos as conexões entre os consumidores e suas presas.

7.1 Introdução

Peça à maioria das pessoas para citar um predador e elas provavelmente dirão algo como "leão", "tigre" e "urso pardo" – alguma coisa grande, potencialmente feroz e instantaneamente letal. Contudo, do ponto de vista ecológico, um predador pode ser definido como qualquer organismo que consome todo ou parte de outro organismo vivo (sua presa ou hospedeiro), desta forma beneficiando-se, porém reduzindo o crescimento, fecundidade ou sobrevivência da presa. Assim, essa definição se estende além daqueles assemelhados ao leão e ao tigre, incluindo aqueles que consomem tudo ou *parte* de suas presas e aqueles que meramente *reduzem* o crescimento, fecundidade ou sobrevivência da presa. Nem todos os predadores são grandes, agressivos ou instantaneamente letais – e nem mesmo necessitam ser animais. Aqui consideramos esses consumidores em conjunto, podemos tentar entender o papel que cada um desempenha na estrutura e dinâmica dos sistemas ecológicos.

> predador: termo que se estende além dos exemplos óbvios

No âmbito dessa definição abrangente, três tipos principais de predadores podem ser distinguidos.

> predadores "verdadeiros", pastejadores e parasitos

1 *Predadores "verdadeiros"*:
- matam invariavelmente suas presas e o fazem mais ou menos imediatamente após atacá-las;
- consomem diversos itens de presas no curso de suas vidas.
  Os predadores verdadeiros, portanto, incluem os leões, tigres e ursos cinzentos, mas também as aranhas, as baleias de barbatana que filtram o plâncton do mar, animais zooplanctônicos que consomem fitoplâncton, aves que consomem sementes e plantas carnívoras.

2 *Pastejadores*:
- atacam diversos itens de presas no curso de suas vidas;
- consomem somente parte de cada item da presa;
- geralmente não matam suas presas, especialmente a curto prazo.
  Os pastejadores, portanto, incluem os bovinos, os ovinos e gafanhotos, mas também sanguessugas hematófagas que ingerem uma pequena quantidade de sangue de diversos vertebrados-presa no curso de suas vidas.

3 *Parasitos*:
- também consomem somente parte de cada item da presa (geralmente denominado seu hospedeiro);
- geralmente, também não matam suas presas, especialmente a curto prazo;
- atacam um ou muito poucos itens de presas no curso de suas vidas, com as quais eles, por isso, geralmente formam uma associação relativamente íntima.

Portanto, os parasitos incluem alguns exemplos óbvios: parasitos de animais e patógenos, tais como as tênias e a bactéria da tuberculose, patógenos de plantas como o vírus do mosaico do fumo, plantas parasitas como os viscos, e as pequeninas vespas que formam "galhas" nas folhas de carvalho. Mas os afídeos que extraem seiva de uma ou pouquíssimas plantas, com as quais desenvolvem uma associação estreita, e mesmo lagartas, que passam toda a sua vida em uma única planta hospedeira, são também parasitos de fato.

parasitoides – e artificialidade dos limites

Por outro lado, essas distinções entre predadores "verdadeiros", pastejadores e parasitos, tal como a maioria das categorizações do mundo vivo, têm sido estabelecidas em grande parte por conveniência – sem dúvida não porque cada organismo se ajusta perfeitamente a uma e somente uma categoria. Poderíamos ter incluído, por exemplo, uma quarta classe, os *parasitoides*, pouco conhecidos por não biólogos, mas extensivamente estudados por ecólogos (e de imensa importância no controle biológico de insetos-praga – ver Capítulo 12). Os parasitoides são moscas e vespas cujas larvas consomem por dentro as larvas dos insetos hospedeiros, tendo sido lá depositados pelas mães sob a forma de ovo. Portanto, os parasitoides não se ajustam à categoria de "parasito" nem à de "predador verdadeiro" (um único indivíduo como hospedeiro, o qual é sempre morto), confirmando a impossibilidade de estabelecer limites claros entre elas.

Além disso, não existe um termo satisfatório para descrever todos os "animais consumidores de organismos vivos", a serem discutidos neste capítulo. Os detritívoros e as plantas são também "consumidores" (de organismos mortos, água, radiação e assim por diante); já o termo "predador" inevitavelmente tende a sugerir um predador "verdadeiro", mesmo tendo sido definido para abranger também pastejadores e parasitos. Mas nenhum é suficientemente satisfatório para ser continuamente usado com o qualificativo "verdadeiro" na discussão sobre predadores convencionais. Desse modo, ao longo deste capítulo, "predador"

Uma vespa parasitoide, que usa seu longo ovipositor para inserir os ovos dentro das larvas de outros insetos, onde se desenvolvem consumindo o hospedeiro.

será frequentemente usado como um termo simplificado, abrangendo predadores verdadeiros, pastejadores e parasitos, quando são feitas considerações gerais; mas ele também será usado para fazer referência aos predadores num sentido mais convencional, quando for óbvio que isso é o que está ocorrendo.

7.2 Valor adaptativo (*fitness*) e abundância da presa

A semelhança fundamental entre predadores, pastejadores e parasitos é que cada um, na obtenção dos recursos de que necessita, reduz a fecundidade ou as chances de sobrevivência da presa e, portanto, pode diminuir a abundância dela. O efeito de predadores verdadeiros na sobrevivência dos indivíduos-presa é difícil de ser ilustrado, pois eles morrem. Os dois exemplos a seguir ilustram que os efeitos de pastejadores e parasitos podem ser igualmente profundos, embora um tanto mais sutis.

> os predadores reduzem a fecundidade e/ou sobrevivência de indivíduos-presa

Quando o salgueiro-de-dunas-arenosas (*Salix cordata*) foi pastejado por um besouro alticíneo em dois anos distintos – 1990 e 1991 – houve redução na sua taxa de crescimento em ambos os anos (Figura 7.1), mas as consequências foram um pouco diferentes. Somente em 1991 as plantas estiveram sujeitas também a uma estiagem rigorosa. Desse modo, foi apenas em 1991 que uma redução na taxa de crescimento traduziu-se em mortalidade de plantas; 80% das plantas morreram no tratamento com carga alta de pastejo, 40% morreram no tratamento com carga baixa, mas nenhuma das plantas-controle não pastejadas morreu.

O papa-moscas malhado é uma ave que, para se reproduzir, migra da África Ocidental tropical para a Finlândia (e qualquer outra parte do norte da Europa) no início de cada verão. Os machos que chegam mais cedo são particularmente bem-sucedidos no encontro de fêmeas para acasalamento. A chegada mais tarde, portanto, tem um efeito prejudicial importante sobre a "fecundidade" esperada de um macho: o número da prole que ele pode originar. De forma expressiva, os que chegam atrasados são desproporcionalmente infectados por *Trypanosoma*, um parasito do sangue (Figura 7.2). A infecção pelo parasito, portanto, tem um efeito profundo na *performance* reprodutiva individual das aves.

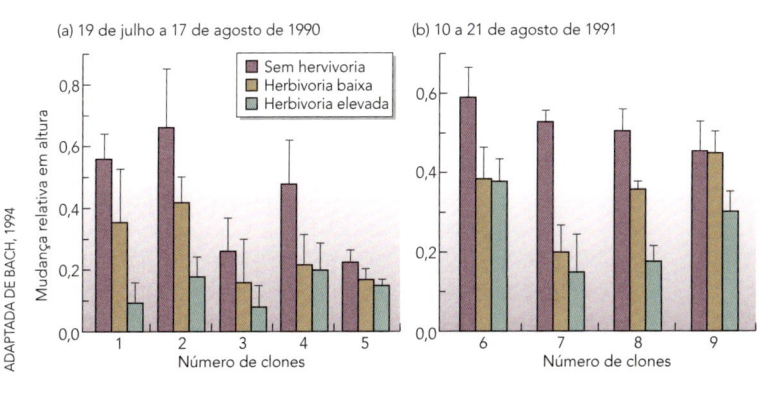

Figura 7.1

Taxas de crescimento relativo (mudanças na altura, com erros-padrão) de diversos clones diferentes do salgueiro-de-dunas-arenosas (*Salix cordata*), em 1990 (a) e em 1991 (b), sem herbivoria, sujeitos à herbivoria baixa (quatro besouros alticíneos por planta) ou sujeitos à herbivoria elevada (oito besouros alticíneos por planta).

Figura 7.2
Proporção de machos de papa-moscas malhados (*Ficedula hypoleuca*) infectados por *Trypanosoma*, entre os grupos de migrantes que chegaram à Finlândia, em tempos diferentes.

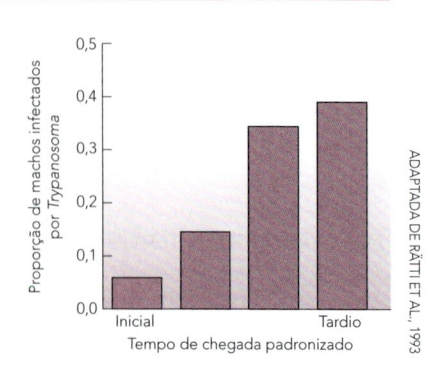

Não é tão fácil, todavia, demonstrar que as reduções na sobrevivência ou na fecundidade de indivíduos-presa correspondem a reduções na abundância de presas – necessitamos comparar as populações de presas na presença e na ausência de predadores. Em ecologia, muitas vezes não podemos confiar simplesmente na observação: necessitamos de experimentos – sejam aqueles estabelecidos por nós mesmos ou experimentos naturais, construídos para nós, pela natureza.

> os predadores podem reduzir a abundância das presas, mas não *necessariamente* o fazem

A Figura 7.3, por exemplo, compara as dinâmicas de populações, em laboratório, de uma praga importante, a mariposa (*Plodia interpunctella*), com e sem um micro-himenóptero parasitóide, a vespa *Venturia canescens*. Ignorando as flutuações regulares (ciclos) um tanto óbvias em mariposas e vespas, é aparente que a vespa reduziu a abundância da mariposa para menos de um décimo do que ela teria sem predação (observe a escala logarítmica adotada na figura).

Um exemplo particularmente elucidativo do impacto que os parasitos podem ter é proporcionado pela história da invasão do Lago Moon Darra, em North Queensland (Austrália), por *Salvinia molesta*, uma pteridófita aquática originária do Brasil. Em 1978, o lago suportava uma infestação de 50.000 toneladas métricas

Figura 7.3
Dinâmica de populações de um hospedeiro (*Plodia interpunctella*), a longo prazo, baseada em populações confinadas em gaiolas, em laboratório, com e sem o seu parasitóide (*Venturia canescens*). (a) Hospedeiro e parasitóide, e (b) hospedeiro sozinho.

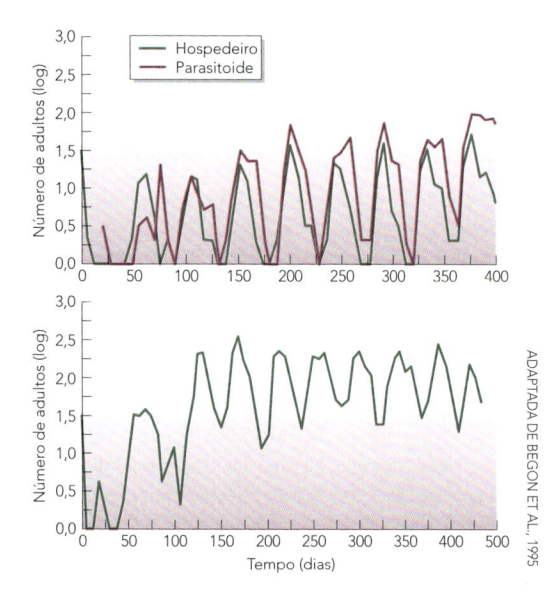

de peso fresco da pteridófita. No hábitat nativo de *S. molesta* no Brasil, o besouro curculionídeo (*Cyrtobagous* spp.) era reconhecido por alimentar-se somente dela. Então, em junho de 1980, 1.500 adultos foram liberados em uma enseada do lago e uma outra liberação foi feita em janeiro de 1981. Em abril de 1981, *S. molesta* estava morrendo em todas as partes do lago, sustentando uma população total estimada de um bilhão de besouros. Em agosto de 1981, restava menos de 1 tonelada de *S. molesta*. Este foi um experimento "controlado", visto que outros lagos da região continuaram suportando grandes populações de *S. molesta*.

Todos os tipos de predadores podem causar reduções na abundância de suas presas. No entanto, à medida que este capítulo se desenvolve, veremos que eles não *necessariamente* procedem assim.

7.3 As sutilezas da predação

Há muito a ganhar ao realçarmos as similaridades entre diferentes tipos de predadores. Por outro lado, seria errado fazer disso um pretexto para uma supersimplificação (*existem* diferenças importantes entre predadores verdadeiros, pastejadores e parasitos) ou dar a impressão de que todos os atos de predação são simplesmente uma questão de "a presa morre, o predador se aproxima um passo da produção da sua próxima prole".

7.3.1 Interações com outros fatores

Pastejadores e parasitos, em particular, frequentemente exercem seu dano não pela morte imediata da presa, como os predadores verdadeiros, mas sim as tornando mais vulneráveis para alguma outra forma de mortalidade. Por exemplo, pastejadores e parasitos podem ter um efeito mais drástico do que é inicialmente aparente devido a uma interação com competição entre as presas. Isto pode ser visto em uma marisma salina no sul da Califórnia, onde uma planta parasita, cuscuta (*Cuscuta salina*), ataca diversas plantas, incluindo *Salicornia* (Figura 7.4). *Salicornia* tende a ser o competidor mais forte na marisma, porém é também o hospedeiro preferido de *C. salina*. Portanto, a distribuição das plantas na marisma somente pode ser compreendida como resultando da interação entre competição e parasitismo (Figura 7.4).

> pastejadores e parasitos podem tornar as presas mais vulneráveis a outras formas de mortalidade

A infecção ou o pastejo podem também tornar os hospedeiros mais suscetíveis à predação. Por exemplo, o exame pós-morte do galo-selvagem-vermelho (*Lagopus lagopus scoticus*), mostrou que as aves mortas por predadores na primavera e no verão portavam quantidades significativamente maiores do nematódeo parasito intestinal, *Trichostrongylus tenuis*, do que as remanescentes no outono (Figura 7.5).

7.3.2 Compensação e defesa de indivíduos-presa

Embora inicialmente aparentem ser mais profundos, os efeitos dos parasitos e pastejadores em geral não o são, porque, por exemplo, as plantas individualmente podem compensar de diversas maneiras os efeitos da herbivoria (Strauss & Agrawal, 1999). A remoção de folhas de uma planta pode diminuir

> respostas compensatórias das plantas

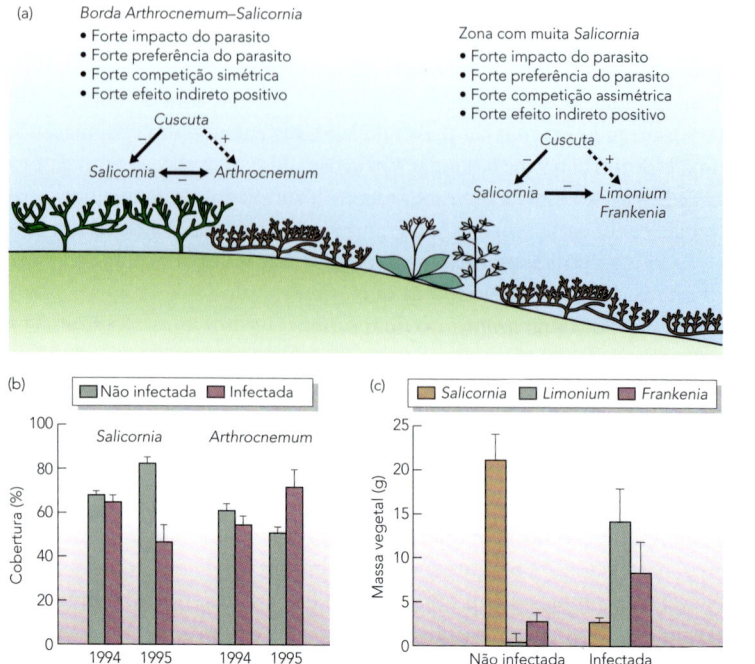

Figura 7.4

O efeito da cuscuta (*Cuscuta salina*) sobre a competição entre *Salicornia* e outras espécies em uma marisma salina no sul da Califórnia. (a) Uma representação esquemática das plantas principais na comunidade, nas zonas superior e intermediária da marisma, e as interações entre as mesmas (setas contínuas: efeitos diretos; setas tracejadas: efeitos indiretos). *Salicornia* (a figura mostra a planta crescendo relativamente pouco) é atacada e afetada de modo especial pela cuscuta (a qual não é mostrada na figura); porém quando não é infectada, *Salicornia* compete forte e simetricamente com *Arthrocnemum* na borda *Arthrocnemum-Salicornia*, e é um competidor dominante sobre *Limonium* e *Frankenia* na zona intermediária (com muita *Salicornia*). Contudo, cuscuta muda significativamente os equilíbrios competitivos. (b) Ao longo do tempo, *Salicornia* diminui e *Arthrocnemum* aumentou em parcelas infectadas com cuscuta. (b) Manchas maiores de cuscuta suprimem *Salicornia* e favorecem *Limonium* e *Frankenia*.

o sombreamento sobre as demais e, assim, aumentar a sua taxa de fotossíntese. Ou, após um ataque de um herbívoro, muitas plantas agem compensatoriamente, utilizando reservas armazenadas nos tecidos e órgãos. A herbivoria com frequência altera a distribuição dentro da planta do material fotossintetizado mais recentemente, geralmente mantendo o balanço entre raízes e partes aéreas. Quando as partes aéreas são desfolhadas, há um aumento na fração da produção líquida que é canalizada para elas; quando as raízes são destruídas, esse desvio é dirigido para as raízes. Geralmente, há um recrescimento compensatório de plantas desfolhadas, quando as gemas, que de outro modo permaneceriam dormentes, são estimuladas a se desenvolver. É comum também uma redução subsequente na taxa de mortalidade de partes sobreviventes das plantas.

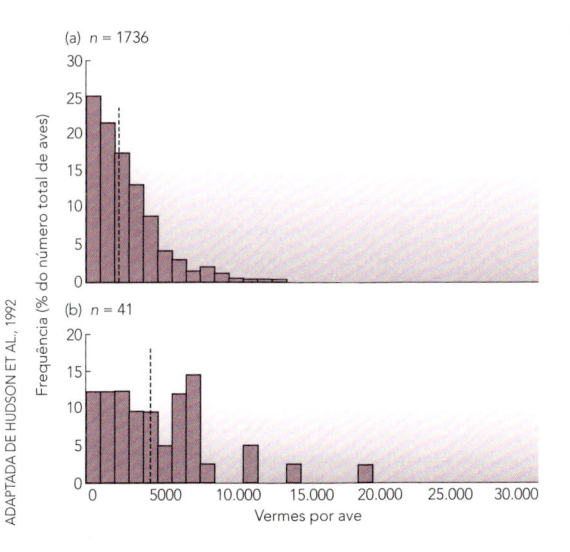

Figura 7.5

Infecção com um verme parasito torna o galo-selvagem-vermelho mais suscetível a predação.
(a) Carga de vermes de aves, as quais são abatidas por "esporte" e podem ser consideradas uma amostra representativa da população. (b) Carga de vermes das aves encontradas mortas por predadores. A linha vertical é a média em cada caso, e as cargas de vermes daquelas aves capturadas por predadores em geral são claramente maiores do que aquelas na população como um todo.

Por exemplo, quando a herbivoria sobre genciana (*Gentianella campestris*), uma espécie bianual, foi estimulada pelo desbaste da metade de sua biomassa (Figura 7.6a), houve um aumento da produção de frutos (Figura 7.6b), mas o resultado dependeu da ocasião em que foi feito o desbaste. A produção de frutos teve um grande acréscimo em relação ao controle, quando o desbaste ocor-

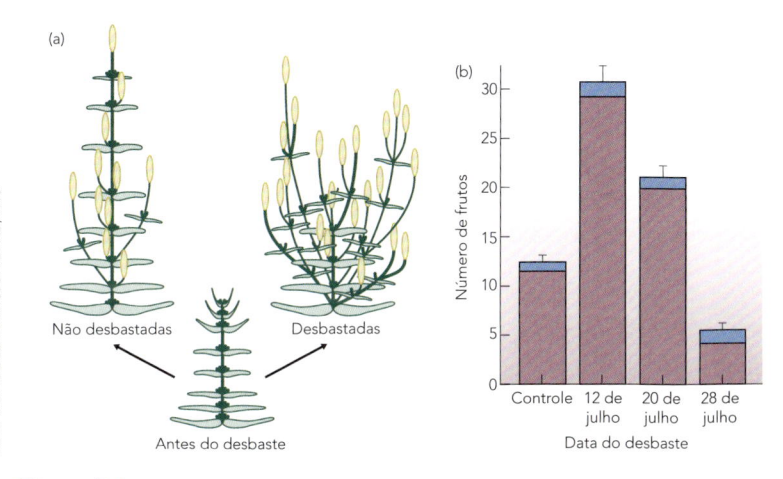

Figura 7.6

(a) O desbaste de genciana, para simular a herbivoria, causa mudanças na arquitetura e no número de flores produzidas. (b) Produção de frutos maduros (histogramas bordôs) e imaturos (histogramas azuis), em plantas sem e com desbaste, em diferentes ocasiões, de 12 a 28 de julho de 1992. Médias e erros-padrão são mostrados. As diferenças entre todas as médias são estatisticamente significativas ($P < 0,05$). As plantas desbastadas em 12 e 20 de julho produziram significativamente mais frutos do que as não desbastadas (controle). As plantas desbastadas em 28 de julho desenvolveram significativamente menos frutos do que as deixadas intactas.

reu entre 12 e 20 de julho, mas, quando executado mais tarde, a produção de frutos foi menor nas plantas desbastadas, comparadas com as plantas-controle, deixadas intactas. O período em que as plantas apresentam compensação coincide com o tempo em que geralmente ocorre o dano por herbívoros.

> respostas defensivas das plantas

As plantas podem também ter, como respostas, o início ou o aumento da produção de defesas estruturais ou químicas. Por exemplo, um pastejo de poucas semanas sobre a alga marinha parda *Ascophyllum nodosum*, exercido por caracóis (*Littorina obtusata*), induz um aumento substancial na concentração de florotaninos (Figura 7.7a), o que mais adiante reduz o pastejo pelos caracóis (Figura 7.7b). Interessantemente, a simples remoção provocada na planta não teve o mesmo efeito. Os caracóis podem permanecer e se alimentar da mesma planta por longos períodos. Respostas induzidas, que levam tempo para se estabelecer, podem ainda ser efetivas em situação de dano em redução.

Os caracóis na Figura 7.7 sofreram como consequência da resposta da alga marinha (eles comeram menos), e as plantas se beneficiaram, pois foram menos pastejadas. Porém, este benefício tem um custo para as plantas (o de produzir os compostos químicos), e nunca é tão simples, portanto, estabelecer se elas obtêm um benefício líquido a longo prazo. Uma tentativa de responder esta questão analisou o valor adaptativo durante o período de vida de indivíduos do rabanete selvagem (*Raphanus sativus*), distribuídos em três tratamentos: (i) pastejados por lagartas, *Pieris rapae*; (ii) controles de dano foliar (uma quantidade equivalente de biomassa removida usando tesouras); e (iii) controles gerais (sem danos). As tesourinhas (*Forficula* spp.) e outros herbívoros mastigadores causaram 100% mais dano foliar em plantas-controle (iii) e controles de dano foliar (ii) do que em plantas pastejadas (i), e houve 30% mais afídeos sugadores de floema sobre as mesmas (Figura 7.8a, b): a resposta induzida pelas lagartas protegeu as plantas de herbivoria adicional. Além disso, apesar de quaisquer custos, isto aumentou significativamente (em mais de 60%) o valor adaptativo durante o período de vida de plantas induzidas quando comparadas com as plantas-controle. Plantas cortadas com tesouras, por outro lado, tiveram 38% *menor* valor adaptativo do que os controles gerais, enfatizando o efeito negativo da perda de tecido sem os benefícios da indução (Figura 7.8c). Este ganho de va-

Figura 7.7

(a) Conteúdo de florotaninos em indivíduos da alga *Ascophyllum nodosum*, após a exposição à herbivoria simulada (remoção de tecido com um vazador circular) ou pastejo pelo caracol *Littorina obtusata*. Somente o caracol teve o efeito de induzir aumentos na concentração de defesas químicas da alga marinha, sendo mostradas as médias e os erros-padrão. Letras diferentes indicam que as médias são significativamente diferentes ($P < 0,05$). (b) Em um experimento subseqüente, foram oferecidas aos caracóis partes aéreas de algas provenientes dos tratamentos em (a) – os caracóis ingeriram significativamente menos plantas com alto teor de florotanino.

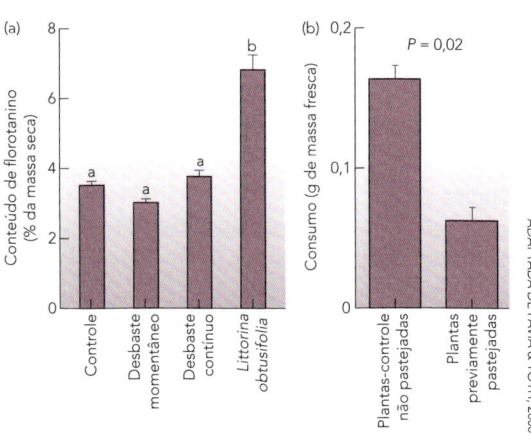

ADAPTADA DE PAVIA & TOTH, 2000

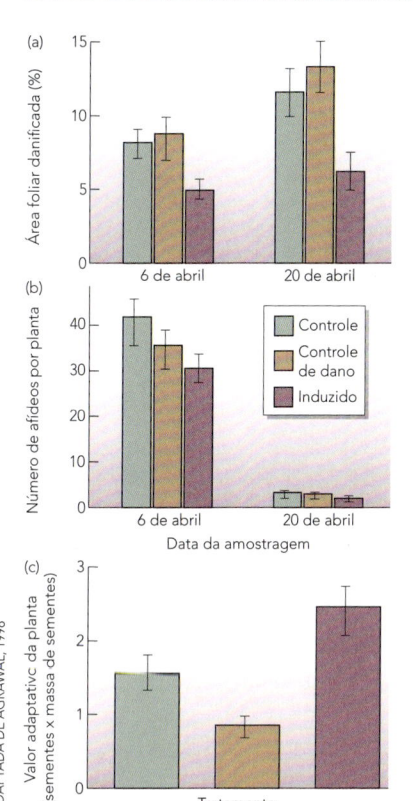

Figura 7.8
(a) Percentagem de área foliar consumida por herbívoros mastigadores e (b) número de afídeos por planta, medidos em duas datas (6 e 20 de abril) em três tratamentos de campo: controle geral, controle de dano (tecido removido com tesouras) e induzido (causado pelo pastejo por lagartas de *Pieris rapae*). (c) Valor adaptativo das plantas nos três tratamentos, calculado multiplicando-se o número de sementes produzidas pela massa média das sementes (em miligramas).

ADAPTADA DE AGRAWAL, 1998

lor adaptativo ocorreu, contudo, somente em ambientes contendo herbívoros. Na sua ausência, os custos de produzir os compostos químicos sobrepujaram os benefícios e as plantas sofreram uma redução no valor adaptativo (Karban et al., 1999). Desde modo, os benefícios na presença de herbívoros foram *líquidos*: eles sobrepujaram os custos.

7.3.3 De indivíduos-presa para populações de presas

Apesar dessas várias qualificações, a regra geral é que os predadores são danosos aos indivíduos-presa. Todavia, os efeitos da predação sobre as populações de presas não são sempre tão previsíveis. O impacto da predação é muito mais comumente limitado pelas reações compensatórias entre os sobreviventes, como resultado de uma redução na competição intraespecífica. Os resultados da predação podem variar, portanto, com a disponibilidade de alimento. Quando há alimento de boa qualidade em abundância, e nenhuma competição, os efeitos da predação devem ser detectáveis. Porém, quando o alimento é limitado e a competição é intensa, a predação pode minimizar as pressões competitivas e permitir a sobrevivência de indivíduos que, de outra forma, não sobreviveriam. Os resultados de um experimento que testou isso são mostrados na Figura 7.9. A sobrevivência de gafanhotos (*Ageneotettix deorum*) foi monitorada em parcelas engaioladas em Arapaho (pradaria) com alimento (gramíneas) que

> reações compensatórias entre as presas sobreviventes...

Figura 7.9
Trajetórias dos números de gafanhotos sobrevivendo (média ± EP) a combinações de tratamentos de fertilizante e predação em um campo experimental envolvendo parcelas engaioladas em Arapaho Prairie, Nebrasca, EUA.

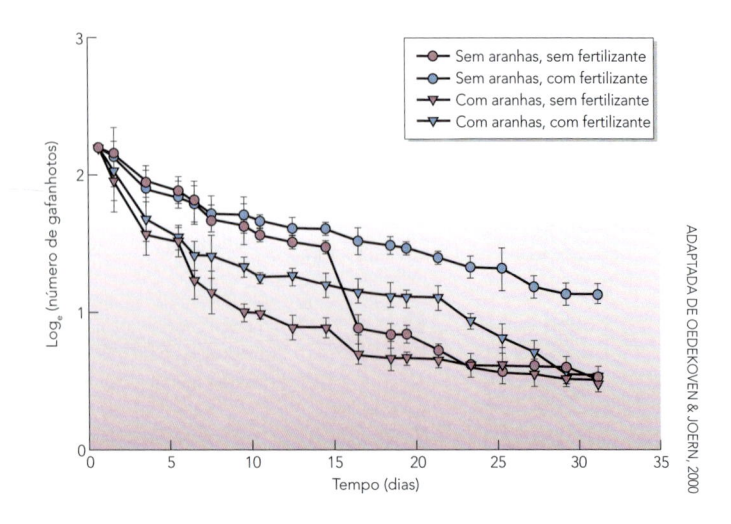

Legenda do gráfico:
- Sem aranhas, sem fertilizante
- Sem aranhas, com fertilizante
- Com aranhas, sem fertilizante
- Com aranhas, com fertilizante

Eixo Y: Log_e (número de gafanhotos)
Eixo X: Tempo (dias)

ADAPTADA DE OEDEKOVEN & JOERN, 2000

eram abundantes (fertilizadas) ou limitados (não fertilizadas), e na presença ou ausência de aranhas predadoras. Como previsto, com alimento em abundância, a predação por aranhas reduziu o número de sobreviventes: uma resposta não compensatória. Porém, com limitação de alimento, a predação por aranhas e a limitação de alimento foram compensatórias: os mesmos números de gafanhotos foram recuperados ao final do experimento de 31 dias.

A predação pode também ter um impacto insignificante sobre a abundância de presas, se um aumento na perda de presas por predadores em um estágio de vida delas provocar um decréscimo na perda em um outro estágio. Se, por exemplo, o recrutamento de uma população de plantas adultas não for limitado pelo número de sementes produzidas, os insetos que reduzem a produção de sementes não estão propensos a ter um efeito importante na dinâmica de populações dessas plantas. Esse aspecto é ilustrado por um estudo com o arbusto *Happlopappus venetus*, na Califórnia (Louda, 1982, 1983). O nível de dano causado por insetos às flores em desenvolvimento e às sementes foi alto. Por conseguinte, a exclusão experimental de predadores de flores e sementes causou um aumento de 104% no número de sementes em desenvolvimento que escaparam ao dano. Esse evento levou a um aumento no número de plântulas estabelecidas. Porém, isso foi seguido de uma perda muito maior de plântulas, provavelmente pela ação de herbívoros vertebrados. Como consequência, as abundâncias originais foram restabelecidas, apesar da importância a curto prazo dos predadores de sementes.

... mas a compensação é geralmente imperfeita

A compensação, contudo, de modo algum é sempre perfeita. A Figura 7.10, por exemplo, mostra os resultados de um experimento no qual sementes de abeto de Douglas foram colocadas tanto em parcelas expostas quanto protegidas de roedores e aves. O efeito imediato correspondente foi uma enorme redução na perda de sementes (embora as telas protetoras não tenham sido totalmente eficientes). Entretanto, houve *aumentos* compensatórios na mortalidade provocada por outras causas. Não obstante, apesar da compensação, o efeito global da exclusão de predadores foi mais do que o dobro do número de plântulas sobreviventes 1 ano após a germinação.

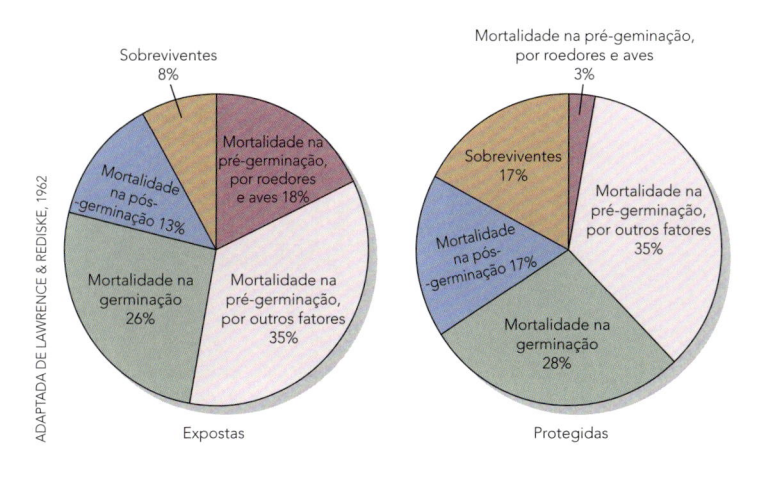

Figura 7.10
Quando sementes do abeto de Douglas são protegidas dos predadores pelo uso de telas, a redução na mortalidade é compensada (mas não *totalmente*) pelo aumento na mortalidade causada por outros fatores.

Expostas:
- Sobreviventes 8%
- Mortalidade na pré-germinação, por roedores e aves 18%
- Mortalidade na pós-germinação 13%
- Mortalidade na germinação 26%
- Mortalidade na pré-germinação, por outros fatores 35%

Protegidas:
- Mortalidade na pré-germinação, por roedores e aves 3%
- Sobreviventes 17%
- Mortalidade na pré-germinação, por outros fatores 35%
- Mortalidade na pós-germinação 17%
- Mortalidade na germinação 28%

Os predadores podem também ter pouco impacto sobre as populações de presa como um todo por causa dos indivíduos em particular que eles atacam. Muitos carnívoros de grande porte, por exemplo, concentram seus ataques sobre os velhos (ou débeis), jovens (ou inexperientes) ou doentes. Neste sentido, em um estudo em Serengeti foi verificado que os guepardos e cães selvagens mataram um número desproporcional de gazelas de Thompson pertencentes às classes etárias mais baixas (Figura 7.11a) porque: (i) os animais mais jovens eram mais fáceis de capturar (Figura 7.11b); (ii) eles apresentavam menor vigor e velocidade; (iii) eram menos capazes de superar as estratégias dos predadores (Figura 7.11c); e (iv) podem mesmo não ter conseguido reconhecer os predadores. Portanto, os efeitos da predação sobre a população de presas terão sido menores do que o seriam de outra maneira, porque as gazelas jovens não teriam contribuído reprodutivamente para a população e muitas teriam morrido por outras causas antes de estarem aptas a reproduzir.

> os predadores geralmente atacam os mais fracos e mais vulneráveis

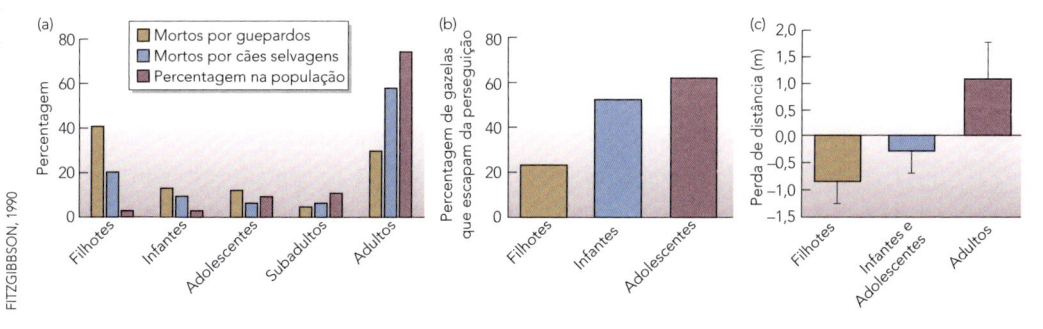

Figura 7.11
(a) As proporções de diferentes classes etárias (determinadas por desgaste dos dentes) de gazelas de Thomson nas capturas por guepardos e cães selvagens são bastante diferentes de suas proporções na população com um todo. (b) A idade influencia a probabilidade de escape das gazelas quando perseguidas pelos guepardos.
(c) Quando as presas (gazelas) correm em ziguezague para escapar da perseguição dos guepardos, a idade delas influencia a perda de distância média pelos guepardos.

Gazela de Thomson

Torna-se aparente, então, que os efeitos de um predador sobre uma presa são decisivamente dependentes da resposta desta; e os efeitos sobre as populações de presas são igualmente dependentes de quais presas são atacadas, bem como das respostas de outras presas individuais e de outros inimigos naturais da presa. O efeito do predador pode ser mais ou menos drástico do que ele parece. Raramente ele é só o que parece ser.

7.4 Comportamento do predador: forrageio e transmissão

predadores do tipo senta-e-espera

Até aqui, examinamos, de fato, o que acontece *após* o predador encontrar sua presa. Agora, daremos um passo atrás e examinaremos como o contato é estabelecido em primeiro lugar. Isso tem importância crucial, porque esse padrão de contato é crítico na determinação da taxa de consumo do predador, que demanda um longo caminho na determinação de seu próprio nível de benefício e o do dano causado à presa, o que, por sua vez, determina o impacto sobre a dinâmica de populações do predador e da presa, e assim por diante.

Os predadores verdadeiros e pastejadores tipicamente "forrageiam". Muitos se deslocam ao redor dentro de seu próprio hábitat em busca de suas presas, e seu padrão de contato é, portanto, determinado pelo comportamento do predador – e algumas vezes pelo comportamento evasivo da presa (Figura 7.12a). Esse comportamento de forrageio será discutido a seguir. Outros predadores, como, por exemplo, as aranhas tecedoras de teias, "sentam e esperam" suas presas, ainda que quase sempre em um local que elas selecionam (Figura 7.12b).

transmissão de parasitos

Por outro lado, quando se trata de parasitos e patógenos, geralmente falamos em transmissão em vez de forrageio. Pode haver a transmissão direta entre hospedeiros infectados e não infectados, quando eles entram em contato entre si (Figura 7.12c), ou estágios de vida livre do parasito serem liberados dos hospedeiros infectados, de modo que o importante é o padrão de contato entre estes e os hospedeiros não infectados (Figura 7.12d). A premissa mais simples que podemos estabelecer para parasitos transmitidos diretamente – e uma que em geral é estabelecida quando tentamos compreender suas dinâmicas (discutidas na Seção 7.5) – é que a transmissão depende do "contato

Figura 7.12
Os diferentes tipos de forrageio e transmissão. (a) Predadores ativos em busca de presas (possivelmente ativas). (b) Predadores do tipo senta-e-espera na espreita de presas ativas se deslocarem em sua direção. (c) Transmissão direta de parasitos – hospedeiros infectados e não infectados em contato entre si. (d) Transmissão entre estágios de vida livre de um parasito liberado por um hospedeiro e um novo hospedeiro, não infectado.

físico" entre hospedeiros infectados e não infectados. Em outras palavras, a taxa global de transmissão do parasito depende da densidade de hospedeiros não infectados e suscetíveis (visto que eles representam o tamanho do "alvo"), e da densidade dos hospedeiros infectados (visto que eles representam o risco do alvo ser "atingido") (Figura 7.12c).

7.4.1 Comportamento de forrageio

Existem diversas perguntas que podemos fazer sobre o comportamento de forrageio de um predador. Dentro do hábitat disponível, onde ele concentra o forrageio? Quanto tempo ele tende a permanecer em um local antes de mover-se para outro? E assim por diante. Os ecólogos abordam todas essas questões sob dois pontos de vista. O primeiro diz respeito às *consequências* do comportamento para a dinâmica de populações do predador e da presa. Retornaremos a essa questão na Seção 7.5.

O segundo é o ponto de vista da "ecologia comportamental" ou "teoria do forrageio ótimo". O objetivo aqui é buscar saber por que padrões particulares de comportamento de forrageio têm sido favorecidos por seleção natural. Muitos leitores irão se familiarizar com a abordagem geral aplicada, por exemplo, à anatomia da asa das aves – podemos querer saber por que uma área de superfície em particular, uma combinação particular de consistência e peso dos ossos e um arranjo particular de penas tenham sido favorecidos por seleção natural, dada a eficiência que eles conferem ao poder de voo das aves. Naturalmente, isto não subentende sequer uma compreensão básica da teoria aerodinâmica sobre as partes da ave – somente que aquelas aves possuidoras

> o enfoque evolutivo do forrageio ótimo

de asas mais efetivas teriam sido no passado favorecidas por seleção natural e passado sua eficiência para suas proles. De forma similar, ao adotar essa abordagem no comportamento de forrageio, não há dúvida quanto à sugestão de "tomada de decisão consciente" por parte do predador.

Qual é, então, a medida apropriada de "eficiência" no comportamento de forrageio – o equivalente à habilidade de voo como um critério para avaliar uma asa de ave bem-sucedida? Geralmente, tem sido empregada a taxa *líquida* de energia consumida – ou seja, a quantidade de energia obtida por unidade de tempo, *após* ter sido considerada a energia despendida pelo predador na atividade de forrageio. Para muitos consumidores, entretanto, a coleta eficiente de energia pode ser menos crítica do que outros constituintes da dieta (p. ex., nitrogênio) ou pode ser de importância fundamental para o forrageador consumir uma dieta mista e balanceada. As previsões da teoria do forrageio ótimo não se aplicam a todas as decisões de forrageio de qualquer predador.

aplicando a abordagem do forrageio ótimo para uma faixa de comportamentos de forrageio

Uma gama de aspectos do comportamento de forrageio, à qual a abordagem do forrageio ótimo tem sido aplicada, é ilustrada na Figura 7.13. Esses aspectos são abordados brevemente aqui, antes de um enfoque abrangente ser dado, com base no exame de apenas um deles em detalhe.

- Dentro do hábitat disponível, onde o predador concentra seu forrageio (Figura 7.13a)? Ele se concentra onde a expectativa da taxa líquida de con-

Figura 7.13
Os tipos de "decisões" de forrageio consideradas pela teoria de forrageio ótimo. (a) Escolhendo entre hábitats. (b) O conflito entre entrada crescente e evitar a predação. (c) Decisão sobre o tempo de deixar uma mancha. (d) A decisão da "liberdade ideal" – o conflito entre qualidade da mancha e densidade de competidores. (e) Dietas ótimas – incluir ou não um item na dieta (quando algo melhor poderá estar na "volta da esquina").

sumo de energia é mais alta *ou* onde o risco de períodos extensos de baixo consumo é menor?
- O local escolhido por um predador reflete apenas o consumo de energia esperado? Ou parece ter algum balanço deste em relação ao risco de ser predado por seus predadores (Figura 7.13b)?
- Por quanto tempo um predador tende a permanecer em um local – digamos, uma mancha de ambiente – antes de deslocar-se para outro (Figura 7.11c)? Ele permanece por períodos extensos e assim evita efetivar deslocamentos improdutivos de uma mancha para outra? Ou ele deixa a mancha mais cedo, antes de seus recursos terem sido exauridos?
- Quais são os efeitos de outros predadores competidores ao forragear no mesmo hábitat (Figura 7.11d)? O consumo de energia líquida esperado de um dado local é hoje presumidamente um reflexo tanto de sua produtividade intrínseca quanto do número de forrageadores em competição. Qual é a distribuição esperada de predadores com um todo sobre as várias manchas do hábitat?
- A "pergunta" restante, na Figura 7.13e, e aquela para a qual agora nos voltamos no Quadro 7.1, para uma completa descrição da abordagem do forrageio ótimo, diz respeito à *amplitude da dieta*. Nenhum predador pode ser possivelmente capaz de consumir todos os tipos de presa. Restrições morfológicas simples impedem os mussaranhos de comerem corujas (embora os mussaranhos sejam carnívoros), bem como impedem os beija-flores de comerem sementes. Mesmo dentro de suas próprias restrições, entretanto, a maioria dos animais consome uma amplitude de itens alimentares mais estreita do que eles são morfologicamente capazes de ingerir.

7.1 ASPECTOS QUANTITATIVOS

Amplitude ótima da dieta

A amplitude da dieta é a faixa de variação dos tipos de alimentos consumidos por um predador. A fim de extrair previsões aplicáveis em larga escala sobre quando as dietas são provavelmente amplas ou estreitas, precisamos desnudar o ato de forrageio até a sua essência. Assim, podemos dizer que, para obter alimento, todo predador deve despender tempo e energia, primeiro na busca por sua presa e depois na manipulação dela (i.e., a perseguição, subjugação e ingestão). Durante a busca, um predador está propenso a encontrar uma ampla variedade de itens alimentares. A amplitude da dieta, portanto, depende da resposta dos predadores, uma vez que eles tenham encontrado as presas. Os generalistas, aqueles com uma dieta ampla, perseguem uma grande proporção dos tipos de presa que encontram. Os especialistas, aqueles com uma dieta estreita, continuam as buscas até encontrar a presa de seu tipo específico preferido.

Os generalistas têm a vantagem de despender relativamente pouco tempo de busca – a maior parte dos itens que encontram eles perseguem e, se tiverem sucesso, consomem. Mas eles sofrem a desvantagem de incluir em sua dieta itens com baixo proveito.

Isso quer dizer que os generalistas desfrutam de um consumo líquido de energia em grande parte do tempo – mas sua *taxa* de consumo é, em geral, relativamente baixa. Os especialistas, por outro lado, têm a vantagem de incluir em suas dietas apenas itens muito proveitosos. Mas eles sofrem a desvantagem de despender um tempo relativamente grande na busca de presas. Assim, os especialistas passam períodos relativamente longos com desperdício de energia líquida – mas, quando consomem algo energético, eles o fazem numa taxa relativamente elevada. A determinação da estratégia de forrageio ótimo prevista para um predador em particular compreende a determinação de como estes pontos a favor e contra deveriam ser balanceados no sentido de maximizar a taxa líquida *global* de consumo de energia, durante a busca e manipulação da presa (MacArthur & Pianka, 1966; Charnov, 1976).

Podemos iniciar considerando como verdadeiro que todo predador incluirá em sua dieta o tipo mais proveitoso de presa: isto é, aquele para o qual a taxa líquida de consumo de energia é a mais alta. Porém, ele deveria incluir igualmente o tipo mais proveitoso seguinte? Ou, quando ele encontra tal tipo de item, ele deveria ignorá-lo e seguir na busca pelo tipo *mais* proveitoso? E se ele incluir o segundo item mais proveitoso, o que fazer em relação ao terceiro? E em relação ao quarto? E assim por diante.

Considerando primeiro o "segundo tipo de alimento mais proveitoso". Quando irá recompensar ao predador incluir um item deste tipo em sua dieta (em termos energéticos)? A resposta é quando, tendo encontrado este item, sua taxa esperada de consumo de energia no tempo de manipulação despendido exceder a sua taxa de consumo esperada, se, em vez disso, continuasse na busca e manipulasse um item do tipo *mais* proveitoso. (Os tempos *esperados* são simplesmente os tempos médios para os itens de um tipo em particular.) Para expressar isso através de símbolos, designamos os tempos de busca e manipulação da presa mais proveitosa, respectivamente, por s_1 e h_1, e seu conteúdo energético por E_1, e o tempo de manipulação esperado para o segundo tipo mais produtivo por h_2, e seu conteúdo energético por E_2. Assim, recompensa ao predador aumentar a amplitude de sua dieta se E_2/h_2 (i.e., a taxa de ingestão energética por unidade de tempo, se ele manipular a segunda melhor presa) for maior do que $E_1/(s_1 + h_1)$ (a taxa de ingestão, se em vez disso ele buscar o tipo mais proveitoso).

Suponha agora que não recompensa ao predador expandir sua dieta. E quanto ao terceiro tipo de presa mais proveitosa? Argumentamos do mesmo modo que antes: recompensará ao predador incluir tal item em sua dieta se, quando ao encontrá-lo, sua taxa esperada de ingestão no tempo total de manipulação, h_3, exceder a taxa esperada caso ele busque e manipule *um dos* dois tipos mais proveitosos, ambos já incluídos em sua dieta. Então, se designarmos por $\bar{s}$, $\bar{h}$ e $\bar{E}$, respectivamente, o tempo de busca, de manejo e o conteúdo energético dos itens já constantes da dieta, recompensará ao predador expandir sua dieta se E_3/h_3 exceder $\bar{E}/(\bar{s} + \bar{h})$ ou, de forma mais generalizada, se E_n/h_n exceder $\bar{E}/(\bar{s} + \bar{h})$, onde n refere-se geralmente ao "próximo" tipo de presa mais proveitoso (ainda ausente na dieta). As implicações ecológicas desta regra serão consideradas no texto principal.

<small>previsões do modelo de dieta ótima</small>

Em resumo, o Quadro 7.1 sugere que um predador deveria continuar a adicionar progressivamente à sua dieta itens menos proveitosos, desde que isso aumentasse a sua taxa global de consumo energético. Isso irá servir para maximizar sua taxa global de consumo de energia. Logo, esse "modelo de dieta ótima" leva a diversas previsões.

1 Predadores que apresentam tempos de manejo tipicamente curtos, comparados com seus tempos de busca, deveriam ser generalistas (i.e., ter die-

tas amplas), porque, graças ao pequeno tempo necessário para manipular um item de presa, que já tenha sido encontrado, eles podem, quase imediatamente após, iniciar uma nova busca. Essa previsão parece ser sustentada pelas dietas amplas de muitas aves insetívoras que se alimentam sobre árvores e arbustos. A busca é uma atividade que sempre consome tempo, mas a manipulação de insetos diminutos e estacionários leva um tempo insignificante e é quase sempre efetuada com sucesso. Dessa forma, uma ave tem algo a ganhar e virtualmente nada a perder ao consumir um item uma vez encontrado, e a produtividade global é maximizada por uma dieta abrangente.

2 Predadores com tempos de manipulação relativamente longos em comparação ao tempo de busca, ao contrário, deveriam ser especialistas: a maximização da taxa líquida de consumo de energia é alcançada pela inclusão somente dos itens mais produtivos na dieta. Por exemplo, os leões vivem quase constantemente à vista de suas presas, de modo que o tempo de busca é insignificante; por outro lado, o tempo de manipulação e em particular o tempo de perseguição podem ser longos (e consumir muita energia). Consequentemente, os leões se especializam naquelas presas que podem ser perseguidas com maior eficiência; os imaturos, os defeituosos e os velhos.

3 Tudo o mais sendo igual, um predador deveria ter uma dieta mais ampla num ambiente improdutivo (onde os itens de presa são relativamente raros e os tempos de busca, em geral, são relativamente grandes) do que num ambiente produtivo (onde os tempos de busca são em geral menores). Essa previsão é sustentada por um estudo sobre ursos pardos e pretos (*Ursos arctos* e *U. americanus*) alimentando-se de salmões na Baía de Bristol, no Alasca (Figura 7.14). Quando a disponibilidade de salmão era alta, os ursos consumiram menos biomassa por peixe capturado, concentrando-se nos peixes energeticamente ricos (aqueles que não tinham ovipositado) ou partes de corpo ricas em energia (ovos nas fêmeas, cérebro dos machos). Em essência, suas dietas tornaram-se mais especializadas quando as presas eram abundantes.

De forma geral, podemos ver como um enfoque evolutivo de forrageio ótimo pode nos ajudar a dar sentido ao comportamento de forrageio dos predadores – de que maneira ele prevê sobre o que pode ser esperado para determinado comportamento e que essas previsões podem ser apoiadas por exemplos reais.

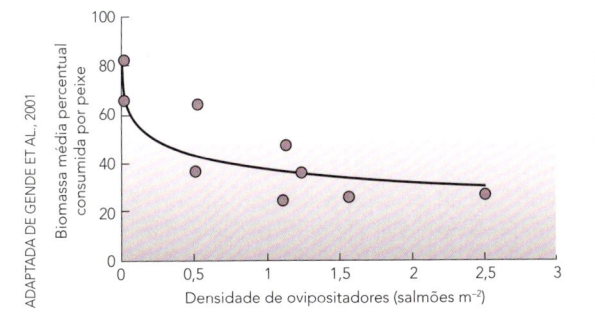

Figura 7.14
À medida que a densidade (i.e., a abundância) de salmões ovipositando aumenta, a percentagem média de cada salmão consumido por ursos diminui: à medida que a abundância de presas aumenta, os predadores se tornam mais especializados.

7.5 Dinâmica de populações na predação

construindo um cenário a partir de começos simples

Que papel os predadores desempenham na condução da dinâmica de suas presas ou as presas diante da dinâmica de seus predadores? Existem padrões comuns de dinâmicas emergentes? As seções anteriores evidenciaram que não existem respostas simples para estas perguntas. Isso depende de detalhes do comportamento individual de predadores e presas, nas possíveis respostas compensatórias nos níveis individual e populacional, e assim por diante. Entretanto, ao invés de nos sentirmos desestimulados ante sua complexidade, podemos elaborar um raciocínio lógico sobre essas dinâmicas, iniciando de uma forma simples e, após, ir adicionando novos aspectos um a um, para construir um quadro mais realista.

7.5.1 As bases da dinâmica das interações predador-presa: tendência à ocorrência de ciclos

Começamos efetuando conscientemente uma supersimplificação – ignorando tudo, exceto o predador e a presa, e perguntando que tendência básica seria observada na dinâmica de suas interações. Resulta que a tendência básica é exibir oscilações conjuntas – ciclos – na abundância. Com isso estabelecido, podemos nos voltar para muitos outros fatores importantes que poderiam modificar ou anular esta tendência básica. Entretanto, ao invés de explorar todos eles individualmente, as Seções 7.5.4 e 7.5.5 examinam apenas dois dos mais importantes: o adensamento e a fragmentação espacial. Naturalmente, estes dois fatores por si não podem contar a história completa; mas eles ilustram como as diferenças nas dinâmicas da presa e do predador, de exemplo em exemplo, podem ser explicadas por influências variadas de diferentes fatores com impacto potencial sobre essas dinâmicas.

Começando então de forma simples, suponha que exista uma grande população de presas. Os predadores deveriam sair-se bem diante dessa população; eles deveriam consumir muitas presas e dessa forma aumentar sua própria abundância. A grande população de presas permite, então, a existência de uma grande população de predadores (Figura 7.15). Porém, a grande população de predadores é a causa da existência de uma pequena população de presas. Assim, os predadores enfrentam um problema: um grande número deles e muito pouco alimento. Suas abundâncias declinam. Porém, isso provoca um alívio da pressão sobre as presas; a população pequena de predadores provoca o surgimento de uma população grande de presas – e as populações voltam ao que eram quando começaram. Em resumo, existe uma tendência básica de os predadores e suas presas experimentarem oscilações conjuntas na abundância – ciclos populacionais (Figura 7.15) – essencialmente devido ao tempo de atraso na resposta da abundância do predador em relação àquela da presa, e vice-versa. (Um "atraso temporal" na resposta significa, p. ex., que uma abundância alta do predador reflete uma alta abundância da presa *no passado*, mas esta *coincide* com um declínio na abundância da presa, e assim por diante.) Um modelo matemático simples – o modelo de Lotka-Volterra – transmite essencialmente a mesma mensagem que é descrita no Quadro 7.2.

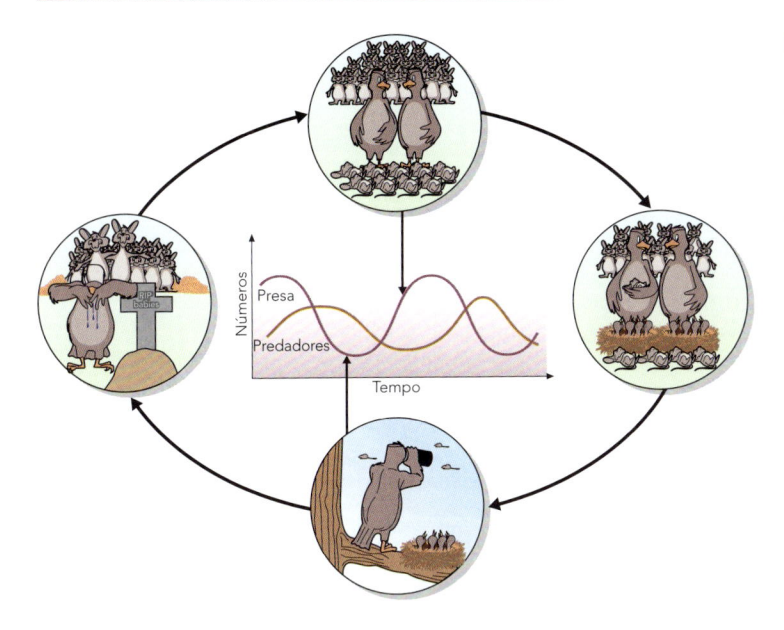

Figura 7.15
A tendência básica dos predadores e presas em apresentar oscilações conjuntas na abundância, como resultado no retardamento temporal em suas respostas em relação às abundâncias de cada um.

7.2 ASPECTOS QUANTITATIVOS

O modelo de predador-presa de Lotka-Volterra

Aqui, como nos Quadros 5.4 e 6.1, um dos pilares dos modelos matemáticos em ecologia é descrito e explicado. O modelo é conhecido (à semelhança do modelo de competição interespecífica no Quadro 6.1) pelo nome de seus criadores: Lotka e Volterra (Volterra, 1926; Lotka, 1932). Ele tem dois componentes: P, o número presente em uma população de predadores (ou consumidores), e N, o número ou biomassa presente na população de presas ou de plantas.

Admite-se que, na ausência de consumidores, as populações de presas aumentam exponencialmente (Quadro 5.4):

$$dN/dt = rN$$

Mas agora também necessitamos de um termo que indique que indivíduos de presa são removidos da população pelos predadores. Eles farão isso numa taxa que depende da frequência de encontros entre presa e predador, a qual aumentará com números crescentes de predadores (P) e presas (N). O número exato de encontros e de consumo, entretanto, aumentará também com a eficiência de busca e de ataque do predador, designada por a. A taxa de consumo de presa será então aPN, e no todo:

$$dN/dt = rN - aPN \quad (1)$$

Voltando ao número de predadores, na ausência de alimento assume-se que estes declinam exponencialmente ao longo do período de inanição:

$$dP/dt = -qP$$

onde q é a sua taxa de mortalidade. Mas isso é contraposto pela natalidade de predadores, a taxa da qual assume-se ser dependente da (i) taxa na qual o alimento é consumido, aPN e (ii) da eficiência do predador, f, quanto a tornar esse alimento em prole do predador. No todo:

$$dP/dt = faPn - qP \quad (2)$$

As equações 1 e 2 constituem o modelo Lotka-Volterra.

As propriedades desse modelo podem ser investigadas pela obtenção de isolinhas zero (ver Quadro 6.1). Existem isolinhas zero separadas para os predadores e as presas, ambas representadas em um gráfico como a densidade de presas (eixo x) em relação à densidade do predador (eixo y) (Figura 7.16). A isolinha zero da presa reúne combinações de densidades de presa e de predador que levam a uma imutável população de presas, $dN/dt = 0$, enquanto a isolinha zero do predador reúne combinações de densidades de presa e predador que levam a uma população imutável de predadores, $dP/dt = 0$.

No caso da presa, "resolvemos" pela substituição de $dN/dt = 0$ na equação 1, obtendo a equação da isolinha como:

$$P = r/a$$

Desse modo, considerando que r e a são constantes, a isolinha zero para a presa é uma linha para a qual o próprio P é uma constante (Figura 7.16a): a presa aumenta quando a abundância de predadores é baixa ($P < r/a$), mas decresce quando ela é alta ($P > r/a$).

Similarmente, para os predadores, resolvemos pela substituição de $dP/dt = 0$ na equação 2, obtendo a equação da isolinha como sendo:

$$N = q/fa$$

A isolinha zero do predador é, portanto, uma linha ao longo da qual N é constante (Figura 7.16b): os predadores diminuem quando a abundância de presa é baixa ($N < q/fa$), mas aumentam quando ela é alta ($N > q/fa$).

A colocação das duas isolinhas (e os dois conjuntos de setas) juntas na Figura 7.17 mostra o comportamento das populações em conjunto. As várias combinações de aumentos e diminuições, listadas acima, significam que as populações sofrem "oscilações conjuntas" ou "ciclos conjuntos" na abundância; "conjuntas" no sentido que as subidas e descidas numéricas dos predadores e presas estão unidas, com a abundância do predador acompanhado a da presa (discutido biologicamente no texto principal).

É importante entender, entretanto, que o modelo não "prevê" os padrões exatos de abundância que ele gera. O mundo é muito mais complexo do que o imaginado pelo modelo. Não obstante, o modelo contempla a tendência essencial dos ciclos conjuntos nas interações predador-presa.

Figura 7.16 Ver o texto do quadro para detalhes.

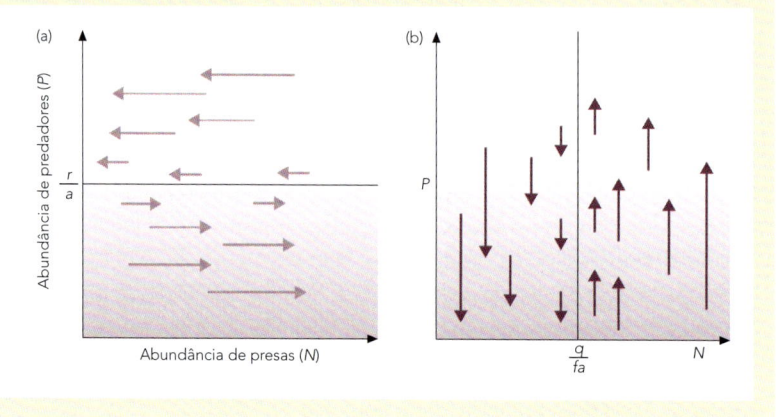

Figura 7.17
Ver o texto do quadro para detalhes.

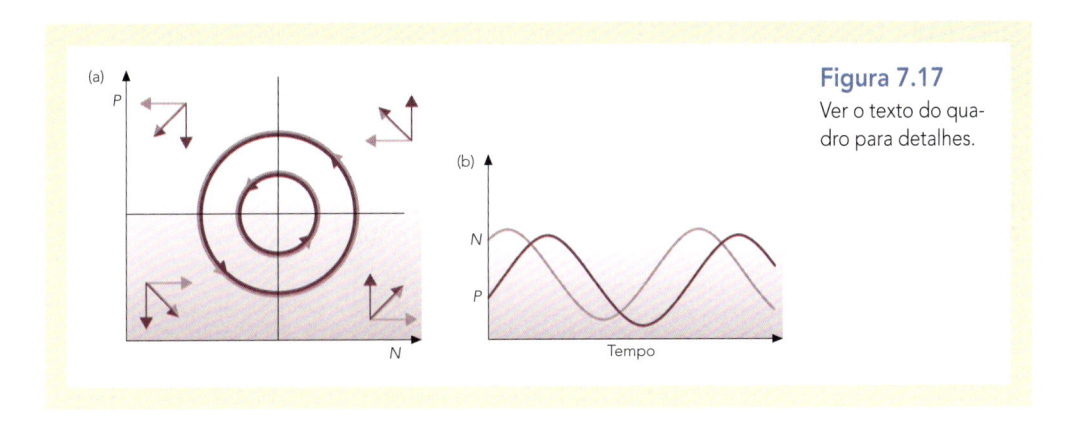

7.5.2 Ciclos de predador-presa na prática

Essa tendência básica de uma interação presa-predador gerar uma oscilação conjunta na abundância poderia produzir uma "expectativa" de ocorrência desses ciclos em populações verdadeiras, porém havia diversos aspectos da ecologia do predador e da presa que tiveram de ser ignorados, a fim de demonstrar essa tendência básica, e estes podem modificar enormemente as expectativas. Não deveria ser uma surpresa, então, que existam relativamente poucos bons exemplos que apresentem clareza nos ciclos presa-predador – embora alguns tenham recebido grande atenção dos ecólogos. Não obstante, na tentativa de dar sentido às dinâmicas de populações conjuntas de presas e predadores, os ciclos – a tendência básica – constituem-se em bons começos.

Eles ocorrem algumas vezes. Em diversos casos, por exemplo, é possível gerar oscilações conjuntas de presa-predator, ao longo de diversas gerações, em laboratório (Figura 7.18a; ver também Figura 7.22c). Entre as populações no campo, existem diversos exemplos nos quais ciclos regulares na abundância de presa e predador podem ser discernidos. Os ciclos em populações de lebres, em particular, têm sido discutidos pelos ecólogos desde a década de 1920, tendo sido reconhecidos por caçadores de peles mais de 100 anos antes. A mais famosa delas é a lebre americana (*Lepus americanus*), que cumpre um "ciclo de 10 anos" nas florestas boreais da América do Norte (na realidade, esse ciclo varia de 8 a 11 anos; ver Figura 7.18b). A lebre americana é o herbívoro dominante na região, alimentando-se dos ramos terminais de diversos arbustos e árvores pequenas. Diversos predadores, incluindo o lince canadense (*Lynx canadensis*), têm ciclos de extensão similar. Os ciclos da lebre frequentemente envolvem alterações em abundância de 10 a 30 vezes e, em alguns hábitats, podem ocorrer mudanças na ordem de 100 vezes. Essas mudanças causam admiração, por serem virtualmente sincrônicas por toda uma vasta área do Alasca a Newfoundland.

Todavia, seriam a lebre e o lince participantes em um ciclo predador-presa? Isto aparentemente parece menos provável uma vez que observemos o número de outras espécies com as quais ambos interagem. A sua teia alimentar (ver a Seção 9.5) é mostrada na Figura 7.19. De fato, tanto estudos experimentais (Krebs et al., 2001) quanto análises estatísticas mais sofisticadas de dados sobre dinâmica

a "expectativa" de ciclos raramente é satisfeita

plantas, lebres e linces na América do Norte...

... mas como os ciclos são gerados?

Figura 7.18
Oscilações conjuntas na abundância de predadores e presas. (a) Fêmeas partenogenéticas de rotíferos, *Bracionus calyciflorus* (predadores, círculos bordôs), e algas verdes unicelulares, *Chlorella vulgaris* (presas, círculos azuis), em culturas de laboratório. (b) A lebre americana (*Lepus americanus*) e o lince canadense (*Lynx canadensis*), determinados pelo número de peles recebidas pela Companhia Baía de Hudson.

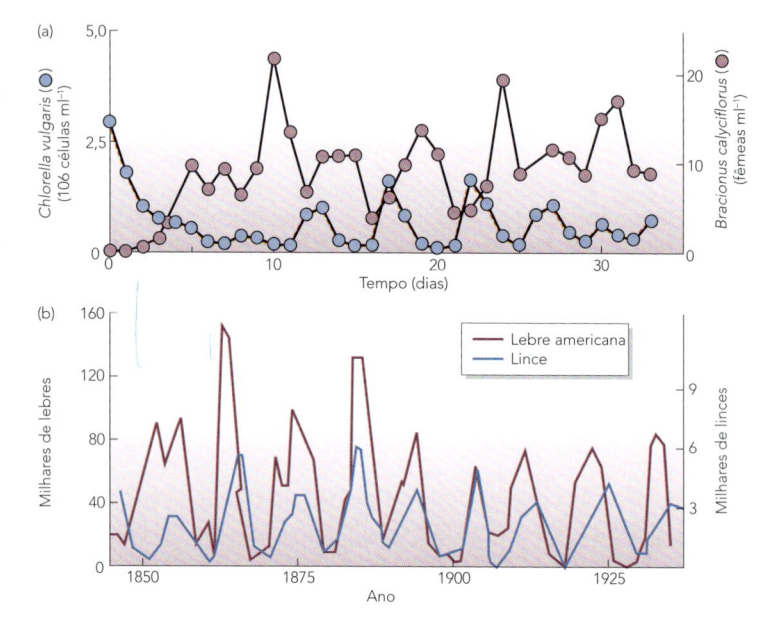

O lince canadense e a lebre americana – um predador e uma presa que podem apresentar oscilações conjuntas.

populacional (Stenseth et al., 1997) sugerem que, enquanto a dinâmica das lebres é determinada pelas interações tanto com seus alimentos quanto com seus predadores (especialmente o lince), a dinâmica do lince é determinada em grande parte por sua interação com suas lebres-presas, de acordo com o que sugere a teia alimentar. Tanto as interações planta-lebre quanto as interações predador-lebre têm alguma propensão a ciclar por si só – porém na prática o ciclo parece normalmente ser gerado pela interação entre ambos. Isso nos adverte que, mesmo quando tivermos um par composto pelo predador e sua presa, podemos ainda não estar simplesmente observando uma oscilação predator-presa.

Exemplos de ciclos aparentes entre predador e presa algumas vezes são notícias – ver o Quadro 7.3, por exemplo.

7.5.3 Dinâmica e ciclos das doenças

taxa básica de reprodução e o limiar de transmissão

Os ciclos são também aparentes na dinâmica de muitos parasitos, especialmente microparasitos (bactéria, vírus, etc.). Para entender a dinâmica de qualquer parasito, o melhor ponto de partida é sua taxa básica de repro-

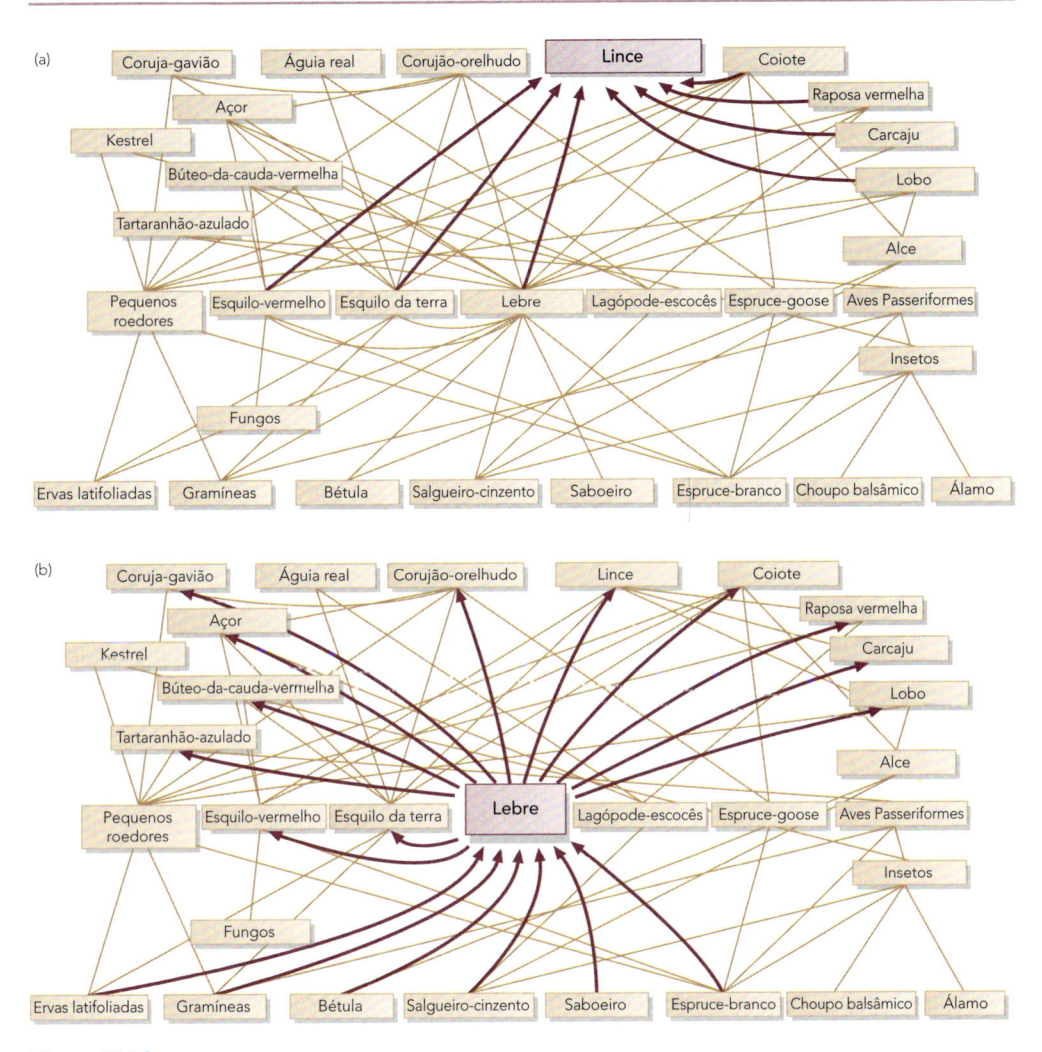

Figura 7.19

(a) As principais espécies e grupos de espécies na comunidade da floresta boreal da América do Norte, com interações tróficas (quem come quem) indicadas pelas linhas ligando as espécies, e aquelas afetadas pelo lince, mostradas como setas bordôs, apontando para o consumidor. (b) A mesma comunidade, mas com as interações da lebre aqui mostradas como setas.

dução, convencionalmente chamada de "R zero", R_0. Em relação aos microparasitos, R_0 é o número médio de novos hospedeiros infectados que resultaria de um único hospedeiro infectante, numa população de hospedeiros suscetíveis. Uma infecção finalmente se extinguirá para $R_0 < 1$ (cada infecção no presente conduz a menos do que uma infecção no futuro), mas uma infecção se expandirá para $R_0 > 1$. Portanto, existe um "limiar de transmissão", quando $R_0 = 1$, o qual deve ser cruzado, se a doença for se expandir. Uma derivação de R_0 para microparasitos com transmissão direta (ver Figura 7.12c) é fornecida no Quadro 7.4.

7.3 ECONSIDERAÇÕES ATUAIS

Um surto cíclico de um inseto florestal no noticiário

Grandes surtos de lagartas de tenda (lasiocampídeos) ocorrem aproximadamente a cada 10 anos, e cada um persiste por 2 a 4 anos. Durante esses surtos, são provocados danos expressivos nas folhagens das árvores sobre vastas faixas de terra. Este artigo apareceu no *Telegraph Herald* (Dubuque, Iowa), em 11 de junho de 2001.

Lagartas utilizam florestas do norte como refeição

As lagartas de tenda têm aberto a mordidas seu caminho através de grande parte do nordeste de Wisconsin, alimentando-se de álamo, bordo, bétula e carvalho, de Tomahawk, ao sul do Canadá.

Os insetos cruzam as estradas formando ondas que fazem com que o pavimento pareça mover-se lentamente, suspenso pelas árvores em grandes grupos... "Uma senhora de Eagle River disse que eles estavam em sua casa, na via de acesso e na calçada, e ela estava pronta para mudar-se de volta para Oak Creek", disse Jim Bishop, diretor de relações públicas do Departamento de Recursos Naturais (DRN) da região norte.

Shane Weber, um especialista em entomologia florestal do DRN em Spooner, disse que a presença das lagartas nas calçadas, vias de acesso e rodovias constitui-se em bom sinal. "Sempre que elas iniciam esses movimentos em massa sobre o terreno, repentinamente movendo-se na forma de ondas sobre o solo, significa que se encontram famintas, à procura de outra fonte de alimento", disse ele.

Em Superior, os clientes têm abarrotado o Dan's Feed Bin (comércio em geral), em busca de formas para livrarem seus jardins e residências dos insetos. A funcionária Amy Connor disse que alguns clientes colocaram seus telefones sobre a janela, para que ela pudesse ouvir as lagartas caírem, como se fosse granizo. "Isso é horrivelmente grosseiro", disse ela.

As lagartas comeram a maioria das folhas em Upper Península, afirmou Jeff Forslund, de Hartland, que dirigia para Ramsey, Michigan. "Meu avô possui cerca de 500 acres de álamo e nenhuma folha foi deixada", disse Forslund.

A maioria das árvores sobreviverá, e as lagartas deverão começar a tecer seus casulos em meados de junho, informou o DNR. O entomólogo especialista em florestas Dave Hall disse que espera que o surto tenha atingido um pico neste ano. "Eu não posso imaginar ficando muito pior que isso", expressou. A última infestação por lagartas de tenda nativas da floresta, em Wisconsin, ocorreu no final da década de 1980 e começo da década de 1990... Durante o último surto de lagartas de tenda, diversas colisões sérias de veículos que ocorreram no Canadá foram atribuídas às estradas escorregadias, devido às lagartas de tenda esmagadas.

Cerca de quatro milhões de rastejadores felpudos podem ser encontrados por acre durante o pico de uma infestação cíclica, afirmou o DNR.

(Conteúdo original completo: © 2001 *Telegraph Herald* [Dubuque, IA] e não pode ser republicado sem permissão)

1. Do que você aprendeu sobre os ciclos populacionais neste capítulo, sugira um cenário ecológico que dê suporte à ocorrência de surtos periódicos dessas lagartas.
2. Você acredita no comentário atribuído ao empregado do Departamento de Recursos Naturais de que o movimento em massa das lagartas é um bom sinal? Como você determinaria se este comportamento anuncia um final para a fase de pico do ciclo?

7.4 ASPECTOS QUANTITATIVOS

Limiar de transmissão para microparasitos

Em resumo, para microparasitos com transmissão direta, a taxa básica de reprodução, R_0, mede o número médio de novas infecções provenientes de um único indivíduo infectado em uma população de hospedeiros suscetíveis. Ela aumenta com a média do período de tempo sobre o qual um hospedeiro infectado permanece infectante, L, considerando que um longo período de infecção corresponde a uma plenitude de oportunidade para transmitir a novos hospedeiros; ele aumenta com o número de indivíduos suscetíveis na população de hospedeiros, S, porque um maior número de hospedeiros suscetíveis oferece mais oportunidades ("alvos") para a transmissão do parasito; e ela aumenta com a taxa de transmissão da infecção, β, porque esta em si aumenta primeiro com a capacidade infectante do parasito – a probabilidade de que o contato conduza à transmissão – mas também com a probabilidade de que hospedeiros infectantes e suscetíveis entrem em contato, como um reflexo dos padrões de comportamento do hospedeiro (Anderson, 1982). Assim, no todo:

$$R_0 = S \bullet \beta L$$

Sabemos que $R_0 = 1$ é o limiar de transmissão, abaixo do qual a infecção se extinguirá, mas acima do qual ela se expandirá. Mas isso subsequentemente nos permite definir um limiar de *tamanho populacional crítico*, S_T: o número de suscetíveis que dá origem a $R_0 < 1$. No limiar, tornando $R_0 = 1$ na equação, significa que:

$$S_T = 1/\beta L$$

Em populações com menor número de suscetíveis do que este, a infecção se extinguirá ($R_0 < 1$), mas com maior do que ele, a infecção se expandirá ($R_0 > 1$). O tamanho populacional limiar é maior (mais indivíduos são requeridos para sustentar uma infecção) quando a infecciosidade (β) é baixa e/ou as infecções em si tem vida curta (L pequeno).

O Quadro 7.4 nos fornece um *insight* crucial a respeito da dinâmica de doenças – para cada microparasito que é transmitido diretamente, existe um limiar de tamanho populacional crítico, que necessita ser ultrapassado para que uma população de parasitos seja capaz de se autossustentar. Por exemplo, para o sarampo foi calculado um limiar de tamanho populacional em torno de 300.000 indivíduos, e é improvável que tenha tido muita importância em biologia humana até muito recentemente. Entretanto, ele causou epidemias de grande impacto em cidades em crescimento do mundo industrializado, durante os séculos XVIII e XIX, e em concentrações populacionais em crescimento do mundo em desenvolvimento no século XX. As estimativas atuais sugerem que cerca de 900.000 mortes ocorrem a cada ano devido à infecção por sarampo no mundo em desenvolvimento (Walsh, 1983).

Além disso, a imunidade induzida por muitas infecções de bactérias e vírus, combinada com a morte pela infecção, diminui o número de suscetíveis em uma população, reduz R_0 e, portanto, tende a provocar um declínio na incidência da doença. No devido curso, porém, haverá um influxo de novos suscetíveis na população (como um resultado de novos nascimentos ou tal-

limiares de tamanhos populacionais e ciclos de parasitos

vez imigração), um aumento em R_0, um aumento na incidência e assim por diante. Existe, assim, em tais doenças, uma marcada tendência a gerar uma sequência de "incidência alta" para "poucos suscetíveis", para "incidência baixa", para "muitos suscetíveis", para "incidência alta", etc. – justamente tal como qualquer outro ciclo de presa-predador. Isso, sem dúvida, fundamenta o ciclo de incidência observado para muitas doenças humanas (especialmente antes dos modernos programas de imunização), com durações diferentes de ciclos refletindo as diferentes características das doenças: o sarampo com picos a cada 1 ou 2 anos, a coqueluche a cada 3 a 4 anos, difteria a cada 4 a 6 anos, e assim por diante (Figura 7.20).

7.5.4 Adensamento

interferência mútua entre predadores reduz a taxa de predação

Um dos aspectos mais fundamentais que tem sido ignorado até aqui é o fato que nenhum predador vive em isolamento: todos são afetados por outros predadores. Os efeitos mais evidentes são de ordem competitiva; muitos predadores competem, e isso resulta em uma diminuição na taxa de consumo por indivíduo à medida que a densidade de predadores aumenta (ver Capítulo 3). Entretanto, mesmo quando o alimento não é limitado, a taxa de consumo individual pode ser reduzida pelo aumento na densidade de predadores, mediante diversos processos conhecidos coletivamente como "interferência mútua". Por exemplo, muitos predadores interagem em termos de comportamento com outros membros de suas populações, deixando menos tempo para a alimentação. Os beija-flores defendem ativa e agressivamente fontes ricas em néctar; vespas parasitoides enfrentarão e, se for necessário, afugentarão com violência um intruso em sua área de domínio no tronco de uma árvore. Alternativamente, um aumento na densidade de consumidores pode levar a um aumento na taxa de emigração, ou de consumidores roubando alimento (como fazem muitas gaivotas), ou as próprias presas podem responder à presença de consumidores e se tornar menos disponíveis para a captura.

Em todos esses casos, o padrão fundamental é o mesmo: a taxa de consumo por predador individual declina com a densidade crescente de predadores. Essa redução é propensa a ter um efeito adverso na fecundidade, crescimento e mortalidade de indivíduos predadores, o que se intensifica à medida que a densidade de predadores aumenta. A população de predadores está, assim, sujeita à regulação dependente da densidade (ver Capítulos 3 e 5).

Figura 7.20
(a) Casos de sarampo registrados na Inglaterra e no País de Gales de 1948 a 1968, antes de introdução da vacinação em massa. (b) Casos de coqueluche registrados na Inglaterra e no País de Gales de 1948 a 1982. A vacinação em massa foi introduzida em 1956.

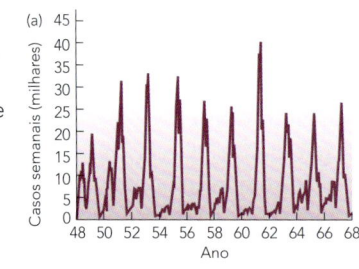

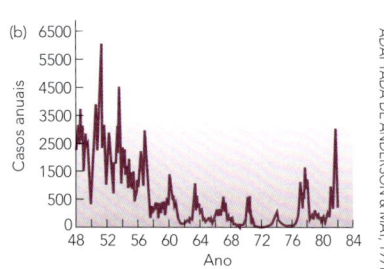

ADAPTADA DE ANDERSON & MAY, 1991

Com parasitos, também é esperado que os indivíduos geralmente interfiram nas atividades uns com outros, que haja competição intraespecífica entre parasitos e dependência da densidade nas suas taxas de crescimento, natalidade e/ou mortalidade. Contudo, ao menos para vertebrados hospedeiros, precisamos lembrar que a intensidade da reação imune provocada por um hospedeiro também depende tipicamente da abundância de parasitos. Uma rara tentativa de isolar estes dois efeitos utilizou a disponibilidade de ratos mutantes sem resposta imune efetiva (Figura 7.21). Estes e ratos-controle normais foram submetidos à infecção experimental com um nematódeo, *Strongyloides ratti*, em um gradiente de doses. Qualquer redução no valor adaptativo do parasito com a dose em ratos normais poderia dever-se à competição intraespecífica e/ou resposta imune que em si aumenta com a dose; nos ratos mutantes, entretanto, somente a primeira explicação é possível. De fato, não houve nenhuma resposta observável nos ratos mutantes (Figura 7.21), indicando que nestas doses, as quais foram similares àquelas observadas naturalmente, não houve nenhuma evidência de competição intraespecífica, e que o padrão observado nos ratos normais é inteiramente o resultado de uma resposta imune dependente de densidade. Sem dúvida, isso não significa que nunca há competição intraespecífica entre parasitos dentro de hospedeiros, mas enfatiza as sutilezas específicas que surgem quando o hábitat de um organismo é o seu hospedeiro reativo.

> competição ou resposta imune em parasitos?

Além disso, naturalmente, não apenas os predadores podem estar sujeitos aos efeitos do adensamento. Da mesma forma, as presas estão propensas a sofrer reduções nas taxas de crescimento, natalidade e sobrevivência à medida que suas abundâncias aumentam e seus consumos individuais de recursos declinam.

O efeito de adensamento da presa ou do predador sobre suas dinâmicas é, em um sentido geral, razoavelmente fácil de prever. O adensamento de presas impede que a sua abundância alcance um nível alto, que de outra maneira alcançaria. Isso significa, por sua vez, que a abundância do predador provavelmente também não atingirá os mesmos picos. De modo similar, o adensamento de predadores impede que a sua abundância se eleve muito, mas também tende a impedi-los de reduzir a abundância de presas, tanto quanto de outra maneira o fariam. No todo, portanto, o adensamento é propenso a ter um efeito amortecedor sobre quaisquer ciclos presa-predador, reduzindo sua amplitude ou removendo-os conjuntamente. Isto não ocorre porque o adensamento elimina os picos e as depressões, mas porque cada pico em um

> o adensamento tende a amortecer ou eliminar os ciclos de predador-presa

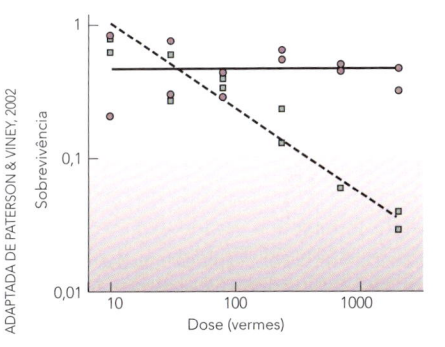

Figura 7.21

Respostas imunes dos hospedeiros são necessárias para a dependência de densidade em infecções de ratos pelo nematódeo *Strongyloides ratti*. A sobrevivência é independente da dose inicial em ratos mutantes sem uma resposta imune (●; inclinação da reta não é significativamente diferente de 0), porém com uma resposta imune (■) a mesma declina (inclinação = –0,62, significativamente menor do que 0; $P < 0,001$).

ciclo tende a gerar a próxima depressão (p. ex., abundância alta de presas → abundância alta de predadores → abundância *baixa* de presas), de modo que o abaixamento nos picos em si tende a estabelecer depressões.

Existem exemplos que parecem confirmar o efeito estabilizador do adensamento nas interações presa-predador. Por exemplo, há dois grupos de roedores principalmente herbívoros, que são distribuídos de modo amplo no Ártico: os roedores microtíneos (lemingues e alguns tipos de ratos silvestres) e os esquilos-da-terra. Os microtíneos são conhecidos por suas dramáticas flutuações cíclicas em abundância, mas os esquilos-da-terra apresentam populações que permanecem notavelmente constantes ano após ano, especialmente em hábitats de áreas abertas e tundra. Nestes locais os esquilos são fortemente autolimitados pela disponibilidade de alimento, buracos disponíveis e por seu próprio comportamento de espaçamento (Karels & Boonstra, 2000).

7.5.5 Predadores e presas em manchas

O segundo aspecto que foi ignorado inicialmente, mas será examinado aqui, é o fato de que muitas populações de predadores e presas existem não como uma simples massa homogênea, mas como uma *metapopulação* – uma população global dividida, pela fragmentação do ambiente, em séries de subpopulações, cada uma com sua dinâmica interna própria, mas conectada a outras subpopulações pelo movimento (dispersão) entre as manchas (um tópico desenvolvido na Seção 9.3).

dispersão e assincronia amortecendo ciclos

É possível ter uma boa ideia do efeito geral desta estrutura espacial sobre a dinâmica presa-predador, ao considerar a mais simples metapopulação imaginável: aquela composta de apenas duas subpopulações. Se as manchas apresentam as mesmas dinâmicas e a dispersão é a mesma em ambas direções, as dinâmicas não são afetadas: cada indivíduo "perdido" é contrabalançado por um ganho equivalente. Colocado de forma simples, fragmentação e dispersão não têm nenhum efeito por si sós. Diferenças entre as manchas, contudo, tanto na dinâmica dentro das subpopulações quanto na dispersão entre elas, tendem a estabilizar as interações: amortecer quaisquer ciclos que possam existir. A razão é que toda diferença leva a uma assincronia nas flutuações das manchas. Inevitavelmente, portanto, uma população no pico de seu ciclo tende a perder mais por dispersão do que a ganhar; uma população na depressão tende a ganhar mais do que a perder, e assim por diante. Além disso, com apenas duas manchas, se uma subpopulação se extingue, a outra subpopulação (assíncrona) provavelmente não se extinguirá ao mesmo tempo. Dispersores a partir da segunda, portanto, "resgatam" a primeira, permitindo que a população como um todo persista. Portanto, dispersão e assincronia juntas – e algum grau de assincronia é provavelmente a regra geral – tendem a amortecer as flutuações nas dinâmicas presa-predador e tornar mais possível a persistência da população.

efeitos estabilizadores de metapopulações em ácaros de Huffaker...

É possível, então, ver a influência estabilizadora desse tipo de estrutura metapopulacional na prática? Um exemplo famoso é o estudo experimental em sistema de laboratório, no qual um ácaro predador, *Typhlodromus occidentalis*, foi alimentado com um ácaro herbívoro, *Eotetranychus sexmaculatus*, ao qual foram oferecidas laranjas como alimento, intercaladas com bolas de borracha em uma bandeja. Na ausência do seu predador, *E. sexmaculatus* manteve uma população flutuante, mas persistente (Figura 7.22a). Contudo, quando *T. occidentalis* foi adicionado durante os estágios iniciais do crescimento populacional da presa, ele rapidamente aumentou seu próprio tamanho populacional, consumindo todas as suas presas, e, depois, tornou-se autoextinto (Figura 7.22b): as dinâmicas subjacentes presa-predador eram instáveis.

No entanto, a interação foi alterada, quando o hábitat tornou-se mais "descontínuo". As laranjas ficaram mais afastadas entre si e parcialmente isoladas umas das outras, pela disposição de um arranjo complexo de barreiras de gelatina de petróleo nas bandejas, as quais os ácaros não poderiam cruzar. A dispersão de *E. sexmaculatus* foi facilitada, entretanto, pela inserção de diversos bastões verticais, de onde eles poderiam se arremessar por meio de fios de seda, conduzidos pelas correntes de ar. A dispersão entre as manchas foi, por isso, muito mais fácil paras as presas do que para os predadores. Numa mancha ocupada por ambos, os predadores consumiram todas as presas e depois se tornaram extintos ou se dispersaram (com uma taxa de sucesso baixa) para uma nova mancha. Em manchas ocupadas apenas por presas, houve um crescimento rápido e ininterrupto, acompanhado por uma dispersão bem sucedida para novas manchas. E em uma mancha ocupada somente por predadores, geralmente ocorreu a morte dos predadores antes que seu alimento tivesse chegado. Predadores e presas foram, portanto, enfim condenados à extinção em cada mancha – isto é, as dinâmicas das manchas eram instáveis. Entretanto, no todo, em qualquer momento, havia um mosaico de manchas não ocupadas, manchas contendo presas e predadores dirigindo-se à extinção e manchas saudáveis, com presas; este mosaico foi capaz de manter populações persistentes de predadores e presas (Figura 7.22c).

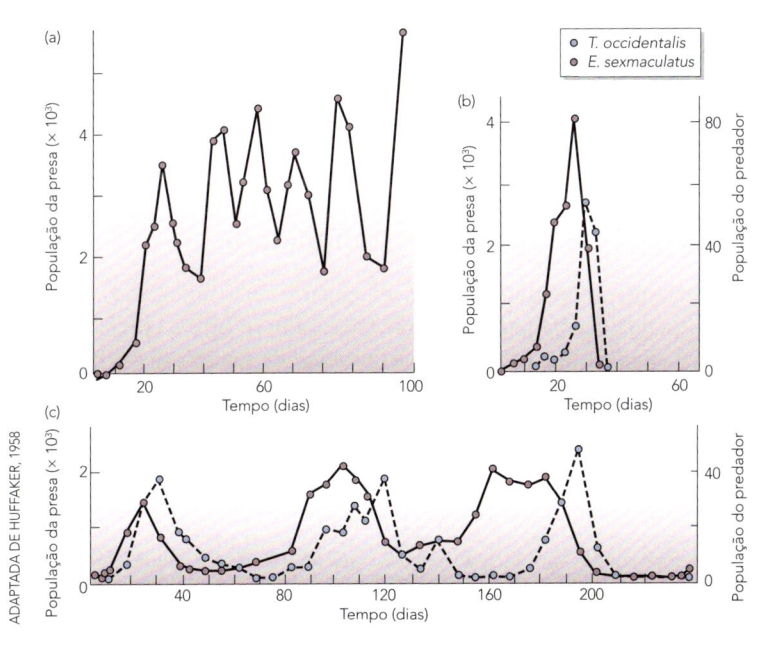

Figura 7.22

Interações presa-predador entre o ácaro *Eotetranychus sexmaculatus* e seu predador, o ácaro *Typhlodromus occidentalis*. (a) Flutuações populacionais de *E. sexmaculatus* sem seu predador. (b) Uma oscilação única do predador e a presa em um sistema simples. (c) Oscilações sustentadas em um sistema mais complexo.

> ... e em estrelas-do-
> -mar e mexilhões

Um exemplo similar, de uma população natural, é proporcionado por um estudo próximo à costa, no sul da Califórnia, a respeito da predação da estrela-do-mar sobre bancos de mexilhões (Murdoch & Stewart-Oaten, 1975). Os bancos que sofrem predação intensa são suscetíveis ao deslocamento pelo mar revolto, de tal modo que os mexilhões morrem; as estrelas-do-mar estão continuamente conduzindo à extinção as manchas de seus mexilhões-presa. Os mexilhões, no entanto, têm larvas planctônicas que estão continuamente colonizando novos locais, dando início a novos bancos, enquanto as estrelas-do-mar não se dispersam tão facilmente. Elas se agregam nos bancos maiores, mas permanecem por um tempo em uma dada área, após a exaustão do alimento. Desse modo, as manchas de mexilhões tornam-se continuamente extintas, mas outros bancos se formam antes da chegada das estrelas-do-mar. Do mesmo modo que com os ácaros, a combinação de fragmentação, a agregação de predadores em manchas em particular e a falta de sincronia entre o comportamento das diferentes manchas parecem capazes de estabilizar a dinâmica de uma interação entre predador e presa.

> efeitos metapopulacionais em ácaros e ciliados

Outros estudos, igualmente, têm demonstrado o poder de uma estrutura metapopulacional na promoção da persistência de populações de predadores e presas relacionados, quando suas dinâmicas em subpopulações individuais são instáveis. A Figura 7.23a, por exemplo, mostra isto para um parasitoide atacando seu besouro hospedeiro. A Figura 7.23b mostra resultados similares para presas e ciliados (protistas) predadores, onde, em apoio ao papel da estrutura metapopulacional, foi também possível demonstrar a assincronia na dinâmica de subpopulações individuais e frequentes extinções locais e recolonizações de presas (Holyoak & Lawler, 1996).

> começa a emergir uma explicação para a variedade de dinâmicas entre predadores e presas

Uma estrutura metapopulacional, então, à semelhança do adensamento, pode ter uma influência importante sobre a dinâmica da interação presa-predador. Em termos gerais, entretanto, a mensagem desta seção é que a dinâmica da interação presa-predador pode assumir uma ampla variedade de formas. Todavia, existem bons motivos para acreditarmos que podemos dar sentido a essa variedade, visualizando-a como uma reflexão do modo pelo qual os diferentes aspectos das interações presa-predador se combinam para extrair variações de um tema fundamental.

7.6 Predação e estrutura da comunidade

Quais os papéis que a predação pode desempenhar quando ampliamos nossa perspectiva das populações para as comunidades? Em relação a este tema, é fundamental a noção de que a predação, em muitos de seus efeitos, é apenas uma das forças agindo sobre as comunidades, que pode ser descrita como um "distúrbio". Por exemplo, o resultado de um predador abrindo um espaço em uma comunidade para a colonização por outros organismos é, em geral, indistinguível daquele das batidas das ondas sobre os costões rochosos ou de um vendaval em uma floresta.

> predação como um interruptor da exclusão competitiva: coexistência mediada pelo predador

De fato, muitos dos efeitos da predação (e de outras perturbações) sobre a estrutura da comunidade são resultantes da sua interação com os processos de exclusão competitiva (levando em consideração um tópico apresentado na Se-

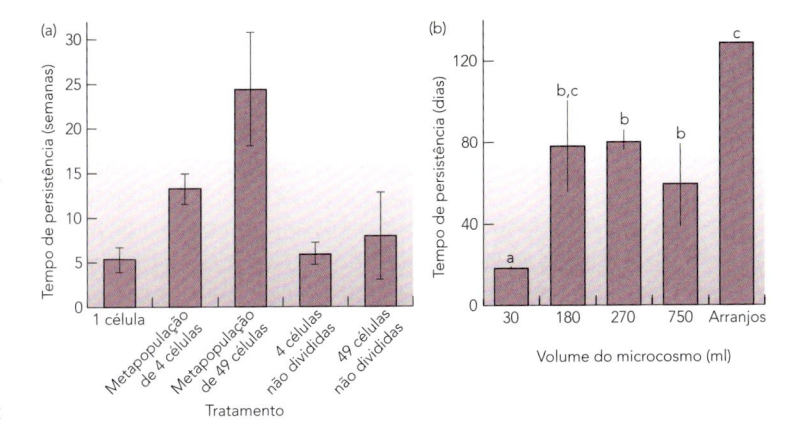

Figura 7.23

A estrutura de uma metapopulação pode aumentar a persistência de interações predador-presa. (a) O parasitóide, *Anisopteromalus calandrae*, atacando seu besouro bruchídeo hospedeiro, *Callosobruchus chinensis*, viveu sobre feijões em pequenas "células" únicas (tempo de persistência curto, à esquerda), ou em combinações de células (4 ou 49), as quais tiveram livre acesso entre as mesmas, de modo que efetivamente constituíram uma única população (tempo de persistência não aumentou significativamente, à direita), ou tiveram movimentação limitada (intercâmbio) entre células, de modo que constituíram uma metapopulação de subpopulações separadas (aumentou o tempo de persistência, no centro). As barras são erros-padrão. (b) O ciliado predador, *Didinium nasutum*, alimentando-se do ciliado bacterívoro, *Colpidium striatum*, em garrafas de volumes variados (30-750 ml), onde o tempo de persistência variou pouco, exceto nas populações menores (30 ml), onde os tempos foram mais curtos, e também em "arranjos" de 9 ou 25 garrafas de 30 ml conectadas (metapopulações), onde a persistência foi grandemente prolongada: todas as populações persistiram até o final do experimento (130 dias). As barras são erros-padrão; letras diferentes sobre as barras indicam que os tratamentos diferiram significativamente um do outro ($P < 0,05$).

ção 6.2.8). Em um mundo sem perturbações, pode ser esperado que as espécies mais competitivas levem as espécies menos competitivas à extinção. Entretanto, esse comentário primeiro admite que os organismos estão realmente competindo. Contudo, existem diversas situações nas quais a predação pode manter as densidades populacionais sob níveis baixos, de tal forma que os recursos não sejam limitantes e os indivíduos não compitam por eles. Quando a predação promove a coexistência de espécies entre as quais haveria de outra maneira exclusão competitiva, isto é conhecido como *coexistência mediada pelo predador*.

Por exemplo, em um estudo de nove ilhas escandinavas, corujas (*Glaucidium passerinum*) ocorreram somente em quatro ilhas, e o padrão de ocorrência de três espécies de chapim teve uma surpreendente correspondência com essa distribuição. As cinco ilhas desprovidas da coruja predadora eram a residência de uma única espécie de chapim (*Parus ater*). Entretanto, na presença da coruja, *P. ater* esteve sempre junto com duas espécies de chapins maiores (*P. montanus* e *P. cristatus*). Kullberg e Ekman (2000) argumentaram que *P. ater* é superior como competidor por alimento; porém, as duas espécies maiores são menos afetadas pela predação por corujas. Parece que a coruja pode ser

corujas e chapins em ilhas escandinavas

responsável por uma coexistência mediada por predador, mediante a redução da dominância competitiva imposta por *P. ater* em sua ausência.

> o pastejo por bovinos pode promover a coexistência de plantas

Em outro exemplo, o pastejo por bovinos (zebuínos) sobre pastagens naturais nos campos de altitude da Etiópia foi manipulado, em dois locais, para fornecer um tratamento-controle (sem pastejo) e quatro tratamentos com diferentes intensidades de pastejo. A Figura 7.24 mostra como o número médio das espécies de plantas variou nos locais em outubro, período no qual a produtividade das plantas foi a mais alta. Um número significativamente maior de espécies ocorreu nos níveis intermediários de pastejo do que no controle (sem pastejo) ou no tratamento com maior intensidade de pastejo ($P < 0,05$).

> a maioria das espécies ocorre sob níveis intermediários de predação?

Nas parcelas não pastejadas, diversas espécies vegetais altamente competitivas, incluindo a gramínea *Bothriochla insculpta*, compuseram de 70 a 90% da cobertura do solo. Nos níveis intermediários de pastejo, no entanto, os bovinos mantiveram a gramínea dominante sob controle, possibilitando a persistência de um maior número de espécies vegetais. Todavia, sob alta intensidade de pastejo, os bovinos foram forçados a mudá-lo para as espécies menos preferidas, levando algumas à extinção e permitindo a espécies tolerantes ao pastejo, tais como *Cynodon dactylon*, tornarem-se dominantes, de modo que o número de espécie foi novamente reduzido (Figura 7.24). Assim, ao todo, o número de espécies foi mais elevado nos níveis intermediários de predação.

> predação seletiva em um costão rochoso

Isto sugere que, de modo geral, a predação seletiva deve favorecer o aumento do número de espécies em uma comunidade enquanto as presas preferidas forem dominantes competitivamente, embora o número de espécies possa também ser baixo sob pressões de predação muito altas. Utilizando outro exemplo, ao longo dos costões rochosos da Nova Inglaterra, o herbívoro mais abundante e importante nas zonas interdidais intermediária e inferior é o caracol *Littorina littorea*. O caracol alimenta-se de uma ampla variedade de espécies de algas, mas é relativamente seletivo: ele mostra uma forte preferência por espécies pequenas e tenras e, em particular, pela alga verde *Enteromorpha intestinalis*. Os alimentos menos preferidos são muito mais duros (p. ex., a alga vermelha perene *Chondrus crispus* e algas pardas).

Enteromorpha intestinalis, o alimento preferido pelos caracóis, é dominante competitivo durante a ausência desses? Naturalmente, em um lago de

Figura 7.24
Riqueza de espécies média da vegetação de pastagem em parcelas sujeitas a diferentes níveis de pastejo por bovinos, em dois locais nos campos de altitude da Etiópia, em outubro. 0, sem pastejo; 1, pastejo leve; 2, pastejo moderado; 3, pastejo intenso; 4, pastejo muito intenso (estimada de acordo com a lotação dos bovinos).

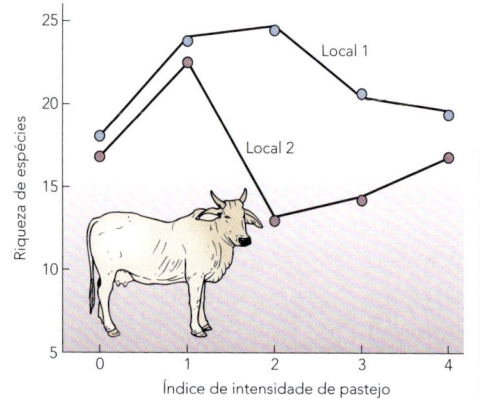

C. crispus, os caracóis alimentam-se de plantas microscópicas e dos estágios jovens de muitas algas efêmeras que se fixam sobre esta alga vermelha (incluindo E. intestinalis). Entretanto, se os caracóis forem removidos artificialmente de um lago de C. crispus, E. intestinalis e diversas outras algas se fixam, crescem e se tornam abundantes. Enteromorpha intestinalis alcança dominância competitiva e os indivíduos de C. crispus se tornam mais claros e depois desaparecem. Por outro lado, a adição de caracóis aos lagos de E. intestinalis leva, em um ano, a um declínio na percentagem de cobertura da alga verde, de quase 100% para menos de 5%, pois C. crispus coloniza esses ambientes e, por fim, torna-se dominante. Parece claro que os caracóis são responsáveis pela dominância de C. crispus nos lagos com esta espécie.

A composição natural das poças de maré na região intertidal rochosa varia de parcelas quase puras de E. intestinalis a parcelas quase puras de C. crispus. O pastejo pelo caracol L. littorea é o responsável? Uma avaliação geral sugere que isso acontece (Figura 7.25 a). Quando os caracóis inexistiam ou eram raros, E. intestinalis pareceu excluir competitivamente as outras espécies e o número de espécies de algas foi baixo. Em densidades muito altas de caracóis, entretanto, todas as espécies de algas palatáveis foram consumidas até a extinção e foram impedidas de reaparecer, deixando parcelas quase puras de C. crispus. Da mesma forma que com os bovinos, portanto, foi quando os caracóis estiveram presentes em densidades intermediárias que a abundância

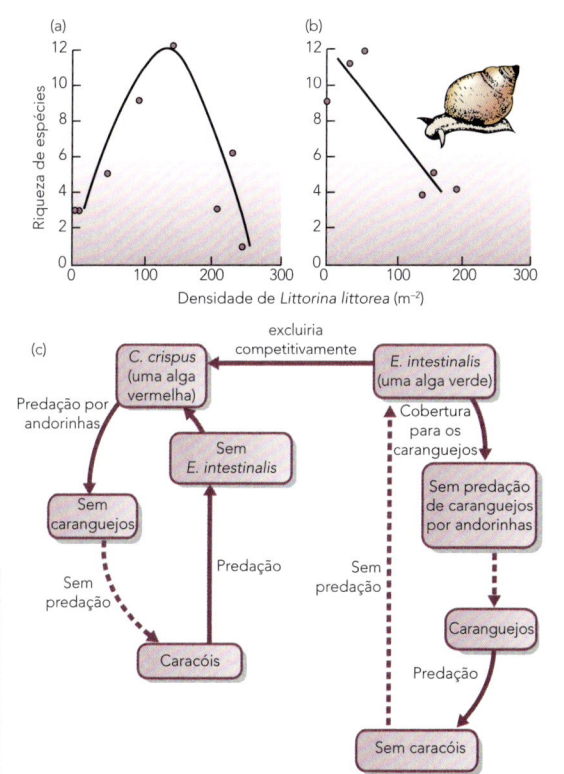

Figura 7.25
Efeito da densidade de Littorina littorea (caracol) sobre a riqueza de espécies (a) em poças de maré e (b) sobre substratos emergentes.
(c) A teia de interações que dá origem à relação nas poças de maré mostradas em (a).

ADAPTADA DE LUBCHENCO, 1978

de *E. intestinalis* e outras espécies de algas efêmeras foi reduzida, a exclusão competitiva foi impedida e muitas espécies efêmeras e perenes coexistiram.

Por que, então, alguns lagos contêm caracóis enquanto outros não? A predação é novamente a resposta. O caracol coloniza lagos quando está em um estágio imaturo, planctônico. Os caracóis planctônicos estão propensos a se fixar tanto em lagos de *E. intestinalis* quanto de *C. crispus*, mas o caranguejo *Carcinus maenas*, que pode abrigar-se na região superior de *E. intestinalis*, alimenta-se de caracóis jovens e os impede de estabelecer uma população nova. O desfecho dessa teia emaranhada de interações entre presas e predadores é o efeito das gaivotas, que predam os caranguejos onde o dossel denso de algas verdes inexiste. Desse modo, não existe impedimento ao recrutamento contínuo de litorinas nos lagos de *C. crispus*. Essas relações e os papéis-chave da predação estão resumidos na Figura 7.25c.

A situação é completamente diferente, no entanto, quando a espécie de presa preferida não é dominante ao competir. Aqui, o aumento na pressão de predação deveria apenas reduzir o número de espécies de presas na comunidade. Isso pode também ser ilustrado nos costões rochosos da Nova Inglaterra, onde a dominância competitiva das plantas é mais uniformemente equilibrada, quando as espécies interagem em substratos emergentes em vez nas poças de maré. Qualquer aumento na pressão de predação, portanto, apenas diminui a diversidade de algas, pois as espécies efêmeras preferidas (como *E. intestinalis*) são totalmente consumidas e impedidas de se restabelecerem (Figura 7.25B).

No todo, então, a predação pode ter um importante papel na construção de nosso entendimento da estrutura de comunidades ecológicas, não menos do que nos relembrar que os padrões que vimos no Capítulo 6, quando estávamos focalizando a competição interespecífica, possivelmente jamais tenham uma oportunidade de se expressar, porque as comunidades no mundo real quase nunca marcham suavemente para um estado de equilíbrio.

RESUMO

Predação, predadores verdadeiros, pastejadores e parasitos

Um predador pode ser definido como um organismo que consome todo ou parte de outro organismo vivo (sua "presa" ou "hospedeiro"). Desse modo, ele se beneficia, mas, pelo menos sob certas circunstâncias, reduz o crescimento, a fecundidade e a sobrevivência da presa.

Predadores "verdadeiros" matam invariavelmente suas presas e o fazem mais ou menos logo após atacá-las, e consomem diversos ou muitos itens de presas durante suas vidas. Os pastejadores também atacam diversos ou muitos itens de presas ao longo da vida, mas consomem apenas parte de cada presa e em geral não a matam. Os parasitos também consomem apenas parte de cada hospedeiro e também em geral não matam seus hospedeiros, especialmente em curto período, porém atacam um ou muito poucos hospedeiros durante suas vidas, com os quais, portanto, formam uma associação relativamente íntima.

As sutilezas da predação

Pastejadores e parasitos, em particular, geralmente exercem seus danos não por matar suas presas de imediato, como os predadores verdadeiros o fazem, mas por tornar a presa mais vulnerável a alguma outra forma de mortalidade.

Os efeitos dos pastejadores e parasitos sobre os organismos que atacam são geralmente *menos* profundos do que aparentam, porque as plantas podem compensar os efeitos da herbivoria e os hospedeiros podem apresentar respostas de defesa ao ataque dos parasitos.

Os efeitos da predação sobre uma população de presas são complexos de prever, porque as presas sobreviventes podem experimentar uma redução na competição por um recurso limitante, produzir uma prole maior ou, ainda, outros predadores podem atacar um menor número delas.

Comportamento do predador

Predadores verdadeiros e pastejadores "forrageiam" de uma forma típica, deslocando-se dentro de seus hábitats em busca de suas presas. Outros predadores "sentam e esperam" por suas presas, embora quase sempre em um local selecionado. Em relação aos parasitos e patógenos, pode haver uma transmissão direta entre hospedeiros infectados e não infectados, ou pode ser importante o contato entre formas de vida livre do parasito e hospedeiros não infectados.

A teoria do forrageio ótimo busca compreender por que padrões particulares de comportamento de forrageio têm sido favorecidos por seleção natural (porque eles são responsáveis pela mais alta taxa líquida de consumo de energia).

Os predadores generalistas gastam relativamente pouco tempo na busca, mas incluem itens de baixo proveito em suas dietas. Os especialistas incluem somente itens de grande proveito em suas dietas, mas gastam uma quantidade de tempo relativamente grande na busca das presas.

Dinâmica de populações na predação

Existe uma tendência fundamental dos predadores e presas a exibir ciclos na abundância, e são observados ciclos em algumas interações entre predadores e presas e entre hospedeiros e parasitos. Entretanto, existem muitos fatores importantes que podem modificar ou anular a tendência de apresentar tais ciclos.

O adensamento da presa ou do predador tem probabilidade de ter um efeito de amortecimento sobre quaisquer ciclos na interação presa-predador.

Muitas populações de predadores e presas existem como uma "metapopulação". Em teoria, e na prática, a assincronia na dinâmica de populações em diferentes manchas e o processo de dispersão tendem a amortecer quaisquer ciclos populacionais subjacentes.

Predação e estrutura da comunidade

Existem diversas situações em que a predação pode manter as densidades de populações em níveis baixos, de tal forma que os recursos não são limitantes e os indivíduos não competem por eles. Quando a predação promove a coexistência de espécies que de outra maneira viveriam uma exclusão competitiva (porque as densidades de algumas ou de todas as espécies são reduzidas até níveis nos quais a competição é relativamente sem importância), ocorre o que é conhecido como "coexistência mediada por predador".

Os efeitos da predação sobre um grupo de espécies que competem dependem de qual espécie sofre mais. Se ela for uma espécie inferior do ponto de vista competitivo, pode então ser levada à extinção, e o número total de espécies na comunidade diminuirá. Entretanto, se as dominantes forem competitivamente as que mais sofrem, os resultados da predação intensa em geral serão a liberação de espaço e de recursos para outras espécies, e o número de espécies pode então aumentar.

Não é incomum o número de espécies em uma comunidade ser maior sob níveis intermediários de predação.

QUESTÕES DE REVISÃO

Asteriscos indicam questões desafiadoras.

1. Com a ajuda de exemplos, explique os hábitos alimentares de predadores verdadeiros, pastejadores, parasitos e parasitoides.
2*. Os predadores verdadeiros, pastejadores e parasitos podem alterar o resultado de interações competitivas que envolvem suas populações de "presas". Discuta esta afirmação usando um exemplo de cada categoria.
3. Discuta as várias maneiras como as plantas podem "compensar" os efeitos da herbivoria.
4. A predação é "ruim" para a presa que é consumida. Explique por que ela pode ser benéfica para aquelas que não são consumidas.
5*. Discuta os pontos a favor e contra, em termos energéticos, em relação a (i) ser um predador generalista em oposição a um especialista e (ii) ser um predador do tipo "senta-e-espera" em oposição a um forrageador ativo.
6. Em termos simples, explique por que existe uma tendência subjacente de populações de predadores e presas em flutuar em ciclos.
7*. Você tem informações que mostram ciclos na natureza, entre populações de um predador verdadeiro, um pastejador e uma planta interagindo. Descreva um protocolo experimental para determinar se o ciclo deve-se à interação pastejador-planta ou predador-pastejador.
8. Defina interferência mútua e dê exemplos de predadores e parasitos verdadeiros. Explique como a interferência mútua pode amortecer ciclos populacionais inerentes.
9. Discuta a evidência apresentada neste capítulo sugerindo que a fragmentação do ambiente tem uma influência importante sobre a dinâmica de populações na interação predador-presa.
10. Com a ajuda de um exemplo, explique por que mais espécies de presa podem ser encontradas em comunidades sujeitas a uma intensidade de predação intermediária.

Capítulo 8

Ecologia evolutiva

CONTEÚDOS DO CAPÍTULO

8.1 Introdução
8.2 Ecologia molecular: diferenciação intra e interespecífica
8.3 Corridas armamentistas evolutivas
8.4 Interações mutualísticas

CONCEITOS-CHAVE

Neste capítulo, você:

- apreciará a gama de marcadores moleculares (DNA) que têm sido usados em ecologia
- entenderá como estes marcadores podem ser empregados na determinação do grau de subdivisão dentro das espécies, e no grau de separação entre espécies
- reconhecerá a importância da corrida armamentista coevolutiva na dinâmica das populações componentes, especialmente de plantas e seus insetos herbívoros, e de parasitos e seus hospedeiros
- entenderá a natureza de interações mutualísticas em geral e sua importância crucial tanto para as espécies em questão quanto para quase todas as comunidades do planeta
- apreciará as contribuições específicas de mutualismos em diversas áreas desde a agricultura, através do funcionamento de intestinos e raízes, até a fixação do nitrogênio pelas plantas

Vimos anteriormente que nada em ecologia faz sentido, exceto à luz da evolução. Porém algumas áreas da ecologia são ainda mais evolutivas do que outras. Podemos ter que examinar o interior dos indivíduos para analisarmos os detalhes dos genes que eles carregam, ou para reconhecer explicitamente o papel crucial e recíproco que as espécies desempenham na evolução umas das outras.

8.1 Introdução

No Capítulo 2, montamos o cenário para o restante deste livro ao ilustrarmos como – modificando levemente a famosa frase de Dobzhansky – "nada em ecologia faz sentido, exceto à luz da evolução". Porém, a evolução faz mais do que sustentar a ecologia (e todo o resto da biologia). Há diversas áreas na ecologia onde a adaptação evolutiva através da seleção natural exerce um papel tão importante que a expressão "ecologia evolutiva" é geralmente usada para descrevê-las. Em diversos capítulos anteriores, portanto, tópicos de ecologia evolutiva foram, de forma bastante natural, tratados como sendo partes integrais de questões ecológicas mais amplas. No Capítulo 3, analisamos a natureza e a importância de defesas que evoluíram para proteger plantas e presas de seus predadores. No Capítulo 5, vimos como padrões nas histórias de vida – tabelas de crescimento, reprodução e assim por diante – podem ser entendidos somente em relação aos padrões correspondentes nos hábitats nos quais os mesmos evoluíram. No Capítulo 6, avaliamos a competição interespecífica como uma força-motriz evolutiva, gerando padrões na coexistência e exclusão de espécies competidoras. E no Capítulo 7, discutimos o "forrageamento ótimo": a evolução de estratégias de comportamento que maximizam a aptidão do predador e, assim, moldam as suas interações dinâmicas com a sua presa.

Esta, naturalmente, não é uma coleção exaustiva de tópicos em ecologia evolutiva. No presente capítulo, portanto, abordamos muitos outros (embora a lista final continue pouco exaustiva). Enfocamos especialmente a *coevolução*: pares de espécies agindo como forças motrizes recíprocas na evolução umas das outras. A questão da "corrida armamentista" coevolutiva entre predadores e suas presas é abordada na Seção 8.3, com particular ênfase em interações hospedeiro-patógeno: cada adaptação na presa que a torna resistente ou evita os ataques de um predador e que provoca, então, uma adaptação correspondente neste, que aperfeiçoa sua capacidade de sobrepujar aquelas defesas. Contudo, nem todas as interações coevolutivas são antagônicas. Muitos pares de espécies são "mutualistas": ambas as partes são beneficiadas, de maneira no mínimo equilibrada, pelas interações nas quais tomam parte. Alguns dos mutualismos mais importantes – polinização, corais e fixação de nitrogênio, por exemplo – são discutidos na Seção 8.4. Iniciamos, porém, não com interações entre espécies mas com aspectos da diferenciação evolutiva dentro e entre espécies, particularmente aqueles detectáveis através de técnicas modernas desenvolvidas pela genética molecular e, desse modo, geralmente descritas como aspectos de "ecologia molecular".

8.2 Ecologia molecular: diferenciação intra e interespecífica

Na maior parte do tempo, é inteiramente apropriado que os ecólogos falem sobre "populações" ou "espécies" como se estas fossem entidades singulares e homogêneas: por exemplo, podemos falar sobre "a distribuição dos elefantes asiáticos", sem mencionarmos nada sobre se a espécie poderia ser diferenciada em raças ou subgrupos distintos, o que é realmente o caso (Figura 8.1). Porém, para alguns objetivos, o conhecimento sobre quanta diferenciação há dentro da espécie, ou entre uma espécie e outra, é crucial para um entendimento sobre sua dinâmica, e em última análise, para o manejo daquela dinâmica. Seria uma população específica derivada principalmente da prole nascida localmente, ou de imigrantes de outra população distinguível? Onde exatamente termina a distribuição de uma dada espécie e começa a de outra espécie intimamente relacionada? Em casos como este, ser capaz de determinar, em várias escalas, quem é mais intimamente relacionado a quem (e quem difere bastante de quem) pode ser essencial.

A nossa capacidade para fazermos isso depende da resolução com a qual podemos distinguir indivíduos uns dos outros e até mesmo determinarmos de onde vieram ou quem foram seus pais. No passado, isso era difícil e frequentemente impossível: a confiança em marcadores visuais simples significava que todos os indivíduos de uma espécie geralmente pareciam similares, e mesmo membros de espécies intimamente relacionadas em geral podiam somente ser distinguidas por taxonomistas experientes investigando junto ao microscópio os detalhes da genitália masculina. Agora, porém, marcadores genéticos moleculares (embora ainda requerendo especialistas e equipamentos caros) têm aumentado a resolução na qual podemos distinguir

a necessidade de saber quem é mais intimamente relacionado a quem

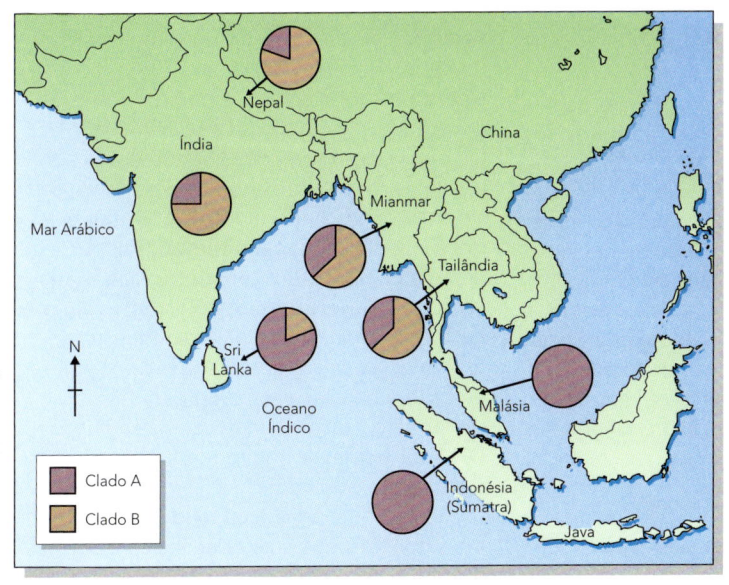

Figura 8.1
Distribuição de dois "clados" distintos do elefante asiático, *Elephas maximus* (grupos com histórias evolutivas distintas a partir de sua origem comum), revelada somente por uma análise de marcadores moleculares. Estes clados coexistem em diversas áreas, embora suas diferenciações sugiram um grau de independência em sua dinâmica, mesmo quando eles coexistem.

populações e mesmo indivíduos, e têm então melhorado bastante a nossa capacidade para abordarmos estes tipos de questões. Por isso, no Quadro 8.1, iniciamos com um breve apanhado sobre alguns dos mais importantes dentre esses marcadores moleculares e seus usos.

8.1 ASPECTOS QUANTITATIVOS

Marcadores moleculares

Este não é o lugar para um curso intensivo nem em biologia molecular nem em métodos laboratoriais usados para extrair, amplificar, separar e analisar marcadores moleculares. Apesar disso, será útil fazer algumas considerações sobre a sua natureza e propriedades-chave – e introduzir alguns termos técnicos e abreviações que permeiam nesta área. Os estudos mais recentes em ecologia têm usado DNA de um tipo ou outro para identificação molecular. Precisamos, no mínimo, estar conscientes que uma dada extensão de DNA é caracterizada pela sequência de bases das quais a mesma é composta, adenina (A), citosina (C), guanina (G) e timina (T), e que em fitas duplas de DNA, estas bases se ligam umas às outras em pares de bases complementares: A-T e G-C.

Escolhendo um marcador molecular

A base para todos os usos de marcadores moleculares em ecologia é o fato de que os indivíduos podem ser diferenciados uns dos outros em maior ou menor grau como resultado da variação genética entre eles. A fonte elementar desta variação é a mutação na sequência de bases, a qual, naturalmente, ocorre independentemente de suas consequências para o organismo em questão. Então, o que acontece à mutação e ao organismo mutante, depende essencialmente do equilíbrio entre seleção e "deriva genética" (mudanças não direcionais e aleatórias na frequência dos genes de geração em geração). Se a mutação ocorre em uma região do DNA que é importante porque, digamos, ela codifica uma parte crucial de uma enzima essencial, então a seleção provavelmente determinará o resultado. Uma mutação desfavorável (a grande maioria em regiões importantes do DNA) será rapidamente perdida, pois o organismo mutante é menos apto do que seus semelhantes. Portanto, os indivíduos diferirão relativamente pouco em tais regiões e, se diferirem, a distinção muito provavelmente refletirá variação "adaptativa": variantes diferentes sendo favorecidas em indivíduos distintos, talvez devido ao local em que eles vivem.

Porém, há também regiões de DNA que parecem não codificar partes importantes de enzimas ou exercer nenhuma outra função onde a sequência precisa é crucial. A variação nessas regiões é, portanto, tida como "neutra", e mutações podem ali se acumular no decorrer do tempo. Imagine duas proles de um único cruzamento. Elas serão muito similares geneticamente. Mas imagine agora que cada uma, literalmente, siga seu próprio rumo. À medida que cada geração passa e mutações se acumulam, as linhagens derivadas delas se tornarão cada vez mais divergentes naquelas regiões de seus genomas onde a variação é neutra, e por sua vez, as linhagens derivadas daquelas linhagens divergirão. Uma fotografia tirada no futuro deverá nos permitir determinar, de forma geral, quem divergiu mais recentemente, e quais grupos sequer divergiram, embora a nossa capacidade para fazer isso dependa da taxa de mutação na região do DNA de interesse: muito lenta, e os indivíduos tenderão todos a se parecerem; muito rápida, e os indivíduos tenderão a serem tão singulares que suas relações com outros serão difíceis de discernir. Os marcadores moleculares são, portanto, escolhidos, idealmente, de tal modo que a taxa de mutação corresponda à questão abordada. Um estudo sobre a diferenciação entre gerbilos, vivendo em diferentes sistemas de túneis na mesma população local, deve usar uma região do DNA onde a taxa de mutação é alta (muita divergência de geração para geração); já um estudo visando traçar as rotas de colonização dos ursos-pardos por toda a Europa, nos 10.000-12.000 anos desde a última glaciação, deve usar uma região onde a taxa de mutação é relativamente baixa.

Reação em cadeia da polimerase (PCR*)

Por razões práticas, a maioria dos estudos em ecologia molecular, tendo extraído o DNA do organismo em questão, usa a PCR para amplificar a quantidade de material-alvo, de tal maneira que haja o suficiente para a análise. Portanto, pela capacidade de utilizar amostras pequenas, esta técnica revolucionou o nosso poder de amostrar indivíduos de maneira "não invasiva", usando amostras de sangue, pelo ou cabelo, fezes ou asas. De forma muito simplificada, a PCR requer "*primers*" que flanqueiem a sequência específica de DNA a ser amplificada. Na PCR, hoje totalmente automatizada, a fita dupla de DNA original é desnaturada em fitas simples, os *primers* se ligam às fitas separadas, e uma enzima, a DNA polimerase, copia a sequência entre os *primers*. Esta série de reações é, após, repetida 30-40 vezes, e, desde que o processo de amplificação repetida seja exponencial, uma quantidade originalmente pequena do DNA-alvo, em meio a outras sequências indesejadas, torna-se uma quantidade suficientemente grande de material-alvo para ser submetido à análise. Observe, contudo, que oculta em meio a esta breve descrição está a necessidade de identificação não apenas das regiões-alvo do DNA informativas, mas também dos *primers* que as caracterizam.

---

* N. de T. Em inglês, lê-se *polymerase chain reaction* (PCR).

DNA nuclear e mitocondrial

Principalmente no passado, muitos estudos não usavam DNA nuclear (herdado igualmente de ambos os pais e, portanto, o código para a grande maioria das funções de um organismo), mas as sequências relativamente curtas de DNA mitocondrial (mtDNA), encontrado nas mitocôndrias do citoplasma de cada uma das células de um organismo. As principais vantagens do mtDNA são que, quase sempre, o mesmo é herdado somente da mãe (que fornece o citoplasma do ovo fusionado) e não sofre recombinação. Assim, as linhagens podem ser traçadas mais claramente de geração para geração. Também, a taxa de mutação é mais alta do que em regiões codificadoras do DNA nuclear, permitindo uma resolução mais fina na diferenciação. Por outro lado, o mtDNA oferece somente um pequeno número de alvos, e sua herdabilidade materna significa que, quando tipos distintos se encontram numa população, é impossível saber se quaisquer indivíduos são resultantes de cruzamentos entre aqueles tipos. Portanto, cada vez mais os estudos tem enfocado regiões do DNA nuclear, embora frequentemente em paralelo com análises de genes de mtDNA, combinando as vantagens de ambos.

Microssatélites

Dentro do genoma nuclear, sequências que codificam proteínas (i.e., genes) não são as únicas regiões utilizadas pelos especialistas em biologia molecular. Microssatélites, por exemplo, são regiões de DNA nas quais as mesmas duas, três ou quatro bases são repetidas muitas vezes, precedidas e seguidas na sequência por regiões flanqueadoras que identificam exclusivamente cada microssatélite (Figura 8.2a). A variabilidade provém do fato de que o número de "repetições" pode variar, com as extensões dos microssatélites de DNA sendo medidas pela velocidade à qual os mesmos se movem num meio semi-sólido (um "gel"), sob a influência de uma corrente elétrica (eletroforese). Os microssatélites podem ser altamente polimórficos dentro de uma população. Desse modo, um painel de microssatélites para uma espécie apropriadamente "escolhida" pode permitir que cada indivíduo em uma população seja identificado eficientemente de maneira exclusiva (uma "impressão digital" de DNA), tornando os microssatélites especialmente apropriados em escalas mais finas de diferenciação.

Sequenciamento

À medida que genes nucleares ou mitocondriais são especificados, tendo sido escolhida, extraída e amplificada a região-alvo de uma amostra de indivíduos, é necessário ter alguma base para distinguir os indivíduos uns dos outros, determinando quem é mais similar a quem, e assim por diante. Progressivamente, à medida que a automação se aperfeiçoa, e os custos diminuem, as sequências completas dos genes estão sendo determinadas. Como foi anteriormente mencionado, as regiões de um mesmo gene diferem em relação à sua importância funcional (Figura 8.2b). Algumas regiões são "conservadas" de indivíduo para indivíduo, de população para população, e frequentemente de espécie para espécie. Essas são (ou presumivelmente são) as regiões de maior importância funcional, e não desempenham efetivamente qualquer papel na diferenciação. Porém, há outras regiões onde é observada muito mais variação (e que pode ser presumivelmente, portanto, neutra ou ao menos sujeita em menor grau a restrições seletivas mais fracas), e é com base nisso que indivíduos e populações podem ser identificados.

Polimorfismos de extensão de fragmentos de restrição (PEFR)

Contudo, principalmente no passado, muitas vezes foram usadas enzimas "endonucleases de restrição" que cortam o DNA em sítios de reconhecimento específicos situados ao longo de sua extensão e, assim, dividem uma fita de DNA original em fragmentos. Os indivíduos diferem, como resultado de mutações em grande parte neutras, nos locais desses sítios, e, assim, eles diferem igualmente nos comprimentos dos fragmentos gerados, sendo esses comprimentos monitorados por eletroforese. Essa variação, dentro de uma população, é conhecida como polimorfismos de extensão de fragmentos de restrição (PEFR), e há, portanto, polimorfismos distintos para enzimas de restrição diferentes (porque os seus sítios de restrição diferem). Assim, amostras podem estar sujeitas a uma série de enzimas, e os indivíduos mais diferenciados diferirão no maior número de PEFRs. A sua desvantagem, naturalmente, é que o método utiliza somente uma pequena parte da variação na sequência subjacente.

Figura 8.2

(a) Um "loco", aqui, se refere à localização de uma região na sequência completa do DNA. Um "alelo" é a variante específica que existe naquele loco numa situação específica. Lembre que aquela sequência é de *duas* fitas de DNA, entre as quais as bases estão pareadas: G com C e A com T. Esta figura mostra dois alelos contrastantes em um loco de microssatélite, com sua seqüência de bases repetidas (de diferentes comprimentos) nas duas fitas de DNA (vermelho) e em regiões flanqueadoras

(a)
Alelo 1, o qual tem 10 repetições
...GCATTGCGATAACGTGTGTGTGTGTGTGTGTGCCATGCCGGATGA...
...CGTAACGCTATTGCACACACACACACACACACGGTACGGCCTACT...
região flanqueadora   microssatélite   região flanqueadora

Alelo 2, o qual tem 8 repetições
...GCATTGCGATAACGTGTGTGTGTGTGTGCCATGCCGGATGA...
...CGTAACGCTATTGCACACACACACACACGGTACGGCCTACT...

(b)
Indivíduo 1 ..CGTAACGCTATTGCGCATTGTGATAACACCATGCCGGATGA..
Indivíduo 2 ..CGTAACGCTATTGCGCCATCCGATCATATCATGCCGGATGA..
Indivíduo 3 ..CGTAACGCTATTGCGCCTAGTCCTAGTGCCATGCCGGATGA..
Indivíduo 4 ..CGTAACGCTATTGCGCCTAGCGAGAAAGTCATGCCGGATGA..
Indivíduo 5 ..CGTAACGCTATTGCGCCTTACGATAACGTCATGCCGGATGA..

exatamente similares em ambas as extremidades (preto). (b) Esta figura, por outro lado, mostra a seqüência de bases em apenas uma fita de DNA de um gene hipotético (i.e., uma sequência de DNA codificadora de uma proteína) de cinco indivíduos. Observe o contraste entre as regiões conservadas (invariáveis) em ambas as extremidades, em preto, e uma região variável em vermelho em direção ao centro. A diferenciação entre indivíduos claramente depende desta região variável.

8.2.1 Diferenciação intraespecífia

Os albatrozes, aves marinhas de ampla distribuição e com a maior envergadura de asas dentre as aves hoje existentes, alcançaram o *status* de ícone em virtude de sua aparição em poemas e estórias. Porém, entre as 21 espécies normalmente reconhecidas, 19 são consideradas como "ameaçadas" de extinção e as outras duas como "quase ameaçadas". O albatroz-de-sobrancelha foi recentemente separado pelos taxonomistas em duas espécies: *Thalassarche impavida*, encontrada somente na Ilha Campbell, entre a Nova Zelândia e a Antártica, e *T. melanophris*, com populações reprodutivas em outros locais na subantártica, incluindo as Ilhas Malvinas, Geórgia do Sul e Chile (Figura 8.3a). O albatroz-de-cabeça-cinza (*T. chrysostoma*), similar em tamanho, também se reproduz em um certo número de ilhas subantárticas, incluindo a Geórgia do Sul. O albatroz-de-sobrancelha permanece geralmente associado a sistemas da plataforma costeira, enquanto os albatrozes-de-cabeça-cinza são muito mais "oceânicos" em seus territórios de forrageio, mas imagina-se que ambos, como todas as espécies de albatroz, retornem para muito perto de seus locais de nascimento para acasalar (filopatria natal). Com os números em todos os sítios declinando de ano para ano, portanto, as questões surgem: "Quão conectadas ou separadas estão estas populações? Esforços de conservação devem ser dirigidos ao que atualmente é percebido como sendo a espécie como um todo, ou a populações reprodutivas específicas?".

Estas questões foram abordadas, em ambas as espécies, por um estudo que usou tanto sequências de mtDNA e um painel de sete microssatélites (Burg & Croxall, 2001). Os resultados mais claros foram obtidos em relação ao mtDNA (Figura 8.3b,c), porém aqueles obtidos com microssatélites apresentaram o mesmo resultado. Para a espécie albatroz-de-sobrancelha (Figura 8.b), os dados moleculares confirmaram a visão dos taxonomistas de que *T. impavida* era uma espécie distinta, mas também demonstraram haver intercruzamento entre esta espécie e *T. melanophris* na ilha Campbell e a efetiva produção de híbridos entre estas duas espécies naquele local. De forma mais surpreendente, estes dados também demonstraram que as Ilhas Malvinas suportam uma população reprodutiva de *T. melanophris* que é bastante separada de uma população efetivamente indivisível partilhada por Diego Ramirez (Chile), Geórgia do Sul e Ilha Kerguelen (apesar da filopatria natal para estes três sítios). Por outro lado, os mais amplamente distribuídos albatrozes-de-cabeça-cinza, de todos seus cinco sítios, aparentemente representaram uma única população reprodutiva (Figura 8.3c) – mais uma vez, apesar de sua filopatria natal.

Do ponto de vista de conservação, todavia, a conclusão mais importante relaciona-se a *T. melanophris*. Enquanto previamente a relativa estabilidade da grande população das Ilhas Malvinas foi considerada um seguro contra a vulnerabilidade real da espécie a extinção, agora, à luz desses dados moleculares, a população das Ilhas Malvinas deve ser considerada até certo ponto separada do resto da espécie, que em si está muito mais ameaçada de extinção do que previamente se pensava. (Um papel mais ativo e imediato de marcadores moleculares em termos práticos para a conservação é descrito no Quadro 8.2.)

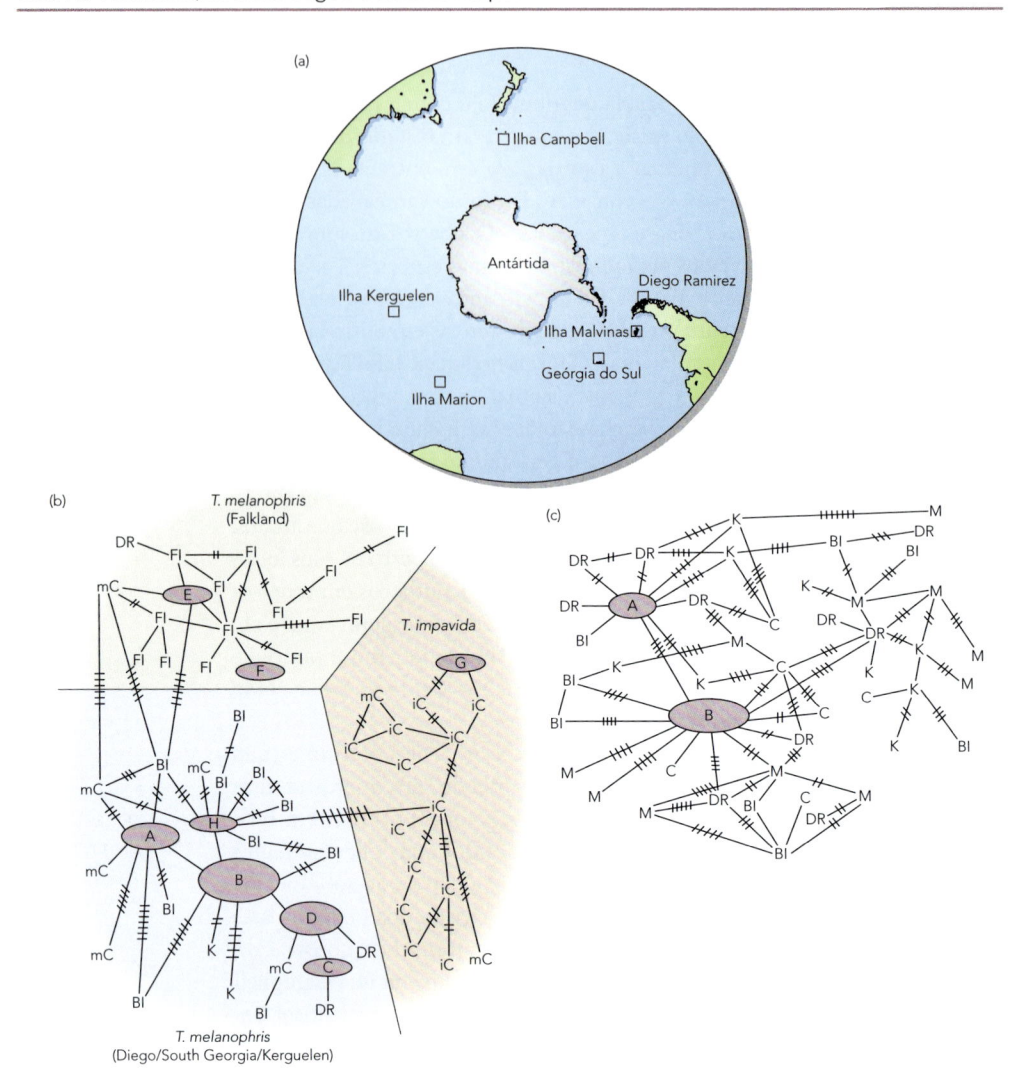

Figura 8.3

Diferenciação populacional em albatrozes: albatroz-de-sobrancelha (*Thalassarche melanophris* e *T. impavida*) e albatroz-de-cabeça-cinza (*T. chrysostoma*). (a) Distribuição dos sítios subantárticos dos quais as amostras foram retiradas. (b) Relações entre 73 albatrozes-de-sobrancelha na sequência de bases em um sítio focal variável em seu mtDNA. Onde os indivíduos de mesmo sítio partilharam exatamente a mesma sequência, aqueles indivíduos foram identificados com uma letra-código (A, B, etc.) e colocados em uma elipse proporcional em tamanho ao número de indivíduos. Indivíduos que não caíram nestes grupos, por terem sequências exclusivas dentro do conjunto de dados, são identificados da seguinte forma: BI, Geórgia do Sul, DR, Diego Ramirez (Chile), FI, Ilhas Malvinas, K, Ilha Kerguelen (todos os *T. melanophris*); mC, *T. melanophris* da Ilha Campbell; e iC, *T. impavida* da Ilha Campbell. Os traços perpendiculares representam o número de diferenças de bases entre os indivíduos (ou grupos) unidos pelas linhas. As amostras se dividem em três "grupos": *T. impavida*, *T. melanophris* das Ilhas Malvinas e *T. melanophris* de todos os outros sítios. Observe, contudo, que o agrupamento não é perfeito – como é normal, da mesma forma que a separação entre as populações – e que alguns dos *T. melanophris* encontrados na Ilha Campbell foram identificados como híbridos *T. melanophris-T. impavida*. (c) Relações entre 50 albatrozes-de-cabeça-cinza na sequência de bases em um sítio focal variável em seus mtDNA. A codificação é a mesma como em (b), exceto que M é Ilha Marion e C é Ilha Campbell. Nenhum grupo separado é discernível neste caso.

8.2 ECONSIDERAÇÕES ATUAIS

Análise forense das origens do nosso alimento

Como discutiremos de maneira mais aprofundada no Capítulo 12, há um conflito cada vez mais frequente entre a exploração de populações naturais como uma fonte necessária de alimentos e a conservação dessas mesmas populações, ambas como um fim em si mesmas e de tal modo que as futuras gerações tenham algo para comer. No Canadá, por exemplo, o salmão do Pacífico é coletado por um grande número de pescas esportivas e comerciais (industriais), cada qual manejada à sua própria maneira numa tentativa de garantir sua viabilidade continuada. Assim, por exemplo, uma pesca pode ser interrompida completamente em períodos em que os peixes de outras fontes estão prontamente disponíveis, a fim de permitir a reprodução e a recuperação do estoque. Apesar disso, ameaças a sustentabilidade são bastante reais: 2002 presenciou a primeira designação de um estoque de salmão canadense, o salmão *coho* do Rio Fraser Interior, como "em perigo", e muitas outras requerem proteção cuidadosa.

Em um mundo ideal, a fiscalização e, portanto, o manejo de diferentes pescas seria perfeitamente eficaz. Porém, na realidade, a pesca ilegal está fadada a ocorrer e não pode ser necessariamente reprimida simplesmente apanhando-se os infratores "no ato". Uma alternativa, então, ou ao menos outra arma no arsenal dos gestores, é ser capaz de identificar os peixes como tendo sido obtidos ilegalmente em outra parte da cadeia entre a pesca e o consumo. Marcadores moleculares tornam isso possível.

Por exemplo, as 10 espécies de salmão do Pacífico, *Oncorhynchus* spp., podem ser eficazmente distinguidas umas das outras através de perfis de PEFR de genes-alvo nucleares (Withler et al, 2004). Alguns resultados da aplicação de tais análises em casos de posse ilegal de salmão são mostrados na Tabela 8.1. O caso 2, por exemplo, envolveu um chefe de cozinha descontente denunciando um proprietário às autoridades. Um peixe foi identificado como salmão *coho* (*O. kisutch*), o qual, por não ter mostrado sinais de congelamento, não poderia ser proveniente da coleta legal de anos anteriores. O proprietário foi devidamente multado.

Tabela 8.1
Identificação das espécies de amostras de salmão obtidas por oficiais de pescas no Canadá, por acreditar-se que o material tenha sido obtido ilegalmente.

CASO (ANO)	TECIDOS	RESULTADO	RESULTADO LEGAL	MULTA (U$)
1 (1995)	Sangue/escamas/limo dos contêineres	Coho	Condenação	1.500
2 (1998)	Músculo	Chum Chinook Coho	Condenação	1.800
3 (1998)	Músculo	Coho	Condenação	?
4 (1999)	Músculo	Atlântico Coho	Sem acusação	–
5 (2000)	Músculo	Coho	Declarado culpado	7.500
6 (2000)	Músculo	Sockeye	Condenação	1.000

ADAPTADA DE WITHER ET AL., 2004

Além disso, análises baseadas extensivamente em microssatélites, com sua apurada escala de resolução, são capazes, mesmo dentro de uma espécie, de restringir uma amostra a um rio específico – se não com certeza, ao menos com uma probabilidade bastante alta. Alguns resultados dessas análises são mostrados na Tabela 8.2. No caso 2, por exemplo, o salmão sockeye, *O. nerka*, foi identificado em uma análise de 50 latas de salmão, e o réu, multado em U$ 15.000, mostrou ter em sua posse 100.000 latas com um "valor de mercado" de U$300.000-400.000.

O que você acha do nível das multas impostas? De que forma a gravidade de crimes como este se compara à daquela de outros crimes: o roubo de rua ou a posse de drogas ilegais para uso pessoal? Deveriam aquelas pessoas condenadas serem punidas proporcionalmente ao dano econômico que elas poderiam estar causando a essas pescas específicas, ou suas multas poderiam ser vistas como um sinal enviado para todos aqueles que ignoram a necessidade de restringir a atividade em populações exploradas porém vulneráveis e conservá-las para gerações futuras?

Tabela 8.2
Identificação das espécies de amostras de salmão obtidas por oficiais de pescas no Canadá, por acreditar-se que o material tenha sido obtido ilegalmente. FI&T refere-se aos tributários do Fraser Interior e Thompson.

CASO (ANO)	TECIDOS	RESULTADO	RESULTADO LEGAL	MULTA (U$)
1 (1998)	Sockeye	96,5% Fraser; 96,5% FI&T	Declarado culpado	2.000
2 (1999)	Sockeye	100% Fraser; 100% FI&T	Condenação	15.000
3 (1999)	Chinook	91,4% Fraser	Sem condenação, sob apelo	
4 (2000)	Sockeye	100% Fraser; 100% FI&T	Declarado culpado	8.000
5 (2001)	Sockeye	97,8% Fraser; 97,8% FI&T	Declarado culpado	3.000

ADAPTADA DE WITHER ET AL., 2004

8.2.3 Diferenciação entre espécies: o lobo-vermelho

espécie ou híbrido?

Questões em conservação vêm à tona novamente quando mudamos o nosso foco da diferenciação intraespecífica para a diferenciação interespecífica. O lobo-vermelho (*Canis rufus*) teve uma ampla distribuição no sudeste dos EUA (Figura 8.4a), porém, em meados da década de 1970, quando tal distribuição foi reduzida a uma única população no leste do Texas, o Serviço de Vida Animal e Peixes dos EUA (US Fish and Wildlife Service) instituiu um programa emergencial para salvá-la da extinção. Quatorze indivíduos foram resgatados de seus refúgios finais e reproduzidos em cativeiro, visando subsequente reintrodução na natureza. Nos EUA como um todo, o lobo-vermelho coexiste com duas outras espécies bastante próximas, o lobo-cinzento (*C. lupus*) e o coiote (*C. latrans*). Análises tradicionais, baseadas em atributos morfológicos, identificaram o lobo-vermelho como uma espécie genuína e diferenciada, intermediária de diversas maneiras entre o lobo-cinzento e o coiote (Nowak, 1979). Contudo, como veremos adiante, marcadores moleculares sugerem fortemente que o lobo-vermelho é um híbrido surgido do cruzamento entre lobos-cinzentos e coiotes. Muitas questões, portanto, se autossugerem (Wayne, 1996), incluindo: "O *status* de conservação do lobo-vermelho e a quantidade de dinheiro gasto para a sua conservação devem ser reduzidos se houver o reconhecimento de que o mesmo é 'somente' um híbrido e não uma espécie completa?" E serão desastrosas as tentativas de salvar o lobo-vermelho pela reintrodução, de qualquer forma, devido à "introgressão" – o movimento de genes dos lobos-cinzentos ou coiotes para o *pool* gênico do lobo-vermelho como resultado de intercruzamento?

Embora para uma amostra relativamente pequena, os primeiros marcadores moleculares usados para estimar o grau de isolamento genético dos lobos-vermelhos em relação aos lobos-cinzentos e coiotes, foram de mtDNA – tanto genótipos de fragmentos de restrição (PEFR* – ver Quadro 8.1) quanto variação de sequências dentro do gene do citocromo *b*. A partir da análise do sítio de restrição feita em capturas atuais (Figura 8.4b), torna-se claro, primeiro, que as amostras do lobo-cinzento e do coiote eram muito diferentes umas das outras, contudo, fica claro, também, que todas as amostras de lobos-vermelhos cativos se ajustaram consistentemente dentro do agrupamento dos genótipos dos coiotes. E quando a análise de sequência foi feita em peles de lobos-vermelhos de museu oriundas de diversos locais, e a um número de lobos-cinzentos e coiotes contemporâneos (Figura 8.4c), estes dois mostraram agrupamentos separados para lobos-cinzentos e coiotes, e, nesta nova situação, que lobos-vermelhos tinham genótipos de lobo-cinzento ou de coiotes. Assim, o *status* do lobo-vermelho como uma espécie separada foi questionada seriamente, e sua origem como um híbrido entre lobo-cinzento e coiote foi posteriormente confirmada pela observação de introgressão contemporânea comum de genes de coiote em populações de lobo-cinzento por toda a região da fronteira EUA-Canadá, onde contato recente (os últimos 100 anos) tem sido feito à medida que os coiotes moveram-se para norte (Lehmann et al., 1991).

mtDNA

Investigações de microssatélites no DNA nuclear esclareceram posteriormente a história do lobo-vermelho (Roy et al., 1994). Em primeiro lugar, estudos na fronteira EUA-Canadá confirmaram a alta frequência, nos dias atuais, de introgressão do coiote em *pools* gênicos de lobo-cinzento (Figura 8.4d). Em segundo lugar, uma análise de 40 lobos-vermelhos cativos revelou que cada um dos 53 alelos dos microssatélites que eles carregavam também foi encontrado em coiotes. Espécimes de lobo-vermelho de museu, igualmente, não conseguiram revelar alelos específicos de lobos-vermelhos, e de fato, as amostras históricas e contemporâneas de lobos-vermelhos foram bastante similares entre si. Finalmente, de forma geral, amostras de lobo-vermelho, como amostras contemporâneas de lobos-cinzentos na zona de hibridação, parecem intermediárias entre coiotes e lobos-cinzentos não hibridados (Figura 8.4d). Tudo isto depõe a favor de o lobo-vermelho ter suas origens na hibridação entre lobos-cinzentos e coiotes, com subsequente hibridação com coiotes, à medida que os lobos-cinzentos se tornaram raros no sudeste dos EUA.

microssatélites nucleares

Em resposta às nossas questões originais, então, (i) o lobo-vermelho parece, em última análise, ser uma espécie híbrida em vez de uma espécie distinta com uma origem ancestral, e (ii) qualquer programa de reintrodução claramente corre risco de falhar como resultado de introgressão de coiotes, requerendo densidades suficientes de lobos-vermelhos para minimizar esta

---

* N. de T. Polimorfismos de extensão de fragmentos de restrição (RFLP= *Restriction Fragment Length Polymorphisms*).

Figura 8.4
(a) A amplitude geográfica (bordô claro) do lobo-vermelho, *Canis rufus*, nos EUA ao redor de 1700, e dentro daquela a área menor delimitada mostrando a sua distribuição no sudeste do Texas ao redor de 1970.
(b) "Árvore filogenética" dos genótipos de sítios de restrição (PEFRs) de mt DNA do coiote e do lobo-vermelho. Numa árvore filogenética, os tipos mais similares (mais intimamente relacionados) estão situados mais próximos entre si, então ligados ao tipo mais similar em relação aos primeiros, e assim por diante, sendo que os comprimentos das linhas horizontais representam o grau de diferença. A árvore está "enraizada" (para contextualizar) pela inclusão de um lobo-cinzento (Cinzento-1). Os números referem-se a diferentes indivíduos. A seta indica o único genótipo partilhado pelos oito lobos-vermelhos cativos que foram amostrados, que é, claramente, apenas uma parte do "grupo" coiote. (c) Árvore filogenética construída sob princípios similares, mas baseada em sequências do gene do citocromo *b* no mtDNA. Amostras de museu do lobo-vermelho são de Arkansas (ARK), Missouri (MO), Louisiana (LA), Oklahoma (OK) e Texas (TX); CAP refere-se a um lobo-vermelho cativo; e MEX refere-se a um lobo-cinzento do México. A árvore está enraizada pela inclusão de dados de sequências do chacal-dourado (*C. aureus*). Os genótipos de lobos-vermelhos são claramente partes dos grupos coiote ou lobo-cinzento. (d) Relações entre várias populações de coiote, lobo-cinzento, e lobo-vermelho em 10 locos de microssatélites de DNA nuclear, demonstradas por uma análise que condensa os dados desses 10 locos em duas dimensões. Os detalhes desta análise não são importantes aqui, à medida que se pode observar que as populações mais similares estão mais próximas entre si na figura. Há dois grupos: coiotes e lobos-cinzentos de populações nas quais não há nenhuma hibridação com coiotes. Lobos vermelhos, e as populações de lobos-cinzentos de Minnesota e sul de Quebec onde há hibridação com coiotes, situam-se entre estes dois grupos. O contexto, novamente, é fornecido pela localização do chacal-dourado.

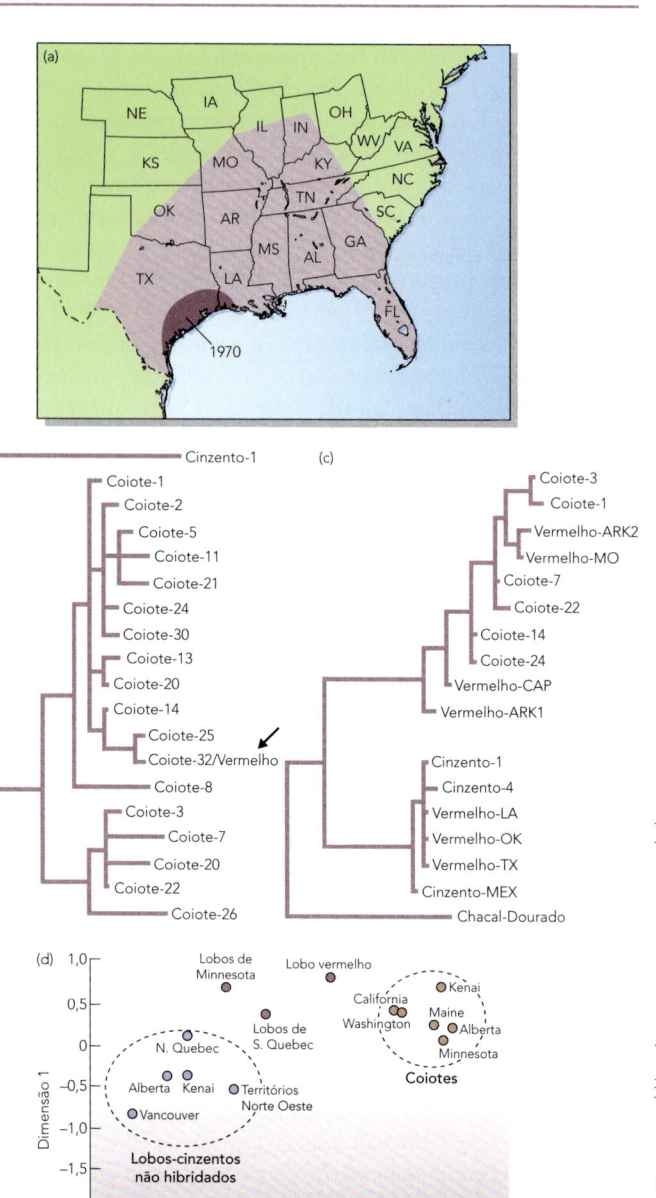

possibilidade, e talvez até mesmo barreiras para o contato entre as "espécies" (Fredrickson & Hedrick, 2006). Contudo, se o *status* biológico e as dificuldades práticas se combinam para abalar e tornar até mesmo indesejável a reintrodução do lobo-vermelho, esta não é simplesmente uma questão científica. A percepção e a opinião públicas (neste caso considerando a importância da conservação do lobo-vermelho) devem ser também levadas em consideração. Observações similares aplicam-se à maior parte dos temas sobre conservação, especialmente quando recursos públicos estão envolvidos. Uma abordagem em ecologia molecular tem sido imensamente informativa – porém informação pode às vezes deixar turvas – ao invés de clarear – as águas.

8.3 Corridas armamentistas evolutivas

Agora, mudamos nosso foco da evolução ao nível molecular para a evolução ao nível de interações entre espécies, iniciando com aquelas nas quais as espécies estão "em oposição" umas com as outras. Seguindo alguns fundamentos gerais, nos voltamos primeiro para interações entre os insetos e as plantas que eles comem (Seção 8.3.2) e, após, para aquelas entre parasitos e seus hospedeiros (Seção 8.3.3).

8.3.1 Coevolução

A dinâmica de pares consumidor-recurso (ver Capítulo 7) está ligada a dinâmica de teias inteiras de espécies que interagem (ver Capítulo 9), através do quão especializados ou generalizados os consumidores são. Os generalistas mantêm as espécies de uma comunidade reunidas em extensas redes interativas. Os especialistas separam as comunidades em compartimentos isolados ou semi-isolados. A coevolução exerce uma parte vital na determinação de quão especializados ou generalizados são consumidores em particular.

Não é surpreendente, como vimos no Capítulo 3, que muitos organismos tenham desenvolvido defesas que reduzem a chance de um encontro com um consumidor e/ou aumentam a chance de sobreviver a tais encontros. Porém, a interação não acaba necessariamente aí. Um recurso alimentar com melhor defesa (a "presa") por si só exerce uma pressão de seleção sobre os consumidores para sobrepujar aquela defesa. Um consumidor que consegue fazê-lo provavelmente investiu tanto em responder àquela defesa quanto em se opor a outras, e estará um passo à frente de seus competidores, e, assim, é provável que se torne relativamente especializado naquele tipo de presa – a qual está então sob pressão específica para se defender contra aquele consumidor específico, e assim por diante. Uma interação continuada pode, portanto, ser visualizada, na qual a evolução tanto do consumidor quanto da presa depende fundamentalmente da evolução um do outro. Isto é o que Ehrlich e Raven (1964) chamaram de "corrida armamentista" coevolutiva, a qual, em sua forma mais extrema, apresenta um coadaptado par de espécies entrelaçadas em perpétua luta.

De fato, o que é inaceitável para a maioria dos animais pode ser a dieta escolhida, até mesmo a única, de outros. Por ter desenvolvido resistência às de-

o que mata um cura outro

fesas de uma presa, um consumidor tem acesso a um recurso indisponível para a maioria das outras espécies (ou todas). Por exemplo, a leguminosa tropical *Dioclea metacarpa* é tóxica para quase todas as espécies de insetos porque contém um aminoácido não proteico, a L-canavanina, o qual aqueles insetos incorporam (letalmente) em suas proteínas no lugar da arginina. Porém uma espécie de besouro da família Bruchidae (*Caryedes brasiliensis*) desenvolveu uma enzima modificada que distingue L-canavanina de arginina, e as larvas desses besouros se alimentam exclusivamente de *D. metacarpa* (Rosenthal et al., 1976).

8.3.2 Corridas armamentistas inseto-planta

Na Seção 3.4.2, discutimos como ataques por herbívoros selecionam compostos químicos de defesa das plantas. Também vimos que estes podem ser divididos em compostos químicos "qualitativos" que são venenosos, podem matar em pequenas doses e tendem a ser induzidos por ataques de herbívoros, e compostos químicos "quantitativos" que reduzem a digestão, baseiam-se em um acúmulo de efeitos danosos e tendem a ser produzidos de forma constitutiva (i.e., o tempo todo). Estes compostos selecionarão adaptações em herbívoros que podem sobrepujá-los. Parece provável, contudo, que compostos químicos tóxicos, em virtude de sua especificidade, sejam o fundamento de uma corrida armamentista, requerendo uma resposta igualmente específica de um herbívoro; já compostos que tornam as plantas geralmente indigeríveis são muito mais difíceis de sobrepujar através de qualquer adaptação "direcionada" (Cornell & Hawkins, 2003). Simplificando: plantas que investem em toxinas estão mais propensas a estarem envolvidas em corridas armamentistas com seus herbívoros (como o besouro e a leguminosa descritos acima) do que aquelas que investem em compostos químicos "quantitativos".

especialistas estão mais propensos a corridas armamentistas

Podemos buscar evidências para a hipótese de corrida armamentista de toxinas quando consideramos que herbívoros especialistas, por estarem engajados em suas corridas armamentistas coevolutivas, em geral alcançam melhor *performance* do que os generalistas, quando se deparam com compostos químicos tóxicos de suas plantas; por outro lado, os generalistas, tendo investido em sobrepujar uma ampla variedade de compostos químicos, têm melhor *performance* do que os especialistas quando se deparam com compostos que não provocaram respostas coevolutivas. Tal evidência é fornecida pela análise de uma ampla variedade de conjunto de dados para insetos herbívoros nutridos por dietas artificiais com compostos químicos adicionados (892 combinações de inseto-composto químico; Figura 8.5).

8.3.3 Coevolução de parasitas e seus hospedeiros

A associação íntima entre parasitas e seus hospedeiros os torna especialmente propensos a corridas armamentistas coevolutivas. De fato, a especialização pode ir além daquela entre espécies. Dentro de espécies, é comum haver um alto grau de variação genética na virulência de parasitas e/ou na resistência ou imunidade de hospedeiros. Por exemplo, à medida que nos tornamos talvez mais conscientes, uma nova cepa do vírus influenza desenvolve virulência

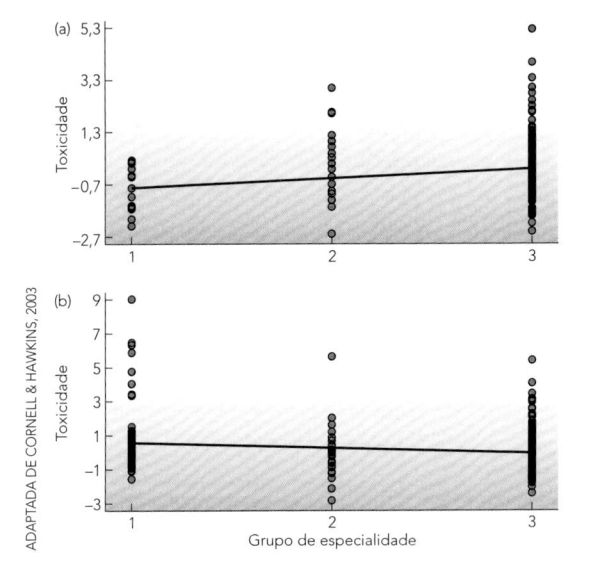

Figura 8.5
Combinando dados de uma ampla gama de estudos publicados, os insetos herbívoros foram divididos em três grupos: 1, especialistas (alimentando-se de uma ou duas famílias de plantas); 2, "oligófagos" (3-9 famílias); e 3, generalistas (mais de nove famílias). Os compostos químicos foram divididos em dois grupos: (a) os que são encontrados nos hospedeiros normais de especialistas e oligófagos, e (b) os que não são. A "toxicidade" é medida a partir das taxas de mortalidade de insetos numa escala padronizada, já que muitos estudos foram combinados. (a) É aparente que insetos mais especializados sofreram menor mortalidade quando expostos a compostos químicos que provocaram uma resposta coevolutiva dos herbívoros especialistas. (b) É aparente que mais insetos generalistas sofreram menor mortalidade quando expostos a compostos químicos que *não* provocaram uma resposta coevolutiva dos herbívoros especialistas. $P < 0,005$ em ambos os casos.

e novidades suficientes para gerar uma epidemia e mortalidade amplamente distribuída em populações humanas relativamente resistentes a cepas previamente circulantes. Nenhuma cepa foi mais devastadora – a até o momento em que escrevemos – que a epidemia mundial (*pandemia*) de gripe espanhola que se seguiu à Primeira Guerra Mundial em 1918/19 e matou 20 milhões de pessoas – muito mais do que as que morreram na própria guerra. As doenças humanas também fornecem exemplos de variação na resistência dos hospedeiros. Quando os nativos americanos das planícies canadenses foram assentados forçosamente em reservas na década de 1880, sua taxa de mortes devido à tuberculose (TB*) inicialmente explodiu, e então diminuiu aos poucos (Figura 8.6). Fatores ambientais (dieta inadequada, superlotação, desmoralização espiritual) tiveram, sem dúvida, um papel nisso, porém a variação na resistência foi provavelmente também significativa. Na maioria dos casos, a taxa de mortalidade entre os nativos americanos foi 20 vezes a das populações de colonos europeus do entorno, que viviam em condições similares, mas tinham sido expostos anteriormente à TB. Algumas famílias nativas tiveram uma taxa de mortalidade relativamente baixa na epidemia de 1880, e muitos dos sobreviventes da epidemia de 1930 eram descendentes destas famílias (Ferguson, 1933; Dobson & Carper, 1996).

Pode parecer evidente que parasitos em uma população selecionam a evolução de hospedeiros mais resistentes, os quais, por sua vez, selecionam parasitos mais infecciosos: uma clássica corrida armamentista. De fato, o processo não é necessariamente tão linear, embora haja exemplos em que hospedeiros e parasitos direcionam a evolução uns dos outros. Um exemplo disso envolve o coelho e o vírus do mixoma, causador da mixomatose. O vírus se originou no tapiti sul-americano *Sylvilagus brasiliensis*, no qual ele causa uma doença

---

* N. de T. Abreviação de *tubercle bacillus*.

Figura 8.6
A taxa de mortalidade devido à tuberculose em três gerações de nativos americanos das Planícies Canadenses, após o seu assentamento forçado em reservas.

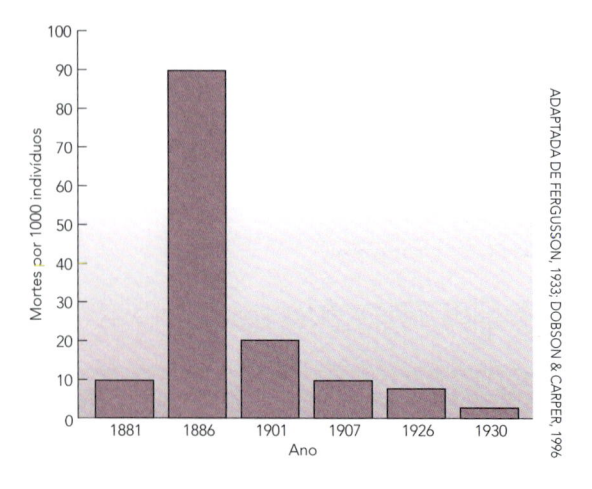

ADAPTADA DE FERGUSSON, 1933; DOBSON & CARPER, 1996

branda que apenas raramente mata o hospedeiro. O vírus sul-americano, contudo, é geralmente fatal quando infecta o coelho europeu *Oryctolagus cuniculus*. Em um dos maiores exemplos de controle biológico de pragas, o vírus do mixoma foi introduzido na Austrália na década de 1950 para controlar o coelho europeu, o qual se tornou uma praga de áreas de pastagem. A doença se espalhou rapidamente em 1950/51, e as populações de coelho foram muito reduzidas – em mais de 90% em alguns locais. Ao mesmo tempo, o vírus foi introduzido na Inglaterra e na França, e lá também provocou grandes reduções nas populações de coelhos. As mudanças evolutivas que ocorreram então na Austrália foram seguidas em detalhe por Fenner e colaboradores, que tiveram a brilhante antevisão de estabelecer cepas genéticas basais, tanto dos coelhos quanto dos vírus (Fenner, 1983). Eles usaram estas para medir mudanças subsequentes na virulência do vírus e a resistência do hospedeiro, à medida que os mesmos evoluíram no campo.

Quando foi inicialmente introduzida na Austrália, a doença matou mais do que 99% dos coelhos infectados. Esta "mortalidade de casos" caiu para 90% dentro de 1 ano e posteriormente declinou. A virulência de isolados de vírus foi graduada de acordo com o tempo de sobrevivência do hospedeiro e a mortalidade de casos dos coelhos-controle. O vírus original, altamente virulento, recebeu grau I, e matou > 99% dos coelhos de laboratório infectados. Já em 1952, a maior parte dos isolados de vírus do campo foi de graus menos virulentos, III e IV. Ao mesmo tempo, a população de coelhos no campo aumentou em resistência. Quando injetadas com cepa padrão de grau III, amostras de campo tiveram mortalidade de casos de cerca de 90% em 1950/51; em apenas 8 anos depois a mortalidade declinou para menos de 30% (Figura 8.7).

Esta evolução da resistência é fácil de entender: coelhos resistentes são obviamente favorecidos pela seleção natural na presença do vírus do mixoma. O caso do vírus, contudo, é mais sutil. O contraste entre a virulência do vírus no coelho europeu e sua falta de virulência no hospedeiro americano com o qual o mesmo coevoluiu – combinado com a atenuação de sua vi-

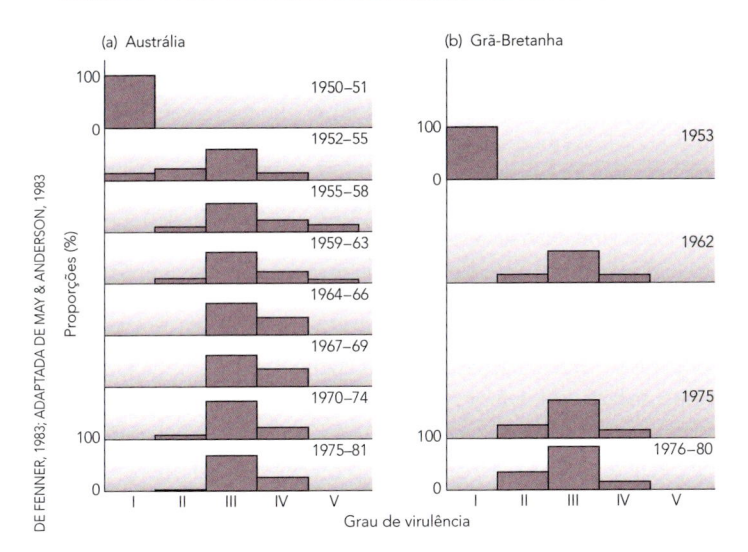

Figura 8.7
(a) Percentagens nas quais vários graus do vírus do mixoma foram encontrados em populações selvagens de coelhos na Austrália, em diferentes períodos de 1951 a 1981. O grau I é o mais virulento. (Adaptada de Fenner, 1983.) (b) Dados similares para populações selvagens de coelhos na Grã-Bretanha de 1953-1980.

rulência na Austrália e na Europa após a sua introdução – ajusta-se a uma visão comumente sustentada de que os parasitos evoluem para tornarem-se benignos em relação aos seus hospedeiros, para impedir o parasito de eliminar o seu hospedeiro e assim eliminar o seu hábitat. Esta visão, contudo, é completamente errada. Os parasitos favorecidos pela seleção natural são aqueles com maior valor adaptativo (em termos gerais, a maior taxa reprodutiva). Às vezes, isto é obtido através de um declínio na virulência, mas outras vezes não. No vírus do mixoma, um declínio inicial na virulência foi de fato favorecido – porém declínios posteriores não o foram.

O vírus do mixoma se origina no sangue e é transmitido de hospedeiro para hospedeiro por insetos-vetores hematófagos. Nos primeiros 20 anos após a introdução na Austrália, os principais vetores foram mosquitos, os quais se alimentam somente em hospedeiros vivos. O problema para vírus grau I e II é que eles matam o hospedeiro tão rapidamente que há somente um tempo muito curto no qual o mosquito pode transmiti-los. A transmissão efetiva pode ser possível em densidades de hospedeiros muito altas, mas tão logo as densidades declinam, ela se torna impossibilitada. Portanto, houve seleção contra os graus I e II e a favor de graus menos virulentos, originando períodos mais longos de infecciosidade nos hospedeiros. No outro extremo da escala de virulência, contudo, a transmissão do grau V do vírus pelos mosquitos é improvável, porque os primeiros produzem muito poucas partículas infecciosas. A situação complicou-se no final da década de 1960 quando um vetor alternativo da doença, a pulga dos coelhos *Spilopsyllus cuniculi* (o principal vetor na Inglaterra), foi introduzido na Austrália, aparentemente favorecendo cepas mais virulentas do que as favorecidas pelos mosquitos. De forma geral, contudo, tem havido seleção no sistema coelho-mixomatose não para redução na virulência em si, mas para *aumento na transmissibilidade* (e, portanto, aumento na aptidão) – a qual neste sistema é maximizada em graus intermediários de virulência.

bactéria e bacteriófago

Em outros casos, a coevolução hospedeiro-parasito é mais claramente antagônica: aumento de resistência do hospedeiro e aumento na infecciosidade do parasito. Um exemplo clássico é a interação entre plantas agrícolas e seus patógenos (Burdon, 1987), embora neste caso os hospedeiros resistentes sejam frequentemente introduzidos pela intervenção humana. Pode haver inclusive correspondência de gene para gene, com um alelo de virulência específico no patógeno selecionando um alelo de resistência no hospedeiro, que, por sua vez, seleciona outros alelos que não o alelo original do patógeno, e assim por diante. De fato, estes processos detalhados têm se mostrado difíceis de serem observados, mas isto tem sido feito com um sistema formado pela bactéria *Pseudomonas fluorescens* e seu parasito viral, o bacteriófago (ou fago) SBW25ϕ2, onde tal evolução é relativamente fácil de observar porque os tempos de geração são bastante curtos. Mudanças tanto no hospedeiro quanto no parasito foram monitoradas à medida que 12 populações coexistentes replicadas de bactéria e fago foram transferidas de um frasco de cultura para outro. É visível que a bactéria em geral tornou-se mais resistente ao fago, ao mesmo tempo que o fago, na maioria dos casos, tornou-se mais infeccioso em relação à bactéria: cada um foi sendo guiado pela evolução direcional de uma corrida armamentista (Figura 8.8).

Isto fica evidente, contudo, apenas porque cada cepa bacteriana (de um dos 12 pares de réplicas) foi testada em relação a todas as 12 cepas do fago, e cada cepa do fago foi testada em relação a todas as cepas bacterianas, e resistências e infecciosidades médias foram calculadas. Quando, ao final do experimento (Tabela 8.3), a resistência de cada cepa bacteriana foi testada em relação a cada cepa de fago de cada vez, ficou claro que as bactérias eram quase sempre *mais* resistentes (e em geral completamente resistentes) à cepa do fago com a qual elas coevoluíram. Assim, não há dúvidas de que os problemas específicos causados por cepas específicas do fago provocaram respostas coevolutivas igualmente específicas em parte das cepas bacterianas.

Figura 8.8
(a) Ao longo do período evolutivo (1 "transferência" ≈ 8 gerações bacterianas), a resistência bacteriana ao fago aumentou em cada uma das 12 réplicas bacterianas (designadas por diferentes símbolos). A resistência "média" foi a média calculada para os 12 isolados de fagos nos respectivos períodos de tempo. (b) Similarmente, a infecciosidade aumentou (a "média" foi calculada para as doze réplicas bacterianas).

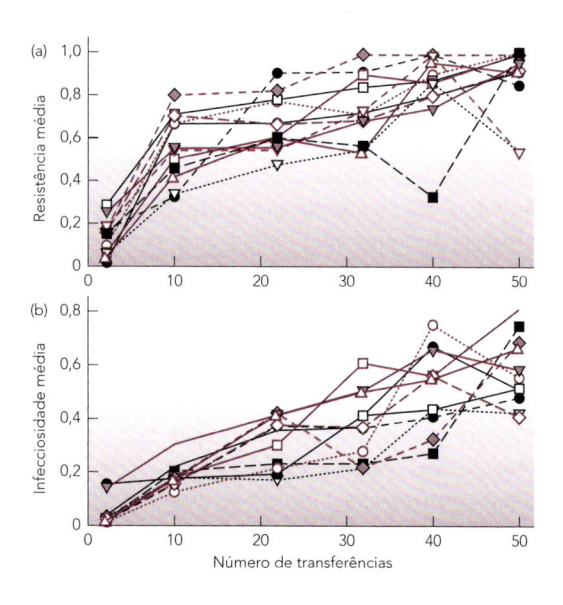

Tabela 8.3

Para cada uma de 12 réplicas (B1-B12) e suas 12 réplicas de fagos respectivas (ϕ1-ϕ12), dados na tabela são a proporção de bactérias resistentes ao fago ao final de um período de coevolução (50 transferências ≈ 400 gerações bacterianas). Pares coevolutivos são mostrados ao longo da diagonal em negrito. Observe que as cepas bacterianas são geralmente mais resistentes à cepa do fago com a qual elas coevoluíram.

RÉPLICAS DO FAGO	RÉPLICAS BACTERIANAS											
	B1	B2	B3	B4	B5	B6	B7	B8	B9	B10	B11	B12
ϕ1	**0,8**	0,9	1	1	1	1	1	1	0,85	0,85	0,75	0,65
ϕ2	0,1	**1**	0,3	1	0,85	0,25	1	1	0,85	0,9	0,8	0,65
ϕ3	0,75	0,75	**1**	1	1	0,9	1	1	0,85	0,9	0,9	0,65
ϕ4	0,15	0,9	0,8	**1**	0,85	0,6	0,6	1	0,85	1	0,85	0,35
ϕ5	0,25	0,9	1	1	**1**	0,9	1	0,8	0,85	1	0,8	0,65
ϕ6	0,2	1	0,85	0,8	0,75	**0,8**	0,85	0,9	0,85	0,75	0,45	0,25
ϕ7	0,2	0,75	0,6	1	0,4	0,45	**1**	0,9	0,85	1	0,75	0,35
ϕ8	0	0,95	0,55	0,95	0,35	0,25	0,8	**1**	0,85	1	0,7	0,25
ϕ9	0	0,7	0,55	0,45	0,7	0,35	1	1	**0,85**	1	0,5	0,1
ϕ10	0	0,7	0,9	0,7	0,55	0,9	1	1	0,7	**1**	0,5	0,4
ϕ11	0	0,5	0,9	0,75	0,7	1	1	0,95	0,75	1	**1**	0,35
ϕ12	0	0,15	0	0,1	0,65	0,35	1	1	0,7	0,8	0,85	**0,4**

ADAPTADA DE BUCKLING & RAINEY, 2002

8.4 Interações mutualísticas

Nenhuma espécie vive em isolamento, mas em geral a associação com outras espécies é especialmente próxima: para muitos organismos, o hábitat que eles ocupam é um indivíduo de uma outra espécie. Parasitos vivem dentro das cavidades do corpo ou mesmo das células de seus hospedeiros, bactérias fixadoras de nitrogênio em nódulos nas raízes de plantas leguminosas, e assim por diante. *Simbiose* ("viver junto") é o termo cunhado para tais associações físicas estreitas entre espécies, nas quais um "simbionte" ocupa um hábitat fornecido por um "hospedeiro". De fato, porém, parasitos são geralmente excluídos desta categoria de simbiontes, a qual está reservada para interações onde haja ao menos a sugestão de um *mutualismo*. Uma relação mutualística é simplesmente aquela na qual organismos de espécies diferentes interagem para seu benefício mútuo. Um mutualismo, portanto, não necessita envolver estreita associação física: mutualistas não precisam ser simbiontes. Por exemplo, muitas plantas dispersam as suas sementes ao oferecerem uma recompensa para aves ou mamíferos na forma de frutos carnosos comestíveis, e muitas plantas asseguram a polinização eficiente oferecendo o néctar de suas flores para insetos visitantes. Estas são interações mutualísticas, mas não são simbioses.

Seria errado, contudo, ver interações mutualísticas simplesmente como relações livres de conflito, das quais nada além de coisas boas fluem para ambos os parceiros. Em vez disso, o pensamento evolutivo atual vê mutualismos como casos de exploração recíproca onde, pelo contrário, cada parceiro é um beneficiário *líquido* (Herre & West, 1997).

Os mutualismos em si foram em geral negligenciados no passado, em comparação a outros tipos de interações, ainda que mutualistas componham a maior

simbiose ⇔ mutualismo

mutualismo: exploração recíproca, não uma parceria confortável

parte da biomassa mundial. Quase todas as plantas que dominam campos, vegetações arbustivas e florestas têm raízes que apresentam uma relação mutualística íntima com fungos. A maioria dos corais depende das algas unicelulares dentro de suas células, diversas plantas com flor necessitam de seus insetos polinizadores, e muitos animais carregam comunidades de micro-organismos dentro de seus tratos digestórios, os quais são necessários para a sua digestão eficiente.

A parte que complementa esta seção está organizada como uma progressão. Iniciamos com mutualismos nos quais nenhuma simbiose íntima está envolvida; em vez disso, a associação é em grande parte comportamental: cada parceiro se comporta de tal maneira que confira um benefício líquido para o outro. Na seção 8.4.4, quando discutimos mutualismos entre animais e a microbiota que vive em seus tratos digestórios, abordaremos associações mais próximas (um parceiro vivendo dentro do outro); nas Seções 8.4.5 e 8.4.6, examinaremos simbioses ainda mais íntimas, nas quais um parceiro penetra entre ou dentro das células do outro.

8.4.1 Protetores mutualísticos

peixes limpadores e clientes

Peixes "limpadores", dos quais ao menos 45 espécies foram identificadas, alimentam-se de ectoparasitos, bactérias e tecido morto da superfície do corpo de peixes "clientes". Na verdade, os limpadores geralmente mantêm territórios com "postos de limpeza" que seus clientes visitam – e visitam geralmente mais quando carregam muitos parasitos. Os limpadores adquirem uma fonte de alimento e os clientes são protegidos de infecções. Na verdade, não tem sido sempre fácil estabelecer que os clientes se beneficiam, mas experimentos junto à Ilha Lizard na Grande Barreira de Corais da Austrália foram capazes de fazê-lo em relação ao peixe-limpador, *Labroides dimidiatus*, o qual come isópodes gnatídeos parasitos de seu peixe cliente, *Hemigymnus melapterus*. Os clientes tiveram significativamente (3,8 vezes) mais parasitos 12 dias após os limpadores terem sido excluídos de cercados em forma de gaiolas (Figura 8.9a); porém, mesmo em pouco tempo (até 1 dia), embora a remoção dos limpadores (que só se alimentam durante o dia) não ter tido qualquer efeito quando a checagem foi feita ao amanhecer (Figura 8.9b), a mesma levou à ocorrência significativa (4,5 vezes) de mais parasitos após o forrageio no dia que se seguiu (Figura 8.9c).

mutualismos formiga--planta...

A ideia de que há relações mutualísticas "protetoras" entre plantas e formigas foi lançada por Belt (1874), após observar o comportamento de formigas agressivas em espécies de *Acacia* com acúleos intumescidos na América Central. Por exemplo, a acácia chifre-de-touro (*Acacia cornigera*) produz acúleos ocos que são usados por sua formiga associada, *Pseudomyrmex ferruginea*, como sítio de nidificação (Figura 8.10b); as suas folhas apresentam em suas pontas "corpos Beltianos" ricos em proteínas (Figura 8.10a) os quais as formigas coletam e usam como alimento; e ocorrem nectários secretores de açúcar sobre suas partes vegetativas que também atraem as formigas. As formigas, de sua parte, protegem estas pequenas árvores de competidores cortando ativamente os ramos de outras espécies e também protegendo-as de herbívoros – até mesmo herbívoros grandes (vertebrados) podem ser rechaçados.

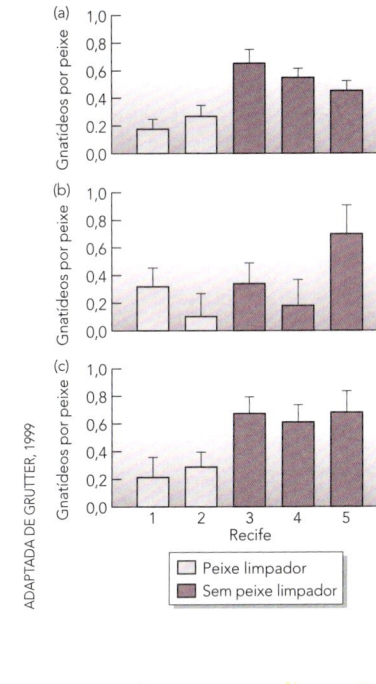

Figura 8.9

O peixe limpador realmente limpa os seus clientes. O número médio de parasitos gnatídeos por cliente (*Hemigymnus melapterus*), em cinco recifes, de três dos quais os limpadores (*Labroides dimidiatus*) foram removidos experimentalmente. (a) Em um experimento de longa duração, os clientes sem limpadores tiveram mais parasitas após 12 dias ($F = 17,6$, $P = 0,02$). (b) Em um experimento de curta duração, os clientes sem limpadores não tiveram significativamente mais parasitos ao amanhecer após 12 horas ($F = 1,8$, $P = 0,21$), presumivelmente porque os limpadores não forragearam à noite. (c) Contudo, a diferença foi significativa após mais 12 horas de luz do dia ($F = 11,6$, $P = 0,04$). Barras são erros-padrão.

De fato, os mutualismos formiga-planta parecem ter evoluído diversas vezes (até mesmo repetidamente na mesma família de plantas); e nectários estão presentes em partes vegetativas de plantas de, no mínimo, 39 famílias e em diversas comunidades ao redor do mundo. Não é fácil estabelecer seu papel preciso. Eles de fato atraem formigas, às vezes em vasto número, porém experimentos cuidadosamente delineados e controlados são necessários para mostrar que as plantas em si se beneficiam, tal como um estudo da árvore

...mas as plantas se beneficiam?

Figura 8.10

Estruturas da acácia chifre-de-touro (*Acacia cornigera*) que atraem a sua formiga mutualista. (a) Corpos beltianos ricos em proteína nas pontas dos folíolos. (b) Acúleos ocos usados pelas formigas como sítios de nidificação.

amazônica de dossel *Tachigali myrmecophyla*, a qual abriga a formiga-aguilhoada *Pseudomyrmex concolor* em estruturas ocas especializadas (Figura 8.11). As formigas foram removidas de plantas selecionadas. Estas então produziram 4,3 vezes mais insetos fitófagos do que as plantas-controle e sofreram muito mais herbivoria, de tal forma as folhas de plantas que carregavam uma população de formigas viveram mais do que duas vezes mais tempo do que aquelas de plantas não ocupadas e quase 1,8 vez mais tempo do que as plantas cujas formigas tinham sido deliberadamente removidas.

8.4.2 A cultura de grãos ou a pecuária

agricultura humana

Ao menos em termos de extensão geográfica, alguns dos mutualismos mais drásticos são aqueles da agricultura humana. Indivíduos de trigo, cevada, aveia, milho e arroz, e as áreas que estas culturas ocupam, excedem grandemente o que estaria presente se elas não tivessem sido cultivadas. O aumento na população humana desde o tempo dos caçadores-coletores mostra, de certa forma, a vantagem recíproca para o *Homo sapiens*. Mesmo sem testar experimentalmente, podemos imaginar o efeito que a extinção dos humanos teria sobre a população mundial de plantas de arroz ou o efeito da extinção das plantas de arroz sobre a população humana. Comentários similares se aplicam à domesticação dos bovinos e ovinos, e de outros mamíferos.

afídeos criados por formigas: eles pagam um preço?

Mutualismos "agrícolas" similares têm sido desenvolvidos por sociedades de cupins e especialmente de formigas: por exemplo, os agricultores podem proteger os indivíduos que exploram de competidores e predadores e podem até mesmo movê-las ou manejá-las. As formigas, por exemplo, criam várias espécies de afídeos (homópteros) em troca de secreções ricas em açúcar ou melada. Os "rebanhos" de afídeos se beneficiam através de taxas de mortalida-

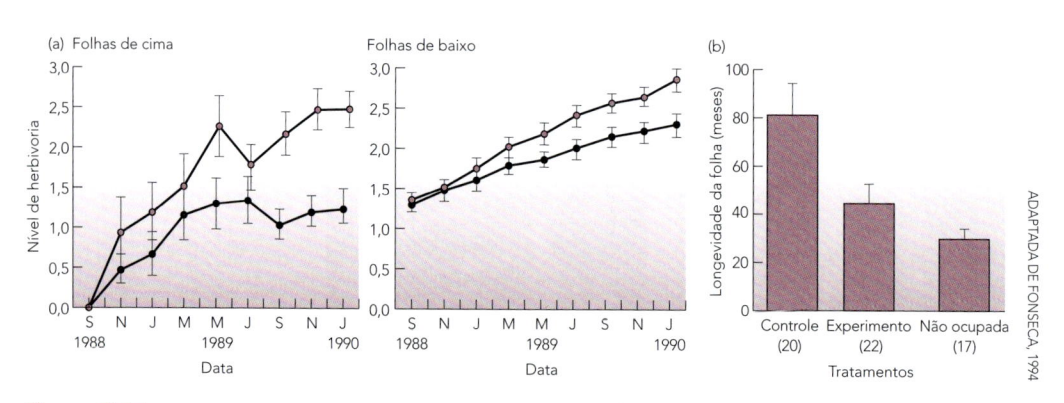

Figura 8.11

(a) Intensidade de herbivoria foliar (baseada na proporção cumulativa de área removida) em plantas de *Tachigali myrmecophyla* naturalmente ocupada pela formiga *Pseudomyrmex concolor* (●, n = 22) e em plantas das quais as formigas foram experimentalmente removidas (○, n = 23). As folhas de baixo foram aquelas presentes no início do experimento, e as de cima foram aquelas que emergiram subsequentemente. (b) Longevidade de folhas em plantas de *T. myrmecophyla* ocupadas por *P. concolor* (controle) cujas formigas foram removidas para o experimento ou naturalmente não existiam.

de mais baixas causadas por predadores, taxas de forrageio e excreção mais elevadas, e formação de colônias; porém, seria errado imaginar que esta seja uma relação confortável com nada além de benefícios para ambos os lados: os afídeos estão sendo manipulados – há um custo em ser registrado do outro lado do balanço patrimonial? Esta questão tem sido abordada em relação a colônias do afídeo *Tuberculatus quercicola* cuidados pela espécie de formiga *Formica yessensis** da ilha de Hokkaido, norte do Japão (Figura 8.12). Como era esperado, na presença de predadores, as colônias de afídeos sobreviveram significativamente por mais tempo quando cuidadas por formigas do que quando as formigas foram excluídas utilizando-se um repelente específico para formigas, colocado na base de árvores de carvalho sobre as quais os afídeos viviam (Figura 8.12a). Contudo, também *houve* custos para os afídeos: em um ambiente do qual os predadores foram excluídos, e os efeitos do cuidado das formigas em relação aos afídeos pôde ser visto isoladamente, afídeos cuidados por formigas tiveram um crescimento pior e foram menos fecundos do que aqueles onde tanto as formigas quanto os predadores foram excluídos (Figura 8.12b).

8.4.3 A dispersão de sementes e pólen

Diversas espécies de plantas usam animais para dispersarem as suas sementes e pólen. Aproximadamente 10% de todas as plantas com flor possuem sementes ou frutos que produzem ganchos, tricomas e colas que os aderem a pelos, cerdas ou penas de qualquer animal que entre em contato com eles. Eles são frequentemente uma irritação para o animal, que em geral se limpa e os remove sempre que possível, mas normalmente após carregá-los por alguma distância. Nesses casos, o benefício é para a planta (a qual investiu recursos em mecanismos de aderência) e não há nenhuma recompensa para o animal.

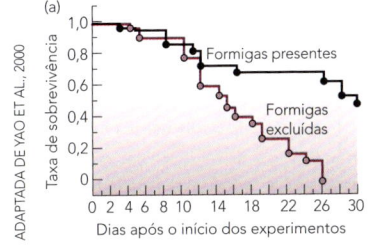

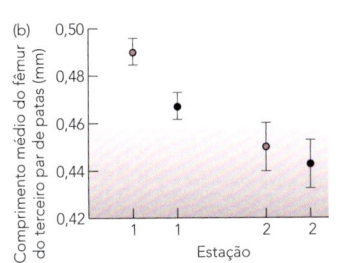

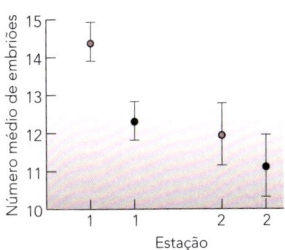

dispersão de sementes

Figura 8.12
(a) Colônias do afídeo *Tuberculatus quercicola* excluídas da presença de formigas foram mais suscetíveis de se tornarem extintas do que aquelas acompanhadas por formigas ($\chi^2 = 15,9$, $P < 0,0001$). (b) Porém, na ausência de predadores (experimentalmente removidos), colônias excluídas da presença de formigas tiveram melhor *performance* do que aquelas acompanhadas por formigas. São mostradas as médias para o tamanho corporal dos afídeos (comprimento do fêmur do terceiro par de pernas; $F = 6,75$, $P = 0,013$) e número de embriões ($F = 7,25$, $P = 0,010$), ± EP, por duas estações (1: 23 de julho a 11 de agosto, 1998; 2: 12 de agosto a 31 de agosto, 1998). Círculos bordôs, tratamento livre de predadores e excluídos da presença das formigas; círculos pretos, tratamento livre de predadores e acompanhados por formigas.

---

* N. de T. Em inglês, essas formigas são denominadas de *red wood ants*.

frutos

Bastante diferentes são os verdadeiros mutualismos entre as plantas superiores e as aves e outros animais que se alimentam de frutos carnosos e dispersam sementes. Naturalmente, para a relação ser mutualística, é essencial que o animal digira somente o fruto carnoso e não as sementes, que deve permanecer viável quando regurgitada ou defecada. Defesas espessas e fortes que protegem os embriões das plantas são comumente partes do preço pago pela planta para a dispersão por consumidores de frutos.

polinização

Diversos tipos diferentes de animais têm entrado em conexões de polinização com plantas com flor, incluindo beija-flores, morcegos e até mesmo pequenos roedores e marsupiais (Figura 8.13). A maioria das flores polinizadas por animais oferece néctar, pólen ou ambos como uma recompensa para os seus visitantes. O néctar floral parece não ter nenhum valor para a planta, além o de ser um atrativo para animais e representa um custo para a planta, pois os carboidratos do néctar poderiam ter sido usados no crescimento ou em alguma outra atividade. Presumivelmente, a evolução de flores especializadas e o envolvimento de polinizadores animais têm sido favorecidos, pois um animal pode ser capaz de reconhecer e distinguir diferentes flores e, assim levar pólen para flores distintas da mesma espécie, mas não para flores de outras espécies. A transferência passiva de pólen, por exemplo, pelo vento ou pela água, não discrimina desta maneira e é, portanto, muito mais ineficiente. Por outro lado, onde os vetores e as flores são muito especializados, como é o caso em muitas orquídeas, virtualmente nenhum pólen é perdido nem mesmo em flores de outras espécies.

insetos polinizadores: de generalistas a especialistas

Os polinizadores por excelência são, sem dúvida, os insetos. O pólen é um recurso alimentar rico em nutrientes e, nas flores mais simples polinizadas por insetos, o pólen é oferecido em abundância e livremente exposto para todos. Para a polinização, as plantas dependem que os insetos não sejam completamente eficientes no consumo do pólen, carregando de planta para planta o seu alimento não consumido. Em flores mais complexas, o néctar (uma solução de açúcares) é produzido como uma recompensa adicional ou alternativa. Nas mais simples dentre estas, os nectários são desprotegidos, porém, com o aumento da especialização, os nectários são envoltos por estruturas que restringem o acesso ao néctar a apenas poucas espécies visitantes. Esta variação pode ser vista dentro da família Ranunculaceae. Na flor simples de *Ranunculus ficaria*, os nectários são expostos a todos os visitantes, porém, na flor mais especializada de *R. bulbosus,* há uma tampa sobre o nectário, e em *Aquilegia* os nectários desenvolveram-se em longos tubos e somente visitantes com longas probóscides (línguas) podem alcançar o néctar. Nectários desprotegidos apresentam a vantagem de um pronto suprimento dos polinizadores, mas, por não serem especializados, esses polinizadores transferem grande parte do pólen para flores de outras espécies. Nectários protegidos têm a vantagem da transferência eficiente do pólen por especialistas para outras flores da mesma espécie, porém dependem da ocorrência de um número suficiente desses especialistas.

Charles Darwin (1859) reconheceu que um nectário longo, como em *Aquilegia,* forçava um inseto polinizador ao contato próximo com o pólen na boca do nectário. A seleção natural pode então ter favorecido nectários ainda mais longos e, como uma reação evolutiva, as línguas do polinizador seriam selecionadas para o aumento no seu comprimento: coevolução recíproca.

Figura 8.13
Polinizadores. (a) Abelha (*Apis mellifera*) sobre flores de framboesa. (b) Papa-açúcar-do-Cabo (*Promerops cafer*) forrageando sobre *Protea eximia*.

Nilsson (1988) deliberadamente encurtou os nectários da orquídea de tubos longos *Platanthera* e mostrou que as flores produziram muito menos sementes – presumivelmente porque o polinizador não foi forçado a ficar numa posição que maximizaria a eficiência na polinização.

8.4.4 Habitantes mutualistas de tratos digestórios

A maior parte dos mutualismos discutidos até agora dependem de padrões de comportamento, onde nenhuma das espécies vive "dentro" de sua parceira.

Em muitos outros mutualismos, um dos parceiros é um eucarioto unicelular ou bactéria que é integrada quase permanentemente na cavidade do corpo ou mesmo nas células de seu parceiro multicelular. A microbiota que ocupa partes dos canais alimentares de vários animais é constituída pelos simbiontes extracelulares melhor conhecidos.

> o trato digestório dos vertebrados

O papel crucial dos micróbios na digestão da celulose pelos vertebrados herbívoros tem sido apreciado há muito tempo, porém agora é aparente que os tratos gastrintestinais de todos os vertebrados são habitados por uma microbiota mutualística. Protozoários e fungos estão comumente presentes, mas os principais contribuintes para esses processos de "fermentação" são as bactérias. Sua diversidade é maior em regiões do trato digestório onde o pH é relativamente neutro, e o tempo de retenção do alimento é relativamente longo. Em pequenos mamíferos (p. ex., roedores, coelhos, lebres), o ceco é a principal câmara de fermentação, enquanto em grandes mamíferos não ruminantes, tais como os cavalos, o cólon é o sítio principal. Em ruminantes, como o gado bovino e as ovelhas, e em cangurus e outros marsupiais, a fermentação ocorre em estômagos especializados (ver Figura 3.24).

A base do mutualismo é bastante direta. Os micróbios recebem um fluxo constante de substratos para crescimento na forma do alimento que foi consumido, mastigado e parcialmente homogeneizado. Eles vivem dentro de uma câmara na qual o pH e, nos endotermos, a temperatura são regulados e as condições anaeróbias são mantidas. Os hospedeiros vertebrados, especialmente os herbívoros, recebem nutrição do alimento que, sob outras condições seria indigerível. As bactérias produzem ácidos graxos de cadeias curtas (AGCCs) por fermentação da celulose e amidos da dieta do hospedeiro e dos carboidratos endógenos contidos no muco do hospedeiro e células epiteliais desprendidas. Os AGCCs são frequentemente uma fonte principal de energia para o hospedeiro: por exemplo, eles fornecem mais do que 60% das exigências energéticas de manutenção para o gado e 29-79% das exigências para ovelhas (Stevens & Hume, 1998). Os micróbios também convertem compostos nitrogenados (aminoácidos que escapam da absorção no intestino médio, uréia que seria de outra forma excretada pelo hospedeiro, muco e células desprendidas) em amônia e proteína microbiana, conservando nitrogênio e água; e eles sintetizam vitaminas B. A proteína microbiana é útil para o hospedeiro se puder ser digerida – no intestino, pelos fermentadores do trato gastrintestinal superior e, pela posterior coprofagia (consumo de suas próprias fezes), nos fermentadores do intestino posterior –, porém a amônia não é geralmente utilizável e pode até mesmo ser tóxica para o hospedeiro.

8.4.5 Micorrizas

A maioria das plantas superiores não possui raízes, elas possuem *micorrizas* – mutualismos estreitos entre fungos e tecidos da raiz. Plantas de apenas umas poucas famílias, tais como Cruciferae, são exceções. De maneira geral, as redes fúngicas em micorrizas capturam nutrientes do solo, os quais elas transportam para as plantas em troca de carbono. Muitas espécies de plantas podem viver sem seus fungos micorrízicos em solos onde água e nutrientes não são limitantes; no mundo rigoroso das comunidades vegetais naturais, contudo, as simbioses, se não estritamente obrigatórias, são antes "ecologicamente obrigatórias": isto é, necessárias para que os indivíduos sobrevivam na natureza (Buscot et al., 2000).

Em geral, três tipos principais de micorrizas são reconhecidos. Micorrizas arbusculares são encontradas em aproximadamente dois terços de todas as espécies de plantas, incluindo a maioria das espécies não lenhosas e árvores tropicais. Fungos ectomicorrízicos formam simbioses com diversas árvores e arbustos, dominando as florestas temperadas e boreais e também algumas florestas pluviais tropicais. Finalmente, micorrizas ericoides são encontradas nas espécies vegetais dominantes de *urzais**.

Em ectomicorrizas (ECMs), as raízes infectadas estão geralmente concentradas na camada de serrapilheira do solo. Os fungos formam uma bainha de espessura variável ao redor das raízes. De lá, as hifas irradiam em direção à camada de serrapilheira, extraindo nutrientes e água, bem como produzindo grandes corpos frutíferos que liberam numerosos esporos levados pelo vento. O micélio do fungo também se estende internamente a partir da bainha, penetrando entre as células do córtex da raiz, propiciando contato íntimo de célula a célula com o hospedeiro. O micélio estabelece também uma interface com a grande área superficial, para a troca de produtos da fotossíntese, água do solo e nutrientes entre a planta hospedeira e seu parceiro fungo.

<mark>ectomicorrizas</mark>

Os fungos ECM são eficientes na extração de suprimentos esparsos e descontínuos de fósforo e especialmente nitrogênio da camada de serrapilheira da floresta. O carbono flui da planta para o fungo, principalmente na forma de açúcares simples de hexoses: glicose e frutose. O consumo destes pelo fungo pode representar até 30% da taxa líquida da produção de fotossintatos pela planta. As plantas, contudo, geralmente têm quantidades limitadas de nitrogênio à sua disposição, pois há baixas taxas de mineralização na serrapilheira florestal (conversão de formas orgânicas para inorgânicas), e o nitrogênio inorgânico em si é disponibilizado principalmente na forma de amônia. Portanto, é crucial para as árvores da floresta que os fungos ECM possam ter acesso ao nitrogênio orgânico diretamente através de degradação enzimática, e usem o amônio como fonte preferencial de nitrogênio inorgânico. Todavia, a ideia de que esta relação entre o fungo e suas plantas hospedeiras é de exploração mútua em vez de "confortável" é enfatizada por seu grau de resposta a circunstâncias mutáveis. O crescimento de ECM está diretamente relacionado à taxa de fluxo de hexoses pela planta. Porém, quando a disponibilidade direta de nitrato para as plantas é alta, naturalmente ou através de suplementação, o metabolismo vegetal é desviado da produção de hexoses (e exportação) e dirigido para a síntese de aminoácidos. Como consequência, os ECM se degradam: as plantas parecem suportar tanto ECM quanto elas parecem necessitar.

Micorrizas arbusculares (MAs) não formam uma bainha, mas penetram no *interior* das raízes do hospedeiro. As raízes tornam-se infectadas por micé-

<mark>micorrizas arbusculares</mark>

---

* N. de T. Em inglês, este tipo de vegetação é chamado de *heathland*. Urzal é um tipo de vegetação arbustiva que ocorre em solos pobres em diferentes regiões do mundo, sendo dominado por diferentes espécies de Ericaceae, tais como *Calluna vulgaris* e *Erica* spp.

lio presente no solo ou de tubos germinativos que se desenvolvem de esporos assexuados, os quais são bastante grandes e produzidos em pequeno número: um contraste notável com os fungos ECM. Inicialmente, o fungo cresce entre as células do hospedeiro, mas, após, as penetra e forma um "arbúsculo" intracelular finamente ramificado.

uma gama de benefícios?

Tem havido uma tendência em enfatizar a facilitação da absorção de fósforo como o principal benefício para as plantas das simbioses MA (o fósforo é um elemento bastante imóvel no solo, sendo, portanto, frequentemente limitante ao crescimento vegetal). Porém, a realidade parece ser mais complexa do que isso, com benefícios demonstrados, igualmente, na absorção de nitrogênio, proteção contra patógenos e herbívoros, bem como resistência a metais tóxicos (Newsham et al., 1995). Certamente, há casos em que o influxo de fósforo é fortemente relacionado ao grau de colonização de raízes por fungos MA. Isso tem sido mostrado para a campainha (*Hyacinthoides non-scripta*), à medida que a colonização progride durante a sua fase de crescimento subterrâneo de agosto a fevereiro para a sua fase fotossintética aérea posterior (Figura 8.14a). De fato, indivíduos da campainha cultivados sem fungos MA são incapazes de absorver fósforo utilizando seu sistema de raízes pobremente ramificado (Merryweather & Fitter, 1995).

Por outro lado, um conjunto de experimentos analisou o crescimento da gramínea anual *Vulpia ciliata* ssp. *ambigua* (Figura 8.14b), nos quais plântulas de *Vulpia* foram cultivadas com um fungo MA (*Glomus* sp.), com o fungo patogênico *Fusarium oxysporum*, com ambos, e sem qualquer um dos dois. O crescimento não foi incrementado por *Glomus* sozinho, porém foi prejudicado

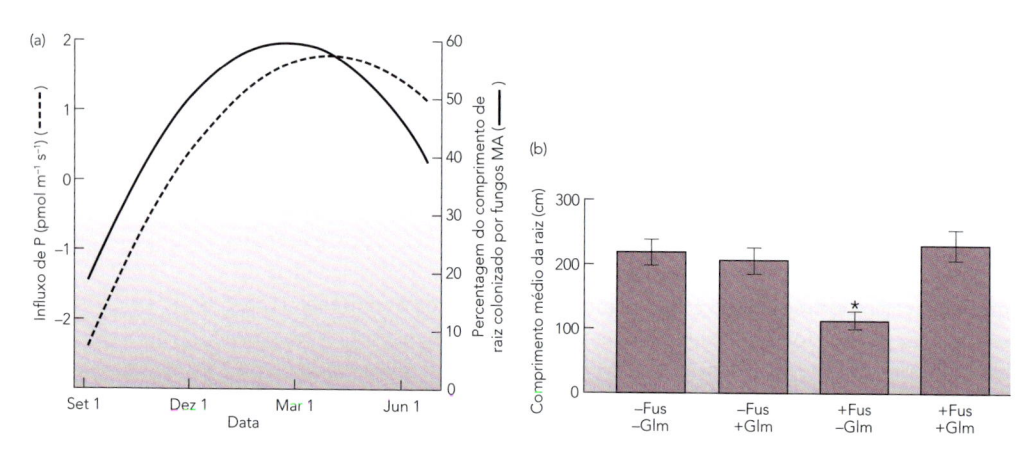

Figura 8.14

Curvas ajustadas para a taxa de influxo de fósforo (linha tracejada, eixo esquerdo) e a colonização das raízes por fungos micorrízicos arbusculares (MA) (linha contínua, eixo direito) na campainha (*Hyacinthoides non-scripta*), ao longo de uma única estação de crescimento. A absorção de fósforo parece estar fortemente ligada à colonização da raiz pelos fungos. (b) Efeitos de uma combinação fatorial de *Fusarium oxysporum* (Fus, um fungo patogênico) e um fungo MA, *Glomus* sp. (Glm) sobre o crescimento (comprimento da raiz) de plantas de *Vulpia*. Os valores são médias de 16 réplicas por tratamento; as barras são erros-padrão; o asterisco significa uma diferença significativa ($P < 0,05$) em uma comparação múltipla de Fisher. Neste caso, o benefício gerado por fungos MA parece não ser uma absorção mais eficiente de nutrientes, mas proteção contra o patógeno.

(a) ADAPTADA DE MERRYWEATHER & FITTER, 1995; NEWSHAM ET AL., 1995; (b) ADAPTADA DE NEWSHAM ET AL., 1994, 1995

por *F. oxysporum* na ausência de *Glomus*. Quando ambos estavam presentes, o crescimento retornou a níveis normais. Claramente, a micorriza não beneficiou a economia do fósforo da gramínea, porém a protegeu dos efeitos danosos do patógeno.

A diferença-chave parece ser que *V. ciliata*, diferentemente de *Hyacinthoides non-scripta*, apresenta um sistema de raízes altamente ramificado (Newsham et al., 1995). Plantas com raízes finamente ramificadas têm pouca necessidade de captura suplementar de fósforo, mas o desenvolvimento daquela mesma arquitetura de raiz fornece múltiplos pontos de entrada para fitopatógenos. Em tais casos, as simbioses MA, portanto, provavelmente evoluíram com uma ênfase na proteção vegetal. Por outro lado, sistemas radicais com poucos meristemas laterais e crescendo ativamente são relativamente invulneráveis ao ataque de patógenos, mas são forrageadores ruins em relação ao fósforo. Neste caso, simbioses MA provavelmente evoluíram com uma ênfase na captação de fósforo.

> isto depende das espécies

8.4.6 Fixação de nitrogênio atmosférico em plantas mutualísticas

A incapacidade da maioria das plantas e dos animais de fixarem nitrogênio atmosférico é um dos grandes quebra-cabeças no processo de evolução, pois o nitrogênio tem suprimento limitado em diversos hábitats. Contudo, a capacidade de fixar nitrogênio é amplamente distribuída, embora de forma irregular, tanto entre as eubactérias (bactérias "verdadeiras") quanto entre as Archaea (Archaebacteria), e muitas destas têm participado de mutualismos estreitos com distintos grupos de eucariotos. As mais bem conhecidas, devido à grande importância das culturas de leguminosas para a agricultura, são os rizóbios, que fixam nitrogênio nos nódulos das raízes da maioria das leguminosas e em apenas uma não leguminosa, *Parasponia* (um membro da família Ulmaceae, os olmeiros).

O estabelecimento do enlace entre rizóbios e leguminosas ocorre através de uma série de passos recíprocos. As bactérias ocorrem em estado livre no solo e são estimuladas a se multiplicarem através de exsudados das raízes e células que delas se desprenderam à medida que estas se desenvolvem. Numa situação típica, uma colônia bacteriana se desenvolve sobre o pelo da raiz, o qual então começa a se enrolar e é penetrado pelas bactérias. O hospedeiro responde estabelecendo uma parede que envolve as bactérias e forma um "filamento de infecção", o qual cresce dentro do córtex da raiz do hospedeiro, e dentro da qual *rizóbios* se proliferam. Os rizóbios no filamento de infecção não podem fixar nitrogênio, mas alguns são liberados dentro das células do hospedeiro em um "nódulo" em desenvolvimento, onde, circundado por uma membrana polibacteroide derivada do hospedeiro, eles se diferenciam em "bacteroides" que podem fixar nitrogênio. Enquanto isso, um sistema vascular especial se desenvolve no hospedeiro, suprindo os produtos da fotossíntese para o tecido do nódulo e transportando compostos de nitrogênio fixado para outras partes da planta.

> mutualismos de rizóbios e leguminosas: vários passos para um enlace

Os custos e benefícios deste mutualismo precisam ser considerados com cuidado. Do ponto de vista da planta, precisamos comparar os custos energéticos de processos alternativos pelos quais suprimentos de nitrogênio fixado poderiam ser obtidos. A rota para a maioria das plantas é direta do solo na forma de nitrato

> custos e benefícios dos mutualismos com rizóbios

ou íons amônio. A rota metabolicamente mais barata é o uso de íons amônio, mas na maioria dos solos esses íons são rapidamente convertidos em nitratos pela atividade microbiana (nitrificação). O custo energético de reduzir nitrato do solo a amônia é de, aproximadamente, 12 moles de trifosfato de adenosina (ATP, a moeda de energia da célula) por mol de amônia formada. O processo mutualístico (incluindo os custos de manutenção dos bacteroides) é energicamente um pouco mais caro para a planta: cerca de 13,5 moles de ATP. Contudo, devemos também acrescentar os custos de formação e manutenção dos nódulos, os quais podem ser aproximadamente 12% da produção fotossintética total da planta. É isto que torna a fixação de nitrogênio energeticamente ineficiente. Contudo, a energia pode ser muito mais prontamente disponibilizada para as plantas verdes do que nitrogênio. Uma mercadoria rara e valiosa (nitrogênio fixado) comprada com uma moeda barata (energia) pode não ser um mau negócio. Por outro lado, quando uma leguminosa nodulada é suprida com nitratos (i.e., quando nitrato *não* é uma mercadoria rara), a fixação de nitrogênio declina rapidamente.

competição interespecífica: uma clássica "série de substituição"

Por outro lado, os mutualismos de rizóbios e leguminosas (e outros mutualismos de fixação de nitrogênio) não devem ser vistos como interações isoladas entre bactérias e suas próprias plantas hospedeiras. Na natureza, as leguminosas normalmente formam comunidades mistas em associação com não leguminosas. Estas são competidoras potenciais com as leguminosas pelo nitrogênio fixado (nitratos e íons amônio no solo). A leguminosa nodulada evita esta competição pelo seu acesso a esta fonte singular de nitrogênio. É neste contexto ecológico que os mutualismos de fixação adquirem a sua principal vantagem. Onde o nitrogênio é abundante, contudo, os custos energéticos da fixação de nitrogênio em geral põem as plantas em *des*vantagem competitiva.

A Figura 8.15, por exemplo, mostra os resultados de um experimento clássico no qual indivíduos de soja (*Glycine max*, uma leguminosa) foram cultivados em mistura com *Paspalum*, uma gramínea. As misturas receberam nitrogênio mineral, ou foram inoculadas com *Rhizobium*, ou receberam ambos. O experimento foi delineado como uma "série de substituição", a qual permite comparar o crescimento de populações puras da gramínea e da leguminosa com suas *performances* na presença uma da outra. Nos cultivos exclusivos de soja, o rendimento aumentou muito substancialmente ou pela inoculação com *Rhizobium* ou pela aplicação de fertilizante nitrogenado, ou quando receberam ambos. As leguminosas podem usar ambas as fontes de nitrogênio como substitutas uma da outra. A gramínea, contudo, respondeu apenas ao fertilizante. Portanto, quando as espécies competiram na presença exclusiva de *Rhizobium*, a leguminosa contribuiu muito mais para o rendimento total do que a gramínea: ao longo de uma sucessão de gerações, a leguminosa teria excluído competitivamente a gramínea. Quando as plantas competiram em solos suplementados com fertilizante nitrogenado, contudo, independentemente da presença de *Rhizobium*, foi a gramínea que teve uma contribuição maior: em longo prazo, esta teria excluído competitivamente a leguminosa.

o balanço oscilante entre fixadores e não fixadores de nitrogênio

Muito claramente, então, é em ambientes deficientes em nitrogênio que as leguminosas noduladas têm uma grande vantagem sobre outras espécies. Porém, sua atividade aumenta o nível de nitrogênio fixado no ambiente. Após a morte, as leguminosas aumentam o nível de nitrogênio do solo numa escala

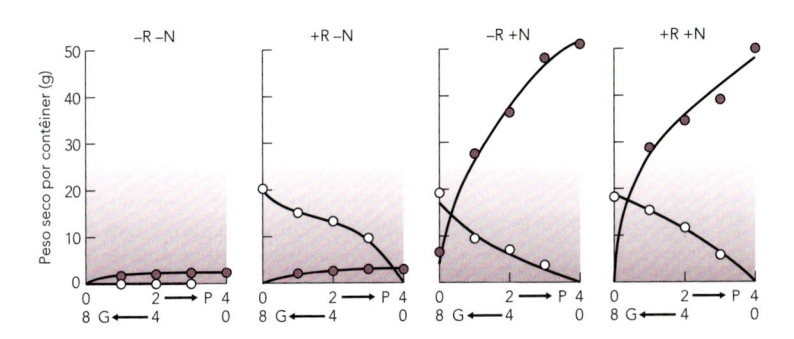

Figura 8.15

Crescimento da soja (*Glycine max*, G, ○) e de uma gramínea (*Paspalum*, P, ●) cultivados sozinhos e em associações com e sem fertilizantes nitrogenados (N) e com e sem inoculação com *Rhizobium* fixadores de nitrogênio (R). As plantas foram cultivadas em vasos contendo 0-4 indivíduos da gramínea junto com 0-8 indivíduos de *Glycine*. Assim, movendo-se da esquerda para a direita sobre o eixo horizontal, os tratamentos são zero *Paspalum* (0P) e 8 *Glycine* (8G), 1P com 6G, 2P com 4G, 3P com 2G e, finalmente, 4P com 0G. A escala vertical em cada figura mostra a massa de plantas das duas espécies em cada contêiner. –R–N, sem *Rhizobium* e sem fertilizante; +R–N, inoculação com *Rhizobium*, mas sem fertilizante; –R+N, sem *Rhizobium*, mas fertilizante nitrogenado foi aplicado; +R+N, inoculação com *Rhizobium* e suprido com fertilizante nitrogenado. Quando as duas espécies competiram na presença de *Rhizobium* fixador de nitrogênio e sem fertilizante, a soja (com suas relações mutualísticas com *Rhizobium*) teve melhor performance, mas na presença de fertilizante nitrogenado (com ou sem o *Rhizobium*) a gramínea teve melhor performance do que a soja.

bastante localizada, com um retardo de 6-12 meses, à medida que se decompõem. Desse modo, sua vantagem é perdida – elas melhoraram o ambiente dos seus competidores, e o crescimento de gramíneas associadas será favorecido nestas manchas localizadas. Portanto, organismos com capacidade de fixar nitrogênio atmosférico podem ser considerados como sendo localmente suicidas. Esta é uma razão pela qual é tão difícil cultivar lavouras repetidas somente com leguminosas em práticas agrícolas, sem que gramíneas daninhas agressivas invadam o ambiente enriquecido em nitrogênio. Isto pode também explicar por que leguminosas herbáceas ou arbóreas geralmente não formam comunidades dominantes na natureza.

Os animais pastejadores, por outro lado, continuamente removem a folhagem das gramíneas, e o teor de nitrogênio de uma mancha de gramíneas pode novamente declinar a um nível no qual a leguminosa tem novamente uma vantagem competitiva. Em uma leguminosa estolonífera, tal como o trevo-branco, a planta está continuamente "vagando" através do gramado, deixando atrás de si manchas dominadas por gramíneas, enquanto invade e enriquece com nitrogênio novas manchas onde o teor de nitrogênio se tornou baixo. A leguminosa simbionte em tal comunidade direciona não apenas sua economia de nitrogênio, mas também alguns dos ciclos que ocorrem dentro de seu mosaico (Cain et al., 1995).

Terminamos esta seção, então, com um tema recorrente. Para entender a ecologia de pares mutualísticos, devemos olhar para a comunidade maior da qual as espécies em questão são partes.

RESUMO

Ecologia molecular: diferenciação intra e interespecífica

Na maior parte do tempo, é totalmente apropriado que os ecólogos falem sobre "populações" ou "espécies" como se estas fossem entidades singulares e homogêneas. Porém, para alguns objetivos, saber quanta diferenciação há dentro de uma espécie, ou entre uma espécie e outra, é crucial para o entendimento e, em última análise, o manejo de sua dinâmica. Os diferentes tipos de marcadores genéticos moleculares têm aumentado muito a resolução na qual podemos distinguir populações e até mesmo indivíduos.

Estudos com albatrozes ilustram como, mesmo dentro de uma espécie de importância para a conservação, populações separadas, ainda mais ameaçadas de extinção, podem estar ocultas; enquanto estudos sobre o salmão ilustram como os marcadores moleculares podem ser usados para detectar, e processar pescadores ilegais. Os marcadores moleculares também têm mostrado, por exemplo, que uma "espécie" ameaçada, o lobo-vermelho, pode de fato ser um híbrido entre duas outras espécies relativamente comuns, com implicações tanto para a conveniência quanto para a viabilidade de sua conservação.

Corridas armamentistas evolutivas

Uma fonte de recursos mais bem defendida exerce uma pressão de seleção sobre os consumidores para sobrepujar aquela defesa. Um consumidor que consegue fazê-lo estará um passo à frente de seus competidores e, assim, provavelmente se tornará especializado naquele tipo de presa. Isso a colocará, então, sob pressão específica para se defender contra aquele consumidor, e assim por diante: uma "corrida armamentista" coevolutiva. As plantas que investem em toxinas são mais suscetíveis ao envolvimento em corridas armamentistas com os seus herbívoros do que aquelas que investem em compostos químicos mais "quantitativos" (redutores de digestão).

A associação íntima entre parasitos e seus hospedeiros os tornam particularmente suscetíveis a corridas armamentistas coevolutivas. Contudo, o processo não é necessariamente tão linear, como é ilustrado pelo caso do vírus do mixoma e o coelho europeu. A evolução da resistência no coelho é fácil de entender, porém os parasitos favorecidos pela seleção natural são aqueles com as maiores taxas reprodutivas. No vírus do mixoma, isto ocorre em níveis intermediários de virulência devido ao aumento de transmissibilidade.

Em outros casos, a coevolução hospedeiro-parasito é mais propriamente antagônica: o aumento na resistência no hospedeiro e na infecciosidade no parasito. Com bactérias e seus vírus, este processo pode ser observado em ação, já que os tempos de geração são bastante curtos.

Interações mutualísticas

Nenhuma espécie vive em isolamento, mas muitas vezes a associação com outras espécies é particularmente próxima: para muitos organismos, o hábitat que estes ocupam é um indivíduo de outra espécie – uma simbiose. Uma relação mutualística é aquela em que organismos de diferentes espécies interagem para seu benefício mútuo. O pensamento evolutivo atual vê mutualismos como casos de exploração recíproca, onde, não obstante, cada parceiro é um beneficiário *líquido*. Ainda que constituam a maior parte da biomassa mundial, os mutualismos foram negligenciados no passado em comparação a outros tipos de interação.

Pares de espécies de diversos táxons participam de associações mutualísticas, nas quais uma espécie protege a outra de predadores ou competidores, mas tem acesso privilegiado a um recurso alimentar proveniente da espécie protegida.

Alguns dos mutualismos mais drásticos são aqueles da agricultura humana, porém mutualismos "agrícolas" similares se desenvolveram em sociedades de cupins e especialmente de formigas. As formigas cultivam diversas espécies de afídeos em troca de secreções ricas em açúcar da melada. Os benefícios dos afídeos são as menores taxas de mortalidade; mas há também custos: onde os seus predadores são excluídos experimentalmente, os afídeos têm crescimento prejudicado na presença de formigas.

Muitas espécies de plantas usam animais para dispersarem as suas sementes e pólen, e muitos diferentes tipos de animais mantêm contatos de polinização com plantas com flor. Os polinizadores por excelência, contudo, são os insetos.

Os tratos gastrintestinais de todos os vertebrados são habitados por uma microbiota mutualística. Os micróbios recebem um fluxo constante de substratos para o crescimento na forma de alimento que foi comido, e eles vivem dentro de uma câmara na qual o pH e, em endotermos, a temperatura são regulados e condições anaeróbias são mantidas. Os hospedeiros vertebrados recebem nutrição do alimento que, do contrário, seria literalmente indigerível.

A maior parte das plantas superiores não possui raízes, elas possuem micorrizas – mutualismos estreitos entre fungos e tecidos da raiz. Em ectomicorrizas (ECMs), os fungos formam uma bainha de espessura variável ao redor das raízes. Esses fungos são eficientes na extração de suprimentos esparsos e irregulares de fósforo e especialmente nitrogênio da camada de serrapilheira da floresta. O carbono flui da planta para o fungo (principalmente hexoses). Contudo, o crescimento da ECM está diretamente relacionado à taxa de fluxo dos açúcares da planta. Quando a disponibilidade direta de nitrato para a planta é alta, o metabolismo da planta é desviado da produção de hexoses. Como consequência, a ECM se degrada: as plantas parecem suportar ECM tanto quanto parecem precisar dela. Micorrizas arbusculares (MAs) penetram no *interior* das raízes do hospedeiro. Tem havido uma tendência de enfatizar a facilitação da absorção de fósforo como o principal benefício para as plantas das simbioses MA, mas têm sido demonstrados benefício, igualmente, na absorção de nitrogênio, proteção contra patógenos e herbívoros, e resistência a metais tóxicos.

A capacidade de fixar nitrogênio é amplamente distribuída tanto entre eubactérias e Archaobacteria, e muitas destas têm participado de mutualismos íntimos com distintos grupos de eucariotos. As mais bem conhecidas são os rizóbios, os quais fixam nitrogênio nos nódulos de raízes da maioria das leguminosas. A fixação de nitrogênio é muitas vezes energeticamente ineficiente, porém a energia pode estar muito mais prontamente disponível para as plantas verdes do que o nitrogênio. Por outro lado, quando uma leguminosa nodulada é suprida com nitratos, a fixação de nitrogênio declina rapidamente. Os mutualismos de rizóbios e leguminosas (como outros mutualismos de fixação de nitrogênio) devem ser vistos no contexto de competição entre leguminosas e não leguminosas.

QUESTÕES DE REVISÃO

Asteriscos indicam questões desafiadoras.

1. Explique por que os marcadores moleculares (DNA) aperfeiçoaram a capacidade dos ecólogos estudarem os graus de diferenciação intra e interespecífica.
2* Revise a gama de marcadores moleculares que têm sido usada em ecologia molecular, estabelecendo as suas vantagens e desvantagens em diferentes escalas de resolução.
3. Os lobos-vermelhos deveriam ser conservados, ou isto seria uma perda mal planejada de dinheiro público?
4. Por que algumas plantas são mais suscetíveis do que outras de serem envolvidas em corridas armamentistas com seus insetos herbívoros?
5. Forneça razões para o declínio em virulência do vírus da mixomatose em coelhos europeus, após suas introduções iniciais na Austrália e Europa.
6. Compare e contraste as associações mutualísticas das formigas com as plantas que elas protegem e os afídeos que elas cultivam.
7* Discuta as seguintes proposições: "Os herbívoros, na maioria, não são realmente herbívoros, mas consumidores dos subprodutos dos mutualistas que vivem em seus tratos digestórios" e "A maioria dos parasitos do trato digestório não são realmente parasitos, mas competidores com seus hospedeiros pelo alimento que estes capturaram".
8. Compare os papéis de frutos e néctar nas interações entre as plantas e os animais que as visitam.
9. O que são micorrizas e qual é o seu significado?
10* As leguminosas são um exemplo perfeito de uma associação mutualística que somente pode ser entendida no contexto da comunidade ecológica dentro da qual ela ocorre. Discuta.

Capítulo 9

De populações a comunidades

CONTEÚDOS DO CAPÍTULO

9.1 Introdução
9.2 Determinantes múltiplos da dinâmica de populações
9.3 Dispersão, manchas e dinâmica de metapopulações
9.4 Padrões temporais na composição da comunidade
9.5 Teias alimentares

CONCEITOS-CHAVE

Neste capítulo, você:

- apreciará a variedade de fatores abióticos e bióticos envolvidos na dinâmica de populações
- distinguirá entre a determinação e a regulação da abundância populacional
- entenderá como a desuniformidade e a dispersão entre manchas influenciam a dinâmica tanto de populações quanto de comunidades
- reconhecerá a influência do distúrbio sobre padrões de comunidades e entenderá a natureza da sucessão de comunidades
- apreciará a importância de efeitos diretos e indiretos e distinguirá o controle de baixo--para-cima e do controle de cima-para-baixo das teias alimentares
- entenderá a relação entre a estrutura e a estabilidade das teias alimentares

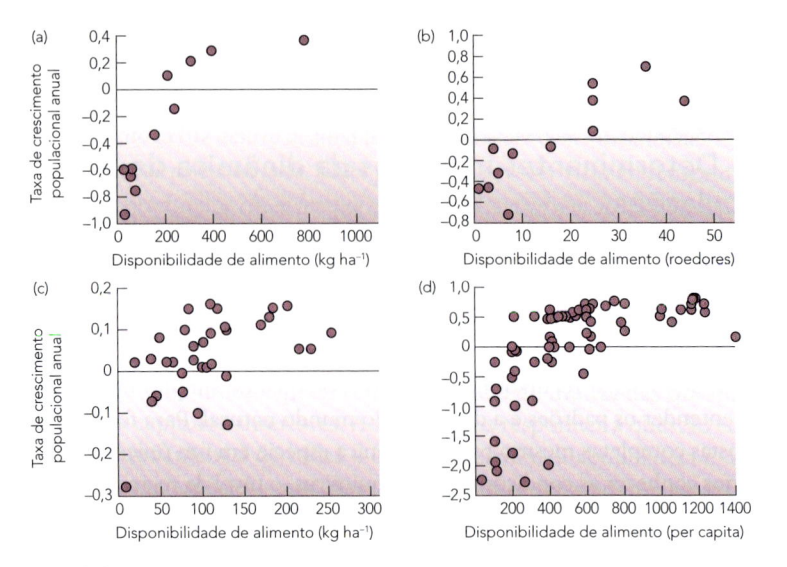

Figura 9.2
Aumentos na taxa de crescimento anual da população com a disponibilidade de alimento, medida como biomassa de pastagem (kg ha⁻¹) em (a) e (c), como abundância de roedores cricetídeos em (b) e como disponibilidade de alimento *per capita* em (d). (a) Canguru-vermelho (Bayliss, 1987). (b) Coruja-das-torres (modificada de Taylor, 1994). (c) Gnu (Krebs et al., 1999). (d) Porcos asselvajados (Choquenot, 1998). Taxas de crescimento positivo indicam abundância crescente; taxas de crescimento negativo indicam abundância descrescente.

taxa de crescimento populacional aumenta com a disponibilidade de alimento. Isto também sugere que em geral, tais relações provavelmente se igualem nos níveis mais altos de disponibilidade de alimentos, onde algum outro fator ou fatores impõe um limite superior na abundância.

9.2.1 Flutuação ou estabilidade?

muitas populações são muito estáveis...

Algumas populações parecem mudar muito pouco em tamanho. Um estudo que cobriu um período de tempo prolongado – embora não seja necessariamente o mais científico – examinou andorinhões (*Micropus apus*) no povoado de Selborne no sul da Inglaterra por mais de 200 anos. Em um dos primeiros trabalhos publicados em ecologia, Gilbert White, que viveu no povoado, escreveu em 1778 (ver White, 1789):

> Eu confirmo agora a opinião de que todo o ano temos o mesmo número de pares invariavelmente... O número que encontro constantemente são oito pares, dos quais aproximadamente a metade reside na igreja, e o resto em alguns dos menores e mais humildes casebres com teto de sapê.

Mais de 200 anos depois, Lawton e May (1984) visitaram o povoado e, não surpreendentemente, encontraram grandes mudanças. Os andorinhões não pareceram ter nidificado na igreja por 50 anos, e os casebres com teto de sapê desapareceram ou tiveram seus tetos cobertos com fios metálicos. Apesar disso, são 12 os pares reprodutivos de andorinhões regularmente encontrados no povoado atualmente. Tendo em vista as diversas mudanças que aconteceram ao longo dos séculos, este número é notavelmente próximo aos oito pares tão consistentemente encontrados por White.

A estabilidade de uma população, entretanto, pode ocultar uma complexa dinâmica subjacente. Outro exemplo de uma população mostrando relativamente pouca mudança no número de adultos de ano para ano é visto em um estudo de 8 anos na Polônia sobre *Androsace septentrionalis,* a pequena planta anual de dunas arenosas (Figura 9.3a). A cada ano, contudo, houve um grande fluxo dentro da população. Surgiram entre 150 e 1000 novas plântulas por metro quadrado, mas a mortalidade subsequente reduziu a população entre 30 e 70%. Assim, a população parece ser mantida dentro de limites. Ao menos 50 plantas sempre sobreviveram para frutificar e produzir sementes para a próxima estação. Os camundongos na Figura 9.3b, ao contrário, apresentam prolongados períodos de relativamente baixa abundância, interrompidos por irrupções esporádicas e significativas.

> ...porém estabilidade não significa necessariamente que "nada muda"

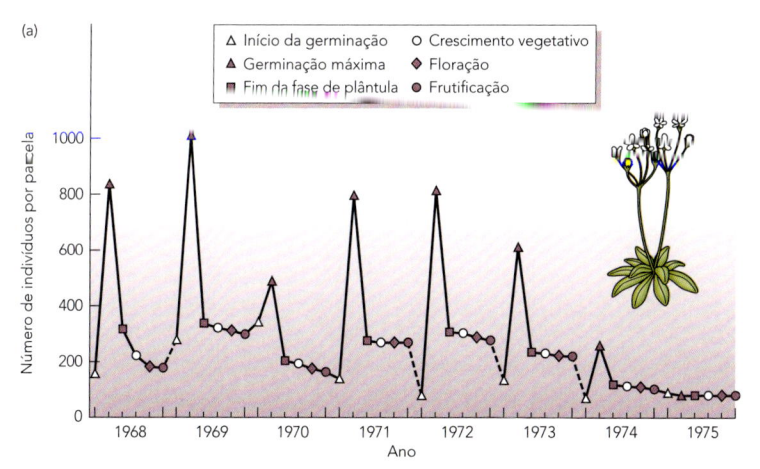

Figura 9.3

(a) A dinâmica populacional de *Androsace septentrionalis* durante um estudo de 8 anos. (b) Irrupções irregulares na abundância de camundongos domésticos (*Mus domesticus*) em um hábitat agrícola em Victoria, Austrália, onde os camundongos, quando irrompem, são pragas graves. O "índice de abundância" é o número capturado por 100 noites-armadilhas. No outono de 1984, o índice excedeu 300.

9.2.2 Determinação e regulação da abundância

O deslocamento de oito para 12 pares de andorinhões em 200 anos é uma indicação de consistência ou de mudança? A similaridade entre oito e 12 é de maior interesse – ou a diferença entre os mesmos? Alguns investigadores têm enfatizado a aparente consistência das populações; outros têm enfatizado as flutuações.

Aqueles que enfatizam a constância argumentam que precisamos procurar forças estabilizadoras dentro das populações para explicar o motivo pelo qual as populações não exibem um aumento desgovernado ou um declínio até a extinção (geralmente, forças dependentes de densidade: p. ex., a competição entre indivíduos em alta densidade populacional por recursos limitados). Aqueles que enfatizam flutuações em geral se voltam para fatores externos, condições climáticas ou perturbação, para explicar as mudanças. Os dois lados podem ser reunidos para formar um consenso?

a distinção entre determinação e regulação

Para tanto, é importante entender claramente a diferença entre questões a respeito das maneiras nas quais a abundância é *determinada* e questões a respeito da maneira na qual a abundância é *regulada*. Regulação é a tendência de uma população diminuir em tamanho quando está acima de um nível específico, e de aumentar em tamanho quando está abaixo de tal nível. Em outras palavras, a regulação de uma população pode, por definição, ocorrer somente como

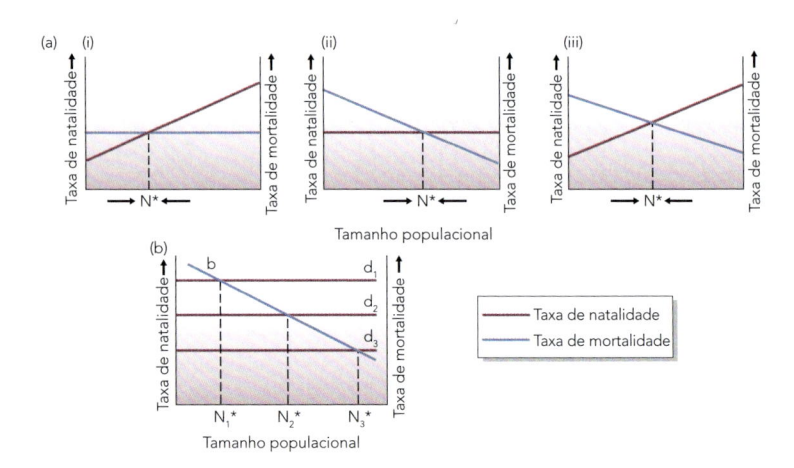

Figura 9.4

(a) Regulação populacional com: (i) natalidade independente da densidade e mortalidade dependente da densidade; (ii) natalidade dependente da densidade e mortalidade independente da densidade; e (iii) natalidade e mortalidade dependentes da densidade. O tamanho populacional aumenta quando a taxa de natalidade excede a taxa de mortalidade e diminui quando a taxa de mortalidade excede a taxa de natalidade. N^* é, portanto, um tamanho populacional em equilíbrio estável. O valor real do tamanho populacional em equilíbrio é visto como dependente tanto da magnitude da taxa independente da densidade quanto da magnitude e inclinação de quaisquer processos dependentes da densidade. (b) Regulação populacional com natalidade dependente da densidade, b, e mortalidade independente da densidade, d. As taxas de mortalidade são determinadas pelas condições físicas, as quais diferem em três sítios (taxas de mortalidade d_1, d_2 e d_3). O tamanho da população em equilíbrio varia como resultado (N^*_1, N^*_2, N^*_3).

resultado de um ou mais processos dependentes de densidade (ver Capítulos 3 e 5) que atuam sobre taxas de nascimento e/ou morte e/ou movimento (Figura 9.4a). Vários processos potencialmente dependentes de densidade foram discutidos nos capítulos anteriores sobre competição, predação e parasitismo. Por isso, devemos nos voltar para a regulação, para entendermos como uma população tende a permanecer dentro de limites superiores e inferiores.

Por outro lado, a abundância precisa de indivíduos será determinada pelos efeitos combinados de todos os fatores e todos os processos que afetam uma população, sejam eles dependentes ou independentes de densidade (Figura 9.4b). Portanto, devemos voltar nossa atenção para a determinação da abundância para entendermos como uma população em particular exibe uma abundância específica num tempo específico, e não alguma outra abundância.

No passado, certamente, alguns acreditavam que interações bióticas dependentes de densidade desempenhavam o papel principal não apenas na regulação, mas também na determinação do tamanho populacional, mantendo as populações em um estado de equilíbrio em seus ambientes. Outros sentiam que a maioria das populações naturais podia ser vista como passando por uma sequência repetida de retrocessos e recuperações. Esta visão tende a rejeitar qualquer subdivisão do ambiente em "fatores" dependentes e independentes de densidade, preferindo em vez disso ver as populações como se estas se posicionassem no centro de uma teia ecológica, onde vários fatores e processos interagem em seus efeitos sobre a população.

Não há realmente nenhum conflito entre as duas visões. A primeira está preocupada com o que regula o tamanho populacional e a segunda com o que determina o tamanho populacional – e ambos são interesses perfeitamente válidos. Nenhuma população pode estar absolutamente livre de regulação – o crescimento populacional irrestrito é desconhecido, e declínios irrestritos até a extinção são raros. Além disso, qualquer sugestão de que processos dependentes de densidade sejam raros ou, em geral, somente de menor importância estaria errada. Muitos estudos têm sido realizados sobre vários tipos de animais, especialmente insetos. A dependência de densidade nem sempre é detectada, mas é comumente vista quando os estudos são continuados por muitas gerações. Por exemplo, a dependência de densidade foi detectada em 80% ou mais dos estudos sobre insetos que duraram mais do que 10 anos (Hassell et al., 1989; Woiwood & Hanski, 1992).

Por outro lado, para muitas populações, as condições climáticas são tipicamente os principais determinantes da abundância e outros fatores têm importância relativamente menor. Por exemplo, num estudo clássico e famoso sobre uma peste, o trips-da-maçã*, as condições climáticas representaram 78% da variação no número de trips (Davidson & Andrewartha, 1948); para prever a abundância de trips, a informação sobre as condições climáticas é de importância primordial. Logo, aquilo que determina o tamanho de uma população não determina necessariamente o seu tamanho na maior parte do tempo. Seria errado dar à regulação ou à dependência de densidade algum tipo de preeminência. A mesma poderia estar ocorrendo somente de maneira infrequente ou intermiten-

---

* N. de T. Insetos da ordem Thysanoptera.

te, e é provável que nenhuma população natural esteja sempre verdadeiramente em equilíbrio: mesmo quando está ocorrendo, a regulação pode estar levando a abundância para um nível que está por si só mudando em resposta a mudanças nos níveis dos recursos. Assim, há uma gama de possibilidades: algumas populações na natureza estão quase sempre se recuperando do último desastre (Figura 9.5a), outras são geralmente limitadas por um recurso abundante (Figura 9.5b) ou por um recurso escasso (Figura 9.5c), e outras estão geralmente em declínio após episódios repentinos de colonização (Figura 9.5d).

9.2.3 Análise do fator-chave

Podemos distinguir claramente entre o que regula e o que determina a abundância de uma população e ver como a regulação e a determinação se relacionam entre si, pelo exame de uma abordagem conhecida como *análise do fator-*

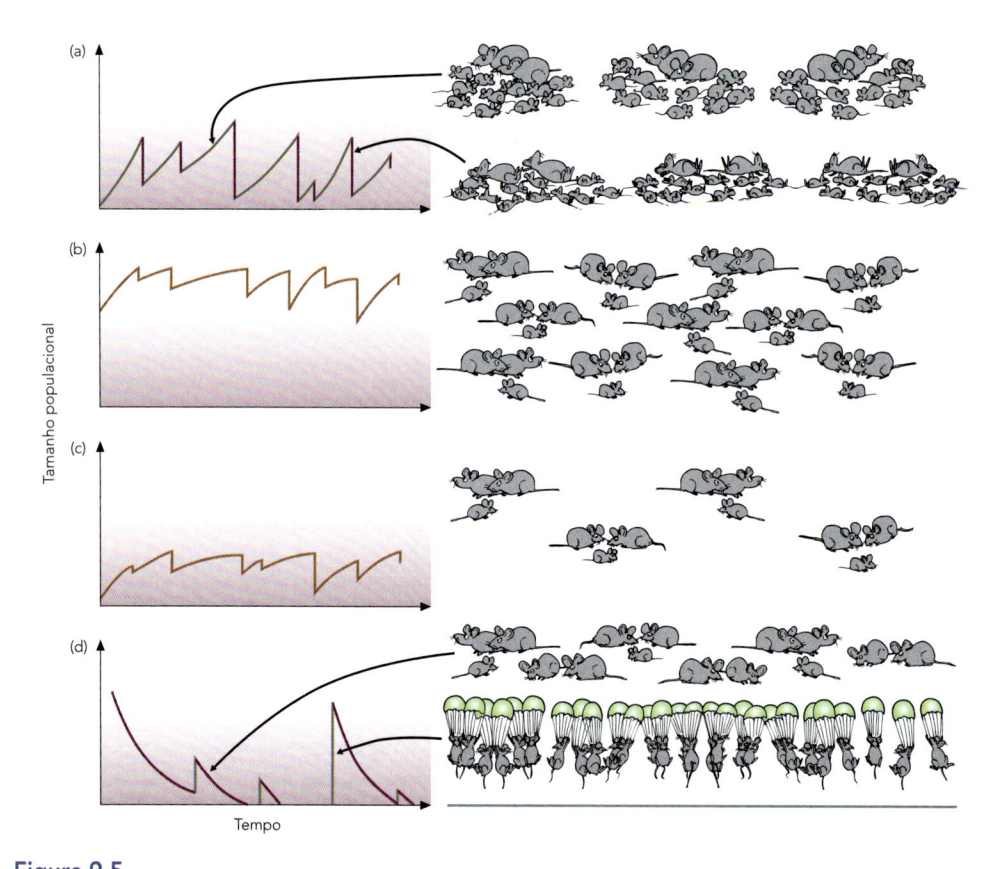

Figura 9.5

Diagramas idealizados de dinâmica populacional: (a) dinâmica dominada por fases de crescimento populacional após desastres; (b) dinâmica dominada por limitações na capacidade de suporte ambiental, em que a capacidade de suporte é alta; (c) o mesmo que em (b) mas com capacidade de suporte baixa; (d) dinâmica dentro de um sítio habitável dominado por decaimento populacional após episódios mais ou menos repentinos de colonização ou de recrutamento.

chave. O mesmo tem sido aplicado a muitos insetos e alguns outros animais e plantas, e está baseado no cálculo do que é conhecido como valores *k* para cada fase do ciclo de vida. De fato, a análise do fator-chave é erroneamente denominada, pois a mesma identifica *fases*-chave (em vez de fatores-chave) na vida de um organismo estudado (aquelas mais importantes na determinação da abundância). Os detalhes são descritos no Quadro 9.1, porém o método pode ser entendido simplesmente percebendo-se que os valores *k* medem a quantidade de mortalidade: quanto maior o valor *k*, maior será a mortalidade (*k* significa "poder matador"*).

Para analisar o fator-chave, os dados são compilados na forma de uma tabela de vida (ver Capítulo 5), tal como aquela feita para uma população canadense do besouro-da-batata (*Leptinotarsa decemlineata*) no Quadro 9.1. O programa de amostragem naquele caso forneceu estimativas populacionais

besouros-da-batata

9.1 ASPECTOS QUANTITATIVOS

Determinando os valores de *k* para a análise do fator-chave

A Tabela 9.1 mostra um conjunto típico de dados de tabela de vida, coletados por Harcourt (1971) para o besouro-da-batata (*Leptinotarsa decemlineata*) no Canadá. A primeira coluna lista as várias fases do ciclo de vida. Os *adultos da primavera emergem* da hibernação por volta da metade do mês de junho, quando os indivíduos de batata

Tabela 9.1
Dados de tabela de vida para o besouro-da-batata canadense.

INTERVALO DE IDADE	NÚMEROS POR 96 COVAS DE BATATA	NÚMERO DE MORTOS	FATOR DE MORTALIDADE	FATOR LOG$_{10}$N	VALOR DE *k*	
Ovos	11.799	2.531	Não depositado	4,072	0,105	(k_{1a})
	9.268	445	Infértil	3,967	0,021	(k_{1b})
	8.823	408	Chuva	3,946	0,021	(k_{1c})
	8.415	1.147	Canibalismo	3,925	0,064	(k_{1d})
	7.268	376	Predadores	3,861	0,023	(k_{1e})
Larvas iniciais	6.892	0	Chuva	3,838	0	(k_2)
Larvas tardias	6.892	3.722	Fome	3,838	0,337	(k_3)
Células de pupa	3.170	16	Parasitismo	3,501	0,002	(k_4)
Adultos de verão	3.154	−126	Sexo (52%♀)	3,499	−0,017	(k_5)
Fêmeas × 2	3.280	3.364	Emigração	3,516	2,312	(k_6)
Adultos hibernantes	16	2	Congelamento	1,204	0,058	(k_7)
Adultos de primavera	14			1,146		
					2,926	(k_{total})

---

* N. de T. Em inglês, lê-se *killing power*.

estão emergindo do solo. Dentro de 3 ou 4 dias inicia a ovoposição, e continua por aproximadamente 1 mês. Os ovos são depositados em grupos (aproximadamente 34 ovos) sobre a superfície inferior da folha. As larvas se deslocam então para o topo da planta, onde se alimentam durante todo o seu desenvolvimento, passando por quatro estágios. Quando maduras, elas caem no terreno e formam células de pupa no solo. Os adultos de verão emergem no início de agosto, alimentam-se, e depois entram novamente no solo no início de setembro para hibernarem e transformarem-se nos adultos de primavera da próxima estação.

A coluna seguinte lista os números estimados (por 96 covas de batata) no início de cada fase, e a terceira coluna lista os números de mortes em cada fase, antes do início da próxima. Isto é seguido, na quarta coluna, pelo que se acreditou ser a principal causa das mortes em cada estágio do ciclo de vida. A quinta e sexta colunas mostram como os valores de *k* são calculados. Na quinta coluna, são listados os logaritmos dos números no início de cada fase. Os valores de *k* na sexta coluna são simplesmente as diferenças entre os valores sucessivos na coluna 5. Assim, cada valor se refere às mortes em uma das fases, e similarmente em relação à coluna 3, o total da coluna se refere à morte total por todo o ciclo de vida. Além disso, cada valor de *k* mede a taxa ou intensidade de mortalidade em sua própria fase, enquanto isto não é verdadeiro para os valores na coluna 3 – ali, os valores tendem a ser mais altos no ciclo de vida, simplesmente porque há mais indivíduos "disponíveis" para morrer. Estas características úteis dos valores de *k* são utilizadas na *análise do fator-chave*.

Um besouro-da-batata adulto (*Leptinotarsa decemlineata*) partindo de sua planta hospedeira. A emigração por adultos de verão representa a fase-chave na dinâmica populacional desses animais.

quando a maior parte da mortalidade ocorre?

em sete estágios: ovos, larvas dos primeiros instares, larvas dos últimos instares, pupas, adultos de verão, adultos hibernantes e adultos de primavera. Uma categoria adicional foi incluída, fêmeas × 2, para se levar em consideração qualquer razão sexual desigual entre os adultos de verão.

A primeira questão que podemos perguntar é: "Quanto da 'mortalidade' total tende a ocorrer em cada uma das fases?" (A mortalidade está em aspas simples porque se refere a todas as perdas da população.) A questão pode ser respondida calculando-se os valores médios de *k* para cada fase, determinados neste caso ao longo de 10 estações (i.e., a partir de 10 tabelas como aquela no Quadro 9.1). Estes são apresentados na terceira coluna da Tabela 9.2. Assim, aqui, a maioria das perdas ocorreu entre os adultos de verão – de fato, principalmente através da emigração em vez da mortalidade como tal. Houve também perda substancial de larvas de últimos instares (fome), de adultos hibernantes (mortalidade induzida por congelamento), de larvas de primeiros instares (chuva) e de ovos (canibalismo e "não serem postos"),

Tabela 9.2
Resumo da análise da tabela de vida para as populações de besouro-da-batata canadense (ver Quadro 9.1).

		MÉDIA	COEFICIENTE DE REGRESSÃO SOBRE O k_{TOTAL}
Ovos não depositados	k_{1a}	0,095	–0,020
Ovos inférteis	k_{1b}	0,026	–0,005
Chuva sobre os ovos	k_{1c}	0,006	0,000
Ovos canibalizados	k_{1d}	0,090	–0,002
Predação de ovos	k_{1e}	0,036	–0,011
Larvas 1 (chuva)	k_2	0,091	0,010
Larvas 2 (fome)	k_3	0,185	0,136
Pupas (parasitismo)	k_4	0,033	–0,029
Razão sexual desigual	k_5	–0,012	0,004
Emigração	k_6	1,543	0,906
Congelamento	k_7	0,170	0,010
	k_{total}	2,263	

ADAPTADA DE HARCOURT, 1971

Geralmente, é mais valioso, contudo, propor uma segunda pergunta: "Qual a importância relativa dessas fases como determinantes de *flutuações* de ano para ano na mortalidade e, portanto, de *flutuações* de ano para ano na abundância?" Isto é totalmente diferente. Por exemplo, uma fase poderia presenciar repetidamente um significativo tributo sendo tomado de uma população (um alto valor médio de *k*), mas se aquele tributo for sempre aproximadamente o mesmo, isso representará uma pequena parte na determinação da taxa específica de mortalidade (e, assim, o tamanho populacional específico) em qualquer ano em particular. Em outras palavras, a segunda pergunta está muito mais voltada para descobrir o que *determina* abundâncias específicas em tempos específicos, e isso pode ser abordado da seguinte maneira.

A mortalidade durante uma fase que é importante na determinação de mudança na população – referida como uma *fase-chave* – variará linearmente com a mortalidade total tanto em termos de tamanho quanto de direção. Isto é uma fase-chave no sentido de que, quando a mortalidade durante a mesma é alta, a mortalidade total tende a ser alta e a população declina, enquanto que, quando a mortalidade da fase é baixa, a mortalidade total tende a ser baixa e a população tende a permanecer grande, e assim por diante. Por outro lado, uma fase com um valor de *k* que varie completamente ao acaso com respeito ao *k* total irá, por definição, ter pouca influência sobre mudanças na mortalidade e, portanto, pouca influência no tamanho populacional. Assim, precisamos medir a relação entre a mortalidade da fase e a mortalidade total, e isto é obtido pelo *coeficiente de regressão* do primeiro em função do segundo. O maior coeficiente de regressão estará associado à fase-chave causando a mudança na população, enquanto a mortalidade da fase que varia aleatoriamente em relação à mortalidade total gerará um coeficiente de regressão próximo de zero.

No presente exemplo (Tabela 9.2), os adultos de verão, com um coeficiente de regressão de 0,906, são a fase-chave. Outras fases (com a possível exceção das larvas de últimos instares) têm um efeito insignificante sobre as mudanças na mortalidade da geração.

> as fases que determinam a abundância...

> ...e os fatores que regulam a abundância

O que dizer, contudo, sobre o possível papel dessas fases na regulação da população de besouros-da-batata? Em outras palavras, quais delas, se alguma, atua de maneira dependente da densidade? Isto pode ser respondido muito facilmente plotando-se os valores de k para cada fase em relação aos números presentes no início da fase. Para a dependência de densidade, os valores de k devem ser os mais altos (i.e., a mortalidade mais elevada), quando a densidade é mais alta. Para a população de besouros, duas fases são notáveis a este respeito: tanto para adultos de verão (a fase-chave) quanto para as larvas de últimos instares, há evidência de que as perdas são dependentes de densidade (Figura 9.6) e, assim, um possível papel dessas perdas na regulação do tamanho da população de besouros. Neste caso, portanto, as fases com o maior papel na determinação da abundância são também aquelas que parecem desempenhar provavelmente o maior papel na regulação da abundância. Mas, como veremos adiante, esta não é de forma alguma uma regra geral.

> mais dois exemplos da análise do fator-chave

A análise do fator-chave tem sido aplicada a muitíssimas populações de insetos, mas a poucas populações de vertebrados ou plantas. Exemplos disso, contudo, são mostrados na Tabela 9.3 e na Figura 9.7.

Iniciamos com populações da rã-da-madeira (*Rana sylvatica*) em três regiões dos EUA (Tabela 9.3). O período larval foi a fase-chave determinante da abundância em todas as regiões, em grande parte como consequência de variações de ano para ano na pluviosidade. Em anos de poucas chuvas, as poças em geral secam, reduzindo a sobrevivência larval a níveis catastróficos. Tal mortalidade, contudo, relacionou-se de modo inconsistente ao tamanho da população larval (somente uma de duas poças em Maryland e significância apenas marginal em Virgínia) e, portanto, desempenhou um papel inconsistente na regulação dos tamanhos populacionais. Pelo contrário, nas duas regiões foi durante a fase adulta que a mortalidade claramente dependeu da densidade (aparentemente como resultado de competição por alimento) e, de fato, nas duas regiões a mortalidade foi também mais intensa na fase adulta (primeira coluna de dados).

Em uma população polonesa de *Androsace septentrionalis*, uma planta anual de dunas arenosas (Figura 9.7), a fase-chave determinante foi a das sementes no solo. Mais uma vez, contudo, a mortalidade não operou de maneira dependente de densidade, enquanto a mortalidade das plântulas (não a fase-chave) foi dependente de densidade.

Figura 9.6
(a) Emigração dependente da densidade de adultos de verão de besouros-da-batata (inclinação = 2,65).
(b) Fome de larvas dependente da densidade (inclinação = 0,37).

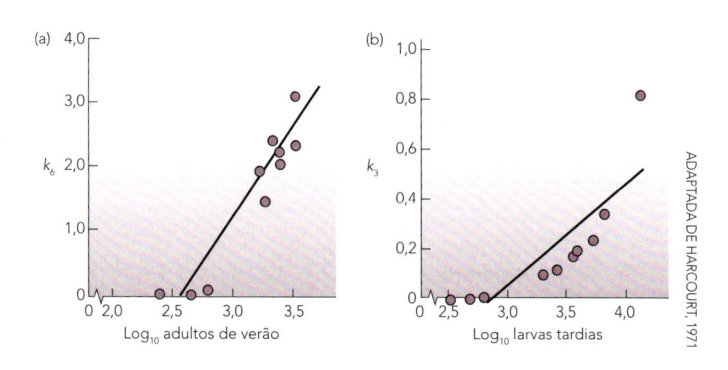

ADAPTADA DE HARCOURT, 1971

Tabela 9.3
Análise do fator-chave (ou fase-chave) para populações de rã-da-madeira nos EUA: Maryland (duas poças, 1977-1982), Virgínia (sete poças, 1976-1982) e Michigan (uma poça, 1980-1993). Em cada área, a fase com o valor de k médio mais alto, a fase-chave e qualquer fase mostrando dependência de densidade são destacados em negrito.

INTERVALO DE IDADE	VALOR DE k MÉDIO	COEFICIENTE DE REGRESSÃO SOBRE O k_{TOTAL}	COEFICIENTE DE REGRESSÃO SOBRE LOG (TAMANHO POPULACIONAL)
Maryland			
Período larval	1,94	**0,85**	**Poça 1: 1,03 (P=0,04)**
			Poça 2: 0,39 (P=0,50)
Juvenil: até 1 ano	0,49	0,05	0,12 (P=0,50)
Adulto: 1-3 anos	**2,35**	0,10	0,11 (P=0,46)
Total	4,78		
Virgínia			
Período larval	**2,35**	**0,73**	0,58 (P=0,09)
Juvenil: até 1 ano	1,10	0,05	–0,20 (P=0,46)
Adulto: 1-3 anos	1,14	0,22	**0,26 (P=0,05)**
Total	4,59		
Michigan			
Período larval	1,12	**1,40**	1,18 (P=0,33)
Juvenil: até 1 ano	0,64	1,02	0,01 (P=0,96)
Adulto: 1-3 anos	**3,45**	–1,42	**0,18 (P=0,005)**
Total	0,21		

ADAPTADA DE BERVEN, 1995

Figura 9.7
Análise do fator-chave de *Androsace septentrionalis*. Gráfico da mortalidade total da geração (k_{total}) e de vários fatores k. Os valores dos coeficientes de regressão de cada valor de k individual sobre k_{total} são dados entre parênteses. O maior coeficiente de regressão significa a fase-chave e é mostrado como uma linha bordô. Ao lado é mostrado o único valor de k, que tem variação dependente da densidade.

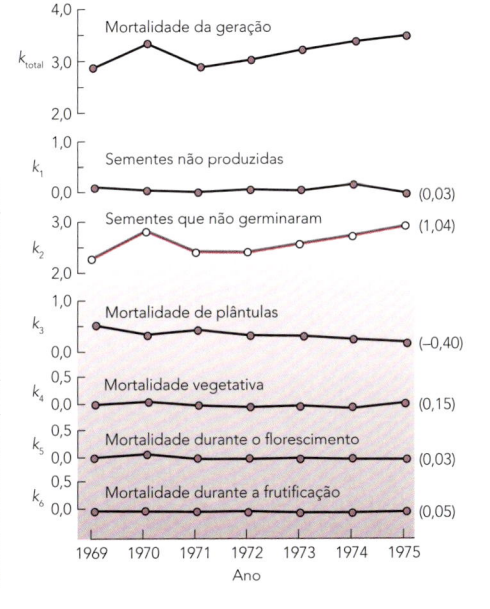

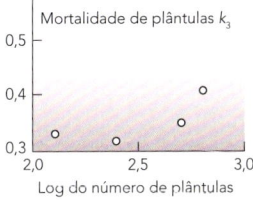

ADAPTADA DE SYMONIDES, 1979; ANÁLISE EM SILVERTOWN, 1982

De forma geral, portanto, a análise do fator-chave (apesar de seu nome equivocado) é útil para a identificação de fases importantes nos ciclos de vida de organismos estudados, e útil também para distinguirmos a variedade de maneiras em que as fases podem ser importantes: contribuindo significativamente para a soma total da mortalidade; contribuindo significativamente para as variações na mortalidade e, portanto, na *determinação* da abundância; e contribuindo significativamente para a *regulação* da abundância em virtude da dependência da densidade da mortalidade. O Quadro 9.2 registra um problema atual cuja compreensão poderia nos beneficiar na análise do fator-chave.

9.2 ECONSIDERAÇÕES ATUAIS

Bolotas, camundongos, carrapatos, cervos e doença humana: interações populacionais complexas

Os ecólogos têm tentado desvendar as interações complexas entre a produção de bolotas, populações de camundongos e cervos, carrapatos parasitos e, finalmente, um patógeno bacteriano carregado pelos carrapatos que podem afetar as pessoas. É evidente que um conhecimento amplo dos fatores abióticos que determinam o tamanho da produção de bolotas e das várias interações populacionais pode permitir aos cientistas prever os anos em que os riscos de doença humana são altos. Este é o assunto do seguinte artigo de jornal no *Contra Costa Times* de sexta-feira, 13 de fevereiro de 1998, escrito por Paul Recer.

Mais bolotas pode significar um aumento na doença de Lyme

Uma grande produção de bolotas no último outono poderia significar um grande surto de doença de Lyme no próximo ano, de acordo com um estudo que relacionou bolotas, camundongos e cervos ao número de carrapatos que carregam o parasito da doença de Lyme.

Baseado no estudo, os pesquisadores no Instituto de Estudos de Ecossistemas em Millbrook, Nova Iorque, disseram que 1999 pode ver um aumento dramático nos número de casos de doença de Lyme entre pessoas que visitam as florestas de carvalhos do nordeste.

"Tivemos neste ano uma extraordinária produção de bolotas, de modo que em 1999, dois anos após o evento, devemos ter um ano extraordinário para a doença de Lyme", disse Clive G. Jones, um pesquisador do Instituto de Estudos de Ecossistemas; "1999 deve ser um ano de alto risco de doença de Lyme".

A doença de Lyme é causada por uma bactéria transportada por carrapatos. Os carrapatos normalmente vivem sobre camundongos e cervos, mas podem picar seres humanos. A doença de

Fêmea do carrapato dos cervos (*Ixodes dammini*), que carrega a doença de Lyme (× 7).
© ROBERT CATANTINE, VISUALS UNLIMITED

Lyme causa primeiramente brotoejas leves, mas, se não tratada, pode prejudicar o coração e o sistema nervoso e causar um tipo de artrite.

Jones, juntamente com pesquisadores da Universidade de Connecticut, Storrs, e Universidade Estadual de Cornell, Corvallis, verificaram que o número de camundongos, o número de carrapatos, a população de cervos e até mesmo o número de mariposas-ciganas estão diretamente relacionados à produção de bolotas na floresta de carvalhos.

Jones disse que em anos posteriores a uma grande produção de bolotas, o número de larvas de carrapatos é oito vezes maior do que em anos posteriores a uma reduzida produção desses frutos. Além disso, ele disse, que existem aproximadamente 40% mais carrapatos em cada camundongo.

Os pesquisadores testaram os efeitos das bolotas, manipulando a população de camundongos, e a sua disponibilidade em parcelas florestais ao longo do Rio Hudson. Jones disse que o trabalho, desenvolvido ao longo de várias temporadas, provou a teoria de que os camundongos e as populações de carrapatos aumentam e diminuem com base na disponibilidade de bolotas.

(Conteúdo original completo © 1998 *Contra Costa Times* e não pode ser republicado sem permissão. Envie comentários ou perguntas para newlib@infi.net. Todos os arquivos estão armazenados em um sistema de bibliotecas de jornais SAVE (tm) de MediaStream Inc., uma companhia de Knight-Ridder, Inc.)

Como uma análise de fator-chave poderia ser usada para apontar com precisão as fases importantes na determinação do risco da doença humana?

9.3 Dispersão, manchas e dinâmica de metapopulações

Em diversos estudos sobre abundância, tem sido pressuposto que os principais eventos ocorrem dentro da área de estudo, e de que imigrantes e emigrantes podem ser ignorados sem riscos. Porém, a migração pode ser um fator vital na determinação e/ou regulação da abundância. Já vimos, por exemplo, que a emigração foi a razão predominante para a perda de adultos de verão do besouro-da-batata, que foi tanto a fase-chave na determinação das flutuações populacionais e aquela em que a perda foi fortemente dependente de densidade.

> a dispersão é ignorada sob conta e risco dos ecólogos

A dispersão tem um papel particularmente importante a desempenhar quando as populações estão fragmentadas e desiguais – como muitas delas são. A abundância de organismos distribuídos de forma desuniforme pode ser considerada como determinada pelas propriedades de dois atributos: o "sítio habitável" e a "distância de dispersão" (Gadgil, 1971). Assim, uma população pode ser pequena se seus sítios habitáveis são pequenos ou de curta duração ou apenas poucos em número; porém a mesma pode ser pequena se a distância de dispersão entre sítios habitáveis é grande em relação ao potencial de dispersão das espécies, de tal modo que sítios habitáveis que se extinguem localmente dificilmente são recolonizados.

> sítios habitáveis e distância de dispersão

Para descobrirmos as limitações que a acessibilidade de sítios habitáveis impõe à abundância, contudo, é necessário identificar sítios habitáveis não habitados. Isto é possível, por exemplo, para várias espécies de borboletas, pois suas larvas se alimentam somente sobre uma ou poucas espécies de plantas distribuídas de modo desuniforme. Desse modo, identificando os sítios habitáveis com essas plantas, se estavam ou não habitadas, Thomas e colaboradores (1992) verificaram que a borboleta foi capaz de recolonizar praticamente todos os sítios habitáveis menores do que 1 km a partir de populações existentes, mas aqueles mais afastados (além dos poderes de dispersão da borboleta) permaneceram desabitados. O tamanho total da população foi determinado tanto pela acessibilidade desse recurso desuniforme quanto pela quantidade total do recurso. De fato, a habitabilidade de alguns desses sítios isolados foi estabelecida quando a borboleta foi ali introduzida com sucesso (Thomas & Harrison, 1992). Este, sobretudo, é o teste crucial para ver se um sítio "habitável" desabitado é realmente habitável ou não.

metapopulações

Uma mudança radical na maneira como os ecólogos pensam a respeito de populações envolveu a combinação de desuniformidade e dispersão no conceito de uma *metapopulação*, cujas origens são descritas no Quadro 9.3. Uma popu-

9.3 MARCOS HISTÓRICOS

A gênese da teoria de metapopulações

Um livro clássico, A Teoria da Biogeografia de Ilhas, escrito por MacArthur e Wilson e publicado em 1967, foi um catalisador importante na mudança radical da teoria ecológica. Eles mostraram como a distribuição de espécies em ilhas poderia ser interpretada como um equilíbrio entre as forças opostas de extinções e colonizações (ver Capítulo 10). Além disso, dedicaram atenção especial às situações em que todas aquelas espécies estavam disponíveis para a colonização repetida de ilhas individuais, a partir de uma fonte comum – o continente. Eles desenvolveram suas ideias no contexto das floras e faunas de ilhas reais (i.e., oceânicas), mas seu pensamento foi rapidamente assimilado em contextos muito mais amplos, com a percepção de que manchas em geral apresentam muitas das propriedades de ilhas verdadeiras – poças como ilhas de água em um mar de terra, árvores como ilhas no campo, e assim por diante.

Quase ao mesmo tempo em que o livro de MacArthur e Wilson foi publicado, um modelo simples de "dinâmica de metapopulações" foi proposto por Levins (1969). O conceito de uma *metapopulação* proposto foi aplicado a uma população subdividida e desuniforme, na qual a dinâmica populacional opera em dois níveis:

1. A dinâmica dos indivíduos dentro das manchas (determinada pelas forças demográficas habituais de natalidade, mortalidade e movimento).
2. A dinâmica das manchas ocupadas (ou "subpopulações"), da metapopulação global (determinada pelas taxas de colonização de manchas vazias e de extinção dentro de manchas ocupadas).

Embora tanto esta teoria quanto a de MacArthur e Wilson abrangessem a ideia de desuniformidade, e ambas focalizassem colonização e extinção em vez de detalhes da dinâmica local, a teoria de MacArthur e Wilson baseou-se em uma visão de continentes como fontes ricas de colonizadores para arquipélagos inteiros, enquanto em uma metapopulação existe um conjunto de manchas, mas não um continente dominante.

Levins introduziu a variável $p(t)$, que significa a fração de manchas de hábitat ocupadas no tempo t. Observe que o uso desta única variável carrega a noção profunda de que nem todas as manchas habitáveis são sempre habitadas. A taxa de mudança em

> $p(t)$ depende da taxa de extinção local de manchas e da taxa de colonização de manchas vazias. Não é necessário entrar nos detalhes do modelo de Levin; é suficiente dizer que, desde que a taxa intrínseca de colonização exceda a taxa intrínseca de extinção dentro das manchas, a metapopulação total alcançará uma fração equilibrada e estável de manchas ocupadas, mesmo que nenhuma das populações locais seja estável.
>
> Talvez devido à influência poderosa da teoria de MacArthur e Wilson sobre a ecologia, a ideia global de metapopulações foi grandemente negligenciada durante os 20 anos após o trabalho inicial de Levin. A década de 1990, contudo, viu um grande interesse, tanto na teoria subjacente quanto em populações na natureza que poderiam se ajustar ao conceito de metapopulações (Hanski, 1999).

lação pode ser descrita como uma metapopulação, se a mesma puder ser vista como consistindo de uma coleção de subpopulações, cada uma das quais com uma chance real tanto de se extinguir quanto de aparecer novamente através de recolonização. A essência é uma mudança de foco: menos ênfase é dada para o nascimento, morte e processos de movimentação ocorrendo dentro de uma única subpopulação; mas muito mais ênfase é dada para a colonização (= nascimento) e extinção (= morte) de subpopulações dentro da metapopulação como um todo. A partir desta perspectiva, torna-se aparente que uma metapopulação pode persistir, estavelmente, como resultado do equilíbrio entre extinções e recolonizações, embora nenhuma das subpopulações locais seja estável por si só. Um exemplo disto é mostrado na Figura 9.8, onde dentro de uma metapopulação altamente fragmentada e persistente da borboleta *Melitaea cinxia* na Finlândia, mesmo as maiores subpopulações tiveram uma alta probabilidade de declinar até a extinção dentro de 2 anos.

Aspectos da dinâmica de metapopulações podem ser ilustrados em um estudo sobre um pequeno mamífero, um ocotonídeo (*Ochotona princeps*), na Califórnia (Figura 9.9). A população total poderia ser dividida em redes de manchas do norte, centrais e do sul, e a ocupação das manchas em cada uma das redes foi determinada em quatro ocasiões entre 1972 e 1991. Estes dados (Figura 9.9a) mostram que a rede do norte manteve uma alta ocupação por todo o período

dinâmica de metapopulações: Ochotona princeps

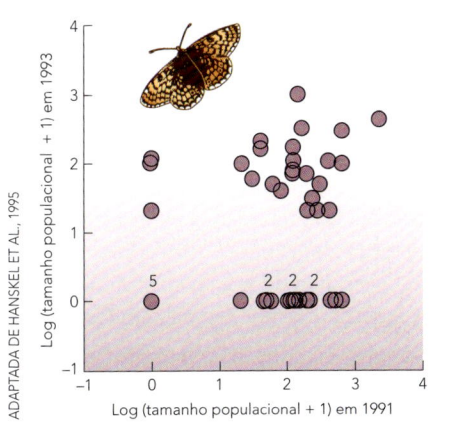

Figura 9.8

Comparação dos tamanhos subpopulacionais em junho de 1991 (adultos) e agosto de 1993 (larvas) da borboleta *Melitaea cinxia* na Ilha de Åland, Finlândia. Múltiplos pontos de dados são indicados por números. Diversas populações de 1991, incluindo muitas das maiores, foram extintas por volta de 1993.

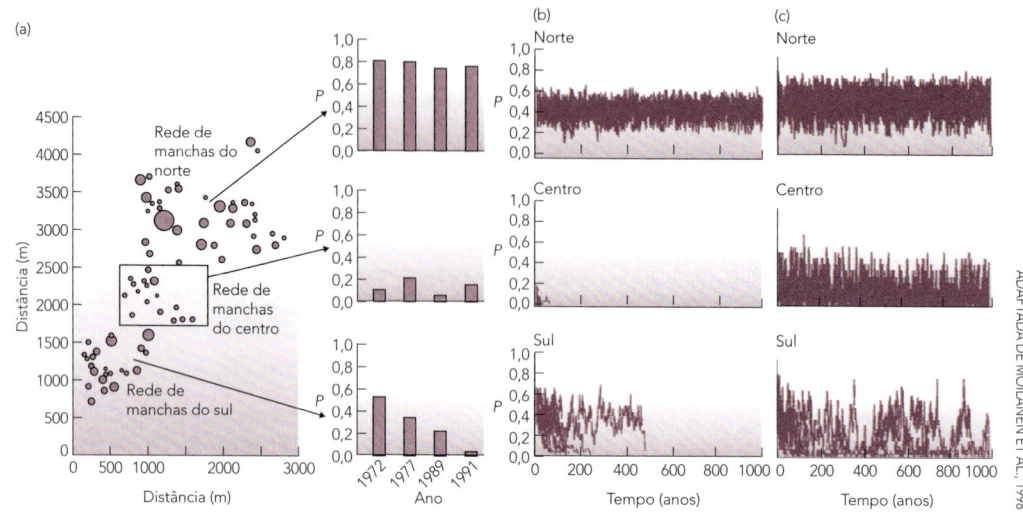

Figura 9.9
A dinâmica metapopulacional de *Ochotona princeps*, em Bodie, Califórnia. (a) As posições relativas (distância de um local a sudoeste da área de estudo) e tamanhos aproximados (como é indicado pelo tamanho dos pontos) das manchas habitáveis, e os graus de ocupação (como proporções, *P*) nas redes de manchas do norte, centro e sul em 1972, 1977, 1989 e 1991. (b) A dinâmica temporal simulada das três redes, com cada uma das redes simulada em isolamento. Dez réplicas das simulações são mostradas, sobrepostas umas às outras, cada uma iniciando com os dados reais em 1972. (c) Simulações equivalentes a (b), mas com a metapopulação inteira tratada como uma única entidade.

do estudo, a rede central manteve uma ocupação muito menor e mais variável, enquanto a rede do sul sofreu um declínio constante e substancial.

A dinâmica de subpopulações individuais não foi monitorada, mas foi simulada pelo uso de modelos baseados nos princípios da dinâmica de metapopulações e em informações gerais sobre a biologia de *O. princeps*. Quando as três redes foram simuladas em isolamento (Figura 9.9b), a rede do norte permaneceu sob alta e estável ocupação (como se observa nos dados), mas a rede central colapsou rápida e previsivelmente, e a rede do sul às vezes sofreu o mesmo destino. Contudo, quando a metapopulação inteira foi simulada como uma única entidade (Figura 9.9c), a rede do norte novamente alcançou uma ocupação alta e estável, porém desta vez a rede central também foi estável, embora sob muito menor ocupação (novamente como foi observado), enquanto a rede do sul sofreu colapsos periódicos (também consistente com os dados reais).

Isso tudo sugere que dentro da metapopulação como um todo, a rede do norte age como uma fonte líquida de colonizadores que impedem a rede central de sofrer extinção total. Estas, por sua vez, retardam a extinção e permitem a recolonização da rede do sul. O estudo, portanto, ilustra como metapopulações como um todo podem ser estáveis quando as suas subpopulações não são. Além disso, a comparação das redes do norte e central, ambas estáveis mas sob ocupações muito diferentes, mostra como a ocupação pode depender do tamanho do *pool* de dispersores, o qual por sua vez pode depender do tamanho e do número das subpopulações.

Finalmente, a rede do sul em particular enfatiza que a dinâmica observável de uma metapopulação pode ter muito mais a ver com um comportamento "transitório", longe de qualquer equilíbrio. Utilizando outro exemplo, a borboleta *Hesperia comma* declinou de forma constante na Grã-Bretanha, de uma distribuição generalizada sobre a maioria dos montes calcáreos em 1900, para 46 ou menos locais de refúgio (populações locais), em 10 regiões no início da década de 1960 (Thomas & Jones, 1993). As razões prováveis foram as mudanças no uso da terra – aumento na aragem dos campos, redução da lotação de animais pastejadores – e a virtual eliminação de coelhos pela mixomatose com as suas profundas mudanças vegetacionais. Por todo este período de não equilíbrio, as taxas de extinção local geralmente excederam as de recolonização. Nas décadas de 1970 e 1980, contudo, a reintrodução do gado e a recuperação dos coelhos levaram a um aumento no pastejo, e os hábitats favoráveis aumentaram novamente. Desta vez, a recolonização excedeu à extinção local, mas a dispersão da borboleta permaneceu lenta, especialmente em localidades isoladas dos refúgios da década de 1960. Mesmo no sudeste da Inglaterra, onde a densidade de refúgios foi mais elevada, prevê-se que a abundância da borboleta crescerá apenas lentamente – e permanecerá longe do equilíbrio – por no mínimo 100 anos. Assim, parece que quase um século de declínio "transitório" na dinâmica da metapopulação será seguido por outro século de aumento transitório – exceto que o ambiente sem dúvida se alterará novamente, antes que a fase transitória termine e a metapopulação alcance o equilíbrio.

> dinâmica transitória pode ser tão importante quanto o equilíbrio

Na realidade, além disso, há provavelmente um *continuum* de tipos de metapopulações: desde coleções de populações locais quase idênticas, todas igualmente suscetíveis à extinção, até metapopulações em que há uma grande desigualdade entre populações locais, algumas das quais são de fato estáveis por sua própria conta. Este contraste é ilustrado na Figura 9.10, para a borboleta *Plebejus argus* em Gales do Norte, Reino Unido.

> um *continuum* de tipos de metapopulações

Por fim, devemos ser cautelosos ao assumirmos que todas as populações desuniformes são verdadeiramente metapopulações – formadas por subpopulações, cada uma das quais com uma probabilidade mensurável de se tornar extinta ou de ser recolonizada. O problema de identificar metapopulações é especialmente aparente em relação às plantas. Não há dúvida de que muitas plantas habitam ambientes desuniformes, e extinções aparentes de populações locais podem ser comuns. Isto é mostrado na Figura 9.11 para a planta aquática anual *Eichhornia paniculata*, que vive em poças temporárias e valas em regiões áridas do nordeste do Brasil. Contudo, a aplicabilidade da ideia de recolonização seguindo-se a uma extinção genuína é questionável em qualquer espécie de planta que tenha um banco de sementes enterrado (ver Seção 5.2.2). Em *E. paniculata*, por exemplo, as sementes pesadas quase sempre caem na vizinhança imediata da planta-mãe, em vez de serem dispersas para outras manchas. "Extinções", então, são tipicamente resultantes da perda catastrófica do hábitat (observe na Figura 9.11 que a chance de extinção não tem de fato nada a ver com o tamanho anterior da população); e "recolonizações" são quase sempre simplesmente o resultado da germinação de sementes que segue à restauração do hábitat. A recolonização por dispersão, um pré-requisito para uma metapopulação verdadeira, é extremamente rara.

> metapopulações de plantas? Lembremos do banco de sementes

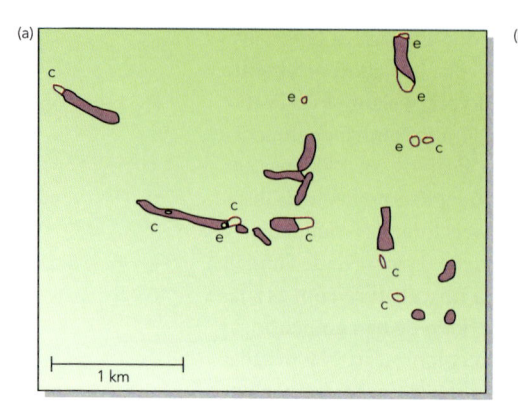

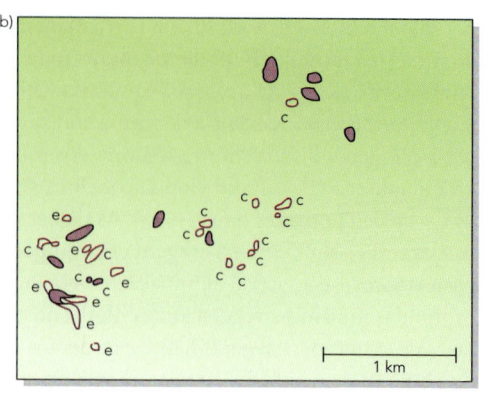

Figura 9.10

Duas metapopulações da borboleta *Plebejus argus* em Gales do Norte: contornos preenchidos, presentes tanto em 1983 quanto em 1990 ("persistentes"); contornos vazios, não presentes nos dois períodos; e, presente apenas em 1983 (extinção presumida); c, presente somente em 1990 (colonização presumida). (a) Em um hábitat de rochas calcárias, houve um grande número de populações locais persistentes (em geral maiores) entre populações locais menores e muito mais efêmeras (colonizações e extinções). (b) Em um hábitat de urzal, a proporção de populações menores e efêmeras foi muito maior.

9.4 Padrões temporais na composição da comunidade

9.4.1 Comunidades controladas pelo fundador e controladas pela dominância

perturbações e o conceito de dinâmica de manchas de organização das comunidades

Da perspectiva da desuniformidade ambiental, o conceito de metapopulação é importante para o entendimento da dinâmica populacional, mas quando a organização da comunidade é o foco de atenção geralmente nos referimos ao conceito de *dinâmica de manchas*. Os conceitos são bastante relacionados. Ambos aceitam que a combinação de desuniformidade e dispersão entre manchas pode gerar dinâmicas completamente distintas daquelas que seriam observadas, se houvesse apenas uma mancha homogênea.

Figura 9.11

De 123 populações da espécie aquática anual *Eichhornia paniculata* no nordeste do Brasil, observadas ao longo de um intervalo de tempo de 1 ano, 39% extinguiram-se, mas o tamanho médio inicial daquelas que se extinguiram (barras escuras) não foi significativamente diferente do daquelas que não se extinguiram (barras claras). (Mann-Whitney $U = 1925$, $P > 0,3$).

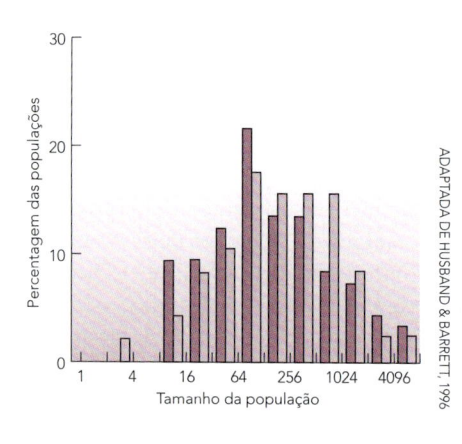

Perturbações que abrem clareiras são comuns em todos os tipos de comunidade. Clareiras são simplesmente manchas dentro das quais muitas espécies sofrem extinções locais simultaneamente. Em florestas, ventos intensos, elefantes ou simplesmente a morte de uma árvore devido à idade podem criar clareiras. No campo, os agentes incluem geadas, animais escavadores e fezes do gado. Em costões rochosos, clareiras podem se formar como resultado da ação intensa de ondas durante furacões, colisões de barcos atracados ou a ação de predadores.

Dois tipos fundamentalmente diferentes de organização de comunidades podem ser reconhecidos (Yodzis, 1986). Quando todas as espécies são bons colonizadores e essencialmente competidores similares, as comunidades são descritas como *controladas por fundadores*; quando algumas espécies são fortemente superiores competitivamente, as comunidades podem ser descritas como *controladas pela dominância*. A dinâmica das duas é bastante distinta, e trataremos delas por partes.

Em comunidades controladas pelo fundador, as espécies são aproximadamente equivalentes na sua capacidade de invadir clareiras e podem dominá-las em detrimento de novos imigrantes durante o seu tempo de vida. Portanto, a probabilidade de exclusão competitiva na comunidade como um todo pode ser bastante reduzida onde as clareiras aparecem continua e aleatoriamente. Isto pode ser considerado uma "loteria competitiva". Em cada ocasião em que um indivíduo morre (ou é morto), uma clareira é aberta para invasão. Todas as substituições concebíveis são possíveis, e a riqueza de espécies é mantida sob altos níveis no sistema como um todo. Por exemplo, três espécies de peixe coocorrem na encosta superior do Recife Heron, parte da Grande Barreira de Corais a leste da Austrália: *Eupomacentrus apicalis*, *Plectroglyphidodon lacrymatus* e *Pomacentrus wardi*. Dentro de manchas de detritos, o espaço disponível é ocupado por uma série de territórios não sobrepostos, que os indivíduos mantêm por toda a sua vida juvenil e adulta, defendendo-o contra

> comunidades controladas pelo fundador: loterias competitivas

A Grande Barreira de Corais, Austrália

os indivíduos de sua própria espécie e das outras. Porém, parece não haver qualquer tendência particular de o espaço inicialmente ocupado por uma espécie ser tomado, seguindo-se à mortalidade, pela mesma espécie. Tampouco é evidente qualquer sequência de propriedade (Tabela 9.4). *Pomacentrus wardi* tanto recrutou quanto perdeu indivíduos em uma taxa maior do que as outras duas espécies, porém todas as três espécies aparentemente recrutaram em um nível suficiente para equilibrarem as suas taxas de perda e manterem uma população residente de indivíduos reprodutivos.

De fato, as comunidades de peixes de recifes tropicais em geral podem frequentemente se encaixar no modelo controlado pelo fundador (Sale & Douglas, 1984). Elas são muito ricas em espécies. O número de espécies de peixes na Grande Barreira de Corais varia entre 900 no sul e 1.500 no norte, e mais de 50 espécies residentes podem ser registradas em uma única mancha de recife de 3 m de diâmetro. Somente uma proporção desta riqueza de espécies é provavelmente atribuível à partição de recursos alimentares e espaço – de fato as dietas de muitas das espécies coexistentes são bastante similares. É um espaço de vida desocupado que parece ser um fator limitante fundamental, produzido de modo imprevisível no espaço e no tempo quando um residente morre ou é morto. Os estilos de vida das espécies se ajustam a esse estado de relações. Elas se reproduzem frequentemente, às vezes ao longo do ano, e produzem numerosas ninhadas de ovos ou larvas dispersivos. As espécies competem em uma loteria por espaço de vida no qual as larvas são os bilhetes, e a primeira a chegar num espaço desocupado conquista o sítio, amadurece rapidamente e mantém o espaço por todo o tempo de vida.

comunidades controladas pela dominância e sucessão de comunidades

Em comunidades controladas pela dominância, por outro lado, algumas espécies são competitivamente superiores a outras, e um colonizador inicial de uma mancha não pode necessariamente manter a sua presença ali. Nesses casos, perturbações que abrem clareiras levam a sequências razoavelmente previsíveis de espécies, pois espécies distintas têm estratégias diferentes para a exploração de recursos – espécies iniciais são boas colonizadoras e crescem rápido, enquanto espécies tardias podem tolerar baixos níveis de recursos e crescer até a maturidade na presença de espécies iniciais, finalmente sobrepujando-as. Tais sequências são exemplos de *sucessões* de comunidades. Uma visão idealizada de uma sucessão é mostrada na Figura 9.12. O espaço aberto é colonizado por uma ou mais espécies de um

Tabela 9.4

Para três espécies de peixes de recife, indicam-se os números de cada espécie observada ocupando os sítios, ou partes deles, que foram liberados durante o período imediatamente anterior entre censos, através da perda de residentes de cada espécie. Os sítios liberados através da perda de 120 residentes foram reocupados por 131 peixes; a espécie dos novos ocupantes não é dependente da espécie do residente anterior (χ^2 = 5,88; $P > 0,1$).

	REOCUPADO POR:		
RESIDENTE PERDIDO	*E. apicalis*	*P. lacrymatus*	*P. wardi*
Eupomaccentrus aplicalis	9	3	19
Plectroglyphidodon lacrymatus	12	5	9
Pomacentrus wardi	27	18	29

ADAPTADA DE SALE, 1979

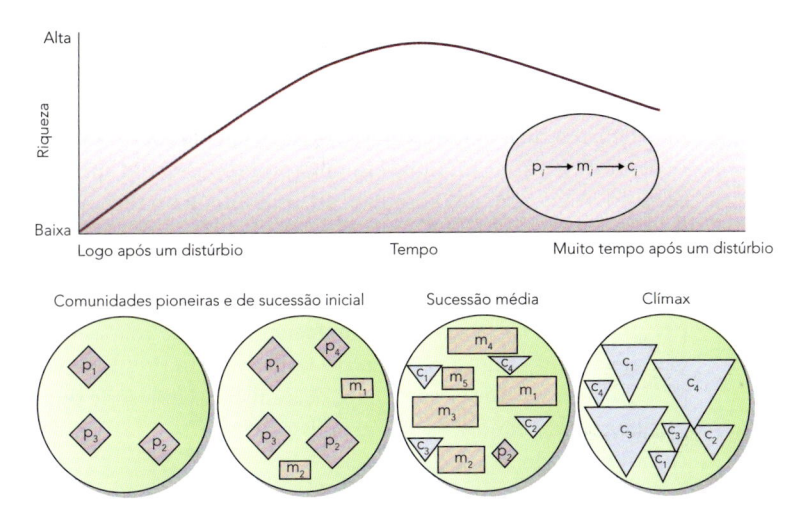

Figura 9.12

Sucessão hipotética em uma clareira – exemplo de controle da dominância. O grau de ocupação das clareiras é razoavelmente previsível. A riqueza começa em um nível baixo, à medida que algumas poucas espécies pioneiras (p_i) chegam; atinge um máximo na sucessão média, quando uma mistura de espécies pioneiras de sucessão média (m_i) e clímax (c_i) ocorrem conjuntamente; e diminui de novo à medida que há exclusão competitiva pelas espécies clímax.

grupo oportunista de início de sucessão (p_1, p_2, etc., na Figura 9.12). À medida que o tempo passa, mais espécies invadem, frequentemente aquelas com menores poderes de dispersão. Essas finalmente alcançam a maturidade, dominando a sucessão intermediária (m_1, m_2, etc.) e várias ou todas as espécies pioneiras são levadas à extinção. Posteriormente ainda, a comunidade alcança o estágio *clímax* quando os competidores mais eficientes (c_1, c_2, etc.) expulsam seus vizinhos. Nesta sequência, se o processo segue inteiramente seu curso, o número de espécies primeiro aumenta (devido à colonização) e, após diminui (devido à competição).

Algumas perturbações são sincronizadas por áreas extensas (p. ex., um incêndio florestal pode destruir uma imensa extensão de uma comunidade clímax. A área inteira então passa por uma sucessão mais ou menos sincronizada; outras são muito menores e produzem um mosaico de hábitats. Se essas perturbações estão em descompasso com outros, a comunidade resultante compreende um mosaico de manchas em diferentes estágios de sucessão.

9.4.2 Sucessão de comunidades

Se uma clareira aberta não foi previamente influenciada por uma comunidade, a sequência de espécies é referida como uma *sucessão primária*. Derrames de lava causados por erupções vulcânicas, substrato exposto pela retração de uma geleira e dunas de areia recém formadas são exemplos. Porém, onde as espécies de uma área foram parcialmente ou completamente removidas, mas as sementes e esporos permaneceram, a sequência subsequente é denominada uma *sucessão secundária*. A perda de árvores localmente como resultado de ventos fortes pode

sucessões primárias e secundárias

levar a sucessões secundárias, assim como cultivos seguidos pelo abandono da área de cultivo (as chamadas sucessões de campos abandonados*).

As sucessões primárias frequentemente demoram centenas de anos para ocorrerem. Contudo, uma sucessão primária sobre rochas recentemente desnudas na zona marinha litorânea pode ocorrer em apenas uma década, se tanto. A duração das pesquisas de um ecólogo é suficiente para abranger uma sucessão litorânea, mas não aquela que se segue à retração glacial. Felizmente, contudo, a informação pode às vezes ser obtida por escalas mais longas de tempo. Estágios sucessionais no tempo podem ser representados por gradientes espaciais da comunidade. O uso de mapas históricos, datação de carbono ou outras técnicas podem permitir a estimativa da idade de uma comunidade desde a exposição inicial. Uma série de comunidades atualmente existentes – uma "cronossequência" – pode, então, ser inferida como refletindo a sucessão.

uma sucessão primária em dunas

Uma extensa cronossequência de restingas cobertas por dunas ocorre na costa do Lago Michigan nos EUA. Treze restingas de idade conhecida (30-440 anos de idade) mostram um claro padrão de sucessão primária para floresta. A gramínea de dunas *Ammophila breviligulata* domina as restingas mais jovens e ainda móveis. Dentro de 100 anos, esta é substituída por arbustos perenifólios tais como *Juniperus communis* e pela gramínea cespitosa de pradarias *Schizachyrium scoparium*. As coníferas começam a colonizar as restingas após 150 anos, e uma floresta mista de espécies de pinheiros se desenvolve entre 225 e 400 anos. Árvores caducifólias tais como carvalhos e bordos** não se tornam componentes importantes da floresta antes de 440 anos.

Contudo, a adição experimental de sementes e os transplantes de plântulas têm mostrado que espécies tardias são capazes de germinar em dunas jovens (Figura 9.13a). O solo mais desenvolvido das dunas mais velhas pode melhorar a *performance* de espécies de sucessão tardia, mas o seu sucesso na colonização de dunas jovens é impedido, de modo especial, pela limitada dispersão de sementes, juntamente com a predação de sementes por roedores (Figura 9.13b). Finalmente, contudo, as espécies iniciais são competitivamente excluídas à medida que as árvores se estabelecem e crescem.

sucessão secundária em campos abandonados por agricultores

As sucessões em campos abandonados têm sido estudadas principalmente no leste dos EUA, onde muitas fazendas foram abandonadas pelos agricultores que foram para oeste, após a fronteira ter sido aberta no século XIX. A maior parte da floresta mista de coníferas e latifoliadas pré-colonial foi destruída, mas a regeneração foi rápida após a "perturbação" causada pelos agricultores ter chegado ao fim. Os primeiros ocupantes do oeste americano deixaram para trás a terra exposta que foi colonizada por espécies pioneiras de tipos bastante diferentes. A sequência típica de vegetação dominante é: ervas anuais → ervas perenes → arbustos → árvores de sucessão inicial → árvores de sucessão tardia. Um estudo particularmente detalhado sobre a sucessão em campos abandonados foi realizado na Área

---

* N. de T. Em inglês lê-se *old-field successions*.
** N. de T. Espécies dos gêneros *Quercus* e *Acer*, respectivamente.

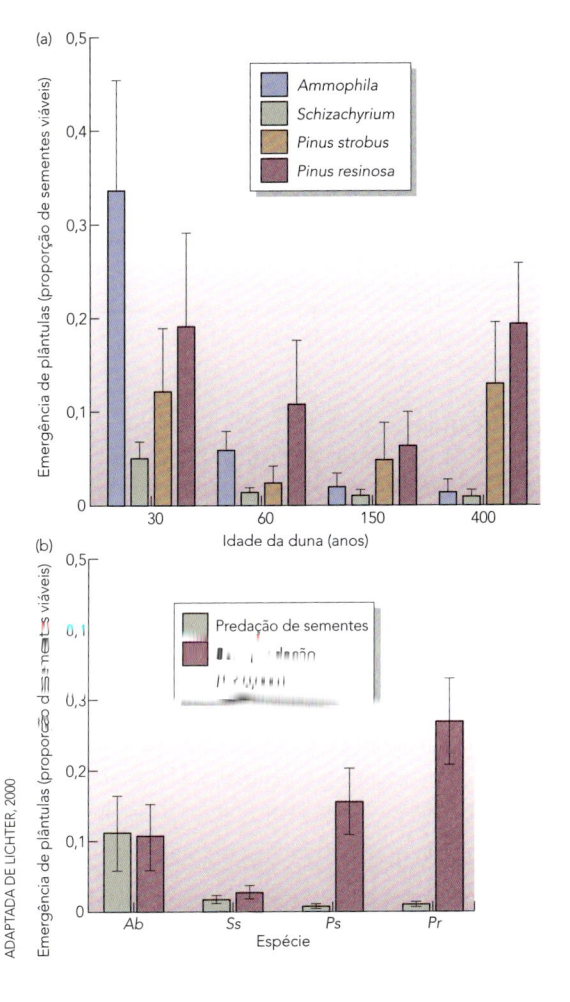

Figura 9.13
(a) Emergência de plântulas (médias ± EP) a partir de sementes de espécies típicas de diferentes estágios sucessionais adicionadas em dunas de quatro idades. (b) Emergência de plântulas das quatro espécies (Ab, *Ammophila*; Ss, *Schizachyrium*; Os, *Pinus strobus*; Pr, *Pinus resinosa*) na presença e ausência de roedores predadores de sementes.

de História Natural Cedar Creek em Minnesota, em solo bem drenado pobre em nutrientes. Este estudo é discutido em detalhe na Seção 1.3.2.

A sucessão em campos abandonados tem sido estudada também no produtivo Platô de Loess na China, o qual por milênios foi afetado por atividades humanas, de modo que restaram poucas áreas de vegetação natural. Um estudo examinou a vegetação em quatro sítios abandonados por agricultores por períodos conhecidos de tempo: 3, 26, 46 e 149 anos. De um total de 40 espécies de plantas identificadas, espécies diferentes foram dominantes (em termos de abundância relativa em cobertura relativa do solo) nos sítios de idades distintas (Figura 9.14). As espécies de sucessão inicial foram anuais e bianuais com alta produção de sementes. Por 26 anos, a erva perene *Lespedeza davurica*, com a sua capacidade de se propagar lateralmente por meios vegetativos e um sistema de raízes bem desenvolvido, substituiu *Artemisia scoparia*. A dominância da gramínea *Bothriochloa ischaemum* em 149 anos estava relacionada à sua natureza perene, à capacidade de se propagar por clonagem e à alta capacidade competitiva. Diferente dos campos abandonados do leste dos

Figura 9.14

Variação na importância relativa de seis espécies durante uma sucessão em campo abandonado no Platô de Loess, na China.

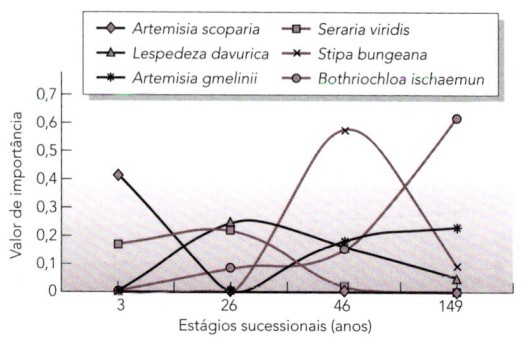

EUA, a vegetação clímax do Platô de Loess parece ser campo estépico em vez de floresta. Porém, como na sucessão idealizada da Figura 9.12, são aparentes um aumento inicial no número de espécies como resultado de colonização e uma diminuição subsequente como resultado de competição.

espécies de sucessão inicial e tardia têm diferentes propriedades

As plantas de sucessão inicial têm um estilo de vida fugitivo. A sua sobrevivência continuada depende da dispersão para outros sítios perturbados. Elas não podem persistir em competição com espécies tardias e, assim devem crescer e consumir os recursos disponíveis rapidamente. Taxas de crescimento e de fotossíntese são propriedades cruciais das fugitivas. As taxas de plantas de sucessão tardia são muito mais baixas (Tabela 9.5).

Diferentemente das pioneiras anuais, as sementes de plantas de sucessão tardia podem germinar na sombra, por exemplo, sob um dossel florestal. Elas igualmente podem continuar a crescer sob essas baixas intensidades lumino-

Tabela 9.5

Algumas taxas fotossintéticas representativas (mg CO_2 dm^{-2} h^{-1}) de espécies vegetais em uma sequência sucessional. Árvores de sucessão tardia estão arranjadas de acordo com a sua posição relativa na sucessão.

PLANTA	TAXA	PLANTA	TAXA
Anuais de verão		**Árvores de sucessão inicial**	
Abutilon theophrasti	24	Diospyros virginiana	17
Amaranthus retroflexus	26	Juniperus virginiana	10
Ambrosia artemisiifolia	35	Populus deltoides	26
Ambrosia trifida	28	Sassafras albidum	11
Chenopodium album	18	Ulmus alata	15
Polygonum pensylvanicum	18		
Setaria faberri	38	**Árvores de sucessão tardia**	
		Liriodendron tulipifera	18
Anuais de inverno		Quercus velutina	12
Capsella bursa-pastoris	22	Fraxinus americana	9
Erigeron annus	22	Quercus alba	4
Erigeron canadensis	20	Quercus rubra	7
Lactuca scariola	20	Aesculus glabra	8
		Fagus grandifolia	7
Perenes herbáceas		Acer saccharum	6
Aster pilosus	20		

sas, muito lentamente, mas mais rápido do que as espécies que elas substituíram (Figura 9.15).

Entre as árvores, as colonizadoras iniciais geralmente apresentam eficiente dispersão de sementes; isto por si só aumenta as suas chances de serem as primeiras a surgir em cena. Elas são habitualmente reprodutores precoces e estão logo prontas para deixarem descendentes em novos sítios. As colonizadoras tardias são aquelas com sementes maiores, dispersão menos eficiente e fases juvenis mais longas. O contraste é entre os estilos de vida das "chegam rápido, vão rápido" e "o que eu tenho, eu mantenho".

O fato de as plantas dominarem a maior parte da estrutura e sucessão das comunidades não significa que os animais sempre seguem as comunidades ditadas pelas plantas. Este será muitas vezes o caso, naturalmente, pois as plantas fornecem o ponto de partida para todas as teias alimentares e determinam muito do caráter do meio físico no qual os animais vivem. Porém, às vezes são os animais que determinam a natureza da comunidade vegetal, através de pastejo ou pisoteio intenso, por exemplo (Quadro 9.4). Mais frequentemente, contudo, os animais são seguidores passivos de sucessões entre as plantas.

> animais são frequentemente afetados pelas sucessões vegetais, mas também podem afetá-las

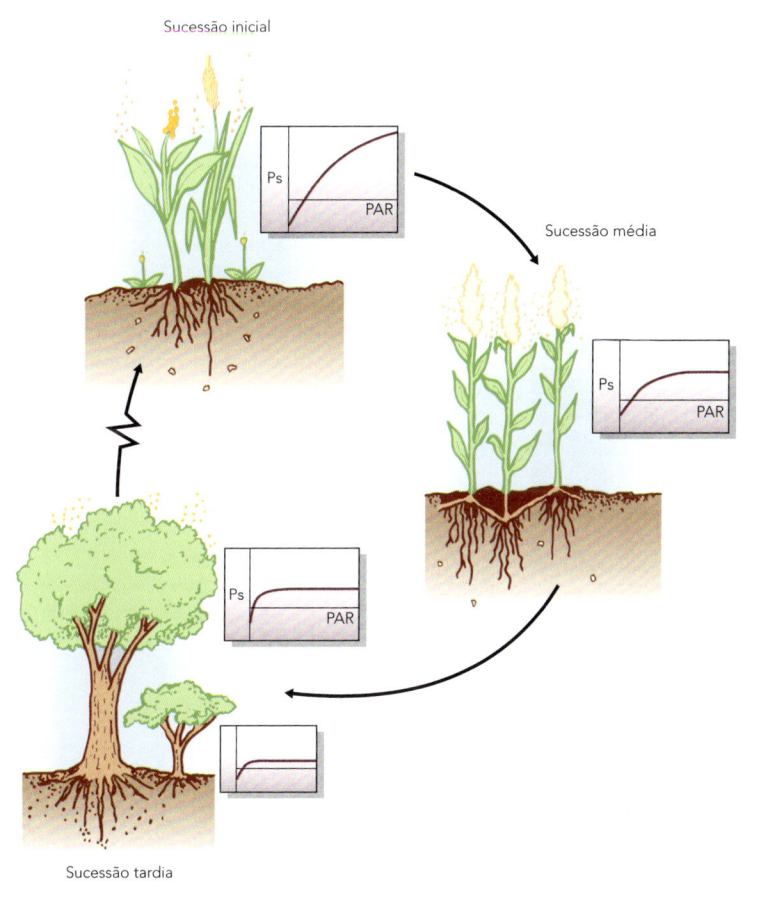

Figura 9.15
Curvas idealizadas de saturação de luz (taxa fotossintética, Ps, plotadas em relação à quantidade de radiação fotossinteticamente ativa, PAR), para plantas de sucessões inicial, média e tardia.

9.4 ECONSIDERAÇÕES ATUAIS

A conservação às vezes requer a manipulação de uma sucessão

Algumas espécies animais ameaçadas estão associadas a estágios específicos de uma sucessão. A sua conservação depende, então, de um conhecimento completo da sequência sucessional, podendo ser requerida uma intervenção para manter o seu hábitat em um estágio sucessional apropriado.

Um exemplo intrigante é fornecido por um inseto gigante da Nova Zelândia, a weta (*Deinacrida mahoenuiensis*, Orthoptera, Anostostomatidae). Essa espécie, a qual acredita-se ter tido anteriormente ampla ocorrência em hábitats florestais, foi descoberta na década de 1970 em uma mancha isolada de tojo (*Ulex europaeus*). Ironicamente, na Nova Zelândia o tojo é uma planta introduzida cujo controle exige muito tempo e esforço dos agricultores. Contudo, sua ramagem densa e espinhosa fornece um refúgio para o weta gigante contra outras pragas introduzidas, especificamente ratos, mas também ouriços, arminhos e gambás, os quais podem capturar prontamente estes insetos em seu ambiente florestal original. Acredita-se que a predação por mamíferos é responsável pela extinção do weta em outros locais.

O Departamento de Conservação da Nova Zelândia adquiriu esta importante mancha de tojo, mas foi permitido que o gado ainda passasse o inverno na reserva. Os conservacionistas ficaram insatisfeitos com isso, mas subsequentemente demonstrou-se que o gado era parte da salvação do weta. Abrindo caminhos através do tojo, o gado permitia a entrada de cabras asselvajadas que forrageiam o tojo, produzindo uma ramagem densa, como uma cerca-viva, e impedindo que o hábitat alcance um estágio inapropriado para os wetas.

Esta estória envolve um único inseto endêmico ameaçado, junto com um conjunto de pragas introduzidas (tojo, ratos, cabras, etc.) e animais domésticos introduzidos (gado). Antes da chegada do homem à Nova Zelândia, os únicos mamíferos aqui da ilha eram morcegos, a fauna endêmica da Nova Zelândia provou ser extraordinariamente vulnerável aos mamíferos que vieram com o homem. Contudo, mantendo a sucessão do tojo em um estágio inicial, as cabras pastadoras fornecem um hábitat em que os wetas podem escapar da atenção de ratos e outros predadores.

Devido ao seu custo econômico para os agricultores, os ecólogos têm tentado encontrar um agente de controle biológico apropriado para o tojo, idealmente um que o erradique. Como você pesaria as necessidades de um inseto raro contra as perdas econômicas associadas com o tojo nas fazendas?

Um inseto weta (*Deinacrida mahoenuiensis*) sobre um ramo de tojo.
CORTESIA DE GREG SHERLEY, DEPARTMENT OF CONSERVATION, WELLINGTON, NEW ZEALAND

---

o conceito de uma comunidade clímax

A Figura 9.12 foi descrita como uma sucessão idealizada, a respeito da qual o idealizado foi a chegada até uma comunidade clímax ao final. Sucessões reais alcançam o clímax? Algumas podem. A sucessão de macroalgas marinhas sobre uma rocha revolvida pode alcançar o clímax em apenas alguns anos. Sucessões em campos abandonados, por outro lado, podem demorar 100-300 anos para alcançar o clímax, mas nesse período a probabilidade de incêndios ou furacões intensos, os quais ocorrem mais ou menos a cada 70 anos na Nova Inglaterra, é tão alta que um processo de sucessão pode nunca chegar a se completar. Tendo em vista que comunidades florestais nas regiões temperadas do norte, e provavelmente também nos trópicos, ainda estão se recuperando da última glaciação, é questionável que uma vegetação clímax idealizada seja frequentemente alcançada na natureza.

De fato, a percepção de que um clímax foi alcançado, como muitas outras mais em ecologia, é provavelmente uma questão de escala. Como foi mencionado anteriormente, muitas sucessões ocorrem em mosaicos de manchas, com cada mancha tendo sido perturbada independentemente, em um estágio sucessional diferente. Rochas sobre um costão rochoso são um bom exemplo. Comunidades clímax em tais casos podem então ocorrer somente, no melhor dos casos, numa escala bastante local. Além disso, quando sucessões ocorrem em um mosaico, a natureza da sucessão, tanto localmente quanto no total, é provavelmente dependente do tamanho e da forma das manchas (clareiras). Os centros de clareiras muito grandes têm maior probabilidade de serem colonizados por espécies que produzem propágulos que viajam por distâncias relativamente grandes. Tal mobilidade é menos importante em clareiras pequenas, pois a recolonização será por propágulos, ou simplesmente por movimento lateral, de indivíduos estabelecidos ao redor da periferia.

> sucessões em um mosaico – o tamanho e a forma das clareiras

Leitos intertidais de mexilhões formam excelentes oportunidades para se estudar os processos de formação e preenchimento de clareiras. Na ausência de distúrbio, leitos de mexilhões podem persistir como monoculturas extensivas. Mais frequentemente, eles são um mosaico em constante mudança de muitas espécies que habitam as clareiras formadas pela ação das ondas. O tamanho dessas clareiras no momento de formação varia desde o espaço de um único mexilhão até centenas de metros quadrados. As clareiras começam a preencher assim que são formadas. Um estudo experimental sobre leitos de mexilhões de *Brachidontes solisianus* e *B. darwinianus* no Brasil teve como objetivo determinar os efeitos do tamanho da mancha e da localização dentro de uma mancha sobre a dinâmica sucessional (Figura 9.16).

Altas densidades da lapa (*Collisella subrugosa*) ocorreram nas menores clareiras nos 6 primeiros meses após a formação das clareiras, mas não em clareiras médias e grandes (Figura 9.16a). Também foi muito mais rápido colonizar a periferia das clareiras grandes do que o centro das mesmas (Figura 9.16b). Esta associação das lapas com as bordas das clareiras (e, portanto, com manchas pequenas) ocorre provavelmente porque ali elas são menos vulneráveis a predadores que caçam baseando-se na visão. Clareiras pequenas também foram mais rapidamente colonizadas pela migração lateral das duas espécies de mexilhões (Figura 9.16a), porém ao redor de 6 meses, *B. darwinianus* predominou progressivamente e também aumentou de número nas clareiras médias e grandes. Na ausência de perturbação posterior, seria esperado que *B. darwinianus* excluísse competitivamente *B. salisianus*. Após cerca de 6 meses, igualmente, os mexilhões *Brachidontes*, que não podem ser identificados ao nível de espécie quando são pequenos, recrutaram significativamente a partir de larvas que povoaram as

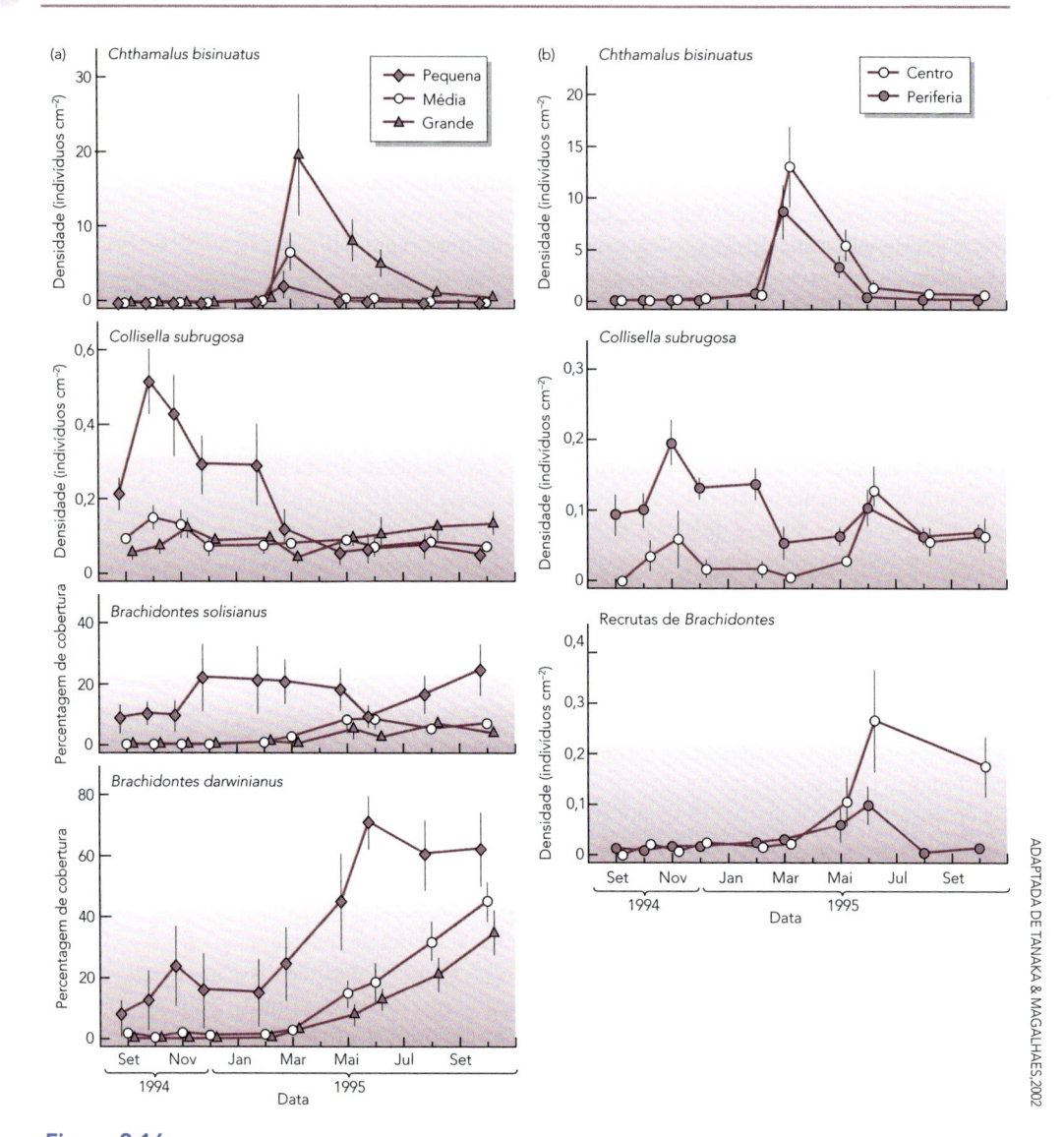

Figura 9.16

(a) Abundâncias médias (± EP) de quatro espécies colonizadoras em clareiras pequenas, médias e grandes, experimentalmente abertas em leitos intertidais de mexilhões. (b) Recrutamento de três espécies na periferia (dentro de 5 cm da borda da clareira) e no centro de clareiras quadradas de 400 cm^2.

áreas centrais das clareiras grandes (Figura 9.16b). Finalmente, as cracas *Chthamalus bisinuatus* também recrutaram a partir de larvas estabelecidas, amplamente como um pulso após cerca de 6 meses, especialmente nas clareiras maiores (9.16a) e mais no centro do que na periferia das clareiras grandes (Figura 9.16b).

Portanto, quanto menor a clareira, mais a sucessão dentro dela será dominada pelo movimento lateral do que por migração verdadeira e, mesmo dentro de uma clareira grande, a sucessão ocorrerá diferentemente no centro e na periferia. No costão como um todo, como em qualquer hábitat desuniforme e perturbado, houve um mosaico de manchas em estados sucessionais diferentes – determinados pelo tamanho da mancha, o tempo desde a última perturbação e mesmo o local dentro de uma mancha.

9.5 Teias alimentares

Nenhum par predador-presa, parasito-hospedeiro ou pastador-planta existe isoladamente. Cada um é parte de uma complexa teia de interações com outros predadores, parasitos, recursos alimentares e competidores dentro da sua comunidade. Em última análise, são essas teias alimentares que os ecólogos gostariam de entender. Contudo, tem sido adequado isolar grupos de competidores, de pares predador-presa e parasito-hospedeiro e de mutualistas (como foi visto, respectivamente, nos Capítulos 6, 7 e 8), simplesmente porque temos pouca ou nenhuma esperança de entendermos o todo, a menos que tenhamos algum entendimento das partes componentes. Perto do final do Capítulo 7 (Seção 7.6), nosso campo de visão expandiu-se para incluir os efeitos de predadores sobre grupos de competidores e para mostrar, por exemplo, a importância da coexistência mediada por predadores.

Agora passamos a um estágio seguinte, abordando sistemas com ao menos três níveis tróficos (planta-herbívoro-predador), e considerando não apenas efeitos diretos, mas também efeitos indiretos que uma espécie pode ter sobre outras no mesmo nível trófico ou em outros. Os efeitos de um predador sobre os indivíduos ou mesmo populações de suas presas herbívoras, por exemplo, são diretos e relativamente lineares. No entanto, esses efeitos podem ser sentidos também por qualquer população de plantas sobre a qual um herbívoro forrageia, ou por outros predadores do herbívoro, ou outros consumidores da planta, ou competidores do herbívoro, ou pela miríade de espécies ligadas ainda mais remotamente na teia alimentar.

teias alimentares – mudando o foco para sistemas com ao menos três níveis tróficos

9.5.1 Efeitos indiretos e diretos

A remoção deliberada de uma espécie de uma comunidade pode ser uma ferramenta poderosa para desembaraçarmos o funcionamento de uma teia alimentar. Poderíamos esperar que tal remoção leve a um aumento na abundância de um competidor ou, se a espécie removida é um predador, a um aumento na abundância de sua presa. Às vezes, contudo, quando uma espécie é removida, um competidor pode até diminuir em abundância, e a remoção de um predador pode levar a uma diminuição em uma população da presa. Tais consequências inesperadas surgem quando efeitos diretos são menos importantes do que os que ocorrem através de caminhos indiretos. Por exemplo, a remoção de uma espécie poderia aumentar a densidade de um competidor, o qual por sua vez causa o declínio de um outro competidor.

Estes efeitos indiretos são considerados especialmente quando a remoção inicial é realizada por alguma razão de manejo, pois o objetivo deliberado é resolver um problema e não criar outros. Por exemplo, existem várias ilhas nas quais permitiu-se que gatos selvagens escapassem à domesticação e ago-

gatos, ratos e aves

ra ameacem de extinção presas nativas, sobretudo aves. A resposta "óbvia" é eliminar os gatos (e conservar as suas presas da ilha), mas como mostra um modelo simples (Figura 9.17), os programas podem não surtir o efeito desejado, em especial onde ratos também puderam colonizar a ilha, como costuma ser o caso. Os ratos tipicamente tanto competem com as aves quanto as predam. Os gatos em geral predam os ratos assim como as aves. Logo, a remoção dos gatos aliviará a pressão sobre os ratos e, desse modo, provavelmente aumentará e não diminuirá a ameaça contra as aves. Gatos introduzidos na Ilha Stewart, Nova Zelândia, por exemplo, predaram um papagaio não voador ameaçado, o kakapo (*Strogops habroptilus*) (Karl & Best, 1982). O controle exclusivo dos gatos teria sido arriscado, pois a sua presa preferida são três espécies de ratos introduzidos, os quais, sem serem avaliados, poderiam impor muito mais ameaça ao kakapo. De fato, a população de kakapo da Ilha Stewart foi translocada para ilhas litorâneas menores onde os predadores exóticos (como os ratos) não ocorrem.

cascatas tróficas – efeitos de aves aquáticas sobre populações de lapas

O efeito indireto dentro de uma teia alimentar que provavelmente tem recebido a maior parte da atenção é a chamada *cascata trófica*. Ela ocorre quando um predador reduz a abundância de sua presa, e isto cascateia para baixo, para o nível trófico inferior, de tal modo que os próprios recursos da presa (tipicamente plantas) aumentam em abundância. Naturalmente, isto não precisa parar aí. Em uma cadeia alimentar com quatro ligações, um predador de topo pode reduzir a abundância de um predador intermediário, o que pode permitir o aumento na abundância de um herbívoro, levando a uma diminuição na abundância da planta.

Figura 9.17
(a) Representação esquemática de um modelo de uma interação na qual um superpredador (tal como um gato) preda tanto mesopredadores (tais como ratos, pelos quais ele mostra preferência) quanto presas (tais como aves), enquanto o mesopredador também ataca a presa. Cada espécie também recruta para sua própria população, "reprodução". (b) O resultado do modelo com valores realistas para as taxas de predação e reprodução: com todas as três espécies presentes, o superpredador mantém o mesopredador em cheque e todas as três espécies coexistem (esquerda); mas na ausência do superpredador, o mesopredador leva a presa à extinção (direita).

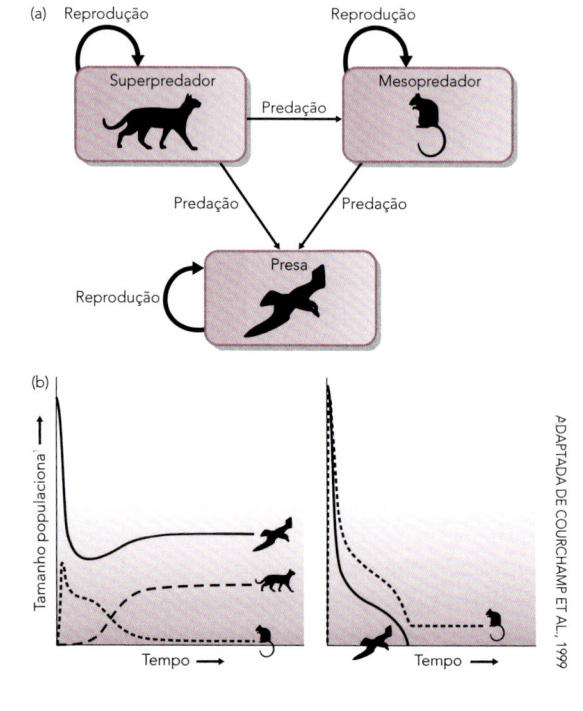

ADAPTADA DE COURCHAMP ET AL., 1999

Um exemplo de uma cascata trófica, mas também da complexidade de efeitos indiretos, é fornecido por um experimento de 2 anos no qual a predação por aves foi experimentalmente manipulada em uma comunidade intertidal na costa noroeste dos EUA, a fim de determinar as consequências para três espécies de lapas e para as algas (alimentos das lapas). Gaivotas (*Larus glaucescens*) e ostraceiros (*Haematopus bachmani*) foram excluídos por meio de gaiolas metálicas de extensas áreas (cada uma com 10 m^2), nas quais as lapas eram comuns. Ficou evidente que a exclusão das aves aumentou a abundância total de uma das espécies de lapa (*Lottia digitalis*), como era de se esperar, porém uma segunda espécie de lapa (*L. strigatella*) tornou-se mais rara, e uma terceira (*L. pelta*), a mais frequentemente consumida pelas aves, não variou em abundância. As razões são complexas e vão muito além dos efeitos diretos das aves comendo as lapas (Figura 9.18).

Lottia digitalis, uma lapa suavemente colorida, tende a ocorrer sobre cracas suavemente coloridas (*Pollicipes polymerus*), onde é camuflada, enquanto a lapa escura (*L. pelta*) ocorre principalmente sobre mexilhões californianos escuros (*Mytilus californianos*). A predação por aves em geral reduz a área coberta por cracas e, desse modo, a exclusão de aves aumentou a abundância de cracas e também aumentou a abundância de *L. digitalis* (Figura 9.18). O aumento da abundância de cracas determinou também um decréscimo na área coberta por mexilhões, pois agora eles ficaram sujeitos à competição maior

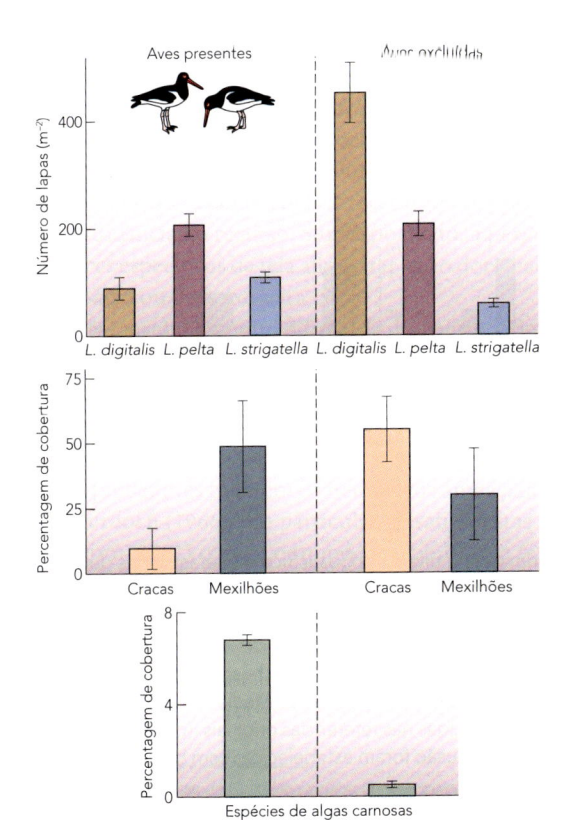

Figura 9.18

Quando as aves são excluídas da comunidade intertidal, as cracas aumentam em abundância às expensas dos mexilhões, e três espécies de lapas mostram mudanças significativas em densidade, refletindo mudanças na disponibilidade de hábitat críptico e interações competitivas, assim como facilitando a predação direta. A cobertura de algas é bastante reduzida na ausência de efeitos das aves sobre animais intertidais (médias e erros-padrão são mostrados).

por uma quantidade limitada de material vegetal palatável e desprotegida; e os seus predadores podem, por sua vez, competir por herbívoros escassos. Um mundo controlado de baixo-para-cima pode ainda ser verde.

Muito pouco é necessário para mudar o controle de um tipo para o outro. Esta ideia é enfatizada por um estudo que examinou o efeito de concentrações de nutrientes sobre uma teia de água doce, composta por um inseto predador (*Physella gyrina*) que forrageia sobre duas espécies de caracóis herbívoros que se alimentam de plantas aquáticas e algas (Figura 9.20). Em concentrações mais baixas de nutrientes, os caracóis foram dominados pela *P. gyrina* de menor tamanho (eles eram vulneráveis a predação), e o predador possibilitou o surgimento de uma cascata trófica que se estendeu a plantas e algas. Porém, em concentrações mais altas de nutrientes, os caracóis foram dominados pela *Helisoma trivolvis* de maior tamanho (eles eram relativamente invulneráveis a predação), e nenhuma cascata trófica foi aparente. Este estudo, portanto, também dá sustentação à proposição de Murdoch de que "o mundo tem gosto ruim", à medida que herbívoros invulneráveis originam uma teia com uma dominância relativa do controle de baixo-para-cima. Em

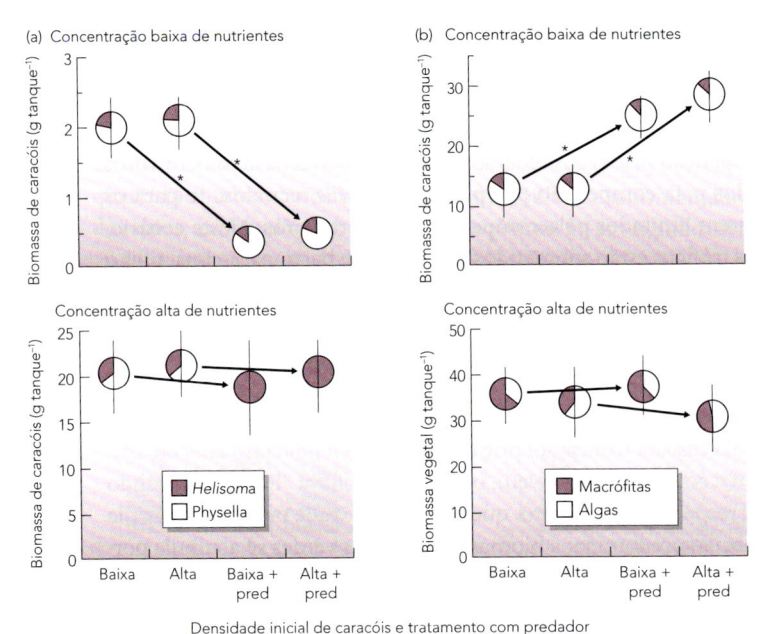

Figura 9.20

Controle de cima-para-baixo, mas somente com baixa produtividade. (a) Biomassa de caracóis e (b) biomassa vegetal em poças experimentais com tratamentos de concentrações baixas e altas de nutrientes (barras verticais são erros-padrão). Sob concentrações baixas de nutrientes, os caracóis foram dominados pelo inseto predador *Physella* (vulnerável à predação) e a adição de predadores provocou um declínio significativo (indicado por *) na biomassa de caracóis e um consequente aumento na biomassa vegetal (dominada por algas). Porém, sob concentrações altas de nutrientes, caracóis do gênero *Helisoma* (menos vulneráveis à predação) aumentaram a sua abundância relativa, e a adição de predadores não levou nem ao declínio na biomassa de caracóis, nem ao aumento na biomassa vegetal (em geral, dominada por macrófitas).

termos gerais, contudo, a elucidação de padrões claros na predominância de controles de cima-para-baixo ou de baixo-para-cima permanece um desafio para o futuro.

9.5.2 Estabilidade da população e da comunidade e estrutura da teia alimentar

De todas as teias alimentares imagináveis na natureza, existem tipos específicos que tendemos a observar repetidamente? Algumas estruturas de teias alimentares são mais estáveis do que outras? (No Quadro 9.5, discutimos o que significa *estável*.) Observamos tipos específicos de teias alimentares *porque* elas são estáveis (e, portanto, persistem)? As populações em si são mais estáveis quando inseridas em alguns tipos de teias alimentares em detrimento de outros? Estas são questões práticas importantes. Precisamos de respostas, se quisermos determinar se algumas comunidades são mais frágeis (e mais necessitadas de conservação) do que outras; ou se existem certas estruturas "naturais" que poderíamos ter em vista quando nós mesmos construímos comunidades; ou se comunidades que tenham sido restauradas são capazes de permanecer "restauradas".

"Estabilidade", naturalmente, quer dizer estabilidade diante de um distúrbio ou perturbação, e a maioria dos distúrbios e, na prática, a perda de uma ou mais populações de uma comunidade. Quais são os efeitos secundários de tal perda? Quão profundas são as consequências da perda daquela população para o resto da comunidade? Algumas espécies são entrelaçadas mais intimamente e firmemente no tecido de uma teia alimentar do que outras. Uma espécie cuja remoção produzisse um efeito significativo (extinção ou uma grande mudança na densidade) sobre no mínimo outra espécie poderia ser considerada como tendo um forte grau de interação, sendo que a remoção de algumas espécies com essa característica leva a mudanças significativas que se propagam por toda a teia alimentar – nos referimos a elas como *espécies-chave**. Na construção de prédios, uma pedra angular é um bloco em formato triangular no ponto mais alto de um arco que mantém as outras peças unidas. A remoção da espécie-chave, do mesmo modo que a remoção da pedra angular de um arco, provoca o colapso da estrutura: leva à extinção ou grandes mudanças na abundância de diversas espécies, produzindo uma comunidade com uma composição de espécies bastante diferente. Uma definição mais precisa de uma espécie-chave é aquela cujo impacto é "desproporcionalmente grande em relação à sua abundância" (Power et al., 1996). Essa definição tem a vantagem de excluir do *status* de espécie-chave aquilo que seria em outros casos exemplos triviais, especialmente espécies em níveis tróficos inferiores que podem fornecer um recurso do qual uma miríade de outras espécies depende – por exemplo, um coral, ou as árvores de carvalho em um bosque de carvalhos.

> espécies-chave na estrutura de teias alimentares

---

* N. de T. A expressão em inglês é *keystone species*, cuja tradução literal é espécie-pedra-angular. Optamos, contudo, por adaptar para espécie-chave, que dá uma conotação mais adequada ao significado ecológico.

Embora a expressão tenha sido aplicada somente para predadores, atualmente é amplamente aceito que espécies-chave podem ocorrer em qualquer nível trófico. Por exemplo, os gansos identificados como *Chen caerulescens caerulescens* são herbívoros que se reproduzem em extensas colônias em marismas ao longo da costa oeste da Baía de Hudson no Canadá. Em seus sítios de nidificação na primavera, antes do início do crescimento da folhagem aérea, os gansos adultos forrageiam raízes e rizomas de plantas nas áreas secas e comem as bases túrgidas das partes aéreas das ciperáceas nas áreas úmidas. A sua atividade cria áreas desnudas (1-5 m^2) de turfeira e sedimento. Poucas espécies de plantas pioneiras são capazes de recolonizar essas manchas, e a recuperação é bastante lenta. Além disso, em áreas de intenso pastejo de verão, "gramados" de *Carex* e *Puccinellia* spp. se estabelecem. Aqui, portanto, altas densidades de gansos pastejadores são essenciais para manter a composição de espécies da vegetação e sua produção aérea (Kerbes et al., 1990). Esta espécie de ganso é uma espécie-chave – toda a estrutura e composição dessas comunidades são drasticamente alteradas pela sua presença.

> uma crença duradoura de que a complexidade leva à estabilidade...

Por muito tempo, o senso comum, surgido em grande parte através de argumentação "lógica", foi de que o aumento de complexidade dentro de uma comunidade leva ao aumento de estabilidade (MacArthur, 1955; Elton, 1958); isto é, comunidades mais complexas são mais estáveis diante de um distúrbio tal como a perda de uma ou mais espécies. Defendia-se, por exemplo, que em comunidades mais complexas, com mais espécies e mais interações, havia mais rotas possíveis pelas quais a energia passaria. Em consequência, se houvesse uma perturbação na comunidade (uma mudança na densidade de uma das espécies), isto afetaria somente uma pequena proporção das rotas energéticas e teria relativamente pouco efeito sobre as densidades de outras espécies: a comunidade complexa seria resistente à mudança (Quadro 9.5).

> ...a qual não é sustentada por modelos matemáticos para populações individuais

Contudo, à medida que análises de modelos matemáticos de teias alimentares tornaram-se mais sofisticadas, o senso comum de modo algum recebeu sustentação em todas as situações (May, 1981; Tilman, 1999), e as conclusões diferem, dependendo se o enfoque for em populações individuais dentro de uma comunidade ou em propriedades agregadas da comunidade, como sua biomassa ou sua produtividade. Brevemente, teias alimentares modeladas têm sido caracterizadas por um ou mais dos seguintes atributos: (i) o número de espécies que elas contêm; (ii) a *conectância* da teia (a fração de todos os pares possíveis de espécies que interagem umas com as outras); e (iii) a força de interação média entre os pares de espécies. No nível da população individual, os modelos nem sempre chegam à mesma conclusão, mas sobretudo eles sugerem que aumentos no número de espécies, na conectância e na força de interação média – cada um representando um aumento de complexidade – tendem a *diminuir* a tendência de populações individuais dentro da comunidade de retornarem aos seus estados anteriores após um distúrbio (a sua resiliência, p. ex., Figura 9.21). Assim, esses modelos sugerem, se tanto, que a complexidade das comunidades leva à *instabilidade* populacional.

> porém propriedades agregadas são mais estáveis em comunidades modeladas mais ricas

Contudo, os efeitos da complexidade, especialmente da riqueza de espécies, sobre a estabilidade de propriedades agregadas de comunidades modeladas têm sido mais consistentes. Em termos gerais, em comunidades mais

9.5 ASPECTOS QUANTITATIVOS

O que entendemos por "estabilidade"?

Entre várias qualificações, existem duas importantes que podem ser feitas quando chegamos a decidir o que entendemos por estabilidade. A primeira é a distinção entre a resiliência e resistência de uma comunidade. Uma *comunidade resiliente* é aquela que retorna rapidamente à situação semelhante à sua estrutura anterior, após esta ter sido alterada. Uma *comunidade resistente* é aquela que sofre uma mudança relativamente pequena em sua estrutura diante de um distúrbio.

A segunda distinção é entre *estabilidade frágil* e *robusta*. Uma comunidade apresenta somente estabilidade frágil se ela permanece essencialmente inalterada diante de um distúrbio pequeno, mas se altera completamente quando submetida a um distúrbio maior. Já aquela que permanece aproximadamente a mesma diante de um distúrbio muito maior apresenta estabilidade dinamicamente robusta.

Para ilustrar estas distinções por analogia, considere o seguinte:

- uma bola de sinuca ou bilhar cuidadosamente equilibrada na extremidade de um taco
- a mesma bola repousando sobre a mesa
- a bola repousando na caçapa

A bola no taco é estável no sentido estrito que ela permanecerá nessa situação enquanto não for perturbada – porém a sua estabilidade é frágil, e tanto sua resistência quanto sua resiliência são baixas: o mais leve toque remeterá a bola ao chão, distante do seu estado anterior (resistência baixa), e ela não apresenta a menor tendência de retornar à sua posição anterior (baixa resiliência).

A mesma bola em repouso sobre a mesa tem uma resiliência similar: esta não apresenta qualquer tendência de retornar exatamente ao seu estado original (assumindo que a mesa seja plana), mas sua resistência é muito mais alta: empurrada ou golpeada ela se move relativamente pouco. E a sua estabilidade é também relativamente robusta: ela permanece "uma bola sobre a mesa" diante de todos os tipos e intensidades de golpe com o taco.

A bola na caçapa, finalmente, não é somente resistente, mas também resiliente – ela se move pouco e então retorna – e a sua estabilidade é altamente robusta: ela permanecerá onde está, a não ser que seja retirada com a mão.

---

ricas, a dinâmica dessas propriedades agregadas é *mais* estável (Figura 9.22). Em grande parte, isto ocorre porque, à medida que as flutuações em diferentes populações não estão perfeitamente correlacionadas, há um efeito de "média estatística" quando populações são agrupadas – quando uma está subindo, outra está descendo – e isto tende a aumentar em efetividade à medida que a riqueza (o número de populações) aumenta. Certamente, os modelos indicam que não há nenhuma conexão necessária e inevitável ligando a estabilidade à complexidade.

Qual é a evidência de comunidades reais? Vários estudos têm buscado construir os modelos matemáticos examinando as relações entre o número de espécies, a conectância e a força de interação. O argumento se desenvolve da seguinte maneira. As únicas comunidades que podemos observar são aquelas estáveis o suficiente para existirem. Logo, aquelas com mais espécies somente

complexidade e estabilidade na prática: populações

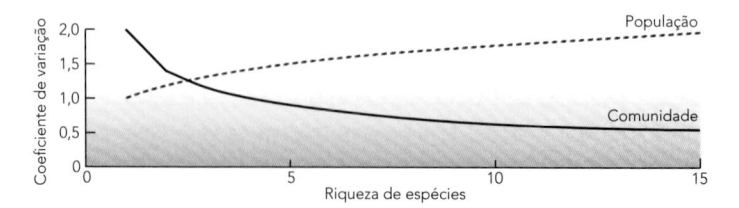

Figura 9.21
Efeito da riqueza de espécies (número de espécies) sobre a variabilidade temporal (coeficiente de variação, CV) do tamanho populacional e abundância da comunidade agregada, em comunidades-modelo nas quais todas as espécies são igualmente abundantes e apresentam o mesmo CV. Assim, valores altos de CV correspondem a níveis baixos de estabilidade.

podem ser suficientemente estáveis se existem decréscimos compensatórios na conectância e/ou na força de interação. Porém, os dados sobre forças de interação para comunidades inteiras não são disponíveis, de modo que assumimos, por simplicidade, que a força de interação média é constante. Assim, comunidades com mais espécies somente manterão estabilidade se houver uma redução associada na conectância média.

As primeiras análises de dados publicados sobre teias alimentares constataram, conforme previsto, que a conectância diminuía com o número de espécies (Figura 9.22a). Esses dados, contudo, não foram coletados objetivando o estudo quantitativo sobre as propriedades de teias alimentares. Especificamente, a acurácia da identificação de teia para teia variou de maneira substancial, e, mesmo quando se tratou de uma teia específica, os componentes foram às vezes agrupados no nível de reino (p. ex., "plantas"), às vezes como

Figura 9.22
Relações entre conectância e riqueza de espécies. (a) Uma compilação da literatura de 40 teias alimentares de ambientes terrestres, de água doce e marinhos. (b) Uma compilação de 95 teias dominadas por insetos de vários hábitats. (c) Versões sazonais de uma teia alimentar para uma grande poça no norte da Inglaterra, variando em riqueza de espécies de 12 a 32. (d) Teias alimentares de pântanos e riachos na Costa Rica e Venezuela.

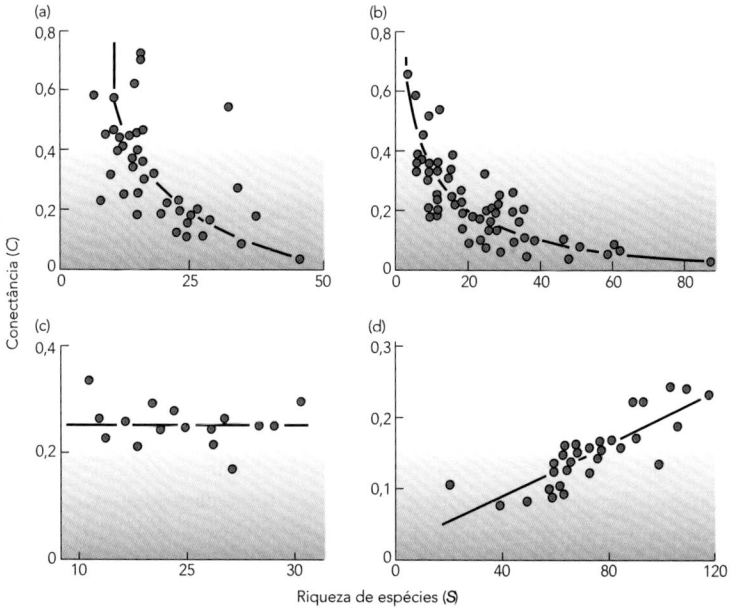

(a) ADAPTADA DE BRIAND, 1983; (b) DE SCHOENLY ET AL., 1991; (c) DE WARREN, 1989; (d) DE WINEMILLER, 1990; ADAPTADA DE HALL E RAFFAELLI, 1993

família (p. ex., Diptera) e às vezes como espécies (urso polar) (ver a revisão de Hall & Raffaelli, 1993). Estudos mais recentes, nos quais as teias alimentares foram mais rigorosamente documentadas, indicam que a conectância pode diminuir com o número de espécies (Figura 9.22b), ou pode ser independente de números de espécies (Figura 9.22c), ou pode até aumentar com o número de espécies (Figura 9.22d). Portanto, o argumento da estabilidade não recebe suporte consistente de nenhuma das análises de teias alimentares.

A predição que populações em comunidades mais ricas são menos estáveis quando perturbadas também foi investigada por Tilman (1996). Ele reuniu dados sobre 39 espécies comuns de plantas de 207 áreas de campo na Área de História Natural Cedar Creek, em Minnesota, coletados ao longo de um período de 11 anos. Ele verificou que a variação na biomassa de espécies individuais aumentou de modo significante, porém somente muito fracamente, com a riqueza das áreas (Figura 9.23a). Assim, como nos estudos teóricos, estudos empíricos apontam para a diminuição na estabilidade populacional (aumento na variabilidade) em comunidades mais complexas, mas os efeitos parecem ser fracos e inconsistentes.

Voltando-se para o nível de comunidades inteiras agregadas, a evidência que sustenta a previsão de que o aumento na riqueza em uma comunidade aumenta a estabilidade é bastante consistente (diminui a variabilidade). Por exemplo, no estudo sobre campos em Minnesota realizado por Tilman (1996) diferentemente do fraco efeito negativo encontrado no nível populacional,

> complexidade e estabilidade na prática: comunidades inteiras

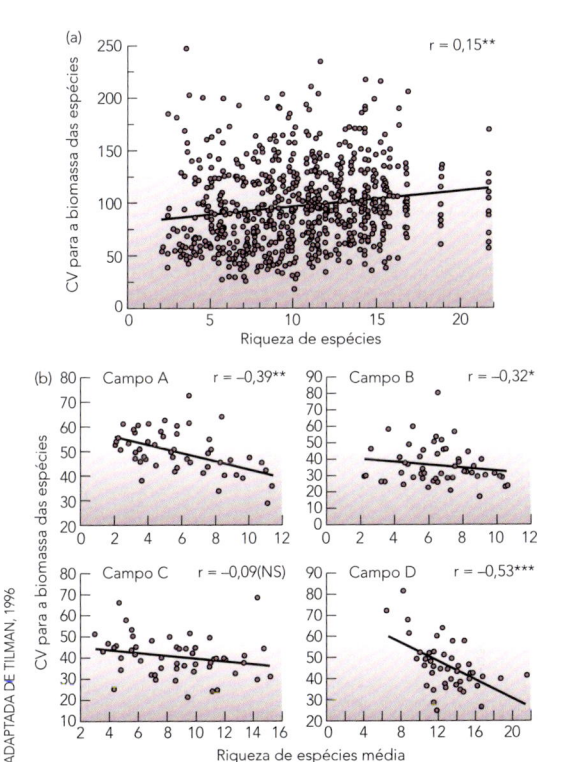

Figura 9.23
(a) Coeficiente de variação (CV) da biomassa da população para 39 espécies vegetais de sítios em quatro campos em Minnesota, ao longo de 11 anos (1984-1994), plotado em relação à riqueza de espécies nos sítios. A variação aumentou com a riqueza, porém a inclinação foi bastante leve.
(b) CV para a biomassa da comunidade em cada sítio, plotado em relação à riqueza de espécies para cada um dos quatro campos (A-D). A variação diminuiu consistentemente com a riqueza. Em ambos os casos, são mostrados as linhas de regressão e os coeficientes de correlação (*, $P < 0,05$; **, $P < 0,01$; ***, $P < 0,001$).

houve um forte efeito positivo da riqueza sobre a estabilidade da biomassa da comunidade (Figura 9.23b). Também, McGrady-Steed e colaboradores (1997) manipularam a riqueza em comunidades microbianas aquáticas (produtores, herbívoros, bacterívoros, predadores) e constataram que a variação em outra medida da comunidade, o fluxo de dióxido de carbono (uma medida da respiração da comunidade), também declinou com a riqueza (Figura 9.24).

a importância da natureza da comunidade: espécies-chave novamente

Por outro lado, em um estudo experimental em pequenas comunidades campestres perturbadas por seca induzida, Wardle e colaboradores (2000) verificaram que a composição detalhada da comunidade é um preditor muito melhor da estabilidade do que a riqueza total. Na verdade, fica evidente que todo o conceito de uma espécie-chave, como dito anteriormente, é em si um reconhecimento do fato que os efeitos de um distúrbio sobre a estrutura ou função são provavelmente bastante dependentes da natureza precisa do distúrbio – isto é, de *quais* espécies são perdidas. Um estudo de simulação realizado por Dunne e colaboradores (2002), no qual eles consideraram 16 teias alimentares publicadas e as submeteram a remoção sequencial de espécies, reforça esta ideia. Extinções secundárias seguiram-se mais rapidamente quando as espécies mais conectadas foram removidas, e menos rapidamente quando as menos conectadas foram removidas, com remoções aleatórias ocorrendo entre ambas (Figura 9.25). Isto nos lembra que provavelmente as idiossincrasias das teias alimentares sempre minem a generalidade de quaisquer "regras", mesmo que concordemos sobre tais regras.

previsibilidade ambiental ligada à fragilidade da comunidade?

De fato, mesmo se complexidade e estabilidade estiverem conectadas em modelos, isto não necessariamente significa que devamos esperar ver uma associação entre complexidade e estabilidade em comunidades reais. Comunidades instáveis não persistem quando experimentam condições ambientais que revelam a sua instabilidade. Todavia a amplitude e a previsibilidade das condições ambientais variarão de lugar para lugar. Em um ambiente estável e previsível, uma comunidade dinamicamente frágil pode, contudo, persistir. Porém, em um ambiente variável e imprevisível, somente uma comunidade dinamicamente robusta será capaz de persistir. Portanto, poderíamos esperar ver: (i) comunidades complexas e frágeis em ambientes estáveis e previsíveis, com comunidades simples e robustas em ambientes variáveis e imprevisíveis; porém, (ii) aproximadamente a mesma estabilidade *observada* (em termos de flutuações populacionais, e assim por diante) em

Figura 9.24

A variação (i.e., "instabilidade") na produtividade (desvio-padrão do fluxo de dióxido de carbono) declinou com a riqueza de espécies, em comunidades microbianas observadas por um período de 6 semanas.

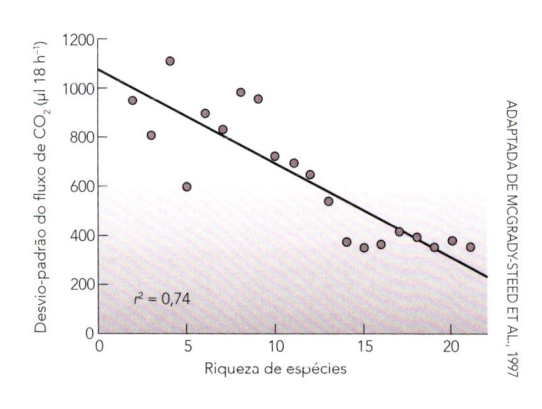

ADAPTADA DE MCGRADY-STEED ET AL., 1997

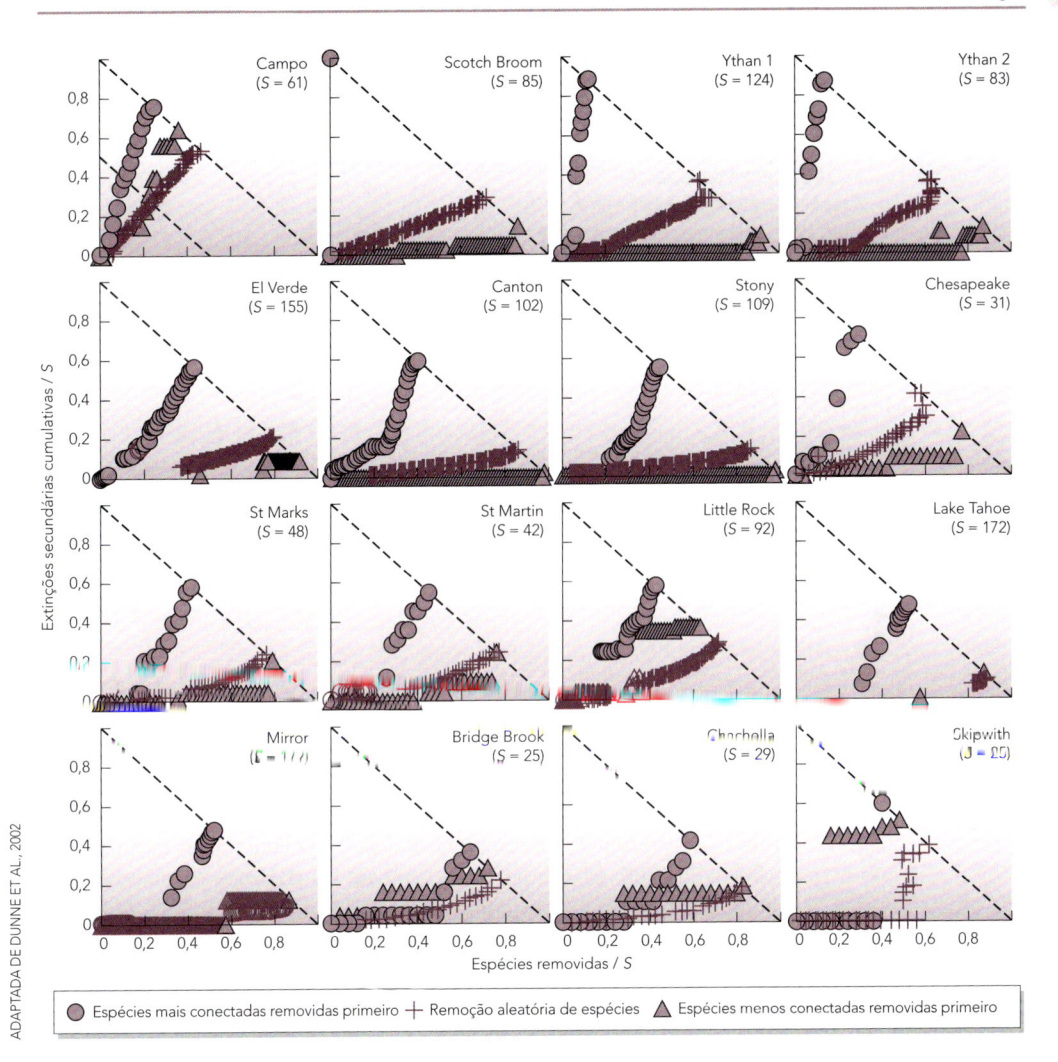

Figura 9.25

Resultados de um estudo de simulação. O efeito da remoção sequencial de espécies sobre o número consequente (secundário) de extinções de espécies, como uma proporção do número total de espécies originalmente na teia, S, para cada uma das 16 teias alimentares previamente descritas. As três diferentes regras para a remoção de espécies são descritas no painel inferior. A robustez das teias (a tendência de *não* sofrer extinções secundárias) foi geralmente mais baixa quando as espécies mais conectadas foram removidas primeiro, e mais alta quando as menos conectadas foram removidas primeiro.

todas as comunidades, já que isto dependerá da estabilidade inerente à comunidade combinada com a variabilidade do ambiente. Um estudo tendendo a sustentar esta ideia investigou 10 pequenos riachos na Nova Zelândia que diferem na intensidade e frequência de distúrbios relacionados ao fluxo em seus leitos (Figura 9.26). As teias alimentares nos riachos mais perturbados e "instáveis" foram caracterizadas por comunidades menos complexas: menos espécies e menos conexões entre as espécies.

Figura 9.26
Em riachos da Nova Zelândia, sítios menos perturbados suportam comunidades mais "complexas", com (a) mais espécies (maior tamanho de teia) e (b) maior conectância entre espécies. O número médio de ligações de forrageio por espécie animal (o número de espécies de presas na dieta) aumenta com a intensidade de distúrbios relacionados ao fluxo no leito do riacho.

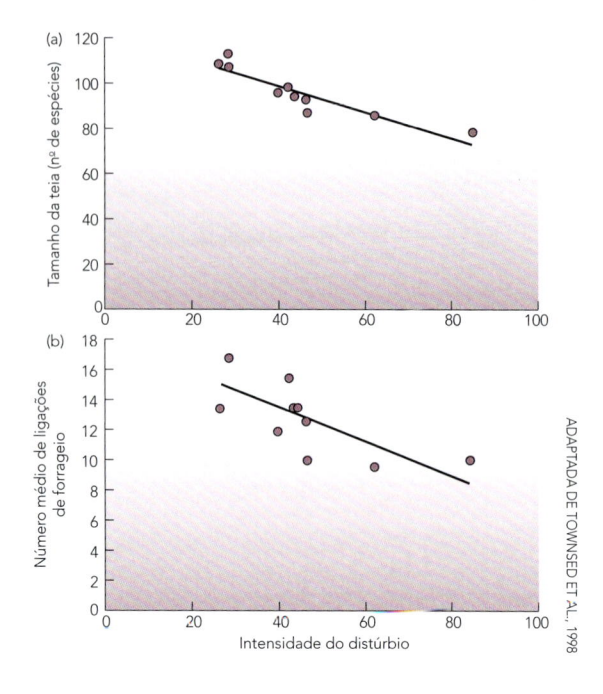

Esta linha de argumentação, além disso, traz uma implicação adicional mais importante para os efeitos prováveis de perturbações não naturais causadas pelo homem nas comunidades. Podemos esperar que estas tenham seus efeitos mais profundos em comunidades complexas e dinamicamente frágeis de ambientes estáveis, os quais são relativamente insuscetíveis a perturbações, e menos efeitos em comunidades simples e robustas de ambientes variáveis, os quais estiveram submetidos previamente a perturbações repetidas (embora naturais).

RESUMO

Determinantes múltiplos da dinâmica de populações

Para entendermos os fatores responsáveis pela dinâmica das populações de até mesmo uma única espécie e um único local, é necessário ter conhecimento sobre as condições físicas e químicas, recursos disponíveis, ciclo de vida do organismo, e da influência de competidores, predadores e parasitos sobre as taxas de nascimento, morte, imigração e emigração.

Existem teorias contrastantes para explicar a abundância das populações. Num extremo, os pesquisadores enfatizam a aparente estabilidade das populações e apontam para a importância de forças que estabilizam (fatores dependentes da densidade). No outro extremo, aqueles que enfatizam as flutuações na densidade podem buscar fatores externos (em geral independentes da densidade) para explicar as mudanças. A análise do fator-chave é uma técnica que pode ser aplicada a estudos de tabelas de vida, para lançar luz tanto sobre a determinação quanto sobre a regulação da abundância.

Dispersão, manchas e dinâmica de metapopulações

O movimento pode ser um fator vital na determinação e/ou regulação da abundância. Uma mudança radical na maneira como os ecólogos pensam a respeito de populações tem dedicado menos atenção aos processos que ocorrem dentro das populações e mais à desuniformidade, à colonização e à extinção de subpopulações dentro de uma metapopulação inteira, e à dispersão entre subpopulações.

Padrões temporais na composição das comunidades

Os distúrbios que abrem clareiras (manchas) são comuns em todos os tipos de comunidades. Comunidades controladas pelo fundador são aquelas nas quais todas as espécies aproximadamente se equivalem na sua capacidade de invadir clareiras e são competidoras iguais que podem dominar as clareiras em detrimento de novos imigrantes durante o seu tempo de vida. Nas comunidades controladas pela abundância, algumas espécies são competitivamente superiores a outras, de modo que um colonizador inicial de uma mancha não pode necessariamente manter a sua presença ali.

O fenômeno do controle da dominância é responsável por diversos exemplos de sucessão de comunidades. Sucessões primárias ocorrem em hábitats onde não reste nenhuma semente ou esporo dos ocupantes prévios do sítio: toda a colonização deve vir de fora da mancha. As sucessões secundárias ocorrem quando as comunidades existentes são perturbadas, mas restam ao menos algumas sementes, etc. Pode ser muito difícil identificar quando uma sucessão alcança uma comunidade clímax estável, pois isso pode demorar séculos para acontecer e nesse ínterim provavelmente ocorrerão distúrbios adicionais. A natureza exata do processo de colonização em uma mancha vazia depende do tamanho e da localização daquela mancha. Diversas comunidades são mosaicos de manchas em diferentes estágios sucessionais.

Teias alimentares

Nenhum par predador-presa, parasito-hospedeiro ou pastador-planta existe em isolamento. Cada um é parte de uma complexa teia alimentar envolvendo outros predadores, parasitos, recursos alimentares e competidores dentro dos vários níveis tróficos de uma comunidade.

O efeito de uma espécie sobre outra (a sua presa herbívora) pode ser direto e linear. No entanto, efeitos indiretos podem também ser sentidos por quaisquer da miríade de espécies ligadas mais remotamente na teia alimentar. Um dos mais comuns é uma "cascata trófica", na qual, digamos, um predador reduz a abundância de um herbívoro, aumentando assim a abundância das plantas.

O controle de cima-para-baixo de uma teia alimentar ocorre em situações nas quais a estrutura (abundância, número de espécies) de níveis tróficos inferiores depende dos efeitos dos consumidores de níveis tróficos superiores. O controle de baixo-para-cima, por outro lado, ocorre em uma estrutura de comunidade dependente de fatores, tais como concentração de nutrientes e disponibilidade de presas, que influenciam um nível trófico desde baixo. A importância relativa dessas forças varia de acordo com o nível trófico sob investigação e do número de níveis tróficos presentes.

Algumas espécies estão entrelaçadas mais intimamente e firmemente no tecido de uma teia alimentar do que outras. Uma espécie cuja remoção produzisse um efeito significativo (extinção ou uma grande mudança na densidade) sobre, no mínimo, outra espécie poderia ser considerada como tendo um forte grau de interação. A remoção de algumas espécies com forte grau de interação leva a mudanças significativas que se espalham por toda a teia alimentar; nos referimos a estas como espécies-chave.

A relação entre complexidade e estabilidade de teias alimentares é incerta (e é necessário ter cuidado ao decidir o que significa estabilidade). Estudos matemáticos e empíricos concordam ao sugerirem que – se o fazem – a estabilidade populacional diminui com a complexidade, enquanto a estabilidade de propriedades agregadas de comunidades inteiras aumenta com a complexidade, especialmente a riqueza de espécies.

QUESTÕES DE REVISÃO

Asteriscos indicam questões desafiadoras.

1* Construa um diagrama de fluxo (quadros e setas) com uma população identificada em seu centro, para ilustrar a ampla gama de fatores bióticos e abióticos que influenciam o seu padrão de abundância.

2 Dados de censo populacional podem ser usados para estabelecer correlações entre a abundância e fatores externos tais como condições climáticas. Por que tais correlações não podem ser usadas para provar uma relação causal que explique a dinâmica da população?

3 Distinga entre a determinação e a regulação da abundância populacional.

4* Imagine muitas espécies com distribuições desuniformes: uma planta, um inseto e um mamífero – ou considere exemplos de tais espécies com as quais você esteja familiarizado. Como você identificaria "manchas habitáveis" dessas espécies que não estão ocupadas no momento por elas?

5 O que significa "metapopulação" e como esta difere de uma "população" simples?

6 Defina controle do fundador e controle da dominância na maneira como se aplicam à organização da comunidade. Em um mosaico de manchas de hábitat, como você esperaria que as comunidades se diferenciassem, se fossem dominadas por controle do fundador ou controle da dominância?

7 Quais fatores são responsáveis por mudanças na composição de espécies durante uma sucessão em campos abandonados?

8* Desenhe uma teia alimentar de, digamos, seis ou sete espécies com as quais você esteja familiarizado e que se distribuam por ao menos três níveis tróficos. Sugira para cada espécie, individualmente, o tipo de organização de comunidade que seria necessário para esta ser uma espécie-chave.

9 O que significam controle de baixo-para-cima e de cima-para-baixo? Como a importância de cada um provavelmente varia com o número de níveis tróficos em uma comunidade?

10 Discuta o que se entende sobre a relação entre a complexidade e a estabilidade de teias alimentares.

Capítulo 10

Padrões na riqueza de espécies

CONTEÚDOS DO CAPÍTULO

10.1 Introdução
10.2 Um modelo simples de riqueza de espécies
10.3 Fatores espaciais que influenciam a riqueza de espécies
10.4 Fatores temporais que influenciam a riqueza de espécies
10.5 Gradientes de riqueza de espécies
10.6 Padrões de riqueza de táxons no registro fóssil
10.7 Avaliação dos padrões de riqueza de espécies

CONCEITOS-CHAVE

Neste capítulo, você:

- entenderá o significado dos conceitos de riqueza de espécies, índices de diversidade e diagramas de abundância relativa
- observará que a riqueza de espécies está limitada pela disponibilidade dos recursos, a porção média usada por cada espécie (largura de nicho) e o grau de sobreposição no uso desses recursos
- reconhecerá que a riqueza de espécies pode ser maior em níveis intermediários de produtividade, intensidade de predação ou de distúrbio, mas tende a aumentar com a heterogeneidade espacial
- observará a importância do tamanho e do isolamento de um hábitat na determinação da riqueza de espécies, especialmente quando se refere ao equilíbrio dinâmico da teoria da biogeografia de ilhas
- entenderá os gradientes de riqueza em relação à latitude, altitude e profundidade, e durante a sucessão de uma comunidade, bem como as dificuldades em explicá-los
- observará como as teorias a respeito da riqueza de espécies podem também ser aplicadas ao registro fóssil

> *Uma avaliação acurada da diversidade biológica mundial está se tornando cada vez mais importante. Para que nossos esforços de conservação sejam efetivos, devemos entender por que a riqueza de espécies varia tanto em diferentes locais da Terra. Por que algumas comunidades apresentam mais espécies que outras? Existem padrões ou gradientes nesta biodiversidade? Em caso afirmativo, quais são as razões para estes padrões?*

10.1 Introdução

Por que o número de espécies varia de lugar para lugar, e de tempo em tempo, são questões que se apresentam não somente aos ecólogos, mas também a qualquer pessoa que observe e pondere sobre o mundo natural. Essas questões são por si só importantes – mas também são questões de importância prática. Evidentemente, se quisermos conservar ou restaurar a diversidade biológica do planeta, temos que entender como o número de espécies é determinado e como ele varia. Veremos que há respostas plausíveis às questões que formulamos, porém tais respostas ainda não são conclusivas. Apesar disso, antes de ser frustrante, responder a essas questões é um desafio para os ecólogos do futuro. Grande parte do fascínio da ecologia reside no fato de que muitas das questões tratadas são perceptíveis, enquanto as soluções podem ser difíceis de se encontrar. Veremos que um completo entendimento dos padrões na riqueza de espécies passa pelo conhecimento de todas as áreas discutidas neste livro.

determinando a riqueza de espécies

O número de espécies em uma comunidade é referido como a sua *riqueza de espécies*. Contar ou listar o número de espécies presentes em uma comunidade pode parecer algo simples, mas na prática é uma tarefa surpreendentemente difícil, em parte por inadequações taxonômicas, mas também porque somente uma subamostra dos organismos presentes em uma área pode ser considerada. O número de espécies depende então do número de amostras que são colhidas ou do volume do hábitat que está sendo explorado. As espécies mais comuns são provavelmente registradas nas primeiras amostras e, à medida que a amostragem aumenta, as espécies mais raras serão adicionadas à lista. Em que ponto devemos parar de realizar a amostragem? Idealmente, o pesquisador deveria continuar a amostrar até que o número de espécies alcançasse um platô. No mínimo, a riqueza de espécies de diferentes comunidades deveria ser comparada somente se fosse baseada no mesmo tamanho de amostras (em termos de área de hábitat estudada, tempo dedicado para a amostragem ou, melhor ainda, número de indivíduos incluídos nas amostras).

índices de diversidade e diagramas de abundância relativa

Um importante aspecto na estrutura de uma comunidade é completamente ignorado, quando sua composição é descrita em termos de número de espécies presentes – qual seja, que algumas espécies são raras e outras são comuns. Intuitivamente, uma comunidade de 10 espécies com igual número de indivíduos pareceria mais diversa do que outra, também com 10 espécies, mas com 91% dos indivíduos pertencendo a uma espécie e os outros 1% a cada uma das espécies restantes. Apesar disso, cada comunidade tem a mesma riqueza de espécies. Os *índices de diversidade*, então, são propostos para combinar a riqueza de espécies e a uniformidade ou equitabilidade na distribuição dos indivíduos entre essas espécies (Quadro 10.1). Além disso, as tentativas de descrever uma complexa estrutura de uma comunidade por somente um único atributo, tal como riqueza, ou mesmo diversidade, podem ser criticadas pela perda de informação. Um quadro mais completo em relação à distribuição da abundância das espécies em uma comunidade é dado por um *diagrama de abundância relativa* (Quadro 10.1).

10.1 ASPECTOS QUANTITATIVOS

Índices de diversidade e diagramas de abundância relativa

A medida comumente utilizada para se caracterizar uma comunidade, que leva em consideração a riqueza das espécies e sua abundância relativa, é conhecida como o *índice de Shannon* ou o *índice de diversidade de Shannon-Weaver* (simbolizado por *H*). Este é calculado pela determinação da proporção de indivíduos ou biomassa (P_i, i.e., a fração da espécie i) que cada espécie contribui para o total da amostra. Então, se *S* é o número total de espécies na comunidade (ou seja, a riqueza), a diversidade (*H*) é:

$$H = -\Sigma P_i \ln P_i,$$

onde o somatório (Σ) indica que o produto ($P_i \ln P_i$) é calculado para cada espécie e, após, esses produtos são somados. O valor deste índice depende da riqueza de espécies e da uniformidade (equitabilidade) com que os indivíduos estão distribuídos entre as espécies. Assim, para uma determinada riqueza, *H* aumenta com a equitabilidade e, para uma dada equitabilidade, *H* aumenta com a riqueza.

Um exemplo de uma análise que utiliza índices de diversidade é demonstrado por um estudo de longa duração, que teve início em 1856, em uma área de pastagem, em Rothamsted, Inglaterra. As parcelas experimentais de terreno receberam um tratamento com fertilizante uma vez ao ano, enquanto outras parcelas (controle) não receberam nenhum tipo de tratamento. A Figura 10.1 mostra como a diversidade de espécies (*H*) da comunidade herbácea se modificou entre 1856 e 1949. Enquanto a área não fertili-

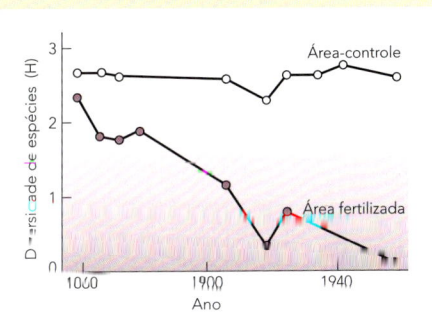

Figura 10.1
A diversidade de espécies (*H*) diminuiu de forma progressiva em uma área de pastagem que recebeu regularmente fertilizantes em um experimento que começou em 1856 em Rothamsted, Inglaterra. Em contraste, a diversidade de espécies permaneceu constante em uma área-controle que não recebeu fertilizante.
ADAPTADA DE TILMAN, 1982

zada permaneceu essencialmente a mesma, a área que recebeu fertilizante apresentou uma progressiva diminuição na diversidade. Esse "paradoxo do enriquecimento" é discutido na Seção 10.3.1.

Os diagramas de abundância relativa, por outro lado, fazem uso de todos os valores de P_i, plotando P_i em relação ao ordenamento das espécies de acordo com sua abundância relativa, da espécie mais abundante (ordenamento 1) até a espécie mais rara. Quanto mais acentuado o grau de inclinação em um diagrama de abundância relativa, maior será o grau de dominância de uma espécie em uma comunidade (uma inclinação acentuada indica uma queda brusca na abundância relativa, P_i, para uma determinada mudança no ordenamento). Assim, no caso do experimento em Rothamsted, a Figura 10.2 apresenta como a dominância das espécies mais comuns aumentou, enquanto a riqueza de espécies decresceu no tempo.

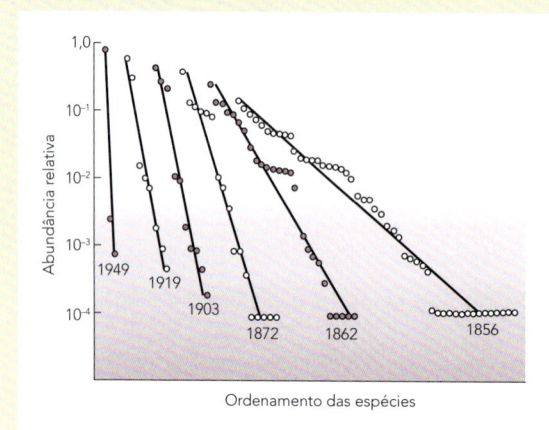

Figura 10.2
Mudança no padrão de abundância relativa para as espécies vegetais nas parcelas fertilizadas de 1856 até 1949 em Rothamsted. Observe como a inclinação da linha de regressão torna-se progressivamente mais abrupta em relação ao tempo desde o começo da adição de fertilizante. Uma linha mais inclinada indica que as espécies mais comuns compreendem uma proporção maior da comunidade total – em outras palavras, esta comunidade de pastagem gradualmente torna-se dominada por apenas poucas espécies.
ADAPTADA DE TOKESHI, 1993

No entanto, geralmente uma medida simples como a riqueza de espécies é suficiente. Nas seções seguintes, portanto, examinaremos as relações entre riqueza de espécies e uma variedade de fatores, que podem, na teoria, influenciar a riqueza em comunidades ecológicas. Ficará claro que nem sempre é fácil chegar a previsões exatas e testes de hipóteses claros, quando se trata de algo tão complexo quanto uma comunidade.

10.2 Um modelo simples de riqueza de espécies

Para tentarmos entender os determinantes da riqueza de espécies, é adequado iniciarmos com um modelo simples (Figura 10.3). Assumamos, para simplificar, que os recursos disponíveis para uma comunidade podem ser descritos como um *continuum* unidimensional, unidades com extensão R. Cada espécie vai utilizar uma porção desse *continuum* e essas porções definem as *larguras dos nichos* (n) das várias espécies: a largura média inserida na comunidade é $\bar{n}$. Alguns desses nichos se sobrepõem e as sobreposições entre espécies adjacentes podem ser definidas por um valor o. A sobreposição média de nicho dentro da comunidade é, então, $\bar{o}$. Com esse cenário simples, é possível considerar por que algumas comunidades contêm mais espécies do que outras.

Primeiro, para dados valores de $\bar{n}$ e $\bar{o}$, uma comunidade conterá mais espécies quanto maior for R, isto é, quanto maior for o espectro de recursos (Figura 10.3a). Segundo, para um dado espectro de recursos, mais espécies serão inseridas se $\bar{n}$ for menor, ou seja, se as espécies são mais especializadas no uso dos recur-

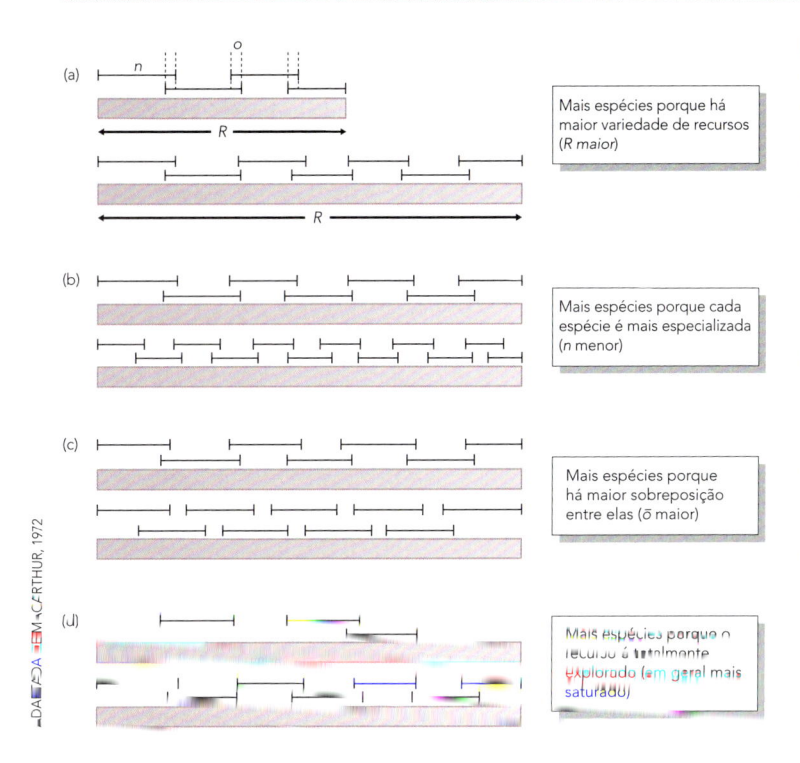

Figura 10.3
Um modelo simples de riqueza de espécies. Cada espécie utiliza uma porção *n* dos recursos disponíveis (*R*), sobrepondo-se a espécies adjacentes por uma quantidade *o*. Mais espécies podem ocorrer em uma comunidade do que em outra porque: (a) há uma maior variedade de recursos (*R* maior), (b) cada espécie é mais especializada (*n* médio menor), (c) há maior sobreposição de nichos (maior *o*), ou (d) o recurso está sendo totalmente explorado.

Legendas no diagrama:
- (a) Mais espécies porque há maior variedade de recursos (*R* maior)
- (b) Mais espécies porque cada espécie é mais especializada (*n* menor)
- (c) Mais espécies porque há maior sobreposição entre elas (*ō* maior)
- (d) Mais espécies porque o recurso é totalmente explorado (em geral mais saturado)

DADA DE MACARTHUR, 1972

sos (Figura 10.3b). Alternativamente, se a sobreposição de espécies é ampla no uso dos recursos (*ō* maior), então, mais espécies podem coexistir ao longo de um mesmo *continuum* de recursos (Figura 10.3c). Por fim, quanto mais saturada for uma comunidade, mais espécies ela conterá; de maneira contrária, haverá menos espécies presentes quando existirem menos recursos explorados (Figura 10.3d).

Podemos agora considerar as relações entre esse modelo e duas importantes interações de espécies descritas nos capítulos anteriores – competição interespecífica e predação. Se uma comunidade está dominada pela competição interespecífica (ver Capítulo 6), os recursos estão sendo explorados totalmente. A riqueza de espécies dependerá, então, do espectro de recursos disponíveis, da extensão pela qual as espécies se especializam e da sobreposição de nichos (Figura 10.3a-c). Examinaremos uma variedade de situações existentes em cada uma dessas três possibilidades.

A predação, por outro lado, é capaz de exercer efeitos contrastantes (ver Capítulo 7). Primeiro, sabemos que predadores podem excluir certas espécies de presa; na ausência dessas espécies, a comunidade pode não estar completamente saturada, no sentido de que alguns recursos disponíveis podem ser inexplorados (Figura 10.3d). Dessa maneira, a predação pode reduzir a riqueza de espécies. Segundo, a predação pode tender a manter as espécies presentes abaixo das suas capacidades de suporte em grande parte do tempo, reduzindo a intensidade e importância da competição interespecífica direta por recursos. Isso pode permitir muito mais sobreposições de nichos e uma riqueza *maior* de espécies do que em uma comunidade dominada pela competição (Figura 10.3c).

competição e predação podem influenciar a riqueza de espécies

As próximas duas seções examinam os fatores que influenciam a riqueza de espécies. Para organizá-los, a Seção 10.3 trata dos fatores que geralmente variam no espaço (de lugar para lugar): produtividade, intensidade de predação, heterogeneidade espacial e "severidade" ambiental. A Seção 10.4 trata daqueles fatores que refletem variação temporal: variações climáticas, distúrbios e idade evolutiva.

10.3 Fatores espaciais que influenciam a riqueza de espécies

10.3.1 Produtividade e riqueza de recursos

Para as plantas, a produtividade do ambiente pode depender de qual condição ou nutriente é o principal limitante ao crescimento (abordado em detalhe no Capítulo 11). De forma geral, a produtividade de um ambiente para animais segue a mesma tendência observada em relação às plantas, devido principalmente às mudanças nos níveis de recursos encontrados na base da cadeia alimentar.

o aumento da produtividade presumivelmente leva ao aumento da riqueza...

Se uma produtividade mais alta estiver correlacionada com um *espectro* mais amplo de recursos disponíveis, é provável que isso acarrete um aumento na riqueza de espécies (Figura 10.3a). Contudo, um ambiente mais produtivo pode ter uma taxa mais alta de suprimento de recursos, mas não uma variedade maior de recursos. Isso pode levar a um aumento no número de indivíduos por espécie, em vez de um aumento do número de espécies. Alternativamente, é possível, mesmo que a quantidade total de recursos não seja afetada, que recursos raros em um ambiente improdutivo tornem-se suficientemente abundantes em um ambiente produtivo, para adicionar mais espécies, pois aquelas mais especializadas podem ser acomodadas (Figura 10.3b).

... e isso geralmente acontece

Apesar disso, podemos geralmente esperar que a riqueza de espécies aumente com a produtividade – uma conexão sustentada por uma análise da riqueza de espécies de árvores na América do Norte em relação a uma medida grosseira de energia ambiental disponível, a *evapotranspiração potencial* (ETP). Esta representa a quantidade de água que, sob as condições predominantes, deveria evaporar ou ser transpirada de uma superfície saturada (Figura 10.4a). Todavia, embora energia (calor e luz) seja necessária para o funcionamento das árvores, as plantas também dependem fundamentalmente da disponibilidade real de água. De fato, energia e disponibilidade hídrica inevitavelmente interagem, pois grandes aportes de energia provocam mais evapotranspiração e um maior requerimento de água (Whittaker et al., 2003). Desse modo, em um estudo sobre árvores sul-africanas, a riqueza de espécies aumentou com a disponibilidade de água (pluviosidade anual), mas aumentou num primeiro momento e após diminuiu com a energia disponível (ETP; Figura 10.4b). Tais padrões convexos de riqueza serão recorrentes neste capítulo.

Quando o estudo norte-americano (Figura 10.4a) foi estendido para quatro grupos de vertebrados, a riqueza de espécies foi também correlacionada com a riqueza de espécies de árvores. Contudo, as melhores correlações foram com ETP (Figura 10.5). Por que a riqueza de espécies animais deveria ser positivamente correlacionada com a energia atmosférica bruta? A pergunta

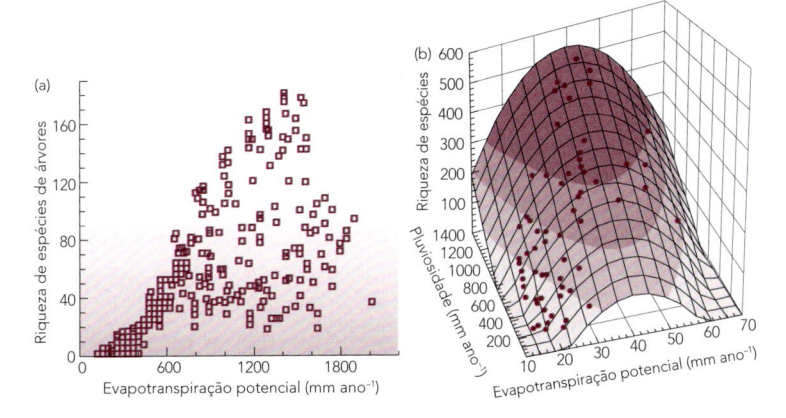

Figura 10.4

(a) Riqueza de espécies de árvores (norte da fronteira mexicana) em relação à evapotranspiração potencial. Para esta análise, o continente foi dividido em 336 quadrados, seguindo-se as linhas de latitude e longitude. (b) Riqueza de espécies de árvores sulafricanas (cada ponto representa uma parcela de mapa de 25.000 km^2) em relação à pluviosidade e à evapotranspiração potencial. A superfície tridimensional descreve a relação de regressão da riqueza de espécies em função da pluviosidade e da evapotranspiração potencial. A superfície é dividida em zonas de cores gradualmente mais escuras que representam riqueza de espécies crescente.

(a) ADAPTADA DE CURRIE & PAQUIN, 1987; CURRIE, 1991; (b) DADOS DE O'BRIEN, 1993; ADAPTADA DE WHITTAKER ET AL., 2003

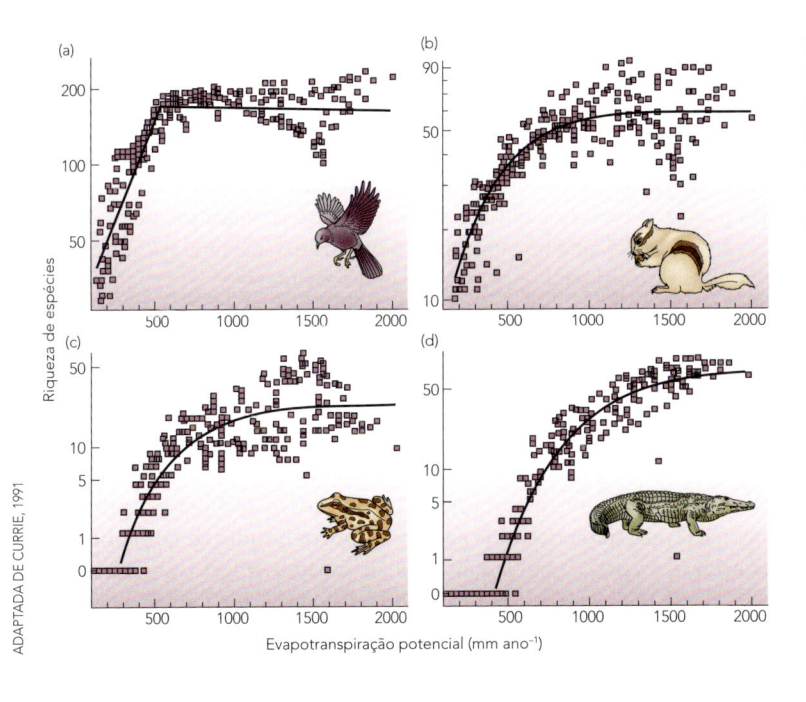

Figura 10.5

Riqueza de espécies de (a) aves, (b) mamíferos, (c) anfíbios e (d) répteis na América do Norte, em relação à evapotranspiração potencial.

ADAPTADA DE CURRIE, 1991

ainda não está totalmente respondida, mas para um ectotérmico, tal como um réptil, o aquecimento atmosférico poderia capacitar o animal a melhorar a ingesta e a procura pelos recursos alimentares; enquanto para um endotérmico, tal como uma ave, o aquecimento adicional poderia estar relacionado a um consumo menor de recursos para manter a temperatura corporal e, com isso, canalizar mais energia para o crescimento e a reprodução. Em ambos os casos, haveria um crescimento, individual e populacional, mais rápido e, assim, populações maiores. Ambientes de climas mais quentes poderiam, por isso, suportar um maior número de espécies e estas, para persistirem, apresentariam nichos mais estreitos (Turner et al., 1996) (ver Figura 10.3b).

Às vezes, parece haver uma relação direta entre riqueza de espécies animais e produtividade vegetal. Por exemplo, há fortes correlações positivas entre riqueza de espécies e precipitação pluviométrica para formigas e roedores granívoros nos desertos do sudoeste dos EUA (Figura 10.6a). Em tais regiões áridas, há uma estreita relação da precipitação média anual com a produtividade vegetal e, assim, com a quantidade de sementes disponíveis. É particularmente notável que em locais ricos de espécies de formigas, as comunidades contêm mais indivíduos de espécies de tamanho corporal maior (que consomem sementes grandes) e, ao mesmo tempo, de tamanhos corporais bem pequenos (que ingerem sementes pequenas) (Davidson, 1977). Com isso, parece que a amplitude de tamanhos das sementes é muito maior em ambientes produtivos (Figura 10.3a) ou a abundância e sementes torna-se suficiente para sustentar consumidores mais especializados, com nichos de menor amplitude (Figura 10.3b). A riqueza de espécies de peixes em lagos norte-americanos também aumenta com o aumento da produtividade do fitoplâncton lacustre (Figura 10.6b).

outras evidências mostram uma diminuição da riqueza em relação à produtividade...

Por outro lado, um incremento da diversidade com a produtividade não é uma regra universal, como demonstrado pelo experimento de longa duração iniciado em 1856 em Rothamsted, Inglaterra (ver Quadro 10.1). Um campo de pastagem de 3,25 hectares foi dividido em 20 parcelas, duas servindo como controle e as outras recebendo um tratamento com fertilizantes uma vez ao ano. Enquanto as parcelas-controle permaneceram essencialmente inalteradas, as parcelas fertilizadas mostraram um progressivo declínio na riqueza de espécies (e na diversidade).

Tais declínios têm sido há muito registrados. Rosenzweig (1971) referiu-se ao tema como "o paradoxo do enriquecimento". Uma possível explicação ao paradoxo é que uma produtividade alta determina taxas altas de crescimento populacional, levando à extinção algumas das espécies presentes por causa do princípio da exclusão competitiva (ver Seção 6.2.7). Em ambientes menos produtivos, as mudanças ocorrem antes mesmo da exclusão competitiva operar. Uma associação entre produtividade alta e riqueza de espécies baixa tem sido registrada em vários outros estudos de comunidades vegetais (tema revisado por Tilman, 1986). Isso pode ser visto, por exemplo, quando ocorre um aumento nas concentrações de certos recursos para os vegetais, tal como nitrato e fosfato em lagos, rios, estuários e regiões costeiras marinhas; quando tal "eutrofização cultural" é severa, vemos de maneira consistente um declínio na riqueza de espécies do fitoplâncton (apesar de um aumento na sua produtividade total).

Fundamentos em Ecologia   373

Figura 10.6

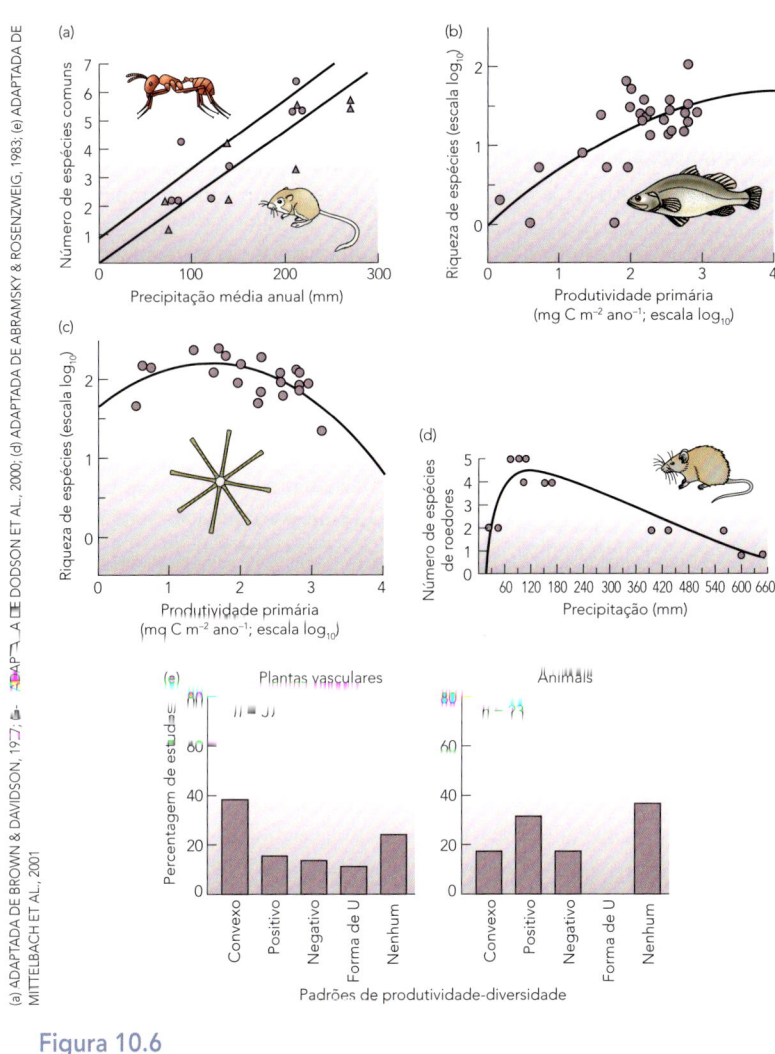

Relações entre riqueza de espécies e produtividade. Nos casos em que linhas de máximo ajuste são mostradas (ver Quadro 1.2), as mesmas são estatisticamente significativas. (a) A riqueza de espécies de roedores (triângulos) e formigas (círculos) granívoros habitantes de solos arenosos aumentou ao longo de um gradiente geográfico de precipitação e, portanto, de produtividade crescente. (b) A riqueza de espécies de peixes aumentou com a produtividade primária do fitoplâncton em uma série de lagos norte-americanos, enquanto (c) a riqueza de espécies do fitoplâncton em si mostrou uma relação convexa, aumentando com a produtividade quando esta era baixa, mas declinando em níveis mais altos. (d) A riqueza de roedores de deserto também mostrou um padrão convexo quando plotada em relação à precipitação anual. (e) Percentagem de estudos publicados sobre plantas e animais que mostram vários padrões de relações entre riqueza de espécies e produtividade. Todos os padrões concebíveis foram encontrados, porém padrões convexos e positivos, como aqueles mostrados de (a) a (d), são bem representados. Contudo, não é incomum para nenhum dos padrões ser documentado.

> ... e evidências adicionais sugerem uma relação "convexa"

Talvez não seja surpreendente, então, que vários estudos têm demonstrado um aumento e um declínio na riqueza de espécies com o aumento da produtividade – ou seja, que a riqueza de espécies pode ser mais alta em níveis intermediários de produtividade. Em níveis baixos de produtividade, há uma menor riqueza pela escassez de recursos, mas também essa riqueza diminui em níveis de produtividade mais altos, por causa das interações competitivas. Por exemplo, são produzidas curvas convexas quando o número de espécies de fitoplâncton lacustre é plotado em relação à produtividade total do fitoplâncton (Figura 10.6c; o declínio nas produtividades mais elevadas é análogo à eutrofização cultural mencionada acima) e quando a riqueza em roedores é plotada em relação à precipitação (e, assim, à produtividade) ao longo de um gradiente em Israel (Figura 10.6d). De fato, uma análise de diversos estudos constatou que quando comunidades, diferentes na produtividade mas com o mesmo padrão geral (p. ex., pradaria com gramíneas altas) foram comparadas (Figura 10.6e), o resultado mais comum em estudos com animais foi uma relação positiva (com relações convexas e negativas), enquanto que com comunidades vegetais, relações convexas foram as mais comuns, mas também com relações positivas e negativas (e até mesmo algumas curvas em forma de U – causa desconhecida). Claramente, o aumento da produtividade pode levar ao incremento e/ou ao decréscimo na riqueza de espécies – ou a ambos.

10.3.2 Intensidade de predação

Os possíveis efeitos da predação sobre a riqueza de espécies de uma comunidade foram examinados no Capítulo 7; a predação pode aumentar a riqueza ao permitir que espécies, que seriam competitivamente inferiores em outras situações, coexistam com outras competitivamente superiores (*coexistência mediada pelo predador*); porém uma intensa taxa de predação pode também reduzir a riqueza de espécies, ao conduzir as presas à extinção (sendo elas competidores fortes ou não). Por isso, então, poderia também haver um padrão convexo entre intensidade de predação e riqueza de espécies em uma comunidade, sendo a riqueza maior em intensidades intermediárias de predação, tais como os observados pelo efeito do pastejo do gado (ilustrado na Figura 7.24).

> coexistência mediada pelo predador por estrelas-do-mar num costão rochoso

Um exemplo clássico de coexistência mediada pelo predador é proporcionado por um estudo que estabeleceu o conceito pela primeira vez: o trabalho de Paine (1966) a respeito da influência de um carnívoro de topo sobre a estrutura da comunidade de um costão rochoso (Figura 10.7). A estrela-do-mar (*Pisaster ochraceus*) preda vários crustáceos e moluscos sésseis filtradores e também se alimenta de lapas e quítons e outros pequenos carnívoros. Essas espécies, junto com esponjas e quatro algas marinhas macroscópicas, formam uma comunidade biótica típica das praias rochosas da costa do Pacífico na América do Norte. Paine removeu todas as estrelas-do-mar em uma extensão de costa de cerca de 8 m de extensão por 2 m de profundidade e continuou a excluí-las por vários anos. A estrutura da comunidade em áreas-controle próximas permaneceu inalterada durante o estudo, mas nas áreas onde *P. ochraceus* foi removida houve profundas mudanças. Dentro de poucos meses, a craca (*Balanus glândula*) se estabeleceu com sucesso. Posteriormente, os mexilhões (*Mytilus californianus*)

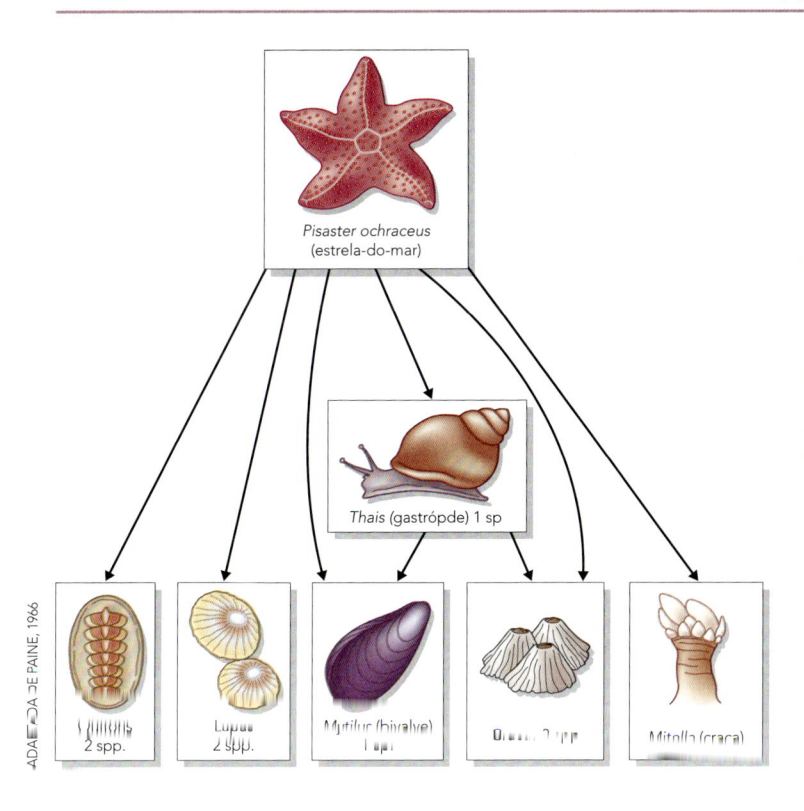

Figura 10.7
Comunidade do costão rochoso de Paine. A profunda influência da estrela-do-mar predatória somente poderia ser detectada através de sua remoção. Na ausência da estrela-do-mar, outras espécies tornaram-se dominantes (primeiro as cracas e depois os mexilhões), provocando uma redução total na riqueza de espécies. Este é um caso clássico de coexistência mediada pelo predador.

excluíram outras espécies, dominando totalmente o espaço disponível. As espécies de algas desapareceram (exceto uma), aparentemente por falta de espaço, e os pastadores tenderam a se deslocar dali, em parte devido à limitação espacial, em parte à escassez de alimento. A principal influência da estrela-do-mar parece ser tornar o espaço disponível para espécies competitivamente subordinadas. Pela predação, há espaços livres das cracas e, principalmente, dos mexilhões dominantes que impedem a ocupação de outros invertebrados e algas. Assim, um predador está possibilitando a coexistência, havendo com sua retirada uma diminuição no número de espécies presentes, de 15 para 8. O conceito de coexistência mediada pelo predador é interessante não apenas intrinsecamente; o mesmo também tem uma aplicação surpreendente no campo da ecologia da restauração (Quadro 10.2).

10.3.3 Heterogeneidade espacial

Presume-se que ambientes mais heterogêneos espacialmente possam acomodar mais espécies, porque eles possuem maior quantidade de micro-hábitats, uma gama maior de microclimas, mais esconderijos aos predadores, e assim por diante. Na verdade, a extensão no espectro de recursos também é aumentada (ver Figura 10.3a).

Em alguns casos, tem sido possível relacionar a riqueza de espécies à heterogeneidade de variáveis ambientais abióticas. Por exemplo, um estudo sobre o crescimento de plantas cultivadas em 51 parcelas ao longo do Rio

riqueza e heterogeneidade do meio abiótico

10.2 ECONSIDERAÇÕES ATUAIS

Usando a coexistência mediada pelo explorador para auxiliar a restauração de campos

Campos ricos em espécies são atualmente incomuns em paisagens agrícolas na Europa, pois décadas de aplicação intensiva de fertilizantes vêm permitindo a poucas espécies excluir competitivamente outras, um padrão evidenciado pelos resultados do notável experimento de longa duração de Rothamsted (ver Figura 10.1). Atualmente não são incomuns as tentativas para restaurar a riqueza de espécies perdida desses campos. Uma abordagem é usar o que sabemos a respeito da coexistência mediada pelo predador ou, mais comumente, coexistência mediada pelo explorador. Isto ocorre quando uma espécie "explora" como recurso alimentar um número de espécies na comunidade, reduzindo a dominância das espécies competitivamente mais superiores e permitindo a manutenção no sítio de espécies menos competitivas.

Um exemplo de coexistência mediada pelo explorador ocorre quando parasitos exercem um efeito nivelador. *Rhinanthus minor*, uma planta anual, é capaz de fotossintetizar por si só, mas é conhecida como um "hemiparasito", pois tipicamente extrai produtos fotossintéticos de outras plantas através de conexões com suas raízes. Os pesquisadores lançaram a hipótese de que a presença do hemiparasito poderia facilitar a recuperação de campos ricos em espécies, via coexistência mediada pelo explorador (Pywell et al., 2004). Para testar esta hipótese num campo empobrecido pela agricultura, eles estabeleceram parcelas experimentais com várias densidades de *Rhinanthus minor*. Após o estabelecimento das populações de hemiparasitos, os pesquisadores semearam uma mistura de sementes de 10 espécies nativas que tinham sido perdidas do campo como resultado de agricultura intensiva. Após 2 anos, o hemiparasito suprimiu o crescimento das plantas parasitadas e isto levou, no ano seguinte, ao aumento desejado na riqueza de espécies campestres devido à exclusão competitiva que foi contornada (Figura 10.8).

Um campo florido rico em espécies.
© ALAMY IMAGES A4T6HC

Figura 10.8

Relação entre a frequência de aparecimento do hemiparasito *Rhinanthus minor* e a riqueza de espécies vegetais por parcela experimental de campo. A presença do hemiparasito leva à altura menor das plantas, devido ao reduzido sucesso das plantas parasitadas, e, no final do quinto, ao aumento na riqueza de espécies, devido à supressão da exclusão competitiva pelas espécies dominantes.

(ESQUERDA) © ALAMY IMAGES A02Y49; (DIREITA) ADAPTADA DE PYWELL ET AL., 2004

O entendimento da coexistência mediada pelo explorador é promissora para futuros esforços de restauração de campos. Você poderia pensar a respeito de outros aspectos da teoria da riqueza de espécies que poderiam ser aplicados em benefício de campos empobrecidos? (Pista – cheque a "hipótese do distúrbio intermediário" descrita na Seção 10.4.2. Estas paisagens intensivamente cultivadas também têm sido submetidas a distúrbios regulares e intensivos causados por pastejo ou roçadas pesadas. O que a hipótese do distúrbio intermediário teria a oferecer para a restauração da riqueza de espécies em campos?)

Hood, no Canadá, revelou uma relação positiva entre riqueza e um índice de heterogeneidade espacial (com base, entre outros aspectos, no número de categorias de substrato, grau de inclinação do terreno, regimes de drenagem e pH de solo) (Figura 10.9a).

A maioria dos estudos sobre heterogeneidade espacial, entretanto, tem relacionado a riqueza de espécies animais à diversidade estrutural das plantas em seus ambientes, como resultado da manipulação experimental das plantas (p. ex., como com as aranhas na Figura 10.9b), mas mais comumente por comparações entre comunidades naturais que diferem na diversidade estrutural das plantas (Figura 10.9c), ou em riqueza de espécies vegetais (em que maior riqueza de espécies é igual à maior heterogeneidade espacial; Figura 10.9d).

a riqueza animal e a heterogeneidade espacial das plantas

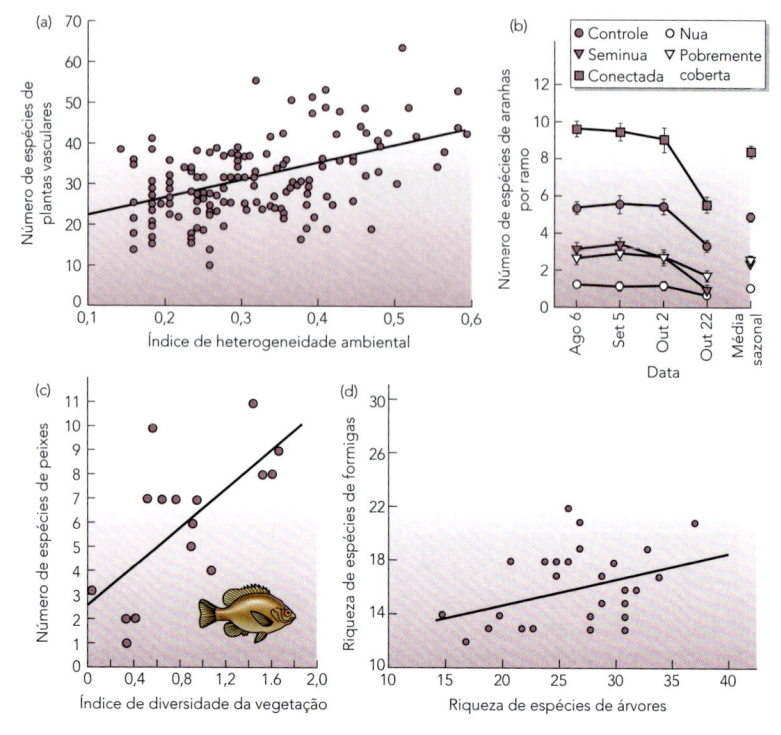

Figura 10.9
(a) Relação entre o número de plantas por parcelas de 300 m² próximas ao Rio Hood, Territórios do Noroeste, Canadá, e um índice (variando de 0 a 1) de heterogeneidade espacial de fatores abióticos associados à topografia e ao solo. (b) Em um estudo experimental, o número de espécies de aranhas viventes nos ramos de abeto-de-Douglas aumenta com a diversidade estrutural da planta. Plantas "nuas", "seminuas" ou "pobremente cobertas" foram menos diversas do que plantas normais ("controle") em virtude de terem suas acículas removidas; aquelas "mais conectadas" foram mais diversas por seus ramos serem entrelaçados. (c) Relação entre riqueza animal e um índice de diversidade estrutural da vegetação para peixes de 18 lagos em Wisconsin, EUA. (d) Relação entre a riqueza de espécies de formigas arbóreas em savanas brasileiras e a riqueza de espécies de árvores (uma medida de heterogeneidade espacial).

Quer a heterogeneidade espacial surja a partir do ambiente abiótico ou seja promovida por componentes biológicos da comunidade, ela é capaz de promover um aumento na riqueza de espécies.

10.3.4 Adversidades ambientais

Ambientes dominados por um fator abiótico extremo – muitas vezes chamados de ambientes *severos* – são mais difíceis de serem imediatamente reconhecidos. Uma visão antropocêntrica poderia descrever um ambiente assim como muito frio ou muito quente, lagos alcalinos e rios intensamente poluídos. Contudo, as espécies evoluem e vivem em tais ambientes e o que é muito frio ou quente para seres humanos pode parecer confortável e comum para um pinguim.

Deveríamos, então, tentar trabalhar com o fato de definirmos as adversidades ambientais "deixando os organismos decidirem". Um ambiente pode ser classificado como *extremo*, se os organismos não conseguem sobreviver nele. Porém se propusermos – e frequentemente isso é feito – que a riqueza de espécies é menor em ambientes extremos, então esta definição é circular e proposta para provar a hipótese que gostaríamos de testar.

Talvez uma definição mais adequada para uma condição extrema seja aquela que requer, de qualquer organismo tolerante a ela, uma estrutura morfológica ou algum mecanismo bioquímico, não encontrado em espécies correlatas, que o capacita a existir em tais ambientes, trazendo algum custo energético ou alteração compensatória nos seus processos biológicos. Por exemplo, plantas que vivem em solos muitos ácidos (baixo pH) podem ser afetadas diretamente pelo dano causado por íons hidrogênio ou indiretamente por deficiências na disponibilidade e absorção de recursos importantes, tais como fósforo, magnésio e cálcio. Ademais, alumínio, magnésio e metais pesados podem ter suas solubilidades aumentadas até níveis tóxicos. Além disso, a atividade de fungos simbióticos (micorrizas que promovem a absorção de nutrientes dissolvidos – ver Seção 8.4.5) ou bactérias (fixação do nitrogênio atmosférico – ver Seção 8.4.6) podem ser prejudicadas. As plantas podem tolerar solos com baixo pH, se possuírem estruturas ou mecanismos específicos que as capacitam a evitar ou neutralizar tais efeitos.

Os ambientes que apresentam baixo pH podem, assim, ser considerados severos, e o número médio de espécies de plantas registradas por unidade de amostragem, em um estudo realizado na tundra ártica do Alasca, foi menor em solos ácidos (Figura 10.10a). Similarmente, o número de espécies de invertebrados bentônicos de riachos no sul da Inglaterra também foi marcadamente menor em águas mais ácidas (Figura 10.10b). Exemplos adicionais de ambientes extremos que podem estar associados com riqueza de espécies baixa incluem fontes termais, cavernas e corpos d'água altamente salinos tais como o Mar Morto. O problema com esses exemplos, entretanto, é que eles também são caracterizados por outras variáveis associadas com riqueza de espécies baixa, tal como produtividade e heterogeneidade espacial baixas. Além disso, muitos ocupam locais pequenos (cavernas, fontes termais) ou áreas raras, quando comparadas a outros tipos de hábitat (somente poucos

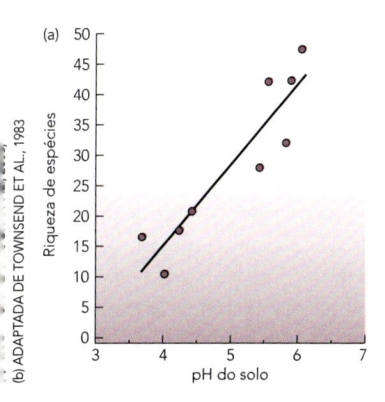

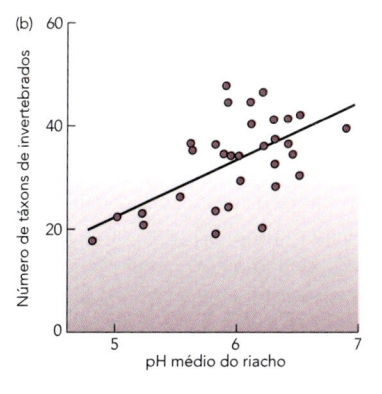

Figura 10.10

(a) O número de espécies vegetais em regiões na tundra ártica do Alasca aumenta com o pH do solo. (b) O número de táxons de invertebrados bentônicos em riachos no sul da Inglaterra aumenta com o pH da água.

riachos no sul da Inglaterra são ácidos). Com isso, ambientes extremos podem ser vistos como ilhas isoladas e pequenas. Veremos na Seção 10.5.1 que essas características também estão geralmente associadas à baixa riqueza de espécies. Embora pareça razoável que os ambientes extremos suportariam poucas espécies, esta tem sido uma proposição muito difícil de estabelecer.

10.4 Fatores temporais que influenciam a riqueza de espécies

As variações temporais nas condições e recursos podem ser ou não previsíveis e operar em escalas de minutos a séculos e milênios. Todos esses podem influenciar a riqueza de espécies de diferentes maneiras.

10.4.1 Variação climática

diferenciação temporal de nichos em ambientes sazonais

Os efeitos da variação climática sobre a riqueza de espécies dependem da previsibilidade deles (medidos em escalas temporais que interessam aos organismos envolvidos). Em um ambiente previsível, onde há mudanças sazonais no ambiente, diferentes espécies podem adaptar-se a essas condições em diferentes épocas do ano. Mais espécies poderiam, por isso, coexistir em um ambiente sazonal, comparado a um ambiente constante no tempo (Figura 10.3a). Diferentes espécies de plantas anuais em regiões temperadas, por exemplo, germinam, crescem, florescem e produzem sementes em diferentes épocas do ano. Já as espécies do fitoplâncton e zooplâncton exibem uma sucessão sazonal em lagos temperados grandes, havendo dominância de certos táxons em épocas diferentes do ano, de acordo com as condições e recursos existentes naquele período.

especialização em ambientes não sazonais

Por outro lado, há oportunidades de especialização em ambientes não sazonais, que não existem em ambientes sazonais. Por exemplo, seria difícil para um organismo frugívoro de ciclo de vida longo existir em um ambiente onde os frutos estivessem disponíveis por um período muito curto do ano. Porém, tal especialização é encontrada em ambientes tropicais não sazonais, onde frutos de um tipo ou de outro estão continuamente disponíveis.

Uma variação climática imprevisível (instabilidade climática) poderia trazer vários efeitos sobre a riqueza de espécies. Por um lado: (i) ambientes estáveis podem ser capazes de suportar espécies especializadas que não persistiriam onde as condições e os recursos se alterassem muito (Figura 10.3b); (ii) ambientes estáveis são provavelmente mais saturados em espécies (Figura 10.3d); e (iii) em ambientes estáveis pode haver uma maior sobreposição de nichos (Figura 10.3c). Todos estes processos podem aumentar a riqueza de espécies. Por outro lado, as populações em ambientes mais estáveis, geralmente, estão em níveis próximos de suas capacidades de suporte; há mais probabilidade de a comunidade ser dominada pela competição e, por isso, algumas espécies são mais suscetíveis à exclusão (ō é menor, ver Figura 10.3c).

Alguns estudos parecem sustentar a ideia de que a riqueza de espécies aumenta com a diminuição da variação climática. Como exemplo, há uma relação negativa significativa entre riqueza de espécies e a amplitude de temperaturas médias mensais para aves, mamíferos e gastrópodes que habitam a costa oeste da América do Norte (do Panamá, no sul, até o Alasca, no norte) (MacArthur, 1975). Contudo, essa correlação não prova causalidade, pois outros aspectos ambientais também variam entre o Panamá e o Alasca. Não há uma relação estabelecida entre instabilidade climática e riqueza de espécies.

10.4.2 Distúrbios

Anteriormente, na Seção 9.4, foi examinada a influência de um distúrbio sobre a estrutura de uma comunidade, demonstrando que quando um distúrbio abre uma clareira e a comunidade é *controlada pela dominância* (fortes competidores podem substituir residentes), há a tendência de aumento inicial de riqueza de espécies na sucessão ecológica como resultado da colonização, porém ocorrerá uma fase subsequente de declínio na riqueza, resultante da exclusão competitiva.

Se a frequência de um distúrbio for superposta a essa questão, parece provável que distúrbios muito frequentes manterão a maioria das manchas em estágios iniciais de sucessão (onde ocorrem poucas espécies), mas também que distúrbios muito raros permitirão que a maioria das manchas torne-se dominada pelos melhores competidores (onde também haverá poucas espécies presentes). Isso sugere uma *hipótese do distúrbio intermediário*, na qual se espera que as comunidades contenham mais espécies quando a frequência de um distúrbio não é nem muito intensa nem muito rara (Connell, 1978). A hipótese do distúrbio intermediário foi originalmente proposta para explicar os padrões de riqueza em florestas pluviais tropicais e em recifes de coral. Ela foi muito importante e fundamental para a teoria ecológica, uma vez que todas as comunidades estão sujeitas a distúrbios que exibem diferentes frequências e intensidades.

> a hipótese do distúrbio intermediário...

Entre os estudos que têm sustentado a hipótese do distúrbio intermediário, podemos citar o das algas verdes e vermelhas que vivem sobre blocos rochosos na costa sul da Califórnia (Sousa, 1979a, 1979b). A ação das ondas perturba os blocos rochosos menores mais frequentemente do que os maiores; desse modo, os blocos pequenos têm uma probabilidade mensal de movimento de 42%, enquanto os de tamanho intermediário apresentam 9% e os maiores somente 0,1%. Após o distúrbio abrir espaço sobre um matacão, algas verdes efêmeras (*Ulva* spp.) colonizam rapidamente, mas no decorrer do ano várias espécies de algas vermelhas perenes aparecem na sucessão, incluindo *Gelidium coulteri*, *Gigartina leptorhinchos*, *Rhodoglossum affine* e *Gigartina canaliculata*. Esta última gradualmente demora entre 2-3 anos para dominar a comunidade, tendendo a excluir competitivamente as espécies iniciais e secundárias. *Gigartina canaliculata* então persiste, a menos que haja um distúrbio posterior. Sousa constatou que a riqueza de espécies de algas era menor sobre matacães pequenos e frequentemente perturbados (F) – estes eram dominados com mais frequência por *Ulva*. Os níveis mais altos de riqueza de espécies foram registrados consistentemente na classe de matacães intermediários (I), a maior parte dos quais continham misturas de 3-5 espécies abundantes de todos os estágios sucessionais. Finalmente, a riqueza de espécies sobre os matacães maiores e raramente perturbados

> ...sustentado por estudos de algas sobre matacães em um costão rochoso...

> ... e de estudos sobre invertebrados em pequenos riachos e sobre plâncton em lagos

(R) foi menor do que na classe intermediária, com uma monocultura de *G. canaliculata* sobre alguns deles (Figura 10.11a).

Os distúrbios em pequenos riachos podem ser vistos em períodos de muita pluviosidade, em que a vazão movimenta de forma não previsível o substrato e as margens, perturbando as comunidades presentes de forma distinta. Essas variações foram acompanhadas em 54 pequenos corpos d'água localizados na bacia hidrográfica do Rio Taieri, na Nova Zelândia. O padrão de riqueza em macroinvertebrados se apresentou como o esperado pela hipótese do distúrbio intermediário (Figura 10.11b). Por fim, em experimentos controlados, comunidades de fitoplâncton no Plußsee (lago no norte da Alemanha) foram perturbadas a intervalos de 2 a 12 dias mediante o rompimento da estratificação térmica da coluna d'água com bombas de ar comprimido. Novamente, a riqueza de espécies e o índice de diversidade de Shannon foram maiores em níveis intermediários de distúrbio (Figura 10.11c).

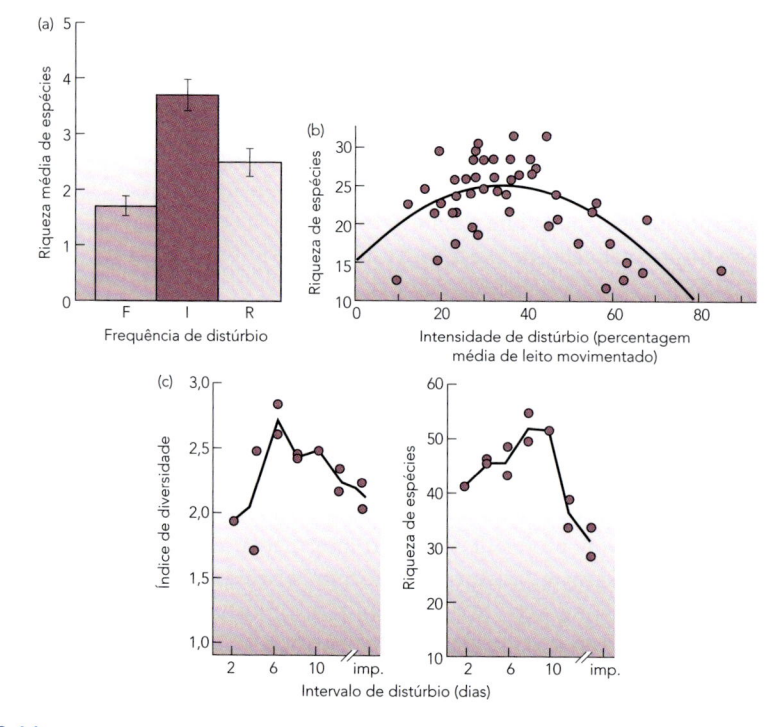

Figura 10.11

(a) Padrão na riqueza de espécies (± EP) sobre matacães em costão rochoso, em três classes categorizadas de acordo com a frequência com a qual os mesmos foram perturbados: frequentemente perturbados (F), perturbados em uma taxa intermediária (I) e raramente perturbados (R). A riqueza de espécies é máxima no nível intermediário de perturbação. (b) Relação entre a riqueza de espécies de insetos e a intensidade de distúrbio, medida como a percentagem média do leito que se move durante períodos de sucessivos de 2 meses, em 54 sítios no Rio Taieri, Nova Zelândia. A riqueza de espécies é novamente mais elevada em níveis intermediários de distúrbio. (c) Tanto a diversidade de espécies (índice de Shannon) quanto a riqueza de espécies em comunidades fitoplanctônicas são mais elevadas em frequências intermediárias de distúrbio, em experimentos controlados no Plußsee; "imp" representa a riqueza de espécies no estado imperturbado.

10.4.3 Idade ambiental: tempo evolutivo

Também tem sido sugerido com frequência que comunidades "perturbadas" em períodos de tempo extensos podem, todavia, apresentar um número reduzido de espécies, em parte porque elas já alcançaram equilíbrio ecológico ou evolutivo. Desse modo, as comunidades podem diferir no número de espécies porque algumas estão mais próximas do equilíbrio e, portanto, mais saturadas do que outras (Figura 10.3d).

Por exemplo, muitos têm argumentado que os trópicos são mais ricos em espécies do que as regiões temperadas em parte porque os trópicos existem há mais tempo e não sofreram períodos evolutivos ininterruptos. As regiões temperadas, por outro lado, sofreram as glaciações desde o Pleistoceno, quando as zonas temperadas bióticas deslocaram-se em direção aos trópicos. No entanto, parece atualmente que áreas tropicais também foram perturbadas durante as eras glaciais, não diretamente pelo gelo, mas por mudanças climáticas associadas que resumiram as florestas tropicais a um número limitado de pequenos refúgios circundados por campos. Assim, embora pareça comum que algumas comunidades, em virtude de distúrbios em seu passado distante, sejam menos saturadas que outras, não podemos localizar precisamente estas comunidades com confiança.

Uma explicação alternativa para a menor riqueza de espécies em áreas temperadas, em relação às tropicais, é a ideia de que as espécies evoluem mais rapidamente nos trópicos devido às maiores taxas de mutação nestes climas mais quentes. Wright e colaboradores (2006) compararam as taxas evolutivas de pares de espécies de plantas lenhosas, sendo que em cada par, uma espécie era de áreas tropicais (p. ex., *Eucalyptus deglupta*, *Clematis javana*, *Banksia dentate* e 42 outras) e a outra de áreas temperadas (*Eucalyptus coccifera*, *Clematis paniculata*, *Banksia marginata*, etc., respectivamente). A evolução, medida pela taxa de substituição de nucleotídeos em uma região particular do DNA, é mais de duas vezes mais rápida nas espécies tropicais.

10.5 Gradientes de riqueza de espécies

Nas Seções 10.3 e 10.4 foi demonstrado o quanto é difícil formular e testar explicações a respeito das variações na riqueza de espécies. É mais fácil descrever padrões, especialmente gradientes, de riqueza de espécies. Estes são discutidos a seguir. Porém, explicações para os mesmos são geralmente muito incertas.

10.5.1 Área do hábitat e isolamento: biogeografia de ilhas

É notório que o número de espécies existentes em ilhas decresce de acordo com a diminuição da área disponível. Tal *relação espécies-área* é mostrada na Figura 10.12a para plantas, em pequenas ilhas a leste de Estocolmo, Suécia.

As "ilhas", contudo, não são necessariamente pedaços de terra circundados por água do mar. Lagos são ilhas em um "mar" de terra, topos de monta-

> relações espécies-área em ilhas oceânicas

> ilhas de hábitat e áreas continentais

Figura 10.12
Relações espécies-área: em cada caso o número de espécies aumenta com a área da "ilha". (a) Para plantas em pequenas ilhas na costa leste da Suécia, em 1999. (b) Para aves que habitam lagos na Flórida ("ilhas" de água em um "mar" de terra); (c) para morcegos que habitam cavernas de diferentes tamanhos no México; e (d) para peixes que vivem em fontes d'água conectadas a reservatórios de diferentes tamanhos na Austrália. Todas as linhas de regressão são significativas a $P < 0,05$; nenhuma linha é mostrada em (b) porque a regressão não é significativa.

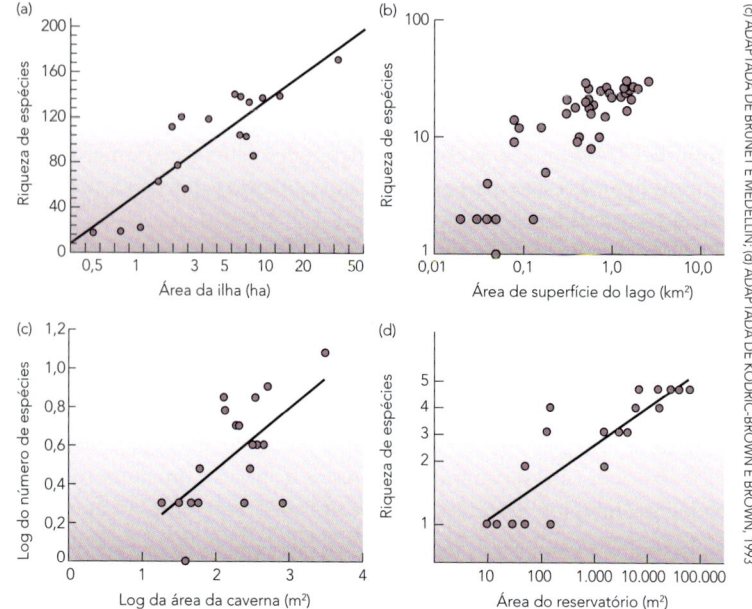

(a) ADAPTADA DE LOFGREN E JERLING, 2002; (b) ADAPTADA DE HOYER E CANFIELD, 1994; (c) ADAPTADA DE BRUNET E MEDELLÍN; (d) ADAPTADA DE KODRIC-BROWN E BROWN, 1993

"efeitos insulares" e estrutura da comunidade

nhas são ilhas de altitudes elevadas em um "mar" de locais próximos ao nível do mar; clareiras em uma floresta são ilhas em um "mar" de árvores, e pode haver ilhas de tipos geológicos particulares, tipos de solos ou tipos vegetacionais circundados por tipos dissimilares de rocha, solo ou mesmo outra vegetação. As relações espécies-área podem ser também aparentes para estes tipos de ilhas (Figura 10.13b-d).

A relação entre riqueza de espécies e área é um dos padrões mais consistentes na ecologia. No entanto, esse padrão ressalta uma importante questão: será que o empobrecimento de espécies em ilhas deveria ser maior do que o esperado em áreas insulares continentais comparavelmente pequenas? Em outras palavras, o isolamento característico observado em ilhas contribui para o empobrecimento de espécies? Essas são importantes perguntas para entender a estrutura de uma comunidade, uma vez que há muitas ilhas oceânicas, muitos lagos, topos de montanhas, regiões florestais circundadas por campos, muitas árvores isoladas e assim por diante.

Provavelmente, a razão mais evidente pela qual grandes áreas deveriam conter mais espécies é que nessas áreas há muitos tipos diferentes de hábitat. Contudo, MacArthur e Wilson (1967) acreditavam que essa explicação era demasiadamente simples. Em sua *teoria do equilíbrio da biogeografia de ilhas*, eles argumentaram que o tamanho da ilha e o grau de isolamento exercem importantes papéis: que o número de espécies em uma ilha está determinado por um balanço entre imigração e extinção; que este balanço é dinâmico, com espécies continuamente se extinguindo e sendo substituídas (através da imigração) pelas mesmas ou por novas espécies; e que a imigração e a extinção poderiam variar com o tamanho da ilha e pelo grau de isolamento desta com o continente (Quadro 10.3).

10.3 MARCOS HISTÓRICOS

A teoria do equilíbrio da biogeografia de ilhas de MacArthur e Wilson

Levando-se em consideração primeiramente a imigração, imagine uma ilha que ainda não contém nenhuma espécie. A taxa de imigração de *espécies* será elevada, porque qualquer indivíduo colonizador representará uma nova espécie nessa ilha. Contudo, assim que o número de espécies residentes aumenta, essa taxa de imigração de novas espécies diminui. A taxa de imigração tende a zero quando todas as espécies da área-fonte (ou seja, do continente ou de ilhas próximas) estão presentes na ilha em questão (Figura 10.13a).

O gráfico da imigração gera uma curva, pois esse parâmetro tende a ser elevado quando há poucas espécies residentes e, ainda, muitas das espécies com capacidade de dispersão para chegar até a ilha ainda não o fizeram. De fato, a curva resultante deve ser uma "mancha" e não uma linha, uma vez que este gráfico depende da sequência exata na qual as espécies chegam, e isso pode variar bastante, sendo um evento probabilístico e não determinístico. Neste sentido, a curva apresentada sobre a taxa de imigração pode ser vista como a *curva "mais provável"*.

A curva de imigração exata dependerá do grau de proximidade da ilha de suas áreas-fontes de colonizadores potenciais (Figura 10.13a). A curva sempre tenderá a zero em um mesmo ponto (quando todos os membros das áreas-fonte forem residentes), porém terá valores maiores em ilhas próximas em comparação a outras ilhas mais distantes, uma vez que as espécies colonizadoras terão uma maior chance de alcançar estas ilhas mais próximas. É também comum que as taxas de imigração sejam maiores em ilhas grandes em relação às menores, uma vez que ilhas grandes representam um "alvo" maior para os colonizadores (Figura 10.13a).

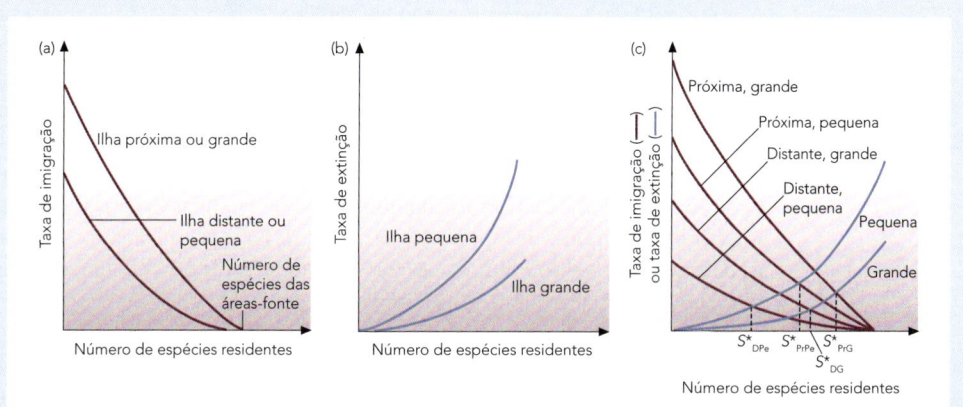

Figura 10.13

Teoria do equilíbrio da biogeografia de ilhas de MacArthur e Wilson (1967). (a) Taxa de imigração de espécies em uma ilha, plotada em relação ao número de espécies residentes na ilha, para ilhas grandes e pequenas e para próximas e distantes. (b) Taxa de extinção de espécies em uma ilha, plotada em relação ao número de espécies residentes em ilhas grandes e pequenas. (c) Balanço entre imigração e extinção em ilhas pequenas e grandes e próximas ou distantes das áreas-fonte. Em cada situação, S^* será o nível de equilíbrio em riqueza de espécies. Pr, próxima; D, distante; G, grande; Pe, pequena.

A taxa de extinção de espécies em uma ilha (Figura 10.13b) é próxima a zero quando não há espécies presentes, e geralmente será baixa quando houver poucas espécies. Contudo, à medida que o número de espécies residentes cresce, a taxa de extinção tende a aumentar, provavelmente proporcional à adição de novas espécies. Isso pode ocorrer devido ao aumento da exclusão competitiva e ao tamanho populacional das espécies envolvidas, pois sendo menor, há uma maior probabilidade de extinção. Razões similares sugerem que a taxa de extinção deveria ser maior em ilhas pequenas do que em maiores, pois as populações existentes serão menores em ilhas pequenas (Figura 10.13b). Assim como na imigração, as curvas de extinção são melhor consideradas como as "mais prováveis".

A fim de observar o efeito líquido de imigração e extinção, suas duas curvas podem ser superpostas (Figura 10.13c). O número de espécies onde as curvas se encontram (S^*) será o equilíbrio dinâmico e deveria ser o nível característico da riqueza de espécies para a ilha em questão. Abaixo de S^*, a riqueza aumenta (taxa de imigração excede a taxa de extinção); acima de S^*, a riqueza diminui (extinção excede imigração). Esta teoria, então, faz muitas previsões, descritas no texto.

A teoria de MacArthur e Wilson faz uma série de previsões:

1 O número de espécies em uma ilha deve se tornar quase constante com o passar do tempo.
2 Essa constância será o resultado de uma contínua substituição de espécies, com algumas se extinguindo e outras imigrando.
3 Ilhas grandes devem suportar mais espécies do que ilhas pequenas.
4 O número de espécies deve diminuir com o grau de isolamento de uma ilha.

particionando a variação entre diversidade de hábitats e área

Por outro lado, uma riqueza mais alta em ilhas maiores poderia ser esperada simplesmente como uma consequência de que essas ilhas suportam mais tipos de hábitats. Poderia a riqueza aumentar com a área em uma taxa *maior* do que poderia ser considerado somente pelo aumento da diversidade de hábitats? Alguns estudos têm tentado separar a variação espécies-área em ilhas nas quais se pode levar em consideração a diversidade de hábitats de outros que levam em consideração somente a área. Para coleópteros existentes nas Ilhas Canárias, a relação existente entre riqueza de espécies e diversidade de hábitats (medida como riqueza de espécies vegetais) é muito mais forte do que se comparada ao tamanho das ilhas, sendo particularmente mais notável entre as espécies herbívoras, provavelmente devido às suas demandas alimentares específicas (Figura 10.14a).

Em contraste com os resultados obtidos nas Ilhas Canárias, em um estudo sobre uma variedade de grupos animais existentes em ilhas das Pequenas Antilhas, a variação na riqueza de espécies entre as ilhas foi dividida, estatisticamente, entre aquela associada a atributos relativos apenas à área da ilha, aquela relacionada somente à diversidade de hábitats e a correlacionada à variação entre área e diversidade de hábitats (e não atribuível a nenhum dos fatores isoladamente), e a variação não estava relacionada a nenhum desses fatores (Figura 10.14b). Para répteis e anfíbios, assim como os coleópteros das Ilhas Canárias, a diversidade de hábitats foi muito mais importante do que a área da ilha. Porém, para morcegos foi encontrado o inverso; para aves e

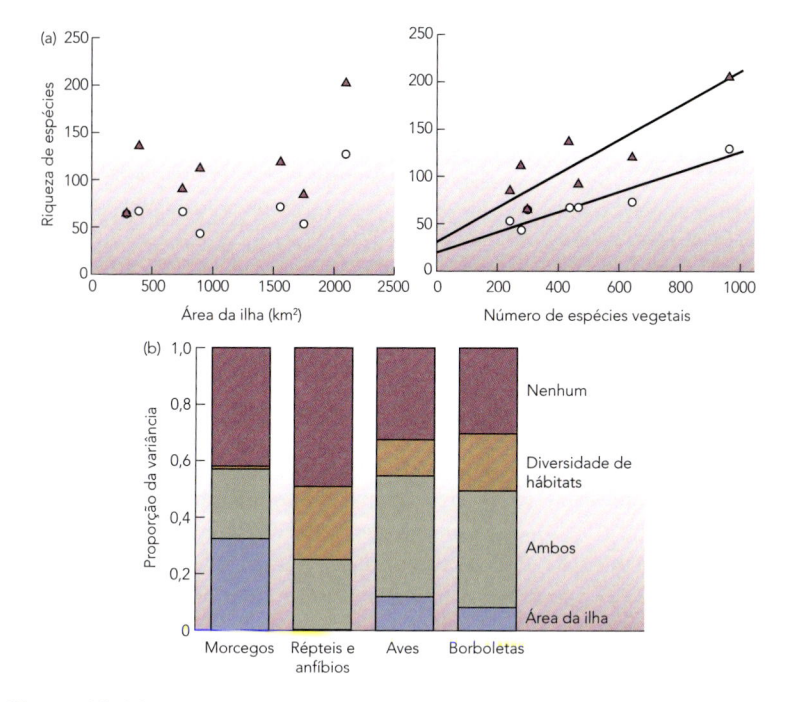

Figura 10.14

(a) Relações existentes entre riqueza de espécies de coleópteros herbívoros (círculos) e carnívoros (triângulos), nas Ilhas Canárias, e a área da ilha (esquerda) e riqueza de espécies de plantas (direita). (b) Proporção da variância, para quatro táxons animais, na riqueza de espécies entre ilhas nas Pequenas Antilhas relacionadas unicamente pela área da ilha (azul), unicamente pela diversidade de hábitats (laranja), pela correlação entre área e diversidade de hábitats (verde) e não explicada por nenhum dos parâmetros (bordô). As linhas de regressão são significativas a $P < 0,05$; nenhuma linha é mostrada no painel esquerdo de (a) porque a regressão não é significativa.

borboletas, ambos os parâmetros foram igualmente importantes. Globalmente, portanto, estudos como esses sugerem um efeito de área separado (ilhas maiores são alvos mais suscetíveis à colonização; as populações ali existentes possuem riscos menores de extinção) além de uma simples correlação entre área e diversidade de hábitats.

Um exemplo do empobrecimento em espécies em ilhas mais remotas pode ser visto na Figura 10.15, para aves não marinhas de terras baixas em ilhas tropicais no sudoeste do Pacífico. Com o aumento da distância à grande massa de terra "fonte" de Papua Nova Guiné, há um declínio no número de espécies, expresso como percentagem do número de espécies presentes em ilhas de tamanho similar, porém próximas a Papua Nova Guiné.

> a riqueza de espécies de aves decresce com o grau de isolamento em ilhas no Pacífico

Uma razão transitória, mas não menos importante, para o empobrecimento de espécies em ilhas, principalmente em ilhas mais distantes, é o fato de que as espécies simplesmente não têm tempo suficiente para colonizar essas ilhas. Um exemplo é a ilha Surtsey, que emergiu no oceano em 1963, como resultado de uma erupção vulcânica. Essa nova ilha, a 40 km do sudoeste da Islândia,

> ausência de espécies devido ao tempo insuficiente para a colonização

Figura 10.15
Número de espécies de aves residentes, terrestres, em ilhas situadas além de 500 km da grande ilha de Papua Nova Guiné, expresso como uma percentagem do número de espécies em ilhas de área equivalente, mas próximas a Papua Nova Guiné – isso pode ser visto como um "grau de saturação" da comunidade de aves. O mesmo é plotado em relação à distância de Papua Nova Guiné.

ADAPTADA DE DIAMOND, 1972

foi colonizada por bactérias e fungos, algumas aves marinhas, uma espécie de mosca e sementes de diversas plantas costeiras em um intervalo de tempo de 6 meses, desde o início da erupção. Sua primeira planta vascular estabelecida foi registrada em 1965, a primeira colônia de musgos em 1967 e o primeiro arbusto em 1998 (um salgueiro-anão, *Salix herbacea*). Uma minhoca foi encontrada em 1993 e uma lesma em 1998, provavelmente transportadas por aves (Hermannsson, 2000). Em 2004, mais de 50 espécies de plantas vasculares, 53 de musgos, 45 de liquens e 300 espécies de invertebrados foram registradas, embora nem todas tenham persistido (Surtsey Research Society, www. surtsey.is). A colonização por novas espécies ocorreu tanto acima quanto abaixo da linha d'água, com invertebrados marinhos, os quais se dispersam em estágios larvais no oceano, acumulando-se mais rapidamente do que as plantas terrestres (Figura 10.16).

taxas evolutivas em ilhas podem ser mais rápidas do que taxas de colonização

Por fim, é muito importante ressaltar que nenhum aspecto da ecologia pode ser totalmente entendido sem uma referência ao processo evolutivo (ver Capítulo 2), e isso é particularmente verdadeiro para o entendimento das comunidades em ilhas. Em ilhas isoladas, a taxa na qual novas espécies evoluem pode ser comparável ou mesmo ser mais rápida do que a taxa em que elas chegam como novos colonizadores. Claramente, as comunidades dessas ilhas serão entendidas de modo incompleto, se fizermos referência apenas a processos ecológicos. Leve-se em consideração os números de espécies de *Droso-*

Figura 10.16
As amostragens regulares de riqueza de espécies animais e vegetais ocorreram desde a emergência em 1963 da ilha vulcânica Surtsey, próximo à Islândia. Aqui são mostrados os resultados de amostragens padronizadas de invertebrados marinhos costeiros até 1992 (cracas, isópodes, decápodes, moluscos, estrela-do-mar, ofiuroides, ouriços-do--mar e urocordados; círculos bordôs) e de plantas vasculares terrestres até 2004 (círculos abertos).
ADAPTADA DE HERMANNSSON, 2000; SURTSEY RESEARCH INSTITUTE, WEBSITE WWW.SURTSEY.IS

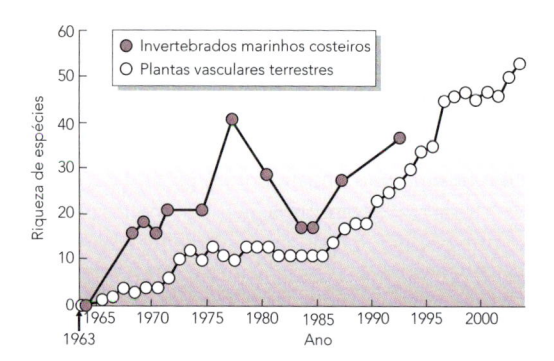

phila (moscas-das-frutas) encontradas em distantes ilhas vulcânicas do Havaí. Existem provavelmente cerca de 1.500 espécies de *Drosophila* no mundo, mas ao menos 500 destas são encontradas nas ilhas havaianas; elas têm evoluído, quase que totalmente, nessas ilhas. As comunidades das quais elas fazem parte são afetadas muito mais fortemente pela evolução e especiação local do que pelos processos de colonização e extinção.

10.5.2 Gradientes latitudinais

Um dos padrões mais reconhecidos sobre a riqueza de espécies é o aumento desta dos polos para os trópicos. Esse padrão pode ser visto em uma variedade de grupos, incluindo árvores, invertebrados marinhos, borboletas e lagartos (Figura 10.17). O padrão pode ser registrado, além disso, em hábitats terrestres, marinhos e de água doce.

Várias explicações têm sido propostas para esta tendência latitudinal geral na riqueza de espécies, mas nenhuma delas é definitiva para tal propósito. Em primeiro lugar, a riqueza das comunidades tropicais tem sido atribuída por uma maior intensidade de predação e a predadores mais especializados. Uma predação mais intensa poderia reduzir a importância da competição, permitindo uma maior sobreposição de nichos e promovendo, assim, maior riqueza (Figura 10.3c). Todavia, a predação não pode ser a causa principal da riqueza dos trópicos, pois isto requer uma explicação sobre o aumento da riqueza também dos próprios predadores.

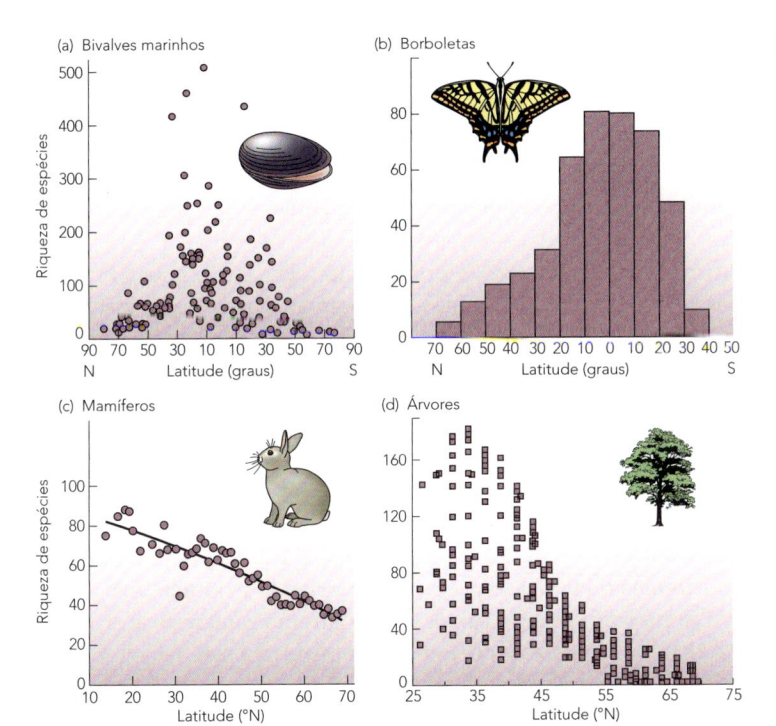

Figura 10.17

Padrões latitudinais de riqueza de espécies para: (a) bivalves marinhos; (b) borboletas da família Papilionidae; (c) mamíferos na América do Norte, e (d) árvores na América do Norte. Em cada caso há um declínio de baixas latitudes (o equador está a 0°) para altas (os polos estão a 90°).

(a) ADAPTADA DE FLESSA & JABLONSKI, 1995; (b) ADAPTADA DE SUTTON & COLLINS, 1991; (c) ADAPTADA DE ROSENSZWEIG & SANDLIN, 1997; (d) ADAPTADA DE CURRIE & PAQUIN, 1987

> a produtividade seria uma explicação?

Em segundo lugar, a riqueza poderia estar relacionada a um aumento na produtividade, uma vez que ela se altera dos polos em direção ao equador. Certamente, de maneira geral, há mais calor e energia radiante nas regiões tropicais e, como discutido na Seção 10.3.1, ambos os parâmetros tendem a estar associados a uma maior riqueza de espécies, embora o aumento na produtividade, ao menos em alguns casos, tenha sido associado à redução da riqueza.

Além disso, a luz e o calor não são os únicos determinantes da produtividade vegetal. Os solos nos trópicos tendem, em média, a ter concentrações mais baixas de nutrientes, se comparados aos solos temperados. A riqueza dos trópicos deve, dessa forma, refletir sua *baixa* produtividade. De fato, os solos tropicais são pobres em nutrientes, porque muitos deles estão estocados na própria biomassa dessas regiões. Um argumento em favor da produtividade deve ser realizado como segue. A luz, temperatura e regimes hídricos dos trópicos levam a uma grande produção de biomassa nas comunidades, mas não necessariamente a comunidades mais diversas. Isso leva a solos pobres em nutrientes e talvez a uma maior variação de regimes luminosos, do chão até o dossel das florestas. Como retorno, essa diversidade de regimes luminosos tenderia a provocar uma maior riqueza de espécies vegetais e, assim, a um aumento na diversidade animal também. Certamente não existe uma *simples* "explicação da produtividade" para a tendência latitudinal em riqueza.

> variação climática ou idade evolutiva seriam explicações?

Alguns ecólogos têm indicado o clima das latitudes baixas como uma razão para a elevada riqueza de espécies. Especificamente, as regiões equatoriais em geral são menos sazonais do que as temperadas, e isso pode ter forçado as espécies a serem mais especializadas (ou seja, possuir nichos mais estreitos, ver Figura 10.3b). Uma maior "idade" evolutiva dos trópicos também tem sido proposta como razão para a sua maior riqueza de espécies, e outra linha de argumento sugere que a repetida fragmentação e união dos refúgios na floresta tropical promoveram uma maior especiação e diferenciação genética, aumentando a riqueza nos trópicos. E num contexto relacionado, já observamos que a taxa de evolução pode ser mais rápida nos trópicos (ver Seção 10.4.3). Todas essas ideias são plausíveis, porém estão longe de constituírem generalizações comprovadas.

De maneira geral, portanto, o gradiente latitudinal não possui uma explicação única – o que não surpreende. Os componentes de uma possível explicação – tendências com a produtividade, estabilidade climática e assim por diante – são por si só entendidos apenas de maneira incompleta e rudimentar, e o gradiente latitudinal entrelaça estes componentes entre si e com outras forças frequentemente opostas – isolamento, severidade ambiental e assim por diante.

10.5.3 Gradientes em relação à altitude e à profundidade

Um decréscimo na riqueza de espécies acompanhando a altitude, análogo ao observado com a latitude, tem sido registrado em ambientes terrestres (p. ex., Figura 10.18a, b). Por outro lado, em alguns casos tem sido registrado um aumento da riqueza com a altitude (p. ex., Figura 10.18c), embora aproximadamente metade dos estudos sobre riqueza de espécies ao longo de gradientes

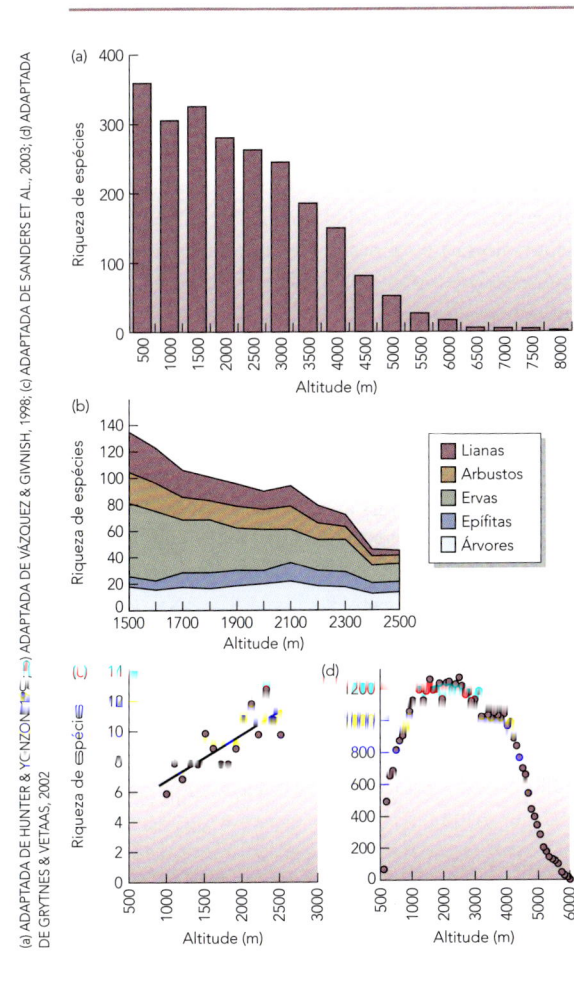

Figura 10.18
Relações entre riqueza de espécies e altitude para: (a) aves residentes nos Himalaias nepaleses, (b) para plantas na Sierra Manantlán, México, (c) formigas no Lee Canyon nas Montanhas Springs, em Nevada, EUA, e (d) para gimnospermas nos Himalaias nepaleses. A riqueza de espécies diminui em (a) e (b), aumenta com a altitude em (c) e mostra uma relação em C em (d).

altitudinais tenha descrito padrões em forma convexa (p. ex., Figura 10.18d) (Rahbek, 1995).

Parte dos fatores que explicariam a tendência latitudinal também são importantes para explicar a diminuição da riqueza com o aumento da altitude (embora as dificuldades para explicar a tendência latitudinal se apliquem igualmente à altitude). Por exemplo, declínios na riqueza de espécies em geral têm sido explicados em termos de decréscimos de produtividade associados a temperaturas mais baixas e estações de crescimento mais curtas em altitudes mais elevadas, ou a estresse fisiológico associado a extremos climáticos junto ao topo das montanhas. De fato, a explicação para o oposto, a relação positiva entre a diversidade de formigas e a altitude na Figura 10.18c, é que a precipitação aumentou com a altitude neste caso, resultando em maior produtividade e condições fisiologicamente menos extremas em altitudes mais elevadas. Além disso, comunidades em altitudes elevadas quase invariavelmente ocupam áreas menores do que terras baixas em latitudes equivalentes, e serão geralmente mais isoladas de comunidades similares do que locais de terras baixas. Portanto, os efeitos da área e do isolamento provavelmente contribuem aos decréscimos observados na riqueza de espécies com a altitude.

Nos ambientes aquáticos, a mudança na riqueza de espécies com a profundidade mostra uma forte similaridade com o gradiente terrestre altitudinal. Em lagos maiores, as profundidades frias, escuras, pobres em oxigênio contêm menos espécies, comparadas às águas superficiais. Da mesma forma, em hábitats marinhos, as plantas estão confinadas à zona eufótica (onde a luz penetra e elas podem realizar a fotossíntese), a qual raramente se estende por mais de 30 m. No oceano aberto, assim, há um rápido decréscimo na riqueza com a profundidade, revertido somente por uma variedade de animais bizarros que vivem no fundo oceânico. Curiosamente, contudo, em regiões costeiras o efeito da profundidade sobre a riqueza de espécies animais bentônicas (habitantes do fundo) produz um pico em riqueza em torno de 1.000 m, possivelmente refletindo uma melhor condição ambiental em torno dessa profundidade (Figura 10.19). Em profundidades maiores, além da plataforma continental, a riqueza de espécies declina novamente, provavelmente devido à extrema escassez de recursos alimentares nas regiões abissais.

10.5.4 Gradientes durante a sucessão ecológica

A Seção 9.4 descreveu como, em sucessões de comunidades, se não houver nenhuma perturbação adicional, o número de espécies inicialmente aumenta (devido à colonização), mas então decresce (devido à competição). Esse padrão está estabelecido para plantas, mas poucos estudos feitos sobre animais indicam um aumento paralelo em riqueza de espécies nos estágios iniciais de sucessão. A Figura 10.20 ilustra isso para aves, que são encontradas em culturas rotativas em uma floresta pluvial tropical, e para insetos associados a sucessões ocorrentes em campos abandonados numa região temperada.

Até certo ponto, o gradiente sucessional é uma consequência necessária da colonização gradual de uma área pelas espécies de comunidades próximas, em estágios sucessionais mais avançados; ou seja, estágios tardios estão mais saturados em espécies (ver Figura 10.3d). Contudo, isso é apenas uma pequena parte da história, uma vez que a sucessão envolve um processo de substituição de espécies e não necessariamente a mera adição de novas espécies.

Figura 10.19

Gradiente de riqueza de espécies de megabentos (peixes, decápodes, holotúrias e estrelas-do-mar) no oceano a sudoeste da Irlanda.

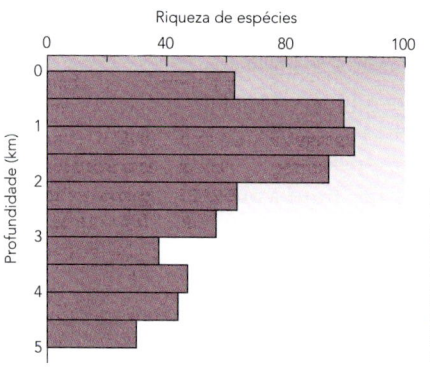

ADAPTADA, DE ANGEL, 1994

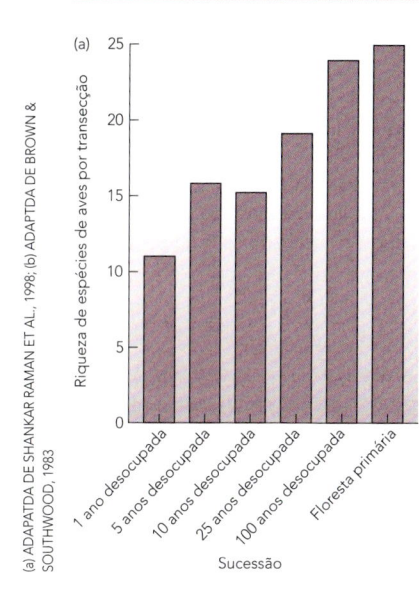

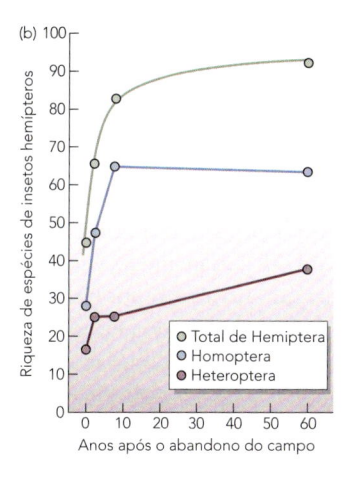

Figura 10.20
Exemplos de aumento na riqueza de espécies animais durante a sucessão. (a) A riqueza de espécies de aves aumentou após as culturas rotativas terem cessado na floresta pluvial tropical no nordeste da Índia. As áreas deixadas em repouso após o cultivo terminar, por períodos conhecidos de tempo, foram comparadas com a floresta primária não perturbada. (b) A riqueza de espécies de insetos da ordem Hemiptera (subordens Homoptera e Heteroptera) aumentou ao longo do tempo, após uma área agrícola inglesa ter sido abandonada.

Na verdade, assim como em outros gradientes de riqueza, há um certo efeito em cascata na sucessão: um processo que aumenta a riqueza inicia outro, e assim por diante. As espécies iniciais serão aquelas com melhor poder de colonização e competição por espaços abertos. Elas imediatamente provêm recursos (e introduzem heterogeneidade) que não havia anteriormente. Por exemplo, as plantas pioneiras geram diminuição de recursos no solo (ver Seção 3.3.2), aumentando a heterogeneidade espacial de nutrientes. Elas provocam uma variedade de novos micro-hábitats e, para os animais que se alimentam delas, há uma maior oferta de novos recursos (ver Figura 10.3a). O aumento na herbivoria e predação pode ter então um efeito de retroalimentação que promove um aumento adicional na riqueza de espécies (predação mediada pela coexistência, Figura 10.3c), o qual prove recursos adicionais e mais heterogeneidade, e assim por diante. Além disso, temperatura, umidade e velocidade do vento exibem uma menor variação temporal dentro de uma floresta do que em uma área aberta; o aumento da constância ambiental pode promover uma estabilidade de condições e recursos, que permite o desenvolvimento e a persistência de populações de espécies especialistas (Figura 10.3b). Como em outros gradientes, a interação de muitos fatores dificulta a distinção entre causa e efeito. Contudo, em relação ao gradiente sucessional de riqueza, o enlace entre causa e efeito parece ser a essência deste padrão.

um efeito em cascata?

10.6 Padrões de riqueza de táxons no registro fóssil

Por fim, é interessante analisar os processos tidos como instrumentos que podem gerar os gradientes atuais de riqueza de espécies e aplicá-los às tendências ocorridas durante as épocas passadas. O registro fóssil incompleto tem sido o maior impedimento ao estudo paleontológico da evolução. Contudo, alguns padrões gerais já estão consolidados, e o nosso conhecimento sobre seis importantes grupos de organismos está resumido na Figura 10.21.

a explosão do Cambriano: coexistência mediada pelo explorador?

Até cerca de 600 milhões de anos, o mundo era povoado quase que apenas por bactérias e algas, e quase todos os filos de invertebrados marinhos possuem seu registro fóssil dentro de poucos milhões de anos passados (Figura 10.21a). Vimos que a introdução de um nível trófico mais elevado pode aumentar a riqueza no nível trófico abaixo através da "coexistência mediada pelo explorador"; desse modo, é possível argumentar que os primeiros protistas unicelulares herbívoros foram provavelmente responsáveis pela explosão em riqueza de espécies do período Cambriano. O espaço tornado acessível pela ingestão de monoculturas de algas, somado com a disponibilidade de células eucarióticas recentemente evoluídas, pode ser a causa da maior explosão de diversificação evolutiva na história do planeta.

o declínio do Permiano: uma relação espécies-área?

Em contraste, o declínio igualmente drástico no número de famílias de invertebrados no final do período Permiano (Figura 10.21a) poderia ter sido o resultado da fusão dos continentes para produzir o supercontinente de Pangea; a união dos continentes produziu uma marcante redução na área ocupa-

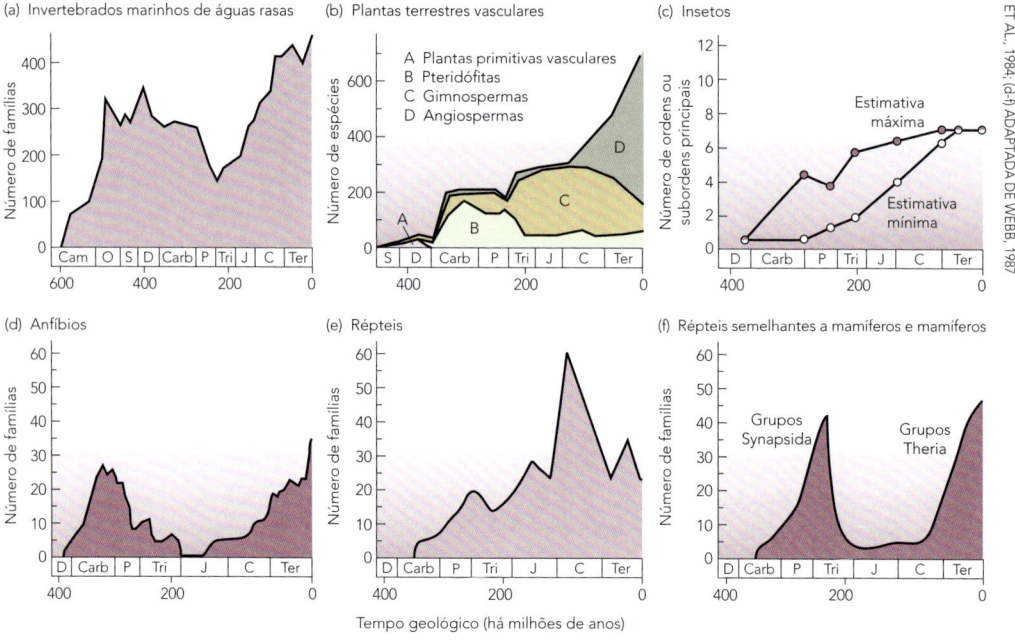

Figura 10.21

Padrões na riqueza de táxons através do registro fóssil. (a) Famílias de invertebrados de águas rasas. (b) Espécies de vegetais vasculares terrestres de quatro grupos – plantas vasculares primitivas, pteridófitas, gimnospermas e angiospermas. (c) Ordens e principais subordens de insetos (os valores mínimos são derivados de registros fósseis encontrados; os valores máximos incluem registros "possíveis"). (d) Famílias de anfíbios, (e) Famílias de répteis e f) Famílias de "répteis semelhantes a mamíferos" (Synapsida) e mamíferos Theria (inclui tanto os grupos marsupiais quanto os placentários). Chaves para os períodos geológicos: Cam, Cambriano; O, Ordoviciano; S, Siluriano; D, Devoniano; Carb, Carbonífero; P, Permiano; Tri, Triássico; J, Jurássico; C, Cretáceo; Ter, Terciário.

da pelos mares rasos (que ocorrem na periferia dos continentes) e, assim, um marcante declínio na área de hábitats disponíveis para os invertebrados de águas rasas. Ainda, nessa época o planeta estava sujeito a períodos prolongados de resfriamento, onde grandes quantidades de água foram estocadas nas calotas polares e nas geleiras, causando uma redução ampla de ambientes marinhos rasos e quentes. Desse modo, uma relação espécies-área pode ser usada para considerar a redução na riqueza de espécies naquele período.

A análise dos registros fósseis de plantas vasculares terrestres (Figura 10.21b) revela quatro fases evolutivas distintas: (i) uma proliferação de plantas vasculares primitivas, entre o Siluriano e o Devoniano; (ii) uma subsequente radiação de linhagens similares às samambaias (pteridófitas), no final do Devoniano e início do Carbonífero; (iii) o aparecimento de espermatófitas no final do Devoniano e a radiação adaptativa de uma flora dominada pelas gimnospermas, e (iv) o aparecimento e ascensão das angiospermas durante o Cretáceo e o Terciário. Parece que após a invasão inicial da terra, fato possível pelo aparecimento das raízes, a diversificação de cada grupo vegetal coincidiu com um declínio no número de espécies daqueles grupos previamente dominantes. Em duas das transições (plantas primitivas para gimnospermas e estas para as angiospermas), este padrão pode refletir o deslocamento competitivo de táxons menos especializados por outras linhagens evolutivas mais especializadas.

> deslocamento competitivo entre os principais grupos de plantas?

Os primeiros insetos sem dúvida herbívoros foram registrados no Carbonífero. Depois disso, ordens mais modernas apareceram (Figura 10.21c), com a ordem Lepidoptera (borboletas e mariposas) sendo a mais recente, ao mesmo tempo em que surgem as angiospermas. A coevolução entre plantas e insetos herbívoros certamente ocorreu e, ainda hoje, é um importante mecanismo que possibilita o aumento na riqueza de espécies observado nestes dois grupos terrestres ao longo de sua evolução.

Por volta do final do último período glacial, os continentes eram muito mais ricos em animais de grande porte do que atualmente. Por exemplo, a Austrália foi o lar de muitos gêneros de marsupiais gigantes; a América do Norte tinha seus mamutes, preguiças gigantes e mais do que 70 outros gêneros de grandes mamíferos; a Nova Zelândia e Madagascar foram os lares de aves gigantes, os moas (Dinornithidae) e pássaros-elefante (Aepyornithidae), respectivamente. Ao longo dos últimos 30.000 anos ou mais, uma grande perda desta diversidade ocorreu sobre todo o planeta. As extinções afetaram particularmente os grandes animais terrestres (Figura10.22a), elas foram mais rigorosas em algumas partes do planeta e ocorreram em momentos e lugares diferentes (Figura 10.22b). As extinções refletem padrões de migrações humanas. Desse modo, a chegada de aborígenes na Austrália ocorreu entre 40.000 e 30.000 anos atrás; lanças pontiagudas feitas de pedras tornaram-se abundantes por todo os EUA há cerca de 11.500 anos; e os humanos chegaram a Madagascar e Nova Zelândia há apenas 1.000 anos. Pode-se, portanto, argumentar que uma habilidade maior de caça pelos humanos pode ter levado a uma superexploração dessas presas proveitosas e vulneráveis. Na África, onde os humanos se originaram, há muito menos evidências dessas perdas, talvez por causa da coevolução dos grandes animais com os humanos primitivos, o que os ajudou a desenvolverem defesas efetivas (Owen-Smith, 1987).

> extinções de grandes animais no Pleistoceno: superexploração pré-histórica?

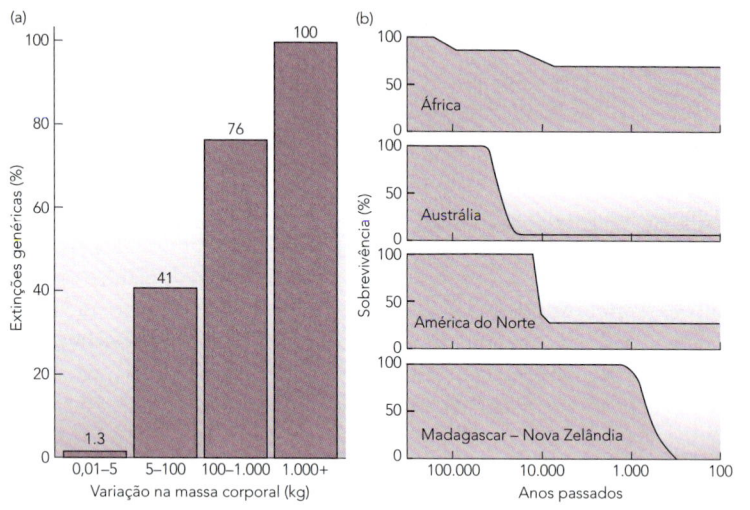

Figura 10.22
(a) A percentagem de gêneros de grandes mamíferos herbívoros que foram extintos nos últimos 130.000 anos é fortemente dependente do tamanho corporal (dados das Américas do Norte e Sul, Europa e Austrália combinados). (b) Percentagem de sobrevivência de grandes animais em três continentes e duas grandes ilhas (Nova Zelândia e Madagascar). Os declínios dramáticos na riqueza de táxons na Austrália, America do Norte e das ilhas da Nova Zelândia e Madagascar ocorreram em diferentes períodos da história.

As extinções do Pleistoceno anunciaram a era moderna, na qual a influência das atividades humanas sobre as comunidades naturais tem se tornado dramaticamente intensificada.

10.7 Avaliação dos padrões de riqueza de espécies

padrões de riqueza – generalizações e extinções

Há muitas generalizações que podem ser feitas acerca da riqueza de espécies nas comunidades. Vimos como a riqueza pode ser maior em níveis intermediários de frequência de distúrbios, e como a riqueza diminui com a redução da área em uma ilha ou um aumento no seu isolamento. Constatamos, também, que a riqueza de espécies decresce com o aumento da latitude, e diminui ou apresenta uma relação em forma de C com a altitude ou com a profundidade no oceano. A riqueza aumenta com o aumento na heterogeneidade espacial, porém pode diminuir com um aumento na heterogeneidade temporal (aumento na variação climática). Ela aumenta, ao menos inicialmente, durante o curso da sucessão e com a passagem do tempo evolutivo. Contudo, exceções podem ser encontradas para várias dessas generalizações importantes, e para a maior parte delas as explicações atuais não são inteiramente adequadas.

É também necessário reconhecer que os padrões na riqueza de espécies têm sido modificados de várias maneiras pelas atividades humanas, tais como o desenvolvimento no uso da terra, a poluição e a introdução de espécies exóticas (Quadro 10.4).

10.4 ECONSIDERAÇÕES ATUAIS

O excesso de espécies exóticas

Por toda a história do mundo, as espécies têm invadido novas áreas geográficas, como resultado da chance de colonização (p. ex., dispersão para áreas remotas através do vento ou para ilhas remotas através das correntezas; ver Seção 10.5.1) ou durante o processo lento de expansão das florestas para os polos desde o último período glacial (ver Seção 2.5). Contudo, as atividades humanas têm aumentado estes históricos "ir e vir" das espécies, provocando uma descaracterização desses padrões de riqueza de espécies.

Algumas introduções causadas pelos humanos são consequência de fatos acidentais durante o transporte de determinadas espécies. Outras espécies são introduzidas intencionalmente, talvez para controlar uma espécie-praga (ver Seção 12.5), desenvolver um novo produto agrícola ou providenciar novas oportunidades recreativas (pesca esportiva, p. ex.). Muitos invasores tornam-se parte de uma comunidade sem maiores consequências. Porém, outras espécies têm sido responsáveis pela extinção de espécies nativas

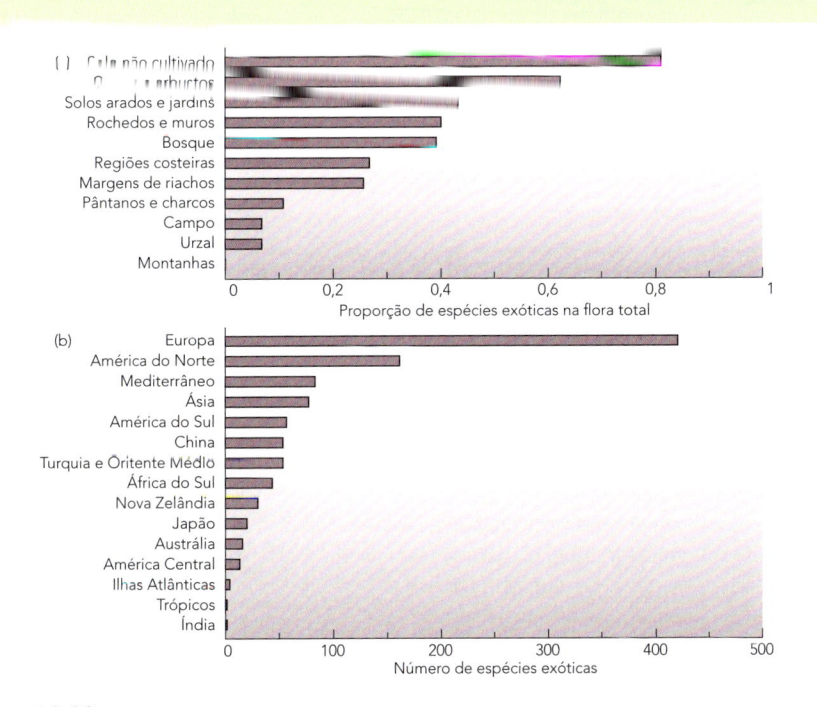

Figura 10.23
A flora invasora das Ilhas Britânicas (a) de acordo com o tipo de comunidade (observe o grande número de espécies em áreas abertas, modificadas pelas ações humanas) e (b) de acordo com a origem geográfica (refletindo proximidade, intercâmbio comercial e similaridade climática).
ADAPTADA DE GODFRAY E CRAWLEY, 1998

ou pela mudança na estrutura das comunidades de modos significativos e variáveis (ver Seção 14.2.3).

As plantas exóticas das Ilhas Britânicas ilustram muitos aspectos gerais sobre invasores. As espécies que habitam os locais onde os humanos vivem e trabalham são mais comumente suscetíveis ao transporte para novas regiões, onde tenderão a ser inseridas em hábitats com características ecológicas semelhantes àquelas de onde foram originadas. Como resultado, mais espécies exóticas são encontradas em hábitats modificados próximos aos centros de transporte por humanos (instalações portuárias, rodovias, cidades) e menos em áreas montanhosas distantes (Figura 10.23a). Além disso, a maioria das plantas invasoras das Ilhas Britânicas chegaram de locais próximos (p. ex., continente europeu) ou de localidades longínquas onde o clima se assemelha ao da Inglaterra (p. ex., Nova Zelândia) (Figura 10.23b). Observe o pequeno número de plantas exóticas de ambientes tropicais, pois elas não aguentam o rigoroso período de inverno britânico.

Revise as opções disponíveis aos governos para impedir (ou reduzir os danos) das invasões de espécies exóticas indesejáveis.

Elucidar os padrões de riqueza de espécies é uma das áreas mais difíceis e desafiadoras da ecologia moderna. Predições claras e testes de ideias são muitas vezes difíceis de serem executados e requererão grande engenhosidade para as futuras gerações de ecólogos. Devido ao aumento do reconhecimento da importância da manutenção da biodiversidade planetária, é crucial que venhamos a entender totalmente esses padrões. Nos Capítulos 12 a 14, discutiremos os efeitos adversos das atividades humanas e como eles podem ser remediados.

RESUMO

Riqueza e diversidade

O número de espécies em uma comunidade é denominado riqueza de espécies. A riqueza, contudo, ignora o fato de que as espécies podem ser raras ou comuns. Os índices de diversidade são concebidos para combinar a riqueza de espécies e a equitabilidade na distribuição dos indivíduos entre essas espécies. As tentativas de descrever estruturas complexas das comunidades por meio de um único atributo, tal como riqueza ou diversidade, podem ser criticadas por causa da perda de informação. Um quadro mais completo pode ser proporcionado pelo diagrama de abundância relativa das espécies.

Um modelo simples pode nos ajudar a entender o que determina a riqueza de espécies. Uma comunidade terá mais espécies quanto maior for a quantidade e variação de recursos, se as espécies forem mais especialistas no uso desses recursos, se houver um maior grau de sobreposição do uso desses recursos ou se a comunidade está quase totalmente saturada.

Produtividade e riqueza de recursos

Se uma produtividade mais alta estiver correlacionada a um espectro mais amplo de disponibilidade de recursos, então isso provavelmente acarretará um aumento no número de espécies, mas uma maior quantidade dos mesmos tipos de recursos leva a um aumento no número de indivíduos das espécies presentes, em vez de mais espécies. Em geral, contudo, a riqueza muitas vezes aumenta com a riqueza de recursos disponíveis e a produtividade, embora em alguns casos o oposto possa ser observado – o paradoxo do enriquecimento – e em outros casos o nível máximo de riqueza é alcançado em níveis intermediários de produtividade.

Intensidade de predação

A predação pode excluir certas espécies de presas e reduzir a riqueza ou pode permitir uma maior sobreposição de nichos e uma maior riqueza (coexistência mediada pelo predador). Globalmente, portanto, pode haver uma relação não linear (convexa) entre intensidade de predação e riqueza de espécies numa comunidade, sendo a riqueza máxima encontrada em níveis intermediários de predação.

Heterogeneidade espacial

Os ambientes que são mais heterogêneos espacialmente muitas vezes acomodam mais espécies, porque eles possibilitam uma maior variedade de micro-hábitats, uma variação maior de microclimas, mais refúgios diferentes para as presas e assim por diante – o espectro na variedade de recursos é incrementado.

Severidade ambiental

Ambientes dominados por um fator abiótico extremo – muitas vezes chamados de ambientes severos – são difíceis de serem identificados. Alguns ambientes aparentemente severos suportam poucas espécies, porém qualquer associação geral e direta entre este aspecto e a riqueza é extremamente difícil de ser estabelecida.

Variação climática

Em ambientes previsíveis e sazonais, espécies distintas podem encontrar condições adequadas em tempos diferentes do ano. Desse modo, poderia ser esperado que mais espécies coexistissem em comparação com ambientes mais constantes. Por outro lado, há mais oportunidades para a especialização (p. ex., frugívoros obrigatórios) em ambientes não sazonais, que não estão disponíveis em um ambiente sazonal. A imprevisibilidade climática (instabilidade climática) poderá diminuir a riqueza ao negar a chance de especializações ou aumentar a riqueza ao impedir a exclusão competitiva. Não há nenhuma relação estabelecida entre instabilidade climática e riqueza de espécies.

Distúrbio

A hipótese do distúrbio intermediário sugere que ambientes que experimentam distúrbios muito frequentes mantêm muitas manchas em estágios iniciais de sucessão (onde há poucas espécies), mas em ambientes com distúrbios muito raros há possibilidade de dominância por espécies competitivamente fortes (onde há também poucas espécies). Originalmente proposta para explicar padrões de riqueza observados em florestas tropicais e recifes de coral, esta hipótese tem ocupado um papel central no desenvolvimento da teoria ecológica.

Idade ambiental: tempo evolutivo

Tem sido sugerido que as comunidades podem diferir na riqueza de espécies porque algumas estão mais próximas de um estágio de saturação e equilíbrio do que outras, e que os trópicos são ricos em espécies porque têm um tempo de existência mais longo com período evolutivo contínuo. Contudo, uma comparação simplista entre os trópicos inalterados e as regiões temperadas, que sofreram distúrbios entre os períodos glaciais, é insustentável.

Área do hábitat e isolamento: biogeografia de ilhas

As ilhas podem não ser somente pedaços de terra cercados de mar. Lagos são ilhas cercados de terra; cumes de montanhas podem ser ilhas existentes em altitudes elevadas cercadas de terras mais baixas. O número de espécies em ilhas decresce com a diminuição da área da ilha, em parte porque áreas maiores podem abrigar diferentes tipos de hábitat. Contudo, a teoria do equilíbrio da biogeografia de ilhas de MacArthur e Wilson argumenta que o efeito combinado da imigração e da extinção reflete o grau de isolamento de uma ilha, e a teoria tem recebido considerável apoio. Além disso, especialmente em ilhas muito isoladas, a taxa na qual novas espécies evoluem pode ser comparável ou mesmo mais rápida do que a taxa na qual elas chegam como novos colonizadores.

Gradientes de riqueza de espécies

A riqueza aumenta dos polos para os trópicos. Predação, produtividade, variação climática e a idade evolutiva dos trópicos têm sido as explicações dadas para esse fato, embora nenhuma delas seja completa.

Nos ambientes terrestres, a riqueza muitas vezes decresce com a altitude. Alguns fatores que são importantes para explicar o padrão latitudinal também podem ser usados aqui, mas não se pode esquecer o tamanho da área e o grau de isolamento. Nos ambientes aquáticos, por razões similares a riqueza geralmente decresce com a profundidade.

No processo de sucessão ecológica, se não houver nenhum grau de distúrbio, a riqueza aumenta inicialmente (por causa da colonização), porém finalmente decresce (devido à competição). Pode haver também um efeito em cascata: um processo que incrementa a riqueza inicia outro processo, que desencadeia outro e assim por diante.

Padrões de riqueza de táxons no registro fóssil

A explosão de novos táxons no Cambriano pode ter sido um exemplo de exploração mediada pela coexistência. No Permiano, o declínio e desaparecimento de muitas espécies podem ter sido resultantes de uma relação espécies-área, quando os continentes se fundiram formando a Pangea. A mudança no padrão de táxons vegetais ao longo do tempo geológico pode refletir o deslocamento competitivo de táxons menos especializados por outras linhagens evolutivas mais especializadas. As extinções de muitos animais grandes no Pleistoceno podem refletir a ação da predação humana da época e servir de alerta para os processos atuais de extinção.

QUESTÕES DE REVISÃO

Asteriscos indicam questões desafiadoras.

1. Explique riqueza de espécies, índices de diversidade e diagramas de abundância de espécies, comparando cada um desses parâmetros.
2. O que é o paradoxo do enriquecimento e como ele pode ser resolvido?
3. Explique, com exemplos, os efeitos contrastantes que a predação pode provocar na riqueza de espécies.
4* Pesquisadores têm registrado uma variedade de padrões convexos na riqueza de espécies, com picos de riqueza ocorrendo em níveis intermediários de produtividade, grau de predação, distúrbio e profundidade nos oceanos. Revise essas evidências e considere a hipótese de esses padrões apresentarem mecanismos em comum.
5. Por que é tão difícil identificar ambientes "severos"?
6. Explique a hipótese do distúrbio intermediário.
7. Uma ilha pode não ser necessariamente uma porção de terra cercada de água por todos os lados. Faça uma lista de outros tipos de hábitats insulares utili-

zando diferentes escalas espaciais, na medida do possível.

8* Um experimento foi realizado com o objetivo de tentar separar os efeitos da diversidade de hábitats e do tamanho da área sobre a riqueza de artrópodes em pequenas ilhas de mangue na Baía da Flórida. Essas ilhas formavam estandes quase puros de *Rhizopora mangle*, que sustenta comunidades de insetos, aranhas, escorpiões e isópodes. Após um levantamento preliminar da fauna, algumas ilhas foram reduzidas em tamanho por meio de uma serra potente e força bruta. A diversidade de hábitats não foi afetada, mas a riqueza de espécies de artrópodes em três dessas ilhas diminuiu dentro de um período de dois anos (Figura 10.24). Em uma ilha-controle o tamanho não foi alterado, mostrando um leve aumento nesse mesmo período. Quais das previsões da teoria da biogeografia de ilhas podem ser utilizadas para explicar os resultados observados na figura? Que dados posteriores você necessitaria para testar as outras previsões? Como explicaria o leve aumento na riqueza de espécies na ilha-controle?

9* Um efeito em cascata é algumas vezes proposto para explicar o incremento na riqueza de espécies durante a sucessão de uma comunidade. Como este conceito pode ser aplicado ao gradiente observável de riqueza de espécies em relação à latitude?

10 Descreva como as teorias sobre riqueza de espécies, derivadas de escalas temporais ecológicas, podem também ser aplicadas a padrões observados no registro fóssil.

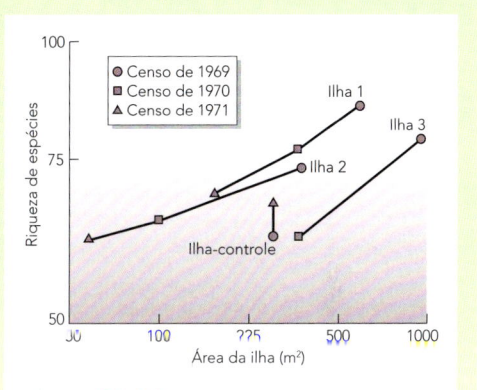

Figura 10.24

Efeito da redução artificial do tamanho de três ilhas de mangue sobre o número de espécies de artrópodes. As ilhas 1 e 2 foram reduzidas em tamanho nos anos de 1969 e 1970. A ilha 3 foi reduzida somente após o censo de 1969. A ilha-controle não foi reduzida, e a mudança no número de espécies foi atribuída a flutuações ao acaso.

ADAPTADA DE SIMBERLOFF, 1976

Capítulo 11

O fluxo de energia e matéria através dos ecossistemas

CONTEÚDOS DO CAPÍTULO

11.1 Introdução
11.2 Produtividade primária
11.3 O destino da produtividade primária
11.4 O processo de decomposição
11.5 O fluxo de matéria através dos ecossistemas
11.6 Ciclos biogeoquímicos globais

CONCEITOS-CHAVE

Neste capítulo, você:

- reconhecerá que as comunidades estão intimamente ligadas ao ambiente abiótico por fluxos de energia e matéria
- compreenderá que a produtividade primária líquida não é distribuída uniformemente pela Terra
- observará que a transferência de energia entre níveis tróficos sempre é ineficiente – a produtividade secundária por herbívoros é aproximadamente uma ordem de grandeza menor do que a produtividade primária em que está baseada
- reconhecerá que o sistema decompositor processa muito mais energia e matéria de uma comunidade do que o sistema consumidor vivo
- observará que, como resultado da decomposição, moléculas complexas ricas em energia são clivadas por seus consumidores (decompositores ou detritívoros) em dióxido de carbono, água e nutrientes inorgânicos
- compreenderá que, em ciclos geoquímicos globais, os nutrientes são deslocados por grandes distâncias, através dos ventos na atmosfera e do movimento das águas de riachos e correntes oceânicas

> *Como todas as entidades biológicas, as comunidades ecológicas requerem matéria para sua construção e energia para suas atividades. Precisamos conhecer as vias pelas quais matéria e energia entram e saem dos ecossistemas, como são transformadas em biomassa vegetal e como isso alimenta o resto da comunidade – bactéria e fungos, herbívoros, detritívoros e seus consumidores.*

11.1 Introdução

Todas as entidades biológicas requerem matéria para a sua construção e energia para as suas atividades. Isto é verdadeiro não apenas para organismos individuais, mas também para as populações e comunidades que estes formam na natureza. A importância intrínseca dos fluxos de energia e de matéria baseia-se no fato de que os processos nas comunidades são, em particular, fortemente conectados ao meio abiótico. O termo *ecossistema* é usado para denotar a comunidade biológica *juntamente com* o meio abiótico no qual a mesma está inserida. Desse modo, ecossistemas normalmente incluem produtores primários, decompositores e detritívoros, um *pool* de matéria orgânica morta, herbívoros, carnívoros e parasitos mais o ambiente físico e químico que fornece as condições de vida e atua tanto como uma fonte quanto um depósito de energia e matéria. Foi Lindemann (1942) que lançou os fundamentos da energética ecológica, uma ciência com implicações profundas para o entendimento dos processos ecossistêmicos e para a produção de alimento para a humanidade (Quadro 11.1).

Para examinar os processos de ecossistemas, é importante compreender alguns termos-chave.

colheita em pé e produtividades primária e secundária

- *Colheita em pé*. Os corpos dos organismos vivos dentro de uma unidade de área constituem uma colheita em pé de biomassa.
- *Biomassa*. Por biomassa, entendemos a massa de organismos por unidade de área de solo (ou água) e isso é geralmente expresso em unidades de energia (p. ex., joules por metro quadrado) ou matéria orgânica seca (p. ex., toneladas por hectare). Na prática, incluímos em biomassa todas aquelas partes, vivas ou mortas, que estão vinculadas ao organismo vivo. Desse modo, é convencional considerar todo o corpo de uma árvore como biomassa, apesar do fato de a maior parte da madeira ser morta. Os organismos (ou suas partes) deixam de ser vistos como biomassa quando morrem (ou são mortos) e se tornam componentes de matéria orgânica morta.
- *Produtividade primária*. A produtividade primária de uma comunidade é a taxa em que a biomassa é produzida *por unidade de área* pelas plantas, os produtores primários. Ela pode ser expressa em unidade de energia (p. ex., joules por metro quadrado por dia) ou de matéria orgânica seca (p. ex., quilogramas por hectare por ano).
- *Produtividade primária bruta*. A fixação total de energia pela fotossíntese é referida como produtividade primária bruta (PPB). Uma proporção desse

11.1 MARCOS HISTÓRICOS

Energética ecológica e a base biológica da produtividade e bem-estar humano

Um artigo clássico de Lindeman (1942) lançou os fundamentos de uma ciência denominada energética ecológica. Ele tentou quantificar o conceito de cadeias e teias alimentares ao considerar a eficiência de transferência entre níveis tróficos – da radiação incidente recebida por uma comunidade, passando por sua captação por plantas verdes em fotossíntese, até sua utilização subsequente por bactérias, fungos e animais.

O artigo de Lindeman foi um catalisador importante que estimulou o Programa Biológico Internacional (PBI). O motivo do PBI era "a base biológica da produtividade e bem-estar humano". Devido ao problema do crescimento rápido da população humana, foi reconhecido que o conhecimento científico seria exigido para o manejo racional dos recursos. Os programas de pesquisa de cooperação internacional focalizaram a energética ecológica de áreas de terra, águas doces e mares. O PBI propiciou a primeira oportunidade em que os biólogos de todo o mundo foram desafiados a trabalhar juntos, na direção de um objetivo comum.

Mais recentemente, um outro tema premente tem estimulado a ação da comunidade ecológica. O desmatamento, a queima de combustíveis fósseis e outras influências humanas estão causando drásticas mudanças no clima global e composição atmosférica, o que, cogita-se, pode influenciar os padrões de produtividade e a composição da vegetação em escala global. Entre os principais objetivos do Programa Internacional Geosfera-Biosfera (*International Geosphere-Biosphere Programme* – IGBP), estabelecido no início da década de 1990, estava a previsão dos efeitos de mudanças no clima e na composição atmosférica na agricultura e produção de alimentos. A Organização sobre Alimentos e Agricultura (*Food and Agriculture Organization* – FAO) das Nações Unidas reportou recentemente que algumas das mudanças previstas pareciam estar avançando a uma taxa mais elevada do que o previsto anteriormente, incluindo:

1. Um provável declínio na precipitação em algumas áreas com insegurança alimentar, tais como o sul da África e a região norte da América Latina.
2. Mudanças na distribuição sazonal das chuvas, com menor precipitação na principal estação de cultivo agrícola.
3. Temperaturas noturnas mais elevadas, o que pode ter efeitos adversos sobre a produção de grãos.
4. Interrupção do suprimento de alimentos através de eventos climáticos extremos mais frequentes e severos.

Neste capítulo, veremos por que as mudanças na disponibilidade de água e na temperatura, entre outros fatores, podem ter efeitos profundos sobre a produtividade.

total, no entanto, é respirada pela própria planta, e é perdida pela comunidade como calor respiratório (R).
- *Produtividade primária líquida*. A diferença entre PPB e R é conhecida como produtividade primária líquida (PPL) e representa a taxa real de produção de nova biomassa que está disponível para o consumo de organismos heterotróficos (bactérias, fungos e animais).
- *Produtividade secundária*. A taxa de produção de biomassa por organismos heterotróficos é denominada produtividade secundária.

Uma parte da produção primária é consumida por herbívoros, que, por sua vez, são consumidos por carnívoros. Estes constituem o *sistema consumidor de matéria viva*. A fração de PPL que não é consumida por herbívoros passa através do *sistema decompositor*. Distinguimos dois grupos de organismos responsáveis pela decomposição de matéria orgânica morta (detrito): as bactérias e os fungos são chamados de *decompositores*, enquanto os animais que consomem matéria morta são conhecidos como *detritívoros*.

> sistemas de consumidores de matéria viva e sistemas decompositores

11.2 Produtividade primária

11.2.1 Padrões geográficos de produtividade primária

O funcionamento da biota da Terra e das comunidades existentes na superfície do planeta depende decisivamente dos níveis de produtividade que as plantas são capazes de alcançar. A PPL total do planeta é estimada em cerca de 105 petagramas de carbono por ano (1 Pg = 10^{15} g). Desta, 56,4 Pg C ano^{-1} é produzida em ecossistemas terrestres e 48,3 Pg C ano^{-1} em ecossistemas aquáticos (Tabela 11.1). Assim, embora os oceanos cubram em torno de dois terços da superfície do globo, eles representam menos da metade de sua produção e a maior parte dos oceanos é, efetivamente, um deserto marinho. Por outro lado, as florestas pluviais tropicais e as savanas representam cerca de 60% da PPL terrestre, [illegível] e seus altos níveis de produtividade.

> o oceano aberto é, na verdade, um deserto marinho

Nos biomas florestais do mundo existe uma tendência latitudinal geral de produtividade crescente, partindo das condições boreais (1.019-1.034 g C m^{-2} ano^{-1}), passando pelas temperadas (1.327-1.499 g C m^{-2} ano^{-1}), até as tropicais (> 3.000 g C m^{-2} ano^{-1}) (Falge et al., 2002). Uma tendência latitudinal similar tem sido registrada na tundra e em comunidades campestres, em diferentes lavouras

> a produtividade de florestas, campos, lavouras e lagos segue um padrão latitudinal

Tabela 11.1
Produtividade primária anual líquida (PPL) somada para cada um dos principais biomas e para todo o planeta (em unidades de petagrama de carbono).

MARINHO	PPL	TERRESTRE	PPL
Oceanos tropicais e subtropicais	13,0	Florestas pluviais tropicais	17,8
Oceanos temperados	16,3	Florestas latifoliadas caducifólias	1,5
Oceanos polares	6,4	Florestas mistas lati/aciculifoliadas	3,1
Costas	10,7	Florestas aciculifoliadas perenifólias	3,1
Marismas salgados/estuários/ervas marinhas	1,2	Florestas aciculifoliadas caducifólias	1,4
Recifes de corais	0,7	Savanas	16,8
		Campos perenes	2,4
		Arbustos latifoliados com solo nu	1,0
		Tundra	0,8
		Deserto	0,5
		Cultivo	8,0
Total	48,3	Total	56,4

e em lagos. Apesar da considerável variação, estas tendências latitudinais gerais sugerem que a radiação (um recurso) e a temperatura (uma condição) podem ser fatores geralmente limitantes da produtividade de comunidades. Outros fatores, contudo, podem refrear a produtividade dentro de limites ainda mais estreitos. No mar, onde nenhuma tendência latitudinal tem sido registrada, a produtividade é limitada com mais frequência por uma escassez de nutrientes.

11.2.2 Fatores limitantes da produtividade primária

O que, então, limita a produtividade primária? Em comunidades terrestres, radiação solar, dióxido de carbono, água e nutrientes do solo são os recursos necessários para a produção primária, ao passo que a temperatura, uma condição, tem forte influência sobre a taxa de fotossíntese. O dióxido de carbono em geral está presente em aproximadamente 0,03% dos gases atmosféricos e parece não desempenhar qualquer papel significativo na determinação de diferenças entre as produtividades de comunidades diferentes (embora aumentos globais na concentração de dióxido de carbono possam determinar grandes mudanças; Kicklighter et al., 1999). Por outro lado, a intensidade de radiação, a disponibilidade de água e de nutrientes e a temperatura podem variar drasticamente de um local para outro. Todos eles são candidatos ao papel de fator limitante. Qual deles de fato estabelece o limite para a produtividade primária?

comunidades terrestres usam a radiação de modo ineficiente

Dependendo da posição, algo entre 0 e 5 J de energia solar atinge cada metro quadrado da superfície da Terra a cada minuto. Se toda essa energia fosse convertida em biomassa vegetal através da fotossíntese (ou seja, se a eficiência fotossintética fosse de 100%), haveria uma extraordinária geração de material vegetal, de dez a cem vezes maior do que os valores já registrados. No entanto, somente cerca de 44% da radiação de ondas curtas incidentes ocorre em comprimentos de onda apropriados para a fotossíntese. Contudo, mesmo quando isso é levado em consideração, ainda assim a produtividade fica bem abaixo do máximo possível. A comunidade de coníferas mostrada na Figura 11.1, por exemplo, tem as eficiências fotossinté-

Figura 11.1
Eficiência fotossintética (percentagem da radiação fotossinteticamente ativa convertida em produção primária líquida acima da superfície do solo), para três tipos de comunidades terrestres nos EUA. Os ecossistemas desérticos recebem os maiores níveis de radiação, porém são muito menos eficientes do que as florestas em convertê-la em biomassa.

C Floresta de coníferas
D Floresta decídua
De Deserto

Eixo Y: Eficiência fotossintética (%)
Eixo X: Radiação fotossinteticamente ativa atingindo a comunidade (kJ m^{-2} ano^{-1})

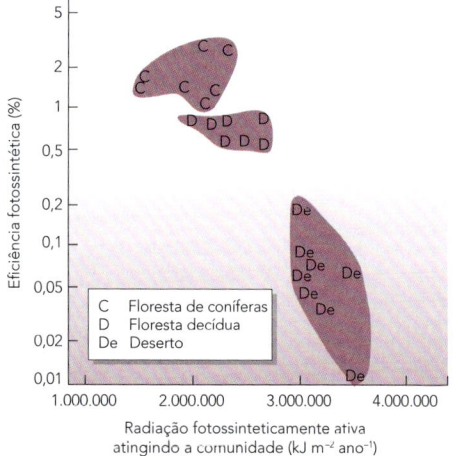

ADAPTADA DE WEBB ET AL., 1983

ticas mais altas, as quais situaram-se, no entanto, apenas entre 1 e 3%. Para um nível similar de entrada de radiação, as florestas decíduas alcançaram 0,5-1% e, a despeito do seu maior aporte de energia, os desertos atingiram apenas 0,01-0,2%. Essas eficiências fotossintéticas podem ser comparadas com aquelas de curto prazo alcançadas por plantas de lavouras sob condições ideais, onde é possível alcançar valores de 3 a 10%.

Não há dúvida de que a radiação disponível seria utilizada mais eficientemente se houvesse um suprimento abundante de outros recursos. Os valores de produtividade muito mais altos verificados em sistemas agrícolas atestam esta afirmativa. A escassez de água – um recurso essencial como constituinte celular e para a fotossíntese – é muitas vezes o fator crítico. Portanto, não surpreende que a precipitação de uma região seja intimamente correlacionada com a sua produtividade (Figura 11.2a). Existe também uma clara relação entre a PPL e a temperatura média anual, mas observe que as temperaturas mais elevadas estão associadas com transpiração rápida e, desse modo, elas aumentam as taxas nas quais a escassez de água pode se tornar importante. A escassez de água tem efeitos diretos sobre a taxa de crescimento vegetal, mas ela também provoca uma menor densidade da vegetação. A vegetação esparsa intercepta menos radiação (muito da qual incide sobre solo descoberto), o que explica, em grande parte, a diferença de produtividade observada entre vegetação de deserto e floresta na Figura 11.1. A Figura 11.2b plota a PPL para diversos tipos de ecossistemas em relação à temperatura e à pluviosidade anual. A maior produtividade ocorre onde a temperatura e a pluviosidade são altas.

água e temperatura são fatores críticos

A produtividade de uma comunidade pode ser sustentada somente no período do ano em que as plantas possuem folhagem fotossinteticamente ativa. As árvores decíduas são limitadas ao período do ano no qual elas apresentam folhas, ao passo que as árvores perenifólias mantêm a copa durante

a PPL aumenta com a duração da estação de crescimento

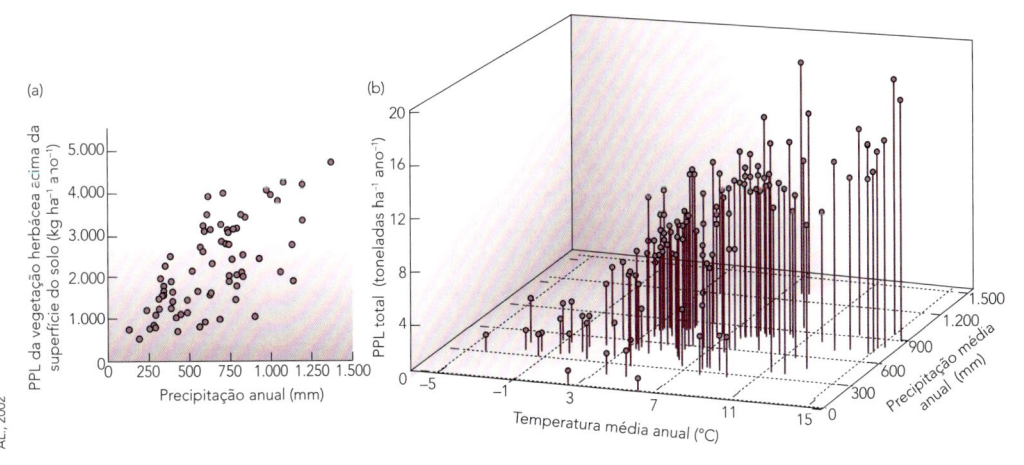

Figura 11.2

(a) Produção primária líquida (PPL) da vegetação herbácea acima da superfície do solo, em regiões de savana do mundo, em relação à precipitação anual. (b) PPL total em relação tanto à precipitação anual quanto à temperatura no Platô Tibetano, para ecossistemas incluindo florestas, bosques, campos e desertos.

o ano. No entanto, durante grande parte do ano as florestas de coníferas não fotossintetizam, um padrão que é particularmente marcado nas zonas boreais mais frias (Figura 11.3).

> a PPL pode ser baixa porque os recursos minerais apropriados são deficientes

Mesmo que haja grande incidência de luz, que as precipitações sejam frequentes e que a temperatura seja uniforme, a produtividade será baixa se não houver solo em uma comunidade terrestre ou se o solo for deficiente em nutrientes minerais essenciais. De todos os nutrientes minerais, o que tem maior influência sobre a produtividade de uma comunidade é o nitrogênio fixado (diferentemente do nitrogênio atmosférico, que não está diretamente disponível para o uso na fotossíntese; o nitrogênio fixado ocorre em íons nitrogênio tais como o nitrato). Provavelmente, não há sistema agrícola ou silvicultural que não responda à aplicação de nitrogênio com aumento da produtividade primária, podendo esse comportamento ser verdadeiro para a vegetação nativa. A deficiência de outros elementos, especialmente o fósforo, pode também manter a produtividade de uma comunidade bem abaixo do que é teoricamente possível.

> uma sucessão de fatores pode limitar a produtividade primária durante o ano

De fato, no curso de um ano, a produtividade de uma comunidade terrestre pode ser limitada por uma sucessão de fatores. A produtividade de comunidades campestres pode ficar bem abaixo do máximo teórico em função de os invernos serem demasiadamente frios e a intensidade de radiação ser baixa, os verões serem muito secos, a taxa de mobilização do nitrogênio ser muito lenta, ou o superpastejo reduzir a colheita em pé permanente de folhas fotossintetizantes e grande parte da radiação incidente atingir o solo descoberto.

> comunidades aquáticas produtivas ocorrem onde as concentrações de nutrientes são altas

Em comunidades aquáticas, os fatores que limitam com mais frequência a produtividade primária são a disponibilidade de nutrientes (particularmente nitrato e fosfato) e a intensidade da radiação solar que penetra na coluna d'água. As comunidades aquáticas produtivas ocorrem onde, por alguma razão, as concentrações de nutrientes são altas (como nos lagos na Figura 11.4a). Os lagos recebem nutrientes provenientes do intemperismo de rochas e solos

Figura 11.3
Desenvolvimento sazonal da produtividade primária bruta diária máxima (PPB) em florestas de coníferas, em locais temperados (Europa e América do Norte) e boreais (Canadá, Escandinávia e Islândia). Os diferentes símbolos em cada painel estão relacionados a diferentes florestas. A PPB diária é expressa como a percentagem da máxima alcançada em cada floresta durante os 365 dias do ano. Observe os extensos períodos sem fotossíntese nos sítios boreais mais frios.

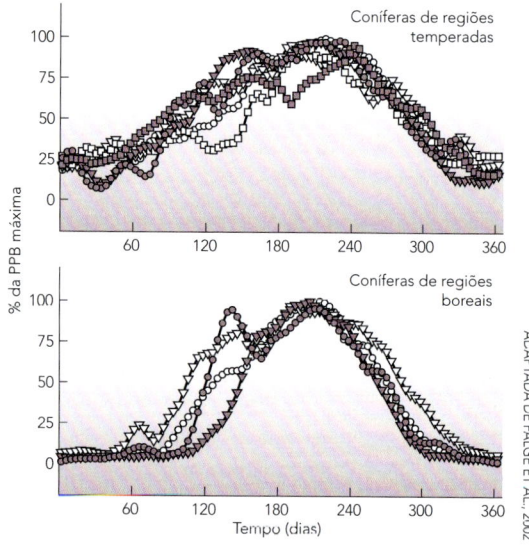

ADAPTADA DE FALGE ET AL., 2002

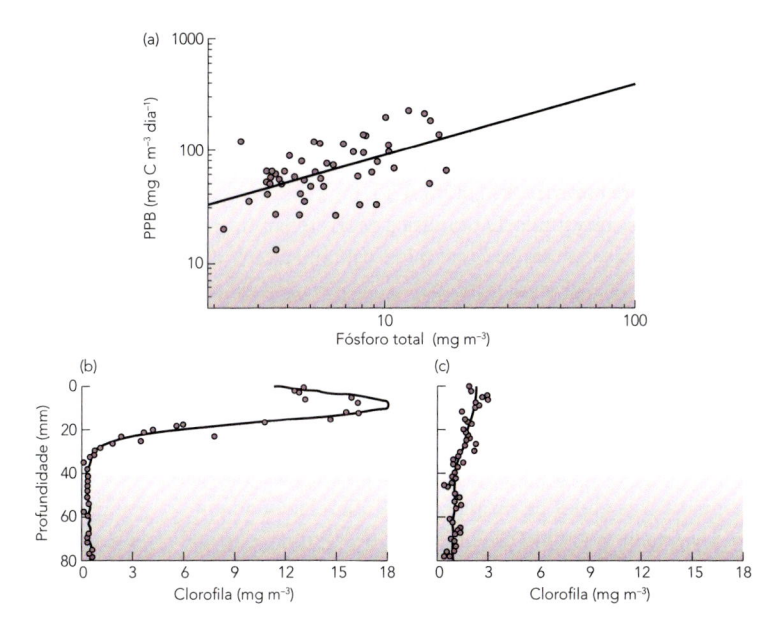

Figura 11.4

(a) Relação entre a produtividade primária bruta (PPB) do fitoplâncton (plantas microscópicas) e a concentração de fósforo em alguns lagos canadenses. (b, c) Exemplos de perfis verticais de clorofila, registrados no oceano junto à costa da Namíbia. A biomassa de clorofila é um índice de PPL do fitoplâncton do oceano. (b) Local associado à ressurgência oceânica: a água rica em nutrientes promove a PPL muito alta pelo fitoplâncton próximo a superfície, mas as densas células de fitoplâncton reduzem a penetração de luz de tal forma que a PPL não é detectável em águas mais profundas. (c) Local onde as concentrações de nutrientes são muito mais baixas: a PPL é assim baixa, mas ela pode ser detectada a uma profundidade maior porque a luz pode penetrar de modo mais profundo. Todas as linhas de regressão são estatisticamente significativas.

em suas bacias de captação, da chuva e como resultado de atividades humanas (fertilizantes e água de esgoto; ver Capítulo 13); os lagos variam consideravelmente quanto à disponibilidade de nutrientes.

Nos oceanos, os altos níveis locais de produtividade primária estão associados a elevadas entradas de nutrientes oriundos de duas fontes. Primeiro, os nutrientes de estuários podem fluir continuamente para regiões da plataforma costeira. A produtividade no interior da região da plataforma é especialmente alta, porque as concentrações de nutrientes são elevadas e a água relativamente clara proporciona uma profundidade razoável, dentro da qual a fotossíntese líquida é positiva (a *zona eufótica*). Mais próximo ao fundo, a água é mais rica, porém altamente turva, e sua produtividade é menor. As zonas menos produtivas são as de oceano aberto, onde existem geralmente concentrações de nutrientes extremamente baixas, embora a água seja clara e a zona eufótica seja profunda. No oceano aberto, ocorrem regiões restritas de produtividade alta somente onde existem ressurgências de água profunda rica em nutrientes (compare as Figuras 11.4b e c).

11.3 O destino da produtividade primária

Os fungos, os animais e a maioria das bactérias são heterotróficos: eles obtêm sua matéria e energia diretamente por consumo de material vegetal ou indiretamente de vegetais pelo consumo de outros organismos heterotróficos. As plantas, os produtores primários, compreendem o primeiro nível trófico em uma comunidade; os consumidores primários ocorrem em um segundo nível trófico; os consumidores secundários (os carnívoros) no terceiro, e assim por diante.

11.3.1 Relação entre produtividade primária e secundária

existe uma relação geral positiva entre produtividade primária e secundária

Como a produtividade secundária depende da primária, deveríamos esperar uma relação positiva entre as duas variáveis em comunidades. A Figura 11.5 ilustra essa relação geral em exemplos aquáticos e terrestres. A produtividade secundária pelo zooplâncton (pequenos animais na água aberta), que consome principalmente células de fitoplâncton, está relacionada positivamente à produtividade do fitoplâncton em uma série de lagos em partes diferentes do mundo (Figura 11.5a). A produtividade de bactérias heterotróficas em lagos e oce-

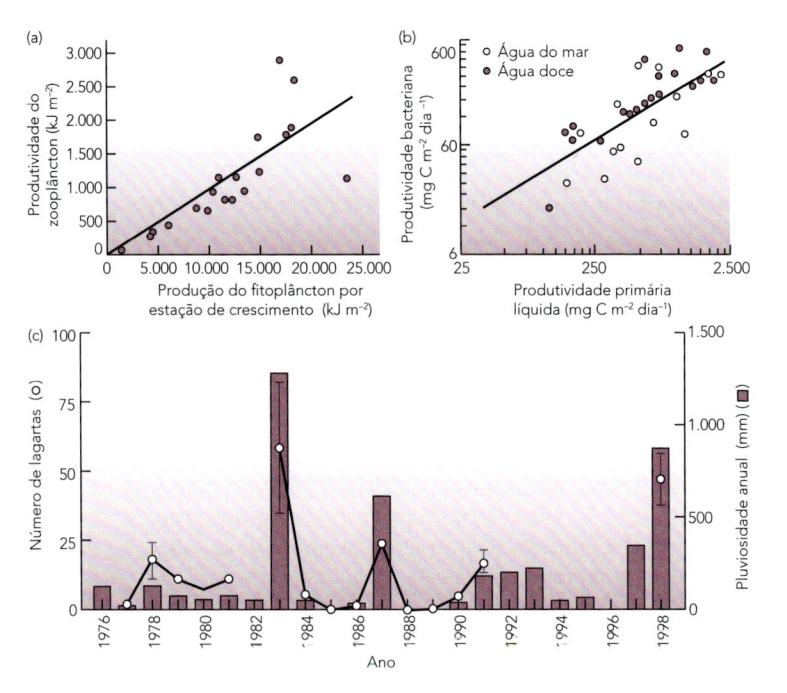

Figura 11.5

Relação entre produtividade primária e produtividade secundária para: (a) zooplâncton em lagos; (b) bactérias em água doce e água do mar; (c) lagartas (números e erros-padrão para um censo-padrão) em relação a um histograma de pluviosidade anual na ilha Daphne Major, em Galápagos. O número de lagartas é um índice de sua produtividade anual secundária; a produtividade primária das plantas das quais as lagartas se alimentam está fortemente correlacionada com a pluviosidade anual. As linhas de regressão são significativas, e a abundância de lagartas está correlacionada com a pluviosidade anual para $P < 0,05$.

anos também mantém um paralelismo com a de fitoplâncton (Figura 11.5b); as bactérias metabolizam matéria orgânica dissolvida liberada de células fitoplanctônicas intactas ou produzida como resultado do "forrageamento desordenado" por animais pastadores. A Figura 11.5c mostra como a abundância de lagartas (larvas de mariposas e borboletas) está intimamente ligada à pluviosidade anual (e assim à produtividade primária) em uma ilha no Arquipélago de Galápagos. Um dos tentilhões de Darwin, o granívoro *Geospiza fortis* (ver Figura 2.14), também responde ao aumento na produção vegetal em anos úmidos pelo aumento significativo do número de filhotes (Grant et al., 2000).

Em comunidades aquáticas e terrestres, a produtividade secundária por herbívoros é aproximadamente um décimo da produtividade primária sobre a qual ela está baseada. Para onde vai a energia perdida? Primeiro, nem toda a biomassa vegetal é consumida viva por herbívoros. Boa parte morre antes de ser pastejada e sustenta uma comunidade de decompositores (bactérias, fungos e animais detritívoros). Segundo, nem toda a biomassa vegetal comida por herbívoros (nem a biomassa de herbívoros comida por carnívoros) é assimilada e disponível para ser incorporada à biomassa do consumidor. Parte é perdida nas fezes e também passa para os decompositores. Terceiro, nem toda a energia que foi assimilada é efetivamente convertida em biomassa. Uma proporção dela é perdida como calor respiratório. Isso acontece porque nenhum processo de conversão de energia é 100% eficiente (parte é perdida como calor aleatório inutilizável, coerente com a segunda lei da termodinâmica) e também porque os animais realizam trabalho que requer energia, novamente liberada como calor. Essas três rotas de energia ocorrem em todos os níveis tróficos e estão ilustradas na Figura 11.6.

> a maior parte da produtividade primária não passa através do sistema de pastejo

11.3.2 A importância fundamental de eficiências de transferência de energia

Uma unidade de energia (um joule) pode ser consumida e assimilada por um herbívoro invertebrado que usa parte dela para realizar trabalho e a perde como calor respiratório. Ela pode também ser consumida por um herbívoro vertebrado e mais tarde ser assimilada por um carnívoro, que morre e entra no compartimento de matéria orgânica morta. Neste ponto, o que permanece do joule pode ser assimilado por um fungo e consumido por um ácaro do solo, que a usa para realizar trabalho, dissipando uma parte do joule como calor. A cada etapa de consumo, o que permanece do joule pode não ser assimilado, e passar nas fezes para matéria orgânica morta, ou pode ser assimilado e respirado ou assimilado e incorporado ao crescimento do tecido corporal (ou à produção de prole). O corpo pode morrer e o que permanece do joule pode entrar no compartimento de matéria orgânica morta ou ser capturado vivo por um consumidor no próximo nível trófico, onde ele encontra uma série de possíveis rotas de ramificação. Basicamente, cada joule encontrará seu caminho fora da comunidade, e será dissipado como calor respiratório na sua trajetória ao longo da cadeia alimentar. Enquanto uma molécula ou um íon podem ser ciclados indefinidamente por meio de cadeias alimentares de uma comunidade, a energia passa por ela apenas uma vez.

> rotas possíveis de um joule de energia através de uma comunidade

Figura 11.6

O padrão de fluxo de energia através de um compartimento trófico (representado como o quadro bordô).

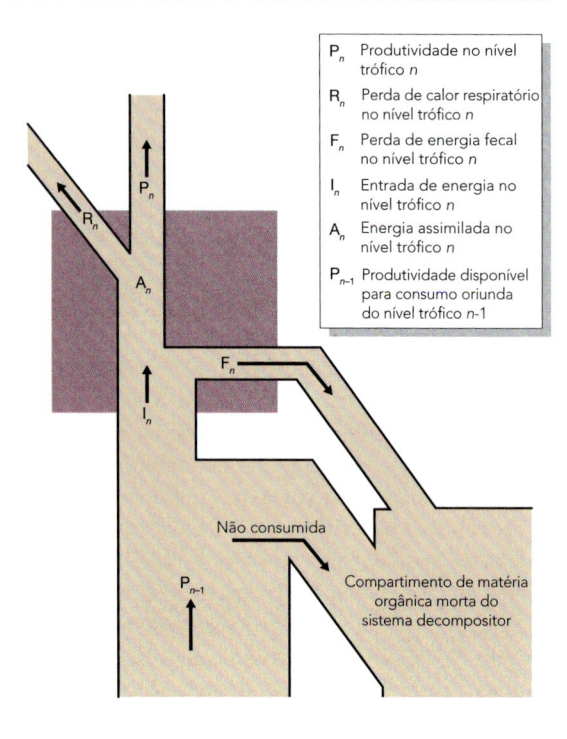

P_n	Produtividade no nível trófico n
R_n	Perda de calor respiratório no nível trófico n
F_n	Perda de energia fecal no nível trófico n
I_n	Entrada de energia no nível trófico n
A_n	Energia assimilada no nível trófico n
P_{n-1}	Produtividade disponível para consumo oriunda do nível trófico n-1

Não consumida

Compartimento de matéria orgânica morta do sistema decompositor

As rotas possíveis nos sistemas herbívoro/carnívoro (consumidor de matéria viva) e decompositor são as mesmas, com uma exceção crítica – as fezes e os corpos mortos são perdidos pelo primeiro sistema (e entram no sistema decompositor), mas as fezes e os corpos mortos do sistema decompositor são simplesmente enviados de volta para o compartimento de matéria orgânica morta na sua base. Desse modo, a energia disponível como matéria orgânica morta pode, finalmente, ser completamente metabolizada – e toda a energia perdida como calor respiratório – mesmo que isso exija várias voltas através do sistema decompositor. As exceções são as situações: (i) em que a matéria é exportada do ambiente local para ser metabolizada em outro lugar, por exemplo, detrito sendo rejeitado de um riacho; e (ii) em que as condições abióticas locais inibiram a decomposição e deixaram porções de matéria altamente energéticas incompletamente metabolizadas, conhecidas em outras situações como petróleo, carvão e turfa.

eficiências de consumo, assimilação e produção determinam a importância relativa de rotas energéticas

As proporções de produção primária líquida que fluem ao longo de cada uma das possíveis rotas de energia dependem das *eficiências de transferência* de uma etapa para outra. Precisamos conhecer apenas três categorias de eficiência de transferência para podermos prever o padrão de fluxo de energia. Elas são eficiência de consumo (EC), eficiência de assimilação (EA) e eficiência de produção (EP).

A *eficiência de consumo* é a percentagem da produtividade total disponível em um nível trófico que é consumida (ingerida) por um nível trófico acima. Para consumidores primários, a EC é a percentagem de joules produzida por unidade de tempo, como PPL que penetra intestinos de herbívoros. No caso de consumidores secundários, ela é a percentagem da produtividade de herbívoros consumidos por carnívoros. O restante morre sem ser consumido e entra no sistema decompositor. Valores médios razoáveis para EC por herbívoros são aproximadamente 5% em florestas, 25% em comunidades herbáceas e 50% em comunidades dominadas por fitoplâncton. No que se refere aos carnívoros; os predadores vertebrados podem consumir 50-100% de produção de presa vertebrada, mas talvez apenas 5% de presa invertebrada, enquanto os predadores invertebrados consomem talvez 25% da produção disponível de presa invertebrada.

A *eficiência de assimilação* é a percentagem de energia alimentar nos intestinos de consumidores em um compartimento trófico, que é assimilada através da parede intestinal e torna-se disponível para incorporação no crescimento ou é utilizada para realizar trabalho. O restante é perdido como fezes e entra no sistema decompositor. Uma "eficiência de assimilação" é difícil de ser avaliada em micro-organismos, nos quais o alimento não passa através de um "intestino" e não são produzidas fezes. As bactérias e os fungos digerem matéria orgânica morta situada externamente e entre eles, e tipicamente absorvem quase toda a produção: com frequência se diz que eles têm uma EA de 100%. As EAs são tipicamente baixas em herbívoros, detritívoros e microbívoros (20-50%) e altas em carnívoros (ao redor de 80%). A natureza como as plantas alocam a produção em partes como madeira, folhas, sementes e frutos também influencia sua utilidade para os herbívoros. As sementes e os frutos podem ser assimilados com eficiências em torno de 60-70% e as folhas com cerca de 50%, enquanto a EA para a madeira pode ser tão baixa quanto 15%.

A *eficiência de produção* é a percentagem de energia assimilada incorporada à nova biomassa – o restante é inteiramente perdido para a comunidade como calor respiratório. A EP varia principalmente de acordo com a categoria taxonômica dos organismos considerados. Os invertebrados, em geral, têm eficiências altas (30-40%), perdendo relativamente pouca energia como calor respiratório. Entre os vertebrados, os ectotérmicos (cuja temperatura do corpo varia de acordo com a temperatura ambiental; ver Seção 3.2.6) têm valores intermediários de EP (ao redor de 10%), enquanto os endotérmicos, com seu alto gasto de energia associado à manutenção de uma temperatura constante, convertem em produção apenas 1-2% da energia assimilada. Os micro-organismos, incluindo os protozoários, tendem a ter EPs bastante altas.

A *eficiência de transferência trófica* total de um nível trófico para o próximo é simplesmente EC × EA × EP. No período após o trabalho pioneiro de Lindeman (1942) (ver Quadro 11.1), a constatação em geral foi de que as eficiências de transferência trófica eram de aproximadamente 10%; alguns ecólogos, na verdade, faziam referência a uma "lei" dos 10%. Entretanto, certamente não há lei da natureza que assegure com precisão que um décimo da energia de um nível trófico seja transferido para o próximo. Uma compilação de estudos tróficos de uma ampla série de ambientes de água doce e marinho, por exemplo, revelou que as eficiências de transferência de nível trófico variaram entre 2 e 24%, embora a média *fosse* de 10,13% (erro padrão 0,49) (Pauly & Christensen, 1995).

11.3.3 Papéis relativos dos sistemas consumidor de matéria viva e decompositor

Considerando os valores aceitáveis de PPL em um local, bem como as EC, EA e EP para todos os agrupamentos tróficos presentes (herbívoros, carnívoros, decompositores, detritívoros), é possível mapear a importância relativa de diferentes rotas. A Figura 11.7 faz isso, de uma maneira geral, para uma floresta, uma comunidade campestre, uma comunidade planctônica (do oceano ou de um lago grande) e a comunidade de um pequeno riacho ou poça. O sistema decompositor é provavelmente responsável pela maioria da produção secundária e, portanto, pela perda de calor respiratório, em cada comunidade no mundo (Figura 11.8). Os "consumidores de matéria viva" têm seu papel maior em comunidades aquáticas de águas abertas baseadas em fitoplanctôn ou em leitos de microalgas que ocorrem em águas rasas. Em cada caso, uma grande porção de PPL é consumida viva e assimilada em eficiência bastante alta (Figura 11.8a). Por outro lado, o sistema decompositor desempenha o seu papel mais importante onde a vegetação é lenhosa – florestas, bosques arbustivos e manguezais (Figura 11.8b). Campos e sistemas aquáticos baseados em plantas grandes (ervas marinhas, ervas de águas doces e macroalgas) ocupam posições intermediárias.

O sistema consumidor de matéria viva tem influência pequena em comunidades terrestres porque são baixos o consumo de herbívoros e as eficiências de assimilação, e é quase inexistente em muitos riachos e reservatórios pequenos simplesmente porque a produtividade primária é muito baixa (Figura 11.7d). Estes últimos muitas vezes dependem, para sua base de energia, da matéria orgânica morta do ambiente terrestre, que é lixiviada ou carregada para a água a partir do ambiente terrestre circundante. A comunidade bentônica de oceanos profundos tem uma estrutura trófica muito semelhante

Figura 11.7 Padrões gerais de fluxo de energia para: (a) floresta, (b) comunidade campestre, (c) comunidade planctônica no mar e (d) comunidade de um riacho ou poça. Os tamanhos relativos dos quadros e setas são proporcionais às grandezas relativas dos compartimentos e fluxos. MOM, matéria orgânica morta. SCV, sistema consumidor de matéria viva. PPL, produção primária líquida.

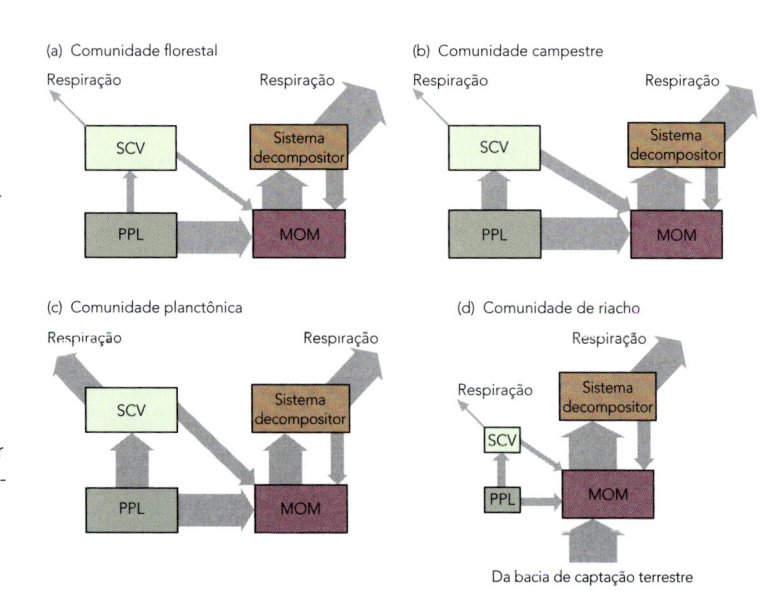

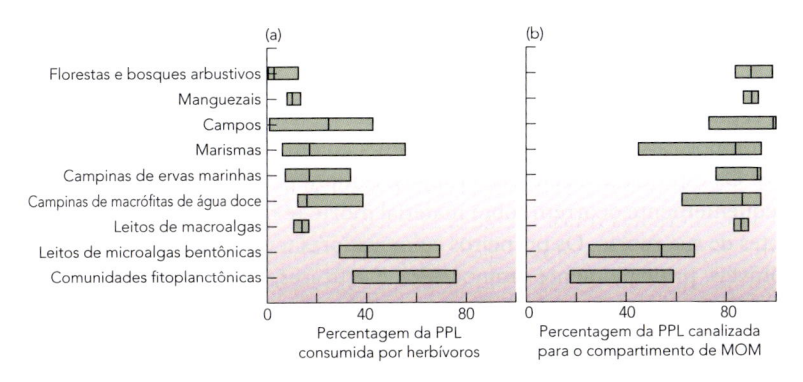

Figura 11.8
Diagrama de caixa para uma gama de tipos de ecossistemas mostrando: (a) percentagem de produção primária líquida (PPL) consumida por herbívoros e (b) percentagem da PPL entrando no compartimento de matéria orgânica morta (MOM). Diagramas de caixa compreendem os percentis de 25 e 75% dos valores publicados e as linhas centrais representam os valores medianos. As comunidades de fitoplâncton e microalgas aquáticas canalizam as maiores proporções de PPL através dos herbívoros e as menores proporções através do compartimento de MOM.

à de riachos e poças. Neste caso, a comunidade vive em água demasiadamente profunda para a fotossíntese, e a energia deriva de organismos mortos (fitoplâncton, bactérias, animais) e fezes que provêm da comunidade autotrófica na zona eufótica acima. De uma perspectiva diferente, o leito do oceano é equivalente ao chão de uma floresta sob um dossel impenetrável.

11.4 O processo de decomposição

Devido à profunda importância do sistema decompositor e, por conseguinte, dos decompositores (bactérias e fungos) e detritívoros, é relevante examinar a série de organismos e processos envolvidos na decomposição.

A *imobilização* ocorre quando um elemento nutriente inorgânico é incorporado a uma forma orgânica, principalmente durante o crescimento de plantas verdes: por exemplo, quando o dióxido de carbono torna-se incorporado aos carboidratos de uma planta. Para isso, há necessidade de energia (que, no caso de plantas, provém do sol). Inversamente, a decomposição envolve a liberação de energia e a *mineralização* de nutrientes químicos – a conversão de elementos da forma orgânica de volta à forma inorgânica. Define-se decomposição como a desintegração gradual de matéria orgânica morta (i.e., corpos mortos, partes removidas de corpos e fezes), que é realizada por agentes físicos e biológicos. Ela culmina com moléculas complexas ricas em energia sendo degradadas por seus consumidores (decompositores e detritívoros) em dióxido de carbono, água e nutrientes inorgânicos. Basicamente, a incorporação de energia solar pela fotossíntese e a imobilização de nutrientes inorgânicos em biomassa são equilibradas pela perda de energia térmica e nutrientes orgânicos quando a matéria orgânica é mineralizada.

a decomposição definida

> a presença de mais espécies de detritívoros aumenta a taxa de decomposição

Uma variedade de detritívoros pode participar da fragmentação de uma única folha. Em experimentos envolvendo as larvas de moscas (plecópteros) cortadeiras, três espécies não diferem muito quanto à eficiência da sua contribuição para a desintegração física de folhas de amieiro (*Alnus incana*). Contudo, a perda foliar média foi significativamente maior quando um par de espécies estava envolvido e ainda mais rápida quando as três espécies se alimentaram da folha (Figura 11.10). O mesmo número de larvas de mosca foi incluído em cada experimento (12 de uma única espécie, seis para cada um dos dois pares de espécies e quatro para cada uma das três espécies presentes), e os resultados foram expressos de uma maneira padrão (perda de massa foliar por grama de folha por miligrama de cortadeira em um experimento de 46 dias), de modo que o resultado reflete diretamente a diversidade de espécies presentes. Esses resultados são indicativos de *complementaridade* (cada espécie alimenta-se de um modo ligeiramente diferente e, assim, seu efeito combinado é intensificado). Estudos como esses têm implicações significativas para o papel que a biodiversidade desempenha no funcionamento do ecossistema. Devido às preocupações atuais a respeito da extinção de espécies no mundo (ver Capítulo 14), precisamos saber se a perda da diversidade terá ou não consequências maiores para o modo de funcionamento dos ecossistemas. Esta é uma área importante e controversa (Quadro 11.2).

A decomposição de material morto não é simplesmente devida à soma das atividades de decompositores e detritívoros; ela é em grande parte o resultado de interações entre os dois (Lussenhop, 1992). Isso pode ser ilustrado fazendo-se uma viagem imaginária com um fragmento de folha através do processo de decomposição, concentrando a atenção na parte da parede celular de uma única célula. Inicialmente, quando a folha cai no solo, a porção da parede é protegida do ataque microbiano, pois localiza-se dentro do tecido vegetal. A folha é então mastigada, e o fragmento penetra no intestino de um bicho-de-

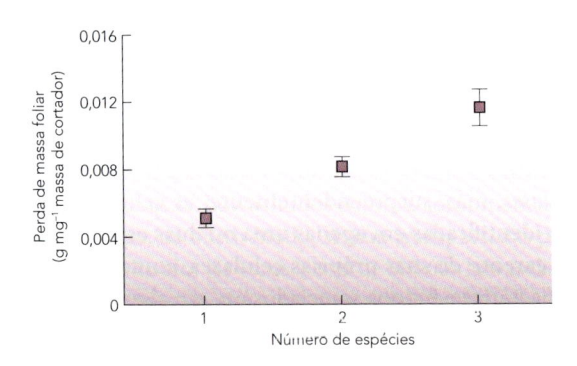

Figura 11.10

Variação na taxa de perda de massa foliar do amieiro, em experimentos replicados em riacho (por grama de folha por miligrama de cortador ± EP), causada por três espécies de cortadores: larvas dos plecópteros *Protonemura meyeri*, *Nemoura avicularis* e *Taeniopteryx nebulosa*. Os resultados são médias por espécie agindo sozinha, para pares de espécies em todas as possíveis combinações, e para todas as três espécies juntas (médias ± EP). A taxa de decomposição foi significativamente mais rápida quando as espécies operaram em pares, e teve máxima velocidade quando todas as três espécies estavam juntas.

11.2 ECONSIDERAÇÕES ATUAIS

A importância da diversidade biológica no funcionamento do ecossistema

Os ecólogos concordam que alguma evidência experimental demonstra o importante papel da biodiversidade no funcionamento do ecossistema. A Figura 11.10, por exemplo, mostrou que a taxa de decomposição é mais lenta quando menos espécies estão envolvidas no processo. Mas alguns discordam a respeito da quantificação deste tema – em outras palavras, se esses tipos de resultado provam que a biodiversidade é crítica para a saúde do ecossistema. Esta é uma questão importante em uma época em que a biodiversidade global está em declínio.

A citação a seguir provém de um comentário de Jocelyn Kaiser publicado em 2000 em um dos principais periódicos científicos, Science (289, 1282-1283).

A discussão sobre a biodiversidade divide os ecólogos

O debate entre ecólogos sobre a importância da biodiversidade para a saúde dos ecossistemas tem sido longo e intenso: os opostos estão discutindo sobre a qualidade de experimentos-chave e alguns estão trocando farpas em congressos e periódicos.

O que está por trás de tal linguagem antagônica? A discordância começa como parte do debate normal que deveria ocorrer sobre qualquer parte de uma pesquisa. Em que extensão as conclusões são justificadas a partir dos resultados e até onde elas podem ser generalizadas, a partir de circunstâncias especiais do experimento, para outras situações na natureza? Estudos em várias partes do mundo parecem mostrar que a perda de espécies vegetais ou animais pode afetar desfavoravelmente o funcionamento dos ecossistemas; por exemplo, a produtividade de comunidades campestres parece ser mais alta quando mais espécies estão presentes. Isso pode significar que a biodiversidade por si tem importância para a produtividade. Mas outras variáveis que não a diversidade de espécies podem ter dado origem ao aumento de produtividade? Por exemplo, talvez tal resultado fosse um artefato estatístico – produtividade mais alta com diversidade mais alta de espécies pode ser explicada simplesmente pela adição de espécies mais produtivas à lista (e uma espécie mais produtiva é mais provável que esteja presente, quando mais espécies são incluídas no experimento).

Esse tipo de debate é sadio, mas ele assumiu uma nova dimensão, quando uma das mais importantes sociedades do mundo, a Ecological Society of America (ESA), publicou um panfleto e enviou cópias aos membros do Congresso dos EUA. De uma série denominada "Temas sobre Ecologia" o panfleto dizia respeito à importância da biodiversidade para o funcionamento dos ecossistemas. Ele resumiu os resultados de vários estudos, mas com pouca discussão de dúvidas levantadas pelos céticos.

A comentarista observou:

Outros ecólogos alheios às divergências dizem que há mais em jogo nessa disputa do que personalidades e egos. Além da legítima questão científica sobre o quanto pode ser apreendido de experimentos está a questão instigante – de modo algum limitada à biodiversidade – de até que ponto os dados científicos são suficientemente fortes para formar a base de decisões políticas.

Nesse debate realmente não estava em discussão a qualidade da ciência (uma vez que todo estudo tem suas limitações), mas sim o documento que a ESA enviou ao Congresso, que alguns dizem tendeu a apresentar a opinião como um fato. Você acha que os cientistas deveriam permanecer inteiramente fora da arena política? Se não, como você

> garantiria que as posições equilibradas e geralmente aceitas seriam apresentadas? Leia o artigo de Hooper e colaboradores (2005) "Effects of biodiversity on ecosystem functioning: a consensus of current knowledge" em Ecological Monographs 75, 3-35. Decida se os grupos opostos encontraram um efetivo caminho adiante – a lista de autores inclui pessoas que estavam em diferentes lados do debate original.

-conta. Nesse local, ele encontra uma nova flora microbiana e sofre influência de enzimas digestivas do bicho-de-conta. O fragmento emerge, alterado pela passagem através do intestino. Ele agora faz parte das fezes do bicho-de-conta e é muito mais facilmente atacado por micro-organismos, porque foi fragmentado e parcialmente digerido. Enquanto os micro-organismos estão colonizando a pelota fecal, ele pode ser novamente comido, talvez por um colêmbolo, passando pelo intestino do mesmo. Podem aparecer outra vez fragmentos incompletamente digeridos nas fezes do colêmbolo, ainda mais facilmente acessíveis aos micro-organismos. O fragmento pode passar por diversos outros intestinos na sua trajetória, partindo de um pedaço de tecido morto até seu inevitável destino de se tornar dióxido de carbono e minerais.

11.4.4 Consumo de fezes e carniça

O estrume de vertebrados carnívoros é um material de qualidade relativamente baixa. Os carnívoros assimilam o alimento com eficiência alta (geralmente, 80% ou mais é digerido), e suas fezes retêm apenas os componentes menos digeríveis; é provável sua decomposição seja efetuada quase que inteiramente por bactérias e fungos. O estrume de herbívoros, ao contrário, ainda contém matéria orgânica em abundância e é suficientemente distribuído no ambiente para sustentar sua própria fauna característica, que consiste em visitantes ocasionais, mas com vários consumidores de estrume específicos. Um bom exemplo é fornecido pelo estrume de elefante; poucos minutos após realizado o depósito de estrume, a área fica infestada de besouros. Os besouros adultos se alimentam de estrume, mas eles também enterram grandes quantidades com seus ovos, a fim de proporcionar alimento para as larvas em desenvolvimento.

Todos os animais defecam e morrem, embora as fezes e os corpos mortos geralmente não sejam muito evidentes no ambiente. Isso se deve à eficiência dos consumidores especialistas desses produtos orgânicos mortos. Por outro lado, onde não há consumidores de fezes pode ocorrer uma estocagem de estrume. A Figura 11.11 mostra como o consumo por bichos-de-conta (*Porcellio scaber* e *Oniscus asellus*) acelera a degradação de fezes de invertebrados. Um exemplo mais dramático é fornecido pelo acúmulo de fezes de gado onde estes animais domésticos foram introduzidos em locais carentes de besouros apropriados. Na Austrália, por exemplo, durante os últimos 200 anos, a população de vacas aumentou de apenas sete indivíduos (trazidos pelos primeiros colonizadores ingleses em 1788) para cerca de 30 milhões, produzindo 300 milhões de montes fecais por dia. A ausência de besouros nativos levou a per-

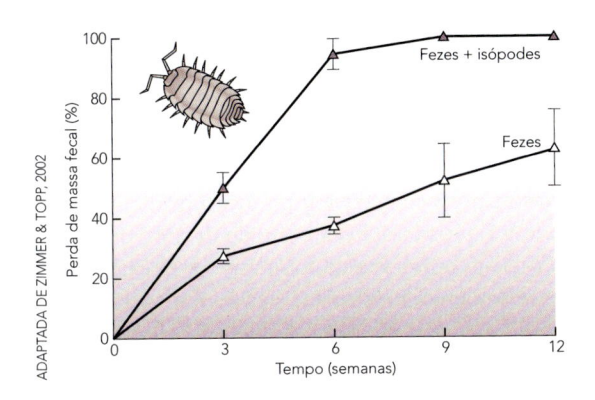

Figura 11.11

A influência do bicho-de-conta na taxa de degradação de fezes de lagartas herbívoras (*Operophthera fagata* – que se alimenta de folhas de faia, *Fagus sylvatica*). Após 6 semanas, duas vezes mais material fecal tinha se decomposto quando o bicho-de-conta estava presente.

das de até 2,5 milhões de hectares por ano sob fezes. Em 1963, foi tomada a decisão de se estabelecer besouros de origem africana na Austrália, os quais são capazes de consumir as fezes bovinas sob as condições nas quais o gado é criado; mais de 20 espécies foram introduzidas (Doube et al., 1991).

Ao considerar a decomposição de corpos mortos, é oportuno distinguir três categorias de organismos que atacam carcaças. Antes de tudo, os decompositores (bactérias e fungos) e os detritívoros invertebrados têm papéis a desempenhar, mas, além disso, os vertebrados consumidores de carniça são muitas vezes de importância considerável. Muitas carcaças suficientes para uma única refeição de um ou poucos desses detritívoros consumidores de carniça serão removidas completamente logo após a morte, restando nada para bactérias, fungos ou invertebrados. Este papel é desempenhado, por exemplo, por raposas árticas e gaivotas-rapineiras em regiões polares; por corvos, glutões e texugos em áreas temperadas; e por uma ampla variedade de aves e mamíferos, incluindo papagaios, chacais e hienas, nos trópicos.

11.5 O fluxo de matéria através dos ecossistemas

Os elementos e compostos químicos são vitais para os processos de vida. Quando os organismos vivos gastam energia (todos eles o fazem de maneira contínua), eles procedem desse modo com o objetivo de extrair substâncias químicas do seu ambiente, para se manter e para usá-las por um período antes que eles as percam novamente. Desse modo, as atividades dos organismos influenciam profundamente os modelos de fluxo de matéria química.

O grande componente da matéria viva em qualquer comunidade é a água. O resto é constituído principalmente de compostos de carbono, e esta é a forma em que a energia é acumulada e armazenada. O carbono entra na estrutura trófica de uma comunidade quando uma molécula simples, dióxido de carbono, é absorvida na fotossíntese. Se for incorporado na PPL, ele fica disponível para consumo como parte de um açúcar, uma gordura, uma proteína ou, muito frequentemente, uma molécula de celulose. Ele segue a mesma rota como energia, sendo sucessivamente consumido e defecado, assimilado ou usado no metabolismo, durante o qual a energia da sua molécula é dissipada como calor, enquanto o carbono é liberado novamente para a atmosfera como dióxido de carbono. Aqui, todavia, termina a firme ligação entre energia e carbono.

a energia não pode ser ciclada e reutilizada – a matéria sim

Uma vez transformada em calor, a energia não pode mais ser usada por organismos vivos para realizar trabalho ou como combustível para a síntese de biomassa. O calor é finalmente perdido para a atmosfera e não pode ser reciclado; a vida na Terra só é possível porque um novo suprimento de energia solar é disponibilizado todos os dias. O carbono do dióxido de carbono, ao contrário, pode ser usado outra vez na fotossíntese. O carbono e todos os outros nutrientes (nitrogênio, fósforo, etc.) estão disponíveis às plantas como moléculas orgânicas simples ou íons na atmosfera (dióxido de carbono) ou como íons dissolvidos na água (nitrato, fosfato, potássio, etc.). Cada um pode ser incorporado a complexos compostos de carbono da biomassa. No entanto, quando os compostos de carbono são metabolizados a dióxido de carbono, os nutrientes minerais são liberados mais uma vez sob forma inorgânica simples. Uma outra planta pode, então, absorvê-los e, desse modo, um átomo individual de um elemento pode passar repetidamente de uma cadeia alimentar para outra.

Além disso, ao contrário da energia da radiação solar, os nutrientes não têm um fornecimento inalterável. O processo de destinar alguma parte à biomassa viva reduz o suprimento remanescente para o restante da comunidade. Se as plantas e seus consumidores não fossem posteriormente decompostos, o estoque de nutrientes seria esgotado e a vida sobre a Terra cessaria.

Podemos conceber os *pools* de elementos químicos existindo em compartimentos. Alguns compartimentos ocorrem na *atmosfera* (carbono no dióxido de carbono, nitrogênio como nitrogênio gasoso, etc.), alguns nas rochas da *litosfera* (cálcio como um constituinte de carbonato de cálcio, potássio no feldspato, etc.) e outros na água do solo, riachos, lagos ou oceanos – a *hidrosfera* (nitrogênio no nitrato dissolvido, fósforo no fosfato, carbono no ácido carbônico, etc.). Em todos esses casos, os elementos ocorrem sob forma inorgânica. Por outro lado, os organismos vivos (a biota) e os corpos mortos e em declínio podem ser vistos como compartimentos contendo elementos sob a forma orgânica (carbono em celulose ou gordura, nitrogênio em proteína, fósforo em ATP, etc.). A biogeoquímica é a ciência que estuda os processos químicos que ocorrem dentro desses compartimentos e, mais especificamente, dos fluxos de elementos entre eles.

biogeoquímica e ciclos biogeoquímicos

Os nutrientes são ganhos e perdidos pelas comunidades de diferentes maneiras (Figura 11.12). Podemos construir um estoque de nutrientes, se pudermos identificar e medir todos os processos nos lados de crédito e débito da equação.

11.5.1 Estoques de nutrientes em ecossistemas terrestres

entradas de nutrientes

O intemperismo da rocha matriz e do solo, por processos físicos e químicos, é a principal fonte natural de nutrientes como cálcio, ferro, magnésio, fósforo e potássio, que podem, então, ser absorvidos pelas raízes das plantas.

O dióxido de carbono atmosférico é a fonte do conteúdo de carbono de comunidades terrestres. Similarmente, o nitrogênio gasoso proveniente da atmosfera fornece a maior parte do conteúdo de nitrogênio das comunidades.

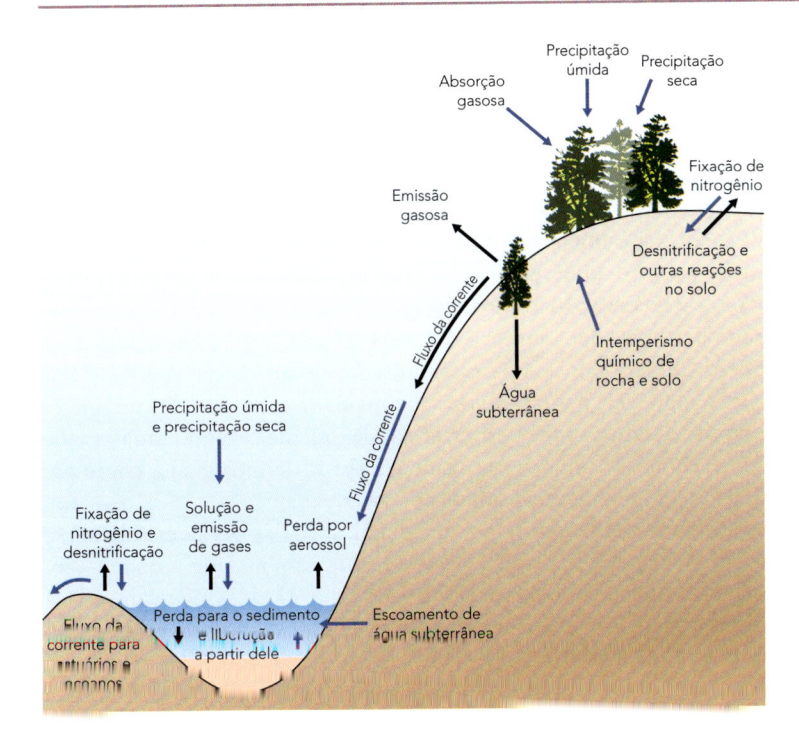

Figura 11.12
Componentes dos estoques de nutrientes de um sistema terrestre e de um aquático. As entradas são mostradas em azul, e as saídas, em preto. Observe como as duas comunidades estão ligadas por fluxo de corrente, que é a saída principal do sistema terrestre, mas a entrada principal para o aquático.

Vários tipos de bactérias e algas azuis possuem a enzima nitrogenase, que converte nitrogênio gasoso em íons amônio (NH_4^+), que podem, então, ser absorvidos pelas raízes e utilizado pelas plantas. Todos os ecossistemas terrestres recebem um pouco de nitrogênio disponível pela atividade de bactérias de vida livre fixadoras desse elemento. Já as comunidades que contêm leguminosas e indivíduos de amieiro (*Alnus* spp.), cujos nódulos das raízes são dotados de bactérias fixadoras de nitrogênio (ver Seção 8.4.6), podem receber desta maneira um aporte substancial deste elemento.

Outros nutrientes da atmosfera tornam-se disponíveis através da *precipitação seca* (queda de partículas durante períodos sem chuva) ou da *precipitação úmida* (na chuva, neve e neblina). A chuva não é água pura, pois contém substâncias químicas oriundas de várias fontes: (i) gases traço, tais como óxidos de enxofre e nitrogênio; (ii) aerossóis (produzidos quando gotículas de água dos oceanos evaporam na atmosfera, liberando partículas ricas em sódio, magnésio, cloreto e sulfato); (iii) partículas de poeira de incêndios, vulcões e vendavais, frequentemente ricas em cálcio, potássio e sulfato. Os nutrientes dissolvidos na precipitação, na maioria das vezes, tornam-se disponíveis às plantas quando a água alcança o solo e pode ser absorvida pelas raízes.

Os nutrientes podem circular dentro da comunidade durante muitos anos. Alternativamente, o átomo pode passar através do sistema em poucos minutos, talvez sem qualquer interação com a biota. Seja qual for o caso, o átomo por fim será perdido mediante um dos vários processos que removem nutrientes do sistema (Figura 11.12). Esses processos constituem o lado do débito da equação do balanço de nutrientes.

saídas de nutrientes

A liberação para a atmosfera é uma rota de perda de nutrientes. Em muitas comunidades, existe um balanço anual aproximado no estoque do carbono; o carbono fixado pelos organismos fotossinteticamente ativos é equilibrado pelo que é perdido para a atmosfera como dióxido de carbono oriundo da respiração de plantas, micro-organismos e animais (Figura 11.13). As plantas por si só podem ser fontes diretas de liberação de gases e de particulados. Os dosséis de florestas, por exemplo, produzem hidrocarbonetos voláteis (p. ex., terpenos) e as árvores de florestas tropicais parecem emitir aerossóis contendo fósforo, potássio e enxofre. Por fim, o gás amônia é liberado durante a decomposição de excreções de vertebrados. Outras rotas de perda de nutrientes são importantes em circunstâncias especiais. Por exemplo, o fogo (seja natural ou por queima da resteva em práticas agrícolas), em pouco tempo, pode converter em dióxido de carbono uma grande parte do carbono de uma comunidade e a perda de nitrogênio, como gás volátil, pode ser igualmente dramática.

Para muitos elementos, a rota mais substancial de perda está no fluxo de corrente. A água que drena do solo de uma comunidade terrestre para um riacho transporta uma carga de nutrientes que é parcialmente dissolvida e parcialmente particulada. Com exceção do ferro e do fósforo, que não são móveis nos solos, a perda de nutrientes vegetais é predominantemente em solução. Os particulados na corrente apresentam-se como matéria orgânica morta (principalmente folhas de árvores) e como partículas inorgânicas.

É o movimento da água, sob a força da gravidade, que liga os estoques de nutrientes de comunidades terrestres e aquáticas (ver Figura 11.12). Os sistemas terrestres perdem nutrientes dissolvidos e particulados nos cursos de água e águas subterrâneas; os sistemas aquáticos (incluindo as comunidades de riachos e essencialmente os oceanos) ganham nutrientes do fluxo de corrente e da descarga de água subterrânea. Reporte-se à Seção 1.3.3 para

Figura 11.13

Estoque anual de carbono para uma floresta de *Pinus ponderosa* em Oregon, EUA, onde as árvores têm até 250 anos de idade. Os números acima do solo representam a quantidade de carbono contida na folhagem das árvores, no restante da biomassa florestal, em plantas de sub-bosque e na madeira morta no chão da floresta. Os números logo abaixo da superfície representam as raízes das árvores (esquerda) e serrapilheira (direita). O número mais abaixo é para o carbono do solo. As quantidades de carbono armazenado em cada um destes elementos de biomassa estão em $g\ C\ m^{-2}$. Os valores para a produção primária líquida (PPL) e para a perda de calor respiratório por heterótrofos (R_h) (ou seja, micro-organismos e animais) estão em $g\ C\ m^{-2}\ ano^{-1}$ (setas). Há um equilíbrio aproximado na taxa na qual o carbono é captado na PPL e a taxa na qual o mesmo é perdido como calor respiratório.

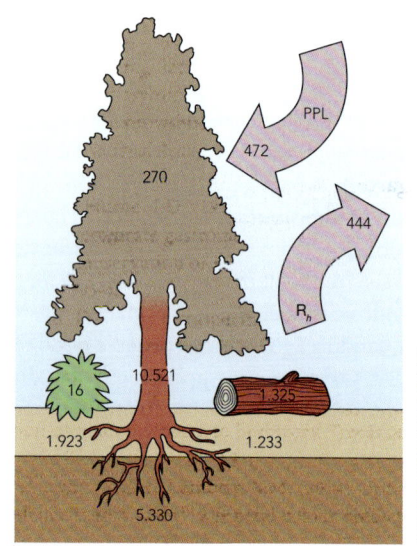

uma discussão de um estudo (em Hubbard Brook) que explorou as ligações químicas na interface terra-água.

11.5.2 Estoques de nutrientes em comunidades aquáticas

Os sistemas aquáticos recebem a carga do seu suprimento de nutrientes do influxo da corrente. Em comunidades de riachos e rios, bem como em lagos com um escoamento, a exportação na água de saída é o fator principal. Por outro lado, em lagos sem um escoamento (ou onde este é pequeno em relação ao volume do lago) e também em oceanos, a acumulação de nutrientes em sedimentos permanentes é, muitas vezes, a rota principal de exportação.

Muitos lagos em regiões áridas, sem um fluxo de corrente, perdem água apenas por evaporação. As águas desses lagos *endorreicos* (a palavra significa "fluxo interno") são, desse modo, mais concentradas do que as dos de água doce, sendo particularmente ricas em sódio e em outros nutrientes, como o fósforo. Os lagos salgados não deveriam ser considerados como singularidades; de forma global, eles são exatamente tão abundantes, em termos de número e volume, como os lagos de água doce (Williams, 1988). Eles são geralmente muito férteis e possuem populações densas de algas verde-azuladas, sendo que alguns, como o Lago Nakuru, no Quenia, sustentam vastas agregações de flamingos filtradores de plâncton (*Phoeniconaias minor*).

O maior de todos os "lagos" endorreicos é o oceano – uma imensa bacia de água suprida pelos rios do mundo, que perde água somente por evaporação. Seu tamanho grande, em comparação com a entrada proveniente da chuva e dos rios, determina uma composição química notavelmente constante. Os principais transformadores do carbono inorgânico dissolvido (essencialmente dióxido de carbono dissolvido a partir da atmosfera) são pequenas células de fitoplâncton, cujo carbono é reciclado principalmente junto à superfície do oceano via consumo pelo microzooplâncton, liberação de substâncias orgânicas dissolvidas e sua mineralização por bactérias (Figura 11.14). Por outro lado, rotas envolvendo fitoplânctons maiores e macrozooplâncton são responsáveis pela maior parte do fluxo de carbono para o fundo oceânico. Uma parte desse material orgânico é consumida por animais de águas profundas, parte é mineralizada para a forma inorgânica por bactérias e reciclada, e uma pequena proporção é enterrada no sedimento. A Figura 11.14 é essencialmente o equivalente oceânico do sistema florestal na Figura 11.13. Em contraste com as fontes atmosféricas de carbono, nutrientes tais como o fósforo provêm de duas fontes: aportes de rios e de ressurgência de água de zonas profundas. Os átomos de fósforo nas águas superficiais seguem um conjunto de rotas similar aos átomos de carbono, com cerca de 1% do fósforo dos detritos sendo perdido para o sedimento profundo durante cada ciclo oceânico de mistura.

Todos os corpos d'água recebem nutrientes, nas formas inorgânicas e orgânicas, através da água que drena da terra. Não é surpreendente, portanto, que as atividades humanas sejam responsáveis por mudanças dramáticas nos fluxos de nutrientes, tanto localmente (Quadro 11.3) quanto globalmente. Na próxima seção, retornaremos aos ciclos biogeoquímicos globais.

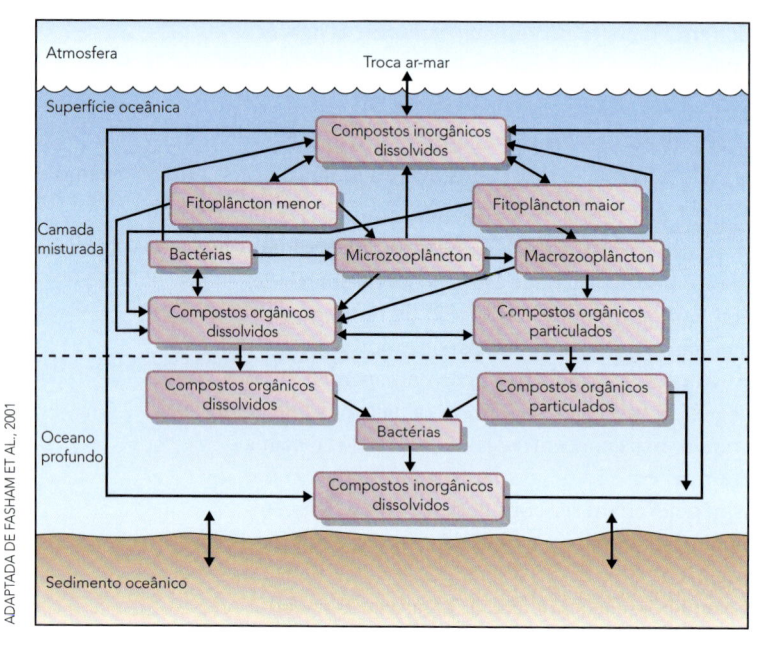

Figura 11.14
Rotas dos átomos de carbono no oceano. Fitoplâncton menor, microzooplâncton e bactérias reciclam carbono na camada superficial misturada. A maior parte do carbono que se move para o oceano profundo segue rotas envolvendo fitoplâncton maior e macrozooplâncton, para ser reciclado novamente. Uma proporção pequena do carbono inorgânico remineralizado e do carbono orgânico particulado é perdida para o sedimento oceânico.

11.3 ECONSIDERAÇÕES ATUAIS

Enriquecimento de nutrientes em ecossistemas aquáticos: um problema fundamental para lagos e oceanos

O aporte excessivo de nutrientes de fontes, tais como a lixiviação agrícola e os esgotos, tem levado muitos lagos *oligotróficos* "saudáveis" (poucos nutrientes, baixa produtividade vegetal com plantas aquáticas em abundância, e águas claras) a mudarem para uma condição *eutrófica*. Nesta condição, grandes aportes de nutrientes levam à alta produtividade do fitoplâncton (às vezes dominado por espécies tóxicas que formam florescimentos), tornando a água turva, sombreando as plantas maiores e, na pior das situações, provocando anoxia e morte de peixes. Este processo de *eutrofização cultural* de lagos tem sido compreendido há algum tempo. Porém, somente recentemente as pessoas observaram enormes "zonas mortas" nos oceanos junto às fozes dos rios, particularmente aqueles que drenam grandes áreas de captação tais como o Mississipi na América do Norte e o Yangtze na China. Os trechos seguintes são de notícias divulgadas pela Associated Press em 29 de março de 2004.

Zonas mortas dos oceanos aumentam

As chamadas "zonas mortas", áreas carentes de oxigênio nos oceanos do mundo nas quais os peixes estão ausentes, lideram a lista de desafios ambientais emergentes, alertou a United Nations Environment Program (UNEP) nesta segunda-feira em sua revisão global.

As novas descobertas ranqueiam cerca de 150 zonas mortas ao redor do globo... A principal causa é o excesso de lixiviação de nitrogênio proveniente de fertilizantes agrícolas, esgotos e poluentes industriais. O nitrogênio desencadeia o florescimento de algas microscópicas conhecidas como fitoplâncton. À medida que as algas morrem e apodrecem, elas consomem oxigênio, assim sufocando tudo desde amêijoas e lavagantes até ostras e peixes.

"A humanidade está engajada em um experimento global gigantesco resultante do uso excessivo e ineficiente de fertilizantes, da descarga de esgotos não tratados e das crescentes emissões a partir de veículos e fábricas", disse o diretor executivo da UNEP, Klaus Toepfer em uma declaração. "A menos que ações urgentes sejam tomadas para atacar as fontes do problema, o mesmo deverá aumentar rapidamente."

(Conteúdo original completo: © MMIV The Associated Press, não pode ser publicado, transmitido, reescrito ou redistribuído. Todos os direitos reservados.)

Sugira algumas "ações urgentes" que poderiam ser tomadas para aliviar o problema.

11.6 Ciclos biogeoquímicos globais

Os nutrientes são movidos por grandes distâncias pelos ventos na atmosfera e através de cursos d'água e correntes oceânicas. Não há limites naturais ou políticos. Portanto, é oportuno concluir este capítulo com um estudo em escala mais ampla, examinando os ciclos biogeoquímicos.

11.6.1 O ciclo hidrológico

Os oceanos constituem a principal fonte de água; a energia radiante provoca a evaporação da água para a atmosfera; os ventos a distribuem sobre a superfície do globo e a precipitação a traz de volta para a Terra (com um movimento de água atmosférica dos oceanos para os continentes), onde ela pode ser temporariamente armazenada em solos, lagos e banquisas (Figura 11.15). A perda ocorre por evaporação e transpiração a partir do solo ou como fluxo líquido através de canais, rios e aquíferos subterrâneos, conduzindo a água de volta para o mar. Os principais *pools* de água ocorrem nos oceanos (97,3% do total para a biosfera), no gelo das calotas polares e glaciais (2,06%), como água subterrânea (0,67%)

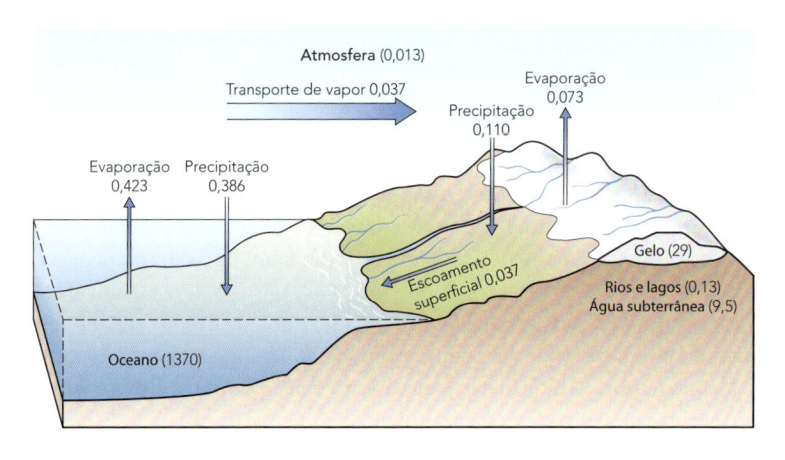

Figura 11.15

Ciclo hidrológico, mostrando os volumes de água nos "reservatórios" dos oceanos, gelo (polar e geleiras), rios e lagos, água subterrânea e atmosfera (unidades de 10^6 km^3), e em movimento como precipitação, escoamento, evaporação, e transporte de vapor (setas: unidades de 10^6 km^3 ano^{-1}).

e em rios e lagos (0,01%) (Berner & Berner, 1987). A proporção que está em trânsito a qualquer momento é muito pequena – a água que drena através do solo, que flui ao longo dos rios e está presente como nuvens e vapor na atmosfera – representa apenas 0,08% do total. No entanto, esta pequena percentagem desempenha um papel decisivo, pois supre as necessidades para a sobrevivência de organismos vivos e para a produtividade da comunidade, e porque muitos dos elementos químicos são transportados com a água em movimento.

O ciclo hidrológico prosseguiria com ou sem a presença da biota. No entanto, a vegetação terrestre pode modificar significativamente os fluxos que nele ocorrem. A vegetação pode interceptar a água em dois momentos desse trajeto, evitando que ela chegue ao curso d'água e causando o seu retorno à atmosfera, (i) retendo parte na folhagem, a partir da qual ela pode evaporar, e (ii) absorvendo água do solo, que entra na corrente de transpiração. Vimos que o corte da floresta em um reservatório em Hubbard Brook (ver Seção 1.3.3) aumentou a força das correntes de água junto com sua carga de matéria dissolvida e particulada. É impressionante como o desmatamento em larga escala ao redor do mundo, geralmente praticado para expandir a fronteira agrícola, pode determinar a perda de solo, empobrecimento de nutrientes e acentuar a gravidade das enchentes. A água é um bem muito valioso, e isso se reflete no difícil exercício político de administrar demandas conflitantes – destiná-la para geração de energia elétrica ou irrigação para a agricultura e manter os valores intrínsecos de um rio não alterado.

As principais reservas abióticas de nutrientes do mundo estão ilustradas na Figura 11.16. Esses ciclos são considerados em sequência.

11.6.2 O ciclo do fósforo

Os principais estoques de fósforo estão na água do solo, rios, lagos e oceanos, bem como em rochas e sedimentos oceânicos. O ciclo do fósforo pode ser descrito como sedimentar, devido à tendência geral do mineral fósforo ser transportado da terra para os oceanos, onde por fim torna-se incorporado aos sedimentos (Figura 11.16a).

a história de vida de um átomo de fósforo

Um átomo de fósforo "típico", liberado da rocha por desagregação química, pode entrar em uma comunidade terrestre e nela ser ciclado por anos, décadas ou séculos, antes de ser transportado, via água subterrânea, para um curso d'água. Pouco tempo depois do seu ingresso no curso d'água (semanas, meses ou anos), o átomo é transportado para o oceano. Ele faz então, em média, cerca de cem percursos de ida e volta entre águas superficiais e profundas, cada um durando talvez mil anos. Durante cada percurso, ele é absorvido por organismos que habitam a superfície, antes de ser novamente fixado nas profundezas. Em média, na sua centésima descida (após 10 milhões de anos no oceano), ele deixa de ser liberado como fósforo solúvel, passando a fazer parte do sedimento sob forma particulada. Talvez nos próximos 100 milhões de anos o fundo oceânico se eleve por atividade geológica, tornando-se terra seca. Desse modo, o átomo de fósforo encontrará, por fim, seu caminho de volta para o mar por meio de algum rio, e para a sua existência de ciclo (absorção biótica e decomposição) dentro de outro ciclo (mistura oceânica) dentro de outro ciclo (soerguimento continental e erosão).

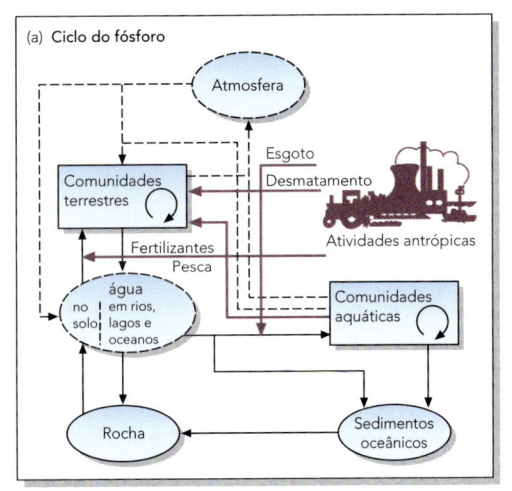

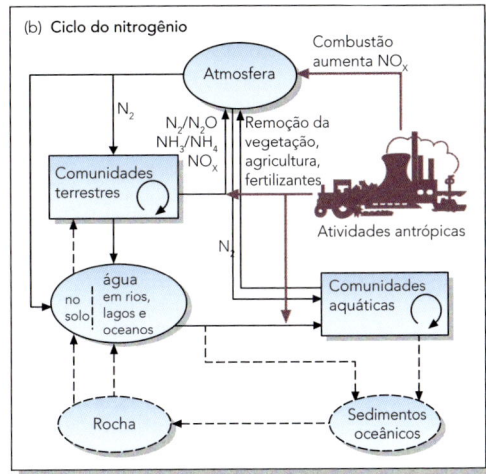

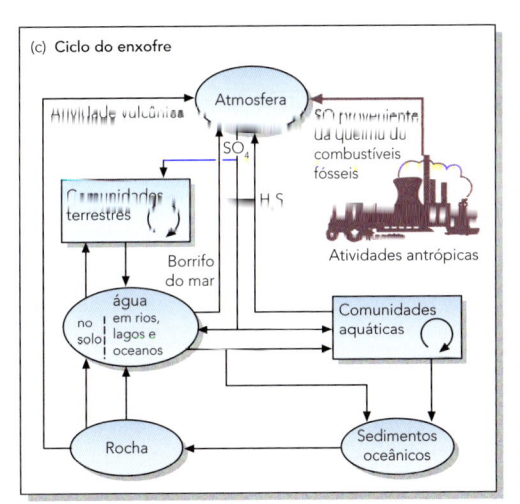

Figura 11.16

As principais rotas globais de nutrientes entre os "reservatórios" abióticos da atmosfera – água (hidrosfera) e rochas e sedimentos (litosfera) – e os "reservatórios" bióticos constituídos por comunidades terrestres e aquáticas. As atividades humanas (setas bordôs) mudam os fluxos de nutrientes nas comunidades terrestres e aquáticas, liberando nutrientes extras na atmosfera e na água. Os ciclos estão apresentados para quatro nutrientes importantes: (a) fósforo, (b) nitrogênio, (c) enxofre e (d) carbono. Os compartimentos e fluxos insignificantes estão representados por linhas tracejadas.

11.6.3 O ciclo do nitrogênio

A fase atmosférica é amplamente considerada como predominante no ciclo global do nitrogênio, em que a fixação desse elemento e a desnitrificação por organismos microbianos são especialmente importantes (Figura 11.16b). No entanto, o nitrogênio de certas fontes geológicas pode também ser significante na produtividade de combustível em comunidades terrestres e de água doce (Holloway et al., 1998; Thompson et al., 2001). A magnitude do fluxo no escoa-

> o ciclo do nitrogênio tem uma fase atmosférica de enorme importância

mento de comunidades terrestres para aquáticas é relativamente pequena, mas, em absoluto, não é insignificante para os sistemas aquáticos envolvidos. Isso se deve ao fato de o nitrogênio ser um dos dois elementos (junto com o fósforo) que mais frequentemente limita o crescimento vegetal. Finalmente, existe uma pequena perda anual de nitrogênio para os sedimentos oceânicos.

11.6.4 O ciclo do enxofre

Três processos biogeoquímicos naturais liberam enxofre para a atmosfera: formação de aerossóis de borrifos do mar, respiração anaeróbia por bactérias redutoras de sulfato e atividade vulcânica (relativamente menos importante) (Figura 11.16c). As sulfobactérias liberam compostos de enxofre reduzidos, especialmente H_2S, de turfeiras submersas e comunidades de pântanos, bem como de comunidades marinhas associadas com planícies de maré. Um fluxo inverso a partir da atmosfera envolve a oxidação de compostos de enxofre a sulfato, que retorna à Terra como precipitações úmida e seca.

o ciclo do enxofre tem uma fase atmosférica e uma fase litosférica, de magnitude semelhante

O intemperismo de rochas fornece aproximadamente a metade do enxofre que escoa da terra para rios e lagos, e o restante deriva de fontes atmosféricas. No seu caminho para o oceano, uma porção do enxofre disponível (principalmente sulfato dissolvido) é absorvida por plantas, passa por cadeias alimentares e, via processos de decomposição, torna-se novamente disponível para as plantas. No entanto, em comparação com o fósforo e o nitrogênio, uma fração muito menor do fluxo de enxofre está envolvida na reciclagem interna de comunidades terrestres e aquáticas. Finalmente, existe uma perda contínua de enxofre para os sedimentos oceânicos.

11.6.5 O ciclo do carbono

A fotossíntese e a respiração são os dois processos opostos que governam o ciclo global do carbono. Este ciclo é predominantemente gasoso, com o dióxido de carbono como o veículo principal do fluxo entre atmosfera, hidrosfera e biota. Historicamente, a litosfera desempenhou um papel menos importante; os combustíveis fósseis permaneceram como reservatórios dormentes até a intervenção humana em séculos recentes (Figura 11.16d).

forças opostas de fotossíntese e respiração governam o ciclo global do carbono

As plantas terrestres utilizam o dióxido de carbono atmosférico como a sua fonte de carbono para a fotossíntese, enquanto as plantas aquáticas usam carbonatos dissolvidos (i.e., carbono da hidrosfera). Os dois subciclos estão ligados por trocas de dióxido de carbono entre a atmosfera e os oceanos. Além disso, o carbono encontra seu caminho para águas internas e oceanos como bicarbonato resultante do intemperismo (carbonatação) de rochas ricas em cálcio, como calcário e greda. A respiração por plantas, animais e microorganismos libera o carbono retido em produtos fotossintéticos de volta aos compartimentos atmosférico e hidrosférico.

11.6.6 Impactos humanos sobre ciclos biogeoquímicos

As atividades humanas contribuem significativamente com entradas de nutrientes nos ecossistemas e rompem ciclos biogeoquímicos locais e globais. Por exemplo, as quantidades de dióxido de carbono, óxidos de nitrogênio e enxofre na atmosfera têm aumentado pela queima de combustíveis fósseis e pelos escapamentos de automóveis; as concentrações de nitrato e fosfato em cursos d'água têm crescido pelas práticas agrícolas e disposição de resíduos. Essas alterações têm acarretado graves consequências, que serão discutidas no Capítulo 13.

RESUMO

Padrões em produtividade primária

A produção primária sobre a terra é limitada por uma variedade de fatores – qualidade e quantidade da radiação solar, disponibilidade de água, nitrogênio e outros nutrientes-chave, além das condições físicas, especialmente a temperatura. Por alguma razão, as comunidades aquáticas produtivas ocorrem onde as concentrações de nutrientes são geralmente altas e a intensidade de radiação não é limitante.

O destino da produtividade primária

A produtividade secundária por herbívoros é aproximadamente uma ordem de grandeza menor do que a produtividade primária em que ela se baseia. Em cada etapa da alimentação é perdida energia, pois as eficiências no consumo, na alimentação e na produção são todas menores de 100%. O sistema decompositor processa muito mais da energia e matéria de uma comunidade do que o sistema consumidor de matéria viva. As rotas de energia nos sistemas consumidor de matéria viva e decompositor são as mesmas, com uma exceção crítica – as fezes e os corpos mortos são perdidos para o sistema pastejador (e entram no sistema decompositor), mas as fezes e os corpos mortos do sistema decompositor são simplesmente devolvidos para o compartimento de matéria orgânica morta na sua base.

O processo de decomposição

As moléculas complexas ricas em energia são decompostas por seus consumidores (decompositores e detritívoros), resultando em dióxido de carbono, água e nutrientes inorgânicos. Essencialmente, a incorporação de energia solar na fotossíntese e a imobilização de nutrientes inorgânicos na biomassa são equilibradas pela perda de energia calorífica e nutrientes orgânicos, quando a matéria orgânica é decomposta. Isso é realizado em parte por processos físicos, mas principalmente por decompositores (bactérias e fungos) e detritívoros (animais que se alimentam de matéria orgânica morta).

O fluxo de matéria através dos ecossistemas

Os nutrientes são ganhos e perdidos pelas comunidades por diferentes maneiras. O intemperismo da rocha matriz e do solo, por processos físicos e químicos, é a fonte dominante de nutrientes tais como cálcio, ferro, magnésio, fósforo e potássio, que podem ser absorvidos pelas raízes. O dióxido de carbono e o nitrogênio gasoso atmosféricos são as principais fontes do conteúdo desses dois elementos em comunidades terrestres, ao passo que outros nutrientes provenientes da atmosfera tornam-se disponíveis como precipitação seca ou na chuva, neve e neblina. Os nutrientes são perdidos novamente por meio da liberação para a atmosfera ou na água que alimenta riachos e rios. Os sistemas aquáticos (incluindo os cursos d'água e essencialmente os oceanos) obtêm nutrientes do fluxo de correntes, da descarga de água subterrânea e da atmosfera por difusão através de suas superfícies.

Ciclos biogeoquímicos globais

A principal fonte de água no ciclo hidrológico são os oceanos; a energia radiante provoca a evaporação da água para a atmosfera, os ventos a distribuem sobre a superfície do globo e a precipitação a traz de volta para a Terra. O fósforo deriva principalmente do intemperismo de rochas (litosfera); seu ciclo pode ser descrito como sedimentar, devido à tendência geral de o fósforo mineral ser transportado da terra para os oceanos, onde se torna essencialmente incorporado aos sedimentos. O ciclo do enxofre tem uma fase atmosférica e uma litosférica de importância semelhante. A fase atmosférica é predominante nos ciclos globais do carbono e do nitrogênio. A fotossíntese e a respiração são os dois processos opostos que governam o ciclo global do carbono, enquanto a fixação do nitrogênio e a desnitrificação por organismos microbianos são de importância especial no ciclo do nitrogênio. As atividades humanas contribuem significativamente com ingressos de nutrientes nos ecossistemas e rompem ciclos biogeoquímicos locais e globais.

QUESTÕES DE REVISÃO

Asteriscos indicam questões desafiadoras.

1. Uma grande proporção do oceano é, na verdade, um deserto marinho. Por quê?
2* Descreva as tendências latitudinais gerais quanto à produtividade primária líquida. Sugira as razões pelas quais não ocorre uma tendência latitudinal nos oceanos.
3* A Tabela 11.2 apresenta os resultados de um estudo que compara a produtividade de uma floresta caducifólia de faia (*Fagus sylvatica*) com a de uma floresta perenifólia de espruce (*Picea abies*). As folhas da faia fotossintetizaram a uma taxa maior (por grama de massa seca) do que as do espruce e "investiram" por ano uma quantidade consideravelmente maior de biomassa em suas folhas. Porém, a produtividade primária líquida da floresta de faia foi menor do que a da floresta de espruce. Por quê? Se essas espécies fossem cultivadas juntas, qual delas você esperaria que dominasse a floresta? Que outros fatores, além da produtividade podem influenciar o *status* competitivo relativo das duas espécies?
4. Que evidência sugere que a produtividade de muitas comunidades terrestres e aquáticas é limitada por nutrientes?

Tabela 11.2

Características de árvores representativas de duas espécies contrastantes crescendo a uma distância de 1 km entre si, em Solling Plateau, Alemanha.

	FAIA	ESPRUCE
Idade (anos)	100	89
Altura (m)	27	25,6
Forma foliar	Larga	Acícula
Produção anual de folhas	Mais alta	Mais baixa
Capacidade fotossintética por unidade de massa seca de folha	Mais alta	Mais baixa
Duração da estação de crescimento (dias)	176	260
Produtividade primária líquida (toneladas métricas de carbono por hectare por ano)	8,6	14,9

ADAPTADA DE SCHULZE, 1970; SCHULZE ET AL., 1977a, 1977b

5* Em comunidades aquáticas e terrestres, a produtividade secundária por herbívoros é aproximadamente um décimo da produtividade primária na qual ela está baseada. Isso tem levado à sugestão da operação de uma lei dos 10 %. Você concorda com essa opinião?

6 Justifique a observação segundo a qual na maioria das comunidades muito mais energia é processada através do sistema decompositor do que através do sistema consumidor de matéria viva.

7 Descreva em linhas gerais o papel desempenhado por bactérias e fungos (decompositores) no fluxo de energia e matéria através de um determinado ecossistema. Imagine o que aconteceria se bactérias e fungos fossem magicamente retirados – descreva em detalhe o cenário resultante.

8 A energia não pode ser ciclada e reutilizada – a matéria sim. Discuta esta asserção e seu significado para o funcionamento do ecossistema.

9 O oceano é simplesmente um grande lago em termos de modelos de fluxo de energia e matéria?

10 O ciclo hidrológico prosseguiria com ou sem a presença de uma biota. Discuta como a presença de vegetação modifica o fluxo de água através de um ecossistema.

PARTE IV
Temas Aplicados em Ecologia

12 | Sustentabilidade   437
13 | Degradação de hábitats   474
14 | Conservação   510

Capítulo 12

Sustentabilidade

CONTEÚDOS DO CAPÍTULO

12.1 Introdução
12.2 O "problema" da população humana
12.3 Explorando recursos vivos da natureza
12.4 A agricultura de monoculturas
12.5 Controle de pragas
12.6 Sistemas agrícolas integrados
12.7 Prognosticando mudanças ambientais globais induzidas pela agricultura

CONCEITOS-CHAVE

Neste capítulo, você:

- observará as dinâmicas fundamentais do crescimento populacional humano e sua relação com o uso sustentável (ou insustentável) de recursos
- compreenderá a base biológica da exploração sustentável de populações nativas – particularmente de recursos pesqueiros
- reconhecerá os benefícios e os custos da agricultura de monoculturas
- compreenderá que grande parte da prática agrícola não é sustentável devido à perda e degradação de solo
- observará que a água pode ser o menos sustentável dos recursos globais
- reconhecerá os benefícios e os custos de diferentes métodos de controle de pragas e a importância de planejar práticas de manejo integrado

A sustentabilidade das atividades humanas e o tamanho e a distribuição da população são preocupações cada vez mais frequentes do público em geral e dos políticos que o representam. Contudo, para alcançar a sustentabilidade ou até mesmo para aproximar-se dela, é necessário mais do que vontade – é necessária a compreensão ecológica, cuidadosamente adquirida e, mais ainda, aplicada.

12.1 Introdução

o que é "sustentabilidade"?

Chamar uma atividade de "sustentável" significa que ela pode ser continuada ou repetida em um futuro previsível. Com base nisso, a preocupação surge porque grande parte das atividades humanas é nitidamente insustentável. A população humana global não poderá continuar aumentando de tamanho; não poderemos continuar a retirar peixe do mar mais rápido do que a capacidade de repor os cardumes perdidos (se quisermos ter peixe para comer no futuro); não poderemos continuar a explorar culturas agrícolas ou florestas, se a qualidade e a quantidade do solo se deterioram e os recursos hídricos se tornam inadequados; não poderemos continuar a usar os mesmos pesticidas, se os números crescentes de pragas se tornarem resistentes a eles; não poderemos manter a diversidade da natureza, se continuarmos a provocar a extinção de espécies.

A sustentabilidade tem-se tornado, assim, um dos conceitos centrais – talvez *o* conceito central – entre as grandes preocupações sobre o destino da Terra e das comunidades ecológicas que a ocupam. Ao definir sustentabilidade, empregamos as palavras "futuro *previsível*". Procedemos assim porque, quando uma atividade é descrita como sustentável, isso se baseia no que é conhecido até então. Todavia, muitos fatores permanecem desconhecidos ou imprevisíveis. A situação na qual nos encontramos pode tornar-se pior como, por exemplo, quando condições oceanográficas adversas prejudicam a pesca, já ameaçada por sobre-exploração, ou é descoberta resistência das pragas a algum pesticida previamente não resistível. Entretanto, os avanços tecnológicos podem permitir que uma atividade considerada insustentável se torne sustentável (p. ex., podem ser descobertos novos tipos de pesticidas que ajam mais especificamente sobre a praga-alvo, não afetando, assim, outras espécies que não são pragas e que co-habitam a área). Porém, há um perigo real observado em muitos avanços científicos e tecnológicos que foram desenvolvidos no passado e que se baseiam na crença de que serão sempre uma "solução" tecnológica para nossos problemas atuais. As práticas insustentáveis não podem ser aceitas simplesmente a partir da crença de que avanços futuros as tornarão sustentáveis.

sustentabilidade "atinge a maioridade"

Tem aumentado gradualmente o reconhecimento da importância da sustentabilidade como uma ideia unificadora na ecologia aplicada. Nesse sentido, deve ser acrescentado que a sustentabilidade realmente "atingiu a maioridade" em 1991. Isso aconteceu quando a Ecological Society of America publicou "Iniciativa para a biosfera sustentável: uma agenda de pesquisa ecológica", um "chamamento para todos os ecólogos", com uma lista de 16 coautores (Lubchenco et al., 1991). No mesmo ano, a World Conservation Union, a United Nations Environment Programme e a World Wide Fund for Nature publicaram *"Cuidando da Terra: uma estratégia para a existência sustentável"* (IUCN/UNEP/WWF, 1991), cujo mérito principal está em sua existência. Eles indicam uma preocupação crescente dos cientistas e grupos de pressão com a sustentabilidade e o reconhecimento de que muito do que fazemos não é sustentável.

A ênfase sobre a sustentabilidade mudou, nos últimos tempos, de uma perspectiva puramente ecológica para outra que incorpora condições econômicas e sociais que a influenciam (Milner-Gulland & Mace, 1998), tema que vem ganhando fôlego no novo milênio. Desse modo, o Millenium Ecosystem Assessment, com base em contribuições de um grande número de pesquisadores das ciências naturais e das sociais, tem como objetivo fornecer tanto ao público em geral quanto aos que decidem uma "avaliação científica das consequências das mudanças atuais e planejadas nos ecossistemas para o bem-estar humano" (Balmford & Bond, 2005; Millenium Ecosystem Assessment, 2005).

Neste capítulo, primeiro consideramos o tamanho e a taxa de crescimento da população humana, um condutor primário dos problemas ambientais que enfrentamos (Seção 12.2). A seguir, nos ocupamos de duas áreas da ecologia aplicada nas quais a sustentabilidade é um tema particularmente urgente – a extração de recursos biológicos da natureza (Seção 12.3) e a produção, em agroecossistemas não naturais, do alimento e das fibras necessárias aos seres humanos (Seções 12.4-12.7).

12.2 O "problema" da população humana

12.2.1 Introdução

A raiz de muitos problemas ambientais, se não de todos, nos coloca diante do "problema da população", os efeitos de uma população humana grande e em crescimento. Mais pessoas significa um aumento da demanda por energia, um maior consumo de recursos não renováveis como petróleo e minerais, mais pressão sobre recursos renováveis como peixes e florestas (Seção 12.3), mais necessidade de produção de alimentos pela agricultura (Seção 12.4) e assim por diante. O debate é, sem dúvida, o da sustentabilidade: as coisas não podem continuar da maneira como estão. Ainda não está bem claro o que é "o problema" (Quadro 12.1). Por isso, examinaremos primeiro o tamanho e a taxa de crescimento da população humana global e como chegamos à situação atual e, então, faremos uma projeção sobre a expectativa de crescimento populacional, para, finalmente, abordarmos o "problema" de modo mais direto, formulando a pergunta: "Quantas pessoas a Terra pode sustentar"?

> o que é o "problema" da população humana?

12.2.2 Crescimento populacional até o presente

Quando se chama a atenção para o *crescimento* populacional humano como o tema-chave, muitas vezes se diz que o erro é que a população global tem crescido "exponencialmente". Contudo, em uma população que cresce ex-

> crescimento populacional passado: "mais do que exponencial"

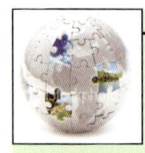

12.1 ECONSIDERAÇÕES ATUAIS

O problema da população humana

Qual é o "problema da população humana"? Não é uma pergunta fácil de responder, então o que segue são algumas possíveis versões de resposta (Cohen, 1995, 2003, 2005). O problema real, naturalmente, pode ser uma combinação dessas versões – ou dessas e outras. Assim mesmo, não há dúvida de que existe um problema e que ele é "nosso".

- *O tamanho atual da população humana mundial é insustentavelmente alto.* Mais ou menos no ano 200 d.C., quando havia cerca de um quarto de bilhão de pessoas na Terra, Quintus Septimus Florens Tertullianus escreveu que "nós somos onerosos, os recursos quase não são suficientes para nós". Em 2005, o total estimado era de 6,5 bilhões de pessoas (Nações Unidas, 2005).

- *Insustentável não é o tamanho da população humana, mas a sua distribuição sobre a Terra.* A fração da população vivendo altamente concentrada em um ambiente urbano cresceu de cerca de 3% em 1800 para 29% em 1950 e 47% em 2000. Cada trabalhador agrícola atualmente tem que fornecer alimento para si e para um habitante da cidade; em 2050 esse número subirá para dois cidadãos urbanos (Cohen, 2005).

- *A taxa anual de crescimento da população humana mundial é insustentavelmente alta.* Antes da muito difundida revolução agrícola do século XVIII, a população humana levou aproximadamente mil anos para dobrar de tamanho. Recentemente, o total tem duplicado mais ou menos a cada 39 anos (Cohen, 2001).

- *Insustentável não é o tamanho da população humana mundial, mas a sua distribuição de idade.* Nas regiões "desenvolvidas", a população que se tornou idosa (acima de 65 anos) cresceu de 7,6% em 1950 para 12,1% em 1990. Esta proporção aumentará drasticamente após 2010, quando as grandes coortes nascidas depois da Segunda Guerra Mundial ultrapassarem os 65 anos.

- Insustentável não é o tamanho da população humana global, mas a distribuição desigual de recursos dentro dela. Em 1992, os 830 milhões de pessoas dos países mais ricos do mundo desfrutavam de uma receita média anual equivalente a US$ 22.000. Os 2,6 bilhões de pessoas nos países de renda média receberam $ 1.600. Porém, os 2 bilhões de pessoas nos países mais pobres ganharam apenas $ 400. Essas médias por si só encobrem enormes desigualdades.

1 Qual é o papel, ou responsabilidade, do indivíduo, em contraposição ao do governo, em resposta ao problema da população humana?
2 Quais das variantes citadas do problema propõem questões particulares da relação entre as partes desenvolvidas e as em desenvolvimento do mundo ou entre as que "têm" e as que "não têm"?

ponencialmente (Capítulo 5), a taxa de aumento por indivíduo é constante. A população como um todo cresce a uma taxa em aceleração, pois a taxa de crescimento populacional é um produto da taxa individual (constante) e o número de indivíduos em aceleração. No Capítulo 5, tal crescimento exponencial foi comparado com uma população limitada por competição intraespecífica (tal como uma descrita pela equação "logística"), na qual a taxa de aumento por indivíduo *decresce* com o aumento do tamanho da população. No caso da população humana global (Quadro 12.2), no entanto, a taxa de aumento por indivíduo (e também, portanto, o aumento da percentagem anual em tamanho: a taxa de aumento por cem indivíduos) certamente não está decrescendo – mas tampouco tem permanecido constante (Cohen, 1995). Sem dúvida, a taxa individual tem sido acelerada. Mesmo o crescimento exponencial seria insustentável, mas o crescimento mais do que exponencial que estamos testemunhando, se continuado, será muito em breve insustentável.

12.2 ASPECTOS QUANTITATIVOS

O crescimento das populações humanas

A Figura 12.1 mostra estimativas do tamanho da população humana mundial, desde há 2000 anos até o presente. À parte de parada ocasional e mesmo do decréscimo mais raro (como o causado pelas devastações da peste negra no final do século XIV), o quadro geral é claramente o de um crescimento populacional sempre mais rápido: a inclinação da curva é cada vez mais íngreme.

Contudo, isso é crescimento exponencial? A resposta é um conclusivo "Não". A Figura 12.1b mostra esse mesmo gráfico (linha cor preta), mas também mostra: (i) que uma população com crescimento exponencial seria encarada como aquela começada no mesmo ponto há 2000 anos e terminada no tamanho populacional atual; e (ii) por causa da comparação, uma população com base nos mesmos pontos de partida e de chegada, mas crescendo de acordo com a equação logística.

Desconsiderando a logística como completamente irreal, é também claro que o crescimento exponencial é muito mais "gradual" do que o de fato observado. O enigma da diferença entre esses três grá-

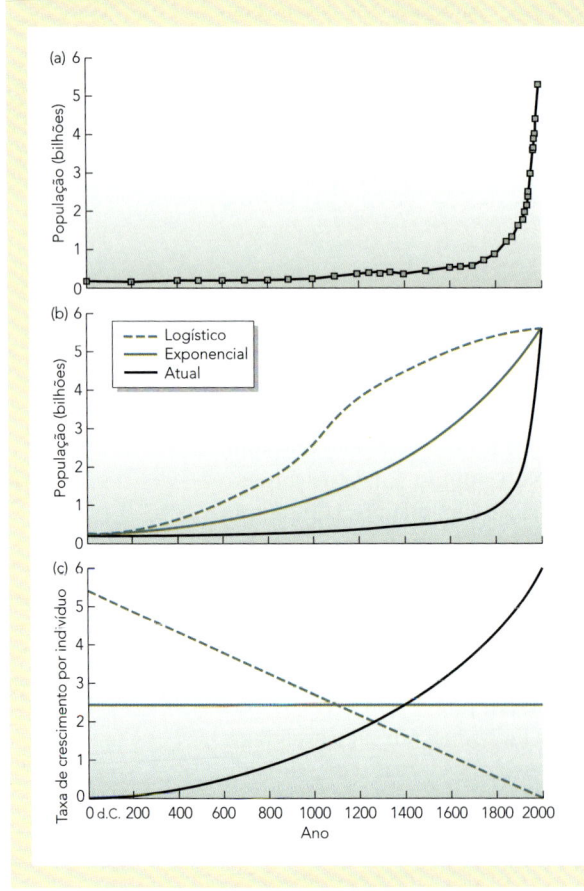

Figura 12.1
Ver o texto para detalhes.

ficos é mostrado na Figura 12.1c, na qual está apresentada a alteração na taxa de crescimento por indivíduo em relação ao tempo: *a taxa per capita*. Este parâmetro, introduzido no Quadro 5.4, foi descrito, formalmente, como $dN/dt \cdot (1/N)$, ou seja, como a taxa de crescimento populacional (dN/dt), dividido pelo número de indivíduos. Para a logística, sob a influência de competição intraespecífica cada vez mais intensa, este cai verticalmente até zero – como ele sempre faz para a logística. Para o crescimento exponencial, a taxa é constante – novamente "por definição". Porém, a curva de crescimento real origina uma taxa individual que não só aumenta com o tempo, como a população global aumentou, mas acelera. O padrão histórico de crescimento tem sido mais do que exponencial.

12.2.3 Prevendo o futuro

É interessante examinar o que aconteceu com a população humana total no passado – e que nos alertou para a escala de problemas que enfrentamos –, mas a principal importância prática desse exame é a oportunidade que ele pode oferecer de prever tamanhos populacionais e taxas de crescimento. No entanto, existe uma enorme diferença entre projeção e previsão. A projeção seria apenas fazer a suposição, certamente falsa, de que as coisas acontecerão exatamente como foram no passado.

previsão é mais do que projeção

A previsão, ao contrário, requer uma compreensão do que aconteceu, das diferenças entre o passado e o presente e, por fim, como essas diferenças podem ser traduzidas em modelos futuros de crescimento populacional. Em especial, é importante reconhecer que a população humana global é uma coleção de populações menores, cada uma com suas características próprias, frequentemente muito diferentes. Como todas as populações ecológicas, a população humana é heterogênea.

a população humana global é heterogênea

Uma maneira comum pela qual as subpopulações são distinguidas tem sido em termos de "transição demográfica". Três grupos de nações podem ser reconhecidos: aqueles que passaram "inicialmente" pela transição demográfica (pré-1945), "tardios" (a partir de então) ou "ainda não" (países da "pré-transição"). O padrão, ilustrado para as populações de transição inicial da Europa na Figura 12.2, é como segue. No início, as taxas de natalidade e de mortalidade são altas, mas a primeira é só ligeiramente maior do que a última, de modo que a taxa geral de aumento populacional é apenas moderada ou pequena (presume-se ter sido o caso em todas as populações humanas em alguma época do passado). A seguir, a taxa de mortalidade declina, enquanto a taxa de natalidade permanece alta, de modo que aumenta a taxa de crescimento populacional. No entanto, subsequentemente a taxa de natalidade também declina, até que se torna semelhante ou talvez até mais baixa do que a taxa de mortalidade. A taxa de crescimento populacional, por fim, declina novamente (às vezes tornando-se negativa, com a taxa de mortalidade mais elevada do que a taxa de natalidade), embora a um tamanho populacional muito maior do que antes do começo da transição.

transições demográficas iniciais, tardias e futuras

A hipótese comumente proposta para explicar essa transição, de maneira simplificada, é que ela é uma consequência inevitável da industrialização,

Figura 12.2
O declínio na taxa anual de crescimento populacional na Europa, desde 1850, tem sido associado ao declínio na taxa de mortalidade, seguido por um declínio na taxa de natalidade e uma diminuição geral da diferença entre os dois.

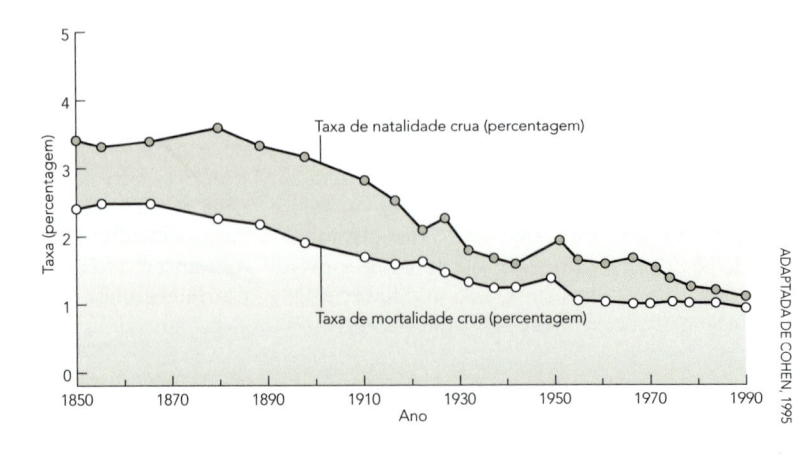

da educação e da modernização geral, levando, de modo inicial, por meio de avanços da medicina, à redução nas taxas de mortalidade e, depois, por meio de escolhas da população (demora em ter filhos, etc.), à diminuição nas taxas de natalidade.

Certamente, quando todas as populações regionais do mundo são consideradas em conjunto, observa-se um declínio dramático da taxa de crescimento populacional desde o pico de aproximadamente 2,1% ao ano em 1965-1970 para entre 1,1-1,2% ao ano nos dias de hoje (Figura 12.3). Como Cohen (2005) salienta, enquanto a taxa de crescimento populacional caiu em tempos passados (durante a peste negra e as grandes guerras), nunca antes do século XX uma redução na taxa de crescimento populacional global foi "voluntária".

a taxa de crescimento populacional humano global teve um pico antes de 1970 e tem declinado desde então

A década pela qual estamos passando agora (2000-2010) tem um lugar muito especial na história humana porque representa três transições únicas:

a década atual é única na história da dinâmica populacional humana

1 Até agora, pessoas jovens (p. ex., a classe entre 0-4 anos) sempre estiveram em maior número do que as pessoas mais velhas (p. ex., a classe de mais de 60 anos), mas a partir de 2000 os mais velhos serão mais numerosos que os jovens.
2 Até agora, a população rural sempre foi mais numerosa que a urbana, mas aproximadamente a partir de 2007 a população urbana predominará.

Figura 12.3
Taxa de crescimento populacional média para o mundo como um todo, de 1950 a 2050.

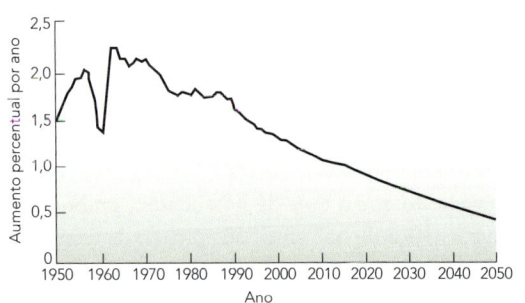

3 A partir de 2003, as mulheres no mundo todo, em média, terão tido, e continuarão a ter, muito poucos filhos ou apenas o número suficiente para substituir a si mesmas e aos pais na próxima geração (Cohen, 2005).

As primeiras duas transições devem ser consideradas problemáticas do ponto de vista da sustentabilidade – as pequenas populações de trabalhadores serão capazes de sustentar um grande número de cidadãos idosos? E as pequenas populações de trabalhadores agrícolas serão capazes de fornecer alimentos para o resto de nós? A terceira transição gera algum otimismo – porém a redução dramática na taxa de crescimento populacional de forma alguma fornece uma solução imediata para o problema populacional, como veremos na próxima seção.

12.2.4 Duas inevitabilidades futuras

Se fosse possível efetuar algum tipo de transição demográfica em todos os países do mundo, de modo que as taxas de natalidade não fossem maiores do que as taxas de mortalidade (crescimento zero), o "problema" populacional estaria resolvido? A resposta, lamentavelmente, é "Não", por, ao menos, duas razões importantes. Primeiro, existe uma grande diferença em estrutura etária entre uma população com taxas de natalidade e mortalidade iguais, quando ambas são altas e quando ambas são baixas. Quando as tabelas de vida foram descritas no Capítulo 5, insistimos que a taxa reprodutiva líquida de uma população era um reflexo dos modelos de sobrevivência e natalidade relacionados à idade. Todavia, uma determinada taxa reprodutiva líquida pode ser alcançada por meio de um número literalmente infinito de distintos modelos de natalidade e mortalidade, e essas diferentes combinações originam estruturas etárias diferentes dentro da população. Se as taxas de natalidade são altas, mas as de sobrevivência são baixas ("pré-transição"), haverá muitos indivíduos jovens e relativamente poucos indivíduos velhos na população. Entretanto, se as taxas de natalidade são baixas e as de sobrevivência altas (o "ideal" que podemos aspirar na pós-transição), relativamente poucos indivíduos jovens produtivos serão convocados a sustentar muitos indivíduos velhos, improdutivos e dependentes (ver Quadro 12.1). O tamanho e as taxas de crescimento de uma população humana não são os únicos problemas: a estrutura etária acrescenta ainda um outro (Figura 12.4).

estruturas etárias insustentáveis?

Suponha, além disso, que nossa compreensão fosse tão sofisticada e nosso poder tão completo a ponto de estabelecer taxas iguais de natalidade e mortalidade. A população humana pararia de crescer? A resposta, mais uma vez, é "Não". O crescimento populacional tem seu próprio *momentum*, que ainda teria de ser disputado. Mesmo com uma taxa de natalidade igualada à taxa de mortalidade, haveria necessidade de muitos anos, antes que uma estrutura etária estável fosse estabelecida, e nesse ínterim haveria considerável crescimento populacional, antes que os números fossem estabilizados. De acordo com uma projeção populacional preparada pelas Nações Unidas (a "variante de fertilidade média"), espera-se a população mundial cresça dos 6,3 bilhões atuais até um pico de 8,9 bilhões em 2050 (Cohen, 2003). A razão, simplesmente, é que existem, por exemplo, muito mais bebês hoje do que há 25 anos e, mesmo que a taxa de natalidade *per capita* diminuísse consideravelmente agora, haverá ainda muito mais nascimentos em 25 anos, quando esses bebês

o momentum do crescimento populacional

Figura 12.4
Tamanho populacional previsto e estrutura etária em 2050 para os países menos e mais desenvolvidos do mundo. A escala horizontal está em milhões de pessoas (homens à esquerda e mulheres à direita), e a escala vertical mostra os grupos etários em incrementos de 5 anos. Nos dois séculos anteriores a 1950, a Europa e o Novo Mundo experimentaram o crescimento populacional mais rápido, enquanto as populações da maior parte da Ásia e da África cresceram muito lentamente. Porém, desde 1950, o rápido crescimento populacional tem se deslocado dos países ocidentais para a África, Oriente Médio e Ásia. Observe a maneira com que a população dos países mais desenvolvidos torna-se fortemente enviesada para pessoas mais velhas, enquanto aquela dos países menos desenvolvidos demonstra uma representação muito mais forte de pessoas jovens. A China e os EUA são excluídos do gráfico porque são exceções em suas categorias: a política duradoura de um filho da China produzirá uma estrutura etária mais semelhante a dos países desenvolvidos, e os EUA reterão um perfil etário "mais jovem" devido à substancial imigração.

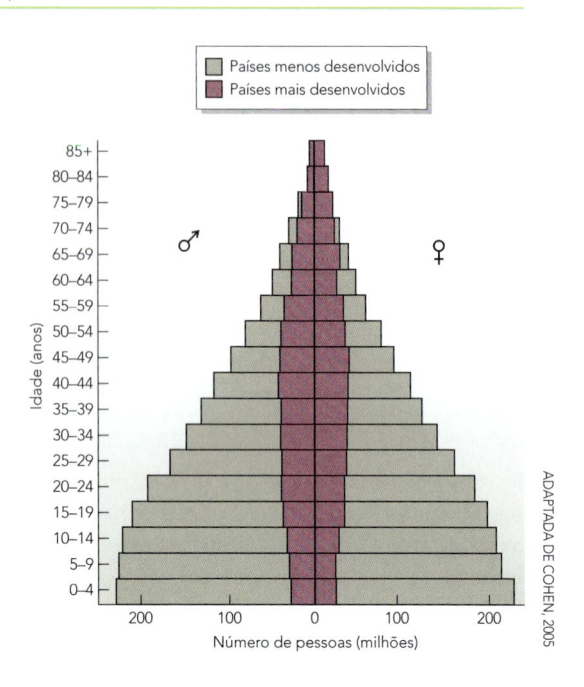

se tornarem adultos, do que no presente. E essas crianças, por sua vez, continuarão o efeito do *momentum*, antes que uma estrutura etária aproximadamente estável seja por fim estabelecida. Como pode ser interpretado a partir da Figura 12.4, são as populações dos países em desenvolvimento do mundo, dominadas por indivíduos jovens, que fornecerão a maior parte do *momentum* para o crescimento populacional posterior.

12.2.5 Uma capacidade de suporte global?

A taxa atual de crescimento do tamanho da população mundial é insustentável, embora agora ela seja menor do que já foi: em um espaço finito e com recursos finitos, nenhuma população pode continuar crescendo para sempre. Qual é a resposta apropriada para isto? Para sugerir uma resposta, é necessário ter algum senso de objetivo e, desse modo, é interessante (e pode ser importante) saber com que tamanho a população humana poderia ser sustentada sobre a Terra. Qual é a capacidade de suporte global?

Existe uma variação espantosa nas estimativas propostas ao longo dos últimos 300 anos, e mesmo estimativas feitas desde 1970 abrangem três ordens de magnitude – de 1 a 1.000 bilhões. Para ilustrar a dificuldade de se chegar a uma estimativa da capacidade de suporte global, alguns exemplos são aqui descritos (ver Cohen, 1995, 2005 para mais detalhes sobre os autores mencionados a seguir).

algumas estimativas da "capacidade de suporte global"

Em 1679, van Leeuwenhoek estimou que a área habitada da Terra era 13.385 vezes maior do que seu país natal, a Holanda, cuja população na época tinha aproximadamente 1 milhão de pessoas. Ele então assumiu que toda esta área poderia ser povoada tão densamente quanto a Holanda, gerando um limite superior de aproximadamente 13,4 bilhões.

Em 1967, De Wit questionou: "Quantas pessoas podem viver na Terra, se a fotossíntese é um processo limitante?". A resposta a que ele chegou foi de aproximadamente 1.000 bilhões. Ele baseou o seu cálculo no fato de que o comprimento da estação de crescimento potencial variava com a latitude, mas admitiu, entre outras coisas, que nem a água nem os minerais eram limitantes. Ele reconheceu que se as pessoas quisessem comer carne ou quisessem o que a maioria considera um espaço razoável para viver, então a estimativa seria muito menor.

Por outro lado, Hulett, em 1970, admitiu que os níveis de afluência e consumo nos EUA eram "ótimos" para o mundo inteiro. Segundo ele, não apenas alimento, mas as demandas por recursos renováveis (como a madeira) e recursos não renováveis (como o aço e o alumínio) deveriam ser incluídos nos cálculos. A estimativa que ele apresentou foi não mais do que 1 bilhão. Kates e outros, em uma série de relatos de 1988, assumiram os mesmos pressupostos, mas eles trabalharam a partir de médias globais, em vez de apenas com as médias dos EUA, e estimaram uma capacidade de suporte global de 5,9 bilhões de pessoas com uma dieta básica (principalmente vegetariana), 3,9 bilhões com uma dieta "melhorada" (cerca de 15% de calorias de produtos animais) e 2,9 bilhões com uma dieta de 25% de calorias de produtos animais.

Mais recentemente, Wackernagel e colaboradores, em 2002, buscaram mensurar a quantidade de terreno que os humanos usam para suprir recursos e absorver resíduos (representado um tipo diferente de "pegada ecológica"). Sua avaliação preliminar foi de que as pessoas estavam usando 70% da capacidade da biosfera em 1961 e 120% em 1999. Eles argumentaram, em outras palavras, que a capacidade de suporte global estaria excedida antes da mudança do milênio – quando a nossa população era de aproximadamente 6 bilhões.

Como Cohen (2005) salientou, muitas estimativas têm sido baseadas em (ou dependem fortemente de) uma única dimensão – área de terra biologicamente produtiva, água, energia, alimento, etc. – e uma dificuldade associada a todas elas é que o impacto de um fator depende do valor de outros. Desse modo, por exemplo, se a água é escassa e a energia é abundante, a água pode ser dessalinizada e transportada para onde o suprimento é menor, uma solução que não é disponível se a energia for cara. Além disso, a partir dos exemplos citados, é evidente que há uma diferença entre o número que a Terra pode suportar e o número que pode ser suportado com um padrão de vida aceitável. As estimativas mais altas chegam mais perto do conceito de uma capacidade de suporte que normalmente aplicamos a outros organismos (ver Capítulo 5) – um número "imposto" pelos recursos limitantes do ambiente. Porém, é improvável que muitos de nós escolhêssemos viver esmagados contra um teto ambiental ou desejássemos isso para os nossos descendentes.

a definição da capacidade de suporte global está longe de ser simples

De qualquer forma, é um grande passo admitir que a população humana é limitada "de baixo" por seus recursos, em vez de "de cima" por seus inimigos naturais. A doença infecciosa, em especial, que até bem pouco tempo era considerada um inimigo amplamente derrotado, é hoje novamente percebida, por exemplo, pela Organização Mundial da Saúde, como a principal ameaça ao bem-estar humano. Consideremos apenas as crescentes epidemias de tuberculose, HIV e AIDS e as mortes causadas por maláde tempo em anos. O pico da curva deve ser "10 milhões de novos peixes a cada ano". Então, este é também o número mais alto de peixes novos que poderia ser retirado da população a cada ano, para que ela se restabeleça. Isso é conhecido como *produção máxima sustentável* (PMS) (do inglês *maximum sustainable yield*): a maior exploração de uma produção, feita de maneira regular e indefinidamente. Seria como se uma atividade pesqueira trilhasse o estreito caminho entre sub e sobre-exploração, se os pescadores pudessem encontrar uma maneira de atingir esta PMS.

O conceito de PMS, por muitos anos, foi o princípio norteador para o manejo de recursos pesqueiros, silviculturais e exploração da vida selvagem, mas, por uma série de razões, está muito longe de ser uma solução perfeita.

o conceito de PMS tem deficiências

1. Ao encarar a população como um número de indivíduos similares, o conceito ignora todos os aspectos de estrutura populacional, tais como as classes de tamanho ou idade e suas taxas diferenciais de crescimento, sobrevivência e reprodução.
2. Com base em uma curva de recrutamento única, o conceito considera o ambiente como invariável.
3. Na prática, pode ser impossível obter uma estimativa confiável da PMS.
4. Alcançar uma PMS, em absoluto, não é o único nem necessariamente o melhor critério de julgamento do sucesso no manejo de uma operação de exploração (p. ex., ele pode ser mais importante para proporcionar emprego estável e de longo prazo para a força de trabalho).

12.3.2 Obtendo PMSs por meio de cotas fixas

a fragilidade de cota de exploração fixa...

Existem duas maneiras simples de se obter uma PMS sobre uma base regular: por meio de uma "cota fixa" e mediante um "esforço fixo". Com a cota fixa de exploração da PMS (Figura 12.7), a cada ano, a mesma quantidade, a PMS, é removida pela população. Se (e esse é um se maiúsculo) a população se estabilizar exatamente no pico da sua curva de recrutamento líquido, a dinâmica seria: a cada ano os membros da população, por meio do seu próprio crescimento e reprodução, acrescentariam exatamente o que foi removido. Entretanto, se os números caíssem de modo aleatório, mesmo ligeiramente abaixo daqueles do pico da curva, então os números removidos excederiam os recrutados. O tamanho populacional ficaria abaixo do pico da curva; se a cota fixada no nível da PMS fosse mantida, a população entraria em declínio, até ser extinta (Figura 12.7). Além disso, se a PMS fosse superestimada, mesmo ligeiramente (e estimativas confiáveis são difíceis de se obter), a taxa de remoção excederia sempre a taxa de recrutamento e de novo ocorreria extinção. Em resumo, uma cota fixa no nível da PMS pode ser desejável e razoável em um mundo totalmente previsível e perfeitamente conhecido. Porém, no mundo real de ambientes flutuantes e conjuntos imperfeitos de dados, essas cotas fixas são convites abertos ao desastre.

... nascida na prática

Todavia, a estratégia de cota fixa tem sido usada com frequência, onde um órgão administrativo formula uma estimativa da PMS, que, então, é adotada como uma cota anual. Em um dia especificado do ano, a pesca é aberta e a captura acumulada é registrada. Um exemplo típico é proporcionado pela pesca da anchoveta peruana (*Engraulis ringens*) (Figura 12.8). De 1960 a 1972, ela foi a

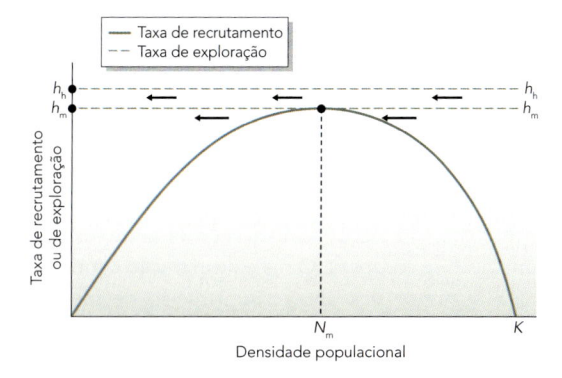

Figura 12.7

Exploração por cota fixa. A figura mostra uma curva de recrutamento única (linha contínua; recrutamento em relação a densidade, N) e duas curvas de exploração por cota fixa (linhas tracejadas): uma cota alta (h_h) e cota no nível da PMS (h_m). As setas referem-se às mudanças esperadas na abundância, sob influência da taxa de exploração, pela qual as setas ficam mais próximas. Os pontos pretos indicam equilíbrio. Em h_h, o único "equilíbrio" se dá quando a população é levada à extinção. A PMS é obtida a h_m, porque ele toca exatamente o pico da curva de recrutamento (a uma densidade N_m): populações maiores do que N_m são reduzidas a N_m, mas populações menores do que N_m são levadas à extinção. K é a capacidade de suporte, a densidade na qual se espera que a população se mantenha na ausência de exploração.

maior pesca de um único produto do mundo e se constituiu no principal setor da economia peruana. Os especialistas em pesca aconselharam que a PMS ficasse em torno de 10 milhões de toneladas métricas por ano e as capturas foram limitadas desta maneira. Porém, a capacidade da frota pesqueira se expandiu e em 1972 a captura entrou em colapso. A sobre-exploração parece ter sido a causa principal desse colapso, embora seus efeitos fossem combinados com as influências de flutuações ambientais profundas, discutidas a seguir. Uma moratória da pesca poderia ter permitido a recuperação dos estoques, mas isto não foi politicamente praticável, pois 20.000 pessoas dependiam de emprego na indústria da anchoveta. Por essa razão, o governo peruano permitiu a continuação da pesca. A safra pesqueira demorou mais de 20 anos para se recuperar.

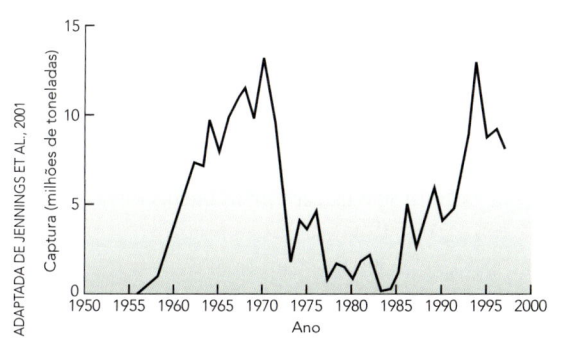

Figura 12.8

História da pesca da anchoveta peruana desde 1950. Observe a queda dramática que resultou principalmente devido à sobrepesca. O estoque demorou 20 anos para se recuperar.

12.3.3 Obtendo PMSs por meio de esforço fixo

a força relativa da exploração por esforço fixo

Uma alternativa a ser tentada para sustentar uma safra constante é manter um "esforço de exploração" constante (p. ex., o número de "dias de arrasto" em uma pesca ou o número de "dias de disparo" com uma população caçada). Com tal regime, a quantidade retirada aumentaria com o tamanho da população em exploração (Figura 12.9). Agora, em comparação com a Figura 12.7, se a densidade ficar abaixo do pico, um novo recrutamento excede a quantidade retirada e a população se recupera. O risco de extinção é muito mais reduzido. No entanto, há as seguintes desvantagens: primeiro, devido ao esforço fixo, o rendimento varia com o tamanho da população (existem anos bons, mas também anos ruins), e segundo, as etapas devem ser seguidas para assegurar que ninguém faça um esforço maior do que elas admitiram. Entretanto, existem muitos exemplos de explorações sendo administradas por regulação legislativa de esforço. A exploração do importante linguado-gigante-do-Pacífico (*Hippoglossus stenolepis*), por exemplo, é limitada por proibições sazonais e zonas de santuário, e, ainda assim, é necessário um pesado investimento em navios de proteção à pesca para coibir a ação dos infratores.

12.3.4 Além das PMSs

Não há dúvida de que a pressão de pesca muitas vezes exerce uma grande influência sobre as populações. Todavia, o colapso dos estoques pesqueiros em um ano é com frequência o resultado da ocorrência de condições ambientais extraordinariamente desfavoráveis, mais do que apenas uma sobrepesca.

flutuações ambientais – a anchoveta e El Niño

As safras da anchoveta peruana (ver Figura 12.8) entraram em colapso de 1972 a 1973, mas um crescimento estável anterior nas capturas já tinha baixado na metade da década de 1960, como resultado do "evento El Niño"; isso acontece quando a água tropical quente, vinda do norte, reduz a ressurgência e, consequentemente, a produtividade da corrente peruana fria rica em nutrientes, vinda do sul. Entretanto, em 1973 a pesca comercial foi tão aumentada que o evento El Niño subsequente teve efeitos até mais severos.

Figura 12.9
Exploração por esforço fixo. Curvas, setas e pontos são como na Figura 12.7. A PMS é obtida com um esforço de E_m, levando a um equilíbrio estável, a uma densidade de N_m com uma produção de h_m. Com um esforço um pouco mais alto (E_h), a densidade de equilíbrio e a produção são mais baixas do que com E_m, mas o equilíbrio ainda é estável. Somente com um esforço muito mais alto (E_0), a população é levada à extinção.

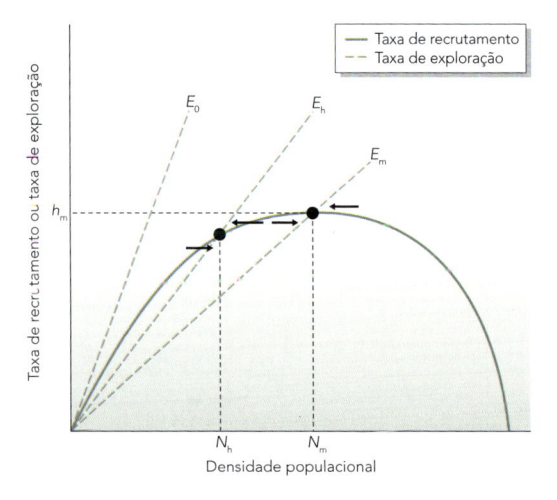

Houve alguns sinais de recuperação de 1973 a 1982, mas ocorreu um novo colapso em 1983, associado com um outro evento El Niño. É improvável que os eventos El Niño tivessem efeitos tão severos se a pesca da anchoveta fosse leve. Contudo, é igualmente claro que a história da pesca da anchoveta peruana não pode ser explicada simplesmente pela sobre-exploração.

Até agora, esse cálculo tem ignorado a estrutura populacional das espécies exploradas. Isso é uma falha grave por duas razões. Primeiro, as práticas de exploração, em sua maioria, estão prioritariamente interessadas em apenas uma porção da população explorada (árvores maduras, peixes grandes o suficiente para serem vendáveis, etc.). Segundo, o "recrutamento" é, na prática, um processo complexo que incorpora sobrevivência de adultos, fecundidade de adultos, sobrevivência de juvenis, crescimento de juvenis, etc., cada um respondendo ao seu próprio modo a mudanças de densidade e estratégia de exploração. Um exemplo de um modelo que leva em consideração algumas dessas variáveis foi aquele desenvolvido para a pesca do bacalhau do Ártico da Noruega, o estoque pesqueiro mais setentrional no oceano Atlântico. Os números de peixes em diferentes classes etárias eram conhecidos já na década de 1960 e essa informação foi usada para prever a provável tonelagem de peixes a ser capturada com intensidades diferentes de exploração e com tamanhos diferentes de malha de rede. O modelo previu que as perspectivas para a pesca a longo prazo eram mais seguras com uma intensidade baixa de captura (menos do que 30%) e malha grande de rede. Esses procedimentos dariam ao peixe mais oportunidade de crescer e se reproduzir, antes de serem capturados (Figura 12.10). As recomendações desse

> estrutura populacional e o bacalhau do Ártico (*Gadus morhua*)

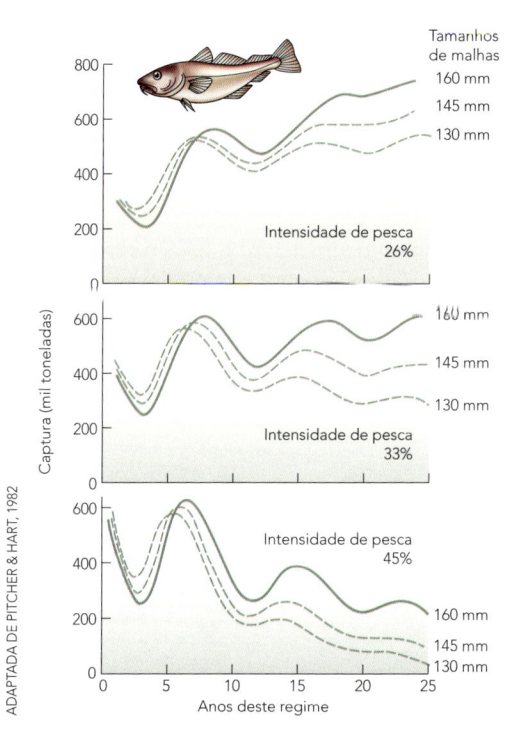

Figura 12.10

Previsões para o estoque do bacalhau do Ártico, sob três intensidades de pesca e três tamanhos diferentes de malha nas redes. Malhas maiores permitem que mais peixes maiores escapem da captura. O maior esforço (45%, painel inferior) é claramente insustentável, a despeito do tamanho da malha usado. As maiores capturas sustentáveis são alcançadas com um menor esforço de pesca (26%, painel superior) e maior tamanho de malha.

modelo foram ignoradas e, conforme previsto, os estoques de bacalhau caíram desastrosamente.

Os coletores nativos têm há muito tempo seus próprios "regulamentos" para reduzir a chance de sobre-exploração. Na sua coleta de moi (*Polydactylus sexfilis*), os pescadores havaianos, ao usarem métodos tradicionais ao longo do litoral, capturam somente peixes de tamanho intermediário, deixando tanto os juvenis quanto as fêmeas grandes. Assim, eles chegam a um estágio além de simplesmente aumentar as dimensões da malha das redes de pesca, as quais, embora reduzam o número de indivíduos menores capturados, capturam os maiores indivíduos da população. O bom senso da estratégia havaiana tem sido reforçado pela descoberta de que grandes fêmeas de alguns peixes não apenas produzem exponencialmente mais descendentes, mas também cada membro da prole cresce mais rápido (Figura 12.11) e é mais propenso a chegar à idade adulta. A proteção dos indivíduos maiores pode favorecer consideravelmente a sustentabilidade.

> uma estratégia de capturar apenas peixes de tamanho intermediário

> manejo cauteloso, áreas fechadas e manejo "sem dados"

O manejo da maioria das pescas marinhas para alcançar rendimentos ótimos é um sonho inatingível. Existem, geralmente, muito poucos pesquisadores para esse tipo de trabalho e em muitas partes do mundo não há nenhum pesquisador. Nessas situações, uma abordagem cautelosa para o manejo da pesca deve envolver a inclusão de uma parte de uma comunidade costeira ou comunidade de coral em áreas marinhas protegidas (Hall, 1998). A expressão *manejo sem dados* (do inglês, *data-less management*) tem sido aplicada a situações nas quais os pescadores do local seguem prescrições simples para tornar mais provável a sustentabilidade – por exemplo, os nativos da Ilha de Vanuatu no Pacífico foram munidos de alguns princípios simples de manejo para exploração do marisco (*Tectus niloticus*) (os estoques deveriam ser capturados a cada três anos), com um resultado aparentemente bem-sucedido: viabilidade econômica continuada (Johannes, 1998).

12.4 Agricultura de monoculturas

Globalmente, existe abundância de alimento. Entre 1961 e 1994, o suprimento de alimento *per capita* em países em desenvolvimento aumentou 32% e a proporção da população mundial subnutrida caiu de 35% para 21%, em-

Figura 12.11

Sebastes melanops, um peixe longevo da costa do Oregon, EUA, que se reproduz desde jovem. Não apenas os peixes maiores produzem mais ovos a serem fertilizados, mas a proporção destes que são de fato fertilizados é em si maior em fêmeas maiores. Além disso, como mostrado no gráfico, as larvas produzidas por fêmeas mais velhas (maiores) crescem mais de três vezes mais rápido do que as larvas produzidas por indivíduos mais jovens (menores).

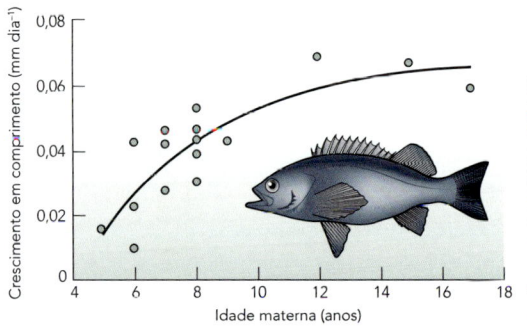

ADAPTADA DE BOBKO & BERKELEY, 2004

bora a distribuição tenha sido bastante desigual. Apesar disso, 800 milhões de pessoas no mundo passam fome e a taxa de crescimento na produção de alimento *per capita* está caindo.

A pesca e a caça (Seção 12.3) são as atividades mais antigas da história da humanidade. Porém, a exploração direta da natureza tornou-se totalmente inadequada para sustentar as principais fases de crescimento da população humana. Cada vez mais, animais e vegetais têm sido domesticados e manejados, a fim de possibilitar taxas de produção muito maiores. A grande maioria dos recursos alimentares humanos é agora cultivada – produzida geralmente como populações densas de espécies individuais (*monoculturas*). Isso possibilita o manejo delas segundo procedimentos especializados que permitem maximizar a sua produtividade – seja como monoculturas imensas de arroz, milho ou trigo (Figura 12.12) ou como criação de animais para produção de carne bovina, suína ou de aves. Os peixes, na verdade, são cada vez mais manejados da mesma maneira (aquacultura) – mantidos em criadouros, alimentados com dietas controladas e abatidos em massa. Praticamente um quarto do peixe fornecido na Ásia já é produzido dessa maneira.

Somente a monocultura pode maximizar a taxa de produção de alimentos. Isso acontece porque ela permite ao agricultor controlar e otimizar com alta precisão a densidade das populações (criação de animais ou lavouras), a quantidade e qualidade de seus recursos (suprimento alimentar para os animais e fertilizante e água para as plantas) e, muitas vezes, até as condições físicas de temperatura e umidade. Com muitos animais, as monoculturas são concebidas para separar o gado ou as aves em estreitas faixas ou classes etárias. Se os únicos critérios importantes são econômicos, a mistura antieconômica de bezerros com vacas ou frangos com galinhas não é necessária; ovos e filhotes de peixes podem ser separados de adultos potencialmente canibais; a excessiva equidade antieconômica da razão sexual, que é comum na natureza, pode ser alterada por seleção, formando rebanhos bovinos constituídos só de fêmeas leiteiras ou populações só de galinhas para produção de ovos. É grande a distância da ecologia dos primitivos caçadores-coletores, que subsistiram na complicada teia da natureza selvagem!

Até que ponto, no entanto, os modernos métodos de cultivo são sustentáveis? Existem muitas evidências de que é alto o preço a ser pago para sustentar

monocultura – e além

mas a doença se dissemina nas monoculturas

Figura 12.12
Monocultura agrícola: trigo até onde a vista alcança.

as grandes taxas de produção de alimentos alcançadas pelas monoculturas. Por exemplo, elas oferecem condições ideais para a disseminação epidêmica de doenças, tais como mastite, brucelose, febre suína e coccidiose entre as aves domésticas. Os animais domesticados são normalmente mantidos em densidades muito mais altas do que suas espécies encontrariam na natureza, razão pela qual as taxas de transmissão de doenças são ampliadas (Capítulo 7). Além disso, ocorrem taxas altas de transmissão entre rebanhos quando animais são transferidos de uma propriedade rural para outra; os próprios agricultores, com lama nas botas e nos veículos, atuam como vetores de pestes e doenças. A dramática expansão da doença das patas e boca do gado britânico, em 2001, fornece um exemplo ilustrativo.

As plantas de lavoura, igualmente, ilustram a fragilidade da dependência humana em relação às monoculturas. A batata, por exemplo, não havia sido introduzida na Europa até a segunda metade do século XVI, mas, três séculos mais tarde, outras culturas abriram caminho para ela, que se tornou o alimento cultivado quase exclusivo da metade mais pobre da população da Irlanda. Monoculturas densas, no entanto, propiciaram condições ideais para a expansão devastadora do míldio (o fungo patógeno *Phytophthora infestans*), que também atravessou o Atlântico na década de 1840. Esta doença se expande rápida e dramaticamente, reduzindo a produtividade da batata e causando apodrecimento também dos tubérculos armazenados. Da população irlandesa, de cerca de 8 milhões, 1,1 milhão morreu em consequência da fome e 1,5 milhão emigrou para o Reino Unido e EUA.

Na história mais recente, um surto da doença da ferrugem-do-milho (causada outra vez por um fungo, *Helminthosporium maydis*) se desenvolveu no sudeste dos EUA no final da década de 1960 e se espalhou de modo rápido após 1970. A maior parte do milho cultivado na área tinha a mesma origem e era geneticamente quase uniforme. Essa monocultura extrema possibilitou que uma raça especializada do patógeno tivesse consequências devastadoras. O prejuízo foi estimado em, ao menos, 1 bilhão de dólares nos EUA e teve repercussões mundiais nos preços das sementes. Uma de nossas frutas favoritas, a banana, também está em risco de desastre econômico (Quadro 12.3).

12.4.1 Degradação e erosão do solo

Um relatório das Nações Unidas (1998) estabeleceu que:

> a intensificação agrícola nas décadas recentes impôs um tributo pesado ao ambiente. Técnicas incorretas de cultivo e irrigação e uso excessivo de pesticidas e herbicidas têm provocado degradação dos solos e contaminação das águas.

Em todo o mundo, cerca de 300 milhões de hectares estão hoje severamente degradados e 1,2 bilhão de hectares – 10% da superfície com vegetação da Terra – pode ser considerado como moderadamente degradado. Fica evidente que grande parte da prática agrícola não é sustentável.

agricultura e silvicultura necessitam de solo

A terra sem solo pode sustentar apenas plantas primitivas muitos pequenas, tais como liquens e musgos, que podem se fixar sobre a superfície de rochas. O restante da vegetação terrestre deve estar enraizada no solo, que

12.3 ECONSIDERAÇÕES ATUAIS

Essa fruta pode ser salva? A banana como conhecemos está em rota de colisão rumo à extinção

Em junho de 2005, Dan Koeppel registrou a história a seguir:

> Para quase todas as pessoas nos EUA, Canadá e Europa, uma banana é uma banana: amarela e doce, de tamanho uniforme, textura firme, sempre sem sementes.
>
> A banana Cavendish – como o *slogan* de Chiquita, o maior produtor mundial de bananas, declara – é "possivelmente o alimento mais perfeito do mundo". Ocorre que as 100 bilhões de bananas Cavendish consumidas anualmente são perfeitas sob o ponto de vista genético, cada uma é uma duplicata de todas as outras. Não interessa se elas são provenientes de Honduras ou Tailândia, Jamaica ou Ilhas Canárias – cada Cavendish é uma gêmea idêntica da primeira encontrada no sudeste da Ásia, trazida para um Jardim Botânico no Caribe, na primeira parte do século XX, e posta em produção comercial há cerca de 50 anos.
>
> Essa uniformidade é o paradoxo da banana. Após 15.000 anos de cultivo humano, a banana é perfeita demais, carecendo de diversidade genética que é a chave da saúde da espécie. O que pode ameaçar uma banana pode ameaçar todas. Uma doença fúngica ou bacteriana que infecta uma plantação poderia deslocar-se ao redor do globo e destruir milhões de pés, deixando as prateleiras de supermercados vazias.
>
> Um cenário terrível? Não quando você considera que já ocorreu um quase apocalipse de bananas. Até o início da década de 1960, as tigelas de cereais e pratos de sorvete eram servidos com a Gros Michel, uma banana que era maior e, segundo todos, mais saborosa do que a fruta que comemos hoje. Como a Cavendish, a Gros Michel, ou "Big Mike", representava quase todas as vendas de bananas doces nas Américas e na Europa. Porém, na primeira parte do último século, um fungo chamado doença do Panamá começou a infectar as lavouras de Big Mike.

(Conteúdo original completo © 2005 Popular Science. Uma Companhia Time4 Media. Todos os direitos reservados. A reprodução completa ou parcial sem permissão é proibida.)

1. Use a busca na internet para descobrir as opções que poderiam ser usadas para proteger a indústria da banana.
2. Quão remoto você considera o risco de terrorismo econômico global pela liberação deliberada de uma doença das bananas?

proporciona a ela o suporte físico. O solo serve também como uma reserva de nutrientes minerais essenciais e água, os quais são extraídos pelas raízes durante o crescimento da planta. Ele se desenvolve pelo acúmulo de produtos minerais finamente divididos, resultante do intemperismo de rochas e da decomposição de resíduos orgânicos da vegetação já existente. As características do solo sob vegetação natural, em qualquer região climática e sobre qualquer tipo de rocha, dependem do balanço entre esses processos de acumulação e forças que degradam e removem o solo.

o solo forma-se... e é perdido

A formação e a permanência do solo em uma região dependem de processos dinâmicos naturais: ele pode ser perdido mediante lixiviação ou transporte pelo vento, para ser talvez redepositado em outro lugar como uma acumulação de "loesse" de estrutura fina. O solo tem melhor proteção quando contém matéria orgânica, está sempre totalmente coberto por vegetação, apresenta um entrelaçamento fino com raízes de diferentes calibres e dispõe-se sobre uma base horizontal. Provavelmente, os sistemas de solos naturais apresentam *sempre* uma fragilidade demasiado alta para serem totalmente sustentados, quando a terra é submetida ao cultivo. Uma evidência dramática de uso insustentável do solo é ilustrada pelo desastre de *dust bowl** nas Grandes Planícies dos EUA, e um desastre semelhante a esse está acontecendo na China (Quadro 12.4).

12.4 MARCOS HISTÓRICOS

Erosão do solo, o histórico *dust bowl* da América e o problema atual da China

Grandes áreas do sudeste do Colorado, do sudoeste de Kansas e parte do Texas, de Oklahoma e nordeste do Novo México foram utilizadas como pastagens para criação de gado. A vegetação consistia principalmente de gramíneas perenes nativas e não era arada nem renovada com semeadura.

No período da Primeira Guerra Mundial, grande parte da terra foi arada, e nela foram introduzidas lavouras anuais de trigo. Devido à severa seca, as safras foram pobres no começo da década de 1930 e a camada superficial do solo ficou exposta e foi transportada pelo vento. Tempestades escuras de solo levado pelo vento impediam a passagem da luz do sol e formavam-se imensas pilhas de sujeira. Ocasionalmente, tempestades de poeira varriam completamente a costa leste do país. Milhares de famílias foram forçadas a deixar a região durante a grande depressão econômica no início e na metade da década de 1930. A erosão eólica foi detida de modo gradual com a ajuda federal: foram plantados quebra-ventos e grande parte dos campos foi restaurada. No começo da década de 1940, a área estava amplamente recoberta.

A história está sendo repetida no noroeste da China, onde a necessidade de alimentar 1,3 bilhão de pessoas tem levado ao aumento demasiado da pecuária de bovinos e ovinos, bem como da área plantada. Essas atividades superam a capacidade de suporte da terra, e a cada ano 2.300 km² estão se tornando deserto. Em abril de 2001, uma imensa tempestade de poeira, originada na China, cobriu áreas do Canadá ao Arizona.

Solo seco erodido em fazenda abandonada.
© VISUAL UNLIMITED

---

* N. de T. Trata-se de uma "região de solo seco que sofre grande erosão pelo vento" (conforme Dicionário Inglês-Português de Antônio Houaiss e Ismael Cardim).

Em um mundo sustentável ideal, um novo solo seria formado, tão logo o velho fosse perdido. Na Grã-Bretanha, cerca de 0,2 tonelada de solo é produzida naturalmente por hectare por ano, sendo sugerido que uma taxa tolerável (embora não sustentável) de erosão do solo poderia ser de aproximadamente 2,0 toneladas ha^{-1} ano^{-1}. No entanto, foram registradas taxas de erosão acima de 48 toneladas ha^{-1} ano^{-1}.

Quase toda (talvez toda) terra agricultável sustentará produções mais altas, se forem aplicados fertilizantes artificiais para suplementar o nitrogênio, fósforo e potássio fornecidos naturalmente pelo solo. Os fertilizantes são de fácil obtenção e manuseio, de composição garantida, permitindo aplicação uniforme e acurada, além de possibilitar produções mais altas e previsíveis. No entanto, ao mesmo tempo em que existe uma grande confiança nos fertilizantes, a manutenção do capital de matéria orgânica do solo tende a ser negligenciada e tem diminuído em toda parte.

A degradação do solo pela agricultura pode ser evitada ou, pelo menos, reduzida na sua velocidade, por: (i) incorporação de estrume e resíduos da lavora, (ii) alternância de anos de cultivo com anos de pousio da terra ou (iii) retorno da terra à atividade pecuária. Tais técnicas conservam a qualidade do solo em regiões temperadas de agriculturas tecnologicamente sofisticadas.

Todavia, a degradação é mais séria e mais difícil de evitar em países do Terceiro Mundo. Os problemas são maiores em áreas de altas precipitações pluviométricas e terrenos de declividade acentuada nos trópicos, onde a matéria orgânica no solo também se decompõe mais rapidamente. A estratégia para conservação do solo, da "Agenda 21" das Nações Unidas (formulada no Rio de Janeiro em 1992), recomendou medidas para evitar a erosão do solo e promover o controle da erosão.

A tecnologia de maior custo-efetividade usada na redução da erosão do solo é considerada a do cultivo com base nas curvas de nível (Figura 12.13). Na Índia, fossos orientados segundo as curvas de nível auxiliam a quadruplicar as chances de sobrevivência de plântulas de árvores e a quintuplicar seu crescimento inicial em altura. A gramínea "vetiver" apresenta enraizamento profundo e, quando plantada em faixas segundo as curvas de nível, forma cercas vivas transversais às inclinações dos morros, que diminuem drasticamente o escoamento da água, reduzem a erosão e aumentam a umidade disponível

manutenção do solo

curvas de nível e disposição em terraços – Agenda 21

Figura 12.13
Disposição em terraços em terra montanhosa.

para o crescimento da lavoura. Atualmente, 90% dos esforços para conservação do solo na Índia baseiam-se em tais sistemas biológicos. Tecnologias simples que envolvem a formação de diques de rochas, construídos ao longo das curvas de nível, também são empregadas com êxito na conservação do solo e da água. Em Burkina Faso (oeste da África), os campos com diques produziram 10% mais do que os campos tradicionais em um ano normal e, em anos mais secos, 50% mais (Nações Unidas, 1998). Essa disposição em terraços proporciona um nível alto de conservação do solo, mas só é possível onde a mão-de-obra é barata. Sobre inclinações menores, a prática de arar e cultivar a terra em faixas ao longo das curvas de nível pode reduzir, de modo significativo, o escoamento do solo.

desertificação e salinização

A terra agricultável é também altamente suscetível à degradação em regiões áridas e semiáridas. O superpastejo e o cultivo excessivo expõem o solo diretamente à erosão pelo vento e às raras – porém intensas – tempestades de chuva. No processo de "desertificação", a terra, que é árida ou semiárida, mas que sustentou uma agricultura de subsistência ou nômade, dá lugar ao deserto. Por meio de irrigação da terra, o processo tem sido muitas vezes atenuado por certo tempo. Isso proporciona um decréscimo temporário, mas abaixa o lençol freático e sais se acumulam na camada superficial do solo (*salinização*). Logo que os sais começam a se acumular, o processo de salinização tende a se propagar e leva a uma expansão de desertos salgados brancos estéreis. Isto tem sido um risco em áreas irrigadas do Paquistão.

as florestas protegem... exceto quando árvores são abatidas

As florestas protegem o solo da erosão, porque o dossel absorve o impacto direto da chuva sobre a sua superfície, os sistemas perenes de raízes unem o solo e a queda contínua de folhas adiciona matéria orgânica. Porém, quando as florestas são cortadas e depois replantadas, estabelece-se uma "janela de oportunidade" aberta para a erosão do solo, até que o dossel se torne novamente fechado. O cultivo e replantio ao longo das curvas de nível oferecem algum controle sobre a erosão do solo durante esse período perigoso, mas a melhor precaução é evitar a derrubada da floresta, extraindo dela apenas uma porção de cada vez. Isso pode ser muitas vezes tecnicamente difícil e mais dispendioso.

12.4.2 Sustentabilidade da água como um recurso

a água é um recurso global finito

Nas décadas de 1960 e 1970, a preocupação principal sobre a sustentabilidade de recursos globais dizia respeito às fontes de energia, que eram reconhecidas como finitas. Ao mesmo tempo em que os recursos energéticos permanecem esgotáveis, a preocupação tem mudado, pois as prospecções revelam reservas de petróleo, gás e carvão muito maiores do que as registradas nas primeiras avaliações. Agora, a água tornou-se o foco das atenções. A água doce, utilizada na irrigação da lavoura e para consumo doméstico, é de importância crucial. Em escala global, a agricultura é o maior consumidor de água doce, atingindo cerca de 70% das fontes disponíveis e mais do que 90% em partes da América do Sul, Ásia central e África.

água – o recurso que será motivo de futuros conflitos?

Existe um estoque fixo de água no globo e ela é continuamente reciclada, quando evapora a partir da vegetação, terra e mar, para depois ser condensada e redistribuída como precipitação. Atualmente, a espécie humana usa, de modo direto ou indireto, mais do que a metade do suprimento de água acessível no mundo. A água doce disponível *per capita* caiu mundialmente de 17.000 m³ em 1950 para 7.300 m³ em 1995, e há uma variação bastante considerável na disponibilidade de região para região (Figura 12.14). Muitas estimativas dos problemas de suprimento de água sugerem que países com menos do que 1.000 m³ por pessoa por ano sofrem de escassez crônica. A água é amplamente considerada como o recurso que será motivo de futuros conflitos. Mesmo em nível nacional, a alocação de recursos hídricos pode causar problemas políticos, como ocorre, por exemplo, em conflitos na Califórnia, entre demandas urbanas e agrícolas por água do rio Colorado. Em nível internacional, os conflitos surgem entre países que se localizam a montante dos seus vizinhos e estão em uma posição favorável para represar e desviar cursos de água. Existem acirradas disputas de fronteira na América do Sul, África e Oriente Médio, entre nações que compartilham bacias hidrográficas.

Uma resposta à escassez crônica de água é bombeá-la de aquíferos subterrâneos – mas isto muitas vezes é feito de uma maneira mais rápida do que os aquíferos conseguem ser recarregados. Tal atividade é claramente insustentável, além de ser a causa principal da perda de solo pela agricultura, devido à salinização. A demanda por suprimentos acessíveis de água para a agricultura e uso doméstico tem levado a uma vasta escala de bombeamento dos sistemas hidrográficos da Terra. O número de represas de rios com mais de 15 m de altura cresceu de aproximadamente 5.000 em 1950 para 28.000 na década de 1990.

No Capítulo 13, discutimos a poluição da água causada por excretos, bem como por pesticidas e fertilizantes aplicados na agricultura. A água, que é contaminada por doença, nitratos ou pesticidas, é um bem especialmente valioso,

contaminação e conservação

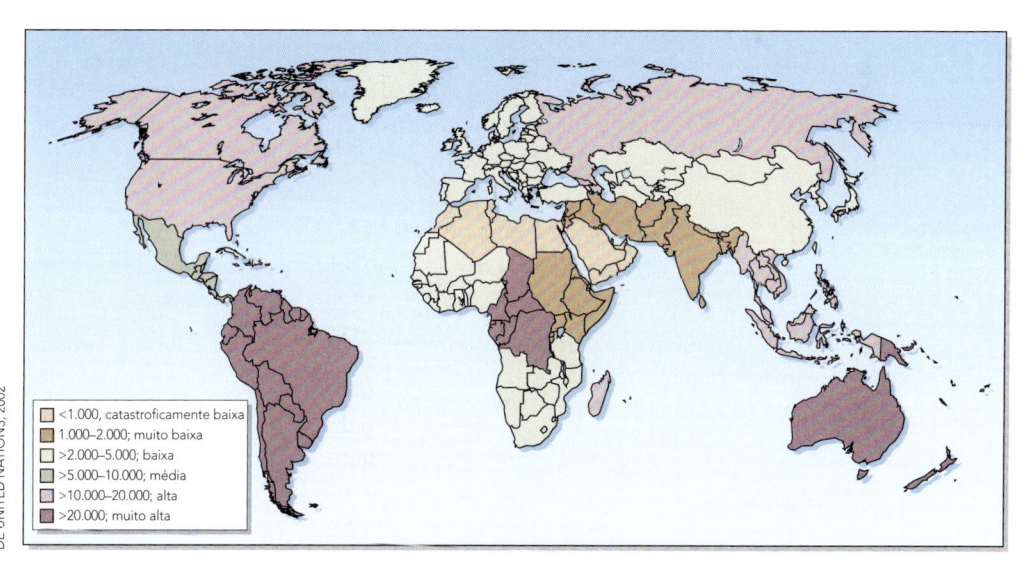

Figura 12.14
Disponibilidade de água por pessoa de região para região do globo em 2000. As unidades são em metros cúbicos *per capita* por ano.

mas a contaminação é fácil e a remoção dos contaminantes (p. ex., nitratos) muito dispendiosa. As maiores represas construídas para controlar e conservar a água no norte e oeste da África criam grandes corpos de água aberta, nos quais a contaminação se expande facilmente; uma consequência tem sido a rápida dispersão da esquistossomíase (uma doença de humanos, causada por platelminto) ao longo de rios, com taxas de infecção crescendo de menos de 10% a mais de 98%.

A manutenção dos suprimentos de água para consumo humano também cria problemas para a conservação da vida selvagem (ver Capítulo 14). O fluxo de água em muitos dos maiores rios do mundo é hoje fortemente controlado – em alguns casos, pouca água chega até o mar e banhados têm sido perdidos ou estão em risco. Além disso, o sedimento acumula na parte superior do rio, em vez de se estender para os deltas e planícies de inundação. Os resultados podem ser catastróficos para áreas com vida selvagem, bem como para comunidades humanas. Por exemplo, existe razão para acreditar que a insuficiência de depósito sedimentar no delta do Nilo (junto com a elevação dos níveis do mar) pode causar no Egito a perda de mais de 19% da sua terra habitável e deslocar 16% da sua população dentro de 60 anos.

12.5 Controle de pragas

o que é uma praga?

O controle de pragas é uma outra área em que a sustentabilidade da prática agrícola pode ser ameaçada. Uma espécie-praga é simplesmente aquela que os humanos consideram indesejável. As estimativas sugerem que em todo o mundo existem cerca de 67.000 espécies de pragas que atacam lavouras, 8.000 ervas daninhas que competem com as culturas, 9.000 insetos e ácaros, além de 50.000 fitopatógenos (Pimentel, 1993). Aqui, consideramos a sustentabilidade do controle de insetos na agricultura, para ilustrar os tipos de problemas que surgem em monoculturas manejadas. Poderíamos igualmente ter escolhido o controle de ervas daninhas ou moluscos, ou das pragas e doenças que afetam a criação de gado, aves ou peixes.

12.5.1 Objetivos do controle de pragas: níveis econômicos do dano e limiares de ação

NEDs para pragas, não pragas e pragas em potencial

Economia e sustentabilidade estão intimamente associadas. As forças de mercado garantem que práticas antieconômicas não sejam sustentáveis. Pode-se imaginar que o objetivo do controle de pragas é a sua erradicação total, mas esta não é uma regra geral. De preferência, o objetivo é reduzir a população da praga a um nível, a partir do qual não se pague para obter ainda mais controle (o *nível econômico do dano* ou NED). O NED para uma praga hipotética está ilustrado na Figura 12.15a. Ele é maior do que zero (a erradicação não é lucrativa), mas também está abaixo da abundância média típica da espécie. Se a espécie fosse naturalmente autolimitada a uma densidade abaixo do NED, então não faria nunca sentido econômico aplicar medidas de "controle" e, por definição, a espécie não poderia ser considerada uma "praga" (Figura 12.15b).

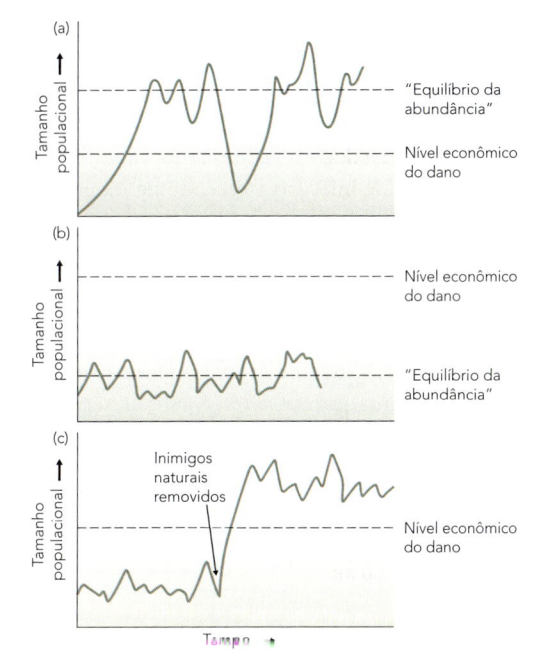

Figura 12.15
(a) Flutuações populacionais de uma praga hipotética. A abundância flutua ao redor de um "equilíbrio da abundância", determinado pelas interações da praga com seus alimentos, predadores, etc. Economicamente, faz sentido controlar a praga, quando sua abundância excede o nível econômico do dano (NED). Sendo uma praga, sua abundância excede o NED a maior parte do tempo (assumindo que ela não está sendo controlada). (b) Uma espécie que não é considerada uma praga, ao contrário, flutua sempre abaixo do seu NED. (c) Pragas "potenciais" flutuam normalmente abaixo do seu NED, mas ficam acima dele na ausência de um ou mais de seus inimigos naturais.

No entanto, existem espécies que têm uma capacidade de suporte (ver Capítulo 5) do seu NED em excesso, mas possuem uma abundância típica que é mantida abaixo do NED por inimigos naturais (Figura 12.15c). Estas são pragas potenciais. Elas podem se tornar pragas efetivas se seus inimigos forem removidos.

Quando uma população de uma praga alcança uma densidade na qual está causando dano econômico, geralmente é demasiado tarde para começar a controlá-la. Mais importante, então, é o *limiar econômico* (LE): a densidade da praga em que a ação deveria ser providenciada para evitar que ela atingisse o NED. Os LEs são previsões baseadas em estudos detalhados de ocorrências passadas ou, às vezes, em correlações com registros climáticos. Eles podem levar em consideração não apenas os números da própria praga, mas também dos seus inimigos naturais. Como exemplo, para controlar o afídeo-do-trevo-manchado (*Therioaphis trifolii*) que ataca o feno desta leguminosa na Califórnia, as medidas devem ser tomadas em períodos específicos e sob certas circunstâncias:

1. Na primavera, quando a população de afídeos chega a 40 indivíduos por caule.
2. No verão e no outono, quando a população alcança 20 afídeos por caule, mas os primeiros três cortes de feno não são tratados, se a razão de joaninhas (coleópteros predadores dos afídeos) para afídeos for de um adulto por 5-10 afídeos ou de três larvas por 40 afídeos sobre feno em pé, ou uma larva por 50 afídeos sobre a resteva.
3. Durante o inverno, existem 50-70 afídeos por caule (Flint e van den Bosch, 1981).

12.5.2 Problemas com pesticidas químicos e suas virtudes

ressurgimento da praga-alvo e surtos de pragas secundárias

Um pesticida adquire uma denominação pejorativa, se ele matar espécies em maior número do que se pensou atingir, como em geral é o caso. Ele pode, então, tornar-se um poluente (Capítulo 13). No entanto, no contexto da sustentabilidade da agricultura, sua denominação pejorativa é especialmente justificada, se ele mata os inimigos naturais da praga e, assim, contribui para anular o efeito dele esperado. Desse modo, os números de uma praga, às vezes, aumentam rapidamente algum tempo após a aplicação de um pesticida. Esse evento é conhecido como *ressurgimento da praga-alvo* e ocorre quando o tratamento mata muitos indivíduos da peste e muitos indivíduos dos seus inimigos naturais. Os indivíduos da praga, que sobrevivem à aplicação do pesticida ou que mais tarde migram para a área, encontram recursos alimentares em abundância, mas poucos, talvez nenhum, inimigos naturais. A praga pode, então, ter uma explosão populacional.

Os efeitos da aplicação de um pesticida podem envolver reações ainda mais sutis. Quando um pesticida é aplicado, não apenas a praga-alvo pode ressurgir. Ao lado do alvo, estão possivelmente espécies de pragas potenciais, que se mantiveram reprimidas por seus inimigos naturais (Figura 12.15c). Se o pesticida destrói esses inimigos naturais, as pragas potenciais tornam-se reais, sendo denominadas *pragas secundárias*. Um exemplo dramático diz respeito aos insetos-praga do algodão na América Central. Em 1950, quando começou a propagação em massa de inseticidas orgânicos, havia duas pragas primárias: a lagarta-foliar-do-Alabama e o gorgulho-do-algodoeiro (Smith, 1998). Foram aplicados inseticidas organoclorados e organofosfatados, menos de cinco vezes ao ano, que inicialmente tiveram resultados aparentemente milagrosos – a produção teve uma enorme elevação. Em 1955, no entanto, emergiram três pragas secundárias: a lagarta-do-algodoeiro, o afídeo-do-algodoeiro e a falsa lagarta-rosada-do-algodoeiro. As aplicações de pesticida cresceram para 8-10 vezes por ano. Este procedimento reduziu o problema do afídeo e da falsa lagarta-rosada, mas provocou a emergência de cinco outras pragas secundárias. Na década de 1960, as duas espécies de pragas originais se tornaram oito, e, em média, ocorreram 28 aplicações de inseticida por ano. Evidentemente, tal taxa de aplicação de pesticida não é sustentável.

desenvolvimento de resistência...

Os pesticidas químicos perdem seu papel na agricultura sustentável, se as pragas desenvolverem resistência. A evolução de resistência ao pesticida é simplesmente a seleção natural em ação (ver Capítulo 2). Sua ocorrência é quase certa quando são mortos muitos indivíduos de uma população geneticamente variável. Um ou poucos indivíduos podem apresentar resistência incomum (talvez porque eles possuem uma enzima que pode destoxificar o pesticida). Se o pesticida for aplicado repetidamente, cada geração sucessiva da praga conterá uma proporção maior de indivíduos resistentes. As pragas, tipicamente, têm uma alta taxa intrínseca de reprodução. Desse modo, poucos indivíduos de uma geração podem dar origem a centenas ou milhares na próxima, e a resistência se expande muito rapidamente na população.

No passado, esse problema era muitas vezes ignorado, embora o primeiro caso da resistência ao DDT (diclorodifeniltricloroetano) tenha sido registrado já em 1946 (moscas domésticas, na Suécia). Hoje, a escala do problema está ilustrada na Figura 12.16, que mostra os aumentos exponenciais no número de espécies de insetos que desenvolveram resistência e no número de pesticidas contra os quais a resistência evoluiu. A resistência foi registrada em cada família de artrópode-praga (incluindo dípteros tais como mosquitos e moscas domésticas, bem como besouros, mariposas, vespas, pulgas, piolhos e ácaros), assim como em ervas daninhas e fitopatógenos. Tomemos como exemplo a lagarta-foliar-do-Alabama, uma mariposa-praga do algodoeiro. Em uma ou mais regiões do mundo, ela desenvolveu resistência ao aldrin, DDT, dieldrin, endrin, lindane e toxafeno.

Se os pesticidas químicos nada produzem, a não ser problemas, contudo – se o seu emprego ficou intrínseca e agudamente insustentável – então eles já não deveriam ser mais de uso corrente. Isso não tem acontecido. Ao contrário, sua taxa de produção tem aumentado rapidamente. A razão de custo e benefício para o produtor individual tem permanecido em favor do uso de pesticida: eles fazem o que deles é solicitado. Nos EUA, estima-se que os inseticidas beneficiam o produtor agrícola no montante de cerca de $ 5 para cada $ 1 gasto (Pimentel et al., 1978).

...mas os pesticidas funcionam

Além disso, em muitos países mais pobres, a perspectiva de iminente inanição em massa ou de uma doença epidêmica é tão assustadora que os custos sociais advindos do uso de pesticidas têm de ser ignorados. Em geral, o uso de pesticidas é justificado por medidas objetivas, tais como "o salvamento de vi-

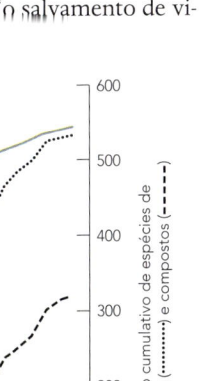

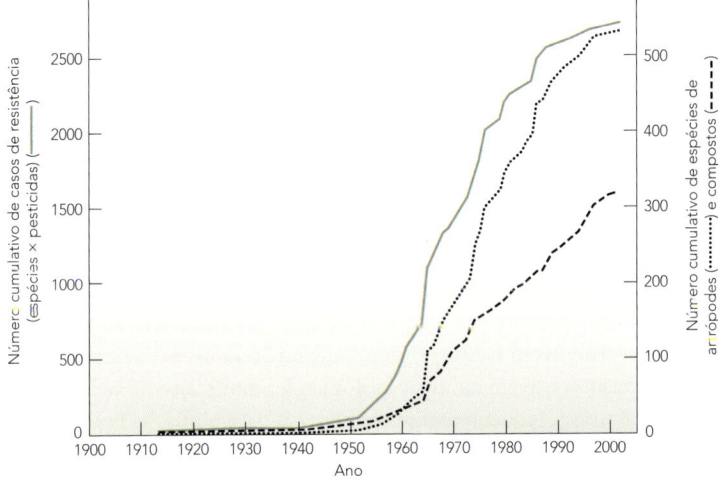

Figura 12.16
Aumentos globais no número de espécies-praga de artrópodes registradas com tendo adquirido resistência a pesticidas e no número de compostos pesticidas contra os quais resistência foi desenvolvida. Em média, cada praga desenvolveu resistência a mais de um pesticida, então há hoje mais do que 2.500 casos de evolução de resistência (pragas × compostos).

DE BASE DE DADOS SOBRE ARTRÓPODES RESISTENTES A PESTICIDAS DA MICHIGAN STATE UNIVERSITY, WWW.PESTICIDERESISTANCE. ORG/DB; © PATRICK BILLS, DAVID MOTTA-SANCHEZ & MARK WHALON

das", "a eficiência econômica na produção de alimentos" e "o total de alimento produzido". Segundo essas conotações bem elementares, seu uso pode ser descrito como sustentável. Na prática, a sustentabilidade depende do desenvolvimento contínuo de novos pesticidas que se mantêm ao menos um passo à frente das pragas; esses pesticidas são menos persistentes, biodegradáveis e atingem mais acuradamente as pragas-alvo.

12.5.3 Controle biológico

Os surtos de pragas ocorrem repetidamente e, assim, há necessidade de aplicação de pesticidas. No entanto, os biólogos, às vezes, podem substituir os produtos químicos por outras ferramentas que realizam a mesma função e custam bem menos. O controle biológico envolve a manipulação dos inimigos naturais de pragas. Há três tipos principais de controle biológico: importação, conservação e inoculação.

três tipos de controle biológico

O primeiro é a *importação* de um inimigo natural de outra área geográfica, em geral a área de onde a praga se originou. O objetivo é que o agente controlador persista e assim mantenha a praga abaixo do seu limiar econômico no futuro previsível. Este é um caso de uma invasão desejável de uma espécie exótica e é frequentemente chamado de *controle biológico clássico*.

controle biológico por importação

O exemplo mais típico de controle biológico "clássico" é o da cochonilha-do-algodoeiro (*Icerya purchasi*), inseto descoberto como uma praga dos pomares de frutas cítricas da Califórnia em 1868. Em 1886, esse inseto pôs a indústria de cítricos de joelhos. Espécies que colonizam uma nova área podem se tornar pragas porque escaparam do controle de seus inimigos naturais. A importação de alguns desses inimigos naturais é então, em essência, a restauração do *status quo*. Uma busca por inimigos naturais levou à importação de duas espécies candidatas para a Califórnia. A primeira foi um parasitoide (*Cryptochaetum* sp.), que punha seus ovos sobre o inseto-praga, gerando uma larva que consumia a praga. A outra foi uma joaninha predadora (*Rodolia cardinalis*). Inicialmente, os parasitoides pareciam ter desaparecido, mas os besouros predadores sofreram uma explosão populacional tal que todas as infestações por *Icerya purchasi* na Califórnia foram controladas ao final de 1890. Embora os besouros tenham em geral sido responsáveis, o resultado em longo prazo foi que eles mantiveram a praga em cheque nas regiões mais continentais, porém *Cryptochaetum* sp. foi o principal controle junto à costa (Flint & van den Bosch, 1981). O retorno econômico do investimento em controle biológico foi muito alto na Califórnia, e os besouros foram subsequentemente transferidos para outros 50 países.

Outro inseto invasor estava levando à extinção a árvore nacional da pequena ilha de Santa Helena (o último lar de outro famoso invasor – Napoleão Bonaparte), no Atlântico Sul. Somente 2.500 indivíduos de *Commidendrum robustum* restavam em 1991, como resultado do ataque pelo inseto sul-americano *Orthezia insignis*. Fowler (2004) estimou que todos os indivíduos restantes desta árvore rara teriam morrido em 1995. Um outro besouro salvou o dia. *Hyperaspis pantherina* foi criado e liberado em Santa Helena em 1993 e à medida que seus números cresceram houve uma correspondente diminuição de 30 vezes no número de insetos-praga. (Figura 12.17). Desde 1995, nenhuma

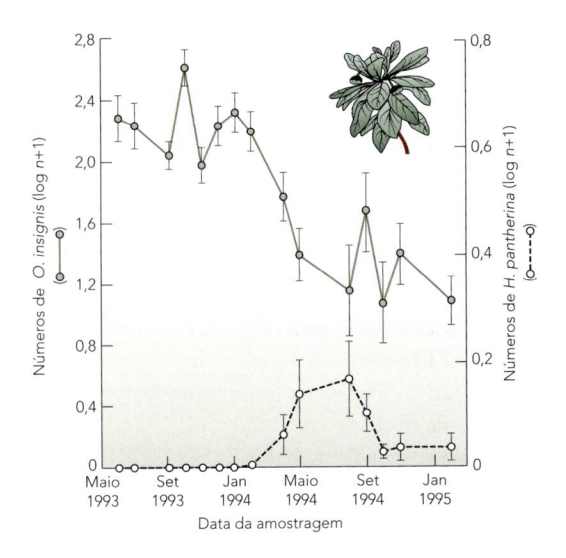

Figura 12.17
Números médios (± EP, escala log) do inseto *Orthezia insignis*, em ramos de 20 cm de 30 árvores de *Commidendrum robustum* monitoradas de forma contínua, e de seu agente de controle biológico, *Hyperaspis pantherina*. O número médio de *O. insignis* declinou de mais de 400 adultos e ninfas (em setembro de 1993) para menos de 15 (em fevereiro de 1995) quando a amostragem parou. Os números médios de *H. pantherina* aumentaram de janeiro a agosto de 1994, coincidindo com um declínio óbvio de *O. insignis*, antes que os números de *H. pantherina* diminuísse novamente. Os números mais altos registrados de *H. pantherina* foram de 1,3 adultos e 3,4 larvas por 20 cm de ramo.

explosão populacional tem sido registrada, e a liberação dos besouros está mantendo-se sob baixa densidade na natureza, como devem fazer os bons agentes de biocontrole por importação.

Diferentemente do controle biológico por importação, o *controle biológico por conservação* envolve manipulações para aumentar a densidade de equilíbrio de inimigos naturais que já são nativos na região onde a praga ocorre. No caso das pragas de afídeos do trigo (p. ex., *Sitobion avenae*), os predadores que se especializam em afídeos incluem joaninhas e outros besouros, insetos heterópteros, Chrysopidae, Syrphidae e aranhas. Muitos desses inimigos naturais passam o inverno nas margens gramadas nos campos de trigo, de onde se dispersam para reduzir as populações de afídeos ao redor das margens dos campos. Os agricultores podem proteger o hábitat campestre ao redor de suas plantações e mesmo faixas de vegetação campestre no interior delas para aumentar estas populações naturais e a escala de seu impacto sobre as pragas.

controle biológico por conservação

Uma terceira classe de controle biológico, o *controle biológico por inoculação*, é praticada de modo amplo no controle biológico de pragas em estufas onde, ao final da estação de crescimento, as culturas são removidas junto com as pragas e seus inimigos naturais. Dois inimigos naturais particularmente importantes usados por inoculação são *Phytoseiulus persimilis*, um ácaro que preda um ácaro-aranha *Tetranychus urticae*, uma praga de roseiras, pepineiros e outros vegetais, e *Encarsia formosa*, uma vespa parasitoide que ataca a mosca branca (*Trialeurodes vaporariorum*), uma praga de tomateiros e pepineiros.

controle por inoculação

Os insetos têm sido os principais agentes de controle biológico contra insetos-praga e ervas daninhas. A Tabela 12.1 resume a extensão com que eles foram usados e a proporção de casos em que o estabelecimento de um agente reduziu bastante ou eliminou a necessidade de outras medidas de controle.

controle biológico: excelente quando funciona...

O controle biológico pode parecer ser uma abordagem de controle de pragas particularmente favorável ao ambiente. No entanto, alguns exemplos mostram que introduções de agentes de controle biológico, mesmo escolhidos cui-

... mas, às vezes, são afetados organismos não alvo

Tabela 12.1
Registro de insetos como agentes de controle biológico contra insetos-pragas e ervas daninhas.

	INSETOS-PRAGA	ERVAS DANINHAS
Espécies agentes de controle	563	126
Espécies-praga	292	70
Países	168	55
Casos em que o agente tornou-se estabelecido	1.063	367
Sucessos substanciais	421	113
Sucessos como percentagem de estabelecimentos	40	31

ADAPTADA DE WAAGE & GREATHEAD, 1988

dadosamente e com êxito aparente, impactaram outras espécies que não os alvos (Pearson & Callaway, 2003). As mariposas *Cactoblastis*, introduzidas na Austrália e com grande sucesso no controle de cactos exóticos, foram introduzidas acidentalmente na Flórida onde atacaram vários cactos nativos (Cory & Myers, 2000). De modo semelhante, um gorgulho consumidor de sementes (*Rhinocyllus conicus*), introduzido na América do Norte para controlar cardos exóticos (*Carduus*), ataca vários cardos nativos e tem impactos desfavoráveis sobre populações de uma mosca nativa (*Paracantha culta*), que se alimenta de sementes de cardo (Louda et al., 1997). Tais efeitos ecológicos necessitam ser mais bem avaliados em futuras considerações sobre potenciais agentes de biocontrole.

12.6 Sistemas agrícolas integrados

O desejo de uma agricultura sustentável conduz de modo progressivo a abordagens mais ecológicas para a produção de alimentos, chamadas de "sistemas agrícolas integrados". Parte desse sistema, e de certo modo precedendo-o historicamente, é uma abordagem semelhante ao controle de pragas: o *manejo integrado de pragas* (MIP).

manejo integrado de pragas

O MIP é uma filosofia prática de manejo de pragas. Ele combina controle físico (p. ex., simplesmente mantendo as pragas longe das lavouras), controle cultural (p. ex., fazendo rotação das lavouras plantadas em um campo, de modo que as pragas não conseguem se estabelecer por vários anos), controles biológico e químico, bem como a utilização de variedades resistentes. Esse procedimento atingiu a maioridade como parte da reação contra o uso descuidado de pesticidas químicos nas décadas de 1940 e 1950.

O MIP tem base ecológica, mas emprega todos os métodos de controle, incluindo químicos, quando apropriado. Ele conta sobretudo com fatores de mortalidade natural, tais como inimigos e condições meteorológicas, procurando alterá-los tão pouco quanto possível. Ele objetiva controlar pragas abaixo do nível do dano econômico (NED) e depende do controle da abundância de pragas e seus inimigos naturais, bem como do uso de métodos variados de controle como partes complementares de um programa mais amplo. O MIP, portanto, necessita de administradores ou consultores especialistas em pragas. Os pesticidas de espectro amplo, embora não excluídos, são empregados somente com muita moderação; se os produtos químicos forem usados sempre, isso é feito de modo a minimizar os custos e as quantidades utilizadas. A essência do MIP é adotar as medidas de controle ajustadas ao problema da praga, pois dois problemas envolvendo pragas não são iguais – mesmo em campos adjacentes.

> MIP para a mariposa do tubérculo da batata

A lagarta da mariposa do tubérculo da batata (*Phthorimaea operculella*) comumente danifica lavouras na Nova Zelândia. Como uma invasora proveniente de um país subtropical temperado quente, ela é mais devastadora quando as condições são quentes e secas (i.e., quando o ambiente coincide com seus requerimentos ótimos de nicho). Pode haver até 6-8 gerações por ano e diferentes gerações minam as folhas, caules e tubérculos. As lagartas são protegidas tanto de inimigos naturais (parasitoides) quanto de inseticidas quando dentro do tubérculo, de modo que o controle deve ser aplicado em gerações minadoras de folhas. A estratégia de MIP para a mariposa do tubérculo da batata (Herman, 2000) envolve o monitoramento (a partir da metade do verão, utilizam-se armadilhas de feromônios femininos, liberados semanalmente para atrair machos, os quais são contados), métodos culturais (o solo é cultivado para impedir a rachadura, os montes de solo são moldados mais de uma vez e a umidade do solo é mantida), e o uso de inseticidas, porém somente quando absolutamente necessária (de modo mais comum o organofosfato, metamidofos). Os agricultores seguem o plano de decisão mostrada na Figura 12.18.

> sistemas agrícolas integrados – ASEB, SAI e ALEB

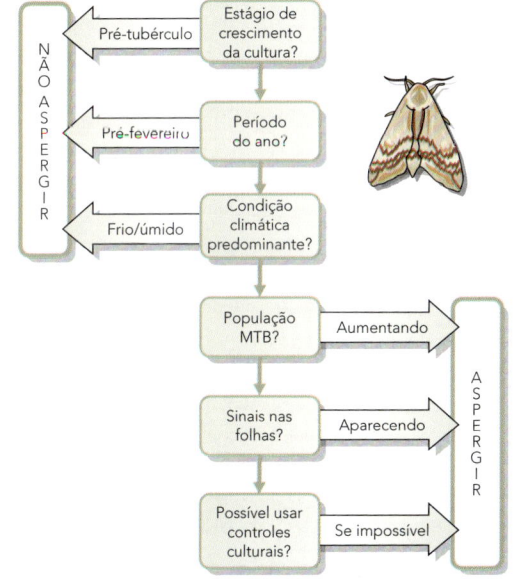

É cada vez mais evidente, pelo menos em um contexto agrícola, que está implícita na filosofia do MIP a ideia de que o controle de pragas não pode ser desvinculado de outros aspectos da produção de alimentos e está especialmente ligado às técnicas pelas quais a fertilidade do solo é mantida e melhorada. Desse modo, tem sido iniciado um número de programas para desenvolver e pôr em prática métodos sustentáveis de produção de alimen-

Figura 12.18
Roteiro de fluxo de decisão para o manejo integrado de pragas da mariposa do tubérculo da batata (MTB) na Nova Zelândia. Frases dentro das caixas são questões (p. ex., "Estágio de crescimento da cultura?"), palavras nas setas são as respostas dos agricultores às questões (p. ex., "Pré-tubérculo") e a ação recomendada é mostrada nas caixas verticais (p. ex., "Não aspergir"). Observe que fevereiro é final de verão na Nova Zelândia.

tos, que incorporam o MIP, incluindo não somente os SAI (sistemas agrícolas integrados; do inglês, *integrated farming systems*), mas também ASEB (agricultura sustentável com entrada baixa; do inglês, *low input sustainable agriculture*) nos EUA e ALEB (ambiente e lavoura de entrada mais baixa; do inglês, *lower input farming and environment*) na Europa (Organização Internacional para o Controle Biológico, 1989; Conselho Nacional de Pesquisa, 1990). Todos compartilham um compromisso para o desenvolvimento de sistemas agrícolas sustentáveis.

sustentabilidades ambiental e econômica

Essas abordagens têm vantagens em termos de riscos ambientais reduzidos. Mesmo assim, é insensato supor que elas serão adotadas amplamente sem que sejam também bem fundamentadas economicamente. Como já observamos, em uma atividade empresarial como a agricultura, as práticas economicamente insustentáveis são, em última análise, insustentáveis de maneira geral. Nesse contexto, a Figura 12.19 mostra as produtividades de macieiras, comparando sistemas de produção orgânico, convencional e integrado, no estado de Washington, de 1994 a 1999 (Reganold et al., 2001). O manejo orgânico exclui insumos convencionais como pesticidas sintéticos e fertilizantes, enquanto o integrado utiliza quantidades reduzidas de produtos químicos, por meio da integração das abordagens orgânica e convencional. Todos os três sistemas proporcionaram produtividades semelhantes de maçãs, mas os sistemas orgânico e integrado tiveram qualidade de solo mais alta e potencialmente impactos ambientais mais baixos. Comparado com os sistemas convencional e integrado, o sistema orgânico produziu maçãs mais doces, lucratividade mais alta e maior eficiência energética.

12.7 Prognosticando mudanças ambientais globais induzidas pela agricultura

Muita atenção tem sido dirigida para as previstas consequências de longo alcance da mudança climática global causada por atividades humanas, como a queima de combustíveis fósseis. Tratamos desse assunto no Capítulo 13. Não obstante, por meio do crescente desenvolvimento agrícola, ecossistemas em todo o mundo têm sofrido significativas ameaças. Neste capítulo, consideramos os problemas do aumento mais do que exponencial da população humana

Figura 12.19
Produtividades (toneladas por hectares) de frutos de maçã em três sistemas de produção.

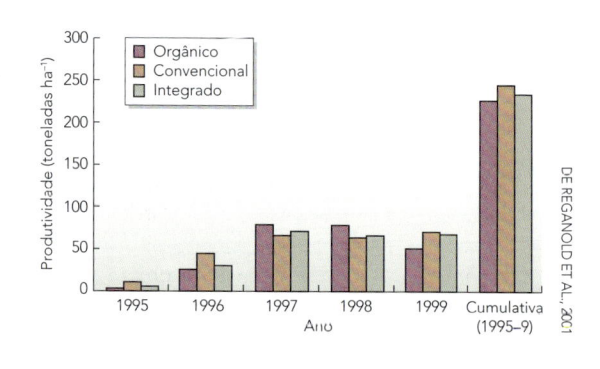

e os impactos associados da erosão, insustentabilidade de suprimentos hídricos, salinização e desertificação, excesso de nutrientes vegetais dirigidos para os cursos de água e as consequências indesejáveis de pesticidas químicos. As projeções dos modelos sugerem que todos esses problemas aumentarão nos próximos 50 anos, quanto mais solo for explorado por atividades de agricultura e pecuária (Tilman et al., 2001) (Figura 12.20). Com isso, pode ser previsto um alto risco à biodiversidade, em especial porque os maiores aumentos populacionais são previstos para áreas tropicais ricas em espécies. Para controlar os impactos da expansão agrícola, necessitaremos de avanços científicos e tecnológicos, bem como a implementação de políticas governamentais efetivas.

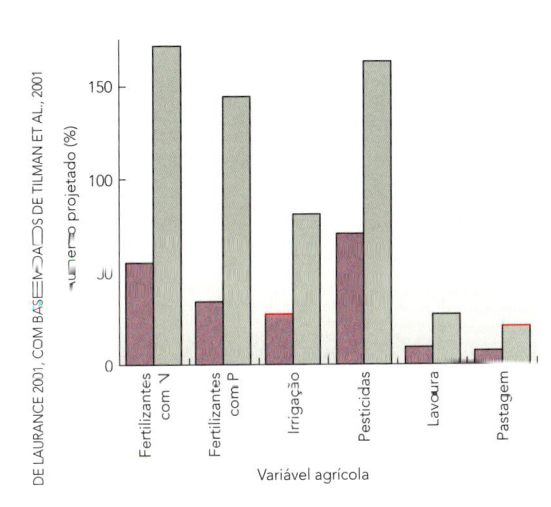

Figura 12.20
Aumentos projetados em fertilizantes com nitrogênio (N) e fósforo (P), solo irrigado, uso de pesticidas e áreas totais utilizadas com lavouras e pastagens, para os anos 2020 (barras bordô) e 2050 (barras verdes).

RESUMO

O "problema" da população humana

O uso de recursos por humanos é definido como sustentável se ele puder ser continuado em um futuro previsível. A raiz da maioria dos problemas ambientais é o "problema populacional", ou seja, uma grande população humana que está crescendo a uma taxa mais do que exponencial.

As nações podem ser classificadas em três grupos: aquelas que passaram pela transição demográfica "cedo", "tarde" ou "ainda não". Mesmo se fosse possível realizar imediatamente a transição em todos os países remanescentes do mundo, o problema populacional não seria resolvido, em parte porque o crescimento populacional tem seu próprio *momentum*.

A capacidade de suporte global estimada varia entre 1 bilhão e 1 trilhão, dependendo principalmente do que se considera constituir um padrão de vida aceitável.

Explorando recursos vivos da natureza

Sempre que uma população natural é explorada por colheita, existe um risco de sobre-exploração. Todavia, os exploradores também desejam evitar uma subexploração, na qual consumidores potenciais são excluídos e aqueles que realizam a colheita são subempregados.

O conceito de produção máxima sustentável (PMS) tem sido um princípio-guia na exploração de populações naturais. Existem duas maneiras simples de obter uma PMS sobre uma base regular: por meio de uma "cota fixa" e de um "esforço fixo". As duas limitações da abordagem da PMS são (i) que ela trata populações como um número de indivíduos similares e (ii) o ambiente como invariável. As estratégias para melhoramento da exploração levam em consideração essas duas limitações. A falta de conhecimento sobre a maioria das pescas do mundo significa que o manejo com frequência baseia-se no princípio da prevenção e muitas vezes na ausência de dados.

Agricultura de monoculturas

Cada vez mais, animais e vegetais são domesticados e manejados por meio de técnicas que propiciam safras muito maiores – em geral como monoculturas. Porém, um preço alto pode ser pago para sustentar essas taxas elevadas de produção de alimentos. As monoculturas oferecem as condições ideais para a dispersão epidêmica de doenças e levam à degradação ampla da terra.

Sustentabilidade de suprimentos de solo e água

Em um mundo sustentável ideal, um solo novo seria formado tão rapidamente quanto o antigo fosse perdido, mas na maioria dos sistemas agrícolas isso não é alcançado. Quando existe grande confiança nos fertilizantes artificiais, a manutenção do capital de matéria orgânica do solo tende a ser negligenciada e esta tem diminuído mundialmente.

A velocidade da degradação do solo pode ser reduzida pela incorporação de estrumes e resíduos, alternância de culturas e pela prática de pousio ou retorno do solo à condição de campo para pasteio. Em regiões tropicais, a disposição em terraços é bastante praticada em terrenos montanhosos. Em regiões áridas, o superpasteio e o cultivo excessivo podem provocar desertificação e salinização.

A água é considerada amplamente como o recurso que será motivo de futuras guerras. Em uma escala global, a agricultura é o maior consumidor de água doce. O bombeamento de água presente em aquíferos é a causa principal da perda de solo agricultável pela salinização.

Controle de pragas

O objetivo do controle de pragas é reduzir suas populações a seu nível econômico do dano (NED), mas o controle nos limiares de ação pode ser de importância mais imediata.

É possível que os pesticidas matem outras espécies que não a espécie-alvo, podendo dar origem ao ressurgimento da praga-alvo ou a surtos de pragas secundárias. As pragas podem também desenvolver resistência a pesticidas.

Os biólogos podem manipular os inimigos naturais de pestes (controle biológico), mediante importação, inoculação ou inundação, mas mesmo os agentes de biocontrole podem ter efeitos indesejáveis sobre espécies não alvo.

Sistemas agrícolas integrados

O manejo integrado de pragas (MIP) é uma filosofia prática de manejo que tem base ecológica, mas usa todos os métodos de controle onde for apropriado. Ele se sustenta fortemente em fatores de mortalidade natural e conta com a participação de administradores ou consultores.

Está implícita na filosofia do MIP a ideia de que o controle de pragas não pode ser separado de outros aspectos da produção de alimentos. Muitos programas têm sido iniciados, a fim de desenvolver e colocar em prática métodos sustentáveis de produção de alimentos que incorporem o MIP. Segundo as evidências que estão se acumulando, esta abordagem agrícola sustentável pode produzir também retornos econômicos.

Mudanças globais induzidas pela agricultura

É evidente que ameaças muito significativas são colocadas aos ecossistemas ao redor do mundo pelo aumento da população humana e concomitante aumento do desenvolvimento agrícola. As projeções apontam para um efeito particularmente danoso desses aumentos sobre a biodiversidade, pois se prevê que a maior parte do crescimento agrícola ocorrerá nos trópicos ricos em espécies.

QUESTÕES DE REVISÃO

Asteriscos indicam questões desafiadoras.

1* O que é sustentabilidade? É possível ter crescimento populacional sustentável? Uso sustentável de combustíveis fósseis? Uso sustentável de árvores de florestas? Justifique suas respostas.
2   Descreva o que representa a "transição demográfica" em uma população humana. Explique por que ela pode ser importante, em manejo futuro de crescimento populacional humano, para descobrir se a transição demográfica é um ideal acadêmico ou um processo pelo qual necessariamente passam todas as populações humanas.
3* O número de pessoas que a Terra pode suportar depende do seu padrão de vida. Argumente a favor ou contra a situação de nações em desenvolvimento tendo o direito de almejar padrões de vida admitidos no mundo desenvolvido.
4   Compare as maneiras pelas quais as estratégias de exploração por "cota fixa" e "esforço fixo" procuram extrair produções máximas sustentáveis de populações naturais.
5   Discuta os prós e contras das monoculturas agrícolas.
6   Um dos principais organismos reguladores da produção de alimento orgânico (alimento produzido sem fertilizantes ou pesticidas sintéticos) no Reino Unido é a Associação do Solo (Soil Association). Explique por que você pensa que ela adotou este nome.
7   Explique a significação e a importância das expressões nível econômico do dano e controle no limiar de ação.
8   Pondere as vantagens e as desvantagens dos controles químico e biológico de pragas.
9   Explique por que os métodos de controle de pragas e os métodos de manutenção da fertilidade do solo precisam ser considerados juntos em sistemas agrícolas integrados.
10* Hilborn e Walters (1992) sugeriram que existem três atitudes que os ecólogos podem tomar quando entram no debate público. A primeira é afirmar que as interações ecológicas são muito complexas, e nossa compreensão e nossos dados muito pobres para se fazer pronunciamentos definitivos (por receio de ser incorreto). A segunda possibilidade é para os ecólogos se concentrarem exclusivamente em ecologia e chegarem a uma recomendação destinada a satisfazer critérios puramente ecológicos. A terceira é para ecólogos fazerem recomendações ecológicas tão acuradas e realistas quanto possível, mas aceitarem que estas sejam incorporadas (podendo ser rejeitadas) a um espectro mais amplo de fatores, quando são colocadas as decisões de manejo. De qual delas você é a favor e por quê?

Capítulo 13

Degradação de hábitats

CONTEÚDOS DO CAPÍTULO

13.1 Introdução
13.2 Degradação via cultivo agrícola
13.3 Geração de energia e seus diversos efeitos
13.4 Degradação em paisagens urbanas e industriais
13.5 Manutenção e restauração de serviços ecossistêmicos

CONCEITOS-CHAVE

Neste capítulo, você:

- perceberá que o *Homo sapiens* é apenas uma espécie entre muitas cujas atividades podem reduzir a qualidade de seu ambiente – porém numa extensão dramaticamente maior
- entenderá que geramos tanto impactos físicos (tais como desertificação e mudanças no curso dos rios) quanto impactos químicos (poluição por nitratos, dióxido de carbono, clorofluorcarbonos, etc.)
- aprenderá que a maioria dos poluentes produzidos em terra firme afeta em última análise a atmosfera ou os rios, lagos e oceanos
- entenderá que a geração de energia é responsável pela maior parte dos impactos ambientais de longo alcance, quando o dióxido de carbono liberado contribui para a mudança climática global
- perceberá o valor para o bem-estar humano de serviços ecossistêmicos que são perdidos quando degradamos hábitats

À medida que a população humana cresce e novas tecnologias são desenvolvidas, temos um impacto crescente sobre os ecossistemas naturais. Degradação física e poluição química associadas ao cultivo, geração de energia, vida urbana e atividade industrial afetam de forma adversa a saúde humana e diversos "serviços ecossistêmicos" que eram gratuitos e muito contribuíam para o bem-estar humano. Nossos problemas ambientais têm dimensões ecológicas, econômicas, sociais e políticas, de modo que uma abordagem multidisciplinar será necessária para que soluções sejam encontradas.

13.1 Introdução

13.1.1 Impactos físicos e químicos de atividades humanas

As pessoas destroem ou degradam os ecossistemas naturais em prol do desenvolvimento agrícola, urbano e industrial. Danificamos fisicamente o mundo natural quando empreendemos atividades de mineração, visando a obtenção de recursos não renováveis como ouro e petróleo. Mesmo a exploração de um recurso renovável pode destruir hábitats, quando, por exemplo, a pesca por rede de arrasto danifica comunidades de corais das profundezas oceânicas. A escala mundial de danos é ainda maior quando decorre de poluição química produzida por atividades humanas, como defecação, cultivo, geração de energia e indústria.

Os seres humanos não são os únicos a degradar seu ambiente. Fezes, urina e corpos de animais mortos são às vezes fontes de poluição em seus ambientes imediatos – o gado evita a grama próxima de seus dejetos por várias semanas, diversas aves removem os sacos fecais de seus filhotes e a casta de "agentes funerários" das abelhas remove os corpos mortos da colmeia. Como nós, várias espécies também geram mudanças físicas profundas em seus hábitats. Entre os "engenheiros ecológicos" do mundo natural estão os castores que constroem represas, os cães-das-pradarias* que constroem cidades subterrâneas e os lagostins de água doce que removem sedimentos do leito do rio. Em cada caso, outras espécies na comunidade são afetadas. Existem até mesmo espécies que, como os agricultores, aumentam as concentrações de nutrientes para as plantas em seus hábitats (plantas leguminosas – ver Seção 8.4.6), e outras que produzem "pesticidas" (certas plantas produzem aleloquímicos, cuja função parece ser a inibição do crescimento dos vizinhos).

Homo sapiens – apenas uma outra espécie?

Quando a densidade populacional era baixa, e antes do nosso domínio da energia não alimentar, os seres humanos provavelmente não exerciam impacto maior do que muitas outras espécies. Porém, agora a escala dos efeitos humanos é proporcional ao nosso grande número e às tecnologias avançadas que empregamos.

a escala de degradação humana reflete nossa densidade populacional e tecnologia

A degradação física de hábitats inclui perda de solo e desertificação causada pela agricultura intensiva (discutida na Seção 12.4.1), além de mudanças na descarga dos rios, como um resultado do represamento de água para a ge-

degradação física de hábitats

---

* N. de T. O cão-da-pradaria (*Cynomys* spp.) é um mamífero roedor da família Sciuridae. O grupo é formado por espécies nativas da América do Norte.

ração de energia hidrelétrica ou da sua remoção para a irrigação de lavouras (Seção 13.2.5).

degradação química – poluição

A degradação química dos hábitats tem muitas causas. Os pesticidas são aplicados na terra, mas se encaminham para lugares para os quais não se pretendia que eles fossem – passando através de cadeias alimentares (Quadro 13.1) e movendo-se via correntes oceânicas para os confins da Terra. Um número imenso de outros compostos químicos exóticos entra no ambiente natural a partir de uma variedade de fontes industriais. Porém, os tipos de degradação química de maior alcance não resultam da nossa produção de compostos químicos exóticos, mas do aumento de compostos simples que já ocorrem de forma natural. O uso pesado de fertilizantes nitrogenados nos solos escoa para os rios, lagos e oceanos, onde o aumento nos níveis de nitrato destrói severamente processos ecossistêmicos – com a floração de algas microscópicas sombreando

13.1 ECONSIDERAÇÕES ATUAIS

A poluição e a espessura da casca dos ovos das aves

O falcão peregrino (*Falco peregrinus*) é uma ave de rapina particularmente distinta e bela com uma distribuição quase mundial. Até a década de 1940, aproximadamente 500 casais reproduziam-se de modo regular nos estados no leste dos EUA e aproximadamente 1.000 casais no oeste do México. No final dessa década, seu número começou a declinar rapidamente e, por volta de meados da década de 1970, a ave havia desaparecido de quase todos os estados do leste e seus números caíram em cerca de 80-90% no oeste. Declínios dramáticos similares ocorreram na Europa. Os falcões peregrinos foram listados como uma *espécie em perigo* (sob risco de extinção). O declínio também ocorreu em diversas outras aves de rapina e isso foi atribuído à incapacidade delas em gerar prole normal. Havia muitas quebras de ovos nos ninhos.

A causa foi então identificada como acúmulo de DDT (diclorodifeniltricloroetano) nas aves. O pesticida aparentemente contaminou as sementes e os insetos consumidos por aves pequenas, e acumulou-se em seus tecidos. Por sua vez, estas eram capturadas e comidas por aves de rapina e o pesticida interferia na sua reprodução – em particular, causando a ocorrência de ovos com casca fina, mais suscetível à quebra.

O uso de DDT foi banido dos EUA em 1972. Programas foram desenvolvidos para a reprodução dos peregrinos em cativeiro, e ao menos 4.000 peregrinos foram produzidos e liberados na natureza. Os peregrinos estão atualmente se reproduzindo com sucesso em grande parte dos EUA e não são mais considerados como uma espécie em perigo. Na Grã-Bretanha, a recuperação teve tanto sucesso que o peregrino tornou-se conhecido como sendo uma praga por criadores de pombos e admiradores de pequenas aves canoras.

© JEAN HOSKINS, FLPA 02176-00109-147

Foi possível identificar a poluição por DDT como uma causa do afinamento das cascas dos ovos porque elas eram coletadas como espécimes datados em museus e coleções particulares. Uma medição da espessura das cascas em coleções de ovos do gavião-da-Europa (*Accipiter nisus*) mostrou uma queda repentina de 17% em 1947, quando o DDT começou a ser usado amplamente na agricultura, e um aumento constante na espessura após o DDT ter sido banido (Figura 13.1).

Foi uma surpresa para os ornitólogos na Grã-Bretanha encontrar evidência de um declínio na espessura da casca dos ovos de 2-10% em quatro espécies de *Turdus*, desde meados do século XIX (Green, 1998). Isto pareceu ter começado muito antes do desenvolvimento dos pesticidas orgânicos e não houve nenhuma mudança repentina quando o DDT foi introduzido. Caracóis são uma parte importantes da dieta de *Turdus*; *Turdus* obtêm grande parte do cálcio da casca de seus ovos de caracóis. Existem evidências convincentes de que a chuva ácida, causada pela liberação para a atmosfera de óxidos de enxofre e nitrogênio a partir da geração de energia e da indústria, acidificou a serrapilheira e reduziu o seu conteúdo de cálcio, levando a uma redução nas populações de caracóis e no conteúdo de cálcio de suas conchas. As cascas dos ovos de aves selvagens têm, portanto, registrado duas das maiores forças, embora muito diferentes, da poluição ambiental: pesticidas (Seção 13.2.5) e chuva ácida (Seção 13.3.1).

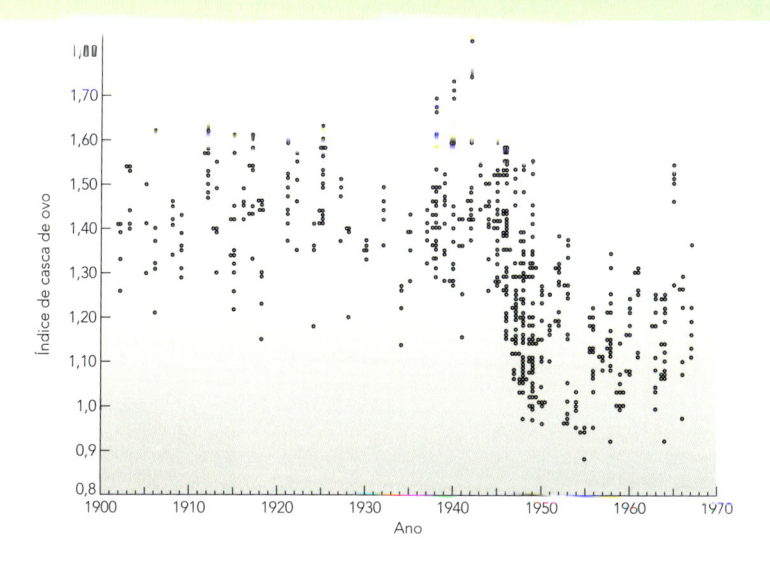

Figura 13.1
Gráfico mostrando as mudanças na espessura das cascas dos ovos do gavião-da-Europa (espécimes de museu) na Grã-Bretanha.

DE RATCLIIFFE, 1970

as macrófitas aquáticas e, após a morte e decomposição das algas, reduzindo o oxigênio e matando os animais. Uma outra rota poluente ocorre via atmosfera. Assim, centenas de quilômetros a sotavento de grandes centros de produção, a chuva ácida (causada pela emissão de óxidos de nitrogênio e enxofre a partir da geração de energia) mata árvores e leva à extinção de peixes de lagos. O maior de todos os problemas de poluição envolve o aumento do dióxido de carbono na atmosfera, pela queima de combustíveis fósseis. A consequente mudança climática global tem implicações para todos os ecossistemas no mundo.

Nossa discussão sobre a degradação de hábitats pelo homem irá considerar as consequências dos cultivos agrícolas (Seção 13.2) antes de realizar uma estimativa dos danos associados à geração de energia (Seção 13.3) e então avaliar as consequências ecológicas da vida em paisagens urbanas e industriais (Seção 13.4). Porém, inicialmente (Seção 13.1.2), observaremos como o custo de nossas atividades pode corresponder aos "serviços ecossistêmicos" gratuitos, perdidos quando os hábitats são degradados. A discussão retorna a este tema na seção final (13.5), assumindo uma posição mais otimista por meio da discussão de ações que podem ser tomadas para manter ou restaurar serviços ecossistêmicos.

13.1.2 Custos econômicos de impactos humanos: serviços ecossistêmicos perdidos

serviços provedores, culturais, reguladores e sustentadores

A biodiversidade tem um valor intrínseco. Porém, existe também uma visão utilitarista da natureza focada nos serviços que os ecossistemas fornecem às pessoas para uso e entretenimento. *Serviços provedores* incluem fontes de alimentos, como os peixes do oceano e as bagas da floresta, ervas medicinais, fibras, combustível e água potável, assim como produtos agrícolas em agroecossistemas. A natureza também contribui com *serviços culturais* de satisfação estética e oportunidades educacionais e recreacionais. *Os serviços reguladores* incluem a capacidade do ecossistema de decompor ou filtrar poluentes, a atenuação de distúrbios como inundações pelas florestas e áreas úmidas, e a capacidade do ecossistema de regular o clima (via captura ou "sequestro" do dióxido de carbono, um gás-estufa, pelas plantas). Por fim, subjacente a todos os

Danos da chuva ácida à floresta de espruce.

outros, existem os *serviços sustentadores*, como a produção primária, a ciclagem de nutrientes sobre a qual se baseia a produtividade, e a formação do solo.

No caso de três importantes serviços provedores – produção agrícola, criação de gado e aquacultura – as atividades humanas têm tido um efeito positivo. Devido ao aumento do plantio de árvores em algumas partes do mundo, o sequestro de carbono por árvores aumentou (um serviço regulador do clima).

alguns poucos efeitos humanos positivos sobre os serviços ecossistêmicos...

Porém, temos degradado a maior parte dos outros serviços (Millenium Ecosystem Assessment, 2005). Como foi discutido no Capítulo 12, diversas atividades de pesca são agora sobre-exploradas (um efeito negativo sobre este serviço provedor), enquanto a agricultura intensiva trabalha contra a capacidade dos ecossistemas de substituir o solo perdido pela erosão (um serviço regulador). A perda continuada de florestas em regiões tropicais tem efeitos negativos sobre a capacidade dos ecossistemas terrestres de regular o fluxo dos rios – o desmatamento aumenta o fluxo durante as enchentes e o diminui durante os períodos secos. Como vimos na Seção 1.3.3, o desmatamento (ou mesmo apenas a perda de vegetação ciliar) pode diminuir a capacidade dos ecossistemas terrestres de manter e reciclar nutrientes (um outro serviço regulador), liberando grandes quantidades de nitrato e outros nutrientes para as plantas nos cursos d'água. Observe que a modificação de um ecossistema para aprimorar um serviço (p. ex., intensificação da agricultura para produzir mais grãos por hectare – um serviço provedor) em geral é obtida ao custo de um outros serviços anteriormente fornecidos (perda de serviços reguladores, como a captação de nutrientes, e de serviços culturais, como sítios sagrados, caminhadas pelas margens dos rios e biodiversidade de valor) (Townsend, 2007).

...mas muitos efeitos negativos

O conceito de serviços ecossistêmicos é importante porque enfatiza como os ecossistemas contribuem para o bem-estar humano, fornecendo um contraponto às razões econômicas que justificam nossa degradação da natureza em primeiro lugar (para produzir alimentos, fibras, combustíveis, moradias e produtos luxuosos para uma população humana em crescimento).

a valoração dos serviços ecossistêmicos...

Os economistas podem atribuir um valor à natureza de diversas maneiras. Em relação a um serviço provedor para o qual existe um mercado, isto é bastante direto – os valores são facilmente atribuídos em relação à limpeza da água para o consumo ou para a irrigação, para os peixes no oceano e produtos medicinais da floresta. Uma abordagem mais imaginativa é requerida em outras situações. Desse modo, o *custo de viagem* que os turistas desejam pagar para visitar uma área natural indica um valor mínimo do serviço cultural fornecido. Para se determinar a *valoração contingente*, pesquisas com o público avaliam o seu desejo de pagar por cada um de um conjunto de cenários alternativos de uso da terra; a resposta é assim "contingente" em relação a um cenário hipotético específico e a descrição do serviço ambiental em questão. O *custo de substituição* estima quanto seria necessário ser gasto para substituir um serviço ecossistêmico por um alternativo, produzido pelo homem, por exemplo, substituindo a capacidade natural de descarte de resíduos de uma área úmida pela construção de uma estação de tratamento. Quando um serviço ecossistêmico já foi perdido, os custos reais tornam-se aparentes. Observe, por exemplo, a queima em grande parte deliberada de 50.000 km^2 da vegetação da Indonésia em 1997 – o custo econômico foi de 4,5 bilhões de dólares em produtos florestais perdidos e agricultura, aumento nas emissões de gases-estufa, reduções no turismo e gastos com saúde em 12 milhões de pessoas afetadas pela fumaça (Balmford & Bond 2005).

Constanza e colaboradores (1997) somaram todos os serviços ecossistêmicos do mundo, chegando a uma estimativa de 38 trilhões de dólares (10^{12}) – mais do que o produto interno bruto de todas as nações juntas. Esta "nova economia" fornece razões persuasivas para cuidarmos melhor dos ecossistemas e da biodiversidade que eles contêm.

...somam um valor total de 38 trilhões de dólares

13.2 Degradação via cultivo agrícola

Quando a produção intensiva de gado força os animais a viverem o equivalente a uma vida urbana, seus resíduos são produzidos de modo mais rápido do que os decompositores e os detritívoros naturais podem processar (ver Capítulo 11). Todos os problemas da superpopulação humana urbana então se aplicam ao gado doméstico. A agricultura intensiva está relacionada também a um aumento no nível do nitrato e do fosfato que corre para os rios e lagos (e para a água potável) e problemas associados com o uso de inseticidas e herbicidas. Como já vimos na Seção 12.7, espera-se que as ameaças ambientais impostas pela intensificação da agricultura aumentem nas próximas décadas.

13.2.1 Manejo intensivo do gado

Suínos, gado e aves domésticas são os três principais contribuintes para a poluição em sistemas de confinamento usados na agricultura industrializada. O resíduo de aves domésticas criadas em confinamento facilmente seca e forma um fertilizante valioso para jardins e lavouras, além de ser inofensivo e transportável. Já as excretas de gado e de suíno são constituídas por 90% de água e apresentam um odor desagradável. Uma unidade comercial para a engorda de 10.000 suínos produz tanta poluição quanto uma cidade de 18.000 habitantes.

excretas de gados e de suínos são volumosas (e malcheirosas), de modo que resíduos de aves domésticas são mais aceitáveis

Em diversas partes do mundo, a lei restringe cada vez mais o descarte de resíduos agrícolas em cursos d'água. A prática mais simples, e em geral a mais lógica sob o ponto de vista econômico, envolve o retorno do material para o terreno na forma de um composto semissólido ou como biofertilizante líquido. Isto dilui sua concentração no ambiente e converte poluente em fertilizante – esta prática poderia ter ocorrido em um tipo mais primitivo e sustentável de agricultura. Os micro-organismos do solo decompõem os componentes orgânicos dos resíduos e a maior parte dos nutrientes minerais torna-se imobilizada no solo, disponível para ser absorvida novamente pela vegetação.

O nitrogênio é um caso especial: íons nitrato não são adsorvidos ao solo e a água da chuva os lixivia para a água de drenagem (potencialmente potável). O nitrato se torna um novo poluente e um dos maiores responsáveis por isso é a especialização das propriedades rurais, onde plantas forrageiras são cultivadas em uma área, mas o rebanho é engordado no outro lado do país. Isto significa que o fertilizante deve ser usado para suprir o déficit quando as plantas são colhidas e transportadas para o rebanho, cuja excreta não pode ser enviada de volta para a propriedade de origem. Nos EUA, por exemplo, apenas 34% do nitrogênio excretado em dejetos animais retorna aos campos onde as lavouras são cultivadas (Mosier et al., 2002); grande parte do restante tem como destino riachos e rios. Uma mudança para uma prática na qual plantas forrageiras e rebanhos em regime de engorda ocorram na mesma área certamente reduziria a perda de nutrientes para os cursos d'água.

13.2.2 Cultivo agrícola intensivo

Parte do nitrogênio usado em fertilizantes agrícolas é obtida através da mineração de nitrato de potássio no Chile e no Peru, e parte, como já vimos, vem de excretas animais. A maior parte, porém, vem do processo industrial de fixação de nitrogênio, energeticamente caro, no qual o nitrogênio é combinado de modo catalítico com hidrogênio sob alta pressão para formar amônia e, por sua vez, nitrato. Contudo, é errado considerar a fertilização artificial como a única prática que leva à poluição por nitrato; o nitrogênio fixado por culturas de leguminosas, como alfafa, trevo, ervilhas e feijões, também se soma aos nitratos que são levados pelas águas de drenagem.

a maior parte dos cultivos agrícolas depende de nitrogênio fertilizante – ou da fixação de nitrogênio por leguminosas

Nitratos em excesso na água potável podem ser uma ameaça à saúde – a Agência de Proteção Ambiental (*Environmental Protection Agency*) dos EUA recomenda uma concentração máxima de 10 mg l^{-1} na água potável. Os nitratos podem contribuir para a formação de nitrosaminas carcinogênicas e, em crianças pequenas, podem reduzir a capacidade de transporte de oxigênio do sangue. Sistemas públicos de água devem ser monitorados de modo regular e violações comunicadas ao governo federal. Em 1998, por exemplo, aproximadamente 0,2% das crianças nos EUA (117.000 crianças ao todo) viviam em áreas nas quais o nível padrão de nitrato foi excedido.

nitratos em água potável são uma ameaça à saúde

Existe uma variedade de ferramentas para minimizar a perda de fertilizantes do solo (e assim, economizando dinheiro) para a água (onde um recurso útil torna-se um poluente irritante). Os agricultores poderiam objetivar a manutenção de uma cobertura vegetal do terreno durante todo o ano, praticar culturas consorciadas em vez de monoculturas e tomar cuidado de retornar a matéria orgânica para o solo. O objetivo principal deveria ser ajustar o suprimento de nutrientes à demanda agrícola. Fertilizantes modernos com "liberação controlada" prometem bastante a este respeito (Mosier et al., 2002).

ferramentas para minimizar a perda de fertilizantes do solo

O aporte excessivo de nutrientes, tanto dos que se baseiam em nitrogênio quanto dos que se baseiam em fósforo, a partir do escoamento agrícola (e de resíduos humanos), tem causado a muitos lagos *oligotróficos* "saudáveis" (concentrações baixas de nutrientes, produtividade vegetal baixa com macrófitas aquáticas em abundância e águas claras) uma mudança para a condição *eutrófica* na qual intensos aportes de nutrientes levam à alta produtividade do fitoplâncton (às vezes dominado por espécies tóxicas com floração). Isto torna a água turva, elimina plantas maiores e, nas situações mais graves, leva à anoxia e morte de peixes: a chamada *eutrofização cultural*. Desse modo, importantes serviços ecossistêmicos são perdidos, incluindo o serviço provedor da pesca e os serviços culturais associados à recreação.

problemas a jusante do escoamento de nutrientes

O processo de eutrofização cultural de lagos tem sido compreendido há algum tempo. Porém, só recentemente os cientistas observaram imensas "zonas

eutrofização cultural de lagos e oceanos

mortas" nos oceanos próximos à desembocadura de rios, em particular aqueles que drenam grandes áreas de captação, como o Mississipi na América do Norte e o Yangtze na China. A água rica em nutrientes flui através de riachos, rios e lagos e, por fim, para o estuário e para o oceano, onde o impacto ecológico pode ser enorme, matando quase todos os invertebrados e peixes em áreas de até 70.000 km² de extensão. Mais do que 150 áreas marinhas no mundo estão agora com déficit de oxigênio como resultado da decomposição de floração de algas, alimentadas particularmente por nitrogênio oriundo de escoamento de fertilizantes agrícolas e resíduos de grandes cidades (UNEP, 2003). Zonas mortas oceânicas são tipicamente associadas a nações industrializadas e, em geral, ocorrem junto a países que subsidiam a sua agricultura, encorajando os produtores rurais a aumentarem a produtividade e usarem mais fertilizantes.

13.2.3 Manejando a eutrofização

revertendo a eutrofização cultural de lagos – "de baixo-para-cima" por meios químicos...

A eutrofização de lagos, na qual o fósforo é com frequência o responsável principal, pode ser revertida química ou biologicamente. A redução dos aportes de fósforo, por meio de um melhor manejo do uso de fertilizantes, pode ser combinada com uma intervenção, como o tratamento químico para imobilizar fósforo no sedimento; a volta a um estado mais oligotrófico pode ocorrer entre 10-15 anos (Jeppesen et al., 2005). Essencialmente, este é um controle de *baixo-para-cima* (ver Seção 9.5.1) de disponibilidade de nutrientes, reduzindo a produtividade do fitoplâncton e aumentando a qualidade da água.

...ou de cima-para-baixo por biomanipulação

O objetivo do controle biológico – conhecido como *biomanipulação* – também é reduzir a densidade de fitoplâncton e aumentar a transparência da água, porém via aumento no pastejo por zooplâncton resultante da redução ativa da biomassa de peixes zooplanctívoros (por meio de sua pesca ou aumentando a biomassa de piscívoros). O resultado é o mesmo, mas o processo é um *controle de cima-para-baixo* de uma cascata na teia alimentar.

Lathrop e colaboradores (2002) biomanipularam o Lago Mendota em Wisconsin, EUA, aumentando a densidade de dois peixes piscívoros: *Stizostedion vitreum* e *Esox lucius*. Mais de 2 milhões de alevinos das duas espécies foram estocadas no início de 1987 (Figura 13.2a) e a biomassa total de piscívoros estabilizou-se em 4-6 kg ha^{-1}. A biomassa de peixes zooplanctínoros diminuiu, como consequência da predação pelos piscívoros, 300-600kg ha^{-1} antes da biomanipulação para 20-40 kg ha^{-1} nos anos subsequentes. A consequente redução na pressão de predação sobre o zooplâncton (Figura 13.2b) levou, por sua vez, a uma substituição dos pequenos pastadores de zooplâncton (*Daphnia galeata mendotae*) pela maior e mais eficiente *Daphnia pulicaria*. O aumento na pressão de pastejo teve o efeito desejado de reduzir a densidade de fitoplâncton e aumentar a transparência da água (Figura 13.2c).

construindo áreas úmidas para manejar a qualidade da água oceânica

A única forma de minimizar problemas nos oceanos do mundo é por meio do manejo cuidadoso das áreas de captação terrestre, para reduzir o escoamento de nutrientes, e por meio do tratamento dos resíduos para remover nutrientes antes do descarte (conhecido como tratamento terciário – Seção 13.4.1). As zonas de vegetação entre a terra e a água, como como áreas úmidas (consistindo de pântanos, canais e poças) e matas ciliares ao longo das margens dos cursos

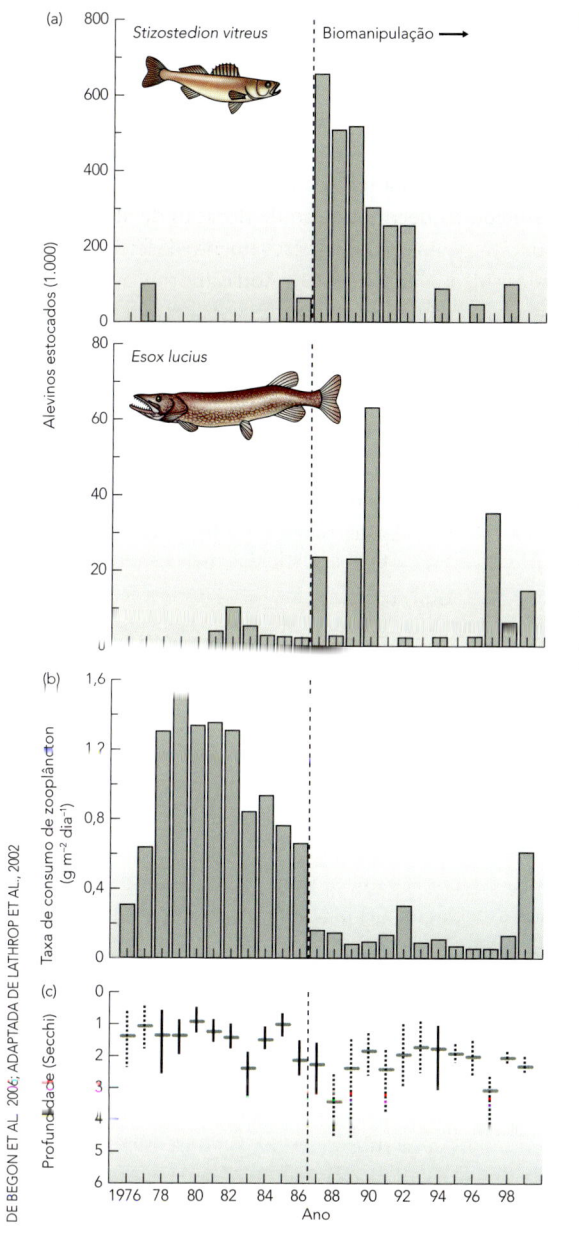

Figura 13.2

(a) Alevinos de dois peixes piscívoros estocados no Lago Mendota; o principal esforço de biomanipulação começou em 1987 (linha vertical tracejada). (b) Estimativas de biomassa de zooplâncton consumido por peixes zooplanctívoros por unidade de área por dia. Os principais peixes zooplanctívoros foram *Coregonus artedi*, *Perca flavescens* e *Morone chrysops*. Observe que o consumo de zooplâncton foi reduzido porque os peixes piscívoros reduziram as densidades dos peixes zooplanctívoros. (c) Média e amplitude da profundidade máxima na qual o disco de Secchi é visível (uma medida da transparência da água) durante o verão, entre 1976 e 1999. As linhas verticais pontilhadas são períodos quando o pastador grande e eficiente *Daphnia pulicaria* foi dominante. Esta espécie de zooplâncton pastador foi muito mais abundante após a biomanipulação ter permitido ao zooplâncton aumentar em densidade; *D. pulicaria* desempenha um papel importante na redução da densidade de fitoplâncton, de modo que a transparência da água aumenta (disco de Secchi visível em profundidades maiores).

d'água, podem ser particularmente benéficas, pois as plantas e os micro-organismos removem parte dos nutrientes dissolvidos à medida que eles filtram através do solo. Portanto, a zona ripária fornece um serviço ecossistêmico regulador.

Porém, as comunidades ripárias e as de áreas úmidas têm sido frequentemente destruídas para aumentar a área de produção agrícola. Esses ecossistemas podem às vezes ser restaurados a um estado seminatural. Uma alternativa é o "tratamento de áreas úmidas", as quais são construídas, plantadas e têm o fluxo d'água controlado, a fim de maximizar a remoção de poluentes da água que drena através delas. Estimativas para áreas de captação no sul da Suécia, as quais são uma fonte principal de enriquecimento de nitrato no mar Báltico, indicam que para remover 40% do nitrogênio que atualmente encontra seu caminho mar adentro, um sistema de áreas úmidas cobrindo em torno de 5% da área de terra precisaria ser recriado (Figura 13.3).

13.2.4 Poluição por pesticidas

Diversos produtos químicos manufaturados que são usados para matar pragas têm tornado-se importantes poluentes ambientais. Os pesticidas poluentes mais comuns são os usados para controlar pragas e ervas daninhas que prejudicam cultivos de lavouras, hortícolas e silvícolas ou para matar pragas que transmitem doenças do gado e dos seres humanos. Todos os pesticidas são pulverizados sobre as áreas nas quais as pragas vivem, mas somente uma proporção bastante pequena atinge o alvo – a maior parte chega à lavoura ou ao solo nu. Eles são, portanto, usados em quantidades muito maiores do que o estritamente necessário. As características dos pesticidas mais usados foram descritas no Capítulo 12.

No início do desenvolvimento industrial dos pesticidas, os fabricantes não estavam muito preocupados com a especificidade do seu produto. O potencial para desastre é ilustrado pela aplicação de doses massivas do inseticida dieldrin em extensas áreas rurais de Illinois, entre 1954 e 1958, a fim de "erradicar" uma praga do campo, o besouro japonês. O gado e as ovelhas nas fazendas foram envenenados, 90% dos gatos das fazendas e muitos cães foram mortos e, entre a vida silvestre, 12 espécies de mamíferos e 19 espécies de aves sofreram perdas (Luckman & Decker, 1960).

Em geral, os inseticidas químicos são aplicados para controlar pragas específicas em locais e tempos específicos. Os problemas surgem quando eles

os pesticidas são mais poluidores quando não são seletivos, são persistentes e se "biomagnificam" em cadeias alimentares

Figura 13.3
Localizações de 148 áreas úmidas em construção, ao longo de tributários do Rio Rönneå no sul da Suécia: se forem construídas para ocupar 5% da área de terra total, pode ser esperada uma redução de 40% no aporte de nitrogênio agrícola para o mar Báltico.

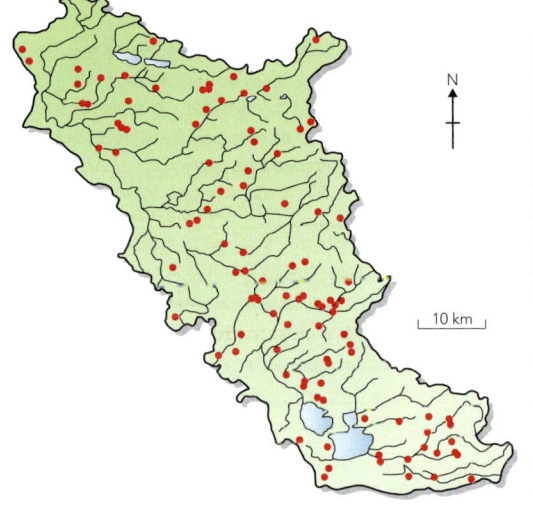

são tóxicos para muito mais espécies do que apenas aquela desejada e, em particular, quando se deslocam para além das áreas-alvo e persistem no ambiente além do tempo desejado. Os inseticidas organoclorados têm causado problemas particularmente graves porque são *biomagnificados*. A biomagnificação acontece quando um pesticida está presente em um organismo que se torna a presa de outro e o predador não consegue excretar o pesticida: como resultado, ele se acumula no corpo do predador. O predador pode ser comido por um próximo predador, e o inseticida se torna mais e mais concentrado à medida que passa pela cadeia alimentar. Predadores de topo em cadeias alimentares terrestres e aquáticas, os quais nunca foram os alvos desejados, podem assim acumular doses extraordinariamente altas (Figura 13.4; ver também o Quadro 13.1).

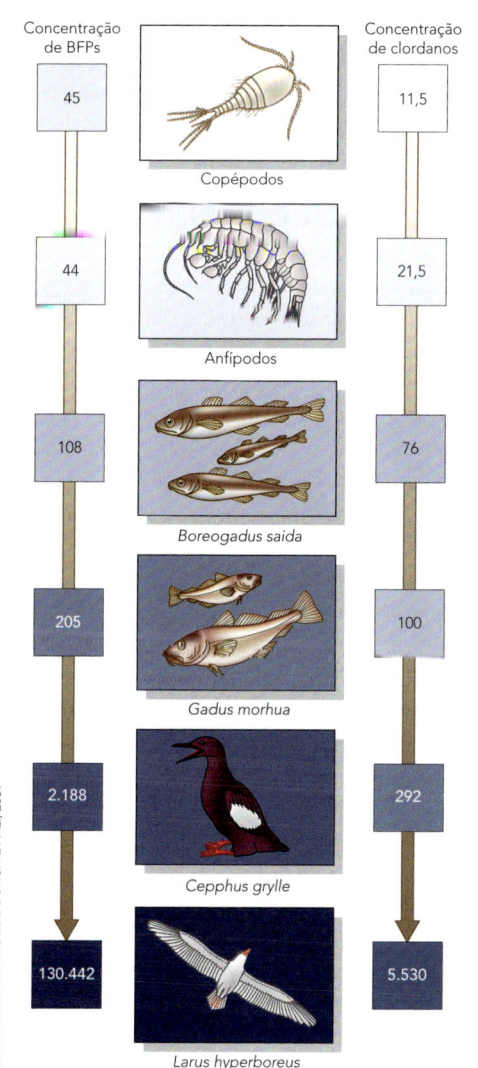

Figura 13.4

Organoclorados, aplicados como pesticidas em ambientes terrestres, são transportados para o Ártico por meio do escoamento para os rios e da circulação oceânica e atmosférica. Um estudo no Mar de Barents mostrou como duas classes de pesticidas são biomagnificadas durante a passagem por meio da cadeia alimentar marinha. As concentrações na água do mar são bastante baixas. Os copépodos herbívoros (que se alimentam de fitoplâncton) apresentam concentrações mais elevadas (medidas em nanogramas por grama de lipídios nos organismos), e anfípodos predadores, concentrações ainda mais altas. *Boreogadus saida*, que se alimenta de invertebrados, e *Gadus morhua*, o qual também inclui *B. saida* em sua dieta, mostra evidência adicional de biomagnificação. No entanto, nos níveis superiores da cadeia alimentar a biomagnificação é mais pronunciada, porque as aves marinhas que se alimentam de peixes (*Cepphus grylle*) ou de peixes e de outras aves marinhas (*Larus hyperboreus*) apresentam uma capacidade muito menor de eliminar os compostos químicos do que os peixes e invertebrados. Observe como os clordanos são biomagnificados menos do que os bifenis policlorados (BFPs). Isto resulta da maior capacidade das aves de metabolizarem e excretarem a primeira classe de pesticida.

Concentração de BFPs: 45 (Copépodos), 44 (Anfípodos), 108 (*Boreogadus saida*), 205 (*Gadus morhua*), 2.188 (*Cepphus grylle*), 130.442 (*Larus hyperboreus*)

Concentração de clordanos: 11,5 (Copépodos), 21,5 (Anfípodos), 76 (*Boreogadus saida*), 100 (*Gadus morhua*), 292 (*Cepphus grylle*), 5.530 (*Larus hyperboreus*)

COM BASE EM DADOS DE BORGA ET AL., 2001

13.2.5 Degradação física associada ao cultivo

perda do hábitat natural para o cultivo

Não é necessário dizer que um dos maiores impactos do cultivo agrícola é a perda física de hábitats naturais, juntamente com as espécies que eles contêm. Contudo, às vezes, o impacto é mais sutil. Uma grande proporção das culturas agrícolas do mundo depende de insetos polinizadores e as abelhas desempenham um papel central. Os produtores rurais em geral contam com as abelhas domesticadas (*Apis mellifera*), importando colmeias quando suas lavouras estão florescendo. No entanto, diversas abelhas selvagens também polinizam culturas agrícolas (fornecendo um serviço ecossistêmico provedor) e estas espécies são muito menos abundantes em paisagens que retêm pouca vegetação natural.

Kremen e colaboradores (2004) estudaram o papel desempenhado por abelhas nativas em plantações de melancia (*Citrullus lanatus*), em fazendas da Califórnia, que variaram na proporção de hábitats nativos e outros encontrados na vizinhança. Imagens de satélite foram usadas para quantificar hábitats nativos de terras altas (bosques e chaparral), bosques ripários e classes de terreno altamente modificadas (agricultura, campos dominados por espécies não nativas e terra urbana) na vizinhança de cada sítio. A equipe de Kremen constatou que a proporção de hábitats nativos de terras altas distantes entre 1-2,4 km das plantações correlacionou-se fortemente com a deposição de pólen de melancia por abelhas nativas, refletindo distâncias máximas de voo de aproximadamente 2,2 km para espécies que nidificam nesses hábitats naturais. A seguir, eles calcularam a proporção da terra circundante que deve consistir de hábitats nativos de terras altas para render os 500-1.000 grãos de pólen requeridos por planta de melancia para produzir frutos comercializáveis. Isto significa que 40% do hábitat até 2,4 km de uma plantação precisa ser nativo de terras altas para prover de modo suficiente as necessidades de polinização da melancia, fornecendo um forte argumento econômico para se conservar esses hábitats naturais. Para fazendas que estão distantes do hábitat natural, a restauração ativa com plantas nativas em cercas-vivas e canais e ao redor das plantações, celeiros e estradas, poderia permitir que, de modo aproximado, 10% do hábitat nativo fossem obtidos (entre 20-40% das necessidades de polinização da melancia).

mudanças na descarga dos rios via represamento e irrigação

O aumento na intensidade da agricultura está usualmente associado à remoção de água superficial e subterrânea para a irrigação. Junto ao represamento da água dos rios, essa remoção da água para a irrigação pode ter consequências físicas drásticas para os padrões de fluxo dos rios. Desse modo, por exemplo, o Nilo na África, o Rio Amarelo na China e o Rio Colorado na América do Norte secam em partes do ano antes de alcançarem o oceano. Em muitos casos menos dramáticos, a remoção de água para usos agrícolas, industriais e domésticos muda as hidrografias (padrões de descarga) dos rios tanto pela redução da descarga (volume por unidade de tempo) quanto pela alteração dos padrões diários e sazonais do fluxo.

Os peixes raros de *Ptychocheilus lucius*, espécie consumidora de outros peixes, estão agora restritos aos braços superiores do Rio Colorado. A sua distribuição atual correlaciona-se de modo positivo com a biomassa de algas, a base energética da teia alimentar (Figura 13.5a-c). Osmundson e colaboradores (2002) propõem que a raridade de *P. lucius* pode se dever ao acúmulo

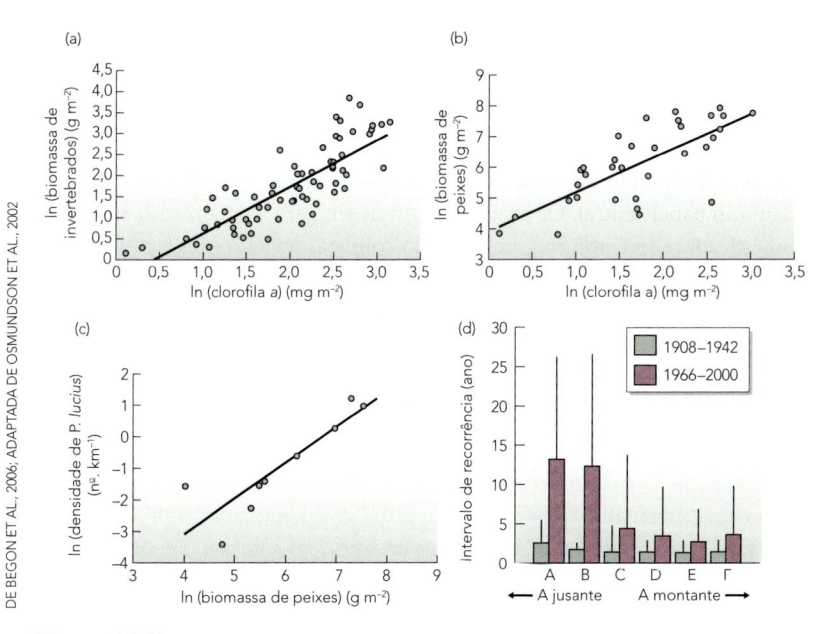

Figura 13.5
Inter-relações entre parâmetros biológicos, medidos em vários braços do Rio Colorado para determinar as causas da distribuição decrescente de *Ptychocheilus lucius*. (a) Biomassa de invertebrados versus biomassa de algas (clorofila a). (b) Biomassa de peixes presas versus biomassa de algas. (c) Densidade de *P. lucius* versus biomassa de peixes presos (a partir de taxa de captura por minuto de pesca elétrica). (d) Intervalos médios de recorrência em seis braços do Rio Colorado (para os quais dados históricos eram disponíveis) de descargas necessárias para remover silte e areia que do contrário, poderiam se acumular, durante períodos recentes (1966-2000) e pré-regulação (1908-1942). As linhas sobre os histogramas mostram os intervalos máximos de recorrência. ln = logaritímo natural.

de sedimento fino no leito do rio, onde ele reduz a produtividade das algas em regiões a jusante do rio. Historicamente, o degelo da primavera em geral produzia fortes descargas com poder para remover grande parte do silte e da areia que de outra forma se acumularia. Como resultado da regulação do rio, contudo, o intervalo médio de recorrência de tais descargas aumentou de uma vez a cada 1,3-2,7 anos para somente uma vez a cada 2,7-13,5 anos (Figura 13.5d), estendendo o período de acúmulo de silte. Os gestores devem buscar incorporar aspectos ecologicamente importantes da hidrografia natural de um rio em esforços de restauração, se quiserem manter espécies ameaçadas (ou com valor extrativista).

13.3 Geração de energia e seus diversos efeitos

Desde a revolução industrial do século XVIII, nosso uso de combustíveis fósseis tem fornecido a energia para transformar grande parte do planeta por meio da urbanização, desenvolvimento industrial, mineração e agricultura altamente intensiva, silvicultura e pesca. Na Seção 13.3.1, analisamos os efeitos de longo alcance dos poluentes químicos oriundos do uso de combustíveis fósseis. Devido ao fato de os combustíveis fósseis serem finitos, com extração cada vez mais cara, poluírem a atmosfera e contribuírem para o aquecimento global, grande ênfase tem sido dada recentemente ao desenvolvimento de fontes energéticas alternativas que não liberam dióxido de carbono. Espera-se que tecnologias mais limpas e seguras provenham de usinas hidrelétricas (já em estado tecnológico avançado em diversas partes do globo), de parques eólicos (desenvolvendo-se rapidamente), de energia solar e de ondas. A energia nuclear, cuja popularidade diminuiu devido a preocupações relativas à segurança e ao depósito de resíduos radiativos, está recebendo consideração renovada porque não libera gases-estufa. Na Seção 13.3.3, discutimos a energia nuclear e energia eólica.

13.3.1 Combustíveis fósseis e poluição atmosférica

As consequências mais profundas e de longo alcance da queima de combustíveis fósseis, principalmente do carvão e do petróleo, são aquelas provenientes da poluição atmosférica. Desse modo, a concentração de dióxido de carbono na atmosfera aumentou de aproximadamente 280 partes por milhão (ppm) em 1.750 para aproximadamente 370 ppm nos dias atuais, e projeta-se que ela continuará aumentando até 700 ppm em torno do ano de 2100, a menos que haja mudanças drásticas no comportamento humano. Um censo considerável do dióxido de carbono atmosférico teve início em 1958 no Observatório de Mauna Loa no Havaí e detectou o padrão extraordinário mostrado na Figura 13.6. A principal causa desse aumento tem sido a queima de combustíveis fósseis, a qual em 1980, por exemplo, liberou aproximadamente $5,2 \times 10^9$ toneladas métricas de carbono na atmosfera (Tabela 13.1).

poluição atmosférica devido à queima de combustíveis fósseis e desmatamento

A derrubada e a queima da floresta tropical, em prol da agricultura ou da produção de madeira, e o decaimento dos resíduos contribuem adicionalmente para o aumento do dióxido de carbono atmosférico (Tabela 13.1). Uma quantidade considerável dele é recapturada na fotossíntese pela substituição da vegetação (Kicklighter et al., 1999), mas esta é reduzida quando a floresta é convertida em campos, os quais tem biomassa muito menor. No total, em torno de $1,0 \times 10^9$ toneladas métricas por ano têm sido liberadas por meio de mudanças no uso das terras tropicais (Detwiler & Hall, 1988). Este cálculo foi feito para 1980, e o

Figura 13.6

Concentração de dióxido de carbono atmosférico medida no Observatório de Mauna Loa, Havaí, mostrando o ciclo sazonal (as depressões representam os verões no norte, quando as taxas fotossintéticas são máximas no hemisfério norte) e, de maneira mais significativa, o aumento a longo prazo devido principalmente a queima de combustíveis fósseis.

CORTESIA DO THE CLIMATE MONITORING AND DIAGNOSTICS LABORATORY (CMDL) OF THE NATIONAL OCEANIC AND ATMOSPHERIC ADMINISTRATION (NOAA)

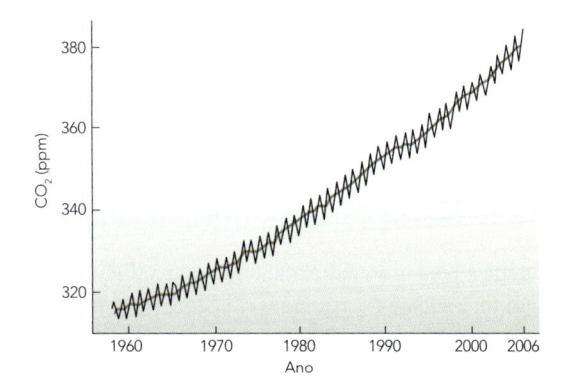

Tabela 13.1

Balanço do estoque global de carbono (em 10^9 toneladas métricas por ano), em 1980, para explicar os aumentos no carbono atmosférico causados por atividades humanas. Na linha rotulada "Faltando", o sinal de negativo indica a necessidade de identificar uma captação desconhecida de carbono do tamanho mostrado. Isto tem sido agora identificado como fertilização da vegetação terrestre por dióxido de carbono atmosférico, de modo que um aumento da ordem do que foi estimado como "faltando" pode ser levada em conta para um aumento do carbono armazenado em biomassa extra de vegetação (Kicklighter et al., 1999).

	ESTIMATIVA BAIXA EXTREMA	ESTIMATIVA MEDIANA	ESTIMATIVA ALTA EXTREMA
Liberação para a atmosfera			
Queima de combustíveis fósseis	4,7	5,2	5,7
Produção de cimento	0,1	0,1	0,1
Derrubada de floresta tropical	0,4	1,0	1,6
Derrubada de floresta não tropical	–0,1	0,0	0,1
Liberação total	5,1	6,3	7,5
Explicado por			
Aumento atmosférico	–2,9	–2,9	–2,9
Captação de nutrientes	–2,5	–2,2	–1,8
Faltando?	–0,3	+1,2	+2,8

ADAPTADA DE DETWILER & HALL, 1988

cenário de derrubada da floresta tropical deve ser hoje significativamente maior como resultado do aumento descontrolado de incêndios florestais na Indonésia e na América do Sul que se seguiram às secas associadas ao fenômeno El Niño de 1997/98.

A atmosfera da Terra se comporta como uma estufa. A radiação solar aquece a superfície da Terra, a qual rerradia energia para fora, principalmente como radiação infravermelha. O dióxido de carbono – junto com outros gases cujas concentrações têm aumentado como resultado da atividade humana (óxido nitroso, metano, ozônio, clorofluorcarbonos) – absorve radiação infravermelha. Como o vidro de uma estufa, esses gases (e vapor d'água) impedem que parte da radiação escape e mantêm a temperatura alta. A temperatura do ar na superfície terrestre está atualmente $0,6 \pm 0,2\,°C$ mais alta do que nos períodos pré-industriais. Considerando-se futuros aumentos previstos nos níveis dos gases-estufa, as temperaturas continuarão a subir a uma média global entre $2,0\,°C$ e $5,5\,°C$ até 2100 (IPCC, 2001; Millenium Ecosystem Assessment, 2005), porém com diferentes intensidades em locais distintos. Tais mudanças levarão ao derretimento de geleiras e calotas de gelo, ao consequente aumento do nível do mar e a grandes mudanças nos padrões globais de precipitação, ventos, correntes oceânicas e intervalo e escala de eventos de tempestades.

o efeito-estufa

Em resposta a estas mudanças, podemos esperar alterações latitudinais e altitudinais na distribuição das espécies e extinções generalizadas, à medida que as floras e faunas não consigam perceber e resistir à taxa de mudança nas temperaturas globais (Hughes, 2000). Além disso, mudarão as ameaças globais impostas por espécies invasoras prejudiciais. Observe, por exemplo, a formiga argentina (*Linepithema humile*), nativa da América do Sul. Ela está agora estabelecida em todos os continentes, exceto na Antártica. Ela pode alcançar densidades extremamente altas e traz consequências adversas para a biodiversidade (eliminando os invertebrados nativos) e para a vida doméstica, enxameando itens alimentares e até mesmo crianças adormecidas. Um modelo de distribuição foi desenvolvido para a formiga, baseando-se em sua ocorrência nas zonas de distribuição nativa e invadida, e relacionando-a a dados climáticos (p. ex., temperaturas máximas, médias e mínimas, precipitação, número de dias congelamento, número de dias chuvosos) e dados topográficos (p. ex., altitude, declividade, aspecto). O modelo forneceu um bom ajuste com a distribuição atual baseada no clima presente. Além disso, a mudança climática prevista foi usada para modelar a distribuição futura da formiga. A Figura 13.7 indica, em vermelho, aquelas áreas em que se prevê um aumento na ocorrência da formiga em 2050 (aumento no ajuste da ocorrência da formiga) e, em azul, aquelas em que se prevê um declínio. A espécie retrairá a sua zona de ocorrência em áreas tropicais, mas expandirá em latitudes maiores. Ironicamente, a formiga argentina parece desenvolver-se melhor na América do Norte e na Europa do que na América do Sul.

Esforços para erradicar as formigas argentinas têm tido pouco sucesso. A resposta de manejo é, portanto, aumentar as precauções de biossegurança em regiões em que se espera que haja progressivamente mais invasões futuras.

chuva ácida

A maior parte dos poluentes que os seres humanos liberam na atmosfera retorna para a Terra, aproximadamente a metade na forma de gases ou partículas e metade dissolvida ou suspensa na chuva, neve e fumaça. Estes podem ser transportados pelo vento por centenas de quilômetros através das fronteiras estaduais e nacionais, e quando, geram perigo, podem ser fontes de acirradas disputas internacionais. Os poluentes atmosféricos dióxido de enxofre (SO_2) e óxidos de nitrogênio (NO_x), originados particularmente da queima de combustíveis fósseis, interagem com a água e o oxigênio na atmosfera para formar os ácidos sulfúrico e nítrico, os quais se precipitam como *chuva ácida*.

A água da chuva tem um pH de aproximadamente 5,6; porém, os poluentes o diminuem para menos de 5,0 e valores tão baixos quanto 2,4 têm sido registrados na Grã-Bretanha, 2,8 na Escandinávia e até mesmo 2,1 nos EUA.

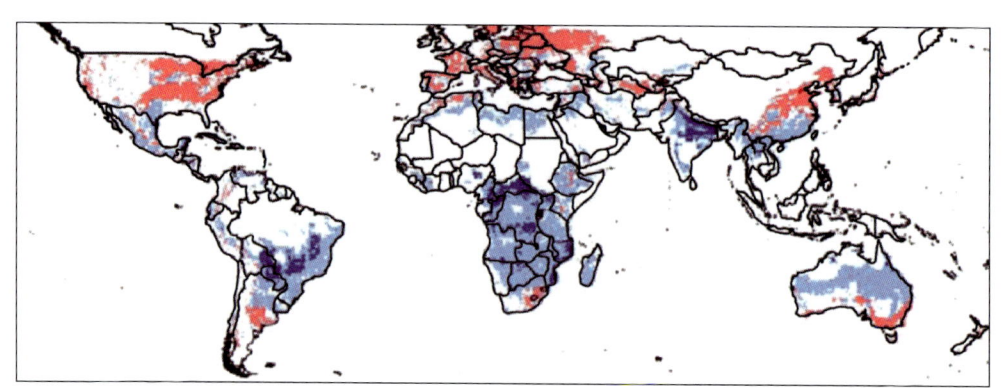

Figura 13.7
Mudanças previstas na distribuição da formiga argentina entre os dias atuais e 2050. Áreas vermelhas são aquelas em que se prevê a expansão da espécie, ao passo que nas áreas azuis sua retração está prevista.

Muitos dos efeitos mais dramáticos da chuva ácida foram observados nas florestas da Europa Central, onde a indústria dependia de carvão de baixa qualidade com alto teor de enxofre, o que provocou a seca massiva das florestas. Mesmo nos EUA, as florestas de espruce de altitude foram afetadas, incluindo os parques nacionais de Shenandoah e Great Smoky Mountain.

Efeitos adicionais têm ocorrido em lagos e riachos, especialmente quando a composição do solo e da rocha subjacente não ajuda a neutralizar a acidez. Uma alta concentração de íons hidrogênio pode ser tóxica por si só, mas as mudanças na disponibilidade de nutrientes e outras toxinas são geralmente mais importantes. A um pH menor do que 4,0-4,5, as concentrações de alumínio (Al^{3+}), ferro (Fe^{3+}) e manganês (Mn^{2+}) tornam-se tóxicas para a maioria das plantas e para animais aquáticos que expõem tecidos delicados diretamente à água (tais como as guelras dos peixes). A chuva ácida é mais prejudicial em água já naturalmente ácida: ela pode baixar tanto o pH a ponto de esterilizar o ambiente para muitas das espécies nativas (p. ex., Figura 13.8).

13.3.2 Energia nuclear

Quando desenvolvida pela primeira vez, a energia nuclear foi vista como uma fonte energética doméstica e industrial quase ideal em longo prazo. Contudo, a visão de que a liberação de radiação poderia ser prontamente controlada desapareceu rapidamente. Algum vazamento ocorreu de muitas de energia nuclear, e não se acredita que o reprocessamento de combustível nuclear resi-

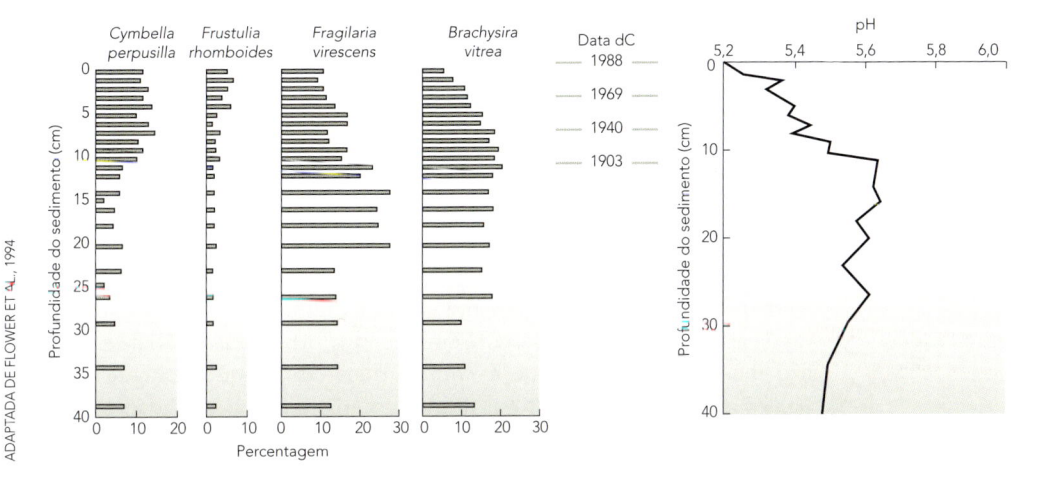

Figura 13.8

A história da flora de diatomáceas de um lago irlandês (Lough Maam, County Donegal) pode ser reconstituída tomando-se testemunhos do sedimento no fundo do lago. A percentagem de várias espécies de diatomáceas a diferentes profundidades reflete a flora presente em vários períodos no passado (quatro espécies são ilustradas). A idade dos estratos do sedimento pode ser determinada pelo decaimento radiativo do chumbo-210 (e outros elementos). Nós sabemos a tolerância ao pH das espécies de diatomáceas a partir de sua distribuição atual e isso pode ser usado para deduzir qual pH o lago teve no passado. Observe como as águas se acidificaram desde aproximadamente 1900. As diatomáceas *Fragilaria virescens* e *Brachysira vítrea* declinaram marcadamente durante esse período, enquanto as espécies tolerantes à acidez *Cymbella perpusilla* e *Frustulia rhomboides* aumentaram após 1900.

dual possa ser feito de forma completamente limpa. Além disso, o poder poluidor dos resíduos radiativos tem uma escala de tempo que pode ser ordens de magnitude maior do que de outros poluentes humanos. Por exemplo, o plutônio-239 tem uma meia-vida de aproximadamente 25.000 anos. O plutônio é separado e recuperado do combustível consumido em reatores nucleares e prevê-se que os estoques tenham aumentado para mais do que 100 toneladas métricas por volta de 2010. Devem ser encontradas maneiras para nos protegermos contra os riscos de vazamento ao longo dessa escala temporal, talvez por meio do enterro em minas profundas após a incorporação em vidro.

a radiação natural de fundo e a produzida por atividades humanas são de magnitudes semelhantes

A radiação recebida por um organismo surge de atividades humanas (armamento nuclear, vazamento e acidentes em usinas nucleares, e uso médico), juntamente com uma contribuição de dimensão similar proveniente de "radiação de fundo", originada de raios cósmicos e produzida durante o decaimento radiativo de materiais, como o rádio e o tório, na crosta terrestre. A radiação total dada a um paciente com câncer pode ser muitos milhares de vezes maior do que a exposição total normal proveniente da radiação de fundo natural e artificial combinadas.

Chernobyl – o pior desastre de poluição nuclear até hoje

Um grande acidente em 1986, na usina nuclear de Chernobyl, na Ucrânia, liberou 50-185 milhões de curies de radioisótopos na atmosfera. Próximo à explosão, 32 mortes ocorreram em um período de tempo muito curto. Mais distante ao acidente, indivíduos contraíram doenças causadas pela radiação e alguns morreram. Efeitos na localidade continuaram a aparecer – o gado nasceu deformado, e milhares de adoecimentos induzidos pela radiação e mortes por câncer são esperados a longo prazo. Mais distante ainda, a poluição atmosférica de Chernobyl dispersa pelo vento foi detectada na Suécia 3 dias depois do acidente. Cinzas nucleares também alcançaram as Ilhas Britânicas. A Figura 13.9 mostra a persistência de césio-137 nos solos ácidos do noroeste da Grã-Bretanha, onde o mesmo foi absorvido por plantas e comido por ovelhas. A venda de ovelhas para consumo ainda estava proibida mais de 10 anos após o acidente, devido à persistência do isótopo em níveis perigosos.

13.3.3 Energia eólica

Neste período de mudança climática global, a exploração da energia dos ventos é bastante promissora. Porém, embora esta forma de geração de energia não libere dióxido de carbono, as comunidades locais frequentemente fazem objeções às enormes estruturas que aparecerão em suas localidades. (Esta dificuldade tem paralelo com a situação das usinas hidrelétricas, as quais produzem energia limpa, porém ao custo da alteração dos padrões de descarga dos rios e perda de oportunidades recreacionais a jusante; ver p. 478). Parques eólicos também apresentam risco ecológico em termos de ameaças para aves migratórias. Sobre o terreno, aves planadoras, como falcões e abutres, sofrem grande risco de colidirem com as turbinas (que ficam até 100 m acima do chão), particularmente porque os engenheiros costumam selecionar os seus locais pelas mesmas razões associadas ao vento que as aves selecionam as suas rotas (Barrios & Rodriguez, 2004). Diversos parques eólicos também são projetados para ambientes marinhos – na Europa, por

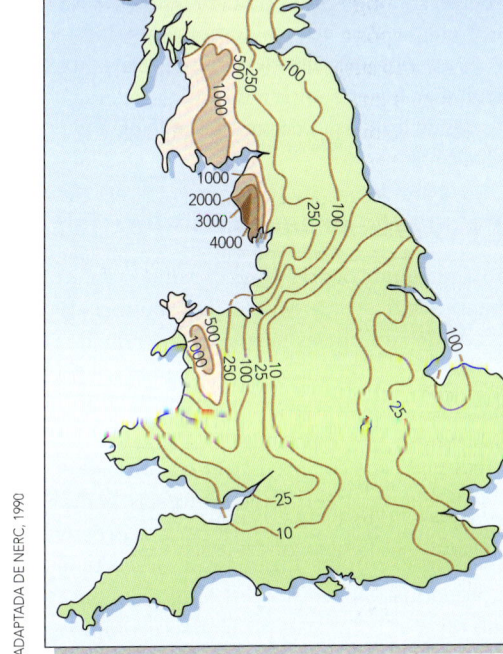

Figura 13.9
Exemplo de poluição ambiental de longa distância: distribuição em 1988 na Grã-Bretanha da cinza nuclear de césio-137 do acidente nuclear de Chernobyl na União Soviética em 1986 (medida em Becqueréis por quilograma). Os contornos mostram a persistência do césio em solos ácidos de terras altas, onde ele é reciclado por meio do solo, das plantas e dos animais. Em solos típicos de terras baixas, o césio não persiste nas cadeias alimentares.

exemplo, foram feitas mais de 100 propostas. Cada uma pode consistir de cerca de 1.000 turbinas de até 50 m de altura a cerca de 100 km da costa e em águas com profundidade de aproximadamente 40 m. As turbinas podem gerar riscos para aves migratórias (desde as menores aves canoras até grous e aves de rapina), bem como para aves marinhas que se dispersam localmente para encontrar alimento.

Até 2030, milhares de quilômetros quadrados do ambiente marinho junto à costa da Alemanha estão sendo planejados para serem ocupados por parques eólicos. Para prever possíveis consequências para as populações de aves, Garthe e Huppop (2004) desenvolveram um índice de sensibilidade das espécies (ISE) para 26 espécies de aves marinhas, combinando os seus escores para uma série de propriedades, incluindo manobrabilidade do voo (espécies menos ágeis têm escores mais altos porque são mais suscetíveis de colidirem com as turbinas), altura do voo (espécies que voam a 50-200 m têm escores mais altos porque são mais vulneráveis às turbinas do que as que voam mais baixo), percentagem de tempo gasto no voo (aquelas no ar por mais tempo têm escores mais altos) e estado de conservação ("vulneráveis" ou "em declínio" tem escores mais altos). As espécies mais sensíveis (ISE mais alto) incluíram a não manobrável e "vulnerável" *Gavia arctica* e a manobrável, porém "em declínio", *Sterna sandvicensis*, que voa quase constantemente e em altitudes perigosas. O ISE para cada espécie foi em seguida confrontado com dados de distribuição de densidade (espécies com densidade baixa têm escores mais altos, pois suas populações sofrem maior risco) para produzir mapas de vulnerabilidade (todas as espécies de aves combinadas) para a área alemã do Mar do Norte. Três classes de vulnerabilidade foram definidas: "mais preocupante" (dados de sensibilidade aos parques eólicos combinados [ISP] > 43), "menos preocupante" (ISP < 24) e "preocupante" (entre estes extremos) (Figura 13.10). Tal informação ecológica deveria ser levada em consideração quando fosse feita a seleção dos locais de instalação de parques eólicos.

13.4 Degradação em paisagens urbanas e industriais

Uma ampla gama de degradação de hábitats ocorre como resultado da atividade humana em sistemas urbanos e industriais. Mudanças pronunciadas no fluxo dos rios resultam da perda de superfícies permeáveis – telhados, pavimentos e estradas são impermeáveis, em contraste com campos e florestas. Nossas fezes, urina e cadáveres criam grandes problemas de descarte em cidades, devido às altas densidades. Compostos químicos industriais exóticos encontram caminho em direção aos corpos d'água e à atmosfera. E as nossas atividades de mineração, sejam por combustíveis fósseis, pedras valiosas ou minérios, causam degradação física e química para os ecossistemas adjacentes. Nesta seção, nossos exemplos abrangem o descarte de resíduos (Seção 13.4.1), a produção industrial de fluorcarbonos e as consequências para a camada de ozônio (Seção 13.4.2) e os problemas ecológicos associados à mineração (Seção 13.4.3).

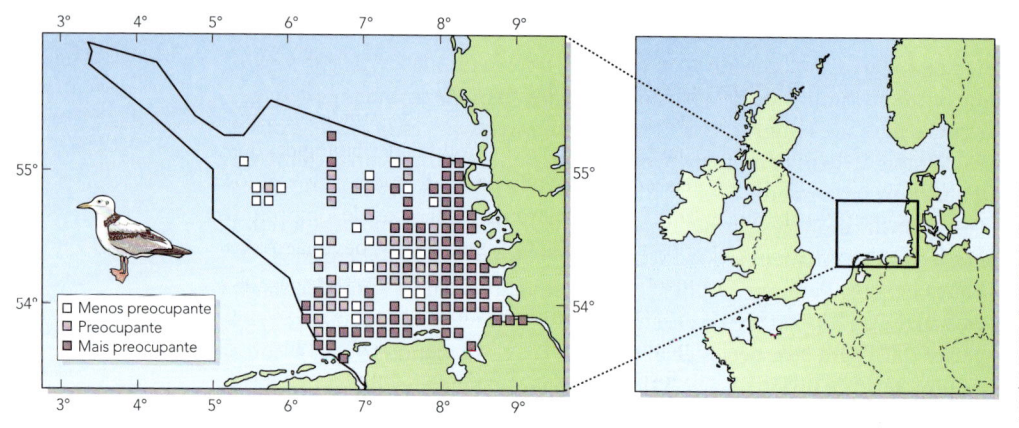

Figura 13.10
Áreas no setor alemão do Mar do Norte (detalhe à direita) onde o desenvolvimento de parques eólicos é considerado como "menos preocupante", "preocupante" ou "mais preocupante", baseando-se em padrões de densidade de aves e índices de sensibilidade espécie-específicos (ISEs).

13.4.1 Descarte de dejetos humanos

Todos os produtos provenientes do corpo humano, mas mais notavelmente fezes e urina, podem ser considerados poluentes. Os gregos foram provavelmente os primeiros a controlar o acúmulo de poluentes nas cidades, e uma lei de 320 a.C. proibia a deposição de resíduos nas ruas. Os romanos também eram bastante conscientes quanto à poluição, e depositavam os resíduos das cidades em covas fora dos muros das cidades. Quando as civilizações gregas e romanas entraram em decadência, seus controles bastante sofisticados da poluição urbana colapsaram. Os castelos medievais, por exemplo, eram geralmente projetados com latrinas que se projetavam dos muros dos castelos, as quais simplesmente depositavam resíduos na base dos muros (os resíduos acumulados fornecem aos arqueólogos um registro direto das dietas históricas e da infestação por vermes intestinais). Até os séculos XIV e XV, as ruas abertas novamente tornaram-se o principal e único destino de fezes e urina humana e de animais. Um comércio especial, o do lixeiro, era pago para transportar os resíduos para lixões fora das cidades; em 1714 cada cidade na Inglaterra tinha um lixeiro oficial (o pioneiro da Agência de Proteção Ambiental). Mesmo quando os vasos sanitários (inventados por Thomas Crapper) começaram a ser instalados em alguns países no início do século XIX, os reservatórios subterrâneos (fossas) dentro dos quais aqueles eram esvaziados frequentemente transbordavam e contaminavam a água potável. Epidemias de cólera na metade do século XIX foram diretamente associadas a esta fonte de contaminação, uma descoberta que levou à ligação dos resíduos domiciliares diretamente aos esgotos cloacais tanto na Grã-Bretanha quanto nos EUA.

A um primeiro olhar, a forma mais fácil de lidar com fezes e urina acumulada poderia parecer ser diluí-los em grandes corpos d'água. Contudo, não é fácil descartar resíduos humanos e ao mesmo tempo fornecer água potável saudável. Além dessas questões de saúde, já vimos na Seção 13.2.2 de que forma pode haver profundos efeitos ecológicos relacionados ao descarte de resíduos em corpos d'água.

Todos os ecossistemas naturais têm uma capacidade inerente de decompor fezes e, até certo ponto, processos naturais de decomposição em rios, lagos e oceanos podem tolerar o aumento dos níveis de matéria orgânica oriundos de esgotos humanos sem mudanças óbvias na natureza das comunidades biológicas que eles contêm. Contudo, problemas surgem quando a taxa de aporte dos esgotos excede esta capacidade. Primeiro, taxas excessivamente altas de decomposição de matéria orgânica morta em rios e lagos podem levar a condições anaeróbias (causando a morte de peixes e invertebrados). Isto acontece porque o oxigênio é consumido pelos micro-organismos decompositores mais rapidamente do que é reposto pela fotossíntese das plantas aquáticas e a difusão do ar. Segundo, o suprimento de nutrientes como fosfato e nitrato, que normalmente limitam o crescimento vegetal em corpos d'água, podem ser incrementados a um nível no qual o crescimento das algas é tão grande que estas sombreiam e matam outras plantas aquáticas – a eutrofização cultural discutida na Seção 13.2.2.

Os sistemas modernos de esgotos foram desenvolvidos como equipamentos ecológicos para o manejo da poluição. Eles têm como objetivo cap-

> quando ecossistemas naturais não podem tolerar resíduos humanos...

> ...os sistemas de tratamento de esgotos são necessários

turar poluentes da água contendo resíduos e limpá-la, habitualmente em um sistema de drenagem separado daquele que transporta fluxos pesados de água da chuva. Idealmente, um sistema de esgotos limpa a água poluída até um estado de potabilidade, antes de liberá-la de volta aos rios, lagos e oceanos. O tratamento completo dos esgotos tem três estágios (Figura 13.11), embora em diversos lugares somente o primeiro ou os dois primeiros estágios sejam realmente usados antes da liberação no ambiente.

Após papéis, trapos e plásticos terem sido removidos pela passagem do esgoto através de peneiras, o *tratamento primário* é um processo físico no qual grande parte dos resíduos sólidos sedimenta no fundo de tanques de sedimentação, dos quais são removidos como lodo.

O *tratamento secundário* é um processo biológico planejado que tem por finalidade mimetizar (e de fato melhorar) a decomposição natural. Em sua versão mais simples, a água parcialmente limpa é aspergida sobre uma camada de cascalho dentro da qual micro-organismos foram estimulados a crescer; à medida que a água escorre lentamente através desses *filtros de percolação* ou *de escorrimento*, a decomposição natural mineraliza grande parte da matéria orgânica restante, liberando dióxido de carbono na atmosfera. Um modo mais sofisticado e eficiente

Figura 13.11
Sequência de tratamentos comumente aplicados nos resíduos de esgotos de uma comunidade urbana moderna.

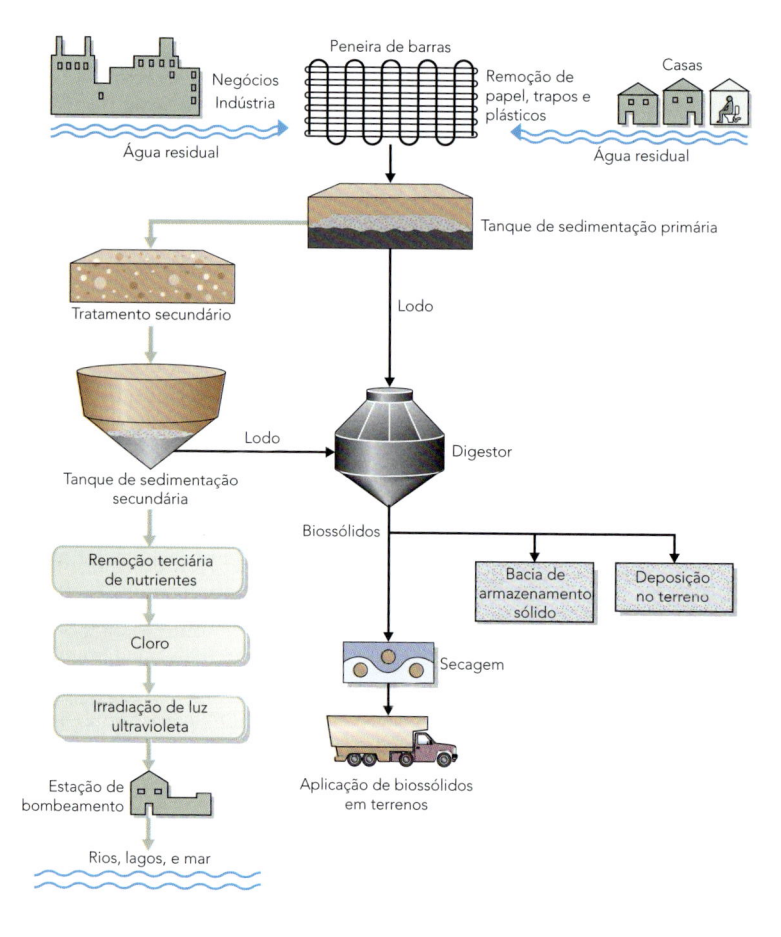

de tratamento secundário é o *método de lodo ativado*, no qual o esgoto passa por tanques aerados contendo lodo que é ativado, ou semeado, por micro-organismos. Após o tratamento secundário, os sólidos restantes são sedimentados para gerarem mais lodo. A água contendo resíduos agora parece limpa, mas ainda contém dois tipos de impurezas: organismos patogênicos e concentrações altas de nutrientes minerais, as últimas gerando consequências para a saúde (Seção 13.2.2) e causando eutrofização, se liberada em rios e lagos.

Um estágio final de "polimento" geralmente inclui a adição de cloro e, às vezes, a irradiação de luz ultravioleta (UV) para matar bactérias. O *tratamento terciário* completo envolve a remoção de nutrientes, em boa parte por processos químicos de alto custo e artificiais.

O esgoto não tratado é obviamente um poluente, com consequências adversas, tanto ecológicas quanto para a saúde, para os corpos d'água nos quais são despejados. Contudo, o despejo de esgotos que foram submetidos somente a tratamento primário é ainda passível de causar eutrofização, pois aqueles permanecem ricos em matéria orgânica e nutrientes. Além disso, mesmo o tratamento secundário remove somente a matéria orgânica, deixando a água com resíduos rica em nutrientes para as plantas. O lodo que se acumula em tanques de sedimentação é por si só um poluente que precisa ser descartado, habitualmente despejando-se no mar ou enterrando-se em aterros sanitários. O lodo enterrado se decompõe anaerobiamente, às vezes levando mais de 20 anos para mineralizar completamente, e produz metano, que é um gás-estufa que contribui para a mudança climática global (Seção 13.3.1). O lodo pode ser mais apropriadamente usado como fertilizante seco ou como um líquido aspergido sobre o solo; desta maneira, o ciclo dos nutrientes pode ser reconstituído pelo retorno dos nutrientes – assimilados a partir dos produtos agrícolas pelas pessoas – para o solo agrícola para serem absorvidos pelas futuras lavouras.

> os produtos do tratamento de esgotos são por si só poluentes

13.4.2 Compostos de clorofluorcarbonos e a redução da camada de ozônio

O ozônio é produzido pela influência da luz solar sobre o oxigênio e durante a oxidação do monóxido de carbono e de hidrocarbonetos como o metano. Ele tem três papéis muito distintos na poluição ambiental. Os dois primeiros são negativos, pois consequências poluidoras indesejáveis ocorrem à medida que a concentração de ozônio aumenta. Primeiro, em atmosferas poluídas com metano, hidrocarbonetos industriais, óxidos de nitrogênio e monóxido de carbono, o ozônio pode alcançar concentrações tóxicas para as plantas e que contribuem para a névoa seca. Segundo, o ozônio é também um gás-estufa, embora ele não seja significativo a este respeito.

> o ozônio pode ter consequências adversas localmente...

Contudo, o ozônio também se acumula na forma de uma camada na atmosfera superior. Esta "camada de ozônio" é benéfica porque absorve a maior parte da radiação UV (comprimento de ondas entre 200-300 nm) que incide sobre a atmosfera superior da Terra e, desse modo, torna o planeta habitável para plantas e animais. A frequência crescente de câncer de pele entre os seres humanos tem atraído a atenção para os danos causados pela exposição ao sol e para a importância da estabilidade da camada de ozônio.

> ...porém na atmosfera superior ele protege a Terra da radiação UV prejudicial

Evidências de que o óxido nítrico produzido por jatos supersônicos poderia contribuir massivamente para a redução no nível do ozônio atmosférico levaram à suspensão de seu desenvolvimento em grande escala. Contudo, esta não foi de forma alguma a solução do problema. Os compostos de clorofluorcarbonos (CFCs) foram desenvolvidos na forma de aerossóis e refrigeradores, tendo sido usados internacionalmente em grande escala. Tornou-se claro que esses compostos apresentavam a ameaça que o seu teor de cloro poderia interagir com o ozônio atmosférico e destruí-lo.

> compostos clorados e outros poluentes decompõem o ozônio na atmosfera e precisam ser suspensos

Os processos químicos envolvendo o ozônio são bastante complicados, e o metano, óxido nitroso e monóxido de carbono podem desempenhar um papel nessa decomposição. A atmosfera superior não é o lugar mais fácil para se estudar as características químicas dos gases! Porém, a poluição da atmosfera superior estabelece questões de grande significado para os cientistas ambientais, sobretudo a partir da descoberta de que a concentração de ozônio na atmosfera sobre a Antártica começou a declinar por volta de 1978, o que se intensificou rapidamente após 1982. O fenômeno ocorre no início da primavera no hemisfério sul (agosto a outubro). O tamanho do buraco da camada de ozônio sobre a Antártica em 24 de setembro de 2006 foi um dos maiores já registrados, equivalente a mais do que a superfície ocupada pela América do

Figura 13.12
(a) Imagem do buraco da camada de ozônio sobre a Antártica, em 24 de setembro de 2006; as cores azul e roxo indicam a menor presença de ozônio (< 220 unidades Dobson). (b) Tamanho médio do buraco da camada de ozônio de 7 de setembro a 13 de outubro, a cada ano entre 1980 e 2006. As linhas verticais mostram as áreas mínimas e máximas durante este período a cada.

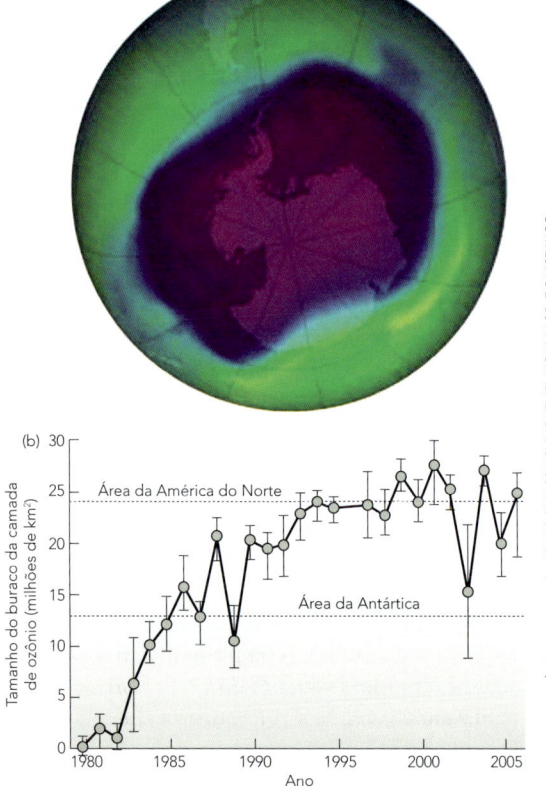

Norte (Figura 13.12). É obviamente do interesse dos seres humanos e provavelmente da maioria dos outros organismos que as concentrações do ozônio devam permanecer baixas junto à superfície da Terra (p. ex., minimizando a névoa seca), mas altas na atmosfera superior, e que devemos descobrir como garantir isso. Acordos internacionais para suspender uso de CFCs esperam levar à recuperação do buraco da camada de ozônio por volta de 2050.

13.4.3 Mineração

A nossa dependência de combustíveis fosseis tem efeitos que vão além da poluição atmosférica. A extração e o transporte de carvão, e principalmente petróleo, podem também causar alterações físicas nos hábitats. Desse modo, mais de 1 milhão de toneladas de petróleo entra nos cursos d'água do mundo a cada ano, de poços explorados no fundo oceânico e de navios petroleiros. O petróleo afeta a vida selvagem dos oceanos de diversas formas. Ele reduz o nível de aeração da água e impede a penetração de luz. Os danos aos invertebrados podem ser generalizados, afetando quítons, mexilhões, crustáceos e briozoários, assim como as algas marinhas. As penas das aves marinhas são obstruídas pelo petróleo, impedindo-as de voar, e as guelras dos peixes são cobertas e param de funcionar. O maior acidente nos EUA ocorreu em 24 de março de 1989, quando petroleiro *Exxon Valdez* encalhou em Prince William Sound, Alasca. Ele derramou aproximadamente 50.000 toneladas de petróleo cru, que se espalhou ao longo da costa por quase 1.000 km, contaminando as costas de uma floresta nacional, cinco parques estaduais, quatro áreas de hábitat crítico e um santuário de recreação estadual. Acredita-se que o episódio tenha matado 300 focas, 2.800 lontras-marinhas, 250.000 aves e possivelmente 13 orcas. Diversas pescas comerciais foram suspensas por um ano ou mais devido à preocupação de que peixes capturados na área pudessem entrar na cadeia alimentar humana. Por volta de 1996, 28 espécies e recursos ainda estavam listados como ainda não recuperados.

alteração física proveniente da mineração de combustíveis fósseis

Os metais foram primeiramente usados pelos seres humanos no final da Idade da Pedra, há aproximadamente 6500 anos. Ouro, prata e cobre foram os primeiros metais usados; eles são fáceis de extrair e por existirem na natureza como metais propriamente ditos, em vez de compostos químicos. Pepitas de ouro metálico puro eram encontradas em leitos de rios e batidas e moldadas para decoração. Uma vez que tais metais eram valorizados, foi um passo óbvio cavar e minerar à procura deles, e a partir desse ponto quase todas as fases na extração e uso industrial de metais envolvem uma sequência de fases de poluição ambiental.

a mineração e purificação do cobre

Cada tipo de metal tem suas próprias peculiaridades. Aqui, usamos a mineração e purificação do cobre para ilustrar a poluição através da extração de metais. O cobre está presente em depósitos na forma metálica, como sulfeto ou como óxido. Como a maioria dos depósitos de metal, aqueles geralmente em mistura com outros metais, alguns dos quais podem ser valiosos (p. ex., ouro), enquanto outros são descartados na forma de resíduos mais ou menos perigosos.

A mineração industrial pode gerar poluição em todos os estágios de extração, purificação e descarte de resíduos:

1. Mineração e extração em pedreiras. A mineração ou a extração em pedreiras expõe o metal e seus minérios. Muitas das reservas de cobre do mundo estão próximas à superfície e são facilmente extraídas por mineração a céu aberto: as minas de cobre de Bougainville (Ilhas Salomão, Papua Nova Guiné) e as de Utah, nos EUA, estão entre as maiores cicatrizes humanas sobre a superfície da Terra (Figura 13.13).
2. Processamento. Os minérios são quebrados e pulverizados. Este processamento imediatamente expõe os minérios aos elementos e, mesmo após o melhor ter sido extraído, os resíduos permanecem ricos em cobre, e o metal escorre como resíduo tóxico para rios e lagos. As águas próximas às minas de cobre são comumente azuis-esverdeadas brilhantes, bastante estéreis e ricas em sais de cobre.
3. Concentração. O minério pulverizado é agitado na água, e o metal torna-se concentrado na flotação e é secado até formar um bolo. O restante, ainda rico em cobre, pode ser posteriormente concentrado para recuperar mais metal. A água e os resíduos que sobram contêm teores insuficientes de cobre para assegurarem uma extração posterior, porém contêm cobre suficiente para constituir-se em um resíduo perigoso e poluidor.
4. Purificação por meio de calor. O concentrado é aquecido a 1.230-1.300 °C, poluindo a atmosfera pela queima do combustível necessário. O aquecimento libera uma série de poluentes, como arsênico, mercúrio e enxofre na atmosfera.
5. Purificação por meio de eletrólise. O cobre pode agora ser purificado por eletrólise, a qual deixa a maior parte dos outros metais em um lodo que pode ser posteriormente purificado (para remover ouro, p. ex.). Porém, em última análise, esse processo também contribui com ainda mais resíduos tóxicos.

Figura 13.13
Mina de Binyon Canyon, Utah: ambiente tóxico e estéril criado pela maior escavação do mundo.

O papel principal de alguns metais como poluentes ambientais acontece depois de terem sido purificados e usados industrialmente e, após, liberados no ambiente como resíduo industrial. O chumbo e o mercúrio são exemplos particularmente dramáticos. O chumbo tornou-se um poluente ambiental a partir do momento em que os romanos começaram a usá-lo para fazer canos d'água, poluindo sua água potável. O chumbo é classificado pela Agência de Proteção Ambiental dos EUA como o número 1 em sua lista de 275 substâncias perigosas, oferecendo um risco particular ao desenvolvimento do sistema nervoso em crianças pequenas e em fetos. O seu emprego em diversos usos comerciais está sendo suspenso. Não está claro se a poluição por chumbo tem consequências significativas para a vida selvagem em ambientes terrestres e aquáticos, mas o mesmo parece não se concentrar ao longo de cadeias alimentares. Este é um contraste fundamental em relação ao mercúrio.

chumbo e mercúrio podem ser poluentes especialmente perigosos

O mercúrio é usado em uma diversidade de aplicações especializadas na indústria e na medicina – em interruptores elétricos, baterias, lâmpadas de vapor de mercúrio fluorescentes, termômetros, barômetros e amálgamas de dentes. Os principais acusados na liberação de mercúrio na atmosfera são, em ordem de importância, usinas termoelétricas, incineradores de resíduos hospitalares, incineradores de resíduos municipais e caldeiras industriais. No ambiente natural, o mercúrio pode ser convertido pela atividade microbiana a metilmercúrio, uma forma que é prontamente absorvida e acumulada ao longo das cadeias alimentares, especialmente em lagos e estuários. Os peixes, predadores de topo, podem acumular concentrações de mercúrio 10.000 a 100.000 vezes maiores do que aquelas encontradas na água circundante (Bowles et al., 2001). A população humana nativa que vive de recursos da vida selvagem pode acumular concentrações ainda maiores. O mercúrio é um veneno perigoso que pode causar dano permanente no cérebro e nos rins humanos, acometer fetos em desenvolvimento e danificar o sistema imune.

Terras que foram danificadas por mineração são geralmente instáveis, sujeitas à erosão e desprovidas de vegetação. A solução mais simples para a recuperação das terras é o restabelecimento da cobertura vegetal, pois isto estabilizará a superfície, será visualmente atrativo e autossustentável (Bradshaw, 2002). Plantas candidatas para a recuperação são aquelas tolerantes aos metais tóxicos presentes. De especial valor são os ecótipos – diferentes genótipos, dentro de uma espécie, que ocupam diferentes nichos (ver Seção 2.3.1) – que desenvolveram resistência em áreas mineradas. Assim, certos genótipos (ou cultivares) de gramíneas tolerantes a metais têm sido selecionados para produção comercial no Reino Unido, para uso em solos neutros até alcalinos contaminados por resíduos ácidos de cobre (*Agrostis capillaris* cultivar "Parys"), chumbo, ou zinco (*Festuca rubra* cultivar "Merlin") (Baker, 2002).

prospecção de espécies vegetais para restaurar sítios contaminados

Além disso, diversas espécies características de solos naturalmente ricos em metais desenvolveram sistemas bioquímicos para a aquisição de nutrientes, destoxificação e controle de condições geoquímicas locais. A *fitorremediação* de sítios contaminados por metais pode assumir uma variedade de formas (Susarla et al., 2002). A *fitoacumulação* ocorre quando o contaminante é captado pelas plantas, mas não é degradado rapidamente ou completamente. Essas plantas, tais como a erva acumuladora de zinco *Thlaspi caerulescens*, são colhidas para remover o contaminante e então substituídas. A *fitoestabilização*, por outro lado, aproveita-se da capacidade dos exsudatos das raízes de precipitarem metais pesados e devolvê-los biologicamente inofensivos. Finalmente, a *fitotransformação* envolve a eliminação de um contaminante pela ação de enzimas vegetais; por exemplo, árvores híbridas de choupo *Populus deltoides* × *nigra* têm a capacidade notável de degradar TNT (trinitrotolueno) e mostram-se promissoras na restauração de áreas de descarte de munição.

13.5 Manutenção e restauração de serviços ecossistêmicos

uma abordagem de tripla decisão para o manejo dos recursos naturais

Até agora, analisamos uma gama de exemplos dos diversos impactos das atividades humanas sobre os ecossistemas, visto que esses podem ser geralmente medidos em termos de "serviços ecossistêmicos" perdidos (Seção 13.1.2). O conceito de serviços ecossistêmicos põe em foco três maneiras bastante diferentes de visualizarmos nossos efeitos sobre o mundo natural. Primeiro, existem os resultados *ambientais* – a realidade do ecólogo. Mas também existem as perspectivas *econômicas* e *sociopolíticas*. Nesta seção exploraremos esta abordagem de tripla decisão para o uso sustentável dos recursos naturais examinando dois exemplos – um em escala regional (Seção 13.5.1) e outro em escala global (Seção 13.5.2).

13.5.1 Manejando uma paisagem agrícola

Quando a produção agrícola torna-se demasiadamente intensiva e ocupa grandes áreas, a biodiversidade é perdida devido à perda de remanescentes de hábitats ricos em espécies e ao impacto dos altos níveis de pesticidas. Ao mesmo tempo, há um efeito adverso sobre os serviços ecossistêmicos, tais como a provisão de água de alta qualidade para o consumo e recreação. Normalmente fornecidos "gratuitamente" a partir de paisagens saudáveis, estes podem ser perdidos devido ao aporte de grandes quantidades de nitrogênio e fósforo, sedimentos finos do solo erodido, e ao aumento na quantidade de patógenos na água provenientes de animais de criação, os quais afetam os seres humanos (tais como o parasito *Giardia*).

O impacto da agricultura depende da proporção da paisagem que é usada para a produção. Uma propriedade rural pequena – mesmo havendo uso excessivo de arados, fertilizantes e pesticidas – terá pouco efeito sobre a biodiversidade e qualidade da água na paisagem como um todo. É o efeito cumulativo de áreas cada vez maiores de agricultura intensiva que reduz a biodiversidade regional e a qualidade da água necessária para outras atividades humanas. Em outras palavras, o manejo de paisagens agrícolas precisa ser feito em escala regional.

comparando três cenários para o manejo de uma área de captação

Santelmann e colaboradores (2004) integraram o conhecimento de especialistas em disciplinas ambientais, econômicas e sociológicas em visões alternativas de uma paisagem específica – a área de captação de Walnut Creek, em uma parte intensivamente cultivada de Iowa, EUA. Eles mapearam o atual padrão de uso da terra e então criaram três estratégias de manejo, analisando como os ganhos agrícolas, a qualidade da água e a biodiversidade mudariam sob cada cenário. Um cenário de *produção* propõe que a captação será similar em 25 anos, se for dada prioridade continuada à produção de milho e soja (culturas em "linha"), seguindo uma política que estimula a expansão do cultivo para todos os solos altamente produtivos disponíveis na área de captação. Um cenário de *qualidade da água* propõe uma nova (hipotética) política federal que reforça os padrões químicos de rios e água subterrânea, e sustenta práticas agrícolas que reduzem a erosão do solo. E um cenário de *biodiversidade* assume uma nova (hipotética) política federal pelo aumento da abundância e riqueza de plantas e animais nativos – neste caso, uma rede de reservas de biodiversidade é estabelecida com corredores de hábitats conectados (incluindo as zonas ripárias dos rios).

A Figura 13.14 compara três cenários de distribuição de hábitats agrícolas e "naturais" em um período de 25 anos. Comparada com a situação atual, o cenário de "produção" gera a paisagem mais homogênea, com um aumento de lavouras em linhas e um decréscimo na pastagem menos lucrativa e plantas forrageiras. O cenário de "qualidade da água" leva a faixas ripárias mais extensas de cobertura de vegetação natural e maior cobertura de lavouras

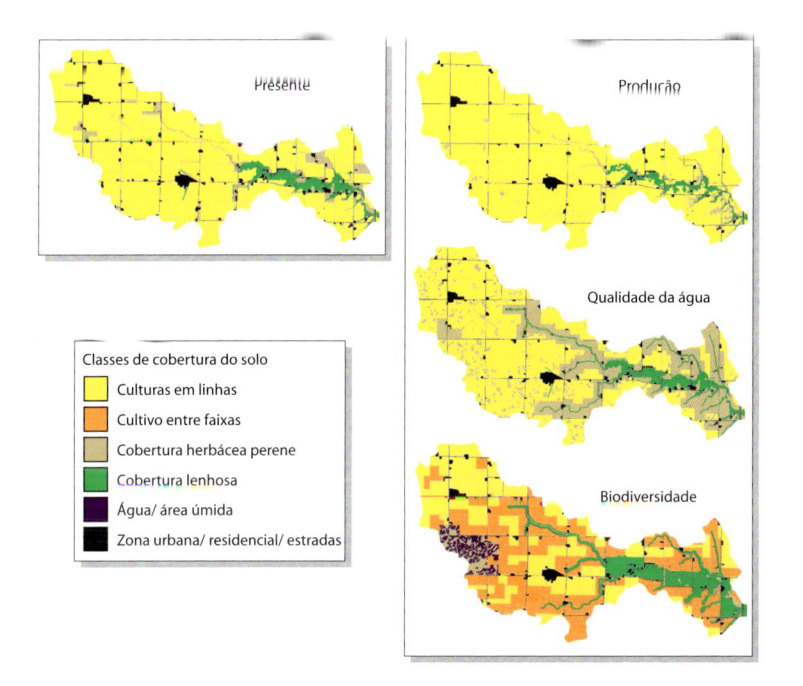

Figura 13.14

Paisagem atual (superior esquerdo) e cenários futuros alternativos para a área de captação de Walnut Creek em Iowa, EUA. Em comparação à situação atual, observe como culturas em linhas aumentam em detrimento da cobertura perene no cenário de "produção". No cenário de "qualidade da água", observe o aumento na cobertura perene (pastagem e culturas forrageiras) e área de amortecimento ripário mais largas. No cenário de "biodiversidade", observe o aumento no cultivo entre faixas, área de amortecimento ripário mais largas e as extensas reservas de restauração de pradarias, florestas e áreas úmidas.

perenes (pastagem e plantas forrageiras), as quais contribuem tanto para uma melhor qualidade da água quanto para a biodiversidade. Finalmente, o cenário de "biodiversidade" tem faixas de vegetação ripária ainda mais largas, juntamente com reservas de pradarias, florestas e áreas úmidas, e um aumento de faixas entre lavouras, uma prática agrícola que beneficia a biodiversidade, pois aumenta a conectividade entre reservas.

> os agricultores aceitam um cenário de "biodiversidade" a despeito da produtividade mais baixa

A percentagem de mudança após 25 anos em termos econômicos, de qualidade da água e biodiversidade é mostrada para cada cenário na Figura 13.15. Não surpreendentemente, o cenário de "biodiversidade" obtém os valores mais para ganhos em biodiversidade vegetal e animal. Mais esperado é o resultado que mostra que o uso da terra e as práticas de manejo requeridos pelo cenário de "biodiversidade" são quase tão lucrativos para os agricultores quanto as práticas atuais. O cenário de "biodiversidade" também obtém os valores mais altos quanto à aceitabilidade por parte dos agricultores (baseada nos valores atribuídos à imagens de cobertura do solo sob cada cenário), e fornece melhorias na qualidade da água similares em magnitude àquelas no cenário de "qualidade da água". A despeito da lucratividade levemente mais alta do cenário de "produção", parece que os agricultores não ficariam infelizes com a estratégia de "biodiversidade", que fornece os maiores benefícios à comunidade em termos de biodiversidade e serviços ecossistêmicos.

13.5.2 Resultados ambientais globais de cenários sociopolíticos diferentes

Lidar com a diversidade de pontos de vista entre vizinhos em uma região agrícola é suficientemente difícil, mas nossos maiores problemas ambientais requerem uma mudança global multinacional nos modos como tratamos da natureza.

Uma análise de quatro cenários sociopolíticos na Tabela 13.2 explora tendências prováveis de mudanças climáticas, problemas de poluição e o estado dos serviços ecossistêmicos. Se há pouca mudança em nossa mentalidade sociopolítica – isto é, se nosso mundo permanece regionalizado, fragmentado e preo-

Figura 13.15

Mudança percentual na área de captação de Walnut Creek para cada cenário ("produção", qualidade da água e "biodiversidade", comparada com a situação atual), em medidas de qualidade da água (sedimento, concentração de nitrato), uma medida econômica (ganho agrícola na área de captação como um todo), uma medida da preferência do agricultor para cada cenário (baseada nos escores atribuídos pelos agricultores a imagens que mostram como a cobertura do solo pareceria sob cada cenário) e duas medidas de biodiversidade (plantas e vertebrados). Os cenários de "biodiversidade" e "qualidade da água" tiveram escores maiores do que o cenário de "produção" em tudo, menos na lucratividade econômica.

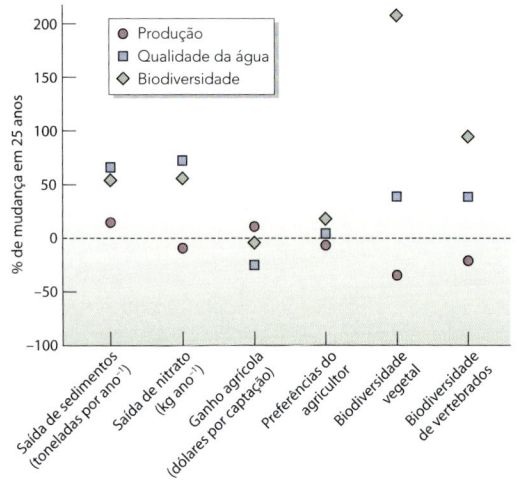

ADAPTADA DE SANTELMANN ET AL., 2004

Tabela 13.2

Quatro cenários que exploram futuros plausíveis para ecossistemas e bem-estar humano; baseados em diferentes pressuposições a respeito de forças sociopolíticas de mudança e suas interações. As emissões de gases-estufa [dióxido de carbono (CO_2), metano (CH_4), óxido nítrico (N_2O) e "Outros"] são expressas como gigatoneladas de equivalentes-carbono (GtC-eq).

	EMISSÕES DE GASES ESTUFA ATÉ 2050	AUMENTO NA TEMPERATURA PREVISTO ENTRE 2050 E 2100	MUDANÇAS NO USO DA TERRA ATÉ 2050	TRANSPORTE DE NITROGÊNIO EM RIOS ATÉ 2025	SERVIÇOS ECOSSISTÊMICOS ATÉ 2025
Orquestração global Uma sociedade globalmente conectada focada em comércio e liberalização econômica global. Assume uma abordagem reativa para os problemas ecossistêmicos. Toma medidas fortes para reduzir a pobreza e desigualdade e investe em bens públicos, como infraestrutura e educação. O crescimento econômico é o mais alto dos quatro cenários, enquanto a população em 2050 é a menor (8,1 bilhões).	CO_2: 20,1 GtC-eq CH_4: 3,7 GtC-eq N_2O: 1,1 GtC-eq Outros: 0,7 GTC-eq	2050: +2,0 °C 2100: +3,5 °C	Declínio florestal lento até 2050, 10% mais terra arável	Aumento do nitrogênio em rios	Serviços provedores melhorados, serviços reguladores e culturais degradados
Ordem pela força Um mundo regionalizado e fragmentado, preocupado com segurança e proteção, enfatizando primariamente os mercados regionais, prestando pouca atenção aos bens públicos e assumindo uma abordagem reativa aos problemas ecossistêmicos. A taxa de crescimento econômico é a mais baixa (particularmente em países em desenvolvimento) enquanto o crescimento populacional é o mais alto dentre os cenários (9,6 bilhões em 2050).	CO_2: 15,4 GtC-eq CH_4: 3,3 GtC-eq N_2O: 1,1 GtC-eq Outros: 0,5 GtC-eq	2050: +1,7 °C 2100: +3,3 °C	Declínio florestal rápido até 2050, 20% mais terra arável	Aumento do nitrogênio em rios	Todos os serviços ecossistêmicos fortemente degradados

(continua)

Tabela 13.2 (continuação)

	EMISSÕES DE GASES ESTUFA ATÉ 2050		AUMENTO NA TEMPERATURA PREVISTO ENTRE 2050 E 2100	MUDANÇAS NO USO DA TERRA ATÉ 2050	TRANSPORTE DE NITROGÊNIO EM RIOS ATÉ 2025	SERVIÇOS ECOSSISTÊMICOS ATÉ 2025
Mosaico adaptativo Ecossistemas na escala da área de captação de rios são o foco de atividade política e econômica. Instituições locais são fortalecidas e as estratégias de manejo dos ecossistemas locais são comuns, com uma abordagem fortemente proativa (e de aprendizado). O crescimento econômico é inicialmente baixo mas aumenta com o tempo. A população em 2050 é alta (9,5 bilhões).	CO_2: CH_4: N_2O: Outros:	13,3 GtC-eq 3,2 GtC-eq 0,9 GtC-eq 0,6 GtC-eq	2050: +1,9 °C 2100: +2,8 °C	Declínio florestal rápido até 2050, 20% mais terra arável	Aumento do nitrogênio em rios	Todos os serviços ecossistêmicos melhorados
Tecnojardim Um mundo globalmente conectado baseado e tecnologia ambientalmente racional, usando ecossistemas altamente manejados, frequentemente planejados, para fornecer os serviços ecossistêmicos, e assumindo uma abordagem proativa para o manejo dos ecossistemas. O crescimento econômico é relativamente alto e acelerado, enquanto a população em 2050 é intermediária (8,8 bilhões). Este é o único cenário a assumir uma política climática (CO_2 estabilizando a 550 ppm).	CO_2: CH_4: N_2O: Outros:	4,7 GtC-eq 1,6 GtC-eq 0,6 GtC-eq 0,2 GtC-eq	2050: +1,5 °C 2100: +1,9 °C	Expansão florestal até 2050, 9% mais terra arável	Diminuição do nitrogênio em rios	Serviços provedores e reguladores melhorados, serviços culturais degradados

DE TOWNSEND, 2007; BASEADA EM MILLENNIUM ECOSYSTEM ASSESSMENT, 2005

cupado principalmente com segurança e proteção –, espera-se que o cenário de *ordem pela força* provoque, com o pequeno crescimento econômico, uma degradação em todos os serviços ecossistêmicos e um grande aumento na temperatura global. Uma sociedade mais conectada globalmente (*orquestração global*) poderia produzir um crescimento econômico mais elevado e melhorias para as pessoas mais pobres, porém ao custo de muitos serviços ecossistêmicos e de um maior aumento previsto na temperatura (particularmente devido ao uso pesado e contínuo de combustíveis fósseis). O cenário de *mosaico adaptativo*, de um mundo guiado por comunidades locais focadas no manejo ambiental racional (tal como nosso exemplo regional na Seção 13.5.1), levaria a um menor crescimento econômico, a melhorias para todos os serviços ecossistêmicos e a um crescimento intermediário na temperatura global. Finalmente, o cenário *tecnojardim*, com seus ecossistemas ambientalmente racionais, porém altamente manejados, e crucialmente com uma política de mudança climática (dióxido de carbono estabilizando em 550 ppm), diminui o aumento na temperatura, reduz a poluição dos corpos d'água por nutrientes e melhora os serviços ecossistêmicos – exceto os culturais, pois muitos ecossistemas são manejados e não-naturais.

Quais destes cenários, ou outros, virão a ocorrer depende de uma ampla gama de fatores sociopolíticos. Fique de olho!

RESUMO

Impactos físicos e químicos das atividades humanas

As pessoas degradam fisicamente ou poluem quimicamente os ecossistemas quando geram energia ou preparam a terra para finalidades agrícolas, urbanas e industriais. Os seres humanos não são a única espécie que degrada seu ambiente, e quando nossa densidade populacional era baixa, e antes da nossa exploração de energia não alimentar, os seres humanos provavelmente não tiveram impacto maior do que diversas outras espécies. Porém, atualmente a escala dos efeitos humanos é proporcional à nossa grande população e às tecnologias avançadas.

A degradação de hábitats tem custos em termos de saúde humana e serviços ecossistêmicos perdidos, incluindo serviços provedores (tais como alimentos extraídos da natureza e água potável), culturais (incluindo oportunidades educacionais e recreacionais), reguladores (tais como a capacidade do ecossistema de degradar poluentes e de regular o clima) e sustentadores (incluindo a produção primária e a formação do solo).

Degradação via cultivo agrícola

A produção intensiva de gado em fazendas industriais é bastante poluidora. Pode haver necessidade de dispersar os resíduos agrícolas levemente sobre extensas áreas, para diluí-los a um nível que os decompositores naturais possam lidar com eles. A agricultura intensiva está associada a um aumento no nitrato e no fosfato que escorre para os rios, lagos e oceanos. A consequente eutrofização pode ser combatida pelo ajuste do suprimento de fertilizantes à demanda de produção agrícola, pela restauração de áreas úmidas naturais (ou construção de áreas úmidas artificiais) para que os nutrientes em excesso sejam absorvidos antes que entrem nos rios e em lagos pela biomanipulação do nível de pastejo sobre o fitoplâncton para aumentar a transparência da água.

Diversos pesticidas manufaturados têm-se tornado importantes poluentes ambientais. Os problemas surgem quando os pesticidas são tóxicos para muito mais espécies do que apenas a espécie-alvo e particularmente quando se espalham para além das áreas-alvo e persistem no ambiente. Os inseticidas organoclorados têm sido particularmente problemáticos porque são progressivamente biomagnificados em animais, nos níveis superiores das cadeias alimentares. Predadores de topo em cadeias alimentares aquáticas e terrestres, os quais nunca foram os alvos, podem então acumular doses bastante altas.

O cultivo agrícola pode também degradar fisicamente uma paisagem por meio da perda de diversidade de hábitats, ao passo que a irrigação pesada remove água dos rios e muda os seus padrões de fluxo, com consequências adversas para os habitantes dos rios.

Geração de energia e seus diversos efeitos

O uso de combustíveis fósseis tem fornecido a energia para transformar grande parte da face do planeta através da agricultura intensiva, urbanização e desenvolvimento industrial. Os efeitos poluidores da queima de carvão e petróleo incluem a chuva ácida, a qual pode afetar lagos e florestas em países vizinhos, e o aumento preocupante no dióxido de carbono atmosférico, o qual é responsável pela mudança climática em nível global.

Recentemente tem sido dada importância ao desenvolvimento de fontes alternativas de energia que não liberem dióxido de carbono. Espera-se que as tecnologias mais limpas e seguras derivem-se de usinas hidrelétricas (já em estado tecnologicamente avançado em muitas partes do globo), juntamente com parques eólicos (desenvolvendo-se rapidamente, mas com potenciais consequências adversas para aves migratórias) e energia do sol e das ondas. A energia nuclear, cuja popularidade caiu devido a preocupações sobre a segurança e descarte de resíduos radiativos, está sendo reconsiderada, pois não libera gases-estufa.

Degradação em paisagens urbanas e industriais

As nossas fezes e urina criam grandes problemas de descarte em cidades devido a suas altas densidades. Na situação mais simples, o tratamento primário de esgotos simplesmente remove a maior parte da matéria orgânica sólida. O tratamento secundário mimetiza os processos de decomposição natural, eliminando a matéria orgânica, mas deixando altas concentrações de nitrato e fosfato na água residual. O tratamento terciário remove quimicamente esses nutrientes.

Compostos químicos industriais exóticos também encontram caminho rumo aos cursos d'água e à atmosfera onde causam diversos problemas. Por exemplo, compostos de clorofluorcarbono (CFCs), usados em aerossóis e refrigeradores e usados internacionalmente em grande escala, apresentam a ameaça de seu teor de cloro poder interagir e destruir o ozônio atmosférico, o qual normalmente protege a biota do mundo da radiação UV prejudicial. Espera-se que acordos internacionais para suspender o uso dos CFCs resolvam o problema por volta de 2050 (incluindo a recuperação do buraco na camada de ozônio que se forma anualmente sobre a Antártica).

Atividades de mineração, seja por combustíveis fósseis ou metais, também causam degradação física e química para os ecossistemas do entorno. Por exemplo, mais de 1 milhão de toneladas de petróleo entram nos cursos d'água do mundo todos os anos de poços explorados no fundo oceânico ou de navios petroleiros, com consequências adversas para a vida marinha. A mineração por metais, tais como o cobre, pode também poluir em todos os estágios de extração, purificação e descarte de resíduos.

Terras que foram danificadas por mineração são normalmente instáveis, suscetíveis à erosão e desprovidas de vegetação. A solução mais simples para a recuperação das terras é os restabelecimento de cobertura vegetal, pois esta estabilizará a superfície, será visualmente atrativa e autossustentável. Plantas candidatas para a recuperação são as que são tolerantes aos metais tóxicos presentes.

Manutenção e restauração de serviços ecossistêmicos

O conceito de serviços ecossistêmicos focaliza três diferentes formas de ver os nossos efeitos sobre o mundo natural – a tripla decisão das perspectivas ambientais, econômicas e sociológicas. O planejamento do uso sustentável dos recursos naturais normalmente precisa ser feito em escalas regionais ou globais.

O impacto da agricultura depende da proporção da paisagem que é usada para a produção, e o planejamento precisa ser feito em escala regional e envolver especialistas em disciplinas ambientais e sociológicas. Lidar com a diversidade de visões entre vizinhos é suficientemente difícil, mas nosso maior problema ambiental – a mudança climática devido em grande medida à queima de combustíveis fósseis – requer um planejamento em nível global e multinacional.

QUESTÕES DE REVISÃO

Asteriscos indicam questões desafiadoras.

1. Quais são as características que distinguem a poluição humana do ambiente daquela gerada por outros organismos sociais?
2. Explique por que pode ser impossível conseguir uma produção agrícola crescente sem gerar níveis inaceitáveis de nitrato na água potável.
3* Considere o toalete que você usa mais frequentemente. Descubra para onde seu esgoto vai e como é tratado. Com quais problemas de poluição você está contribuindo com o resultado do descarte do seu esgoto?
4. Descreva as causas da chuva ácida e a forma pela qual ela prejudica comunidades aquáticas e terrestres.
5* Usinas hidrelétricas representam uma das formas menos poluidoras de geração de energia. Por outro lado, elas apresentam muitos efeitos negativos sobre os sistemas naturais. Quais são eles?
6. Defina as características que tornam alguns pesticidas poluentes particularmente perigosos.
7. Descreva as formas através das quais o uso de metais pelos seres humanos tem criado problemas de poluição ambiental.
8. Defina o efeito estufa e liste os poluentes que contribuem para o mesmo.
9* Revise o caso dos abutres asiáticos em via de extinção (ver Seção 1.3.4) e descreva os serviços ecossistêmicos que poderiam ser perdidos com os abutres. De forma esquemática, descreva como o valor econômico poderia ser estimado para estes serviços.
10* É frequentemente argumentado que a poluição ambiental pode ser evitada somente "fazendo-se o poluidor pagar". Discuta as formas através das quais isto pode, ou poderia, ser feito.

Capítulo 14

Conservação

CONTEÚDOS DO CAPÍTULO

14.1 Introdução
14.2 Ameaças à biodiversidade
14.3 Conservação na prática
14.4 Conservação em um mundo em transformação
14.5 Considerações finais

CONCEITOS-CHAVE

Neste capítulo você:

- perceberá que, em nossas tentativas de conservação das espécies e comunidades da Terra, frequentemente ficamos entristecidos com nossa ignorância sobre o que há para conservar
- compreenderá que espécies ameaçadas de extinção são geralmente raras, mas que nem todas as espécies raras estão ameaçadas
- entenderá que algumas espécies correm risco de extinção, por alguns fatores, isolados ou combinados, como a sobre-exploração, a destruição de hábitats e a introdução de espécies exóticas
- perceberá que as populações que se tornam muito pequenas podem enfrentar problemas genéticos
- aprenderá que a conservação de uma espécie envolve o desenvolvimento de um plano de manejo, mas que normalmente também necessita de uma perspectiva mais abrangente em nível de comunidade
- perceberá que a mudança climática global dificulta mais ainda o planejamento de conservação

Os ecossistemas naturais têm sido ameaçados por um conjunto de influências humanas, principalmente em decorrência de nosso crescimento populacional explosivo. A Biologia da Conservação é a ciência que se preocupa em aumentar a probabilidade de persistência das espécies e das comunidades da Terra (ou, em termos gerais, da sua biodiversidade). Precisamos levar em consideração a extensão do problema, entender as ameaças impostas pelas atividades humanas e considerar como o conhecimento ecológico pode contribuir para a solução dos problemas ambientais.

14.1 Introdução

O termo *biodiversidade* está frequentemente presente tanto na mídia popular quanto na literatura científica, o que, entretanto, muitas vezes ocorre sem uma definição inequívoca do seu significado. Na sua forma mais simples, o termo é usado para expressar a riqueza de espécies, ou seja, o número de espécies presentes em uma unidade geográfica definida (ver Capítulo 10). No entanto, a biodiversidade pode ser analisada em uma escala menor ou maior do que a espécie. Por exemplo, podemos incluir a diversidade genética de uma espécie, talvez procurando conservar subpopulações geneticamente distintas e subespécies (ver Capítulo 8). Acima do nível de espécie, podemos desejar assegurar que as espécies que não possuam parentes próximos vivos na atualidade recebam proteção especial, a fim de garantir a manutenção da maior variedade possível de linhagens evolutivas da biota mundial. Em uma escala ainda maior, a biodiversidade pode incluir o conjunto de tipos de comunidades presentes em uma região – pântanos, desertos, estágios iniciais e finais da sucessão de uma floresta e assim por diante. Assim, o termo "biodiversidade" pode ter significados diferentes. Não obstante, é necessário deixar claro o significado utilizado para que o termo tenha uso prático. Os ecólogos devem definir precisamente o que eles pretendem conservar em diferentes situações e como se pode julgar se as metas foram atingidas.

<aside>o que é biodiversidade?</aside>

A taxa de extinção de espécies decorrente da influência humana é a principal preocupação dos biólogos da conservação. Para avaliarmos a dimensão desse problema, precisamos conhecer o número total de espécies que existem no mundo, a taxa na qual elas estão sendo extintas e compará-la com a taxa de extinção de períodos anteriores à evolução da espécie humana. Infelizmente, existem incertezas consideráveis em todas as nossas estimativas referentes a esses aspectos. Cerca de 1,8 milhão de espécies já foi descrita pelos cientistas (Figura 14.1), mas o verdadeiro número de espécies deve ser muito maior. Estimativas têm sido feitas de diferentes maneiras. Uma abordagem, por exemplo, utiliza informação sobre a taxa de descoberta de novas espécies em cada grupo taxonômico para fazer projeções. Esta técnica conduz a estimativas de um total de até 6-7 milhões de espécies no mundo. Contudo, as incertezas na estimativa da riqueza global de espécies são muito grandes e nossos melhores prognósticos variam de 3 a 30 milhões ou mais (Gaston, 1998).

<aside>as estimativas do número de espécies sobre a Terra variam de 3 a 30 milhões ou mais</aside>

Uma importante lição oriunda do registro fóssil é o entendimento de que a esmagadora maioria das espécies (provavelmente todas) finalmente se torne extinta – mais de 99% de todas as espécies que já existiram na Terra encon-

<aside>taxas de extinção modernas em comparação com taxas de extinção históricas</aside>

ção – não que existam argumentos reais contra a conservação, mas existem argumentos a favor das atividades humanas que tornam a conservação necessária: agricultura, derrubada de árvores, exploração de populações de animais selvagens, exploração de minerais, queima de combustíveis fósseis, irrigação, disposição de resíduos e assim por diante. Para serem efetivos, os argumentos dos conservacionistas devem ser organizados em termos de uma análise custo-benefício, pois os governos sempre determinam suas políticas em decorrência de seus orçamentos e das prioridades de seus eleitores.

Uma autoridade governamental do setor ambiental está considerando uma proposta para criar uma reserva marinha em uma escarpa rochosa de grande beleza cênica. O local possui uma grande diversidade de espécies, incluindo algumas raras. Os pescadores amadores e profissionais desejam continuar pescando nessa área singularmente produtiva, e a população local tem sentimentos variados sobre o influxo esperado de turistas, enquanto os conservacionistas (cuja maioria vive muito distante do local) acreditam que o valor de conservação é tal que a pesca deveria ser proibida e que o número de visitantes deveria ser rigorosamente controlado. Imagine que você é um administrador presidindo uma reunião envolvendo todos esses interesses. Que argumentos você acha que cada segmento usaria? Qual seria a sua decisão e por quê?

A biologia da conservação baseia-se no entendimento das ameaças enfrentadas pela biodiversidade (Seção 14.2). Após a apresentação desta base teórica, consideraremos na Seção 14.3 as opções disponíveis aos biólogos da conservação para manter ou restaurar a biodiversidade. Então, na Seção 14.4 consideramos alguns dos temas que confrontam os biólogos da conservação diante da mudança climática global. A Seção 14.5 dá a palavra final.

14.2 Ameaças à biodiversidade

a classificação das ameaças

Um objetivo básico da conservação é evitar que as espécies sejam extintas, regional ou globalmente. Mas como definimos o risco de extinção enfrentado por uma espécie? Uma espécie pode ser descrita como:

- *criticamente em perigo*, se o risco de extinção for igual ou superior a 50% nos próximos 10 anos ou nas três próximas gerações, o que durar mais (Figura 14.2);
- *em perigo*, se a probabilidade de extinção é de mais de 20% nos próximos 20 anos ou em cinco gerações;
- *vulnerável*, se houver chance de extinção maior do que 10% em 100 anos;
- *quase ameaçada*, se uma espécie está próxima de se qualificar em uma das categorias de ameaça ou for julgada como provável de se qualificar no futuro próximo;
- de *menor preocupação*, se uma espécie não se encaixar em nenhuma destas categorias de ameaça (Rodrigues et al., 2006).

Com base nos critérios acima, por exemplo, 12% das espécies de aves, 20% dos mamíferos e 32% dos anfíbios estão ameaçados de extinção (estão criticamente ameaçadas, ameaçadas ou vulneráveis; Rodrigues et al., 2006).

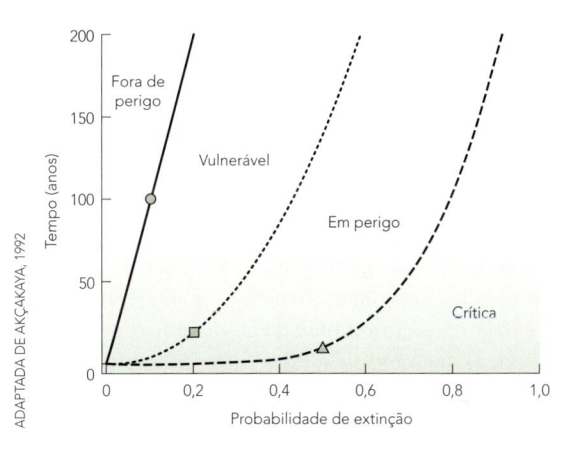

Figura 14.2
Níveis de ameaça em função do tempo e da probabilidade de extinção. O círculo representa uma probabilidade de 10% (i.e., 0,1) de extinção em 100 anos (critério mínimo para uma população ser designada "vulnerável"). O quadrado representa uma probabilidade de 20% de extinção em 20 anos (critério mínimo para a designação de "em perigo"). O triângulo representa uma probabilidade de 50% de extinção em 10 anos (critério mínimo para a designação de "criticamente em perigo").

As espécies que possuem alto risco de extinção são quase sempre raras, mas nem todas as espécies raras estão ameaçadas. Precisamos definir precisamente o que significa o termo raro. Uma espécie pode ser rara por possuir uma pequena distribuição geográfica, por seu hábitat ser incomum ou por possuir populações locais de pequeno tamanho. As espécies que são raras pelos três critérios, tais como o panda gigante (*Ailuropoda melanoleuca*) são intrinsecamente vulneráveis à extinção. No entanto, as espécies precisam ser raras apenas por um critério para se tornarem em perigo. Por exemplo, o falcão peregrino (*Falco peregrinus*) é amplamente distribuído ao longo de diferentes hábitats e regiões geográficas, mas como ele sempre existe sob baixas densidades, certas populações locais nos EUA têm sido extintas e têm sido restabelecidas com indivíduos nascidos em cativeiro (ver Quadro 13.1).

Contudo, espécies raras, apenas por sua raridade, não estão necessariamente ameaçadas de extinção. Na verdade, parece que algumas, provavelmente a maioria, são naturalmente raras. Já dissemos (ver Capítulo 2) que tudo está quase sempre ausente de quase todos os lugares. Em resumo: muitas espécies nascem raras – mas outras sofrem uma pressão em decorrência de sua raridade. Se outras variáveis forem iguais, é fácil extinguir uma espécie rara simplesmente porque um efeito localizado pode ser suficiente para empurrá-la para a beira da extinção. A seguir, trataremos das várias categorias de influência humana que aumentam as chances de extinção das espécies.

existem várias maneiras de ser raro

algumas espécies sofrem uma pressão decorrente da sua raridade

14.2.1 Sobre-exploração

A essência da sobre-exploração reside no fato de as populações serem exploradas a uma taxa insustentável, dadas as suas taxas naturais de mortalidade e suas capacidades reprodutivas (ver Seção 12.3). Já discutimos a ideia de que em tempos pré-históricos o homem foi o responsável pela extinção de muitos animais de grande porte, os chamados mega-herbívoros, devido à sua sobre-exploração (ver Seção 10.6). Em épocas mais recentes, a história das grandes baleias seguiu um padrão semelhante. Ainda hoje exploramos outros gigantes vulneráveis. Os tubarões são um exemplo interessante. Um grande número de indivíduos

animais de grande porte são propensos à sobre-exploração

das espécies mais temidas (embora os ataques sejam muito mais raros do que o presente na imaginação popular) é pescado por esporte, muitos outros para fazer sopa de barbatana, enquanto uma grande proporção da estimativa anual de captura de 200 milhões de tubarões ocorre acidentalmente durante a pesca comercial. Um conjunto crescente de evidências indica que muitas espécies de tubarão estão apresentando um declínio em sua abundância, uma tendência que não deveria surpreender, devido à sua maturidade sexual tardia, seu ciclo reprodutivo lento e sua baixa fecundidade (Cortes, 2002). Os tubarões estão entre os predadores mais importantes do ambiente marinho e sua raridade forçada pode ter repercussões de larga escala nas comunidades oceânicas.

a ameaça imposta pelos colecionadores

Uma característica dos animais que são coletados em decorrência de seus ornamentos, seja por partes específicas de seu corpo, seja para servirem como animais de estimação ou mascotes, é que o seu valor para os colecionadores aumenta à medida que eles se tornam mais raros. Assim, em vez de serem menos explorados sob baixas densidades, em decorrência de uma redução dependente da densidade na sua taxa de consumo (ver Seção 7.5), é observado o oposto. O fenômeno não é restrito aos animais. Uma espécie vegetal endêmica da Nova Zelândia, o visco (*Trilepidia adamsii*), por exemplo, que parasita poucos arbustos de sub-bosque e árvores pequenas, foi, sem dúvida, coletada em excesso para fornecer exsicatas de herbários. Tendo sido sempre uma espécie rara, sua extinção (ela foi registrada de 1867 a 1954 e não foi vista desde então) ocorreu devido à coleta exagerada combinada ao desmatamento e, talvez, ao efeito adverso da redução das populações de aves que realizavam a dispersão de seus frutos.

14.2.2 Destruição de hábitats

Os hábitats podem ser adversamente afetados pela influência humana de três maneiras principais. Primeiro, uma proporção do hábitat disponível para uma determinada espécie pode ser completamente destruída em decorrência do desenvolvimento urbano ou industrial ou de atividades voltadas à produção de alimento e outros recursos, como a madeira. Segundo, o hábitat pode ser degradado pela poluição (ver Capítulo 13), a ponto de se tornar inabitável para certas espécies. Terceiro, o hábitat pode ser perturbado pelas atividades humanas em detrimento de alguns de seus ocupantes.

o hábitat pode ser destruído...

O desmatamento foi, e continua sendo, a causa mais comum de destruição de hábitats. A maior parte das florestas temperadas nativas dos países desenvolvidos foi destruída há muito tempo, ao passo que as taxas atuais de desmatamento nos trópicos são de 1% ou mais por ano. Como consequência, mais da metade do hábitat da vida selvagem já foi destruída na maioria dos países tropicais. O processo de destruição frequentemente faz com que o hábitat remanescente disponível para uma espécie fique mais fragmentado do que no passado. Isso pode ter várias repercussões sobre as populações afetadas, o que discutiremos na Seção 14.2.4.

...ou degradado

A degradação pela poluição pode ocorrer de várias formas, desde a aplicação de pesticidas que prejudicam outras espécies além dos organismos-alvo, até a chuva ácida com seus efeitos adversos sobre uma grande diversidade de organismos, como árvores em florestas, anfíbios em poças d'água e peixes em lagos, e a mudança climática global que pode ter a influência mais abrangente de todas. Os ambientes aquáticos são especialmente vulneráveis à poluição. A água, os compostos químicos inorgânicos e a matéria orgânica entram nas bacias de drenagem, as quais apresentam uma íntima conexão com riachos, rios, lagos e plataformas continentais. Mudanças no uso do solo, liberação de resíduos e represamento e isolamento de corpos d'água podem afetar profundamente os padrões de fluxo da água e a sua qualidade (Allan & Flecker, 1993).

A perturbação de hábitats não tem uma influência tão grave quanto a sua destruição ou degradação, mas algumas espécies são particularmente sensíveis a ela. Por exemplo, o mergulho em recifes de coral, mesmo em reservas marinhas, pode danificá-los devido ao contato físico direto com as mãos, o corpo, os equipamentos ou os pés-de-pato. Frequentemente, a perturbação é secundária, mas pode contribuir com danos cumulativos e com a redução das populações de espécies vulneráveis de coral. Em uma análise do comportamento de 214 mergulhadores em um parque marinho na Grande Barreira de Recifes (*Great Barrier Reef*) da Austrália, foi constatado que 15% danificavam ou quebravam corais, principalmente por batidas com os pés-de-pato (Rouphael & Inglis, 2001). Os impactos eram causados mais comumente por mergulhadores do sexo masculino do que do feminino, ao passo que fotógrafos submarinos causavam mais dano, em média (1,6 corais quebrados a cada 10 minutos), do que mergulhadores sem câmeras fotográficas (0,3 corais quebrados a cada 10 minutos). A recreação, o ecoturismo e, até mesmo, a pesquisa ecológica em ambientes naturais não ocorrem sem o risco de perturbação e um declínio nas populações envolvidas.

...ou perturbado

14.2.3 Espécies introduzidas

Invasões de espécies exóticas em novas áreas geográficas podem ocorrer naturalmente e sem a interferência humana. Contudo, as atividades humanas aumentaram enormemente a ocorrência desse fenômeno. As introduções mediadas pelo homem podem ocorrer acidentalmente, por meio do transporte humano, ou intencionalmente. As introduções intencionais podem ser ilegais e visar a um interesse privado ou podem ser legítimas e ocorrer na tentativa de beneficiar a população, visando ao controle de uma praga, à produção de novos produtos agrícolas e à criação de novas oportunidades recreativas. Muitas espécies introduzidas são assimiladas pelas comunidades sem causar um efeito óbvio. No entanto, algumas têm sido responsáveis por drásticas alterações para as espécies nativas e para as comunidades naturais.

A introdução acidental da serpente *Boiga irregularis* em Guam, uma ilha no Oceano Pacífico, por exemplo, resultou na redução das populações de dez espécies endêmicas de aves florestais ao ponto da extinção pela predação de seus ninhos. A dispersão gradual da população dessa serpente a partir do centro da ilha em direção ao norte e ao sul tem sido acompanhada pela perda de espécies de aves (Figura 14.3). Da mesma forma, a introdução da predadora perca-do-Nilo (*Lates nilotica*) para servir como fonte de alimento humano no Lago Vitória da África Oriental, o qual possui uma altíssima diversidade de espécies, levou a maioria de suas 350 espécies de peixes endêmicas à extinção ou à beira da extinção (Kaufman, 1992).

predadores introduzidos

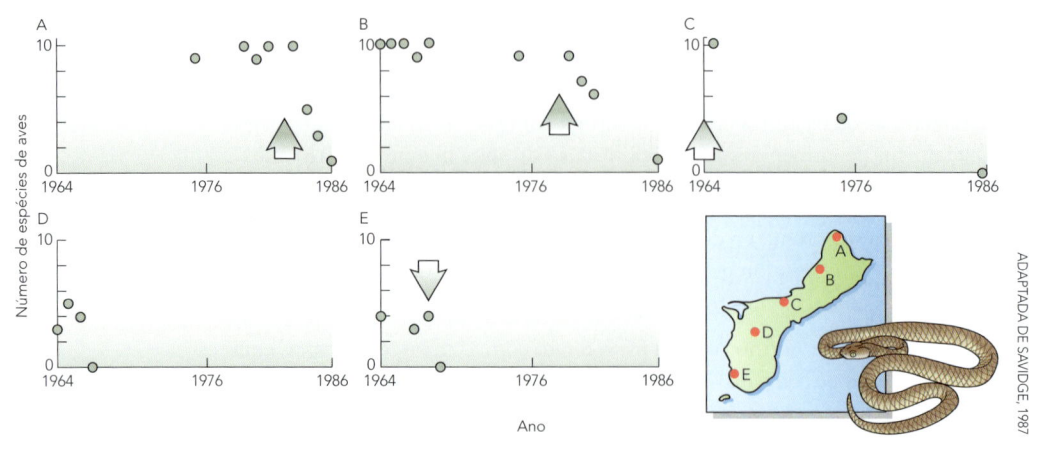

Figura 14.3

Declínio no número de espécies de aves florestais em cinco localidades da Ilha de Guam. As setas indicam a primeira vez que uma serpente (*Boiga irregularis*) foi avistada, em cada localidade (na localidade D, a serpente foi vista pela primeira vez no início da década de 1950).

introduções conduzindo à homogeneização

Os biólogos da conservação estão particularmente preocupados com os efeitos das espécies introduzidas sobre comunidades ricas em espécies endêmicas (i.e., espécies que não vivem em nenhum outro lugar no mundo). Na verdade, uma das principais causas da enorme biodiversidade existente no mundo é a ocorrência de centros de endemismo, fazendo com que hábitats semelhantes presentes em diferentes partes do mundo sejam ocupados por diferentes grupos de espécies que evoluíram nesses locais. Se todas as espécies tivessem acesso a qualquer lugar do planeta, poderíamos esperar que um número relativamente pequeno de espécies bem-sucedidas se tornasse dominante em cada bioma. O grau no qual essa homogeneização pode ocorrer naturalmente está restrito pelo poder limitado de dispersão da maioria das espécies frente às barreiras físicas que a dificultam. Através das oportunidades de transporte oferecidas pelo homem, essas barreiras têm sido rompidas por um número cada vez maior de espécies exóticas. O efeito das introduções tem sido a conversão de comunidades locais compostas por uma diversidade enorme de espécies em algo muito mais homogêneo.

Seria incorreto, no entanto, concluir que toda introdução de espécies em uma região leva inevitavelmente ao declínio da sua riqueza de espécies (Sax e Gaines, 2003). Por exemplo, existem numerosas espécies de plantas, invertebrados e vertebrados encontrados na Europa continental, mas ausentes nas Ilhas Britânicas (muitas devido à sua incapacidade de recolonizá-las após o último período glacial). Sua introdução provavelmente aumentaria a biodiversidade britânica. O efeito prejudicial significativo descrito anteriormente ocorre quando espécies agressivas impõem um novo desafio para as biotas endêmicas que evoluíram na ausência dessas espécies exóticas e que, portanto, não estão adequadamente adaptadas para lidar com elas.

14.2.4 Riscos demográficos associados a populações pequenas

A biologia da conservação é, em essência, uma disciplina da crise. Desta forma, a população remanescente de pandas gigantes na China (ou dos pinguins *Megadyptes antipodes* na Nova Zelândia ou das corujas *Strix occidentalis* na América do Norte) é tão pequena que, se nada for feito para proteger essa espécie, ela será extinta em poucos anos ou décadas. Existe uma necessidade urgente para se entender a dinâmica de pequenas populações.

Essas populações são governadas por um alto nível de incerteza, ao contrário das grandes populações, que podem ser descritas como sendo governadas pela lei das médias (Caughley, 1994). Três tipos de incerteza ou variação que têm grande importância para o destino das pequenas populações podem ser identificados.

1. *Incerteza demográfica*. Variações aleatórias no número de recém-nascidos do sexo masculino ou feminino, ou no número de indivíduos que morrem ou se reproduzem em um determinado ano, ou na "qualidade" genética dos indivíduos em relação à sua capacidade de sobreviver/reproduzir, podem ter uma grande influência sobre o destino de populações pequenas. Suponha que um casal produza uma ninhada composta apenas por fêmeas – tal evento passaria despercebido em uma grande população, mas seria a última geração de uma espécie composta apenas por este casal.
2. *Incerteza ambiental*. Mudanças imprevisíveis nos fatores ambientais, como "desastres" (tais como enchentes, tempestades ou secas de magnitudes que ocorrem muito raramente) ou alterações menores (variação interanual na temperatura ou na precipitação média), também podem selar o destino de uma população pequena. Em comparação com uma população grande, uma população pequena tem uma probabilidade maior de ser extinta ou reduzida a números tão baixos por condições adversas que sua recuperação pode se tornar impossível.
3. *Incerteza espacial*. Muitas espécies consistem de um conjunto de subpopulações que ocorrem em manchas de hábitat mais ou menos discretas (fragmentos de hábitat). Tendo-se em vista que as subpopulações provavelmente difiram em relação à incerteza demográfica e os fragmentos que elas ocupam em termos de incerteza ambiental, espera-se que a dinâmica entre extinção e recolonização local tenha grande influência sobre a probabilidade de extinção de toda a metapopulação (ver Seção 9.3).

Para ilustrar algumas dessas ideias, consideremos o declínio da galinha silvestre (*Tympanuchus cupido cupido*) na América do Norte. Essa ave já foi extremamente comum nos EUA, do estado do Maine até a Virgínia. Por ser altamente comestível e fácil de caçar (e também suscetível aos gatos domésticos e afetada pela transformação de seu hábitat de campo em áreas agrícolas), ela havia desaparecido do continente em 1830, e podia ser encontrada apenas na ilha de Martha's Vineyard. Em 1908, foi estabelecida uma reserva para as últimas 50 aves e, em 1915, a população tinha aumentado para vários milhares de indivíduos. No entanto, 1916 foi um ano ruim. Um incêndio (um desastre) eliminou grande parte da área de reprodução; houve um inverno particularmente rigo-

o caso da galinha silvestre

roso, juntamente com um influxo de aves de rapina (incerteza ambiental); por fim, uma doença de aves domésticas entrou em cena (outro desastre). Nesse ponto, a população remanescente estava sujeita a sofrer incerteza demográfica; por exemplo, apenas duas das 13 aves que estavam vivas em 1928 eram fêmeas. Uma única ave estava viva em 1930 e a espécie se extinguiu em 1932.

a importância da área de hábitat

Dos fatores de alto risco associados às extinções locais de espécies de plantas e animais, a pequena área de hábitat provavelmente seja o mais penetrante. A Figura 14.4 mostra as relações negativas entre as taxas de extinção anuais e a área de alguns táxons. Não há dúvida que a principal razão para a vulnerabilidade de populações habitantes de áreas pequenas é o fato de que elas próprias são pequenas. Isso é ilustrado na Figura 14.5 para espécies de aves em ilhas e para o carneiro *bighorn* (*Ovis canadensis*), em várias áreas de deserto no sudoeste dos EUA.

fragmentação do hábitat

Na realidade, a perda de hábitat resulta não apenas na redução do tamanho absoluto de uma população, mas também na divisão da população original em uma metapopulação de subpopulações semi-isoladas. A continuação do processo de fragmentação pode resultar em uma diminuição no tamanho médio dos fragmentos, em um aumento na distância entre eles e em um aumento na proporção de hábitat de borda (Burgman et al., 1993). Assim, uma questão de importância fundamental é saber se uma espécie está mais ameaçada simplesmente porque suas populações estão subdivididas. Em outras palavras, uma única população de determinado tamanho estaria mais ou menos ameaçada do que uma população dividida em subpopulações distribuídas em fragmentos de hábitat?

A resposta encontra-se no balanço entre a conectividade existente entre as subpopulações e a correlação entre a dinâmica das diferentes subpopulações. Desse modo, onde a probabilidade de dispersão entre os fragmentos (i.e., a conectividade) é alta, as metapopulações tenderão a persistir por mais tempo do que as populações não fragmentadas. A razão é que, quando determinadas subpopulações se extinguem, existe uma boa probabilidade de que elas serão reiniciadas por um colonizador oriundo de outra subpopulação. Contudo, quando os eventos de extinção em diferentes subpopulações estão fortemente correlacionados (devido a variações ambientais que agem de forma idêntica em todos os fragmentos), as metapopulações estarão mais ameaçadas do que as populações não fragmentadas. A razão para isso é que as subpopulações

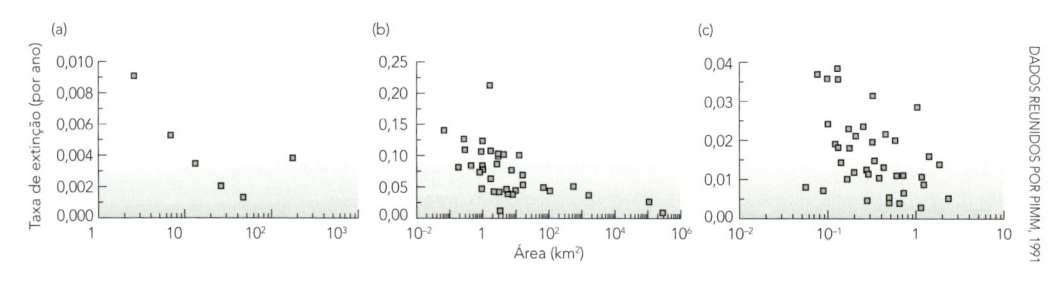

Figura 14.4

Taxas de extinção em percentagem em função da área de hábitat para (a) zooplâncton em lagos no nordeste dos EUA, (b) aves em ilhas europeias setentrionais e (c) plantas vasculares no sul da Suécia.

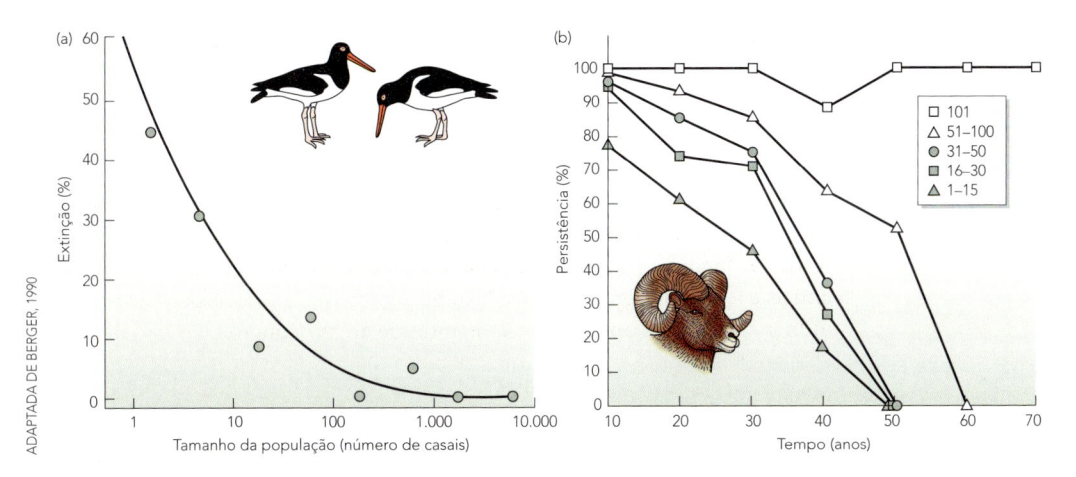

Fundamentos em Ecologia

Figura 14.5
(a) A taxa de extinção de aves habitantes de ilhas é maior em populações pequenas. (b) A percentagem das populações do carneiro *bighorn* da América do Norte que persistem ao longo de um período de 70 anos é menor onde o tamanho da população inicial era pequeno (triângulos verdes: 1-15 indivíduos) e maior onde a população inicial era grande (quadrados abertos: >101 indivíduos). A linha de regressão em (a) é estatisticamente significativa.

isoladas, por serem pequenas, são vulneráveis à extinção e quando uma se extingue, todas tenderão a ter o mesmo destino.

Até agora, a atenção tem sido focada em espécies individuais, tratando-as como se fossem entidades fundamentalmente independentes e aplicando o que sabemos sobre dinâmica de populações. Contudo, não é necessário salientar que a conservação da biodiversidade também requer uma perspectiva mais ampla na qual aplicamos o nosso conhecimento sobre comunidades como um todo. Se ignorarmos as interações nas comunidades, uma cadeia de extinções pode decorrer inexoravelmente da extinção de uma espécie nativa em particular, a qual, portanto, requer atenção especial. Os morcegos do gênero *Pteropus*, que ocorrem nas ilhas do Pacífico Sul, são os principais, e às vezes os únicos, polinizadores e dispersores de sementes de centenas de plantas nativas (muitas das quais de considerável valor econômico, fornecendo medicamentos, fibras, pigmentos, madeiras de qualidade e alimentos). Os morcegos são altamente vulneráveis a caçadores humanos e há uma preocupação geral sobre seus números cada vez menores. Na ilha de Guam, por exemplo, as duas espécies nativas de morcegos estão extintas, ou quase, e já há indicações de reduções na frutificação e dispersão (Cox et al., 1991).

> cadeias de extinções – assumindo uma perspectiva de comunidade

14.2.5 Possíveis problemas genéticos em populações pequenas

A teoria manifesta aos biólogos da conservação a necessidade de estarem atentos aos problemas genéticos que podem ocorrer em populações pequenas devido à perda de variabilidade genética (Quadro 14.2). A preservação da diversidade genética é importante porque ela propicia um potencial evolutivo de longo prazo para a espécie. Formas raras de um gene (alelos) ou combina-

> perda de potencial evolutivo

14.2 ASPECTOS QUANTITATIVOS

O que determina a variabilidade genética?

A variabilidade genética é determinada principalmente pela ação conjunta da seleção natural e da deriva genética (em que a frequência de genes em uma população é determinada ao acaso, em vez de decorrer de alguma vantagem evolutiva). A importância relativa da deriva genética é maior em pequenas populações isoladas, para as quais, como consequência, é esperada a perda da variabilidade genética. A taxa na qual isso acontece depende do tamanho populacional efetivo (N_e). Este é o tamanho da população "geneticamente ideal" à qual a população real (N) é equivalente em termos genéticos.

N_e é normalmente menor (em geral muito menor) do que N [fórmulas detalhadas são apresentadas por Lande e Barrowclough (1987)]:

1. Se a razão sexual não é 1:1; por exemplo, com 100 machos reprodutores e 400 fêmeas reprodutoras $N = 500$, mas $N_e = 320$.
2. Se a distribuição da prole entre os indivíduos não ocorre ao acaso; por exemplo, se cada indivíduo de um grupo de 500 deixar, em média, um descendente para a próxima geração ($N = 500$), mas se a variância na produção de prole for 5 (com variação aleatória ela seria um), então $N_e = 100$.
3. Se o tamanho populacional varia de uma geração para outra, então N_e é influenciado desproporcionalmente pelos menores tamanhos; por exemplo, para a sequência 500, 100, 200, 900, 800, a média é $N = 500$, mas $N_e = 258$.

Quantos indivíduos são necessários para manter a variabilidade genética? Franklin e Frankham (1980) sugeriram que um tamanho populacional efetivo de 500-1.000 indivíduos poderia ser necessário para manter o potencial evolutivo de longo prazo.

As galinhas-das-pradarias (*Tympanuchus cupido pinnatus*), parentes próximos das galinhas silvestres da Seção 14.2.4, fornece um bom exemplo do quanto a diversidade genética pode estar relacionada ao tamanho populacional. Estas aves foram frequentes nas pradarias da América do Norte, porém com a perda e fragmentação de seu hábitat muitas populações tornaram-se pequenas e isoladas. Johnson e colaboradores (2003) utilizaram técnicas de biologia molecular (ver Seção 8.2) para medir a diversidade genética tanto em populações grandes (de 1.000 até mais de 100.000 indivíduos) quanto pequenas (menos de 1.000 indivíduos). O número médio de alelos (por gene) variou entre 7,7 e 10,3 nas populações grandes, mas foi de somente 5,1 a 7,0 nas populações pequenas. As populações de galinhas-das-pradarias, outrora conectadas pelo "fluxo gênico" fornecido por migrantes, mantinham a diversidade genética alta; porém, as populações atuais estão isoladas em seus fragmentos de hábitat.

ções de alelos podem não conferir qualquer vantagem imediata, mas podem vir a ser bem adaptadas a novas condições ambientais no futuro. As pequenas populações tendem a apresentar menor variabilidade genética e, por consequência, menor potencial evolutivo.

o risco da depressão endogâmica

Um problema potencial mais imediato é a depressão endogâmica. Quando as populações são pequenas, há uma tendência de que os acasalamentos envolvam indivíduos aparentados. Todas as populações carregam alelos recessivos específicos que são letais quando presentes em homozigose (i.e., quando os alelos fornecidos pela mãe e pelo pai são idênticos). Indivíduos que se acasalam com parentes próximos têm uma maior chance de produzir uma prole em que os mesmos alelos prejudiciais sejam recebidos de ambos os progenitores – consequentemente, onde o efeito deletério seja expresso. Existem muitos casos de depressão endogâmica – os criadores de animais e plantas domesticados, por exemplo, sabem há muito tempo que ela provoca redução na fertilidade, na sobrevivência, nas taxas de crescimento e na resistência a doenças.

Em seu estudo de 23 populações locais de uma planta rara, *Gentianella germanica*, nos campos das montanhas Jura (na fronteira Suíça-Alemanha), Fischer e Matthies (1998) encontraram uma correlação negativa entre a *performance* reprodutiva e o tamanho populacional (Figura 14.6a-c). Além disso, o tamanho populacional diminuiu entre 1993 e 1995 na maioria das populações estudadas, porém ele decresceu mais rapidamente nas populações menores (Figura 14.6d). Sementes tomadas de populações pequenas produziram menos flores do que sementes provenientes de populações grandes crescidas sob condições idênticas. Podemos concluir que os efeitos genéticos são importantes para a persistência das populações dessa espécie rara.

14.2.6 Uma revisão de riscos

Vimos que a extinção pode ser provocada por uma ou várias "causas", incluindo a sobre-exploração, a perda de hábitats e as introduções de espécies. A Figura 14.7 ilustra a importância relativa das diferentes "causas" para a biodiversidade global de aves. As extinções de aves durante os últimos cinco séculos podem ser atribuídas, em medida aproximadamente igual, aos efeitos das espécies invasoras, da sobre-exploração por caçadores e da perda de

"causas" de extinçao

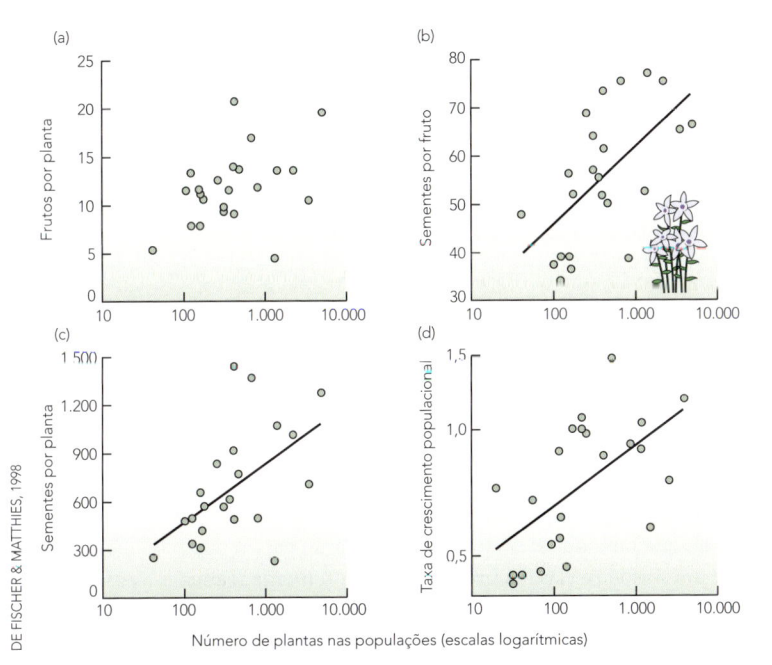

Figura 14.6
Relação entre o tamanho populacional e (a) o número médio de frutos por planta, (b) o número médio de sementes por fruto e (c) o número médio de sementes por planta, em 23 populações de *Gentianella germanica*. (d) Relação entre a taxa de crescimento populacional de 1993 a 1995 (razão de tamanhos populacionais) e o tamanho populacional (em 1994). Todas as linhas de regressão são significativas a $P < 0,05$; nenhuma linha é mostrada em (a) porque a regressão não é significativa.

Figura 14.7
Importância relativa de diferentes "causas" responsáveis pela perda ou ameaça da biodiversidade de aves. Os padrões são mostrados para as cinco categorias de ameaça de extinção (ver Seção 14.2). Os valores acima de cada histograma são os números de espécies em cada categoria de ameaça globalmente. A perda/degradação de hábitat impõe um risco muito maior atualmente do que no passado (compare os histogramas para as categorias em perigo e vulnerável com as aves extintas) e isto tende a aumentar no futuro, em particular em função da expansão agrícola (histograma para espécies quase ameaçadas).

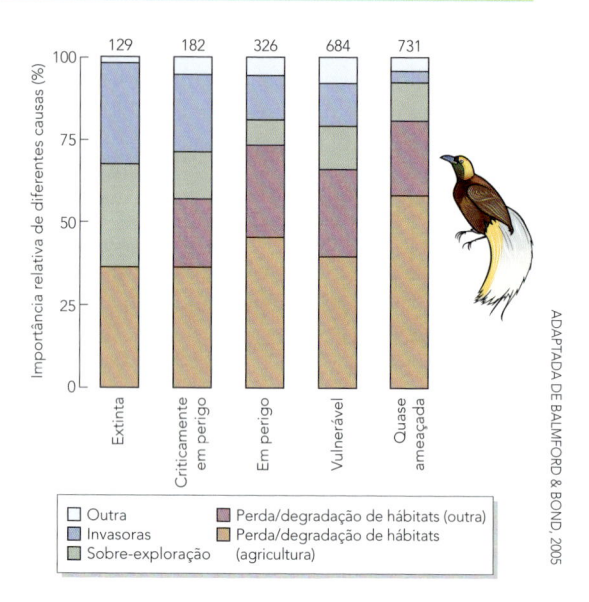

hábitats. Atualmente, a perda de hábitats é o principal problema enfrentado por espécies ameaçadas (sejam elas criticamente em perigo, em perigo ou vulneráveis). E no caso de espécies de aves "quase ameaçadas", aquelas que os gestores terão que cuidar no futuro, a perda de hábitats para a agricultura é esperada como sendo de longe a causa mais importante.

vórtices de extinção

Algumas espécies estão em risco por uma única razão, mas frequentemente, como no caso do visco da Nova Zelândia discutido anteriormente, atua uma combinação de fatores. É interessante observar que nenhum exemplo de extinção devido a problemas genéticos foi observado até o presente. Talvez a depressão endogâmica tenha ocorrido, embora imperceptível, como parte do "último suspiro" de algumas populações agonizantes (Caughley, 1994). Assim, uma população pode ter sido reduzida a um tamanho bem pequeno por um ou mais de um dos processos descritos acima, e isso pode ter levado a um acréscimo na frequência de acasalamentos entre parentes e à expressão de alelos recessivos deletérios na prole, levando à redução da sobrevivência e fecundidade, fazendo com que a população se tornasse ainda menor – o chamado *vórtice (espiral) de extinção* (Figura 14.8). É possível que as pequenas populações de *Gentianella germanica* (Figura 14.6) tenham entrado em uma espiral de extinção.

14.3 Conservação na prática

Dadas as circunstâncias ambientais e as características de uma determinada espécie rara, qual é a probabilidade de que ela seja extinta em um determinado período? Ou, que tamanho deve ter a sua população para reduzir as chances de extinção a um nível aceitável? Essas são, frequentemente, questões centrais na biologia da conservação, para as quais uma ferramenta, conhecida como *análise de viabilidade populacional*, costuma ser usada (ver Seção 14.3.1) Como resulta-

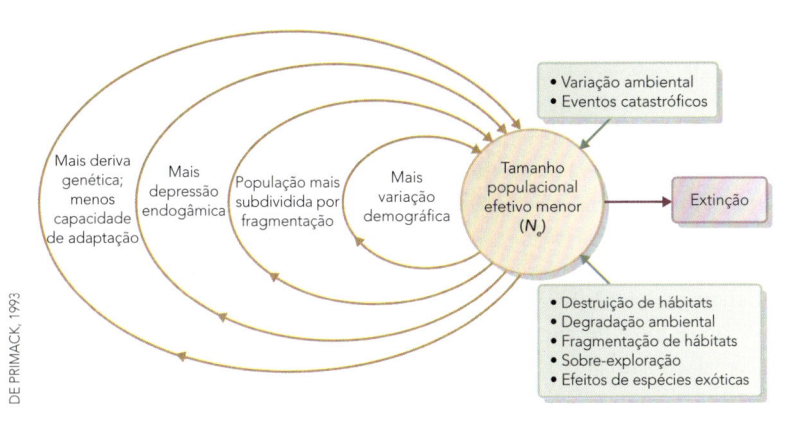

Figura 14.8
Os vórtices (espirais) de extinção podem diminuir progressivamente o tamanho das populações, conduzindo-as de forma irreversível à extinção.

do da modelagem populacional, os gestores determinam o curso de ação mais provável de prevenir a extinção. Às vezes, contudo, as populações se tornaram tão pequenas que sua única chance de persistir envolve a translocação de indivíduos de populações viáveis de outros locais ou de programas de reprodução em cativeiro. Nestes casos, os gestores podem invocar a teoria genética para determinar os melhores indivíduos a serem encontrados ou para aumentar a população (Seção 14.3.2). A ação de conservação costuma envolver a criação de áreas protegidas, às vezes delineadas para espécies em particular (para fornecer uma área grande o suficiente para acomodar o tamanho populacional viável mínimo), mas geralmente para proteger a biodiversidade de modo mais amplo. Na Seção 14.3.3, discutiremos alguns dos princípios do delineamento de reservas.

14.3.1 Análise de viabilidade populacional

Conjuntos de dados, como os dos carneiros *bighorn* em áreas de deserto na Figura 14.5b, são incomuns, pois dependem de um comprometimento a longo prazo (nesse caso, por organizações de caçadores) com o monitoramento de um número de populações. Se estabelecermos uma definição arbitrária da *população mínima viável* (PMV) necessária como aquela que terá, no mínimo, uma probabilidade de 95% de persistir por cem anos, podemos explorar dados como esses para produzir uma estimativa aproximada da PMV. Todas as populações de carneiros com menos de 50 indivíduos se extinguiram em 50 anos, ao passo que apenas 50% das populações compostas por 51 a 100 carneiros duraram 50 anos. Evidentemente, necessitamos de mais de 100 indivíduos para termos uma PMV; na verdade, tais populações de carneiros apresentaram uma persistência próxima a 100% ao longo do período máximo de duração do estudo de 70 anos. No entanto, o valor de estudos como esse para a conservação é limitado, pois eles geralmente tratam de espécies que não estão ameaçadas.

A simulação por meio de modelos, conhecidos como *análises de viabilidade populacional* (AVP), propicia uma outra maneira de medir a viabilidade. Normalmente, estes modelos sintetizam taxas de sobrevivência e reprodução em populações estruturadas pela idade (ver Capítulo 5). Variações aleatórias nestes elementos ou na capacidade de suporte (K) podem ser empregadas para repre-

tentando determinar a população mínima viável

modelagem por simulação – análise de viabilidade populacional sentar o impacto da variação ambiental, incluindo aquele de desastres frequência e intensidade especificados. A dependência de densidade pode ser introduzida onde for requerida. Nos modelos mais sofisticados, cada indivíduo é tratado separadamente, considerando-se a probabilidade, com um grau de incerteza acoplado, de que sobreviverá ou produzirá certo número de descendentes dentro de uma sucessão de intervalos de tempo. O programa é, então, rodado muitas vezes e cada uma produz uma trajetória populacional diferente, devido aos elementos aleatórios envolvidos. Os resultados, para cada conjunto de parâmetros utilizado, são estimativas da probabilidade de extinção (a proporção de populações simuladas que são extintas) durante um período de tempo específico.

coalas – identificando populações sob risco específico

Os coalas (*Phascolarctos cinereus*) são reconhecidos como "quase ameaçados" na Austrália, com populações em diferentes partes do país variando de seguras a vulneráveis ou extintas. Penn e colaboradores (2000) usaram uma ferramenta de AVP amplamente disponível (conhecida como VORTEX; Lacy, 1993) para modelar duas populações em Queensland, uma que se pensava estar em declínio (Oakey) e a outra segura (Springsure). A reprodução dos coalas começa aos 2 anos nas fêmeas e 3 anos nos machos. Os outros valores demográficos foram derivados de conhecimento extensivo das duas populações e são mostrados na Tabela 14.1. Observe como a população de Oakey tinha maior mortalidade de fêmeas e menos fêmeas produzindo filhotes a cada ano. A população de Oakey

Tabela 14.1

Valores usados como entradas para simulações de populações de coalas em Oakey (declinando) e Springsure (segura). Os valores entre parênteses são desvios-padrão devidos à variação ambiental; o procedimento do modelo envolve a seleção de valores ao acaso a partir da distribuição. Assume-se que as catástrofes ocorram com certa probabilidade; em anos em que o modelo "seleciona" uma catástrofe, a reprodução e a sobrevivência são reduzidas pelos multiplicadores mostrados (p. ex., em um ano com uma catástrofe, a reprodução é reduzida a 55% do que teria ocorrido em outra situação).

VARIÁVEL	OAKEY	SPRINGSURE
Idade máxima	12	12
Razão sexual (proporção de machos)	0,575	0,533
Tamanho da prole de 0 (%)	57,00 (±17,85)	31,00 (±15,61)
Tamanho da prole de 1 (%)	43,00 (±17,85)	69,00 (±15,61)
Mortalidade das fêmeas na idade 0	32,50 (±3,25)	30,00 (±3,00)
Mortalidade das fêmeas na idade 1	17,27 (±1,73)	15,94 (±1,59)
Mortalidade das fêmeas adultas	9,17 (±0,92)	8,47 (±0,85)
Mortalidade dos machos na idade 0	20,00 (±2,00)	20,00 (±2,00)
Mortalidade dos machos na idade 1	22,96 (±2,30)	22,96 (±2,30)
Mortalidade dos machos na idade 2	22,96 (±2,30)	22,96 (±2,30)
Mortalidade dos machos adultos	26,36 (±2,64)	26,36 (±2,64)
Probabilidade de catástrofe	0,05	0,05
Multiplicador para reprodução	0,55	0,55
Multiplicador para sobrevivência	0,63	0,63
% de machos em *pool* reprodutivo	50	50
Tamanho populacional inicial	46	20
Capacidade de suporte, K	70 (±7)	60 (±6)

ADAPTADA DE PENN ET AL., 2000

foi modelada a partir de 1971 e a de Springsure a partir de 1976 (quando as primeiras estimativas de densidade estavam disponíveis) e as trajetórias dos modelos foram de fato declinante e estável, respectivamente (Figura 14.9). Ao longo do período modelado, a probabilidade de extinção da população de Oakey foi de 0,380 (i.e., 380 de 1.000 iterações foram extintas), enquanto a de Springsure foi de 0,063. Em geral, os gestores, preocupados com espécies criticamente em perigo, não conseguem monitorar populações para checar a acurácia de suas previsões. Em contraste, Penn e colaboradores (2000) foram capazes de comparar as previsões de suas AVPs com trajetórias de populações reais, pois as populações de coalas tem sido monitoradas desde a década de 1970 (Figura 14.9). As trajetórias previstas estiveram próximas das tendências populacionais reais, particularmente para a população de Oakey, e isto dá credibilidade à abordagem de modelagem. A acurácia em prever de VORTEX e de outras ferramentas de modelagem por simulação tem se mostrado boa em relação a 21 outros bancos de dados de longa duração sobre animais (Brook et al., 2000).

Como tais modelagens podem ser usadas em atividades de manejo? Os governos locais em New South Wales são obrigados a preparar planos compreensíveis de manejo dos coalas e garantir que os empreendedores avaliem os potenciais hábitats desses animais quando uma construção ocupa uma área maior do que 1 hectare. Penn e colaboradores (2000) defendem que a modelagem de AVP pode ser usada para determinar se qualquer esforço feito para proteger hábitats será provavelmente recompensado por uma população viável.

As histórias de vida das plantas apresentam desafios específicos para a modelagem por simulação, incluindo a dormência das sementes, o recrutamento altamente periódico de plântulas e o crescimento clonal (Menges, 2000). Contudo, da mesma forma que com animais em perigo, diferentes

Silene regia – manejo de uma planta em perigo

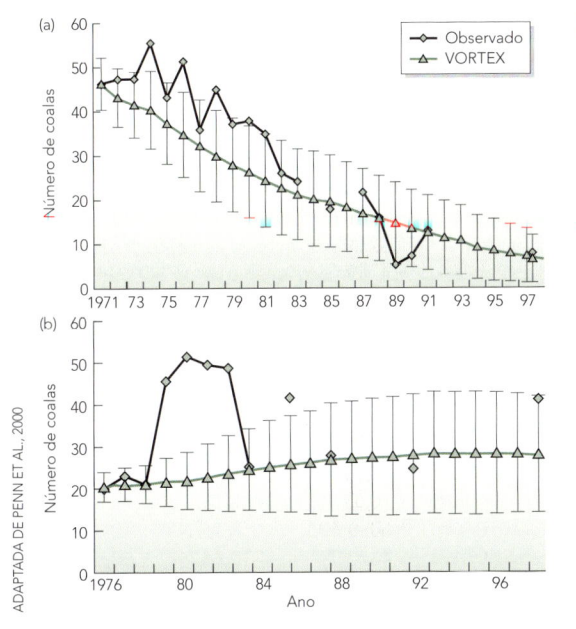

Figura 14.9

Tendências observadas em populações de coalas (diamantes) comparadas com *performances* populacionais previstas (triângulos, ± 1 DP) baseadas em 1.000 repetições do procedimento VORTEX de modelagem em (a) Oakey e (b) Springsure. Censos populacionais reais não foram realizados a cada ano.

cenários de manejo podem ser simulados por meio de AVPs. *Silene regia* é uma espécie vegetal perene de vida longa que vive em pradarias, cuja área de ocorrência tem diminuído drasticamente. Menges e Dolan (1998) coletaram dados demográficos por até 7 anos de 16 populações no Meio-Oeste dos EUA. As populações, cujo número total de adultos variou de 45 a 1.302, têm sido submetidas a diferentes regimes de manejo. Esta espécie, cujas sementes não apresentam dormência, tem sobrevivência alta e florescimento frequente, porém o sucesso da germinação é bastante episódico – a maioria das populações não produz plântulas na maioria dos anos.

A modelagem por simulação fez uso de *matrizes de projeção populacional*, as quais são particularmente úteis para analisar espécies com gerações sobrepostas. Uma matriz de projeção populacional reconhece que a maioria dos ciclos de vida compreende uma sequência de classes distintas com diferentes taxas de fecundidade e sobrevivência. Uma matriz para uma das populações de *S. regia* está ilustrada na Tabela 14.2. Tais matrizes foram produzidas para cada população em cada ano. Simulações múltiplas, cada uma de 1.000 anos, foram então rodadas para cada matriz, para determinar tanto a probabilidade de extinção e a taxa finita de aumento da população, λ. Este termo ainda não foi introduzido, mas observe que o mesmo está relacionado à taxa intrínseca de crescimento da população, r, discutida no Quadro 5.4. De fato, $r = \ln \lambda$. Por enquanto, tudo o que você precisa observar é que uma população crescerá em tamanho quando $\lambda > 1$ e diminuirá quando $\lambda < 1$; um valor de $\lambda = 2$, por exemplo, significa que em média todo o indivíduo na população originará dois indivíduos na próxima geração (produzindo uma prole sobrevivente e permanecendo vivo, ou morrendo mas produzindo duas proles sobreviventes).

A Figura 14.10 mostra a taxa de crescimento populacional λ mediana para as 16 populações, agrupadas em casos nos quais os regimes de manejo específicos estavam ocorrendo. Isso foi feito tanto para anos em que o re-

Tabela 14.2

Um exemplo de uma matriz de projeção (usando a ferramenta de modelagem de simulação chamada RAMAS-STAGE) para uma população específica de *Silene regia* entre 1990 e 1991, assumindo a germinação bem-sucedida das plântulas. Os números representam a proporção mudando do estágio na coluna para o estágio na linha (valores em negrito representam plantas remanescentes no mesmo estágio). "Vivos indefinidos" representa os indivíduos sem nenhum dado de tamanho ou floração, geralmente como resultado de roçada ou herbivoria. Os números na linha superior são plântulas produzidas por plantas floridas. A taxa finita de aumento, l, para essa população é 1,67. (Observe que uma população crescerá quando $\lambda > 1$, e diminuirá quando $\lambda < 1$.) O sítio é manejado por queima regular.

	PLÂNTULA	VEGETATIVO	PEQUENA FLORESCENDO	MÉDIA FLORESCENDO	GRANDE FLORESCENDO	VIVOS INDEFINIDOS
Plântula	–	–	5,32	12,74	30,88	–
Vegetativo	0,308	**0,111**	0	0	0	0
Pequena florescendo	0	0,566	**0,506**	0,137	0,167	0,367
Média florescendo	0	0,111	0,210	**0,608**	0,167	0,300
Grande florescendo	0	0	0,012	0,039	**0,667**	0,167
Vivos indefinidos	0	0,222	0,198	0,196	0	**0,133**

ADAPTADA DE MENGES & DOLAN, 1998

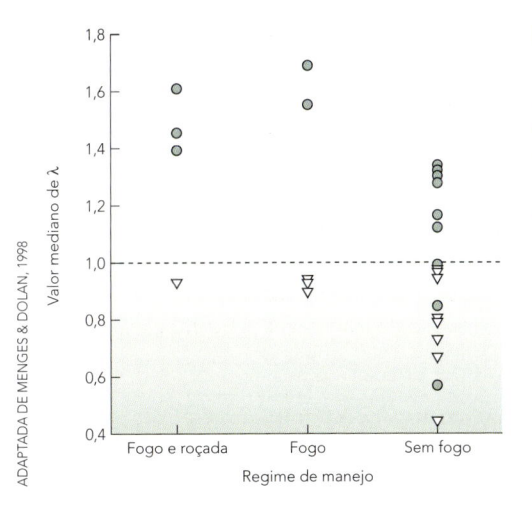

Figura 14.10
Taxas medianas de crescimento populacional (λ) de populações de *Silene regia* em relação ao regime de manejo, para anos com (círculos sombreados) e sem (triângulos abertos) recrutamento de plântulas. Regimes de manejo sem queima incluem apenas roçada, uso de herbicidas ou nenhum manejo. Todos os sítios acima da linha tracejada apresentam valores de λ > 1,0, indicando a sua capacidade de crescer em tamanho. Aqueles valores abaixo da linha estão a caminho da extinção.

crutamento de plântulas ocorreu quanto para anos em que o recrutamento não ocorreu. Todos os sítios onde λ foi maior do que 1,35 quando ocorreu recrutamento são manejados com queima e alguns também por roçadas; para nenhum destes foi prevista extinção durante o período modelado. Por outro lado, populações sem nenhum regime de manejo, ou cujo manejo não inclui fogo, tiveram valores menores de λ e todos (exceto dois) tiveram probabilidades de extinção previstas (ao longo de 1.000 anos) entre 0,10 e 1,00.

A recomendação de manejo óbvia é usar a queima prescrita para fornecer oportunidades para o recrutamento de plântulas. Baixas taxas de estabelecimento de plântulas podem ser devido a roedores ou formigas comendo frutos ou a competição por luz com outras plantas – áreas queimadas provavelmente reduzem um ou ambos destes efeitos negativos.

14.3.2 Tratando de questões genéticas

O pombo-rosa (*Columba mayeri*), outrora frequente na ilha de Mauritius, foi reduzido a apenas 9 ou 10 indivíduos em 1990. Como resultado da liberação de indivíduos reproduzidos em cativeiro, a população aumentou para 355 indivíduos livres (mais aqueles em cativeiro) em 2003. Em cativeiro, o objetivo foi manejar os cruzamentos para reter níveis elevados de diversidade genética e minimizar o endocruzamento. A população cativa originalmente descendeu de apenas 11 indivíduos fundadores, aumentados em 1989 a 1994 pela adição de 12 indivíduos fundadores (prole dos indivíduos selvagens remanescentes).

recuperação do pombo-rosa

Uma vez que as aves geradas em cativeiro são liberadas na natureza, a incidência de depressão por endocruzamento não é fácil de controlar – a tática de liberar um grande número de aves fornece a chance mais alta de sucesso. Entre 1987 e 1997, 256 aves foram reintroduzidas em Mauritius – sempre que foi possível selecionar aves com endocruzamento mínimo (baseado em informações de "registros genealógicos" de cruzamentos) e liberá-las em grupos com boa representação dos diferentes ancestrais fundadores. Todas as aves foram identificadas.

A genética e o sucesso ecológico tanto das populações cativas quanto as selvagens têm sido cuidadosamente monitorados. Assim, podemos avaliar o impacto do endocruzamento na sobrevivência e reprodução sob a situação controlada da criação em cativeiro e também nas circunstâncias mais arriscadas da natureza. O endocruzamento reduziu a fertilidade dos ovos e a sobrevivência dos filhotes (Figura 14.11), mas os efeitos foram fortemente marcados somente nas aves mais endocruzadas. A história de sucesso da reintrodução do pombo rosa tem o benefício adicional de fornecer uma quantificação rara do valor de se evitar o endocruzamento quando se maneja populações em perigo.

14.3.3 Selecionando áreas de conservação

A elaboração de planos de sobrevivência para determinadas espécies pode ser a melhor maneira de lidar com aquelas consideradas altamente ameaçadas e identificadas como de importância especial (p. ex., espécies-chave descritas na Seção 9.5.2, espécies evolutivamente únicas, grandes animais carismáticos que são facilmente "vendidos" para o público). Contudo, é impossível lidar individualmente com todas as espécies ameaçadas. Recursos financeiros para a conservação são simplesmente muito limitados para isso. Entretanto, podemos esperar

Figura 14.11
Efeito do endocruzamento sobre a probabilidade de sobrevivência aos 30 dias de idade de filhotes de pombo-rosa (a) em cativeiro e (b) na população selvagem. O endocruzamento é expresso como um índice derivado de ancestrais conhecidos em relação a 23 indivíduos fundadores. Quanto menores os fundadores numa ancestralidade de aves, maior será o índice de endocruzamento. As aves são agrupadas em três classes – não endocruzadas, moderadamente endocruzadas e altamente endocruzadas. Somente aves altamente endocruzadas mostram um efeito poderoso de endocruzamento.

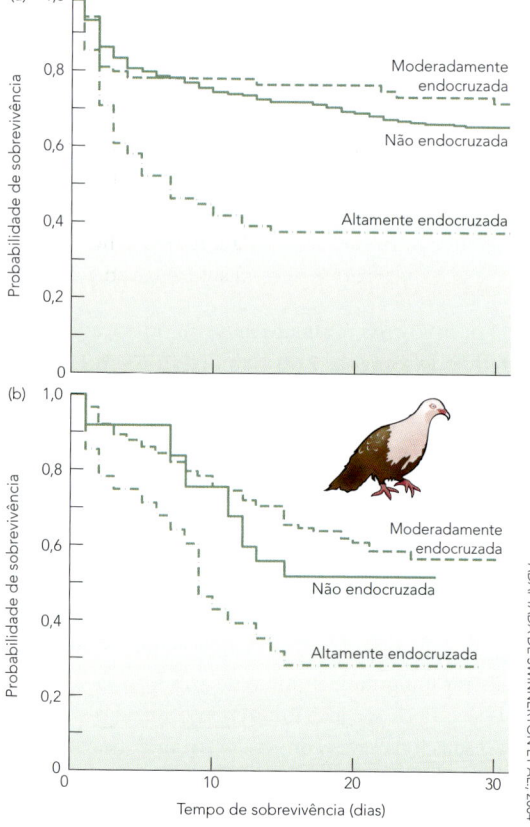

ADAPTADA DE SWINNERTON ET AL., 2004

conservar a maior biodiversidade protegendo comunidades inteiras pelo estabelecimento de áreas protegidas. De fato, áreas protegidas de vários tipos (parques nacionais, reservas biológicas, áreas de proteção ambiental, etc.) cresceram em número e área durante o século XX. Atualmente, cerca de 7,9% da área de terra do mundo está protegida (e 0,5% da área marinha; Balmford et al., 2002).

É importante definir prioridades, a fim de que o número restrito de novas áreas protegidas nos meios terrestre e marinho possa ser avaliado sistematicamente e escolhido com cuidado. Sabemos que as biotas de diferentes locais variam em relação à riqueza de espécies (com centros de diversidade específicos), ao seu grau de singularidade (com centros de endemismo) e ao seu grau de ameaça (com *hotspots* de extinção, por exemplo, devido à destruição iminente dos hábitats). Um ou vários desses critérios poderiam ser utilizados para estabelecer prioridades de áreas potenciais para proteção (Figura 14.12).

hotspots de diversidade

Uma aplicação possivelmente surpreendente da teoria do delineamento de biogeografia de ilhas (ver Seção 10.5.1) está na conservação da natureza. Isso porque muitas unidades de conservação estão circundadas por um "oceano" de hábitat impróprio e hostil que foi transformado pelo homem. O estudo de ilhas em geral pode nos fornecer "princípios de delineamento" que podem ser usados no planejamento de reservas naturais? A resposta é um cauteloso "sim" e alguns aspectos gerais devem ser citados.

delineamento de reservas naturais

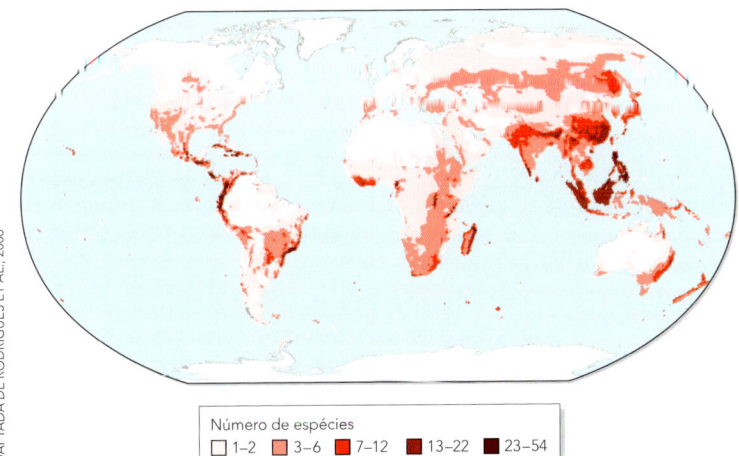

1. Um dos problemas que os gestores ambientais às vezes enfrentam diz respeito à decisão de estabelecer uma única reserva de grande extensão ou várias reservas menores que juntas abarcam a mesma área. Se a região é homogênea em termos de condições e recursos, é provável que áreas menores conterão um subconjunto das espécies presentes na área. Em tal caso seria preferível estabelecer uma reserva maior na expectativa de conservar mais espécies (esta recomendação vem das relações espécies-área discutidas na Seção 10.5.1).
2. Por outro lado, se toda a região é heterogênea, então cada uma das pequenas reservas poderá suportar um grupo diferente de espécies e o total

Figura 14.12
Distribuição dos *hotspots* da biodiversidade, mostrando os números de espécies de aves e anfíbios globalmente ameaçados mapeados numa área equivalente (cada célula tem 3.113 km²).

conservado poderia exceder aquele presente na reserva grande. De fato, conjuntos de pequenas ilhas tendem a conter mais espécies do que áreas comparáveis distribuídas em uma única ou em poucas ilhas grandes. O padrão é semelhante para ilhas de hábitat e, de forma mais significativa, para parques nacionais. Desse modo, estudos sobre mamíferos e aves da África Oriental, mamíferos e lagartos de reservas australianas e grandes mamíferos em parques nacionais nos EUA revelaram que áreas distribuídas entre vários parques pequenos contêm mais espécies do que áreas semelhantes distribuídas em um número menor de parques grandes. Parece provável que a heterogeneidade de hábitats seja uma característica geral de importância considerável na determinação da riqueza de espécies.

3 Um aspecto muito importante é que as extinções locais são eventos comuns e, por isso, a recolonização de fragmentos de hábitats é fundamental para a sobrevivência de populações fragmentadas. Portanto, precisamos prestar atenção especial às relações espaciais existentes entre os fragmentos, incluindo o suprimento de corredores para a dispersão. Embora existam desvantagens associadas à existência de corredores – por exemplo, eles podem auxiliar no alastramento de eventos catastróficos, tais como fogo ou doenças –, os argumentos em seu favor são persuasivos. Na verdade, taxas elevadas de recolonização (mesmo que isso signifique que os gestores ambientais carreguem espécimes de um lado para outro) podem ser indispensáveis para o sucesso da conservação de metapopulações ameaçadas. É importante observar que a fragmentação da paisagem causada pelo homem, que produz subpopulações cada vez mais isoladas, provavelmente tem o maior efeito sobre as populações com taxas de dispersão naturalmente baixas. Assim, o baixo potencial de dispersão deve ter uma influência significativa sobre o declínio comum dos anfíbios ao redor do mundo (Blaustein et al., 1994).

princípios para a seleção de novas reservas: "complementaridade"...

A abordagem básica na seleção por *complementaridade* é proceder passo-a-passo, selecionando em cada etapa o sítio que é mais *complementar* àquele já selecionado em termos da biodiversidade que o mesmo contém. No caso dos peixes marinhos costeiros ao redor da Austrália ocidental, os resultados de uma análise de complementaridade mostraram que mais de 95% do total de 1.855 espécies poderiam ser representadas em apenas seis seções apropriadamente localizadas (cada uma com 100 km de extensão) (ver as estrelas na Figura 14.13).

... ou "insubstitutibilidade"

Uma abordagem que contrasta sutilmente da análise de complementaridade baseia-se na *insubstitutibilidade* de cada área potencial. A insubstitutibilidade é definida como a probabilidade de uma área ser requerida para se alcançar um objetivo de conservação ou, ao contrário, a probabilidade de um ou mais objetivos não serem alcançados se a área não for incluída. Cowling e colaboradores (2003) usaram a análise de insubstitutibilidade como parte de seu plano de conservação para a Província Florística do Cabo na África do Sul – um centro de diversidade global com mais de 9.000 espécies vegetais. A equipe de pesquisa identificou muitos alvos de conservação, incluindo, entre outros, o número mínimo aceitável de espécies de *Protea* a serem protegidas

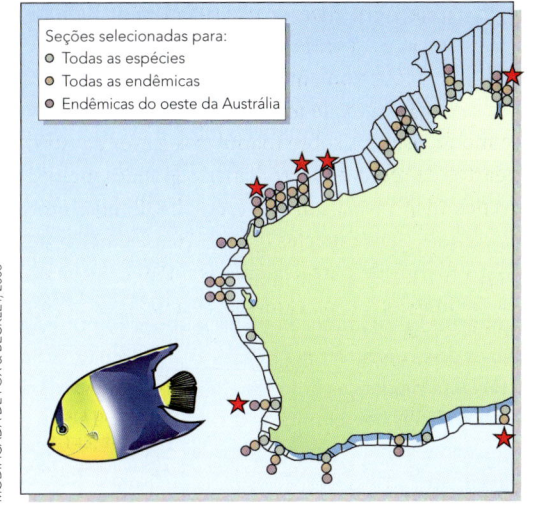

Figura 14.13

Linha de costa do oeste da Austrália dividida em extensões de 100 km e mostrando os resultados da análise de complementaridade, para identificar o número mínimo de sítios necessários, visando incluir toda a biodiversidade de peixes da região. As análises foram feitas usando todas as espécies de peixes, e separadamente para as espécies endêmicas da Austrália (não encontradas em nenhum outro lugar) ou aquelas endêmicas do oeste da Austrália. No caso da biodiversidade total de peixes, 26 áreas foram necessárias se todas as 1.855 espécies de peixes tivessem sido incorporadas (círculos verdes), porém apenas 6 áreas (estrelas) seriam necessárias para incorporar mais de 95% do total.

(graças as quais a região é famosa), o número mínimo permissível de tipos de ecossistemas e mesmo o número mínimo permissível de indivíduos (ou populações) de espécies de grandes mamíferos. Eles usaram uma abordagem de insubstitutibilidade para guiar a escolha de áreas a acrescentar as reservas existentes que melhor alcançariam seu alvo de conservação. (Figura 14.14). O desejo ambicioso é alcançar o seu objetivo geral em 2020 e eles concluem que, além das áreas que já têm proteção legal, 42% da Província Florística do Cabo, compreendendo cerca de 40.000 km^2, necessitarão de algum nível de proteção. Isto inclui todos os casos de alta insubstitutibilidade (> 0,8) e algumas áreas que são pouco importantes em termos de *Protea* e tipos de ecossistemas, porém são necessárias para fornecer as condições de vida aos grandes mamíferos em áreas baixas.

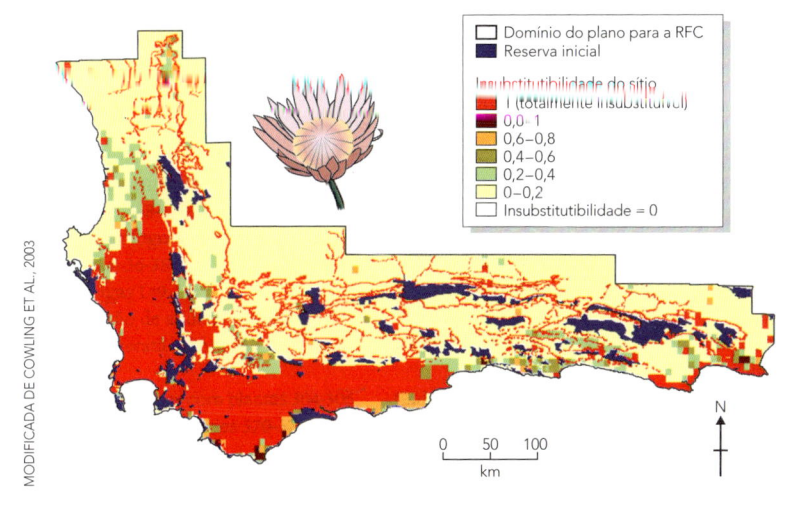

Figura 14.14

Mapa da Região Florística do Cabo da África do Sul (RFC) mostrando os valores de insubstitutibilidade dos sítios para se obter uma gama de alvos de conservação no plano de conservação de 20 anos para a região. A insubstitutibilidade é uma medida, variando de 0 a 1, que indica a importância relativa de uma área para a obtenção de objetivos de conservação regional. Em azul, são mostradas as reservas existentes.

14.4 Conservação em um mundo em transformação

Como vimos, uma ideia básica que deriva da teoria da biogeografia de ilhas é que áreas menores contêm menos espécies. Uma maneira de avaliar o risco de extinção de espécies endêmicas sob mudança climática global é estimar, com base nas mudanças previstas na temperatura e pluviosidade, a perda em área dos hábitats-chave. Assim, por exemplo, a biota característica da Província Florística do Cabo, discutida na Seção 14.3.3., presumivelmente perderá 65% de sua área habitável em 2050. Baseando-se no padrão geral que relaciona a riqueza de espécies à área, isto representa uma redução de 24% no número de espécies (Thomas et al., 2004). Além disso, esta conclusão está baseada na pressuposição otimista de que todas as *Protea* são capazes de se dispersar para todas as áreas atualmente inabitadas que se tornam habitáveis (a mudança climática global também tornará algumas áreas inabitáveis mais habitáveis). Se nenhuma dispersão é assumida, e distribuições futuras são simplesmente aquelas partes reduzidas das distribuições atuais que permanecem habitáveis, 30 a 40% das espécies parecem estar sob risco de extinção. Destinos similares poderiam aguardar diversos *taxa* animais e vegetais ao redor do mundo (Quadro 14.3). Em muitos casos, porém, uma escolha apropriada de áreas protegidas pode minimizar as perdas previstas.

14.3 ECONSIDERAÇÕES ATUAIS

O seguinte artigo foi publicado no *Boston Globe* de 2 de janeiro de 2007.

O silêncio dos ursos polares

Os ursos polares do Ártico estão se tornando canários na mina, alertando sobre as consequências do aquecimento global.

Mesmo a administração Bush tem sido forçada, de má vontade, a reconhecer isso. Na semana passada, o governo propôs colocar os ursos na lista de espécies ameaçadas, porque o aumento nas temperaturas no Ártico está privando-os das plataformas de gelo de sobre as quais eles caçam focas. Porém o Secretário do Interior, Dirk Kempthorne, agiu somente sob pressão de um conjunto de organizações ambientais, e se recusou a admitir que as emissões de gases-estufa de veículos e chaminés estão causando a perda de gelo e teriam que ser reduzidas para salvar o hábitat dos ursos.

A administração ainda tem um longo caminho a seguir, antes sair da negação que a tem deixado à margem, enquanto outras nações tomam atitudes para reduzir a emissão de gases-estufa. Se os EUA não assumirem rapidamente um papel de liderança nesse tema, os ursos polares serão somente uma dentre muitas espécies que sofrerão. Assim como os seres humanos.

Não é surpresa que uma das primeiras espécies a serem afetadas pela mudança climática está no Ártico. Nas latitudes mais ao norte, as temperaturas estão aumentando a duas vezes a taxa global e poderiam subir 13 graus Fahrenheit adicionais até o fim do século. Os pesquisadores dizem que o gelo marinho do verão diminuirá entre 50 e 100%, com o pior cenário do Centro Nacional

os filhotes. Os ursos têm praticado o canibalismo e se afogado durante mergulhos cada vez mais longos de iceberg para iceberg.

(Copyright 2007 Globe Newspaper Company; reimpresso sob permissão)

A proposta de declarar os ursos polares "ameaçados" foi apenas o início de um processo de um ano no qual o Departamento do Interior foi intimado a falar antes de tomar uma atitude final. O Departamento deveria trabalhar também em um plano de recuperação dos ursos polares, através da limitação dos fatores que os prejudicam. Quais os componentes você esperaria que fossem incluídos em um plano de manejo? Você imagina que qualquer plano possa ser efetivo a menos que indique medidas para reduzir as emissões de dióxido de carbono?

de Pesquisa Atmosférica prevendo que o gelo poderia sumir em 2040.

Em áreas onde os cientistas têm estudado muitos dos 20.000 a 25.000 ursos polares do mundo, eles registram animais mais magros com menores taxas reprodutivas das fêmeas e menores taxas de sobrevivência para

Temperatura e pluviosidade também influenciam fortemente o ciclo de vida das borboletas. Beaumont e Hughes (2002) usaram mudanças climáticas previstas para modelar as futuras distribuições de 24 espécies de borboletas australianas. Ainda que sob um conjunto moderado de condições futuras (aumento na temperatura de 0,8-1,4°C em 2050), as distribuições de 13 das espécies diminuiriam mais de 20%. Especialmente em risco estão as borboletas, tais como *Hypochrysops halyetus*, que não apenas têm requerimentos de itens alimentares vegetais especializados, mas também dependem da presença de formigas para uma relação mutualística (ver Seção 8.4). Prevê-se que esta espécie perca de 58 a 99% de sua distribuição climática atual. Além disso, somente um quarto de sua distribuição prevista ocorre em locais que a mesma atualmente ocupa. Este resultado salienta um aspecto fundamental para os gestores, os esforços de conservação regional e as atuais reservas naturais podem passar a estar nos locais errados em um mundo em transformação.

> garantindo que as reservas naturais estão no lugar certo

Téllez-Valdés e Dávila-Aranda (2003) exploraram este tema em relação aos cactos, a forma vegetal dominante na Reserva da Biosfera de Tehuacán-Cuicatlán, no México. A partir do conhecimento da base biofísica da distribuição atual das espécies e assumindo um de três cenários climáticos futuros, eles previram as distribuições das espécies em relação à localização da reserva. A Tabela 14.3 mostra como a distribuição potencial das espécies se contraiu ou se expandiu nos diversos cenários. Focando no cenário mais extremo (um aumento na temperatura média de 2,0 °C e uma redução de 15% na pluviosidade), é evidente que mais da metade das espécies que estão restritas à reserva previsivelmente seja extinta. Uma segunda categoria de

Tabela 14.3

Distribuições núcleo (km^2) de espécies de cactos no México sob condições atuais e como previsto por três cenários de mudança climática. As espécies na primeira categoria de cactos estão, hoje, completamente restritas à Reserva da Biosfera de Tehuacán-Cuicatlán de 10.000 km^2. Aquelas na segunda categoria têm uma ocorrência atual mais ou menos igualmente distribuída dentro e fora da reserva. As distribuições atuais das espécies na categoria final se estendem bastante além dos limites da reserva.

CATEGORIA DE ESPÉCIE	ATUAL	+ 1,0°C − 10% CHUVA	+ 2,0 °C −10,0% CHUVA	+ 2,0 °C − 15% CHUVA
Restritas à reserva				
Cephalocereus columna-trajani	138	27	0	0
Ferocactus flavovirens	317	532	100	55
Mammillaria huitzilopochtli	68	21	0	0
Mammillaria pectinifera	5.130	1.124	486	69
Pachycereus hollianus	175	87	0	0
Polaskia chende	157	83	76	41
Polaskia chichipe	387	106	10	0
Distribuição intermediária				
Coryphantha pycnantha	1.367	2.881	1.088	807
Echinocactus platyacanthus f. grandis	1.285	1.046	230	1.148
Ferocactus haematacanthus	340	1.979	1.220	170
Pachycereus weberi	2.709	3.492	1.468	1.012
Distribuição ampla				
Coryphantha pallida	10.237	5.887	3.459	2.920
Ferocactus recurvus	3.220	3.638	1.651	151
Mammillaria dixanthocentron	9.934	7.126	5.177	3.162
Mammillaria polyedra	10.118	5.512	3.473	2.611
Mammillaria sphacelata	3.956	5.440	2.803	2.580
Neobuxbaumia macrocephala	2.846	4.943	3.378	1.964
Neobuxbaumia tetetzo	2.964	1.357	519	395
Pachycereus chrysacanthus	1.395	1.929	872	382
Pachycereus fulviceps	3.306	5.405	2.818	1.071

ADAPTADA DE TÉLLEZ-VALDÉS & DÁVILA-ARANDA, 2003

cactos, cuja distribuição atual está quase igualmente dentro e fora da reserva, presumivelmente contrairá sua distribuição, porém de tal maneira que esta estará confinada à reserva. Uma categoria final, cuja distribuição atual é muito mais abrangente, também sofrerá contrações de distribuição, mas no futuro ainda espera-se que a mesma se distribua dentro e fora da reserva. No caso destes cactos, então, a localização da reserva parece se ajustar adequadamente a mudanças potenciais de distribuição. Porém, quantas outras reservas naturais podem demonstrar estarem no lugar errado?

14.5 Considerações finais

Este capítulo final reuniu uma diversidade de problemas ambientais (sobre-exploração, destruição de hábitats, introdução de espécies, mudança climática global), os quais por si só exigem o entendimento sobre dinâmica de populações, comunidades e ecossistemas. Vimos que a dinâmica das espécies em perigo é governada por um nível alto de incerteza; a despeito disso, o nosso conhecimento é às vezes suficiente para salvaguardar a biodiversidade.

Porém, não há lugar para complacência. Para proteger tudo em todos os lugares, o conhecimento e os recursos financeiros são insuficientes. Em tempos desesperados, decisões dolorosas devem ser tomadas a respeito de prioridades. Assim, soldados feridos chegando em hospitais de campo na Primeira Guerra Mundial eram submetidos a uma *triagem*: prioridade 1, aqueles que provavelmente sobreviveriam, mas somente com intervenção rápida; prioridade 2, aqueles que provavelmente sobreviveriam sem intervenção rápida; prioridade 3, aqueles que provavelmente morreriam com ou sem intervenção. Os gestores de conservação geralmente lidam com o mesmo tipo de escolhas e precisam demonstrar alguma coragem em deixar de lado os casos sem esperança e priorizar aquelas espécies e hábitats onde algo pode ser feito.

a abordagem de "triagem" para se estabelecer prioridades

O espectro de opiniões sobre conservação está completo. Ele varia desde o terrorista ambiental, que está preparado para destruir propriedades e expor vidas humanas ao perigo, pelo que é visto como exploração inaceitável de animais, até o outro extremo do terrorista explorador, que está preparado para destruir um hábitat raro, se o mesmo estiver para ganhar um *status* de proteção. Há fanáticos igualmente em ambos os lados do espectro. Por um lado, há os industrialistas, pescadores, agricultores e silvicultores que não aceitam nada que venha de conservacionistas e não estão preparados para olhar objetivamente as evidências científicas, enquanto, no outro lado, estão os fanáticos ambientais – preservacionistas que parecem indispostos a aceitar qualquer exploração do mundo natural, alguns até mesmo pronunciando que a pesca ou a caça ou as derrubadas são intrinsecamente erradas. O meio do campo está ocupado tanto por exploradores quanto por conservacionistas cuja filosofia básica estabelece que os recursos naturais podem ser usados, porém isto deve ser feito de modo equilibrado e sustentável. Uma compreensão completa dos princípios e aplicações da ciência ecológica permitiria que todos fossem capazes de fazer uma análise saudável dos aspectos científicos daquilo que é – em seu contexto mais amplo – um problema de fundo ético, econômico e sociopolítico. A tarefa para a próxima geração de ecólogos é trazer o seu entendimento à tona neste ambiente desafiador.

o desafio – adotar uma visão equilibrada

RESUMO

A escala do problema

A Biologia da Conservação é a ciência que se preocupa em aumentar a probabilidade de persistência das espécies e das comunidades da Terra (ou, em termos mais gerais, da sua biodiversidade). A biodiversidade é, em sua forma mais simples, o número de espécies existentes, mas ela também pode ser vista em escalas menores (p. ex., a variação genética existente dentro de populações) e maiores (p. ex., a variedade de tipos de comunidades presentes em uma região). Cerca de 1,8 milhão de espécies já foi descrita pela ciência, mas o número real de espécies existentes é provavelmente muito maior (entre 3 e 30 milhões). A taxa de extinção observada atualmente é 100 a 1.000 vezes maior do que a taxa natural de fundo, conforme indicado pelo registro fóssil.

Espécies em perigo e raridade

Uma espécie pode ser rara por possuir uma pequena distribuição geográfica e/ou por ocorrer em uma pequena diversidade de hábitats e/ou porque suas populações locais são pequenas. Muitas espécies são naturalmente raras, mas apenas por serem raras elas não estão necessariamente ameaçadas de extinção. Contudo, se outras características entre duas espécies forem iguais, é mais fácil extinguir uma espécie rara do que uma que não é rara. Algumas espécies nascem raras, enquanto outras são empurradas para a raridade pelas atividades humanas.

Ameaças a biodiversidade

As principais causas do declínio são a sobre-exploração, a degradação de hábitats e a introdução de espécies exóticas. A sobre-exploração ocorre quando as pessoas exploram uma população (para obter alimento ou troféus) a uma taxa que não é sustentável. Os seres humanos influenciam negativamente os hábitats de três maneiras: uma proporção dos hábitats disponíveis pode simplesmente ser destruída, pode ser degradada pela poluição ou pode ser perturbada pelas atividades humanas em detrimento de alguns de seus ocupantes. As introduções de espécies exóticas causadas pelo homem, que podem ocorrer acidental ou intencionalmente, têm, às vezes, sido responsáveis por mudanças drásticas para as espécies nativas e as comunidades naturais.

Problemas genéticos

Os alelos raros de um gene podem não resultar em vantagens imediatas, mas podem vir a ser muito bem adaptados a condições ambientais alteradas no futuro – as pequenas populações que perderam alelos raros por meio da deriva genética têm um menor potencial de adaptação. Um problema potencial mais imediato é a depressão por endocruzamento – quando as populações são pequenas, há uma tendência de aumentar o acasalamento entre parentes e isso pode levar a reduções na fertilidade, na sobrevivência, nas taxas de crescimento e na resistência a doenças.

Vórtice (espiral) de extinção

Uma dada população pode ter sido reduzida a um tamanho muito pequeno por um ou vários dos processos descritos anteriormente. Isso pode ter levado a um aumento na frequência de acasalamentos entre parentes e à expressão de alelos recessivos deletérios na sua prole, causando uma redução na sobrevivência e fecundidade e tornando a população ainda menor – a chamada espiral da extinção.

Conservação na prática

A biologia da conservação é, em grande parte, uma disciplina da crise preocupada com pequenas populações sob perigo imediato de extinção. A dinâmica de populações pequenas é governada por um nível elevado de incerteza, ao passo que as populações grandes podem ser descritas como governadas pela "lei das médias". Três tipos de incerteza ou variação que possuem uma importância particular sobre o destino de populações pequenas podem ser identificados: incerteza demográfica, incerteza ambiental e incerteza espacial. Além disso, a perda de hábitats frequentemente resulta não apenas na redução do tamanho absoluto de uma população, mas também na divisão da população original em um número de fragmentos.

Prevendo o tamanho mínimo viável de uma população

A análise de viabilidade populacional, uma ferramenta de modelagem por simulação, pode ser usada para estimar o tamanho populacional mínimo de uma espécie em particular que deva garantir a sua persistência com uma probabilidade aceitável (p. ex., maior do que 90%) por um período razoável (p. ex., 100 anos). Munidos com tal informação, os gestores podem trabalhar com a melhor abordagem para salvar as espécies da extinção (alimentação suplementar, controle de predadores, uma ou mais reservas de tamanho apropriado, etc.).

Selecionando áreas protegidas

Devido à quantidade limitada de recursos financeiros para comprar áreas, é importante definir prioridades, a fim de que elas sejam avaliadas sistematicamente e escolhidas com cuidado. Sabemos que as biotas de diferentes locais variam em relação à riqueza de espécies e ao grau de singularidade e de ameaça de extinção; um ou vários destes critérios poderiam ser usados para priorizar áreas de proteção em potencial. Os princípios da teoria da biogeografia de ilhas fornecem algumas pistas sobre a forma mais apropriada e a localização das áreas protegidas. A seleção de uma rede de reservas para otimizar a proteção da biodiversidade pode ser feita com base na "complementaridade" (selecionando em cada etapa o sítio que é mais complementar àquele já selecionado em termos da biodiversidade que o mesmo contém) ou na "insubstitutibilidade" (definida em termos da probabilidade de uma área ser requerida para se alcançar objetivos de conservação específicos).

Mudança climática global e conservação

As mudanças previstas nos padrões de temperatura e pluviosidade ao redor do mundo têm importantes implicações para a biologia da conservação. Mudanças nas condições ambientais afetarão o tamanho e a localização de áreas habitáveis das espécies, estejam ou não em risco de extinção no presente. Além disso, as reservas naturais podem passar a estar no lugar errado. Modelos de mudança climática global podem ser usados pelos ecólogos para salvar as espécies e comunidades por ocasião do planejamento da conservação de espécies individuais ou do delineamento de redes de reservas.

QUESTÕES DE REVISÃO

Asteriscos indicam questões desafiadoras.

1* Do total estimado de 3 a 30 milhões de espécies de seres vivos existentes sobre a Terra, apenas cerca de 1,8 milhão já foi descrita pela ciência. Quão importante para a conservação da biodiversidade é a nossa capacidade de dar nome às espécies?

2 As espécies podem ser "raras" de três maneiras. Quais são elas? Com base em sua própria experiência, forneça exemplos de três espécies "raras" e explique a natureza de sua raridade.

3* Pesquisadores coletaram dados sobre a abundância relativa de 16 espécies de mamíferos peruanos em áreas de floresta que diferiam na sua exposição a uma pressão de caça leve ou pesada pela população local. Eles utilizaram a redução na abundância relativa nas áreas altamente *versus* levemente caçadas como um índice de vulnerabilidade à caça. Essa informação está plotada em relação à taxa intrínseca de crescimento populacional ($r_{máx}$), à idade da primeira reprodução e à longevidade (Figura 14.15). Forneça explicações para as relações mostradas na figura. Você esperaria que as variáveis $r_{máx}$, idade da primeira reprodução e longevidade fossem intercorrelacionadas? Se afirmativo, explique como. Muitas espécies de animais de grande porte foram extintas nos últimos 50.000 anos. Que esclarecimentos os resultados desse estudo fornecem a respeito do possível papel da sobre-exploração pelos seres humanos nas extinções do passado? Com base nesses resultados, que conselho você daria aos gestores ambientais sobre a conservação de mamíferos nas florestas peruanas?

4 Existe alguma ocasião na qual a introdução intencional de uma espécie exótica pode ser considerada uma boa atitude pois aumenta a biodiversidade?

5 A variabilidade temporal imprevisível é uma característica de muitos ecossistemas. Como os biólogos da conservação podem compensar tal incerteza na elaboração de planos de manejo de espécies ameaçadas?

6 Explique, com exemplos, como a perda ou a introdução de uma única espécie pode ter consequências para a conservação ao longo de toda uma comunidade ecológica.

7 Em tempos difíceis, decisões dolorosas tem que ser tomadas a respeito de prioridades. Discuta a abordagem de "triagem" na avaliação de prioridades para a conservação. Liste algumas espécies altamente ameaçadas que você conhece e proponha prioridades para a ação conservacionista. Existe alguma espécie sem esperança de recuperação que deveríamos permitir que fosse extinta?

8 Discuta o valor dos jardins zoológicos e botânicos na conservação da natureza.

9 Discuta as vantagens e limitações de se usar as ferramentas de análise de viabilidade populacional para elaboração de planos de manejo de espécies.

10* A. G. Tansley, o famoso ecólogo do início do século XX, quando questionado sobre o que queria dizer com conservação da natureza, respondeu que significava a manutenção do mundo na situação que ele conheceu quando criança. Do seu ponto de vista, como você definiria os objetivos da biologia da conservação, à medida que entramos em um novo milênio?

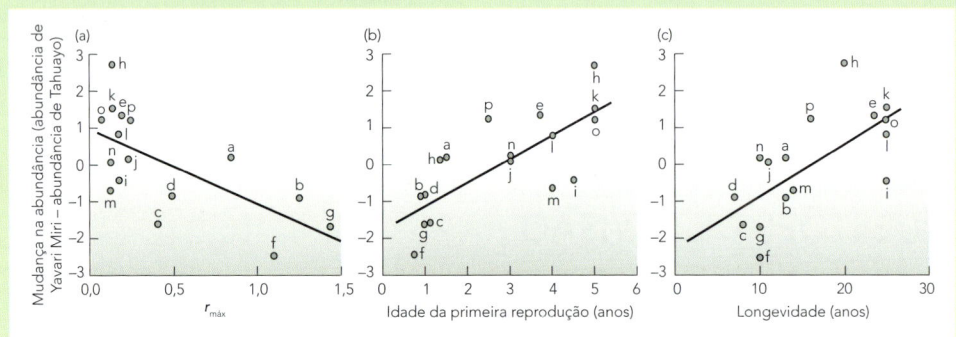

Figura 14.15

Relações entre (a) $r_{máx}$, (b) idade da primeira reprodução e (c) longevidade e vulnerabilidade de mamíferos a declínios populacionais, medidos pela alteração na abundância relativa entre áreas de floresta sujeitas a baixas e altas pressões de caça. Os mamíferos estão representados pelas seguintes letras: a, queixada; b, cateto; c, veado-mateiro; d, veado-catingueiro; e, anta; f, paca; g, cutia; h, macaco-barrigudo; i, guariba; j, uacari; k, macaco-prego; l, cairara; m, parauacu; n, zogue-zogue; o, macaco-aranha; p, macaco-de-chilro

SEGUNDO BODMER ET AL., 1997

REFERÊNCIAS

Abramsky, Z. & Rosenzweig, M.L. (1983) Tilman's predicted productivity-diversity relationship shown by desert rodents. *Nature, 309,* 150-151.

Agrawal, A.A. (1998) Induced responses to herbivory and increased plant performance. *Science, 279,* 1201-1202.

Akçakaya, H.R. (1992) Population viability analysis and risk assessment. In: *Proceedings of Wildlife 2001: Populations* (D.R. McCullough, ed.), pp. 148-157. Elsevier, Amsterdam.

Al-Hiyaly, S.A., McNeilly, T. & Bradshaw, A.D. (1988) The effects of zinc contamination from electricity pylons – evolution in a replicated situation. *New Phytologist,* 110, 571-580.

Allan, J.D. & Flecker, A.S. (1993) Biodiversity conservation in running waters. *Bioscience,* 43, 32-43.

Alliende, M.C. & Harper, J.L. (1989) Demographic studies of a dioecious tree. I. Colonization, sex and age-structure of a population of *Salix cinerea. Journal of Ecology,* 77, 1029-1047.

Anderson, R.M. (1982) Epidemiology. In: *Modern Parasitology* (F.E.G. Cox, ed.), pp. 205-251. Blackwell Scientific Publications, Oxford.

Anderson, R.M. & May, R.M. (1991) *Infectious Diseases of Humans: Dynamics and Control.* Oxford University Press, Oxford.

Andrewartha, H.G. (1961) *Introduction to the Study of Animal Populations.* Methuen, London.

Angel, M.V. (1994) Spatial distribution of marine organisms: patterns and processes. In: *Large Scale Ecology and Conservation Biology* (P.J. Edwards, R.M. May & N.R. Webb, eds), pp. 59-109. Blackwell Science, Oxford.

Arheimer, B. & Wittgren, H.B. (2002) Modelling nitrogen retention in potential wetlands at the catchment scale. *Ecological Engineering,* 19, 63-80.

Aston, J.L. & Bradshaw, A.D. (1966) Evolution in closely adjacent plant populations. II. *Agrostis stolonifera* in maritime habitats. *Heredity,* 21, 649-664.

Atkinson, D., Ciotti, B.J. & Montagnes, D.J.S. (2003) Protists decrease in size linearly with temperature: *ca.* $2.5\% °C^{-1}$. *Proceedings of the Royal Society of London, Series B,* 270, 2605-2611.

Audesirk, T. & Audesirk, G. (1996) *Biology: Life on Earth.* Prentice Hall, Upper Saddle River, NJ.

Ayre, DJ. (1985) Localized adaptation of clones of the sea anemone Actinia tenebrosa. *Evolution,* 39, 1250-1260.

Ayre, DJ. (1995) Localized adaptation of sea anemone clones: evidence from transplantation over two spatial scales. *Journal of Animal Ecology,* 64, 186-196.

Bach, C.E. (1994) Effects of herbivory and genotype on growth and survivorship of sand-dune willow *(Salix cordata). Ecological Entomology,* 19, 303-309.

Baker, A.J.M. (2002) The use of tolerant plants and hyperaccumulators. In: *The Restoration and Management of Derelict Land: Modern Approaches* (M.H. Wong & A.D. Bradshaw, eds), pp. 138-148. World Scientific Publishing, Singapore.

Balmford, A. & Bond, W. (2005) Trends in the state of nature and their implications for human well-being. *Ecology Letters,* 8, 1218-1234.

Balmford, A., Bruner, A., Cooper, P. et al. (2002) Economic reasons for conserving wild nature. *Science,* 297, 950-953.

Barrios, L. & Rodriguez, A. (2004) Behavioural and environmental correlates of soaring-bird mortality at on-shore wind turbines, *journal of Applied Ecology,* 41, 72-81.

Bayliss, P. (1987) Kangaroo dynamics. In: *Kangaroos, their Ecology and Management in the Sheep Rangelands of Australia* (G. Caughley, N. Shepherd & J. Short, eds), pp. 119-134. Cambridge University Press, Cambridge.

Bazzaz, F.A. (1979) The physiological ecology of plant succession. *Annual Review of Ecology and Systematics,* 10, 351-371.

Bazzaz, F.A. (1996) *Plants in Changing Environments.* Cambridge University Press, Cambridge.

Bazzaz, F.A., Miao, S.L. & Wayne, P.M. (1993) CO_2-induced growth enhancements of co-occurring tree species decline at different rates. *Oecologia,* 96, 478-482.

Bazzaz, F.A. & Williams, W.E. (1991) Atmospheric CO_2 concentrations within a mixed forest: implications for seedling growth. *Ecology,* 72, 12-16.

Beaumont, L.J. & Hughes, L. (2002) Potential changes in the distributions of latitudinally restricted Australian butterfly species in response to climate change. *Global Change Biology,* 8, 954-971.

Becker, P. (1992) Colonization of islands by carnivorous and herbivorous Heteroptera and Coleoptera:

effects of island area, plant species richness, and 'extinction' rates. *Journal of Biogeography,* 19, 163-171.

Begon, M., Sait, S.M. &c Thompson, DJ. (1995) Persistence of a predator-prey system: refuges and generation cycles? *Proceedings of the Royal Society of London, Series B,* 260, 131-137.

Begon, M., Townsend, C.R. & Harper, J.L. (2006) *Ecology: from Individuals to Ecosystems,* 4th edn. Blackwell Publishing, Oxford.

Belt, T. (1874) *The Naturalist in Nicaragua.* J.M. Dent, London.

Berger, J. (1990) Persistence of different-sized populations: an empirical assessment of rapid extinctions in bighorn sheep. *Conservation Biology,* 4, 91-98.

Berner, E.K. & Berner, R.A. (1987) *The Global Water Cycle: Geochemistry and Environment.* Prentice Hall, Englewood Cliffs, NJ.

Berven, K.A. (1995) Population regulation in the wood frog, *Rana sylvatica,* from three diverse geographic localities. *Australian Journal of Ecology,* 20, 385-392.

Blaustein, A.R., Wake, D.B. & Sousa, W.P. (1994) Amphibian declines: judging stability, persistence, and susceptibility of populations to local and global extinctions. *Conservation Biology,* 8, 60-71.

Bobko, S.J. & Berkeley, S.A. (2004) Maturity, ovarian cycle, fecundity, and age-specific parturition of black rockfish *(Sebastes melanops). Fisheries Bulletin,* 102, 418-429.

Bodmer, R.E., Eisenberg, J.F. & Redford, K.H. (1997) Hunting and the likelihood of extinction of Amazonian mammals. *Conservation Biology,* 11, 460-466.

Bonnet, X., Lourdais, O., Shine, R. & Naulleau, G. (2002) Reproduction in a typical capital breeder: costs, currencies and complications in the aspic viper. *Ecology,* 83, 2124- 2135.

Bonsall, M.B., French, D.R. & Hassell, M.P. (2002) Metapopulation structure affects persistence of predator-prey interactions. *Journal of Animal Ecology,* 71, 1075-1084.

Borga, K., Gabrielsen, G.W. & Skaare, J.U. (2001) Biomagnification of organochlorines along a Barents Sea food chain. *Environmental Pollution,* 113, 187-198.

Bouzille, J.B., Bonis, A., Clement, B. & Godeau, M. (1997) Growth patterns of *Juncus gerardi* clonal populations in a coastal habitat. *Plant Ecology,* 132, 39-48.

Bowles, K.C., Apte, S.C., Maher, W.A., Kawei, M. & Smith, R. (2001) Bioaccumulation and biomagnification of mercury in Lake Murray, Papua New Guinea. *Canadian Journal of Fisheries and Aquatic Science,* 58, 888-897.

Bradshaw, A.D. (2002) Introduction – an ecological perspective. In: *The Restoration and Management of Derelict Land: Modern Approaches* (M.H. Wong & A.D. Bradshaw, eds), pp. 1-6. World Scientific Publishing, Singapore.

Breznak, J.A. (1975) Symbiotic relationships between termites and their intestinal biota. In: *Symbiosis* (D.H. Jennings & D.L. Lee, eds), pp. 559-580. Symposium 29, Society for Experimental Biology. Cambridge University Press, Cambridge.

Briand, F. (1983) Environmental control of food web structure. *Ecology,* 64,253-263.

Brook, B.W., O'Grady, J.J., Chapman, A.P., Burgman, M.A., Akjakaya, H.R. & Frankham, R. (2000) Predictive accuracy of population viability analysis in conservation biology. *Nature,* 404,385-387.

Brookes, M. (1998) The species enigma. *New Scientist,* June 13, 1998.

Brown, J.H. & Davidson, D.W. (1977) Competition between seed-eating rodents and ants in desert ecosystems. *Science,* 196,880-882.

Brown, V.K. & Southwood, T.R.E. (1983) Trophic diversity, niche breadth, and generation times of exopterygote insects in a secondary succession. *Oecologia,* 56, 220-225.

Brunet, A.K. & Medelh'n, R.A. (2001) The species-area relationship in bat assemblages of tropical caves. *Journal of Mammalogy,* 82, 1114-1122.

Brylinski, M. & Mann, K.H. (1973) An analysis of factors governing productivity in lakes and reservoirs. *Limnology and Oceanography,* 18, 1-14.

Buckling, A. & Rainey, P.B. (2002) Antagonistic coevolution between a bacterium and a bacteriophage. *Proceedings of the Royal Society of London, Series B,* 269, 931-936.

Bullock, J.M., Moy, I.L., Pywell, R.F., Coulson, S.J., Nolan, A.M. & Caswell, H. (2002) Plant dispersal and colonization processes at local and landscape scales. In: *Dispersal Ecology* (J.M. Bullock, R.E. Kenward & R.S. Hails, eds), pp. 279-302. Blackwell Publishing, Oxford.

Burdon, JJ. (1987) *Diseases and Plant Population Biology.* Cambridge University Press, Cambridge.

Burdon-Sanderson, J.S. (1893) *Inaugural address.* Nature, 48, 464-472.

Burg, T.M. & Croxall, J.P. (2001) Global relationships amongst black-browed and grey-headed albatrosses: analysis of population structure using mitochondrial DNA and microsatellites. *Molecular Ecology,* 10, 2647-2660.

Burgman, M.A., Person, S. & Akcakaya, H.R. (1993) *Risk Assessment in Conservation Biology.* Chapman & Hall, London.

Buscot, F., Munch, J.C., Charcosset, J.Y., Gardes, M., Nehls, U. & Hampp, R. (2000) Recent advances in exploring physiology and biodiversity of ectomycorrhizas highlight the functioning of these symbioses in ecosystems. *FEMS Microbiology Reviews,* 24, 601-614.

Cain, M.L., Pacala, S.W., Silander, J.A. & Fortin, M.-J. (1995) Neighbourhood models of clonal growth in the white clover *Trifolium repens. American Naturalist,* 145, 888-917.

Carignan, R., Planas, D. & Vis, C. (2000) Planktonic production and respiration in oligotrophic shield lakes. *Limnology and Oceanography,* 45, 189-199.

Carruthers, R.I., Larkin, T.S., Firstencel, H. & Feng, Z. (1992) Influence of thermal ecology on the mycosis of a rangeland grasshopper. *Ecology,* 73, 190-204.

Caughley, G. (1994) Directions in conservation biology. *Journal of Animal Ecology,* 63, 215-244.

Cebrian, J. (1999) Patterns in the fate of production in plant communities. *American Naturalist,* 154, 449-468.

Charnov, E.L. (1976) Optimal foraging: attack strategy of a mantid. *American Naturalist,* 110, 141-151.

Chase, J.M. (2003) Experimental evidence for alternative stable equilibria in a benthic pond food web. *Ecology Letters,* 6, 733-741.

Choquenot, D. (1998) Testing the relative influence of intrinsic and extrinsic variation in food availability on feral pig populations in Australia's rangelands. *Journal of Animal Ecology,* 67, 887-907.

Clements, F.L. (1905) *Research Methods in Ecology.* University of Nevada Press, Lincoln, NV.

Cohen, J.E. (1995) *How Many People Can the Earth Support?* W.W. Norton & Co., New York.

Cohen, J.E. (2001) World population in 2050: assessing the projections. In: *Seismic Shifts: the Economic Impact of Demographic Change* (J.S. Little & R.K. Triest, eds), pp. 83-113. Conference Series No. 48. Federal Reserve Bank of Boston, Boston.

Cohen, J.E. (2003) Human population: the next half century. *Science,* 302, 1172-1175.

Cohen, J.E. (2005) Human population grows up. *Scientific American,* 293(3), 48-55.

Cole, J.J., Findlay, S. & Pace, M.L. (1988) Bacterial production in fresh and salt water ecosystems: a cross-system overview. *Marine Ecology Progress Series,* 4, 1-10.

Connell, J.H. (1978) Diversity in tropical rainforests and coral reefs. *Science,* 199, 1302-1310.

Connell, J.H. (1983) On the prevalence and relative importance of interspecific competition: evidence from field experiments. *American Naturalist,* 122, 661-696.

Cook, L.M., Dennis, R.L.H. & Mani, G.S. (1999) Melanic morph frequency in the peppered moth in the Manchester area. *Proceedings of the Royal Society of London, Series B,* 266, 293-297.

Coomes, D.A., Rees, M., Turnbull, L. & Ratcliffe, S. (2002) On the mechanisms of coexistence among annual-plant species, using neighbourhood techniques and simulation models. *Plant Ecology,* 163, 23-38.

Cornell, H.V. & Hawkins, B.A. (2003) Herbivore responses to plant secondary compounds: a test of phytochemical coevolution theory. *American Naturalist,* 161, 507-522.

Cortes, E. (2002) Incorporating uncertainty into demographic modeling: application to shark populations and their conservation. *Conservation Biology,* 16, 1048-1062.

Cory, J.S. & Myers, J.H. (2000) Direct and indirect ecological effects of biological control. *Trends in Ecology and Evolution,* 15, 137-139.

Costanza, R., D'Arge, R., de Groot, R. et al. (1997) The value of the world's ecosystem services and natural capital. *Nature* 387, 253-260.

Cotrufo, M.F., Ineson, P., Scott, A. et al. (1998) Elevated CO_2 reduces the nitrogen concentration of plant tissues. *Global Change Biology,* 4, 43-54.

Cottingham, K.L., Brown, B.L. & Lennon, J.T. (2001) Biodiversity may regulate the temporal variability of ecological systems. *Ecology Letters,* 4, 72-85.

Courchamp, F., Glutton-Brock, T. & Grenfell, B. (1999) Inverse density dependence and the Allee effect. *Trends in Ecology and Evolution,* 14, 405-410.

Cowling, R.M., Pressey, R.L., Rouget, M. & Lombard, A.T. (2003) A conservation plan for a global biodiversity hotspot – the Cape Floristic Region, South Africa. *Biological Conservation,* 112, 191-216.

Cox, P.A., Elmquist, T., Pierson, E.D. & Rainey, W.E. (1991) Flying foxes as strong interactors in South Pacific island ecosystems: a conservation hypothesis. *Conservation Biology,* 5, 448-454.

Crisp, M.D. & Lange, R.T. (1976) Age structure distribution and survival under grazing of the arid zone shrub *Acacia burkitii. Oikos,* 27, 86-92.

Currie, D.J. (1991) Energy and large-scale patterns of animal and plant species richness. *American Naturalist,* 137, 27-49.

Currie, D.J. & Paquin, V. (1987) Large-scale biogeographical patterns of species richness in trees. *Nature,* 39, 326-327.

Darwin, C. (1859) *On the Origin of Species by Means of Natural Selection,* 1st edn. John Murray, London.

Davidson, D.W. (1977) Species diversity and community organization in desert seed-eating ants. *Ecology,* 58, 711-724.

Davidson, J. & Andrewartha, H.G. (1948) The influence of rain-fall, evaporation and atmospheric temperature on fluctuations in the size of a natural population of *Thrips imaginis* (Thysanoptera). *Journal of Animal Ecology,* 17, 200-222.

Davies, S.J., Palmiotto, P.A., Ashton, P.S., Lee, H.S. & Lafrankie, J.V. (1998) Comparative ecology of 11 sympatric species *of Macaranga* in Borneo: tree distribution in relation to horizontal and vertical resource heterogeneity. *Journal of Ecology,* 86, 662-673.

Davis, M.B. (1976) Pleistocene biogeography of temperate deciduous forest. *Geoscience and Management,* 13, 13-26.

Davis, M.B. & Shaw, R.G. (2001) Range shifts and adaptive responses to quarternary climate change. *Science,* 292, 673-679.

de Wit, C.T. (1965) Photosynthesis of leaf canopies. *Verslagen van Landbouwkundige Onderzoekingen,* 663, 1-57.

de Wit, C.T., Tow, P.G. & Ennik, G.C. (1966) Competition between legumes and grasses. *Verslagen van Landbouwkundige Onderzoekingen,* 112, 1017-1045.

Deevey, E.S. (1947) Life tables for natural populations of animals. *Quarterly Review of Biology,* 22, 283-314.

Denno, R.F., McClure, M.S. & Ott, J.R. (1995) Interspecific interactions in phytophagous insects: competition reexamined and resurrected. *Annual Review of Entomology,* 40, 297-331.

Detwiler, R.P. & Hall, C.A.S. (1988) Tropical forests and the global carbon cycle. *Science,* 239, 42-47.

Diamond, J.M. (1972) Biogeographic kinetics: estimation of relaxation times for avifaunas of south-west Pacific islands. *Proceedings of the National Academy of Science of the USA,* 69,3199-3203.

Dickie, I.A., Xu, B. & Koide, R.T. (2002) Vertical niche differentiation of ectomycorrhizal hyphae in soil as shown by T-RFLP analysis. *New Phytologist,* 156, 527-535.

Dobson, A.P. & Carper, E.R. (1996) Infectious diseases and human population history. *Bioscience,* 46, 115-126.

Dodson, S.I., Arnott, S.E. & Cottingham, K.L. (2000) The relationship in lake communities between primary productivity and species richness. *Ecology,* 81, 2662-2679.

Doube, B.M., Macqueen, A., Ridsdill-Smith, T.J. & Weir, T.A. (1991) Native and introduced dung beetles in Australia. In: *Dung Beetle Ecology* (I. Hanski & Y. Cambefort, eds), pp. 255-278. Princeton University Press, Princeton, NJ.

Ores, M. & Mallet, J. (2001) Host races in plant-feeding insects and their importance in sympatric speciation. *Philosophical Transactions of the Royal Society of London, Series B,* 357, 471-492.

Dunne, J.A., Williams, R.J. & Martinez, NJ. (2002) Network structure and biodiversity loss in food webs: robustness increases with connectance. *Ecology Letters,* 5, 558-567.

Eamus, D. (1999) Ecophysiological traits of deciduous and evergreen woody species in the seasonally dry tropics. *Trends in Ecology and Evolution,* 14, 11-16.

Ebert, D., Zschokke-Rohringer, C.D. & Carius, H.J. (2000) Dose effects and density-dependent regulation in two microparasites otDaphnia magna. *Oecologia,* 122, 200-209.

Ehrlich, P. & Raven, P.H. (1964) Butterflies and plants: a study in coevolution. *Evolution,* 18, 586-608.

Eis, S., Carman, E.H. & Ebel, L.F. (1965) Relation between cone production and diameter increment of douglas fir *(Pseudotsuga menziesii* (Mirb). Franco), grand fir *(Abies grandis* Dougl.) and western white pine *(Pinus monticola* Dougl.). *Canadian Journal of Botany,* 43, 1553-1559.

Elliott, J.K. & Mariscal, R.N. (2001) Coexistence of nine anemonefish species: differential host and habitat utilization, size and recruitment. *Marine Biology,* 138, 23-36.

Elliott, J.M. (1994) *Quantitative Ecology and the Brown Trout.* Oxford University Press, Oxford.

Elton, C. (1927) *Animal Ecology.* Sidgwick & Jackson, London. Elton, C.S. (1958) *The Ecology of Invasions by Animals and Plants.* Methuen, London.

Endler, J.A. (1980) Natural selection on color patterns in *Poecilia reticulata. Evolution,* 34, 76-91.

Erwin, T.L. (1982) Tropical forests: their richness in Coleoptera and other arthropod species. *Coleopterists Bulletin,* 36, 74-75.

Falge, E., Baldocchi, D., Tenhunen, J. et al. (2002) Seasonality of ecosystem respiration and gross primary production as derived from FLUXNET measurements. *Agricultural and Forest Meteorology,* 113, 53-74.

Fasham, M.J.R., Balino, B.M. & Bowles, M.C. (2001) A new vision of ocean biogeochemistry after a decade of the Joint Global Ocean Flux Study (JGOFS). *Ambio Special Report,* 10,4-31.

Fenner, F. (1983) Biological control, as exemplified by smallpox eradication and myxomatosis. *Proceedings of the Royal Society, Series B,* 218, 259-285.

Ferguson, R.G. (1933) The Indian tuberculosis problem and some preventative measures. *National Tuberculosis Association Transactions,* 29, 93-106.

Fischer, M. & Matthies, D. (1998) Effects of population size on performance in the rare plant *Gentianella gennanica. Journal of Ecology,* 86, 195-204.

FitzGibbon, C.D. (1990) Anti-predator strategies of immature Thomson's gazelles: hiding and the prone response. *Animal Behaviour,* 40, 846-855.

FitzGibbon, C.D. & Fanshawe, J. (1989) The condition and age of Thomson's gazelles killed by cheetahs and wild dogs. *Journal of Zoology,* 218, 99-107.

Flecker, A.S. & Townsend, C.R. (1994) Community-wide con sequences of trout introduction in New Zealand streams. *Ecological Applications,* 4, 798-807.

Fleischer, R.C., Perry, E.A., Muralidharan, K., Stevens, E.E. & Wemmer, C.M. (2001) Phylogeography of the Asian elephant *(Elephus maximus)* based on mitochondrial DNA. *Evolution, 55,* 1882-1892.

Flessa, K.W. & Jablonski, D. (1995) Biogeography of recent marine bivalve mollusks and its implications of paleobio-geography and the geography of extinction: a progress report. *Historical Biology,* 10, 25-47.

Flint, M.L. & van den Bosch, R. (1981) *Introduction to Integrated Pest Management.* Plenum Press, New York.

Flower, R.J., Rippey, B., Rose, N.L., Appleby, P.G. & Battarbee, R.W. (1994) Palaeolimnological evidence for the acidification and contamination of lakes by atmospheric pollution in western Ireland. *Journal of Ecology,* 82, 581-596.

Fonseca, C.R. (1994) Herbivory and the long-lived leaves of an Amazonian ant-tree. *Journal of Ecology,* 82, 833-842.

Fonseca, D.M. & Hart, D.D. (1996) Density-dependent dispersal of black fly neonates is mediated by flow. *Oikos,* 75, 49-58. Ford, E.B. (1975) *Ecological Genetics,* 4th edn. Chapman & Hall, London.

Ford, M.J. (1982) *The Changing Climate: Responses of the Natural Fauna and Flora.* George Allen & Unwin, London.

Fowler, S.V. (2004) Biological control of an exotic scale, *Orthezia insignis* Browne (Homoptera: Orthexiidae), saves the endemic gumwood tree, *Commidendrum robustum* (Roxb.) DC (Asteraceae) on the island of St Helena. *Biological Control,* 29, 367-374.

Fox, C.J. (2001) Recent trends in stock-recruitment of blackwater herring *(Clupea harengus* L.) in relation to larval production. *ICES Journal of Marine Science,* 58, 750-762.

Fox, N.J. & Beckley, L.E. (2005) Priority areas for conservation of Western Australian coastal fishes: a comparison of hotspot, biogeographical and complementarity approaches. *Biological Conservation,* 125, 399-410.

Franklin, I.R. & Frankham, R. (1998) How large must populations be to retain evolutionary potential? *Animal Conservation,* 1, 69-73.

Fredrickson, R.J. & Hedrick, P.W. (2006) Dynamics of hybridization and introgression in red wolves and coyotes. *Conservation Biology,* 20, 1272-1283.

Gadgil, M. (1971) Dispersal: population consequences and evolution. *Ecology,* 52, 253-261.

Galloway, L.F. & Fenster, C.B. (2000) Population differentiation in an annual legume: local adaptation. *Evolution,* 54, 1173-1181.

Garthe, S. & Huppop, O. (2004) Scaling possible adverse effects of marine wind farms on seabirds: developing and applying a vulnerability index. *Journal of Applied Ecology,* 41, 724-734.

Gaston, K.J. (1998) *Biodiversity.* Blackwell Science, Oxford.

Geider, R.J., Delucia, E.H., Falkowski, P.G. et al. (2001) Primary productivity of planet earth: biological determinants and physical constraints in terrestrial and aquatic habitats. *Global Change Biology,* 7, 849-882.

Gende, S.M., Quinn, T.P. & Willson, M.F. (2001) Consumption choice by bears feeding on salmon. *Oecologia,* 127, 372-382.

Gilman, M.P. & Crawley, M.J. (1990) The cost of sexual reproduction in ragwort *(Senecio jacobaea* L.). *Functional Ecology,* 4, 585-589.

Godfray, H.C.J. & Crawley, M.J. (1998) Introductions. In: *Conservation Science and Action* (W.J. Sutherland, ed.), pp. 39-65. Blackwell Science, Oxford.

Gotelli, N.J. & McCabe, D.J. (2002) Species co-occurrence: a meta-analysis of J.M. Diamond's assembly rules model. *Ecology,* 83, 2091-2096.

Gotthard, K., Nylin, S. & Wiklund, C. (1999) Seasonal plasticity in two satyrine butterflies: state-dependent decision making in relation to daylength. *Oikos,* 84, 453-462.

Gould, W.A. & Walker, M.D. (1997) Landscape-scale patterns in plant species richness along an arctic river. *Canadian Journal of Botany,* 75, 1748-1765.

Grant, P.R., Grant, B.R., Keller, L.F. & Petren, K. (2000) Effects of El Nino events on Darwin's finch productivity. *Ecology,* 81, 2442-2457.

Gray, S.M. & Robinson, B.W. (2001) Experimental evidence that competition between stickleback species favours adaptive character divergence. *Ecology Letters,* 5, 264-272.

Green, R.E. (1998) Long-term decline in the thickness of egg-shells of thrushes, *Turdus* spp., in Britain. *Proceedings of the Royal Society of London, Series B,* 265, 679-684.

Green, R.E., Newton, I., Shultz, S., Cunningham, A.A., Gilbert, M., Pain, D.J. & Prakash, V. (2004) Diclofenac poisoning as a cause of vulture population declines across the Indian sub-continent. *Journal of Applied Ecology,* 41, 793-800.

Greenwood, P.J., Harvey, P.H. & Perrins, C.M. (1978) Inbreeding and dispersal in the great tit. *Nature,* 271, 52-54.

Grutter, A.S. (1999) Cleaner fish really do clean. *Nature,* 398, 672-673.

Grytnes, J.A. & Vetaas, O.R. (2002) Species richness and altitude: a comparison between null models and interpolated plant species richness along the Himalayan altitudinal gradient, Nepal. *American Naturalist,* 159, 294-304.

Hairston, N.G., Smith, F.E. & Slobodkin, L.B. (1960) Community structure, population control, and competition. *American Naturalist,* 44, 421-425.

Halaj, J., Ross, D.W. Sc Moldenke, A.R. (2000) Importance of habitat structure to the arthropod food-web in Douglas-fir canopies. *Oikos*, 90, 139-152.

Hall, S.J. (1998) Closed areas for fisheries management – the case consolidates. *Trends in Ecology and Evolution*, 13, 297-298.

Hall, S.J. & Raffaelli, D.G. (1993) Food webs: theory and reality. *Advances in Ecological Research*, 24, 187-239.

Hanski, I. (1999) *Metapopulation Ecology*. Oxford University Press, Oxford.

Hanski, I., Pakkala, T., Kuussaari, M. & Lei, G. (1995) Meta-population persistence of an endangered butterfly in a fragmented landscape. *Oikos*, 72, 21-28.

Harcourt, D.G. (1971) Population dynamics of *Leptinotarsa decemlineata* (Say) in eastern Ontario. III. Major population processes. *Canadian Entomologist*, 103, 1049-1061.

Harper, J.L. (1977) *The Population Biology of Plants*. Academic Press, London.

Harper, J.L. & White, J. (1974) The demography of plants. *Annual Review of Ecology and Systematics*, 5, 419-463.

Hart, A.J., Bale, J.S., Tullett, A.G., Worland, M.R. & Walters, K.F.A. (2002) Effects of temperature on the establishment potential of the predatory mite *Amblyseius californicus* McGregor (Acari: Phytoseiidae) in the UK. *Journal of Insect Physiology*, 48,593-599.

Hassell, M.P., Latto, J. & May, R.M. (1989) Seeing the wood for the trees: detecting density dependence from existing life-table *studies. Journal of Animal Ecology*, 58, 883-892.

Herman, T.J.B. (2000) Developing IPM for potato tuber moth. *Commercial Grower*, 55, 26-28.

Hermannsson, S. (2000) *Surtsey Research Report No. XI*. Museum of Natural History, Reykjavik, Iceland.

Hermoyian, C.S., Leighton, L.R. 8c Kaplan, P. (2002) Testing the role of competition in fossil communities using limiting similarity. *Geology*, 30, 15-18.

Herre, E.A. & West, S.A. (1997) Conflict of interest in a mutualism: documenting the elusive fig wasp-seed trade-off. *Proceedings of the Royal Society of London, Series B*, 264, 1501-1507.

Hilborn, R. & Walters, C.J. (1992) *Quantitative Fisheries Stock Assessment*. Chapman & Hall, New York.

Holloway, J.D. (1977) *The Lepidoptera of Norfolk Island, their Biogeography and Ecology*. Junk, The Hague.

Holloway, J.M., Dahlgren, R.A., Hansen, B. & Casey, W.H. (1998) Contribution of bedrock nitrogen to high nitrate concentrations in stream water. *Nature*, 395, 785-788.

Holyoak, M. & Lawler, S.P. (1996) Persistence of an extinction-prone predator-prey interaction through metapopulation dynamics. *Ecology*, 77, 1867-1879.

Hooper, D.U., Chapin, F.S., Ewel, J.J. et al. (2005) Effects of biodiversity on ecosystem functioning: a consensus of current knowledge. *Ecological Monographs*, 75, 3-35.

Hoyer, M.V. & Canfield, D.E. (1994) Bird abundance and species richness on Florida lakes: influence of trophic status, lake morphology and aquatic macrophytes. *Hydrobiologia*, 297, 107-119.

Hudson, P.J., Dobson, A.P. & Newborn, D. (1992) Do parasites make prey vulnerable to predation? Red grouse and parasites. *Journal of Animal Ecology*, 61, 681-692.

Hudson, P.J., Dobson, A.P. & Newborn, D. (1998) Prevention of population cycles by parasite removal. *Science*, 282, 2256-2258.

Huffaker, C.B. (1958) Experimental studies on predation: dispersion factors and predator-prey oscillations. *Hilgardia*, 27, 343-383.

Hughes, L. (2000) Biological consequences of global warming: is the signal already apparent. *Trends in Ecology and Evolution*, 15, 56-61.

Hunter, M.L. & Yonzon, P. (1992) Altitudinal distributions of birds, mammals, people, forests, and parks in Nepal. *Conservation Biology*, 7, 420-423.

Hurd, L.E. & Eisenberg, R.M. (1990) Experimentally synchronized phenology and interspecific competition in mantids. *American Midland Naturalist*, 124, 390-394.

Huryn, A.D. (1998) Ecosystem-level evidence for top-down and bottom-up control of production in a grassland stream system. *Oecologia*, 115, 173-183.

Husband, B.C. & Barrett, S.C.H. (1996) A metapopulation perspective in plant population *biology. Journal of Ecology*, 84,461-469.

Hut, R.A., Barnes, B.M. & Daan, S. (2002) Body temperature patterns before, during and after semi-natural hibernation in the European ground squirrel. *Journal of Comparative Physiology B*, 172,47-58.

Hutchinson, G.E. (1957) Concluding remarks. *Cold Spring Harbour Symposium on Quantitative Biology*, 22, 415-427.

Inouye, R.S., Huntly, N.J., Tilman, D., Tester, J.R., Stillwell, M. & Zinnel, K.C. (1987) Old-field succession on a Minnesota sand plain. *Ecology*, 68, 12-26.

Inouye, R.S. & Tilman, D. (1995) Convergence and divergence of old-field vegetation after 11 yr of nitrogen addition. *Ecology*, 76, 1872-1877.

Interlandi, SJ. & Kilham, S.S. (2001) Limiting resources and the regulation of diversity in phytoplankton communities. *Ecology*, 82, 1270-1282.

International Organisation for Biological Control (1989) *Current Status of Integrated Farming Systems Research in Western Europe* (P. Vereijken & D.J. Royle, eds). IOBC West Palaearctic Regional Service Bulletin No. 12(5). IOBC, Zurich.

IPCC (2001) *Third Assessment Report*. Working Group 1, Inter-governmental Panel on Climate Change. IPCC, Geneva.

Irvine, R.J., Stien, A., Dallas, J.F., Halvorsen, O., Langvatn, R. & Albon, S.D. (2001) Contrasting regulation of fecundity in two abomasal nematodes of Svarlbard reindeer *(Rangifer tarandus platyrynchus)*. *Parasitology*, 122, 673-681.

IUCN/UNEP/WWF (1991) *Caring for the Earth. A Strategy for Sustainable Living*. World Conservation Union/United Nations Environmental Program/World Wide Fund, Gland, Switzerland.

Jackson, S.T. & Weng, C. (1999) Late quaternary extinction of a tree species in eastern North America. *Proceedings of the National Academy of Sciences of the USA*, 96, 13847-13852.

Jain, S.K. & Bradshaw, A.D. (1966) Evolutionary divergence among adjacent plant populations. I. The evidence and its theoretical analysis. *Heredity*, 21, 407-411.

Janis, C.M. (1993) Tertiary mammal evolution in the context of changing climates, vegetation and tectonic events. *Annual Review of Ecology and Systematics*, 24, 467-500.

Jennings, S., Kaiser, M.J. & Reynolds, J.D. (2001) *Marine Fisheries Ecology*. Blackwell Publishing, Oxford.

Jeppesen, E., Sondergaard, M., Jensen, J.P. et al. (2005) Lake responses to reduced nutrient loading – an analysis of contemporary long-term data from 35 case studies. *Freshwater Biology*, 50, 1747-1771.

Johannes, R.E. (1998) Government-supported village-based management of marine resources in Vanuatu. *Ocean Coastal Management*, 40, 165-186.

Johnson, C.G. (1967) International dispersal of insects and insect-borne viruses. *Netherlands Journal of Plant Pathology*, 73 (Suppl. 1), 21-43.

Johnson, J.A., Toepfer, J.E. & Dunn, P.O. (2003) Contrasting patterns of mitochondrial and microsatellite population structure in fragmented populations of greater prairie-chickens. *Molecular Ecology*, 12, 3335-3347.

Jones, M. & Harper, J.L. (1987) The influence of neighbours on the growth of trees. I. The demography of buds in *Betula pendula*. *Proceedings of the Royal Society of London, Series B*, 232, 1-18.

Jonsson, M. & Malmqvist, B. (2000) Ecosystem process rate increases with animal species richness: evidence from leaf-eating, aquatic insects. *Oikos*, 89, 519-523.

Jutila, H.M. (2003) Germination in Baltic coastal wetland meadows: similarities and differences between vegetation and seed bank. *Plant Ecology*, 166, 275-293.

Kaiser, J. (2000) Rift over biodiversity divides ecologists. *Science*, 89, 1282-1283.

Kamijo, T., Kitayama, K., Sugawara, A., Urushimichi, S. & Sasai, K. (2002) Primary succession of the warm-temperate broad-leaved forest on a volcanic island, Miyake-jima, Japan. *Folia Geobotanica*, 37, 71-91.

Karban, R., Agrawal, A.A., Thaler, J.S. & Adler, L.S. (1999) Induced plant responses and information content about risk of herbivory. *Trends in Ecology and Evolution*, 14, 443-447.

Karels, T.J. & Boonstra, R. (2000) Concurrent density dependence and independence in populations of arctic ground squirrels. *Nature*, 408, 460-463.

Karl, B.J. & Best, H.A. (1982) Feral cats on Stewart Island: their foods, and their effects on kakapo. *New Zealand Journal of Zoology*, 9, 287-294.

Karlsson, P.S. & Jacobson, A. (2001) Onset of reproduction in *Rhododendron lapponicum* shoots: the effect of shoot size, age, and nutrient status at two subarctic sites. *Oikos*, 94, 279-286.

Kerbes, R.H., Kotanen, P.M. & Jefferies, R.L. (1990) Destruction of wetland habitats by lesser snow geese: a keystone species on the west coast of Hudson Bay. *Journal of Applied Ecology*, 27, 242-258.

Kettlewell, H.B.D. (1955) Selection experiments on industrial melanism in the Lepidoptera. *Heredity*, 9, 323-342.

Khan, A.S., Sumaila, U.R., Watson, R., Munro, G. & Pauly, D. (2006) The nature and magnitude of global non-fuel fisheries subsidies. In: *Catching More Bait: a Bottom-up Re-estimation of Global Fisheries Subsidies* (U.R. Sumaila & D. Pauly, eds), pp. 5-37. Fisheries Centre Research Reports Vol. 14, No. 6. Fisheries Centre, University of British Columbia, Vancouver.

Kicklighter, D.W., Bruno, M., Donges, S. et al. (1999) A first-order analysis of the potential role of CO_2 fertilization to affect the global carbon budget: a comparison of four terrestrial biosphere models. *Tellus*, 51B, 343-366.

Kirk, J.T.O. (1994) *Light and Photosynthesis in Aquatic Ecosystems*. Cambridge University Press, Cambridge, UK.

Kodric-Brown, A. & Brown, J.M. (1993) Highly structured fish communities in Australian desert springs. *Ecology*, 74, 1847-1855.

Krebs, C.J. (1972) *Ecology*. Harper & Row, New York.

Krebs, C.J., Boonstra, R., Boutin, S. & Sinclair, A.R.E. (2001) What drives the 10-year cycle of snowshoe hares? *Bioscience*, 51, 25-35.

Krebs, C.J., Sinclair, A.R.E., Boonstra, R., Boutin, S., Martin, K. & Smith, J.N.M. (1999) Community dynamics of vertebrate herbivores: how can we untangle the web? In: *Herbivores: between Plants and Predators* (H. Olff, V.K. Brown & R.H. Drent, eds), pp. 447-473. Blackwell Science, Oxford.

Kremen, C., Williams, N.M., Bugg, R.L., Fay, J.P. & Thorp, R.W. (2004) The area requirements of an ecosystem service: crop pollination by native bee communities in California. *Ecology Letters,* 7, 1109-1119.

Kullberg, C. & Ekman, J. (2000) Does predation maintain tit community diversity? *Oikos,* 89, 41-45.

Lacy, R.C. (1993) VORTEX: a computer simulation for use in population viability analysis. *Wildlife Research,* 20, 45-65.

Lande, R. & Barrowclough, G.F. (1987) Effective population size, genetic variation, and their use in population management. In: *Viable Populations for Conservation* (M.E. Soule, ed.), pp. 87-123. Cambridge University Press, Cambridge.

Larcher, W. (1980) *Physiological Plant Ecology,* 2nd edn. Springer-Verlag, Berlin.

Lathrop, R.C., Johnson, B.M., Johnson, T.B. et al. (2002) Stocking piscivores to improve fishing and water clarity: a synthesis of the Lake Mendota biomanipulation project. *Freshwater Biology,* 47, 2410-2424.

Laurance, W.F. (2001) Future shock: forecasting a grim fate for the Earth. *Trends in Ecology and Evolution,* 16, 531-533.

Law, B.E., Thornton, P.E., Irvine, J., Anthoni, P.M. & van Tuyl, S. (2001) Carbon storage and fluxes in ponderosa pine forests at different developmental stages. *Global Climate Change,* 7, 755-777.

Lawlor, L.R. (1980) Structure and stability in natural and randomly constructed competitive communities. *American Naturalist,* 116, 394-408.

Lawrence, W.H. & Rediske, J.H. (1962) Fate of sown douglas-fir seed. *Forest Science,* 8, 211-218.

Lawton, J.H. & May, R.M. (1984) The birds of Selborne. *Nature,* 306, 732-733.

Le Cren, E.D. (1973) Some examples of the mechanisms that control the population dynamics of salmonid fish. In: *The Mathematical Theory of the Dynamics of Biological Populations* (M.S. Bartlett & R.W. Hiorns, eds), pp. 125-135. Academic Press, London.

Lehmann, N., Eisenhawer, A., Hansen, K., Mech, L.D., Peterson, R.O., Gogan, P.J.P. & Wayne, R.K. (1991) Introgression of mitochondrial DNA into sympatric North American grey wolf population. *Evolution,* 45, 104-119.

Lennartsson, T., Nilsson, P. & Tuomi, J. (1998) Induction of overcompensation in the field gentian, *Gentianella campestris*. *Ecology,* 79, 1061-1072.

Leroy, F. & de Vuyst, L. (2001) Growth of the bacteriocin-producing *Eactobacillus sakei* strain CTC 494 in MRS broth is strongly reduced due to nutrient exhaustion: a nutrient depletion model for the growth of lactic acid bacteria. *Applied and Environmental Microbiology,* 67, 4407-4413.

Letourneau, O.K. & Dyer, L.A. (1998a) Density patterns of *Piper* ant-plants and associated arthropods: top-predator trophic cascades in a terrestrial system? *Biotropica,* 30, 162-169.

Letourneau, O.K. & Dyer, L.A. (1998b) Experimental test in a lowland tropical forest shows top-down effects through four trophic levels. *Ecology,* 79, 1678-1687.

Levins, R. (1969) Some demographic and genetic consequences of environmental heterogeneity for biological control. *Bulletin of the Entomological Society of America,* 15, 237-240.

Lichter, J. (2000) Colonization constraints during primary succession on coastal Lake Michigan sand dunes. *Journal of Ecology,* 88, 825-839.

Likens, G.E. (1989) Some aspects of air pollutant effects on terrestrial ecosystems and prospects for the future. *Ambio,* 18, 172-178.

Likens, G.E. (1992) *The Ecosystem Approach: its Use and Abuse. Excellence in Ecology,* Book 3. Ecology Institute, Oldendorf-Luhe, Germany.

Likens, G.E. & Bormann, F.G. (1975) An experimental approach to New England landscapes. In: *Coupling of Land and Water Systems* (A.D. Hasler, ed.), pp. 7-30. Springer-Verlag, New York.

Likens, G.E. & Bormann, F.H. (1994) *Biogeochemistry of a Forested Ecosystem,* 2nd edn. Springer-Verlag, New York.

Likens, G.E., Bormann, F.H., Pierce, R.S. & Fisher, D.W. (1971) Nutrient-hydrologic cycle interaction in small forested watershed ecosystems. In: *Productivity of Forest Ecosystems* (P. Duvogneaud, ed.), pp. 553-563. UNESCO, Paris.

Likens, G.E., Driscoll, C.T. & Buso, D.C. (1996) Long-term effects of acid rain: response and recovery of a forest ecosystem. *Science,* 272, 244-245.

Lindeman, R.L. (1942) The trophic-dynamic aspect of ecology. *Ecology,* 23, 399-418.

Lofgren, A. & Jerling, L. (2002) Species richness, extinction and immigration rates of vascular plants on islands in the Stockholm Archipelago, Sweden, during a century of ceasing management. *Folia Geobotanica,* 37, 297-308.

Lotka, A.J. (1932) The growth of mixed population: two species competing for a common food supply. *Journal of the Washington Academy of Sciences,* 22, 461-469.

Louda, S.M. (1982) Distributional ecology: variation in plant recruitment over a gradient in relation to insect seed predation. *Ecological Monographs,* 52, 25-41.

Louda, S.M. (1983) Seed predation and seedling mortality in the recruitment of a shrub, *Haplopappus venetus* (Asteraceae), along a climatic gradient. *Ecology,* 64, 511-521.

Louda, S.M., Kendall, D., Connor, J. & Simberloff, D. (1997) Ecological effects of an insect introduced for the biological control of weeds. *Science,* 277, 1088-1090.

Lovei, G.L. (1997) Global change through invasion. *Nature,* 388, 627-628.

Lubchenco, J. (1978) Plant species diversity in a marine intertidal community: importance of herbivore food preference and algal competitive abilities. *American Naturalist,* 112, 23-39.

Lubchenco, J., Olson, A.M., Brubaker, L.B. et al. (1991) The sustainable biosphere initiative: an ecological research agenda. *Ecology,* 72, 371-412.

Luckman, W.H. & Decker, G.C. (1960) A 5-year report on observations in the Japanese beetle control area of Sheldon, Illinois. *Journal of Economic Entomology,* 53, 821-827.

Lussenhop, J. (1992) Mechanisms of microarthropod-microbial interactions in soil. *Advances in Ecological Research,* 23, 1-33.

MacArthur, J.W. (1975) Environmental fluctuations and species diversity. In: *Ecology and Evolution of Communities* (M.L. Cody & J.M. Diamond, eds), pp. 74-80. Belknap, Cambridge, MA.

MacArthur, R.H. (1955) Fluctuations of animal populations and a measure of community stability. *Ecology,* 36, 533-536.

MacArthur, R.H. (1972) *Geographical Ecology.* Harper & Row, New York.

MacArthur, R.H. & Pianka, E.R. (1966) On optimal use of a patchy environment. *American Naturalist,* 100, 603-609.

MacArthur, R.H. & Wilson, E.G. (1967) *The Theory of Island Biogeography.* Princeton University Press, Princeton, NJ.

MacLulick, D.A. (1937) Fluctuations in numbers of the varying hare *(Lepus americanus). University of Toronto Studies, Biology Series,* 43, 1-136.

Malmqvist, B., Wotton, R.S. & Zhang, Y. (2001) Suspension feeders transform massive amounts of seston in large northern rivers. *Oikos,* 92, 35-43.

Malthus, T. (1798) *An Essay on the Principle of Population.* J. Johnson, London.

Martin, P.R. de Martin, T.E. (2001) Ecological and fitness consequences of species coexistence: a removal experiment with wood warblers. *Ecology,* 82, 189-206.

Martin, P.S. (1984) Prehistoric overkill: the global model. In: *Quaternary Extinctions: a Prehistoric Revolution* (P.S. Martin & R.G. Klein, eds), pp. 354-403. University of Arizona Press, Tuscon, AZ.

Marzusch, K. (1952) Untersuchungen über di Temperaturab-hängigkeit von Lebensprozessen bei Insekten unter beson-derer Berucksichtigung winter-schlantender Kartoffelkäfer. *Zeitschrift für vergleicherde Physiologie,* 34, 75-92.

May, R.M. (1981) Patterns in multi-species communities. In: *Theoretical Ecology: Principles and Applications,* 2nd edn (R.M. May, ed.), pp. 197-227. Blackwell Scientific Publications, Oxford.

McGrady-Steed, J., Harris, P.M. & Morin, P.J. (1997) Biodiversity regulates ecosystem predictability. *Nature,* 390, 162-165.

McIntosh, A.R. & Townsend, C.R. (1994) Interpopulation variation in mayfly antipredator tactics: differential effects of contrasting predatory fish. *Ecology,* 75, 2078-2090.

McIntosh, A.R. & Townsend, C.R. (1996) Interactions between fish, grazing invertebrates and algae in a New Zealand stream: a trophic cascade mediated by fish-induced changes to grazer behavior. *Oecologia,* 108, 174-181.

McKane, R.B., Johnson, L.C., Shaver, G.R. etal. (2002) Resource-based niches provide a basis for plant species diversity and dominance in arctic tundra. *Nature,* 415, 68-71.

McKay, J.K., Bishop, J.G., Lin, J.-Z., Richards, J.H., Sala, A. & Mitchell-Olds, T. (2001) Local adaptation across a climatic gradient despite small effective population size in the rare sapphire rockcress. *Proceedings of the Royal Society of London, Series B,* 268, 1715-1721.

McKey, D. (1979) The distribution of secondary compounds within plants. In: *Herbivores: their Interaction with Secondary Plant Metabolites* (G.A. Rosenthal & D.H. Janzen, eds), pp. 56-134. Academic Press, New York.

Menges, E.S. (2000) Population viability analyses in plants: challenges and opportunities. *Trends in Ecology and Evolution,* 15, 51-56.

Menges, E.S. & Dolan, R.W. (1998) Demographic viability of populations of *Silene regia* in midwestern prairies: relationships with fire management, genetic variation, geographic location, population size and isolation. *Journal of Ecology,* 86, 63-78.

Merryweather, J.W. & Fitter, A.H. (1995) Phosphorus and carbon budgets: mycorrhizal contribution in *Hyacinthoides non-scripta* (L.) Chouard ex Rothm. under natural conditions. *New Phytologist,* 129, 619-627.

Millennium Ecosystem Assessment (2005) *Ecosystems and Human Well-being. Biodiversity Synthesis.* World Resources Institute, Washington, DC.

Milner-Gulland, E.J. & Mace, R. (1998) *Conservation of Biological Resources.* Blackwell Science, Oxford.

Mittelbach, G.G., Steiner, C.F., Scheiner, S.M. et al. (2001) What is the observed relationship between species richness and productivity? *Ecology,* 82, 2381-2396.

Moilanen, A., Smith, A.T. & Hanski, I. (1998) Long-term dynamics in a metapopulation of the American pika. *American Naturalist,* 152, 530-542.

Montagues, D.J.S., Kimmance, S.A. & Atkinson, D. (2003) Using Q_{10}: can growth rates increase linearly with temperature? *Aquatic Micmbial Ecology,* 32, 307-313.

Mosier, A.R., Bleken, M.A., Chaiwanakupt, P. et al. (2002) Policy implications of human-accelerated nitrogen cycling. *Biogeochemistry*, 57/58, 477-516.

Murdoch, W.W. (1966) Community structure, population control and competition – a critique. *American Naturalist*, 100, 219-226.

Murdoch, W.W. & Stewart-Oaten, A. (1975) Predation and population stability. *Advances in Ecological Research*, 9, 1-131.

Mwendera, E.J., Saleem, M.A.M. & Woldu, Z. (1997) Vegetation response to cattle grazing in the Ethiopian Highlands. *Agriculture, Ecosystems and Environment*, 64, 43-51.

Myers, R.A. (2001) Stock and recruitment: generalizations about maximum reproductive rate, density dependence, and variability using meta-analytic approaches. *ICES Journal of Marine Science*, 58, 937-951.

National Research Council (1990) *Alternative Agriculture*. National Academy of Sciences, Academy Press, Washington, DC.

Neilson, R.P., Prentice, I.C., Smith, B., Kittel, T. & Viner, D. (1998) Simulated changes in vegetation distribution under global warming. Available as Annex C at www.epa.gov/globalwarming/reports/pubs/ipcc/annex/index.html.

NERC (1990) *Our Changing Environment*. Natural Environment Research Council, London. (NERC acknowledges the significant contribution of Fred Pearce to the document.)

Newsham, K.K., Fitter, A.H. & Watkinson, A.R. (1994) Root pathogenic and arbuscular mycorrhizal mycorrhizal fungi determine fecundity of asymptomatic plants in the field. *Journal of Ecology*, 82, 805-814.

Newsham, K.K., Fitter, A.H. & Watkinson, A.R. (1995) Multi-functionality and biodiversity in arbuscular mycorrhizas. *Trends in Ecology and Evolution*, 10, 407-411.

Niklas, K.J., Tiffney, B.H. & Knoll, A.H. (1983) Patterns in vascular land plant diversification. *Nature*, 303, 614-616.

Nilsson, L.A. (1988) The evolution of flowers with deep corolla tubes. *Nature*, 334, 147-149.

Norton, I.O. & Sclater, J.G. (1979) A model for the evolution of the Indian Ocean and the breakup of Gondwanaland. *Journal of Geophysical Research*, 84, 6803-6830.

Nowak, R.M. (1979) *North American Quaternary Canis*. Monograph No. 6, Museum of Natural History. University of Kansas, Lawrence, KA.

O'Brien, E.M. (1993) Climatic gradients in woody plant species richness: towards an explanation based on an analysis of southern Africa's woody flora. *Journal of Biogeography*, 20, 181-198.

Oaks, J.L., Gilbert, M., Virani, M.Z. et al. (2004) Diclofenac residues as the cause of vulture population decline in Pakistan. *Nature*, 427, 629-633.

Oedekoven, M.A. & Joern, A. (2000) Plant quality and spider predation affects grasshoppers (Acrididae): food-quality-dependent compensatory mortality. *Ecology*, 81, 66-77.

Ogden, J. (1968) *Studies on reproductive strategy with particular reference to selected composites*. PhD thesis, University of Wales, Bangor.

Osmundson, D.B., Ryel, R.J., Lamarra, V.L. & Pitlick, J. (2002) Flow-sediment-biota relations: implications for river regulation effects on native fish abundance. *Ecological Applications*, 12, 1719-1739.

Owen-Smith, N. (1987) Pleistocene extinctions: the pivotal role of megaherbivores. *Paleobiology*, 13, 351-362.

Pace, M.L., Cole, J.J., Carpenter, S.R. & Kitchell, J.F. (1999) Trophic cascades revealed in diverse ecosystems. *Trends in Ecology and Evolution*, 14, 483-488.

Paine, R.T. (1966) Food web complexity and species diversity. *American Naturalist*, 100, 65-75.

Paine, R.T. (1979) Disaster, catastrophe and local persistence of the sea palm *Postelsia palmaefonnis*. *Science*, 205, 685-687.

Paterson, S. & Viney, M.E. (2002) Host immune responses are necessary for density dependence in nematode infections. *Parasitology*, 125, 283-292.

Pauly, D. & Christensen, V. (1995) Primary production required to sustain global fisheries. *Nature*, 374, 255-257.

Pavia, H. & Toth, G.B. (2000) Inducible chemical resistance to herbivory in the brown seaweed *Ascophyllum nodosum*. *Ecology*, 81, 3212-3225.

Pearl, R. (1927) The growth of populations. *Quarterly Review of Biology*, 2, 532-548.

Pearl, R. (1928) *The Rate of Living*. Knopf, New York.

Pearson, D.E. & Callaway, R.M. (2003) Indirect effects of host-specific biological control agents. *Trends in Ecology and Evolution*, 18, 456-461.

Penn, A.M., Sherwin, W.B., Gordon, G., Lunney, D., Melzer, A. & Lacy, R.C. (2000) Demographic forecasting in koala conservation. *Conservation Biology*, 14, 629-638.

Pennings, S.C. & Callaway, R.M. (2002) Parasitic plants: parallels and contrasts with herbivores. *Oecologia*, 131, 479-489.

Perrins, C.M. (1965) Population fluctuations and clutch size in the great tit, *Parus major* L. *Journal of Animal Ecology*, 34, 601-647.

Petren, K. & Case, T.J. (1996) An experimental demonstration of exploitation competition in an ongoing invasion. *Ecology*, 77, 118-132.

Petren, K., Grant, B.R. & Grant, P.R. (1999) A phylogeny of Darwin's finches based on microsatellite DNA variation. *Proceedings of the Royal Society of London, Series B,* 266, 321-329.

Pimentel, D. (1993) Cultural controls for insect pest management. In: *Pest Control and Sustainable Agriculture* (S. Corey, D. Dall & W. Milne, eds), pp. 35-38. Commonwealth Scientific and Research Organisation, East Melbourne, New South Wales.

Pimentel, D., Krummel, J., Gallahan, D. et al. (1978) Benefits and costs of pesticide use in U.S. food production. *Bioscience,* 28, 777-784.

Pimentel, D., Lach, L., Zuniga, R. & Morrison, D. (2000) Environmental and economic costs of nonindigenous species in the United States. *BioScience,* 50, 53-65.

Pimm, S.L. (1991) *The Balance of Nature: Ecological Issues in the Conservation of Species and Communities.* University of Chicago Press, Chicago.

Pitcher, T.J. & Hart, P.J.B. (1982) *Fisheries Ecology.* Croom Helm, London.

Pope, S.E., Fahrig, L. & Merriam, H.G. (2000) Landscape complementation and metapopulation effects on leopard frog populations. *Ecology,* 81, 2498-2508.

Power, M.E., Tilman, D., Estes, J.A. et al. (1996) Challenges in the quest for keystones. *Bioscience,* 46, 609-620.

Primack, R.B. (1993) *Essentials of Conservation Biology.* Sinauer Associates, Sunderland, MA.

Pywell, R.F., Bullock, J.M., Walker, K.J., Coulson, S.J., Gregory, S.J. & Stevenson, M.J. (2004) Facilitating grass-land diversification using the hemiparasitic plant *Rhinanthus minor. Journal of Applied Ecology,* 41, 880-887.

Raffaelli, D. & Hawkins, S. (1996) *Intertidal Ecology.* Kluwer, Dordrecht.

Rahbek, C. (1995) The elevational gradient of species richness: a uniform pattern? *Ecography,* 18, 200-205.

Rainey, P.B. & Trevisano, M. (1998) Adaptive radiation in a heterogeneous environment. *Nature,* 394, 69-72.

Randall, M.G.M. (1982) The dynamics of an insect population throughout its altitudinal distribution: *Coleophora alticolella* (Lepidoptera) in northern England. *Journal of Animal Ecology,* 51, 993-1016.

Ratcliffe, D.A. (1970) Changes attributable to pesticides in egg breakage frequency and eggshell thickness in some British birds. *Journal of Applied Ecology,* 7, 67-107.

Ratti, O., Dufva, R. & Alatalo, R.V. (1993) Blood parasites and male fitness in the pied flycatcher. *Oecologia,* 96, 410-414.

Reganold, J.P., Glover, J.D., Andrews, P.K. & Hinman, H.R. (2001) Sustainability of three apple production systems. *Nature,* 410, 926-929.

Ribas, C.R., Schoereder, J.H., Pic, M. & Scares, S.M. (2003) Tree heterogeneity, resource availability, and larger scale processes regulating arboreal ant species richness. *Austral Ecology,* 28, 305-314.

Ricklefs, R.E. (1973) *Ecology.* Nelson, London.

Ricklefs, R.E. & Lovette, I.J. (1999) The role of island area *per se* and habitat diversity in the species-area relationships of four Lesser Antillean faunal groups. *Journal of Animal Ecology,* 68, 1142-1160.

Ridley, M. (1993) *Evolution.* Blackwell Science, Boston.

Riis, T. & Sand-Jensen, K. (1997) Growth reconstruction and photosynthesis of aquatic mosses: influence of light, temperature and carbon dioxide at depth. *Journal of Ecology,* 85, 359-372.

Risebrough, R. (2004) Fatal medicine for vultures. *Nature,* 427, 596-598.

Rodrigues, A.S.L., Pilgrim, J.D., Lamoreux, J.F., Hoffmann, M. & Brooks, T.M. (2006) The value of the IUCN Red List for conservation. *Trends in Ecology and Evolution,* 21, 71-76.

Rohr, D.H. (2001) Reproductive trade-offs in the elapid snakes *Austrelap superbus* and *Austrelap ramsayi. Canadian Journal of Zoology,* 79, 1030-1037.

Root, R. (1967) The niche exploitation pattern of the blue-grey gnatcatcher. *Ecological Monographs,* 37, 317-350.

Rosenthal, G.A., Dahlman, D.L. & Janzen, D.H. (1976) A novel means for dealing with L-canavanine, a toxic metabolite. *Science,* 192, 256-258.

Rosenzweig, M.L. (1971) Paradox of enrichment: destabilization of exploitation ecosystems in ecological time. *Science,* 171, 385-387.

Rosenzweig, M.L. & Sandlin, E.A. (1997) Species diversity and latitudes: listening to area's signal. *Oikos,* 80, 172-176.

Rouphael, A.B. & Inglis, G.J. (2001) 'Take only photographs and leave only footprints'? An experimental study of the impacts of underwater photographers on coral reef dive sites. *Biological Conservation,* 100, 281-287.

Roura-Pascual, N., Suarez, A.V., Gomez, C., Pons, P., Touyama, Y., Wild, A.L. & Townsend Peterson, A. (2004) Geographical potential of Argentine ants (*Linepithema humile* Mayr) in the face of global climate change. *Proceedings of the Royal Society of London, Series B,* 271, 2527-2534.

Rowe, C.L. (2002) Differences in maintenance energy expenditure by two estuarine shrimp (*Palaemonetes pugio* and *P. vulgaris*) that may permit partitioning of habitats by salinity. *Comparative Biochemistry and Physiology A,* 132, 341-351.

Roy, M.S., Geffen, E., Smith, D., Ostrander, E.A. & Wayne, R.K. (1994) Patterns of differentiation and hybridization in North American wolflike canids, revealed by analysis of microsatellite loci. *Molecular Biology and Evolution,* 11, 553-570.

Ruiters, C. & McKenzie, B. (1994) Seasonal allocation and efficiency patterns of biomass and resources in the perennial geophyte *Sparaxis grandiflora* subspecies *fimbriata* (Iridaceae) in lowland coastal Fynbos, South Africa. *Annals of Botany*, 74,633-646.

Sale, P.P. (1979) Recruitment, loss and coexistence in a guild of territorial coral reef fishes. *Oecologia*, 42, 159-177.

Sale, P.P. & Douglas, W.A. (1984) Temporal variability in the community structure of fish on coral patch reefs and the relation of community structure to reef structure. *Ecology*, 65, 409-422.

Salisbury, E.J. (1942) *The Reproductive Capacity of Plants*. Bell, London.

Sanders, N.J., Moss, J. & Wagner, D. (2003) Patterns of ant species richness along elevational gradients in an arid ecosystem. *Global Ecology and Biogeography*, 12, 93-102.

Santelmann, M.V., White, D., Freemark, K. et al. (2004) Assessing alternative futures for agriculture in Iowa, USA. *Landscape Ecology*, 19, 357-374.

Savidge, J.A. (1987) Extinction of an island forest avifauna by an introduced snake. *Ecology*, 68, 660-668.

Sax, D.F. & Gaines, S.D. (2003) Species diversity: from global decreases to local increases. *Trends in Ecology and Evolution*, 18, 561-566.

Schluter, D. (2001) Ecology and the origin of species. *Trends in Ecology and Evolution*, 16, 372-380.

Schoener, T.W. (1983) Field experiments on interspecific competition. *American Naturalist*, 122, 240-285.

Schoenly, K., Beaver, R.A. & Heumier, T.A. (1991) On the trophic relations of insects: a food-web approach. *American Naturalist*, 137, 597-638.

Schulze, E.D. (1970) Ore CO_2-Gaswechsel de Buche (*Fagus sylvatica* L.) in Abhabgigkeit von den Klimafaktoren in Freiland. *Flora, Jena*, 159, 177-232.

Schulze, E.D., Fuchs, M.I. & Fuchs, M. (1977a) Spatial distribution of photosynthetic capacity and performance in a mountain spruce forest in northern Germany. I. Biomass distribution and daily CO_2 uptake in different crown layers. *Oecologia*, 29, 43-61.

Schulze, E.D., Fuchs, M.I. & Fuchs, M. (1977b) Spatial distribution of photosynthetic capacity and performance in a mountain spruce forest in northern Germany. III. The significance of the evergreen habit. *Oecologia*, 30, 239-249.

Schwartz, O.A., Armitage, K.B. & Van Vuren, D. (1998) A 32-year demography of yellow-bellied marmots (*Marmota flaviventris*). *Journal of Zoology*, 246, 337-346.

Shankar Raman, T., Rawat, G.S. & Johnsingh, A.J.T. (1998) Recovery of tropical rainforest avifauna in relation to vegetation succession following shifting cultivation in Mizoram, north-east India. *Journal of Applied Ecology*, 35, 214-231.

Sibly, R.M. & Hone, J. (2002) Population growth rate and its determinants: an overview. *Philosophical Transactions of the Royal Society of London, Series B*, 357, 1153-1170.

Simberloff, D.S. (1976) Experimental zoogeography of islands: effects of island size. *Ecology*, 57, 629-648.

Simberloff, D.S., Dayan T., Jones, C. & Ogura, G. (2000) Character displacement and release in the small Indian mongoose, *Herpestes javanicus*. *Ecology*, 91, 2086-2099.

Simon, K.S., Townsend, C.R., Biggs, B.J.F., Bowden, W.B. & Frew, R.D. (2004) Habitat-specific nitrogen dynamics in New Zealand streams containing native or invasive fish. *Ecosystems*, 7, 777-792.

Sinclair, B.J. & Sjursen, H. (2001) Cold tolerance of the Antarctic springtail *Gomphiocephalus hodgsoni* (Collembola, Hypogastruridae). *Antarctic Science*, 13: 277-279.

Singleton, G., Krebs, C.J., Davis, S., Chambers, L. & Brown, P. (2001) Reproductive changes in fluctuating house mouse populations in southeastern Australia. *Proceedings of the Royal Society of London, Series B*, 268, 1741-1748.

Slobodkin, L.B., Smith, F.E. & Hairston, N.G. (1967) Regulation in terrestrial ecosystems, and the implied balance of nature. *American Naturalist*, 101, 109-124.

Smith, J.W. (1998) Boll weevil eradication: area-wide pest management. *Annals of the Entomological Society of America*, 91, 239-247.

Sousa, M.E. (1979a) Experimental investigation of disturbance and ecological succession in a rocky intertidal algal community. *Ecological Monographs*, 49, 227-254.

Sousa, M.E. (1979b) Disturbance in marine intertidal boulder fields: the nonequilibrium maintenance of species diversity. *Ecology*, 60, 1225-1239.

Stenseth, N.C., Falck, W., Bjornstad, O.N. & Krebs, C.J. (1997) Population regulation in snowshoe hare and lynx populations: asymmetric food web configurations between the snowshoe hare and the lynx. *Proceedings of the National Academy of Science of the VSA*, 94, 5147-5152.

Stevens, C.E. &c Hume, I.D. (1998) Contributions of microbes in vertebrate gastrointestinal tract to production and conservation of nutrients. *Physiological Reviews*, 78, 393-426.

Stoll, P. & Prati, D. (2001) Intraspecific aggregation alters competitive interactions in experimental plant communities. *Ecology*, 82,319-327.

Strauss, S.Y. & Agrawal, A.A. (1999) The ecology and evolution of plant tolerance to herbivory. *Trends in Ecology and Evolu-tion*, 14, 179-185.

Strauss, S.Y., Irwin, R.E. & Lambrix, V.M. (2004) Optimal defence theory and flower petal colour predict variation in the secondary chemistry of wild radish. *Journal of Ecology,* 92, 132-141.

Strong, D.R. Jr., Lawton, J.H. & Southwood, T.R.E. (1984) *Insects on Plants: Community Patterns and Mechanisms.* Blackwell Scientific Publications, Oxford.

Susarla, S., Medina, V.F. & McCutcheon, S.C. (2002) Phyto-remediation: an ecological solution to organic chemical contamination. *Ecological Engineering,* 18, 647-658.

Sutherland, W.J., Gill, J.A. & Norris, K. (2002) Density-dependent dispersal in animals: concepts, evidence, mechanisms and consequences. In: *Dispersal Ecology* (J.M. Bullock, R.E. Kenward & R.S. Hails, eds), pp. 134-151. Blackwell Publishing, Oxford.

Sutton, S.L. & Collins, N.M. (1991) Insects and tropical forest conservation. In: *The Conservation of Insects and their Habitats* (N.M. Collins & J.A. Thomas, eds), pp. 405-424. Academic Press, London.

Swan, G., Naidoo, V., Cuthbert, R. et al. (2006) Removing the threat of diclofenac to critically endangered Asian vultures. *Public Library of Science Biology,* 4(3), e66. doi: 10.1371/ journal.pbio.0040066.

Swift, M.J., Heal, O.W. & Anderson, J.M. (1979) *Decomposition in Terrestrial Ecosystems.* Blackwell Scientific Publications, Oxford.

Swinnerton, K.J., Groombridge, J.J., Jones, C.G., Burn, R.W. & Mungroo, Y. (2004) Inbreeding depression and founder diversity among captive and free-living populations of the endangered pink pigeon *Columba mayeri. Animal Conservation,* 7, 353-364.

Symonides, E. (1979) The structure and population dynamics of psammophytes on inland dunes. II. Loosesod populations. *Ekologia Polska,* 27, 191-234.

Symonides, E. (1983) Population size regulation as a result of intra-population interactions. I. The effect of density on the survival and development of individuals of *Eropbila verna* (L.). *Ekologia Polska,* 31, 839-881.

Tanaka, M.O. & Magalhaes, C.A. (2002) Edge effects and succession dynamics in *Brachidontes* mussel beds. *Marine Ecology Progress Series,* 237, 151-158.

Taniguchi, Y. & Nakano, S. (2000) Condition-specific competition: implications for the altitudinal distribution of stream fishes. *Ecology,* 81, 2027-2039.

Tansley, A.G. (1904) The problems of ecology. *New Phytologist,* 3, 191-200.

Taylor, I. (1994) *Barn Owls. Predator-Prey Relationships and Conservation.* Cambridge University Press, Cambridge.

Téllez-Valdés, O. & Dávila-Aranda, P. (2003) Protected areas and climate change: a case study of the cacti in the Tehuacán-Cuicatlán Biosphere Reserve, Mexico. *Conservation Biology,* 17, 846-853.

Thomas, C.D., Cameron, A., Green, R.E. et al. (2004) Extinction risk from climate change. *Nature,* 427, 145-148.

Thomas, C.D. & Harrison, S. (1992) Spatial dynamics of a patchily distributed butterfly species. *Journal of Applied Ecology,* 61, 437-446.

Thomas, C.D. & Jones, T.M. (1993) Partial recovery of a skipper butterfly *(Hesperia comma)* from population refuges: lessons for conservation in a fragmented landscape. *Journal of Animal Ecology,* 62, 472-481.

Thomas, C.D., Thomas, J.A. & Warren, M.S. (1992) Distributions of occupied and vacant butterfly habitats in fragmented landscapes. *Oecologia,* 92, 563-567.

Thompson, R.M., Townsend, C.R., Craw, D., Frew, R. & Riley, R. (2001) (Further) links from rocks to plants. *Trends in Ecology and Evolution,* 16, 543.

Tilman, D. (1982) *Resource Competition and Community Structure.* Princeton University Press, Princeton, NJ.

Tilman, D. (1986) Resources, competition and the dynamics of plant communities. In: *Plant Ecology* (MJ. Crawley, ed.), pp. 51-74. Blackwell Scientific Publications, Oxford.

Tilman, D. (1996) Biodiversity: population versus ecosystem stability. *Ecology,* 77, 350-363.

Tilman, D. (1999) The ecological consequences of changes in biodiversity: a search for general principles. *Ecology,* 80, 1455-1474.

Tilman, D., Fargione, J., Wolff, B. et al. (2001) Forecasting agriculturally driven global environmental change. *Science,* 292, 281-284.

Tilman, D., Mattson, M. & Langer, S. (1981) Competition and nutrient kinetics along a temperature gradient: an experimental test of a mechanistic approach to niche theory. *Limnology and Oceanography,* 26, 1020-1033.

Tokeshi, M. (1993) Species abundance patterns and community structure. *Advances in Ecological Research,* 24, 112-186.

Tonn, W.M. & Magnuson, J.J. (1982) Patterns in the species composition and richness of fish assemblages in northern Wisconsin lakes. *Ecology,* 63, 137-154.

Townsend, C.R. (2007) *Ecological Applications: Toward a Sustainable WorW.* Blackwell Publishing, Oxford.

Townsend, C.R. & Growl, T.A. (1991) Fragmented population structure in a native New Zealand fish: an effect of introduced brown trout? *Oikos,* 61, 348-354.

Townsend, C.R., Hildrew, A.G. & Francis, J.E. (1983) Community structure in some southern English streams: the influence of physiochemical factors. *Freshwater Biology,* 13, 521-544.

Townsend, C.R., Scarsbrook, M.R. & Doledec, S. (1997) The intermediate disturbance hypothesis, refugia and bio-diversity in streams. *Limnology and Oceanography,* 42, 938-949.

Townsend, C.R., Thompson, R.M., McIntosh, A.R. et al. (1998) Disturbance, resource supply, and food-web architecture in streams. *Ecology Letters,* 1, 200-209.

Turkington, R. & Harper, J.L. (1979) The growth, distribution and neighbour relationships of *Trifolium repens* in a permanent pasture. IV. Fine scale biotic differentiation, *Journal of Ecology,* 67, 245-254.

Turner, J.R.G., Lennon, J.J. & Greenwood, J.J.D. (1996) Does climate cause the global biodiversity gradient? In: *Aspects of the Genesis and Maintenance of Biological Diversity* (M. Hochberg, J. Claubert & R. Barbault, eds), pp. 199-220. Oxford University Press, London.

UNEP (2003) *Global Environmental Outlook Year Book 2003.* United Nations Environmental Program (UNEP), GEO Section, Nairobi, Kenya.

United Nations (1998) *Global Change and Sustainable Develop-ment: Critical Trends.* Report of the Secretary General, United Nations, New York. (Also available on the world wide web at www.un.org/esa/sust-dev/trends.html.)

United Nations (2002) *Global Environmental Outlook 3.* Report of the United Nations Environmental Program (UNEP). UNEP, www.unep.org/GEO/geo3.

United Nations (2005) *The World Population Prospects: the 2004 Revision.* Analytical Report Vol. III. Department of Economic and Social Affairs, Population Division, United Nations. United Nations, New York.

Valentine, J.W. (1970) How many marine invertebrate fossil species? A new *approximation. Journal of Paleontology,* 44, 410-415.

Valladares, V.F. & Pearcy, R.W. (1998) The functional ecology of shoot architecture in sun and shade plants *of Heteromeles arbutifolia* M. Roem., a Californian chaparral shrub. *Oecologia,* 114, 1-10.

van der Juegd, H.P. (1999) *Life history decisions in a changing environment: a long-term study of a temperate barnacle goose population.* PhD thesis, Uppsala University, Uppsala.

Vannotte, R.L., Minshall, G.W., Cummins, K.W., Sedell, J.R. & Gushing, C.E. (1980) The river continuum concept. *Canadian Journal of Fisheries and Aquatic Sciences,* 37, 130-137.

Vazquez, G.J.A. & Givnish, T.J. (1998) Altitudinal gradients in tropical forest composition, structure, and diversity in the Sierra de Manantlan. *Journal of Ecology,* 86, 999-1020.

Verhoeven, J.T.A., Arheimer, B., Yin, C. & Hefting, M.M. (2006) Regional and global concerns over wetlands and water quality. *Trends in Ecology and Evolution,* 21, 96-103.

Volterra, V. (1926) Variations and fluctuations of the numbers of individuals in animal species living together. (Reprinted in 1931. In: *Animal Ecology* (R.N. Chapman, ed.), pp. 409-448. McGraw Hill, New York.)

Waage, J.K. & Greathead, D.J. (1988) Biological control: chal-leges and opportunities. *Philosophical Transactions of the Royal Society of London, Series B,* 318, 111-128.

Walsh, J.A. (1983) Selective primary health care: strategies for control of disease in the developing world. IV. Measles. *Reviews of Infectious Diseases,* 5, 330-340.

Wang, G.-H. (2002) Plant traits and soil chemical variables during a secondary vegetation succession in abandoned fields on the Loess Plateau. *Acta Botanica Sinica,* 44, 990-998.

Wardle, D.A., Bonner, K.I. & Barker, G.M. (2000) Stability of ecosystem properties in response to aboveground functional group richness and composition. *Oikos,* 89, 11-23.

Warren, P.H. (1989) Spatial and temporal variation in the structure of a freshwater food web. *Oikos,* 55, 299-311.

Watkinson, A.R. & Harper, J.L. (1978) The demography of a sand dune annual: *Vulpia fasciculata.* I. The natural regulation *of populations. Journal of Ecology,* 66, 15-33.

Wayne, R.K. (1996) Conservation genetics in the Canidae. In: *Conservation Genetics* (J.C. Avise & J.L. Hamrick, eds), pp. 75-118. Chapman & Hall, New York.

Wayne, R.K. & Jenks, S.M. (1991) Mitochondrial DNA ana-lysis implying extensive hybridization of the endangered red wolf *Canis rufus. Nature,* 351, 565-568.

Webb, S.D. (1987) Community patterns in extinct terrestrial invertebrates. In: *Organization of Communities: Past and Present* (J.H.R. Gee & P.S. Ciller, eds), pp. 439-468. Blackwell Scientific Publications, Oxford.

Webb, W.L., Lauenroth, W.K., Szarek, S.R. & Kinerson, R.S. (1983) Primary production and abiotic controls in forests, grasslands and desert ecosystems in the United States. *Ecology,* 64, 134-151.

Wegener, A. (1915) *Entstehung der Kontinenter und Ozeaner.* Samml. Viewig, Braunschweig. (English translation 1924. *The Origins of Continents and Oceans,* translated by J.G.A. Skerl. Methuen, London.)

White, G. (1789) *The Natural History and Antiquities of Selborne.* (Reprinted in 1977 as *The Natural History of Selborne* (G. White and R. Mabey). Penguin, London.) Whitehead, A.N. (1953) *Science and the Modern World.* Cambridge University Press, Cambridge.

Whittaker, R.J., Willis, K.J. & Field, R. (2003) Climatic-energetic explanations of diversity: a macroscopic perspective. In: *Macroecology: Concepts and Consequences* (T.M. Blackburn & K.J. Gaston, eds), pp. 107-129. Blackwell Publishing, Oxford.

Williams, W.D. (1988) Limnological imbalances: an antipodean viewpoint. *Freshwater Biology,* 20, 407-420.

Winemiller, K.O. (1990) Spatial and temporal variation in tropical fish trophic networks. *Ecological Monographs*, 60, 331-367.

Withler, R.E., Candy, J.R., Beacham, T.D. & Miller, K.M. (2004) Forensic DNA analysis of Pacific salmonid samples for species and stock identification. *Environmental Biology of Fishes*, 69, 275-285.

Woiwod, I.P. & Hanski, I. (1992) Patterns of density dependence in moths and aphids. *Journal of Animal Ecology*, 61, 619-629.

Wolff, J.O., Schauber, E.M. & Edge, W.D. (1997) Effects of habitat loss and fragmentation on the behavior and demography of gray-tailed voles. *Conservation Biology*, 11, 945-956.

Wootton, J.T. (1992) Indirect effects, prey susceptibility, and habitat selection: impacts of birds on limpets and algae. *Ecology*, 73, 981-991.

Worland, M.R. & Convey, P. (2001) Rapid cold hardening in Antarctic microarthropods. *Functional Ecology*, 15, 515-524.

Wright, S., Keeling, J. & Gillman, L. (2006) The road from Santa Rosalia: a faster tempo of evolution in tropical climates. *Proceedings of the National Academy of Sciences of the USA*, 103, 7718-7722.

Yao, I., Shibao, H. & Akimoto, S. (2000) Costs and benefits of ant attendance to the drepanosiphid aphid *Tuberculatus quercicola*. *Oikos*, 89, 3-10.

Yodzis, P. (1986) Competiton, mortality and community stru ture. In: *Community Ecology* (J. Diamond & T.J. Case, eds), pp. 480-491. Harper & Row, New York.

Yoshida, T., Jones, L.E., Ellner, S.P., Fussmann, G.F. & Hairston, N.G., Jr. (2003) Rapid evolution drives ecological dynamics in a predator-prey system. *Nature*, 424, 303-306.

Zimmer, M. & Topp, W. (2002) The role of coprophagy in nutrient release from feces of phytophagous insects. *Soil Biology and Biochemistry*, 34, 1093-1099.

ÍNDICE

Os números das páginas em itálico se referem a figuras e/ou tabelas separadas do texto

Abelha (*Apis mellifera*) 118-120, 308-309, 484-486
Abeto balsâmico (*Abies balsamea*) 138-139
Abeto-de-Douglas (*Pseudotsuga menziesii*) 204-205, 257-258, *259*, 377-378
Abies balsamea (abeto balsâmico) 138-139
Absinto 150-151
Abundância
    análise do fator-chave 325-334
    determinação 323-328, 332-333
    e dispersão 193-196
    e predação 251-253, 265-267, 269
    estabilidade 322-324
    flutuações 320-322, *322-323*
    índices de 176-178, *323-324*
    observação de mudanças 22-23
    oscilações/ciclos 265-267, 269, *267-269*
        conjuntas 266-272
    regulação 323-328, 332-333
Abundância de equilíbrio 462-463
Abutres 44-51
Acacia burkittii 189-190, *190-191*
Acácia chifre-de-touro (*Acacia cornigera*) 304-306
Acacia cornigera (acácia chifre-de-touro) 304-306
Accipiter nisus (gavião-da-Europa) 476-477, *477-478*
Acer saccharum (bordo) 151-152
Ácido sulfúrico 123-124
Acidófilos 104-105
Ácidos graxos de cadeia curta 310-311
Aclimatização/aclimação 96-98, 101-102
Actinia tenebrosa 61-62
Adenina 288-289, *290-291*
Adensamento e predação 273-277
Aeschylanthus 148-149

Afídeo da roseira 118-120
Afídeo-do-algodão 463-465
Afídeo-do-trevo-manchado (*Therioaphis trifolii*) 463-464
Afídeos 118-122, 306-308
África do Sul, Região Florística do Cabo 532-534
AGCCs (ácidos graxos de cadeia curta) 310-311
Ageneotettix deorum 257-258
Agricultura
    controle de pragas 462-469
    cultivo baseado nas curvas de nível 459-461
    cultura intensiva 480-482
    e degradação de hábitat 479-488, 507-508
    e degradação e erosão do solo 456-461, 475-476
    e manejo de paisagem 502-504, *504, 507*
    e mudança climática global 470-473, *471-472*
    e mutualismo 304-308
    manejo de pecuária intensiva 479-481
    monoculturas 454-462, 471-473
    poluição devido à 372, 374, 425-427, 463-464, 476-486, 507-508
    sistemas agrícolas integrados 467-471
    sucessão em campos abandonados 37-41, 49-50, 341-345, *343-344*
    sustentabilidade 454-472
Agricultura sustentável de baixa entrada 469-470
Agriolimax reticulatus 122-123
Agrostis capillaris 66-68
    cultivar "Parys" 501-502
Agrostis stolonifera (gramínea) 58-61, *60-61*
Água
    captação a partir de cursos d'água 484-488
    ciclo hidrológico 427-429

    como recurso para as plantas 108-114, 130-132
    disponibilidade *461-462*
    escassez
        e produtividade 406-408
        respostas das plantas à 108-112, 130-132
    estrutura e propriedades 154-156
    poluição 461-462, 480-481, 516-517
    reservas no solo 110-114
    sustentabilidade como recurso 460-462, 475-476
Água da chuva
    composição química 423
    ver também chuva ácida
Ailuropoda melanoleuca (panda gigante) 514-515, *519-520*
Aira precox 223-224, *224-225*
Álamo (*Populus*) 151-152
Albatroz-de-sobrancelha (*Talassarche impavida*) 290-291, *292, 293*
Aldrin 464-465
ALEB (ambiente e lavoura de entrada mais baixa) 469-470
Aleloquímicos 475-476
Alelos 290-291, 520-523
Alga marinha 163-164, 253-256
Alga parda (*Postelsia palmaeformis*) 222-224
Algas 161-162, 381-382, 481-482
Algodão, pragas do 463-465
Alnus incana 416-419
Alnus sieboldiana 140-141, *141-142*
Altitude
    e características de lagos 161-162, *161-163*
    e distribuição de biomas 137-138, *139-140*
    e riqueza de espécies 389-392
Alumínio 490-491
Ambiente e lavoura de entrada mais baixa 469-470
Ambientes aquáticos 154-167
    detritívoros 416-418
    estoques de nutrientes *423*, 425-427

eutrofização cultural 372, 374, 425-427, 480-484, 495-496
padrões de condições e recursos 139-141
produtividade 405-406, 408-411
ver também lagos; oceanos; riachos e rios
Ambientes costeiros 163-167, *532-533*
  comunidades de costões rochosos 372, 374-375, 381-382, *382-383*
Amblyseius californicus 93
Amieiro 140-141, *141-142*, 416-419
Ammophila breviligulata 341-343, *343-344*
Amônio 423
Amostragem 23-24, 28-29
Amostragem estratificada 24, 28-30
Amostras representativas 23-24, 28-29
  estimativa a partir de 176-177
Amphiprion leucokranos 232-234, *233-234*
Amphiprion percula 232-234, *233-234*
Amphiprion perideraion 232-234, *233-234*
Amphiprion sandaracinos 232-234, *233-234*
Amplitude ótima da dieta 263-265
Análise de complementaridade 532-533
Análise de funções múltiplas discriminantes 32-33
Análise de viabilidade populacional 524-530, 539-540
Análise do fator-chave 325-334
Análise forense da origem dos alimentos 291, 293-294
Análises de "insubstitutibilidade" 532-534
Anchoveta (*Engraulis ringens*) 161-163, 450-453
Andorinha (*Hirundo rustica*) 196-198
Andorinha-do-mar do ártico 103-104
Andorinhão (*Micropus apus*) 322-323
Androsace septentrionalis 322-323, *323-324*, 329-332, *331*
Anêmonas, 61-62, 232-234
Anêmonas do mar 61-62, 232-234, *233-234*
Animais
  composição do corpo *117-118*, 121-122
  defesas 123-126
  e sucessão 345-347

nutrição 117-122
  recursos 116-126, 130-132
Animais bentônicos 392-393
Anisopteromalus calandrae 278-279
Anolis 72, 74-75
Antártica 152-153
Anthoxanthum odoratum 68-69
Antilocapra americana (antílope-de-chifre-forcado)
Antílope-de-chifre-forcado (*Antilocapra americana*) 149-151
Anuro (*Rana pipiens*) 176-178
Aphanes arvensis 113-114
Apis mellifera (abelha) *118-120*, 308-309, 484-486
Aposematismo 124-125
Aptidão 56-57
  e predação 251-253
Aquacultura 454-455
Aquíferos 461-462
Aquilegia 308-310
Arabis fecunda (sapphire rockcress) 58-61
Arachnothera (pássaro-sol) 148-149
Área de História Natural de Cedar Creek 37-41, 49-50, 341-343, 358-359
Áreas de captação
  floresta experimental de Hubbard Brook 41-45
  manejo 502-504, 507
Áreas de conservação, seleção de 530-534, 539-540
Áreas úmidas, tratamento de 483-484
Arqueobactérias 90, 94-95, 312-313
Artemisia 150-151
Artemisia gmelinii 343-344
Artemisia scoparia 343-344, 343-345
Ártico 152-153, 534-535
Artocarpus lanceifolius 148-149
Árvores
  como espécies K *205-207*, 207-208
  riqueza de espécies
    e latitude 388-389
    em relação à evapotranspiração potencial 370-372
    separação espacial 234, 236, *235*
Ascaris (parasito nematoide) 55-56
asclépias 123-124
Ascophyllum nodosum 253-256
ASEB (agricultura sustentável com entrada baixa) 469-470
Aspectos históricos 17-20
Aspirina 513-514
Asterionella formosa 125-126, 212-217

Atividades humanas
  ameaças à biodiversidade 515-518
  custos econômicos 478-480
  descarte de resíduos 494-497
  e perda de serviços ecossistêmicos 478-480
  e sustentabilidade 437-473
  efeitos sobre ecossistemas de riachos 157-160
  extraindo recursos da natureza 447-455
  impactos físicos e químicos 475-478
Atmosfera 421-422
  poluição 488-491, *491-492*
Austrália, análise de complementaridade da costa oeste *532-533*
Autotróficos 116-117, 130-132
Aves
  e parques eólicos 492-494
  espessura da casca do ovo 476-478
  extinções *520-521*, 523-525
  sem voo potente 79, 81-82
Avestruz (*Struthio camelus*) 79, 81-82
AVP (análise de viabilidade populacional) 524-527, 529-530, 539-540
Azalea 138-139

Bacalhau
  e uso de pesticidas 485-487
  pesqueiros do Oceano Atlântico 452-454
Bacalhau do ártico (*Gadus morhua*) 452-454, 485-487
Bacalhau polar (*Boreogadus saida*) 485-487
Bactérias 301-302, *302-303*
  como decompositores 414-416, *416-417*
  fixação de nitrogênio 312-315, 423, 480-481
  papel mutualístico na digestão 308-311
Bacteriófago 301-302, *302-303*
Balanus glandula 374-375
Bambu 182-184
Banana 456-457
Banana Cavendish 456-457
Banana Gros Michel 456-457
Banco de sementes 179-180, 190-192, 337-339
Banksia dentata 383-384
Banksia marginata 383-384
Barragens 460-462

Batata, míldio tardio 320-322, 455-456
Bates, H. W. 55-56
Beagle, HMS 52-55
Besouro alticíneo 251-252
Besouro curculionídeo (*Cyrtobagus*) 251-253
Besouro-da-batata (*Leptinotarsa decemlineata*) 93, 193-196, 326-332
Besouro-da-casca 118-120
Besouros 418-421
Bétula (*Betula*) 96-97, 151-152, 196-198, *198-199*, 237-238
Betula 96-97, 151-152
Betula nana (bétula-anã) 237-238
Betula pendula (bétula-prateada) 196-198, *198-199*
Betula pubescens 96-97
Bétula-anã (*Betula nana*) 237-238
Bétula-prateada (*Betula pendula*) 196-199
BFPs (bifenis policlorados) *485-487*
Bicho-de-conta 420-421
Bifenis policlorados *485-487*
Biodiversidade 52-53, 511-515
 ameaças à 514-525, 538-539
 definição 511-512
 e doenças 152-153
 e manejo da paisagem 502-504, *504, 507*
 e recursos limitantes 230-234
 em florestas pluviais tropicais 146-149
 história do estudo sobre a 54-55
 hotspots de 531-532
 importância para o funcionamento dos ecossistemas 418-420
 índice de Simpson 230-232
 valor da 512-514
 ver também riqueza de espécies
Bioespécies 69-70, *83*
Biomagnificação 484-486, *485-487*
Biomanipulação 481-482, *482-483*
Biomas 136-137, 165-166
 ausência de homogeneidade 136-138
 descrição e classificação 142-143, *144-145,* 146-147
 distribuição mundial *137-138*
 efeitos da altitude e da latitude sobre a distribuição 137-138, *139-140*
 mudanças previstas na distribuição devido a mudanças climáticas globais 152-155

Biomassa 403-404
Biomassa de clorofila *408-409*
Bisão (*Bison bison*) 149-151
Biston betularia (mariposa) 66-68
Bivalves marinhos, riqueza de espécies 388-389
Boi 278-282
Boiga irregularis (serpente) 516-518
Borboleta (*Hesperia comma*) 336-337
Borboleta azul "silver-studded" (*Plebejus argus*) 333-334, 337-338
Borboleta-monarca 124-125
Borboletas, risco de extinção 535-536
Borboletas da família Papilionidae 388-389
Bordo (*Acer saccharum*) 151-152
Boreogadus saida (bacalhau polar) 485-487
Borrachudo (*Simulium vittatum*) *195-196*
Bothriocloa ischaemum 280-282
Brachidontes darwinianus 343-344, *343-345*
Brachidontes solisianus 347-349, *348-349*
Brachysira vitrea 347-349, *348-349*
Bracionus calyciflorus 491-492
Branta leucopsis (ganso-de-faces-brancas) 269-270
Braquiópodes estropomenídeos 242, 244-245, *244-245*
Broca da bolota 118-120
Buceros rhinoceros (calau) 148-149
Bulbul (*Chloropsis*) 148-149

Caçadores-coletores 454-456
Cacto *saguaro* 94-96
Cactoblastis 467-469
Cactos 150-151
 controle biológico de pragas 467-469
 e temperaturas extremas 94-96
 risco de extinção 535-537
Cadeias alimentares 404-405
Calau (*Buceros rhinoceros*) 148-149
Calcário 138-139
Cálcio 112-114
 e chuva ácida 43-45
 em lagos *161-163*
 fontes 421-422
 no solo 138-139
Callosciurus nigrovittatus (esquilo-da-floresta) 148-149
Callosobruchus chinensis 278-279

Calor respiratório 403-404, 410-412, 414-415
Camarão-da-areia (*Crangon septemspinosa*) 130
Camarhynchus pallida 71-72, *73*
Camarhynchus psittacula 71-72, *73*
Camarões marinhos *195-196*
Camnula pellucida 97-100
Campainha (*Hyacinthoides non-scripta*) 311-313
Campo
 cultivado 150-151
 padrão de fluxo energético 414-*415*
 restauração 376-375, 377
Campo temperado 137-138, 139-140, *145,* 149-151, 165-166
Camundongo (*Mus domesticus*) 322-324
Câncer de pele 496-497
Canguru 120-121
Canguru-vermelho *322-323*
Canis latrans (coiote) 294-295, *296*
Canis lupus (lobo-cinzento) 294-296
Canis rufus (lobo-vermelho) 294-298
Cão-da-pradaria 124-125
Capacidade de suporte 196-201
 e dinâmica populacional 326-327
 global, população humana 446-448, 471-472
Capim-algodão (*Eriophorum vaginatum*) 237-238
Capim-cevadilha 237-240
Capitão-do-mato (*Megalaima*) 148-149
Capsella bursa-pastoris 223-225, *226*
Caracol (*Littorina littorea*) 280-282
Caracol 124-125, 253-256
Características conservativas 57-58
Carbono 421-422
 ciclo do *428-429,* 430-431
 em ecossistemas terrestres 424-*425*
 em oceanos *425-426*
 em recursos nutricionais 120-122
 estoque global 488-489
 fontes 421-422
Carcaju *103-104*
Carcinus maenas 280-282
Cardamine hirsuta 224-226
Cardo-estrelado amarelo (*Centaurea solstitialis*) 36-38
Carex bigelowii 237-238
Caribu 152-153
Carneiro *bighorn* 520-521, 525-527

Carniceiros 420-421
   humanos 494-495
Carnívoros 120-122
   fezes 418-420
   invertebrados 158-159
Carpa 36-37
Carvalho (*Quercus robur*) 76-78, 175
Carvalho-vermelho (*Quercus rubra*) 151-152
Caryedes brasiliensis 298-299
Cascata trófica 349-353
Castanopsis sieboldii 140-141, *141-142*
Casuar *79, 81*
Categorias de vocalização 176-178
Catharanthus roseus ("rose periwinkle") 513-514
Cauris 123-124
Ceco 120-121
Cedro-branco-do-hemisfério norte (*Thuja occidentalis*) 138-139
Celulases 416-418
Celulose 118-122, 308-311, 414-418
Cenário de mosaico adaptativo 504, 507, *505-506*
Cenário de tecnojardim 504, 507, *505-506*
Cenários sociopolíticos na manutenção e restauração de serviços ecossistêmicos 503-504, 507, *505-506*
Centaurea solstitialis (cardo-estrela-do amarelo) 36-38
Cepphus grylle 485-487
Cerrado 149-150
Certhidea olivacea 71-75
Cevadilha vermelha 237-240
CFCs 153-154, 488-490, 496-500
Chamaecrista fasciculata 58-61
Chaparral *137-138*, 142-143
Chapim-real (*Parus major*) 180-182, *182-184, 193-194, 216-217*
Chen caerulescens caerulescens (ganso-menor-da-neve) 355-356
Chenopodium album 179-180
Chernobyl 491-493
"Cherokee darter" (*Etheostoma scotti*) 158-160
China, efeitos da agricultura
Chlorella vulgaris 269-270
Chloropsis (bulbul) *148-149*
Chondrus crispus 280-282
Choristoneura fumiferana (larva-do--espruce) 152-153
Chorthippus brunneus (gafanhoto comum europeu) 179-180

Chthamalus bisinuatus 347-349, *348-349*
Chumbo 500-502
Chuva ácida 42-45, *44-45*, 477-478, *478-479*, 490-491, *491-492*, 516-517
Chuva de sementes *179-180*
Cianeto de hidrogênio 122-123
Ciclo hidrológico 427-429
Ciclos biogeoquímicos
   globais 427-432
   impactos humanos sobre os 430-431
Ciclos de vida
   anual 179-181
   distribuídos 236-237
   e reprodução 176-179, 207-208
   espécies longevas 180-184
Ciclos glaciais 76-79, 140-141, *141-142*, 382-384
Ciclos populacionais 152-153
   e predação 265-272
Ciclos sazonais 97-102
   de produtividade 407-408, *408-409*
   e migração 195-198
   e riqueza de espécies 380-381
   espécies animais 179-180
   espécies longevas 180-181
   extremos de temperatura 103-104
   floresta temperada 151-152
   registro 100-101, *101-102*
   savana 149-150
Cistos 179-180
Citosina 288-291
Citrullus lanatus (melancia) 484-486
Clareiras 337-339
   e comunidades clímax 347-349
   e comunidades controladas pela dominância 340-341
   e comunidades controladas pelo fundador 337-341
   sucessão primária 340-343
   ver também manchas/desuniformidade
Classificação
   comunidade 155-157
   taxonômica 155-156
Clematis javana 383-384
Clematis paniculata 383-384
Clements, F.E. 17-18
Clima
   e evolução 76-79, 85
   e latitude 389-391
   instabilidade e riqueza de espécies 380-381
   padrões em grande escala 134-137

   padrões em pequena escala 137-138, *139-140*
   variações no clima e riqueza de espécies 380-382, 398-399
   ver também mudança climática global
Cline 70-72
Clordanes 485-487
Clorofluorcarbonos (CFCs) 153-154, 488-490, 496-500
Coala (*Phascolarctos cinereus*) 525-528, *526-527*
Cobre 112-114, 499-502
Cochonilha-do-algodoeiro (*Icerya purchasi*) 465-466
Coeficiente de competição 219-220
Coeficiente de regressão 328-329
Coelho *120-121*, 124-125
   controle populacional 172-173
   mixomatose 298-302
Coevolução 68-69, 286, 295, 297-299, 316-317
   insetos e plantas 298-299, 395-396
   parasitos e hospedeiros 298-303
Coexistência
   e competição interespecífica 216-219, 221-226, *226*, 230-238
   mediada pelo explorador 376-375, 377, 393-394
   mediada pelo predador 278-280, 372, 374-375, 377
Coiote (*Canis latrans*) 294-296
Colapso populacional 44-49
Colêmbolo antártico 96-98
Coleophora altocolella (mariposa-do-junco) 97-100
Cólera 494-495
Coleta exagerada 515-516
Coletores de plantas
Coletores-filtradores 416-418
Colheita em pé 403-404
Colheita por cota fixa 449-452
Colheita por esforço fixo 450-453
Collisela subrugosa 347-349
Colonização
   de ilhas 384-388
   e dinâmica de metapopulações 334-339
   e dinâmica populacional *326-327*
   em comunidades controladas pela dominância 340-341
Columba mayeri (pombo rosa) 529-531
Combustíveis fósseis 487-488
   e poluição atmosférica 488-492
   mineração 499-500

Commidendrum robustum 465-467
Compensações
　entre crescimento e reprodução 176-179, 203-204, *204-205*
　entre número e valor adaptativo da prole 205-207, *206-207*
Competição 90
　dependente de densidade 126-127, *195-196*, 194-198, *198-199*, 273-274
　　exatamente compensante 127-129
　e dispersão 194-196, *195-196*
　e parasitismo 253-254, 275-276
　efeitos sobre os recursos 125-132
　em comunidades controladas pela dominância 340-341
　entre predadores 273-277
　exploração 125-126, 212-214, 246-247
　influência das condições sobre 97-101
　interespecífica 212
　　abordagem de modelos neutros 241-245
　　difusa 217-218
　　e coexistência 210-219, 221, 226, *226*, 230-238
　　e estrutura da comunidade 230-238, 246-247
　　e heterogeneidade ambiental 222-225, *226*
　　e riqueza de espécies 369-370
　　efeitos ecológicos 212-225, *226*, 246-247
　　efeitos evolutivos 225, 227-231, 246-247
　　entre guildas 217-219, 222
　　impacto sobre as populações 201-203
　　levantamentos de experimentos de campo 239-242
　　modelo de Lotka-Volterra 218-222
　　prevalência em comunidades atuais 239-242
　　significância na prática 237-245, 247
　interferência 125-126
　intraespecífica 125-132
　　e diferenciação de nicho 229-230, *230-231*
　　impacto sobre as populações 196-204, 208-209
　　semelhante à disputa *127-128*, 128-129
Complementaridade 418-419

Comunidades 20-21, 49-50
　clímax 340-341, 346-349
　complexidade 355-362
　controladas pela dominância 337-341, 381-382
　controladas pelo fundador 337-341
　efeitos em cascata 33-34, 49-50
　estabilidade
　　e teias tróficas 353-362
　　frágil/robusta 355, 357
　homogeneização 36-37, 517-518
　resilientes 355, 357
　resistentes 355, 357
　ver também riqueza de espécies; sucessão
Comunidades endêmicas, efeitos de espécies introduzidas 517-518
Condições 130-132
　como estímulos 95-98
　curvas de resposta 91-94, 130
　descrições de 91-92
　distinção de recursos 90
　e diferenciação de nicho 234, 236
　efeitos das *93*, 91-96
　efeitos sobre doenças 97-100
　efeitos sobre interações entre organismos 97-100, *100-101*
　extremas 91-96, 103-105, 130-132, 377-402
　padrões
　　ambientes aquáticos 139-141
　　grande escala 134-137
　　pequena escala 136-140
　　temporais 140-141-*141-142*
　respostas de animais 101-104, *104-105*
　respostas de organismos sedentários 97-102
Condições ambientais; *ver* condições
Condições anaeróbias 154-156
Connochaetes taurinus (gnu) 149-150, 322-323
Conservação 18-19, 511-515
　abordagem de triagem para o estabelecimento de prioridades 535-537
　e ameaças a biodiversidade 514-525, 538-539
　e mudança climática global 532-537
　na prática 524-534
Consumo de carniça 418-421
Controle biológico
　da poluição 481-482
　de pragas 18-19, 465-469, 512-514

Controle biológico clássico 465-467
Controle biológico de conservação 466-467
Controle biológico por inoculação 466-467
Controle de pragas 462-463, 467-469, 472-473
Coorte 182-184
Coqueluche 273-274
Corais 175
Corpos beltianos 304-306
Correlações 38-39, 320-322, *322-323*
Corrente de Humboldt 135-136
Corrente do Golfo 135-136
Corrida armamentista 295, 297-299, 316-317
　inseto-planta 298-299
　parasito-hospedeiro 298-302, *302-303*
Cortadores 416-419
Coruja (*Glaucidium passerinum*) 278-280
Coruja-das-torres *322-323*
Covariância 64-65
Craca 347-349, *348-349*, 374-375
Crangon septemspinosa (camarão-da-areia) 150
Creosoto (*Larrea mexicana*) 150-151, 237-239
Crescimento
　como estágios do ciclo de vida 176-179
　e custo da reprodução 176-179, 203-204, *204-205*
　efeitos da temperatura 92-95
Cripsia 124-125
Cronossequência 341-343
Cryptochaetum 465-466
Cryptopygus antarcticus 96-97
Cuidando da Terra: uma estratégia para a existência sustentável 438-439, 441
Culaea inconstans 229-230
Cultivo baseado nas curvas de nível 459-461
Cupim, flora do trato digestório 20-22
Curvas de sobrevivência 188-192, 207-208
Cuscuta (*Cuscuta salina*) 253-254
Cuscuta salina (cuscuta) 253-254
Custo de substituição 479-480
Custo de viagem 479-480
Cyclotella meneghiniana 215-217
Cymbella perpusilla 491-492
Cynodon dactylon 280-282

Cynometra inaequifolia 148-149
Cyrtobagus (besouro curculionídeo) 251-253

Dano por resfriamento 94-95
Daphnia galeata mendotae 481-482
Daphnia magna 127-128
Daphnia pulicaria 481-482, *482-483*
Darwin, Charles 52-58, *55-56*, 68-70, 84-85, 308-310
Dasypus novemcinctus (tatu-galinha) 513-514
DDT 172-174, 176, 464-465, 476-477
Declínio do Permiano 394-395
Decomposição 414-421, 430-432
Decompositores 116-117, 121-122, 404-405, 409-411, 414-416, *416-417*, 420-421
    interação com detritívoros 418-420
Defesas 121-126
    constitutiva/induzível 122-124
    e coevolução 295, 297-299
    plantas 121-124, 150-151, 253-267, 269, 295, 297-299
Definições de ecologia 16, 20-21, 49-50
Deinacrida mahoenuiensis ("weta") 346-347
Deleatidium 31-32
Delta do Nilo, falha da deposição de silte 461-462
Densidade média 192-194
Dependência de densidade exatamente compensante 127-129
Depósito de resíduos 494-497
Depressão por endocruzamento 520-525, 529-531
Deriva continental 78-79, 82, 85
Deriva genética 288-289
    e variação genética 522-523
Desastres
    Chernobyl 492-493
    dust bowl 457-458
    e dinâmica populacional *326-327*
Desenvolvimento, efeitos da temperatura 418-421
Desertificação 460-461, 475-476
Deserto 135 136, *137-138*, 142-143, *144*, 150-151, 165-166
    criação 460-461, 475-476
    espécies anuais efêmeras 179-181
    espécies invasoras 237-240
    plantas 110-112, *113-114*, 150-151
    pluviosidade 150-151, 179-181

polar 152-153
produtividade 406-407
Deserto de Mojave, espécies invasoras 237-240
Desidratação 94-95
Deslocamento de característica 228
Deslocamento de rebanho 195-198
Desmatamento 478-480
    e biodiversidade 516-517
    e erosão do solo 460-461
    e níveis atmosféricos de dióxido de carbono 488-490
    efeito sobre o ciclo hidrológico 427-429
    floresta experimental de Hubbard Brook 41-44, *43-45*
Detalhistas 142-143
Detritívoros 250-251, 404-405, 416-418
    consumo de carniça 420-421
    consumo de detritos vegetais 416-420
    interação com decompositores 418-420
Diagramas de escores de abundância 367-369
Diapausa 95-97
Diatomáceas 125-126, 212-214, *491-492*
Diclorodifeniltricloroetano (DDT) 172-174, 176, 464-465, 476-477
Dieldrin 464-465, 483-484
Difteria 273-274
Dinâmica de manchas *337-339*
Dinâmica populacional 320-322
    análise do fator-chave 325-334
    determinantes 320-334, 362-364
    diagramas idealizados *326-327*
    e exploração de recursos 448-455
    e manchas/desuniformidade 333-334, 362-364
    e predação 265-279, 282-283
    papel da dispersão e da migração 333-334
    parasitos 270-271, 273-274
Dinâmica populacional e recrutamento *326-327*
Dioclea metacarpa 295, 297-299
Dioscorides 54-55
Dióxido de carbono 113-117, 421-422
    como poluente 477-478
    concentrações atmosféricas 113-116, 488-489
    e mudança climática global 114-116, 153-154

e produtividade 405-407
proveniente da queima de combustíveis fósseis 488-490
sequestro 478-479
Dispersão 192-194, 208-209
    dependência de densidade 194-196, *195-196*
    dependência de densidade inversa 194-196
    distância 333-334
    e abundância 193-196
    e dinâmica metapopulacional 333-339
    e dinâmica populacional 333-334, 362-364
    e predação 276-278
    ver também padrões de distribuição espacial
Distribuição negativamente associada 241-242, 244-245
Distúrbio 320
    e biodiversidade 516-517
    e criação de clareiras 337-341
    e estabilidade da comunidade 358-362
    e riqueza de espécies 381-437
    hipótese do distúrbio intermediário 381-382
    leito do rio 156-160, 381-383
    predação como 278-280
    solo 179-180
Diversidade genética
    determinantes da 522-523
    em pequenas populações 520-523, *523-524*
DNA 288-289
    microssatélite 72, 74-75, 289-291, *292*, 293-295, *296*
    mitocondrial 289-291, *292*, 293-295, *296*
    mutação 288-290
    nuclear 289-290
    sequenciamento 289-290
Dobzhansky, Theodosius 69-70, 286
Doença de Lyme 332-334
Doença do Panamá 456-457
Doenças
    como fator limitante para o crescimento populacional humano 447-448
    dinâmica e ciclos 270-271, 273-274
    e diversidade 152-153
    em monoculturas 455-456
    resposta a condições 97-100
"Dolly Varden charr" (*Salvelinus malma*) 97-100, *100-101*, 213-216

Doris 55-56
Dormência 95-97, 179-181
Dreissena polymorpha (mexilhão-
-zebra) 36-37, *37-38*
Dromaius novaehollandiae (emu) 79,
81-82
Drosophila (mosca-das-frutas) 204-
205, 388-389
Dunas arenosas 22-23, 341-343,
343-344

EA (eficiência de assimilação) 411-
414
EC (eficiência de consumo) 411-
414
Echinocereus engelmanii 113-114
Ecologia aplicada 17-18, 49-50
Ecologia da restauração 376-375,
377, 501-504, *505-506*, 507-509
Ecologia de populações 56-57
Ecologia evolutiva *286*
Ecologia molecular 287-295, 297-
298
Ecologia pura 17-18, 49-50
Economia ecológica 512-514
Ecossistema 20-21, 49-50
 definição 403-404
 importância da biodiversidade
 para o funcionamento 418-420
Ecossistema global 20-21
Ecótipos 501-502
Ecoturismo 513-514, 516-517
Ectotermia 101-103, 412-414
Efeito-estufa 488-490
Efemerópteros 28, 31-33
Eficiência da exposição 108-110
Eficiência de assimilação 411-414
Eficiência de consumo 411-414
Eficiência de produção 411-414
Eficiência de transferência trófica
410-414
Eficiência fotossintética 406-407
Eficiências de transferência de ener-
gia 410-414
Eichhornia paniculata 337-339
Elefante asiático (*Elephas maximus*)
287
Elephas maximus (elefante asiático)
287
Elton, Charles 17-19
Ema (*Rhea americana*) 79, 81-82
Emergência foliar e temperatura
100-101, *101-102*
Emu (*Dromaius novaehollandiae*)
79, 81-82
Encarsia formosa 466-467

Endocruzamento, evitamento de
194-196
Endotermia 101-104, 412-414
Endrin 464-465
Endurecimento contra a geada
97-98
Energética ecológica 403-405
Energia, fontes alternativas 487-488
Energia eólica 492-494
Energia nuclear 541-542, 492-493
Engraulis ringens (anchoveta) 161-
163, 450-453
Enteromorpha intestinalis 280-282
Entomophaga grylli 99
Envenenamento por diclofenaco
45-51
Enxofre 112-114
 ciclo do *428-429*, 428-430
Eochonetes clarksvillensis 244-245
Eotetranychus sexmaculatus 276-278
EP (eficiência de produção) 411-414
Epilímnio 159-160
Equação logística 200-203, 219-220,
439, 441-443
Equações diferenciais 201-202
Equus burchellii (zebra) 149-150
Eriophorum vaginatum (capim-algo-
dão) 237-238
Erodium cicutarium 223-224, *224-225*
Erophila verna 190-192
Erros-padrão 24, 27-29
Escala 20-22, 49-50, 134
 e competição interespecífica 215-
 216
 e heterogeneidade 139-140
 e padrões em condições e recur-
 sos 134-140
Escala biológica 20-21
Escalas de tempo 20-22, 49-50
Escalas espaciais 20-21
Escore de tabulação 244-245
Esfíngideo 118-120
Esox lucius (lúcio) 155-156, 481-482,
482-483
Especiação 85, 290-295, 297-298
 alopátrica 70-72
 e ilhas 71-75
 ecologia da 68-76
 ortodoxa 69-72
 simpátrica 70-72
Espécie-chave 355-357, 359-360,
530-531
Espécies
 classificação de ameaça às 514-
 515
 definições 69-70

 diferenciação dentro de 290-294,
 316-317
 diferenciação entre 294-295, 297-
 298, 316-317
 endêmicas 72, 74-75
 estimativas do número total 511-
 513
 evolução dentro 57-69
 menos preocupantes 514-515
 raras 514-516, 538-539
 variação dentro devido à seleção
 pelo homem 65-69
 variação geográfica dentro de
 57-65, *65-66*
Espécies ameaçadas 476-477, 514-
515, 538-539
Espécies criticamente ameaçadas
293-294
Espécies exóticas; *ver* espécies invasoras
Espécies introduzidas 28, 31-36,
516-518
Espécies invasoras
 campos agrícolas abandonados
 38-39, *39-40*
 custo econômico 36-37, *37-38*
 Deserto de Mojave 237-240
 dispersão 194-196, *195-196*
 e competição por recursos 213-
 214
 e riqueza de espécies 395-398
 introduzidas 28, 31-36, 516-518
 padrões de história de vida 205-
 207
Espécies iteróparas 178-180, *181-182*
Espécies K 205-209
Espécies quase ameaçadas 514-515
Espécies r 205-207, *206-207*, 207-209
Espécies raras 514-516, 538-539
Espécies semélparas 178-180, *181-
182*
Espécies simpátricas 229-230
Espécies vulneráveis 514-515
Esporos 104-105, 179-181
Espruce (*Picea*) 76-78, 151-153
Esquilo africano 124-125
Esquilo-da-floresta (*Callosciurus
nigrovittatus*) 148-149
Esquilo-da-terra 276-277
Esquilo-do-solo europeu (*Spermo-
philus citellus*) 102-103
Esquilo-vermelho 103-104
Esquistossomíase 461-462
Estabilidade 355, 357
Estatística 23-30, 49-50
Estepes 149-150

Estimativa 24, 28-30
　a partir de amostras representativas 176-177
　índices de abundância 176-178
　métodos de marcação e recaptura 176-177
Estoques de nutrientes
　comunidades aquáticas *423*, 425-427
　ecossistemas terrestres 421-425
Estrela-do-mar 277-278
Estrutura da comunidade
　e competição interespecífica 230-238, 246-247
　e predação 278-283
　modelos neutros e hipóteses nulas 241-245
　padrões temporais 337-349, 362-364
Estrutura etária 189-190, *190-191*
Estruturas análogas 79, 82
Estruturas homólogas 79, 82
Estuários 164-167
Estudos de longa duração, necessidade de 21-22
Estudos de previsão 19-20
Estudos descritivos 19-20
Etheostoma scottie ("Cherokee darter") 158-160
ETP (evapotranspiração potencial) e riqueza de espécies 370-372
EUA
　desastre de *dust bowl* 457-458
　espécies invasoras 36-38
Eucalyptus 142-143, 150-151
Eucalyptus coccifera 383-384
Eucalyptus degrupta 383-384
Eupomacentrus apicalis 337-340
Eutrofização cultural 372, 374, 425-427, 480-484, 495-496
Evapotranspiração potencial e riqueza de espécies 370370-372
Eventos de El Niño 452-453, 488-490
Evidência, diversidade de 21-24, 49-50
Evitadores 108-111
Evolução *286*
　definição 56-57
　dentro de espécies 57-58, 68-69
　e competição interespecífica 225, 227-230, *230-231*
　e deriva continental 79, 82, 85
　e ecologia molecular 287-295, 297-298
　e mudança climática *76-78-78-79*, 85

em ilhas 387-389
paralela 79, 82, *83*, 85, 142-143
por seleção natural 52-58
taxas diferentes 383-384, 389-391
Exclusão competitiva
　e predação 278-280
　em comunidades controladas pelo fundador 337-339
　em ilhas 385-386
　evitamento 376-375, 377
　Princípio da Exclusão Competitiva 218-219, 221-223, 246-247
Experimentos
　jardim comum 58-61
　laboratório 22-23, 49-50
　manipulativo de campo 22-23, 38-41, 49-50
　natural 38-39
　transplante recíproco *58-59*, 60-64
Explicações finais 19-20
Explicações imediatas 19-20
Exploração 125-126, 212-214
　de recursos naturais 447-455, 471-472
　efeitos sobre a dinâmica populacional 448-455
Explosão do Cambriano 393-394
Extinção
　cadeias de 520-523
　causadores de 522-525
　e área de hábitat 485-489
　e dinâmica de metapopulações 334-339
　e fragmentação do hábitat 520-521
　e mudança climática global 532-537
　e registro fóssil 395-397, 511-512
　em ilhas 384-386, 520-521
　em populações pequenas 519-523, *523-524*
　hotspots 531-532
　risco de 514-516, 522-525
　taxa de 511-513
Exxon Valdez 499-500

Fago 301-302, *302-303*
Fagus grandifolia (faia) *141-142*
Faia (*Fagus grandifolia*) *141-142*
Falcão peregrino (*Falco peregrinus*) 476-477, 515-516
Falco peregrinus (falcão peregrino) 476-477, 515-516
Falsa lagarta-rosada-do-algodoeiro 463-465
Fase juvenil 181-182

Fase-chave 328-332, *331*
Fecundidade
　e predação 251-253
　estimativa 187-189
　relação com idade e tamanho 182-184
Fenologia 100-101
Ferro 112-114, 490-491
　fontes 421-422
　oceanos 161-162
Ferrugem-do-milho (*Helminthosporium maydis*) 455-456
Fertilizantes
　aumento previsto no uso *471-472*
　e degradação do solo 459-460
　e diversidade de espécies 367-368, *368-369*, 372-374, 376
　e eutrofização cultural 372, 374, 425-427, 480-484
　e poluição 477-478, 480-481
　liberação controlada 480-481
　minimização de perdas 480-481
　resíduos de esgoto como 496-497
Festuca rubra cultivar "Merlin" 501-502
Fezes
　consumo 418-421
　descarte de 494-497
Ficedula hypoleuca (papa-moscas malhado) 251-253
Ficus 181-182
Ficus glabella 148-149
Ficus rubinervis 148-149
Ficus sumatrana 148-149
Filopatria natal 290-291
Fitoacumulação 501-502
Fitoestabilização 501-502
Fitoplâncton 161-162
　e eutrofização 372, 374, 483-484
　produtividade *408-409*, 414-415
　recursos limitantes e regulação da diversidade em comunidades 230-234
　riqueza de espécies 372-374, 381-383
Fitorremediação 501-502
Fitotransformação 501-502
Flamingo 161-162, 425-426
Floração sincrônica 182-184
Floresta
　concentrações de dióxido de carbono 114-117
　decídua experimental
　distribuição de fungos ectomicorrízicos em floresta de pinheiros 234, 236, *236-237*

mudanças pós-glaciais *76-79*, 140-141, *141-142*, 151-153
padrão de fluxo energético *414-415*
produtividade 405-406
ver também tipos específicos
Floresta boreal de coníferas; ver floresta setentrional de coníferas
Floresta decídua temperada *137-138*, 142-143, *144*, 150-152, 165-166
pluviosidade e temperatura 138-139
produtividade 406-407
Floresta experimental de Hubbard Brook 40-45, 49-51
Floresta pluvial tropical *137-138*, 142-143, *145*, 146-150, 165-166
pluviosidade e temperatura *138-139*, 146-147
Floresta sazonal tropical *137-138*
Floresta setentrional de coníferas *137-138*, *142-143*, *144*, 151-207
pluviosidade e temperatura *138-139*
produtividade 406-409
teias alimentares 269-271
Fluxo de energia 403-416, 430-431
e nível trófico 409-412
Fluxo de matéria 403-404, 420-427, 431-432
Fogo
e perda de nutrientes 424-425
papel nas savanas 149-150
Folhas
composição 117-118
defesas 121-124, *122-123*
diversidade em 106-108, 130-132
Folhas de sol 107-108
Folhas de sombra 107-108
Fontes energéticas alternativas 107-108
Fontes hidrotermais do mar profundo 75-76, 163-164
Formica yessensis 306-308
Formiga argentina (*Linepithema humile*) 488-490, *490-491*
Formiga-fogo-vermelho (*Solenopsis invicta*) 36-38
Formigas 149-151
criação de afídeos 306-308
em cascata trófica 351-353, *352-353*
mutualismos com plantas 304-306
riqueza de espécies 370-373, *377-378*
Forrageio 260-266, 282-283

Fósforo/fosfato 112-114, 216-217
aumentos projetados devido à agricultura 471-472
captação por fungos micorrízicos arbusculares 311-313
ciclo do *428-429*, 428-430
como recurso limitante 231-232
e produtividade 407-409
eutrofização cultural 372, 374, 480-484
fontes 421-422
oceanos 161-162
Fotoperíodo 95-97, 180-181
Fotossíntese
CAM 110-112, 130-132
como fator limitante no crescimento de populações humanas 446-447
e dióxido de carbono 114-117
em floresta pluvial tropical 146-147
em plantas de sol/sombra 108-110
em plantas de sucessão inicial e tardia 343-345
fotoinibição 106-107
necessidade de água 108-112
produtividade primária bruta 403-404
resposta a mudanças na radiação solar 106-107, 130-132
rota C3 110-112, 116-117, 130-132
rota C4 110-112, 116-117, 130-132
sob baixa intensidade de radiação 130
Fragaria (morango) *175*
Fragilaria virescens 491-492
Framboesa 308-309
Fritilária Glanville (*Melitaea cinxia*) 335-336
Frustulia rhomboides 491-492
Fungos como decompositores 414-416, *416-417*
Fungos ECM; ver fungos ectomicorrízicos
Fungos ectomicorrízicos (ECM) 310-313
separação espacial 234, 236-237
Fungos micorrízicos arbusculares (MA) 310-313
Fusarium oxysporum 311-313

Gadus morhua (bacalhau do Ártico) 452-454, 485-487
Gafanhoto 97-100, *99*, *118-120*, 149-150, 179-180, 257-258

Gafanhoto comum europeu (*Chorthippus brunneus*) 179-180
Gafanhoto de Leichhardt *118-120*
Gaio 123-125
Gaivota (*Larus argentatus*) 70-72
Gaivota (*Larus fuscus*) 70-72, *71-72*
Gaivota (*Larus hyperboreus*) 485-487
Gaivota-de-asas-glaucas (*Larus glaucescens*) 349-353
Galaxias 28, 31-36, 49-50
Galinha silvestre (*Tympanuchus cupido cupido*) 519-520
Galinha-da-pradaria (*Tympanuchus cupido pinnatus*) 522-523
Galo-selvagem-vermelho (*Lagopus lagopus scoticus*) 22-23, 253--256
Gambá 124-125
Ganso-de-faces-brancas (*Branta leucopsis*) 195-196
Ganso-menor-da-neve (*Chen caerulescens caerulescens*) 355-356
Gases-estufa 114-115, 153-154, 488-490, *496-497*
Gato asselvajado 349-351, *350-352*
Gavia arctica 492-494
Gazela de Thomson 259-261
Gelidium coulteri 381-382
Gelo 155-156
Genciana (*Gentianella campestris*) 253-256
Generalistas 142-143
Geneta 173-174, 176
Gentianella campestris (genciana) 253-256
Gentianella germanica 520-525, *523-524*
Geomiídeo (*Thomomys bottae*) 149-150
Geospiza 228
Geospiza fortis 71-72, *73*, 409-411
Geospiza fuliginosa 71-72, *73*
Geospiza scandens 71-72, *73*
Geração de energia 487-494, 507-508
Gerações, comprimento das 176-178
Gibão (*Hylobates*) 148-149
Gigartina canaliculata 381-382
Gigartina leptorhinchos 381-382
Glaucidium passerinum (coruja) 278-280
Glicosídeos cardioativos 123-124
Glicosinolatos 123-124
Globalização 36-37
Glomus 311-313, *312-313*
Glycine soja (soja) 313-315

Gnu (*Connochaetes taurinus*) 149-150, 322-323
Gomphiocephalus bodgsoni 97-98
Gorgulho-do-algodoeiro 463-464
Gramas marinhas 164-165
Gramínea (*Agrostis stolonifera*) 58-61, *60-61*
Gramíneas como espécies invasoras 237-240
Grande Barreira de Corais 337-341, 516-517
Gravidez 178-179
Guanina 288-291
Guildas 217-219, 222, 232-234
Gupi (*Poecilia reticulata*) 63-65, *65-66*
Gutierrezia microcephala 113-114
Gyps bengalensis 44-49
Gyps indicus 44-49

Hábitat 128-129
    área
        e riqueza de espécies 383-389, 399-400
        e risco de extinção 519-521
    degradação 474-480
        abordagem de tripla decisão para restauração 501-504, 507, *505-506*
        devido a agricultura 479--488, 507-508
        devido à geração de energia 487-494, 507-508
        paisagens urbanas e industriais 494-502, 507-509
    destruição 515-517
    fragmentação 520-523
Hábitats *K* selecionadores 205-208
Hábitats *r*-selecionadores 205-208
Haeckel, Ernst 16
Haematopus bachmanii (ostreiro) 349-353
Haplopappus venetus 257-258
Havaí 388-389
Helisoma trivolvis 353-355
Helminthosporium maydis (ferrugem-do-milho) 455-456
Hemidactylus frenatus 213-214
Hemigymnus melapterus 303-305
Herbívoros 117-124, 130-132
    competição interespecífica em 240-242
    corrida armamentista com plantas 298-299
    em teias alimentares 352-355
    especialistas 298-299

fezes 418-420
florestas pluviais tropicais 147-148, *148-149*
generalistas 298-299
oligófagos *298-299*
produtividade secundária 409-411
respostas compensatórias das plantas aos 253-257, 295, 297-299, 353-355
savana 149-150
tratos digestórios *120-121*
Herpestes javanicus 225, 227-228
Herpestes smithii 225, 227-228
Hesperia comma (borboleta) 336-337
Hespestes edwardsii 225, 227-228
Heteractis crispa 233-234
Heteractis magnifica 232-234
Heterogeneidade espacial e riqueza de espécies 375, 377-378, 398-399
Heteromeles arbutifolia 108-110
Heterotróficos 116-117, 130-132
Hibernação 102-104
Híbridos 294-298
Hidrosfera 421-422
Hipolímnio 159-160
Hipótese do distúrbio intermediário 381-382
Hipótese nula 25-26, *26-27*, 241-245
Hippoglossus stenolepsis (linguado-gigante) 452-453
Hirundo rustica (andorinha) 196-198
História de vida
    espécies longevas *181-182*
    padrões 203-209
Homozigoze 520-523
Hospedeiro 249
    coevolução com parasitos 298-302, *302-303*
Hyancinthoides non-scripta (campainha) 311-313
Hydra 174, *176*
Hylobates (gibão) 148-149
Hymenoclea salsola 113-114
Hyperaspis pantherina 466-467
Hypochrysops halyetus 535-536

Icerya purchasi (cochonilha-do-algodoeiro) 465-466
Idade como indicador de fecundidade *182-184*, 182-184
IGBP 404-405
Ilha Norfolk 72, 74-75
Ilhas
    biogeografia 334-335, 383-389, 399-400, 531-533
    colonização 384-388

e dinâmica metapopulacional 334-335
e especiação 71-72, *73*, 74-75
evolução em 387-389
extinção em 384-386, 520-521
relações espécie-área 383-389
Ilhas Britânicas 179-180
    efeitos do desastre de Chernobyl 492-493
    espécies invasoras 395-398
Ilhas Canárias 386-387
Ilhas Galápagos 71-72, *73*, 74-75
Imigração para ilhas 384-386
Imobilização 414-416
Indicações de primavera 100-101
Índice de abundância 323-324
Índice de diversidade de Shannon (Shannon-Weaver) 367-368, *382-383*
Índice de heterogeneidade espacial 377-378
Índice de Simpson 230-232
Índices de abundância 176-178, *323-324*
Índices de diversidade 366-368
Indústria e degradação de hábitats 494-502, 507-509
Infecção por HIV 36-37
Influxo de energia
    e amplitude ótima de dieta 263-265
    taxa líquida de 261-264
Iniciativa de sustentabilidade da biosfera 438-439
Inseticidas organoclorados 484-487
Insetos
    coevolução com plantas 298-299, 395-396
    como agentes de controle biológico 465-469
    como polinizadores *308-309*, 308-310
    fitófagos 240-241
    peças bucais 118-120
    registro fóssil 395-396
Insetos fitófagos, competição interespecífica em 240-241
Interferência 125-126
Interferência mútua 273-274
Intervalos de confiança 24, 27-30
Invertebrados
    carnívoros 158-159
    coletores-apanhadores 157-160, *158-159*
    coletores-filtradores 157-160, *158-159*

Índice

comunidades de lagos 161-162
comunidades de riachos 155-160, *158-159*
cortadores 157-160, *158-159*
pastejadores-raspadores 157-160, *158-159*
Irena puella (pássaro-fada-azul) 148-149
Irrigação 471-472, 484-486
Isolamento
 e distribuição 142-143
 prezigótico 70-72
 reprodutivo 69-72
Isolinhas zero *219-220*, 112-114, 267-269

Jardins botânicos 54-55
Junco 97-100, *202-203*
Juncus gerardi 202-203
Juncus squarrosus 97-100
Juniperus communis 341-343

Kiwi 79, 81-82

Labroides dimidiatus 303-305
Lactobacillus sakei 202-203
Lagarta de tenda 272
Lagarta foliar do Alabama 463-464
Lagarta-do-algodoeiro 463-465
Lagartixa 213-214
Lagartos, modelos neutros de comunidades 242-245
Lagopus lagopus scoticus (galo-selvagem-vermelho) 22-23, 253-256
Lagos 159-162, *161-163*, 165-166
 características 140-141
 concentrações de dióxido de carbono *114-117*
 disponibilidade de nutrientes 408-411
 endorreicos 425-426
 estoques de nutrientes 425-428
 estratificação 140-141, 159-162
 eutrofização cultural 372, 374, 425-427, 480-484
 oligotróficos *425-427*, 480-481
 padrão de fluxo de energia *414-415*
 produtividade 408-411, *410-411*
 riqueza de espécies 391-392
 salgados 161-162, 425-426
Lapa 347-349, 427-428, 350-353
Lariço (*Larix*) 151-152
Larrea mexicana (creosoto) 150-151, 237-239
Larus argentatus (gaivota) 70-72, *71-72*

Larus fuscus (gaivota) 70-72, *71-72*
Larus glaucescens (gaivota-de-asas-glaucas) 349-353
Larus hyperboreus (gaivota) 485-487
Larva-do-espruce (*Choristoneura fumiferana*) 152-153
Lasiommata maera 96-97
Lates nilotica (perca-do-Nilo) 517-518
Latitude
 e produtividade 389-391, 405-406
 e riqueza de espécies 388-391
L-canavanina 298-299
Lebre americana (*Lepus americanus*) 268-271
Ledum palustre 237-238
Leguminosas, fixação de nitrogênio 312-315, 423, 480-481
Lei bioclimática de Hopkin 100-101
Lei das Espécies Ameaçadas (EUA) 159-160
Lei do Ar Puro 43-45
Lemingue (*Lemmus*) 152-153, 276-277
Lemna (lentilha d'água) *174, 176*
Lêmure 142-143
Lentilha d'água (*Lemna*) 174, 176
Lepidodactylus lugubris 213-214
Lepra 513-514
Leptaena richmondensis 244-245
Leptinotarsa decemlineata (besouro-da-batata) 93, 193-196, 326-332
Lepus americanus (lebre americana) 268-271
Lesma *122-123*
Lespedeza davurica 343-344, *343-345*
Lignina 118-122, 414-418
Limiar econômico (LE) 463-464
Lince canadense (*Lynx canadensis*) 268-271
Lindane 464-465
Linepithema humile (formiga argentina) 168-171
Linguado-gigante (*Hippoglossus stenolepsis*) 452-453
Liriodendron tulipifera (tulipeira) 138-139
Litoral; ver ambientes costeiros
Litosfera 421-422
Littorina littorea (caracol) 280-282
Littorina obtusata 255-258
Llanos 149-150
Lobo *103-104*
Lobo-cinzento (*Canis lupus*) 294-295, *296*
Lobo-vermelho (*Canis rufus*) 294-295, *296*, 295, 297-298

Locos *290-291*
Loess 457-458
Lolium multiflorum 113-114
Lonicera japonica 174, 176
Lontra-marinha 199-201
"Loteria competitiva" 337-339
Lottia digitalis 350-353
Lottia pelta 350-353
Lottia strigatella 350-353
Louva-deuses 236-237
Lúcio (*Esox lucius*) 155-156, 481-482, *482-483*
Luz *ver* radiação solar
Lynx canadensis (lince canadense) 268-271

Macaco-folha (*Presbytis obscura*) 148-149
Macaranga 234, 236, *235*
Machilus thunbergii 140-141, *141-142*
Magnésio 112-114
 em lagos *161-163*
 fontes 421-422
Malthus, Thomas 55-56, 84-85
Mamíferos
 dispersão 195-196
 marsupiais 79, 82, *83*, 142-143, 395-396
 placentários 79, 82, *83*, 142-143
 registro fóssil 395-396
 riqueza de espécies *388-389*
Manati (*Trichechus manatus*) 513-514
Manchas/desuniformidade 139-140, 142-143, 146-147
 e competição interespecífica 222-225, *226*, 246-247
 e dinâmica de metapopulações 333-339
 e estrutura da comunidade 337-341
 e predação 262-263, 276-279
 e sucessão 346-349, 348-349
 florestas temperadas 151-152
Manejo integrado de pragas 467-473
Manejo pecuária intensiva 479-481
Manejo sem dados 454-455
Manganês 112-114, 490-491
Mangusto 225, 227-228
Mantis religiosa 236-237
Mar do Norte, variações na temperatura ao longo de 65 milhões de anos *80*
Marcadores moleculares 288-291, 316-317
Marés 163-164
Mariposa (*Biston betularia*) 66-68

Mariposa (*Plodia interpunctella*) 251-253
Mariposa do tubérculo da batata (*Phthorimaea operculella*) 469-470
Mariposa escarlate 117-118
Mariposa-do-junco (*Coleophora altocolella*) 97-100
Marisco (*Tectus niloticus*) 454-455
Marisma salino, competição e parasitismo em 253-254
Marmota bobac 149-150
Marmota flaviventris (marmota-de-ventre-amarelo) 186-189, *189-190*
Marmota-de-ventre-amarelo (*Marmota flaviventris*) 186-189, *189-190*
Marshallagia marshalli 127-128
Marsham, Robert 100-101, *101-102*
Matriz da comunidade *320*
Matrizes de projeção populacional 527-528
Mayr, Ernst 69-70
Mega-herbívoros, sobre-exploração 395-397, 515-516
Megalaima (capitão-do-mato) 148-149
Melancia (*Citrullus lanatus*) 484-486
Melanismo industrial 65-68
Melanorrhoea inappendiculata 148-149
Mel-doce-do-deserto (*Tidestromia oblongifolia*) 110-112
Melitaea cinxia (fritilária Glanville) 335-336
Meloxicam 48-49
Mercurialis annua 113-114
Mercúrio 500-502
Meta-análise 244-245
Metais, mineração e extração 499-502
Metais pesados 379
Metano 153-154, 488-490, 496-497
Metapopulações 276-279, 333-339, 362-364, 520-523
Metilmercúrio 501-502
Método do lodo ativado 496-497
Métodos de marcação-recaptura 176-177
Mexilhão 36-37, *37-38*, 222-224, 277-278, 347-349, 374-375
Mexilhão-zebra (*Dreissena polymorpha*) 36-38
Miconia 146-147, *147-148*
Micorrizas 234, 236, *236-237*, 310-313
Micróbios celulolíticos 120-121
Microbívoros 416-418

Micro-organismos
 em ambientes extremos 104-105
 papel mutualístico na digestão 308-311
Microparasitos
 dinâmica populacional 270-271, 273-274
 limiar de transmissão 270-271, 273
Micropus apus (andorinhão) 322-323
Microssatélites 72, 74-75, 289-295, *296*
Microtus canicaudus (roedor) 195-196
Migração 21-22, 103-104, 151-152, 192-198, 208-209, 333-334
Míldio (*Phytophthora infestans*) 320-322, 455-456
Milípede 124-125
Millenium Ecosystem Assessment 439, 441, 478-479
Mimetismo 124-125
Mineração 499-502
 submarina 75-76
Mineralização 414-416
MIP (manejo integrado de pragas) 467-473
Mixoma vírus/mixomatose 298-302
Modelo biogeográfico MAPSS 153-155
Modelo de competição interespecífica de Lotka-Volterra 218-222
Modelo de predador-presa de Lotka-Volterra 266-269
Modelos matemáticos 22-23, 49-50
 colapso populacional 45-49
 competição interespecífica 218-222
 crescimento populacional 201-203
 teias alimentares 355-358
Modelos neutros 241-245
Módulos 173-174, 176
Moi (*Polydactylus sexfilis*) 453-454
Moluscos marinhos 55-56
Monoculturas 454-462, 471-473
Monofagia 117-118
Monotremados 79, 82
Montanhas 135-136, *136-138*
Morango (*Fragaria*) 175
Morcego (*Pteropus*) 520-523
Mortalidade 172-173, 176-178, 178-179
Mosca branca (*Trialeurodes vaporariorum*) 466-467

Mosca da raiz da couve 123-124
Mosca-das-frutas (*Drosophila*) 204-205, 388-389
Mostarda do Saara 237-240
Movimento e tamanho populacional 172-173
mtDNA 289-291, *292*, 293-295, *296*
Mudança climática global 78-79, 100-101, 114-116, 488-490
 e conservação 532-537
 e produtividade 404-405
 mudanças previstas na distribuição dos biomas 152-155
 prognosticando mudanças induzidas pela agricultura 470-473
Murcha 108-112
Mus domesticus (camundongo) 322-323, *323-324*
Museus 54-55
Mutação 278-290
Mutualismo 68-69, 120-121, 286, 302-304, 316-318
 e dispersão de semente/pólen 306-310
 facultativo 416-418
 fixação de nitrogênio 312-315, 423, 480-481
 formiga-planta 304-306
 micorrizas 310-313
 na agricultura 304-308
 no trato digestório 308-311
 obrigatório 416-418
 protetor 303-306
Myristica gigantea 148-149
Mytilus californianus 222-224, 350-353

Natalidade 172-173, 176-178, *178-179*
Nativos americanos, tuberculose 298-300
Néctar 308-310
Nectários 308-310
NEDs (níveis econômicos de dano) 462-464, 467-469
Nemoura avicularis 416-418
Nesameletus ornatus 31-32
Nicho 128-132, *130*, 246-247
 amplitude 368-369
 complementaridade 232-234, *233-234*, 236-238, 246-247
 diferenciação 216-219, 221-223, 229-230, *230-231*, 232-234, 236, 241-247
 dimensões 232-234
 fundamental 215-216

Índice

realizado 215-216
sobreposição 368-370
Nitrogenase 423
Nitrogênio/nitrato 112-114
  alocação durante o ciclo de vida das plantas *178-179*
  captação por fungos ectomicorrízicos 311-313
  captação por fungos micorrízicos arbusculares 311-313
  captação por plantas da tundra 236-238
  ciclo do *428-429*, 428-430
  como poluente 480-481
  como recurso limitante 231-232, 236-238
  disponibilidade em campos agrícolas abandonados 38-41
  e produtividade 407-408
  e uso de fertilizantes 471-472, 476-477
  em recursos nutricionais 118-122
  eutrofização cultural 372, 374, 427, 480-484
  fixação 278-315, 423, 480-481
  fontes 421-423
  interação com dióxido de carbono 116-117
  na água potável 480-481
  oceanos 161-162
Níveis econômicos de dano 462-464, 467-469
Níveis tróficos 409-411
  e fluxo de energia 409-411, *411-412*
Nova Zelândia
  conservação do "weta" 346-347
  introdução da truta marrom 28, 31-36
Nutrientes; *ver* nutrientes minerais
Nutrientes minerais
  ambientes aquáticos 408-411
  ciclagem 420-422
  ciclos biogeoquímicos globais 428-431
  e produtividade 407-411
  entradas 421-423
  estoques de nutrientes 421-427
  extração por plantas 112-115
  florestas pluviais tropicais 148-149
  imobilização 414-416
  oceanos 161-164
  saídas 423--425

Obelia 174, 176
Observações de Wu Hou 100-101

Oceanos 161-167
  correntes e padrões climáticos 135-136, *136-137*
  disponibilidade de nutrientes 409-411
  estoques de nutrientes 425-427
  estrutura trófica 414-416
  eutrofização cultural 372, 374, 425-427, 481-484
  padrão de fluxo de energia *414-415*
  padrões em condições e recursos 139-141
  produtividade 405-406, 408-411
  riqueza de espécies 391-393
  zonas mortas 425-427, 481-482
Ochotoma princeps (ocotonídeo americano) 335-337
Ocotonídeo americano (*Ochotoma princeps*) 335-337
Olho-branco 161-162, 481-482, *482-483*
Oncorhynchus 181 184, 293 294
Oncorhynchus kisutch (salmão coho) 293-294
Oncorhynchus mykiss (truta arco-íris) 126-127
Oncorhynchus nerka (salmão) 293-294
Oniscus asellus 420-421
Ordem a partir do cenário de força 504, 507, *505-506*
Organismos estoloníferos *175*
Organismos individuais 20-21, 49-50
  contagem e estimativa 173-174, 176-178
  identificação 173-176, *174, 176*
Organismos modulares 173-174, 176, *174, 176-175*, 182-184, 207-208
Organismos quimiossintéticos 90
Organismos unitários *173-174, 176*
Origem dos alimentos, análise forense 293-294
Orquestração de cenário global 504, 507, *505-506*
Oryctolagus cuniculus; ver coelho
Orythezia insignis 465-467
Ostreiro (*Haematopus bachmani*) 349-353
Ouriço-cacheiro 124-125
Ovelha *120-121*
Oxicoco (*Vaccinium vitis-idaea*) 237-238
Óxido nítrico 498
Óxido nitroso 153-154, 488-490

Oxigênio
  em ambientes aquáticos 154-156
  em riachos e rios 155-156
Ozônio 153-154, 488-490
  camada de 496-500

Padrões de distribuição espacial 190-193
  agregada 192-193, 223-225, *226*
  aleatória 192-193
  e competição interespecífica 213-216, 234, *235*, 236-237
  e isolamento 142-143
  efeitos da dispersão e da migração 192-194
  grande escala 134-137
  pequena escala 134-137
  regular 192-193
Padrões de fecundidade 187-188, 207-208
  específicos por idade 185-186
Padrões de riqueza de táxons, registro fóssil 393-397, 399-400
Padrões espaciais 190-193
Painel Intergovernamental de Mudanças Climáticas 114-115
Palaemonetes pugio 102-103, *103-104*
Palaemonetes vulgaris 102-104
Pampas 149-150
Panda gigante (*Ailuropoda melanoleuca*) 514-515, 519-520
Pandemia 298-300
Pangea 394-395
Papa-açúcar-do-Cabo (*Promerops cafer*) 308-309
Papa-moscas malhado (*Ficedula hypoleuca*) 251-253
Papua Nova Guiné 386-387, *387-388*
Paramuanthu culta 467-469
Paradoxo do enriquecimento 368, 372, 374
Parasito nematoide (*Ascaris*) 55-56
Parasitoides 250-251
Parasitos 116-117, 282-283, 316-317
  coevolução com hospedeiros 298-303
  como predadores 249-251
  compensação e respostas de defesa 253-257
  competição entre 253-254, 275-276
  dinâmica populacional 270-271, 273-274
  e simbiose 303-304

efeitos sobre o valor adaptativo e abundância de hospedeiros 251-253
fatores que interagem somando-se aos efeitos 253-256
limiar de transmissão 270-271, 273
transmissão 260-261-*261-262*
Parasponia 312-313
Parques nacionais 530-534
Parus ater 216-217, 278-280
Parus caeruleus 216-217
Parus cristatus 278-280
Parus major (chapim-real) 180-184, 193-194, 216-217
Parus montanus 216-217, 278-280
Parus palustris 216-217
Paspalum 313-315
Pássaro-fada-azul (*Irena puella*) 148-149
Pássaro-sol (*Arachnothera*) 148-149
Pastadores 116-117, 282-283
  como predadores 249-251
  compensação e respostas de defesa 253-257
  e estrutura da comunidade 278-282
  efeitos de espécies invasoras 33-34, *35-36*
  efeitos sobre o valor adaptativo e a abundância 251-253
  fatores que interagem e se somam aos efeitos 253-256
  forrageio 260-261, 282-283
Pasteuria ramosa 127-128
PBI 404-405
PCR (reação em cadeia da polimerase) 289-290
Pegada ecológica 446-447
Peixe (*Sebastes melanops*) 454-455
Peixe-anêmona 61-62, 232-234
Peixe-limpador 303-304, *304-305*
Peixes, riqueza de espécies 372-373
Pelagem, mudanças sazonais na 103-104, *104-105*
Pelos de raízes 110-112, *112-114*, 130-132
Pequenas Antilhas 386-387
Perca-do-Nilo (*Lates nilotica*) 517-518
Permafrost 152-153
Pesqueiros
  aquacultura 454-455
  rendimentos máximos sustentáveis 447-455, 471-472
Peste negra 441-442

Pesticidas 18-19, 463-466, 475-477
  aumento projetado no uso *471-472*
  como poluentes 463-464, 476-478, 483-486, *485-487*
  e biodiversidade 516-517
  em manejo integrado de pragas 467-469, 472-473
  organoclorados 484-486, *485-487*
pH 91-92
  água da chuva 490-491
  e dimensões de nicho 128-129, *130*
  extremos de 104-105, 379
  riachos *156-157*
Phascolarctos cinereus (coala) 525-528, *526-527*
Pheidole 351-353, *352-353*
Phlox drummondii 186-187, 185-189, 189-190
Phoeniconaias minor 425-426
Phoenicopterus roseus 161-162
Phthorimaea operculella (mariposa do tubérculo da batata) 469-470
Physella gyrina 353-355
Phytophthora infestans (míldio) 320-322, 455-456
Phytoseiulus persimilis 466-467
Picea 76-78, 151-153
Picea crithfeldii 78-79
Pieris rapae 123-124, 255-257
PIMC 114-115
Pinguim *91-92*
Pinheiro branco oriental (*Pinus strobus*) 141-142, 343-344
Pinheiro *lodgepole* 96-97
Pinus 151-152
Pinus ponderosa 424-425
Pinus resinosa 141-142, 343-344
Pinus strobius (pinheiro branco oriental) 351-353, *352-353*
Piper cenocladum 374-375
Pisaster ochraceus 79, 82, *83*
Planícies de inundação 157-160
Planos de sobrevivência 530-531
Plantas
  coevolução com insetos 298-299, 395-396
  como recurso alimentar para animais 117-122
  composição 117-120
  defesas 121-124, 150-151, 253-256, 295, 297-299, 353-355
  deserto 110-114, 150-151
  detrito 416-420
  em recuperação de terrenos 501-502

lagos 161-162
metapopulações 337-339
mutualismos com formigas 304-306
"planta-do-ventre" 150-151
recursos 130-132
  água 108-114
  dióxido de carbono 113-117
  nutrientes minerais 112-115
  radiação solar 106-110
registro fóssil 394-396
respostas compensatórias à herbivoria 253-257, 295, 297-299, 353-355
sol/sombra 107-110
sucessão inicial/tardia 343-345, *3245-347*
taxas evolutivas diferenciadas 383-384
Plantas anuais 176-178
  ciclo de vida 179-181
  em sucessão de campos abandonados 38-39, *39-40*
  tabelas de vida de coorte 185-189, *189-190*
Plantas bianuais 178-179
Plantas cianogênicas 122-123
Plantas perenes 176-178
  em campos agrícolas abandonados 38-40
Platanthera 308-310
Plebejus argus (borboleta) 333-334, 337-338
Plecópteros 416-419
Plectonema nostocorum 104-105
Plectroglyphidodon lacrymatus 337-340
Plodia interpuntella (mariposa) 251-253
Pluviosidade
  deserto 150-151, 179-181
  distribuição dos biomas *138-139*
  e altitude 391-392
  e mudança climática global 532-537
  e produtividade 406-408
  e riqueza de espécies 370-373
  floresta pluvial tropical *138-139*, 146-147
  padrões globais 134-137
  savana *138-139*, 149-150
PMV (população mínima viável) 525-527, 539-540
Poa annua 224-225, *226*
Poecilia reticulata (gupi) 63-65, *65-66*
Polifagia 117-118

Polimorfismos de extensão de fragmentos de restrição (PEFR) 290-291, 293-295, *296*
Polinização
  e degradação de hábitat 484-486
  mutualismo na 308-310
  um serviço ecossistêmico provedor 513-514
Pollicipes polymerus 350-353
Poluição 475-478
  atmosférica 488-491, *491-492*
  devido à agricultura 372, 374, 425-427, 463-464, 476-486, 507-508
  devido à geração de energia 487-494
  e biodiversidade 516-517
  e uso de fertilizantes 477-478, 480-481
  e uso de pesticidas 463-464, 476-478, 483-486, *485-487*
  ecologia da 18-19
  economia da 478-480
  em paisagens urbanas e industriais 494-502
  eutrofização cultural 372, 374, 425-427, 480-484, 495-496
  seleção natural devido à 65-69
Polydactylus sexfilis (moi) 453-454
Pomacentrus wardi 337-340
Pombo rosa (*Columba mayeri*) 529-531
População humana 471-472
  capacidade de suporte global 446-448, 471-472
  crescimento
    até o presente 329-334
    e sustentabilidade 440-442
    previsões 442-446
  crescimento zero 444-445
  distribuição geográfica 440-441, 444-445
  e distribuição de recursos 441-442
  estrutura etária 440-441, 444-446
  transição demográfica 443-444, 471-472
  variante de fertilidade média 445-446
População mínima viável 525-527, 539-540
Populações 20-21, 49-50, 207-208
  crescimento exponencial 200-203
  crescimento logístico (sigmoidal/em forma de S) 200-203
  definição 172-173

determinação 323-328
divergência 57-65, *65-66*
e indivíduos 173-174, 176, *174-176*, 207-208
estabilidade 322-323, *323-324*
  e teias alimentares 353-362
fatores afetando o tamanho 172-174, 176
impacto da competição interespecífica 201-203
impacto da competição intraespecífica 196-204, 208-209
medição
  limitações da 320-322
  métodos 173-174, 176-178, 207-208
padrões de crescimento 199-204
pequena
  problemas genéticos 520-523, *523-524*, 538-539
  riscos demográficos 519-523, 538-539
população mínima viável 525-527, 539-540
regulação 323-328
tamanho populacional efetivo 522-523
taxa de crescimento e disponibilidade de alimento 320-322, *322-323*
taxa intrínseca de aumento natural 200-202
ver também metapopulações
Populus 151-152
Populus deltoides x nigra 501-502
Porcellio scaber 420-421
Porco asselvajado 322-323
Posidonia 164-165
Postelsia palmaeformis (alga parda) 222-224
Potássio 112-114, 421-422
povo Ati ou Aeta 446-447
PPB (produção primária bruta) 403-404, 408-409
PPL (produtividade primária líquida) 404-409, 414-415
Pradaria 149-150
Pragas
  abundância de equilíbrio *462-463*
  controle biológico 18-19, 465-469, 512-514
  definição 462-463
  evolução da resistência 464-465
  flutuações populacionais *462-463*
  limiar econômico 463-464

manejo integrado de pragas 467-471
níveis econômicos de injúria 462-464, 467-469
  potenciais *462-463*, 463-464
  ressurgência da praga-alvo 463-464
  secundárias 463-465
Precipitação seca 423
Precipitação úmida 423
Predação 117-118
  compensação da presa e defesa 253-257
  comportamento do predador 260-266, 282-283
  dinâmica populacional 265-279, 282-283
  e adensamento 273-277
  e coevolução 295, 297-302, *302-303*
  e estrutura da comunidade 278-283
  e manchas/desuniformidade 262-263, 276-279
  e riqueza de espécies 369-370, 372, 374-375, 377, 398-399
  efeitos sobre populações de presa 256-257
  em comunidades tropicais 388-391
  fatores que interagem afetando 253-256, 282-283
  por espécies invasoras 32-36
  seleção natural por 63-68
  Seletiva 280-282
  valor adaptativo da presa e abundância 251-253
Predadores 116-118
  amplitude de dieta 263-265
  ciclos populacionais 265-272
  classificação 249-251
  coevolução com a presa 295, 297-303
  como espécies-chave 355-356
  competição entre 273-277
  comportamento 260-266, 282-283
  definição 249, 282-283
  e cascatas tróficas 349-353
  efeitos do adensamento 273-277
  efeitos dos pesticidas 484-486, *485-487*
  em manchas 262-263, 276-279
  especialistas 263-265, 282-283, 295, 297-298
  forrageio 260-266, 282-283

generalistas 263-265, 282-283, 295, 297-298
interferência mútua 273-274
modelo predador-presa de Lotka-Volterra 266-269
padrão de contato com a presa 260-262
"senta-e-espera" 260-262
"verdadeiros" 249-251, 282-283
Presa
ciclos populacionais 265-272
coevolução com predadores 295, 297-302, *302-303*
compensação e defesa 253-257
efeitos do adensamento 275-277
em manchas 262-263, 276-279
modelo predador-presa de Lotka-Volterra 266-269
populações 256-261
valor adaptativo e abundância 251-253
Presbytis obscura (macaco-folha) 148-149
Primula 122-123
Princípio de Gause (Exclusão Competitiva) 218-219, 221-223, 246-247
Probabilidades 25-28, 49-50
Processos dependentes de densidade
competição 126-129, *195-196*, *194-198*, *198-199*, 273-274
dispersão 194-196, *195-196*
e regulação populacional 324-328
exatamente compensante 127-129
taxa de mortalidade 196-198, *198-199*, *324-325*
taxa de natalidade 196-198, *198-199*, *324-325*
Produtividade
e biodiversidade 418-419
e latitude 389-391, 405-406
e mudança climática global 404-405
e riqueza de espécies 370-372, 374, 398-399
primária
definição 403-404
destino da 409-416, 430-431
fatores limitantes 405-411
padrões geográficos 405-406, 430-431
relação com a produtividade secundária 409-411, *411-412*
primária bruta 403-404, 408-409
primária líquida 404-406, *407-409*, *414-415*

secundária 404-405, 414-415
relação com a produtividade primária 409-412
Profundidade e riqueza de espécies 391-393
Programa Biológico Internacional 404-405
Programa Internacional Geosfera-Biosfera 404-405
Prole, compensação (*trade-off*) entre número e valor adaptativo (*fitness*) 205-207, *206-207*
Promerops cafer (papa-açúcar-do-Cabo) 308-309
Protea 532-534
Protea eximia 308-309
Protistas 93-95
Protonemura meyeri 416-418
Prunus speciosa 141-142
Pseudomonas fluorescens 229-230, *230-231, 301-302, 302-303*
Pseudomyrmex concolor 304-306
Pseudomyrmex ferruginea 304-306
Pseudotsuga menziesii (abeto-de-Douglas) *204-205, 257-258, 259*, 377-378
Pteropus (morcego) 520-523
Ptychocheilus lucius 485-488
Pungitius pungitius 229-230
Pyrodictium occultum 94-95

Quercus robur (carvalho) 76-78, 175
Quercus rubra (carvalho-vermelho) 151-152

Rabanete selvagem (*Raphanus sativus*) 123-124, 255-257
Raças de hospedeiros 70-72
Rã-da-madeira (*Rana sylvatica*) 329-332
Radiação 490-493
Radiação monofilética 72, 74-75
Radiação solar 106-110, 130-132
ciclos 106-108
como recurso limitante 231-232
dependência em relação à inclinação e rotação da Terra 134, *135-136*
e produtividade 405-407
exposição humana à 496-497
floresta pluvial tropical 146-147
oceanos 161-162
variações na 106-107, *107-108*
Rafinesquina alternata 244-245
Raízes
captação de água 110-114, *113-114*, 130-132

captação de nutrientes minerais 112-114, *114-115*, 130-132
sistemas 110-115, *113-114*, 130-132
RAMAS-STAGE *527-528*
Rana pipiens (anuro) 176-178
Rana sylvatica (rã-da-madeira) 329-332, *331*
Rangifer tarandus 152-153
Ranunculus bulbosus 308-310
Ranunculus ficaria 308-310
Raphanus sativus (rabanete selvagem) 123-124, 255-257
Raposa do ártico *104-105*
Rato 36-37, 275-276
Ratufa affinis 148-149
Ratufa bicolor 148-149
RDZs (zonas de esgotamento de recursos; *resource depletion zones*) 110-114, 126-127
Reação em cadeia da polimerase 289-290
Recifes de corais 337-341, 516-517
Recrutamento líquido 202-204
efeitos da exploração 448-453
Recuperação de áreas 501-502
Recursos 130-132
distinção de condições 90
e migração 195-198
efeito da competição intraespecífica sobre 125-129
efeito da separação espacial das espécies sobre o uso 234, 236, *235-237*
efeito da separação temporal das espécies sobre o uso 236-238
extração da natureza por seres humanos 447-455
limitantes 212-214, 230-234, *233-234, 236-238*
padrões
ambientes aquáticos 139-141
distribuição irregular entre populações humanas 441-442
e regulação da diversidade 230-234
grande escala 134-137
para plantas 106-117, 130-132
pequena escala 136-140
riqueza de espécies 370-372, 374
temporais 140-141, *141-142*
para animais 116-126, 130-132
uso diferencial 216-219, 221-223, 232-234, 242-247
Recursos energéticos 460-461

Registro fóssil
  e extinção 395-397, 511-512
    padrões de riqueza de táxons 393-397, 399-400
Regressão logística 182-184
Relações espécie-área 383-389
Rena 152-153
Rendimento máximo sustentável (RMS) 447-455, 471-472
Reprodução
  custo de 170-179, 203-205
  e ciclos de vida 176-179, 207-208
  e fotoperíodo 180-181
  em espécies anuais 179-182
  em espécies longevas 180-184
  inicial 204-207
  relação com idade e tamanho 182-184, 182-184
Reservas naturais 530-534
Resiliência 355, 357
Resistência 355, 357
Ressurgência de pragas-alvo 463-464
Retardos temporais 266-267, 269
Rhinanthus minor 376, *375, 377*
Rhinocyllus conicus 467-469
Rhododendron 138-139
Rhododendron lapponicum 182-184
Rhodoglossum affine 381-382
Riachos e rios 155-160, 165-166
  armazenamento de água 484-488
  consequências das atividades humanas 157-160, 158-160
  distúrbios em 156-160, 381-383
  manejo de área de captação 502-504, 507
  padrão de fluxo de energia 414-416
  papel no balanço de nutrientes 423-426
  represamento 460-462
Rigor científico 23-24, 49-50
Rio Colorado, exploração da água 485-488
Rios *ver* riachos e rios
Riqueza de espécies 366-369, 511-512
  avaliação de padrões de 395-398
  e adversidades ambientais 377-379, 398-399
  e altitude/profundidade 389-393
  e área de hábitat 383-389, 399-400
  e competição interespecífica 369-370
  e distúrbio 382-383, 398-400

e equilíbrio evolutivo 382-383, 399-400
e heterogeneidade espacial 375, 377-378, 398-399
e predação 369-370, 372, 374-375, 377, 398-399
e produtividade 370-372, 374, 398-399
e riqueza de recursos 370-372, 374
e sucessão 392-394
e taxa evolutiva 383-384
e variação climática 380-382, 398-399
efeitos em cascata 392-394
fatores que variam no espaço 370-381
fatores que variam no tempo 380-394
gradientes 383-394, 399-400
hotspots 531-532
modelo 368-370, 398-399
padrões latitudinais 388-391
registro fóssil 393-397, 399-400
ver também biodiversidade
Rizóbios 312-315
Rodolia cardinalis 465-466
Roedor (*Microtus canicaudus*) 195-196
Roedor 195-277
Roedores, riqueza de espécies
"Rose periwinkle" *Catharanthus roseus* 513-514
Rúmen 120-121

Sabiá (*Turdus*) 477-478
Sagina procumbens 113-114
Saiga (*Saiga tatarica*) 149-150
Salazaria mexicana 113-114
Salgueiro (*Salix cinerea*) 202-203
Salgueiro-anão (*Salix herbacea*) 387-388
Salgueiro-branco-tropical (*Salix alba*) 513-514
Salgueiro-de-dunas-arenosas (*Salix cordata*) 251-252
Salicornia 253-254
Salinidade
  e dimensões de nicho 128-129, 130
  estuários 164-165
  lagos 161-162
  respostas a 102-103, *103-104*
Salinização 460-461
Salix alba (salgueiro-branco-tropical) 513-514

Salix cinerea (salgueiro) 202-203
Salix cordata (salgueiro-de-dunas-arenosas) 251-252
Salix herbacea (salgueiro-anão) 387-388
Salmão 264-265-*265*-266
Salmão (*Oncorhynchus nerka*) 293-294
Salmão coho (*Oncorhynchus kisutch*) 293-294
Salmão do Pacífico (*Oncorhynchus*) 181-184, 293-294
Salmo trutta (truta marrom) 28, 31-36, *31-32*, 49-50, 155-156
Salvelinus leucomaenis 97-100, *100-101*, 213-216
Salvelinus malma ("Dolly Varden charr") 97-100, *100-101*, 213-216
Salvelinus namaycush (truta) 161-162
Salvia dorrii 113-114
Salvinia molesta 251-253
Sander vitreus 161-162
Santivia laevigata 148-149
Sapphire rockcress (*Arabis fecunda*) 58-61
Sarampo 270-271, 273-274
Savana 137-138, 142-143, 144, 149-150, 165-166
  déficit hídrico 110-111
  pluviosidade e temperatura *138-139*, 149-150
Savana de pinheiros 149-150
Saxifraga bronchialis 175
Schizachyrium scoparium 341-343, *343-344*
Sebastes melanops (peixe) 454-455
Seca 108-111
  Deserto 150-151
  Savana 149-150
Seleção natural 52-58, 84-85, 464-465
  e coevolução 69-80
  e comportamento de forrageio 261-266
  e deriva genética 288-289
  e variação genética 522-523
  por poluição 65-68, *68-69*
  por predação 63-68, *65-66*
Sementes
  composição 117-120
  dispersão 306-309
  dormência 179-181
  germinação 95-97
Senecio (tasneira) 117-118, *204-205*
Separação temporal e utilização de recursos 236-238

Seraria viridis 343-344
Seres humanos
　densidade média nos EUA 193-194
　migração e extinções 395-397
　reprodução 181-182
Série de substituição 313-314
Serpente (*Boiga irregularis*) 516-518
Serviços ecossistêmicos
　culturais 478-480, 513-514
　e biodiversidade 512-513
　efeitos das atividades humanas 478-480
　manutenção e restauração 501-504, *505-506*, 507-509
　provedores 478-480, 484-486, 513-514
　reguladores 478-479, 513-514
　sustentadores 478-479
Sheep Range, Nevada 76-78
Shen Nung 54-55
Silene regia 527-530
Silício/silicato 125-126, *161-163*, 212-214, 216-217, 231-232
Simbiose 303-304
Simulium vittatum (borrachudo) 195-196
Sistema de consumidor vivo 404-405
　fluxo energético através 411-412
　papel relativo 412-416
Sistema decompositor 404-405
　fluxo de energia através do 411-412
　papel relativo 412-416
Sistemas de cultivo integrado 467-473
Sistemas laboratoriais simples 22-23
Sistemática 54-55
Sítios habitáveis e distância de dispersão 333-334
Sobre a Origem das Espécies Através de Seleção Natural (Darwin) 55-58, 68-69
Sobre-exploração 515-516
　e registro fóssil 395-397
　pescas 447-455, 471-472
Sobreposição no uso de recursos 243
Sobrevivência do mais apto 56-57
Sobrevivência e predação 251-253
Soja (*Glycine soja*) 313-315
Solenopsis invicta (formiga-fogo-vermelho) 36-38
Solo 137-138
　ácido 138-139
　calcário 138-139
　degradação e erosão devido à agricultura 456-461, 472-473, 475-476
　distúrbio, germinação seguindo-se ao 179-180
　estratégias de conservação 459-461
　florestas pluviais tropicais 148-149
　florestas temperadas 151-152
　retenção hídrica 110-112
Sombra de chuva 135-136, *136-137*
Sparaxis grandiflora 176-179
Spartina 164-165
Spencer, Herbert 56-57
Spergula arvensis 179-180
Spermophilus citellus (esquilo-do-solo europeu) *102-103*
Stellaria media 224-225, *226*
Sterculia parviflora 148-149
Sterna sandvicensis 492-494
Stichodactyla mertensii 233-234
Stipa bungeana 343-344
Stizostedion vitreum 481-482, *482-483*
Strigops habroptilus 349-351
Strombidinopsis multiauris 93
Strongyloides ratti 275-276
Strophomena planumbona 244-245
Struthio camelus (avestruz) 79, 81-82
Suberina 414-416
Subespécies 70-72
Subpopulações 334-338, 519-523
Substância doce 121-122
Sucessão 20-22, 49-50, 340-341, 347-349, *348-349*
　animais em 345-347
　campo abandonado 37-41, 49-50, 343-344, 343-345
　comunidades controladas pela dominância 340-341
　cronossequência 341-343
　e manchas/desuniformidade 346-349, *348-349*
　e riqueza de espécies 392-394
　espécies iniciais e tardias 341-345, *3245-347*
　idealizada 340-341
　manipulação 346-347
　primária 340-343
　secundária 341-343
　sobre lava vulcânica resfriada 140-141, *141 142*
Surtsey 387-388
Sustentabilidade 437-439, 441
　a abordagem de tripla decisão 501-504, 507, *505-506*
　da água como recurso 460-462
　da pesca 447-455
　de monoculturas 454-455, 461-462, 471-473
　e agricultura 454-473
　e controle de pragas 462-469, 472-473
　e crescimento populacional humano 439, 441-448, 471-472
　e economia 462-464
　e sistemas agrícolas integrados 467-473
Sutossombreamento 108-110
Sylvilagus brasiliensis 298-301
Synedra ulna 212-216

Tabela de vida de coorte 182-190
Tabela de vida estática 182-186, 189-190, *190-191*
Tabelas de vida 182-190, *190-191*, 207-208
Tachigali myrmecophila 304-306
Taeniopteryx nebulosa 416-418
Taiga; *ver* floresta setentrional de coníferas
Tamanho e associação com fecundidade *182-184*, 182-184
Tamanho populacional efetivo 522-523
Tamanho populacional limiar 270-271, 273
Tansley, A. G. 16-18
Tarsobaenus 351-353, *352-353*
Tasneira (*Senecio*) 117-118, *204-205*
Tatu 124-125, 513-514
Taxa de crescimento populacional 44-45
Taxa de mortalidade
　dependente de densidade/independente de densidade 196-198, *198-199, 324-325*
　população humana 443-446
　representação 198-199
Taxa de natalidade 173-174, 176
　dependência de densidade/independência de densidade 196-198, *198-199, 324-325*
　população humana *443-446*
　representação 198-199
Taxa reprodutiva básica 188-189, 270-271, 273, 444-446
Taxonomia 54-55
Técnica de pequenas bacias hidrográficas 41-42
Tectus niloticus (marisco) 454-455
Teias alimentares 347-364, 404-405
　cascata trófica 349-353
　conectância 355-359

Índice

controle de baixo-para-cima 352-355, 481-482
controle de cima-para-baixo 352-355, 481-482
decompositor 416-417
e estabilidade da população/comunidade 353-362
efeitos diretos e indiretos 349-355
espécie-chave 355-357, 359-360
estrutura 353-362
floresta setentrional de coníferas 269-271
força de interação 355-359
modelos matemáticos 355-358
Temodera sinensis 236-237
Temperatura
 amplitude dos biomas *138-139*
 deserto 150-151
 e aclimatização 96-98, 101-102
 e competição *97-100*, 100-101
 e dimensões de nicho 128-129, 130
 e eventos de emergência foliar 100-101, *101-102*
 e mudança climática global 114-115, 488-490, 532-537
 e produtividade 405-408
 efeitos da altitude e da latitude 137-138, *139-140*
 efeitos sobre interações entre organismos 97-100
 extremos de 94-96, 130-132, 377-378
  sazonal 103-104
 lagos 140-141, 159-162
 Mar do Norte ao longo de 65 milhões de anos *80*
 respostas à 92-96, 101-104, *104-105*, 130-132
 riachos *156-157*
 variação da média anual *76-78*
Tempo e regulação populacional 325-328
Tentilhões de Darwin 71-72, *72-75*, 228, 409-411
Teoria do equilíbrio da biogeografia de ilhas de MacArthur e Wilson 334-335, 383-389, 384-385-386, 399-400, 531-533
Teoria do forrageio ótimo 261-266, 282-283
Termoclino 159-160
Termófilos 94-95, 104-105, 163-164
Teste de significância 25-26, *26-27*
Tetranychus urticae 466-467
Thalassarche chrysostoma 290-293

Thalassarche impavida (albatroz-de-sobrancelha) 290-293
Thalassarche melanophris (albatroz-de-sobrancelha) 290-293
Therioaphis trifolii (afídeo-do-trevo-manchado) 463-464
Thiobacillus ferrooxidans 104-105
Thlaspi caerulescens 501-502
Thomomys bottae (geomiídeo) 149-150
Thuja occidentalis (cedro branco-do-hemisfério norte) 138-139
Tidestromia oblongifolia (mel-doce-do-deserto) 110-112
Timina 288-291
Tinamu 79, 81-82
Tojo (*Ulex europaeus*) 346-347
Tolerantes 110-111
Topografia, efeito sobre o clima *136-137*, 135-138
Toupeira 124-125
Toxafeno 464-465
Tradescant, John Jr. 54-55
Tradescant, John Sr. 54-55
Transição demográfica 443-444, 471-472
Transpiração 110-112
Tratos digestórios
 cupins 20-22
 habitantes mutualísticos 308-311
 herbívoros 120-121
Trevo branco (*Trifolium repens*) 61-64, 122-123
Trialeurodes vaporariorum (mosca branca) 466-467
Trichechus manatus (manati) 513-514
Trichostrongylus tenuis 253-256
Tricomas 121-122, *122-123*
Trifolium repens (trevo branco) 61-64, 122-123
Trigo, pragas do 466-467
Trilepidia adamsii (visco) 515-516
Trips da maçã *325-328*
Truta (*Salvelinus namaycush*) 161-162
Truta arco-íris (*Oncorhynchus mykiss*) 126-127
Truta marrom (*Salmo trutta*) 28, 31-36, 49-50, 155-156
Trypanosoma 251-253
Tsuga canadensis (tsuga oriental) 138-139
Tsuga oriental (*Tsuga canadensis*) 138-139
Tubarões 515-516
Tuberculatus quercicola 306-308
Tuberculose 298-300

Tubularia crocea 175
Tulipeira (*Liriodendron tulipifera*) 138-139
Tundra *137-138*, 142-143, *145*, 151-153
 captação de nitrogênio pelas plantas 236-238
 pluviosidade e temperatura *138-139*
Turbinaria reniformis 175
Turdus (sabiá) 477-478
Turfeiras 139-140, 151-152
Tympanuchus cupido cupido (galinha silvestre) 519-520
Tympanuchus cupido pinnatus (galinha-da-pradaria) 522-523
Typhlodromus occidentalis 276-278

Ulex europaeus (tojo) 346-347
Ulva 381-382
Urbanização e degradação de hábitats 494-502, 507-509
Urso pardo (*Ursus arctos*) 264-265, 265-266
Urso polar 103-104, 534-535
Urso preto (*Ursus americanus*) 264-265, 265-266
Ursus americanus (urso preto) 264-265, 265-266
Ursus arctos (urso pardo) 264-265, 265-266
Usinas hidrelétricas 487-488, 492-494

Vaccinium vitis-idaea (oxicoco) 237-238
Valor de *k* 325-332
Valoração contingente 479-480
Valores de *P* 25-26, *26-27*, 49-50
 cotando 26-28
Valores médios 24, 27-29
Variação intraespecífica 57-58
 devido a pressões de seleção geradas pelo ser humano 65-68, *68-69*
 geográfica *57*, 65, 65-66
Vegetação ripária 157-160
Venturia canescens 251-253
Vermivora celata 216-218
Vermivora virginiae 216-218
Vespa, parasitoide *250-251*, 251-253
Vespa hospedeira *250-251*, 251-253
Vestígios da Criação, Os 54-55
Víbora (*Vipera aspis*) 204-205
Vipera aspis (víbora) 204-205
Vírus influenza 36-37, 298-300
Visco (*Trilepidia adamsii*) 515-516
VORTEX 525-527, *526-527*
Vórtice de extinção 524-525

Vulpia ciliata ssp. *ambigua* 311-313
Vulpia fasciculata 126-127, *127-128*

Wallace, Alfred Russel 52-58, 84-85
Walnut Creek 502-504, *504, 507*
"Weta" (*Deinacrida mahoenuiensis*) 346-347
White, Gilbert 322-323
Wisconsin Lake District *161-163*

Xylopia stenopetala 148-149

Zebra 120-121, 149-150
Zebu 278-282
Zinco 112-114
   tolerância ao 68-69
Zona eufótica 161-164, 409-411
Zona infralitorânea 163-164, *164-165*

Zona litorânea 161-164, *164-165*
Zona meiolitorânea *164-165*
Zona supralitorânea *164-165*
Zonação costeira 163-165
Zonas de esgotamento de recursos 110-114, 126-127
Zoológicos 54-55
Zooplâncton 481-482, *482-483*
Zostera 164-165